Sergej G. Fedorov

WILHELM VON TRAITTEUR

Ernst & Sohn
A Wiley Company

Institut für Baugeschichte der Universität Karlsruhe und
Südwestdeutsches Archiv für Architektur und Ingenieurbau

Titelabbildung:
Panteleimon-Brücke, Blick vom Sommergarten zum gegenüberliegenden Fontanka-Ufer (Traitteur. *Plans, profiles, vues perspectives et détails des ponts en chaines exécutés à Saint-Pétersbourg...*, 1825, Taf. 5, Lithographie von Karl Beggrov nach Vorlage Traitteurs, Ex. NTB PGUPS)

Sergej G. Fedorov

WILHELM VON TRAITTEUR

Ein badischer Baumeister als Neuerer in der russischen Architektur 1814–1832

Zur Entwicklung der deutsch-russischen Beziehungen im Bauwesen der ersten Hälfte des 19. Jahrhunderts

Ernst & Sohn
A Wiley Company

Gedruckt mit Unterstützung der deutschen Forschungsgemeinschaft (DFG)

Dieses Buch enthält 231 Abbildungen

Die Deutsche Bibliothek – CIP-Einheitsaufnahme
Ein Titeldatensatz für dieses Buch ist bei
Der Deutschen Bibliothek erhältlich

ISBN 3-433-01255-5

Satz: Hagedorn Kommunikation, Viernheim
Druck und Bindung: Franz Spiegel Buch GmbH, Ulm

Printed in Germany

Zum Geleit

St. Petersburg, 1703 mit der Grundsteinlegung für die Peter-Paul-Festung von Peter dem Großen gegründet und bis zum Beginn des 19. Jahrhunderts unter Alexander I. eine der größten Baustellen Europas, hat vom Beginn seiner Geschichte an und bis in unser Jahrhundert hinein eine große Zahl von herausragenden westeuropäischen Architekten in seinen Bann gezogen und ihnen vielfältige Möglichkeiten zu erfolgreicher Tätigkeit geboten. Genannt seien hier nur Andreas Schlüter (um 1660–1714), Jean Baptiste LeBlond (1679–1719) und Gaetano Chiaveri (1689–1770), Giacomo Quarenghi (1744–1817) und Leo von Klenze (1784–1864) oder in unserem Jahrhundert Peter Behrens (1868–1940) und Erich Mendelsohn (1887–1953). Daneben waren Ingenieure tätig, von denen im Hinblick auf die hier vorgelegte Studie besonders der Spanier Augustin de Bétancourt (1758–1824) hervorgehoben werden muß.

Einer der bisher weniger bekannten Baumeister war der in den Jahren 1814 bis 1832 in St. Petersburg tätige badische Ingenieur Wilhelm von Traitteur (1788–1859). Seine dort entworfenen und erbauten Eisenkettenbrücken ließen ihn in die Konstrukteur-Avantgarde Europas aufsteigen, doch war er auch als Architekt und Zeichner tätig und kann als Mitbegründer der Lithographie in Rußland gelten.

Die in russischen sowie deutschen Archiven erhaltenen zahlreichen und überraschenderweise weitgehend unerforschten Materialien erlaubten es Sergej Fedorov, nicht nur den ungewöhnlichen und zum Teil widersprüchlichen Werdegang Traitteurs zu rekonstruieren, sondern auch einen tieferen Einblick in die Verknüpfung russischer und westeuropäischer Baukunst in der Übergangszeit vom Klassizismus zu Romantik und Historismus zu erarbeiten. Es gelingt ihm dabei, unser Wissen um die Entstehung der kontinentaleuropäischen Kettenbrücken sowie die Suche nach neuen Formen in der frühen Eisenarchitektur durch bisher unbekannte Aspekte zu vertiefen.

Die hier vorgelegte Arbeit behandelt einen wesentlichen Teil der Petersburger Baubiographie zum ersten Mal im gesamteuropäischen baugeschichtlichen und allgemein kulturgeschichtlichen Kontext. Sie will damit ein Beitrag zur Erforschung der Wendezeit in der europäischen Architekturgeschichte zu Beginn des 19. Jahrhunderts sein, der Fragen der Geschichte der Bautechnik und des Konstruierens sowie der allgemeinen Wissenschaftsgeschichte in diesem Zusammenhang sieht.

Als badischer Ingenieur steht Traitteur nun, auch wenn er in erster Linie in St. Petersburg tätig war, neben bekannten Namen – Friedrich Weinbrenner (1766–1826), Johann Gottfried Tulla (1770–1828) und Heinrich Hübsch (1795–1864) – seines Heimatlandes, wird aber mit seinem Werk auch ein fester Bestandteil der europäischen Ingenieurbaugeschichte.

Die Forschungen zum Wirken von Wilhelm von Traitteur sind auch als Teil einer neuen Phase der Erforschung der deutsch-russischen bzw. deutsch-osteuropäischen Kulturbeziehungen zu verstehen, die nach der politischen Wende in Mittel- und Osteuropa am Ende der 80er Jahre möglich wurde. Die Fortsetzung derartiger Forschungsarbeiten könnte schließlich einen Beitrag dazu leisten, die durch vielerlei Umwege gekennzeichnete Geschichte der Beziehungen zwischen Deutschland und Rußland positiv zu verändern.

Karlsruhe, im Juni 2000 Wulf Schirmer

Zum Autor: Sergej G. Fedorov, geboren in Molotov/Perm' (Rußland), aufgewachsen in Leningrad/St. Petersburg. Studium von Architektur und Bauwesen in Leningrad (LISI), Post-Graduate-Studiengang in Architektur- und Städtebaugeschichte in Moskau (CNITIA). 1981–1990 Arbeit in Forschung- und Entwurfsinstituten in Leningrad (LenZNIIEP, LenNIITAG). Seit 1990 Tätigkeit in Deutschland: zuerst an der Universität Stuttgart (IL) und ab 1991 am Institut für Baugeschichte der Universität Karlsruhe. Zahlreiche Veröffentlichungen zur Architektur- und Konstruktionsgeschichte des 19. und 20 Jahrhunderts. Teilnahme an mehreren Ausstellungsprojekten.

Vorwort

Die Möglichkeit, dieses Forschungsprojekt an der ältesten technischen Hochschule Deutschlands durchführen zu können, verdanke ich Prof. Dr.-Ing. Wulf Schirmer, Leiter des Instituts für Baugeschichte an der Universität Karlsruhe, dem ich für seine Unterstützung und wissenschaftliche Betreuung vielfach verbunden bin. Das Erscheinen des vorliegenden Buches wurde von ihm wesentlich gefördert.

Meine Forschungstätigkeit im Rahmen der Programme des Sonderforschungsbereichs ›Erhalten historisch bedeutsamer Bauwerke. Baugefüge, Konstruktionen, Werkstoffe‹ (SFB 315), Teilprojekt ›Baugeschichtliche Forschungen zur Baukonstruktion und Bautechnik‹, an der Universität Karlsruhe habe ich als wissenschaftlichen Glücksfall empfunden. Persönliche Kontakte und Informationsaustausch mit Kollegen sowie der Besuch zahlreicher Veranstaltungen des SFB 315 (Sprecher: Prof. Dr.-Ing. Fritz Wenzel) erlaubten es mir, die neuesten Forschungsansätze im Bereich des Denkmalschutzes und die Geschichte der Architektur als Teil des breitangelegten Spektrums theoretischer und angewandter Disziplinen im Bauwesen kennenzulernen und einzuordnen.

Auf Initiative von Prof. Dr.-Ing. Frei Otto und Dr. phil. Rainer Graefe, Institut für leichte Flächentragwerke der Universität Stuttgart (IL), wurden bereits in den 80er Jahren erstmals in Deutschland Forschungsvorhaben zum russischen Architektur- und Ingenieurwesen eingeleitet. Die umwälzenden politischen Veränderungen in Osteuropa haben dieser Forschungsrichtung Anfang der 90er Jahre neue Impulse verliehen. Dank meines knapp einjährigen Aufenthalts am IL im Rahmen des Sonderforschungsbereichs ›Natürliche Konstruktionen‹ (SFB 230) konnte ich mich in den Jahren 1990–1991 mit Methoden und Zielen des Teilprojekts ›Geschichte des Konstruierens‹ auseinandersetzen und an russisch-deutschen Forschungsprogrammen mitwirken. Diese Monographie betrachte ich in vieler Hinsicht als Fortsetzung der am IL begonnenen Studien zur ‹Geschichte des Konstruierens›. Den Stuttgarter Kollegen, insbesondere Prof. Dr. phil. Rainer Graefe, heute Leopold-Franzens-Universität Innsbruck, möchte ich für ihre stete freundschaftliche Unterstützung und wissenschaftlichen Ratschläge danken.

In die vorliegende Arbeit sind in beträchtlichem Umfang Materialien eingeflossen, die ich an den Leningrader Zweigstellen zweier Forschungsinstitute des Staatskomitees für Städtebau und Architektur, LenZNIIEP und VNIITAG, sammeln konnte. So war zuletzt meine Tätigkeit in der Leningrader Zweigstelle des Zentralen Forschungsinstituts für Architekturtheorie und -geschichte bis Ende 1990 unter Leitung von Prof. Dr. T. A. Slavina die fruchtbarste Phase meiner architekturgeschichtlichen Auseinandersetzung in der Sowjetunion. Beiderseitige Kontakte und ein steter Informationsaustausch mit den russischen Kollegen waren maßgeblich für das Entstehen dieser Forschungsarbeit. M. B. Verševskaja, Staatliches Museum der Geschichte St. Petersburgs-Leningrads, in den Anfängen des Forschungsvorhabens auch B. M. Kirikov, damals Staatliches Museum der Geschichte St. Petersburgs-Leningrads, und A. V. Kobak, damals Petersburger Kulturfonds, unterstützten mich bei der Materialbeschaffung sowie mit wertvollen Ratschlägen. Der Leiterin des Lesesaals des Zentralen historischen Archivs Rußlands S. I. Varencova, der Leiterin der seltenen Buchbestände der Wissenschaftlichen Bibliothek der Petersburger Universität für Verkehrswege N. V. Trepetina sowie dem Petersburger Photographen K. O. Gordin, die mir den Zugang zu ihren Archivbeständen wesentlich erleichtert und Originalaufnahmen ermöglicht haben, bin ich zu besonderem Dank verpflichtet.

Diese im Rahmen des SFB 315 durchgeführte Arbeit ist gleichzeitig Teil der vom Institut für Baugeschichte der Universität Karlsruhe in den 90er Jahren begonnenen Lehr- und Forschungsvorhaben zur Zusammenarbeit mit den Ländern Osteuropas und der GUS. Das Manuskript dieses Buches wurde daher zunächst in russischer Sprache verfaßt. Für die mühevolle Übertragung der Texte und die angenehme Zusammenarbeit bei der gemeinsamen Redaktion der deutschen Fassung schulde ich Frau Dipl.-Dolm. Doris Schwarz, Karlsruhe, aufrichtigen Dank. Vielfältige Unterstützung und persönliche Hilfe erfuhr ich von Kollegen des Instituts, insbesondere von Jürgen Rasch und Werner Schnuchel. Egbert Friedrich hat die Arbeit vom Manuskript an redaktionell betreut.

Karlsruhe, im Juni 2000 — Sergej G. Fedorov

Inhalt

Zum Geleit V

Vorwort VII

Einleitung 1

Baden und St. Petersburg zu Beginn des 19. Jahrhunderts: Geschichte und höfische Kultur 7

Baden und Rußland zur Zeit Alexanders I. 8

Frankreich–Baden–Rußland: die berufliche Entwicklung Traitteurs, 1800–1813 11

Das Petersburger Corps der Verkehrswegeingenieure und die Öffnung des russischen Bauwesens nach Westen 27

Erste Jahre in Rußland: Traitteur als Architekt in der ›Gruppe Bétancourt‹, 1814–1820 37

Ingenieurarbeiten: Landesausbau und weitgespannte Tragwerke 39
Frühe Holzkonstruktionen, 1814–1817 39
Die Moskauer Manege, 1817 40
Die Isaaks-Brücke über die Neva, 1819–1821 43

Architekturprojekte: auf den Spuren des russischen Klassizismus 49
Die Expedition zur Herstellung von Staatspapieren, 1815–1818 49
Entwurf der Münze zu Warschau, 1817 54
Bau eines Kasernenkomplexes in Pella, 1819 54
Neue Lehreinrichtungen des Amts für Verkehrswege 56
Der Umbau der Militärbauschule, 1820 57
Planung und Bau der Kondukteurschule, 1820–1826 58

Tätigkeit als Zeichner: die Anfänge der Lithographie in Rußland, 1816–1820 68

Beginn einer eigenen Laufbahn: Arbeiten an der Chaussée St. Petersburg–Moskau, 1820–1822 81

Vorgeschichte, Bauplanung und Ausführung 82

Brückenbauwerke: Konstruktionstypen und Planungsverfahren 85
Druckstab- und Bogenbrücken aus Holz 85
Musterentwürfe für Holzbrücken 96
Steinbogenbrücken 99
Neue Baumaschinen für die neue Chaussée 107

Die Steinbogenbrücken Traitteurs als Werke des europäischen Klassizismus 109

Die Chaussée St. Petersburg–Moskau als ›Architekturensemble‹ 113

Die ersten Hängebrücken in St. Petersburg: Traitteur an der Spitze der europäischen Ingenieur-Avantgarde, 1823–1826 115

Russische Hängebrücken: eine technische Initiative des Amts für Verkehrswege im Kontext europäischer Entwicklungen 116

Die Petersburger Straßenbrücken über die Fontanka 123

Die Panteleimon-Brücke, 1823–1824 123
Zur Urheberschaft des Bauwerks 124
Hauptphasen der Bauausführung 126
Fertigung, Erprobung und Berechnung der Eisenkonstruktionsteile 130
Konstruktive und architektonische Gestalt 137
Vom Verkehrsbauwerk zum Symbol des ›Alten St. Petersburg‹ . . . 144

Die Ägyptische Brücke, 1825–1826 152
Planungs- und Bauphasen 153
Weiterentwicklung der Konstruktionsprinzipien 160
Die Ägyptische Brücke als Denkmal frühromantischer ›Eisenarchitektur‹ 167
Nutzungsgeschichte bis zum Einsturz im Jahre 1905 176

Die Petersburger Fußgängerkettenbrücken 183

Die Postbrücke über die Mojka, 1823–1824 183
Planungs- und Bauphasen 185
Konstruktion und Architektur 189
Die Postbrücke im städtischen Leben 193
Baudenkmal und Sanierungsobjekt, 1930–1980 195

Löwen- und Greifenbrücke über den Katharinen-Kanal, 1825–1826 . 198
Entwurfsvarianten und Projektdiskussion 199
Bauphasen und konstruktiver Aufbau 208
Tierfiguren als Kettenhalter 211
Architektonische und gestalterische Besonderheiten 216
Löwen- und Greifenbrücke als Baudenkmäler und Restaurierungsobjekte, 1930–1950 223

Nicht realisierte Entwürfe Traitteurs 226
Entwurf einer Kettenbrücke über den Neckar bei Mannheim, 1823–1824 226
Entwurf einer unterspannten Brücke über die Luga bei Jamburg, 1825 228

Architektur- und Ingenieurarbeiten: von Einzelbauwerken zu städtischen Ensembles, 1825–1832 233

Entwürfe zum Hochwasserschutz 233

Entwurf eines neuen Gitters für den Sommergarten in St. Petersburg, 1825 239

Gußeiserne Bogenbrücken an Mojka und Katharinen-Kanal, 1828–1832 243

Beratungs-, Verwaltungs- und Verlagstätigkeit 259

›Kaiserlich russischer Ingenieur-General a. D.‹ in Baden: neue Projekte und Berufswechsel, 1832–1859 263

Demission und Abreise aus St. Petersburg, 1830–1832 263

Der ›Auslandskorrespondent‹ des russischen Amts für Verkehrswege in Karlsruhe, 1832–1835 268

Tätigkeit in Mannheim: Ingenieurprojekte und Schriften, 1835–1859 . . 280

Familie und Nachkommen Traitteurs: Rückkehr nach Rußland 288

Der badische Ingenieur Wilhelm von Traitteur im Kontext der zeitgenössischen Baukunst 289

Die Kettenbrücken Traitteurs als Denkmäler der europäischen Brückenbaukunst und Bautechnik der 1820er Jahre 289

Die Bauten Traitteurs als Werke der Petersburger Architektur des Spätklassizismus und der Frühromantik 293

Anhang 301

Wilhelm von Traitteur: Lebensdaten, Bauten und Projekte 303

Dokumente 306
Bewerbungsschreiben Traitteurs an das badische Ministerium des Innern, 1810 306
Brief Traitteurs an Kaiser Nikolaus I. von Rußland, 1831 308

Schriften, Druckwerke und Zeichenmappen Traitteurs 313

Auswahlbibliographie 315

Maße und Gewichte 322

Technische Daten der Kettenbrücken Traitteurs in St. Petersburg 323

Abkürzungen 324

Abbildungsnachweis 325

Personenregister 327

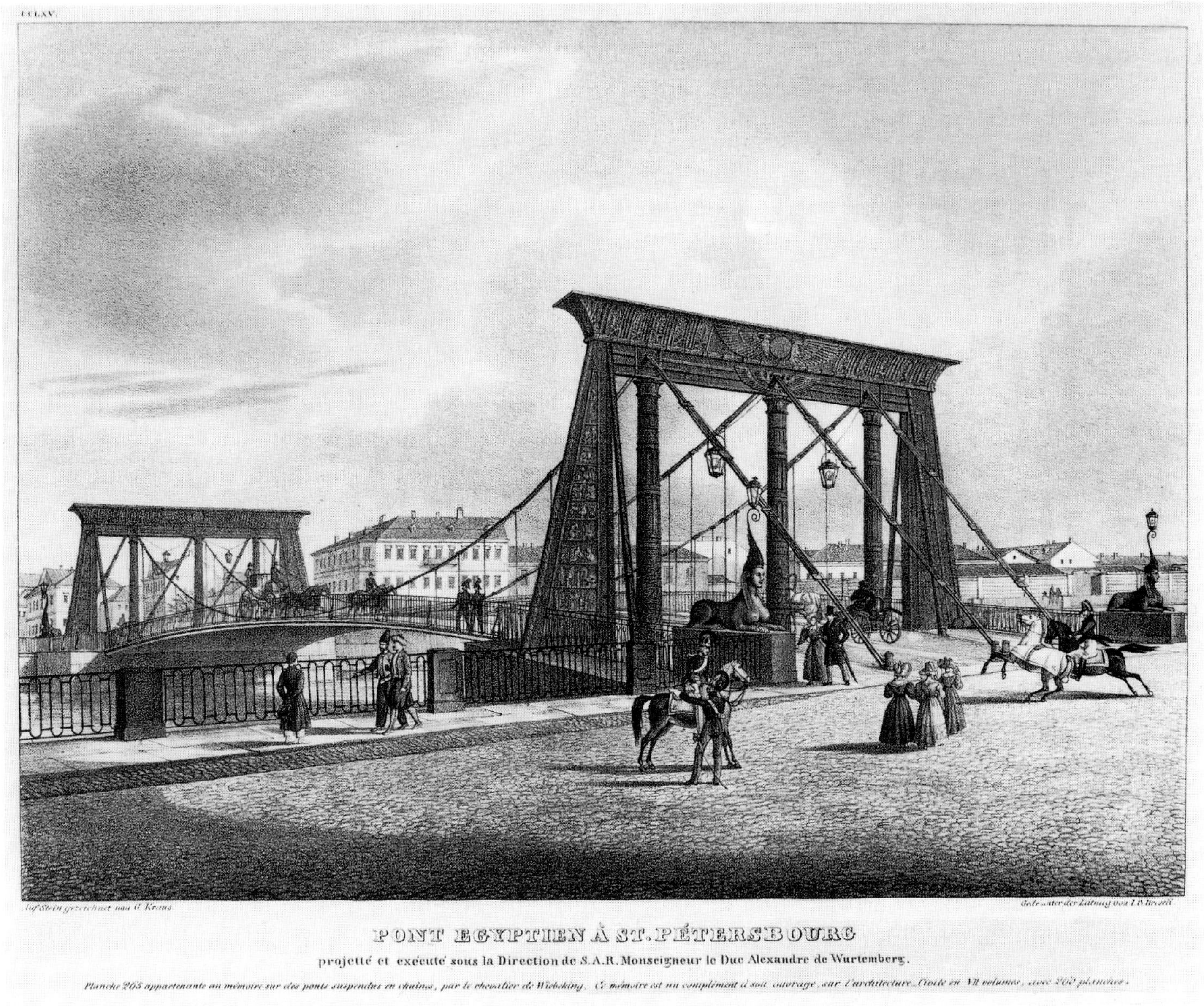

1 Die Ägyptische Brücke über die Fontanka in St. Petersburg. Traitteur, 1825–1826. Lithographie von G. Kraus, vor 1832 (Wiebeking. *Mémoire sur des ponts suspendus en chaînes…*, Frontispiz)

Einleitung

Die engen dynastischen Verflechtungen zwischen dem Hause Baden und dem russischen Hof in St. Petersburg sind eine bekannte Tatsache der deutschen Geschichte des beginnenden 19. Jahrhunderts. Die jahrelangen Kontakte der höfischen Gesellschaften beider Staaten ebneten einem breitangelegten Austausch unterschiedlicher Berufsgruppen und einzelner Fachkräfte den Weg, der den historischen Kontext der Entwicklung Badens im vergangenen Jahrhundert mitprägte[1]. Seit einigen Jahren bereits hat die Geschichte der russisch-deutschen wie auch der badisch-russischen Verbindungen in der wissenschaftlichen wie populären Literatur wieder an Aktualität gewonnen[2]. Zu den wichtigen und unerforschten Gebieten der badisch-russischen Kontakte gehören die Beziehungen in den Bereichen Architektur und Ingenieurwesen, mit denen sich diese Arbeit befaßt. Dabei soll einer der weniger bekannten Aspekte der Petersburger Baugeschichte im ersten Drittel des 19. Jahrhunderts vorge-

[1] Zollner, Hans Leopold. *Greif & Zarenadler. Aus zwei Jahrhunderten badisch-russischer Beziehungen*. Karlsruhe, 1981.

[2] Fischer, Klaus. *Russen in Baden-Baden*. Baden-Baden, 1986; Dietrich, Susanne. *Württemberg und Rußland. Geschichte einer Beziehungen*. Leinfelden-Echterdingen, 1994; Birkenmaier, Willy. *Das russische Heidelberg*. Heidelberg, 1995, Effern, Renate. *Der dreiköpfige Adler. Rußland zu Gast in Baden-Baden*. Baden-Baden, 1997, u. a.

stellt und auch manches bisher unbekannte Detail in der zeitgenössischen Architektur der badischen Baumeister Friedrich Weinbrenner, Johann Gottfried Tulla und Heinrich Hübsch aufgezeigt werden.

Die badisch-russischen Verbindungen im Bereich der Baukunst verkörpern sich vor allem in einer Person, dem Mannheimer Wilhelm von Traitteur (1788–1859), der 18 Jahre intensiver Tätigkeit in St. Petersburg verbracht hat. Dieser in der deutschen Baugeschichte praktisch unbekannte Baumeister und Ingenieur wurde bisher generell von Architekturhistorikern kaum mit Aufmerksamkeit bedacht. Daß das Werk Traitteurs in der modernen Forschung weitgehend unbeachtet blieb, dürfte mit seinem ungewöhnlichen, nicht widerspruchsfreien Werdegang zusammenhängen. Nach erfolglosem Bemühen um ein badisches Ingenieursamt nahm der 25jährige Traitteur 1813 eine Einladung des russischen Zaren Alexander I. an und reiste nach St. Petersburg. Im Jahre 1831, auf dem Gipfel einer glänzenden Karriere angelangt, ersuchte der badische Ingenieur unerwartet um seine Entlassung aus dem Dienst und kehrte nach Deutschland zurück. Schon bald nach seiner Rückkehr nach Baden stellte Traitteur, der Anfang der 1830er Jahre vom Bayerischen Generaldirektor des Brücken- und Straßenbaus a. D. Carl Friedrich von Wiebeking als ein Pionier der Brückenbaukunst gewürdigt worden war (Abb. 1–3), seine Entwurfs- und Ingenieurtätigkeit ein. Diese Umstände führten schließlich dazu, daß die Person Traitteur nicht in die Geschichte einging und die zwischen Deutschland und Rußland verstreuten Informationen über seine Tätigkeit durch die Isolation von Ost und West in der jüngsten europäischen Geschichte für eine umfassende Untersuchung unzugänglich blieben.

In dieser Arbeit soll versucht werden, die Quellen beider Länder in einer Zusammenschau zu vereinen und den Stellenwert der Arbeiten Wilhelm von Traitteurs in den Kontext der europäischen Bau- und Technikgeschichte des Spätklassizismus (1800 bis Anfang der 1830er Jahre) einzuordnen. So wie die Biographie Traitteurs mit einigen Umbruchsmomenten der europäischen Geschichte des beginnenden 19. Jahrhunderts zusammenfällt, spiegelt sich auch die Entwicklung der Architektur in seinem Werk. In den Petersburger Entwürfen des badischen Baumeisters kommen einige grundlegende Phänomene besonders deutlich zum Ausdruck, die den Übergang vom Klassizismus zum frühen Historismus und in der Folge die Entstehung der Grundlagen der modernen Architektur markieren. Aufgrund dieser Besonderheiten werden in dieser Arbeit über den Rahmen einer traditionell monographischen Herangehensweise an die Untersuchung einer konkreten Architektenbiographie hinaus auch folgende historisch-theoretische Fragestellungen zur europäischen Baugeschichte des ersten Drittels des 19. Jahrhunderts in die Betrachtung einbezogen:

- Herausbildung der Grundlagen der sogenannten ›Eisenarchitektur‹ als Teil der Baukunst des Spätklassizismus und frühen Historismus (neue Bauwerkstypen und gestalterische Prinzipien; neue Konstruktionen, Materialien und Stilrichtungen in der Architektur; Einfluß von Technik und Architektur auf das gesellschaftliche Kunstbewußtsein);
- Entstehung neuer Gattungen von Holz- und Eisenkonstruktionen, insbesondere der frühen Kettenbrücken (Herausbildung und Entwicklung der Konstruktionsidee; Einführung neuer Baustoffe, Prüf- und Berechnungsmethoden; Verfahren zur Errichtung von Bauwerken);
- Herausbildung des modernen Architekten- und Ingenieurberufs (französische Ingenieurskultur der Aufklärung und Entstehung regionaler Technischer Hochschulen; Tätigkeit des Petersburger Corps und Instituts der Verkehrswegeingenieure und Erfahrungsaustausch im Bauwesen zwischen Frankreich, Baden und Rußland);

2 Isaaks-Brücke über die Neva (Pontonbrücke) in St. Petersburg. Entwurf Bétancourt 1816, Ausführung Traitteur 1819–1821. Schaubild mit Isaaks-Kathedrale und Senatsplatz. Kupferstich, um 1850

- Bildung eines denkmalpflegerischen Bewußtseins Anfang des 20. Jahrhunderts (Einführung des Begriffs ›Architekturdenkmal‹ in Rußland; Erfahrungen beim Schutz von Denkmälern der Eisenarchitektur in der Sowjetunion);
- Entwicklung von Verbindungen zwischen Südwestdeutschland und St. Petersburg in der Architektur und im Ingenieurwesen im ersten Drittel des 19. Jahrhunderts als Teil der russisch-deutschen politischen und kulturellen Beziehungen.

In einer ersten Phase dieser Forschungsarbeit wurden möglichst umfassend frühe und unbekannte bauhistorische Quellen gesichtet und systematisch erfaßt. Zu den wichtigsten unmittelbaren Quellen gehören der zeitgenössische baubezogene Schriftwechsel, Entwurfs-, Ausführungs- und Bauaufnahmezeichnungen sowie Modelle aus Archiv- und Museumsbeständen in Rußland, Deutschland und einigen Drittländern. Als wesentliche ›indirekte‹ Quellen dienten historische bzw. landeskundliche Literatur, Memoiren und Archivaufnahmen. Neben der Quellenarbeit erfolgten Untersuchungen an den in St. Petersburg erhaltenen Objekten selbst sowie an vergleichbaren Bauwerken aus dergleichen Zeit in Deutschland. Insgesamt wurde im Rahmen dieser

Arbeit auf Materialien folgender Bestände zurückgegriffen, die jeweils nach ihrer Relevanz für die vorliegende Arbeit aufgeführt sind:

– in Rußland:
  Russisches Staatliches Historisches Archiv, St. Petersburg (Rossijskij gosudarstvennyj istoričeskij arhiv, RGIA); Wissenschaftlich-technische Bibliothek der Petersburger Universität für Verkehrswege (Naučno-tehničeskaja biblioteka peterburgskogo universiteta putej soobščenija, NTB PGUPS); Zentrales Museum für Eisenbahnverkehr Rußlands, St. Petersburg (Central'nyj muzej železnodorožnogo transporta Rossii); Zentrales Staatliches Archiv für Film-, Photo- und Audiodokumente, St. Petersburg (Central'nyj gosudarstvennyj arhiv kinofotofonodokumentov, CGA KFFD); Wissenschaftliches Forschungsmuseum der Akademie der Künste Rußlands (Naučno-issledovatel'skij muzej Akademii hudožestv Rossii, NIMAH); Werkmuseum der Staatlichen Notenanstalt (Muzej istorii fabriki Goznaka); Russisches Staatliches Marinearchiv (Rossijskij gosudarstvennyj arhiv voenno-morskogo flota, RGA VMF); Russisches Staatliches Militärhistorisches Arhiv, Moskau (Rossijskij gosudarstvennyj voenno-istoričeskij arhiv, RGVIA); Staatliches Museum der Geschichte St. Petersburgs-Leningrads (Gosudarstvennyj muzej istorii Peterburga-Leningrada, GMIL); Russische Nationalbibliothek, St. Petersburg (Rossijskaja nacional'naja biblioteka, RNB); Zentrales staatliches historisches Archiv St. Petersburgs (Central'nyj gosudarstvennyj istoričeskij arhiv St. Peterburga, CGIA SPb); Archiv des Institutes für Geschichte der materiellen Kultur der Russischen Akademie der Wissenschaften, St. Petersburg (Institut istorii material'noj kultury, IIMK RAN); Archiv LenMostoTresta, St. Petersburg (LMT).
– in Deutschland und Drittländern:
  Generallandesarchiv Karlsruhe (GLA Karlsruhe); Stadtarchiv Karlsruhe; Reiß-Museum Mannheim; Stadtarchiv Mannheim; Wehrgeschichtliches Museum Rastatt; Archiv der Bayerischen Akademie der Wissenschaften, München; Privatarchiv Volker von Traitteur (Köln); Privatsammlung Gerhard Knoor (Baden-Baden); Privatarchiv Dr. Christof Müller-Wirth (Karlsruhe); Library and Archive, Institution of Civil Engineers London (Großbritannien); Estonian History Museum Tallinn (Eesti ajaloomuseum, Estland).

Bei der Sichtung der Quellen hat sich die anfangs gehegte Erwartung, in russischen und deutschen Archiven Materialien etwa gleichen Umfangs auffinden zu können, aufgrund der beträchtlichen Verluste in den letzten Jahren des Zweiten Weltkriegs nicht erfüllt[3]. Als bedeutsam sind die unveröffentlichten Materialien aus dem Generallandesarchiv Karlsruhe sowie die Bestände des Reiß-Museums Mannheim (der ehemaligen Sammlung Mannheimer Altertumsverein) zur frühen ›badischen‹ Schaffensperiode Traitteurs einzustufen, doch sind damit die Funde in deutschen Beständen erschöpft. Während des Krieges dürften auch einige der in der Literatur des beginnenden 20. Jahrhunderts erwähnten Dokumente verloren gegangen sein[4].

Die russischen Archivfunde übertrafen dagegen jegliche Erwartungen. So kann heute in den Beständen von St. Petersburg und teilweise auch von Moskau ein umfangreicher ›Nachlaß‹ Traitteurs festgestellt werden, der Text- und Bildarchivalien zu allen Phasen der Petersburger Dienstzeit des badischen Ingenieurs umfaßt. Dieser Corpus enthält ca. 60 Archivmappen (mit Umfängen von bis zu 300 Blatt) mit dem Schriftwechsel, ca. 250 Blätter von originalen Bauzeichnungen und Kopien sowie vier Traitteur zugeordnete Lithographiealben. Der Umstand, daß sich die vorliegende Arbeit auf umfangreiche, in der deutschsprachigen Fachliteratur bislang nicht bekannte Archivalien stützt, veranlaßt den Verfasser, in den Fußnoten entsprechend ausführliche Angaben zu allen Quellen anzuführen.

[3] Gegen Ende des Kriegs wurden die Bestände des Stadtarchivs Mannheim sowie das Privatarchiv im Hause Anna von Traitteurs, München, praktisch vollständig vernichtet. Diese Archivalien dienten als Hauptquellen für: Walter, Friedrich. *Geschichte Mannheims vom Übergang an Baden (1802) bis zur Gründung des Reiches*. Mannheim, 1907, S. 299–231, 672. Die Bestände des Generallandesarchivs Karlsruhe (GLA Karlsruhe) kamen teilweise zu Schaden.

[4] Insbesondere der 1824 in St. Petersburg erstellte Entwurf Traitteurs zu einer weitgespannten Kettenbrücke in ›indischem‹ Stil für Mannheim (s. unten S. 226 f.).

[5] *Nagler Kunstlexikon*, 1845, Band 19, S. 257 (unter falschem Vornamen: Gustav v. Traitteur); *Allgemeines Lexikon der Bildenden Künstler (Thieme–Becker Künstlerlexikon)*. Leipzig, 1939, Bd. 33, S. 342 (Traitteur, Wilhelm von); Waldeck, Florian. *von Traitteur*. In: (Florian Waldeck, Hrsg.) Alte Mannheimer Familien. Teil 2. Mannheim, 1922, S. 48–64 (Nachdruck Mannheim 1987).

[6] Nikolai, L. F. *Kratkie istoričeskie dannye o razvitii mostovogo dela v Rossii (Kurze historische Angaben zur Entwicklung des Brückenbauwesens in Rußland)*. St. Petersburg, 1898, S. 54 ff, 66, 72. Die zahlreichen Ungenauigkeiten dieser ersten Veröffentlichung u. a. bei der Zuordnung der Traitteurschen Brücken wurden in der Folgezeit in weitere Publikationen übernommen. Für die vorliegende Untersuchung sind die seit Beginn der 90er Jahre in Frankreich durch die russischen Wissenschaftler D. Ju. Guzevič und I. D. Guzevič durchgeführten Arbeiten zur Geschichte der französisch-russischen Ingenieurverbindungen von größtem Interesse. Unter diesen Veröffentlichungen ist insbesondere die Monographie zu einem der namhaftesten Kollegen Traitteurs im Petersburger Corps der Verkehrswegeingenieure, P.-D. Bazaine, hervorzuheben: Guzevič, D. Ju.; Guzevič, I. D. *Petr Petrovič Bazen 1786–1838 (Pierre-Dominique Bazaine 1786–1838)*. St. Petersburg, 1995.

3 Schaubild der Panteleimon-Brücke mit Michaelsschloß und Fontanka. Lithographie von Pluchart, um 1826 (GMIL, I-A-2016-L)

Der Materialfundus zu Traitteurs Werk wurde besonders in Rücksicht auf dessen konstruktionsgeschichtliche Einordung analysiert. Dabei konnte die zeitgenössische russische Architektur- und Baupraxis als Teil des gesamteuropäischen wissenschaftlich-technischen Fortschritts in ihren sozio-kulturellen und politisch-ökonomischen Verflechtungen aufgezeigt werden. Im Falle der russischen Architekturgeschichte mag ein solcher methodischer Ansatz neu erscheinen. Dies liegt nicht zuletzt an der bekannten Ausblendung allgemeinhistorischer Zusammenhänge – gerade auch der Westbeziehungen Rußlands – durch eine oft ideologisch bestimmte Wissenschaftsauffassung in den vergangenen Jahrzehnten. So bleibt etwa in den einschlägigen sowjetischen Werken zur Architektur des Klassizismus bis in die 1980er Jahre hinein etwa das Mitwirken der in der französischen Tradition geschulten Ingenieure an der städtebaulichen Entwicklung von St. Petersburg weitgehend unbeachtet.

Trotz der Materialfülle blieb das Erbe Traitteurs bisher praktisch unerforscht. Informationen in der deutschen Literatur beschränken sich auf zwei Bemerkungen in Kunstlexika und kurzen Erinnerungen in der Familienchronik[5]. In der russischsprachigen Fachliteratur zur Geschichte des Instituts der Verkehrswegeingenieure (L. F. Nikolai, A. N. Bogoljubov, M. I. Voronin, M. M. Voronina, A. L. Punin, D. Ju. Guzevič u. a.)[6] wird Traitteur seit Ende des 19. Jahrhunderts als Erbauer bedeutender Brücken zwar immer wieder erwähnt, ohne daß jedoch versucht wird, die Besonderheiten seines Werdegangs herauszuarbeiten. Einer der ersten, der auf die badische Herkunft Traitteurs hinwies, war der Historiker A. F. Korostin, der sich mit der Geschichte der Lithographie in Rußland befaßte: *»... In der russischen Literatur finden wir zu Traitteur jedoch fast nichts (mit Ausnahme seiner zahlreichen Erwähnungen als Erbauer der berühmten Hängebrücken in St. Petersburg)«*[7]. Der Zeitpunkt der Veröffentlichung seines Grundlagenwerks (1943) war jedoch weiterführenden Forschungen nicht günstig. So fiel diese Publikation auch aus dem Blickfeld der mit russischer Architektur und Brückenbau befaßten Architekturhistoriker (A. L. Punin, M. S. Bunin u. a.)[8], die den badischen Baumeister oft in der die Herkunft seines Namens unkenntlich machenden Transkription G. bzw. G. *M. Tret(t)er* und gewöhnlich als Petersburger Ingenieur erwähnt haben. In der aktuellen vierten Ausgabe des von der Staatlichen Inspektion für Denkmalschutz erstellten Nachschlagewerks zur Petersburger Architekturgeschichte findet sich lediglich die lapidare Information *»Tretter, Georg (wirkte in der 1. Hälfte des 19. Jh.), Ingenieur...«*[9].

Interessant ist dabei, daß der Name Traitteurs in den 80er Jahren in der britischen Literatur zur Geschichte der Bautechnik auftaucht. In der einzigen, 1983 veröffentlichten westeuropäischen Studie zur Geschichte der russischen Eisenarchitektur (John G. James) wurde Traitteur einer Gruppe in St. Petersburg tätiger französischer Ingenieure (Bazaine, Lamé, Clapeyron, Traitteur) zugeordnet[10]. Michael M. Chrimes (Library and Archive Institution of Civil Engineers, London) hat schließlich als erster damit begonnen, in deutschen Archiven über Traitteur zu recherchieren. Die einzige bis heute existierende Publikation zu Traitteur ist ein als Einführung zu dieser Arbeit erschienenes zweisprachiges Heft[11].

[7] Korostin, A. F. *Načalo litografii v Rossii 1816–1818. K 125-letiju russkoj litografii (Der Beginn der Lithographie in Rußland 1816–1818. 125 Jahre russische Lithographie)*. Moskau, 1943, S. 51.

[8] Die bedeutendsten Beiträge zur Entwicklung der methodischen Grundlagen und Erforschung der Baugeschichte des russischen Brückenbaus als eigenständiges Thema stammt von Prof. A. L. Punin, Fachbereich Architektur der Akademie der Künste, St. Petersburg: *Povest' o leningradskih mostah (Erzählung über die Leningrader Brücken)*. Leningrad, 1971; (mit E. Pluihin) *And bridges spanned the water's width ...* . Leningrad, 1975; *Arhitektura otečestvennyh mostov (Heimische Brückenarchitektur)*. Leningrad, 1982; *Arhitektura mostov. Evolucija stilističeskih osobennostej ot antičnoj epohi do načala XX veka i arhitekturno-hudožestvennye problemy sovremennogo zarubežnogo mostostroenija (Brückenarchitektur. Entwicklung stilistischer Besonderheiten von der Antike bis Anfang des 20. Jahrhunderts und architektonisch-künstlerische Probleme des zeitgenössischen ausländischen Brückenbaus)*. Leningrad, 1984. Kunsthistorische Dissertation (Manuskript). Im Bereich der Brückenbaukunst ist das Wirken von ›G. M. Tretter‹ am ausführlichsten beschrieben bei: Bunin, M. S. *Mosty Leningrada. Očerki istorii i arhitektury mostov Peterburga–Petrograda–Leningrada (Leningrader Brükken. Studien zu Geschichte und Architektur der Brücken St. Petersburgs/Petrograds/Leningrads)*. Leningrad, 1986, S. 77–86.

[9] *Pamjatniki arhitektury Leningrada (Leningrader Architekturdenkmäler)*. Leningrad, 1976, S. 566.

[10] James, John G. *Russian Iron Bridges to about 1850*. In: Transactions of the Newcomen Society, 54 (1982–1983), S. 90-94 und das zugrundeliegende Typoskript vom 12. Januar 1983, S. 16.

[11] Fedorov, Sergej G. *Der badische Ingenieur Wilhelm von Traitteur als Architekt russischer Eisenkonstruktionen. Eine Einführung in die Biographie*. Institut für Baugeschichte der Universität Karlsruhe. Materialien zu Bauforschung und Baugeschichte. Heft 4, 1992.

Baden und St. Petersburg zu Beginn des 19. Jahrhunderts: Geschichte und höfische Kultur

Wilhelm von Traitteurs persönliches Schicksal gestaltete sich inmitten der recht dramatisch verlaufenden ›großen‹ europäischen Geschichte an der Schwelle zum 19. Jahrhundert sowie der eng mit ihr verbundenen Beziehungen zwischen der Markgrafschaft Baden und Frankreich bzw. Baden und dem Russischen Reich. Die badische Geschichte jener Zeit ist typisch für die einer kleinen, aber durchaus selbstbewußt expandierenden Regionalherrschaft zwischen den Großmächten, in diesem Falle dem benachbarten Frankreich und Österreich. Während des Ersten Koalitionskriegs gegen das revolutionäre Frankreich (1792–1797) kämpfte das zum Deutschen Reich gehörende Baden auf der Seite Österreichs und Preußens. Bei Kriegsende verließ die Markgrafschaft Baden zur Erhaltung seiner Souveränität die Erste Koalition und schloß im August 1796 einen Sonderfrieden mit Frankreich. Der weitere Weg Badens war eng mit dem Aufstieg Napoleons verknüpft. Nach dem Zweiten Koalitionskrieg (1799–1802) und dem Frieden von Lunéville (1801) wird Baden als strategische Maßnahme Napoleons zur Eindämmung des österreichischen Einflusses im Februar 1803 Kurfürstentum und kann sein Territorium bedeutend vergrößern (Reichsdeputationshauptschluß). Baden werden hierbei die rechtsrheinischen Gebiete der Kurpfalz mit Mannheim, der Geburtsstadt Wilhelm von Traitteurs, zugeschlagen. Im Juli 1806 tritt Baden dem unter napoleonischem Protektorat stehenden Rheinbund bei, und das Kurfürstentum wird Großherzogtum[1].

Bei aller Nähe zu Frankreich hat der Karlsruher Hof in jenen Jahren aber auch enge dynastische Beziehungen zum fernen Rußland gepflegt. Für Traitteur ergab sich aus der wirtschaftlich schwierigen und politisch widersprüchlichen Lage Badens im Gefolge der napoleonischen Kriege in Europa die Chance, seine in Frankreich erworbenen Kenntnisse und Erfahrungen in einer erfolgreichen Karriere in Rußland anzuwenden.

Dabei waren die achtzehnjährige Tätigkeit Traitteurs in russischen Diensten und sein engagiertes Mitwirken am Petersburger Bauwesen an sich nicht außergewöhnlich. Traitteurs Erscheinen am recht bunt und kosmopolitisch zusammengesetzten Architekturhimmel der russischen Hauptstadt war vielmehr eine Folge der sich im 18. und 19. Jahrhundert verdichtenden dynastischen Beziehungen zwischen der russischen Herrscherfamilie Romanov und den deutschen Fürstenhäusern[2]. Ein weiteres Ergebnis dieser Kontakte waren insbesondere massenhafte Umsiedlungen deutscher Bauern nach Rußland. So ließen sich unter Katharina II. etwa 20.000 Menschen und nach Ausgabe des ›Privilegienbriefs‹ durch Alexander I. 60.000 Menschen aus Baden in Rußland nieder. In den Jahren 1808–1812 wurden in der Süd-Ukraine und im Kaukasus ca. 200 deutsche Dörfer gegründet. Neben dieser Massenemigration von Bauern vollzog sich in jenen Jahren auch eine mehr auf St. Petersburg konzentrierte Auswanderungsbewegung von Wissenschaftlern, Fachkräften und Handwerkern, in deren Zuge auch Wilhelm von Traitteur nach Rußland kam. Somit stand er weder in seinem Berufsfeld noch in seinem sozialen Milieu allein[3]. Traitteur selbst dürfte zumindest der zweite ›Kunsthandwerker‹ aus Baden

[1] Hermes, Sabina; Niemeyer, Joachim. *Unter dem Greifen. Altbadisches Militär von der Vereinigung der Markgrafschaften bis zur Reichsgründung 1771–1871.* Karlsruhe, 1984, S. 16–21, 28–32; Press, Volker. *Südwestdeutschland im Zeitalter der Französischen Revolution und Napoleons.* In: Baden und Württemberg im Zeitalter Napoleons. Band 2. Stuttgart, 1987, S. 9–24.

[2] Lindemann, Martha. *Die Heiraten der Romanows und der deutschen Fürstenhäuser.* 1935; Dietrich, Susanne. *Württemberg und Rußland. Geschichte einer Beziehung.* Leinfelden-Echterdingen, 1994; *Prunkvolles Zarenreich – eine Dynastie blickt nach Westen.* Katalog einer Ausstellung. Köln, 1996; Zollner, Hans Leopold. *Greif & Zarenadler. Aus zwei Jahrhunderten badisch-russischer Beziehungen.* Karlsruhe. 1981; *Deutsche Prinzessinnen auf russischem Thron. Schätze aus Zarskoje Selo, der Sommerresidenz bei St. Petersburg.* Ausstellungskatalog Berlin 1992.

[3] Zur deutschen Ingenieuroffizierskolonie in St. Petersburg vgl. etwa: *Schubert, Friedrich von. Unter dem Doppeladler. Erinnerungen eines Deutschen in russischem Offizierdienst 1789–1814.* Stuttgart, 1962, S. 3–18 (Einleitung des Herausgebers Erik Amburger). Während der Napoleonischen Kriege emigrierte auch der bekannte preußische Militärtheoretiker Carl von Clausewitz (1780–1831) nach Rußland.

gewesen sein, der in der russischen Kultur merkliche Spuren hinterließ. Zur selben Zeit arbeitete der aus Durlach stammende Kunstschreiner Heinrich Gambs (1765–1831) in St. Petersburg, wo er sich 1790 mit seinem Lehrer David Roentgen niedergelassen hatte[4].

Baden und Rußland zur Zeit Alexanders I.

Unter den Verbindungen der deutschen Fürstenhäuser zum Zarenhof nehmen die badisch-russischen Beziehungen einen herausragenden Platz ein. Eine kurze Darstellung ihrer Geschichte erhellt manche unerwartete Wendung des Traitteurschen Lebenswegs, in dem der russische Zar Alexander I. und seine Gattin, die badische Prinzessin Luise Maria Auguste, eine wichtige Rolle spielen. Anfang der 1790er Jahre hielt die russische Zarin Katharina II., gebürtige Sophie Auguste Friederike Prinzessin von Anhalt-Zerbst, Brautschau für ihren ältesten Enkelsohn, den Großfürsten Aleksandr Petrovič und künftigen Zaren Alexander I. [5]. Dabei fiel der Blick der Zarin auf den Hof des badischen Markgrafen Carl Friedrich (1728–1811), der 1753 den Baden-Durlacher Thron bestiegen hatte. Der älteste Sohn des Markgrafen, Erbprinz Karl Ludwig, und dessen Gemahlin Prinzessin Amalie (1754–1832)[6] hatten sechs Töchter, über deren Reize und Fähigkeiten sich viele Zeitgenossen, so auch Goethe, lobend ausgesprochen hatten. Aus dem erhaltenen Schriftwechsel geht hervor, wie diese für die damalige Zeit durchaus typischen Ehevermittlungen, mit denen Katharina II. reichlich Erfahrung hatte, vonstatten gingen[7]. Am 14. November 1790 erhielt der russische Gesandte bei den kleinen deutschen Höfen, Graf N. P. Rumjancev[8], von Katharina II. ein Schreiben folgenden Inhalts: *»Graf Nikolaj Petrovič. Unter dem Vorwand einer gewöhnlichen Visite bei den deutschen Fürsten, bei denen Sie akkreditiert sind, fahren Sie nach Karlsruhe und versuchen dort, die Töchter des Erbprinzen, Luise-Auguste, 11 Jahre, und Friederike-Dorothea, 9 Jahre, zu sehen. Außer deren Schönheit des Antlitzes und sonstigen körperlichen Eigenschaften haben Sie sich äußerst zuverlässig über Erziehung, Gesittung und überhaupt die geistigen Gaben dieser Prinzessinnen zu unterrichten, worüber Sie mir detailliert Bericht erstatten werden .... Im übrigen bin ich überzeugt, daß Sie diese meinerseits übertragene Angelegenheit mit äußerster Vorsicht und auf für andere unmerklichste Weise ausführen. Eure gnädige Katharina«*[9].

Nach Erfüllung seines kaiserlichen Auftrags antwortete Graf Rumjancev am 12. März 1791 aus Frankfurt am Main: *»Madame, j'ai obéi aux ordres de V. M. I. J'ai fait un voyage à Carlsruhe; j'y ai prolongé mon séjour plus que de coutume, et j'ose me flatter que nul n'a pénétré le dessein qui m'y avait amené, comme nulle personne au monde ne sait le sujet de l'expédition que je fais ... . Madame la princesse Louise est plus forte et plus développée qu'on ne l'est communément à son âge. Elle est très jolie sans être absolument belle. Elle paraît avoir beaucoup de douceur, d'aménité et de politesse: elle a surtout de la grâce, ce qui fait qu'elle s'embellit quand elle parle, et que le don de la nature porte un charme particulier sur ses actions. Elle réunit pour elle le suffrage public de préférence à toutes ses sœurs. On vante son caractère comme on cite sa figure et sa fraîcheur pour être un sûr garant de sa santé; une seule réflexion, Madame, diminue que cette princesse donne d'elle-même dès à cette heure et pour l'avenir, c'est qu'ayant déja de l'embonpoint, elle fait craindre qu'un jour elle n'en prenne beaucoup trop«*[10].

Diese Art ›Geheimdiplomatie‹ mündete in eine vorläufige Übereinkunft zwischen den Höfen, nach der die Tochter des Baden-Durlacher Markgrafen Karl Ludwig, Prinzessin Luise Maria Auguste, und deren Schwester Friederike Dorothea Wilhelmine im September 1792 von Karlsruhe nach St. Petersburg reisten. Zwei Monate später kehrte Friederike Dorothea reich beschenkt nach Hause zurück, und im Dezember desselben Jahres hielt Katharina II. für ihren

[4] 1795 gründete Gambs in St. Petersburg eine Möbelfabrik und eröffnete ein Möbelgeschäft, 1810 wurde ihm der Titel eines ›Hofmechanikers‹ verliehen (Göres, Burckhardt. *Zu Biographie und Schaffen von Heinrich Gambs in Sankt Petersburg.* In: Ein Jahrhundert Möbel für den Fürstenhof: Karlsruhe, Mannheim, Sankt Petersburg 1750 bis 1850. Sigmaringen, 1994, S. 63–68).

[5] Der russische Zar Alexander I. (geb. 12. 12. 1777 in St. Petersburg, gest. 19. 11. 1825 in Taganrog, regierte ab 12. 3. 1801) gilt als Schlüsselfigur in der Entwicklung der russisch-deutschen Beziehungen des beginnenden 19. Jahrhunderts. Als ältester Sohn des Thronfolgers Pavel Petrovič (Zar Paul I., 1754–1801; Regierungszeit: 1796–1801) und der Großfürstin Marija Fedorovna (der württembergischen Prinzessin Sophie Dorothea, 1759–1828), Gatte einer badischen Fürstentochter und Bruder der künftigen württembergischen Königin Katharina (1788–1819) sowie aufgrund seiner Rolle im Krieg gegen Napoleon (1812–1813) und seiner Position auf dem Wiener Kongreß (1814–1815) erlangte er Ruhm als Mitbegründer der vom österreichischen Kanzler Fürst Metternich entworfenen politischen Neuordnung Deutschlands und Europas. Unter der zahlreichen russischsprachigen historischen Literatur über Alexander I. sind hervorzuheben: Mihajlovskij-Danilevskij, A. I. *Imperator Aleksandr I i ego spodvižniki (Kaiser Alexander I. und seine Weggefährten).* Bd. 1–6, St. Petersburg, 1845–1849; Solov'ev, S. M. *Imperator Aleksandr I. Politika-diplomatija (Kaiser Alexander I. Politik und Diplomatie).* St. Petersburg, 1877; Bogdanovič, M. I. *Istorija carstvovanija imp. Aleksandra I. i Rossija ego vremeni (Die Herrschaftsgeschichte des Kaisers Alexander I. und das Rußland seiner Zeit).* St. Petersburg, 1869; Großfürst Nikolaj Mihajlovič. *Imperator Aleksandr I. Opyt istoričeskogo issledovanija (Kaiser Alexander I. Versuch einer historischen Studie).* Bd. 1, St. Petersburg, 1912; Šil'der, N. K. *Imperator Aleksandr I: ego žizn' i carstvovanie (Kaiser Alexander I.: Leben und Regierungszeit).* Bd. 1–4, St. Petersburg, 1897.

[6] Im Juni 1773 reiste Amalie Friederike, damals Prinzessin von Hessen-Darmstadt, im Rahmen der Brautschau für Katharinas II. Sohn Großfürst Pavel Petrovič mit ihren beiden Schwestern nach St. Petersburg. Eine von ihnen, Wilhelmine, wurde alsbald die erste Frau des Großfürsten.

[7] Zwanzig Jahre zuvor hatte Katharina II. in südwestdeutschen Landen ein ähnliches Verfahren für ihren Sohn, den Großfürsten Pavel Petrovič, eingeleitet. Nachdem ihr die Hand der 13jährigen Prinzessin Sophie Dorothea von Württemberg (1772) verweigert worden war, wandte sie sich an den Hof der Landgrafschaft Hessen-Darmstadt, der in eine derartige Verbindung einwilligte. Der frühe Tod der ersten Gattin des Großfürsten, Wilhelmine von Hessen-Darmstadt (der Großfürstin Natal'ja Alekseevna, 1755–1776), veranlaßte Katharina II., sich ein weiteres Mal nach Württemberg zu wenden. 1776 stimmte man dort einer Ehe zwischen der Prinzessin Sophie Dorothea und Pavel Petrovič, dem künftigen Zaren Paul I. (1754–1801), zu (Maurer, Hans Martin. *Das Haus Württemberg und Rußland.* In: Zeitschrift für Württembergische Landesgeschichte, 48 (1989), S. 202–206).

Enkel Alexander beim Erbprinzen von Baden offiziell um die Hand seiner Tochter an. Nach fast einjähriger Vorbereitung auf die Eheschließung wurde die 14jährige Luise Maria Auguste am 28. September (10. Oktober) 1793[11] mit dem 16jährigen Großfürsten Aleksandr Pavlovič vermählt und ging schließlich als Zarin Elizaveta Alekseevna in die russische Geschichte ein[12].

Elizaveta Alekseevna besuchte ihr Heimatland Baden über zwanzig Jahre lang nicht, stand jedoch mit ihrer Mutter, der Markgräfin Amalie, in intensivem Briefkontakt. Der erhaltene Schriftwechsel gibt über die Ereignisse im Leben beider Höfe auf das Genaueste Auskunft und zeugt von überaus engen Verbindungen zwischen Baden und Rußland[13]. In diesen Briefen ging es um die unterschiedlichsten Themen vom gegenseitigen Schutz der politischen und territorialen Interessen in Europa bis zu persönlichen und beruflichen Kontakten auf allen Ebenen. Nach dem Tod Katharinas II. und der Thronbesteigung Pauls I. (1796), der der Persönlichkeit und dem Wirken seiner Mutter kritisch gegenüberstand, verschlechterten sich die Beziehungen zwischen Baden und St. Petersburg merklich. Nach Pauls I. plötzlichem gewaltsamen Tod (März 1801) war für den Großfürsten Alexander der Weg auf den Thron frei. Dieser machte sich sogleich daran, die Situation wieder zurechtzurücken, und lud die Eltern seiner Gattin nach Rußland ein. Erbprinz Karl Ludwig und Erbprinzessin Amalie weilten mit ihrem zahlreichen Gefolge über zwei Monate in Rußland (Juli–September 1801) und wohnten der Krönungszeremonie Alexanders I. in Moskau bei. Trotz ihres tragischen Endes war die Rußlandreise des badischen Fürstenpaars ein offensichtlicher politischer Erfolg und förderte die weitere Annäherung der beiden Höfe und Staaten[14].

Ein ernsthaftes Hindernis waren dabei jedoch die Verpflichtungen der Markgrafschaft Baden gegenüber dem napoleonischen Frankreich durch den Reichsdeputationshauptschluß (25. Februar 1803) und der folgende Beitritt Badens zu dem unter französischem Protektorat stehenden Rheinbund (November 1805 – Juli 1806). Im Juni 1812 nahm Napoleon unter Beteiligung der Rheinbundstaaten, so auch Badens, erneut Kriegshandlungen gegen Rußland auf. Nach der blutigen Schlacht bei Borodino (28. August 1812) endeten diese im Fall und Brand Moskaus (2. September 1812). Als es im Herbst desselben Jahres zur Kriegswende kam und die französischen Truppen den Rückzug antraten, stand Alexander I. vor dem Dilemma, die Kampfhandlungen gegen die auf russisches Gebiet vorgedrungene *Grande Armée* einzustellen oder den Kampf für die Befreiung Europas von Napoleon einzuleiten. Einer der Gründe, weshalb der Zar ungeachtet der öffentlichen Meinung in Rußland beschloß, den Krieg fortzusetzen, war die Sorge der Zarin Elizaveta Alekseevna um das weitere Schicksal ihrer Heimat. Nach der Völkerschlacht bei Leipzig (18. Oktober 1813) war der Krieg praktisch entschieden. Die isolierte und auf linksrheinisches Gebiet zurückverlegte französische Armee wurde von den Truppen der neugebildeten Koalition gegen Napoleon verfolgt, zu der Rußland, Preußen und Österreich gehörten und der sich bald auch Napoleons ehemalige Verbündete im Rheinbund, Sachsen, Bayern, Württemberg, Hessen-Darmstadt und als letztes (20. November 1813) Baden, anschlossen. Im Januar 1814 verlagerten sich die Kriegshandlungen auf französisches Gebiet, und Ende März zogen die Führer der Koalition, Alexander I., der preußische König Friedrich Wilhelm III. und der österreichische Fürst Schwarzenberg, an der Spitze von 80.000 russischen, österreichischen und deutschen Soldaten triumphal in Paris ein.

Alexander I. weilte fast drei Jahre außerhalb Rußlands zwischen Schlachtfeldern und den Konferenzorten der europäischen Kongresse (1813–1815). Dabei machte er immer wieder in Baden Station. Sein erster und längster Aufenthalt in Baden erfolgte Ende November bis Dezember 1813, nachdem das Hauptquartier der russischen Truppen aus Frankfurt am Main nach Freiburg verlegt

[8] Graf Nikolaj Petrovič Rumjancev (1754–1828), später Staatskanzler.

[9] Großfürst Nikolaj Mihajlovič. *Imperatrica Elizaveta Alekseevna, supruga Imperatora Aleksandra I (Kaiserin Elizaveta Alekseevna, Gattin des Kaisers Alexander I.).* Bd. 1, 2. St. Petersburg, 1908, S. 3–4. Hier und im folgenden werden sämtliche in russischer Sprache verfaßten Zitate in deutscher Übersetzung angeführt. Englische und französische Quellen erscheinen in der Originalsprache in der ursprünglichen Fassung.

[10] Ibid., S. 4–6.

[11] Die russischen Datumsangaben sind in dieser Arbeit stets nach dem julianischen Kalender angeführt, gegebenenfalls ist das gregorianische Datum zusätzlich angegeben. Der julianische Kalender war in Rußland bis 1918 gültig und lief dem gregorianischen Kalender bis zum Schalttag des Jahres 1800 um 11 Tage, ab diesem Datum (bis 1900) um 12 Tage nach.

[12] Die russische Zarin Elizaveta Alekseevna (geb. 13. 1. 1779, Durlach/Baden, gest. 4. 5. 1826, Beljaev/Rußland), geborene badische Prinzessin Luise Maria Auguste, seit 28. 9. 1793 Gemahlin des künftigen russischen Zaren Alexander I. Beide Töchter aus dieser Ehe, Marija (1799–1800) und Elizaveta (1806–1808), starben früh. Infolge schlechter Gesundheit führte Elizaveta Alekseevna ein zurückgezogenes, bescheidenes Leben und widmete ihre Zeit vor allem großzügigen Wohltätigkeitaktivitäten (*Elizaveta Alekseevna.* Ènciklopedičeskij slovar' (Enzyklopädisches Wörterbuch), Band 20 (11a), F. A. Brockhaus, I. A. Efron, St. Petersburg, 1894, S. 609).

[13] Die langjährige Korrespondenz zwischen der Zarin Elizaveta Alekseevna (Luise Maria Auguste) und ihrer Mutter, der Markgräfin Amalie, ist in der einschlägigen Monographie zum Leben der Gattin Alexanders I. veröffentlicht: Großfürst Nikolaj Mihajlovič. *Imperatrica Elizaveta Alekseevna* ..., 1908; praktisch gleichzeitig erschien das Werk in französischer Sprache: Grand-Duc Nicolas Mikhaïlowitch. *L'Impératrice Élisabeth, épouse d'Alexandre I er.* St. Petersburg, 1909, Bd. 1, 2.

[14] Nach dem Besuch von St. Petersburg und Moskau begaben sich der Erbprinz Karl Ludwig und seine Gemahlin Amalie nach Stockholm, wo ihre zweite Tochter Friederike (1781–1826) nach ihrer Vermählung mit dem schwedischen König Gustav IV. lebte. Auf dem Rückweg erlitt Karl Ludwig einen Unfall, bei dem seine Kutsche auf glatter Böschung umstürzte, und erlag dessen Folgen, ohne das Bewußtsein wieder erlangt zu haben, am 16. Dezember 1801 (Zollner, Hans Leopold. *Greif & Zarenadler* ..., S. 47–61).

[15] *Pohod Avgustejšego Imperatora Aleksandra I v Germaniju i Franciju i podvigi znamenityh sojuznikov ego, s opisaniem vceh važnejših proisšestvij i dostopamjatnejših peremen (Der Feldzug des Erhabensten Kaisers Alexander I. nach Deutschland und Frankreich und die Ruhmestaten seiner berühmten Verbündeten, mit Beschreibung aller wichtigsten Vorkommnisse und denkwürdigsten Veränderungen).* Teil 3. Moskau, 1814, S. 77.

worden war[15]. Während einer Pause bei den Kampfhandlungen zur Aufstellung neuer Armee-Einheiten *»verweilte«* Alexander I. nach eigenen Worten *»... einige Tage in Karlsruhe, um die Verwandten meiner Frau wiederzusehen«*[16]. Der russische Zar hielt sich etwa einen Monat in Baden auf, am 25. Dezember war er bereits in Freiburg. Aus deutschen Veröffentlichungen geht hervor, daß Alexander I. in diesen Tagen neben der Klärung militärischer Fragen mit einigen badischen Erfindern und Gelehrten zusammentraf, deren Arbeiten in Rußland Anwendung finden könnten. Im Rahmen derartiger Audienzen dürfte er auch Wilhelm von Traitteur kennengelernt haben[17].

Die folgenden Aufenthalte Alexanders I. in Baden waren ebenfalls privater Natur, um seine Gemahlin Elizaveta Alekseevna, die nach langer Unterbrechung ihre badische Heimat besuchte, wiederzusehen. Als sich die Wende im Krieg gegen Napoleon abzeichnete[18], verließ sie am 19. (31.) Dezember 1813 mit ihrer Halbschwester, Prinzessin Amalie, und ihrem Gefolge St. Petersburg und traf am 23. Januar (4. Februar) 1814 in Bruchsal ein, wo sie bis Kriegsende blieb[19]. Nach seinem siegreichen Einzug in Paris begab sich Alexander I. Ende Mai 1814 zur Vorbereitung des Wiener Kongresses nach London[20]. Von Großbritannien aus reiste der Zar nach Holland und traf am 5. Juli erneut in Durlach (Baden) ein, wo ihn Elizaveta Alekseevna bereits erwartete. Nach einem knapp einwöchigen Aufenthalt in Baden kehrte Alexander I. für zwei Monate nach Rußland zurück und traf schließlich am 25. September 1814 in Wien zu dem im Ersten Pariser Frieden vereinbarten Kongreß (30. Mai 1814) ein.

Die Zarin Elizaveta Alekseevna weilte, kurz unterbrochen nur durch Reisen nach Österreich und Bayern, etwa zwei Jahre in Baden, wo sie Verwandte traf, die aus verschiedenen deutschen Ländern und europäischen Staaten nach Bruchsal reisten. Gleichzeitig wurde Karlsruhe für Angehörige der Zarenfamilie und Armeeführer auf ihrem Weg in oder aus dem besiegten Frankreich[21] obligatorischer Durchfahrtsort sowie Anziehungspunkt für zahlreiche Russen unterschiedlicher Stände. Im September 1814 begab sich Elizaveta Alekseevna auf eine Bitte Alexanders I. hin nach Österreich zur Teilnahme an den Veranstaltungen des Wiener Kongresses[22]. Am 23. Mai 1815 verließ Alexander I. Wien und suchte seine Truppen in Württemberg und Baden auf, fuhr nach Paris und kehrte im Dezember 1815 über Berlin und Warschau nach St. Petersburg zurück. Elizaveta Alekseevna begab sich am 19. März 1815 von Wien nach Baden und blieb bis zum Herbst in ihrer Heimat. Am ersten November 1815 reiste sie aus Karlsruhe in Richtung Berlin ab, um dort Alexander I. zu treffen und mit ihm gemeinsam nach Rußland zurückzukehren[23].

Die letzte Badenreise der Zarenfamilie nach Karlsruhe und Rastatt erfolgte Ende November 1818 bis Januar 1819 aus Anlaß von Krankheit und Tod des Bruders der Zarin Elizaveta Alekseevna, Großherzog Karl (8. Dezember 1818). Die Gäste aus Rußland wurden von Markgräfin Amalie, die damals bereits als ›Schwiegermutter Europas‹ bekannt war, empfangen und begleitet[24].

[16] Schreiben Alexanders I. an seinen Erzieher Fréderic-César de Laharpe vom 22. Dezember 1813 (Šil'der, N. K. *Imperator Aleksandr I...*, S. 181).

[17] Vgl. S. 24.

[18] In Karlsruhe gab Alexander I. das bekannte Manifest über die feierlichen Siegesgottesdienste in allen Kirchen Rußlands heraus, das mit folgenden Worten begann: »Vor einem Jahr, geliebte treue Untertanen, statteten wir dem Herrn für die Befreiung Unseres Reiches von den grausamen und starken Feinden Dank ab. Es vergeht kein Jahr und Unsere siegreichen Banner wehen an den Ufern des Rheins und das gegen uns zu Felde gezogene Europa schreitet heute freiwillig mit Uns...«. (*Pohod Avgustejšego Imperatora Aleksandra I v Germaniju i Franciju... (Der Feldzug des Erhabensten Kaisers Alexander I. nach Deutschland und Frankreich...)*, S. 67).

[19] Der Weg von St. Petersburg nach Deutschland war zu dieser Zeit bereits gut bekannt und beschrieben, etwa bei: Müller, Christian. *Wanderung von St. Petersburg nach Paris im Jahre 1812 durch die deutsch-russische Provinzen...*. Leipzig, 1814.

[20] Um diesen Besuch hatte ihn seine Schwester, Großfürstin Ekaterina Pavlovna, nachdrücklich gebeten. Die Englandreise des Zaren war ein diplomatischer Fehlschlag, denn sie führte zur Spaltung zwischen Großbritannien und Rußland. In London lernte Ekaterina Pavlovna den württembergischen König Wilhelm I. kennen, der sie 1816 heiratete.

[21] In jenen Monaten reisten die Generale Barclay de Tolly und M. A. Miloradovič, die Großfürsten Nikolaus und Michael, der Erzieher Alexanders I., F.-C. Laharpe, Graf Wittgenstein u. v. a. durch Karlsruhe. Interessant ist dabei, daß Graf Miloradovič trotz der andauernden Kampfhandlungen Zeit fand, um in Karlsruhe Friedrich Weinbrenner, Oberbaudirektor des Großherzogtums Baden, zu besuchen und ihn mit Entwurfsskizzen zu einem Haus auf der Krim zu beauftragen (Zollner, Hans Leopold. *Greif & Zarenadler...*, S. 111; Valdenaire, Arthur. *Friedrich Weinbrenner. Sein Leben und seine Bauten*. Karlsruhe, 1926, S. 178, 180, 201, 202).

[22] Dieses für das ›postnapoleonische‹ Europa entscheidende politische Ereignis dauerte mit Unterbrechungen von November 1814 bis Juni 1815 und versammelte ca. 700 Entsandte aus 200 Staaten, Städten, Herrschaften und Körperschaften sowie ca. 100.000 Gäste (Bourgoing, Freiherr von. *Vom Wiener Kongreß. Zeit und Sittenbilder*. Brünn–München–Wien, 1943).

[23] Großfürst Nikolaj Mihajlovič. *Imperatrica Elizaveta Alekseevna... (Kaiserin Elizaveta Alekseevna...)*, S. 462–464, 470–510. Erinnerungen an den Aufenthalt Elizaveta Alekseevnas in Baden finden sich auch bei: Šiškov, A. S. *Zapiski (Aufzeichnungen)*. Berlin, 1870, Bd. 1, sowie in den Memoiren einer Hofdame bei Elizavetas Mutter, Markgräfin Amalie: Freystedt, Karolina von. *Erinnerungen aus dem Hofleben*. Heidelberg, 1902.

[24] Zollner, Hans Leopold. *Greif & Zarenadler...*, S. 127–129. Im selben Jahr hat Wilhelm von Traitteur seinen ersten und einzigen viermonatigen Urlaub außerhalb von St. Petersburg verbracht. Datum und Aufenthaltsorte in Deutschland sind in der Archivakte nicht vermerkt (Russisches Staatliches Historisches Archiv St. Petersburg, RGIA, 200-1-1780 ›Über die Entlassung des Generalmajors Traitteur aus dem Dienst des Corps der Verkehrswegeingenieure...‹, Bl. 5).

[25] Die Familie Traitteur, katholischer wie auch evangelischer Konfession, war aus der französischen Schweiz in das Gebiet des jetzigen Belgiens, von dort über Lothringen in die Pfalz eingewandert. Über die Genealogie der Familie Traitteur geben einige gedruckte Quellen Auskunft, etwa: *Gothaisches Genealogisches Taschenbuch der Briefadeligen Häuser*. 1907. 1. Jg., Gotha, S. 772–774, 91; Glaubitz, Freiherr von. *Ursprung der Familie v. Traitteur*. Mannheimer Geschichtsblätter. 1933, Sp. 162–166; *Der Genealogisches Handbuch des in Bayern immatrikulierten Adels*. Bd. 18. Neustadt an der Aisch/Mittelfranken, 1990, S. 510. Weitere Auskünfte finden sich in der Archivakte: GLA Karlsruhe, Cx 1882, Nr. 154 (Notizen über 161 dem Großherzogtum Baden angehörende adelige Familien/v. Traitteur); GLA Karlsruhe, Cx 12571 (Courtoisie-Buch des Grafen von Traitteur).

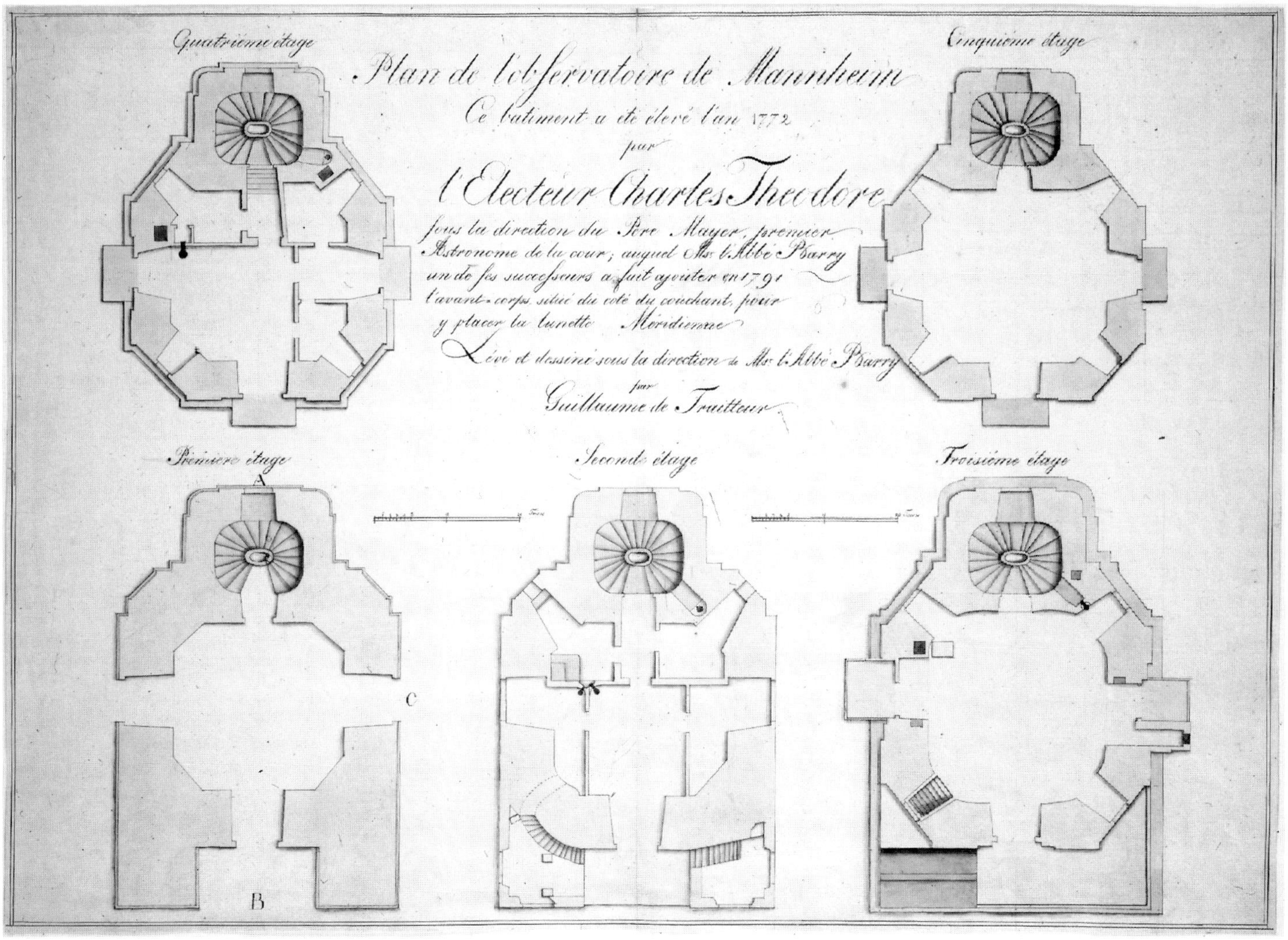

4 ›Plan de l'observatoire de Mannheim‹, Aufnahmezeichnungen ›par Guillaume de Traitteur‹, 1806 (Reiß-Museum Mannheim, A 171 g, Bl. 2)

Frankreich–Baden–Rußland: die berufliche Entwicklung Traitteurs, 1800–1813

Die Interessenfelder und Besonderheiten des häuslichen Grundunterrichts des künftigen Ingenieuroffiziers in russischen Diensten Wilhelm von Traitteur werden verständlicher, betrachtet man in einem kurzen Überblick die Geschichte seiner Familie, die im Mannheim des ausgehenden 18. und beginnenden 19. Jahrhunderts einen Namen hatte[25]. Florian Waldeck, einer der bedeutendsten Mannheimer Stadthistoriker, schreibt: *»Die Familie v. Traitteur gehört nicht zu den Geschlechtern, deren Mitglieder nachhaltigen Einfluß auf die Entwicklung Mannheims gewannen. Ihre Wirksamkeit und ihre Arbeit für Mannheim beschränkt sich im wesentlichen auf die kurze Zeitspanne von 1785–1840. Dennoch gehört dieser Name zu den Erlesensten der vergangenen Epoche unserer Vaterstadt. Denn gerade die Angehörigen des Geschlechtes, die für Mannheim in Frage kommen, waren nicht nur Männer von Rang und Einfluß, sie waren Persönlichkeiten von ungewöhnlicher Prägung, begabt vielseitig und feine Köpfe, deren Namen uns in der Stadtgeschichte jener Zeit immer wieder begegnen«*[26].

Die bekanntesten Vertreter der alteingesessenen Mannheimer Familie Traitteur sind bis heute Carl Theodor und Johann Andreas von Traitteur, Vater

[26] Waldeck, Florian. *Alte Mannheimer Familien. III. von Traitteur.* Mannheimer Geschichtsblätter, 22. Jg., 1921, Sp. 109–114, 129–136 (hier: 109). Dieser Artikel gibt über die Geschichte der führenden Vertreter der Familie Traitteur die erschöpfendste Auskunft. Leider enthält er keinerlei Quellenverweise und, wie sich im Abschnitt zu Wilhelm von Traitteur erweist, eine Reihe von Irrtümern. Der Artikel wurde ein Jahr später ohne inhaltliche Änderungen in folgendes Buch aufgenommen: Florian Waldeck (Hrsg.) *Alte Mannheimer Familien.* Teil 2. Mannheim, 1922, S. 48–64 (Nachdruck Mannheim 1987).

bzw. Onkel des Wilhelm. Carl Theodor von Traitteur (5. 4. 1756, Philippsburg – 13. 1. 1830, Mannheim) gilt zurecht als herausragende Persönlichkeit der Wissenschaft und Kultur der Kurpfalz zur Zeit des aufgeklärten Absolutismus. Aus einer Familiengeschichte[27] geht hervor, daß dieser in den langen Jahren seiner Ausbildung an der Universität Heidelberg Vorlesungen zur Rechts- und Staatswissenschaft und zur Philosophie besuchte sowie die ›Schönen Wissenschaften‹ in Frankreich (Metz, Nancy, Paris) und Göttingen studierte. Bereits in jungen Jahren beschäftigte sich Carl Theodor mit der Schriftstellerei[28]. 1785 tauchte sein Name in Heidelberg auf, wo er als »praktizierender Rechtsanwalt, Jurist und Professor« tätig war. Ein Jahr später wurde Carl Theodor in die Mannheimer Akademie der Wissenschaft (die sog. ›Academia Theodoro-Palatina‹, gegr. 1763)[29] gewählt und im selben Jahr zum Hofgerichtsrat und pfälzischen Historiographen ernannt. Kurfürst Carl Theodor von der Pfalz und Bayern, der Traitteur als einen Mann von ausgezeichneten Kenntnissen hoch schätzte, stellte ihn 1788 als Hofbibliothekar an die Seite von Andreas Lamey, einem der Gründer der Akademie. 1802, nach dem Tod Lameys, wurde Carl Theodor von Traitteur erster Hofbibliothekar.

Für die besonderen Verdienste der neuen Generation der Traitteurs bekamen Carl Theodor von Traitteur und seine Brüder im September 1790 vom Kurfürsten eine Adelserneuerung und -bestätigung[30]. Nach dem Tode des Kurfürsten Carl Theodor (1799), einer nachfolgenden Änderung der Kunst- und Wissenschaftspolitik unter dem neuen Kurfürsten Max IV. Joseph und der nachfolgenden badischen Landesherrschaft brachen für Carl Theodor von Traitteur schwere Zeiten des Kampfs für die Beibehaltung der wissenschaftlichen und gesellschaftlichen Institutionen der Kurpfalz an. Zu Beginn des zweiten Jahrzehnts des 19. Jahrhunderts trat er in den Ruhestand und ließ sich auf dem kurz zuvor erworbenen Gut Luzenberg bei Mannheim nieder, wo er sich weiterhin mit Literatur befaßte. Bei seinem Tod (1830) hinterließ Carl Theodor eine umfangreiches literarisches Werk. Außer Romanen und dramatischen Werken umfaßte es *staatsrechtliche Deductionen*, statistische Arbeiten und historische Abhandlungen sowie eine Handschriftensammlung mit Vorarbeiten und von ihm gesammelten Schriften zur Geschichte des Kurfürsten Carl Theodor von der Pfalz und Bayern sowie den Mannheimer Sammlungen[31].

Die Herausbildung der Interessen Wilhelm von Traitteurs wurde zweifelsohne auch durch seinen Onkel (den Bruder seines Vaters) Johann Andreas beeinflußt, den Waldeck als »bedeutendsten Vertreter dieser Familie«[32] bezeichnet. Johann Andreas von Traitteur (30. 7. 1753, Philippsburg – 20. 1. 1825, Bruchsal) begann seine Ausbildung am Collège Royale de St. Louis, Metz. 1772 trat er in die juristische Fakultät der Universität Heidelberg ein, die er 1775 abschloß. Seine berufliche Laufbahn begann Johann Andreas von Traitteur mit Wissenschaft und Lehre in Heidelberg. Besonderer Bekanntheit erfreuten sich seine Versuche mit den ersten Luftballons, den ›Montgolfieren‹[33]. 1784 wurde für Traitteur der Posten eines Professors für Zivil- und Militärbaukunst sowie praktische Geometrie geschaffen. 1786 erhielt er gleichzeitig mit seinem Bruder Carl Theodor den Doktortitel für Philosophie; 1791–1792 war er Rektor der Universität Heidelberg. Nach dem Ausbruch der Kriegshandlungen zwischen dem revolutionären Frankreich und Österreich (1792) diente Johann Andreas als Offizier im kurpfälzischen Kontingent und wurde Oberstleutnant der österreichischen Armee. Ende der 1790er Jahre beendete er seine Verwaltungs- und Lehrtätigkeit in Heidelberg, pachtete die Saline zu Bruchsal und widmete sich deren Bewirtschaftung. Nach erfolgreicher Umrüstung der Saline pachtete er eine zweite in Mosbach. Die erhaltenen Schriftstücke zeugen von seinem fürstlichen Lebensstil, insbesondere von einem prunkvollem Empfang in Bruchsal zu Ehren der Kaiserin von Rußland, der Prinzessin Luise Maria Auguste von Baden[34].

[27] Für die vorliegende Arbeit wurde das Manuskript ›Familiengeschichte Ritter v. Traitteur, erstellt von Carl Ritter v. Traitteur, Bahnverwalter a. D. 1932 in Bad Kissingen‹ ausgewertet. Der Text wurde durch Volker von Traitteur (Köln) freundlicherweise zur Verfügung gestellt.

[28] Der Feder Carl Theodor von Traitteurs entstammen: *Cocos. Satyrisch-politischer Roman.* 1778; *Hartwich. Eine Geschichte.* 1. Teil: ›Freystadt‹ (Heidelberg) 1779, 2. Aufl. ›Freystadt‹ (Ulm) 1779, 2. Teil ebd., 1780, 3. Teil ebd., 1781; *Das Purschenleben, nach der Natur gezeichnet. Ein Schauspiel in 4 Aufzügen.* ›Frankfurt‹ (Heidelberg) 1780; *Albert der Dritte von Bayern. Ein Singspiel in 5 Aufzügen.* Mannheim, 1779, 2. Aufl. 1781; *Bemerkungen auf Reisen durch Frankreich und Teutschland.* 1785, u. a.

[29] Budde, Kai. *Wirtschaft, Wissenschaft und Technik im Zeitalter der Aufklärung. Mannheim und die Kurpfalz unter Carl Theodor 1743–1799.* Mannheim, 1993.

[30] Adelsbestätigung im Patriziat von Bern 1. September 1609. Adelserneuerung und -bestätigung als Reichs- und bayerische Ritter mit dem Titel ›Edle v.‹ für die Brüder Konrad, Johann Andreas, Carl Theodor und Jacob in München 14. September 1790 durch Kurfürst Carl Theodor als Reichvikar (*Genealogisches Handbuch des in Bayern immatrikulierten Adels*, S. 510). Zur Herkunft des Adelsdiploms der Gebrüder Traitteur von 1790 äußert sich skeptisch: Tretter, Fritz. *Vom Adelsdiplom der Ritter von Traitteur.* Mannheimer Geschichtsblätter. 1933, Sp. 147–154.

[31] Carl Theodor von Traitteurs Privatarchiv ging nach seinem Tod an das Bayerische Geheime Hausarchiv, München. Ein Teil der Schriften befindet sich im GLA Karlsruhe 276/4430–4431. Wissenschaftliche und politische Werke Carl Theodor von Traitteurs sind u. a.: *Politische Aufsätze.* 1783; *Über die Größe und Bevölkerung der Rheinischen Pfalz.* Mannheim. 1789 (1788, 100 S.); *Heteroklitische Ideen über die natürliche Begränzung der Europäischen Staaten, als Grundlage zu einem ewigen Frieden.* Mannheim, 1796 (47 S.); *Prophezeyhungen aus alten und neuen Zeiten auf die gegenwärtige große Staats-Revolution in Frankreich.* Paris, 1797; *Der teutschen Reichsstände Verlust auf dem linken Rheinufer, und die Besitzungen der katholischen Geistlichkeit auf dem rechten, nach Größe, Bevölkerung und Einkünften geschätzt.* Mannheim, 1799; *Skizze zu einem Völkergesetzbuche, um eine dauernde Ruhe in Europa zu begründen. Den hohen Mächten zur Prüfung vorgelegt.* Mannheim, 1814; *Europa im Frieden für jetzt oder in Zukunft. Die Völker vereint nach Natur und Sprache, gebildet durch Stromthäler zu Seestaaten, begränzt durch Gebirge. Auszuge eines noch ungedruckten Werkes.* Mannheim, 1814 (86 S.).

[32] Volmer, Hans (Hrsg.) Allgemeines Lexikon der bildenden Künstler von der Antike bis zur Gegenwart. Begründet von Ulrich Thieme und Felix Becker. Leipzig, 1939, Band 33, S. 342, Art. *Traitteur, Johann Andreas von*; Frauenfeld, Karl Heinz. *Johann Andreas von Traitteur.* In: Badische Heimat. 53. Jg., Heft 2, Juni 1973, S. 325–329. Nach Johann Andreas von Traitteur wurde Ende des 19. Jh. die ›Traitteurstraße‹ im Mannheimer Stadtteil Schwetzingerstadt benannt.

5 ›Grund- und Aufriß, nebst Durchschnitt der Sternwarte zu Mannheim, 1811, Aufgenommen und gezeichnet von G. de Traitteur‹, Lithographie (Reiß-Museum Mannheim, A 171)

Johann Andreas von Traitteur ist auch der einzige Verwandte Wilhelm von Traitteurs, der für seine vielfältige Tätigkeit als Baumeister und Ingenieur bekannt wurde. Als Baumeister übernahm er 1786 die Restaurierungsarbeiten des Universitätsgebäudes in Heidelberg, und als Festungsingenieur setzte er die zerstörte Festung Philippsburg wieder instand. Das bedeutendste ingenieurtechnische Werk Johann Andreas von Traitteurs bleibt der Entwurf zu einer Wasserleitung zwischen Heidelberg und Mannheim (1790), mit der das drängende Problem der Trinkwasserversorgung Mannheims gelöst werden sollte. Die Wasserleitung wurde jedoch wegen Rechtsstreitigkeiten und fehlenden finanziellen Mitteln nicht gebaut[35]. Kurz danach erstellte Johann Andreas von Traitteur einen Entwurf zum Schutz Mannheims vor einem möglichen französischen Bombardement mit dem Zweck einer Überflutung (1794). Bekannt als Denker und Forscher, gleichzeitig als ein von Erwerbstrieb und Familiensinn beseelter Mann hinterließ Johann Andreas von Traitteur mehrere Bücher zu Militärwissenschaften, Festungs- und Straßenbau, Geometrie, Mechanik, Hydraulik u. a.[36].

[33] Dieses Unternehmen gelang nicht vollständig, hinterließ jedoch im Volksmund einen bekannten ironischen Reim auf dessen Initiator (Waldeck, Florian. *von Traitteur.* In: Alte Mannheimer Familien. Teil 2. Mannheim, 1922, S. 52). In einigen Publikationen wird dieses Gedicht irrtümlicherweise auf Wilhelm von Traitteur bezogen.

[34] Sollte diese ohne Quellenverweise angeführte Information (Waldeck, ibid., S. 52) richtig sein, dürfte der Empfang zwischen Januar 1814 und November 1815 während des Aufenthalts der Zarin Elizaveta Alekseevna (Luise von Baden) in ihrer Heimat, die er 1792 verlassen hatte, stattgefunden haben.

[35] Frauenfeld, Karl Heinz. *Die Quellwasserleitung des Johann Andreas von Traitteur.* In: Badische Heimat. 53. Jg., Heft 2, Juni 1973, S. 207–215.

[36] Das Archiv Johann Andreas von Traitteurs befindet sich im GLA Karlsruhe, NS 1040–1045. Zu den Publikationen von Johann Andreas v. Traitteur gehören: *Landau, die französische Festung, kann durch Inundation mit wenig Kosten in kurzer Zeit gewonnen werden.* Heidelberg, 1793 (20 S.); *Die Festung Landau kann durch Inundation in kurzer Zeit genommen werden.* Ebd., 1794; *Geschichte der Wasserleitung vom Gebürg bei Rohrbach nach Mannheim. Aus Urkunden u. Acten bewiesen.* Mannheim, 1798 (35 S.); *Die Wasserleitungen von Mannheim, wovon eine das Quellwasser aus dem Gebirge bey Rohrbach, die andern das Wasser aus dem Laimbach bey Schwetzingen beyführen, mit der Nachricht, wie weit das im Jahr 1790 angefangene Werk gediehen ist, und welchen Nutzen seine Vollendung der Stadt Mannheim gewähren wird. Nebst Bemerkungen über die Ursachen der Ungesundheit und der herrschenden Krankheiten in dieser Stadt, wobey eine Karte der Gegend bey Mannheim, Schwetzingen und Rohrbach, nebst 26 Special-Plans.* Mannheim, 1798 (112 S.); *Die Rheinpfälzische Wasser-Leitungsgeschichte von Mannheim, vom Jahr 1790 bis 1803.* Mannheim, 1803 (21 S.); *Geschichtliche und rechtliche Darstellung des der Großh.-Baden-schen Salinenmodiation zu Bruchsal ....* o. O., 1810; *Fortsetzung der Beschwerden der Saline Bruchsal, der am 21. Nov. 1811 zu Stand gekommene Staatsvertrag ....* 1814.

Wilhelm von Traitteur wurde am 1. Februar 1788 in Mannheim als ältester Sohn Carl Theodor Traitteurs[37] aus erster Ehe geboren. Über seine anfängliche Ausbildung und frühen Lebensjahre ist nichts bekannt, die Stellung seines Vaters dürfte ihm jedoch einen guten Hausunterricht und den Zugang in die höheren Kreise der damaligen kurpfälzischen Gesellschaft ermöglicht haben.

Wilhelm von Traitteurs erste bekannte Arbeit in Baden ist seine 1806 angefertigte Bauaufnahme der Sternwarte zu Mannheim (Abb. 4, 5, 7). Der fünfstöckige Turm der Sternwarte mit beinahe quadratischem Grundriß war 1772–1775 in für die Übergangsphase zwischen spätbarocker und klassizistischer Architektur typischen Formen errichtet worden (Abb. 6). Die Bauaufnahme dürfte in Zusammenhang mit der neuen dienstlichen Zuordnung des Observatoriums nach dem Anschluß der Kurpfalz an Baden erforderlich geworden sein[38]. Nachdem sich die Universität Heidelberg 1805 endgültig gegen die Angliederung der Sternwarte als universitäre Einrichtung entschieden hatte, blieb diese weiterhin Bestandteil des Mannheimer Schlosses.

6 Sternwarte zu Mannheim (Photographie 1992)

Die im Mannheimer Reiß-Museum verwahrten 12 Zeichnungsblätter der Sternwarte zu Mannheim vermitteln ein vollständiges Bild von der Architektur und Teilen der Ausrüstung des Gebäudes[39]. Der die architektonische Gestaltung betreffende Großteil der Blätter ist graphisch in einheitlicher Art und Weise ausgeführt. Einige Blätter zur Ausrüstung des Gebäudes fallen offensichtlich aus diesem durchgängigen Zeichenstil heraus und dürften Hilfsskizzen gewesen sein. Daß Bauaufnahme und Zeichnungen der Sternwarte (jedenfalls der architektonische Aspekt) von Traitteur stammen, zeigt die Aufschrift, die einen beträchtlichen Teil des ehemaligen Titelblatts einnimmt: *»... Lévé et dessinée sous la direction de Ms. l'Abbe Barry par Guillaume de Traitteur«* (Abb. 4). Ein anderes Blatt zum Grundriß eines Stockwerks läßt eine zeitliche Einordnung der Aufnahme zu: *»Grundris der Sternwarte in Mannheim. Aufgenomen und gezeichnet von Wilhelm von Traitteur. 1806«* (Abb. 7). Die Verwendung der französischen wie der deutschen Schreibweise, *Guillaume* und *Wilhelm*, sollte später häufig zu Irrtümern hinsichtlich seines Vornamens und seiner Nationalität Anlaß geben.

Nach Abschluß der Bauaufnahme der Sternwarte zu Mannheim beschloß Traitteur, der wohl verstanden hatte, daß die Erfahrungen, die man zu jener Zeit in der Kurpfalz und in Baden erwerben konnte, für die Beherrschung des Ingenieurberufs nicht ausreichten, seine Ausbildung im Nachbarland Frankreich fortzusetzen. Im ausgehenden 18. und beginnenden 19. Jahrhundert erlangte Frankreich zusätzlich zu seiner tonangebenden Rolle in der Kultur Ruhm als führendes Zentrum der Ingenieursausbildung. Mit der Gründung der Ecole Polytechnique 1794 und der nachfolgenden Umgestaltung des technischen Ausbildungssystems nahm der neue Beruf des *ingénieur* endgültige Formen an[40]. Das fruchtbare Schaffen der Absolventen der ersten französischen Ingenieurhochschulen im Bereich der Raum- und Landesplanung (*aménagement du territoire et de l'espace national*) erregte zweifelsohne die Aufmerksamkeit der Nachbarstaaten, so auch der Kurpfalz und Badens. Dies zeigt sich insbesondere im Werdegang des bekanntesten badischen Ingenieurs des beginnenden 19. Jahrhunderts, Oberingenieur, später Oberwasser- und Straßenbaudirektor des Großherzogtums Baden, Johann Gottfried Tulla (1770–1828)[41]. Nach einem Aufenthalt in Frankreich von Juli 1801 bis Januar 1803 u. a. mit Besuch der Pariser Ingenieurschulen und anschließender praktischer Tätigkeit in der Schweiz widmete er sich konsequent der Einführung des französischen ›polytechnischen‹ Ausbildungsmodells in Baden. Tulla war davon überzeugt, die Ausbildung setze zwar ein Höchstmaß an mathematisch-naturwissenschaftlichen Kenntnissen voraus, aber erst das konstruktive Wissen und das praktische Können lasse den geistig schöpferischen Ingenieur heranreifen. 1807 wurde auf eine Initiative Johann Gottfried Tullas hin in Karlsruhe eine

[37] Carl Theodor von Traitteurs erste Gemahlin Magdalene (geb. v. Rogister, 1766–1789) starb bei der Geburt ihres dritten Kindes. Der Grabstein, der Frau von Traitteur in Lebensgröße mit drei kleinen Kindern, so auch der Tochter Magdalene (1786–1869) und dem Sohn Wilhelm (1788–1859), darstellte, blieb lange Jahre Mittelpunkt des Familiengrabs Traitteur-Deurer am Hauptfriedhof Mannheim. Heute gehört er zu den Beständen des Reiß-Museums Mannheim (Swoboda, Franz. *Kunst und Kunsthandwerk. Neuerwerbungen 1964–1973.* Mannheim, 1974, S. 5, 16).

[38] Kistner, Adolf. *Die Pflege der Naturwissenschaft in Mannheim zur Zeit Carl Theodors.* Mannheim, 1930, S. 46–47, 215, 251, Taf. 14–18.

[39] Reiß-Museum, Mannheim, A 171 g / 1–12. Die Blätter tragen folgende Bezeichnungen (falls nicht anders vermerkt, ohne Datum und Unterschrift): 1. ›Façade vers couchant. Coupe de lignie AB‹; 2. ›Plan de l'observatoire de Mannheim. Ce batîment a été élevé l'an 1772 par l'Electeur Charles Theodore sous la direction du Père Mayer, premier astronome de la Cour; auquel Monsieur l'Abbé Barry un de ses successeurs a fait ajouter en 1791 l'avant-corps, situé du coté du couchant pour y placer la lunette meridienne. Léve et dessinée sous la direction de M. Abbe Barry par Guillaume de Traitteur‹; 3. ›Grundris‹; 4. ›Grundris der Sternwarte in Mannheim. Aufgenomen und gezeichnet von Wilhelm von Traitteur. 1806‹; 5. ›Zwei-

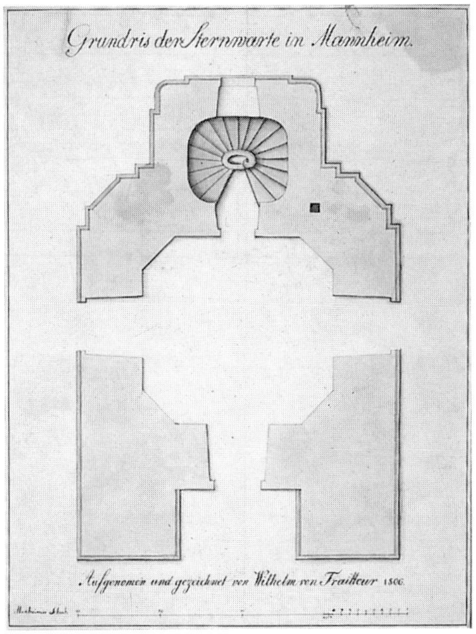

7 ›Grundris der Sternwarte in Mannheim. Aufgenomen und gezeichnet von Wilhelm von Traitteur 1806‹ (Reiß-Museum Mannheim, A 171 g, Bl. 4)

Ingenieurschule zur Heranbildung von Bauleitern für den Staatsdienst eingerichtet. Schon im Jahr zuvor, 1806, hatte Tulla die Gründung einer eigenen Polytechnischen Hochschule in Baden nach dem Vorbild der Pariser Ecole Polytechnique vorgeschlagen. Aufgrund der Einwände Weinbrenners, der der Ansicht war, daß für einen künftigen Baumeister tiefgreifende Kenntnisse der exakten Wissenschaften nicht notwendig seien, blieben Architekten- und Ingenieurausbildung in Baden jedoch weiterhin getrennt. Diese beiden Schulen wurden schließlich per Dekret des Großherzogs Ludwig vom 7. Oktober 1825 mit der Freiburger Polytechnischen Schule Wucherer (gegr. 1818) zur neuen Polytechnischen Schule zusammengeschlossen, die als erste technische Hochschule in Deutschland bekannt ist[42].

Offensichtliche Hochachtung vor den Leistungen der jungen französischen Ingenieurschule, Schwierigkeiten beim Erwerb einer vergleichbar systematischen technischen Ausbildung in seiner Heimat sowie die politische und wirtschaftliche Krise Badens im Zeitalter Napoleons dürften die wichtigsten Beweggründe für Traitteurs Tätigkeit in den Jahren 1807–1813 gewesen sein. Seine anfänglichen Berufserfahrungen faßte er in seinem Dezember 1810 gestellten Antrag auf Zulassung zur Ingenieurprüfung zusammen[43].

Dieses Schriftstück (vgl. Anhang S. 306 f.) zeigt[44], daß Traitteur, sieht man von dem seit der Aufklärung typischen Bekenntnis zu Theorie und Wissenschaft einmal ab, vor allem eine *praktische* Ingenieursausbildung absolviert hatte, wie sie auch im Baden des beginnenden 19. Jahrhunderts durchaus üblich und in gewisser Weise mit der Ausbildung Tullas vergleichbar war. Dazu gehörten Kenntnisse in den damals neuen Anwendungsbereichen der Ingenieurskunst, wie Geodäsie und Kartographie, Wasserbaukunst, sowie Brükken- und Straßenbau. So hatte er im Jahr 1807 bei der topographischen Landesaufnahme im Departement Mont-Tonnerre (etwa die spätere linksrheinische Pfalz, mit Rheinhessen) mitgewirkt und auch bei Vermessungen »durch Baden und die Schweitz« teilgenommen. Es folgte die Mitarbeit am Mainzer Hafen und an einem »Theil des grosen Napoleons Kanals«. Außerordentlich wichtig war für Traitteur sein achtzehnmonatiger Paris-Aufenthalt. Als seinen Arbeitsplatz gibt er das *Bureau des Ponts et Chaussées*, offensichtlich ein Entwurfsbüro im Rahmen des französischen *Corps des Ponts et Chaussées,* an[45]. Die unpräzise Angabe der Adresse ohne Nennung konkreter Namen, die im frühen Werdegang des badischen Ingenieurs eine wichtige Rolle hätte spielen können, dürfte von eher flüchtigen Kontakten mit dieser Einrichtung zeugen. Der Aufenthalt des badischen Ingenieurs in Frankreich, der ihn u. a. an die Kanalküste und nach St. Quentin führte, war die letzte Etappe seiner vierjähri-

ter Stock. Großer Saal‹; 6. ›Sternwarte. Façade‹; 7. ›Wohnung des Astronoms. Erster Stock‹; 8. (ohne Titel, Skizze eines Treppenhauses); 9. (o. T., Skizze eines Treppenhauses); 10. (o. T., Zeichnung eines astronomischen Gerätes); 11. (o. T., Zeichnung eines Gerätes und einer Tür). Ein Blatt aus dieser Serie (Blatt 1) wurde als Zeichnung Wilhelm von Traitteurs veröffentlicht in: Kistner, Adolf. *Die Pflege der Naturwissenschaft in Mannheim zur Zeit Carl Theodors ...* , Taf. 16, S. 251.

[40] Picon, Antoine. *L'invention de l'ingénieur moderne. L'Ecole des Ponts et Chaussées 1747–1851.* Paris, 1992. Nach Gründung der Ecole Polytechnique (1794) wurde auf ihrer Grundlage bis 1800 das gesamte technische Ausbildungssystems Frankreichs umgestaltet. Die bereits bestehenden technischen Hochschulen Ecole des Ponts et des Chaussées (gegr. 1747), Ecole du Génie de Mézières (1748), Ecole des Mines (1783) u. a. wurden dabei der zweiten, anwendungsbezogenen Ausbildungsstufe der nun zweiphasigen höheren Ingenieurausbildung zugeordnet.

[41] Cassinone, Heinrich; Spieß, Karl. *Johann Gottfried Tulla. Sein Leben und Wirken.* Karlsruhe, 1929, S. 1–17, 20–31.

[42] Kaller, Gerhard. *Die badischen Hochschulen.* In: Baden und Würtemberg im Zeitalter Napoleons. Band 2. Stuttgart, 1987, S. 343–353.

[43] Hauptsächliche Informationsquelle über die berufliche Tätigkeit Traitteurs in den Jahren 1807–1813 sind die von ihm damals beim Ministerium des Inneren eingereichten Bewerbungsunterlagen um ein staatliches Ingenieursamt: GLA 76/7883 ›Großherzogthum Baden. Ministerium des Innern. Dienste. Den Ingenieur Wilhelm von Traitteur von Mannheim betreffend. 1811/14‹; GLA 76/7884 ›Beantwortung derjenigen Fragen, welche den W. v. Traitteur bei dessen Prüfung als Ingenieur vorgelegt wurden (o. Datum)‹. In Anbetracht der Bedeutung dieser Unterlagen für das Verständnis der Besonderheiten der Traitteurschen Ausbildung und weiteren beruflichen Entwicklung soll hier ein Teil von ihnen ausführlich wiedergegeben werden.

[44] GLA 76/7883, Bl. 1–2.

[45] Nach freundlicher Auskunft Antoine Picons, Historiker der französischen Ingenieurschule, ist ein Aufenthalt Traitteurs im Kreise des *Corps des Ponts et Chaussées* in den vorliegenden Schriftstücken nicht festgehalten. Ein Besuch des badischen Ingenieurs der Ecole des Ponts et des Chaussées als Gasthörer (auditeur oder élève libre) sei durch den Umstand erschwert gewesen, daß sich diese Lehreinrichtung nach 1804 im Kriegsstand befand.

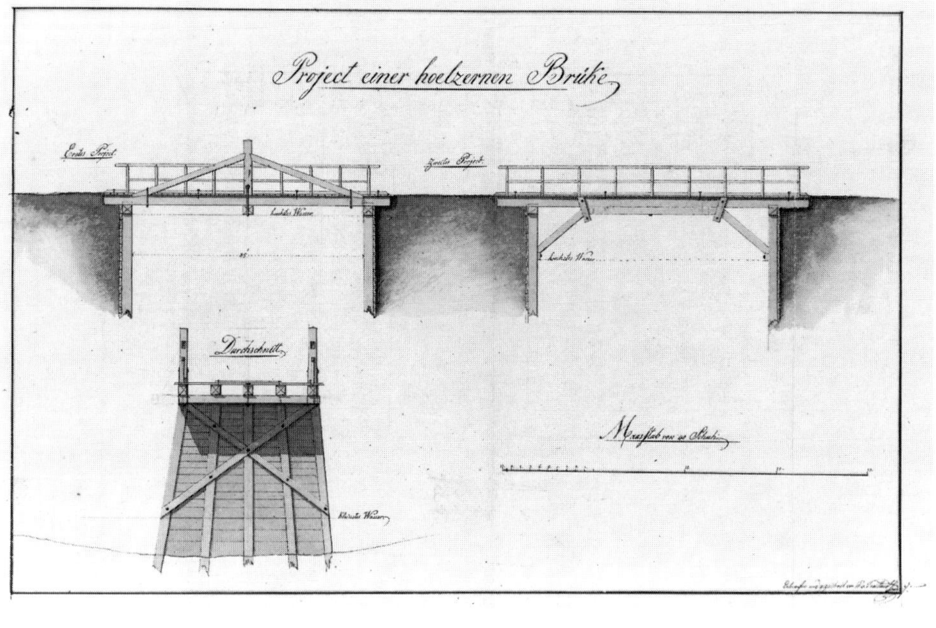

8 ›Project einer hoelzernen Brüke‹, Prüfungsentwurf Traitteurs für die Aufnahme in die badische Bauverwaltung, 1811 (GLA 76/7884, Aufgabe Nr. 59)

gen selbstorganisierten Ausbildung. Unmittelbar nach seiner Rückkehr aus Paris, im Dezember 1810, beantragte Traitteur beim Ministerium des Inneren die Examenszulassung und seine Einstellung in den staatlichen Ingenieurdienst Badens. Einen Monat später erging eine Anordnung an das badische Ingenieur-Departement: »*Anliegende Bitte des der Wasserbaukunst beflissenen Wilhelm v. Traitteur in Mannheim um Zulassung zum Examen und eine Anstellung in seinem Fache wird durch Beschluß dem Ober Ingenieur Major Tulla mit dem Auftrag zugefertigt, die Prüfung mit dem Supplicanten vorzunehmen, und ihm zu diesem Behuf einen Termin dazu festzusetzen, über das Resultat dieses Examens aber unter Rük Anschluß des Comunicats, seiner Zeit gutachtlichen Anzeigs-Bericht anher zu erstatten*«[46].

Die im Frühjahr 1811 abgehaltenen schriftlichen und mündlichen Examina (Abb. 8–10) wurden von den durch Oberingenieur Major Johann Gottfried Tulla ernannten Mitarbeiter des Ingenieur-Departements, Oberstleutnant

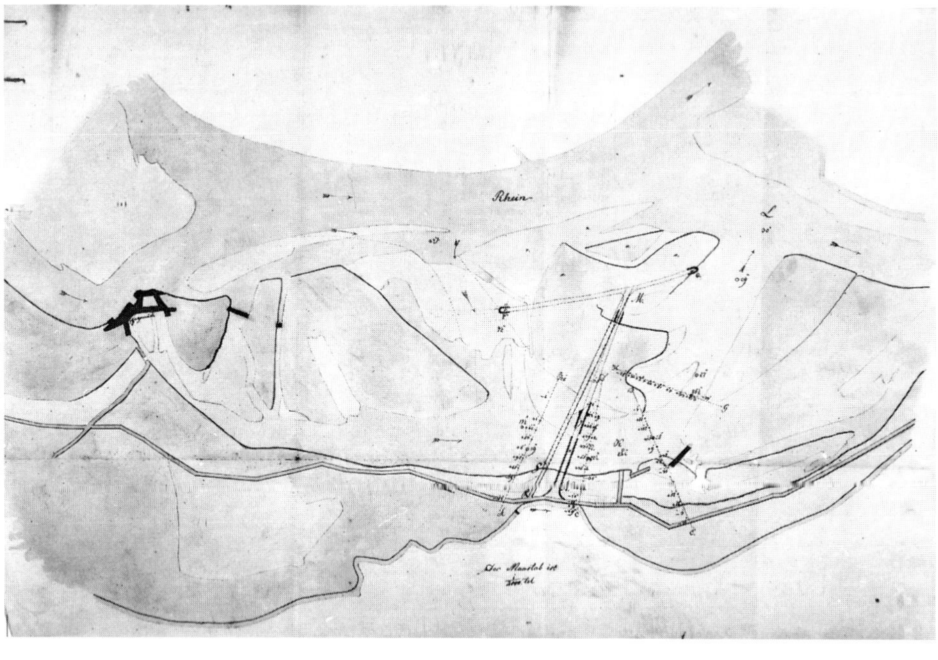

9 Nivellement an einem Rheinabschnitt, Prüfungsaufgabe Traitteurs, 1811 (GLA 76/7884, Aufgabe Nr. 24)

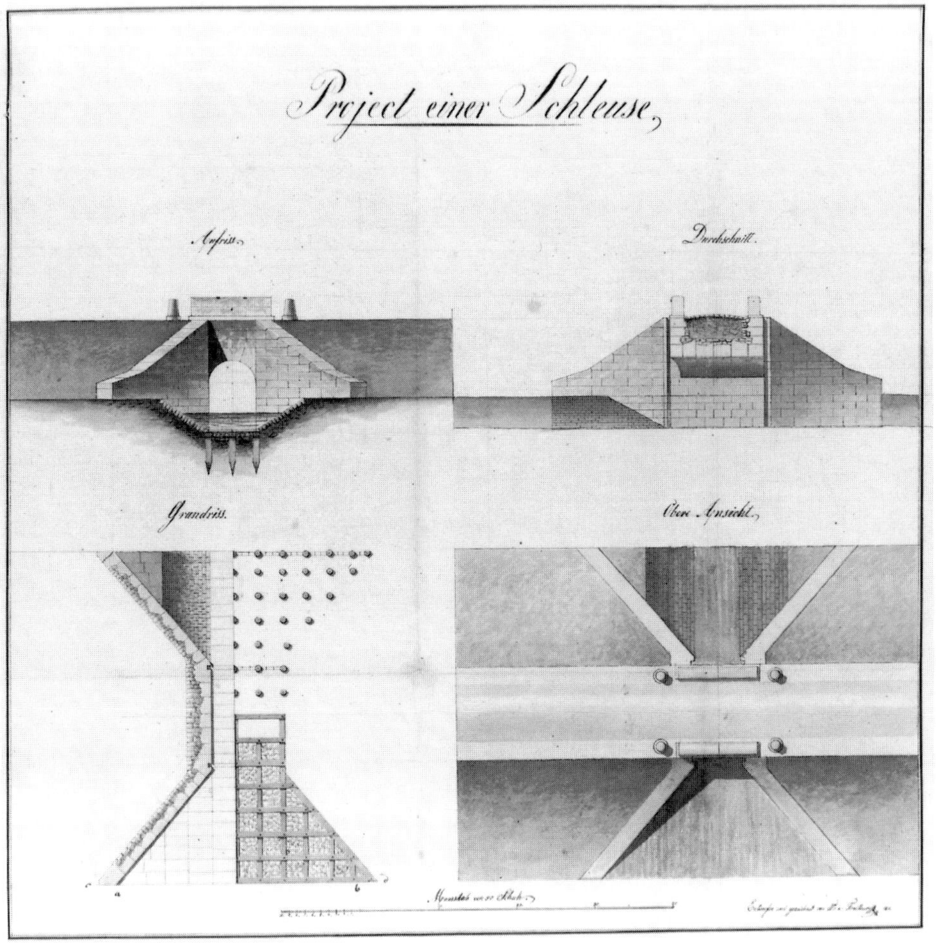

10 ›Project einer Schleuse‹, Prüfungsentwurf Traitteurs, 1811 (GLA 76/7884, Aufgabe Nr. 57)

Carl Christian Vierordt, Oberingenieur C. D. Gerhardt und den als Aktuar hinzugezogenen Ingenieur Schwenk, abgenommen[47]. Wie später im Protokoll vermerkt wurde, war es der Zweck derartiger Prüfungen zu klären, ob der Kandidat über ausreichende theoretische und praktische Kenntnisse sowie über die Fähigkeit verfüge, diese in selbständiger Arbeit anzuwenden. Die Prüfungszeit war deshalb nicht beschränkt, und während der Examina durfte mathematische und ingenieurtechnische Standardliteratur verwandt werden. Entsprechend den geltenden Regeln mußte der Kandidat auch praktische Nivellierübungen ausführen, die jedoch aufgrund des schlechten Wetters erst später erfolgten.

In Anbetracht der späteren glänzenden Karriere Traitteurs in Rußland und seines europäischen Renommees als Pionier der frühen Kettenbrückenbaukunst sind die Ergebnisse der Examina überaus verwunderlich. In den Protokollen des Prüfungsausschusses ist von 59 Fragen und Aufgaben die Rede, die Traitteur während der Examina vorgelegt wurden. Der Anwärter auf einen Ingenieurstitel und einen entsprechenden Posten konnte nicht einmal die Hälfte der gestellten Aufgaben lösen. Von sieben Aufgaben zur Arithmetik löste er lediglich zwei richtig, von acht zur Algebra nur zwei, von 34 zur Geometrie nur 15, von acht zur Trigonometrie nur drei, von acht zur Differential- und Integralrechnung lediglich eine. Von den vier Aufgaben zur Kenntnis geodätischer Instrumente löste er eine richtig, von den dreien zu Aufmaßen zwei, von fünf zur Teilung der Figuren eine, von den beiden zur Theorie des Nivellierens eine, von den sieben Fragen zur Géometrie déscriptive keine, von den

[46] GLA 76/7883, Bl. 3.

[47] Diese langjährigen Mitarbeiter des badischen Ingenieur-Departements hatten seinerzeit auch Tulla examiniert: Ingenieur Schwenk 1789 und 1797, Major Vierordt 1797 (Cassinone, Heinrich; Spieß, Karl. *Johann Gottfried Tulla* ..., S. 1, 16).

sechs zur Statik zwei, von den vier zur Mechanik eine, von den zwei zur Hydraulik eine, von den beiden zum Faschinenbau keine, von den fünf zur Hydrostatik eine, von den dreien zur höheren Geometrie keine, von den dreien zum Strom- und Dammbau eine und von den vier Fragen zu Gewölbekonstruktionen eine. Außerdem hatte er laut Ausschußprotokoll des Ausschusses unzureichende theoretische und praktische Kenntnisse im Schleusenbau und überhaupt in der Konstruktion von Mauerwerk[48].

Außer Fragen zur Theorie gehörten zu den Prüfungen auch kleinere Entwurfsaufgaben wie ein Entwurf zum Kanal- und Straßenbau, ein Entwurf zum Dammbau durch einen Stromarm sowie die Anlegung einer hölzernen Brücke. Der Prüfungsausschuß befand auch diese für mangelhaft. Dabei ist darauf hinzuweisen, daß die vorliegenden Zeichnungen zu diesen Aufgaben einen anderen Eindruck hinterlassen. So zeichnet sich das von Traitteur erstellte ›Project einer Schleuse‹[49], das praktisch den Entwurf zu einer kleinen Bogenbrücke (Durchlaß) in einem Erddamm darstellte, durch gute zeichnerische Ausführung und auch in Anbetracht der äußerst einfachen technischen Aufgabenstellung durch vollständige Berücksichtigung aller für ein derartiges Bauwerk notwendigen Elemente aus (Abb. 10). Die auf einem anderen Blatt vorgelegten zwei Versionen ›Project einer hoelzernen Brüke‹[50] von 7,6 m Spannweite mit Hängewerk und Sprengwerk (Abb. 8) ist praktisch vollständig identisch mit den zeitgleichen Lehrentwürfen der Studenten der Ecole des Ponts et Chaussées[51]. Beide Entwürfe Traitteurs zeichnen sich durch hohes zeichnerisches Können aus. Weniger ausgearbeitet ist die Zeichnung eines Rheinabschnitts als Abschluß einer mehrere Seiten umfassenden Nivellierungsaufgabe (Abb. 9)[52].

In den Archivprotokollen ist auch die von *»C. Vierordt, J. G. Tulla, C. D. Gerhardt«* unterzeichnete, recht harte abschließende Beurteilung des Kenntnisstands Traitteurs im Jahre 1811 durch den Prüfungsausschuß erhalten. Der vollständige Wortlaut dieser Beurteilung ist in Anbetracht der späteren Erfolge des badischen Ingenieurs bei seiner praktischen Tätigkeit in Rußland bemerkenswert: *»Geht man die Prüfungs-Acten genau durch, so zeigt sich, daß die schriftliche und mündliche Beantwortungen öfters in dem auffallendsten Widerspruch stehen. daß dem Examinanden in allem gründliche Kenntnisse, und man kann wohl sagen, die ersten Anfangsgründe in den meisten mathematischen Wißenschaften manglen; daß er die Differential-, und Integralrechnung nur dem Nahmen nach kennt; daß er, was sehr auffallend ist, keine Geomètrie Déscriptive versteht, ferner, daß er keine Kenntniße in der Triangulirung, und keine in denen im Waßer- und Strassenbau vorkom̄enden Constructionen besitzt.*

Es mußte uns daher um so mehr der Anspruch, welche der Examinand in seiner Bittschrift machte, auffallen, da wir bey der Prüfung, einige uns vorgelegte Copien ausgenom̄en, welche blos über die Kunst zu copiren entscheiden, keine Spur davon fanden, daß der Examinand seinen Aufenthalt, bey dem französischen Ingenieur Hauptmann Delcros, welcher eine Triangulirung durch Baden und die Schweitz machte; bei Erbauung der Napoléons-Brüke bey Kehl; bey der Nivellirung des Napoléons-Canal und endlich in Paris, gehörig benuzt habe, welches auch wegen Mangel theoretischer Kenntniße nicht wohl möglich war.

Da es scheint, daß Wilhelm von Traitteur wirklich Liebe zum Fach hat, so ist auch zu vermuthen, daß solcher, bey einer richtigen Leitung, und dann, wenn derselbe zuerst ein gute theoretische Grundlage gelegt hätte, mit Nutzen und Vortheil seine Reisen ins Ausland gemacht haben würde.

Im Fall nun Examinand sich gründliche Kenntnisse erwerben will, so müßte derselbe aufs neue, zuerst ein gründliches Studium der theoretischen mathematischen Wißenschaften vornehmen, und erst nach diesem das Technische seines Fachs studiren, was sein Alter noch gar wohl erlauben dürfte. Die Bittschrift des Wilhelm von Traitteur remittiren wir gehorsamst«[53].

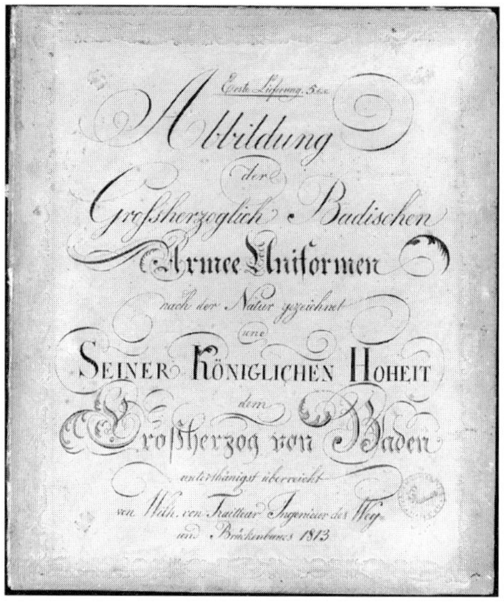

11 Titelblatt des Albums ›Abbildung der Großherzoglich Badischen Armee Uniformen ... von Wilh. von Traitteur 1813‹ (Wehrgeschichtliches Museum Rastatt, Nr. 014048, Bl. 1)

[48] GLA 76/7883, Bl. 4–11.

[49] GLA 76/7884, Aufgabe Nr. 57.

[50] Ibid., Aufgabe Nr. 59.

[51] Picon, Antoine; Yvon, Michel. *L'ingénieur artiste. Dessins anciens de l'Ecole des Ponts et des Chaussées.* Paris, 1989, S. 102–103.

[52] GLA 76/7884, Aufgabe Nr. 24.

[53] GLA 76/7883, Bl. 10–13.

Aufgrund der Prüfungsergebnisse wurde Traitteur nicht als Anwärter auf einen Ingenieurposten zugelassen. Die große Härte bei der Beurteilung der Kenntnisse Traitteurs könnte unter anderem in der Diskussion um den Tullaschen Vorschlag zur Einrichtung einer Polytechnischen Hochschule in Baden (1806) begründet sein. 1810/11 wurden die Gespräche zu diesem Vorhaben eingestellt, weshalb Tulla erneut versuchte, die Notwendigkeit einer solchen Lehreinrichtung zu beweisen. In einem Bericht vom 7. November 1810, den er auf Veranlassung der Großherzogischen Generalstudienkommission verfaßte, beklagte Tulla das Scheitern des ersten Versuches, über die Mängel einseitiger Bildung durch eben eine polytechnische Schule hinauszukommen[54].

Traitteur dürfte verstanden haben, daß ihm die Prüfungsergebnisse jegliche Aussicht auf eine Laufbahn im staatlichen Ingenieursdienst versagten, und begann, in angrenzenden Bereichen zu arbeiten. Seine Tätigkeit in den Jahren 1811–1813 betraf in der Hauptsache Arbeiten in graphischen Genres, die damals im Grunde ebenfalls zur Ingenieurausbildung gehörten[55]. So wurde 1811 in der Karlsruher Druckerei von Karl Wagner ein Teil der durch Traitteur 1806 erfolgten Bauaufnahme der Sternwarte zu Mannheim lithographiert. Eine lithographierte Darstellung der Sternwarte eröffnete ein von ihrem Kurator, dem badischen Juristen Johann Ludwig Klüber, zusammengestelltes Buch zur Geschichte des Gebäudes (Abb. 5)[56]. Ein indirekter Beleg für das Interesse Traitteurs an der neuen Drucktechnik könnte die Tatsache sein, daß ein einzelnes, größeres Exemplar dieses Blatts in den Traitteur zugeordneten graphischen Beständen des Reiß-Museums Mannheim zu finden ist[57]. Eine Fortsetzung fand dieses Interesse bereits in seinen ersten Dienstjahren in Rußland, wo Traitteur als ein Begründer der Lithographie Berühmtheit erlangte.

Ebenfalls dem graphischen Genre gehörte Traitteurs folgende Arbeit an, das 1813 fertiggestellte Album mit kolorierten Federzeichnungen *Abbildung der Grossherzoglich Badischen Armee Uniformen nach der Natur gezeichnet und Seiner Königlichen Hoheit dem Großherzog von Baden unterthänigst überreicht von Wilh. von Traitteur Ingenieur des Weg- und Brückenbaus. 1813.* (Abb. 11). Das als *»Erste Lieferung. 5 Stücke«* vorgelegte Album bestand aus 20 losen Zeichnungen unterschiedlicher Formate[58]. Die Dienst- und Militäruniform sowie die Kleidung als Zeichen der Standeszugehörigkeit allgemein spielte in dem von Hierarchien geprägten gesellschaftlichen Bewußtsein der damaligen höfischen Gesellschaft eine gewichtige Rolle, wovon die im 18. Jahrhundert entstandenen ersten ›Dokumentationen‹ von Militäruniformtypen zeugen[59]. Mit Ausbruch der Napoleonischen Kriege, in denen Baden bis November 1813 an der Seite Frankreichs kämpfte, wurde die Militäruniform zum unverzichtbaren Bestandteil des alltäglichen Straßenbilds[60] und damit auch Gegenstand eines neuen künstlerischen ›Massengenre‹. So erfreuten sich Zeichnungen und umfangreichere Graphikserien, in denen die feinsten Details der Uniformen abgebildet waren, größter Beliebtheit und wurden in für damalige Verhältnisse recht großen Auflagen vertrieben. Zahlreiche Kunst- und Amateurmaler befaßten sich mit dem Zeichnen von Militäruniformen.

Im Gegensatz zu früheren Darstellungen von Militäruniformen ist das neue Genre in vielen Aspekten mit dem Aufkommen romantischer Tendenzen in der Kunst und ihrer Orientierung an breiteren Rezipientenkreisen des Biedermeier in Beziehung zu setzen. Dabei könnte Traitteur die kolorierten Stiche von Armee-Uniformen der napoleonischen Zeit (1807–1814) des französischen Malers Aaron Martinet, die kolorierten Stiche mit Uniformen der preußischen Armee des Zeichners L. Wolf (10 Hefte mit 60 Blatt, 1808–1816), die kolorierten Stiche des württembergischen Malers, Radierers und Lithographen Johann Baptist Seele (ca. 1795), die kolorierten Kupferstiche aller napoleonischen Armee-Uniformen des Artillerieoffiziers und Zeichners Carl Friedrich Wie-

[54] Hotz, Joachim. *Kleine Geschichte der Universität Fridericiana Karlsruhe (Technische Hochschule).* Karlsruhe, 1975, S. 9–17.

[55] Picon, Antoine; Yvon, Michel. *L'ingénieur artiste ...*; ders. *L'invention de l'ingénieur moderne ...*, S. 150–155.

[56] Klüber [Johann Ludwig]. *Die Sternwarte zu Mannheim ... Mit einer Abbildung der Sternwarte in Steindruck.* Mannheim–Heidelberg, 1811.

[57] Reiß-Museum Mannheim, Kat. A 171. Zu den lithographischen Arbeiten Traitteurs in Rußland genauer S. 68 ff.

[58] Das einzige dem Autor dieser Arbeit bekannte vollständige Exemplar des Bandes befindet sich im Wehrgeschichtlichen Museum Rastatt und besteht aus 20 Zeichnungen (Inv. Nr. 014048/1 und 3–19): 1. Umschlag mit Titel; 2. Rittmeister der G. H. Leibwache, 30 × 24 cm; 3. Obrist vom 1. Dragoner Regiment, 25,7 × 20,8; 4. Officier vom Zweiten Dragoner Regiment, 31 × 24; 5. Unterofficier vom Zweiten Dragoner Regiment, 31 × 24; 6. Officier von der Reitenden Artillerie, 26,5 × 21; 7. Artillerie-Officier, 30 × 25; 8. Officier vom Regiment Stockhorn, 27 × 22; 9. Capitain vom 2ten Regiment Graf W. von Hochberg, 30 × 22; 10. Gemeiner Jaeger, 29 × 22; 11. Capitan von der Leib-Grenadier-Garde, 30 × 22; 12. Gemeiner v. d. Leib-Grenadier-Garde, 30 × 22; 13. Major und Flügel-Adjutant der Infanterie, 30 × 22; 14. Major à la Suite, 30 × 22; 15. Major der Jäger, 32,2 × 25; 16. Hauptmann der Jäger, 31 × 25; 17. Gemeiner Jäger, 29 × 22; 18. Gemeiner Jäger, 31 × 24; 19. Major vom Regiment Großherzog, 27 × 22; 20. Unterofficier vom Regiment Großherzog, 26,3 × 19,4 cm.

[59] Eröffnet wird die Reihe der Kupferstiche durch das Werk des Leutnants von Schmalen, *Accurate Vorstellung der sämtlichen Koeniglichen Preußischen Armee ... von J. C. H. v. S*(chmalen), Nürnberg, 1759. Es folgten weitere Kupferstichserien von Johann Friedrich Seifert, Karl Christian Horverth, J. G. Thieme und Leutnant A. L. Ramm.

[60] Rosenberg, Marc. *Badische Uniformen 1807 und 1809.* Karlsruhe 1896.

a

b

c

12 a–c Badische Armeeuniformen, kolorierte Federzeichnungen Traitteurs, 1813, ›Gemeiner v. der Leib-Grenadier Garde‹, ›Artillerie-Officier‹, ›Major der Jaeger‹ (Wehrgeschichtliches Museum Rastatt, Nr. 014048, Bl. 11, 7, 14)

land (zwei Auflagen von 1807 und 1812), Werke des in Dresden lebenden, aus Kurland stammenden Aleksandr Ivanovič Sauerweid (u. a. kolorierte Zeichnungen der westfälischen und sächsischen Armeeuniformen, um 1810)[61] sowie des Hamburger Malers Christoph Suhr (Darstellung der Truppen, die während der Napoleonischen Kriege Hamburg passierten, 158 Blatt, 1806–1815) u. a. gekannt haben.

Die sich in diese Reihe einfügenden Zeichnungen Traitteurs erschienen zu einer Zeit, da die Faszination für die künstlerische Darstellung der Militäruniform als neues graphisches Genre ihren Höhepunkt erreichte[62]. Die Zeichnungen des badischen Ingenieurs sind, ähnlich denen von Wieland, in einfacher, jeweils eine Figur umfassender Komposition mit recht statischer Darstellung der abgebildeten Soldaten, Offiziere und Reiter aufgebaut und perspektivisch nicht immer fehlerfrei ausgeführt (Abb. 12 a–c). Trotz Traitteurs Aussage, die Darstellungen des Albums seien nach der Natur gezeichnet, erinnern sie in ihrer Komposition doch an einige damals bereits bekannte Sujets, vor allem aus den ersten Heften Wolfs[63]. Eine derartige Ähnlichkeit läßt vermuten, Traitteur habe die zeitgenössischen Darstellungen von Militäruniformen gekannt und teilweise als Vorlagen verwendet.

Mit den Zeichnungen der Militäruniform beschäftigte sich Traitteur recht lange, wie aus einer im Reiß-Museum Mannheim erhaltenen Freihandzeichnung hervorgeht, auf der die Reiterfigur eines badischen Gardeoffiziers dargestellt ist[64]. Die Bleistiftzeichnung mit Federeinfassung ist von sicherer Hand gezeichnet und wahrscheinlich vom lebenden Modell im Rahmen seiner Arbeiten zum Album *Abbildung der Grossherzoglich Badischen Armee Uniformen … (1813)* skizziert (Abb. 13). Dieser Band dürfte das bis heute bekannteste Werk Traitteurs in Baden sein. Als militärhistorische Dokumentation wurden die Zeichnungen des badischen Ingenieurs Anfang des 20. Jahrhunderts auf Ansichtskarten sowie in einigen Publikationen zur allgemeinen und Militärgeschichte mehrfach reproduziert[65]. Das Interesse an der Darstellung von Personen in Uniform verließ Traitteur auch nicht in seinen folgenden Schaffensjahren in Rußland, wo er sie als Staffage von Architekturzeichnungen in seinen sämtlichen lithographierten Werken Anfang der 1820er Jahre einsetzte.

[61] Sauerweid, Aleksandr Ivanovič (geb. 19. 2. 1783, in Kurland, gest. 25. 10. 1844 in St. Petersburg), ab November 1806 Schüler der Kunstakademie Dresden. Bereits 1807 beschäftigte er sich mit der Darstellung der Militäruniform. 1813 schuf er u. a. die umfangreiche Folge von Zeichnungen ›Dresdens Not und Rettung 1813‹. 1814 wurde er von Alexander I. als Zeichenlehrer nach Rußland berufen. Ab 1831 Professor an der Petersburger Akademie der Künste.

[62] Uhlitzsch, Joachim. *Der Soldat in der bildenden Kunst*. Berlin 1987.

[63] *Abbildungen der neuen Königlichen Preussischen Armee-Uniformen. Nach der Natur gezeichnet von L. Wolf und in Kupfer gestochen von F. Jügel. Hrsg. von Joh. Bab. Weiss*. Berlin (10 Hefte, 60 Tafeln, 1812–1816).

[64] Reiß-Museum Mannheim, K 2132. In der linken unteren Ecke befindet sich die wahrscheinlich später erfolgte Aufschrift: *Garde Officier … Hand Zeichnung von General Major v. Traitteur* (ohne Datumsangabe).

[65] Hermes, Sabina; Niemeyer, Joachim. *Unter dem Greifen …*, S. 39–45, zwischen den S. 72–74 (die kolorierten Federzeichnungen Traitteurs werden hier irrtümlicherweise als Lithographien vorgestellt); *Baden und Württemberg im Zeitalter Napoleons*. Katalog. Band 1.1, Stuttgart, 1987, S. 406–408.

13 ›Gard officier‹, Vorzeichnung Traitteurs, ohne Datum (Reiß-Museum Mannheim, K 2132)

Traitteurs bedeutendste Ingenieurarbeit vor seiner Abreise aus Baden dürfte sein gestochener Plan von Mannheim sein, der im April 1813 bei einem der ältesten Buchhandelshäuser der Stadt, Schwan und Götz, erschien[66]. Sämtliche Blätter der als erster echter Vermessungsplan bekannten Karte der Stadt tragen die Unterschriften *Aufgnom. u. gezeich. von W. von Traitteur Ingenieur* (linke untere Ecke) und *Gest. F. Wolf in Mannh. 1813* (rechte untere Ecke). Dargestellt ist die innerstädtische Struktur Mannheims als Beispiel des regelmäßigen Städ-

[66] Der Plan (kolorierte und schraffierte Exemplare) wird verwahrt in: GLA Karlsruhe, Gemarkungs-Pläne Mannheim, Nr. 72, 107, 119; Reiß-Museum, Mannheim, Kat. Nr. 72. Das Buchhandelshaus Schwan und Götz vertrieb später die von Traitteur in den 1820er Jahren in Rußland geschaffenen Lithographiealben in Deutschland, vgl.: Meyer, Herbert (Hrsg.). *Mannheimer Drucke vergangener Jahrhunderte.* Mannheim, 1973, S. 5–7.

tebaus zur Zeit des aufgeklärten Absolutismus sowie die Nutzung der an die Festungsmauern angrenzenden Flächen (Abb. 14). Eine sorgfältige Betrachtung des in den Traditionen der Pariser Ecole des Ponts et Chaussées angefertigten Plans läßt erneut Zweifel an der Objektivität der Beurteilung durch den Prüfungsausschuß aufkommen, der bei Traitteur elementare Kenntnisse über Triangulation und Nivellierung vermißt hatte.

Wohl im Bewußtsein dieses Widerspruchs legte er diesen Plan einer erneuten Bewerbung um einen Ingenieursposten beim badischen Staat Anfang April 1813 bei: »*Um Großh. Ministerium auch von meinen praktischen Kenntnißen Beweise zu geben, lege ich den von mir neu aufgenommenen Plan der Stadt und Umgebungen von Mannheim mit dem unterthänigen Bemerken vor, daß mir die Herausgabe desselben von Großh. Ministerium genehmiget, und wegen seiner geometrischen Richtigkeit von Großherz. Stadtrathe in Mannheim in Ermanglung eines richtigen Lagerbuches als öffentlicher Akt angenommen wurde*«[67]. Um den Prüfungsausschuß zu umgehen, brachte er diesmal offensichtlich familiäre Beziehungen ins Spiel, über die er sich die Unterstützung von Angehörigen der badischen Herrscherfamilie sichern konnte. Dies geht aus dem Text des neuerlichen Antrags Traitteurs beim Großherzoglichen Ministerium des Inneren vom 4. April 1813 hervor: »*Nachdem ich bey der lezten Anwesenheit seiner Königlichen Hoheit des Großherzogs in Mannheim, mich mit der wiederholten Bitte um Anstellung bei Höchstderselben gemeldet, und die allerhöchste Weisung erhalten hatte, mich zu diesem Ende sogleich hieher nach Karlsruhe zu begeben, geruhten seine Königliche Hoheit heute in einer mir gnädigst bewilligten Audienz, mir das bestimmte Versprechen zu ertheilen, daß ich auf der Liste der neu anzustellenden Ingenieurs notirt, und bey der demnächst erscheinenden Organisation desselben, die gebetene Anstellung als Ingenieur sogleich erhalten werde*«.

Aus dem Schriftstück geht auch hervor, daß Traitteur mit der Bewertung der Prüfungen von 1811 weiterhin nicht einverstanden war und sich immer noch von den damals examinierenden Ingenieuren gekränkt fühlte: »*Obschon ich als Candidat in der Liste des Großh. Ingenieur Departements nicht eingeschrieben bin, da ich dem von dem H. Major Tulla gegen mich* auswärts *gebildeten Ingenieur, nicht so wie es zu erwarten gewesen wäre angelegten Examen nach deßen Ansicht entsprochen habe, weil man auf meine in meinem Fache geleisteten Dienste absichtlich keine Rüksicht nahm, so bitte ich dennoch Großh. Ministerium mich in die Reihe der nun anzustellenden Ingenieurs umsomehr aufzunehmen, als ich wie die Anlagen 1 et 2 zeigt das französische Geometre du Cadastre, jezt Ingenieur Geograph genannt, angestellt und wie Anlage 3 zeigt, gerade über jene Mathematische Gegenstände, in denen mich der H. Major Tulla als unwißend erklärte, Vorlesungen in den obersten Klaßen des Großh. Lyceums in Mannheim gehalten, worüber ich heut Anlage 4 in einer öffentlichen Prüfung von den Fortschritten meiner Schüler, und von meinen Verwendungen daselbst ohne alle Belohnung Rechenschaft ablegte, also bewiesen habe daß ich nicht nur diese Fächer verstehe, sondern auch in dem Grade bewandert bin, solche öffentlich vortragen zu können*«[68].

Die jedoch noch nicht in Vergessenheit geratenen Ergebnisse seiner jüngsten Prüfungen machten Traitteur wieder einen Strich durch die Rechnung. Die erste Reaktion des Ministeriums des Inneren auf Traitteurs Gesuch lautete, daß »*... das Departemant von dem... Versprechen S^er^ Königlichen Hohheit keine ofizielle Nachricht habe, Wilhelm von Traiteur noch nicht einmal unter die Zahl der Großherzoglichen Ingenieur Praktikanten aufzunehmen und seine vom Major Tulla vorgenohmene Prüfung nicht günstig ausgefallen sey, und es sehr auffallen würde, wenn Wilhelm von Traitteur anderen in der Anstellung vorgezogen werden sollte*«. Das Ingenieur-Departement fand für ihn schließlich im Juni 1813, wahrscheinlich nach Bestätigung der großherzoglichen Unterstützung für Traitteurs Gesuch, eine Praktikantenstelle in einem Ingenieurbüro und vermerkte dies in seinen Unterlagen folgendermaßen: »*Sr Königl. Hoheit ist unterthänigst vorzutra-*

14 ›Plan der Stadt Mannheim‹, kolorierter Stich, ›Aufgnom. u. gezeich. von W. v. Traitteur Ingenieur‹, 1813 (GLA, H Mannheim/72)

[67] GLA 76/7883, Bl. 17–18.

[68] Ibid., Bl. 17–18.

Der Rhein Strom
GROSSH. SCHLOSS
Grossherzogliche Baumschule
Speise
Markt
Ziffer Plaetze
Z. 2
Flotz Holz Niederlage
Der Neckar Fluss
Plan der Stadt Mannheim

gen: Der sich Ingenieur Geographe nennende von Traitteur seye in seinem Examen sehr schwach bestanden, und man habe daher der höchsten Intention gemäs zu seyn erachtet, denselben zu seiner mehreren Befähigung als Practicanten bey dem hierortigen Ingenieur Bureau gegen einen jährl. Gehalt von 450 Gn zu verwenden. p. p. p.«[69].

Konkrete Informationen über die Tätigkeit Traitteurs in diesem Büro, die zeitlich mit der Kriegswende im Rußlandfeldzug Napoleons, dem Auseinanderfallen des Rheinbunds und dem nachfolgenden Wechsel Badens auf die Seite der Koalition gegen Napoleon (20. November 1813) zusammenfiel, liegen nicht vor. Die veränderte politische Situation, die mit einer Wiederbelebung der dynastischen Beziehungen zwischen dem badischen und dem russischen Hof einherging, veranlaßte Traitteur offensichtlich, sich erneut um einen entsprechenden Posten zu bemühen. Am 28. November 1813 kam der russische Zar Alexander I. als einer der Führer der neuen Koalition gegen Napoleon aus Frankfurt am Main nach Karlsruhe und blieb bis zum 20. Dezember in der Residenzstadt[70]. Während seines Aufenthalts wurden ihm u. a. technische Erfindungen badischer Fachleute, insbesondere die von Karl Freiherr von Drais erfundene und von Johann Gottfried Tulla und Friedrich Weinbrenner positiv begutachtete ›Fahrmaschine ohne Pferd‹, vorgeführt[71]. Ende 1813 bekam auch Traitteur, wohl mit Unterstützung der Markgräfin Amalie, eine Audienz bei dem hohen Gast, was in den Memoiren Philipp Wiegels[72], dem Sekretär des Generaldirektors des Amts für Verkehrswege Augustin de Bétancourt, Erwähnung findet.

Das persönliche Zusammentreffen mit Alexander I. dürfte der wichtigste Augenblick im Werdegang des badischen Ingenieurs gewesen sein, was er später in seinem Tätigkeitsbericht besonders hervorhob: *»La guerre générale, qui amena en 1813 feu l'Empereur Alexandre en Allemagne, pour la délivrance des peuples du joug francais, me procura le bonheur d'être connu personnellement de Sa Majésté Imperiale. Mes entreprises scientifiques, qui me firent alors quelque réputation comme Ingénieur, donnerent lieu à Sa Majesté l'Empereur de me faire l'honorable proposition d'entrer au service de la Russie, proposition qui se bornait à un engagement de dix années, frais de voyage pour aller et révenir, en m'accordant la faculté de determiner moi même le montant de ces frais de voyage, ainsi que celui de mes … . Je m'en rapportais pour toutes les conditions à la volonté de Sa Majesté et ne demandais que la grâce de pouvoir, en cas de nécessité, m'adresser directement à l'Empereur, – permission, dont j'ai eu l'occasion de faire usage. Ma conduite mérita l'agrement Suprême et Sa Majésté me fit savoir que je n'aurais pas à me répentir de ma moderation. C'est ainsi que je recus 300 ducats pour mon voyage en Russie, et outre mes gages une pension de 2000 rbs par an du Cabinet. …«*[73].

Die letzten Angaben über Traitteurs Aufenthalt in Karlsruhe stammen von Anfang Januar 1814[74]. Im Januar/Februar desselben Jahres machte er sich auf die Reise von Baden nach St. Petersburg und trat am 19. Februar (3. März) offiziell in den russischen Dienst[75].

Aus den der Abreise des badischen Ingenieurs vorangegangenen Begegnungen mit der badischen und russischen Herrscherfamilie entwickelte sich eine wohlwollende Aufmerksamkeit seiner hohen Gönner für sein weiteres Schicksal in St. Petersburg. Daß er weiterhin das Interesse der Zarin Elizaveta Alekseevna genoß, kommt in deren Briefen an ihre Mutter, Markgräfin Amalie, von 1817 zum Ausdruck: *»…Je ne suis pas de l'avis de M. Traitteur par rapport à la comtesse Apraxine: je ne trouve pas qu'elle baisse visiblement. Elle est toujour vivement occupée de son projet de chapitre, association, je ne sais trop comment le nommer, et je désire de tout mon coeur pour elle qu'elle le voie s'effectuer. J'ai cru vous avoir parlé, chère Maman, de la part qu'a eue M. Traitteur à l'ordonnance de la fête du ministre de Prusse et de son succès à cette occasion, de même que de la présentation, dont je me*

[69] Ibid., Bl. 19–20.

[70] Vgl. S. 8–10.

[71] Zollner, Hans Leopold. *Greif & Zarenadler…*, S. 98–101.

[72] »Während der Durchreise des Herrn Kaisers durch Bruchsal drängte ihm seine Schwiegermutter, die verwitwete Markgräfin von Baden, einen besitzlosen Badener Adligen auf, der sich nach ihren Worten auf die Mechanik wohl verstand. Aus Achtung vor einer solchen Empfehlung befahl der Herr Kaiser, den Meister auf Staatskosten zu Bétancourt zu schicken, damit letzterer ihn so verwende, wie es ihm gutdünke. …« (Wiegel, Philipp. *Zapiski (Aufzeichnungen)* Teil 4. Russisches Archiv, 1892, Bd. 2, Nr. 8–9, Anlage, S. 21). Philipp Wiegel (Filipp Filippovič Vigel', 12. 11. 1786, Gouvernement Penza – 20. 3. 1856, Moskau) diente in verschiedenen staatlichen Einrichtungen und Behörden, Sekretär des Komitees für Bauwerke und Wasserbau St. Petersburgs (ab 1816) und war Direktor des Departements für geistliche Angelegenheiten ausländischer Konfessionen in St. Petersburg (ab 1829). In der russischen Literatur bekannt als Verfasser der ›Aufzeichnungen‹ (Zapiski) oder ›Memoiren‹ (Vospominanija) in sieben Abschnitten, die nach 1840 entstanden und erstmals 1863–1865 mit Kürzungen in der Zeitschrift ›Russisches Archiv‹ (Russkij arhiv) veröffentlicht wurden. Diese ›Aufzeichnungen‹ sind bis heute eine wichtige Quelle zur russischen Geschichte des ersten Drittels des 19. Jahrhunderts, sie sind bekannt durch ihre kritische, oft unverhohlen feindselige Sichtweise seiner Kollegen und Zeitgenossen. Als weiteres Werk Wiegels, das teilweise Gemeinsamkeiten mit seiner Einschätzung Traitteurs (s. unten) aufweist, ist der Aufsatz ›La Russie envahie par les Allemands‹ zu nennen (St. Petersburg–Leipzig, 1844). Nikolaev, P. A. (Hrsg.) *Russkie pisateli 1800–1917. Biografičeskij slovar' (Russische Schriftsteller 1800–1917. Biographisches Wörterbuch)*. Bd. 1 A–G. Moskau, 1989, S. 439–440.

[73] RGIA, 200-1-1780 ›Über die Entlassung des Generalmajors Traitteur aus dem Dienst des Corps der Verkehrswegeingenieure…‹, Bl. 128.

[74] »Unterzeichneter Ingenieur Geograph Wilhelm von Traitteur bescheinigt andurch, ein zusammengeheftetes Convolut ihn selbst be-

suis chargée. Je veux du bien à ce jeune Traiteur; il a l'air d'un garcon d'esprit et beaucoup de comme il faut«[76].

Derselben Zeit entstammt ein weiteres Zeugnis für das Wohlwollen, das der badische Hof Traitteur schenkte, nämlich die Verleihung des Ordens des Zähringer Löwen Ende 1816. In dem vom Kriegsminister des Großherzogs von Baden, von Schäffer, unterzeichneten Begleitschreiben nach St. Petersburg klingt so etwas wie eine Entschuldigung für die Unannehmlichkeiten und das Unverständnis der Jahre 1812–1813 an, in deutlichem Gegensatz zu der ein Jahr zuvor erfolgten Beurteilung des technischen Kenntnisstands Traitteurs durch den Ausschuß des Ingenieur-Departements: »*Nachdem Se. Königliche Hoheit der Großherzog von Baden, mein allergnädigster Herr, die Berichte über die besonderen Verdienste in Erwägung gezogen, welche sich Ew. Hochwohlgeboren um das Großherzogthum in den Jahren 1812 und 1813 zu erwerben Gelegenheit hatten, haben Allerhöchstdieselben allergnädigst beschloßen, um Ew. Hochwohlgeboren einen ausgezeichneten Beweis seiner besonderen Zufriedenheit und vorzüglichen Wohlwollens zu erkennen zu geben, Ihnen allerhöchst Ihren ritterlichen* Orden des Zähringischen Löwen, *huldreich zu ertheilen. ...*«[77].

Einige Jahre später, im März 1824, noch nicht auf dem Gipfel seines Ruhms angelangt, erhielt Traitteur aus der Residenzstadt mit dem zweiten badischen Orden eine weitere Bestätigung für die Aufmerksamkeit, mit der man seine Erfolge im fernen Rußland bedachte: »*Wir haben Uns gnädigst bewogen, den kaiserlich russischen Obersten, Wilhelm von Traitteur, bisherigen Ritter Unseres Ordens vom Zähringer Löwen, das Commandeur Kreutz dieses Ordens zu verleihen, und lassen demselben über den rechtmäßigen Besitz dieser Auszeichnung des gegenwärthige Beglaubigungs Schreiben durch Unseren Cabinets Minister ausfertigen*«[78].

Vor dem Hintergrund seiner selbstorganisierten Ausbildung und anfänglichen Tätigkeit in Baden (1800–1813) ist es auf den ersten Blick schwierig, Wilhelm von Traitteur einer der damals existierenden Berufsgruppen eindeutig zuzuordnen. In seinen Anträgen der Jahre 1810–1814 bezeichnete er sich zunächst als *der Wasserbaukunst beflissene* (1810), sodann als *Ingenieur Geograph* (1813) und als *Civil Ingenieur* (1813). Nach seiner Ankunft in Rußland trat Traitteur im Februar 1814 den Dienst als Architekt an, im Mai 1816 erhielt er den Dienstgrad eines Majors des Corps der Verkehrswegeingenieure, der Institution, in der er bis zur Dienstquittierung blieb. Beim Ausfüllen russischer Dienstlisten vermerkte der badische Ingenieur mehrmals, er sei »*... der russischen Sprache nicht mächtig, wohl aber der deutschen und französischen und verstehe die russische, sei gelehrt in Mathematik, Militär- und Zivilarchitektur und überhaupt in allen mathematischen Wissenschaften*«[79].

Wie eine eingehende Betrachtung der Wissenschaftsgeschichte der damaligen Zeit zeigt, fällt Traitteurs Werdegang nicht vollständig aus dem Kanon der Entstehung der Ingenieur- und Architekturberufe des ausgehenden 18. und beginnenden 19. Jahrhunderts heraus. Die formale Vielfalt seiner Tätigkeitsbezeichnungen spiegelt in der Tat das durch die Praxis der französischen Hochschule vorformulierte und etablierte breite Betätigungsfeld des neuen Berufs *ingénieur* wieder. Während Traitteur in all seinen Lebensbeschreibungen, der Traditionen dieser Schule entsprechend, den Primat *aller mathematischen Wissenschaften* betont, verwirklichte er in seinen Folgearbeiten in Rußland tatsächlich die andere Seite des neuen Berufs, die durch den in der historischen Forschung zur französischen Ingenieurschule etablierten Begriff *ingénieur-artiste* besser beschrieben werden kann[80]. Nach Anbruch des neuen industriellen Zeitalters zu Beginn des 19. Jahrhunderts waren die *ingénieurs* dieser Epoche die ersten, die die in seinem Gefolge entstandenen Möglichkeiten in Bauwesen und Architektur anwandten[81]. Dabei behielten sie jedoch die für die barock-klassizistische Tradition typische Vorstellung bei, das Ergebnis ihrer Tätigkeit gehöre

treffender Zeugnisse, welche einem Großherzoglichen Finanz Ministerial Antrag vom 19. Jul. v. J. Nro. 1248 die Organisirung des Ingenieur-Departements betr. beigelegen haben aus dem Großherzoglichen Geheimen Cabinet, auf sein Verlangen zum weitern Gebrauch als nunmehr in Kaiserlich Russischen Diensten angestellt, unter heutigem zurückerhalten zu haben. Carlsruhe den 9. Januar 1814. Den richtigen Empfang bescheinigt Wilhelm von Traitteur Ingenieur« (GLA 76/7883, Bl. 21).

[75] Dieses Eintrittsdatum Traitteurs in russische Dienste wird durch eine Reihe von Schriftstükken bestätigt (RGIA, 200-1-1780, Bl. 2, 4, 17, 128). In einem späteren im Mai 1831 verfaßten Rapport bestand der bereits in den Ruhestand entlassene Traitteur auf einer Vorverlegung seines offiziellen Eintrittsdatums in den russischen Dienst vom 19. Februar 1814 (Ankunft in St. Petersburg) auf den 13. November 1813 (RGIA, 200-1-1780, Bl. 49–51). An diesem Tag, so behauptete Traitteur, habe er Kontakte zum Kabinett seiner Majestät bezüglich einer künftigen Aufnahme in russische Dienste aufgenommen.

[76] Grand Duc Nicolas Mikhailowitch. *L'Impératrice Élisabeth, épouse d'Alexandre Ier ...*, Bd. 2, S. 663.

[77] Eesti ajaloomuseum, Tallinn, 181-1-1 ›Traitteur Wilhelm, Generalmajor. 1816-1830‹, Bl. 6–9; GLA 60/1096, Band 1.

[78] Eesti ajaloomuseum, Tallinn, 181-1-1, Bl. 16; Staats- und Regierungsblatt. Karlsruhe, 11. August 1824, S. 106.

[79] RGIA, 200-1-1780, Bl. 5, 18; RGIA, 207-15-23 ›Dienstliste der Generalität und Oberoffiziere des Corps der Verkehrswege‹, Bl. 249.

[80] Picon, Antoine; Yvon, Michel. *L'ingénieur artiste ...*.

[81] Dies drückte sich vor allem in der Einführung neuer Baustoffe (Gußeisen, Eisen, Keramik) in die architektonische Praxis sowie in den damit verbundenen industriellen Methoden der Bauausführung aus (s. z. B.: Peters, Tom Frank. *Bauen und Technologie 1820–1914. Die Entstehung des modernen Bauprozesses*. Dissertation ETH Zürich, 1977).

der Kunst an. Daraus erwuchs ein gesteigertes Bemühen um ästhetisch vollendete Entwurfsunterlagen und um die Bedeutung der Zeichnung in den ingenieurtechnischen Entwürfen sowie in den Ingenieurbauten selbst.

Im Zuge des für die Aufklärung typischen, mit Nachdruck vertretenen Primats naturwissenschaftlicher Kenntnisse galt die *architecture* in der Berufsauffassung der französischen Ingenieurschule fast ein halbes Jahrhundert lang als ein Zweig der Ingenieurwissenschaft. Dies kommt in der von ›revolutionärem Geist‹ beseelten Kritik der etablierten Hierarchien nicht nur durch einige führende Ingenieure, sondern auch durch Architekten dieses Kreises zum Ausdruck: »*Le système des connaissances qui constituent la science de l'ingénieur (l'architecture y est censée compris) embrasse à l'epoque actuelle, dans leur presque universalité, et sous les point de vue théorique, expérimental et pratique, les diverses branches des sciences physico-mathématiques. Ce système n'a pas toujour été, à beaucoup près, aussi étendu; mais en comparant entre eux les monuments exécutés à des époque successives, et établissant la comparaison non sur la grandeur matérielle de ces monuments, la quantité de travail qu'ils ont exigée, mais sur le degré d'instruction qui était nécessaire pour en dresser les projets et en diriger l'exécution, on voit une correspondance manifeste entre la marche scientifique de l'esprit humain et celle de l'art des constructions. Les connaissance que Vitruve juge nécessaires à un architecte, et dont il donne l'énumération, n'étaient probablement pas toutes possédées par les constructeurs des pyramides d'Egypte, et cependant ne constitueraient maintenant qu'une instruction médiocre*«[82].

So dürfte das berufliche Credo und das Werk Traitteurs von der zeitgenössischen ›philosophischen Doktrin‹ des *ingénieur* geprägt gewesen sein, die er in den Jahren 1800–1813 in der Kurpfalz, Baden und Frankreich kennenlernte. Von Natur aus wohl eher für eine Tätigkeit im Bereich der Architektur begabt, beschloß Traitteur, sich in dem Beruf eines *ingénieur* zu versuchen, der im damaligen Bewußtsein einen besonderen Stellenwert hatte und mit dem Attribut ›modern‹ versehen war. So ist der Werdegang des badischen Ingenieurs, der über keine fundierten Kenntnisse der höheren Mathematik verfügte, jedoch zweifelsohne praktische technische Intuition, hervorragende zeichnerische Fähigkeiten sowie Charakter und Organisationstalent besaß, ein bemerkenswertes Beispiel für das Wirken eines von der französischen Ingenieurkultur geprägten und in Rußland umfassend verwirklichten *ingénieur-artiste*.

[82] Aus einem Artikel des Direktors der *Ecole des Ponts et Chaussées* (1798), des Ingenieurs Gaspard Riche de Prony (1755–1839), in Erinnerung an den hervorragenden französischen Ingenieur Claude-Louis-Marie-Henri Navier (1785–1836), veröffentlicht 1837 in den *Annales des Ponts et Chaussées*. Zitiert nach: Picon, Antoine; Yvon, Michel. *L'ingénieur artiste...*, S. 20. Eine ähnliche Ansicht zur Rolle ingenieurtechnischer Kenntnisse vertrat bereits 1845 der in St. Petersburg wirkende französische Architekt Auguste Ricard de (Avgust Avgustovič) Montferrand, der in seinen Alben ebenfalls auf Äußerungen Naviers verweist (Fedorov, Sergej G. *Frühe Eisenkuppeln in der russischen Sakralarchitektur vor 1840*. In: Erhalten historisch bedeutsamer Bauwerke. Sonderforschungsbereich 315. Universität Karlsruhe (TH). Jahrbuch 1993, Berlin 1996, S. 190–191).

15 Gartenfassade des Palais Jusupov an der Fontanka, nach 1790 erbaut von Giacomo Quarenghi. Ab 1810 Sitz des Instituts und des Amts für Verkehrswege (*Pamjatniki arhitektury Leningrada*, 1976, S. 247)

Das Petersburger Corps der Verkehrswegeingenieure und die Öffnung des russischen Bauwesens nach Westen

Es wäre falsch anzunehmen, der Entschluß Alexanders I., den praktisch unbekannten badischen Ingenieur nach Rußland zu rufen, sei lediglich auf die Protektion durch Markgräfin Amalie von Baden zurückzuführen[83]. Vielmehr dürfte deren Ansinnen mit den um 1805 eingeleiteten Bemühungen Alexanders I. zur Umgestaltung der Bauverwaltung des Russischen Reichs und Einrichtung eines eigenen Corps der Verkehrswegeingenieure zusammengefallen sein. Die Umsetzung dieser auf enge Kontakte mit den führenden westeuropäischen Ingenieurschulen, vor allem Frankreichs, zurückgehenden Pläne hing unmittelbar von der politischen Situation jener Jahre ab und und geriet nach der Aufnahme von Kriegshandlungen durch Frankreich gegen Rußland (12. Juni 1812) in eine schwierige Phase.

Im 18. und beginnenden 19. Jahrhundert pflegte man in Rußland zur Leitung großer Ingenieurvorhaben ausländische Fachkräfte zu berufen. So waren der Mangel an eigenen Fachingenieuren und das Fehlen einer entsprechenden Hochschuleinrichtung der wesentliche Hemmschuh für eine weitere Tätigkeit der beiden Anfang des 19. Jahrhunderts für den Bau der wichtigsten Verkehrswege zuständigen Institutionen, des Departements für Wasserwege (Departament vodjanyh kommunikacij) und der Expedition für Straßenbau (Ekspedicija ustrojstva dorog). Dabei entsandte die Regierung immer wieder fähige, praktisch erfahrene Militäringenieure sowie Generalstabsoffiziere zum Erwerb theoretischer Kenntnisse ins Ausland, so auch in die französischen Ingenieurschulen[84]. Hierauf weist auch einer der aufmerksamen Beobachter der Lage im russischen Amt für Verkehrswege, der Generaldirektor des bayerischen Wasser-, Brücken- und Straßenbauwesens Carl von Wiebeking, hin: »*Obwohl der Kaiser Alexander, gleich nach seiner Thronbesteigung, den innern Communicationen eine vorzügliche Sorgfalt weihete, und unter dem Minister Grafen Romanzoff* [der Vorsitzende des Departements der Wasserwege Rumjancev] *einige Verbesserungen gemacht wurden, so fehlte es dem Russischen Reich an einer hinreichenden Anzahl wissenschaftlich-gebildeter Ingenieure, und an einer gut eingerichteten General-Direction der innern Communicationen*«[85].

Bereits in den Jahren 1803–1804 legte einer der damals erfahrensten russischen Ingenieure, General de Vollant[86], im Bewußtsein des Mangels an gut ausgebildeten Fachkräften den ersten bekannten Entwurf zur Einrichtung einer technischen Hochschule (der sog. Zentralen Wasserbauschule) vor, der jedoch nicht verwirklicht wurde. 1805 einigte man sich auf die Entsendung von 12 Personen aus Rußland für drei Jahre nach München zu Carl von Wiebe-

[83] Diese Ansicht wird in den Memoiren Wiegels vertreten und gelangte von dort aus in einige wissenschaftliche Veröffentlichungen (z. B.: Voronin, M. I., Voronina, M. M. *Stanislav Valerianovič Kerbedz 1810–1899*. Leningrad, 1982, S. 50).

[84] Gouzévitch, Irina; Gouzévitch, Dmitri. *Les contacts Franco-Russes dans le monde de l'enseignement supérieur technique et de l'art de l'ingénieur*. In: Cahiers du Monde russe et soviétique, 34, 1993, H. 3., S. 345–368.

[85] Wiebeking, Carl Friedrich von. *Biographie des Herzogs Alexander zu Württemberg, Chef und Generaldirector der öffentlichen Bauwerke des Russischen Reiches und der innern Communicationen* ..., München, 1835, S. 11. Diese erste und einzige Biographie Alexanders von Württemberg bleibt somit ein interessantes Dokument der russisch-deutschen technischen Zusammenarbeit Mitte der 1830er Jahre und enthält Hinweise auf einen Briefwechsel und freundschaftliche Kontakte zwischen dem württembergischen Herzog und seinem bayerischen Kollegen Carl Friedrich von Wiebeking (25. 7. 1762 – 28. 4. 1842).

[86] Franc Pavlovič de Vollant (1752 – 30. 11. 1818). Brabanter Adeliger, Militäringenieur. Ab 1787 in russischen Diensten. Verfasser von Lageplänen einiger Städte und Entwürfen für Festungen in Südrußland. Ab 1799 im Dienst des Departements für Wasserwege. Generalleutnant (1800), Generalinspektor und Mitglied des Rates des Corps der Verkehrswegeingenieure (ab 1809). Hauptverwalter der Verkehrswege (15. 12. 1812 – 30. 11. 1818). *Russkij biografičeskij slovar' (Russisches biographisches Wörterbuch)*. Bd. Dabelov–Djad'kovskij. St. Petersburg, 1905, S. 155–158.

king *»zum Studium von Theorie und hydraulischen Arbeiten«*. Aber auch dieser Übereinkunft folgten keine Taten, da die Vorbedingungen (Alter der Studenten 18 bis 25 Jahre, gute Geometriekenntnisse) nicht erfüllt werden konnten. Die letzte Anfrage Wiebekings, ob es zu einer Entsendung für den Studienaufenthalt käme oder nicht, traf 1809 in St. Petersburg ein[87]. Dieser fehlgeschlagene Versuch eines Austausches mit einem der damals bekanntesten westeuropäischen Fachingenieure beförderte offensichtlich den Entschluß zur Gründung der ersten russischen Ingenieurhochschule. Trotz der anfänglichen Schwierigkeiten pflegte der Generaldirektor des bayerischen Wasser-, Brücken- und Straßenbauwesens Carl Friedrich von Wiebeking schließlich enge fachliche Beziehungen zu dem neuen russischen Amt für Verkehrswege und vermittelte in mindestens drei seiner Bücher zu Beginn der 1830er Jahre ein recht umfassendes Bild von der Tätigkeit des Amts.

Dank der durch den Frieden von Tilsit (25. Mai bis 9. Juli 1807) eingeleiteten vorübergehenden Stabilisierung der Beziehungen Rußlands zu Napoleon konnte die Umsetzung derartiger Vorhaben bezüglich der französischen Ingenieurschule energisch vorangetrieben werden. Als wichtigster Schritt auf diesem Weg ist zweifelsohne die Berufung von Augustin de Bétancourt[88] (Abb. 17), einem in französischen Fachkreisen weithin bekannten Ingenieur spanischer Herkunft, in russische Dienste zu betrachten. Nach Vorverhandlungen über diplomatische Kanäle und einem ersten Besuch in Rußland (März/April 1808) wurde Bétancourt dem russischen Zaren Alexander I. während dessen Erfurter Zusammenkunft mit Napoleon (12. Oktober 1808) vorgestellt. Nach Angaben einiger Wissenschaftler, befand sich Wiebeking zur selben Zeit in Erfurt und wurde von Alexander I. ebenfalls empfangen[89]. Es ist zu vermuten, daß eben dieses Treffen die endgültige Wahl zwischen Frankreich und Deutschland (bzw. Bayern) als möglichen ›Partner‹ der jungen russischen Ingenieurschule zu Gunsten Frankreichs beeinflußte. Kurz nach seiner Ankunft in St. Petersburg bereits Ende Oktober 1808 übernahm Bétancourt eine führende Rolle beim Aufbau neuer Strukturen der russischen Verkehrswegeverwaltung.

Die mehrere Monate währende Tätigkeit einer Sonderkommission unter Mitwirkung von Bétancourt endete in der Erarbeitung der ›Anordnung zur Verwaltung der Wasser- und Landwege‹ (Učreždenie ob upravlenii vodjanymi i suhoputnymi soobščenijami), die am 20. November 1809 genehmigt wurde. Infolge dieser Anordnung wurden das Departement für Wasserwege und die Expedition für Straßenbau zur Verwaltung der Wasser- und Landwege oder Verwaltung der Verkehrswege (Upravlenie putej soobščenija) zusammengeschlossen[90]. Auf der Grundlage derselben Anordnung wurden am 13. März 1810 das Corps der Verkehrswegeingenieure (Korpus inženerov putej soobščenija), das sämtliche Staatsaufträge zu erfüllen hatte, sowie das Institut zur Ausbildung des Ingenieursnachwuchses für das Corps gegründet, das am 1. November 1810 eröffnet wurde (Abb. 15).

Die neue Behörde wurde von einem Generaldirektor geleitet, der wiederum von einem Rat bestehend aus drei Generalinspekteuren unterstützt wurde. Um die Verwaltungsstruktur der Verkehrswege des Reichs zu verbessern, erfolgte eine territoriale Untergliederung in 10 Bezirke (zum ersten gehörte St. Petersburg und Umgebung). Der ursprüngliche Aufbau der Verwaltung sah 10 Leiter, 15 leitende Direktoren, 20 bauleitende Direktoren und 145 im Corps zusammengefaßte Ingenieure vor[91]. Mangels qualifizierter Fachkräfte wurde als vorübergehende Maßnahme beschlossen, in das Corps auch Beamte mit ausreichenden praktischen Fertigkeiten aufzunehmen, bis ausreichend Offiziere das entsprechende Institut absolviert hatten. Zum ersten Generaldirektor des Amts für Verkehrswege und Leiter des Corps der Verkehrswegeingenieure wurde im Mai 1809 Prinz Georg von Holstein-Oldenburg[92] ernannt. Der Sitz des neuen Amts wurde samt Direktorenresidenz von St. Petersburg in die

[87] Nikolai, L. F. *Kratkie istoričeskie dannye o razvitii mostovogo dela v Rossii (Kurze historische Angaben zur Entwicklung des Brückenbauwesens in Rußland)*. St. Petersburg, 1898, S. 34–36.

[88] Augustin de Bétancourt et Molina (Agustín de Betancourt y Molina, Avgustin Avgustinovič Betankur, 1. 2. 1758, Teneriffa, Kanarische Inseln – 14. 7. 1824, St. Petersburg). Spanischer Ingenieur, Mechaniker, Erfinder. Wirkte in Spanien, Frankreich und Rußland. Absolvierte die Königliche St. Isidor-Lehranstalt sowie die San-Fernando-Akademie der schönen Künste in Madrid (1779–1781). Setzte seine Ausbildung an französischen Ingenieurschulen fort (1784–1791). Lernte Maschinenbau in englischen Fabriken (1793–1796). Leiter des Königlichen Maschinenkabinetts in Madrid (ab 1791), Generalinspekteur der Verkehrswege und Leiter des Corps der Verkehrswegeingenieure Spaniens (ab 1801) sowie der spanischen Hochschule für Brücken und Straßen (1802). 1807 emigrierte er nach Frankreich, wo er sich mit der Theorie von Maschinen und Mechanismen befaßte. Im folgenden Jahr erschien sein wissenschaftliches Hauptwerk ›Essai sur la composition des machines‹ (mit José María de Lanz). Im November 1808 tritt er im Rang eines Generalmajors in russische Dienste. Begründer des Instituts und des Corps der Verkehrswegeingenieure Rußlands (1810). Erster Leiter des Instituts und des Corps (1810–1824); Vorsitzender des Petersburger Komitees für Bauwerke und Wasserbau (1816–1824); Mitglied der Komission zur Errichtung der Isaaks-Kathedrale (ab 1818); Generaldirektor des Amts für Verkehrswege (1. 4. 1819 – 2. 8. 1822). Generalleutnant (1816). Verfasser zahlreicher wissenschaftlicher Abhandlungen sowie innovativer Ingenieur- und Architekturentwürfe, z. B. zur Manege in Moskau (1817) und zur Makar'evskaja-Messe in Nižnij Novgorod (1818–1821, 1823). Vgl. *Betancourt. Los inicios de la ingenieria moderna en Europa*. Madrid 1996.

[89] Gouzévitch, Irina; Gouzévitch, Dmitri. *Les contacts Franco-Russes dans le monde de l'enseignement supérieur technique et l'art de l'ingenieur …*, S. 349, 359.

[90] Planung und Bau von Straßen und staatlichen Bauwerken wurden zu unterschiedlichen Zeiten von folgenden russischen Behörden überwacht: 1714–1767 Kontor Seiner Majestät für Häuser- und Gartenbau (Kontora Ego Veličestva po stroitel'stvu domov i sadov; 1767–1798 Generaldirektion der Wasserwege und Kommission für Straßenbau im Staate (Glavnaja direkcija vodjanyh kommunikacij i Komissija o stroenii dorog v Gosudarstve); 1798–1809 Departement der Wasserwege und Expedition für Straßenbau (Departament vodjanyh kommunikacij i Ekspedicija ustrojstva dorog); 1809–1820 Verwaltung der Wasser- und Landwege (Upravlenie vodjanymi i suhoputnymi soobščenijami) oder Amt für Verkehrswege (Vedomstvo putej soobščenija); 1820–1832 Generalverwaltung der Verkehrswege (Glavnoe upravlenie putej soobščenija); 1832–1865 Generalverwaltung der Verkehrswege und Öffentlichen Gebäude (Glavnoe upravlenie putej soobščenija i Publičnyh zdanij), 1832 wurden der Generalverwaltung der Verkehrswege sämtliche staatlichen öffentlichen Gebäude unterstellt, die zuvor in die Zuständigkeit des Innenministeriums gefallen waren; ab 1865 Ministerium für Verkehrswege (Ministerstvo putej soobščenija). Vgl. Nikolai, L. F. *Kratkie istoričeskie dannye … (Kurze historische Angaben …)*, S. 33–34.

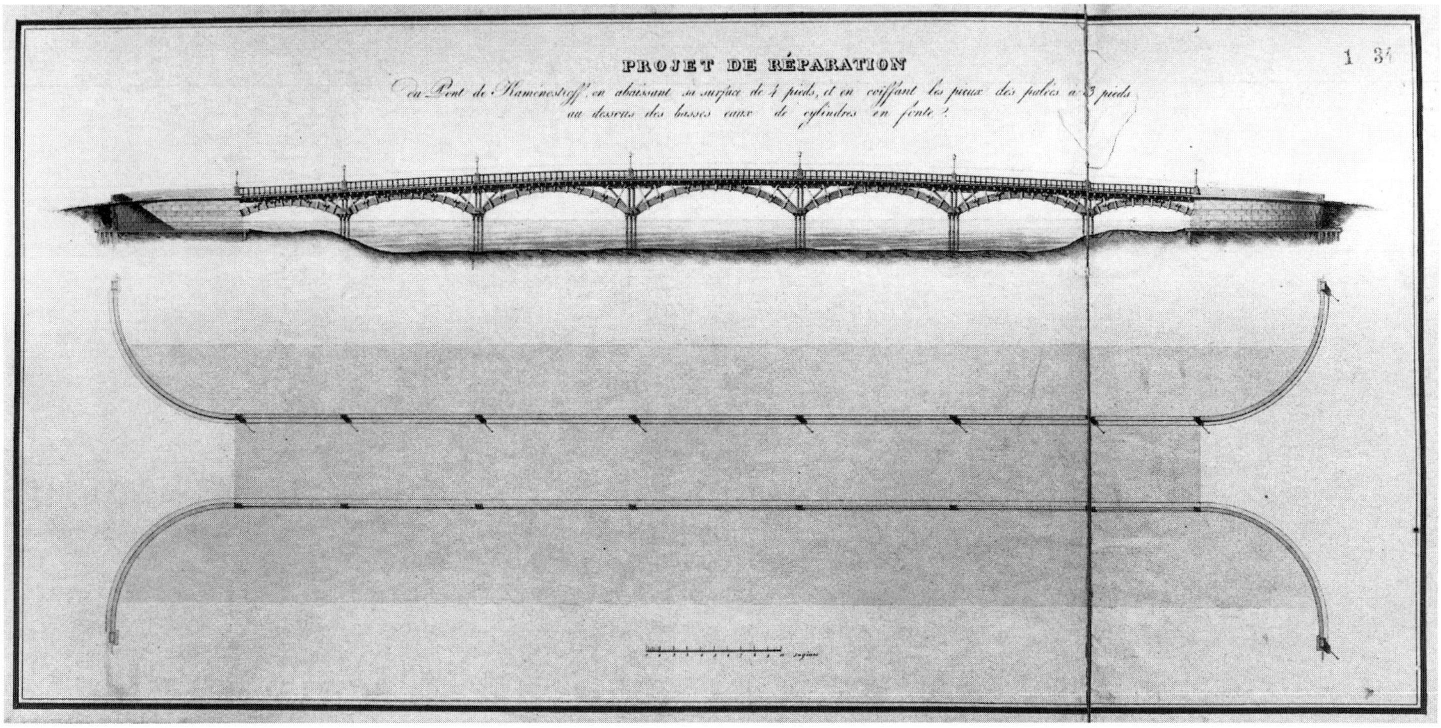

19 Kamennoostrovskij-Brücke über die Kleine Nevka in St. Petersburg, die erste Holzbogenbrücke in Rußland, Bétancourt 1811–1813, auf einer Zeichnung für eine Instandsetzung von Bazaine, Ende der 1820er Jahre (NTB PGUPS, Nr. 18560, I-34)

Erste Jahre in Rußland: Traitteur als Architekt in der ›Gruppe Bétancourt‹, 1814–1820

Am 19. Februar 1814 trat ›Vasilij Traitteur, Sohn des Karl‹ (Vasilij Karlov syn Tretter), wie der badische Ingenieur nun in russischen Dokumenten genannt wurde, als Architekt in den Dienst zur Verfügung des zur Suite Seiner Kaiserlichen Hoheit gehörenden Generalleutnants Augustin de Bétancourt[1]. Die Aufträge zu den ersten dienstlichen Verwendungen Traitteurs werden klarer, liest man seinen späteren Tätigkeitsbericht, in dem er insbesondere bemerkt: »*Je fus placé spécialement sous les ordres du Général Bétancourt pour être employé comme Ingénieur aux commissions particulières de Sa Majesté Impériale. Au retour de l'Empereur des pays étrangeres, je reçus le grade de Major …*«[2]. Diese und weitere Bemerkungen Traitteurs zeigen, daß ihm in seinen ersten Dienstjahren in Rußland offensichtlich eine Protektion des Zaren Alexander I. zuteil wurde, der den badischen Ingenieur kurze Zeit zuvor persönlich in den Dienst berufen hatte. So wurde Traitteur bald nach der Rückkehr des Zaren vom Wiener Kongreß im Mai 1816 aus seinem ersten Posten als Architekt in den durchaus hohen Rang eines Majors des Corps der Verkehrswegeingenieure unter Beibehaltung seines jährlichen Gehalts von 2000 Rubel aus Kabinettsmitteln Seiner Kaiserlichen Hoheit zuzüglich der dem neuen Dienstgrad entsprechenden Bezüge befördert. Damit wurde er offiziell in die Reserve des Corps aufgenommen, blieb Bétancourt jedoch zugeordnet[3].

Die vorliegenden Zeugnisse der Architektur- und Ingenieurarbeiten Traitteurs in seinen ersten russischen Dienstjahren sind bruchstückhaft und oberflächlich. Die wichtigste in diesem Kapitel verwendete Informationsquelle zu

[1] RGIA, 200-1-1780 ›Über die Entlassung von Generalmajor Traitteur aus dem Dienst im Corps der Verkehrswegeingenieure …‹, Bl. 74, 78–79. Dieses offizielle Eintrittsdatum Traitteurs in den russischen Dienst wird auch durch andere Archivquellen belegt. Der entsprechende Kabinettserlaß wurde von Alexander I. Ende Februar in der französischen Stadt Chamonix unterzeichnet.

[2] Ibid., Bl. 128.

[3] Ibid., Bl. 2, 4–5, 17–18.

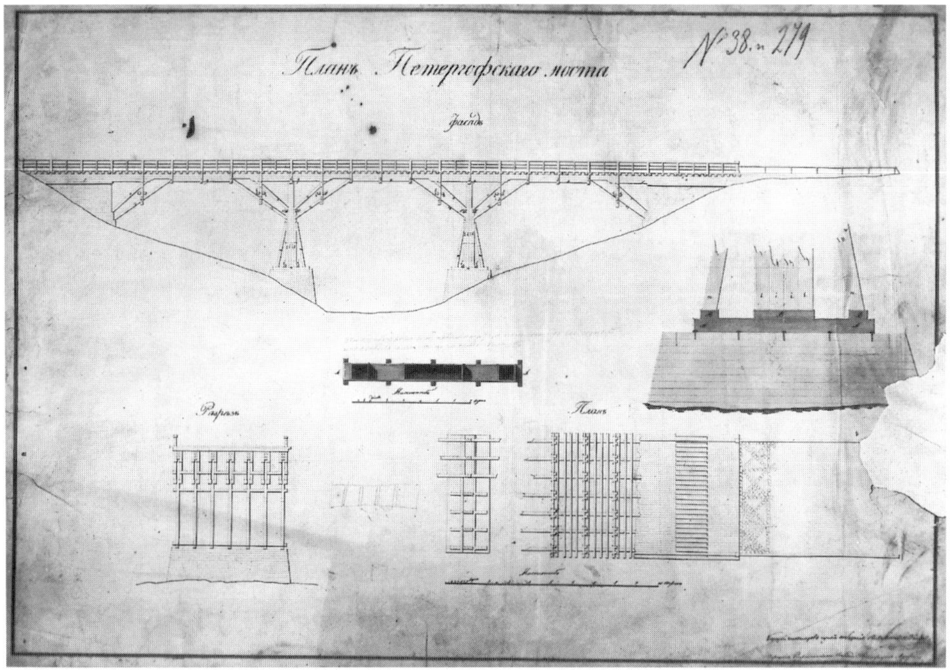

20 Traitteur, Hölzerne Stabbrücke in Peterhof, 1817, Bestandsaufnahme Anfang der 1820er Jahre (RGIA, 1487-47-46)

den frühen Werken des badischen Ingenieurs in St. Petersburg ist die im Mai 1831 entstandene Beschreibung seiner Arbeiten in Rußland (im folgenden Tätigkeitsbericht)[4]. Aus ihr geht hervor, daß Traitteurs erste Aufträge praktisch durchweg Teil großer Staatsprojekte waren, mit denen Bétancourt vom Zaren betraut wurde. Da in vielen Fällen die originalen Planungsunterlagen fehlen und der Generaldirektor des Amts für Verkehrswege mit administrativen Problemen offensichtlich überlastet war, ist der tatsächliche Anteil Bétancourts an seinen gemeinsamen Arbeiten mit Traitteur, die letzterer in späteren Aufstellungen häufig zu seinen eigenen zählte, nur schwer zu klären.

Interessant ist die Tatsache, daß der ›ingénieur civil‹, wie Traitteur seine letzten Arbeiten in Baden abzeichnete, in seinen ersten russischen Dienstjahren offiziell als Architekt galt und mit Erfolg Architektenarbeiten ausführte. Seine Aufgaben betrafen gleichermaßen die praktische architektonische Planung und das Ingenieurwesen, was in der Tat den beruflichen Verpflichtungen eines *ingénieur* der französischen technischen Hochschule, die den beruflichen Horizont Traitteurs weithin geprägt hatte, entsprach. Daß er ein Anhänger der auf der Priorität der exakten Wissenschaften beruhenden methodischen Prinzipien dieser Schule war, zeigen die bereits angeführten frühen Dokumente, in denen Traitteur wiederholt angibt, er sei *»gelehrt in Mathematik, militärischer und ziviler Architektur und überhaupt in allen mathematischen Wissenschaften«*[5].

Traitteur blieb dem Generaldirektor des Amts für Verkehrswege, Bétancourt, bis Anfang der 1820er Jahre unmittelbar unterstellt. Betrachtet man die Dynamik der Bautätigkeit im damaligen St. Petersburg, die Neuartigkeit und den Schwierigkeitsgrad der Staatsaufträge, kann mit gewissem Recht behauptet werden, die nahezu zehnjährige Zusammenarbeit mit Bétancourt sei für Traitteur genau jene Schule gewesen, die Oberingenieur Major Tulla bei seiner Prüfung 1811 in Karlsruhe noch vermißt hatte. Außerordentlich fruchtbar waren zweifellos die Kontakte des Ingenieurs aus Baden zu den führenden Petersburger Architekten im Rahmen seiner Tätigkeit im Komitee für Bauwerke und Wasserbau[6]. Hier bediente Traitteur sich der ihm vertrauten Formensprache des westeuropäischen Klassizismus, die er in seinen russischen Architekturprojekten schöpferisch weiterentwickeln konnte.

[4] Ibid., Bl. 128–131, frz.

[5] RGIA, 207-15-23, Bl. 348–349 (›Dienstliste von Ingenieur-Major Traitteur. Erstellt am 4. Mai 1816‹).

[6] An den Sitzungen des Komitees nahm Traitteur ab dem 10. Mai 1816 teil (RGIA, 200-1-1780, Bl. 59). Näheres zu den Zielen, Aufgaben und Mitgliedern dieses Komitees vgl. S. 30 ff.

[7] »En 1814 je fis la leveé de Kamennoy Ostrof, je fixais alors les régulations qui ont été depuis exécutées en partie« (RGIA, 200-1-1780, Bl. 128).

[8] Nach Entwürfen von Vertretern der Petersburger Schule des strengen Klassizismus, der Architekten Luigi Rusca und G. P. Pil'njakov unter Mitwirkung des Gartenbaumeisters F. Ljamin (Vitjazeva, V. A. *Kamennyj ostrov. Architekturno-parkovyj ansambl' 18 – načala 20 veka (Die Steininsel. Gebäude- und Parkensemble des 18. bis frühen 20. Jahrhunderts)*. Leningrad, 1991, S. 99–107).

[9] Der Großteil der Bauarbeiten erfolgte unter der Leitung der ersten Absolventen des Instituts des Corps der Verkehrswegeingenieure A. D. Gotman und S. O. Panteleev und wurde 1813 abgeschlossen (Nikolai, L. F. *Kratkie istoričeskie dannye o razvitii mostovogo dela v Rossii (Kurze historische Angaben über die Entwicklung des Brükkenwesens in Rußland)*. St. Peterburg, 1898, S. 46).

[10] Traitteur verwendete Holzbogenkonstruktionen unterschiedlicher Spannweite in den Brük-

Ingenieurarbeiten: Landesausbau und weitgespannte Tragwerke

Frühe Holzkonstruktionen, 1814–1817

Wie Traitteur später schrieb, begann er seine Tätigkeit in St. Petersburg 1814 mit Bauarbeiten auf der Steininsel (Kamennyj ostrov)[7]. Diese nördliche Insel im Neva-Delta, zu jener Zeit Privatbesitz Alexanders I., wurde in den Jahren 1808–1810 zu einer zusammenhängenden Folge von Landschaftsräumen umgestaltet[8]. In der Nähe des Hauptgebäudes dieser Insel, dem Kamennoostrovskij-Palais (1776–1782, Baumeister unbekannt) wurde der Garten vergrößert sowie Orangerien und eine Einfriedung errichtet. An der gegenüberliegenden Seite der Insel wurden der Krestovskij-Kanal, neue Alleen und Pflanzungen angelegt. Mit welchen Arbeiten Traitteur direkt betraut war, bleibt ungewiß; wahrscheinlich wirkte er in der Endphase der oben aufgezählten Planungsmaßnahmen mit.

Durchaus wahrscheinlich ist die Mitwirkung Traitteurs an der Fertigstellung der (ersten und zweiten) Kamennoostrovskij-Brücke aus Holz über die Kleine und Große Nevka. Die Verbindungsstraße zwischen ihnen, die um Grundstück und Garten des Palais führte, wurde ebenfalls 1814 erneuert und hieß nunmehr *chaussée*. Der Entwurf zur ersten Kamennoostrovskij-Brücke als Ersatz für die zuvor bestehende Pontonbrücke zwischen Apotheker- und Steininsel, wurde 1811 von Bétancourt erstellt. Das Tragwerk des siebenbogigen Brückenbaus bildeten hölzerne Bögen (maximale Spannweite 24,7 m; Stichhöhe 4 m) auf Holzpfählen und steinernen Widerlagern. Jeder Bogen bestand aus vier Schichten verkämmter gebogener Balken mit einer Gesamtstärke von 44 cm. Die Kamennoostrovskij-Brücke war Rußlands erste Holzbogenbrücke dieser Art (Abb. 19)[9]; ihre Errichtung war eine Art Lehrbeispiel, das die Praxis des russischen Brückenbaus insgesamt und einige Ingenieurarbeiten Traitteurs offenkundig beeinflussen sollte[10].

Ebenfalls 1814 bearbeitete Traitteur seinen ersten und praktisch einzigen Privatauftrag, die Errichtung einer hölzernen Trocknungsanlage in der ›Papierspinnerei‹ des Barons Rall in Katharinenhof (Ekateringof). Die Baupläne zu diesen Gebäuden liegen nicht vor. Aus einer in einem späteren Werkbericht Traitteurs erhaltenden Konstruktionsbeschreibung geht hervor, daß ein Gebäude zweigeschossig (Grundfläche 10,65 × 21,3 m, Höhe 6,39 m), das andere viergeschossig war (12,78 × 53,25 m, Höhe 21,3 m)[11]. Zehn Jahre später setzte Traitteur die hölzerne Skelettbauweise dieser Produktionsbauten bei seinen Entwürfen zum hölzernen Zeughaus im Hof der Petersburger Konduktеurschule ein.

Eine Holzkonstruktion verwendete Traitteur auch beim Entwurf zu seiner ersten Brücke, die 1817 in Peterhof (Petergof) neben der Papierfabrik gebaut wurde[12]. Die Originalpläne der Brücke sind nicht erhalten, einen Eindruck von ihrer Konstruktion vermitteln jedoch spätere Bauaufnahmen, die bei der Verstärkung der Fundamente der Widerlager mit gußeisernen Stützfüßen erstellt wurden[13]. Die insgesamt 86 m lange und 11 m breite dreibogige Brücke zeichnete sich durch eine leichte und für die damalige Zeit moderne Konstruktion aus. Die Fahrbahn aus Bohlen wurde durch vertikale, in einem Abstand von 17,9 m aufgestellte Pfahljoche und zwei Reihen von ihnen abgehender geneigter Streben gehalten (Abb. 20). Wie das Quellenmaterial belegt, beaufsichtigte Traitteur auf Anweisung Bétancourts ab dem Sommer 1818 mindestens fünf Jahre lang die Instandhaltung dieses Bauwerks[14].

kenprojekten zur Chaussée St. Petersburg–Moskau (1821–1823), vgl. S. 85–95.

[11] »... Bereits vor 10 Jahren baute ich in der Papierfabrik des Barons Rall zwei Gebäude nach dem von mir jetzt für das Zeughaus vorgelegten System, von denen eines zweigeschossig war mit einer Länge von 10 Sažen', einer Breite von 5 Sažen' und einer Höhe von 3 Sažen', das andere jedoch viergeschossig mit einer Länge von 25 Sažen', einer Breite von 6 Sažen' und einer Höhe von 10 Sažen'. Diese Gebäude sind bis heute in Gänze erhalten, obgleich der Boden des ersten Geschosses des kleinen Gebäudes ununterbrochen eine Last von 50 Tausend Pud trägt« (RGIA, 205-1-10 ›Über die Errichtung eines Hauses für die Kondukteurschule. März–August 1824‹, Bl. 156v, Bericht vom 12. Juni 1824).

[12] »En 1817 je projetais ... . Dans la même année je projetais le pont de Peterhoff, qui devoit en même temps servir d'ornement au parc« (RGIA, 200-1-1780, Bl. 60, 74v, 128).

[13] RGIA, 1487-47-46 ›Plan der Peterhof-Brücke‹ (ohne Datumsangabe).

[14] Aus dem Bericht Traitteurs an Bétancourt vom 31. Juli 1822: »Auf Vorschrift Ihrer Exzellenz vom 20. Juli 1817 ... unterhielt ich bis zum heutigen Tag die Brücke in Peterhof und die zugehörige Mannschaft ... . Die Instandhaltung kostete vom 20. Juli 1817 bis heute, also in sechs Jahren, 5575 Rubel ...« (RGIA, 206-2-37, Bl. 5).

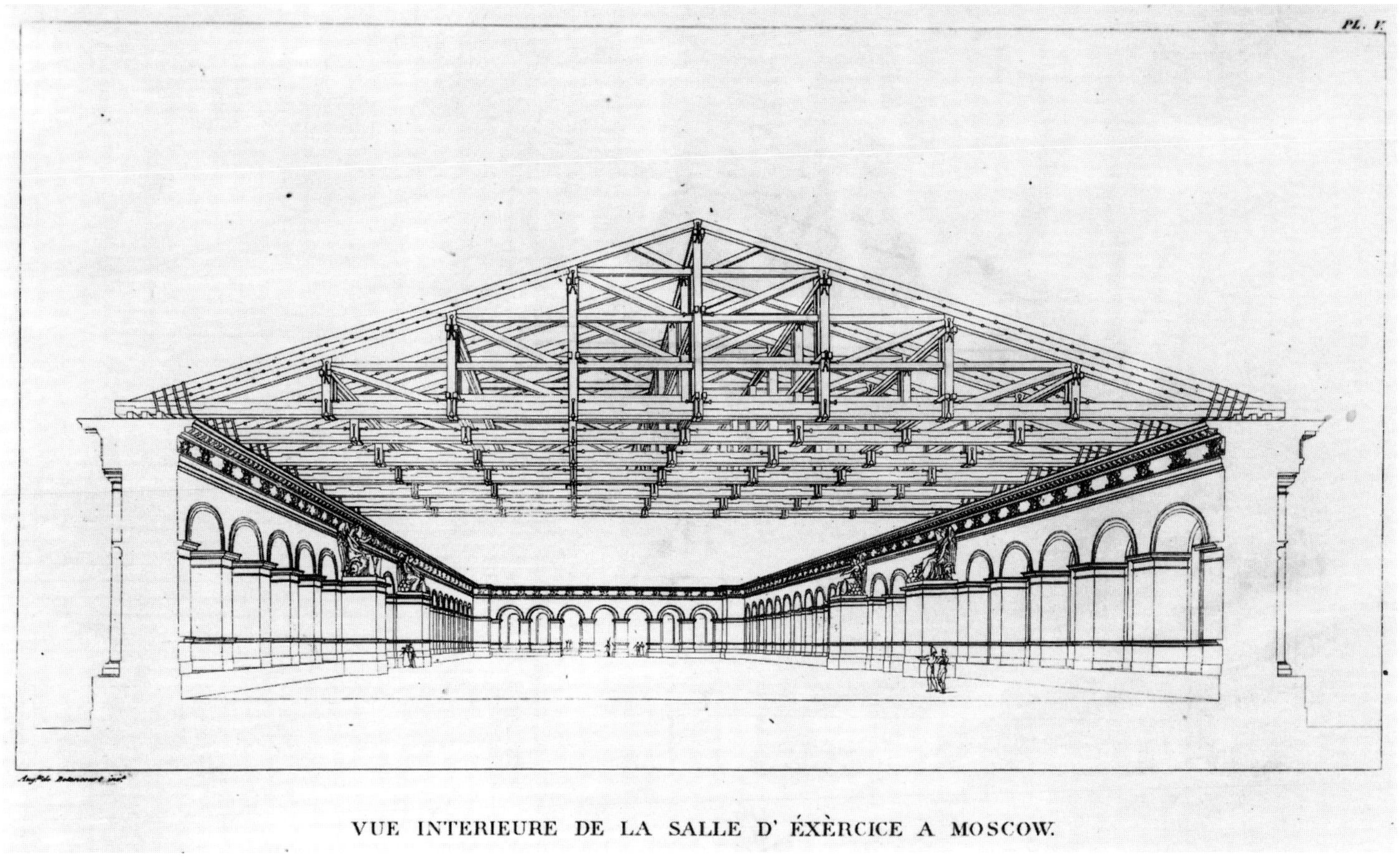

21 Bétancourt, Exerzierhalle in Moskau, ursprüngliche Version 1817, Spannweite 48,7 m. Innenansicht der Halle mit Dachbindern (Bétancourt. *Description de la salle d'exercice de Moscou*, Taf. 5)

Die Moskauer Manege, 1817

Die überraschendste Aussage des Traitteurschen Tätigkeitsberichtes ist seine Erklärung, er habe an der Planung der Moskauer Manege (Exerzierhalle, Reithalle) mitgewirkt: »*En 1816 j'ai formé d'après les idées du Général Betancourt le projet de la grande Salle d'exercice à Moscou, édifice, qui n'a pas son pareil dans l'Europe ...*«[15]. In der umfangreichen Literatur zu diesem für die russische Architekturgeschichte des beginnenden 19. Jahrhunderts so wichtigen Bauwerk findet Traitteur keine Erwähnung. Da er aber an praktisch allen bei Bétancourt in Auftrag gegebenen Bauvorhaben ständig mitwirkte, erscheint eine derartige Koautorenschaft durchaus glaubhaft.

Der Beschluß zur Errichtung einer neuen Exerzierhalle in Moskau (Abb. 21, 22) wurde im Zusammenhang mit dem Bestreben Alexanders I. gefällt, das Quartier der Garderegimenter in die ›zweite Hauptstadt‹ zu verlegen und ihr damit nach dem Sieg über Napoleon mehr Prestige zu verleihen. Zur Erarbeitung und Durchführung von »*différents projets pour construire une salle d'exercice dans cette ancienne Capitale, où il n'y en avoit jamais eu ...*« rief der Zar führende Ingenieure nach Moskau und verbrachte dort selbst mit seiner Familie den Winter 1817–1818[16]. Nach Begutachtung der vorgelegten Varianten äußerte Bétancourt Zweifel an der Festigkeit der vorgeschlagenen Konstruktion, wonach die endgültige Planung ihm selbst übertragen wurde. Wahrscheinlich wandte sich der Direktor des Amts für Verkehrswege in diesem Planungsstadium an den ihm dienstlich zugeordneten Traitteur. Der von Bétancourt vorgelegte Entwurf wurde im Juni 1817 genehmigt und umgehend realisiert. Die

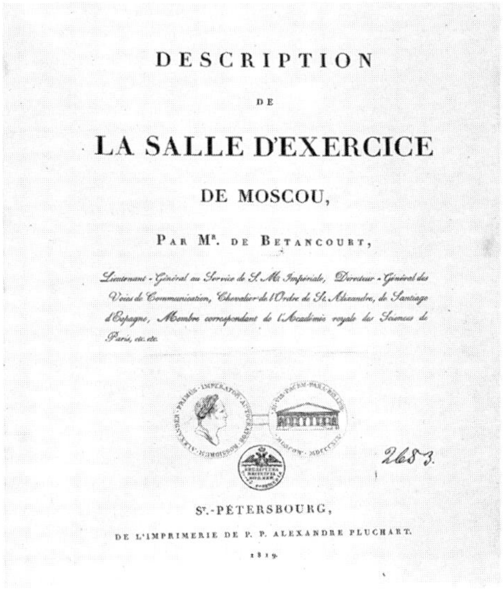
DESCRIPTION

DE

LA SALLE D'EXERCICE

DE MOSCOU,

PAR MR. DE BETANCOURT,

St.-PÉTERSBOURG,

DE L'IMPRIMERIE DE P. P. ALEXANDRE PLUCHART.

1819.

22 Description de la salle d'exercice de Moscou ... 1819, Titelblatt des Albums von Bétancourt (Ex. NTB PGUPS)

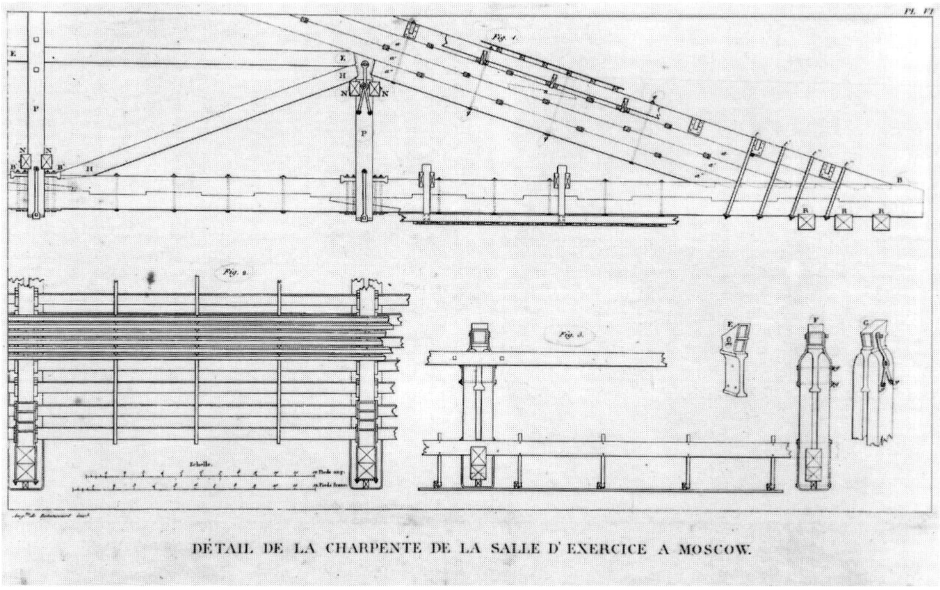

23 Bétancourt, Exerzierhalle in Moskau, Werkplan eines Dachbinders (Bétancourt. *Description de la salle d'exercice de Moscou*, Taf. 6)

Bauarbeiten erfolgten in fünf Monaten durch 400 Zimmerleute und weitere Handwerker unter Leitung von Generalmajor L. L. Carbonière[17]. Am zweiten Dezember 1817 wurde das Gebäude der Reithalle, eines für die damalige Zeit grandiosen weitgespannten Saalbaus (Außenabmessungen 49,2 × 149,8 m), feierlich eröffnet (Abb. 23, 24).

Die hölzernen Dachbinder dieses Gebäudes gelten zu Recht als herausragende Leistung der damaligen Bautechnik, die in europäischen Fachkreisen prompt breite Beachtung fand[18]. In der ursprünglich realisierten Variante bestand der Dachstuhl der Moskauer Reithalle aus 30 sattelförmigen Fachwerkbindern (Spannweite 46,4 m) mit einem mehrstufigen System vertikaler Hänger (Hängesäulen). Zur Aussteifung waren an den Seitenplatten jeder Stufe Diagonalstreben vorgesehen[19]. Der Untergurt jedes Binders mit einer Gesamtlänge von 48,7 m bestand aus zwei übereinanderliegenden, je 29 × 57 cm starken Balken, die in Längsrichtung verzahnt und mit Bolzen verbunden waren. Alle hölzernen Elemente waren, typisch für die damalige Zeit, aus verkämmten Balken konstruiert. Im Unterschied zu den Dachbindern der früheren russischen Exerzierhäuser wurde in der Moskauer Manege eine neue Verbindung eingesetzt, bei der die Diagonalhölzer nicht mit den Hängern, sondern mit dem Untergurt verbunden wurden. Alle Binder waren untereinander ebenfalls über längsversteifende Rahmen verbunden (Abb. 21)[20].

Im Sommer 1819 kam es am Dach des neuerrichteten Gebäudes zu zwei Schadensfällen: bei sommerlicher Hitze barsten Teile der Binderuntergurte. Nach Ansicht Bétancourts lag die Schadensursache in der Verwendung von feuchtem, minderwertigem Holz sowie in der kurzen Bauzeit: »*Un examen attentif a fait voir, que la cause de la rupture avoit été un nœud très-gros qu'avoit le bois, précisement à l'endroit où l'autre poutre avoit le trait de Jupiter, qu'en outre il étoit très-fendu et que la seule partie solide étoit coupée par les trous des boulons .... Il ne sera pas inutile d'observer ici, que dans les poutres que j'ai remplacées, j'ai fait supprimer dans le trait de Jupiter, et que je les ai fait assembler, comme il est démontré dans la Figure 4me de la planche IX, où l'on voit, que les deux bouts coudés en équerre, de la planche de fer forgé, mise du côté de l'assemblage, entrent de deux pouces dans la poutre. ... Ces accidens ont prouvé d'une manière très évidente la bonté de ce système de charpente, dont on pourroit même augmenter sans danger les dimensions*«[21].

[15] RGIA, 200-1-1780, Bl. 128v. – Hält man das von Traitteur genannte Datum, das Jahr 1816, für richtig, so wurde die Manege Ende 1816 und in der ersten Hälfte 1817 geplant.

[16] Bétancourt, Augustin de. *Description de la salle d'exercice de Moscou*. St. Petersburg, 1819, S. 4.

[17] Budylina, M. *Istorija postrojki Maneža v Moskve. (Geschichte des Baus der Manege in Moskau)*. Im Sammelband: Architekturnoe nasledstvo (Architekturerbe), 1952, Ausg. 2, S. 236–249.

[18] So wurde 1842 ein Text aus dem Album Bétancourts in deutscher Übersetzung veröffentlicht: Menzel, C. A. *Die hölzernen Dachverbindungen in ihrem ganzen Umfange*. Halle, 1842, S. 82–94, Taf. 5; Beschreibung und Zeichnungen der Dachbinder finden sich bei: Romberg, Andreas. *Zimmerwerks-Baukunst in allen ihren Theilen*. Leipzig, 1847, Taf. 98.

[19] Bei heutiger Betrachtung dieser Binder ist offensichtlich, daß die Konstrukteure die statischen Besonderheiten des von ihnen vorgeschlagenen Tragwerks nicht hinreichend verstanden haben, denn die Streben der mittleren Binderebene sind nicht bis zum Mittelknoten des Untergurts geführt. Durch Hinzufügen zweier Diagonalstäbe in den Mittelplatten des Untergurts konnte die Steifigkeit des Systems bei jeglicher Belastung vollständig gewährleistet werden (*Očerki istorii stroitel'noj tehniki Rossii XIX – načala XX vekov. (Abriß der Geschichte der Bautechnik Rußlands vom 19. bis zu Beginn des 20. Jahrhunderts)*. Moskau, 1964, S. 53).

[20] Einen vollständigen Eindruck von dem Entwurf vermitteln die Zeichnungsblätter aus: Bétancourt, Augustin de. *Description de la salle d'exercice de Moscou ...* . Alle 9 Zeichnungen dieses Albums sind mit ›Bétancourt‹ unterzeichnet. Eine Beteiligung anderer Personen an der Planung der Exerzierhalle wird weder in der Einleitung noch im Text erwähnt.

[21] Ibid., S. 11–12.

24 Bétancourt, Exerzierhalle in Moskau, 1817, Außenansicht (Bétancourt. *Description de la salle d'exercice de Moscou*, Taf. 1)

Der Schadensfall gab nicht Anlaß zu Zweifeln an der Richtigkeit des gewählten Konstruktionsschemas, und bereits fünf Wochen später waren beide Binder wiederhergestellt. In den Jahren 1823–1824 wurde der Dachstuhl der Reithalle mit Änderung einiger Konstruktionsdetails von Grund auf restauriert. Die Anzahl der Binder über dem Saal wurde dabei von 30 auf 45 erhöht; ihr Abstand verkürzte sich auf 3,8 m. 1824–1825 gestaltete einer der führenden Künstler des Moskauer Klassizismus (Empire), O. I. Bove, die Fassade der Exerzierhalle[22].

Die Mitwirkung an Planung und möglicherweise auch Bau der Moskauer Manege war ganz offensichtlich die wichtigste berufliche Erfahrung des badischen Ingenieurs zu Beginn seiner Laufbahn in Rußland[23]. Weitgespannte Dachwerke über Reitbahnen gab es zwar bereits, vor allem im deutschsprachigen Raum[24], doch konnte Traitteur hier an konstruktiven Lösungen mitwirken, die auch dem klassizistischen Ideal des flach geneigten Daches genügen sollten (Abb. 24). Denn Bétancourt hatte bei der Planung für die Dachkonstruktion der Manege *»pour obtenir un peu plus d'élégance«* bewußt die Höhe der Binder zu Lasten ihres statischen Verhaltens von 1/5 auf ca. 1/6 der Spannweite verringert, was zu einer wesentlichen Erhöhung der Zugbeanspruchung in den Untergurten führte[25]. Die glatt belassenen großen Frontgiebel, die die Holzbinder des Dachs bedeckten, zeichneten sich durch Mächtigkeit und asketische Strenge aus. In der architektonischen Gestalt der Reithalle kommt in der Tat der für den russischen und französischen Empire typische Hang zu einer elementaren Formensprache zum Ausdruck und das Bestreben, eine betont lapidare und gleichzeitig monumental-expressive Komposition zu schaffen.

Kurz nach Vollendung der Moskauer Exerzierhalle gab Bétancourt 1819 ein Album mit 10 Seiten Text und 9 Stichen zur Erläuterung der technischen Besonderheiten und der Architektur des Gebäudes heraus (Abb. 22). Dieser Band, der als erste Veröffentlichung von Planungsunterlagen eines zeitgenössischen Einzelbauwerks in Rußland angesehen werden kann, dürfte den drei Alben, die in ähnlicher Absicht, jedoch auf höherem lithographischen und künstlerischen Niveau in den Jahren 1821–1825 von Traitteur selbst erstellt werden sollten, als Vorbild gedient haben.

[22] Fedorov-Davydov, A. A. *Arhitektura Moskvy posle Otečestvennoj Vojny 1812 (Die Architektur Moskaus nach dem Vaterländischen Krieg 1812).* Moskau. 1953, S. 13; Pokrovskaja, Z. K. *Arhitektor O. I. Bove (Der Architekt O. I. Bove).* Moskau. 1964. 1924–1930 wurde das Dach der Manege unter geringfügiger Änderung der Dachstuhlkonstruktion vollständig instandgesetzt. Die Reithalle dient heute als Zentraler Ausstellungssaal der Stadt Moskau.

[23] Die Zeitung ›Sankt Peterburgskie Vedomosti‹ (1818, Nr. 49 vom 18. Juni, S. 565) vermeldet unter der Rubrik ›Ankömmlinge in der Hauptstadt St. Petersburg vom 12. bis 16. Juni‹ die Ankunft von Ingenieur-Oberst[leutnant] Traitteur aus Moskau. Diese Reise diente möglicherweise einer Inspektion der Bauarbeiten an der Exerzierhalle.

[24] Militärreithallen (Exerzierhäuser) war in der deutschen und russischen Baupraxis aus klimatischen Gründen weit verbreitet. Als wichtigsten Vorläufer der Moskauer Manege nannte Bétancourt das Exerzierhaus in Darmstadt: »Les première salles d'exercice, sur de grandes dimensions, datent du milieu du siècle dernier. Elles furent établies dans quelques Etats d'Allemagne, où la sévérité du climat s'opposoit à une instruction continue du soldat, pendant des hivers longs et rigoureux. Celle de Darmstadt passe pour une des plus grandes et des plus anciennes« (Bétancourt, Augustin de. *Description de la salle d'exercice ...*, S. 3). Das Darmstädter Exerzierhaus wurde im Jahre 1771 von Zimmermeister Schuhknecht erbaut und überspannte eine Fläche von 136 × 288 Fuß (ca. 39 × 83 m; Romberg, Andreas. *Zimmerwerks-Baukunst ...*, S. 338).

[25] Bétancourt, Augustin de. *Description de la salle d'exercice ...*, S. 9. Die ursprüngliche Bindervariante mit einer Höhe von 1/5 der Spannweite ist auf Taf. 9 des o. g. Albums abgebildet; in allen anderen Zeichnungen sind Binder mit der verringerten Höhe 1:5,8 angeführt (Taf. 4, 5).

VUE PERSPECTIVE DU PONT D'ISAAC SUR LA GRANDE NÉVA

A S^T. PÉTERSBOURG.

25 Bétancourt, Isaaks-Brücke über die Neva in St. Petersburg, Pontonbrücke. Entwurf 1816, Ausführung Traitteur 1819–1821. Bauten beim Senatsplatz in antizipierter Vollendung (Traitteur. *Plans, profils, vues perspectives et détails du pont de bateaux de Saint-Isaac … en 1820*, Taf. ohne Nr.)

Die Isaaks-Brücke über die Neva, 1819–1821

Dank der umfangreichen Erfahrungen mit verschiedenen Arten von Holzkonstruktionen konnte Traitteur den Bau der neuen Isaaks-Brücke (Isaakievskij most), einer Pontonbrücke über die Neva, mit Erfolg ausführen. Diese Brücke wurde in den Jahren 1819–1821 im Zentrum von St. Petersburg errichtet und ist als dauerhafte Anlage eines im übrigen eher provisorischen Bautyps einzigartig. Ihre Errichtung war Teil großangelegter Maßnahmen im Zusammenhang mit der Umgestaltung des Gebiets um die Admiralität und der Anlage des Senatsplatzes, einer der wichtigsten Paradeplätzen am linken Neva-Ufer (Abb. 2, 25). Zu Beginn des 19. Jahrhunderts wurde anstelle der Erdwälle und des Grabens um die alte Admiralität ein Garten angelegt. Das Admiralitätsgebäude selbst wurde nach einem Plan des Baumeisters A. D. Zaharov von Grund auf umgebaut (1806–1823) und avancierte damit vom Nutzbau einer Schiffswerft zum architektonischen Maßstab des russischen Spätklassizismus (Empire). Aus dem neuen Prunkensemble fiel die älteste Schwimmbrücke St. Petersburgs, die Isaaks-Brücke, eindeutig heraus. Sie bestand seit 1727 unverändert als schlichter Übergang in Form von dreißig mit Bohlen belegter, vor Anker liegender Lastkähne[26].

[26] Ein erster Versuch zur Systematisierung der historischen Informationen über die Petersburger Schwimmbrücken wird unternommen in: Bunin, M.S. *Mosty Leningrada. Očerki istorii i arhitektury mostov Peterburga–Petrograda–Leningrada. (Leningrader Brücken. Abriß der Geschichte und Architektur der Brücken St. Petersburgs/Petrograds/Leningrads)*. Leningrad, 1986, S. 44–54.

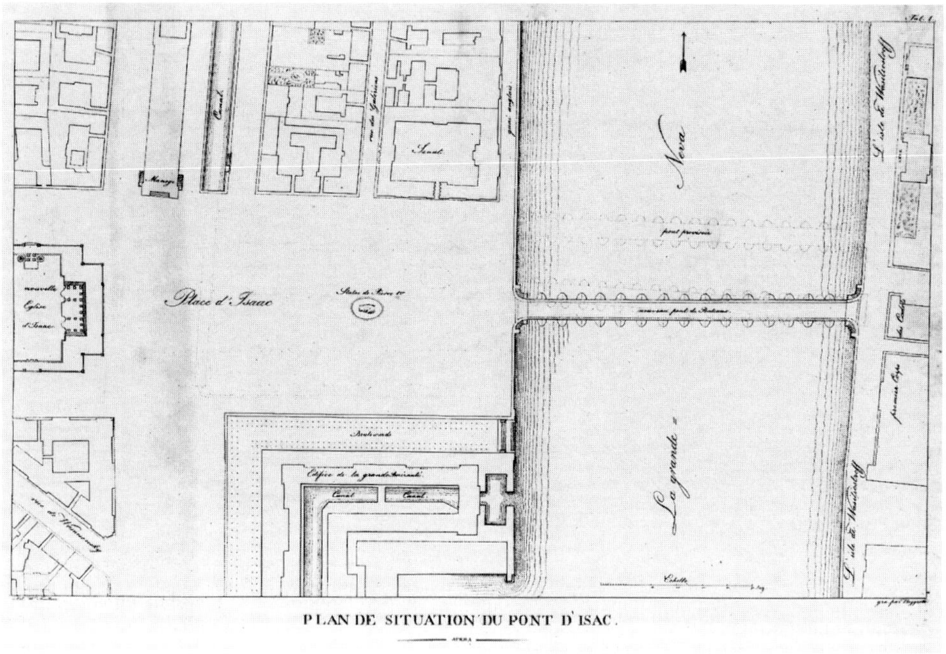

26 Lageplan der Isaaks-Brücke (Traitteur. *Pont de bateaux de Saint-Isaac*, Taf. 1, Lithographie nach eigener Vorlage)

Die neue Schwimmbrücke zwischen der Vasil'evskij-Insel und dem auf dem Festland gelegenen Admiralitätsbezirk (Admiraltejskaja čast') wurde 1816 von Augustin de Bétancourt entworfen[27]. Laut Plan sollte der Überbau mit auskragenden Druckstreben (Länge 269,7 m) von fünfzehn geschlossenen Brückenkähnen getragen werden, die als bewegliche Brückenauflager dienten (Abb. 26, 27). Das Brückendeck sollte auf 18,1 m verbreitert werden einschließlich der beiden von der Fahrbahn getrennten jeweils 1,8 m breiten Gehwege, zum Durchlaß von Schiffen konnte ein Kahn samt Überbau beigedreht werden. Als Beleuchtung waren 22 Kerosinlaternen vorgesehen.

Nach Ansicht des damaligen Petersburger Militärgeneralgouverneurs sollten die Bauarbeiten zur Brücke an einen privaten Unternehmer vergeben werden. Da das Projekt jedoch neuartig und die Arbeiten kompliziert waren, konnte innerhalb von drei Jahren niemand gefunden werden, der die Verantwortung für den Bau übernehmen wollte. Auf Allerhöchste Anordnung wurde dann Anfang 1819 die Errichtung der Isaaks-Brücke, die nun doch aus der Staatskasse bezahlt werden sollte, Bétancourt übertragen, der wiederum Traitteur zum Oberbauleiter ernannte. In der an Traitteur gerichteten Anordnung teilte Bétancourt folgendes mit: *»... 1816 geruhte seine Majestät die neue Isaak-Brücke nach von mir erstellten Plänen kaiserlich zu genehmigen. Der Bau dieser Brücke sollte nach Vorstellung des ehemaligen Herrn Militärgeneralgouverneurs von Interessenten ausgeführt werden; aber diese Vermutung blieb bis dato ohne Lösung, da sich wenig Interessenten zeigten, und durch die neue Art dieses Bauwerks, das gute Materialien und akkurateste Ausführung verlangt* [hier zeigt sich wahrscheinlich die Vorsicht Bétancourts aufgrund des jüngsten Schadensfalls an einigen Bindern des übereilt errichteten Holzdachs der Moskauer Reithalle], *fanden sie keinen Nutzen. Deshalb gebot Seine kaiserliche Majestät, den Bau der Brücke von Staats wegen durchzuführen, und betraute mich mit der Vollstreckung. In Übereinstimmung damit ernenne ich Euer Hochwohlgeboren zum Oberbauleiter meines genehmigten Entwurfs und gebe Ihnen den Ingenieur Oberleutnant Lebedev zur Hilfe, welchen Sie bereits beim Modellbau verwendeten«*[28]. Im März desselben Jahres wurde Traitteur zusätzlich zum Brückenbau mit der Errichtung der beiden Granitwiderlager, ebenfalls nach einem Entwurf von Bétancourt, und des granitenen Kaiabschnitts beim Senatsplatz beauftragt (Abb. 28)[29]. Bei all diesen Arbeiten wurde

[27] Die Entwurfszeichnungen und der zugehörige Schriftwechsel sind in den Archiven nicht komplett erhalten. Eine praktisch vollständige Vorstellung von dem Entwurf vermitteln die von Traitteur in der Folgezeit in einem separaten lithographischen Album veröffentlichten Zeichnungen.

[28] RGIA, 200-1-1780, Bl. 61, Anordnung vom 2. Februar 1819. Über die Konstruktion und den weiteren Verbleib Modells der Isaaks-Brücke wurden in den Archiven keine Angaben gefunden.

[29] In einer Anordnung vom 20. März 1819 teilte Bétancourt Traitteur folgendes mit: »Seine Majestät geruhte mir zu gebieten, zwei granitene Pfeiler zu Seiten des Isaaksplatzes und der Vasil'evskij-Insel nach dem von mir Seiner Kaiserlichen Hoheit 1816 dargebrachten Plan zum Bau der neuen Isaaks-Brücke zu bauen. Infolgedessen beauftrage ich Euer Hochwohlgeboren mit der Erbringung dieser wichtigen Arbeiten und ernenne Sie zum Leiter derselben« (RGIA, 200-1-1780, Bl. 62).

[30] Ibid., Bl. 2, 18, 76. Traitteur war seit 1818 Oberstleutnant (vgl. unten S. 51). Von der chronologischen Folge wird hier zugunsten der Werkgruppengliederung abgewichen.

[31] *Plans, profils, vues perspectives et détails du pont de bateaux de Saint-Isaac exécuté sur la grande Néva a Saint-Pétersbourg en 1820 / D'après les projets de Son Excellence Mr. le Lieutenant-Général Augustin de Bétancourt, Directeur-Général des Voies de Communications, publiés Par G. de Traitteur, Colonel du Corps des Ingénieurs des Voies de Communications, chevalier de plusieurs ordres.* St. Petersburg [1821]. Das Album besteht aus den acht folgenden, teilweise nicht numerierten und signierten Blättern: Vue perspective du pont d'Isaac sur la grande Néva a St. Pétersbourg; Vue perspective des travaux de la culée du côté du Sénat; 1. Plan de situation du pont d'Isac (Del. W. Traitteur. Gra. par Beggrow); 2. Elevation et plan du pont d'Isaac; [3. Blatt ohne Nummer und Titel, Teile der Holzkonstruktion] (Del. W. Traitteur. Gra. par Beggrow); 4. Plan & profil d'une barque du pont d'Isac (Del. W. Traitteur. Gra. par Beggrow); 5. Details de deux culées en granit du pont d'Isaac (Gra. par Beggrow); 6. Details du pont d'Isaac (Des. par Traitteur).

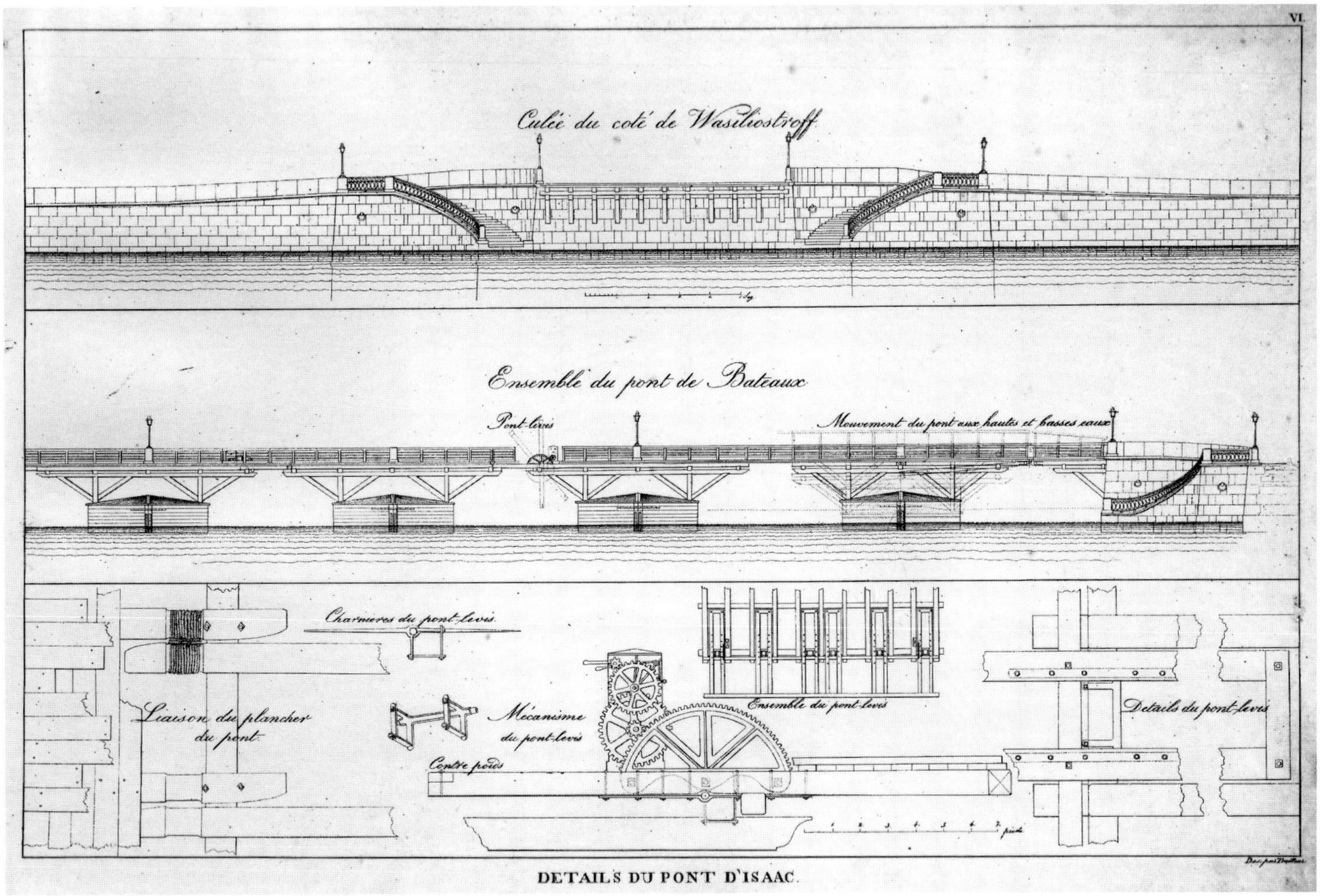

27 Granitwiderlager und ausfahrbare Pontons der Isaaks-Brücke (Traitteur. *Pont de bateaux de Saint-Isaac*, Taf. 6, Lithographie nach eigener Vorlage)

28 Verbliebenes Granitwiderlager der Isaaks-Brücke am Kai der Vasil'evskij-Insel (Photographie 1993)

Traitteur hauptsächlich von Ingenieur-Oberleutnant V. P. Lebedev unterstützt. Nach Beendigung der Bauarbeiten wurde Traitteur am 20. Juni 1821 zum Oberst befördert und mit dem St. Annen-Orden in Brillanten zweiter Klasse ausgezeichnet[30].

Die neue Isaaks-Brücke wurde im November 1821 eröffnet. Im selben Jahr gab Traitteur ein Album lithographierter Zeichnungen heraus, die bis heute ausführlichste technische Dokumentation des Bétancourtschen Entwurfs (vgl. Abb. 50, Abb. 29–31)[31]. Drei Blätter (1 und 4, hier Abb. 26, 31, ferner ein Blatt ohne Nr. mit Details der Holzverbindungen) tragen eine zweite Unterschrift ›Del. W. Traitteur‹ als Beleg dafür, daß Traitteur die Zeichnung angefertigt hat (›del.‹ für: delineavit), und auch als Einverständnis Bétancourts für die Veröffentlichung der Zeichnung durch Traitteur interpretiert werden kann. Ein Blatt (6, hier Abb. 27) ist entsprechend bezeichnet ›Des. par Traitteur‹ (›des.‹ für: dessiné).

Das Album zeigt zunächst eine idealisierte perspektivische Ansicht der neuen Brücke als Verbindung zwischen Senatsplatz und Vasil'evskij-Insel (Abb. 25). Das Platzpanorama zeigt in vorweggenommener Vollendung bereits den Westteil der Admiralität (tatsächliches Bauende 1823) und die erste Entwurfsvariante der Isaaks-Kathedrale (Architekt Auguste-Ricard de Montferrand, 1818), die 1825 überarbeitet und hauptsächlich zu Beginn der 1840er Jahre gebaut wurde. Dafür, daß die Errichtung der Brücke vor allem eine wichtige städtebauliche Funktion hatte, spricht der Umstand, daß in das Album ein Lageplan des Platzes zwischen der geplanten Isaaks-Kathedrale und der Neva

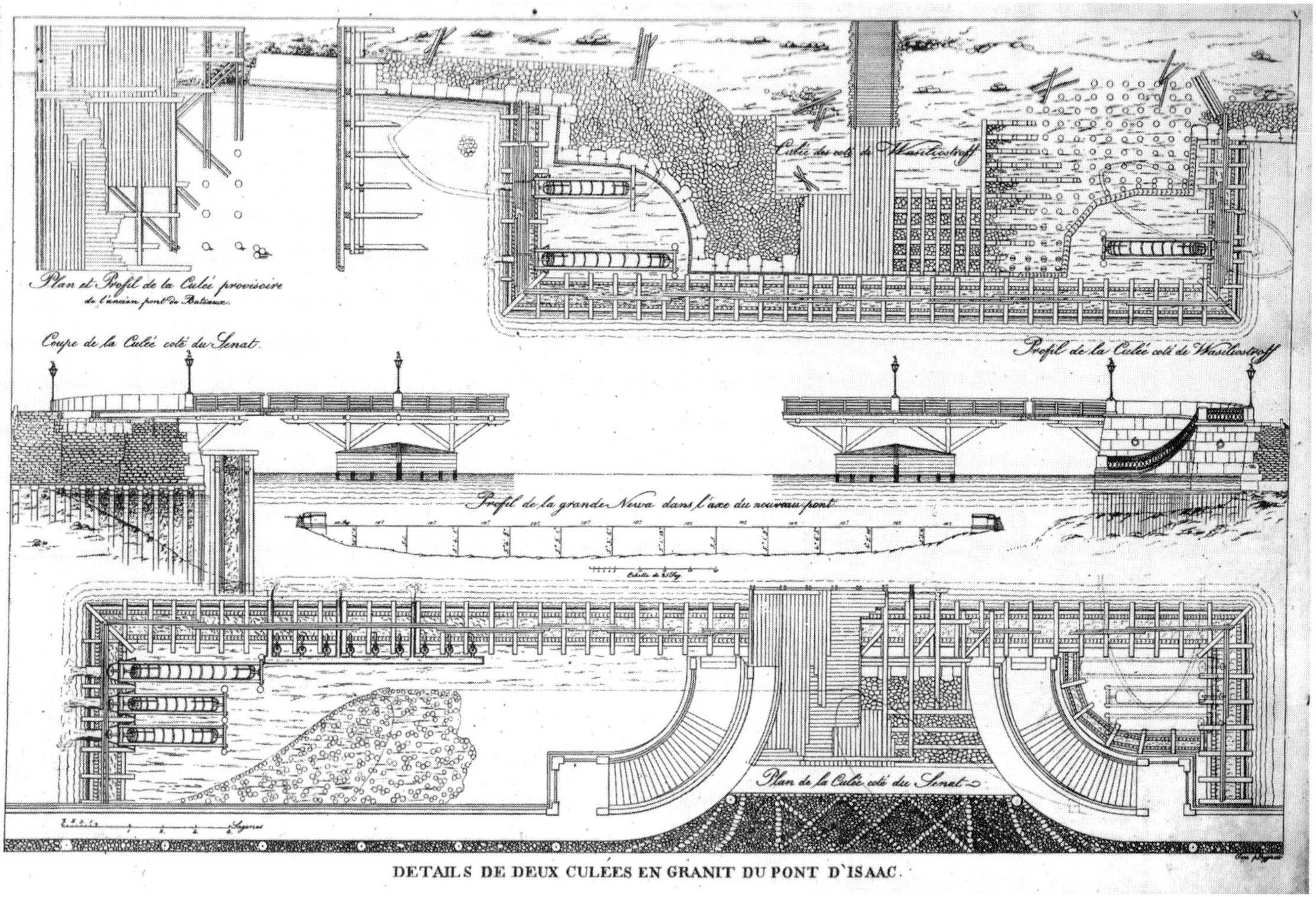

29 Werkpläne für die Granitwiderlager der Isaaks-Brücke am Kai der Vasil'evskij-Insel (Traitteur. *Pont de bateaux de Saint-Isaac*, Taf. 5)

aufgenommen wurde, über die sich die *»nouveau pont de Bateaux«* spannt (Abb. 26). Vergleicht man diesen Plan mit einigen etwa zur selben Zeit erstellten Vorschlägen zur Errichtung von ortsfesten Brücken über die Neva, so zeigt sich, daß die für die Stadt essentielle Verbindung des Zentrums mit der Vasil'evskij-Insel durch die gewählte Variante am einfachsten und wirtschaftlichsten bewerkstelligt werden konnte[32].

Wichtigste technische Neuerung der Brücke war die Konstruktion ihrer 15 schwimmenden Pontons (Abb. 31). Jeder Ponton war in Form eines hölzernen Kahns mit geschlossenem zweiwandigen Querschnitt und Flachboden gefertigt (Länge 28,1 m; Breite 8,1 m)[33]. Die Belastungen von Brückenfahrbahn und Verkehrsmitteln wurden über die Längsstützen einer äußerst einfachen Druckstrebenkonstruktion an die Lastkähne abgeleitet. Statisch gesehen war die Brückenfahrbahn praktisch ein flexibles Mehrfeldträgersystem mit elastischen Auflagern[34]. Für die Passage von Schiffen war die Möglichkeit vorgesehen, den vom Senatsufer aus gesehen dritten Kahn herauszufahren (Abb. 27). Dabei brachten die auf den beiden benachbarten Pontons angebrachten Hebewerke die Fahrbahnauskragungen in eine vertikale Stellung, wodurch sich eine Durchfahrt von 20,5 m Breite öffnete. Die saisonalen Wasserstandschwankungen der Neva wurden über eine höhenverschiebliche Gelenkverbindung der beiden Brückenköpfe an den beweglichen hölzernen Auslegern der Granitwiderlager ausgeglichen.

Über den bautechnischen Entwicklungsstand zur Zeit des russischen Klassizismus geben Detailzeichnungen des Albums Auskunft, die zeigen, mit wel-

[32] So war zum Beispiel in der ersten Projektversion einer dreibogigen Eisenbrücke von I. P. Kulibin (1799) für die Passage von Schiffen mit hohen Aufbauten der Bau eines separaten Umgehungskanals am Ufer der Vasil'jevskij-Insel anstelle der bestehenden Kaibebauung vorgesehen (Pipunyrov, V. N.; Raskin, N. M. *Ivan Petrovič Kulibin 1735–1818*. Leningrad, 1986, S. 170, 242).

[33] Die Aquarellzeichnung eines Pontonkahns der Isaaks-Brücke befindet sich in der Sammlung P.-D. Bazaine der Wissenschaftlichen Bibliothek der Petersburger Universität für Verkehrswege (Inv. Nr. 18560, 1-13, ohne Datum und Unterschrift).

[34] Aus diesem Grund war der wesentliche Nachteil von Schwimmbrücken ihr geringes Widerstandsvermögen gegen horizontale Einwirkungen (Strömung und Eisschub).

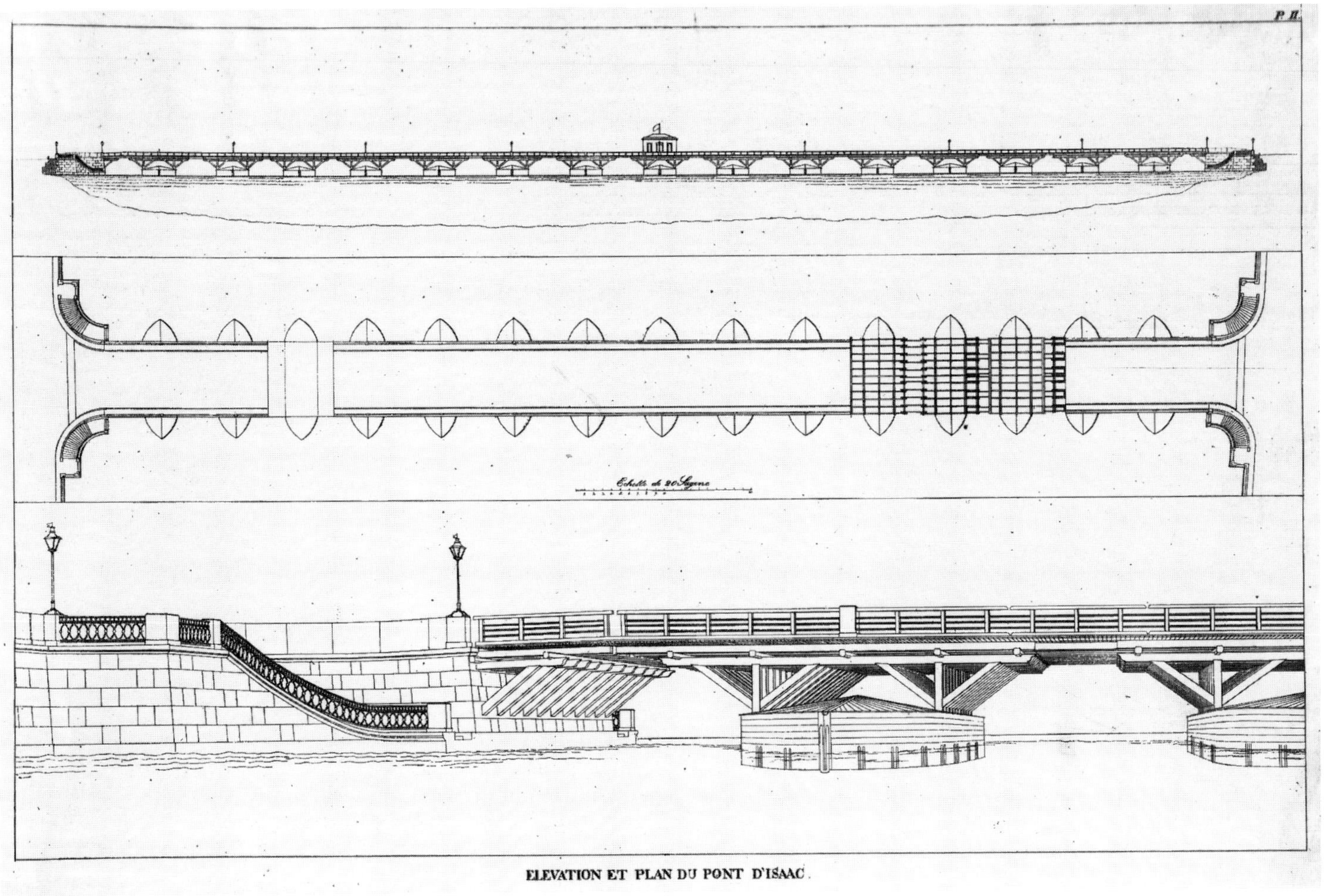

30 Isaaks-Brücke. Gesamtansicht, Grundriß und Brückenkopf (Traitteur. *Pont de bateaux de Saint-Isaac*, Taf. 2)

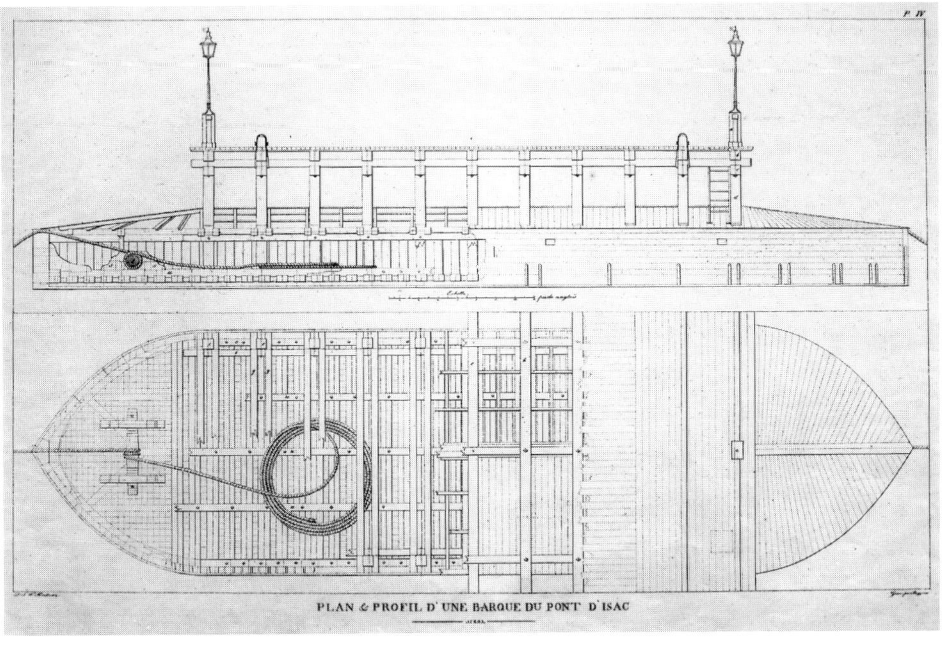

31 Pontons der Isaaks-Brücke (Traitteur. *Pont de bateaux de Saint-Isaac*, Taf. 4, Lithographie nach eigener Vorlage)

chem Verfahren die Granitwiderlager der Isaaks-Brücke gebaut wurden (Abb. 29)[35]. Trotz des beträchtlichen Gefälles der Flußsohle im Uferbereich wurden die Widerlager hinter einer Abspundung ›im Trockenen‹ errichtet. Die Spundbohlen und die hölzerne Pfahlgründung wurden mit zwei Schwimmrammen mit Handantrieb eingerammt. Zwei Gruppen hydraulischer Pumpen sorgten für den Abtransport des Wassers aus der Baustelle. Nach Trockenlegung der Baustelle und Fertigstellung der Pfahlgründung wurde vor dem Bereich der künftigen Widerlager eine zweite Spundwand eingebracht, die während der Bauzeit als Schalung für Mauerwerk und Granitverkleidung diente.

Die massiven Granitwiderlager waren praktisch eigenständige Architekturbauwerke, die sowohl zur Brücke als auch zur langgezogenen Kaibebauung der Großen Neva gehörten. Sie wurden wie Auffahrten auf die Brückenfahrbahn geführt und ragten 10 Meter in die Neva hinein; wirkungsvoll freigestellt durch begleitende Treppen, fügen sie sich als markante Zäsur in den Prospekt der bestehenden Kais ein. Dank ihrer kräftigen und einfachen, aber qualitätvollen Gestalt bilden diese Zweckbauten der ›Wasserbaukunst‹ auch heute noch ein wichtiges ästhetisches Element des Neva-Kais (Abb. 27, 28). Beim Bau der Isaaks-Schwimmbrücke hatte Traitteur erstmals die Möglichkeit, sich mit Flußbrücken als Architekturen im Stadtgefüge auseinanderzusetzen, einem für Petersburg typischen Thema, das bei seinen späteren Bauwerken, etwa den Kettenbrücken, erneut begegnet[36].

Durch den Bau der Isaaks-Brücke konnte Traitteur zusätzliche Erfahrungen mit neuartigen Holzkonstruktionen sammeln. Nicht umsonst betonte er in seinem Werkbericht die ingenieurtechnischen Vorzüge dieses Bauwerks: *»Ce nouveau système, que la Russie seule possède jusqu'aujourd'hui, présente à la capitale des avantages dont elle était entièrement privée autrefois, et dont le principal consiste en ce que la communication avec Wasiliostroff n'est tout au plus inter*[r]*ompue que durant 2 ou 3 jours tandis qu'auparavant cette interruption durait même au delà de six semaines. C'est d'après ce même système, dont la perfection est généralement reconnue, qu'est maintenant construit un second pont à St-Peterbourg, celui de la place de Souvorof et un troisième à Nijnij-Nowgorod«*[37]. In der Tat wurden Konstruktion und Bauweise der Isaaks-Brücke bei späteren Projekten mehrmals wiederaufgegriffen. Zu Beginn der 1820er Jahre verwendete Bétancourt seinen Petersburger Entwurf zur Einrichtung eines Übergangs über die Volga in Nižnij-Novgorod. Diese Schwimmbrücke, die bis in das beginnende 20. Jahrhundert erhalten blieb, war Teil des großen neuen Gebäudekomplexes auf dem Messegelände von Nižnij Novgorod, der ebenfalls von Bétancourt entworfen worden war[38]. Die zweite Petersburger Brücke, die als analoger ›Pontonbau‹ von Ingenieur-Major Lebedev, Traitteurs ehemaligem Gehilfen, 1824–1827 errichtet wurde, verband das Marsfeld (Marsovo pole) mit der Petrovskij-Insel (Petersburger Seite). Die mit gußeisernen militärischen Motiven verzierte, etwa 500 m lange Schwimmbrücke bestand bis Anfang des 20. Jahrhunderts und wurde danach durch eine ortsfeste Eisenbrücke, die Dreieinigkeitsbrücke (Troickij most) ersetzt (1897–1903). Einen Versuch, das Konstruktionsschema der Bétancourtschen Brücke durch Vergrößerung der Spannweite (und der Strebenanzahl) des auf den Pontons befestigten Tragwerks zu ändern, unternahm P.-D. Bazaine in seinen nicht realisierten Entwürfen für die Palaisbrücke (Dvorcovyj most) und die Ohtenskij-Brücke (Ohtenskij most) Ende der 1820er Jahre[39].

Nach Eröffnung der ersten Eisenbrücke über die Neva, der Blagoveščenskij-Brücke[40], Mitte des 19. Jahrhunderts, verlor die Isaaks-Schwimmbrücke ihre Bedeutung für den Verkehr und wurde in den Jahren 1853–1856 flußaufwärts zum Winterpalast versetzt[41]. Vor Baubeginn der ortsfesten eisernen Palaisbrücke (1912) wurde die Schwimmbrücke Bétancourts und Traitteurs schließlich wieder an ihren ursprünglichen Ort zurückverlegt. Im Juli 1916 brannte sie ab, infolge einer zufälligen Entzündung von Kerosin für Beleuchtungszwecke.

[35] Eine von Bétancourt 1816 unterzeichneter Bauplan des Granitwiderlagers der Isaaks-Brücke befindet sich ebenfalls unter den Zeichnungen von P.-D. Bazaine in der Wissenschaftlich-technischen Bibliothek der Staatlichen Petersburger Universität für Verkehrswege (Inv. Nr. 18560, 1-14).

[36] Der auf der Seite des Senatsplatzes gelegene Englische Kai der Isaaks-Brücke bestand in der 1770–1788 durch den Architekten Ju. M. Velten geschaffenen Fassung, der Kaiabschnitt der Neva östlich der Isaaks-Brücke auf der Seite der Vasil'evskij-Insel erst seit 1805–1810 (Architekt Thomas de Thomon, Ingenieur F. I. Gerard). Die Fortsetzung dieses Kais nach Westen wurde nach dem Bau der Isaaks-Brücke 1831–1834 durch den Ingenieur E. A. Adam vollendet (Stepnov, P. I. (Hrsg.), Novikov, Ju. V. *Mosty i naberežnye Leningrada. (Leningrads Brücken und Kais)* Leningrad, 1991, S. 293).

[37] RGIA, 200-1-1780, Bl. 128v.

[38] *Betancourt. Los inicios de la ingenieria moderna en Europa.* Madrid 1996, S. 139–144.

[39] Wissenschaftlich-technische Bibliothek der Staatlichen Petersburger Universität für Verkehrswege, Inv. Nr. 18560, 1-23/29 (›Pont de Bateaux du Palais d'Hiver ...‹, die Zeichnungen sind weder signiert noch datiert).

[40] Die Blagoveščenskij-Brücke, eines der wichtigsten Denkmäler der Petersburger Eisenarchitektur, hatte acht Stützfelder, von denen sieben mit gußeisernen Segmentbögen versehen waren (Ingenieur S. I. Kerbedz, Architekt A. P. Brüllow, 1843–1850; Bogenkonstruktionen ersetzt 1936–1938).

[41] RGIA, 218-3-1576 ›Über die Versetzung der Isaaks-Brücke über die Neva an einen anderen Ort ... 1853–1856‹.

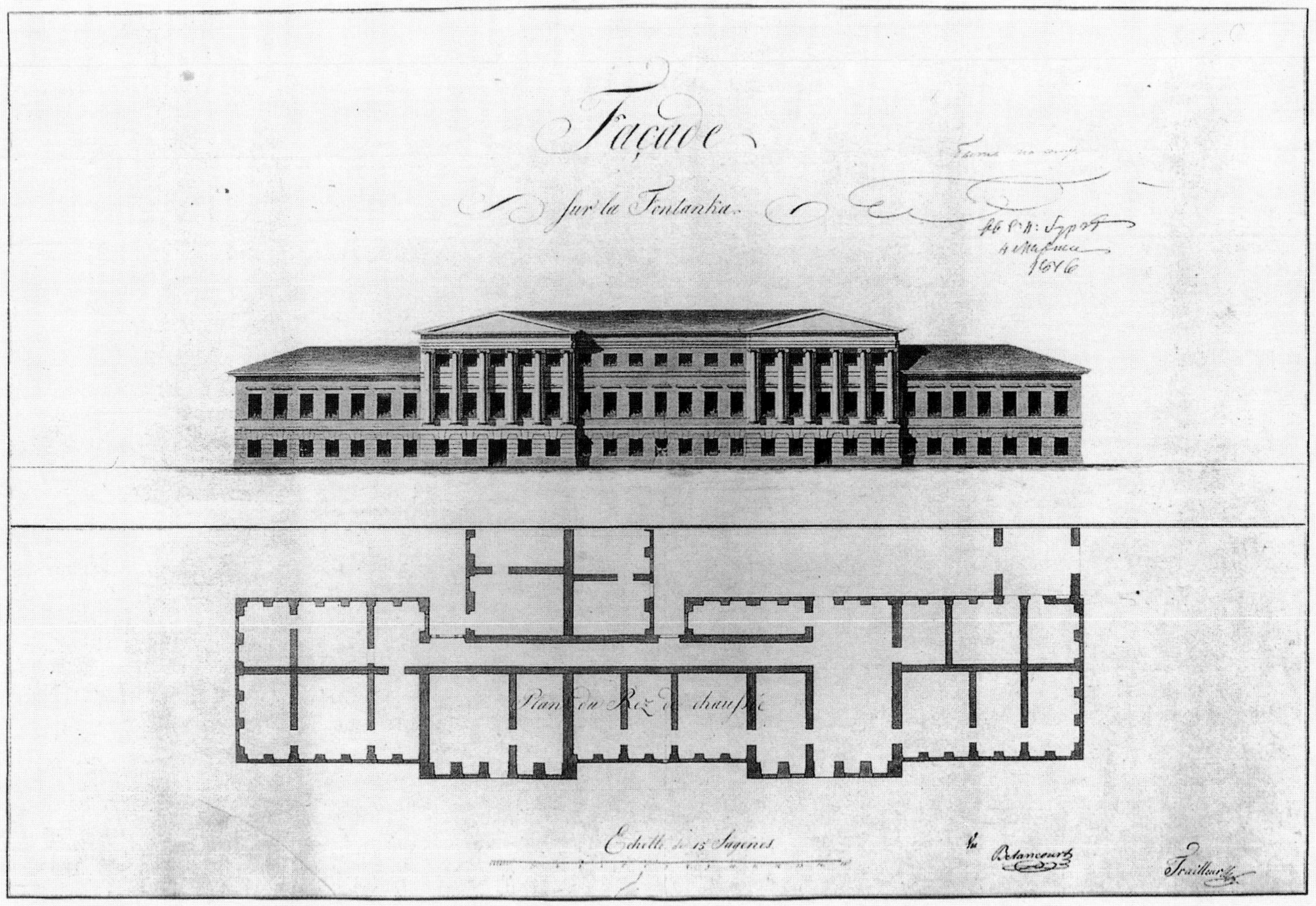

32 Hauptgebäude der Expedition zur Herstellung von Staatspapieren, genehmigter Entwurf, unterzeichnet ›Traitteur/ Vu Betancourt‹, 1816 (Museum der Staatlichen Notenanstalt)

Architekturprojekte: auf den Spuren des russischen Klassizismus

Die Expedition zur Herstellung von Staatspapieren, 1815–1818

Als erstes und bedeutendstes Architekturprojekt Traitteurs ist der Gebäudekomplex der ›Expedition zur Herstellung von Staatspapieren‹ (Ekspedicija zagotovlenija gosudarstvennyh bumag) zu sehen, der in den Jahren 1815–1818 am Stadtrand unweit der Fontanka-Mündung gebaut wurde (Abb. 32). Die Errichtung dieser staatlichen Notenanstalt sollte den während der napoleonischen Kriege aus dem Lot geratenen Zahlungsmittelumlauf durch Emission neuer Geldscheine zu stabilisieren. Um für diese »*den möglichen Vollendungsgrad in Kunst und Reinheit zur Erschwerung von Fälschungen*« zu gewährleisten, wandte sich Finanzminister D. A. Gur'ev an den »*in allen technischen Hervorbringungen bewanderten*« Augustin de Bétancourt. Dieser wiederum schlug vor, Rußland brauche zur vollständigen Lösung dieser Aufgabe eine neue Industrieanlage, die mit Dampfmaschinen, die sich damals gerade in der Papierherstellung durchgesetzt hatten, ausgerüstet werden sollte[42].

Bétancourt beteiligte sich äußerst aktiv am Aufbau der Fabrik, an der Entwicklung der Produktionstechnik, dem Engagement von Druckereifachleuten

[42] Voznesenskij, S. *Tehnika bumagodelatel'nogo i tipografskogo proizvodstv v Ekspedicii zagotovlenija gosudarstvennyh bumag v pervoj polovine 19 veka. (Technik der Papier- und Druckereiproduktion in der Expedition zur Herstellung von Staatspapieren in der ersten Hälfte des 19. Jahrhunderts).* Im Sammelband: Trudy instituta istorii nauki i tehniki Akademii Nauk SSSR. (Arbeiten des Instituts für Wissenschafts- und Technikgeschichte der Akademie der Wissenschaften der UdSSR), Moskau–Leningrad, 1934, Serie 1. Ausg. 4, S. 242.

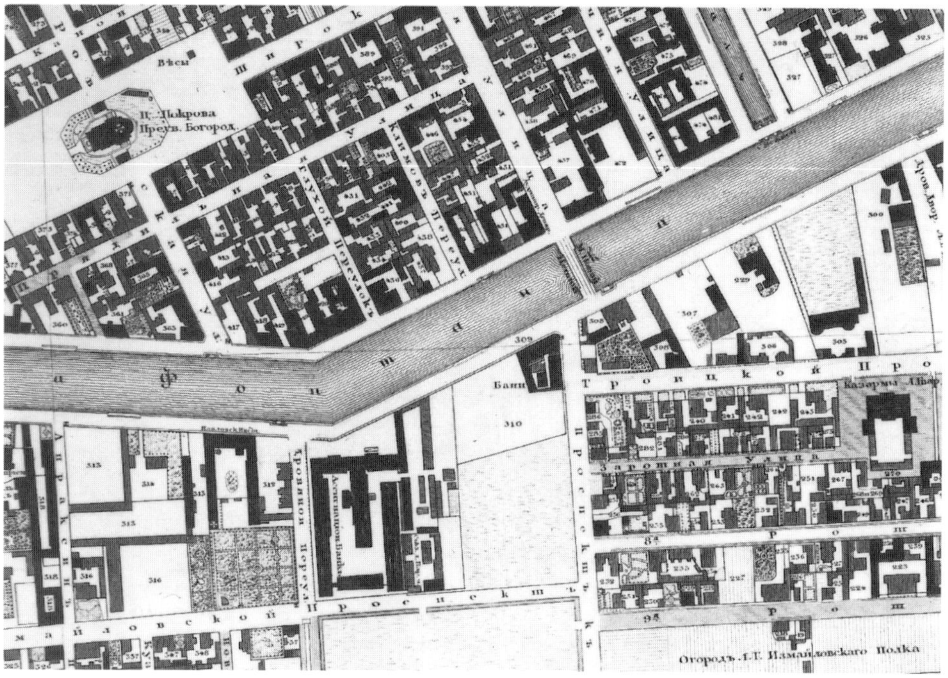

33 Lageplan mit dem Gebäudekomplex der Expedition zur Herstellung von Staatspapieren (Mitte, am Außenknick der Fontanka). Ausschnitt aus dem Schubert-Plan von St. Petersburg, 1828 (GMIL)

aus Deutschland, dem Erwerb zeitgemäßer Maschinen in England sowie der Auftragsvergabe für die Herstellung einiger Maschinen in St. Petersburg (hauptsächlich in der Fabrik von Charles Baird). Untersuchungen des Quellenmaterials[43] lassen die These zu, Bétancourt habe Traitteur mit Planung und Bau der Fabrikgebäude beauftragt. Am glaubwürdigsten belegen dies die Originalzeichnungen der beiden Hauptfassaden des Komplexes zum Fontanka-Kai und zum Novo-Izmajlovskij (später Rigaer) Prospekt sowie eine Kopie des Lageplans[44]. Die am 4. März 1816 durch persönliche Unterschrift von Alexander I. genehmigten Pläne für die Fabrikfassaden sind jeweils unterzeichnet: ›Vu Betancourt‹ und ›Traitteur‹ (Abb. 32, 36)[45]. Auf der Lageplanskizze des Komplexes, die in der russischen Praxis der damaligen Zeit üblicherweise vom Projektautor unterschrieben wurde, steht als einzige Unterschrift *»Le Major du Génie G. Traitteur«*. Diese Fakten werden durch das spätere Werkverzeichnis Traitteurs bestätigt, in dem es heißt: *»En 1815 je fus chargé de la construction de la nouvelle fabrique pour les assignations* d'après le projet que j'avais composé [Hervorhebung d. Verf.]. *Quoique cet établissement consistât en sept grands bâtiments en pierre, toutes les constructions furent achevées en 18 mois d'après la volonté et à la pleine satisfaction de sa Majesté Impériale«*[46].

Als endgültigen Standort der neuen Fabrik wählte man das am Stadtrand gelegene Areal zwischen dem Fontanka-Kai und dem parallel dazu verlaufenden Prospekt, das vom Staat in den Jahren 1815–1817 sukzessive aufgekauft wurde (Abb. 33, 34)[47]. Die Gebäude der Expedition wurden in der zweiten Jahreshälfte 1815 bis Anfang 1816 geplant; im Februar desselben Jahres legte Bétancourt dem Zaren das fertige Projekt vor[48]. Nach seiner Genehmigung verfügte er am 9. März 1816 einen Erlaß, durch den Traitteur die Oberbauleitung für sämtliche Fabrikgebäude übertragen wurde: »... *Seine kaiserliche Majestät betraute mich sowohl mit dem Bau als auch überhaupt mit der Einrichtung der Fabrik der Staatlichen Stempelpapiere; deshalb ernenne ich Euer Hochwohlgeboren zum Leiter des Baus aller Gebäude und bestimme Ihnen den Ingenieur-Oberleutnant Rokosovskij zur Hilfe. Während der Bauzeit dieser Anstalt setze ich für Sie 100 Rub. und für den Oberleutnant Rokosovskij 50 Rub. pro Monat Tischgeld fest ...«*[49]. Im Unterschied zu dem vergleichbaren Auftragsschreiben von 1819

[43] Originalzeichnungen und Korrespondenz zum Bau der Fabrik fehlen in den Archiven. Die zum Zentralen Staatlichen Historischen Archiv St. Petersburgs (CGIA SPb) gehörende Sammlung zur Expedition zur Herstellung von Staatspapieren (Sammlung 1458, 18987 Verwahrungseinheiten, Materialien zu den Jahren 1785–1918) enthält bruchstückhafte Informationen über den Baufortschritt, jedoch keine Belege für eine Autorenschaft Traitteurs. Ungenügendes Quellenmaterial zur Anfangsphase der Fabrik beklagt auch ihr wichtigster Geschichtsforscher Voznesenskij: »... in den Archivalien der Expedition sind keine genauen Angaben zu ihrer ursprünglichen Grundstücksfläche und zu den Abmessungen der ursprünglich aufgekauften Gebäude erhalten. ... Jedoch detailliert und in Gänze herauszufinden, was für die technische Verbesserung der Expedition seit ihrer Einrichtung und bis 1861 getan wurde, ist kaum möglich aufgrund ungenügender diesbezüglich erhaltener Daten« (Voznesenskij, S. *Tehnika bumagodelatel'nogo i tipografskogo proizvodstv v Ekspedicii ... (Technik der Papier- und Druckereiproduktion in der Expedition zur Herstellung von Staatspapieren in der ersten Hälfte des 19. Jahrhunderts)* ..., S. 249).

[44] Die Zeichnungen befinden sich im werkseigenen Museum für die Geschichte der staatlichen Notenanstalt (Gosznak). Erstmals wurden sie im Katalog *Betancourt. Los inicios de la ingenieria moderna en Europa ...*, S. 277–278 veröffentlicht, allerdings ohne begleitende baugeschichtliche Analyse und korrekte Zuordnung.

[45] Das vor Bétancourts Unterschrift stehende französische ›Vu‹ (gesehen) entspricht dem in der russischen Baudokumentation des vergangenen Jahrhunderts üblichen ›prosmotreno‹ (durchgesehen), das gewöhnlich Personen mit Weisungsbefugnis bezeichnet. Traitteurs Unterschrift steht auf den Zeichnungen in der rechten unteren Ecke, wo sich üblicherweise die Autorenunterschrift befindet.

34 Ehemaliges Hauptgebäude (Verwaltung) der Expedition zur Herstellung von Staatspapieren. Traitteur, 1815–1818 (Photographie 1993)

zum Bau der Isaaks-Brücke verweist Bétancourt hier nicht auf das Vorliegen eigener Pläne zu den Gebäuden der Expedition für die Herstellung von Staatspapieren.

Die Errichtung der Fabrikgebäude dauerte insgesamt etwa zweieinhalb Jahre und wurde Anfang 1818 mit einer geringfügigen Überschreitung des Kostenvoranschlags um 3.000 Rubel abgeschlossen. Im Januar desselben Jahres legte Bétancourt dem Finanzminister einen Bericht über die Fertigstellung des Baus vor und wies Traitteur an, zur offiziellen Übergabe der fertigen Gebäude zu schreiten[50]. In dem an den Finanzminister gerichteten Rapport über die Fertigstellung des Fabrikbaus erwähnt Bétancourt seine Beteiligung an Planung und Bau der Gebäude ebenfalls nicht: »*Monsieur! Sa Majesté Impériale ayant daigné me confier la direction du nouvel établissement destiné à la recherche des appareils les plus convenables pour mettre, s'il est possible, les billets à l'abri des atteintes des contrefacteurs, je me suis livré sans relâche à ce travail et je peux dès aujourd'hui remettre à la disposition de votre Excellence non seulement les bâtiments, mais aussi toutes les machines dont les fonctions successives donneront des assignations complètement terminées, aux signatures près*«[51]. Gleichzeitig wurde ein Erlaß über die Auszeichnung der an dem Bau beteiligten Personen im Entwurf vorbereitet, der genauere Auskunft über den Beteiligtenkreis gibt. So sollte der Generalmajor und Direktor des Instituts des Corps der Verkehrswegeingenieure Senovert mit 12.000 Rubel, der Major des Corps Traitteur, »*der die Errichtung der Gebäude leitete und dessen Eifer und Tatkraft wesentlich zum Gelingen des Baus beitrugen*« mit dem Rang eines Oberstleutnants und dem St. Vladimir-Orden vierter Klasse, der Hauptmann des Corps Rokasovskij, der unter der Oberleitung von Major Traitteur die Arbeiten überwacht und geleitet hatte, mit dem gleichen Orden sowie der Leutnant des Corps Lebedev, der unter der Oberleitung von Major Traitteur die Arbeiten leitete, mit 1.000 Rubel ausgezeichnet werden[52]. Die Fabrik wurde am 16. September 1818 eröffnet und nahm die Herstellung von Assignatenpapieren auf.

Der auf einem langgezogenen rechteckigen Grundstück gelegene Gebäudekomplex der Expedition bestand aus vier um einen Innenhof angeordneten Gebäuden und einem im Hof gelegenen Flügel, in denen die Werkstätten der beiden Hauptabteilungen der Fabrik (Papierfertigung und Druckerei) sowie Hilfs- und Wohnräume untergebracht waren (Abb. 33). Die beiden Vordergebäude am Fontanka-Kai erhielten eine reich gegliederte Schauseite. Der Haupt-

[46] RGIA, 200-1-1780, Bl. 128v.

[47] Bei der Eröffnung betrug die Gesamtfläche des Fabrikgrundstücks 22.200 qm (ehemalige Grundstücke Čeblokova, Sakov, Probkina).

[48] Voznesenskij, S. V. *Sto let Ekspedicii zagotovlenija gosudarstvennych bumag 1818–1918. (Hundert Jahre Expedition zur Herstellung von Staatspapieren 1818–1918)*. Petrograd, 1918, S. 7–9.

[49] RGIA, 200-1-1780, Bl. 58.

[50] CGIA SPb, 1458-2-50 ›Über die Abnahme der neuen Gebäude der Expedition für die Herstellung von Staatspapieren von Generalleutnant Bétancourt im Amt des Finanzministeriums ...‹, Bl. 14–17

[51] Voznesenskij, S. *Tehnika bumagodelatel'nogo i tipografskogo proizvodstv v Ekspedicii ... (Technik der Papier- und Druckereiproduktion in der Expedition zur Herstellung von Staatspapieren in der ersten Hälfte des 19. Jahrhunderts) ...*, S. 261.

[52] Unter den weiteren im Erlaß erwähnten Beteiligten befinden sich der Direktor der Staatlichen Papierfabrik in Carskoe Selo, Künner, mit einer Belohnung von 2.000 Rubel; der Architektengehilfe Seer mit einer Belohnung von 500 Rubel; der Zimmermannsmeister Andrej Abramov, »der seit dem Bau der Kamenoostrovskij-Brücke im Staatsdienst ist«, mit einer Goldmedaille an blauem Band (aus den Materialien des Museums der Staatlichen Notenanstalt). Die Teilnahme des Zimmermannsmeisters Abramov am Bau der Fabrik zur Herstellung von Staatspapieren kann als indirekte Bestätigung der o. g. Vermutung gewertet werden, Traitteur habe an der Fertigstellung der Kamennoostrovskij-Brücke mitgewirkt, infolge derer Abramov gebeten wurde, beim ersten selbständigen Bauprojekt Traitteurs mitzuhelfen (vgl. S. 39).

35 Gebäude der Großen Trocknerei der Fabrik zur Herstellung von Staatspapieren (Photographie 1993)

trakt mit Diensträumen, Buchhaltung, Geschäftsräumen (im Sockel) und Dienstwohnungen (in den beiden oberen Stockwerken) wurde mit einem Paar kolossaler Tempelfronten gegliedert, wie sie für Verwaltungsbauten des russischen Klassizismus typisch sind (Abb. 32, 34). Beim Bau dieses Gebäudes wurde wahrscheinlich alte Bausubstanz auf dem Grundstück der Čeblokova wiederverwendet[53]. Das Hauptgebäude erhielt zwei spiegelbildlich angeordnete, risalitartige Frontons mit je sechs Halbsäulen ionischer Ordnung. Die Verdoppelung dieses in der Petersburger klassizistischen Baupraxis verbreiteten Entwurfsmotivs vermochte die breitgelagerte Hauptfassade wirkungsvoll zu gliedern und optisch zu verkürzen. Durch die (später aufgegebene) Höhenabstufung zwischen den niedrigeren zweigeschossigen Seitenannexen und dem mit einem weiteren Obergeschoß abgeschlossenen Mittelteil war ursprünglich die Symmetrie der Fassade hervorgehoben. Diese Lösung betonte den würdigen Charakter des Bauwerks und dessen lange Zeit dominierende Lage an der Biegung des Fontanka-Kais (Abb. 33)[54].

Im Unterschied zu dem repräsentativen Verwaltungsgebäude am Kai war der rückwärtige Fabrikteil am Izmajlovski-, späteren Rigaer Prospekt, die *Grande Sécherie* (Große Trocknerei), zurückhaltend und ohne Säulenordnung entsprechend seiner industriellen Bestimmung gestaltet (Abb. 35, 36). Das viergeschossige Gebäude der Trocknerei befand sich in der Mitte der Rückseite des Grundstücks mit Rücksprung von der Baufluchtlinie, war über Tordurchfahrten mit den Stirnseiten der querstehenden Hofflügel verbunden und bildete mit ihnen eine dreiteilige symmetrische Schauseite[55]. Die hier vorgelegte Fassadenlösung war ein für die russische Baupraxis recht frühes Beispiel eines städtischen Industriekomplexes ohne klassische Architekturgliederung, der nur durch Bogenfensterreihen seine mehrgeschossige Struktur offenlegte – eine Lösung, die in der Petersburger industriellen ›Ziegelarchitektur‹ ab den 1840er Jahren weite Verbreitung fand.

Der neue Industriekomplex der Expedition zur Herstellung von Staatspapieren, der auf einem früher hauptsächlich mit hölzernen Wohnhäusern bebauten Areal geschaffen wurde, war für die angrenzende Uferbebauung am Petersburger Stadtrand von großer städtebaulicher Bedeutung. Diese Funktion der neuen Gebäude war Traitteur sicherlich bewußt und wurde sowohl von der Schauseite des Hauptgebäudes am Fontanka-Kai als auch durch die ›Zweitfassade‹ der Fabrik am Rigaer Prospekt wirkungsvoll erfüllt. Bemerkenswert ist das hohe künstlerische Niveau des Entwurfs des badischen Ingenieurs, der

[53] Die Bauzeichnungen für dieses Flurstück (CGIA SPb, 513-102-6043, Bl. 1–4) enthalten keine Blätter aus der Zeit vor 1825, so daß nicht beurteilt werden kann, inwieweit Traitteur auf vorhandene Gebäude Rücksicht nehmen mußte.

[54] In der zweiten Hälfte des 19. Jahrhunderts stockte man die zweigeschossigen Seitenflügel des Gebäudes auf gleiche dreigeschossige Höhe auf, was die ursprüngliche Entwurfsabsicht wesentlich beeinträchtigt hat. Bis Ende der 1970er Jahre diente das Gebäude als Mehrfamilienhaus. Danach wurde es der Staatlichen Notenanstalt übergeben. Seit Mitte 1980 steht das Hauptgebäude (Fontanka-Kai 144a) der ehemaligen Expedition für die Herstellung von Staatspapieren als klassizistisches Bauwerk unter Denkmalschutz. In den Listen wird es allerdings als Werk des Ingenieurs Augustin de Bétancourt geführt.

[55] In der zweiten Hälfte des 19. Jahrhunderts wurden auch hier die Seitenflügel aufgestockt und mit dem Zentralgebäude zu einem einzigen viergeschossigen Gebäude zusammengefaßt. Einziges Fassadenelement sind bis heute die für die Petersburger Industrie- und Kasernenarchitektur der Jahre 1840–1860 typischen Fenster, bei denen die Ziegel der Halbkreisbögen von Profilleisten eingefaßt sind. Die heutige Adresse des Gebäudes lautet: Rigaer Prospekt 5a.

[56] Der Anlagenkomplex der Expedition für die Herstellung von Staatspapieren wurde zeitgleich mit dem Gebäude der Admiralität (Architekt A. D. Zaharov, 1806–1823), der Umgestaltung des Aničkov-Palais auf dem Nevskij-Prospekt (Architekt Carlo Rossi, 1816–1818) und dem Kasernenensemble des Pavlov-Regiments auf dem Marsfeld (Architekt V. P. Stasov, 1816–1819) errichtet.

[57] Die staatliche Notenanstalt Gosznak (Fontanka-Kai 144a – Rigaer Prospekt 5) nutzt heute als Rechtsnachfolgerin der Expedition für die Herstellung von Staatspapieren deren Gebäude.

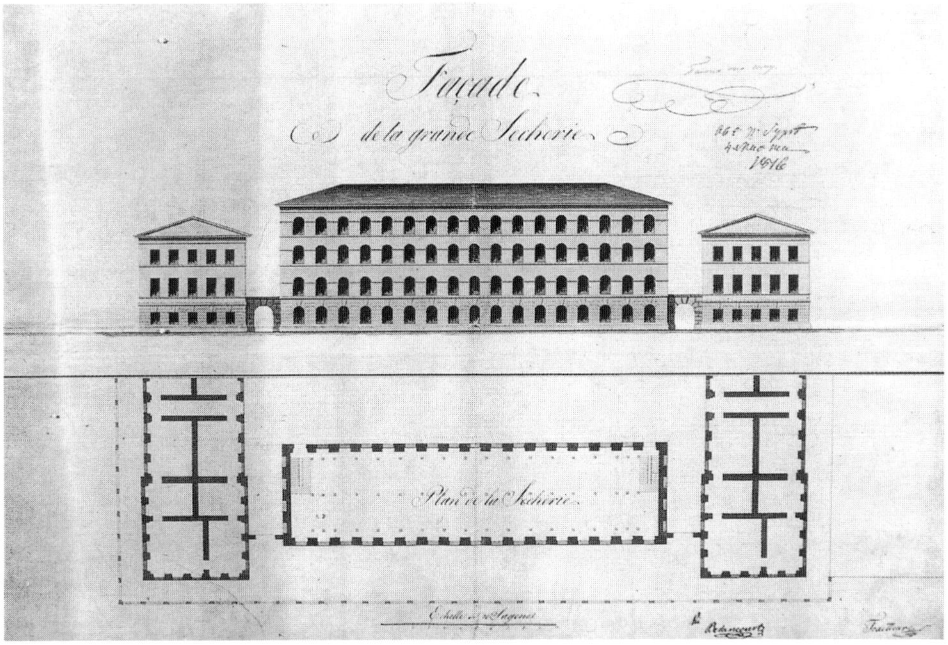

36 Gebäude der früheren Großen Trocknerei der Fabrik zur Herstellung von Staatspapieren, genehmigter Entwurf Traitteurs, Sichtvermerk ›Vu Betancourt‹, 1816 (Musçum der Staatlichen Notenanstalt)

erst kurze Zeit zuvor nach St. Petersburg gekommen war und keinerlei Erfahrungen mit der Bearbeitung ähnlicher Objekte hatte: die Architektur der Fabrik fügte sich tadellos in die stilistische Tradition des Petersburger Klassizismus, und die Fabrikgebäude gaben in der Tat den Anstoß für eine großflächige Errichtung neuer klassizistischer Ensembles am Stadtrand, wie sie seit den Jahren ab 1810 bereits im Zentrum der russischen Hauptstadt entstanden waren[56].

Die Expedition zur Herstellung von Staatspapieren beschränkte sich bis Anfang der 1850er Jahre auf die von Traitteur entworfenen Baulichkeiten. Erst Mitte des vergangenen Jahrhunderts verlor die Fabrikbebauung nach dem Zukauf benachbarter Grundstücke und der Errichtung neuer, wesentlich größerer und höherer Gebäude (Architekten E. I. Gibert, K. Ja. Maevskij, E. R. Bach u. a.) ihre ursprüngliche, für die Architektur des Klassizismus typische Gestalt (Abb. 37)[57].

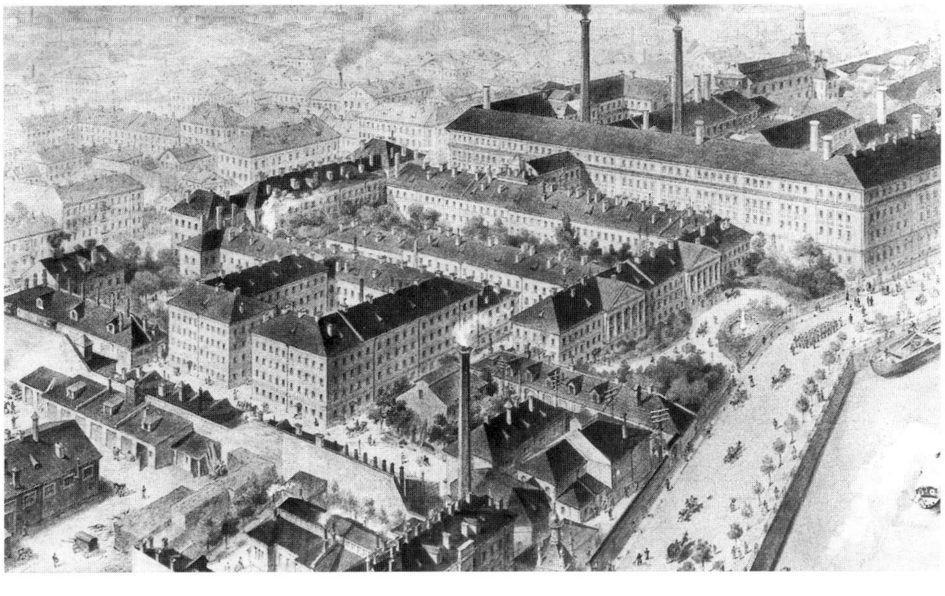

37 Die Bauwerke Traitteurs (Vordergrund) im Gesamtkomplex der Expedition zu Beginn des 20. Jahrhunderts, Ausschnitt eines Gemäldes (Museum der Staatlichen Notenanstalt)

Entwurf der Münze zu Warschau, 1817

Noch während der Errichtung der Gebäude der Petersburger Expedition zur Herstellung von Staatspapieren wurde Traitteur mit der Planung eines weiteren Industriebetriebs mit ähnlicher Bestimmung beauftragt: der Münze zu Warschau. Er berichtet darüber in seinem Werkverzeichnis: *»En 1817 je projettais le nouvel établissement de la monnaie à Varsovie. Ce fut aussi alors que je donnais l'idée de quelle manière on pourrait retrouver après des siècles la mesure Polonaise par ses monnaies – monument historique«*[58].

Weder in russischen noch in polnischen Archiven konnten Einzelheiten oder eine Bestätigung des Traitteurschen Projekt gefunden werden. Einige indirekte Quellen zeigen jedoch, daß eine derartige Beauftragung Traitteurs durchaus im Bereich des Möglichen gelegen haben könnte. Lediglich das von ihm genannte Jahr 1817 dürfte falsch sein. Nach dem baubezogenen Schriftwechsel zu schließen, könnte die Planung Anfang 1816 erfolgt sein. Im März desselben Jahres ersuchte der Finanzminister des nach dem Wiener Kongreß von Rußland abhängigen Polnischen Königreichs E. Sobolewski den russischen Finanzminister, *»... in Warschau ein Münzamt in derartiger Vollendung einzurichten, wie jenes zu Sankt Petersburg eingerichtet ward; urteilt man nach der Schönheit der in jenem geprägten Münzen«*. Noch im selben Monat wurde in St. Petersburg beschlossen, beim Umbau der Münze zu Warschau und ihrer Ausrüstung mit neuen, moderneren Maschinen Unterstützung zu leisten. Bereits im April 1816 erhielt Bétancourt den entsprechenden Auftrag, die Münze zu Warschau in eine *»gebührliche Ordnung«* zu bringen[59]. Den architektonischen Teil dieser Arbeit dürfte er an Traitteur weitergegeben haben, dessen Entwurf aller Wahrscheinlichkeit nach aus wirtschaftlichen Erwägungen nicht umgesetzt wurde, da laut den vorliegenden Quellen alle weiteren Arbeiten zum Umbau dieses Gebäudes aus Petersburg nach Warschau zurückgegeben wurden[60].

Das neue, in traditionellen klassizistischen Formen gehaltene Gebäude der Münze zu Warschau wurde in den Jahren 1817–1820 schließlich nach einem Entwurf des polnischen Architekten Piotr Aigner unter Mitwirkung eines Mitarbeiters von Bétancourt, des spanischen Ingenieurs Rafal Bauzá, sowie Piotr Guttman erbaut (und 1907 abgerissen)[61]. Die Maschinen für diesen Betrieb wurden aus Petersburg von der Fabrik Charles Bairds nach Polen geliefert. Im Dezember 1818 erließ Alexander I. das Manifest zur Einrichtung eines neuen Münzsystems im Polnischen Königreich mit detaillierter Beschreibung der neuen Münzarten[62].

Bau eines Kasernenkomplexes in Pella, 1819

Am 2. Mai 1819 bekam Bétancourt einen weiteren Auftrag des Zaren Alexander I.: *»Ich halte es für nötig, in Pella hölzerne Kasernen, Stallungen und Reitbahnen auf Steinfundamenten zur Unterbringung zweier Schwadronen schwerer Kavallerie zu haben und beauftrage Sie mit ihrem Bau in diesem Sommer in allem nach dem Plan derer in Novgorod für die Leibgarde des Kavalleriejägerregiments, der Ihnen zugestellt wird ...«*[63]. Die Bauausführung gemäß dem für Novgorod erstellten Entwurf wurde als neue Aufgabe an Traitteur vergeben. Der Kasernenkomplex in der Ortschaft Pella am linken Neva-Ufer 40 Kilometer südöstlich von St. Petersburg wurde von Mai bis November 1819 (zeitgleich mit der Isaaks-Brücke) errichtet. Die entsprechenden Aufwendungen betrugen 290.000 Rubel, über 100.000 Rubel mehr als beim Bau der gleichen Einrichtungen in Novgorod. Der Grund für diese Mehrkosten bestand darin, daß die Militär-

[58] RGIA, 200-1-1780, Bl. 128v. Der zweite Teil dieser Notiz ist doppeldeutig: »Zur selben Zeit äußerte ich die Idee, inwieweit man in Jahrhunderten über Polen von seiner Münze her (dem Bauwerk oder dem Zahlungsmittel) als historischem Denkmal würde urteilen können«. Der Verfasser dieser Arbeit hält die zweite Interpretationsmöglichkeit des Traitteurschen Texts für wahrscheinlicher.

[59] RGIA, 560-38-103 ›Berichtsblätter des Finanzministers‹, Bl. 47–49. Die Petersburger Münze wurde in den Jahren 1798–1806 auf dem Gelände der Peter-und-Pauls-Festung erbaut (Architekt A. Porto). Alle Maschinenanlagen dieses Betriebs wurden aus England importiert.

[60] RGIA, 37-17-593 ›Akte über die Schaffung einer Münze in Warschau. März 1816‹.

[61] Ryszard, Antoni. *Położenie kamenia węgienego pod mennicę warszawską dnia 16 czerwca 1817 roku.* Krakau, 1890, S. 1; *Betancourt. Los inicios de la ingenieria moderna en Europa ...*, S. 220–291. In den Jahren 1823–1824 besorgte der Ingenieur-Oberst Rafal (Rafail Rafailovič) Bauzá die Rekonstruktion des Dachs der Moskauer Reithalle.

[62] RGIA, 37-17-666 ›Zu Gegenständen betreffs des Warschauer Münzamts und der als Muster bereiteten polnischen Münzen. 1818–1834‹, Bl. 1–14.

[63] RGIA, 159-1-366 ›Über den Bau von Kasernen in Pella zur Unterbringung zweier Schwadronen schwerer Kavallerie. Mai 1819 – Oktober 1822‹, Bl. 1–3, 14v, 42–43.

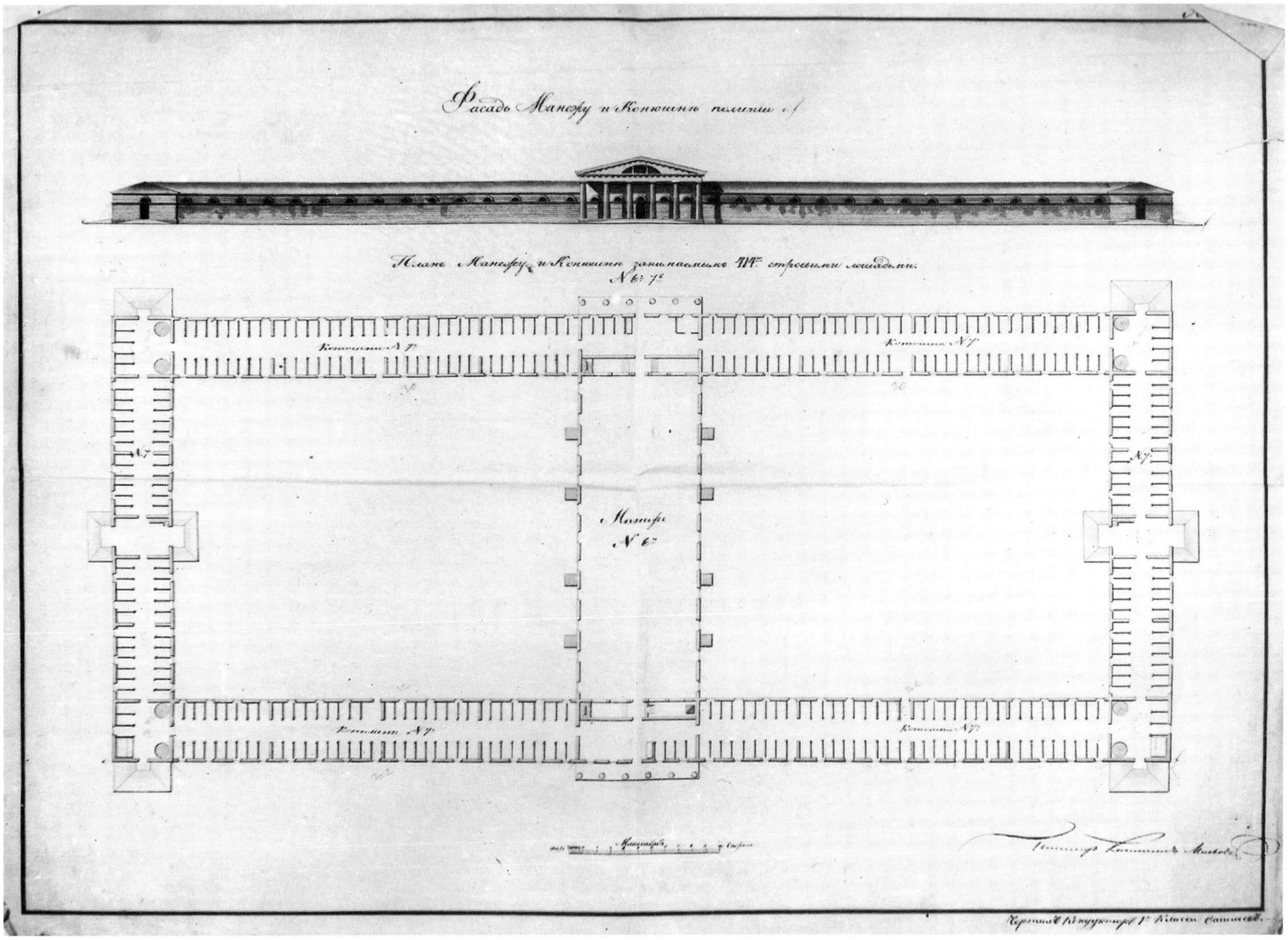

38 Kasernengebäude mit Reithalle und Mannschaftsunterkünften für zwei Schwadronen schwerer Kavallerie in Pella, Musterentwurf, Bauausführung durch Traitteur, 1819 (RGVIA, 349-29-644)

siedlung auf dem Gelände der ehemaligen Meierei von Pella am Ort der bis 1819 erhalten gebliebenen Ruine des Palais der Zarin Katharina II. (erbaut 1794, Architekt I. E. Starov) entstand, deren Abriß zusätzlichen Aufwand verursachte.

Eine Vorstellung von den Arbeiten Traitteurs vermittelt eine spätere Bauaufnahme[64]. Die Gebäude der Militärsiedlung standen auf zwei Grundstücken mit rechtwinkligem Grundriß zwischen dem Neva-Ufer und der Poststraße nach St. Petersburg, der auch die Schauseiten zugewandt waren. Auf dem kleineren Grundstück befanden sich das eingeschossige Kasernengebäude, dahinter die Küche und die Ställe für die Offizierspferde. Auf dem größeren Grundstück lag das langgezogene Carré der Ställe für die Pferde der Soldaten mit einer Reithalle in der Mitte (Abb. 38). Die dominierende Rolle dieses Gebäudes in der umgebenden Bebauung wurde durch seine Architektur unterstrichen: die Stirnseiten der Reithalle sind durch sechssäulige dorische Portiken hervorgehoben, die sich vor der geschlossenen, nur durch eine Reihe von Oberlicht-Lünetten belebten fensterlosen Wandfläche effektvoll abheben.

Gleichzeitig mit der Errichtung der Kasernengebäude entwarf Traitteur den vorbeiführenden Straßenabschnitt mit drei kleineren Brücken. Sein vorliegender Werkplan kann als typisches Beispiel für Planungsunterlagen gelten, wie sie damals beim Nivellement der Fahrbahn und der Errichtung kleinerer Balken-

[64] Russisches Staatliches Militärhistorisches Archiv, Moskau (RGVIA) 349-29, Mappe 641–644, 653 ›Allgemeine Planaufstellungen zum Kasernenkomplex in Pella und Pläne der einzelnen Gebäude. 1820–1825‹.

brücken verwendet wurden[65]. Die Bauarbeiten für diese Straße, die als Anbindung der Kasernen an die Fernstraße nach Schlüsselburg gedacht war, wurden im November 1819 durch den Oberleutnant des Corps der Verkehrswegeingenieure K. Ja. Rejhel' (Reichel) abgeschlossen. Traitteur verschob ihre Übergabe auf den darauffolgenden Sommer, da er mögliche Setzungen des Erdplanums am fertiggestellten Straßenabschnitt beobachten wollte[66].

Trotz der recht bescheidenen Ausmaße und des geringen Zeitaufwands erlangte die Arbeit von Pella in den Dienstlisten und Unterlagen Traitteurs unerwartet große Bedeutung. Im Sommer 1822 kam es zu einem Zwischenfall auf der Baustelle, als die Decke eines Durchgangs in den Ställen einstürzte. Nach Abschluß der Untersuchungen einer Sonderkommission unter Leitung von A. D. Gotman, einem Mitglied des Corps der Verkehrswegeingenieure, wurde Traitteur verhaftet und für eine Woche in die Hauptwache verbracht. Der Vorfall in Pella blieb für lange Zeit eine der unangenehmsten beruflichen Erinnerungen des badischen Ingenieurs: *»En 1819 Sa Majesté Impériale me confia la construction des Casernes de l'artillerie, et j'eus à me réjouir d'une approbation générale. Un accident, arrivé à ces casernes quelques années plus tard, me donna l'occasion de m'adresser à Sa Majesté Impériale qui me fit savoir en réponse à ma lettre, que j'étais complètement justifié à Ses yeux et qu'Elle me remerciait surtout de la manière, avec laquelle j'avais rédigé ma justification. Ce fut pour moi une grande consolation, car elle venait de mon bienfaiteur, d'un Monarque magnanime, auquel j'étais entièrement dévoué«*[67]. Die klassizistischen Holzbauten brannten 1868 nieder und wurden bereits 1870 durch einen neuen größeren Kasernenkomplex ersetzt[68].

Neue Lehreinrichtungen des Amts für Verkehrswege

Die ersten zehn Jahre des Instituts des Corps der Verkehrswegeingenieure zeigten, daß der tatsächliche Umfang der Staatsaufträge die Ausbildungskapazitäten der neuen Lehreinrichtung (Abb. 15) um ein Vielfaches überstiegen. Daher sah sich Bétancourt, der Gründer des Instituts, gezwungen, sein ursprüngliches Konzept für die Ingenieurausbildung des Amts für Verkehrswege zu überdenken und zu erweitern. Seiner Ansicht nach benötigte man für die weitere erfolgreiche Umgestaltung des riesigen russischen Staatsgebiets Beamte unterschiedlicher Ausbildungsstufen, und zwar *»1. Ingenieuroffiziere für den wissenschaftlichen Teil, zur Erstellung der Entwürfe und Umsetzung derselben bei Leitung der Arbeiten im Großen; 2. Bauoffiziere, die wesentlich weniger in der Theorie gebildet, aber gute Praktiker sind, zur Bauausführung unter Leitung der Ingenieure; 3. Kondukteure (Bauleiter) der 1. und 2. Klasse zur näheren detaillierten Überwachung von Teilarbeiten«*[69].

Auf Initiative Bétancourts wurde bereits 1819 zur Ausbildung von Fachpraktikern der Bautrupp (Stroitel'nyi otrjad) geschaffen, der in einigen Unterlagen auch Abteilung der Militärarbeitsbrigade (Otrjad voenno-rabočej brigady) genannt wird. Danach konnten für das Corps der Verkehrswegeingenieure Personen zugelassen werden, die das Institut des Corps absolviert hatten, Bewerber mit anderer Ausbildung oder ausreichenden praktischen Fertigkeiten konnten in den Bautrupp aufgenommen werden, wo sie schließlich den Rang eines Bauoffiziers erlangten[70]. Gleichzeitig wurde die Einrichtung einer Fachschule für die Ausbildung von Bauoffizieren und technischem Personal aktuell. Aufgrund eines im Mai 1820 von Bétancourt verfaßten Berichts wurde die Militärbauschule (Voenno-stroitel'noe učilišče) für die Ausbildung der angehenden Offiziere des Bautrupps und die Schule für Kondukteure der Verkehrswege (Škola konduktorov putej soobščenija, von frz. *conducteur de travaux*, Bauleiter) für das technische Personal gegründet. Die Einrichtung dieser

[65] RGIA, 1487-1-604 ›Plan der neuen Chaussée von den Kasernen in der Meierei zu Pella‹ (ohne Datumsangabe).

[66] RGIA, 159-1-366, Bl. 44, 55, 77.

[67] RGIA, 200-1-1780, Bl. 4–8, 128v–129.

[68] Pyljaev, M. I. *Zabytoe prošloe okrestnostej Peterburga (Vergessene Vergangenheit der Petersburger Umgebung)*. St. Petersburg, 1996, S. 437–438.

[69] RGIA, 205-1-4 ›Über die Einrichtung der Kondukteurschule für Verkehrswege. März–Mai 1820‹, Bl. 1–2.

[70] *Kratkij istoričeskij očerk razvitija i dejatel'nosti Vedomstva putej soobščenija za sto let ego suščestvovanija 1798–1898 (Kurzgefaßter historischer Abriß der Entwicklung und Tätigkeit des Amts für Verkehrswege während seines hundertjährigen Bestehens)*. St. Petersburg, 1898, S. 49–51.

[71] So wurde 1832 anstelle der Militärbauschule (Voenno-stroitel'naja škola) bei der Hauptverwaltung der Verkehrswege (GUPS) die Zivilingenieurschule eingerichtet, 1841 die Architekturschule (Architekturnoe učilišče) bei der Hauptverwaltung der Verkehrswege und Öffentliche Gebäude (GUPSiPZ). Zwei Jahre später wurden beide Lehreinrichtungen zur neuen Bauschule des GUPSiPZ vereint. 1865 wurde diese dem Innenministerium unterstellt, 1882 in das Institut für Zivilingenieure (Institut Graždanskih inženerov) umgewandelt (*Kratkij istoričeskij očerk učebnyh zavedenij Vedomstva putej soobščenija (Kurzer historischer Abriß der Lehreinrichtungen des Amts für Verkehrswege)*. St. Petersburg. 1900, S. 64).

[72] RGIA, 200-1-1780, Bl. 129–129v. Die von Traitteur genannten Daten 1822 und 1823 sind offensichtlich falsch. Den Akten zufolge wurde das Gebäude der Militärbauschule bereits im März 1821 eingeweiht, mit dem Bau der Kondukteurschule befaßte Traitteur sich von 1820 bis 1825.

[73] Wie Bétancourt nach Genehmigung seines Berichts über die Schulgründungen schrieb: »... Meine erste Sorge war es, ein Haus zur Unterbringung jener Schulen zu finden. Wegen vieler Rücksichten und Annehmlichkeiten konnte ich nicht umhin, das Haus des Armeeseminars auszuwählen« (RGIA, 205-1-6 ›Über den Kauf des Hauses des Armeeseminars zur Unterbringung der Kondukteurschule und der Militärbauschule für 150.000 Rubel. April 1820 – August 1822‹, Bl. 3–4, 6–7).

[74] RGIA, 205-1-6, Bl. 31, 41–43, 49–50.

[75] Erbaut zwischen 1805 und 1812 als privates Stadthaus des Kaufmanns S. Kočerov (Architekt unbekannt). Die Außengestalt dieses repräsentativen klassizistischen Gebäudes ist vollständig erhalten. Heutige Adresse: Moskauer Prospekt 29 – 3-Krasnoarmejskaja Straße 1, rechter Teil.

Schulen war von großer Bedeutung für die Ausbildung neuer Fachkräfte für das Amt für Verkehrswege und hatte einen wesentlichen Einfluß auf die Entstehung der ersten russischen Hochschulen für Bauingenieure[71].

Mit der Planung und Errichtung der Gebäude für die neuen Lehreinrichtungen wurde Traitteur beauftragt. Er selbst hat dies später für seinen bedeutendsten Architektenauftrag zu Beginn der 1820er Jahre gehalten: »*En 1822 je fus chargé en outre de reconstruire la maison de l'école des constructeurs. ... En 1823 on me confia la construction de l'école des Conducteurs, consistant en trois grands bâtimens en pierre et une église*«[72].

Der Umbau der Militärbauschule, 1820

Um die Eröffnung der neuen Lehreinrichtungen zu beschleunigen, beschloß der Rat für Verkehrswege im April 1820 ein bereits bestehendes Gebäude in der Stadt zu erwerben und umzubauen. Ursprünglich sollten dort sowohl die Militärbauschule als auch die Kondukteurschule untergebracht werden. Anfang Mai erwarb das Amt für Verkehrswege zu diesem Zweck für 150.000 Rubel das von Bétancourt ausgewählte Gebäude des Priesterseminars der Armee auf dem Carskosel'skij Prospekt[73]. Im Zuge eines weiteren Beschlusses zum Bau eines separaten Gebäudes für die Kondukteurschule wurde das Haus am Carskosel'skij Prospekt jedoch ausschließlich der Militärbauschule zugeordnet.

Im September 1820 begann Traitteur mit dem Umbau dieses Gebäudes, das auch zuvor für Lehrzwecke eingesetzt worden war: die Änderungen betrafen daher vor allem die Innengestaltung der Räume. Im Januar des folgenden Jahres wurde das renovierte Haus von Generalmajor L. L. Carbonière abgenommen[74]. Das Äußere des klassizistischen dreigeschossigen Eckhauses blieb unverändert (Abb. 39). Die dem Prospekt zugewandte Hauptfassade zierte eine viersäulige Portikus ionischer Ordnung über einem vorspringenden Rustika-Sockel im Erdgeschoß[75]. Am 10. März 1821 nahm die Militärbauschule in dem neuen Gebäude ihren Unterrichtsbetrieb auf.

39 Ehemaliges Wohnhaus, Ende 18. Jahrhundert, Innenausbau zur Militärbauschule des Amts für Verkehrswege durch Traitteur, 1820 (Photographie 1993)

40 Kondukteurschule des Amts für Verkehrswege in St. Petersburg, Entwurf Traitteur, 1820–1826. Schaubild (*Annuaire du corps des ingénieurs des voies de communication*, 1830, nach S. 164)

Planung und Bau der Kondukteurschule, 1820–1826

Im Juli 1820 nahm Traitteur den Bau der Kondukteurschule in Angriff[76]. Dieser umfangreiche Schulkomplex (Abb. 40) bleibt neben den Gebäuden der Fabrik zur Herstellung von Staatspapieren das bedeutendste architektonische Werk des badischen Ingenieurs in St. Petersburg. Er leitete den Bau bis März 1824. Traitteurs Ablösung von diesem Posten lag in der Tatsache begründet, daß er ab Mitte 1823 mit Planung und Bau der ersten Hängebrücken in St. Petersburg betraut wurde. Bei diesem neuen verantwortungsvollen Auftrag des Amts für Verkehrswege mußten schwierige technologische, konstruktive und architektonische Probleme gelöst werden, so daß die gleichzeitige Bauleitung eines weiteren Großprojekts des Amts für Verkehrswege nicht möglich schien. An seiner Stelle wurde im Mai 1824 »*... zum größeren Gelingen der Kettenbrükken, wie auch der Arbeiten der Kondukteurschule*« Ingenieur-Major V. P. Lebedev[77] zum Schulbau versetzt und auf Befehl des Corps vom 12. Juni mit der Fortführung der von Traitteur begonnenen Arbeiten beauftragt. Unter Leitung von Lebedev (1825–1828) und L'vov (1828 – Anfang der 1830er Jahre) wurde der Schulbau dann Ende der 1820er Jahre abgeschlossen[78]. In den abschließenden Dienstverzeichnissen, in denen die Arbeiten der unterschiedlichen Oberbauleiter zusammengefaßt sind, ist eine Liste zu finden, aus der hervorgeht, daß Traitteur bis Anfang 1825 die Rohbauten des Hauptgebäudes, der beiden Seitenflügel und der Kapelle, außerdem den Innenausbau des Hauptgebäudes sowie die Steingebäude von Zeughaus und Gasbehälter fertiggestellt hatte[79]. Diese Quellen belegen, daß die unter seiner Oberleitung errichteten Bauten das architektonische Erscheinungsbild der Kondukteurschule praktisch vollständig bestimmt haben[80].

Im Mai 1820 wurde für die künftige Kondukteurschule ein staatliches Grundstück an der Ecke Neuer Peterhof-Prospekt / 12. Kompanie-Straße neben den im Bau befindlichen Proviantmagazinen des Izmajlovskij-Regiments[81] am Ufer des Obvodnyj-Kanals bereitgestellt (Abb. 41). In den Archivmaterialien sind keine direkten Hinweise darauf zu finden, daß Traitteur mit der Pla-

[76] RGIA, 200-1-1780, Bl. 5–7, 74–77.

[77] Lebedev, Vasilij Petrovič (1796–1848). Ingenieur, Mitglied des Corps der Verkehrswegeingenieure. Besuchte die Anstalt für Schiffsarchitektur (1814) und das Instituts des Corps der Verkehrswegeingenieure (1816). Wichtigster Gehilfe Traitteurs bei den Arbeiten von 1816 bis Anfang der 1820er Jahre. Starb im Rang eines Generalmajors des Corps der Ingenieure für Marinebauten (RGIA, 207-16-65, Bl. 15–18 ›Dienstverzeichnis des bei der Kondukteurschule für Verkehrswege tätigen stellvertretenden Direktors für die Werkstätten des Corps, Major Lebedev. 1827‹; Sokolovskij, E. *Pjatidesjatiletie instituta i Korpusa inženerov putej soobščenij. Istoričeskij očerk. (Fünfzig Jahre Institut und Corps der Verkehrswegeingenieure. Historischer Abriß)*. St. Petersburg, 1859, S. 75.

[78] Die Unterlagen der Kommission zur Abnahme der Gebäude der Kondukteurschule zeigen, daß die Schulgebäude in den Jahren 1830 bis 1832, als sich Traitteur auf seine Abreise aus Rußland vorbereitete, noch nicht vollständig abgeschlossen waren (RGIA, 205-1-10, Bl. 113–118, 198v).

[79] RGIA, 206-1-756, Bl. 154.

[80] In einigen Publikationen der letzten Jahre wird der Bau der Kondukteurschule irrtümlicherweise dem Architekten A. E. Staubert für die Jahre 1822–1825 zugeschrieben (etwa: *Leningrad. Putevoditel' (Leningrad. Reiseführer)*. Leningrad, 1986, 1988, S. 200).

nung der Kondukteurschule beauftragt wurde. In den heute bekannten Quellen fehlt auch jegliche Plandokumentation zu diesem Bauwerk[82]. Aus der praktisch vollständig erhaltenen Baukorrespondenz läßt sich jedoch erschließen, Traitteur habe im Mai bis Juni 1820 den ersten Entwurf erstellt, nach dem der Bau schließlich auch ausgeführt wurde[83]. Auch hat Traitteur einen Aufsatz über die Gebäude der Kondukteurschule veröffentlicht, der einzige neben den vier Artikeln zu seinen Hängebrückenbauten[84].

In dieser Publikation stellt er die beinahe fertiggestellten Schulgebäude vor und unterstreicht folgende Besonderheiten: »*... but moral comme établissement d'instruction public, et ensuite, comme produit de l'art, par la grandeur et l'élégance des édifices destinés à loger les élèves*«[85]. Daß die gesellschaftliche Bedeutung der neuen Einrichtung in den besten Traditionen der europäischen Aufklärung vor ihren architektonischen Qualitäten erwähnt wurde, hatte gewichtige Gründe. Die Lehranstalt sollte in der Tat neben ihrer praktischen Zielsetzung, der Ausbildung von Bauleitern, Meistern und Schreibern für die Verkehrswegeabteilung, offensichtlich durch eine neue soziale Ausrichtung gekennzeichnet sein. In die Kondukteurschule wurden maximal 300 höchstens 10 Jahre alte Söhne von Militärpersonen des Amts für Verkehrswege aufgenommen. Die Ausbildung dauerte acht Jahre, danach traten die Absolventen der Anstalt in den Dienst und erhielten Posten entsprechend ihrem Wissensstand.

Der Gebäudekomplex der Kondukteurschule war in den Traditionen der klassizistischen Petersburger Lehreinrichtungen gestaltet. Nach dem Entwurf sollte die Schule aus drei separaten Baukörpern, dem dreigeschossigen Hauptgebäude, den mit ihren Stirnseiten dem Prospekt zugewandten symmetrischen zweigeschossigen Flügelbauten und einigen im Hof gelegenen Diensthäusern bestehen (Abb. 40, 42). Die Zugehörigkeit dieses Komplexes zu den staatlichen Lehranstalten, die sich in der typischen äußeren Erscheinung zeigt, führte auch zu erheblichen Schwierigkeiten bei seiner Errichtung. Im Unterschied zu den meisten anderen von Traitteur in St. Petersburg ausgeführten Arbeiten gehörte die Kondukteurschule ganz offensichtlich nicht zu den staatlichen Prestigeprojekten, sondern zu den gewöhnlichen behördlichen Aufträgen. Dieser Umstand zeigte sich alsbald in der zögerlichen, etappenweisen Mittelbereitstellung für das Projekt, dessen Errichtung statt der ursprünglich geplanten zwei etwa zehn Jahre dauerte.

Ende Juni 1820, nachdem »*... der Amtsleiter die Pläne für den Bau der Kondukteurschule, dessen veranschlagte Kosten sich auf 616.000 Rubel belaufen, geprüft hatte*«, beantragte Traitteur beim Rat für Verkehrswege die Genehmigung für den Baubeginn und schlug dabei vor, das Gebäude bereits im Jahre 1820 bis zum Dachstuhl, falls 400.000 Rubel bereitgestellt würden, bei geringerer Mittelfreigabe bis zum Sockel fertigzustellen. Im August bat der Rat für Verkehrswege »*... nach Prüfung und Genehmigung des von Oberstleutnant Traitteur vorgelegten Plans der Kondukteurschule, der der Kommission zur Prüfung von Plänen und Kostenvoranschlägen vorab überstellt worden war*«, eine Leistungsbeschreibung für das laufende Jahr 1820 vorzulegen. Die entsprechenden Voranschläge und Bauzeichnungen zeigen, daß während der ersten Saison nur die Fundamente der künftigen Gebäude gelegt, hölzerne Hilfsbauten errichtet und die Baumaterialien beschafft worden waren[86].

Aus dem im Archiv erhaltenen Schriftwechsel geht hervor, daß die Pläne in allen Phasen der 1820 begonnenen Arbeiten während der Bauarbeiten laufend korrigiert wurden. So änderte Traitteur zu Beginn der zweiten Bausaison im Mai 1821 die Geschoßpläne des Hauptgebäudes, nachdem beschlossen worden war, die Anzahl der Zöglinge von 300 auf 200 zu verringern[87]. Trotz zusätzlicher Inanspruchnahme durch Planänderungen tat Traitteur alles, um den Bau des Schulhauptgebäudes 1821 fertigzustellen. Im Mai verfaßte er aufgrund der in jenem Jahr günstigen Baustoffpreise einen Bericht an Bétancourt, in

[81] Aus dem Schreiben des Chefs des Generalstabs P. M. Volkonskij an Bétancourt vom 9. Mai 1820 folgt, daß »Seine Majestät zu befehlen geruhte, das Haus für den Proviantaufseher gegenüber dem äußersten der bereits gebauten Proviantmagazine zu bestimmen, und den dann übrigbleibenden Platz Ihrer Exzellenz für das oben genannte Institut zur Verfügung zu stellen, das auf dem Plan, welchen ich von Ihnen persönlich ausgehändigt bekam, dargestellt ist‹« (RGIA, 206-1-370 ›Über den auf Allerhöchsten Befehl abgegebenen Platz im Izmajlovskij-Regiment. Januar–Mai 1820‹, Bl. 1). Wahrscheinlich ist folgende Zeichnung gemeint: Russisches Staatliches Marinearchiv (RGA VMF, 3L-34-3204 ›Lageplan des für den Bau vorgesehenen Handwerksinstituts der Verkehrswege. 1820‹). Der Entwurf für die Proviantmagazine des Izmajlovskij-Regiments (Architekt V. P. Stasov) wurde im Januar 1819 genehmigt. Die ersten beiden Gebäude wurden 1819–1820, die beiden weiteren 1820–1822 errichtet.

[82] Den Archivalien zufolge übergab Traitteur 1824 Lebedev 28 Zeichnungen für den Bau der Kondukteurschule. Bis zum Abschluß der Bauarbeiten stieg die Zahl der genehmigten Zeichnungen (der Fassade, des Innenausbaus u. a.) auf 61 (RGIA, 206-1-1073 ›Akte über die Abnahme der Gebäude der Kondukteurschule. Dezember 1829 – Dezember 1833‹, Bl. 1–2v, 5v). Das Schicksal dieser der Hauptverwaltung der Verkehrswege übergebenen Zeichnungen ist unbekannt.

[83] Die umfangreichen Materialien aus dem Schriftwechsel zum Bau der Kondukteurschule haben im RGIA eine separate Abteilung unter Nr. 205 (Die Kondukteurschule für Verkehrswege), sind aber auch teilweise unter Nr. 206 in der Verkehrswegeabteilung desselben Archivs zu finden.

[84] Traitteur. *Ecole des conducteurs, établie à St. Pétersbourg dans le quartier de Narva.* Annuaire du corps des ingénieurs des voies de communication, 1, 1830, St. Petersburg, S. 164–170.

[85] Ibid., S. 164.

[86] RGIA, 205-1-5, Bl. 15v, 21–22, 34–37.

[87] »Ich [Generalmajor Carbonière] habe die Ehre, Ihrer hohen Exzellenz die meinerseits nach Ihrer Meinung korrigierten Pläne der Kondukteurschule anheim zu stellen. Viele dienstlichen Verpflichtungen hinderten mich bis jetzt daran, den Voranschlag jenes Gebäudes zu ändern, auch heute konnte ich nicht mehr vollenden, als nur den Teil, der in diesem Jahr gemacht werden soll. Der vorgelegte Kostenvoranschlag ... enthält lediglich den Rohbau bis zum Dachstuhl ohne Vollendung der Außen- und Innengestalt« (RGIA, 205-1-9 ›Über den Bau eines Gebäudes für die Kondukteurschule. August–März 1824‹, Bl. 192).

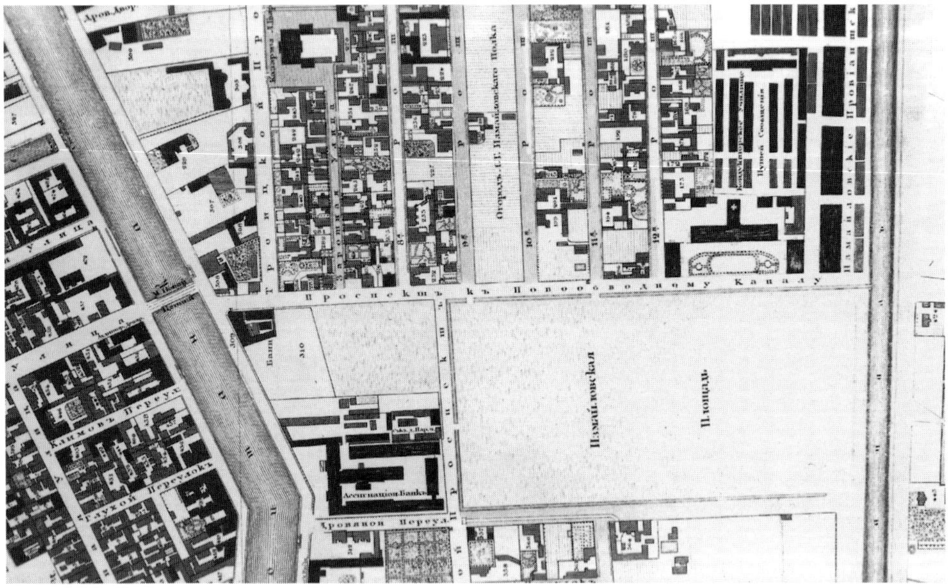

41 Lageplan mit dem Gebäudekomplex der Konduktеurschule (rechts) am Izmailovskij-Platz, Ausschnitt aus dem Schubert-Plan von St. Petersburg, 1828 (GMIL)

dem er vorschlug, den genehmigten veranschlagten Betrag von 200.000 Rubel um weitere 82.000 aufzustocken, wodurch das Gebäude bis zum Dachstuhl fertiggestellt werden könne. Gleichzeitig erreichte Traitteur beim Kriegsministerium die Abrißerlaubnis für die am Bauplatz der Schule liegenden Holzmagazine der Proviantabteilung des Izmajlovskij-Regiments und schloß in seinem Namen 14 Verträge mit Bauunternehmen[88]. Den weiteren Dienstmeldungen zufolge konnte Traitteur den geplanten Arbeitsumfang bewältigen und in einer Saison das Hauptgebäude der Kondukteurschule bei Aufwendungen in Höhe von 256.967 Rubel im Rohbau errichten[89].

Die Bausaison 1822 wurde für die Aufbringung des Außenputzes verwendet, wofür bereits Ende des Vorjahres Gerüste und Arbeitsbühnen aufgestellt worden waren. Da Traitteur die Außenputzarbeiten vor Wintereinbruch abschließen wollte, schloß er Ende August die Verträge, woraufhin der Verputz bis Mitte Oktober fertiggestellt werden konnte. Eine Archivakte enthält ein Gutachten des Amts für Verkehrswege, wie es ähnlich auch in Akten zu anderen Bauwerken Traitteurs zu finden ist und ein bezeichnendes Licht auf seinen Arbeitsstil wirft: *»... da die von Traitteur abgeschlossenen Verträge erst nach der Frist, in der die Arbeiten beendet sein sollten, zur Kenntnis gebracht wurden, verbleiben all seine Verfügungen auf seine Verantwortung«*[90]. Derartige Gutachten zeigen, daß Traitteur häufig das Risiko auf sich nahm, die seiner Ansicht nach für eine erfolgreiche und zügige Ausführung nötigen Entscheidungen zu fällen, ohne dabei auf bürokratische Regelungen Rücksicht zu nehmen.

Ende Mai 1823 wurde beim Amt für Verkehrswege ein spezielles ›Wirtschaftskomitee zur Errichtung der Häuser für die Kondukteurschule und von Kettenbrücken‹ eingerichtet, das Traitteur bei diesen Arbeiten breite Unterstützung gewähren sollte[91]. Im Juni desselben Jahres nahm er Planung und Voranschläge zum Bau der beiden Seitenflügel der Kondukteurschule in Angriff, die ursprünglich für die Unterbringung eines Lazaretts, von Werkstätten und Personen, die nicht im Hauptgebäude unterkommen konnten, bestimmt waren. Die Pläne zu den zweigeschossigen Flügeln (Grundrißmaße 20 × 9 Sažen', 42,6 × 19 m) wurden dem Komitee für Entwürfe und Kostenvoranschläge Anfang August vorgelegt[92]. Diese Flügel, die entlang der Baufluchtlinie des Grundstücks standen und das in der Tiefe angeordnete Hauptgebäude flankierten, wurden 1824 gebaut, wodurch der ursprüngliche Plan eines aus drei Baukörpern bestehenden Komplexes vollendet war. In dem einen der

[88] RGIA, 205-1-5, Bl. 111, 129–130, 131–154.

[89] Dies wird belegt durch einen Bericht Traitteurs vom 3. März 1822: »In der Notwendigkeit, vor dem Tauwetter und den Regenfällen im Neubau der Kondukteurschule Türen und Fenster zu verbrettern, auf daß die durch den Frost ausgetrockneten Wände infolge der Feuchtigkeit keinen Schaden nähmen...«, bat er, die Zimmermannsarbeiten auszuschreiben (RGIA, 205-1-5, Bl. 199).

[90] RGIA, 205-1-7 ›Über den Bau eines Hauses für die Kondukteurschule. Oktober 1822 – August 1823‹, Bl. 1v.

[91] RGIA, 206-1-496 ›Über die Einrichtung eines Wirtschaftskomitees zum Bau eines Hauses für die Kondukteurschule und von Kettenbrücken in St. Petersburg. Mai–Juli 1823‹, Bl. 14v. Zum Vorsitzenden des Komitees wurde Ingenieurmajor Fedorov ernannt, der Generalmajor Carbonière direkt unterstellt war. In den weiteren Akten wird jedoch das Komitee nicht mehr erwähnt, alle Fragen der Bauausführung, so zeigen die Materialien, entschied Traitteur weiterhin direkt mit Carbonière.

[92] RGIA, 205-1-9 ›Über den Bau eines Hauses für die Kondukteurschule. August 1823 – März 1824‹, Bl. 1v, 144.

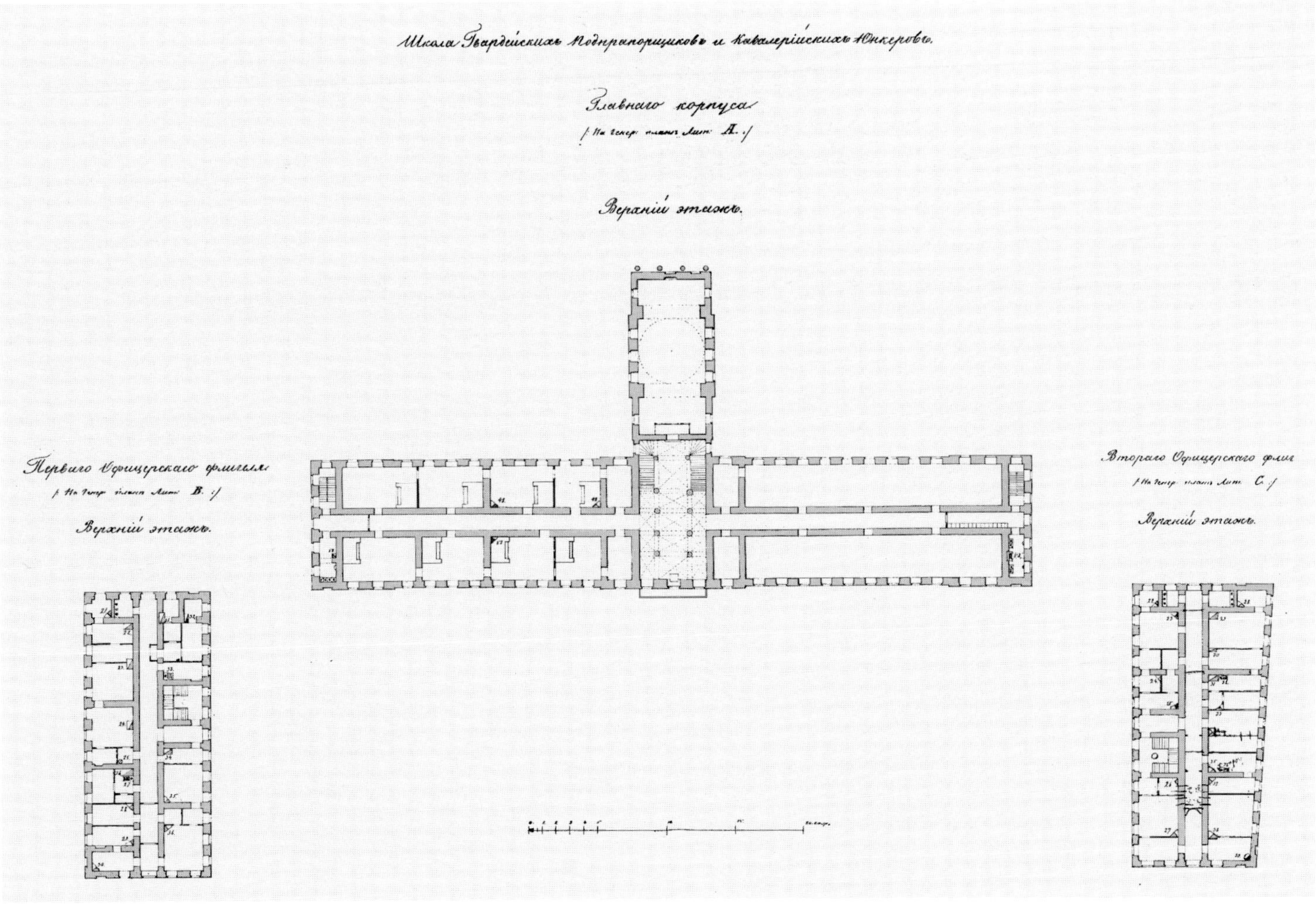

42 Obergeschoßgrundriß der Kondukteurschule, Bestandsaufnahme durch Korsini, 1852 (RGA VMF 3L-34-4269)

beiden Flügel sollten die Wohnungen des Schuldirektors und der Bediensteten, in den zweiten Wohnungen und Wirtschaftsräume der Schule (Wäscherei, Küche) untergebracht werden (Abb. 42)[93].

Gemeinsam mit den Plänen für die Flügelbauten prüfte das Komitee für Entwürfe und Kostenvoranschläge im August 1823 auch die neuen Pläne für das Schulhauptgebäude, die Traitteur abermals geändert hatte nach dem Beschluß, diese Lehreinrichtung erneut für 300 Zöglinge auszulegen. Der endgültige Plan sah vor, das Zentralgebäude für Unterbringung und Unterrichtung der Schüler zu verwenden. Die Klassenzimmer, die Arbeits- und Aufenthaltsräume, Speisesaal, Lazarett und Schlafsäle *(dortoirs)* wurden entsprechend in den unteren und oberen Geschossen beidseitig der durchgehenden Korridore angeordnet[94].

Im Frühjahr 1823 begann der Innenausbau des Hauptgebäudes der Kondukteurschule sowie die Anbringung des gußeisernen Balkons am Mittelrisaliten. Der interessanteste und konstruktiv anspruchsvollste Teil des Gebäudeinneren war die Paradetreppe. Die Ziegelgewölbe der Treppenpodeste zu den drei Gebäudegeschossen wurden von gußeisernen Hohlstützen getragen, die gleichzeitig als Gasleitungen für die Schulbeleuchtung dienten. Die Treppenläufe selbst waren aus vorgefertigten Standardbauteilen, ›gußeisernen Kästen‹, gefertigt und wie die Stützen selbst in der Bairdschen Fabrik hergestellt worden[95]. Als Traitteur sein Bauwerk später in einem Artikel vorstellte, bezeichnete er die konstruktive und formale Lösung der Paradetreppe als den am meisten geglückten und modernsten Bauteil im Inneren der Schule: »... *Dans ce*

[93] Traitteur. *Ecole des conducteurs, établie à St. Pétersbourg ...*, S. 169.

[94] Eine Vorstellung des ursprünglichen Plans vermitteln die Bestandsaufnahmen, die 1852 durch den Architekten I. D. Korsini erstellt wurden (RGA VMF, 3L-34-4267/4271).

[95] RGIA, 205-1-9, Bl. 9–11, 126, 210–216.

vaste édifice l'Ingénieur observera encore avec intérêt l'escalier principal, porté d'étage en étage par des colonnes en fer de fonte, qui se succédent sans interruption depuis le vestibule de l'établissement jusqu'á la nef de l'église; la gracieuse légèreté de ce bel escalier n'est pas ce qui en fait le principal mérite aux yeux du connaisseur, son attention se porte principalement sur la disposition des voûtes, dont les intersections forment le vestibule particulier de chaque étage, et dont les arrachements soutiennent les portions d'escalier conduisent d'un étage à l'autre«[96].

Im Oktober 1823 äußerte der neue Leiter des Amts für Verkehrswege, Herzog Alexander von Württemberg, seine Zweifel darüber, ob die gerade erst fertiggestellte Treppe den tatsächlichen Belastungen standhalten könne. Mit der Überprüfung des Tragverhaltens der Treppenhauskonstruktion wurden die Mitglieder der Kommission für Entwürfe und Kostenvoranschläge, die Majore Polenov und Lamé sowie Hauptmann Bugajskij beauftragt, die rechnerisch exakt nachweisen sollten, daß die gußeisernen Stützen die Belastung der Steingewölbe aushielten[97]. Die Prüfungsergebnisse werfen ein Licht auf die seinerzeitigen, noch beschränkten Möglichkeiten der statischen Analyse zur Verbundwirkung von gußeisernen Stützen und Steingewölben[98]. Nach dem Studium der einschlägigen Literatur erklärte die Untersuchungskommission, es gebe keine Berechnungsgrundlagen zu gußeisernen Hohlstützen, eine Verwendung von Prüfungsergebnissen an Steinstützen sei jedoch unzulässig. Zur Bestimmung des Tragverhaltens der Stützen schlug die Kommission daher vor, diese mit den gußeisernen Stützen der Treppe der Assignationsbank[99] zu vergleichen. Der Vergleich zeigte, daß die Stützen im Bankgebäude bei geringerem Durchmesser eine beträchtlich größere Last trugen als die der Kondukteurschule. Ende Oktober nahm die Kommission die Bogengerüste der sieben Gewölbe der Paradetreppe ab und belasteten sie mit einer die übliche Gebrauchslast um ein Vielfaches übersteigenden Versuchslast. Wie die Kommission danach feststellte, *»zeigten die Folgen jenes Versuchs ..., daß das Gewölbesystem, da es trefflich gebaut ist, keine Gefahr für die vollständige Fertigstellung dieses Gebäudes darstelle«*[100]. Aus einer derartigen ›empirischen Analyse‹ des Tragvermögens zogen die Fachleute der Kommission für Entwürfe und Kostenvoranschläge am 6. November 1823 den Schluß, die gußeisernen Stützen würden die Gewölbelast zweifelsfrei aushalten. Nach Kenntnisnahme der Meinung seiner Kollegen schlug Traitteur vor, die Diskussion einzustellen, da die erwähnten Stützen ja bereits aufgestellt worden seien.

Zahlreiche Unterlagen zeigen, daß im ursprünglichen Entwurf Traitteurs für die wichtigsten Räume des Hauptgebäudes Freskenmalereien vorgesehen waren, wofür *»mit bekannten Künstlern«* Verträge abgeschlossen werden sollten. Traitteur selbst erstellte 10 Entwürfe für die Freskengestaltung von Halle, Gemächern und Paradetreppe. Der erste Vertrag zur Bemalung der Treppendecke wurde mit dem Maler Domenico Scotti unterschrieben[101]. Im Juli bewarben sich Ivan Prejs, ein Maler und Mitglied der Akademie, sowie der Maler Brandukov um die künstlerische Ausstattung dieser Räume. Im Sommer 1823 waren die Freskenmalereien in den Räumen jedoch noch nicht fertig. Im Februar 1824 beschloß der Rat für Verkehrswege, daß die Innengestaltung des Gebäudes wesentlich bescheidener ausfallen solle, und forderte Traitteur auf, neue Entwürfe für die Bemalung der Zimmer und der Paradetreppe vorzulegen[102]. Ende April 1824 wurden diese Entwürfe dem Herzog von Württemberg zum Vergleich mit den alten übergeben. Der erhaltene Schriftwechsel enthält keinerlei Angaben über die weitere Verwendung der Zeichnungen Traitteurs, vermutlich wurden sie nicht realisiert. Ende Juni 1827 erstellte Lebedev die nächsten Entwürfe für Decken und Wände der Paradetreppe, die unter der Auflage akzeptiert wurden, die Deckenfresken des Obergeschosses zu vereinfachen[103]. Dieser vereinfachte Entwurf dürfte kurz danach ausgeführt worden sein.

[96] Traitteur. *Ecole des conducteurs, établie à St. Pétersbourg ...*, S. 168–169.

[97] RGIA, 205-1-9, Bl. 118.

[98] Vgl. auch Krieg, Stefan W. *Der Guß eiserner Stützen im 19. Jahrhundert. Technologie und Material.* In: Erhalten historisch bedeutsamer Bauwerke, SFB 315 Universität Karlsruhe, Jahrbuch 1990, Berlin 1992, S. 223–248.

[99] Die Assignationsbank (Hauptgebäude in der Sadovaja-Straße 21) wurde nach Plänen des Architekten Giacomo Quarenghi in den Jahren 1783–1790 erbaut. Über die Bauzeit der Treppe mit gußeisernen Stützen konnten im Rahmen dieser Arbeit keine Angaben gefunden werden.

[100] RGIA, 205-1-9, Bl. 128–130.

[101] RGIA, 205-1-7, Bl. 38v, 148, 153–161.

[102] RGIA, 205-1-9, Bl. 219–226.

[103] RGIA, 206-1-756 ›Über die Ausführung der Innenausstattung der Räume der Kondukteurschule, die Fertigung des gußeisernen Gitters beim Gebäude und des Badehauses bei der Schule. Mai 1827 – Oktober 1829‹, Bl. 22.

[104] RGIA, 205-1-10, Bl. 273–280.

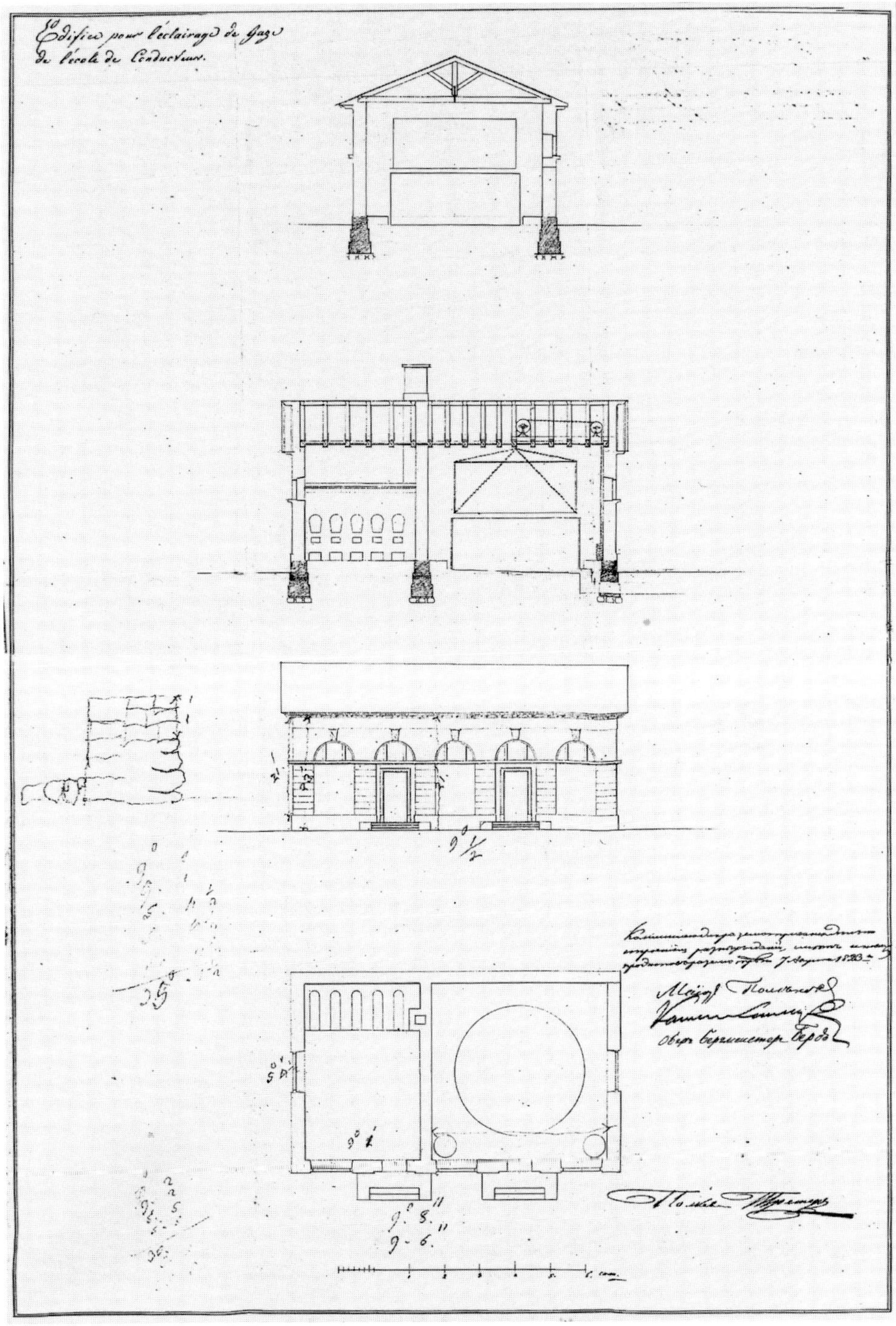

43 Entwurf zum Gasometergebäude im Hof der Kondukteurschule, unterzeichnet ›Polkovnik Treter‹ (Oberst Traitteur), 1823 (RGIA, 205-1-9, Bl. 157b)

Der in seiner architektonischen und künstlerischen Gestalt aufwendigste Raum der Kondukteurschule war die Hauskapelle, die als Hauptkirche des Corps der Verkehrswegeingenieure eingerichtet wurde. Traitteur legte den ursprünglichen Entwurf sowie den Kostenvoranschlag zum Bau der im Zentrum des Hauptgebäudes hinter der Paradetreppe gelegenen Kapelle (Abb. 42) Ende Juni 1823 vor. Einen Monat später folgten Änderungen dieses Entwurfs, wonach der Kapellensaal in Form eines in den Hof vorspringenden großen Risaliten eingefügt werden sollte (Abmessungen 26,9 × 12,9 m). Den Hauptraum der Kapelle überspannten Kreuzgewölbe, in deren Mitte sich eine Kuppel erhob[104]. Im August desselben Jahres wurde der Entwurf *»insgesamt«* unter der

Bedingung genehmigt, daß Traitteur die fehlenden Zeichnungen bald nachreichen werde[105]. Die Innenausstattung der Kapelle sollte von Lebedev vollendet werden. Zu diesem Zweck erstellte er im Dezember 1824 einen neuen Entwurf und einen Kostenvoranschlag. Die fertig errichtete und ausgemalte Kapelle wurde am 26. Oktober 1827, kurz nach der offiziellen Eröffnung der Schule, der Ausgießung des Heiligen Geistes geweiht[106].

Zeitgleich zu Errichtung und Innenausbau der der Straße zugewandten Gebäude entwarf Traitteur die beiden den rückwärtigen Hof flankierenden Wirtschaftsgebäude der Kondukteurschule. 1823 bekam er im Zusammenhang mit der ursprünglich geplanten Fertigstellung der Gebäude noch im selben Jahr den Auftrag, einen steinernen ›Gasometer‹ für die Beleuchtung der Schulgebäude zu bauen (Abb. 43)[107]. Im August desselben Jahres prüfte die Kommission für Entwürfe und Kostenvoranschläge die Pläne zu einem eingeschossigen Bau mit rechtwinkligem Grundriß (10,3×16,9 m), der aus einer Kohleofenkammer und einem quadratischen Raum für den zylindrischen Gasbehälter bestand[108]. Trotz seiner rein technischen Bestimmung erhielt dieses Gebäude eine gegliederte Schauseite, deren Formensprache an die Architektur der benachbarten Proviantmagazine des Izmajlovskij-Regiments anschließen konnte. Zwei Türen und Lünettenfenster ordnen sich eine Folge von Wandarkaden ein, deren Lisenen unterhalb des umlaufenden Kämpfergesimses rustiziert waren. Im Herbst 1824 wurde in dem fertiggestellten Hofgebäude ein Gasbehälter aufgestellt, der in der Bairdschen Fabrik aus Eisenblech gefertigt worden war. Die Schule wurde so mit einer für die damalige Zeit modernen ›künstlichen Beleuchtung‹ versehen; im Hauptgebäude wurden Gaslüster aufgehängt und Leuchten installiert[109]. Der bescheidene Traitteursche Bau im Hinterhof der Kondukteurschule war in der Tat eines der ersten Gebäude für Gasbehälter in St. Petersburg. Dieser im 19. Jahrhundert neue Industriebautyp erlebte innerhalb kürzester Zeit eine bemerkenswerte Entwicklung von rechteckigen eingeschossigen zu weitgespannten Bauwerken mit rundem Grundriß[110].

Den Entwurf für das zweite Wirtschaftsgebäude im Hof der Schule, ein hölzernes Zeughaus *»zur Lagerung von Maschinen, Werkzeug und ähnlichem«*, legte Traitteur im April 1824 vor. Die Schauseite dieses langgezogenen Baus entsprach der des Gasometers, ganz im Sinne der ›konzeptionellen Einheit‹ der beiden Gebäudekomplexe der Proviantmagazine und der Kondukteurschule in den Entwürfen Traitteurs. Die technische Seite des Zeughaus-Entwurfs wurde von der Kommission für Entwürfe und Kostenvoranschläge in einigen Punkten scharf kritisiert, woraufhin diese einen eigenen Gegenentwurf vorlegte. Nach dessen Durchsicht Anfang Juni verfaßte Traitteur einen Bericht an Alexander von Württemberg, in dem er seinerseits bemerkte, das von der Kommission vorgelegte Konstruktionsschema sei *»... nicht stabil trotz der großen Menge Holz, unschicklich und (verstieße) auch andernorts gegen die Regeln der Baukunst«*. Die Kritik der Kommission bezüglich der Längs- und Quersteifigkeit des hölzernen Gebäudetragwerks wies Traitteur ausführlich anhand eigener vergleichbarer Bauten zurück[111]. Da den Akten keine Zeichnungen beiliegen, kann nicht mehr beurteilt werden, ob die technische Kritik Traitteurs am Entwurf der Kommission berechtigt war und welche Vorzüge sein eigener Entwurf hatte. Es ist zu bemerken, daß weniger der Inhalt als vielmehr *»Stil und Ton«* im Vortrag Traitteurs erneut von den Mitgliedern des Rats für Verkehrswege mißbilligt wurden[112].

Im August 1824 legte die Kommission einen neuen, umfassenden zehnseitigen Bericht mit einer weitergehenden Kritik am technischen Konzept des Traitteurschen Zeughaus-Entwurfs vor. Im Bericht wurde angemerkt, der Vergleich der von ihm früher in der Rallschen Fabrik gebauten Holzdarren mit dem Lagergebäude der Kondukteurschule, das für schwerere Dauerbela-

44 Hauptgebäude der Kondukteurschule in St. Petersburg (Photographie 1993)

[105] RGIA, 205-1-9, Bl. 17v–19, 145, 158–176.

[106] RGIA, 206-1-679 ›Akte über den Bau des Flügels, des Badehauses, der Herstellung des gußeisernen Gitters nach Plänen von Major Lebedev und andere Arbeiten an der Kondukteurschule. September 1826 – August 1828‹, Bl. 194. Eine Vorstellung von der 1827 fertiggestellten (heute nicht mehr erhaltenen) Innenausstattung der Kapelle vermittelt eine Photographie in: Škott. *Istoričeskij očerk Nikolaevskogo kavalerijskogo učilišča, byvšej školy gvardejskih praporščikov i kavalerijskih junkerov. (Historischer Abriß der Nikolaevskoe-Kavallerieschule, der ehemaligen Schule der Gardefähnriche und Kavalleriejunker)*. 1823–1898. St. Petersburg, 1898.

[107] RGIA, 205-1-7, Bl. 203, 207–208.

[108] RGIA, 205-1-9, Bl. 157b ›Edifice pour l'éclairage de Gaze de l'école de Conducteurs. Geprüft am 7. August 1823‹. Dieses Blatt ist die einzige derzeit bekannte Originalzeichnung Traitteurs für die Gebäude der Kondukteurschule.

[109] RGIA, 206-1-644 ›Über die Einrichtung von Gasbeleuchtung, innenliegender Kapelle und anderen Arbeiten an der Kondukteurschule. März-Oktober 1826‹, Bl. 199–200v, 210.

[110] Zur Entwicklung der Petersburger Gasbehälter: Fedorov, Sergej. *Gasbehälterbauten – Denkmäler der Industriearchitektur des 19. Jahrhunderts in St. Petersburg*. Architectura. Zeitschrift für Geschichte der Baukunst. Jg. 21, 1991, S. 68–82.

[111] RGIA, 205-1-10, Bl. 156–159v.

45 Kondukteurschule, Ecke des Hauptgebäudes, Aufnahmezeichnung aus den 1860er Jahren (RGVIA, 321-1-2500a, Bl. 37)

stungen ausgelegt werde, sei nicht haltbar. Der Rat für Verkehrswege schloß sich der Kritik der Kommission an und votierte für den Bau eines Zeughauses aus Stein anstatt aus Holz. Einen entsprechenden Entwurf mit veranschlagten Kosten von 13.000 Rubel legte Lebedev bereits im August 1824 vor[113].

Um die Gebäude der Kondukteurschule an der Straße zu einem Ensemble zusammenzufassen (Abb. 44, 45) und aus Gründen des Dekors war in Traitteurs Konzept ein gußeisernes Paradegitter zwischen den beiden Seitenflügeln entlang des Neuen Peterhof-Prospekts vorgesehen. Traitteur verfaßte die ersten Zeichnungen für die Einzäunung mit zwei Toren, die insgesamt 66 Sažen' (140,6 m) lang sein sollte, im Dezember 1823. Dieser Entwurf wurde vom Herzog von Württemberg nicht gebilligt und ihm zur Nacharbeit mit der Vorschrift, *»andere, bessere Zeichnungen«* vorzulegen, zurückgegeben[114]. Der nächste von Ende Januar 1824 stammende Entwurf Traitteurs zur Gestaltung des gußeisernen Außengitters der Kondukteurschule erhielt Allerhöchste Genehmigung. Die von der Petersburger Staatsgießerei veranschlagten Herstellungskosten betrugen über 50.000 Rubel[115]. Das Gitter sollte bis Juni desselben Jahres fertiggestellt werden, was allerdings nicht eingehalten wurde.

Ende Januar 1825, bereits nachdem er offiziell vom Bau der Kondukteurschule abgezogen worden war, legte Traitteur dem Herzog von Württemberg einen weiteren geänderten Entwurf für das Gitter vor, das seinen Worten zufolge *»... nach Ihrer Vorschrift zum größten Teil mit Werkzeug*[motiven] *gemacht werden soll(e)«*[116]. Die Bairdsche Fabrik war als einziges Unternehmen bereit, das Gitter noch im selben Jahr zu fertigen. Die von ihr veranschlagten Kosten von 40.200 Rubel waren dem Amt für Verkehrswege jedoch zu hoch. Auf Anweisung des Amtsleiters legte Traitteur im Juli 1825 neue Zeichnungen für das Gitter vor, die wesentlich schlichter gehalten waren, um ihre Fertigung zu vereinfachen. Alexander von Württemberg befand auch diese Vorschläge für zu teuer und wies Traitteur an, den Entwurf unter Wegfall des Fundaments und Reduzierung des Voranschlags auf 12.000 Rubel umzuarbeiten[117]. Der nun folgende Entwurf, der nach Ansicht Traitteurs *»... in seiner Einfachheit und Übereinstimmung mit dem Gebäude der Einschränkung nahe kommt, die in der Vorschrift Ihrer Königlichen Hoheit dargelegt wurde«*, wurde Ende Dezember 1825 erarbeitet[118]. Ende Februar 1826 legte Traitteur einen Bericht vor, in dem er die ›Konzeption‹ seiner Gitterentwürfe ausführlich erläuterte. Die Besitzer der Privatgießereien Baird und Grace lehnten es jedoch ab, die Kosten nur anhand der vorgelegten Zeichnungen zu schätzen, und gaben diese mit dem Kommentar zur Nacharbeit zurück, *»... daß sie die Gitter nach der vorgelegten Zeichnung ... nicht auszuhandeln wünschen, da auf ihr nicht angegeben ist, nach welchen Abständen die Streben zu machen und in welcher Art die Tore zu gießen sind, und darüber hinaus keine Säulen angegeben sind, welche für die Festigkeit des Gitters benötigt werden«*[119].

Die Archivmaterialien zeigen, daß die weitere Bearbeitung des Gitterentwurfs sowie dessen Bau von Major Lebedev ausgeführt wurde. Anfang Februar 1826 erstellte er seine Entwurfsvariante, die noch im selben Monat genehmigt wurde. Eine Vorstellung vom Lebedevschen Entwurf vermittelt eine spätere Bauaufnahme (Abb. 46)[120]. Wichtigste Zierelemente des auf einem niedrigen Sockel stehenden Gitters (Höhe mit Sockel = 1,65 + 0,7 m) sind Darstellungen verschiedener Werkzeuge sowohl der Bauausführung als auch der Bauaufsicht, des Tätigkeitsfeldes der künftigen Schulabsolventen, die bereits in den frühen Berichten Traitteurs als Entwurfsmotive erwähnt und dann vermutlich von Lebedev aufgegriffen wurden. Gitterfelder in einfachster Ausführung trennen die im Petersburger Klassizismus üblichen kleineren gußeisernen Säulchen, auf denen Laternen befestigt wurden, von ›unkonventionellen‹ Stützen in Gestalt stilisierter Hacke mit Doppelaxt nach Art von Liktorenbündeln. In der Mitte eines jeden Feldes waren gußeiserne

[112] Ibid., Bl. 158. Nach eingehender Erörterung dieser Frage auf einer Sitzung verabschiedete der Rat folgende Entschließung: »Für die anstößigen Äußerungen in jenem Bericht ist Oberst Traitteur ein Verweis zu erteilen und ihm anzumerken, daß ein Offizier seines Rangs wissen müsse, in welchen Ausdrücken es einem Untergebenen gebühre, an den obersten Vorgesetzten zu schreiben ...«.

[113] Ibid., Bl. 347–365.

[114] RGIA, 205-1-9, Bl. 200–210. Die von Traitteur in den Jahren 1823–1826 erarbeiteten Gitterentwürfe für die Kondukteurschule sind in den Archiven nicht erhalten.

[115] RGIA, 205-1-10, Bl. 11–20.

[116] RGIA, 205-1-12, Bl. 28–36.

[117] Ibid., Bl. 142–146, 174, 252–253.

[118] RGIA, 205-1-13, Bl. 280–281. Hierzu teilte Traitteur mit, daß die verzögerte Vorlage »... des Entwurfs an der Augenkrankheit liegt, an der ich leide, umso mehr, als daß mir die Ärzte zur Heilung derselben das Zeichnen untersagten, wobei unter meiner Leitung kein Bediensteter steht, der die Zeichenkunst gut beherrscht. Folglich mußte ich einen günstigen Zufall nutzen, um diese Zeichnung zu Ende zu bringen«.

[119] RGIA, 205-1-13, Bl. 321–322.

[120] RGIA, 142-4-637, Bl. 1 ›Fragment des gußeisernen Gitters vor dem Haus der Kondukteurschule mit Angabe des zu ihm neu entworfenen Tores. April 1828‹; Bl. 2 ›Gitterfragment‹ (ohne Datumsangabe und Unterschrift).

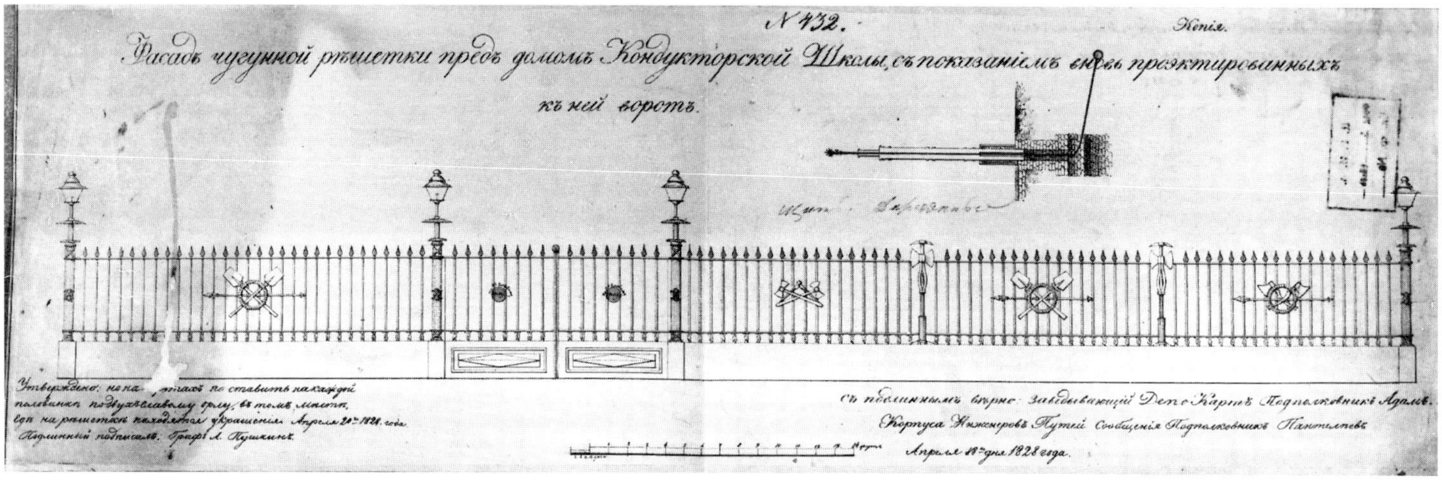

46 Gitter vor der Kondukteurschule, entworfen 1826 von Traitteur, Bestandsaufnahme durch Lebedev 1828 (RGIA, 142-4-637)

Ziermedaillons mit den Insignien des theoretisch geschulten Baupraktikers angebracht: Schaufelkreuz, Axt und Hacke, durchdrungen von Zirkeln und den für die Gußeisenarbeiten des Petersburger Empire typischen ›römischen‹ Lanzen. Der endgültige Kostenvoranschlag für den Bau des Gitters nach dem Entwurf Lebedevs wurde im Mai 1827 in Höhe von 25.795 Rubel vorgelegt. In der folgenden Saison wurde das Gitter auf einem Fundament aus Bruchsteinplatten errichtet[121].

Im Herbst 1826 wurde die Schule eröffnet und nahm die ersten Zöglinge auf. Ihr Bauensemble war nach einem traditionellen dreiteiligen klassizistischen Schema gegliedert (Abb. 40, 44). Stirnseitig angeordnete zweigeschossige Seitenflügel flankierten das in der Tiefe des Grundstücks parallel zum Prospekt stehende dreigeschossige Hauptgebäude mit drei leicht vorspringenden Risaliten und einem großen Mittelgiebel. Der Vorplatz der Schule wurde durch das gußeiserne Gitter von der Straße abgetrennt. Zu den Hofgebäuden hinter der Schule gelangte man über die offenen Zufahrten zwischen dem Hauptgebäude und den Seitenflügeln[122]. Die Gebäude der Kondukteurschule nehmen zweifellos Rücksicht auf die Architektur der Proviantmagazine, die kurz zuvor, in den Jahren 1819–1822, nach einem Entwurf von V. P. Stasov auf dem Nachbargrundstück entstanden waren und zu den Baudenkmälern des Petersburger Klassizismus zählen. Die Nebengebäude der Schule entsprechen in Wandaufbau und Traufhöhe den vier gleichartigen, in kräftigen Architekturformen gehaltenen Magazinbauten. Der Mittelteil ihrer der Straße zugewandten Fassaden war jeweils durch eine rechteckige Attika und durch Risalite hervorgehoben, die im Gegensatz zu den übrigen, rustizierten Wandflächen glatt blieben. Die Fenster der ersten beiden Geschosse waren durch Blindbögen zusammengefaßt, eine Gliederung, die Traitteur dann in den Entwürfen zu den Gebäuden des Gasbehälters und des Zeughauses der Schule aufgegriffen hat. Die von Stasov eingesetzte Kombination aus plastischen Bogenmotiven, betont geometrisch-einfach gehaltenen Wandflächen und rustizierten Wandstreifen prägte die ausdrucksstarke Erscheinung des Gebäudes, die an die Traditionen der ›architecture parlante‹ des französischen Klassizismus erinnert[123].

Der von Stasov demonstrierten freien Suche nach neuen stilistischen Kompositionsmöglichkeiten setzte Traitteur ein recht traditionelles Planungsverfahren entgegen, das auf der Verwendung ›standardisierter‹ Architekturelemente als Teile einer klassizistischen ›Schaustaffage‹ basierte (Abb. 44, 45). Drei glatte Dreiecksgiebel, über denen der Umriß der flachen Kuppel der Kapelle sichtbar wurde, bildeten die Hauptakzente der säulenlosen Fassade. Das Motiv der Dreiecksgiebel wurde bei den Fensterbekrönungen des zweiten

121 RGIA, 206-1-756 ›Über die Ausführung der Innenausstattung der Räume der Kondukteurschule, die Fertigung des gußeisernen Gitters beim Gebäude und des Badehauses bei der Schule. Mai 1827 – Oktober 1829, Bl. 30v, 53–55.

122 Die einzige bekannte Darstellung der Kondukteurschule ist die Lithographie ›Ecole des Conducteurs‹, die Traitteur 1830 als Illustration zu seinem Artikel veröffentlichte (Traitteur. *Ecole des conducteurs, établie à St. Pétersbourg ...*, nach S. 164). Ein Original der Lithographie wird u. a. im Staatlichen Museum der Geschichte St. Peterburgs Inv. Nr. I A2115 L verwahrt.

123 In den Jahren 1915–1916 wurden die Gebäude der Proviantmagazine bei ihrem Umbau zur Reithalle der Nikolaevskoe-Kavallerieschule zu einem Gebäude verbunden, wodurch ihre ursprüngliche Architektur stark verändert wurde. In den 1950er Jahren wurde das Gebäude der inzwischen nicht mehr genutzten Reithalle erneut umgeplant. Heutige Adresse des Gebäudes: Kai des Obvodnyj-Kanals 169–173 – Lermontov-Prospekt 56, rechter Teil.

Geschosses aufgegriffen. Die monotone Reihung immer gleicher Elemente ist sicher nicht typisch für den späten Petersburger Klassizismus, der eher zu üppigeren und monumentalen Kompositionen tendierte. Traitteurs Lösung war ganz offensichtlich von der knappen finanziellen Ausstattung des Projekts geprägt. Ungeachtet dessen entsprach das Gebäude voll und ganz dem Bild einer militärischen Lehreinrichtung der Hauptstadt sowie auch den hohen architektonischen Standards der damaligen Petersburger Baukunst. Dies verstand auch Traitteur selbst, der den architektonischen Wert des Baus folgendermaßen würdigte: »*... Comme édifice d'Architecture civile, l'Ecole des conducteurs mérite, sous le rapport de l'art, de fixer l'attention du constructeur. La beauté de l'ensemble, la disposition habile et élégante de toutes les parties, la grandeur des ateliers, des immenses bâtiments déjà terminés ou auxquels on travaille encore, tout cela place l'Ecole des Constructeurs au premier rang parmi le grand nombre des constructions utiles entreprises depuis quelques années*«[124].

Traitteur war sich der Strenge der Fassaden seines Bauwerks offensichtlich bewußt und widmete daher der gestaltprägenden Rolle von Gitter und Garten, die das Hauptgebäude von der Straße trennten, besondere Aufmerksamkeit. Zu einem der letzten Entwürfe für das Gitter schreibt Traitteur: »*... der meinerseits zum Bericht vom 9. Januar Nr. 14 vorgelegte Entwurf des Gitters, das vor dem Haus der Kondukteurschule gebaut werden soll, sieht unter anderem auch die Möglichkeit vor, daß hinter jenem Gitter zur Zierde die erforderliche Zahl von Bäumen gepflanzt werden soll; dieses Mittel ist fast das einzige, um derselben ein gebührendes Antlitz zu verleihen. Da die Erstellung dieses Projekts durch einen festgesetzten Preis beschränkt ist, sah ich mich folglich genötigt, von all dem Abstand zu nehmen, was denselben nur vermehren könnte, und daher beinhaltet dieses Gitter keine Säulen, seine Schönheit liegt in seiner außerordentlichen Einfachheit, Klarkeit und Richtigkeit. Die Stützen und Stützbögen dienen der Befestigung dieses Gitters, der Abstand zwischen ihnen beträgt 10 bis 12 Fuß. Das Tor, wie das auf ... der Zeichnung erwähnte, ist genauso, wie das Gitter selbst. Übrigens bin ich der Ansicht, daß die vollendete Bearbeitung dieses Gitters durchaus von dem richtig gewählten Modell abhängt, wozu dem Fabrikherren das in Carskoe Selo gebaute dienen kann*«[125]. Traitteurs Absicht, den städtischen klassizistischen Gebäudekomplex der Kondukteurschule durch künstliche Pflanzungen als eine Art Bühnenkulisse für das Ensemble zu beleben, kann als Versuch gesehen werden, die Grundprinzipien des klassizistischen Formenkanons zu erweitern. Der Rationalismus abstrakter, streng kanonisierter architektonischer Formen sollte so durch Elemente der ›belebten Natur‹ ergänzt werden, die bereits durch das Freie und Malerische der Kontraste in der entstehenden Romantik geprägt wurden.

1839 wurde in den Gebäuden der Kondukteurschule die Schule der Gardefähnriche (ab 1859 die Nikolaevskoe-Kavallerieschule) untergebracht. Die neue militärische Einrichtung war bis Mitte vergangenes Jahrhundert in den von Traitteur und Lebedev erbauten Gebäuden untergebracht. 1867 wurde die Vorbereitungspension derselben Schule in die Gebäude einquartiert, weshalb eine Aufstockung des linken Flügels auf drei Geschosse erfolgte. Er wurde bei der späteren Einrichtung von Klassenräumen 1878 über eine überdachte zweigeschossige Galerie mit dem Hauptgebäude verbunden, die wiederum 1907 bis zum Sims des dreigeschossigen Hauptgebäudes aufgestockt wurde. 1890–1891 folgte eine Erweiterung dieser Flügel, so daß entlang der 12. Regiment-Straße ein Gebäude mit Speisesaal, Lazarett und Wohnungen für die Offiziere der neugeschaffenen Kosakeneskadron entstand[126]. Gleichzeitig wurden im Hof eine neue Reithalle und Ställe errichtet. Nach einem Entwurf von 1915 wurden Hauptgebäude und rechter Flügel durch einen zwei- bis dreigeschossigen Anbau mit Halle verbunden[127]. In diesem doch beträchtlich veränderten Zustand besteht der Gebäudekomplex der Kondukteurschule bis zum heutigen Tag (Abb. 44)[128].

[124] Traitteur. *Ecole des conducteurs, établie à St. Pétersbourg* ..., S. 167–168.

[125] RGIA, 205-1-13, Bl. 325. Wahrscheinlich meinte Traitteur in diesem Bericht die gußeiserne Umzäunung des östlichen Teils des Katharinenparks (Architekt A. Menelas, 1817) bei dem Eisentor ›Meinen lieben Waffengenossen‹ (Architekt V. P. Stasov, 1817). Dieses Tor und dieser Zaun dienten Traitteur offensichtlich als Vorbild für einen anderen Entwurf im Bereich des Eisenkunstgusses, den neuen monumentalen Zaun des Sommergartens (1825, genauer S. 239 ff.).

[126] Škott. *Istoričeskij očerk Nikolaevskogo kavalerijskogo učilišča* ..., S. 87–88, 116.

[127] RGVIA, 321 (Nikolaevskoe Kavalerijskoe učilišče) -1-2500 a ›Akte über die Erarbeitung eines Gesamtplans zu allen notwendigen Bauvorhaben im Verwaltungsbereich der Militärlehreinrichtungen der Anstalt für das Jahrzehnt 1910–1920‹, Bl. 5, 61 v.

[128] Heutige Grundstücksadresse: Lermontov-Prospekt 54–56 – 12-Krasnoarmejskaja Straße 30. In den Gebäuden ist heute eine geschlossene Marinelehreinrichtung untergebracht.

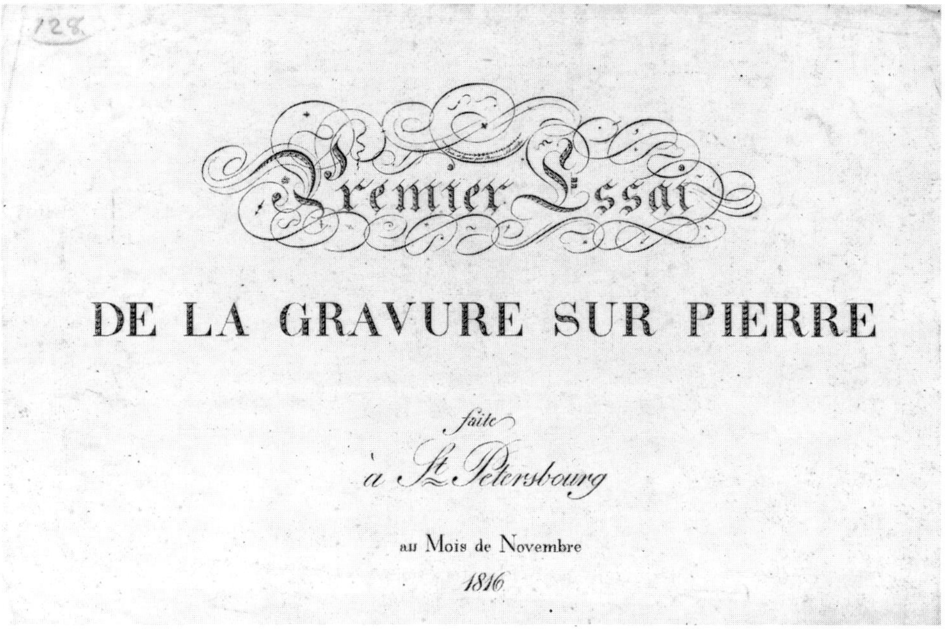

47 ›Premier Essai de la Gravure sur Pierre faite à St. Petersbourg au Mois de Novembre 1816‹, Titelblatt des Albums, vermutlich Traitteur (Reiß-Museum Mannheim)

Tätigkeit als Zeichner: die Anfänge der Lithographie in Rußland, 1816–1820

Der Name des badischen Ingenieurs Wilhelm von Traitteur hat außer im Bauwesen auch in der Fachliteratur zur Geschichte der Lithographie in Rußland einen festen Platz. In der von A. F. Korostin 1943 veröffentlichten grundlegenden Studie über die Anfänge der russischen Lithographie wird vermutet, Traitteur habe die Gründung der ersten Petersbuger lithographischen Anstalt sowie die Herausgabe einer der Inkunabeln der frühen Lithographie in Rußland veranlaßt, des 1816 erschienenen Albums *Premier Essai de la Gravure sur Pierre fait à St. Petersbourg ...*[129]. Korostin nimmt an, daß die ersten lithographischen Versuche in Rußland in einer Werkstatt des Militärtopographischen Büros erfolgten, das vor Mai 1816 zur Ingenieursabteilung des Kriegsministeriums gehört hatte und ab Ende 1816 der Generalstabsbehörde zugeordnet war. Ensprechende direkte Belege dafür scheinen leider nicht erhalten zu sein: »... *Archivschriftstücke konnten nicht aufgefunden werden. Die Periodika jener Zeit schweigen zu dieser Episode. Die Entstehung der ersten russischen Steindruckerei ist so durch das ›Dienstgeheimnis‹ verhüllt, das offensichtlich schwer zu lüften ist. So muß leider eingeräumt werden, daß früher wie heute die wahren Initiatoren der ›Einführung der Lithographie in Rußland‹ noch nicht bekannt sind*«[130].

Die Einrichtung einer lithographischen Werkstatt im Kriegsministerium dürfte wie auch weitere in dieser Arbeit erwähnte Ereignisse mit den Erfahrungen des napoleonischen Kriegs von 1812 zusammenhängen. Damals zeigte sich beispielsweise, daß das Kartenwesen in Rußland unzureichend war und es vor allem der Armee an zuverlässigen Karten mangelte. Nach erfolgreichem Abschluß der Militärkampagne nahm die Regierung deshalb unverzüglich die Neuorganisation von Kartographie und Topographie in Angriff. In dem entsprechenden Plan war offensichtlich vorgesehen, einen Teil der herauszugebenden Karten im neuen Steindruckverfahren herzustellen, das Ende der 1790er

[129] Korostin, A. F. *Načalo litografii v Rossii 1816–1818. K 125-letiju russkoj litografii (Der Beginn der Lithographie in Rußland 1816–1818. 125 Jahre russische Lithographie).* Moskau, 1943. In einer späteren, nach dem Krieg verfaßten Arbeit schreibt Korostin Traitteur eine derart bedeutende Rolle bei der Begründung der Lithographie in Rußland nicht mehr zu (ders. *Russkaja litografija XIX veka (Die russische Lithographie im 19. Jahrhundert).* Moskau, 1953). Das zweite Werk ist ein eher allgemein gehaltener Überblick, der noch zu Lebzeiten Stalins während der Phase des ›Kampfes gegen den Kosmopolitismus‹ erschien, einer Zeit der kategorischen Vertretung nationaler Prioritäten in sämtlichen Wissenschafts- und Technikbereichen.

[130] Korostin, A. F. *Načalo litografii v Rossii 1816–1818... (Der Beginn der Lithographie in Rußland 1816–1818...)*, S. 38. Die Archivbestände des Militärtopographischen Büros, die heute zum Russischen Staatlichen Militärhistorischen Archiv, Moskau, gehören, wurden vom Verfasser im Rahmen dieser Arbeit nicht gesichtet.

Jahre in München erfunden worden war und zu Beginn der 1820er Jahre breite Verwendung zur Reproduktion von Bildern, Illustrationen und Karten fand[131].

Mit Blick auf die graphischen Vorerfahrungen Traitteurs aus Baden und die Palette seiner ersten Aufgabenstellungen in Rußland liegt die Annahme nahe, er habe in seiner anfänglichen Petersburger Dienstzeit unter anderem am Aufbau der ersten russischen Steindruckerei im Militärtopographischen Büro mitgewirkt[132]. Die engen Kontakte zwischen dem Amt für Verkehrswege und der Ingenieurabteilung des Kriegsministeriums dürften diese Vermutung indirekt bestätigen. Es ist durchaus möglich, daß die Erfahrungen beim Aufbau einer Steindruckerei im Militärtopographischen Büro in die Einrichtung einer lithographischen Anstalt in den Gebäuden der Expedition zur Herstellung von Staatspapieren am Fontanka-Kai eingeflossen sind (1816–1818, Bétancourt, Traitteur)[133].

So wurde im März 1816 im Militärtopographischen Büro die erste in Rußland bekannte Lithographie des Künstlers A. O. Orlovskij, ›Reiter‹, herausgegeben; im November folgte eine Reihe weiterer Blätter, die in die bereits erwähnten *Gravure sur Pierre fait a St. Petersbourg* Eingang fanden (Abb. 47–49). Dieses Werk, das bis dato in lediglich vier, in russischen Staatssammlungen verwahrten Exemplaren bekannt ist, kann für die beginnende Entwicklung der Lithographie als typisches ›Musteralbum‹ gelten, das sich wahrscheinlich an dem in München 1808 herausgegebenen ›Musterbuch der Lithographischen Druckerei von A. Senefeld, F. Gleissner und Co.‹ orientierte. Im Unterschied zu seinem Vorbild war das erste russische Album offensichtlich nicht für die weitere Verbreitung oder den Verkauf bestimmt, sondern diente ausschließlich der Lehre in Militäranstalten. Das umfangreichste Exemplar des Albums umfaßt 21 Lithographien (ausschließlich Textblätter und Noten), die von elf Künstlern angefertigt wurden. Vierzehn Lithographien stammen aus dem Jahr 1816, sechs nicht datierte aus den Jahren 1816–1817, eine von 1817.

Die technische Qualität dieser Publikation, die großen Steinformate und die tadellose druckhandwerkliche Qualität der Abzüge (Abb. 47) führen Korostin zu dem Schluß, die Steindruckerei sei technisch hervorragend ausgerüstet gewesen, und es hätten erfahrene Meister, vermutlich Ausländer, zur Verfügung gestanden[134]. Neben der Herstellung von Karten und Plänen druckte das Militärtopographische Büro in großem Umfang auch Kunstblätter und übernahm Fremdaufträge, deren Umfang nach 1818 die dienstliche Produktion weit überstieg. Zu diesen Druckerzeugnissen gehörten auch Bücher zur Lithographietechnik, wie z. B. ein *Auszug des Alois Senefelders vollständigen Lehrbuchs der Steindruckerey*. St. Petersburg, 1819 (100 S.)[135] sowie das erste russischsprachige Buch zu diesem Thema *O Litografii ili o sposobe pečatanija na kamne. Perevod c francuzskogo (Über die Lithographie oder über das Steindruckverfahren. Übersetzung aus dem Französischen)*. St. Petersburg, 1820.

In seiner Annahme, Traitteur habe die *Gravure sur Pierre fait a St. Petersbourg* herausgegeben, stützt sich Korostin darauf, daß die einzige signierte Zeichnung des badischen Ingenieurs mit einer Darstellung spielender Putti (Abb. 48) lediglich in den beiden vollständigeren Exemplaren, im ›Herausgeberexemplar‹ des Militärtopographischen Büros und in der ›Geschenkausgabe‹ der Bibliothek des Alexander-Palasts in Carskoe Selo, zu finden und dem Album vorangestellt sei[136]. Korostin zufolge ist Traitteurs Skizze die Kopie einer Zeichnung von Stefano della Bella, auf der ebenfalls neun mit einem Ziegenbock spielende Putti vor üppigen Bäumen und Wolken dargestellt sind. Bei seinem Urteil über den künstlerischen Wert der Zeichnung des badischen Ingenieurs und deren Vorzugsplatz im Album kommt der Verfasser zu folgendem Schluß: *»Ungeachtet ihres mehr als bescheidenen Werts ›eröffnet‹ die Traitteursche Lithographie das Album gleichsam, indem es in beiden Exemplaren sozusagen einen Ehrenplatz zugedacht bekam, als erste in der Reihe jeweils den*

[131] Die Lithographietechnik wurde in den Jahren 1796–1797 in München von Alois Senefelder (1771–1834) auf der Suche nach einem Vervielfältigungsverfahren für seine eigene schriftstellerische Produktion erfunden. In den ersten Jahren entwickelte sich die Lithographie in Deutschland mit seltenen Ausnahmen (v. a. Menzel) weniger als künstlerisches Genre denn als kostengünstiges industrielles Vervielfältigungsverfahren für Buchillustrationen und bekannte Kunstwerke. Ihr künstlerischer Durchbruch erfolgte in Frankreich, wo sich seit 1814 Delacroix, seit 1817 Géricault ihrer in malerischer Kreidemanier bedienten, sowie in den lithographischen Blättern Goyas (Weber, Wilhelm. *Saxa loquuntur. Steine reden. Geschichte der Lithographie*. Bd. 1, Heidelberg–Berlin, 1961). Vgl. auch: Dussler, Luitpold. *Die Incunabeln der deutschen Lithographie (1796–1821)*. Berlin, 1925; Winkler, Armin R. *Die Frühzeit der deutschen Lithographie. Katalog der Bilddrucke von 1796–1821*. München, 1975.

[132] D. Ju. Guzevič, Historiker des Petersburger Corps der Verkehrswegeingenieure, schreibt ohne Verweise auf Quellen, die erste lithographische Werkstatt Rußlands sei von Traitteur spätestens im März 1816 im Militärtopographischen Büro des Generalstabs eingerichtet worden (Gouzévitch, D.; Gouzévitch, I. *The birth of the lithography as a revolution in the engineering communication: Germany–France–Russia* In: Bicentenary of Lithography / Dvě století litografie, Sborník Národního Technického Muzea, Prag 1997, S. 55–63).

[133] »In der zweiten Abteilung gehörten zu den größten Druckwerkstätten: eine Graveuranstalt, eine Typographie, eine Numerieranstalt und eine Lithographenwerkstatt. ... Und schließlich befanden sich in der Lithographie: ein Pantograph, drei große Pressen (eine mit Doppelhebel, eine mit dreifachem Hebel und die dritte mit Schraube), 4 Färbeplatten mit Tischen, 5 große Lithographiesteine, 8 Halbbogensteine und 10 kleine Viertelbogensteine, einige Kessel ... u. a.« (Voznesenskij, S. *Tehnika bumagodelatel'nogo i tipografskogo proizvodstv v Ekspedicii ... (Technik für die Herstellung von Buchdruck und Typographie in der Expedition ...)*, S. 247, 264, 267).

[134] Korostin, A. F. *Načalo litografii v Rossii 1816–1818... (Der Beginn der Lithographie in Rußland 1816–1818...)*, S. 37–38.

[135] Ibid., S. 53. Gemeint ist das Standardwerk zur Lithographietechnik, das in St. Petersburg umgehend nachgedruckt wurde: Senefelder, Alois. *Vollständiges Lehrbuch der Steindruckerey, enthaltend eine richtige und deutliche Anweisung zu den verschiedenen Manipulationsarten derselben in allen ihren Zweigen und Manieren belegt mit den nöthigen Musterblättern, nebst einer vorangehenden Geschichte dieser Kunst*. München, 1818.

[136] Lithographie in Feder auf Stein Traitteurs, Rahmengröße 145 × 187 cm, aquarellierter Druck (erstes Exemplar) bzw. Tusche mit weiße Farbe (zweites Exemplar). Eine sehr ähnliche Darstellung spielender Putti mit Ziegenbock auf der Kopie eines antiken Reliefs diente Ende des 18. Jahrhunderts als Vorlage für Zeichenübungen an der Ecole des Ponts et Chaussées (Picon, Antoine. *French Architects und Engineers in the Age of Enlightenment*. Cambridge, USA, 1992, S. 124 Abb. 36).

›Zwischentiteln‹ folgender Lithographien. So drängt sich die (einstweilige) Vermutung auf, diese insgesamt schwach und laienhaft ausgeführte Skizze sei eine Arbeit des Albumverfertigers, auf dessen Initiative bzw. unter dessen Leitung das Album zusammengestellt und sogar (das Exemplar der Bibliothek des Alexander-Palasts) Alexander I. überreicht wurde. Wenn dies so ist, ist die Voranstellung der Traitteurschen Skizze vor die Lithographienserie des Albums verständlich«[137]. Die Korostin nicht bekannten persönlichen Begegnungen zwischen Traitteur und Alexander I. können eine derartige Annahme nur stützen.

In Entwicklung seiner Hypothese stellt Korostin Inhalt und Gestaltung der *Gravure sur Pierre fait a St. Petersbourg* den späteren lithographierten Werkausgaben des badischen Ingenieurs gegenüber. Dieser Vergleich bringt ihn zu dem Schluß, das Album von 1816 und eines der besten Traitteurschen Alben aus den 20er Jahren seien aufgrund ähnlicher künstlerischer Merkmale von einer Hand geschaffen[138]. Hinweise darauf seien auch dasselbe längliche Format, dieselbe Vielzahl von Fertigungsjahren der Wattman-Papierblätter, auf denen die Lithographien gedruckt wurden, derselbe rote Saffianleder-Einband, der Aufdruck auf dem oberen Einbanddeckel, der lediglich anderen Inhalts sei, sowie dieselbe Aquarelltechnik. Eine weitere Bestätigung seiner Vermutung sieht er darin, daß das vorletzte Blatt eines Exemplars der *Gravure sur Pierre fait a St. Petersbourg* (Blatt 22 ›Grundriß, Ansicht und Schnitt des Trottoirs‹) mit den Abbildungen einiger Konstruktionszeichnungen in den späten Alben des badischen Ingenieurs identisch ist: *»Die Zeichnung im Album von 1816 ähnelt insgesamt, nach ihrer Gestalt und ihren Verfahren, einigen Zeichnungen in den Traitteurschen Alben der 20er Jahre derart, daß es kaum Zweifeln unterliegt, daß wir es bei der Zeichnung von 1816 ebenfalls mit einem Beispiel der Traitteurschen Ingenieurskunst zu tun haben«*[139].

Ein wichtiger Beleg für Korostins Ansicht, Traitteur habe bei der Herausgabe des ersten russischen Lithographiealbums eine führende Rolle gespielt, dürfte die Tatsache sein, daß in den Beständen des Mannheimer Reiß-Museums[140] ein Exemplar des Titelblatts dieser Ausgabe mit der Aufschrift *Premier essai de la gravure sur pierre fait a St. Petersbourg au Mois de Novembre 1816* (Abb. 47) verwahrt wird. Das Titelblatt sowie die kalligraphischen Schriftbeispiele auf Stein bezieht Korostin zu recht auf deutsche Vorbilder und vergleicht sie mit dem von Börner gravierten Titelblatt des ›Musterbuchs der Lithographie von Chr. Müller, Karlsruhe‹[141].

Für eine mögliche Autorenschaft Traitteurs spricht auch der Inhalt der *Gravures sur Pierre fait a St. Petersbourg 1816.* Neben den in den frühen ›Musterbüchern‹ gängigen Sujets, etwa lithographierte Noten, Porträts und Porzellanzeichnungen, erscheinen im Album Traitteurs auch Militäruniformen[142], Muster für lithographische Federzeichnungen (drei Skizzen, eine von Traitteur, zwei von Auguste-Ricard de Montferrand[143]) sowie eine für derartige Publikationen ungewöhnliche technische Entwurfszeichnung[144]. Wenn die Vermutung, Traitteur habe bei der Herausgabe des Albums eine herausragende Rolle gespielt, richtig ist, dann wird man ihm das Verdienst zuschreiben können, führende Vertreter der damaligen russischen Kunstgraphik gewonnen zu haben. So wurden die Lithographien unter anderem von den Anhängern der neuen romantischen Richtung in der russischen Malerei A. O. Orlovskij, P. F. Sokolov, S. P. Chifflard und Montferrand, einem der besten Zeichner unter den Architekten, verfertigt. Hinzu kommen einige weniger bekannte Namen: der Künstler und Schriftsteller P. P. Svin'in, die Künstler der kaiserlichen Porzellanfabrik J.-F. Hattenberger und A. Adams sowie die Lithographen J. Roeder, W. Vorlop und P.-F. Helmersen[145]. Viele der an der Erstellung des ersten russischen lithographischen Albums beteiligten Künstler avancierten in der Folgezeit zu professionellen Lithographen. Einige beteiligten sich auch als Koautoren an Traitteurs eigenständigen lithographischen Folgearbeiten. Die

[137] Korostin, A. F. *Načalo litografii v Rossii 1816–1818… (Der Beginn der Lithographie in Rußland 1816–1818…)*, S. 49, 127.

[138] Ibid., S. 50. Gemeint ist das lithographische Album: Traitteur, G. de. *Collection de plans et vues perspectives des nouveaux ponts projetés et construits sur la nouvelle chaussée de Moscou pendant les années 1821 et 1822.* St. Petersburg. 1823 (Exemplar in der Lenin-Bibliothek, Moskau). Das zweite dem Verfasser dieser Arbeit bekannte kolorierte Exemplar dieses Albums befindet sich bei den Materialien zu Traitteur im Reiß-Museum Mannheim, Abteilung Graphik.

[139] Korostin, A. F. *Načalo litografii v Rossii 1816–1818… (Der Beginn der Lithographie in Rußland 1816–1818…)*, S. 50, 130. Diese Aussage des Verfassers ist strittig, da die Darstellungsprinzipien der Architekturzeichnungen Traitteurs die damaligen Entwurfsstandards widerspiegeln, die u. a. in der Pariser Ecole des ponts et chaussées, der badischen Praxis und im Petersburger Institut des Corps der Verkehrswegeingenieure gleichermaßen gültig waren.

[140] Reiß-Museum Mannheim, Abteilung Graphik (nicht numeriert). Gravüre auf Stein, in die Kartusche eingearbeitete Aufschrift: *Ecorte et Graver par Therese Schneider.*

[141] Korostin verweist in seiner Arbeit mehrfach auf ein Exemplar des Musterbuchs der Lithographie von Christian Müller, Karlsruhe, das Album ›Epreuves lithographiques de C. F. Müller. Imprimeur Libraire de la Cour à Carlsruhe‹ (ca. 1813–1817), das in der Lenin-Bibliothek, Moskau, verwahrt wird und aus 114 Seiten besteht (Korostin, A. F. *Načalo litografii v Rossii 1816–1818…*, S. 21, 43). In den deutschsprachigen Quellen zur Geschichte der Lithographie, so auch im Familienarchiv von Dr. Christof Müller-Wirth (Verlag C. F. Müller, Karlsruhe/Heidelberg), findet sich kein Hinweis auf eine derartige Publikation. Die einzige im Besitz von Ch. Müller-Wirth befindliche Ausgabe trägt den Titel ›Lithographische Muster in Feder- und Kreidezeichnung aus dem Institut des Hofbuchdruckers C. F. Müller zu Carlsruhe‹. Karlsruhe, 1820, und besteht aus acht kleinformatigen Blättern.

[142] Zwei Zeichnungen mit dargestellten Arbeiten von Orlovskij und Chifflard ›Baschkire und Kirgise zu Pferde‹ und ›Stehender Gardeoffizier, Gewehr bei Fuß‹. Seit 1808 wurde der Künstler A. O. Orlovskij (1777–1823) von Großfürst Konstantin Pavlovič, dem Bruder Alexanders I., beauftragt, Zeichnungen von Militäruniformen sowie Illustrationen zur Geschichte der russischen Armee anzufertigen (ibid., S. 60–61).

[143] Mit Auguste-Ricard de Montferrand (1786–1856), einem der führenden Petersburger Baumeister der Jahre 1820–1840, steht auch der weitere Einsatz der Lithographie für Architekturzwecke in Zusammenhang (Čekanova, O. A.; Rotač, A. L. *Ogjust Monferran (Auguste Montferrand).* Leningrad, 1990, S. 179–189).

[144] Das ›Vorbild‹ des ersten russischen Albums, das bei Senefelder 1808 in München herausgegebene *Musterbuch der Lithographischen Druckerei*, enthält als letztes (10.) Blatt einen *Ideal-Plan als Vorschrift zu geodätischen Zeichnungen. Von Ferd. Schiesl.*

[145] Korostin, A. F. *Načalo litografii v Rossii 1816–1818… (Der Beginn der Lithographie in Rußland 1816–1818…)*, S. 58–72.

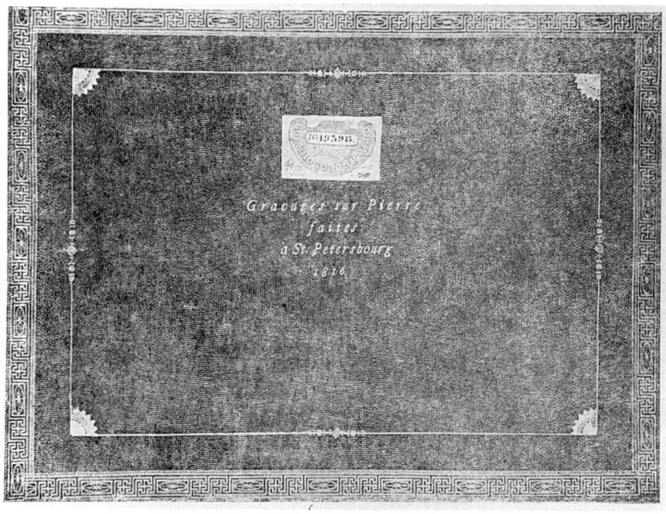

48 Putti mit Widder, ›G de Traitteur‹, Lithographie aus dem Album ›Gravures sur Pierre faite à St. Petersbourg‹, um 1816 (Korostin, *Načalo litografii v Rossii 1816–1818*, S. 50)

49 Vorderer Einband des Albums ›Gravures sur Pierre faite à St. Petersbourg‹ (ibid., S. 39)

Autoren und Künstler dieses Albums setzten im Vorgriff auf die weitere Entwicklung der frühen französischen Lithographie Handaquarellierungen ein. In den Grundexemplaren der *Gravures sur Pierre fait a St. Petersbourg 1816* sind praktisch sämtliche Blätter alternierend vertreten, so daß einem nicht aquarellierten Exemplar ein koloriertes in einem anderen Album entspricht. Die Kolorierungen sind so vollendet, daß in einigen Fällen eine Originalausführung durch den Künstler selbst zu vermuten ist.

Daß Traitteur die Lithographie schon in Baden kennengelernt hatte, dürfte anzunehmen sein. In den Lebenserinnerungen Johann Christian von Mannlichs[146], der Senefelders Werk in München hauptsächlich weiterführte, finden die Bedeutung Karlsruhes bei der Entwicklung der Lithographie sowie die Pflege ›lithographischer Kontakte‹ zwischen St. Petersburg und Bayern im Jahre 1818 Erwähnung: »*Seitdem schritten wir von Versuch zu Versuch, von Entdeckung zu Entdeckung. Und unsere Forschritte sind von solcher Art, daß sie die Aufmerksamkeit von ganz Europa auf sich ziehen. ... Auch der Kaiser und die Kaiserin von Rußland haben mir Briefe zu senden geruht, die voller Lob sind. Sie schickten mir Diamantringe von großem Wert. ... Briefe aus allen Ländern Europas, in denen man die Lithographie einführen will, erreichen mich und verlangen detaillierte Erklärungen und Belehrungen. ... Ich habe dementsprechend jeden eingeladen, nach München zu kommen und sich die schwierige Arbeit an Ort und Stelle anzusehen.*
In der Tat sind viele Liebhaber aus Paris, Petersburg, Hamburg, Karlsruhe und Mannheim gekommen. ... Ich habe – von demselben Stein abgezogen – vierzigtausend Drucke gesehen, von einer Schönheit und Klarheit sondergleichen. Diese wunderbare Herstellung erfolgt in Karlsruhe. Sie kann nicht übertroffen werden. ... In Paris, London, Rom und anderswo ist man sehr weit hinter uns zurückgeblieben. Ohne Zweifel wird man uns eines Tages übertreffen. Doch hat man wenigstens bis zum heutigen Tag in allen Hauptstädten Europas vergebliche Anstrengungen unternommen, uns zu erreichen«[147].

Die von Mannlich bereits 1818 vermerkte besondere Rolle Karlsruhes bei der Entwicklung der neuen Drucktechnik in Süddeutschland wird durch die moderne Forschung bestätigt[148]. Der Beginn der Lithographie in Karlsruhe wird gewöhnlich mit der Gründung der Steindruckerei im März 1810 in Zusammenhang gebracht, die zunächst Karl Wagner gehörte und ca. 1826 an seinen Neffen Peter Wagner überging. In seinem ausführlichen Gesuch um Privilegien für die Erstellung lithographischer Arbeiten definiert Wagner den Stellenwert dieser neuen Druckmethode im Leben und in der Kultur Europas: »*... Dass es bey gegenwärtigen aufgeklärten Zeiten, alle Erzeugnisse der Kunst, mit*

[146] Johann Christian von Mannlich (1741–1822), Direktor der Königlichen Galerie München.

[147] Weber, Wilhelm. *Saxa loquuntur. Steine reden ...*, S. 38. Die Lebenserinnerungen von Johann Christian von Mannlich befinden sich im Geheimen Hausarchiv München, Kap. 1560.

[148] Einen ersten Versuch aus kunsthistorischer Sicht über die erste Zeit der Lithographieschule in Karlsruhe und deren Entwicklung im Vergleich mit den Anstalten in München, Offenbach, Stuttgart, Berlin und Hamburg unternimmt: Gerke, Sybille. *Die Karlsruher Porträtlithographie (1810–1850)*. Magisterarbeit an der Fakultät für Geistes- und Sozialwissenschaften der Universität Karlsruhe (TH), Manuskript, 1976.

der grösten Leichtigkeit und möglichster Fertigkeit, ins Werk zu setzen, dem Geist der jetzigen Zeit am angemessensten sey, bedarf gewiss auch nicht der geringsten Erläuterung. Die Einrichtung der Steindruckerey, durch welche jeder Gegenstand der Zeichenkunst und aller Schriftarten, auf die geschwindeste Art, dem hohen und niedern Publicum sehr leicht, wohlfeil, pünktlich und richtig mitgetheilt werden kann, dürfte wohl als ein Hauptgegenstand angenommen werden, welcher gewis bey dessen bisherige Ermanglung und nunmehrigen Wirklichkeit vielen Vortheil verspricht«[149]. Dieses Schriftstück vermittelt sehr gut die Situation, in der Traitteur während seinen Aufenthalts in Karlsruhe zwischen 1810 und 1813 diese neue Drucktechnik kennenlernen konnte. Denn bei Karl Wagner erschien 1811 im Steindruckverfahren ein Teil der durch Traitteur 1806 erfolgten Bauaufnahme der Sternwarte zu Mannheim im gleichnamigen Buch als separates Blatt mit der Unterschrift *»gestochen und gedruckt in der Steindruckerei des K. Wagner zu Karlsruhe«*[150].

Kurz vor Traitteurs Abreise nach St. Petersburg wurde in Karlsruhe im Oktober 1813 die zweite große Steindruckerei von Christian Friedrich Müller gegründet, die damals als ›C. F. Müllerische lithographische Anstalt‹ oder ›Lithographisches Institut‹ bekannt war[151]. Die Entstehung der neuen Druckerei führte zu einer harten Konkurrenz zwischen den beiden Lithographen der Residenzstadt. Nachdem Christian Friedrich Müller 1815 der Titel eines Hofbuchhändlers verliehen worden war, erlangte seine Steindruckerei auch außerhalb Karlsruhes Bedeutung. Dies zeigt insbesondere eine Anzeige Müllers vom März 1817 in einem Karlsruher Blatt: *»... Der Kunst des Steindrucks habe ich seit drei Jahren meine vorzügliche Aufmerksamkeit gewidmet, die Steindruck-Manipulation und die Maschinerie vereinfacht und verbessert, auch neu erfunden, dem Druck eine bestimmte Gleichförmigkeit und die Schwärze, gleich dem schönsten französischen Kupfer- und Letterndruck gegeben, so daß ich mit Wahrheit behaupten kann, daß mein Institut in Steingravure, Feder- und Kreidezeichnung und Schrift aller Gattungen, Schönheit des Drucks von keiner andern in Deutschland, oder andern Ländern übertroffen wird, welches viele hundert gelieferte Platten beurkunden«*[152]. Der Stellenwert der Müllerschen Druckerei und ihre vielfältigen Kontakte zu anderen Ländern werden ebenfalls durch eine spätere Anzeige in derselben Zeitung vom Juli 1818 indirekt belegt: *»Es ist mir seit einiger Zeit mehrfältig vorgekommen, daß Leute, die auswärts Steindruckereien errichten wollen ... sich heimlich an einzelne Arbeiter, und sogar Zöglinge meines lithographischen Institutes wenden, und solche unter mancherlei Versprechungen zu debauchiren suchen. ... Besitzer von Steindruckereien, oder solche, die im Auslande (mit Ausnahme von Frankreich) eine errichten wollen und auf rechtlichem Wege sich an mich selbst wenden, können von mir über lithographischen Behandlungsarten, wie ich solche seit 5 Jahren vervollkommnete, am besten durch persönlichen Unterricht im Wege einer Verhandlung Aufschlüsse erhalten«*[153].

Ungeachtet der überregionalen Bekanntheit dieser Druckerei ist ohne Archivbelege die Ansicht Korostins kaum zu teilen, nach der allein die Tatsache, daß sich in der Buchsammlung des Militärtopographischen Büros ein ›Musterbuch‹ der Lithographie von Christian Friedrich Müller in Karlsruhe befindet, die Vermutung zuläßt, die Müllersche Steindruckerei habe in der einen oder anderen Form über die Vermittlung Traitteurs der ersten russischen Steindruckerei ›technische Hilfe‹ geleistet[154]. Dabei ist darauf hinzuweisen, daß Kontakte zwischen dieser Steindruckerei und St. Petersburg durch deutsche Quellen grundsätzlich bestätigt werden. Aus erhalten gebliebenen Kopien von Archivmaterialien zur Geschichte des Müllerschen Verlags geht hervor, daß die Druckerei Ende des zweiten Jahrzehnts des 19. Jahrhunderts Gäste aus St. Petersburg begrüßte: *»Die Steindruckerey ist unstreitig eine der schönsten und nützlichsten Erfindung der neuen Zeit. Nirgends habe ich diesselbe noch vervollkommnet gesehen, als bey Herrn Müller in Carlsruhe. den 28-ten July 1817. Dr. Rehmann aus St. Petersburg. – Ueberdruck seiner Handschrift auf Stein, als Probe gefertigt von dem Hofbuchdrucker C. F. Müller«*[155]. Auch in neueren deutschsprachigen Stu-

[149] Ibid., S. 3. Das Originalschreiben befindet sich im Stadtarchiv Offenbach, Senefelder-Museum, Nr. 393.

[150] *Die Sternwarte zu Mannheim. Beschrieben von ihrem Curator, dem Staats- und Cabinetsrath Klüber.* Mit einer Abbildung der Sternwarte in Steindruck. Mannheim, Heidelberg, 1811.

[151] Die Buchhandlung von Chr. Fr. Müller wurde 1797 gegründet. 1812 bezog sie ihr eigenes, von Friedrich Weinbrenner entworfenes, neues Gebäude in der Ritterstr. 1 (Ecke innerer Zirkel), was die Einrichtung der Steindruckerei ermöglichte ([Müller, Max] *Geschichte der Chr. Fr. Müller'schen Hofbuchhandlung in Karlsruhe. 1797–1897* [Karlsruhe, 1897], S. 16; *Verlagswerke des Verlages C. F. Müller, Karlsruhe 1797–1945. Eine Bibliographie.* Karlsruhe, 1970).

[152] Gerke, Sybille. *Die Karlsruher Porträtlithographie (1810–1850)...*, S. 7–8 (Karlsruher Zeitung, Nr. 99, 10. April 1817, S. 474).

[153] Ibid., S. 8, 35 (Karlsruher Zeitung, Nr. 191, 12. Juli 1818, S. 932).

[154] Korostin, A. F. *Načalo litografii v Rossii 1816–1818... (Der Beginn der Lithographie in Rußland 1816–1818...)*, S. 51.

[155] [Müller, Max]. *Geschichte der Chr. Fr. Müller'schen Hofbuchhandlung in Karlsruhe. 1797–1897* [Karlsruhe, 1897], S. 18, Anhang 15.

dien zur Geschichte der Lithographie wird erwähnt, daß deutsche Fachkräfte am Aufbau der frühen Petersburger Steindruckereien beteiligt waren[156].

Die Anfang 1816 im Militärtopographischen Büro gegründete Steindruckerei war die erste ihrer Art in Rußland. In den folgenden Jahren wurde eine ganze Reihe privater oder staatlicher Druckwerkstätten für dieses neue Verfahren eingerichtet: Ende 1816 die Steindruckerei I. Dobrovol'skijs in Astrahan', fast zeitgleich die Steindruckerei des Baron Paul Schilling[157] in St. Petersburg, die zum Außenministerium gehörte, 1817 die Steindruckerei N. M. Sipjagins, die auch als Druckerei des Gardegeneralstabs bekannt ist, im selben Jahr die Steindruckerei von I. P. Beggrov und 1819 die Steindruckerei Alexandre Plucharts, in der die folgenden eigenständigen Alben des badischen Ingenieurs herausgegeben wurden.

In der ersten Hälfte der 1820er Jahre wurde die Herausgabe neuer Großprojekte in Form von lithographierten Alben neben der technischen und architektonischen Entwurfstätigkeit zu einem beruflichen Schwerpunkt Traitteurs[158]. In seinem Tätigkeitsbericht vermerkt er später: *»... J'ai aussi publié pour l'instruction de nos officiers et pour la connoissance du public quatre ouvrages,* [à] *savoir le premier sur le pont d'Isaac, le second sur la construction des ponts en chaines et enfin un annuaire du Corps des Voies de Communications qui furent acueillis avec beaucoup d'approbation«*[159]. Mit den *quatre ouvrages* dürfte Traitteur seine eigenen lithographischen Alben meinen. Hält man die Anzahl vier für richtig (im selben Absatz bezeichnet er sein Album zu den Kettenbrücken fälschlicherweise als zweites), so bestätigt der badische Ingenieur damit, daß das oben diskutierte erste russische Album von ihm mitverfertigt wurde. Bei den anderen eigenen Werken Traitteurs im Bereich der Lithographie handelt es sich um die drei Alben, die in den entsprechenden Abschnitten dieser Arbeit Blatt für Blatt als wichtige archivgeschichtliche Quellen analysiert werden[160]. Daß diese Publikationen zu einer ›Serie‹ desselben Verfassers gehören (Abb. 50–52), zeigt sich in demselben länglichen Format und der Gesamtkomposition des Einbands bzw. des Titelblatts, das in den für die Graphik des russischen und französischen Empire typischen Formen gehalten ist.

Das zweite Album dieser ›Reihe‹ sind die *Plans, profils, vues perspectives et détails du pont de bateaux de Saint-Isaac exécuté sur la grande Néva à Saint-Pétersbourg en 1820. D'après les projets de Son Excellence Mr le Lieutenant-Général Augustin de Bétancourt, Directeur-Général des Voies de Communication, publiés par G. de Traitteur, colonel du Corps des Ingénieurs des Voies de Communication, chevalier de plusieurs ordres. St. Pétersbourg, de l'Imprimerie d'Alexandre Pluchart, Grande Morskoy, maison Kossikoffsky N° 84 (1821)* (Abb. 50). Das in seiner nicht kolorierten Version bekannte Album besteht aus acht Blättern. Sie sind teils nicht signiert, teils unterzeichnet ›Des. W. Traitteur‹. Vier Blätter sind zusätzlich von dem Lithographen K. Beggrov signiert (›Gra. par Beggrow‹)[161]. Die *Plans, profils, vues perspectives et détails du pont de bateaux de Saint-Isaac...* sind ein Beispiel für den Einsatz der Lithographie zur Reproduktion architektonischer bzw. bautechnischer Strichzeichnungen in der frühen russischen Praxis (Taf. 1–6). Etwas freier komponiert sind die beiden ›Titelblätter‹ der Publikation mit perspektivischen Darstellungen der fertiggestellten Pontonbrücke *Vue perspective du pont d'Isaac sur la grande Néva à St. Pétersbourg* (ohne Numerierung und Signatur, hier Abb. 25) sowie der Bauarbeiten an einem Widerlager *Vue perspective des travaux de la culée du côté du Sénat* (ohne Numerierung und Signatur).

Das Traitteursche Album entwickelt damit eine Publikationsform großer Ingenieurbauten weiter, wie sie bereits in einem der früher in derselben Druckerei hergestellten Alben, der *Description de la salle d'exercice de Moscou ...,* vorgelegt worden war (Abb. 22)[162]. Kennzeichnend für beide Veröffentlichungen

[156] »... In Petersburg existiert die Lithographie ebenfalls schon mehrere Jahre«, schreibt Senefelder weiter, »wird aber jetzt durch den Freiherrn von Schilling daselbst kultiviert ... «. Wir erfahren von Mannlich, daß ihm vom Zarenhaus Geschenke als Anerkennung für seine Tätigkeit als Leiter seines lithographischen Unternehmens in München zugegangen waren. 1820 werden in Petersburg – nach dem Vorbild der Münchener Anstalt – Gemälde von Venecianov lithographiert. Später als in Petersburg wurde die Lithographie in Moskau eingeführt. Und schon 1818 hat Senefeld erfahren: »Was noch merkwürdiger ist, in Astrakan ist diese Kunst schon eingewandert ...« (Weber, Wilhelm. *Saxa loquuntur. Steine reden ...*, S. 47).

[157] Schilling von Cannstadt, Pavel L'vovič (Pevel', 15. 4. 1786 – St. Petersburg, 25. 6. 1837). Sohn eines deutschen Militärs in russischen Diensten. 1803 bis 1812 Dolmetscher an der russischen diplomatischen Mission in München. Ab 1813 selbst im russischen Militärdienst, sodann im Diplomatischen Dienst. Neben seinen lithographischen Unternehmungen bekannt u. a. als Sinologe und Erfinder des Telegraphs (Jarockij, A. *Pavel L'vovič Šilling 1786–1837.* Moskau, 1963).

[158] Die Begeisterung für Alben und das ›Albengenre‹ war für die Kultur des beginnenden 19. Jahrhunderts insgesamt charakteristisch. Eines der bekanntesten Alben aus der russischen Architekturgeschichte ist der Entwurfsband für St. Petersburg *Divers projets d'architecture presentés et dédiés à S. M. l'Empereur de toutes les Russies Alexandre I par Auguste de Montferrand de l'Académie d'architecture de France. Paris, Avril 1814*, der Alexander I. Anfang 1814 in Paris von dem Architekten Montferrand überreicht worden war. Dieses Geschenk bedeutete eine Weichenstellung im Lebenslauf Montferrands, denn es folgte sein Ruf nach St. Petersburg (einige Monate nach Traitteur), wo er sein gesamtes Berufsleben verbrachte.

[159] RGIA, 200-1-1780, Bl. 130v–131.

[160] Die Traitteurschen Alben wurden, teilweise fehlerhaft, in den ersten Katalogen zu russischen lithographierten Publikationen beschrieben: *Opisanie neskol'kih gravjur i litografij. Sostavil po svoemu sobraniju E. N. Tevjašov (Beschreibung einiger Gravüren und Lithographien. Zusammengestellt von E. N. Tevjašov nach seiner Sammlung).* St. Petersburg, 1903, Nr. 6; Tevjašov, E. N. *Materialy dlja bibliografii russkih illjustrirovannyh izdanij (Materialien für eine Bibliographie russischer illustrierter Veröffentlichungen).* Ausg. 3, St. Petersburg, 1910, S. 57–58, Nr. 270, 269; Sinjagin, N. K. *Materialy dlja bibliografii russkih illjustrirovannyh izdanij (Materialien für eine Bibliographie russischer illustrierter Veröffentlichungen).* Ausg. 4, St. Petersburg, 1910, S. 54, Nr. 836.

[161] Genauere Beschreibung der Blätter dieses Albums s. S. 44, Anmerkung 31.

[162] Bétancourt, Augustin de. *Description de la salle d'exercice de Moscou.* St. Petersburg. 1819. Sämtliche 9 Zeichnungen dieses Gravüre-Albums sind allein mit ›Bétancourt‹ signiert (vgl. S. 40–42).

ist die lineare ›skizzenhafte‹ Darstellungsweise der architektonischen Perspektiven, ein graphisches Verfahren, das in vielerlei Hinsicht auf die frühen Beispiele der neueren zeitgenössischen Architekturgraphik etwa Karl Friedrich Schinkels zurückgeht. Die für die barocke und frühklassizistische Graphik typische Plastizität wurde duch Linearität, Volumen durch Fläche und Masse durch Raum ersetzt, wodurch eine ausschließliche Konzentration auf die geometrischen und architektonischen Besonderheiten der dargestellten Objekte möglich wird[163].

Traitteurs nächstes Album *Collection de plans et vues perspectives des nouveaux ponts projetés et construits sur la nouvelle chaussée de Moscou, pendant les années 1821 et 1822. Par G. de Traitteur, Colonel du Corps des ingénieurs des Voies de Communications, chevalier de plusiers ordres. St. Pétersbourg, De la typographie d'Alexandre Pluchart, imprimeur-libraire et lithographie, Grande Morskoi, Maison Kossikofsky, MDCCCXXIII* ist sein künstlerisch und technisch gelungenstes lithographisches Werk (Abb. 51). Das vollständige Exemplar dieses Albums, von dem auch aquarellierte Exemplare bekannt sind, besteht bereits aus 12 Blättern[164]. Zahlreicher sind auch die Koautoren Traitteurs für den lithographischen Teil: K. P. Beggrov, A. A. Thon, A. F. Šašin, Šuh, Zuev sowie S. P. Chifflard und P. H. Helmersen, die beiden letzteren bereits bekannt durch das Musterbuch von 1816[165]. Trotz ihrer technischen Bezeichnungen, wie *Vue des travaux du pont de*... sind mehr als die Hälfte der Blätter der *Collection de plans et vues perspectives des nouveaux ponts ... sur la nouvelle chaussée de Moscou* durchaus als zeittypische, kompositorisch geschlossene graphische Arbeiten einzustufen, die Landschaften und Dorfansichten zeigen, vor deren Hintergrund die Ingenieurbauten der neuen Chaussée St. Petersburg–Moskau dargestellt sind.

Bereits das erste Blatt, eine detailliert durchgearbeitete Vogelperspektive eines fertiggestellten Chausséeabschnitts *Vue de la nouvelle chaussée de Moscou* (Taf. 1, ohne Unterschrift, vgl. Abb. 56), zeigt die Absicht des Verfassers, seine Entwürfe als Teil der durch ›vernünftige‹ Ingenieurtätigkeit umgestalteten Natur darzustellen. Bei den perspektivischen Ansichten der Brückenbauten, *Vue perspective du pont de Babina* (Taf. 4, ›Lith. par Schuch‹, Abb. 53); *Vue perspective du pont de Lubani* (Taf. 7, ›Lith. par Chifflard‹, vgl. Abb. 70) gilt den architektonischen Details besondere Aufmerksamkeit. Hier stehen Detaildarstellungen der neuen gekrümmten Bogenkonstruktion vor dem Hintergrund der bestehenden russischen Siedlung. Traitteur sah die für einen Bewohner Badens so ungewöhnlichen, jedoch von Originalität und malerischen Kontrasten geprägten Blockhütten der Dorfbevölkerung wahrscheinlich zum ersten Mal und beschloß, sie neben den modernen, weitgespannten Bauwerken festzuhalten (Taf. 4, *Vue perspective du pont de Babina*). Als eine Art Leitmotiv der architektonischen Staffage setzt der Entwurfsautor Figuren in Militäruniform ein, die sich in praktisch sämtlichen lithographischen Alben Traitteurs wiederfinden.

In dieser Publikation werden die üblichen linearen Fassaden- und Grundrißzeichnungen der Brücken zu ausdrucksstarken farbigen Blättern (*Plan et profil du pont de Babina* (Taf. 3, ›Lith. par Schaschin et Schuch‹, ›Lith. chez P. de Helmersen‹); *Plan et profil du pont de Lubani* (Taf. 6, ›Lith. par Schuch‹, ›Lith. chez P. de Helmersen‹ vgl. Abb. 64, 67). Dieser offenkundig auf repräsentative Anschaulichkeit ausgerichtete bildhafte Duktus des Albums findet sich besonders reich ausgestaltet in den Darstellungen der Brückenbaustellen (*Vue des travaux du pont de Babina* (Taf. A, ›Lith. par A. Thon‹), *Vue des travaux du pont de Lubani* (Taf. B, ›Lith. par Schuch‹). So wird die Errichtung von Granitpfeilern inmitten einer Umgebung dargestellt, die in der für die Landschaftsmalerei der frühen Romantik typischen Manier mit gezielten Lichteffekten, harten Sonne-Schatten-Kontrasten sowie vielschichtigen Wolkenkompositionen geschaffen ist (vgl. Abb. 69). Ähnlich ›poetisch‹ interpretierte

[163] Borisova, E. A. *Russkaja arhitekturnaja grafika XIX veka (Die russische Architekturgraphik des 19. Jh.)*. Moskau, 1993, S. 96–97, 147.

[164] Genauere Beschreibung der Blätter dieses Albums s. S. 81 ff.

[165] Einer der bekanntesten Koautoren dieses Albums, Samojlo Petrovič Chifflard, begann während des napoleonischen Krieges von 1812 als Graveur zu arbeiten. Die meisten Lithographien führt er in den Jahren 1816–1822 aus. Später wirkt er als Landschafts- und Genrezeichner und gibt seine Zeichnungen zur Reproduktion an andere Lithographen, in erster Linie an Karl Beggrov, weiter (Korostin, A. F. *Načalo litografii v Rossii 1816–1818... (Der Beginn der Lithographie in Rußland 1816–1818...)*, S. 37–38).

50–52 Titelblätter der Lithographie-Alben Traitteurs

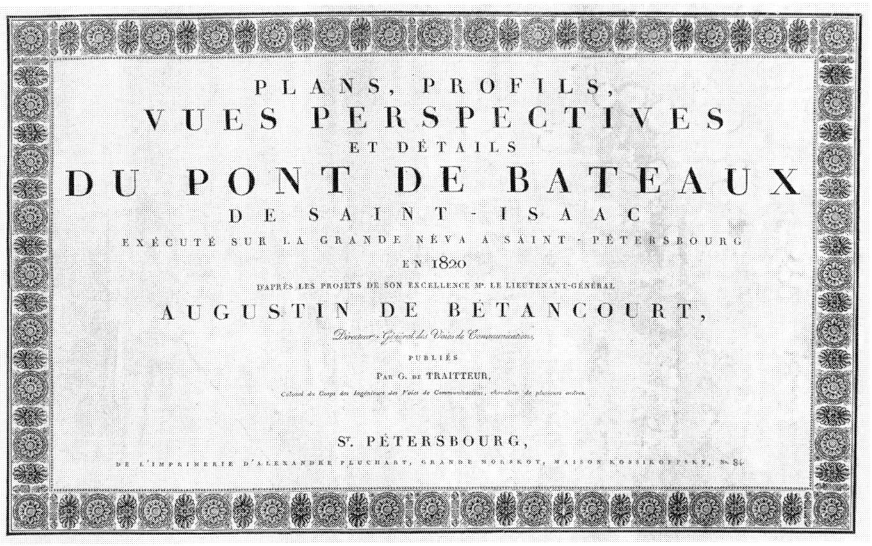

PLANS, PROFILS,
VUES PERSPECTIVES
ET DÉTAILS
DU PONT DE BATEAUX
DE SAINT-ISAAC
EXÉCUTÉ SUR LA GRANDE NÉVA A SAINT-PÉTERSBOURG
EN 1820
D'APRÈS LES PROJETS DE SON EXCELLENCE Mr. LE LIEUTENANT-GÉNÉRAL
AUGUSTIN DE BÉTANCOURT,
Directeur-Général des Voies de Communications,
PUBLIÉS
PAR G. DE TRAITTEUR,
Colonel du Corps des Ingénieurs des Voies de Communications, chevalier de plusieurs ordres.
St. PÉTERSBOURG,
DE L'IMPRIMERIE D'ALEXANDRE PLUCHART, GRANDE MORSKOY, MAISON KOSSIKOFFSKY, No. 84.

50 ›Plans, profils, vues perspectives et détails du Pont de bateaux de Saint-Isaac exécuté sur la grande Néva a Saint-Pétersbourg en 1820 …‹, 1821
(Ex. Reiß-Museum Mannheim)

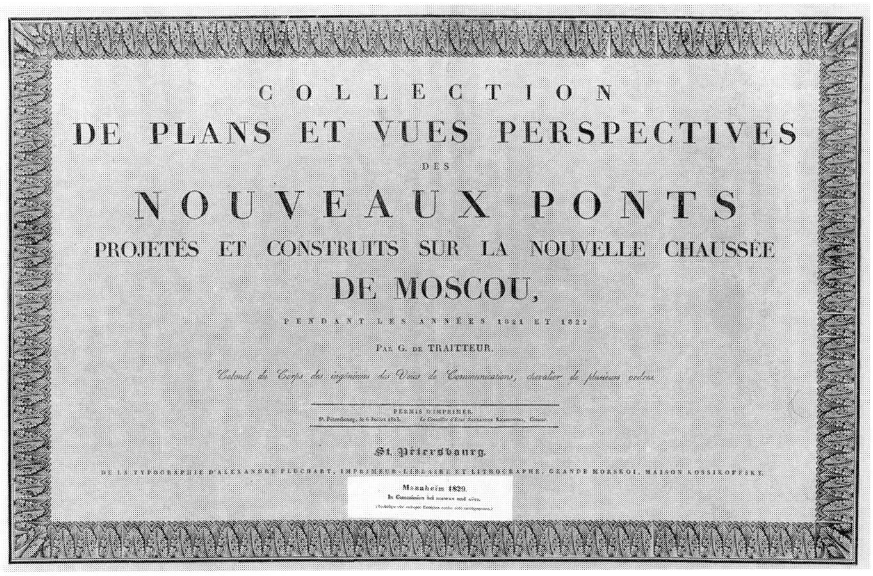

COLLECTION
DE PLANS ET VUES PERSPECTIVES
DES
NOUVEAUX PONTS
PROJETÉS ET CONSTRUITS SUR LA NOUVELLE CHAUSSÉE
DE MOSCOU,
PENDANT LES ANNÉES 1821 ET 1822
PAR G. DE TRAITTEUR.
Colonel du Corps des ingénieurs des Voies de Communications, chevalier de plusieurs ordres.
PERMIS D'IMPRIMER.
St. Pétersbourg.
DE LA TYPOGRAPHIE D'ALEXANDRE PLUCHART, IMPRIMEUR-LIBRAIRE ET LITHOGRAPHE, GRANDE MORSKOI, MAISON KOSSIKOFFSKY.
Mannheim 1829.

51 ›Collection de plans et vues perspectives des Nouveaux ponts projetés et construits sur la nouvelle chaussée de Moscou, pendant les années 1821 et 1822 …‹, 1823
(Ex. Reiß-Museum Mannheim)

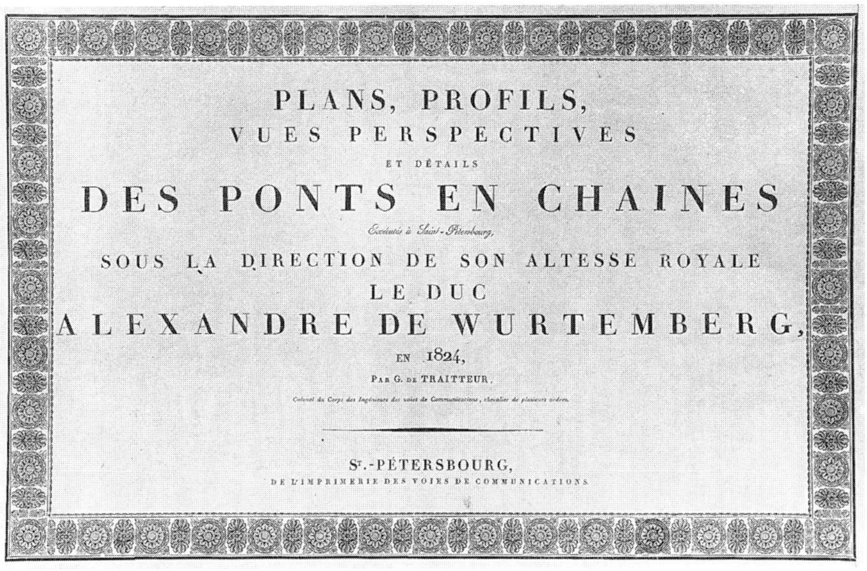

PLANS, PROFILS,
VUES PERSPECTIVES
ET DÉTAILS
DES PONTS EN CHAINES
Exécutés à Saint-Pétersbourg,
SOUS LA DIRECTION DE SON ALTESSE ROYALE
LE DUC
ALEXANDRE DE WURTEMBERG,
EN 1824,
PAR G. DE TRAITTEUR,
Colonel du Corps des Ingénieurs des voies de Communications, chevalier de plusieurs ordres.
St.-PÉTERSBOURG,
DE L'IMPRIMERIE DES VOIES DE COMMUNICATIONS.

52 ›Plans, profils, vues perspectives et détails des ponts en chaines exécutés à Saint-Pétersbourg …‹, 1825
(Ex. NTB PGUPS)

Traitteur die perspektivische Darstellung der von ihm entwickelten Zementmaschinen, die als pionierhaftes Zeugnis zivilisatorischen Fortschritts in einer idealisierten Landschaft dargestellt werden (*Vue du moulin à ciment et à mortier*, Taf. 8, ohne Unterschrift).

Das letzte und bekannteste lithographierte Album Traitteurs sind die *Plans, profils, vues perspectives et détails des ponts en chaines exécutés à Saint-Petersbourg, sous la direction de Son Altesse Royale le Duc Alexandre de Wurtemberg, en 1824, par G. de Traitteur, Colonel du Corps des Ingénieurs des voies de Communication, chevalier de plusieurs ordres. St.-Pétersbourg, de l'Imprimerie des voies des communications (1825)* (Abb. 52)[166]. Auch dieses Album ist in einer unkolorierten sowie einer aquarellierten Fassung bekannt und umfaßt neun Blätter, hergestellt unter Beteiligung der Lithographen Knorre, Ivanov, Astaf'ev, Paumaux und Beggrov. Aus dem in den Archiven überlieferten Schriftwechsel geht hervor, daß die lithographierte Veröffentlichung von Zeichnungen zu den ersten Petersburger Kettenbrücken[167] auf eine Initiative des Leiters des Amts für Verkehrswege, Herzog Alexander von Württemberg, zurückging. Dieser verfügte bereits im Oktober 1824, einen Monat vor der Eröffnung der Brücken, die Herausgabe eines entsprechenden Bandes über den Bau der ersten russischen Kettenbrücken in der Absicht, der Tätigkeit des russischen Amts für Verkehrswege zu gebührender Bekanntheit zu verhelfen[168]. Im Gegensatz zu den beiden vorangegangenen Alben wurde dieses bereits in der eigenen Druckerei des Corps der Verkehrswegeingenieure hergestellt, die nach 1825 zum wichtigsten Zentrum der Verlags- und Steindrucktätigkeit des Corps wurde.

Ein Schwerpunkt des nachfolgenden Albums über die Petersburger Kettenbrücken ist die ausführliche Abbildung konstruktiver Details. Es steht damit formal zwischen der lapidaren, linearen Darstellung des Entwurfs zur Isaaks-Brücke und den betont malerischen Schaubildern der Bauwerke der Moskauer Chaussée. Die ausführlichen und präzisen Architekturblätter zu den Kettenbrücken bieten eine Fülle von Informationen, die allerdings den graphischen Eigenwert in den Hintergrund treten läßt. Dies ist sehr gut an den beiden Präsentationsplänen zu den ersten Kettenbrückenentwürfen auszumachen, die zweifelsohne aus einer Feder stammen, *Plan et profil du Pont en Chaînes* (Taf. 4, ›Gravé par Ivanoff‹) bzw. *Plan, profil et Détails du Ponts en Chaînes pour Piétons* (Taf. 8, ›Gravé par Ivanoff‹, vgl. Abb. 98, 149) auszumachen. Kompositorisch nicht minder gelungen sind zwei weitere Blätter, auf denen die technischen Innovationen der Panteleimon-Brücke, nämlich die vorgefertigten Metallteile sowie die ersten Versuche zur Erprobung der Originalketten, dargestellt sind (*Détails du pont de Panteleimon* (Taf. 6. ›Gravé par Paumaux‹) und *Profil et Détails du Sidéro-mêtre* (Taf. 9, ›Gravé par Astafieff‹, vgl. Abb. 96, 99). Anders als bei den thematisch verwandten Schaubildern mit Baumaschinen vor einer Landschaftsidylle im Album zur Chaussée St. Petersburg–Moskau verzichtete Traitteur bei der Darstellung des *sidéro-mêtre* vollständig auf ausschmückendes Beiwerk.

Traitteurs wichtigster Mitautor bei den *Plans, profils, vues perspectives et détails des ponts en chaines...* dürfte der Aquarellist und Lithograph K. P. Beggrov[169] gewesen sein. Er reproduzierte das Blatt *Vue perspective du pont en chaînes de Panteleimon* (je nach Album Taf. 3 oder 5. ›Dessiné sur la pierre par Beggrow‹, vgl. Abb. 100). Diese perspektivische Vorderansicht der Panteleimon-Brücke zeigt den neuen Eisenbau als harmonisch eingebundenes Element in seiner städtischen Umgebung. Die in das gußeiserne Portal gleichsam in einen Rahmen ›eingezeichneten‹ Figuren unterschiedlicher Stände verleihen dem Blatt etwas von einer Genre-Szene im Geiste des Biedermeier[170]. Neben der präzisen Wiedergabe der konstruktiven Brückendetails sind mit gleicher Detailtreue ›Staffagenfiguren‹ in Militäruniform, eine Kutsche zur Verdeutlichung der Funktion des Bauwerks als Verkehrsbrücke sowie die

[166] Zur historischen Darstellung der ersten Kettenbrücken in St. Petersburg sowie zur Untersuchung der entsprechenden Albumblätter als baugeschichtliche Quellen vgl. S. 115–143 und 183–192.

[167] Die Panteleimon-Brücke, eine Verkehrsbrücke über die Fontanka und die Post-Brücke, eine Fußgängerbrücke über die Mojka (1823–1824) sind nicht nur die bekanntesten Werke Traitteurs, sondern gehören zu den technisch innovativsten Bauten der Stadt aus jener Zeit. Vgl. S. 115.

[168] Dies belegt z. B. ein Rapport Traitteurs an den Herzog von Württemberg in Beantwortung der Anfrage des Generals Oppermann, die Originalzeichnungen des Entwurfs zur Großen Kettenbrücke zwecks Anfertigung von Kopien zu übermitteln: »Wissend, daß Ihre königliche Hoheit diese Zeichnungen, die Ihrer Billigung gewiß sind, zu lithographieren befahlen, und in der Vermutung, daß es Deroselben genehm sein wird, jene Ihrer Kaiserlichen Majestät zu schicken, antwortete ich H. General Oppermann, daß die erwähnten Pläne sich in den Händen Ihrer Hoheit befinden ...« (RGIA, 206-1-554 ›Akte über den Bau der Kettenbrükken über die Fontanka und die Mojka in St. Petersburg. Juni 1824 – Januar 1825‹, Bl. 181–183). General Oppermann leitete bis 1816 das Militärtopographische Büro und förderte ebenfalls die Einführung der Lithographie in Rußland (Korostin, A. F. *Načalo litografii v Rossii 1816–1818... (Der Beginn der Lithographie in Rußland 1816–1818...)*, S. 57 Anm. 19).

[169] Beggrov, Karl Petrovič (Karl Joachim), Lithograph und Aquarellist (Riga 15. (26.) 2. 1799 – St. Petersburg 13. (25.) 2. 1875). Studium an der Kaiserlichen Kunstakademie bei M. N. Vorob'ev. Ab 1825 Lithograph bei der Generalverwaltung der Verkehrswege. 1828 schuf er Malereien im Winterpalast. 1832 wurde ihm für sein Bild ›Michaelsschloß‹ der Titel eines Akademiemitglieds für perspektivische Malerei verliehen. Er fertigte Lithographien für das ›Lithographiealbum 1820‹ (St. Petersburg, 1820), für die Alben ›Völker zwischen Kaspischem und Schwarzem Meer‹ (St. Petersburg, 1822), ›Ansichten von St. Petersburg und Umgebung‹ (1821–1826), ›Hausierer‹ (St. Petersburg, 1834), Porträts von Alexander I. und Nikolaus I. sowie zahlreiche Aquarelle. Karl Beggrovs Bruder Ivan Petrovič (Johann Friedrich, Riga 2. (13.) 12. 1793 – St. Petersburg 5. (17.) 2. 1877) war ebenfalls ein in St. Petersburg bekannter Lithograph. Lehrte Zeichnen in Moskau und St. Petersburg und gründete 1817 dort eine private Steindruckerei sowie eine Kunsthandlung. Arbeitete ab 1820 in der Steindruckerei des Außenministeriums *(Hudožniki narodov SSSR. Bibliografičeskij slovar' v šesti tomah (Die Künstler der Völker der UdSSR. Bibliographisches Wörterbuch in sechs Bänden)*. Bd. 1. Moskau, 1970, S. 316–317).

[170] Dieses Blatt ist die am häufigsten reproduzierte Abbildung zum Thema Petersburger Kettenbrücken. Es fand insbesondere Eingang – mit falscher Zuordnung und Datierung – in den Ausstellungskatalog *St. Petersburg um 1800. Ein goldenes Zeitalter des russischen Zarenreiches*. Essen, 1990, S. 244, 255.

53 Schaubild der Holzbogenbrücke über die Rauna bei Babino mit ›russischer‹ Architekturkulisse und Reitertruppe. Traitteur, 1821–1822 (Traitteur. *Nouveaux Ponts ... sur la nouvelle chaussée de Moscou*, Taf. 4, Lithographie nach eigener Vorlage)

Architektur der angrenzenden Kais mit der am Ende der Straße gelegenen Panteleimon-Kirche dargestellt.

Die Blätter anderer Lithographen sind künstlerisch nicht ganz so vollendet wie die perspektivische Darstellung der Panteleimon-Brücke Beggrovs. So wird bei der Wiedergabe eines anderen Bauwerks in diesem Band, der Post-Brücke, (*Vue perspective du Pont en chaînes pour les piétons.* Taf. 7, ›Dessiné sur la pierre par Knorre‹, vgl. Abb. 85) die Rezeption durch offensichtliche Verzerrungen der Perspektive gestört. Diese Fußgängerkettenbrücke wird vor dem Hintergrund der Mojka-Kais mit deren traditionell-klassizistischer Bebauung präsentiert. Die zur Belebung der weitgespannten Hängekonstruktion gedachten Staffagenfiguren auf der Brücke sind doch recht unvermittelt plaziert, weshalb sich hier der Eindruck einer städtischen Alltagsszene nicht mit der gleichen Selbstverständlichkeit einstellt wie in der Beggrovschen Lithographie.

Als letztes Beispiel seiner Verlegertätigkeit nennt Traitteur in seinem Tätigkeitsbericht die Zeitschrift *Annuaire du corps des ingénieurs des voies de communication. St. Pétersbourg, 1830*, das dem in Paris seit 1806 erscheinenden *Annuaire du Corps des Ponts et Chaussées et du Corps des Mines* nachempfunden sein dürfte (Abb. 54, 55). Die Richtigkeit dieser Notiz des badischen Ingenieurs wird indirekt dadurch bestätigt, daß 7 der 11 Artikel des neuen Petersburger *Annuaire* seinen eigenen Entwürfen und Bauten gewidmet sind. Der in der *Imprimérie des voies de communication* gedruckte Band beinhaltet als Illustrationen zu den 11 Artikeln 12 numerierte Lithographien zu Bauwerken, die von

54 Schaubild der Löwenbrücke über den Katharinen-Kanal in St. Petersburg, 1825–1826 (Traitteur. *Annuaire du Corps des ingénieurs des voies de communication*, 1830, S. 175)

Mitgliedern des Corps der Verkehrswegeingenieure entworfen und errichtet wurden. Die Darstellungen sind nach Art des Kettenbrücken-Albums angeordnet, unterscheiden sich jedoch in den Staffagenfiguren, etwa bei der *Pont de Post* (Nr. 3 im *Annuaire*; vergleichbar im Album mit Taf. 7, *Vue perspective du Pont en chaînes pour les piétons*) sowie zwei Ansichten der *Pont de Panteleimon* (Nr. 1 und 4 im *Annuaire*; vergleichbar im Album mit Taf. 1. *Vue perspective du Pont en Chaînes de Panteleimon* und Pl. 5. *Vue perspective du pont en chaînes de Panteleimon*).

In das *Annuaire du corps des ingénieurs des voies de communication* wurden drei Lithographien zu den in den Jahren 1825–1826 errichteten Petersburger Kettenbrücken der zweiten Serie aufgenommen (*Pont à 4 Lion* (Nr. 8, hier Abb. 54); *Pont à 4 Griffon* (Nr. 9); *Pont Egyptien* (Nr. 10)). Die Lithographie *Ecole des Conducteurs* (Nr. 6, Abb. 40) ist eine der wenigen bekannten Reproduktionen der ursprünglichen Gestalt der Kondukteurschule. Die interessanteste Lithographie dieses Bandes ist die einzige bekannte Darstellung der *Pont de Jambourg*, des unausgeführt gebliebenen Traitteurschen Entwurfs zu einer Kettenbrücke in Fischbauchträger-Bauweise (Nr. 12, vgl. Abb. 183).

Sämtliche Lithographien des *Annuaire* sind unsigniert. Daß ein Teil von ihnen der Werkstatt Karl Beggrovs Mitte der 1820er Jahre entstammt, kann aus der Beschreibung seiner Arbeiten in den ersten Katalogen zur russischen Lithographie geschlossen werden[171]. Ein Großteil der im *Annuaire* veröffentlichten Lithographien Beggrovs dürfte auf der Grundlage seiner eigenen Zeichnungen der neuen Bauwerke entstanden sein (Nr. 6 *Ecole des Conducteurs*; Nr. 9 *Pont à 4 Griffon*; Nr. 10 *Pont Egyptien*). Nachlässigkeiten bei den Ausstattungsdetails sowie nicht immer tadellose Perspektiven legen die Vermutung nahe, einige Lithographien des *Annuaire* seien von unbekannt gebliebenen Lithographen des Corps der Verkehrswegeingenieure auf der Grundlage von Entwurfszeichnungen einiger Ingenieure des Corps, so auch von Traitteur, angefertigt worden (vermutlich Nr. 8 *Pont à 4 lions;* Nr. 12 *Pont de Jambourg,* möglicherweise auch weitere).

Aus den im Zuge seiner Arbeiten an den *Gravure sur Pierre fait a St. Petersbourg* entstandenen Bekanntschaften mit Petersburger Künstlern entwickelten

[171] So wird Beggrov als Verfertiger folgender Lithographien genannt: »1. Ansicht des Gebäudes der Kondukteurschule für Verkehrswege ... 2. Ansicht der 1826 am Katharinen-Kanal zwischen Kazaner und Stein-Brücke errichteten Kettenbrücke ... 3. Ansicht der 1826 an der Fontanka zwischen Izmajlovskij- und Kalinkin-Brücke in St. Petersburg errichteten Kettenbrücke ... 4. Ansicht der 1826 am Katharinen-Kanal zwischen Voznesenskij- und Harlamov-Brücke errichteten Kettenbrücke. In der Steindruckerei der Hauptverwaltung der Verkehrswege, auf Stein Zeichn. Karl Beggrov« (Tevjašov, E. N. *Opisanie neskol'kih gravjur i litografij ... (Beschreibung einiger Gravüren und Lithographien ...)*, 1903, S. 41–43, Nr. 60–65).

[172] Wilhelm von Traitteur. Anonym, um 1814–1820. Öl auf Leinwand, H. 54,7 cm, B. 44 cm (S. 302, Abb. 228). Sammlung Gerhard Knoor, Baden-Baden. Auf der Rückseite der Leinwand beschriftet: ›General von Traitteur‹; auf dem Keilrahmen: ›General von Traitteur, Bruder von Leny Deurer‹ (*Stephanie Napoleon. Großherzogin von Baden, 1789–1860.* Ausstellungskatalog. Karlsruhe, 1989, Nr. 172). Zu den Verwandtschaftsverhältnissen Traitteur–Deurer vgl. S. 285.

[173] RGIA, 519-9-502 ›Akte über die Darbringung seiner Majestät ... von Oberst Traitteur seine Darstellung, auf dem der Trauermarsch des im Herrn entschlafenen Herrn Kaisers Aleksandr Pavlovič in seligem Angedenken dargestellt ist. Juni 1826‹.

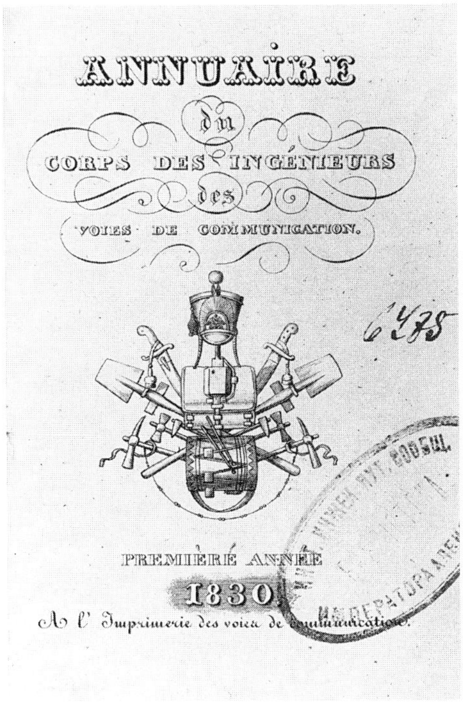

55 ›Annuaire du Corps des ingénieurs des voies de communication‹, Titelblatt des einzigen erschienenen Bandes des von Traitteur herausgegebenen Jahrbuchs, 1830 (Ex. NTB PGUPS)

sich in der Folgezeit höchstwahrscheinlich umfassendere Kontakte zu Malern der Petersburger Akademie der Künste. Dies läßt das einzige bekannte Porträt des badischen Ingenieurs vermuten, das um 1820 in Rußland entstanden sein dürfte[172]. Das kleine Gemälde zeigt einen jungen Mann mit gespanntem Gesichtsausdruck von vorne in einem für die damalige Zeit typischen Paradeanzug. Die in klassizistischer Komposition gehaltene Arbeit vermittelt in der Art, wie der Porträtierte dargestellt ist, in seiner Kleidung und Frisur, freie und romantische Stimmungen (vgl. Abb. 228). Das Porträt Traitteurs ist geprägt von dem für die Malerei der Frühromantik kennzeichnenden Bestreben, in einem Porträt vor allem die Innenwelt, die schöpferische Individualität und hohe Durchgeistigung des Menschen zum Ausdruck zu bringen. In Ausführungstechnik und Komposition ist dieses Gemälde ähnlich gestaltet wie die Werke des Künstlerkreises um A. G. Venecianov (1780–1857), O. A. Kiprenskij (1782–1836) und K. P. Brüllow (1799–1852), obgleich es offensichtlich hinter die besten Beispiele der damaligen russischen Porträtmalerei zurückfällt.

Weitere direkte Belege einer eigenständigen künstlerischen Tätigkeit Traitteurs hängen mit einem für ihn sicherlich bedrückenden Ereignis zusammen, dem Tod seines Mäzens Alexander I. am 19. November (1. Dezember) 1825. Getragen von dem *»interêt particulier qu'attache l'Europe entière à tout ce qui regarde le souvenir de Sa Majesté l'Empereur«* schuf Traitteur im März 1826 in St. Petersburg eine ›Tafel‹ (Gemälde?) zur Beisetzung Alexanders I. *(»un tableau exact et fidèle du convoi funèbre par lequel toute la Famille Impériale et la population entière de la capitale Lui ont rendu les derniers devoirs«)* und überreichte dieses dem Thronfolger Nikolaus I. Anfang Juni 1826. Im Begleitschreiben zu seinem Geschenk brachte der badische Ingenieur seine tiefe Dankbarkeit zum Ausdruck, die er für den entschlafenen Monarchen und seine Gemahlin ob der Förderung in seiner neuen Heimat empfand, die einem ›individu‹ zuteil wurde, »... *qui appelé par feu l'Empereur à son service il y a douze ans, et honoré toujours de Sa bienveillance particulière ainsi que de celle de feu Sa Majesté l'Impératrice Elisabeth, n'a négligé aucune occasion qui lui fut fournie d'utiliser ses faibles moyens au profit de sa nouvelle patrie, à laquelle il continuera avec empressement à consacrer toutes ses forces sous la protection magnanime de l'Auguste Heritier des hautes vertus de feu l'Empereur«*[173]. Ende Juni erhielt Traitteur ein Dankschreiben Nikolaus' I.

Gleichzeitig sandte Traitteur Lithographien seiner Darstellung des Kondukts an die Herrscherfamilien von Baden und Hessen, deren Angehörige er anläßlich der Beisetzung Alexanders I. in St. Petersburg persönlich kennengelernt hatte. *»Ein Exemplar schwarz und einz coloriret«* ließ er dem Markgrafen und späteren Großherzog Leopold nach Karlsruhe zukommen[174]. Ein weiteres Exemplar überreichte der badische Ingenieur dem Kurfürsten Wilhelm II. von Hessen. Für dieses Geschenk und für die Unterstützung, die Traitteur dem Gesandten des Kurfürsten, Generalmajor von Haynau, bei dessen Kontakten zum Petersburger Corps der Verkehrswegeingenieure erwiesen hatte, erhielt er im August den Orden vom Goldenen Löwen 2. Klasse[175]. Im November 1827 ersuchte schließlich die Verwaltung der Verkehrswege den badischen Ingenieur um eine Kopie der Darstellung des Kondukts[176]. Über den Verbleib der einzelnen Kopien dieses Werks konnte bislang nichts ermittelt werden.

Traitteurs künstlerisches und lithographisches Werk ist ein besonders eigentümlicher Bereich seines Schaffens. Da die Originale zu den lithographierten Blättern seiner Alben nicht erhalten sind, läßt sich weder sein zeichnerisches Können noch der Beitrag der Lithographen zum Gelingen des Endprodukts beurteilen. Gewisse Unterschiede in der Darstellungsweise von Figuren, Landschaften und Wolken (z. B. in der *Collection de plans et vues perspectives des nou-*

174 GLA Karlsruhe, Großherzogliches Familienarchiv, 10 [Leopold, Correspondenz], Bd. 19/27. Traitteur, Bl. 1, Schreiben Traitteurs vom 24. Juni / 3. (d. i.: 6.) Juli 1826. Der freundliche Hinweis auf die Briefe Traitteurs im oben genannten Bestand wird Herrn Dr. Klaus Häfner, Karlsruhe, verdankt. Vgl. auch unten S. 261.

175 »Se. Königlichen Hoheit der Kurfürst haben die von Eur. Hochwohlgeboren so künstlich angefertigte, und durch mich übersandte Abbildung des Leichenzuges Sn. Majestät des Höchstseeligen Kaisers Alexander, sowohl mit dem größten Interesse für die Wichtigkeit und Erhabenheit des Gegenstandes, als auch mit huldreichster Anerkennung der Allerhöchst demselben von Eur. Hochwohlgeboren hierdurch bezeigten Attention aufgenommen; ... haben Sn. Königliche Hoheit geruhet, Sie zum Commandeur 2er Classe des Kurhessischen Cour-Orden vom Goldenen Löwen zu ernennen ...« (Staatliches Museum Estland, Tallinn, 181-1 ›Wilhelm Traitteur‹, Bl. 21–22).

176 »... bitten wir Sie, so bald als möglich eine Kopie des den ... im Herrn entschlafenen Kaiser darstellenden Dokuments zu liefern« (RGIA, 206-1-704 ›Correspondance générale de 3 ponts en chaînes. 1827‹, Bl. 91). Der weitere Verbleib dieser Bildkopie ist nicht bekannt.

veaux ponts projetés et construits sur la nouvelle chaussée de Moscou ...) scheinen auf die jeweiligen Lithographen zurückzugehen und lassen vermuten, die von Traitteur vorgelegten Skizzen seien in der Regel auf die Gegenstände des Bauwesens beschränkt gewesen[177]. Der künstlerische Eigenwert der von ihm signierten Zeichnungen, obgleich recht hoch für einen Vertreter der neuen Ingenieurberufe[178], kann den besten graphischen Werken russischer und deutscher Künstler des Klassizismus und der Frühromantik kaum gleichgesetzt werden. Das offensichtliche Interesse des badischen Ingenieurs an der darstellenden Kunst sowie seine produktive Tätigkeit in einigen künstlerischen Genres (Zeichnung, Lithographie, Malerei) zeichnen ihn jedoch als führenden *ingénieur-artiste* des russischen Corps der Verkehrswege aus.

Traitteurs lithographisches Schaffen kann als sein wichtigster Beitrag zur Entwicklung der graphischen Grundlagen im russischen Bauwesen gelten. Die Einführung dieses neuen Vervielfältigungsverfahrens für Originalzeichnungen war eine der zahlreichen technischen Innovationen im Gefolge der beginnenden industriellen Revolution. Der von der späten Aufklärung mit ihrer Technikbegeisterung und ihrem Fortschrittsglauben geprägte Traitteur faßte die Lithographie sicherlich nicht nur als neues künstlerisches Mittel, sondern auch als neues ›industrielles‹ Druckverfahren auf. Gleichwohl ist der künstlerische Wert seiner in den 1810–1820er Jahren entstandenen lithographierten Alben durchaus vergleichbar mit den besten graphischen Werken führender Architekten des Spätklassizismus und der Frühromantik.

Die in mehrfacher Hinsicht auf Traitteur zurückgehende Einführung der Lithographie in Rußland verschaffte der Architektur- und Baugraphik Anfang des 19. Jahrhunderts insgesamt neue und größere Möglichkeiten[179]. Traitteurs Alben waren in der Tat die ersten Veröffentlichungen dieser Art, denen zahlreiche weitere Alben mit Stadtansichten und großen Bauwerken folgen sollten[180]. Dank der Lithographie konnten Architektur und Baukonstruktionen in bis dahin nicht gekannter Wiedergabetreue in sämtlichen technischen und dekorativen Details abgebildet werden. Die verallgemeinernde Darstellung architektonischer Formen der klassizistischen Graphik gehörte nun der Vergangenheit an. So akzentuierte und antizipierte die ›Architekturlithographie‹ Traitteurs im Grenzbereich zwischen darstellender Kunst und Architektur in vielen Aspekten die neuen Stiltendenzen, die in der tatsächlichen Entwurfspraxis noch verborgen blieben. Davon zeugt insbesondere die betont romantische Interpretation einiger Albumblätter der *Collection de plans et vues perspectives des nouveaux ponts projetés et construits sur la nouvelle chaussée de Moscou ...* (1821), in der manche der ›stilisierend-romantischen‹ Architekturideen der nachfolgenden Entwurfstätigkeit des badischen Ingenieurs bereits angedeutet sind[181].

[177] Darauf weisen u. a. die drei erhaltenen Bleistiftskizzen der Panteleimon-Brücke hin, die für das entsprechende lithographische Album vorbereitet worden sein dürften (RGIA, 1487-4-207 ›Die Panteleimon- und Ägyptische Kettenbrücke über die Fontanka. Fassaden, Grundrisse, Details‹, Bl. 1–3).

[178] Eine diesbezügliche Vorstellung vermitteln die noch in Baden angefertigten Zeichnungen zur badischen Uniform *Abbildungen der Grossherzoglich Badischen Armee Uniformen nach der Natur gezeichnet ... von Wilhelm von Traitteur, Ingenieur des Weg- und Brückenbaues 1813*, eine Reiter-Skizze (Reiß-Museum, Mannheim; K 2132, ohne Datum) sowie die Skizze mit spielenden Putti aus der *Gravure sur Pierre fait a St. Petersbourg*.

[179] Borisova, E. A. *Russkaja arhitekturnaja grafika XIX veka (Die russische Architekturgraphik des 19. Jh.) ...*, S. 32.

[180] Hierzu gehören die Alben des Architekten Montferrand mit zahlreichen lithographischen Darstellungen zu architektonischen Gestaltungen, städtischen Landschaften und Szenen: Montferrand, Auguste-Ricard de. *Eglise de St. Isaac, restaurée et augmentée d'après les ordres de l'Empereur et Roi ...* . St. Petersburg, 1820; ders. *Plan et détails du monument consacré à la mémoire de l'Empereur Alexandre.* Paris, 1836 (48 Taf.); ders. *Eglise cathédrale de Saint-Isaac. Description architecturale, pittoresque et historique de ce monument ...*, St. Petersburg–Paris, 1845.

[181] Vor allem in seinen 1825–1826 realisierten Entwürfen zu den Petersburger Kettenbrücken der zweiten Serie (vgl. S. 198 ff.).

56 Vogelperspektive eines neuen Bauabschnitts der Chaussée St. Petersburg–Moskau, 1823 (Traitteur. *Nouveaux Ponts … sur la nouvelle chaussée de Moscou*, Taf. 1)

Beginn einer eigenen Laufbahn: Arbeiten an der Chaussée St. Petersburg – Moskau, 1820 – 1822

Zu Beginn des Jahres 1821 erhielt Traitteur die Gelegenheit, seine erste große eigenständige Arbeit im Zusammenhang mit Straßen-, Wasser- und Brückenbauplanungen am Anfangsabschnitt der Chaussée von St. Petersburg nach Moskau auszuführen. Diesen verantwortungsvollen Auftrag des Leiters des Amts für Verkehrswege, Bétancourt, übernahm Traitteur für die Dauer von knapp zwei Jahren bis Ende 1822. In dieser relativ kurzen Zeit entwarf er über 50 Ingenieurbauten aus Holz und Stein, darunter 12 Brücken mit großer Spannweite und 13 kleinere Brücken sowie 26 ›Röhren‹ (Durchlässe), die an dem Streckenabschnitt der Chaussée zwischen den Dörfern Tosno und Spasskaja Polist' (Abb. 56) gelegen waren, und begann teilweise auch mit deren Bau[1]. Bei zahlreichen Brücken- und Straßenentwürfen mußte die gleichzeitige Ausführung schwieriger wasserbaulicher Maßnahmen berücksichtigt werden, wie zum Beispiel die Begradigung von Flußaltarmen durch die Anlage neuer Kanalabschnitte. Die meisten Vorschläge Traitteurs wurden in der Folgezeit zwar ohne seine Mitwirkung in teilweise abgeänderter Form ausgeführt.

[1] RGIA, 206-2-25 ›Über den Brückenbau an der Moskauer Chaussée. Dezember 1821 – Oktober 1822‹, Bl. 1–2. Als ›Stein-‹ bzw. ›Holzröhren‹ werden in den russischen Bauunterlagen des 19. Jahrhunderts Brückenübergänge mit kleinen Spannweiten bis 3–4 m bezeichnet.

Gleichwohl fördert die Betrachtung der Baugeschichte dieses neuen Straßenabschnitts eine ganze Reihe weniger bekannter Arbeiten des badischen Ingenieurs zutage und bietet überdies die Gelegenheit, eines der größten technischen Vorhaben des russischen Amts für Verkehrswege, die Einführung neuer Holzbrükkenkonstruktionen in die einheimische Baupraxis, näher zu beleuchten. Von besonderem Interesse ist Traitteurs Versuch, die Ingenieurbauten der neuen Chaussée als Teile eines einheitlichen architektonischen Konzepts für die wichtigste Verkehrsverbindung des russischen Reiches zu planen (Abb. 57).

Die Chaussée zwischen St. Petersburg und Moskau wurde ursprünglich in den 80er und 90er Jahren des 18. Jahrhunderts angelegt. Dafür wurden in großer Anzahl gemauerte Durchlässe sowie ein-, zwei- und dreibogige Steinbrükken auf der Grundlage von Musterentwürfen aus dem Jahre 1786 (Ingenieure S. Zinov'ev, K. Rean, P. Sojmonov) errichtet[2]. Bei der Modernisierung der Chaussée in den Jahren 1817–1834 wurde am Anfangsabschnitt der Straße bis Novgorod praktisch eine zweite parallel verlaufende Fahrbahn angelegt; im folgenden wurde unter Beibehaltung der ursprünglichen Trasse die Straßendecke ausgetauscht. An allen Straßenabschnitten wurden die Überführungen über Gewässer grundsätzlich umgeplant und Brücken neu errichtet. Die Archive enthalten umfangreiches Text- und Bildmaterial zum Bau der Chaussée St. Petersburg–Moskau sowie zu den Arbeiten Traitteurs, das jedoch bis in die jüngste Zeit im wesentlichen unerforscht blieb[3]. Zum Teil fanden die Zeichnungen Eingang in Traitteurs zweites lithographisches Album seiner Entwürfe und Bauwerke, das bereits im Jahre 1823 erschien[4]. Dieses Album umfaßt Pläne und Schaubilder zur städtebaulichen Situation der Abschnitte, zu Konstruktion und Architektur der neuen und alten Brücken und ist als Beispiel einer detaillierten bautechnischen Dokumentation von erheblichem Interesse.

Vorgeschichte, Bauplanung und Ausführung

Die in den Jahren 1817–1834 durchgeführte Generalüberholung der Straße zwischen St. Petersburg und Moskau war eine der ersten Unternehmungen des ›Komitees für den Bau und den Unterhalt der großen Straßen im Reich‹ (Komitet o postroenii i soderžanii bol'ših dorog v Imperii), das im Jahre 1816 im Ressort für Verkehrswege geschaffen wurde. Alle Straßen des Landes wurden damals ihrer Bedeutung nach in vier Kategorien eingeteilt. Zur höchsten Kategorie gehörte die Chaussée nach Moskau[5], weshalb die Führung des Amts für Verkehrswege die Planung und Errichtung der Bauwerke an allen Abschnitten der neuen Straße mit großer Aufmerksamkeit verfolgte.

Anfang April 1821 war der Bau der Chaussée in Richtung Moskau bereits bis hinter Čudovo vorangeschritten, die Errichtung der Brücken über die zahlreichen Wasserhindernisse jedoch noch nicht in Angriff genommen. Um die Arbeiten erfolgreich voranzutreiben, beschloß Bétancourt, die Bauleitung in zwei voneinander unabhängige Produktionsströme aufzuteilen und ernannte im April 1821 Ingenieur-Oberst Schröder zum Bauleiter der Chaussée sowie aller mit ihr verbundenen Teile und Ingenieur-Oberstleutnant Traitteur zum Leiter der Brückenbauarbeiten[6]. Für die erfolgreiche Umsetzung des Auftrags wurden dem ›Brückenbaudirektor‹ Traitteur die Hauptleute V. P. Lebedev und P. I. Stral'man, Oberleutnant K. Ja. Rejhel' und der Fähnrich des Bautrupps, L'vov, zur Seite gestellt[7].

Der von Traitteur zu einem späteren Zeitpunkt verfaßte Tätigkeitsbericht enthält eine kurzgefaßte, aber detaillierte Bestandsaufnahme der Arbeiten an der Chaussée bis zum Jahre 1820: *»En 1820 je fus chargé de la construction des*

[2] Punin, A. L. *Arhitektura otečestvennyh mostov (Heimische Brückenarchitektur)*. Leningrad, 1982, S. 8–9; RGIA, 1487-47-487 ›Plan der Chaussée zwischen den Orten Novgorod und Gorodki mit Musterenwürfen für die Brücken und Röhren. 1786‹ u. a.

[3] Die Archivunterlagen zum Bau der Chaussée St. Petersburg–Moskau befinden sich im RGIA: der Schriftverkehr zum Bau in Abt. 206 (Abteilung Verkehrswesen), Inventarliste 2; die Zeichnungen in Abt. 1487, Inventarliste 46, sowie in einigen anderen Abteilungen. Erstmals untersucht wurden russische Straßenbrücken des Zeitraums 1800–1820 (auch einige Brücken Traitteurs) bei: Punin, A. L. *Arhitektura mostov. Evolucija stilističeskih osobennostej ot antičnoj epohi do načala XX veka ... (Brückenarchitektur. Entwicklung stilistischer Besonderheiten von der Antike bis Anfang des 20. Jahrhunderts ...)*. Diss. Leningrad 1984, Kap. 10.6: Russische Straßenbrücken von 1800 bis Anfang der 40er Jahre des 19. Jahrhunderts, Anlage 21.

[4] *Collection de plans et vues perspectives des nouveaux ponts projetés et construits sur la nouvelle chaussée de Moscou, pendant les années 1821 et 1822 par G. de Traitteur*. St. Petersburg, 1823 (siehe auch S. 75–77).

[5] *Kratkij istoričeskij očerk razvitija i dejatel'nosti Vedomstva putej soobščenija za sto let ego suščestvovanija. 1798–1898 (Kurzgefaßter historischer Abriß über die Entwicklung und die Aktivitäten des*

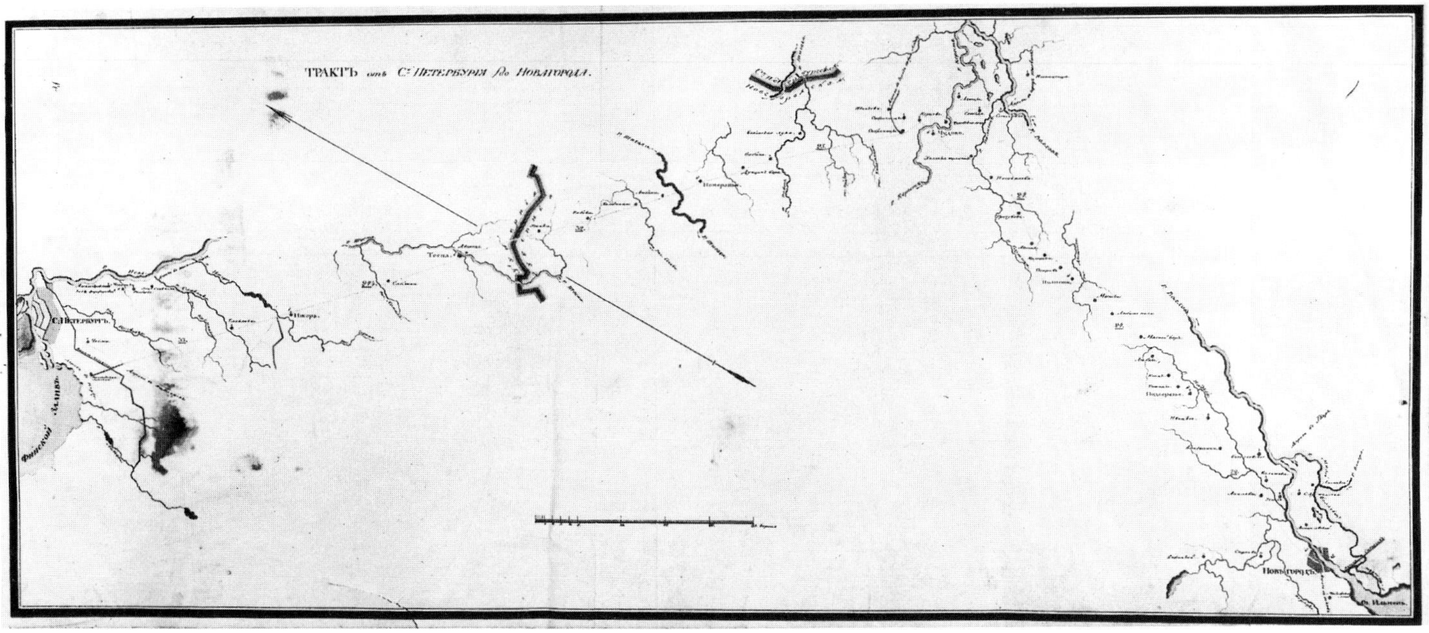

57 Chaussée St. Petersburg–Moskau, Karte des Teilabschnitts St. Petersburg–Novgorod, 1822 (RGIA, 1487-1-65, Bl. 1)

ponts sur la chaussée de Moscou. Près de 30 ponts étaient sur le point d'écrouler lorsqu'ils me furent remis; le manque de matériaux, si grand, que mes prédécesseurs avaient proposé de faire venir ces matériaux de la Finlande et de St Peterbourg. Ces dépenses énormes auraient entièrement paralysé les progrès de cette route magnifique. Des recherches scientifiques me prouvèrent que les lieux étaient bien plus riches que leurs aspect ne le promettait. En peu de mois les marais furent desséchés, on decouvrit le meilleur granit, des couches de cheaux et de plite, les rivières furent rendues propres au flottage du bois, nous devînmes riches en matériaux, et encore dans la même année 40 travaux techniques furent commencés. Quelles sommes énormes n'ont-elles pas été épargnées à la couronne«. Im darauffolgenden Jahr seien dann die Brückenbauarbeiten an der Chaussée St. Petersburg–Moskau aufgenommen worden: »*En 1821 j'étendis sur une distance plus considérable la construction des ponts sur la chaussée de Moscou. A la place des ponts pourris, on vit s'élever des constructions techniques qui sont maintenant l'ornement de cette route et qui dureront pendant des siècles*«[8].

Diese rückblickenden Aufzeichnungen Traitteurs werden durch Archivunterlagen gestützt, aus denen hervorgeht, daß er mit der Planung der Brücken für die neue Chaussée bereits am 15. Dezember 1820, also noch vor dem Erlaß eines amtlichen Regierungsdekrets, von Bétancourt beauftragt wurde. Gleichzeitig wurden ihm die für diesen Abschnitt früher erstellten Brückenbaupläne übergeben[9]. Insgesamt erhielt Traitteur vor der Aufnahme seiner eigenen Tätigkeit Unterlagen zu 14 Brücken, darunter Zeichnungen zu Steinbrücken an den Flüssen Kerest', Tigoda (in Ljuban'), Tosna und Smol'nyj (im Dorf Čudovo) und zu den Holzbrücken an den Flüssen Ušačka, Ravan' (in Babino), Kunest', Grjadka, Vjazka, Kolomenka, Pliskova und Bezymjannyj. Im Februar 1821 wurden ihm zusätzlich zu den Brückenplänen 10 weitere Entwürfe zu Unterführungen in Ziegelmauerwerk (›Ziegelröhren‹) für den Chausséeabschnitt zwischen Pomeran'e und Čudovo zugeleitet, die von Generalmajor Voronov erarbeitet und vom Rat für Verkehrswege am 22. Februar desselben Jahres verabschiedet worden waren[10].

Eine Vorstellung vom Umfang der Arbeiten, die Traitteur an dem ihm übertragenen Abschnitt auszuführen hatte, vermittelt sein Werkbericht, der am 12. November 1821 Bétancourt zugeleitet wurde: »*Nach den auf meine Anordnung hin zwischen Jam Tosno und Spasskoe Polest'e durchgeführten Aufnahmen wird man auf 80 Verst 12 große Brücken, 13 kleinere und 26 Röhren anlegen müssen; an jedem*

Amts für Verkehrswege anläßlich seines hundertjährigen Bestehens. 1798–1898). St. Petersburg, 1898, S. 44–46.

[6] *Polnoe sobranie zakonov Rossijskoj Imperii (Vollständige Gesetzessammlung des Russischen Reichs).* Sammlung 1, Band 37 (1820 bis 1821 incl.), St. Petersburg, 1830, S. 691 (Erlaß 28605, vom 2. April 1821).

[7] *Prikazy, otdannye po KIPS v 1810–1823 gg. (An das Corps der Verkehrswegeingenieure 1810–1823 ergangene Befehle).* St. Petersburg, 1825, S. 218 (Befehl Nr. 6 vom 3. März 1821).

[8] RGIA, 200-1-1780, Bl. 129.

[9] »Ich wähle Euer Hochwohlgeboren für die Erstellung der Entwürfe und die Durchführung des eigentlichen Baus der neuen Brücken an der Moskauer Chaussée zwischen Tosna und Čudovo. ... Anbei finden Sie die Entwürfe zu den erwähnten Brücken, wie sie früher erstellt wurden, von denen Sie jene ändern wollen, welche dies zulassen, und überhaupt jene überarbeiten wollen, welche dies erfordern. ... Ich erwarte von Ihnen diese Entwürfe ohne Ausnahme, beginnend von der Brücke Tosna, mit den notwendigen Voranschlägen und Beschreibungen der Arbeiten« (RGIA, 206-2-25, Bl. 23v, aus der Anordnung Bétancourts vom 15. Dezember 1820).

[10] RGIA, 206-2-25, Bl. 25.

dieser Orte wird man zur bequemeren Durchfahrt provisorische Brücken bauen müssen, die je nach Lage zwischen 30 und 40 Sažen' lang sind. Daher müssen auf 80 Verst an 51 verschiedenen Stellen Bauwerke errichtet werden«[11]. Einer ersten Schätzung Traitteurs zufolge sollten die 12 ›großen Brücken‹ je 150.000, die 13 kleinen je 30.000 und die 26 ›Röhren‹ je 10.000 Rubel kosten. Für alle Bauwerke beliefen sich die veranschlagten Kosten somit auf 2.450.000 Rubel. Für das Jahr 1821 plante Traitteur den Baubeginn der Holzbrücken Čudovo, Babino, Tosno und Ljuban'. Insgesamt nahm er in der ersten Bausaison die Arbeiten an 23 Stellen auf und wandte 396.300 Rubel der zugewiesenen 500.000 Rubel auf[12]. Der Arbeitsplan für 1822 sah die Fertigstellung der Brücken Čudovo, Tosna und Ljuban' sowie von fünf Durchlässen zwischen Čudovo und Spasskaja Polist' vor. Außerdem wurden die Bauarbeiten an den Brücken Fadeev (bei Verst 7 hinter Spasskaja Polist'), Polistskij, Polenovskij, Ovinskij, Kolinskij, Ostrovskij und in Holop'ja Polist' sowie an den Durchlässen über die Bäche Krutoj, Mesnoj und bei Verst 10, 11, 12, 23 und 24 der Chaussée aufgenommen. Um gleichzeitig den Verkehr am folgenden Abschnitt zwischen Čudovo und Spasskaja Polist' zu ermöglichen, schlug Traitteur vor, provisorische Brücken an jenen Stellen zu errichten, an denen die ›Röhren‹ nicht rechtzeitig fertiggebaut werden konnten, sowie die neue Chaussée bis zur Fertigstellung der neuen Brücken auf der alten Straßenschüttung zu verlegen. Die Kosten für die gesamte Unternehmung wurden in der Saison 1822 auf 1.140.000 Rubel veranschlagt[13]. Zur Durchführung der Bauarbeiten im Mai des darauffolgenden Jahres 1822 wurde Traitteur Personal des 4. Arbeitsbataillons (1028 Mann) zur Verfügung gestellt[14].

Nach einer von Bétancourt Mitte Juli 1822 erteilten Anweisung an Traitteur sollten alle Brücken und Durchlässe bis Novgorod zum Abschluß gebracht und die Durchfahrt an diesem Abschnitt der Straße 1823 freigegeben werden. Gleichzeitig erging der Auftrag Bétancourts, über den Stand der Arbeiten an dem 115 Verst langen Chausséeabschnitt zwischen Tosno und Novgorod zu berichten. Der erhalten gebliebene umfangreiche Bericht Traitteurs gibt über die für den Sommer 1822 geplanten Arbeiten detailliert Auskunft[15]. Seiner Einschätzung nach waren dort 9 große und 18 kleinere Brücken sowie 44 Durchlässe und an 77 Stellen Steinbauwerke zu errichten. Sämtliche Entwürfe und Kostenvoranschläge für die Brücken auf dem Chausséeabschnitt zwischen Tosno und Pomeran', also für die Brücken Tosno, Ušaki, Bolotnickij und Ljuban', waren bereits genehmigt (mit Ausnahme der Brücke Smol'ninski und der zweiten Brücke in Ušaki). Allerdings sollte aufgrund der begrenzten Mittelzuweisungen im Jahre 1822 lediglich die Brücke Ljuban' fertiggestellt werden.

Die Entwürfe zu den Brücken und Durchlässen des nächsten Chausséeabschnitts zwischen Pomeran' und Čudovo, also für die Brücken Babino, Čudovo sowie 5 ›Röhren‹, wurden Mitte 1822 ebenfalls genehmigt (mit Ausnahme der Kostenvoranschläge für die Brücken Grjadka, Rečensk, Kolomovo und Ploskovo). Aus finanziellen Gründen konnte in derselben Bausaison von all diesen Bauwerken lediglich die Brücke Babino fertiggestellt werden. An dem Straßenabschnitt zwischen Čudovo und Spasskaja Polist' waren die Brükkenentwürfe für Holop'ja Polist' und Polenočnoe genehmigt, die Fertigstellung auch nur eines einzigen davon noch in der Saison 1822 erschien jedoch unmöglich. Traitteur wollte die Entwürfe für die 11 ›Röhren‹ an diesem Abschnitt schon bald nach seiner Beauftragung vorlegen. Aus seinem Bericht wird aber ersichtlich, daß er die Planungen der Bauwerke für den folgenden Abschnitt zwischen Spasskaja Polist' und Podberez'e noch nicht in Angriff genommen hatte: *»... da derer dort äußerst viele sind, können die Entwürfe und Kostenvoranschläge in näherer Zukunft noch nicht vorgelegt werden. An jener Distanz ... wird es notwendig sein, Material für den Transport dorthin im Winter vorzubereiten«*[16].

[11] Ibid., Bl. 1–2.

[12] Ibid., Bl. 13v, 26–28.

[13] Ibid., Bl. 13–14v, 17, 33.

[14] Militärarbeitsbataillone (Voenno-rabočie batal'ony) wurden 1817 als Einheiten der Militärarbeitsbrigade (Vojenno-rabočaja brigada) des Verkehrswegeamts für die Arbeiten an der neuen Moskauer Chaussée und an anderen Staatsstraßen eingerichtet (RGIA, 202-1, Kurznachweis am Anfang der Inventarliste).

[15] RGIA, 206-2-25, Bl. 466–468, 471–472.

[16] Ibid., Bl. 467v.

[17] *Prikazy, otdannye po KIPS v 1810–1823 gg. (An das Corps der Verkehrswegeingenieure 1810–1823 ergangene Befehle).* St. Petersburg, 1825, S. 274 (Befehl Nr. 54 vom 19. Dezember 1822); RGIA, 206-2-15 ›Über die Gründung der Sonderdirektion für den Brückenbau an der Moskauer Chaussée. 1821–1822‹, Bl. 9.

[18] RGIA, 207-16-132 ›Dienstliste über den Dienst und Titel des Corps der Verkehrswegeingenieure. Januar 1839‹, Bl. 234–252 (Dienstliste von Oberst Stral'man); RGIA, 207-16-98 ›Dienstliste über den Dienst und Titel des Corps der Verkehrswegeingenieure. 1843‹, Bl. 377–387 (Dienstliste von Oberst Rejhel').

[19] So teilte der Generalmajor Potier Ende Juni 1823 nach einer Inspektionsreise über den fertigen Teil der Chaussée mit, daß bei der Fertigstellung der Brücken- und Röhrenbauten durch Rejhel' 600.000 Rubel gegenüber den für den Bau zuvor von Traitteur veranschlagten 1.200.000 Rubel eingespart werden konnten (RGIA, 206-2-75 ›Über die fertiggestellten Brücken an der Chaussée zwischen St. Petersburg und Novgorod und darüber, daß Herr Rejhel' einer Belohnung würdig ist. März 1824 – März 1828‹, Bl. 7.

[20] RGIA, 206-2-35 ›Über den Bau der Brücke in dem Dorfe Ljuban'. Mai–Juni 1822‹, Bl. 2v.

Diese in den Jahren 1820–1821 geplanten umfassenden Arbeiten vermochte Traitteur jedoch nicht zum Abschluß zu bringen: Am 19. Dezember 1822 wurde er von den Pflichten des ›Leiters der Bauarbeiten an den Brücken und Röhren der Moskauer Chaussée‹ entbunden, als ihm die Fertigstellung der Kondukteurschule in St. Petersburg übertragen wurden[17]. Die Bauleitung an der Chaussée ging im folgenden vorübergehend an Hauptmann P. I. Stral'man, ab 18. Oktober 1823 an den wichtigsten Gehilfen Traitteurs in der Anfangsphase der Arbeiten, Oberleutnant K. Ja. Rejhel'[18]. Bei der Fertigstellung der von Traitteur begonnenen Bauwerke änderte dieser aus wirtschaftlichen Erwägungen heraus einen Großteil der ursprünglichen Entwürfe[19].

Brückenbauwerke: Konstruktionstypen und Planungsverfahren

Druckstab- und Bogenbrücken aus Holz

Bei den Bauarbeiten der 20er Jahre des 19. Jahrhunderts an der Chaussée St. Petersburg–Moskau kamen als wichtigste Brückenkonstruktionstypen Druckstab- und Bogenbrücken aus Holz zum Einsatz (Abb. 58, 59). Die Entscheidung zu Gunsten gerade dieser damals hochmodernen Konstruktionsarten ging auf Bétancourt zurück. Hiervon zeugt u. a. auch ein Bericht Traitteurs, den er am 4. Mai 1822 zum Bau der Brücke Ljuban' verfaßt hatte: *»Wie Euer Hochwohlgeboren bereits die Güte hatten zu bestätigen, daß alle neuen Brücken an der Moskauer Chaussée Pfeiler und Widerlager aus Stein und Bögen aus Holz haben sollen …«*[20]. Für hölzerne Konstruktionen sprachen in erster Linie die breite Verfügbarkeit und der günstige Preis von Bauholz sowie ihre Reparaturfreundlichkeit. Über diese Vorzüge der neuen hölzernen Brückentragwerke heißt es in einem von mehreren Werkberichten führender Ingenieure des Amts für Verkehrswege: *»… L'adoption de poutre en bois, en promettant de grandes économies par*

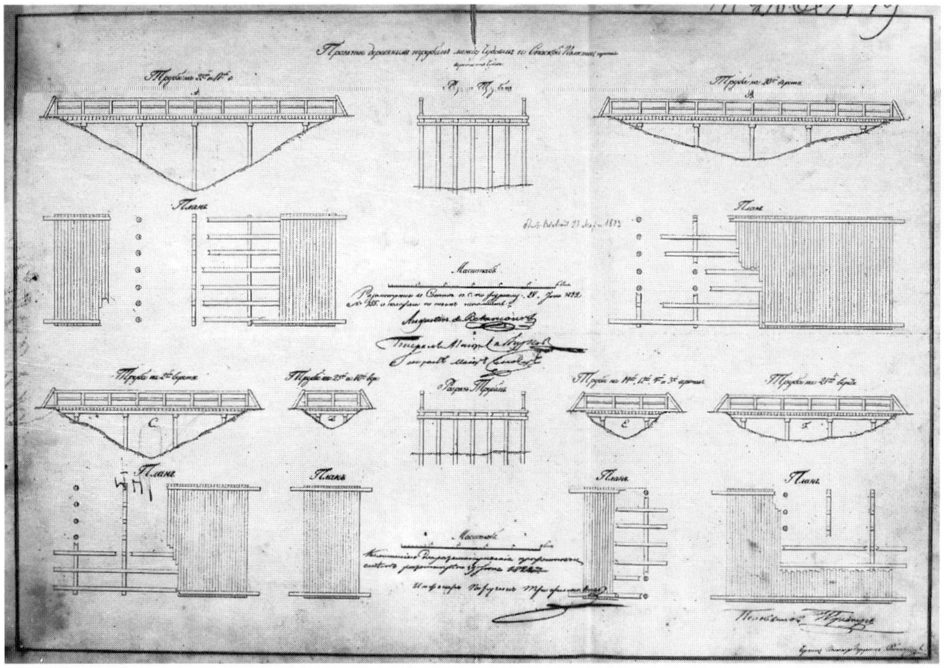

58 Musterentwürfe für kleinere Holzbalkenbrücken (›Holzröhren‹) für den Teilabschnitt der Chaussée zwischen Čudovo und Spasskaja Polist'. Traitteur, 1822 (RGIA, 1487-46-768, Bl. 2)

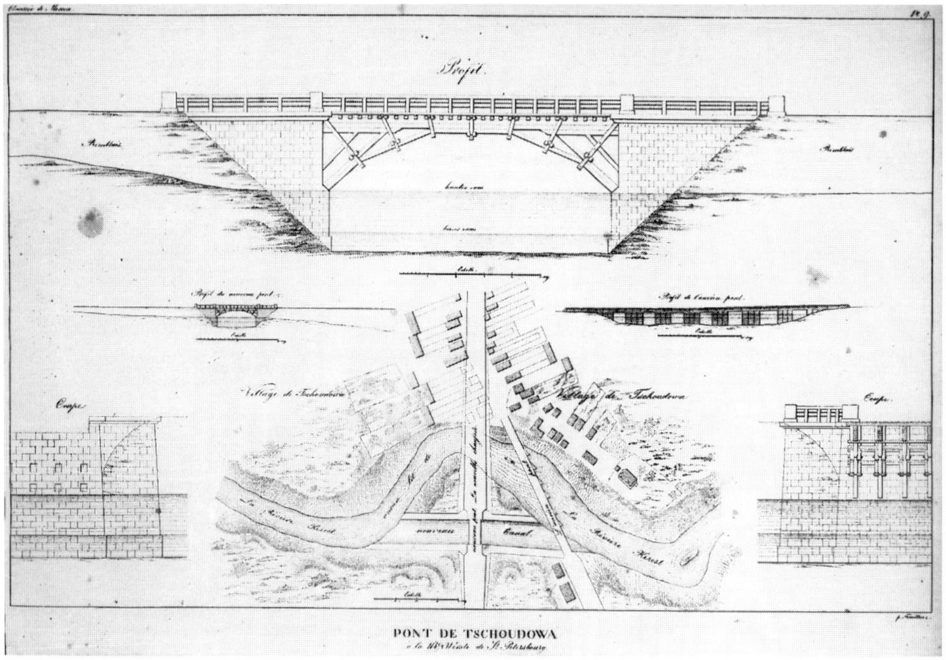

59 Entwurf für die Holzbogenbrücke mit Druckstäben über die Kerest' bei Čudovo, 1822 (Traitteur. *Nouveaux Ponts ... sur la nouvelle chaussée de Moscou*, Taf. 9, Lithographie nach eigener Vorlage)

le bas prix des matériaux, méritait encore la préférence par la facilité, avec laquelle leur réparation de cette sorte d'ouvrages peuvent s'effectuer dans un pays qui compte presque autant de charpentiers que d'habitants; mais elle présentait le disavantage très marqué, d'exiger après un petit nombre d'années une reconstruction périodique de tout les ponts de la chaussée«[21].

Die unter Traitteurs Leitung begonnenen Arbeiten zu Planung und Bau der Holzbrücken entlang der Chaussée in Richtung Moskau sind den zahlreichen technischen Experimenten des russischen Amts für Verkehrswege zuzuordnen, insbesondere um die Einführung von Stabholzsystemen in Rußland. Diese relativ leichten Konstruktionen wurden offensichtlich nicht nur den traditionellen Steinbauten, die in den 1786 ausgeführten Musterbrückenplänen für dieselbe Chaussée verwendet wurden, sondern auch den traditionellen Holzbrükkensystemen, die in den 1816 erstellten Normentwürfen zu Holzbrücken für die großen Straßen Rußlands dominierten, gegenübergestellt[22].

Zur Überwindung flacherer Bachläufe und Gräben beim Bau der neuen Straße wurden sogenannte ›Holzröhren‹, d. h. Durchlässe einfachster Konstruktion mit hölzernen Pfahlstützen und Balkenbelag, eingesetzt (Abb. 58). Die Entwürfe zu den 22 ›Holzröhren‹ von bis zu 19 Sažen' (40,5 m) Länge mit Pfahlstützen in einem Abstand von 2 Sažen' (4,3 m) wurden für den Straßenabschnitt zwischen Čudovo und Spasskaja Polist' von Traitteur erstellt und von der Kommission für Entwürfe und Kostenvoranschläge im Juni 1822 geprüft[23].

Für Brücken mittlerer Spannweite (10 bis 20 m) wurden Druckstabsysteme mit Druckriegeln verwendet (Abb. 59). Dabei handelte es sich um leichte, statisch bestimmte Konstruktionen mit balkenbelegter Brückenfahrbahn, die auf polygonal genäherten Bögen und auflagernahen Stützen ruhte. Derartige technische Lösungen waren in Westeuropa Ende des 18. Jahrhunderts aufgekommen und fanden breite Anwendung insbesondere in Arbeiten von Vertretern der französischen Ingenieurschule[24]. Im Gegensatz zu den zahlreichen statisch unbestimmten Druckstabsystemen der Renaissance wurde bei diesem Konstruktionstyp das besondere statische Verhalten von Stabsystemen recht gut berücksichtigt und blieb bis zum Aufkommen von Stahlbalkenträgern (40er

[21] RGIA 206-2-61 ›Akte über die Prüfung der Brückenpläne an der Moskauer Chaussée, vorgelegt von Generalmajor Bazaine. 1823–1824‹, Bl. 1 (Notice sur un nouveau système de construction pour le poutre de la chaussée de Moscou. April 1823).

[22] *Obrazcovye čerteži derevjannym mostam dlja bol'ših dorog Rossii (Musterzeichnungen zu Holzbrücken für die großen Straßen Rußlands).* 1816 (Atlas aus 15 Blatt Plänen. Ein Exemplar in RGIA, 1487-47-69).

[23] RGIA, 1487-46-768 ›Pläne für die Holzröhren zwischen Čudovo und Spasskaja Polist'. 1822‹. Bl. 1–2 (unterzeichnet von Traitteur).

[24] S. z. B.: Picon, Antoine; Yvon, Michel. *L'Ingénieur artiste. Dessins anciens de l'Ecole des Ponts et des Chaussées.* Paris, 1989, S. 104–105 (J. Rolland, Projekt zur Pont Notre-Dame in Cahors, 1783; Spannweiten 19,2 + 26,2 m); S. 102–103 (F.-M. de Vergès, Projekt zu zehn Brücken mit unterschiedlichem Zimmerwerk, 1818; Spannweiten 1,8 bis 15,2 m).

[25] RGIA, 159-1-471 ›Über den Bau der Steinbrücke am Fluß Kerest' nach Jama Čudovo, Ingenieur-Oberst Fabre. Juni 1819 – April 1821‹, RGIA, 1487-46-821 ›Plan der Brücke am Fluß Kerest' im Dorf Čudovo‹ (unterzeichnet: Fabre, ohne Datum).

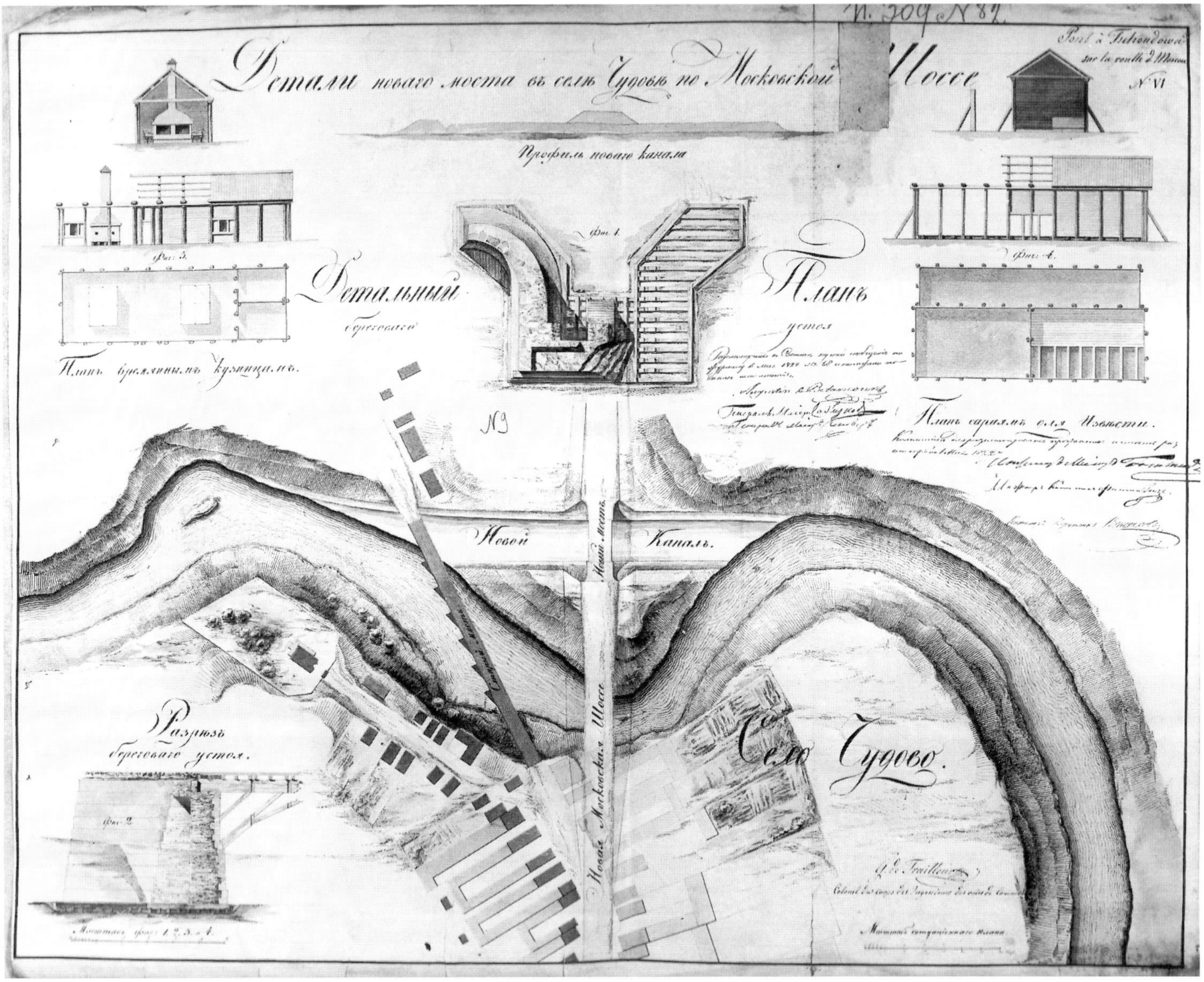

60 Bauplan für die Holzbogenbrücke über die Kerest' bei Čudovo mit Lage des neuen Flußbettes. Traitteur, Mai 1822 (RGIA, 1487-46-822, Bl. 2)

Jahre des 19. Jahrhunderts) die am weitesten verbreitete Konstruktionsweise bei Verkehrsbrücken.

Das größte von Traitteur für die Chaussée St. Petersburg–Moskau geplante System dieser Art war die Brücke bei Čudovo bei Verst 144 der Straße (Abb. 59, 60). Ein früherer Plan für den Brückenübergang der neuen Straße über die Kerest' vom Juni 1817 stammte von Ingenieur-Oberst A. Ja. Fabre (Abb. 61). Sein Entwurf sah die Begradigung des Flußarms durch Anlage eines kleineren Kanals und den Bau einer dreibogigen Brücke mit je 10,6 m Spannweite pro Bogen senkrecht zum Kanal vor[25]. Die Gesamtkosten für alle Arbeiten wurden auf 218.406 Rubel veranschlagt. Anfang 1821 wurde der nichtrealisierte Entwurf Fabres an Traitteur übergeben, der die Gesamtlösung seines Vorgängers beibehielt, das Brückentragwerk selbst jedoch völlig abänderte (Abb. 60). Die in Traitteurs Entwurf vorgeschlagene Druckstabkonstruktion bestand aus drei Lagen nachgiebig verbundener, gebogener Balkenträger der Fahrbahn, die im Feld durch einen polygonal genäherten Bogen (Spannweite 76,5 Fuß, 23,3 m) und im Auflager durch zwei Schrägstützen getragen wurde[26]. Die

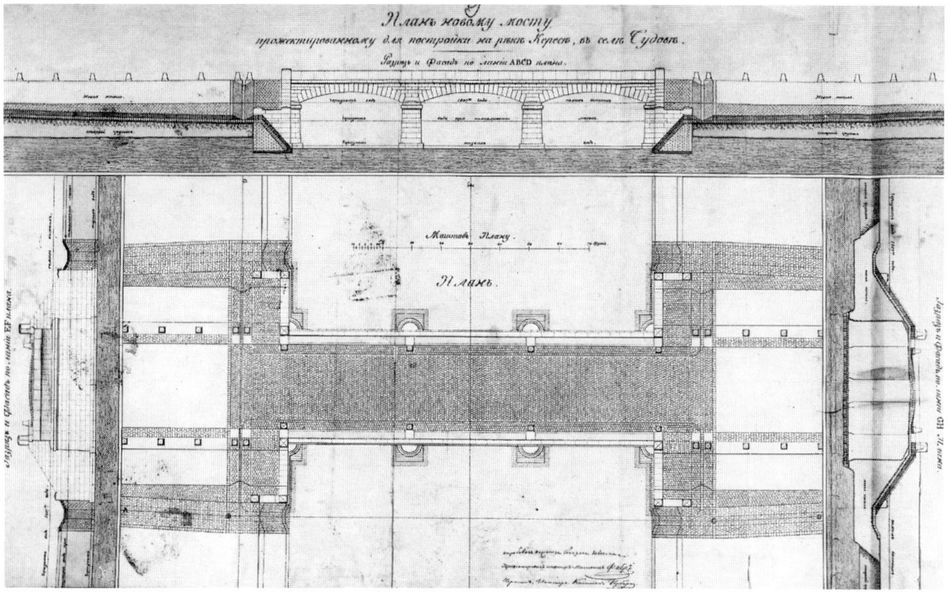

61 Ursprünglicher Entwurf einer Steinbogenbrücke über die Kerest' bei Čudovo. Fabre, Juni 1817 (RGIA, 1487-46-821)

Hauptöffnung der Brücke hatte einen Querschnitt von 1.015 Quadratfuß, der auch bei Hochwasser den Abfluß gewährleistete. Durch ein näheres Heranführen der Straßendämme an den Fluß fiel die Brücke Traitteurs wesentlich kürzer aus als in Fabres Entwurf. Die unterschiedliche Breite von Brücke und Straße wurde durch die Architektur der Widerlager kompensiert, deren gekrümmte Flanken die Form der Widerlager der Isaaksbrücke in St. Petersburg nachzeichneten. Die Pfeilerwände sollten mit Granitplatten aus örtlichen Vorkommen verkleidet werden. Die im Mai 1822 verabschiedete Endkostenveranschlagung sah Ausgaben in Höhe von 365.813 Rubel vor. Davon wurden im selben Jahr für die Vermessungsarbeiten, die Anlage von Erdaufschüttungen unter Verwendung von Aushubmaterial des neuen Kanals sowie für die Errichtung der Widerlager 80.000 Rubel zugewiesen. Der Abschluß der Bauarbeiten war für Ende Oktober 1823 vorgesehen.

Aufgrund der Bodenverhältnisse am Abschnitt des Übergangs über die Kerest' und des sich in den Uferbereich hineinziehenden felsigen Untergrundes wurde beschlossen, die Brückenpfeiler aus örtlichem Ziegelstein auf Holzrosten und massiven Fundamenten zu errichten. Bei den im Sommer 1822 begonnenen Bauarbeiten zeigte sich, daß die Plattenschichten des anstehenden Felses so mächtig waren, daß man beim Errichten der Pfeiler ohne Rost auskommen konnte[27]. Die Entscheidung Traitteurs, die Brückenpfeiler ohne die üblichen Pfahlroste zu bauen und die untersten Granitplattenlagen des Mauerwerks unmittelbar auf den gewachsenen Felsen zu gründen, wurde von Bétancourt gebilligt[28].

Bei Durchsicht der erhalten gebliebenen Entwürfe auch für die übrigen, Richtung Moskau gelegenen Abschnitte der Chaussée zeigt sich, daß die Druckstabbrücken einer der bevorzugten Konstruktionstypen war, die vom Petersburger Corps der Verkehrswegeingenieure geplant und gebaut wurde. Besonders hervorzuheben ist die dreibögige Brücke am Fluß Polymet' nahe der Station Jažembic, die im April 1821 baulich genehmigt und 1824 nach einer korrigierten Entwurfsfassung fertiggestellt wurde (Ingenieur-Oberst de Witte, Oberleutnant des Bautrupps Dranišnikov; Spannweiten je ca. 24 m). Ein Vergleich zwischen den älteren Entwürfen zu dieser Brücke über die Kerest', die offensichtliche technische Mängel aufweisen, und dem entsprechenden Traitteurschen Entwurf zeigt, daß letzterer sowohl konstruktiv schlüssiger als auch ästhetisch ansprechender war[29].

[26] *Collection de plans et vues perspectives des nouveaux ponts projetés et construits sur la nouvelle chaussée de Moscou ...*, Taf. 9; RGIA, 1487-46-822, Bl. 2 ›Details der neuen Brücke im Dorf Čudovo an der Moskauer Chaussée. 1822‹.

[27] RGIA, 206-2-32 ›Über den Bau der Brücke in Jama Čudovo und die Eröffnung neues Kanals. April 1822 – Januar 1824‹, Bl. 4, 118v, 121.

[28] Genaue Angaben zur Fertigstellung der Brücke über den Fluß Kerest' sind in den Archiven nicht aufzufinden. Zeichnungen dieser Brücke fanden jedoch Eingang in das Album der realisierten Bauwerke Traitteurs (*Collection de plans et vues perspectives des nouveaux ponts projetés et construits sur la nouvelle chaussée de Moscou ...*, Taf. 9).

[29] RGIA, 1487-47-909 ›Die Brücke über den Fluß Polyst' an der Station Jažembic bei Verst 22. 1821–1823‹.

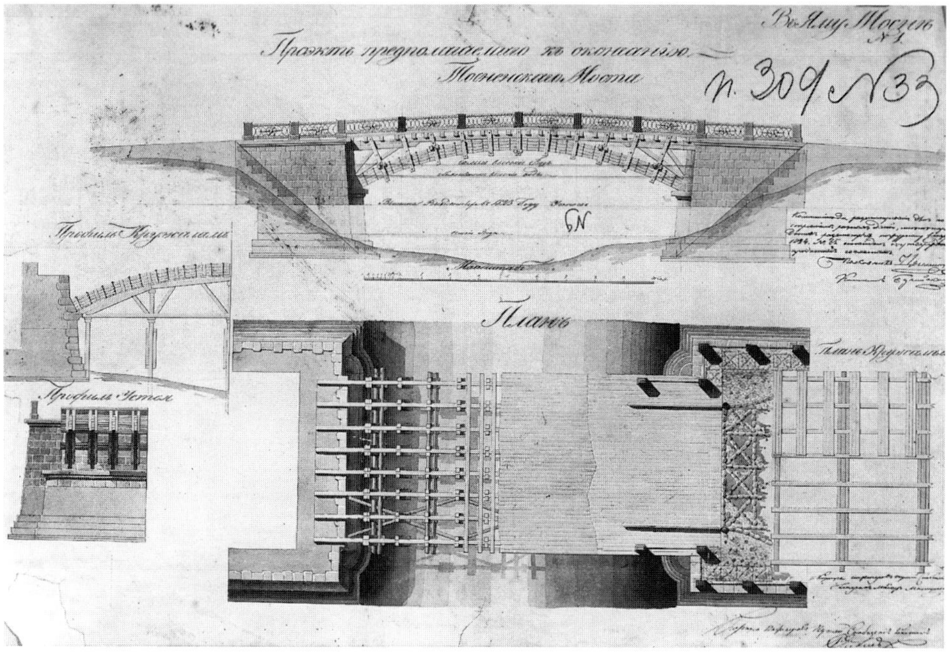

62 Entwurf einer Holzbogenbrücke bei der Siedlung Tosna. Bauausführung Rejhel' 1824 nach einem Vorgängerentwurf Traitteurs, 1821–1823 (RGIA, 1487-46-832, Bl. 1)

Die anspruchsvollsten und innovativsten Holzkonstruktionen Traitteurs für die Chaussée St. Petersburg–Moskau sind zweifelsohne seine Ein- und Mehrfeldbogenbrücken aus Holz. Die Initiative für die Verwendung dieser Bauweise aus gebogenen Holzbalken in Rußland ging ebenfalls von Bétancourt aus. Das von ihm für die erste Kamennoostrovskij-Brücke in St. Petersburg erstmals vorgeschlagene System mit mehreren Holzbögen (1811–1813, Abb. 19)[30] wurde in der russischen Bautätigkeit der 1820er Jahre insbesondere durch die Arbeiten Traitteurs und Bazaines weiterentwickelt.

Eine der ersten Holzbogenbrücken entwarf Traitteur für den Übergang über die Tosna bei der gleichnamigen Siedlung unweit von St. Petersburg, die im April abgeschlossen und Ende Mai 1821 vom Rat für Verkehrswege genehmigt wurde[31]. Anders als der Vorgängerentwurf, der eine dreibogige Brücke in Massivbauweise vorsah, verzichtete Traitteur bei seiner neuen Einfeldbrücke auf den Baustoff Stein, der aus anderen Regionen hätte geliefert werden müssen: »*Das wichtigste Hindernis für die Ausführung von Brücken, bei welchen die Uferbefestigungen und -pfeiler aus Stein sein sollen, ist der Mangel an Granit, gutem Kalk und Platten. Die aus diesem Grunde vorgenommenen Untersuchungen haben mich veranlaßt, mich statt für drei kleine Bögen, wie sie für die Brücke Tosna geplant waren, für einen Bogen mit 80 Fuß Öffnung zu entscheiden und dafür die Uferpflasterung höherzuführen. Zwei Pfeiler, welche dann nicht erforderlich würden, werden die Kosten um wenigstens ein Drittel senken*«[32].

Als Tragwerk der Brücken kamen mächtige Bögen mit einer Spannweite von 24,4 m aus vier Schichten (je ca. 30 cm) verzahnter gekrümmter Balken zur Anwendung. Die Balken des Fahrbahnbelags (Breite 12,9 m) lagerten über radial angeordnete Ständer auf den Bögen. Zur Verminderung der freien Länge der Aufständerungen wurden in der Nähe der Widerlager je zwei schräge Zusatzstreben eingezogen. Die neue Brücke hatte einen Öffnungsquerschnitt von 1.521 Quadratfuß. Die Widerlager wurden aus Ziegeln und Eckquadern aus Granit aufgemauert, die aus Vorkommen am Fluß Tosna (Verst 58 der neuen Chaussée) stammten. Die veranschlagten Kosten für das Bauwerk beliefen sich auf 258.972 Rubel[33]. Die zugänglichen russischen Archivunterlagen enthalten leider keine Angaben über die Herstellung der Bogenform bei den gekrümmten Holzträgern. Neben der Möglichkeit einer Fertigung in den zahl-

[30] Genauer siehe S. 39.

[31] RGIA, 206-2-25, Bl. 26v.

[32] RGIA, 206-2-18 ›Akte über den Bau der Brücke Tosna. April 1821 – Januar 1823‹, Bl. 1v.

[33] RGIA, 206-2-18, Bl. 64–117. Die Entwurfszeichnungen der Brücke zu Tosna konnten in den Archiven nicht aufgefunden werden. Die in der wissenschaftlich-technischen Bibliothek der Staatlichen Petersburger Universität für Verkehrswege in der Abteilung Bazaine verwahrten Bauzeichnungen (Nr. 18560-1/47–49 ›projeté sur la rivière d'Ijora à Tosna, grande route à Moscou‹, ohne Unterschrift und Datumangabe) dürften eine andere Bogenbrücke an der Chaussée St. Petersburg–Moskau mit einer Spannweite von 21,6 m betreffen.

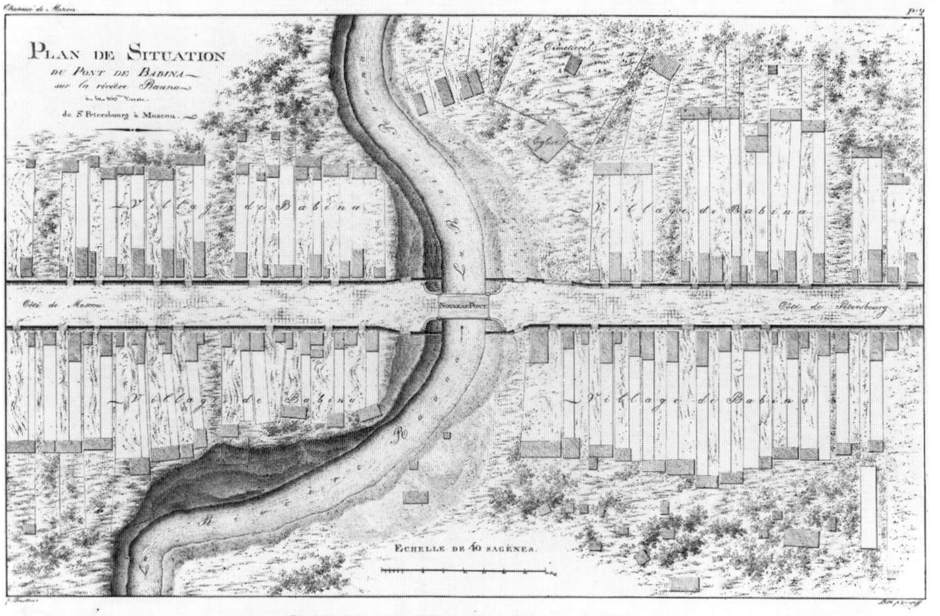

PLAN DE SITUATION DU PONT DE BABINA.

63 Holzbogenbrücke über die Rauna in der Ortschaft Babino, Traitteur, 1821–1822. Umgebungsplan (Traitteur. *Nouveaux Ponts … sur la nouvelle chaussée de Moscou*, Taf. 4, Lithographie nach eigener Vorlage)

reichen Petersburger Schiffs- und Maschinenbaufabriken war es bei mehrschichtigen Tragbogensystemen offenbar günstiger, sie vor Ort mit provisorischen Holzgerüsten in unter Eigengewicht gebogenem Zustand zu montieren[34].

Aufgrund der zögerlichen Mittelbereitstellung kam der Bau der Brücke nur recht schleppend voran: in den Jahren 1821–1822 wurden die Pfähle eingerammt und die Roste angelegt, 1823 die untersten fünf Granitquaderschichten der Widerlager verlegt. Ab Ende der Saison wurden die Bauarbeiten von Hauptmann Rejhel' fortgeführt, der aufgrund wirtschaftlicher Erwägungen den Entwurf Traitteurs in wesentlichen Punkten änderte (Abb. 62)[35]. Die Niveaus des eigentlichen Bogens wurden gegenüber der Planung im Scheitelpunkt um 1 Sažen' (2,13 m), an den Auflagern um 5 Fuß und 9 Zoll (1,7 m) abgesenkt. Dies führte dazu, daß die auflagernahen Teile des Bogens unter den Hochwasserspiegel zu liegen kamen, weshalb zusätzliche Maßnahmen zur Abdichtung der hölzernen Bogenkämpfer ergriffen werden mußten[36]. Diese Umstände riefen bei der Diskussion des Entwurfs im Rat für Verkehrswege, die in Abwesenheit Traitteurs stattfand, ernsthafte Kritik hervor. Ende Dezember 1823 wurde nach einem Einwand des Herzogs von Württemberg, der der Meinung war, daß mit Hochwasser von höchstens fünf Tagen Dauer zu rechnen wäre, andererseits jedoch die mit der Planänderung beabsichtigte Entlastung des Staatshaushalts willkommen sei, Rejhel's Entwurf genehmigt[37]. Anzumerken ist, daß die Änderung der Brückenproportionen und der Einsatz schwerer gußeiserner Gitter anstelle eines hölzernen Geländers die ursprünglich vorgesehene Gestalt des Bauwerks beträchtlich verändert haben[38]. Im März 1824 nahm der Rat für Verkehrswege die Diskussion des Rejhel'-Entwurfs erneut auf. Die von den Ingenieuren des Corps der Verkehrswegeingenieure Bazaine, Potier, Lihardov, Raucourt und Devjatnin durchgeführte Begutachtung bestätigte die Notwendigkeit, die Scheitelhöhe des Bogens heraufzusetzen, die Widerlager jedoch unterhalb des Hochwasserspiegels zu belassen. Im selben Jahr 1824 wurde die Brücke Tosna nach dem teilweise korrigierten Entwurf Rejhel's fertiggestellt.

Zeitgleich zur Brücke bei Tosna entwarf Traitteur eine einfeldrige Bogenbrücke über den Fluß Rauna in der Nähe des Dorfes Babino bei Verst 100 der Chaussée (Abb. 53, 63, 64). Das Projekt wurde am 7. Mai vorgelegt und am

[34] Booth, L. G. *The development of laminated timber arch structures in Bavaria, France, and England in the early Nineteenth Century*. Journal of the Institute of Wood Science, Bd. 29, 1971, H. 5, 3–16. Eine detaillierte Darstellung der Fertigungsverfahren für gekrümmte Holzkonstruktionen bietet das Album: Wiebeking, Carl Friedrich von. *Planches appartenant à l'Architecture civile*. München, 1831, Taf. 204, 251 Abb. 2, 3. Ein ähnliches Verfahren ist offensichtlich dargestellt in der Bauzeichnung: RGIA, 1487-46-832, Bl. 1, linker Teil.

[35] Die im Jahre 1823 abgeschlossenen Arbeiten sind in einer Zeichnung der 1824 geänderten Brückenvariante gezeigt: RGIA, 1487-46-832 ›Entwurf zur fertigzustellenden Brücke Tosna. 1824‹, Bl. 1.

[36] RGIA, 206-2-70 ›Akte zu den Entwürfen und Kostenvoranschlägen hinsichtlich des Baus der Brücken und Röhren an der Moskauer Chaussée 1824 und über die für jene Arbeiten erforderlichen Beträge. Teil 1. November 1823 – 1824‹, Bl. 4–5v. Gleichzeitig prüfte Rejhel' die Möglichkeit, die Brücke als flachen gußeisernen Bogen anzulegen. Allerdings wurde diese Variante wegen der zu erwartenden hohen Schubbeanspruchung der gemauerten Widerlager verworfen.

[37] RGIA, 206-2-70, Bl. 7–14.

[38] RGIA, 1487-46-832, Bl. 1.

[39] RGIA, 206-2-25, Bl. 26v.

[40] *Collection de plans et vues perspectives des nouveaux ponts projetés et construits sur la nouvelle chaussée de Moscou …*, Taf. 2–4, A.

[41] RGIA, 206-2-30 ›Über den Bau der Brücke im Dorf Babino. April–Mai 1822‹, Bl. 49v. Angaben über die Bauzeit und das weitere Schicksal der Brücke konnten in den Archiven nicht gefunden werden.

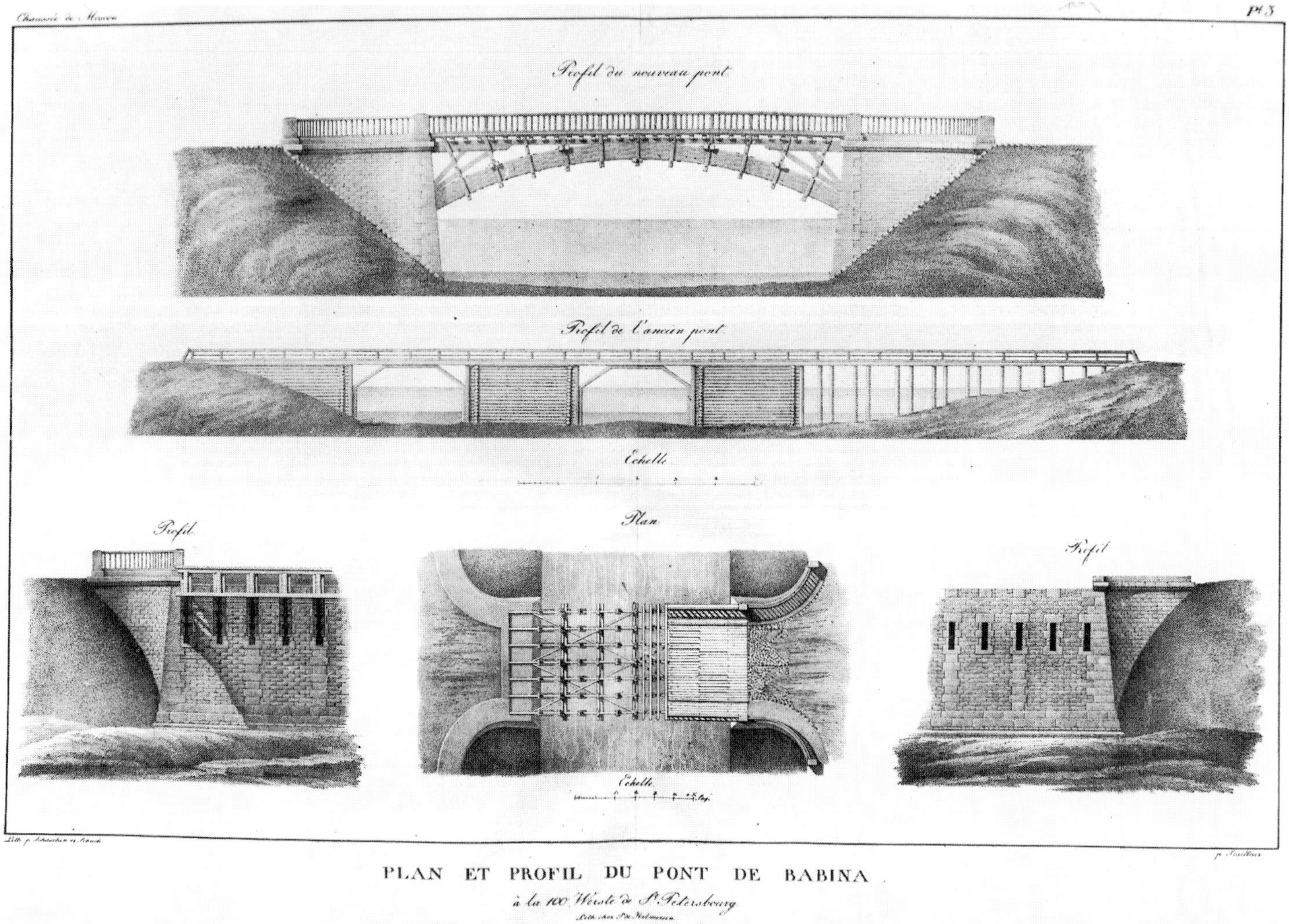

64 Holzbogenbrücke über die Rauna bei Babino, Traitteur, 1821–1822. Ansichten und Schnitte, mit Vorgängerbau (Traitteur. *Nouveaux Ponts … sur la nouvelle chaussée de Moscou*, Taf. 3, Lithographie nach eigener Vorlage)

23. Juni 1821 vom Rat für Verkehrswege genehmigt[39]. Die Bogenkonstruktion dieser Brücke mit einer Spannweite von 22,4 m bestand ebenfalls aus vier Schichten untereinander verzahnter Balken (je ca. 30 cm). Die Längsbalken des Straßenbelags (Breite 13,8 m) sollten auf zangenartig an den Bögen befestigten radialen Stützen verlegt (Abb. 64), die Widerlager aus Steinplatten gemauert und mit Granit verkleidet werden. Die weitgespannten hölzernen Bögen bilden einen eigentümlichen Kontrast zu den gemauerten Widerlagern in klassizistischen Formen[40]. Durch die Anlage eines Straßendamms war die neue Brücke fast um die Hälfte kürzer als der alte zweifeldrige Übergang aus Blockverbänden und Holzpfählen. Traitteur legte dem Rat für Verkehrswege die endgültige Version mit veranschlagten Kosten in Höhe von 191.623 Rubel im Mai 1822 zur Genehmigung vor[41].

Eine kleinere Bogenkonstruktion plante Traitteur im Mai 1822 in seinem Entwurf für die Brücke unweit des Dorfs Bolotnica (Spannweite 10,7 m) bei Verst 80 der neuen Chaussée[42]. Eine ähnliche konstruktive Lösung, einen Bogen aus zwei Schichten gekrümmter Holzbalken mit einer Spannweite von 12,8 m, entwarf er Anfang 1822 für eine Brücke über die Polist' im Dorf Polenočnaja bei Verst 15 zwischen Čudovo und Spasskaja Polist'[43]. Ein weiteres Beispiel für eine Holzbogenkonstruktion mit kleiner Spannweite ist der Entwurf zu einer Brücke über die Borisovka in Ušaki bei Verst 67 der Chaussée, den Traitteur im April 1822 fertigstellte (Spannweite je 11,2 m)[44].

[42] RGIA, 206-2-43 ›Zum Bau der Brücke im Dorf Bolotnica. Mai 1822‹, Bl. 1v; RGIA, 1487-46-783, 818, 895 ›Aufriß, Grundriß, Schnitt und Profil der neuen Brücke [Bolotnica]. 1822‹.

[43] RGIA, 206-2-45 ›Über den Bau der Brücke im Dorf Polenočnaja über den Fluß Polest'. Juni 1822 – April 1823‹, Bl. 1v, 39v; RGIA, 1487-46-775 ›Entwurf der neuen Brücke über den Fluß Polest' im Dorf Polenočnaja. 1822‹ (Kopie, Original unterzeichnet von Traitteur).

[44] RGIA, 206-2-33 ›Über den Bau der Brücke im Dorf Ušaki über den Fluß Borisovka. Mai 1822‹, Bl. 1–2v; RGIA, 1487-46-833, 834 ›Entwurf der Holzbrücke über den Fluß Ušačka bei Verst 67 von St. Petersburg. Aufriß, Grundriß, Schnitt‹ (ohne Datum).

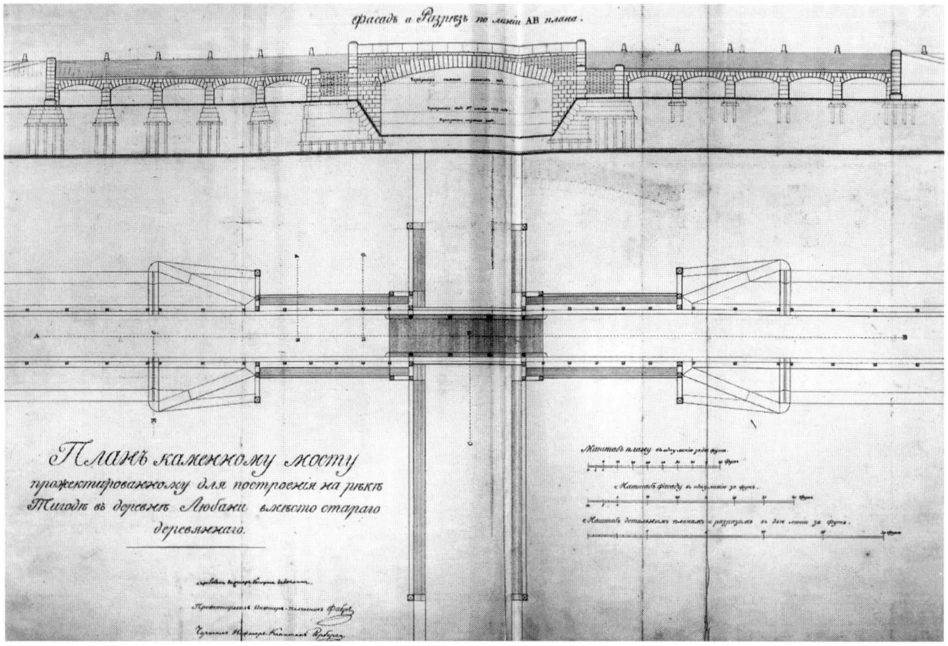

65 Ursprünglicher Entwurf zu einer Steinbogenbrücke über die Tigoda bei Ljuban'. Fabre, um 1820 (RGIA, 1487-46-826, Bl. 1)

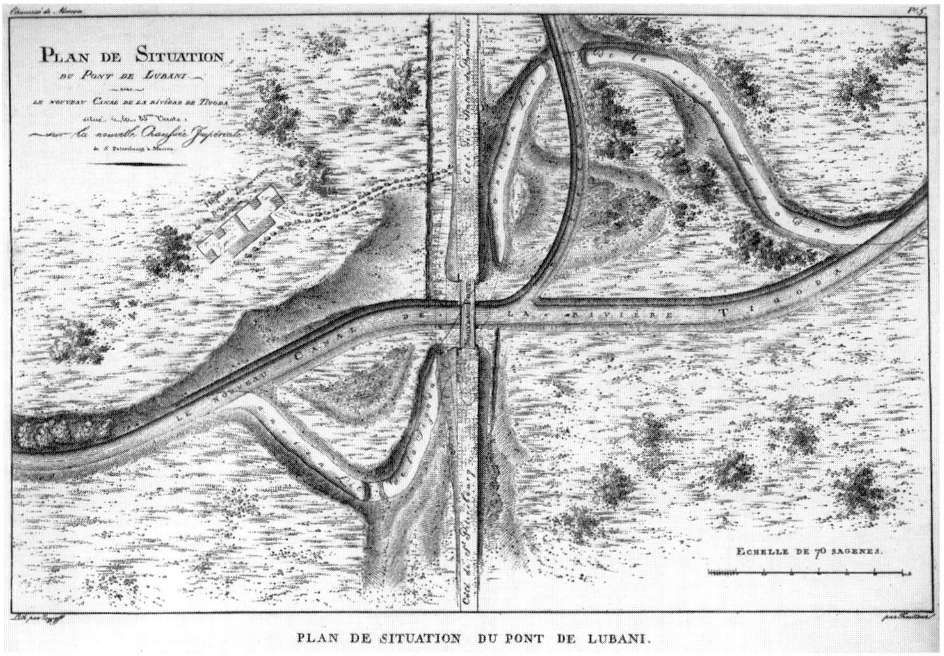

66 Dreifeldrige Holzbogenbrücke über die Tigoda bei Ljuban', Traitteur, 1822–1823. Lageplan zur Neuordnung des Geländes beim Brückenübergang (Traitteur. *Nouveaux Ponts … sur la nouvelle chaussée de Moscou*, Taf. 5, Lithographie nach eigener Vorlage)

Die größte Arbeit Traitteurs auf dem Gebiet der Holzbrücken war seine Dreifeldbrücke über die Tigoda bei der Ortschaft Ljuban' bei Verst 85 der Chaussée[45]. Der Bau dieser Brücke war nur ein Teil umfassender Eingriffe an das Gelände am Übergang des neuen Straßenabschnitts über das alte Bett der Tigoda (Abb. 65–70). Die im Entwurf Traitteurs vorgestellte Grundrißlösung ging auf einen früheren Entwurf von Oberst Fabre zurück, der vorsah, das Flußbett durch einen neuen Kanal zu begradigen und eine mehrfeldrige Steinbrücke mit einem wasserseitigen Öffnungsquerschnitt von 1.755 Quadratfuß zu errichten (Abb. 65)[46]. Unter Beibehaltung der Grunddisposition seines Vorgängers änderte Traitteur wie auch in einigen früheren Entwürfen die Brücken-

[45] *Collection de plans et vues perspectives des nouveaux ponts projetés et construits sur la nouvelle chaussée de Moscou….* Taf. 5–7, B; RGIA, 1487-46-826 (Die Brücke in Ljuban'), Bl. 10 ›Entwurf der neuen Brücke über den Fluß Tigoda im Dorf Ljuban'‹. Unterzeichnet von Traitteur.

[46] RGIA, 1487-46-826, Bl. 1 ›Plan für eine Steinbrücke, geplant für den Bau am Fluß Tigoda im Dorf Ljuban' anstelle der alten Holzbrücke. 1822‹ (Unterschrift: Fabre, ohne Datum).

67 Entwurf der dreifeldrigen Holzbogenbrücke über die Tigoda bei Ljuban', Traitteur, 1822–1823. Ansichten und Schnitte, mit Vorgängerbau (Traitteur. *Nouveaux Ponts … sur la nouvelle chaussée de Moscou*, Taf. 6, Lithographie nach eigener Vorlage)

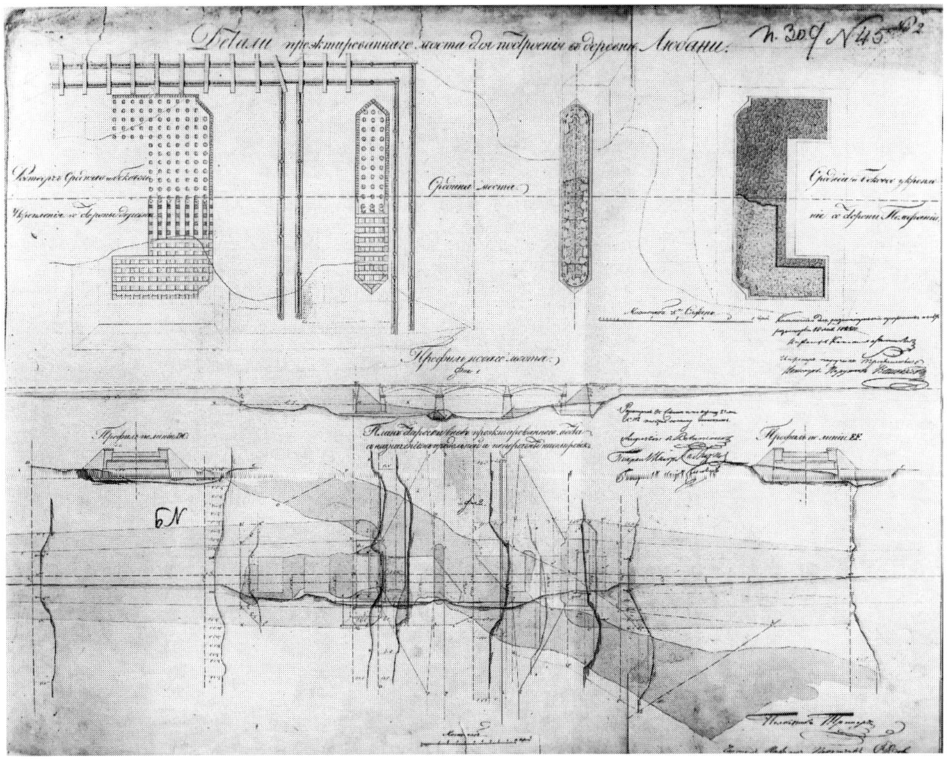

68 Werkpläne für die Holzbogenbrücke über die Tigoda bei Ljuban', Baugrundprofile im Bereich der Pfahlgründung. Traitteur, 1822 (RGIA. 1487-46-826, Bl. 9)

konstruktion völlig ab: »*Zur Beibehaltung der Hauptrichtung der neuen Moskauer Chaussée schlug Herr Oberst Fabre vor, den Lauf des Flusses Tigoda gegen die Lage der alten Brücke zu ändern …. Da ich der Meinung war, daß dies die beste Maßnahme sei, habe ich in dem von mir erstellten Entwurf die Anlage jenes neuen Kanals eingerichtet, um dem Fluß Tigoda eine solche Richtung zu geben, daß die neue Brücke senkrecht zur Flußströmung stehe*«[47]. Mit Verweis auf die Entscheidung Bétancourts, alle großen Bauwerke an der Chaussée auf der Basis von Holzbögen zu errich-

[47] RGIA, 206-2-35 ›Über den Bau der Brücke im Dorf Ljuban'. Mai–Juni 1822‹, Bl. 1v.

69 Bauausführung der Holzbogenbrücke über den Fluß Tigoda bei Ljuban'. Traitteur, 1822–1823 (Traitteur. *Nouveaux Ponts ... sur la nouvelle chaussée de Moscou*, Taf. B, Lithographie nach eigener Vorlage)

ten, entwarf Traitteur eine Dreifeldbrücke mit einer Gesamtlänge von 58 m und einer Breite von 11,6 m bei einem Gesamtquerschnitt der wasserseitigen Öffnung von 2.300 Quadratfuß (218 m^2). Der mittlere Bogen des neuen Bauwerks (Spannweite 15,4 m) ließ bei normalem Wasserstand genügend Freiraum für die Hauptströmung der Tigoda, das Flößen von Holz sowie den Eisgang. Zusammen mit den beiden äußeren Bögen (Spannweite je 13,1 m) wurde das gesamte Hochwasserbett überspannt. Das Tragwerk der Brücke in Ljuban' bestand wie in Tosna und Babino aus relativ flachen Bögen, die aus vier Lagen verzahnter gekrümmter Holzbalken (je ca. 30 cm) zusammengesetzt waren (Abb. 67). Wegen der Bodenverhältnisse wurde der Rost für die beiden Endwiderlager um 5 Fuß höher gegründet als der Rost der Steinpfeiler. Die Pfeilersockel bestanden aus Steinplatten, die unteren Schichten des Mauerwerks, die Auflager der Bogenkonstruktion und die Ecken aus Granit. Die ursprünglich veranschlagten Kosten des Projekts lagen bei 492.497 Rubel.

Nach Prüfung und Vergleich der Varianten Fabres und Traitteurs verabschiedete die Kommission für Entwürfe und Kostenvoranschläge am 18. Mai 1822 den Entwurf Traitteurs und würdigte dessen überzeugende Konstruktion sowie gewisse wirtschaftliche Vorzüge[48]. Zu diesem Zeitpunkt waren bereits der neue Kanal angelegt, eine provisorische Umleitungsbrücke gebaut und Granit für die Errichtung der Pfeiler beschafft[49]. Die Bauarbeiten an der Brücke führte Ingenieur-Oberleutnant Rejhel' in den Jahren 1821–1822 aus. Die im Archiv vorliegenden Werkpläne zeigen vor allem die Gründung und das Aufgehende der Widerlager (Abb. 68)[50].

[48] Ibid., Bl. 97v.

[49] Ibid., Bl. 3v; RGIA, 1487-46-803 ›Plan mit Angabe der Ortsnivellierung des neu angelegten Kanals für die Begradigung des Flusses Tigoda bei der Brücke Ljuban'‹. Ohne Datum und Unterschrift; RGIA 1487-46-831 ›Umleitungsbrücke über den Fluß Tigoda. Mai 1822‹.

[50] RGIA, 1487-46-826 (Brücke Ljuban', 1821, 1822, 10 Blatt, falls nicht anders vermerkt, jeweils ohne Datum und Unterschrift): 1. ›Plan für eine Steinbrücke, geplant für den Bau am Fluß Tigoda im Dorf Ljuban' anstelle der alten Holzbrücke‹ (Unterschrift: Fabre), 2. ›Plan für die Brücke Ljuban'‹ (Plan der Pfeiler, Fundamente und Tragbogen), 3. ›Aufriß, Längsprofile‹, 4. ›Widerlager am linken Ufer‹, 5. ›Widerlager am rechten Ufer‹, 6. ›Schnitt der Pfeiler am linken und rechten Ufer‹, 7. ›Linke und mittlere Uferpfeiler‹, 8. ›Rechter mittlerer Pfeiler‹, 9. ›Details der geplanten Brücke für den Bau im Dorf Ljuban'‹ (Mai 1822, Unterschrift:

70 Entwurf der dreifeldrigen Holzbogenbrücke über die Tigoda bei Ljuban', Traitteur, 1822–1823. Schaubild des fertiggestellten Bauwerks (Traitteur. *Nouveaux Ponts … sur la nouvelle chaussée de Moscou*, Taf. 7, Lithographie nach eigener Vorlage)

Die dreifeldrige Brücke in Ljuban' betrachtete Traitteur offensichtlich als sein bedeutendstes Ingenieurbauwerk an dem ihm übertragenen Anfangsabschnitt der Chaussée St. Petersburg–Moskau. Dies bestätigt sich auch in der kräftigen, aber reduzierten architektonischen Formensprache der Brücke. Die granitverkleideten Pfeiler und Kämpfervorlagen, die nach Art einer dorischen Säule profiliert waren, verliehen der Brücke in Ljuban' ein ›hauptstädtisches‹, monumental-klassizistisches Erscheinungsbild, das die Bedeutung dieses Hauptverkehrswegs hervorhob. Die radialen Holzstützen für die Balken der Fahrbahn reichten bis zur Oberkante der Handläufe heraufgezogen. In diesem, für Brücken bis dahin unüblichen Rhythmus in der Geländergliederung wurde die Lage der radialen Stützen und damit der darunter gelegenen Bögen auch auf der Brücke selbst ablesbar. Detaillierte Zeichnungen zur Brücke in Ljuban' bilden den Schwerpunkt in dem bereits erwähnten lithographischen Album Traitteurs (Abb. 68–70)[51]. Wie Ansichtskarten des ausgehenden 19. und beginnenden 20. Jahrhunderts zeigen, blieb die Brücke in Ljuban' zumindest bis zu dieser Zeit im Originalzustand erhalten[52].

Traitteur), 10. ›Entwurf der neuen Brücke über den Fluß Tigoda im Dorf Ljuban'‹ (Unterschrift: Traitteur). Auf den Blättern 4–8 ist vermerkt: »Nach diesem Plan führte Oberleutnant Rejhel' die Arbeiten aus. 1821, 1822«.

[51] *Collection de plans et vues perspectives des nouveaux ponts projetés et construits sur la nouvelle chaussée de Moscou …* Taf. 5–8.

[52] Punin, A. L. *Arhitektura mostov … (Brückenarchitektur …)*, Dissertation, Bd. 4, Tafeln zu Abschnitt 2, Taf. 293 Abb. 3.

Musterentwürfe für Holzbrücken

Der Bau der Holzbrücken an der Chaussée St. Petersburg–Moskau (1821 bis 1830er Jahre) kann in der Tat als Versuch des russischen Amts für Verkehrswege betrachtet werden, die Entwicklung weitgespannter Holzkonstruktionen zu fördern. Bei den u. a. auch leichte Bögen mit Stabverbindungen umfassenden unterschiedlichen Konstruktionstypen, die ausgehend von der hauptsächlich empirischen Vorgehensweise des jungen russischen und europäischen Ingenieurwesens entwickelt wurden, fanden die statischen Eigenschaften der Stabsysteme gebührende Berücksichtigung, ohne daß dazu detaillierte Berechnungen angestellt worden wären. Die historische Perspektive derartiger Holzkonstruktionen sollte begrenzt bleiben: mit dem beginnenden Einsatz von Walzeisen für ähnliche statische Systeme in den 40er Jahren des 19. Jahrhunderts verloren die schweren und kurzlebigen Holzkonstruktionen ihre Wettbewerbsfähigkeit.

Die von Traitteur geleisteten Arbeiten gehörten zur ersten Stufe dieser Entwicklung, dem Sammeln praktischer Erfahrungen bei Brückenplanungen unterschiedlichster Art. Seine Entwürfe zu Druckstab- und Bogenbrücken aus den Jahren 1821 und 1822 wurden mit Rücksicht auf die Eigentümlichkeiten des jeweiligen Standorts entwickelt, was die Zeit für Planung und Bau entsprechend verlängerte. Um die Planungs- und Bauzeiten für Objekte an den weiteren Abschnitten der Chaussée zu verkürzen, verfügte der neue Leiter des Amts für Verkehrswege, Herzog Alexander von Württemberg, Anfang 1823, die Vorlage neuer Musterentwürfe für Holzbrücken. Diese Arbeit wurde Generalmajor Bazaine übertragen, den der Major des Corps der Verkehrswegeingenieure, E. A. Adam, unterstützen sollte. Die von ihnen bis April 1823 angefertigten sechs Entwürfe (fünf Bogen- und eine Druckstabbrücke)[53] fassen in vielen Aspekten die Planungserfahrungen Traitteurs zusammen. Aus diesem Grunde dürften die neuen Musterentwürfe zunächst von einer Kommission unter Vorsitz Traitteurs geprüft worden sein. Die vorliegenden Sitzungsprotokolle dieses provisorischen Gremiums können als weiteres Zeugnis für die recht harte fachliche und persönliche Konkurrenz zwischen den führenden Persönlichkeiten des Corps der Verkehrswegeingenieure betrachtet werden[54].

Die neuen standardisierten einfeldrigen Bogenbrücken nach Bazaine und Adam hatten einen Spannweitenbereich von 8, 15 und 20 Sažen' (16,9 / 31,6 / 42,6 m). Die Mehrfeldbrücken bestanden aus einer Reihe von Bögen zu je 6 Sažen' (12,8 m) bzw., im Falle tiefer Flüsse, zu je 12 Sažen' (25,6 m). Die monumentalen steinernen Uferwiderlager mit Granitverkleidung der Traitteurschen Entwürfe wurden durch ein Trockenmauerwerk aus örtlichen Baustoffen bzw. durch eine einfache Ausmauerung der Ufer (Abb. 71) ersetzt. Anstelle der Zwischenstützen aus Stein, die für zu mächtig befunden wurden, kamen bei den neuen Entwürfen Pfeiler aus Holzpfählen mit gußeisernen Muffen zum Einsatz, ein Stützentyp, den Bazaine bereits mehrfach für Brückenanlagen geplant hatte.

Obgleich keine grundsätzlichen technischen Unterschiede zwischen den Bogenbrücken Bazaines und Traitteurs (Abb. 64, 71) vorlagen, verwarf die Kommission unter Vorsitz Traitteurs (mit Unterstützung von Polenov) die ›Musterentwürfe‹ Bazaines vollständig. Aus ihren Begründungen sprechen die offensichtlichen Versuche Traitteurs, seine eigenen Lösungen energisch zu verteidigen und zu zeigen, daß sie »*... bis heute nicht – wie dies Generalmajor Bazaine behauptet – nach ein und demselben System geplant sind, sondern nach ebenso vielen unterschiedlichen Systemen, wie Brücken gebaut wurden; und daß sie nicht aus dem Wunsche nach Vielfalt, sondern aufgrund der örtlichen Verhältnisse geplant wurden .... Daß die Entwürfe der bis heute von der Kommission zum Bau an der neuen*

[53] RGIA, 1487-47-746 ›Musterbrücken an der Moskauer Chaussée. Aufrisse, Grundrisse, Schnitte. 1823‹ (9 Blatt). Die Originale dieser Zeichnungen befinden sich unter Nr. 18560-1/1–9 in der Abteilung Bazaine der wissenschaftlich-technischen Bibliothek der Staatlichen Petersburger Universität für Verkehrswege).

[54] Nach Angaben Wiegels führten die Auseinandersetzungen zwischen Traitteur und Bazaine letztendlich beinahe zum Duell (Wiegel, Philipp. *Zapiski (Aufzeichnungen)* Teil 4. Russisches Archiv, 1892, Bd. 2, Nr. 8–9, Anlage, S. 22).

[55] RGIA, 206-2-61, Bl. 12–13.

[56] Ibid., Bl. 12.

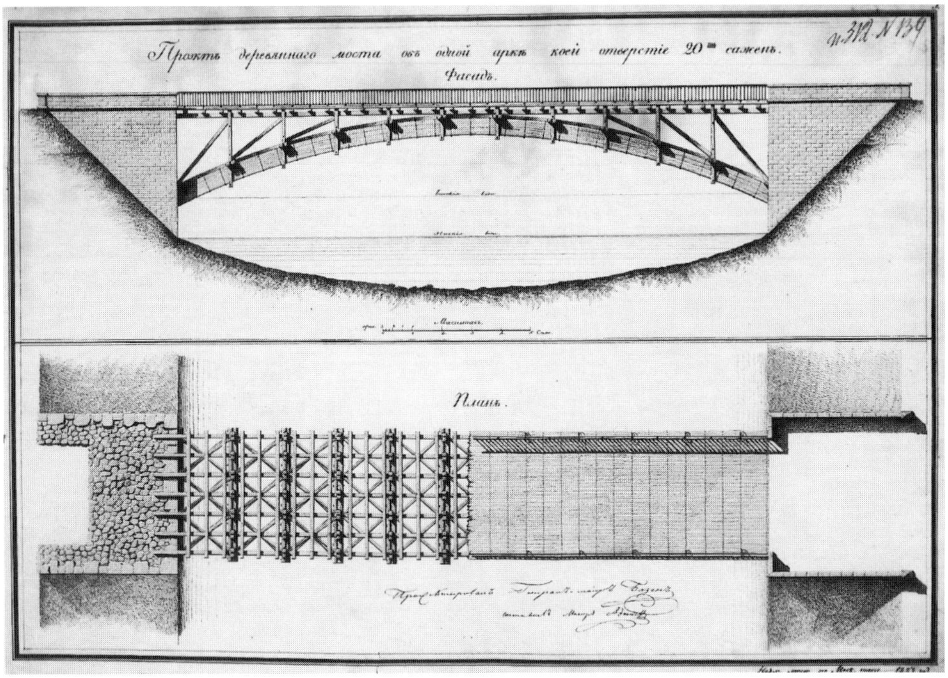

71 ›Normentwürfe‹ (Musterentwürfe) für Holzbogenbrücken mit Spannweite bis zu 20 Sažen' für die Chaussée St. Petersburg–Moskau. Bazaine, Adam, 1823 (RGIA, 1487-47-746, Bl. 3)

Chaussée genehmigten Brücken nicht stärker sind als vernünftigerweise und nach den örtlichen Umständen und Materialien erforderlich. Im übrigen kann einer, der die Örtlichkeiten überhaupt nicht kennt oder nicht alle Dokumente vor sich hat, welche die Details des vorgelegten Entwurfs belegen, schwerlich über solcher Art Arbeit urteilen; bei dieser Gelegenheit kommt die Kommission auch nicht umhin auszusprechen, daß sie in den von Generalmajor Bazaine vorgelegten Entwürfen unter den Nummern 2 und 3 eine große Menge nutzlos verwendeten Holzes findet, und im Entwurf Nr. 6 ist Ihre Exzellenz demselben System gefolgt und hat dafür dieselbe Menge Material verwendet, wie es auch an den heute schon vielerorts errichteten Brücken bereits der Fall ist«[55].

An den Vorschlägen Bazaines stellte die Kommission ferner eine ganze Reihe technischer Mängel fest. So befanden sich die Auflager der Bögen in den Entwürfen zu den beiden ersten Brücken auf Höhe des Hochwasserspiegels, im dritten Entwurf jedoch unterhalb desselben (Abb. 71). Die zangenartigen Fahrbahnstützen auf den Bögen waren durch Sassen für die Diagonalstreben geschwächt. Die Lösung, den Rost nur einen Fuß unterhalb des höchsten Hochwasserspiegels anzulegen, wurde als nicht neu empfunden, da ein ähnliches System bereits in dem von Traitteur ausgeführten Brückenentwurf in Ljuban' eingesetzt worden war. Der Vorschlag Bazaines, Holzstützen mit gußeisernen Muffen einzusetzen, wurde als weithin bekanntes Verfahren bezeichnet, das allerdings in der Praxis nicht erprobt sei. Durchaus berechtigte Zweifel rief in diesem Falle das Verhalten der Gußmuffen bei starkem Frost hervor, beim Gefrieren von zufällig eingedrungenem Wasser. Kritik rief auch die Gestalt der Brücken Bazaines hervor, die als bloße Zweckbauten offensichtlich keine architektonischen Akzente an den neuen Fernstraßen setzen konnten und wollten: *»... die in 6 verschiedenen Entwürfen geplanten Pfeiler könnten besser und ansehnlicher gestaltet sein als bei den vorgelegten Entwürfen, ohne zu einer Verteuerung der Kosten zu führen, weshalb die Kommission die vorgelegten Vorschläge nicht als Muster akzeptieren kann«*[56].

Anfang Juni 1823 wurde bei einer weiteren Prüfung der Entwürfe Bazaines auf einer Sitzung des Rats für Verkehrswege vermerkt, diese seien praktisch identisch mit den Musterentwürfen eines der führenden französischen Ingenieure um 1800, E.-M. Gauthey, sowie einiger weiterer französischer Autoren. In seiner Antwort auf diesen doch schwerwiegenden Vorwurf schrieb Bazaine, seine Brückenentwürfe für die Moskauer Chaussée seien *»nicht aus den Werken Gautheys entlehnt«*, da er diese Arbeit weder zur Verfügung gehabt hätte noch habe, und dieser Umstand es ihm nicht ermögliche, den Standpunkt des Rats auf seine Richtigkeit hin zu überprüfen. Eine *»völlige Identität«*, wie in den Protokollen des Rates vermerkt, könne bei seinen Musterentwürfen nicht vorliegen, da diese für die Verwendung von Kiefernholz ausgelegt seien und sich grundsätzlich in der Bauweise der Pfeiler unterschieden[57].

Nach Kenntnisnahme der Schlußfolgerungen der Kommission für Entwürfe und Kostenvoranschläge (eigentlich der Schlußfolgerungen Traitteurs) ersuchte der Herzog von Württemberg am 28. Juli 1823 den Rat für Verkehrswege, *»... ohne in eine Prüfung einzutreten, ob der Entwurf der Musterbrücken Herrn Gauthey oder Generalmajor Bazaine gehört ... eiligst zu entscheiden, ob jene Brückenentwürfe bei deren Bau an der Chaussée verabschiedet werden können, denn ich wünsche, daß jene Brücken unbedingt diesen Sommer noch gebaut werden«*. Die letzte Sitzung der Kommission für Entwürfe und Kostenvoranschläge unter dem Vorsitz Traitteurs fand am 13. November 1823 statt. Die bei dieser Sitzung verabschiedete Entschließung berücksichtigt offensichtlich die unumstößliche Meinung des Amtsleiters für Verkehrswege und schlägt daher einen versöhnlicheren Ton an: *»... Kopien der genannten Entwürfe, vervollständigt mit den diesbezüglichen Anmerkungen der Kommission, an die jungen Offiziere zu schikken, die jetzt mit dem Bau der Chaussée befaßt sind, auf daß sie daraus hie und da Nutzen ziehen mögen«*. Im Mai 1824 erklärte der Rat für Verkehrswege vermutlich im Hinblick auf den wachsenden Einfluß Bazaines, der seit Januar desselben Jahres endgültig zum Direktor des Instituts des Corps der Verkehrswegeingenieure ernannt worden war, plötzlich alle ursprünglichen Anmerkungen der Traitteur-Kommission für haltlos und verfügte die Verabschiedung der Entwürfe Bazaines *»... als Muster sowohl für den Bau der neuen Brücken an der Moskauer Chaussée, als auch in den übrigen Teilen des Reiches unter Berücksichtigung von Veränderungen je nach örtlichen Gegebenheiten«*[58]. Hierbei wurden die früher verabschiedeten ›Musterzeichnungen zu Holzbrücken für große Straßen in Rußland‹, die 1816 von der Generalverwaltung der Verkehrswege erarbeitet und per Verfügung vom 22. Januar 1818 als verbindliche Vorlage verschickt worden waren[59], als *»große Umstände verursachend«* für nichtig erklärt.

Die mit dem zunehmenden Bauvolumen bei den Arbeiten an der Moskauer Chaussée einhergehende Änderung der Entwurfsverfahren kann insgesamt als Fallbeispiel für eine Typisierung in Planung und Ausführung gelten, mit wenigstens drei Serien von Musterentwürfen für Holzbrücken. Deren letzte wurde zwischen 1829 und 1832 von einer weiteren Kommission unter Vorsitz von General Bistrom vorgelegt und 1833 herausgegeben[60].

Mit der Konstruktion von Brücken aus gebogenem Holz hat Traitteur sich auch später noch befaßt, nach der Rückkehr in seine Heimat Baden im Mai 1832[61]. In einer dem Rat für Verkehrswege zugeleiteten Notiz vom Februar 1835, *»Moyen simple pour assurer une longe durée aux principales parties des ponts en bois, dont les coulées sont en pierres«*, stellte Traitteur Zeichnungen und detaillierte Beschreibungen einer neuen Variante von Brückenbogenkonstruktionen vor, die von dem Ingenieur M.-C. Lamandé beim Bau der neunfeldrigen Bogenbrücke *pont de Bezon* in Frankreich eingesetzt worden sei. In den Archivakten des Amts für Verkehrswege wurde diese Beschreibung als *»von Generalmajor Traitteur gefundenes neues Verfahren für den Bau der Oberteile von Holzbrükken«* geführt[62]. Der Grund für die Verbesserungsvorschläge lag wohl in dem tatsächlichen Gebrauchszustand der neuen Brücken an der Chaussée St. Petersburg–Moskau, den Traitteur über die ersten zehn Jahre ihrer Nutzung hinweg verfolgen konnte. Der neue Vorschlag bestand im Kern in einer konstruktiven

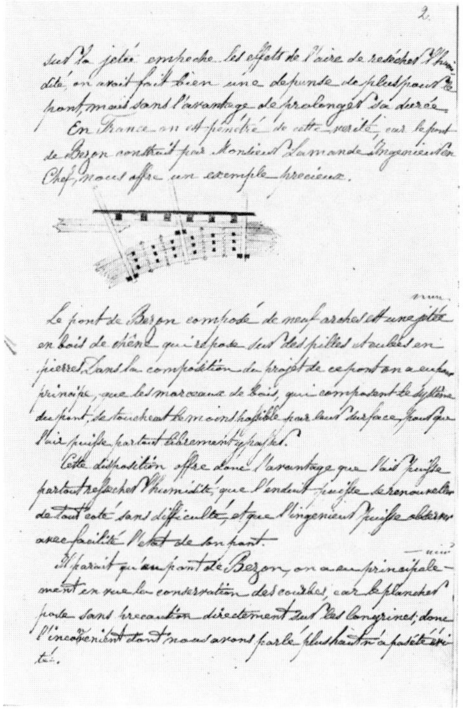
2.

sur la jetée empeche les effets de l'aire de resécher l'humidité, on avait fait bien une depense de plus pour le pont, mais sans l'avantage de prolonger sa durée.

En France on est pénétré de cette verité, car le pont de Bezon construit par Monsieur Lamande Ingenieur en Chef, nous offre un exemple precieux.

Le pont de Bezon composé de neuf arches et une jetée en bois de chêne qui repose sur des piles et culées en pierres. Dans la composition du projet de ce pont on a eu pour principe, que les morceaux de bois, qui composent le système du pont, se touchent le moins possible par leur surface, pour que l'air puisse partout librement y passer.

Cette disposition offre donc l'avantage que l'air puisse partout resécher l'humidité, que l'enduit puisse se renouveller de tout coté sans difficulté, et que l'ingenieur puisse observer avec facilité l'état de son pont.

Il parait qu'au pont de Bezon, on a eu principalement en vue la conservation des couches, car le plancher porte sans precaution directement sur les longrines; donc l'inconvenient dont nous avons parlé plus haut n'a pas été evité.

a

72 a, b Vorschläge des ›ausländischen Korrespondenten‹ Traitteur zur konstruktiven Verbesserung von Holzbogenbrücken, 1835 (RGIA, 215-2-138, Bl. 2, 3)

[57] Ibid., Bl. 14.

[58] Ibid., Bl. 17–19.

[59] *Musterzeichnungen zu Holzbrücken für große Straßen in Rußland.* 1816 (Atlas aus 15 Blatt mit Entwürfen). In diesen Atlas wurden zahlreiche konventionelle Entwürfe zu Brücken auf der Basis von Holzverstrebungen auf Pfahlstützen und Eisbrecherpfeilern aufgenommen.

[60] Punin, A. L. *Arhitektura mostov ... (Brückenarchitektur ...)*, Dissertation. Anlagen, Bd. 2, S. 103.

[61] Genaueres zur Tätigkeit Traitteurs als ›ausländischer Korrespondent des Corps der Verkehrswege‹ siehe S. 268–279.

[62] RGIA, 215-2-138 ›Über das von Generalmajor Traitteur gefundene neue Verfahren zum Bau von Oberteilen an Holzbrücken und den Transport von Material beim Bau von Gebäuden. Februar 1835 – November 1842‹, Bl. 1–3, 8–13, 22–37.

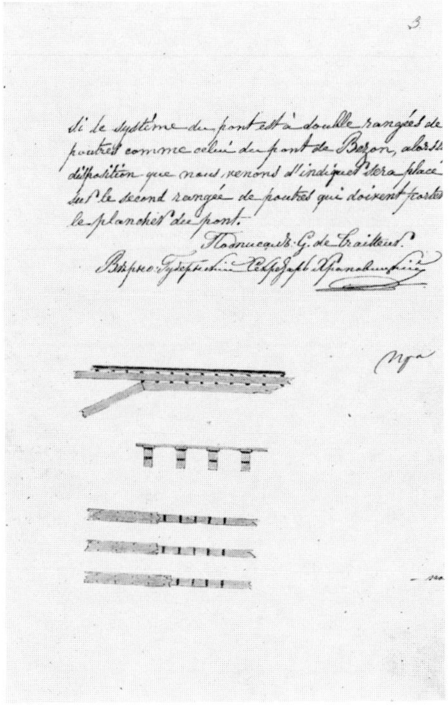
Si le système du pont est à double rangées de poutres comme celui du pont de Bezon, alors la disposition que nous venons d'indiquer sera placée sur le second rangée de poutres qui doivent porter le planchet du pont.

G. de Traitteur.

b

Trennung der bogenbildenden Balken durch Latten mit quadratischem Querschnitt, die gleichzeitig als Dübel und als Distanzhalter dienten (Abb. 72). Dadurch konnte zwischen den Balken Luft zirkulieren, was nach Meinung des Autors ein Faulen des Holzes an den unmittelbaren Kontaktstellen der Balken verhindern half. Ein ähnliche Lattung war auch zwischen den Tragbalken und dem Belag der Fahrbahn vorgesehen. Dadurch sollten sowohl die Zustandskontrolle des hölzernen Tragwerks als auch der Austausch der Fahrbahn erleichtert werden.

Der schnellen Reaktion der Kommission für Entwürfe und Kostenvoranschläge nach zu urteilen, die Traitteurs Notiz umgehend prüfte, scheint in Anbetracht der russischen Klimaverhältnisse die Holzfäule bei den Bogenbrükken tatsächlich ein ernsthaftes Problem gewesen zu sein. Der Vorschlag zur Trennung der Bogenhölzer durch Abstandshalter wurde als *»äußerst vorteilhaft«* anerkannt. Da die Kommission für Entwürfe und Kostenvoranschläge zu Recht befürchtete, daß die parallel geführten, nur stellenweise miteinander verbundenen Brückenbögen eine geringere Tragfähigkeit aufweisen könnten und die Feuchtigkeit ohnehin durch die zahlreichen Sassen eindringen könne, beschloß sie, die neue Konstruktionsweise zu erproben. Mit den Untersuchungen zum Langzeitverhalten bei Feuchtigkeit und unter Gebrauchslast an den neuen Brücken der Moskauer Chaussée war bereits Oberst K. Ja. Rejhel' beauftragt worden. Im Jahre 1838 wurde der mittlere Bogen einer dreifeldrigen Brücke über den Fluß Niša bei Novgorod *»nach dem Verfahren von Generalmajor Traitteur«* gebaut. Drei Jahre später, im Juni 1841, trafen beim Rat für Verkehrswege die ersten Berichte ein, aus denen hervorging, es sei noch verfrüht, den Vorschlag Traitteurs im Vergleich zu den traditionellen Verfahren zu bewerten, es zeichne sich jedoch ab, daß diese Lösung den Feuchtegehalt in den tragenden Bogenhölzern vermindere. Im Oktober 1842 wurde der Rat für Verkehrswege darüber in Kenntnis gesetzt, daß ein endgültiges Urteil über die Vorzüge der Traitteurschen Konstruktion gegenüber traditionellen Bogenbauverfahren frühestens nach Ablauf von weiteren 10 Jahren gegeben werden könne, wenn das Holz zu faulen beginne. Bereits einen Monat später folgte jedoch die Anordnung des neuen Oberkommandierenden der Verkehrswege, Graf P. A. Kleinmichel, fünf Betriebsjahre der Versuchsbogenbrücke seien hinreichend für eine Entscheidung zugunsten oder zuungunsten der von Traitteur vorgeschlagenen Erfindung. Eine abschließende Entscheidung in dieser Angelegenheit findet sich in den Akten nicht.

Steinbogenbrücken

Neben neuartigen Holzkonstruktionen verwendete Traitteur bei seinen Brükkenentwürfen für die Chaussée St. Petersburg–Moskau häufig auch das herkömmliche Mauerwerk. Brücken aus Stein wurden jedoch nur dann errichtet, wenn sich in der Nähe der Baustellen abbaufähige Vorkommen befanden. Zur Überwindung von Bachläufen und Schluchten mit geringer Spannweite (bis zu 3–5 m) wurden in jener Zeit ›Steinröhren‹ (gemauerte Tunnel) errichtet, bei mittleren (bis zu 12–15 m) und großen Spannweiten (ab ca. 20 m) wurden die in der europäischen Brückenbaukunst üblichen ein- und mehrfeldrigen Steinbogenbrücken eingesetzt.

Der am weitesten verbreitete Typ von Steinbauwerken an der neuen Chaussée waren ›Steinröhren‹, d. h. halbzylindrische Gewölbe aus Ziegeln mit Spannweiten zwischen 4 und 9 Fuß (1,22 – 2,74 m) auf Holzrost und Pfahlgründung. Eine weite Verbreitung dieser Bauweise belegen auch die Berichte Traitteurs vom 17. und 30. November 1822, aus denen hervorgeht, daß er für den Abschnitt

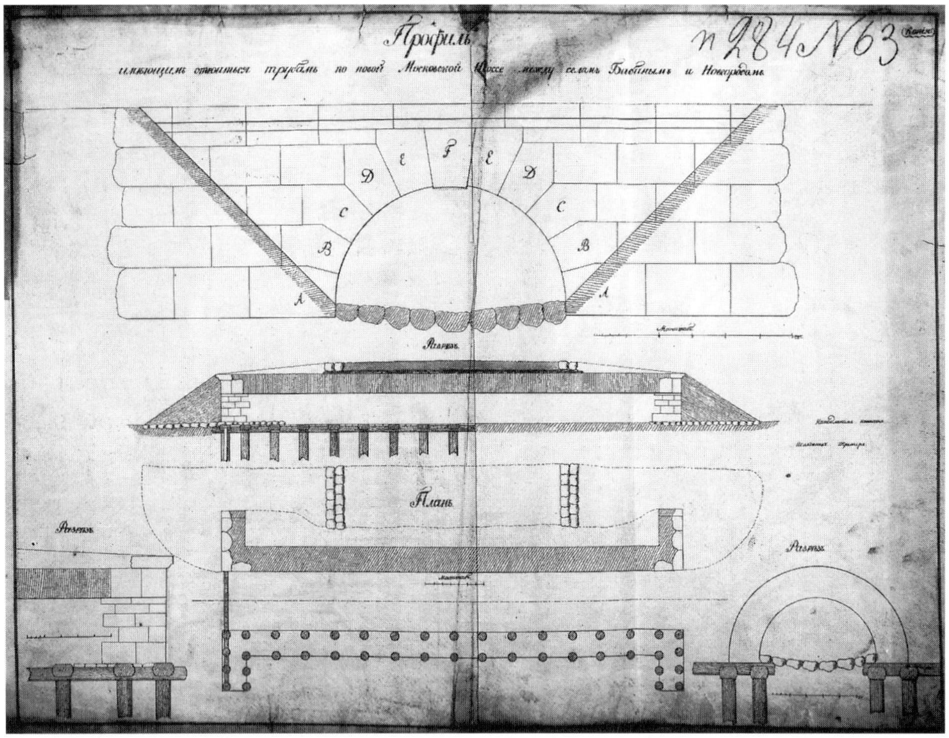

73 Musterentwürfe für ›Steinröhren‹ (Durchlässe) am Chausséeabschnitt Babino–Novgorod. Traitteur, um 1822 (RGIA, 1487-46-646)

der Chaussée zwischen Čudovo und Novgorod Zeichnungen und Voranschläge für den Bau von 41 ›Röhren‹ vorgelegt und über Pläne für die Fertigstellung von 10 Unterführungen in Ziegelmauerwerk nach einem Entwurf von Voronov vorgetragen hatte. Nach einer Liste der ausgeführten Bauten vom November 1823 entstanden im Zeitraum 1821–1823 am Anfangsabschnitt der Straße insgesamt 62 Durchlässe[63]. Für die neu gebauten Brücken wurde gewöhnlich Steinmaterial (Granit) aus abgebrochenen Tunneldurchlässen verwendet.

Eine Vorstellung von Traitteurs Entwürfen für gewölbte Durchlässe vermittelt eine Zeichnung von ›Musterröhren‹ mit einer Spannweite von ca. 2,1 m und einer Länge von bis zu 15 m für den Abschnitt der Chaussée zwischen Babino und Novgorod (Abb. 73)[64]. Unter Berücksichtigung der Nutzungserfahrungen mit ›Ziegelröhren‹ an den fertiggestellten Abschnitten der Chaussée, an denen sowohl der untere als auch obere Teil der Gewölbe wegen der harten klimatischen Verhältnisse beschädigt und daher reparaturbedürftig war, schlug Traitteur vor, die Tunnelmünder aus Granitstein zu mauern. Bei Brückenübergängen mit beträchtlicher Höhe (bei größeren Schluchten) wurden die ›Röhren‹ als Halbtonnengewölbe auf hohen Pfeilern errichtet. Bauwerke solcher Art sollten an den Flüssen Ušaki, Grjadka, Ploskova und Kolomovka errichtet werden (Abb. 74). Die Granitverkleidung der Gewölbestirnseiten und die geschmiedeten Eisengitter prägten das Erscheinungsbild dieser Bogenbrücken als monumentale ›Staatsbauwerke‹[65]. Im Juni 1822 nahm Traitteur den Bau der größten ›Röhre‹ unweit Smolninski (Spannweite 12 Fuß, 3,66 m) bei Verst 58 der Chaussée auf, das nach einem für die Durchlässe in der Nähe des Dorfs Ušaki genehmigten Plan errichtet wurde. Die veranschlagten Kosten für die Arbeiten beliefen sich auf 45.450 Rubel, der Bau wurde von Hauptmann Stral'man 1823 zu Ende geführt[66].

Die von Traitteur begonnenen Arbeiten zum Bau der ›Steinröhren‹ am Teilabschnitt zwischen Čudovo, Spasskaja Polist' und Podberež'e wurden ebenfalls von Stral'man 1823 nach geänderten Entwürfen fertiggestellt. Erst nach Beginn der Bauarbeiten wurden diese Pläne der Kommission für Entwürfe

[63] RGIA, 206-2-75, Bl. 8–12, 39, 55. Es ist anzumerken, daß in diesen Schriftstücken sowohl Holz- als auch Steinröhren berücksichtigt werden.

[64] RGIA, 1487-46-646 ›Profil der zu errichtenden Röhren an der Chaussée zwischen Babino und Novgorod‹ (Kopie einer Zeichnung Traitteurs, ohne Datum).

[65] RGIA, 1487-46-836 ›Entwurf der Brücken an den Flüssen Ušaki, dem Flüßchen Grjadka, Ploskova und Kolomovka an der Moskauer Chaussée‹ (Kopie einer Zeichnung Traitteurs, ohne Datum)

[66] RGIA, 206-2-75, Bl. 25v.

[67] Ibid., Bl. 41, 43v., 48.

[68] Ibid., Bl. 3v (Rapport vom 18. April 1824).

[69] Nikolai, L. F. *Kratkie istoričeskije dannye o razvitii mostovogo dela v Rossii ... (Kurze historische Angaben über die Entwicklung des Brückenwesens in Rußland ...)*, S. 72.

und Kostenvoranschläge zur Prüfung vorgelegt, jedoch nicht gebilligt. Stattdessen wurde den 1822 vorgelegten alten Musterentwürfen Traitteurs sowie den Entwürfen einer Sonderkommission unter Leitung Bazaines vom Februar 1823 der Vorzug gegeben. Die Entscheidung der Kommission, auf die Entwürfe Traitteurs zurückzugreifen und auf ihrer Grundlage unter Berücksichtigung des Entwurfs von Voronov einen weiteren ›Musterentwurf für Röhren‹ zu erstellen, wurde jedoch durch eine Resolution des Herzogs von Württemberg wieder aufgehoben, der die Entwürfe Stral'mans per Dekret genehmigte, *»... da ich mich aufgrund des mir persönlich verschafften Überblicks davon überzeugen konnte, daß jene Röhren vollendete Festigkeit, Schönheit und Sparsamkeit in sich vereinen und unvergleichlich mehr zu bevorzugen sind als jene Röhren, welche von Oberst Traitteur und General Voronov gebaut wurden, von denen letztere bereits 1823 beim Darübermarschieren der Artillerie einer Stützung bedurften«*[67].

Für den Bau der ›Röhren‹ schlug Traitteur zwei Bauabschnitte vor. Auf einer Hälfte der Chaussée wurde, an der Stelle des künftigen Gewölbes, eine provisorische Holzbrücke mit nur einer Fahrbahn für beide Fahrtrichtungen aufgeschlagen, während auf der anderen, freigehaltenen Seite die erste Hälfte der ›Röhre‹ gewölbt werden konnte. Nach Abschluß dieses ersten Bauabschnitts wurde der gesamte Verkehr auf die schon fertige Fahrbahn übergeleitet und die andere Hälfte des Gewölbes errichtet. Dadurch konnte auf den Bau provisorischer Brücken verzichtet werden, die nach Ansicht Traitteurs nicht nur beträchtliche Kosten verursacht, sondern auch das angrenzende Gelände der Chaussée zerstört hätten. Traitteur berichtet später dem Herzog von Württemberg mit Blick auf die westeuropäische Praxis: *»... diese Art des Baus der Röhren ist absolut nicht neu und wird gewöhnlich in Städten angewandt, in denen der Straßenverkehr nicht unterbunden werden kann, ... und darüber hinaus in Frankreich und Deutschland in fruchtbaren Provinzen, in denen Gärten und bewirtschaftete Flächen die Anlage provisorischer Straßen nicht zulassen«*[68]. Für die eigenmächtige Veränderung der festgelegten Verfahrensweise für derartige Arbeiten erhielt Traitteur zunächst einen Verweis. Die Abnahmekommission erkannte jedoch sehr schnell, daß dieses Verfahren zur Anlegung des Mauerwerks sinnvoll war, und empfahl es schließlich für die weiteren Bauabschnitte der Chaussée[69].

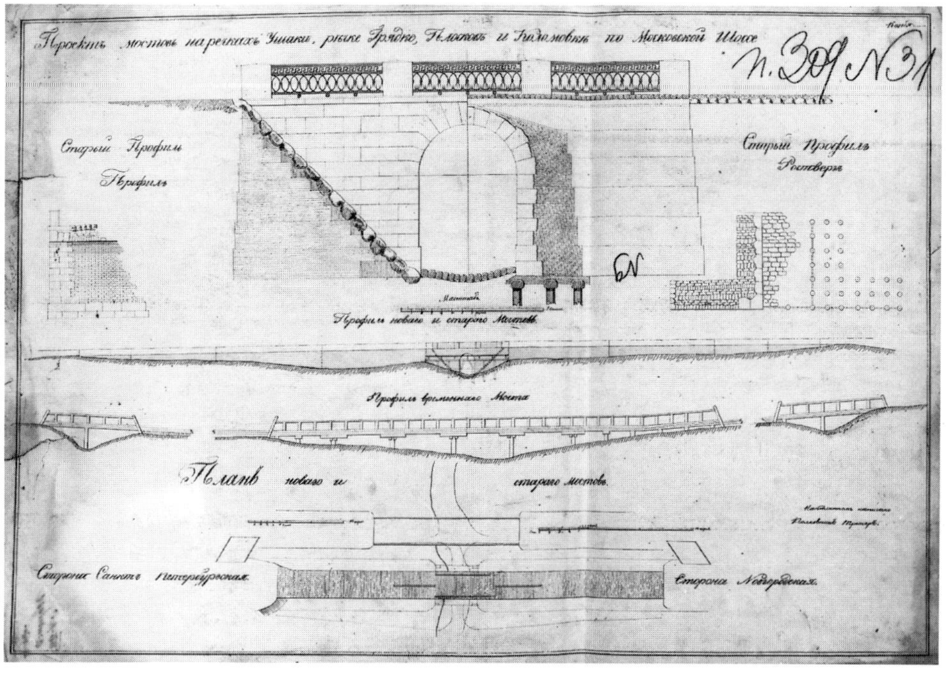

74 Musterentwürfe für Steinbogenbrücken über die Wasserläufe Ušaki, Grjadki, Ploskovka und Kolomovka. Traitteur, 1822 (RGIA, 1487-46-836)

Im Jahre 1823 bemerkte der zeitweilige Bauleiter an der Chaussée, Stral'man, das von Traitteur vorgeschlagene Verfahren zur Verbindung getrennt errichteter Brückenhälften führe zu Rißbildungen und möglicherweise zu Setzungen. Die Dispute über die Zweckmäßigkeit des Traitteurschen Verfahrens zogen sich bis Ende der 1820er Jahre hin. Im Juli 1826 wandte sich der Herzog von Württemberg an Rejhel' mit der Frage, auf welche Art die von Oberst Traitteur zur Vermeidung provisorischer Brücken und Umleitungsbrücken angewandten Maßnahmen durchgeführt worden seien und ob man dieses Verfahren auch künftig einsetzen könne. Rejhel' äußerte gestützt auf seine Erfahrungen die Ansicht, die Anwendung des Traitteurschen Verfahrens sei lediglich dann sinnvoll, wenn gleichzeitig Arbeiten an einem kurzen Abschnitt durchgeführt oder ›Röhren‹ an einer bereits angelegten Chaussée angelegt werden müßten: *»Es ist zu berücksichtigen, daß – da Traitteur 1822 den gleichzeitigen Bau von 11 Röhren an der Chaussée von Čudovo bis Spasskaja Polestja vorschlug –, ... die ständigen Umfahrungen* [über die seitlichen provisorischen Brücken] *mit Umständen verbunden gewesen wären, im Jahre 1823 hingegen der Bau der erwähnten Röhren nach und nach und nicht gleichzeitig vollzogen wurde, wodurch Schwierigkeiten in der Durchfahrt vermieden gewesen wären ...«*[70]. Die eigentliche Ausführung der Arbeiten erfordere hierbei eine hohe Qualifikation des Personals und die Anwesenheit eines erfahrenen Offiziers. Rejhel' selbst plante bei der Anlage neuer Straßenabschnitte den Bauablauf so, daß Brücken und ›Röhren‹ vor der Aufbringung der Fahrbahn auf die Chaussée gebaut wurden, wodurch Umleitungsbrücken überflüssig wurden. Nach Ansicht Rejhel's war der Bau in einem Stück einfacher und günstiger für die Staatskasse als eine Aufmauerung in zwei Bauabschnitten. Um die Diskussion um die Methoden zum Bau provisorischer Brücken abzuschließen, verfügte die Kommission für Entwürfe und Kostenvoranschläge im Februar 1828, *»... das Verfahren des Obersten Traitteur nur in jenen Fällen anzuwenden, in welchen der Standort den Bau von Brücken nach dem Verfahren von Major Rejhel' nicht zuläßt«*[71].

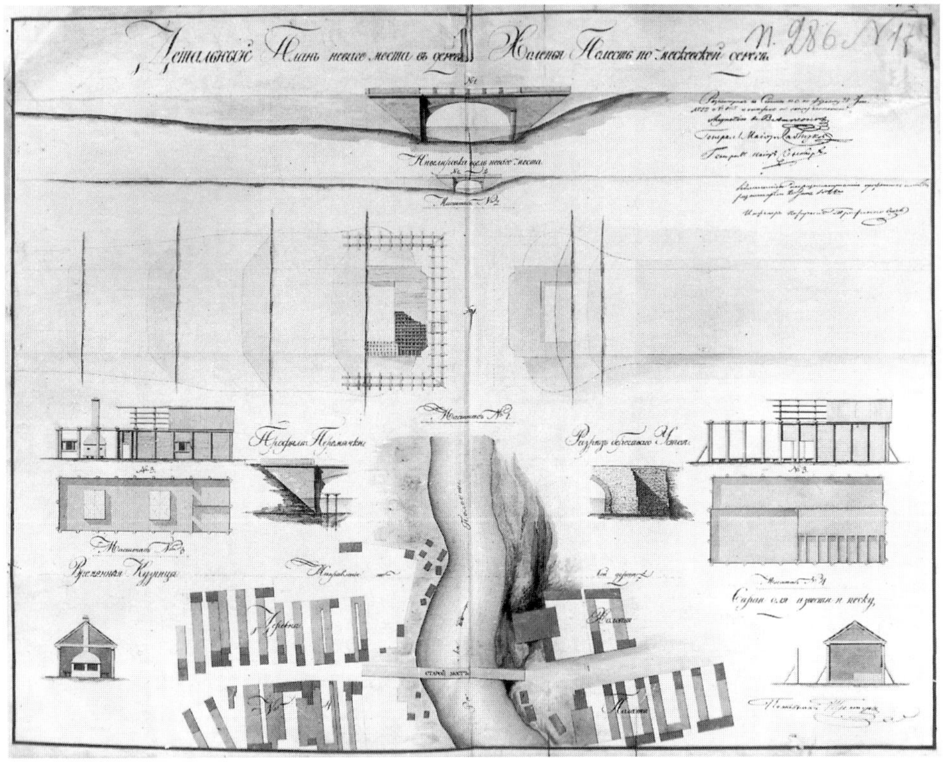

75 Bauplan für die Steinbogenbrücke bei Holop'ja Polist'. Traitteur, Juni 1822 (RGIA, 1487-46-77, Bl. 2)

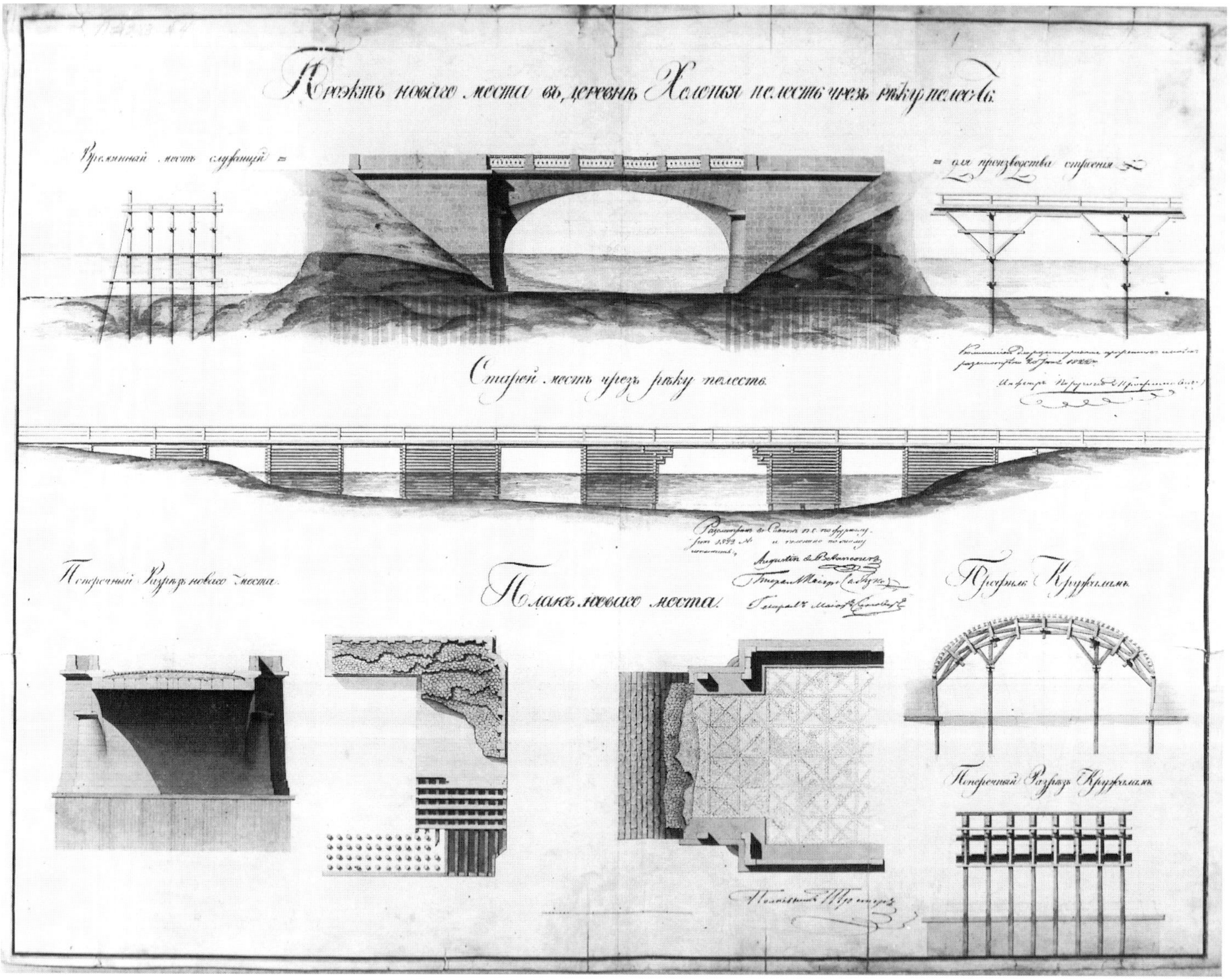

76 Steinbogenbrücke bei Holop'ja Polist', mit Vorgängerbau. Genehmigter Entwurf vom Juni 1822 (RGIA, 1487-46-544, Bl. 1)

Die in technischer und architektonischer Hinsicht wichtigste Arbeit Traitteurs auf dem Gebiet der Steinbrücken ist der Entwurf zu einer Brücke über den Fluß Polist' im Dorf Holop'ja Polist' bei Verst 123 der Chaussée, dessen Erstellung im Juni 1821 aufgenommen wurde (Abb. 75, 76). Wie einer der an Bétancourt gerichteten Rapporte zeigt, zwangen die geologischen Besonderheiten des Abschnitts Traitteur zum Einsatz von Mauerwerk: »*Steile Ufer, große Aufschüttungen der Chaussée und der Reichtum an Granit bieten alle möglichen Vorteile für den Bau der Brücke aus Granit an einer Stelle, an welcher der Kiefernwald äußerst dünn ist und an welcher der Transport zweimal mehr kosten würde als die eigentliche Brücke. Jene Gründe wie auch die gegebene Schulung der Mannschaften im Behauen des Granits veranlaßten mich, die Brücke in Holop'e Polest'e aus Granit zu planen*«[72]. Nach der Beschaffung von Kenntnissen über die Strömungsverhältnisse im Flußbett kam Traitteur zu dem Schluß, daß der Querschnitt der Öffnungen der an dieser Stelle gelegenen alten Holzbrücke mit einer Länge von 50 Sažen' (106,5 m) den tatsächlichen Bedarf weit übersteige[73]. Nach neuen Messungen erstellte er einen Entwurf zu einer kürzeren Steinbogenbrücke mit einer Spannweite von 65 Fuß (19,8 m) und einem Öffnungsquer-

[70] RGIA, 206-2-75, Bl. 60–63v.

[71] Ibid., Bl. 84–89.

[72] RGIA, 206-2-44 ›Über den Bau der Brücke im Dorf Holop'e Polist'e. Mai 1822 – September 1823‹, Bl. 1v.

[73] Wahrscheinlich bezieht sich die folgende, von Traitteur unterschriebene Zeichnung auf diese Phase der Arbeiten: RGIA, 1487-46-756 ›Profil des Bodens an den Ufern des Flusses Polist' im Dorf Holop'e Polist'e. 1822‹.

77 Steingewölbe des Pont de Neuilly. Perronet, 1768–1774 (Perronet. *Description des projets et de la construction des ponts de Neuilly, de Mantes, d'Orléans, etc. ...*, Paris, 1788)

schnitt von 1.280 Quadratfuß. Bei der Planung der Brücke über den Fluß Polist' versuchte Traitteur offenbar, die Gewölbekonstruktionen des Musterentwurfs für gemauerte Brücken für die Moskauer Chaussée aus dem Jahre 1786 zu verbessern[74]. Grundlage seines Entwurfs war ein aus keilförmigen Granitsteinen zusammengesetzter Bogen, dessen Stärke zum Scheitel hin abnahm (ein ›Kuhhörnerbogen‹ in der russischen Terminologie jener Zeit) und praktisch das einzige Beispiel einer solchen Konstruktion im russischen Brückenbau blieb (Abb. 76).

Der Entwurf zur Brücke in Holop'ja Polist' wurde von der Kommission für Entwürfe und Kostenvoranschläge im Juni 1822 geprüft[75]. Bei der Genehmigung verabschiedete die Kommission eine für ihre Verhältnisse ungewöhnliche Resolution in Würdigung der hohen ästhetischen Qualitäten des Entwurfs: *»... all ihre Teile, haben unter Einhaltung der erforderlichen Festigkeit sowohl im Bauwerk selbst als auch im Bauverfahren ... ein einfache, aber schöne Architektur, die von den angemessenen Proportionen der Teile des Bauwerkes und von der Sparsamkeit der Verzierungen ausgeht«*[76]. Tatsächlich kann die Steinbrücke in Holop'ja Polist' vor allem als in sich geschlossenes architektonisches Werk betrachtet werden, in dem es gelang, die den klassizistischen Steinbogenbrücken eigene Monumentalität durch ein neues Merkmal, die elegante Komposition der Tragkonstruktion, zu ergänzen. Die komplexe räumliche Gestalt der Gewölbe, die an Abbildungen in den ersten Lehrbüchern zur ›Darstellenden Geometrie‹ erinnert, bewirkte die für Steinbrücken ungewöhnlich leichte Erscheinung des Brückenkörpers (Abb. 78). In den Innenecken der Widerlager stehen monumentale dorische Viertelsäulen[77], deren innere, ›verschwundene‹ Hälften die flacheren Außenbögen der Brücke zu tragen scheinen. Die vereinfachten Profilformen ihrer Kapitelle widerholen sich in einem mächtigen Gesims über den nur ganz wenig geböschten Widerlagerblöcken. Ausgehend von dem Pariser Vorbild, der Pont de Neuilly-sur-Seine (1768–1774, J.-R. Perronet, Abb. 77), bei dem die ›klassischen‹ Formen noch in herkömmlicher Weise verwendet waren, gelang Traitteur mit der Polist'-Brücke eine Synthese aus den besten Vorbildern des klassizistischen Petersburger Brückenbaus und Motiven der französischen Revolutionsarchitektur[78].

Der Bau der Brücke in Holop'ja Polist' wurde im Sommer 1822 aufgenommen. Die ursprünglich veranschlagten Kosten beliefen sich auf 154.166 Rubel, sie wurden im November desselben Jahres auf 195.774 Rubel neu festgelegt. Für die Arbeiten hatte Traitteur insgesamt drei Jahre vorgesehen, in deren Verlauf die alte Holzbrücke als Umleitung dienen sollte. Nachdem man in einer Tiefe von 6 Fuß 9 Zoll (ca. 2 m) unter der Pfeilergründung auf festes Plattengestein gestoßen war, verwarf er die geplante Pfahlrost-Gründung

[74] Punin, A. L. *Arhitektura otečestvennyh mostov (Heimische Brückenarchitektur)* ..., S. 8–9; RGIA, 1487-47-487 u. a.

[75] Die von Traitteur unterzeichneten Originalentwurfszeichnungen sind im Archiv erhalten geblieben: RGIA, 1487-46-544 ›Entwurf einer neuen Brücke im Dorf Holop'ja Polest'. Juni 1822‹; RGIA, 1487-46-776 ›Detailplan der neuen Brücken im Dorf Holop'ja Polest' an der Moskauer Straße. Juni 1822‹. Die o. g. Bauzeichnungen wurden offensichtlich als Ausgangsmaterialien für das ensprechende Blatt im lithographischen Album *Collection de plans et vues perspectives des nouveaux ponts projetés et construits sur la nouvelle chaussée de Moscou* ... verwendet (Taf. 10. Pont de Holopie Poleste à la 123 Werste de St. Pétersbourg). Dieses Blatt ist auch in dem Werk: Nikolai, L. F. *Kratkie istoričeskie dannye o razvitii mostovogo dela v Rossii ... (Kurze historische Angaben über die Entwicklung des Brückenwesens in Rußland ...)*, S. 7, Abb. 51 zu finden, wo die Brücke im Dorf Holop'ja Polist' irrtümlicherweise Bazaine zugeschrieben wird.

[76] RGIA, 206-2-70 ›Über die Entwürfe und Kostenvoranschläge hinsichtlich des Baus der Brücken und Röhren an der Moskauer Chaussée für 1824 und über die für diese erforderlichen Geldbeträge. November 1823 – Mai 1824‹, Bl. 232v.

[77] Ungeachtet ihrer in der Regel untektonischen Verwendung bei Brücken waren Säulenstellungen ein recht beliebtes Element in der Brückenarchitektur des Petersburger Spätklassizismus, besonders prächtig und eigenständig bei der Petrov-Brücke an der Mündung des Staroladožskij-Kanals in Schlüsselburg mit 24 Granitsäulen dorischer Ordnung (1823–1826, Entwurf: P.-D. Bazaine, Ausführung: N. I. Bogdanov, P. I. Lavrov).

[78] In der Petersburger Baupraxis am besten durch die Bauwerke von Andrejan D. Zaharov sowie Thomas de Thomon repräsentiert (Nerdinger, Winfried; Philipp, Klaus Jan; Schwarz, Hans-Peter. *Revolutionsarchitektur: ein Aspekt der europäischen Architektur um 1800*. Ausstellungskatalog. München, 1990, S. 330–333).

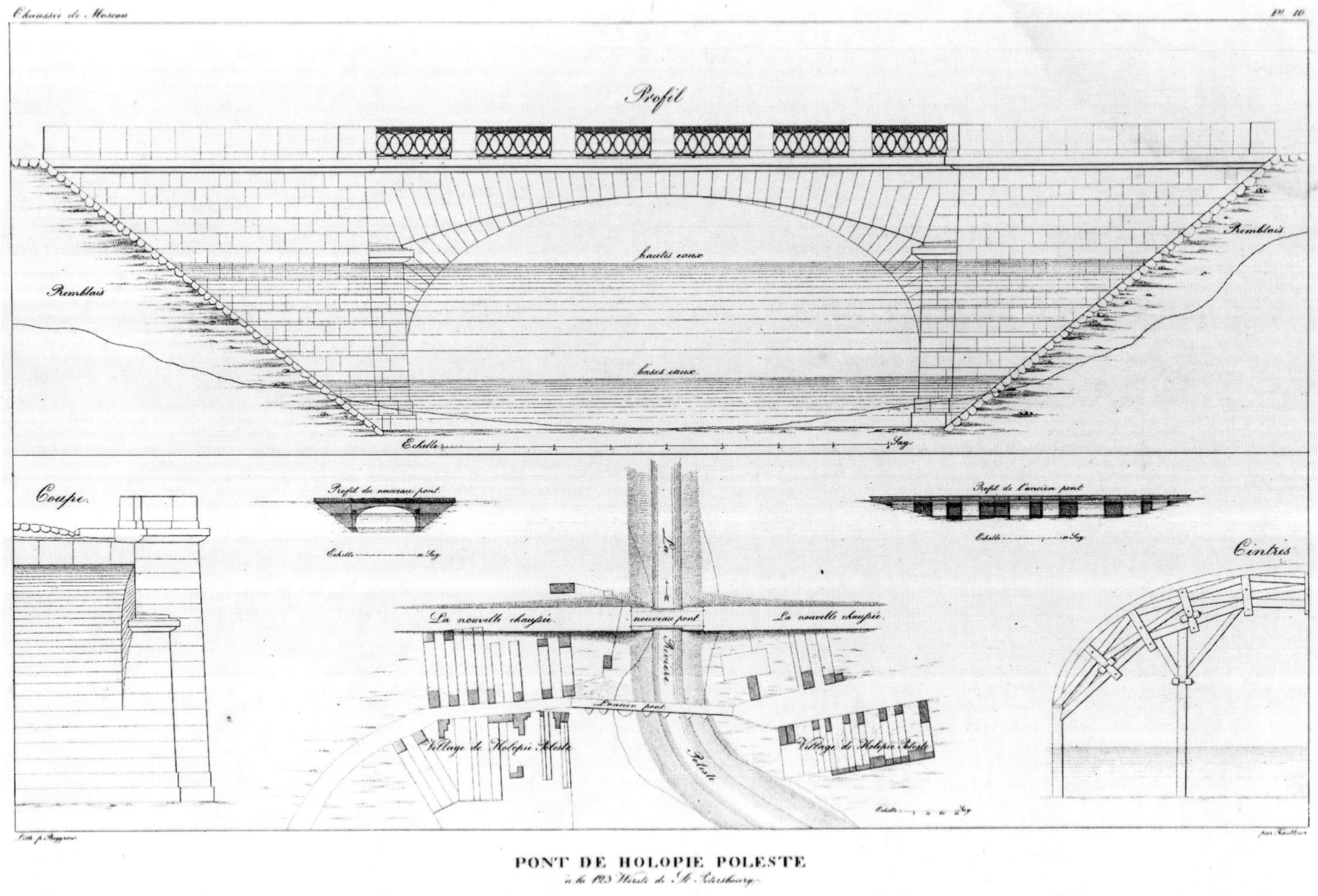

78 Steinbogenbrücke bei Holop'ja Polist', 1821–1822. Lageplan, Aufriß und Schnitte (Traitteur. *Nouveaux Ponts … sur la nouvelle chaussée de Moscou*, Taf. 10, Lithographie nach eigener Vorlage)

und beschloß, die untersten Lagen des Mauerwerks direkt auf den Fels zu gründen. Aufgrund knapper Geldmittel konnten bis Anfang 1823 lediglich die Granitfundamente der Brücke fertiggestellt werden. Nach Übertragung der Arbeiten am Anfangsabschnitt der Chaussée an Stral'man und schließlich an Rejhel' wurde der Entwurf Traitteurs vollkommen abgeändert. Aufgrund präziserer wasserbautechnischer Berechnungen und unter Verweis auf Beispiele anderer Bogenbrücken am Fluß Polist' mit ähnlichen Spannweiten von ca. 4 Sažen' (8,12 m, in Motki und Tregubovo) schlug Rejhel' vor, durch Verschiebung des linken Uferpfeilers an einen neuen Platz (um 26,5 Fuß) die Spannweite des Bogens von 65 auf 38,5 Fuß (11,7 m) zu vermindern. Gleichzeitig regte er an, das Bogengewölbe aus Granitstein durch ein Gewölbe aus örtlichem Naturstein zu ersetzen, das seiner Meinung nach wesentlich billiger und bei einer Verminderung der Bogenspannweite sicherer sein würde[79].

Die von Stral'man durchgeführten zusätzlichen Untersuchungen legten die endgültigen Maße des Bogen fest: Spannweite 38,5 Fuß (11,7 m), Breite 6 Sažen' (12,8 m), Scheitelhöhe 15 Fuß (4,6 m) und Kämpferhöhe 12 Fuß (3,7 m). Dieser Entwurf wurde der Kommission für Entwürfe und Kostenvoranschläge im Oktober 1823 zur Prüfung vorgelegt, nachdem der linke Uferpfeiler auf vier Lagen Granitquadern bereits an seinem neuen Platz errichtet und die Brücke im Jahre 1823 provisorisch befahrbar gemacht worden war[80]. Traitteur und Polenov, die der Kommission offenbar zunächst angehörten, unterzogen den neuen Entwurf einer harten Kritik, die wiederum Traitteurs

[79] RGIA, 206-2-44 , Bl. 112v.

[80] RGIA, 206-2-75, Bl. 24v.

Einschätzung seiner eigenen Arbeiten beispielhaft verdeutlicht[81]. Hauptargument dieser Kritik war weniger der technisch-wirtschaftliche, sondern vielmehr der architektonische Vergleich der Entwürfe. Die Kommission wiederholte praktisch ihre zuvor geäußerte Meinung zu den architektonischen Vorzügen des ursprünglichen Entwurfs und vermerkte in ihren Protokollen: »... *Da darüber hinaus ein Granitgewölbe zu einem Denkmal für die Nachwelt werden wird, das der Regierung, unter welcher selbiges errichtet wurde, zur Ehre gereichen wird, beschloß die Kommission, daß die Fehler in der Architektur desselben nicht im geringsten Anlaß für die Ablehnung des Entwurfs des Hauptmanns Stral'man werden sollen. Jene Fehler sind: 1.) die Widerlager sind zu schwer für das Gewölbe und die übrigen Teile der Brücke. 2.) die Halbpfeiler stellen keinerlei Verzierung dar und bringen kaum Nutzen*«[82]. Nach Ansicht der Gutachter war die im Entwurf vorgeschlagene Minderung der Spannweite zu groß, die Aufbringung des Bogengewölbes auf ein altes und ein neues Widerlager konnte zu ungleichen Setzungen führen, und die vorgesehene Verstärkung des Gewölbes mit Ziegelmauerwerk erschien überflüssig. Zum Abschluß dieser Diskussion empfahl die Kommission, den bereits gebilligten (früheren) Entwurf Traitteurs auszuführen.

Der weitere Planungsverlauf zu diesem Bauwerk ist ein interessantes Beispiel für den Ablauf von Genehmigungsverfahren im russischen Amt für Verkehrswege. Der Beschluß der Kommission für Entwürfe und Kostenvoranschläge vom Oktober 1823 wurde vom Herzog von Württemberg nämlich nicht gebilligt. Im Dezember 1823 erfuhr die Kommission, daß »*Seine Königliche Hoheit bei seiner Fahrt durch Spasskaja Polest' jenen* [den Entwurf Stral'mans] *geprüft und nach Billigung zum Vollzug genehmigt habe*«[83]. Ende Dezember 1824 hielt es die Kommission nunmehr für unangebracht, in Dispute zu dieser Frage einzutreten und verfügte die Rückgabe der Zeichnungen an den Rat für Verkehrswege. Bald darauf ermahnte der Herzog von Württemberg die Kommission, daß ungeachtet seiner mündlichen Billigung der Entwurf Stral'mans bei einer der nächsten Kommissionssitzungen offiziell geprüft werden müsse. Die erneute Prüfung des Entwurfs fand im Beisein von Oberst Zwilling, der Majore Polenov, Lamé und Clapeyron sowie von Hauptmann Bugajskij statt. Polenov und Bugajskij blieben bei ihrem schon früher vertretenen Standpunkt, daß es nicht sinnvoll sei, diese Variante zu genehmigen. Lamé und Clapeyron äußerten die Befürchtung, eine Verminderung der Spannweite könne zu einer schnellen Auswaschung des Bodens unter den Pfeilern führen, und merkten an, daß die Beibehaltung des alten Traitteurschen Entwurfs »... *es ermöglichte, beim Bau jener Brücke den Regeln schicklichster Architektur zu folgen*«[84].

Aller Kritik zum Trotz wurde der Bau der Brücke im Sommer 1824 nach dem Entwurf Stral'mans fertiggestellt. Im realisierten Entwurf wurde die Spannweite des Bogens schließlich auf 35 Fuß (10,7 m) reduziert. Im Juni 1824 billigte der Rat für Verkehrswege im Nachhinein den von den Hauptleuten Stral'man und Rejhel' erstellten und zu jener Zeit bereits ausgeführten Entwurf für die Brücke über die Polist'. Die hitzigen Diskussionen auf den Sitzungen der Kommission beeinflußten offensichtlich die Position Stral'mans, der das fertiggestellte Bauwerk bei seiner Vorstellung in einem Dienstbericht vom 16. Mai 1824 eng mit dem früheren Entwurf Traitteurs in Beziehung brachte: »*Die Konstruktion der eigentlichen Brücke aber war erstellt unter Einbeziehung des bereits 1822 gefertigten Fundaments ähnlich dem Entwurf des Oberst Traitteur mit Ausnahme des Gewölbes, dessen Dicke mit Ziegeln verstärkt werden mußte*«[85]. Allerdings geht aus einer erhalten gebliebenen Bauaufnahme[86] hervor, daß bei der realisierten Brückenvariante mit halbrundem Bogendurchlaß weder die architektonischen Qualitäten noch die konstruktiven Besonderheiten des Traitteurschen Entwurfs beibehalten wurden, die dieses ingenieurtechnische Bauwerk zu einem bedeutenden Werk der ›Brückenarchitektur‹ machen wollten (Abb. 78).

[81] Sitzungsprotokolle des Corps der Verkehrswegeingenieure über die Erörterung des Stral'manschen Entwurfs finden sich auch in: RGIA, 208-1-42 ›Journale der Kommission für Entwürfe und Kostenvoranschläge. 1823‹, Bl. 366–369. Nach diesen Protokollen zu urteilen, war Traitteur an der Diskussion und Kritik dieses Entwurfs beteiligt. Wahrscheinlich sind ihm auch gerade die im Namen der Kommission in die Protokolle aufgenommenen Äußerungen über die Bedeutung der architektonischen Gestalt der Brücke für die Nachwelt zuzuschreiben.

[82] RGIA, 206-2-70, Bl. 232–235.

[83] RGIA, 206-2-44, Bl. 122. Die Gründe für diese Entscheidung sind aus den Archivakten nicht ersichtlich.

[84] RGIA, 206-2-70, Bl. 236, 239v–242.

[85] Ibid., Bl. 228v; RGIA, 208-1-42.

[86] RGIA, 1487-46-782 ›Die Brücke im Dorf Holop'ja Polest'. Fassade, Grundriß, Details. 1827–1830‹ (5 Blatt).

79 Zementmahlwerk für die Bauarbeiten an der Chaussée St. Petersburg–Moskau, vermutlich nach Angaben von Bétancourt (Traitteur. *Nouveaux Ponts … sur la nouvelle chaussée de Moscou*, Taf. 8)

Neue Baumaschinen für die neue Chaussée

Wie auch einige andere große Unternehmungen des russischen Amts für Verkehrswege unter der Leitung Bétancourts führte der Bau der Chaussée St. Petersburg–Moskau zu einer sehr weitgehenden Einführung neuer Maschinen zur Mechanisierung des traditionellen Bauhandwerks. Dieser besondere Aspekt der durchgeführten Arbeiten illustriert sehr gut den weiten professionellen Horizont der Ingenieure im Petersburger Corps der Verkehrswegeingenieure, deren Dienstobliegenheiten die Architektur ebenso umfaßte wie die angewandte Mechanik[87]. Einer der führenden Petersburger Fachleute jener Zeit im Bereich der angewandten Mechanik war Bétancourt selbst, dessen Erfindungen neuer Maschinen und Geräte bereits vor seinem Umzug nach Rußland in Westeuropa weithin bekannt waren[88]. Der intensive Erfahrungsaustausch mit dem Amtsleiter für Verkehrswege hat offenbar auch Traitteurs Interesse für die Baumaschinen geweckt (Abb. 79).

So legte Traitteur Bétancourt im April 1822 die Zeichnung für den Bau einer Kreissäge vor, mit der Pfähle in 40 Fuß Tiefe unter Wasser gesägt werden konnten und die bereits erfolgreich beim Bau einer Brücke in Bordeaux eingesetzt worden war, und schlug vor, dieses Gerät beim Bau der neuen Holzbrücke in Novgorod zu erproben. Ende April wurde Traitteurs Vorschlag von Bétancourt gebilligt. Die Unterwassersäge wurde bei der Fabrik von Charles Baird in Auftrag gegeben und Ende Februar 1824 gefertigt, zu einer

[87] Picon, Antoine. *L'invention de l'ingénieur moderne. L'Ecole des Ponts et Chaussées 1747–1851.* Paris, 1992, S. 469–475 (La cours de méchanique appliquée de l'Ecole des Ponts et Chaussées).

[88] Lanz, José María de; Betancourt, Augustin de. *Essay sur la composition des machines*. Paris, 1808 (englische Übersetzung 1820); *Betancourt. Los inicios de la ingenieria moderna en Europa.* Madrid, 1996, S. 234–246, 268–271, 279–280, 284–287.

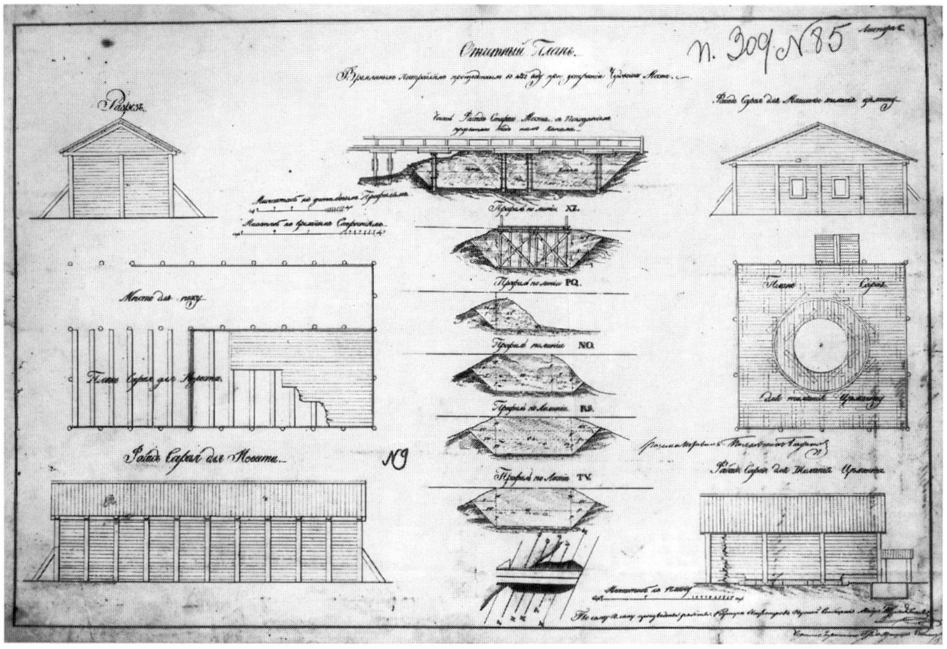

80 Provisorische Bauten für die Errichtung der Brücke bei Čudovo, rechts ein Schuppen mit Zementmahlwerk, vermutlich nach Traitteur, um 1822 (RGIA, 1487-46-822, Bl. 5)

Zeit, als Traitteur bereits nicht mehr Bauleiter an der Chaussée war. Da für dieses Gerät kein wirklicher Bedarf vorhanden war, bat Traitteurs Nachfolger Rejhel' im Februar 1824 die Leitung des Amts für Verkehrswege, die Maschine beim Hersteller zu belassen, da es außer provisorischen Schuppen keine geeigneten Gebäude für die Unterbringung der Säge gebe und ihr Einsatz erst beim Bau der Brücke über den Fluß Volhov in Novgorod zweckmäßig erscheine[89].

Traitteur wies Bétancourt auch darauf hin, daß der für den Bau der neuen Moskauer Chaussée gelieferte ›Zement‹ (ciment) wegen fehlender Maschinen durch Hilfskräfte noch von Hand gemahlen werde. Dieser Umstand führe zu einer beträchtlichen Kostenerhöhung und zu einer Minderung der Bindemittelqualität: *»... Die Unbequemlichkeiten, welchen wir ausgesetzt sind, um den Kalk, welcher bei den Arbeiten unter Wasser benötigt wird, gut zu vermischen, sind Ihrer Exzellenz wohlbekannt, und es war auch kein Erfolg zu erzielen mit dem üblichen Verfahren, welches bis heute angewandt wird«*. Zusammen mit der Antwort auf seinen Bericht erhielt Traitteur von Bétancourt ein Modell einer von ihm erfundenen Maschine zur mechanischen Zerkleinerung von Zement und zur Mischung von Wasserkalk. Bald darauf entwarf Traitteur einen kleinen Holzschuppen zur Unterbringung der Maschinen (Abb. 80)[90].

Die Zementstampfmaschine (Kosten 5.500 Rubel) wurde bei der Bairdschen Fabrik in Auftrag gegeben und zum 15. Juli 1822 fertiggestellt. Drei Tage später wurde das erste derartige Gerät beim Bau der Brücke in Ljuban' eingesetzt. Der bei den Erprobungen anwesende Traitteur teilte anschließend der Leitung mit: *»... Ich begab mich an jenen Ort, um die ersten Versuche zu sehen, welche mit dieser Maschine durchgeführt wurden, sie hat dabei alles übertroffen, was man von einem solch einfachen und auch erstaunlichen Gerät erwarten konnte«*[91]. Wahrscheinlich veranlaßte eben dieser Eindruck vom Einsatz des neuen Geräts Traitteur, in sein neues Album das lithographische Blatt ›Vue du moulin à ciment et à mortier‹ aufzunehmen (Abb. 79). Diese Zeichnung veranschaulicht recht gut das Funktionsprinzip der Bétancourtschen Zementmühle, deren Mühlsteine durch Pferdezüge angetrieben wurden[92]. Nach dem erfolgreichen Abschluß der Erprobungen wurden bei der Bairdschen Fabirk fünf weitere gleichartige Maschinen in Auftrag gegeben, die für die im August 1822 begonnenen Bauarbeiten an den Brücken in Tosno, Čudovo, Holop'ja Polist', Polenočnaja und an der Stepenka eingesetzt werden sollten.

[89] RGIA, 206-2-25 ›Über den Brückenbau an der Moskauer Chaussée durch die Militärbataillone. Dezember 1821 – Oktober 1822‹, Bl. 186v, 192–193, 226.

[90] RGIA, 1487-46-822, Bl. 5 ›Berichtsplan für provisorische Gebäude, hergestellt 1822 beim Bau der Brücke Čudovo‹ (ohne Datum und Verfasserunterschriften).

[91] RGIA, 206-2-25, Bl. 196–219v.

[92] *Collection de plans et vues perspectives des nouveaux ponts projetés et construits sur la nouvelle chaussée de Moscou ...*, Taf. 8 (ohne Verfasserunterschrift). Der Vorschlag Bétancourts greift im Prinzip auf die Baumaschinenentwicklung der Pariser *Ecole des ponts et chaussées* zurück, etwa die *Machine à broyer le Mortier* vom Anfang des 19. Jahrhunderts (Picon, Antoine; Michel, Yvon. *L'ingénieur artiste ...*, S. 174–175).

[93] Picon, Antoine. *L'Invention de l'ingénieur moderne. L'Ecole des Ponts et Chaussées 1747–1851 ...*, S. 338–348 (La perfectionnement des routes); Liman, Herbert. *Die Anfänge des preußischen Chausseebaus.* In: Aus der Geschichte der Bautechnik (Hrsg. Fritz Scheidegger), Basel–Boston–Berlin, 1992, Bd. 2. Anwendungen, S. 106–118.

[94] *Kratkij istoričeskij očerk razvitija i dejatel'nosti Vedomstva putej soobščenija ... 1798–1898 (Kurzgefaßter historischer Abriß über die Entwicklung und die Aktivitäten des Amts für Verkehrswege ... 1798–1898)*, S. 44–46.

[95] Bartenev (Hrsg.). *Briefe der Großfürstin Ekaterina Pavlovna an den Ingenieur-General de Vollant.* Russisches Archiv, Ausgabe 8 (1870), Moskau,

Die Steinbogenbrücken Traitteurs als Werke des europäischen Klassizismus

Die vom russischen Amt für Verkehrswege an der Chaussée St. Petersburg–Moskau durchgeführten Arbeiten waren in vielerlei Hinsicht mit ähnlichen Projekten vergleichbar, die zwischen 1800 und den 1830er Jahren in den westeuropäischen Ländern, vor allem Frankreich und Deutschland, realisiert wurden[93]. So befaßte sich das neugegründete ›Komitee für den Bau und den Unterhalt großer Straßen im Reich‹ u. a. mit der Anlage von aufgeschütteten ›Steinchausséen‹ in Rußland nach dem Vorbild der in Westeuropa bereits eingeführten Straßen nach einem System des französischen Ingenieurs P.-M.-J. Trésaguet. Erstmals in Rußland sollte diese Art des Baus von Chausséen eben bei der Straße St. Petersburg–Moskau eingesetzt werden[94]. Die seit dessen Gründung mit dem Corps der Verkehrswegeingenieure eng verbundene Großfürstin Ekaterina Pavlovna (seit 1816 Königin Katharina von Württemberg) hat deren Bau noch von Stuttgart aus aufmerksam verfolgt. Die württembergischen Straßen zeichneten sich nämlich nach Ansicht Katharinas durch unzureichende Qualität der Brücken und Wasserbauwerke aus, wie sie im Mai 1817 schreibt: »... *L'entreprise de la grande route de Moscou est une belle chose, mais le moment le plus favorable me semble avoir été manqué; car nous avions des milliers de bras inutiles que nous n'avons plus. Les pays sont différents; une chaussée ici n'est rien du tout, et je dois dire qu'elles sont admirablément faites; mais par contre nos travaux hydotechniques sont en dessous de tout critique: on ne sait ni construire un pont ni élever une digue; nos rivières sont des torrents et entrainent les rivages avec une grande violance; mais j'ai tort de Vous parler de cette goutte d'eau dans votre vast océan*«[95]. Das vom russischen Amt für Verkehrswege in den früheren 1820er Jahren entwickelte Konzept der Chaussée St. Petersburg–Moskau legte möglicherweise in Rücksicht auf die deutschen Erfahrungen auf alle Ingenieur- und Wasserbauwerke besonders großen Wert.

Diese Besonderheit des Straßenkonzepts kam in den Entwürfen Traitteurs besonders deutlich zum Ausdruck. Seine in den Jahren 1821–1822 in Bétancourts Auftrag ausgeführten Entwürfe zu neuartigen Holzbogenbrücken waren tatsächlich die ersten einer großen Anzahl von Bauwerken, die von der Brückenbauschule des Corps der Verkehrwegeingenieure in den 1820–1840er Jahren insbesondere in St. Petersburg[96] und Umgebung geschaffen wurden. Diese Arbeiten der in Rußland tätigen Baufachleute überwiegend westeuropäischer Herkunft (Traitteur, Bazaine, Adam, Rejhel' u. a.), sind durchaus vergleichbar mit der Konstruktionsforschung durch die Absolventen der *Ecole des Ponts et des Chaussées* (u. a. A.-R. Émy)[97] sowie durch bayerische und preußische Ingenieure.

Derartige Projekte dürften Traitteur bereits aus seiner Zeit in Baden bekannt gewesen sein. So entwarf der französische Ingenieur de Saint-Far zeitgleich zum Bétancourtschen Projekt der Kamennoostrovskij-Brücke in St. Petersburg (Abb. 19) eine mehrfeldrige Holzbogenbrücke über den Rhein bei Mainz. Ein Modell dieser schließlich baulich genehmigten Rheinbrücke wurde bald darauf in der Galerie der *Ecole des Ponts et Chaussées* in Paris ausgestellt[98]. Die Entwürfe von Mitgliedern des Petersburger Corps der Verkehrswegeingenieure auf dem Gebiet der Holzbogenbrücken sind am ehesten mit den in den Jahren 1810–1820 entstandenen Arbeiten des bayerischen Oberingenieurs Carl von Wiebeking vergleichbar (Abb. 81, 82)[99]. Von einem gegenseitigen Kenntnisstand im Ingenieurwesen zeugt auch der während der Bauarbeiten an der Chaussée St. Petersburg–Moskau veröffentliche Aufsatz Bazaines ›Observation sur quelques ponts d'Allemagne, et réflexions sur l'emploi de bois courbé artificiellement‹[100].

1871, S. 2011–2012 (aus einem Brief aus Stuttgart vom 6. Juni / 25. Mai 1817).

[96] Hier sind die im Jahre 1823 von Bazaine erstellten und sogleich umgesetzten Entwürfe zu drei Holzbrücken (u. a. einfeldrige und dreifeldrige Brücken aus gekrümmten Holzbögen) für den Katharinen-Park zu nennen. (Clapeyron. *Izvestija o rabotah, sooružennyh v Ekateringofe (Mitteilungen über die in Katharinenhof unternommenen Arbeiten)*. Žurnal Putej Soobščenija (Journal für Verkehrswege), 1827, Band 4, S. 59–65 (mit Abb.).

[97] Siehe z. B.: Picon, Antoine; Michel, Yvon. *L'ingénieur artiste* ..., S. 102–103 (F. M. de Vergès, Projekt zu zehn Brücken mit unterschiedlichem Zimmerwerk, 1818, Nr. 7); Émy, A.-R. *Traité de l'art de la charpenterie*. Bd. 2, Paris, 1841.

[98] Peters, Thomas Frank, *Time is Money. Die Entwicklung des modernen Bauwesens*. Stuttgart, 1984, S. 59.

[99] Wiebeking, Carl Friedrich von. *Architecture civile accompagnée de l'histoire descriptive et analytique des édifices anciens et moderns les plus remarquables*. Bd. 7 (De la science de construire des ponts). München, 1831; ders. *Planches appartenants à l'Architecture civile*. München, 1831, Taf. 77, 79, 199, 204, 247, 249–251.

[100] [Bazaine]. *Zamečanija o nekotoryh mostah v Germanii i issledovanija iskusstvenno gnutogo dereva (Bemerkungen zu einigen Brückenarten in Deutschland und Erforschung künstlich gebogenes Holzes)*. Journal putej soobščenija (Journal für Verkehrswege), 1830, St. Petersburg, Bd. 17, S. 21–32, Taf. 2. Zeitgenössische französische Fassung: Journal des Voies de Communication, 1830, Nr. 17, S. 18–28, Taf. 2.

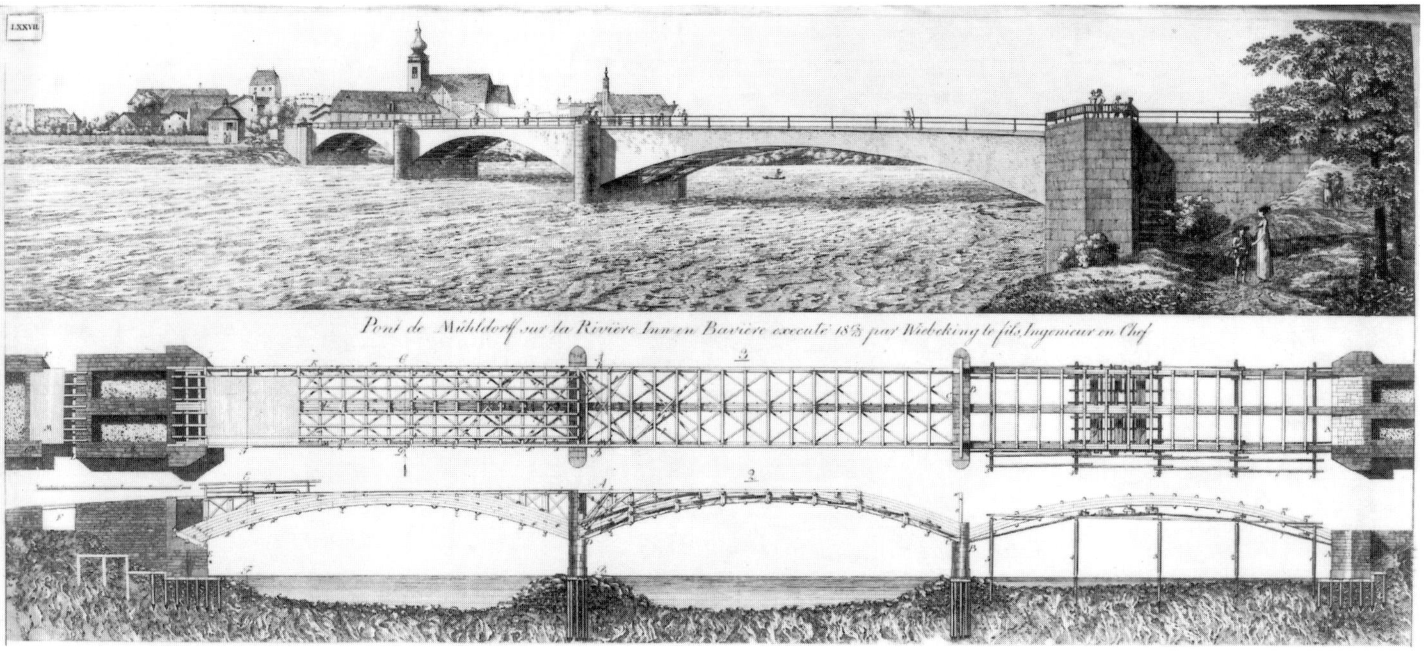
LXXVII
Pont de Mühldorff sur la Rivière Inn en Bavière executé 1813 par Wiebeking le fils Ingenieur en Chef

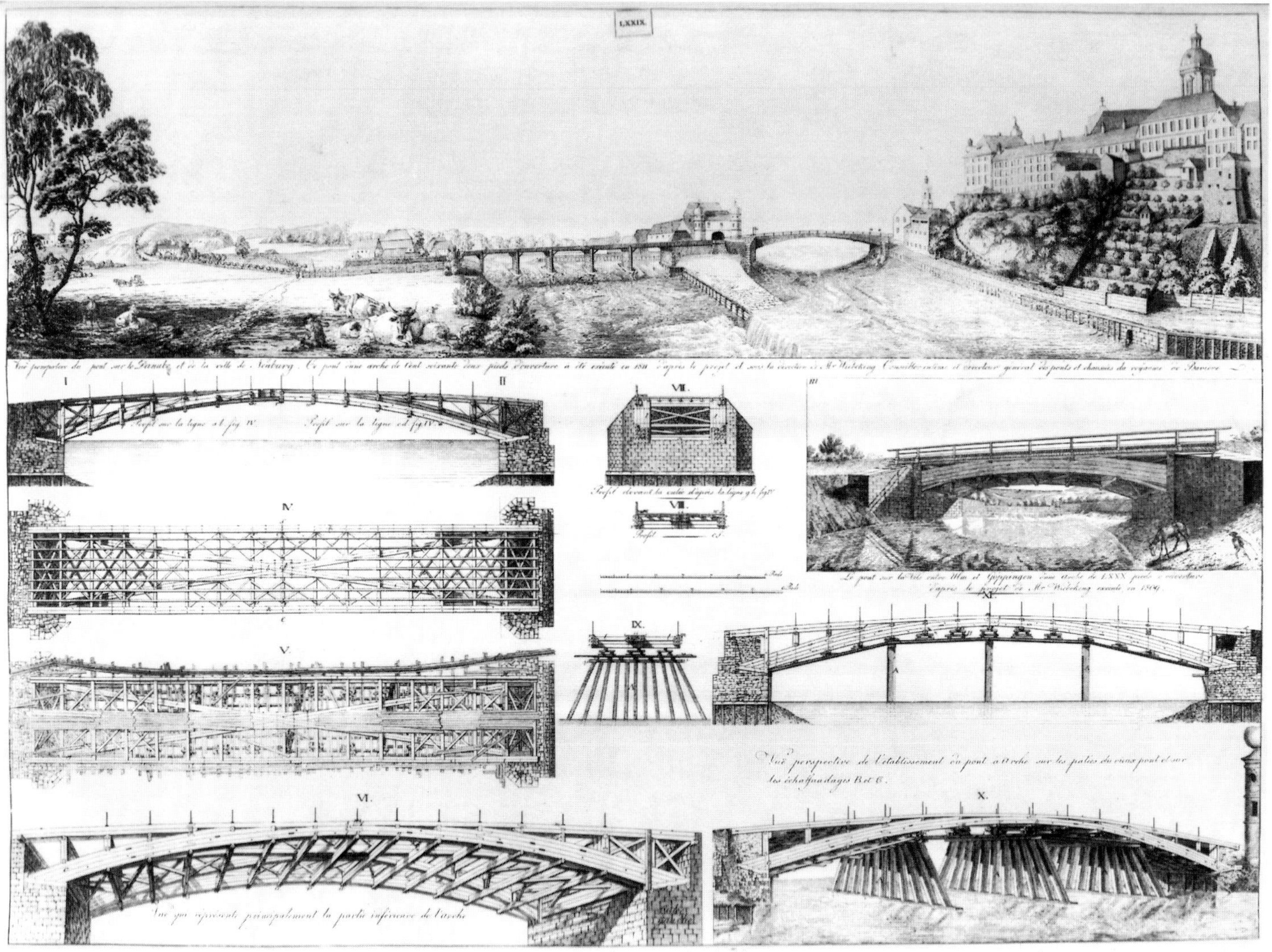
LXXIX
I
II
VII.
IV
V.
IX.
VI.

81 Carl Gustav von Wiebeking. Mehrfeldrige Bogenbrücke über den Inn bei Mühldorf, 1812–1813 (Wiebeking, *Architecture civile ...*, Taf. 77)

82 Carl Friedrich von Wiebeking. Einbogige Holzbrücke über die Donau bei Neuburg, Spannweite 162 Fuß (47,28 m), 1811. Mitte rechts: Brücke über die Fils zwischen Ulm und Göppingen, Spannweite 80 Fuß (22,92 m), 1809 (ibid., Taf. 79)

Ebenso deutlich läßt sich die parallele Entwicklung russischer und westeuropäischer Steinbogenbrücken nachvollziehen. Als schöpferische Entlehnung eines Ingenieur-Entwurfs bei der französischen Schule kann der von Traitteur in den Jahren 1821 und 1822 erstellte Plan einer Steinbrücke im Dorf Holop'ja Polist' gewertet werden. Als offensichtliches Vorbild diente die fünffeldrige Steinbrücke Pont de Neuilly-sur-Seine (1768–1774), eines der bekanntesten Bauwerke des Gründungsdirektors der Ecole des Ponts et des Chaussées, Jean-Rodolphe Perronet. Der bereits Ende des 18. Jahrhunderts veröffentlichte Entwurf zu diesem Bauwerk galt lange Zeit als mustergültiges Beispiel der zeitgenössischen Baukunst[101]. Die innovativ konstruierten Steingewölbe der Pont de Neuilly-sur-Seine hatten einen veränderlichen Querschnitt sowie ein Korbbogenprofil (Spannweite 5×39 m), das sich von den traditionell gehaltenen Steinbögen in der Mitte (Verhältnis Höhe zu Spannweite: 1/5) übergangslos bis zu den ungewöhnlich flachen Bögen (1/9,3) entlang des Fahrbahnrands entwickelte[102]. Die streng horizontale architektonische Gliederung der Fahrbahnbrüstung sowie der Einsatz von korinthischen Halbsäulen bei den Pylonen verliehen der Brücke den Charakter eines monumentalen Bauwerks, eine Eigenschaft, die Traitteur sehr wohl erkannt hat und im Entwurf seiner einbogigen Variante des Pariser Vorbilds weiterzugeben vermochte (Abb. 77, 78).

Dabei ist festzuhalten, daß die ersten Versuche, eigene Lösungen im Bereich des Brückenbaus nach Rußland zu ›exportieren‹, auf Perronet selbst zurückgingen. 1791 sandte er den Entwurf zu einer siebenbögigen Steinbrücke über die Neva nach St. Petersburg, bei dem die Konstruktionsprinzipien der Pont de Neuilly vollständig beibehalten, deren architektonische Gestalt jedoch weiterentwickelt wurde. So sah Perronets Entwurf für St. Petersburg zwei prunkvolle Triumphbögen auf den Pfeilern des schwenkbaren Teils der Brücke vor[103].

Bemerkenswert ist auch, daß die in streng klassizistischer Formensprache gehaltenen weiteren steinernen Verkehrsbrücken Traitteurs an der Chaussée St. Petersburg–Moskau in mehrfacher Hinsicht den Entwürfen zu Brücken- und Straßenbauten vergleichbar sind, die im neugeschaffenen Großherzogtum Baden errichtet wurden (Abb. 83, 84). Der Ausbau des Straßennetzes des Großherzogtums wurde dort nach der erheblichen Vergrößerung des Territoriums im Jahre 1803 besonders intensiv vorangetrieben. Allein im Zeitraum 1820–1828 erhöhte sich die Länge des badischen Straßennetzes von 268 auf 2.429 Kilometer. Im Jahre 1817 wurde Johann Gottfried Tulla zum Badischen Oberwasser- und Straßenbaudirektor berufen, unter dessen Leitung an den neuen Straßen zahlreiche Holz- und Steinbrücken errichtet wurden[104]. Zu den in ihren technischen und gestalterischen Lösungen herausragenden Verkehrsbauwerken in Baden gehörten die einfeldrigen Steinbogenbrücken. Unter ihnen können die bis heute erhaltenen Brücken über den Reichenbach bei Gengenbach (1818, Spannweite 5 m), über den Emersbach bei Biberach/Kinzigtal (1823, Spannweite 4 m), über den Walzbach in Weingarten/Baden (1822–1823, Spannweite 7,9 m) sowie über die Murg in Murg/Oberrhein (1821, Spannweite 8 m) genannt werden[105].

An der Erstellung der Entwürfe zu den Steinbrücken war neben Tulla auch der Leiter der badischen Bauverwaltung, der Architekt Friedrich Weinbrenner, beteiligt. Die von diesem und seinen Schülern vorgelegten architektonischen Musterentwürfe haben ganz offensichtlich die betont klassizistischen Formen der an den Chausséen realisierten Bauwerke beeinflußt (Abb. 83)[106]. Zwar sind die unübersehbaren Ähnlichkeiten in den Brückenbauten Tullas, Weinbrenners und Traitteurs überwiegend auf die allgemeine Stilentwicklung der Architektur des europäischen Klassizismus zurückzuführen. Gleichwohl kann die typologische und stilistische Verwandtschaft zwischen den frühen Steinbrücken an der Chaussée St. Petersburg–Moskau (Abb. 84) und den badischen

[101] Perronet, Jean-Rodolphe. *Description des projets et de la construction des ponts de Neuilly, de Mantes, d'Orléans, de Louis XVI, etc. ...* Paris, 1782–1783, 2. Aufl. 1788.

[102] Picon, Antoine; Michel, Yvon. *L'ingénieur artiste. Dessins anciens de l'Ecole des Ponts et des Chaussées ...*, S. 88–89.

[103] Kočedamov, V. *Proekty pervogo postojannogo mosta na Neve (Entwürfe zur ersten ortsfesten Brücke über die Neva).* Arhitekturnoe nasledstvo (Architekturerbe), 1953, S. 194–195, 219. Der 1791 nach St. Petersburg gesandte Entwurf war bereits früher erstellt und in Band III des Werks Perronets von 1783 veröffentlicht worden.

[104] Cassinone, Heinrich. *Die Geschichte und technische Entwicklung des Straßenwesens in Baden 1810–1920.* Dissertation TH Karlsruhe, 1926; Cassinone, H., Spieß K. *Johann Gottfried Tulla. Sein Leben und Wirken.* Karlsruhe, 1929, S. 204–220 (Abb. 58 und 59).

[105] Zahlreiche Steinbrücken Tullas aus der Zeit von 1811–1824 wurden in den Kriegsjahren beschädigt und beim Wiederaufbau durch moderne Stahlbetonbauten ersetzt (Wieczorek, Herbert. *Steinbrücken von Johann Gottfried Tulla. Bestand und Zustand im Jahre 1984.* Schreibmaschinenmanuskript. Südwestdeutsches Archiv für Architektur und Ingenieurbau, Universität Karlsruhe, Abb. 1–7).

[106] Stadtarchiv Karlsruhe. Reg.-Nr. XV 1425. Weinbrenner-Umkreis, Abbildungsvorlage für einen nicht publizierten Band von Weinbrenners Architektonischem Lehrbuch (ohne Datum).

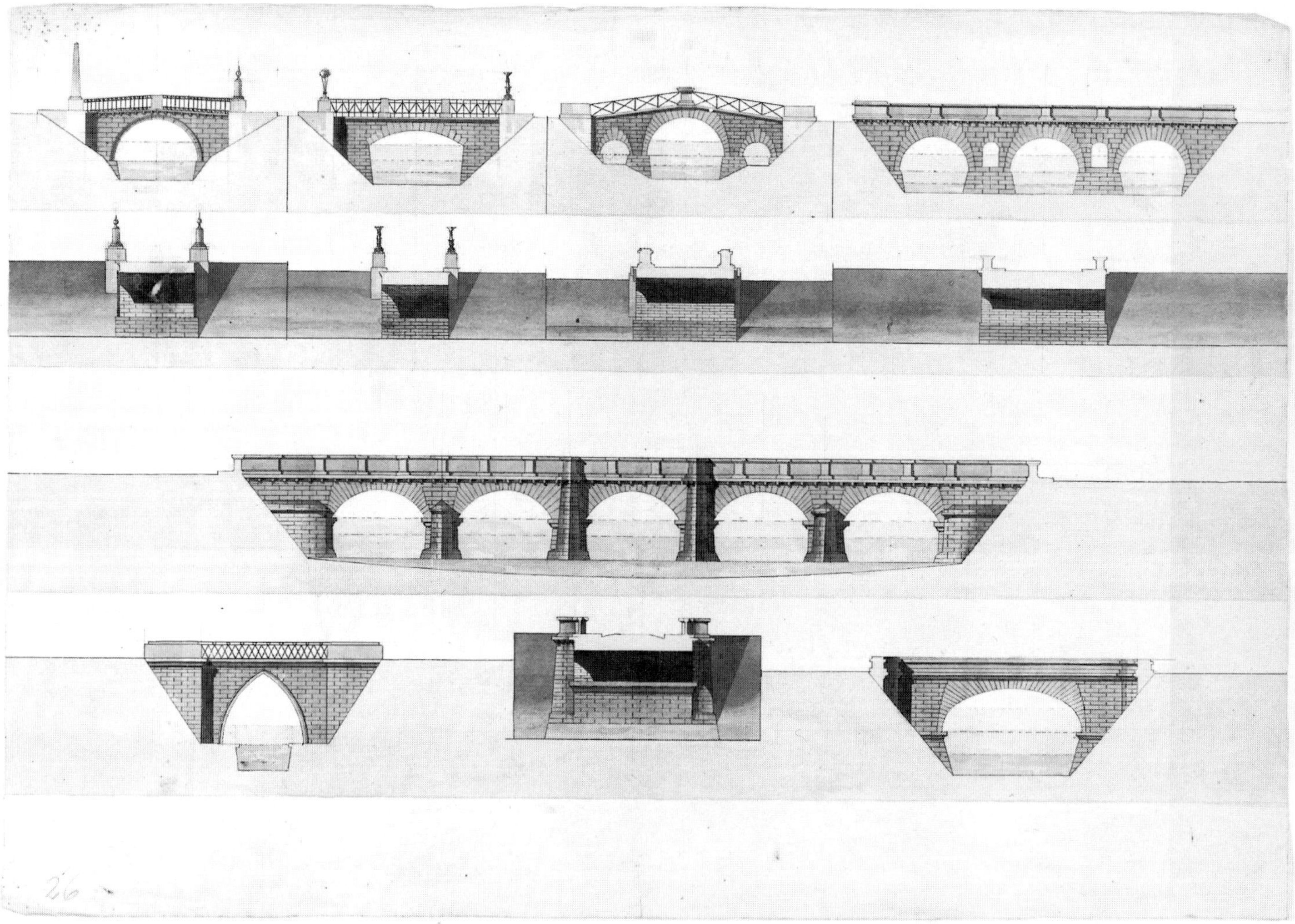

83 Musterentwürfe für Bogenbrücken, Zeichenvorlagen für das Architektonische Lehrbuch Friedrich Weinbrenners, ohne Datum, um 1810–1820 (Stadtarchiv Karlsruhe, XV/1425)

Straßen vor allem auf die frühen beruflichen Erfahrungen Traitteurs zurückgeführt werden, der den Bau einiger neuer Straßenbauwerke in Baden noch selbst miterlebt hatte. Sie kann jedoch auch als Zeichen dafür gewertet werden, daß Traitteur die Entwicklung des Bauwesens in seiner Heimat auf das Aufmerksamste verfolgt hat. So verbrachte Traitteur 1818 den einzigen viermonatigen Urlaub während seiner langen Petersburger Dienstzeit *»zur Genesung«* in Deutschland, wahrscheinlich in Baden[107]. Es scheint sinnvoll anzunehmen, daß Traitteur mit seinen russischen Arbeiten versuchte, aus der Ferne mit den badischen Kollegen in einen ›Wettstreit‹ zu treten, in erster Linie mit Oberst Tulla, der ihm 1810 jegliche Möglichkeit für eine Ingenieurstätigkeit im Staatsdienst seiner Heimat konsequent unterbunden hatte.

Die Chaussée St. Petersburg–Moskau als ›Architekturensemble‹

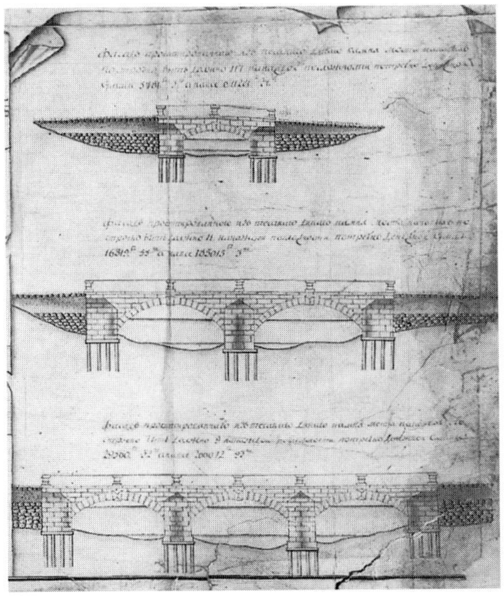

84 Musterentwürfe für Steinbogenbrükken der Chaussée St. Petersburg–Moskau, Teilabschnitt Novgorod-Toržok, 1786 (RGIA, 1487-47-487, Fragment)

Betrachtet man die von Traitteur für das Album zu den Brücken an der neuen Chaussée St. Petersburg–Moskau ausgewählten 12 lithographischen Blätter[108], so zeigt sich, daß er in dieser Arbeit offensichtlich über den Rahmen der traditionellen, im engeren Sinne technischen Herangehensweise an die Umgestaltung einer Chaussée und die Planung neuer Brücken hinausgehen wollte. Traitteur, in erster Linie Ingenieur, erwies sich hier auch als erfahrener Architekt mit hervorragendem Verständnis für die städtebaulich-ästhetischen Aspekte seiner Bauwerke. Dieses ›weltanschauliche‹ Konzept der Annäherung an die Grenzen ingenieurtechnischer Tätigkeit erklärt auch, warum Traitteur in sein Album ein idealisiertes Schaubild des fertiggestellten Chausséeabschnitts aus der Vogelperspektive als einführendes Blatt aufnahm (Abb. 56)[109]. Die pfeilgerade, in weiter Ferne in einem Punkt zusammenlaufende Straße und die beim Bau der Straße ›regulierte‹ Natur sind die einzigen und wichtigsten Objekte einer hier besonders offensichtlichen Ästhetisierung des Albums und seiner im übrigen technischen Gegenstände durch den Autor. Eine über den Kanal geschlagene Holzbrücke, die ausgeprägt stereometrischen Formen der Straßengräben und -böschungen, ein in der Ferne liegendes Dorf, bestehend aus zwei der Hauptstraße zugewandten Reihen einheitlicher Blockhäuser, bilden einen auffallenden Kontrast zu den ruhigen und gleichmäßigen Formen der Naturlandschaft. Die einzigen Menschen im Vordergrund des Blatts sind beileibe nicht die für die darstellende Kunst des russischen Klassizismus und der Romantik typischen *paysannes*, sondern uniformierte Soldaten der Baubrigade, die die Forstarbeiten zur Weiterführung und Verbesserung der neuen, von Menschenhand geschaffenen Kulturlandschaft, der *Chaussée* aus gewachsenem Boden, ausführen.

Bei der Planung der Bauwerke für die Chaussée St. Petersburg–Moskau reflektierte und realisierte Traitteur die für die sozialen und ideell-künstlerischen Bestrebungen der europäischen Aufklärung typische Aufgabe, einzelne architektonische und ingenieurtechnische Bauwerke als Bestandteile eines neuen universellen Lebensraums in klassizistischen Formen zu entwerfen. Ihrer Gestalt lag das ideelle Prinzip des ›Gemeinwohls‹ zugrunde, das zu einer Art Bedeutungsausgleich zwischen funktionalen und ästhetischen Eigenschaften der Bauwerke führen sollte. Nach einer zutreffenden Bemerkung von A. L. Punin wurde gerade in jenen Jahren »... *der Raum der Hauptverkehrswege in Rußland als Gegenstand architektonischen Schaffens entdeckt. Dies war die logische Folge des Gesamtsystems der ästhetischen Anschauungen des Klassizismus, in dem man sich die Kategorien des Nützlichen und des Schönen als eng verknüpft vorstellte. Der Bau eines Gesamtsystems von Straßengebäuden und -bauwerken in einheitlicher architektonisch-künstlerischer Gestaltung erhöhte die Gefälligkeit des Straßenraums entlang der Hauptverkehrswege und verlieh ihnen Züge eines räumlich entwickelten Ensembles, das sich durch eine gewisse stilistische Einheit auszeichnete*«[110].

Die im Konzept Traitteurs offensichtliche künstlerische Erfassung des Straßenraumes der Chaussée St. Petersburg–Moskau entsprach in vielen Aspekten dem neuen Verständnis der Bedeutung der Straßen in einem absolutistischen Staat zur Zeit der Aufklärung und war zweifellos davon inspiriert. Geschaffen als Hauptverbindungswege, spiegelten sie praktisch den Entwicklungs- und Wohlstand des Landes insgesamt wider. Die Poststraße Moskau–St. Petersburg war im Grunde bereits Ende des 18. Jahrhunderts der älteste und bedeutendste zu Lande verlaufende Verkehrsweg Rußlands, der die neue, an den vorgerückten Grenzen zu den westeuropäischen Staaten aufgebaute Hauptstadt mit den Binnenzentren des Imperiums verband (Abb. 57, 84). Kein anderer Straßenbau

[107] RGIA, 200-1-1780, Bl. 2.

[108] *Collection de plans et vues perspectives des nouveaux ponts projetés et construits sur la nouvelle chaussée de Moscou, pendant les années 1821 et 1822 par G. de Traitteur.* St. Petersburg, 1823. Als Verfasser der gezeichneten Vorlage ist, mit Ausnahme der Blätter 1 und 8, jeweils Traitteur angegeben, in der Regel sind auch die Lithographen aufgeführt: 1. Vue de la nouvelle chaussée de Moscou, 2. Plan de situation du pont de Babina (Lithograph Zuev), 3. Plan et profil du pont de Babina à la 100 Werste de St. Pétersbourg (P. Helmersen, Šašin und Schuch), A. Vue des travaux du pont de Babina (A. Thon), 4. Vue perspective du pont de Babina (Schuch), 5. Plan de situation du pont de Lubani (Zuev), 6. Plan et profil du pont de Lubane à la 84 Werste de St. Pétersbourg (P. Helmersen und Schuch), B. Vue des travaux du pont de Lubani (Schuch), 7. Vue perspective du pont de Lubani (Chifflard), 8. Vue du moulin à ciment et à mortier, 9. Pont de Tschoudowa (ohne Angabe des Lithographen), 10. Pont de Holopie Poleste à la 123 Werste de St. Pétersbourg (Beggrov).

[109] Dieses Blatt (Taf. 1) trägt keine Unterschriften der Verfasser. Die darauf gezeigte Landschaftssituation ist dem ›Plan de situation du pont de Lubani‹ (Taf. 5) sehr ähnlich.

[110] Punin, A. L. *Arhitektura mostov ... (Brückenarchitektur ...).* Dissertation, S. 224–228.

und auch kein anderes Bauvorhaben in der Geschichte des Zarenreichs wurde von einer solchen Flut von Erlassen und Regierungsverfügungen begleitet[111].

Bei seiner für die russische Ingenieurspraxis Anfang des 19. Jahrhunderts noch ungewohnten künstlerischen Auffassung des Straßenraumes einer neuen Chaussée konnte Traitteur in einigen Punkten auf die Erfahrungen und Traditionen der neuen französischen Ingenieurschule zurückgreifen, deren Vertreter bereits Ende des 18. Jahrhunderts eine planmäßige Modernisierung von Straßen als Teil eines Programms für den *amenagement du territoire* und *conquête de l'espace national* in Angriff genommen hatten. In den Traditionen dieser Schule stand auch Traitteurs Versuch, seinen ingenieurtechnischen Bauwerken ein Erscheinungsbild zu verleihen, bei dem die ästhetischen Komponenten zumindest gleichkommen sollten mit dem gesellschaftlichen und funktionalen Zweck. Als solche Komponenten verwendete Traitteur konsequent stilistische Motive des strengen Petersburger Klassizismus, wodurch seine Entwürfe für die neue Chaussée im Sinne der Weitergabe von Verfahren und hohen künstlerischen Normen dieses Stils in der Provinz auf eine Stufe mit den Arbeiten einiger führender Petersburger Ingenieure und Architekten gestellt werden können. Dieses besondere Planungskonzept für Straßen kommt in den Entwürfen Traitteurs besonders deutlich zum Ausdruck. In seinen Varianten entwarf er praktisch erstmals Brückenbauten nicht nur als in sich geschlossene architektonische Werke, sondern als Teile großer ›Verkehrsknoten‹, d. h. ästhetisch aufgefaßter Ensembles aus Kanälen, Dämmen, Erdbauwerken und – an erster Stelle – Brücken (Abb. 60, 66).

Das von Traitteur in seinen Plänen und dem alsbald veröffentlichten Album vorgelegte Planungskonzept für die damals wichtigsten Verkehrswege Rußlands als künstlerisch vollwertiges Architekturensemble wurde aus finanziellen und anderen Zwängen der Baupraxis nicht umgesetzt. Diese zahlreichen, detailliert ausgearbeiteten Entwürfe sind jedoch nicht als verspätete Ergänzung zu den ingenieur- oder städtebaulichen Utopien der französischen Revolutionsarchitektur zu verstehen. Die von dem Ingenieur aus Baden eingeschlagene Linie wurde offensichtlich auch von den nachfolgenden Bauleitern an der Chaussée, insbesondere von Rejhel', beibehalten. Die durch ihn geschaffenen Brückenbauwerke, darunter auch die bedeutendsten mehrbögigen Holzbrükken mit Spannweiten von bis zu 21,5 m über den Fluß Volhov in Novgorod (1824–1831) und mit fünf Spannweiten von 48 m über den Fluß Msta bei Bronnica (1837–1842, Ausführung durch den Ingenieur Ja. I. Afanas'ev), waren weitaus schwierigere ingenieurtechnische Bauwerke als die frühen Brücken Traitteurs. Gleichwohl führten sie alle das von Traitteur entwickelte Planungsprinzip fort, nach dem die Ingenieurbauten als städtebaulich-architektonische Akzente ›der wichtigsten Straße im Lande‹ aufzufassen seien.

[111] Urusova, Ja. V. *Sentimental'noe putešestvie iz Peterburga v Moskvu (Sentimentale Reise von Petersburg nach Moskau)*. Čelovek, 1992, H. 3,. S. 140.

85 Die Panteleimon-Brücke über die Fontanka in St. Petersburg. Traitteur, 1823–1824. Schaubild mit Michaelsschloß (Traitteur. *Plans, profils, vues perspectives et détails des ponts en chaînes exécutés à Saint-Pétersbourg* ..., Taf. 1, Lithographie nach eigener Vorlage)

Die ersten Hängebrücken in St. Petersburg: Traitteur an der Spitze der europäischen Ingenieur-Avantgarde, 1823–1826

1823 kann als das wichtigste Jahr in Traitteurs Werdegang angesehen werden. Kurz nachdem der badische Ingenieur die Leitung der Bauarbeiten an der Chaussée St. Petersburg–Moskau abgegeben hatte, wurde er im Februar 1823 mit der Errichtung einer ›Großen Kettenbrücke‹ am Sommergarten und im Mai desselben Jahres mit einer für Fußgänger bestimmten ›Kleinen Kettenbrücke‹ über die Mojka beauftragt[1]. Nach seiner Freistellung von der Aufsicht über den Bau der Gebäude der Kondukteurschule ab Juni 1824 erhielt Traitteur damit erstmals in seiner Laufbahn in Rußland die Möglichkeit, für knapp fünf Jahre die Leitung eines einzelnen Großprojekts, den Bau von Ketten- bzw. Hängebrücken, zu übernehmen[2]. Dank der erfolgreichen Ausführung dieser technisch und gestalterisch innovativen Bauwerke, mit denen in Rußland ein völlig neuer Bauwerkstyp eingeführt wurde, trat Traitteur überzeugend aus der großen Gruppe fähiger ausführender Fachleute des Corps der Verkehrswe-

[1] RGIA, 200-1-1780 ›Über die Entlassung von Generalmajor Traitteur aus dem Dienst im Corps der Verkehrswegeingenieure... . 1830–1832‹, Bl. 74–77.

[2] *Prikazy, otdannye po KIPS v 1824–1827 gg. (An das Corps der Verkehrswegeingenieure 1824–1827 ergangene Befehle).* St. Petersburg, 1828, S. 33 (Befehl Nr. 53 vom 12. Juni 1824).

geingenieure hervor und avancierte zu einem der führenden europäischen Ingenieure seiner Zeit. Bei den Petersburger Kettenbrücken konnte Traitteur sein augenfälliges Interesse an den ästhetischen wie auch den technischen Aspekten der ›Ingenieursplanung‹ in meisterhafter Vollendung verwirklichen und damit Bauwerke schaffen, die zu den wichtigsten Denkmälern der russischen Eisenarchitektur zählen (Abb. 3, 85).

Russische Hängebrücken: eine technische Initiative des Amts für Verkehrswege im Kontext europäischer Entwicklungen

Um die Petersburger Erfahrungen in den zeitgenössischen europäischen Brükkenbau der 1820er Jahre adäquat einordnen zu können, ist zunächst der allgemeine Entwicklungsstand der Kettenbrücken im ersten Drittel des 19. Jahrhunderts in Erinnerung zu rufen. Die zahlreichen Versuche, die Entstehungsgeschichte dieses Bautyps nachzuzeichnen[3], vermitteln ein zwar umfassendes, in Details aber auch widersprüchliches Bild, und ist hier von besonderem Interesse hinsichtlich des frühen Transfers wissenschaftlicher Erkenntnisse und neuer Technologien. Die Besonderheiten der Rezeption dieser Erfahrungen sowie die Herausbildung einer eigenen Kettenbrückenschule in Rußland gehören bis heute zu den wenig bekannten Teilen der europäischen Architekturgeschichte.

Frühe Beispiele für weitgespannte Eisenkettenbrücken der industriellen Zeit sind die Entwurfsvorschläge zu einer ortsfesten Brücke über die Neva in St. Petersburg (Flußbreite ca. 280 m). So erarbeitete Nikolaus Fuss, ein Schweizer Mathematiker, Assistent und späterer Nachfolger Leonhard Eulers in der Petersburger Akademie der Wissenschaft, 1794 in seinem Entwurf zu einer Kettenbrücke die mechanischen Grundlagen eines derartigen Bauwerks[4]. Ein ähnlicher, unabhängig von Fuss in Form von Skizzen vorgelegter Entwurf stammt von dem Architekten A. L. Vitberg[5]. In seinem Werk ›O cepnyh mostah‹ bemerkt Vitberg später: *»Die neue Idee entsprach in keiner Weise den in Amerika gebauten Kettenbrücken ... und die Anlage von diesen war mir im übrigen völlig unbekannt«*[6]. Anfang des zweiten Jahrzehnts des 19. Jahrhunderts regte I. P. Kulibin den Bau eiserner Brücken an: in einer seiner späteren Entwurfsvarianten zu einer ortsfesten Brücke über die Neva schlug er die Aufhängung der Brückenfahrbahn an drei Eisengitterbögen vor[7].

Ähnliche statische Lösungen weitgespannter Hängesysteme auf zwei Uferpylonen wurden vor allem bei den ersten amerikanischen Brücken angewendet. Eine außerordentlich wichtige Rolle bei der praktischen Herausbildung dieses Bautyps spielte der amerikanische Jurist James Finley (1762–1828) als Verfasser des ersten bekannten Entwurfs zu einer ortsfesten Eisenkettenbrücke mit zwei Feldern zu je 21,3 m (erbaut 1796 bei Greenburgh/Pennsylvania). 1808 ließ sich Finley diese Bauweise patentieren. Die von ihm vorgelegte Konstruktion, bestehend aus einem starren Brückendeck, das von zwei über Portalstützen geführten Ketten mit einem Verhältnis von Durchhang zu Spannweite von 1:7 gehalten wurden, wurde bei den meisten Kettenbrückenentwürfen und -bauten im ersten Drittel des 19. Jahrhunderts, so auch bei sämtlichen realisierten Arbeiten Traitteurs, praktisch unverändert eingesetzt. Bei den frühen amerikanischen Brücken wurden Ketten aus schmiedeeisernen Bändern eingesetzt. Anfang der 1820er Jahre gab es in Nordamerika bereits ca. 40 Kettenbrücken von bis zu 93 m Spannweite (im Falle der ersten bekannten realisierten Drahtkabel-Hängebrücke über die Schuylkill Falls bei Fairmount, 1816).

[3] Ein ausführlicher Abriß der Entwicklung von Kettenbrücken findet sich u. a. bei: Peters, Tom F. *Transition in Engineering. Guillaume Henri Dufour and the Early 19th Century Cable Suspension Bridges.* Basel–Boston, 1987, S. 102–119; vgl. auch: Studies in the History of Civil Engineering, Bd. 9: Structural Iron, 1750–1850 (Hrsg. R. J. M. Sutherland), Aldershot (U. K.) u. a., 1997, S. 143–245 (Suspension Bridges).

[4] Kočedamov, V. *Proekty pervogo postojannogo mosta na Neve (Entwürfe zur ersten ortsfesten Brücke über die Neva)* Arhitekturnoe nasledstvo (Architekturerbe). Bd. 4, Leningrad–Moskau, 1953, S. 195–197, Abb. 7–8. Bei dem in diesem Artikel als unbekannter Entwurf veröffentlichten Vorschlag, der bei der Petersburger Akademie der Wissenschaften 1795 eingereicht wurde und »die mechanischen Eigenschaften und nicht die Architektur einer Erfindung« betrifft, dürfte es sich um den verloren geglaubten Entwurf von Nikolaus Fuss handeln, der erwähnt wird in: Peters, Tom F. *Transition in Engineering* ..., S. 28.

[5] Die Skizzen befinden sich in der Graphikabteilung des Staatlichen Russischen Museums, St. Petersburg.

Nachdem sich die Zweifel an den Einsatzmöglichkeiten des neuen Baustoffs Eisen gelegt hatten, wurden die amerikanischen Leistungen im zweiten und dritten Jahrzehnt des vorigen Jahrhunderts in England rezipiert, von wo aus sich die Erfahrungen mit dem Hängebrückenbau schließlich auf dem gesamten europäischen Kontinent sowie in Rußland verbreiteten. So ersetzte man in England bereits 1805 die Kettenglieder, wie sie in Amerika verwandt wurden, durch Glieder in Form von Eisenrundstäben mit flachen Ösen und Öffnungen an den Enden, eine Konstruktionsweise, wie sie auch Traitteur weithin verwendet hat. Die erste englische Versuchshängebrücke wurde 1814 von Samuel Brown (1776–1852), einem Marineoffizier und Besitzer einer Hammerschmiede, auf dem Gelände seiner Fabrik errichtet. Brown setzte seine Experimente im Bereich der Kettenbrücken bis 1817 fort[8]. Im selben Jahr wurden in Schottland Arbeiten zum Bau von Versuchsbrücken in Drahtkabel-Hängekonstruktion (u. a. King Meadows Bridge über den Tweed, 33,5 m) aufgenommen. 1819 wurde die Union Chain Bridge über den Tweed als erste für den Lastverkehr bestimmte Kettenbrücke mit 120 m Spannweite (Samuel Brown) fertiggestellt. Dieser Konstruktionstyp einer weitgespannten Hängebrücke mit aus Eisenstäben gefertigten Ketten zeigte sich in vollendetster Form bei der 178 m langen Menai Strait Bridge, die 1818–1826 durch den Ingenieur Thomas Telford (1757–1834) erbaut wurde. 1822–1826 wurde die konstruktions- und verfahrensgleiche Conway-Bridge (Spannweite 113 m, Thomas Telford) errichtet. Dabei ist anzumerken, daß aus der bereits 1811 beginnenden Entwurfsgeschichte der Menai Strait Bridge einige herausragende Konstruktionsvorschläge hervorgingen, die die Entwicklung der frühen europäischen und der Petersburger Kettenbrücken nachhaltig beeinflußt haben[9].

Nach der Beendigung der Napoleonischen Kriege und der Wiederaufnahme von Kontakten nach England (1815) begannen sich die Informationen über die englischen Brückenbauleistungen auf dem europäischen Kontinent wie ein Lauffeuer zu verbreiten. Um 1820 wurden die britischen Inseln Ziel wahrhafter wissenschaftlicher Pilgerreisen von Baumeistern aus zahlreichen kontinentaleuropäischen Ländern. Gerade die englischen Brücken, die von innovativen und erfahrenen Metallurgen und Mechanikern, die jedoch nicht immer über Ingenieur- und Architektenwissen verfügten, entworfen worden waren, trafen bei kontinentaleuropäischen Ingenieuren auf breites Interesse: »*... Imported from England, the new technique in effect raised a whole clutch of questions as much concerned with the role of applied mathematics in the design of structures, and with methods of construction, as with the aesthetics of civil engineering projects. In view of the way these questions converged one can thus talk of a genuine change in the constructional paradigm*«[10]. Eine herausragende Rolle bei der Verbreitung der englischen Leistungen auf dem europäischen Kontinent spielte der französische Ingenieur Claude-Louis-Marie-Henri Navier (1785–1836). Nach seinen beiden England-Reisen (1821, 1823) verfaßte er eine Monographie, die den Hängebrücken auf den europäischen Kontinent praktisch den Weg freimachte (Abb. 86)[11]. 1823 nahm Navier in Paris gegenüber dem Dôme des Invalides die Realisierung seines einzigen Entwurfs zu einer Kettenbrücke in Angriff (Spannweite ca. 170 m, bereits 1826 wieder demontiert, Abb. 87).

Neben Navier, der den rechnerisch-theoretischen Ansatz beim Entwerfen von Brücken vertrat, leistete sein unternehmerisch tätiger Landsmann Marc Séguin (1786–1875) einen bedeutenden Beitrag zur praktischen Entwicklung der ersten französischen Drahtseil-Hängebrücken. Gemeinsam mit seinen Brüdern gründete er eine Baufirma zur Planung und Realisierung dieses neuen Brückentyps. Ebenfalls 1822 wurde über den Stadtgraben in Genf die erste Drahthängebrücke des europäischen Kontinents, die Pont Saint-Antoine (Spannweite zwei Mal je ca. 40 m, Marc Séguin, Guillaume Henri Dufour), errichtet, mit der die Möglichkeiten einer weiteren, ebenfalls neuartigen Hän-

[6] Vitberg, A. L. *O cepnyh mostah (Über die Kettenbrücken)*. Russkaja starina (Russisches Altertum), 1872, Bd. 5, S. 573–576.

[7] Pipunyrov, V. N., Raskin N. M. *Ivan Petrovič Kulibin*. Moskau, 1986, S. 239–249.

[8] Eine vergleichbare Rolle bei der Entwicklung der Petersburger Kettenbrücken spielte der aus Schottland stammende Charles Baird, in dessen Fabrik 1823–1826 Experimente zur Erprobung von Ketten durchgeführt sowie die Metallteile zu sämtlichen Petersburger Kettenbrücken gefertigt wurden.

[9] Paxton, R. A.; Mun. M. I. *Menai Bridge (1818–1826) and its influence on Suspension Bridge Development*. Transactions of the Newcomen Society, London, Bd. 49 (1977–1978), S. 87–110.

[10] Picon, Antoine. *Navier and the Introduction of Suspension Bridges in France*. Construction History, Bd. 4; 1988, S. 21.

[11] Navier, Claude-Louis-Marie-Henri. *Rapport à Monsieur Becquey, Conseiller d'Etat, Directeur Général des Ponts et Chaussées et des Mines; et mémoire sur les ponts suspendus*. Paris, 1823.

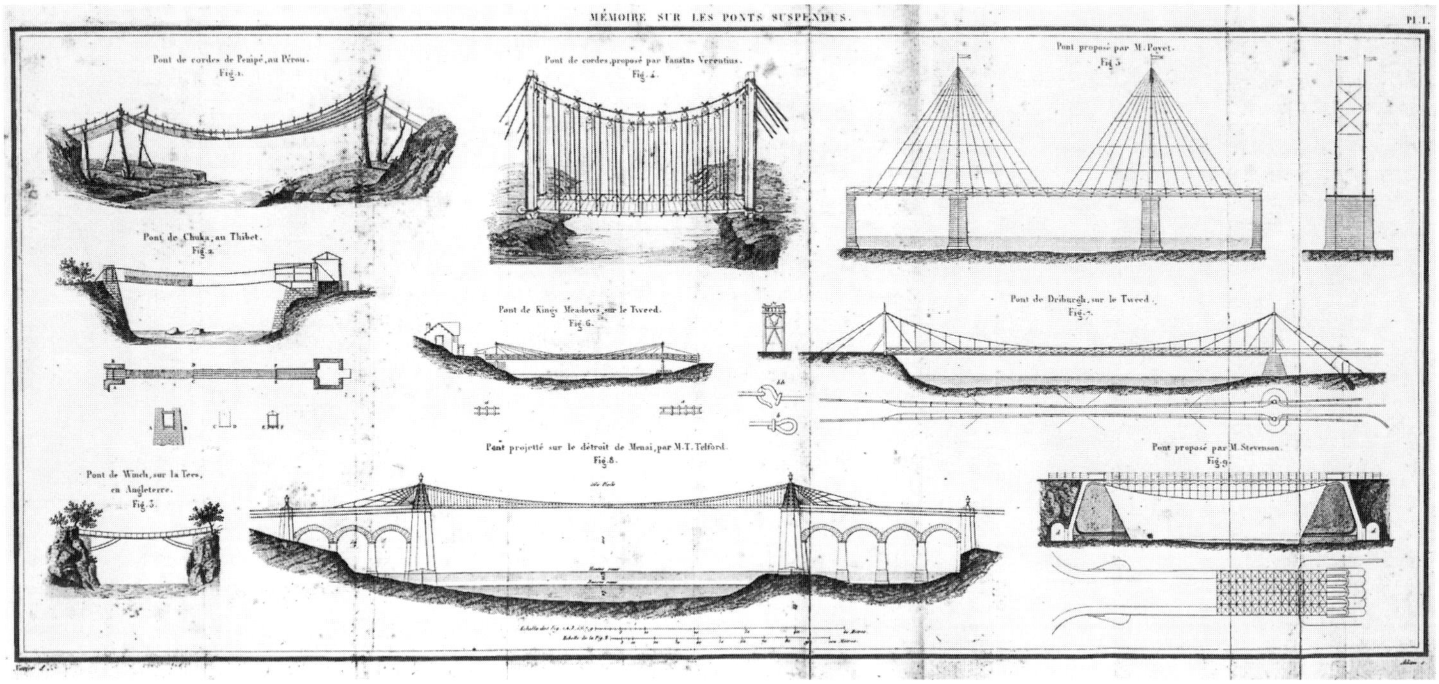

86 Entstehung und Entwicklung der Kettenbrücken nach Navier, um 1823 (Navier. *Rapport ... et mémoire sur les pont suspendus*, Taf. 1)

gekonstruktion mit Drahtbündeltrossen demonstriert wurden[12]. 1825 vollendeten die Gebrüder Séguin den Bau der ersten zweifeldrigen Drahtbündel-Hängebrücke in Frankreich, der Pont Tain-Tournon in Lyon. Insgesamt wurden in den 1830er bis 1860er Jahren in Frankreich ca. 400 Hängebrücken errichtet[13].

1823 baute der Ingenieur Marc Isambard Brunel auf der Insel Réunion im Indischen Ozean zwei Kettenbrücken mit zusätzlicher rückwirkender Aussteifung in Form einer Kette (Spannweite ca. 40 m). Mit dieser Arbeit wurde die Suche nach konstruktiven Lösungen angestoßen, mit denen ein Hauptmangel der frühen Hängebrücken, die hohe Verformbarkeit, verringert werden sollte.

Die rasanteste Entwicklung der europäischen Hängebrücken vollzog sich in den Jahren 1823–1824. Zu jener Zeit entstanden neben den innovativen Projekten in Frankreich und der Schweiz Kettenbrücken mit geringerer Spannweite in Nürnberg (1824, Mechaniker J. Kuppler), in Mähren bei Schloß Straßnitz (1823–1824, Ing. Bedřich Schnirch, Spannweite 29,7 m) und in Kromeritz (1824–1826, Bedřich Schnirch, Spannweite 21,5 m), in Wien (1824, Ferdinand von Mitis; 1825, Sophienbrücke; 1828, Karlsbrücke, beide Ignaz von Mitis) sowie an zahlreichen anderen Orten.

Ebenfalls in den Jahren 1823–1826 wurden insbesondere durch die Tätigkeit Wilhelm von Traitteurs in St. Petersburg die ersten russischen Kettenbrücken realisiert. Dabei ist darauf hinzuweisen, daß die ersten Entwürfe zu Kettenbrücken in St. Petersburg bereits im ausgehenden 18. und beginnenden 19. Jahrhundert enstanden waren (Mathematiker Nikolaus Fuss, Architekt A. L. Vitberg, Mechaniker I. P. Kulibin, u. a.). Die meisten dieser Vorschläge zur Überbrückung der Neva (Breite ca. 280 m) bleiben jedoch Beispiele für eine Art ingenieurtechnisches *perpetuum mobile,* nämlich als Idealprojekte, die lediglich als Spiegel fortschrittlicher wissenschaftlicher Forschungen ihrer Zeit von Interesse sind. Die für kleine und mittlere Spannweiten und eine schnelle praktische Umsetzung ausgelegten Kettenbrückenentwürfe Traitteurs entstanden offensichtlich ohne Rückgriffe auf diese ersten Petersburger Entwurfserfahrungen.

[12] Wagner, Rosemarie; Egermann, Ralph. *Die ersten Drahtkabelbrücken.* Mitteilungen des SFB 64, Universität Stuttgart, Bd. 87 (1985), S. 49–54.

[13] Picon, Antoine. *Navier and the Introduction of Suspension Bridges in France ...* , S. 32.

[14] RGIA, 206-2-57 ›Über den beabsichtigten Bau von Kettenbrücken. April–Mai 1823‹, Bl. 1v (Vorlage am 18. April 1823).

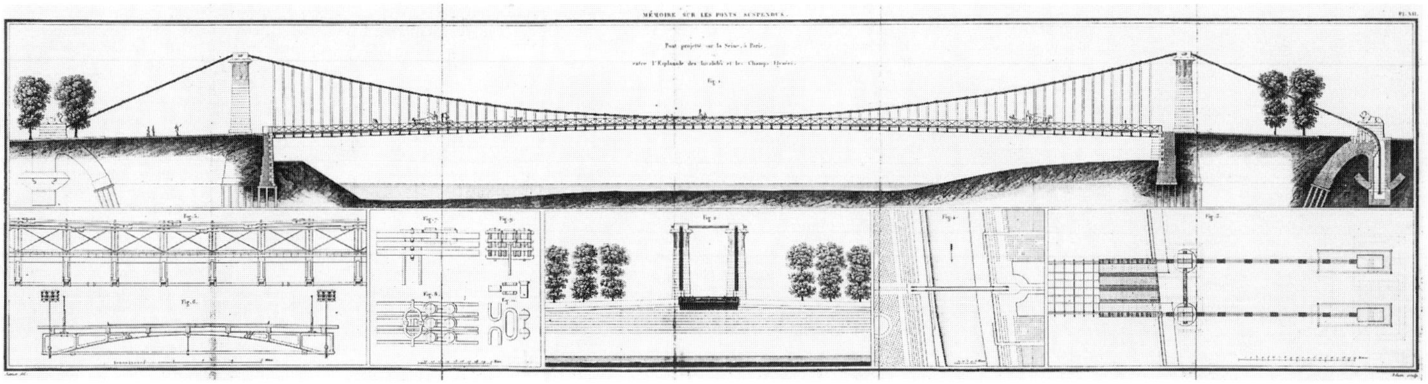

87 Pont des Invalides über die Seine in Paris. Navier, 1822–1823 (Navier. *Rapport … et mémoire sur les pont suspendus*, Taf. 12)

In der Reihe der frühen Hängebrückenprojekte in Europa nehmen die Petersburger Kettenbrücken dank ihrer qualitätvollen Architektur einen besonderen, bisher noch nicht vollständig gewürdigten Platz ein. Tatsächlich kann man die Entstehung eines autochthonen russischen Anteils an der gesamteuropäischen Entwicklung von Hängekonstruktionen als Beleg für den Anfang des 19. Jahrhunderts intensiver werdenden Erfahrungsaustausch auf dem Gebiet der Architektur und des Ingenieurwesens zwischen Frankreich, Süddeutschland und Osteuropa, vor allem der Hauptstadt Rußlands, betrachten.

Anfang April 1823 legte Traitteur dem Amtsleiter der Verkehrswege, Herzog Alexander von Württemberg, einen Rapport vor, in dem er die Vorzüge von Kettenbrücken als neuem Brückentypus erläuterte und auf die Notwendigkeit ihrer möglichst baldigen Einführung in Rußland hinwies. Der vollständige Wortlaut dieses kleineren Schriftstücks wirft ein Licht auf die Entstehungsgeschichte der russischen Hängebrücken sowie einiger Vergleichsbauten[14]:

»*Le nouveau système des ponts en chaînes, inventé en Angleterre, offre au'jourd'hui les résultats les plus satisfaisants. Ces ponts d'une solidité à toute épreuve, trouvent à nos jours une grande application en Angleterre et en Amérique, par l'économie et la facilité que leur construction nous offre. Il est hors de doute que l'application des ponts en chaînes sera en Russie, comme partout ailleurs de la plus grande utilité, pour assurer le passage des rivières d'une largeur considérable. Ce système en question étant basé sur des nombreuses expériences, faites en Angleterre, basé sur des principes, qui méritent toute confiance possible, ne nous laisse aucun doute sur leur solidité; mais il nous laisse le désir de le voir exécuter en Russie, il nous laisse le désir de le voir perfectionner. Le climat de St. Pétersbourg nous permet de faire des essais d'une grande étendue, sur la dilatation du fer, sur l'influence de l'Atmosphère à ce nouveau système. Il est nécessaire de connaître très en détail la force des différentes espèces de fer de la Russie; essais, qui ne peuvent être que de la plus grande utilité pour les sciences s'ils sont faits et dirigés par des gens, qui par leur connaissance et par leur expérience méritent de la confiance. Tous ces motifs m'ont déterminé de prier Votre Altesse Royale de nommer une Commission de trois Ingénieurs et en mettant à leur disposition les fonds nécessaires pour l'achat des machines, instruments, outils, ainsi que pour le loyer des ouvriers, de les charger de faire des expériences sur la solidité des différentes espèces de chaînes faites en fer de Russie, d'après des formes déjà connues, ainsi que d'après d'autres, non en usage, mais qui sous differénts rapports pourront peut-être présenter des avantages*«.

In seinem Rapport formuliert Traitteur die wichtigsten Punkte eines Arbeitsprogramms, das den breiten Einsatz von Hängebrücken in der russischen Baupraxis auf den Weg bringen sollte. Als vorrangig bezeichnet er die Untersuchung der Festigkeitseigenschaften des russischen Eisens sowie die Erprobung der daraus gefertigten konstruktiven Elemente der Hängebrücken bei Dauerbelastung und unter den klimatisch bedingten niedrigen Temperaturen. Die Kettenbrücke selbst wird als eine bereits bekannte und in der englischen bzw. amerikanischen Praxis erprobte Ingenieurkonstruktion betrachtet. Traitteurs Rapport wurde vom Herzog von Württemberg sofort positiv aufgenommen. Bereits am 19. April 1823 verfügte dieser die Einsetzung einer Sonderkommission (Mitglieder: Traitteur als Leiter, Ingenieur-Oberstleutnant A. D. Gotman, Ingenieur A. P. Devjatnin und Ingenieur Somov), die Versuche durchführen und feststellen sollte, ob die *»in England erfundenen Brücken bei dem russischen Klima«* angewandt werden können[15]. Die von Traitteur in St. Petersburg formulierten Aufgabenstellungen sollten Antworten auf Fragen liefern, wie sie sich bereits 1811 den ersten Erbauern von Kettenbrücken stellten: *»... may be added another important defect, attendant on this kind of bridge, namely, the natural and certain tendency that frost produces upon all iron, to make it brittle, and consequently to lessen its strength, derived by cohesion. If this be a fact, we may naturally infer that, where the chains for a Bridge made strong enough to carry all the weight, in Summer, yet they are liable to break down with half that weight in Winter ...«*[16].

Die in den Archiven vorliegenden Schriftstücke vermitteln auf den ersten Blick den Eindruck, die Errichtung der ersten russischen Hängebrücken ginge auf eine alleinige Initiative Traitteurs zurück, der die zugehörigen Entwürfe schließlich auch in der Hauptsache erstellte. Eine derartige Interpretation des Quellenmaterials steht jedoch kaum im Einklang mit den tatsächlichen Mechanismen verantwortlicher Entscheidungsfindung in der hierarchischen Struktur des Amts für Verkehrswege. Einer der wichtigsten Initiatoren des russischen Kettenbrücken-Projekts war zweifelsohne der Amtsleiter der Verkehrswege, Herzog Alexander von Württemberg. Diesen Sachverhalt erwähnt auch Traitteur in seiner Werkbeschreibung: *»En 1824 je construisis le premier pont en chaînes qui existât en Russie. Ce système qui présente des avantages incalculable[s] pour cet Empire, est redevable de son introduction à la sage sollicitude du digne chef du corps des Voies de Communication Son Altesse Royale le Duc de Wurtemberg ...«*[17]. Die unmittelbare Beteiligung des Herzogs von Württemberg an der Lösung zahlreicher auf den Sitzungen des Rats für Verkehrswege erörterter technischer Fragen wird belegt durch eine Reihe vorliegender Schriftstücke[18]. Auch der bayerische Kollege des russischen Amtsleiters, Carl Friedrich von Wiebeking, hob in seinen Schriften die besondere Rolle Alexanders von Württemberg bei der Entwicklung neuer Bauinitiativen im russischen Reich, insbesondere bei der Planung der Hängebrücken hervor[19]. Daß die höchsten Verwaltungsorgane Rußlands dem Hängebrückenbau große Beachtung schenkten, bemerken auch G. Lamé und B.-E. Clapeyron in einem kurz vor der Einweihung der zweiten Petersburger Kettenbrückenserie veröffentlichen Artikel: *»Die große Anzahl von Hängebrücken, die seit einigen Jahren in Europa gebaut und entworfen wurde, ist ein hinreichender Beweis ihrer Vorzüge; wonach es, wie es scheint, nicht mehr nötig ist, die letzteren aufzuzählen. Viele Gründe bringen uns zu der Ansicht, daß jenes neue Brückensystem in Rußland noch nützlicher als in jeglichem anderen Staate sei, und so gibt es keine Zweifel, daß Seine Königliche Hoheit Herzog Alexander von Württemberg, der Augenmerk und Kenntnisse der Ingenieure des von ihm geleiteten Corps auf diesen Gegenstand lenkte, der Manufakturindustrie und dem Handel des Staates einen wichtigen Dienst erwies«*[20].

Die Errichtung von Kettenbrücken in St. Petersburg konnte nicht ohne Billigung und Unterstützung der Mitglieder des Rats für Verkehrswege und der führenden Kräfte des Corps der Verkehrswegeingenieure beschlossen werden. Von einer derartigen Unterstützung zeugen insbesondere die Hängebrückenexperimente von Pierre-Dominique Bazaine, der bereits 1823 einen eigenen Entwurf zu einer Fußgängerbrücke im Park von Katharinenhof vorlegte, sowie von L. L. Carbonière und Charles Potier, auf deren Initiative 1825 die ersten Versuche mit Drahtkabelbrücken in Rußland erfolgten[21]. Berechnungs-

[15] RGIA, 206-2-57, Bl. 2.

[16] Pope, Thomas. *A Treatise on Bridge Architecture ...*. New York, 1811, S. 189–190, zitiert nach: Peters, Tom F. *Transition in Engineering ...*, S. 30–31.

[17] RGIA, 200-1-1780, Bl. 129v.

[18] Diese werden im folgenden aufgeführt.

[19] Wiebeking, Carl Friedrich von. *Architecture civile. Théorique et pratique, enrichie de l'histoire descriptive des édifices modernes les plus remarquables et de dessins exacts.* Bd. 7, München, 1831 (kursiver Text ohne Paginierung zu Beginn des Buchs); ders. *Memoire sur des ponts suspendus en chaînes de fer, relatif aux ponts construits dans le dernier temps en Angleterre et en Russie.* München, 1832, S. 28, 35–36: »J'ai décrit dans le VIIème volume de l'ouvrage sur l'Architecture-Civile deux ponts suspendus construits dans St. Pétersbourg ... et j'ai reconnu le mérite de leur parfaite construction, faisant tant d'honneur au *Duc,* proposant, et à l'exécuteur Mr. de Traitteur«.

[20] [Lamé, Clapeyron]. *O visjačih mostah (Über die Hängebrücken).* Žurnal Putej Soobščenija (Journal für Verkehrswege). Bd. 3, September. St. Petersburg, 1826, S. 55.

[21] RGIA, 206-1-630 ›Akte zur Durchführung von Versuchen zum Einsatz von Drahtseilen anstatt Kettengliedern bei Kettenbrücken nach einem Entwurf von Oberstleutnant Lamé und Oberstleutnant Clapeyron. 1825–1827‹, Bl. 1v.

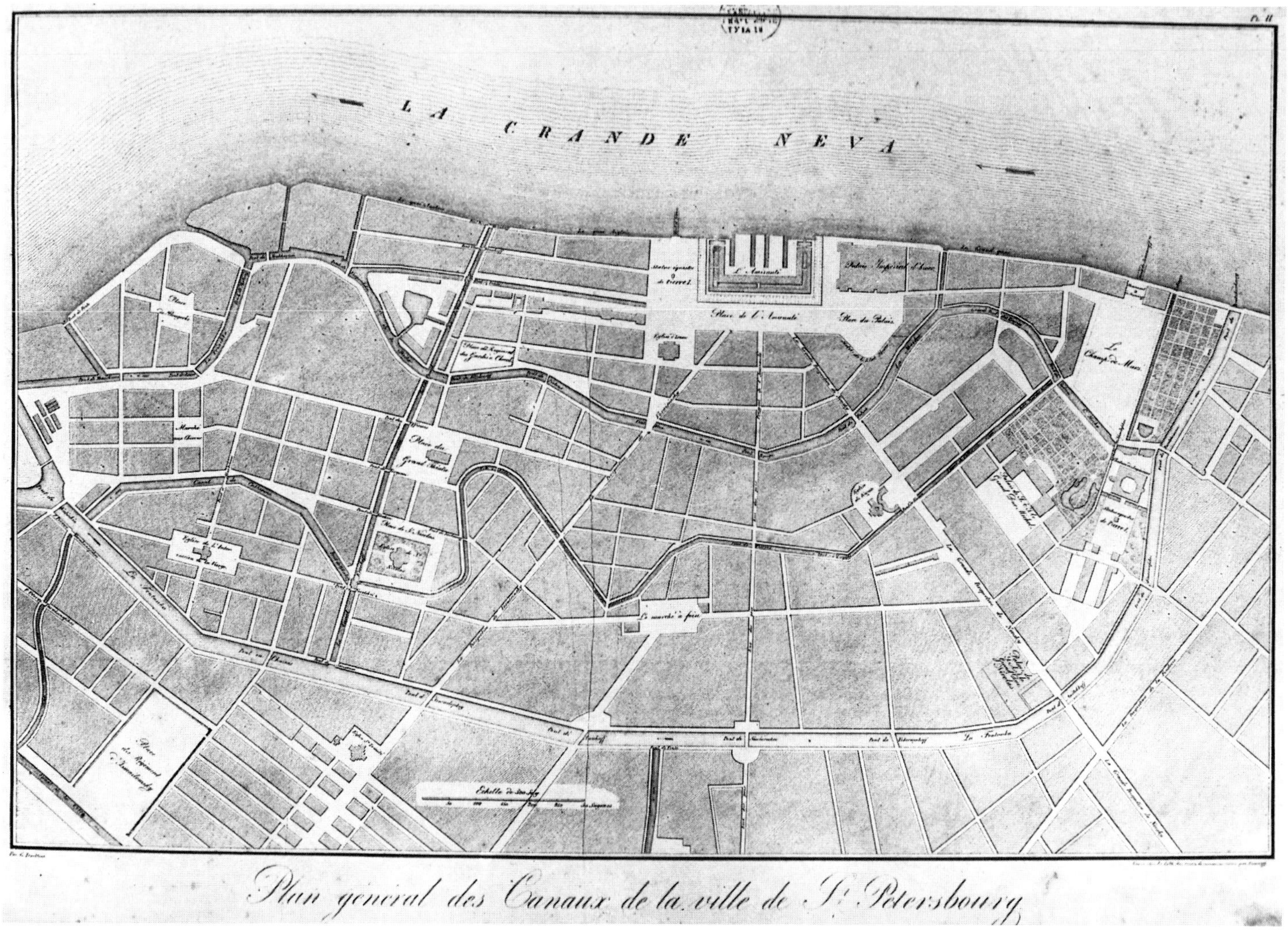

88 Plan der Wasserwege und Brückenübergänge im Stadtzentrum von St. Petersburg, um 1825 (Traitteur. *Plans … des ponts en chaînes*, Taf. 2, Lithographie nach eigener Vorlage)

theoretische Probleme von Kettensystemen waren für Lamé und Clapeyron in den Jahren 1824–1826 in Rußland ein Forschungsschwerpunkt.

Das Programm zum Bau von Hängebrücken in St. Petersburg trug in der Tat zwei Erfordernissen der damaligen Zeit Rechnung: der Errichtung repräsentativer Bauwerke, die der russischen Hauptstadt neben den neuen Städtebauensembles das Erscheinungsbild einer großen modernen europäischen Metropole verleihen sollten (Abb. 85, 88), und der praktischen Umsetzung des wissenschaftlich-technischen Potentials des jungen Corps der Verkehrswegeingenieure. Aus diesem Grund erfolgte die Errichtung der Kettenbrücken nicht durch das Innenministerium, das damals beispielsweise für den Bau der meisten Bogenbrücken aus Gußeisen und Stein verantwortlich zeichnete, sondern durch die Generalverwaltung der Verkehrswege. Mit der Umsetzung dieses komplexen Programms wurde Traitteur betraut. Der wichtigste Grund für die Vergabe derartiger Arbeiten an den badischen Ingenieur lag darin, daß er zehn Jahre lang bedeutende Bauaufträge Bétancourts, des Vorgängers des Herzogs von Württemberg, mit Erfolg ausgeführt hatte. Zum anderen könnten mögliche persönliche Beziehungen zwischen Traitteur und dem neuen Leiter des Amts für Verkehrswege, Herzog Alexander von Württemberg, der aus dem an das Großherzogtum Baden angrenzenden Königreich Württemberg stammte, eine Rolle gespielt haben. Gemeinsam bildeten sie eine inoffizielle

›deutsche Lobby‹ innerhalb des praktisch vollständig französisch beeinflußten Corps der Verkehrswegeingenieure.

Eine der ersten Anordnungen des Herzogs von Württemberg an Traitteur im März 1823 glich in ihrem Tonfall fast wörtlich den früheren Verfügungen Bétancourts: »... *Ihre Kaiserliche Majestät geruhte zu resolvieren, im Laufe dieses Jahres gegenüber dem Ingenieur-Département die projektierte Große Brücke an Ketten zu bauen, sowie auch gleichermaßen zwei kleine Brücken an Ketten für Fußgänger, an Orten, die Graf Miloradovič festlegen wird. Zum Direktor dieser Arbeiten ernenne ich Euer Hochwohlgeboren, damit Sie unverzüglich zur Ausführung derselben schreiten und der Bau der genannten Brücken im Laufe des Oktobers diesen Jahres unbedingt vollendet wird. Da H. Generalmajor Carbonière mit dem Berichtswesen zu diesen Arbeiten betraut wurde, erhalten Sie von ihm auch die weiteren Instruktionen*«[22].

Das von Alexander I. gebilligte Programm zum Bau dreier Hängebrücken bis Oktober 1823 ließ in St. Petersburg schließlich sogar sechs derartige Bauwerke entstehen, allerdings in einem etwas längeren Zeitraum von 1823 bis 1826. Fünf von ihnen wurden nach Entwürfen und unter Leitung Traitteurs erbaut. In einer ersten Phase (1823–1824) entstanden die ›Große Kettenbrücke‹ über die Fontanka, die Panteleimon-Brücke, und die ›Kleine Kettenbrücke‹ über die Mojka, die Postbrücke (Abb. 88). Zur selben Zeit wurde im Park von Katharinenhof nach Plänen von Bazaine eine Fußgänger-Kettenbrücke errichtet, die häufig als erster Brückenbau dieser Art in Rußland bezeichnet wird[23]. In der zweiten Phase (1825–1826) entstanden die Ägyptische Brücke über die Fontanka und zwei Fußgängerbrücken (Löwen- und Greifenbrücke) über den Katharinen-Kanal.

Die Errichtung der Petersburger Hängebrücken ist zweifellos als großangelegtes Experiment des Amts für Verkehrswege in einem für Rußland neuen Bereich des Bauwesens einzustufen. Traitteurs eigene Einschätzung seines Werks in einem Rapport aus dem Jahre 1828 geht in diese Richtung: »... *die 5 errichteten Kettenbrücken in St. Petersburg stellen unterschiedliche für derartige Bauten übliche Systeme dar ... wegen der Neuartigkeit dieser Bauwerke (wurde) es für nützlich und nötig befunden, Beobachtungen zu machen: die Vorzüge und Nachteile jedes für jene angewandten Systems zu erfahren*«[24]. Aus dem Schriftstück geht außerdem hervor, daß Traitteur bei seinen Arbeiten zur Verbesserung von Konstruktion und Gestalt der Hängebrücken in allen Stadien dieses Experiments zwei Schwerpunkte herausbildete, nämlich die Errichtung von Straßenbrücken mit großer Spannweite und den Bau kleiner Kettenbrücken für Fußgänger. Diese bis heute gültige Klassifizierung von Hängebrückenkonstruktionen wurde in dieser Arbeit beibehalten, so daß, abweichend von der zeitlichen Abfolge zunächst Traitteurs Entwürfe zu weitgespannten Straßenbrücken und danach seine kleinen Fußgängerbrücken behandelt werden.

[22] RGIA, 206-2-57, Bl. 4; RGIA, 200-1-1780, Bl. 67. Graf M. A. Miloradovič war von 1817 bis 1825 Petersburger Militärgouverneur.

[23] Da in den Archiven keine Originalschriftstücke zur Kettenbrücke in Katharinenhof erhalten sind, kann nicht genauer bestimmt werden, zu welchem Zeitpunkt sie errichtet wurde und in welchem Zusammenhang sie mit dem von Alexander I. im Mai 1823 genehmigten Programm zum Bau der Petersburger Hängebrücken steht. Die im Hauptwerk über Bazaine angeführten Quellenverweise (Guzevič, D. Ju., Guzevič I. D. *Petr Petrovič Bazen.* St. Petersburg, 1995, S. 101, 103, 202) belegen die dort angegebene Datierung des Bauwerks auf 1823 nicht. Die Kettenbrücke in Katharinenhof wird unten S. 184 näher diskutiert).

[24] RGIA, 206-1-843 ›Akte über die Reparatur und Unterhaltung der Kettenbrücke über die Mojka in Petersburg. Januar–November 1828‹, Bl. 46 (Rapport vom 6. Juli 1828).

89 Die Fontanka mit Panteleimon-Brücke, Michaelsschloß und Sommergarten. Blick von der Simeon-Brücke. Photographie um 1900 (CGA KFFD)

Die Petersburger Straßenbrücken über die Fontanka

Die Panteleimon-Brücke, 1823–1824

Die ›Große Kettenbrücke‹ beim Sommergarten über die Fontanka, die Panteleimon-Brücke, ist nicht nur die erste Hängebrücke für den Straßenverkehr in Rußland, sondern auch das wichtigste Werk Traitteurs (Abb. 89). Die erhaltenen Texte, Zeichnungen und Drucke vermitteln ein recht vollständiges Bild des zeitlichen Ablaufs und der technischen Besonderheiten dieses Brückenbauwerks. Auf Anweisung des Herzogs von Württemberg, der offensichtlich großen Wert darauf legte, das neue Bauwerk der Fachwelt vorzustellen, veröffentlichte Traitteur Anfang 1825 ein lithographisches Album zu den ersten Petersburger Hängebrücken, der Panteleimon-Brücke und der Postbrücke (Abb. 52)[25]. Dieses Album ist eine in Rußland beispiellose Werkdarstellung und diente dem ersten und einzigen in Rußland geschriebenen Buch Traitteurs als Anlage. Neben einer detaillierten Beschreibung von Konstruktion und Bauarbeiten enthält das Buch theoretische Ausführungen des Verfassers, in denen er die Besonderheiten seiner eigenen Entwurfsmethoden sowie seine Auffassung der westeuropäischen Entwurfspraxis zu den ersten Hängebrücken erläutert[26]. In der Folgezeit verfaßte Traitteur ergänzend zu seinem Buch mehrere kleinere Beiträge über seine Hängebrücken, so auch über die Panteleimon-Brücke[27]. Dieses Buch und die nachfolgenden Artikel lagen den beiden ersten westeuropäischen Publikationen über russische Hängebrücken Anfang der 1830er Jahre in Bayern zugrunde[28].

[25] Traitteur, G. de. *Plans, profils, vues perspectives et détails des ponts en chaines Exécutés à Saint-Pétersbourg, sous la direction de son Altesse Royale le Duc Alexandre de Wurtemberg, en 1824.* St. Petersburg, 1825. Das Album existiert auch in einer kolorierten Fassung und besteht insgesamt aus 9 Lithographien im Format 44,5 × 64 cm. Die Titel der einzelnen Blätter sind hier S. 140 Anm. 94 aufgeführt.

[26] Traitteur, G. de. *Description des ponts en chaines exécutés à Saint-Pétersbourg, sous la direction de son Altesse Royale le Duc Alexandre de Wurtemberg, en 1824.* St. Petersburg, 1825. Traitteurs Buch wurde im Januar 1825 in Druck gegeben, es enthält 74 Seiten Text in französischer Sprache.

[27] Traitteur. *Pont de Pantéléimon, éxécuté à St. Pétersbourg.* Annuaire du corps des ingenieurs des voies de communication. St. Petersburg, 1830, S. 156–159.

[28] Wiebeking, Carl Friedrich von. *Architecture civile…*, Bd. 7, 1831, S. 155–158, 164–171; Taf. 253; ders. *Mémoire sur des ponts suspendus…*, 1832, S. 28–40.

Zur Urheberschaft des Bauwerks

Die Errichtung der ›Großen Kettenbrücke‹ beim Sommergarten über die Fontanka (Abb. 89–91) war Teil einer umfangreichen städtebaulichen Umgestaltung der Gegend um das Michaelsschloß[29] Anfang der 1820er Jahre durch den Architekten Carlo Rossi. Es gibt keine direkten Hinweise auf eine Mitwirkung Rossis an der Brückenplanung. Die sowjetische Architekturforschung der 1950er bis 1980er Jahre, die dazu neigte, den Anteil der umfassend ausgebildeten Ingenieure an der Baukunst des Spätklassizismus zu unterschätzen, vertrat die Ansicht, Rossi habe die Architektur der Panteleimon-Brücke mitentworfen. Diese These findet sich bereits in der ersten Publikation der Gegenwart über die Petersburger Kettenbrücken: *»Die geschmackvollen Proportionen der Portale* [der Panteleimon-Brücke] *sowie ihre fein gezeichnete Ornamentik sprechen dafür, daß zweifelsohne ein erfahrener Künstler mit Traitteur zusammenarbeitete. Im Wissen um das Interesse, das Rossi für den Brückenbau hegte, ist anzunehmen, daß er nicht nur das Gitter (die Balustraden) entwarf, sondern auch die gesamte architektonische Gestalt der Panteleimon-Brücke schöpferisch beeinflußte«*[30]. Auch M. Z. Taranovskaja, die führende Historikerin des Werks Rossis, vertritt diesen Standpunkt, ohne sich dabei auf Archivmaterialien zu stützen: *»Auf Vorschlag Rossis hin wurde ein ganzes System gefälliger gußeiserner Brücken erbaut: ... die Panteleimon-Brücke über die Fontanka (1823) und die Untere Schwanenbrücke (Nižne-Lebjažij most, 1820–1830). ... Es ist zu vermuten, daß Rossi auch die Einzelformen der Brücken entwarf. Ihre Ähnlichkeit, bisweilen auch vollständige Übereinstimmung mit den Gittern von Michael-Palais und -Schloß sowie das Bestreben des Baumeisters, die städtebaulichen Kompositionen bis ins kleinste Detail, einschließlich der ›Architektur der Erde‹, den Ingenieurbauten ... durchzuarbeiten, läßt nicht ohne Grund den Schluß zu, nicht die Ingenieure, sondern er habe das geschmackvolle gußeiserne Gitterwerk der Brücken entworfen«*[31].

Das im Zuge dieser Arbeit gesichtete Material belegt dagegen das hohe fachliche Niveau der eigenständigen architektonischen und graphischen Arbeiten Traitteurs sowie einer Reihe weiterer Fachingenieure des Corps der Verkehrswegeingenieure. Die Archivquellen lassen vermuten, daß die von Carlo Rossi[32] entworfene und 1823 genehmigte endgültige Version zur Umgestaltung des Bereichs nördlich des Michaelsschlosses nach dem Beschluß zum Bau einer ›Großen Kettenbrücke‹ als Versuch entstand, dieses wichtige Verkehrsbauwerk in das neue städtische Straßennetz einzubinden[33]. So ist auf der ersten bekannten, von Traitteur im Mai 1823 angefertigten Lageplanskizze der neuen Brücke der Sommergarten in seinen ursprünglichen Grenzen eingezeichnet, die bis an das Mojka-Ufer reichten (Abb. 90). Kurze Zeit später schrieb Fürst A. Golicin, Leiter des Hofintendantenkontors, in einem Rapport: *»... zum Bau einer Straße* nach Caricyn Lug von der Brücke aus [Hervorhebung Verf.] *der Architekt Rossi angewiesen sei, ihren Lageplan zu machen, damit er in größter Genauigkeit die Linie einzeichne, auf der die Straße vom Garten festzulegen sei«*[34]. Im August und Oktober 1823 teilte Rossi in seinen Antwortschreiben mit, er habe seinen Straßenentwurf Traitteur gezeigt, der bereits die Bauarbeiten zur Brücke ausführe.

In einem späteren Rapport erwähnte Traitteur, er habe die ersten Entwürfe zur ›Großen und Kleinen Kettenbrücke‹ im Januar 1823 erstellt[35]. Prüfung und Korrektur der Pläne für diese innovativen Bauwerke nahmen etwa sechs Monate in Anspruch, was zu einer beträchtlichen Verzögerung des Baubeginns führte. Ende Mai 1823 wurde auf Anweisung des Herzogs von Württemberg ein spezielles ›Wirtschaftskomitee für den Bau des Hauses der Kondukteurschule und der Kettenbrücken‹ eingerichtet, um die Vorbereitung und Ausführung der Traitteur übertragenen Bauarbeiten in allen Fragen umfassend zu

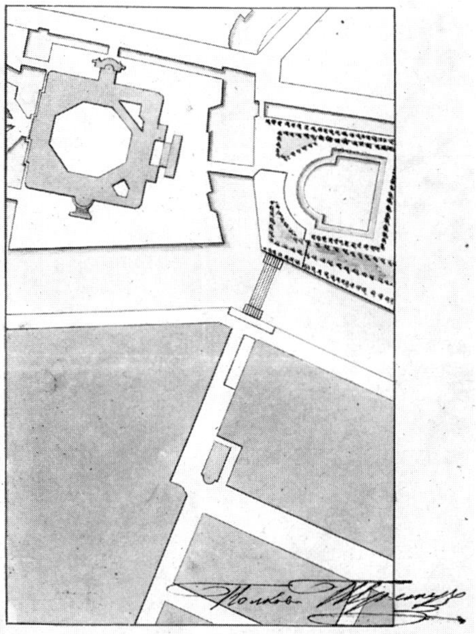

90 Lageplan der ›großen Kettenbrücke‹, Entwurfsskizze. Traitteur, Mai 1823 (RGIA, 470-1-33, Bl. 10)

[29] Das Michaelsschloß (Mihajlovskij zamok) oder Ingenieurschloß (Inženernyj zamok) wurde 1797–1800 gegenüber dem Sommergarten als Petersburger Residenz Pauls I. erbaut (Architekt Vincenzo Brenna). Nachdem das Gebäude 1819 der neugegründeten Hauptmilitärschule (Glavnoe voennoe učilišče) zur Verfügung gestellt worden war, wurde das umliegende Grundstück, das bis an die im Bau befindliche Kettenbrücke beim Sommergarten reichte, vollständig umgestaltet.

[30] Kočedamov, V. I. *Cepnye mosty Peterburga pervoj četverti XIX veka (Die Petersburger Kettenbrücken im ersten Viertel des 19. Jahrhunderts)* Arhitekturnoe nasledstvo (Architekturerbe). Bd. 9, Leningrad–Moskau, 1959, S. 211.

[31] Taranovskaja, M. Z. *Karl Rossi. Arhitektor. Gradostroitel'. Hudožnik (Carlo Rossi. Der Architekt. Der Städtebauer. Der Künstler)*. Leningrad, 1980, S. 100.

[32] Carlo (Karl Ivanovič) Rossi (1775–1849). Architekt, führender Vertreter des russischen Hochklassizismus (Empire). 1802–1803 Studium in Italien. Ab 1816 Mitglied des russischen Komitees für Bauwerke und Wasserbau. Erbauer großer städtebaulicher Projekte und Ensembles, die das Bild des klassizistischen St. Petersburg 1820–1830 prägten: Planung des Aničkov-Palais, des Generalstabs- und Ministerialgebäudes auf dem Schloßplatz, Alexandra-Theater und Theaterstraße, Michael-Palais und Michael-Platz, Gebäude für Senat und Synod u. v. a. Zu den nicht realisierten Projekten Rossis gehören u. a. zwei Entwurfsvarianten zum Landhaus Rosenstein bei Cannstadt/Stuttgart (1819). Taranovskaja, M. Z. *Karl Rossi...* . Leningrad, 1980; Närger, G. V. *Landhaus Rosenstein*. Im Katalog: *Giovanni Salucci 1769–1845. Hofbaumeister König Wilhelms I. von Württemberg 1817–1837*. Stuttgart. 1995, S. 53–55.

[33] Taranovskaja, M. Z. *Karl Rossi...*, S. 99–102, 118.

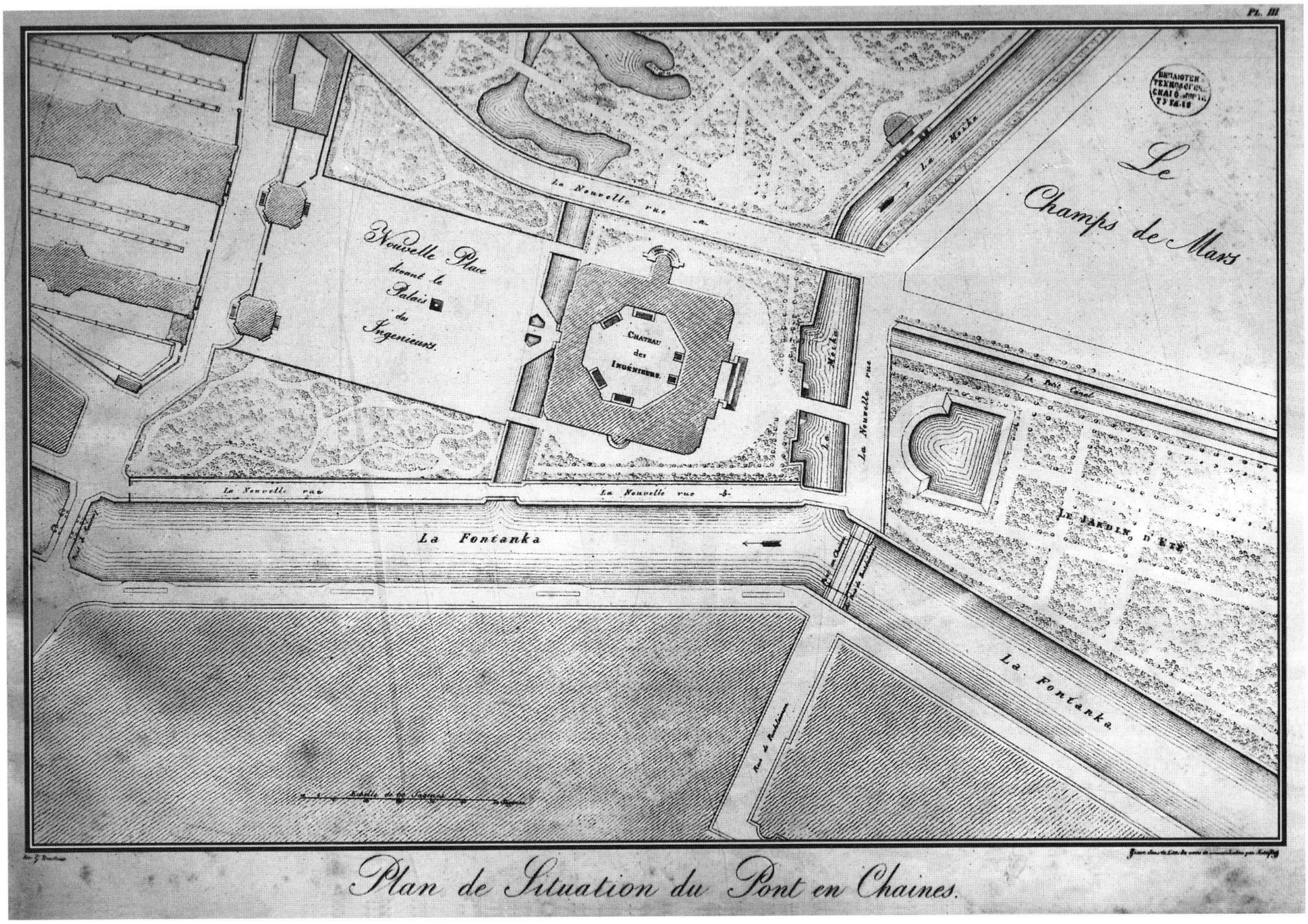

91 Die ›große Kettenbrücke‹ als Teil der Neuordnung des Gebiets um das Michaelsschloß. Lageplan, ausgeführte Version, 1824 (Traitteur. *Plans ... des ponts en chaînes*, Taf. 3, Stich nach eigener Vorlage)

unterstützen. Zur selben Zeit, noch vor Genehmigung des Entwurfs, verfügte der Herzog von Württemberg drei Vorschriften, die an das Mitglied des Corps der Verkehrswegeingenieure Carbonière gerichtet waren[36]:

»1. *Unverzüglich zum Bau der Brücken an Ketten nahe des Sommergartens über die Fontanka zum Passieren von Equipagen und für Fußgänger nach den seiner Hoheit dargebrachten Plänen zu schreiten, mit dessen Ausführung Oberst Traitteur betraut wurde ...;*

2. *Ohne Zeitverzug die nötigen Maßnahmen zu treffen, damit in der Fabrik des H. Baird eine Maschine zur Feststellung der Kraft und der Festigkeit des Eisens, das beim Bau der Brücken und Ketten eingesetzt werden soll, angefertigt werde.*«

In denselben Erlassen wurden auch Traitteurs Verpflichtungen als verantwortlicher Bauleiter festgelegt. Zu den unmittelbaren Aufgaben des badischen Ingenieurs gehörten die Erstellung von Kostenvoranschlägen sowie der Ausschreibungen für die Materiallieferungen, die Beschaffung der Granitsteine von der Verkleidung des ›Hornwerks‹ (ouvrage à corne) beim Michaelsschloß, die vom Ingenieurs-Département zum Verkauf ausgeschrieben worden waren, und die Auffahrten und Abstiege der Ponton-Brücke, die gegenüber dem Denkmal des Grafen Suvorov über die Neva gebaut werden sollte. Die Standorte der kleinen Fußgängerbrücken sollten möglichst umgehend mit Militär-Generalgouverneur Graf Miloradovič abgesprochen und zwei dieser Brücken noch im laufenden Jahr begonnen und ebenfalls im Oktober vollendet werden.

[34] RGIA, 519-6-234 ›Über die Bereitstellung eines Ortes zur Lagerung des für den Bau der neuen Brücke erforderlichen Materials .... Juni 1823‹, Bl. 3v.

[35] RGIA, 206-1-591 ›Über den Bau der Kettenbrücken an Fontanka und Mojka. Februar 1825 – Januar 1828‹, Bl. 189.

[36] RGIA, 206-1-496 ›Über die Einrichtung eines Wirtschaftskomitees zum Bau eines Hauses für die Kondukteurschule und von Kettenbrücken in St. Petersburg. Mai–Juli 1823‹, Bl. 14v, 19–21. Welche Rolle dieses Komitee beim Bau der Kettenbrücken und der Kondukteurschule tatsächlich spielte, bleibt unklar (vgl. auch oben S. 60 ff.). In den Archivschriften der nachfolgenden Monate ist von diesem Komitee nicht mehr die Rede.

Der endgültige Entwurf zur ›Großen Kettenbrücke‹ wurde vom Juni bis August 1823 begutachtet und genehmigt. Der im Archiv erhalten gebliebene Teil der am 8. Juli geprüften Zeichnungen belegt die Autorenschaft Traitteurs eindeutig[37]. Einige Freihandzeichnungen mit überzeugend gestalteten Fassaden und Perspektiven tragen seine Unterschrift sowie die Namen von zwei Mitgliedern der Prüfungskomission, Major Polenov und Oberleutnant Trofimovič (Abb. 92, 93). Es ist dabei anzumerken, daß die Brückenfahrbahn anstatt von acht, wie in der ursprünglichen Version vorgesehen war, von zehn Ketten mit gleichem Querschnitt gehalten wurden[38].

Die Erläuterungen des Autors zu diesen Zeichnungen wie auch zu den Entwürfen der übrigen Kettenbrücken sowie ein Teil des zugehörigen Schriftwechsels sind offenbar in das persönliche Archiv Traitteurs eingegangen und daher wohl nicht mehr erhalten. Dies geht insbesondere aus einem Rapport des Obersten des Corps der Verkehrswegeingenieure Adam hervor, dem nach der Demission des badischen Ingenieurs in seine Heimat die Aufsicht über die Petersburger Kettenbrücken übertragen wurde. So vermerkte Adam zum Empfang der Entwurfsunterlagen, die Unvollständigkeit der Papiere, die nach Inventarlisten in gebündelten und von Generalmajor Traitteur versiegelten Mappen zusammengefaßt waren, sei dadurch zu erklären, daß sie nur von Traitteur selbst verfaßt worden seien[39].

92, 93 Genehmigter Entwurf für die Panteleimon-Brücke, Schaubilder. Unterzeichnet von Traitteur und den Kommissionsmitgliedern Polenov und Trofomovič, Juli 1823 (RGIA, 1487-4-207, Bl. 1, 2)

Hauptphasen der Bauausführung

Im Laufe der bereits im Juli 1823 begonnenen Vorbereitungsarbeiten zum Einrammen der Pfähle für die Fundamente der Widerlager zeigte sich, daß der Bau im vorgegebenen Zeitraum bis Ende 1823 nicht fertigzustellen war. Um die Situation zu erklären, teilte Traitteur dem Herzog von Württemberg in einem seiner Arbeitsberichte mit, er habe die Genehmigung für den Baubeginn der ›Großen Kettenbrücke‹ erst im Juli erhalten, folglich dauere die Prüfung seines Entwurfs über sechs Monate. Zur Ausführung der Arbeiten blieben ihm lediglich dreieinhalb Monate, weshalb der Frost, sofern er vor dem Austrocknen der Steinarbeiten einträte, eine Vergrößerung der Risse in den Fugen der Granitverkleidung der Widerlager bewirken würde[40].

Der für gemittelte Bodenkennwerte ausgelegte Entwurf Traitteurs sah Holzpfähle mit einer Länge von 3 Sažen' (6,4 m) und einem Durchmesser von 6 Veršok (16,7 cm) vor, die mit 2 Sažen' (4,26 m) langen Bohlen abgespundet waren[41]. Bei Belastungsproben stellte sich heraus, daß der Boden unter den Widerlagern so weich und sumpfig war, daß 3 Sažen' lange Pfähle mit dem letzten Schlag eines 30 Pud-(491,4 kg)-Rammbärs noch 2 Zoll eingetrieben wurden. Bei der Abänderung seines Entwurfs für die Pfahlgründung konnte Traitteur auf seine Erfahrungen mit dem Bau der Widerlager für die Isaaks-Brücke zurückgreifen. Dort gaben die 9 Sažen' (19,2 m) langen Pfähle mit einem Durchmesser von 7 Veršok (31,2 cm) beim letzten Schlag eines 30 Pud-Rammbärs ebenfalls 2 Zoll nach. Zur Verdichtung des Bodens wurde die Gründung der Widerlager mit Spundbohlen umgeben, wodurch die Pfahllänge von 9 Sažen' beibehalten werden konnte[42].

Die Pfahlgründung der Panteleimon-Brücke (Abb. 94, 95) sollte ebenfalls mit einer Abspundung von 3 Sažen' (6,4 m) Länge und 3 Zoll (7,6 cm) Dicke umgeben und die Pfähle auf 4 Sažen' (8,5 m) Länge und 6 Veršok (26,7 cm) Durchmesser vergrößert werden. Zur Beschleunigung des Einrammvorgangs sollten 35- und 30-, bei den letzten Schlägen 25 Pud-Rammbären eingesetzt werden. Sämtliche Vorschläge Traitteurs durchliefen die Genehmigung der Kommission für Entwürfe und Kostenvoranschläge und wurden zur Umsetzung empfohlen. Zu Beginn der Arbeiten zeigte sich jedoch, daß beim Einram-

[37] Ein Teil der im Juli und August 1823 geprüften Zeichnungen befinden sich in der Mappe: RGIA, 1487-4-207 ›Graphische Materialien zur Panteleimon-Brücke‹, Bl. 1–3 (Unterschriften: Oberst Traitteur, Major Polenov, Oberleutnant Trofimovič).

[38] RGIA, 206-1-591, Bl. 188.

[39] RGIA, 206-1-1369 ›Akte zur Lieferung von Angaben über die ab 1823 erfolgten Arbeiten zum Bau sämtlicher Petersburger Kettenbrükken .... Oktober 1823 – Januar 1835‹, Bl. 4v.

[40] Ibid., Bl. 189–190.

[41] RGIA, 119-1-217 ›Sitzungsjournale des Rats für Verkehrswege. 25. Juli 1823: Über die Pfähle für das Fundament der Pfeiler der Kettenbrücke an der Fontanka‹, Bl. 105v.

[42] Ibid., Bl. 105.

men der Pfähle ein ständiges Verrutschen des Gründungskörpers auftrat. So mußten schließlich aufgrund des wenig tragfähigen Baugrunds 28 bis 56 Fuß (8,53 bis 17,07 m) lange Pfähle eingesetzt werden. Dank einer dünnen Magertonschicht in ca. 3 Meter Tiefe konnte eine Abspundung eingebracht werden. Stellenweise mußten zur vollständigen Absicherung Pfähle von bis zu 70 bzw. 77 Fuß (21,3 bzw. 23,5 m) Länge eingerammt werden[43]. Die Einrammarbeiten für die Pfahlgründung der Widerlager der künftigen Panteleimon-Brücke wurden im November 1823 abgeschlossen. Traitteur schreibt später: *»... Ces travaux qui, sur un terrain ferme et vierge, ne présentent communément que peu de difficultés, exigeaient ici des soins et des précautions qui occasionnaient un grand retard dans leur exécution et augmentaient considérablement les dépenses«*[44].

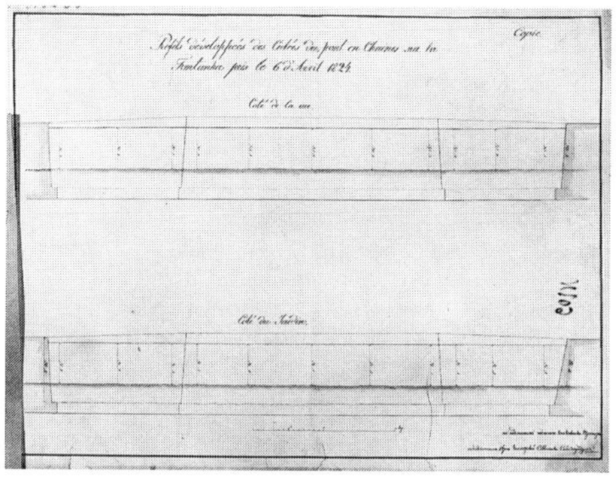

94 Panteleimon-Brücke. Abwicklung der Brückenwiderlager mit Angabe der Niveaus. Traitteur, April 1824 (RGIA, 1487-4-203)

Die folgenden Phasen der Projektrealisierung hingen vollständig von der Fertigung und Erprobung der Metallkonstruktion in der Bairdschen Fabrik ab, die bis Ende September 1824 andauerten. Traitteur nutzte diese Zeit zur Gestaltung der Kanalmündungen um das Gebäude des Ingenieurschlosses. Die Granitblöcke der Kanalmauern wurden dabei zur Verkleidung der Widerlager der entstehenden Kettenbrücke wiederverwendet (Abb. 95). Suhanov übernahm die Mauerung der Wände (60 Quadrat-Sažen', 273 m^2), des Gesimses (20 Quadrat-Sažen', 91 m^2), der Trottoirs (24 Sažen', 51 m), erstellte acht neue Sockelfundamente und reparierte sechzehn alte. Diese Arbeiten wurden Ende Mai 1824 abgeschlossen[45]. Sie waren trotz des guten Rufs des Meisters, der in die russische Baugeschichte eingehen sollte, mangelhaft, wofür Traitteur einen Dienstverweis bekam[46].

Im ausgehenden Sommer 1824 traten die Arbeiten zur Errichtung der Brücke in ihr abschließendes Stadium. Im Juli, vor seiner Abreise zur Inspektion der Kreise, forderte der Herzog von Württemberg Traitteur auf, alle Bemühungen daran zu setzen, um den anbefohlenen Bau der Kettenbrücken bis Mitte September abzuschließen. Auf der Sitzung des Rats für Verkehrswege vom 19. August teilte Baird mit, daß eine Fertigstellung der Ketten bis Mitte September unmöglich sei. Wie aus dem Schriftwechsel hervorgeht, lag der Grund für die Verzögerung in der *»... großen Anzahl von Stücken, die bei der Probe barsten, die gemeinsam mit den gefertigten Stücken eine wesentlich größere Menge als die im Vertrag vereinbarte darstellen«*[47]. Dabei ersuchte Baird den Rat, alle Kettenglieder in gleicher Länge fertigen zu dürfen. Diese letzte Entwurfsänderung wurde als einzige Möglichkeit verabschiedet, *»unter Beibehaltung der Festigkeit und Schönheit des Bauwerks zur Erfüllung des Willens Seiner Königlichen Hoheit den Bau zum festgesetzten Termin fertigzustellen«*[48]. Nach Bairds Annahmen sollte die Fontanka im Falle einer etappenweisen Montage der Ketten jeweils unmittelbar nach ihrer Fertigung in der Fabrik vom 10. September bis 10. Oktober für die Schiffahrt gesperrt werden, bei gleichzeitiger Aufhängung der Ketten nach ihrer vollständigen Herstellung in der Fabrik lediglich vom 25. September bis zum 5. Oktober 1824.

Anfang September legte Traitteur dem Rat für Verkehrswege einen Bericht vor, in dem er mitteilte, daß seiner Ansicht nach zur erfolgreichen Beendigung der Brückenbauarbeiten in allen sechs Schmieden der Bairdschen Fabrik rund um die Uhr sowie an Sonn- und Feiertagen gearbeitet werden müsse[49]. Dieser Vorschlag wurde für richtig befunden und Traitteur beauftragt, mit der Fabrik in entsprechende Verhandlungen zur Änderung der Angebotspreise zu treten. Am 24. September wies er in einem neuen Bericht darauf hin, daß noch keine einzige Kette fertig sei. Schließlich teilte Baird dem Rat für Verkehrswege am 3. Oktober mit, alle Teile der großen Kettenbrücke über die Fontanka seien mit den von Ingenieur-Oberst Traitteur vorgegebenen Abmessungen tags zuvor fertiggestellt worden, die bei den Prüfungen gebrochenen Teile würden am 4. Oktober 1824 unter Beibehaltung der im ursprünglichen Vertrag vereinbarten Preise vorliegen[50].

[43] Nikolai, L. *Kratkie istoričeskie dannye o razvitii mostovogo dela v Rossii (Kurze historische Angaben zur Entwicklung des Brückenwesens in Rußland)*. St. Petersburg, 1898, S. 55.

[44] Traitteur, G. de. *Description des ponts en chaînes exécutés à Saint-Pétersbourg ...*, S. 8–9.

[45] RGIA, 199-1-229 ›Sitzungsjournale des Rats für Verkehrswege. 23. Mai 1824: Über die Entfernung der Fangdämme bei der Kettenbrücke und bei den abgedichteten Mündungen der ehemaligen Kanäle beim Ingenieurschloß‹, Bl. 327–329.

[46] RGIA, 206-1-554, Bl. 254–258, 275–276 (Vertrag mit Suhanov), 291.

[47] RGIA, 199-1-234 ›Sitzungsjournale des Rats der Generalverwaltung der Verkehrswege. 17. Oktober 1824: Über die zügige Beendigung der Arbeiten zum Bau der Großen Kettenbrücke über die Fontanka und über die Vergoldung der Brückenverzierungen in der Bairdschen Fabrik‹, Bl. 515v.

[48] RGIA, 206-1-554, Bl. 1, 33.

[49] RGIA, 199-1-233 ›Sitzungsjournale des Rats der Generalverwaltung der Verkehrswege. 6. September 1824: Über die Beschleunigung der Auftragserfüllung für Gegenstände der Kettenbrücke in St. Petersburg am Fluß Fontanka ...‹, Bl. 113; RGIA, 206-1-554, Bl. 16.

[50] RGIA, 199-1-234 ›Sitzungsjournale des Rats der Generalverwaltung der Verkehrswege. 6. Oktober 1824: Über den Bericht des Fabrikbesitzers Baird zur Erfüllung seines Auftrags zum Guß von Teilen für die Brücke über die Fontanka beim Sommergarten bis zum 2. Oktober‹, Bl. 132–133; RGIA, 206-1-554, Bl. 120.

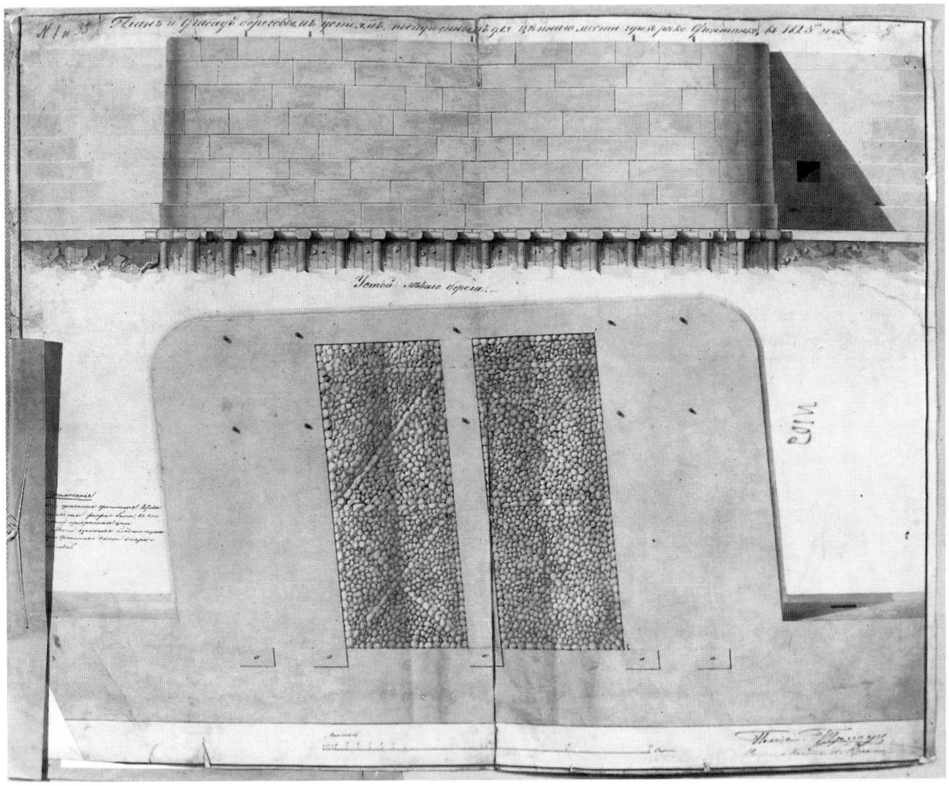

95 Panteleimon-Brücke. Grundriß und Aufriß eines Brückenwiderlagers. Traitteur, um 1823 (RGIA, 1487-1-201)

Von den ersten sechs vollständigen Ketten, die Traitteur kurz darauf von der Bairdschen Fabrik geliefert wurden, waren am 9. Oktober zwei und am 10. Oktober weitere zwei montiert. Darüber hinaus wurde in dem Dienstbericht festgestellt, daß »... *das Aufhängen und Einrichten der Ketten die schwierigste Arbeit sei, und bei alledem hofft Herr Traitteur, den Brückenbau bis zur Ankunft des Herrn Kaisers bis auf einige Bagatellen fertigzustellen*«[51]. Die Montagearbeiten wurden dauerhaft durch das stürmische Wetter behindert, das sich ab Mitte Oktober eingestellt hatte. In den Protokollen zu einer der Sitzungen des Rats für Verkehrswege findet sich die Bemerkung, daß, wenn die Brücke nicht fristgerecht abgeschlossen werden könne, der Grund dafür lediglich das »*üble Wetter*« sei und Traitteur die volle Verantwortung trage.

Beim Bau der großen Kettenbrücke setzte Traitteur aller Wahrscheinlichkeit nach ein Montageverfahren ohne stationäre Bühnen und Gerüste ein. Dieses Verfahren, das aus den Bauerfahrungen der ersten amerikanischen und englischen Brücken bekannt und bereits in einigen Fachpublikationen veröffentlicht worden war[52], betrachtete er als eines der wichtigsten technologischen Vorzüge von Kettenbrücken: »... *L'un des principaux avantages dans la construction des ponts en chaînes, est, sans contredit, celui de pouvoir se passer entièrement de cintres et d'échafaudages fixés pour monter le pont proprement dit, c'est-à-dire, à partir des points de suspension, toute la partie indépendante des portiques*«. Die ersten drei Tragketten wurden an Land montiert und mit einer Kabelwinde zum Portal des gegenüberliegenden Ufers gezogen. An diesen Ketten wurden provisorische Arbeitsbühnen befestigt, von denen aus die restlichen sieben Ketten ausgerichtet wurden. Danach wurden dieselben Bühnen an die fertigen Konstruktionsteile umgehängt und von ihnen aus die Einrichtung der ersten Ketten durchgeführt, der Ausgleich der Hänger entsprechend den Entwurfsabmessungen abgeschlossen und an diesen die Holzbohlen der Fahrbahn befestigt. Traitteur schrieb später: »... *le pont se trouva terminé en moins de 18 jours, à compter du jour où la première chaîne complète sortit de la fabrique de M. Baird. Dans toutes ces*

[51] RGIA, 199-1-234, Bl. 515.

[52] Vgl. etwa: Dufour, Guillaume Henri. *Description du pont suspendu en fil de fer, construit à Genève*. Genf, 1824.

opérations, j'ai été puissamment aidé par le Lieutenant Christianowitch, jeune ingénieur d'un mérite distingué et d'une capacité reconnue«[53]. Der Brückenbau wurde am 4. November 1824 abgeschlossen und kostete gemäß Voranschlag 161.260 Rubel.

Kaum war die Kettenbrücke fertiggestellt, wurde sie von der Natur sogleich auf eine harte Probe gestellt. Am 7. November 1824 ereignete sich in der Stadt die größte Überschwemmung ihrer Geschichte, begleitet von Stürmen in Orkanstärke und einem Anstieg des Wasserstands um 4,1 m über Normalnull[54]. Zur Zeit der Überschwemmung beobachtete Traitteur unentwegt vor Ort den Zustand und das Verhalten der Kettenbrücken über Fontanka und Mojka[55]. Durch Schläge losgerissener Lastenkähne traten Verschiebungen der Fahrbahn auf, die aus den Nuten der Granitwiderlager herausgedrückt worden war. Derartige Schäden waren nach der Überschwemmung an zahlreichen Holzbrücken der Stadt festzustellen. Schwerwiegende Verformungen an den Tragwerken wurden jedoch nicht festgestellt, weshalb Traitteur seinen Rapport an den Herzog von Württemberg mit folgenden Worten abschließen konnte: *»... L'épouvantable innondation qui s'est manifestée aujourd'hui à St. Pétersbourg et qui a fait tant de dégats aux ponts et aux édifices publics, n'a cependant rien cassé de grave aux deux ponts en Chaînes, quoique il y a eu des barques et poutres flottantes qui ont été jettées contre eux par les vagues ...«*[56]. Zwei Tage später war die Brücke wiederhergestellt und erneut für den Verkehr befahrbar. Ende Dezember 1824 wurde Oberst Traitteur und dem unter seiner Leitung stehenden Oberleutnant Hristianovič in einem weiteren Befehl an das Corps der Verkehrswegeingenieure für die erfolgreiche Bauausführung der beiden Kettenbrücken in St. Petersburg im laufenden Jahr, *»für ihren hervorragenden Fleiß und Tateifer«* Dank ausgesprochen[57].

Um eine geeignete Instandhaltung des neuen Bauwerks zu sichern, verfaßte Traitteur Anfang 1825 eine Dienstnotiz ›Über Annahmen bezüglich der Unterhaltung der erbauten Kettenbrücken in der Zukunft‹. Der Rat für Verkehrswege billigte den Inhalt dieser Notiz und beschloß, für das erste Jahr zur Überwachung der Festigkeit sowie zur Unterhaltung der Brücke einen Spezialisten aus dem Corps zu benennen. Mit dieser Aufgabe wurde Ingenieur-Oberleutnant Hristianovič betraut. Nach einem Jahr sollten die ersten Kettenbrükken in die Bauaufsicht der Stadt überführt werden, wobei zur Beobachtung ihres technischen Zustands ein Offizier des Corps bereitgestellt werden sollte[58].

Fertigung, Erprobung und Berechnung der Eisenkonstruktionsteile

Bei der Errichtung der ersten Kettenbrücken war die Herstellung ihrer eisernen Tragwerke der wichtigste und aufwendigste Teil der Arbeiten. Zunächst beabsichtigte der Rat für Verkehrswege, damit das größte staatliche Hüttenwerk in der Umgebung St. Petersburgs, einen Schiffsbaubetrieb in Ižora (Admiraltejskij Zavod), zu beauftragen, was sich jedoch als unpraktikabel erwies[59]. Nach Durchsicht der entsprechenden Zeichnungen erklärte der Fabrikdirektor, ›Bergmeister der staatlichen Fabriken in Olonec, St. Petersburg und Kronstadt‹ A. A. Fullon im Mai 1823, sein Werk sei im laufenden Jahr 1823 nicht in der Lage, die Teile für Stützen und Ketten anzufertigen. Gleichzeitig wandte sich der Rat für Verkehrswege an den Besitzer der größten Petersburger Privatgießerei, Charles Baird[60], der sich einverstanden erklärte, unverzüglich, ohne Nennung eines konkreten Ausführungstermins, die Arbeiten in Angriff zu nehmen.

[53] Traitteur, G. de. *Description des ponts en chaînes exécutés à Saint-Pétersbourg ...*, S. 23–25. Hristianovič, Vasilij Aleksandrovič (1803–1847), Absolvent des Instituts des Corps der Verkehrswegeingenieure (1821), später Hochschullehrer am Lehrstuhl für Brücken desselben Instituts. Wichtigster Mitarbeiter Traitteurs beim Bau der Petersburger Kettenbrücken. Die Bemerkung Traitteurs, mit der er die Verdienste des Ingenieur-Oberleutnants Hristianovič als seines wichtigsten Helfers bei der Errichtung der ersten Kettenbrücken würdigte, dürfte der Grund dafür sein, daß in einigen russischsprachigen Publikationen die Panteleimon-Brücke und die Postbrücke irrtümlicherweise als gemeinsames Werk Traitteurs und Hristianovičs dargestellt wurde.

[54] Dabei stand praktisch die gesamte Stadt unter Wasser, 324 Gebäude wurden zerstört, 3257 beschädigt (insgesamt gab es in der Stadt 7500 Häuser), alle Pontonbrücken über die Neva rissen, und es gab zwischen 208 und 569 Opfer (Nežihovskij, R. A. *Reka Neva (Der Fluß Neva)*. Leningrad. 1973, S. 83).

[55] »Aussitôt que l'inondation a commencé, je me suis porté aux deux ponts pour prendre les mesures convenables dans un cas si extraordinaire, et aussitôt que la baisse des eaux a seulement permis de franchir les rues, j'ai fait de recherches / un examen à se sujet, tant que l'obscurité me l'a permis ...« (RGIA, 206-1-554, Bl. 190: Rapport Traitteurs vom 7. November 1824).

[56] Ibid., Bl. 190–191.

[57] *Prikazy, otdannye po KIPS v 1810–1823 gg. (An das Corps der Verkehrswegeingenieure 1810–1823 ergangene Befehle)*. St. Petersburg, 1825, S. 65 (Befehl Nr. 112 vom 22. Dezember 1824).

[58] RGIA, 206-1-554, Bl. 214; RGIA, 206-1-591, Bl. 12v, 21.

[59] RGIA, 199-1-220 ›Sitzungsjournale des Rats der Generalverwaltung der Verkehrswege. 5. Oktober 1823: Über die gußeisernen Stützen und Ketten für die Kettenbrücke‹, Bl. 121–122.

[60] Baird, Charles (in Rußland: Karl Nikolaevič Berd). Maschinenbau- und Hütteningenieur (Carron, Schottland, 20. 12. 1766 – St. Peters-

Die Fertigung der Eisenteile für zunächst drei, schließlich insgesamt sechs Petersburger Hängebrücken führte in der Tat zu einem großangelegten Versuch zur Ermittlung der Festigkeit des verwendeten russischen Eisens und zum ersten Großversuch an Eisenkonstruktionen. Diese Versuche mit den neuen Baustoffen Guß- und Schmiedeeisen werteten die Mitglieder des Verkehrswegerats zu Recht als Grundlage für die Umsetzung des gesamten Programms zum russischen Kettenbrückenbau. Hiervon zeugen einige Sitzungsprotokolle des Rats, der insbesondere im August 1823 feststellte, der Entwurf und der Kostenvoranschlag für die eisernen und gußeisernen Ketten hänge von den Versuchen ab, die in der Fabrik des Ober-Bergmeisters Baird *»auf der von ihm aufgebauten Maschine, die in Bälde fertig sein soll«*, durchgeführt würden. Die Ratsmitglieder schoben damit den Bau der ›Großen Kettenbrücke‹ bis zum Abschluß der Versuche auf und gingen beträchtliche Zusatzkosten ein in der Hoffnung, diese würden durch konstruktive wie ästhetische Vorzüge der neuen Kettenbrücken ausgeglichen: *»... obgleich über Details und Besonderheiten des Vorhabens erst nach Abschluß der Versuche gesprochen werden kann, kann der Entwurf insgesamt gebilligt und gefolgert werden, daß die Aufwendungen für diesen beträchtlich geringer sein werden als für jegliche Brücke anderen der Hauptstadt gebührenden Aufbaus, sowohl einer steinernen als auch einer gußeisernen«*[61].

Zur Prüfung der schmiedeeisernen Konstruktionsteile auf Zugfestigkeit entwickelte und baute Baird ein spezielles Gerät, den sogenannten *sidéro-mêtre* (Abb. 96), der vielen seiner Zeitgenossen als europäische Neuheit erschien. Der von Carbonière unterzeichnete Auftrag zur Anfertigung dieser Maschine ging in der Bairdschen Fabrik bereits am 21. Mai 1823 als dringendes Gesuch des Herzogs von Württemberg ein[62]. Für die Anfertigung des *sidéro-mêtre* und der Prüfkörper für Ketten und Stützen der Brücke beantragte Baird 25.000 Rubel aus der Staatskasse[63]. Die Maschine sollte nach den ursprünglichen Konditionen frühestens am 25. November 1823 fertiggestellt sein. Wie die Schriftstücke zeigen, wurde sie von den Mitgliedern der Kommission für den Bau von Kettenbrücken am 23. Dezember desselben Jahres abgenommen. Trotz falscher Zuordnungen in einigen Veröffentlichungen dürfte dieses ›Wunder des Maschinenbaus‹ das Werk Charles Bairds sein. Dies geht aus Archivschriftstücken[64] sowie auch aus einer vollständigen, von Charles Baird unterzeichneten Beschreibung der neuen ›hydraulischen Maschine‹[65] hervor. Traitteur widmete dem Gerät ein separates Kapitel in seinem Buch und fertigte in seinem Album eine Reihe von Zeichnungen des *sidéro-mêtre* an[66].

Der *sidéro-mêtre* war ein Prüfstand, bestehend aus einer liegenden Hydraulikpresse und einem ungleicharmigen Hebel, die auf den gegenüberliegenden Enden eines gußeisernen Gestells mit einer Länge von 14 Sažen' (29,8 m) montiert waren (Abb. /11). Bei den Versuchen wurden die Ketten am beweglichen zylindrischen Kolben der Presse und an der starren Hebelachse befestigt. Der größte Abstand zwischen diesen beiden Befestigungsachsen betrug 11 Sažen' (23,4 m). Die Hebelarme waren so gewählt, daß die auf die Schale gelegte Last 1/175 der Pressenkraft zuzüglich der Reibungsverluste betrug. Durch Wechseln der Befestigungsrolle konnten auf der Maschine auch Eisenstäbe und -bänder mit einer Fläche von 1/8 bis 12 Quadratzoll bei einer größten Zugkraft der Presse von 295,6 Tonnen und einer entsprechenden Zulast auf der Schale von bis zu 10 Tonnen geprüft werden. Der *sidéro-mêtre* stand dabei auf dem Bairdschen Fabrikgelände in einem separaten Holzschuppen mit 34 × 9,2 m Grundfläche und 4,9 m Höhe. Das Fundament der Maschine bestand aus zwei Reihen in den Boden eingerammter, 1,5 Sažen' (3,2 m) langer Pfähle. Der endgültige Aufwand für Fertigung und Aufstellung der Maschine sowie das Personal zur Durchführung der Prüfungen betrug 23.240 Rubel, die Maschine selbst kostete ca. 14.000 Rubel. Nach Bezahlung des vertraglich festgelegten Betrags und der formellen Übergabe des *sidéro-mêtre* an den Staat ver-

burg, 10. 12. 1843). Ab 1782 Ausbildung in der Kanonenfabrik ›Carron Company‹, ab 1786 Tätigkeit in Rußland. Ab 1802 Besitzer des größten privaten Gießerei- und Maschinenbauwerks St. Petersburgs, bekannt unter seinem Namen. Leitete Arbeiten zur Errichtung der ersten russischen Eisenbauten: der gußeisernen Bogenbrücke über den Sal'nobujanskij-Kanal (1805–1806, Spannweite 19,2 m), der sechs Kettenbrücken in St. Petersburg (1823–1826), der Kuppelkonstruktion der Isaaks-Kathedrale (1836–1838) und zahlreicher weiterer Bauwerke. Erbauer der ersten Dampfschiffe in Rußland (1815). (*Russkij Biografičeskij Slovar' (Russisches Biographisches Wörterbuch)*, Bd. 2 (Aleksinskij–Bestužev-Rjumin), St. Petersburg (o. J.), S. 728; [Tower, T.] *Memoir of the late Charles Baird, Esq., of St. Petersburg and his Son, the late Francis Baird ...* . London, 1867).

[61] RGIA, 199-1-218 ›Sitzungsjournale des Rats der Generalverwaltung der Verkehrswege. 25. August 1823: Über den Bau einer Maschine zur Erprobung von Eisen für die Ketten der Brücke über die Fontanka beim Sommergarten in der Bairdschen Fabrik‹, Bl. 212.

[62] RGIA, 199-1-233 ›Sitzungsjournale des Rats der Generalverwaltung der Verkehrswege. 2. September 1824: Über den Preis der von Herrn Baird erbauten Maschine zur Erprobung der Ketten für die Kettenbrücken‹, Bl. 69–72.

[63] RGIA, 199-1-220, Bl. 122.

[64] RGIA, 206-1-554 ›Über den Bau von Kettenbrücken in St. Petersburg. Juli 1824 – Januar 1825‹, Bl. 49v: »... da diese Maschine Bairds eigene Erfindung ist und ihm viel Arbeit, Proben und Geld gekostet hat, bis er sie denn aufstellen konnte, erlaubt er niemandem, von dieser Maschine eine Zeichnung zu machen« (aus dem Rapport Traitteurs vom Juli 1824).

[65] RGIA, 206-1-591, Bl. 67–68.

[66] Traitteur, G. de. *Description des ponts en chaînes exécutés à Saint-Pétersbourg ...* , S. 67–74; ders. *Plans, profils, vues perspectives et détails des ponts en chaînes exécutés à Saint-Pétersbourg ...* , Taf. 9. Teile der Abbildung und eine Beschreibung dieser Maschine sind zu finden in: Lamé, Clapeyron. *O visjačih mostah ... (Über die Hängebrücken ...)*, S. 73–81 und Tabelle.

blieb die Einrichtung weiter in der Bairdschen Fabrik bis zum Abschluß der Kettenprüfungen für alle in St. Petersburg gebauten Kettenbrücken.

Die ersten Prüfungen erfolgten in der Bairdschen Fabrik Anfang 1824 im Beisein von Traitteur, Lamé, Clapeyron und Bugajskij. Der erste Versuchsabschnitt betraf die Untersuchung der metallurgischen Eigenschaften des russischen Eisens (in den damaligen Schriftstücken als ›sibirisches Eisen‹ oder ›Uraleisen‹ bezeichnet), um geeignete Werkstoffe für die Herstellung der hochbelasteten Bauglieder auszuwählen. Standardprüfstücke mit einem Querschnitt von 1 x 1 Zoll wurden Kurz- und Langzeitbelastungen ausgesetzt. Untersucht wurden dabei bleibende Verformungen (Dehnungen der Probekörper), deren Analyse Rückschlüsse auf Elastizitätseigenschaften und Verwendbarkeitskriterien der Eisensorten für die Konstruktionsteile zuließ. Traitteur faßte die ersten Ergebnisse dieser Untersuchung später in seinem Buch folgendermaßen zusammen: »... *Un grand nombre d'expériences sur la résistance des fers de Sibérie, faites à différentes températures, avant le commencement des travaux, ont prouvé jusqu'à l'évidence, qu'un pouce quarré pris de tiges qui ne surpassent point un quart de pouce de diamètre, peut, après avoir été reforgé, résister à une force de 14 à 16 tonneaux sans s'allonger, et supporter un poids de 22 à 24 tonneaux avant de se briser*«[67].

Der Oberstleutnant des Corps der Verkehrswegeingenieure, A. V. Henry, der als Mitglied der Kommission für Entwürfe und Kostenvoranschläge die chemisch-mineralogischen Eisenanalysen überwachen sollte und dabei zu dem Ergebnis kam, daß »... *die beachtenswerten Schlußfolgerungen dieser Versuche ... neues Licht auf die Erkenntnis der Eigenschaften und des Einsatzes von Schmiedeeisen werfen können*«, hinterließ eine detaillierte Beschreibung der offensichtlich im Mai 1824 erfolgten Arbeiten[68]. Er war bei über 500 der ca. 800 Versuche anwesend und konnte dabei eine Reihe für damalige Zeit neuer technischer Beobachtungen machen. Ausgehend von den bekannten physikalischen Eigenschaften und mineralogischen Systematisierungen der Eisenarten[69] und im Zuge der für die Wissenschaft des beginnenden 19. Jahrhunderts typischen Systematisierung von Informationen[70] führte Henry praktisch eine statistische Auswertung der Festigkeitsprüfungen an Standardprüfstücken aus verschiedenen Eisensorten durch. Darüberhinaus formulierte er Empfehlungen zur Wahl der günstigsten Querschnitte für die aus diesem Eisen gefertigten Konstruktionsteile, zu denen er Eisenbänder und dünne Stäbe mit Rundprofil bzw. mit quadratischem Querschnitt im Falle gleichseitiger Belastungen zählte.

Nach Auswahl der für die Konstruktionsglieder geeigneten heimischen Eisensorten begannen die Kommissionsmitglieder Experimente zur Bestimmung der Festigkeit der daraus angefertigten Teile, die 137 Arbeitstage in Anspruch nahmen[71]. Dazu wurden 49 Kettenglieder mit einem Gesamtgewicht von 29 Pud (475 kg) zum Bersten gebracht. Die Prüfungsergebnisse wurden den entsprechenden Kennwerten des englischen Eisens laufend gegenübergestellt, das einer Zugspannung von 26 Tonnen/Quadratzoll (4232 kg/cm^2) standhielt. Die Erprobungen zeigten, daß die größte Festigkeit von Stäben aus russischem Eisen etwas niedriger lag, nämlich bei 16 Tonnen/Quadratzoll (2604 kg/cm^2) beim Beginn der plastischen Verformungen und 24 Tonnen/Quadratzoll (3906 kg/cm^2) beim Bruch[72]. Bessere Versuchsergebnisse brachten Stangen mit einem Querschnitt von 1 x 1 Zoll, die aus vier dünnen Stäben zusammengeschmiedet waren.

Ende Februar 1824 berichtete Clapeyron den Mitgliedern des Rats für Verkehrswege über die Ergebnisse der Eisenkonstruktionsprüfungen und legte seine Erwägungen zu den Auswahlkriterien für den Kettendurchmesser der beiden ersten Brücken dar. Dieser Bericht zog praktisch den Schlußstrich unter die Vorbereitungsphase bei der Errichtung der Petersburger Kettenbrücken. Nach Kenntnisnahme der Prüfergebnisse verabschiedete der Rat für Verkehrswege folgende Empfehlungen[73]:

[67] Traitteur, G. de. *Description des ponts en chaînes exécutés à Saint-Pétersbourg ...* , S. 27.

[68] [Henry, A. V.]. *Ob upotreblenii železa pri sooruženii visjačih mostov (Über die Verwendung von Eisen bei der Errichtung von Hängebrücken).* Žurnal Putej Soobščenija (Journal für Verkehrswege), Bd. 5 (November 1826), St. Petersburg, 1827, S. 22–45, Tabellen. Die Veröffentlichung der Prüfergebnisse schloß Henry in derselben Zeitschrift, Bd 9, 1827, S. 33–65, ab (beide Veröffentlichungen Henrys, die im Original französisch verfaßt waren, erschienen gleichzeitig in der französischen Ausgabe des Journal des voies de communication. In dem Artikel heißt es, die Erprobungen seien im Mai erfolgt, aus dem Text geht jedoch nicht hervor, in welchem Jahr).

[69] Vgl. u. a.: Rondelet, J.-B. *Traité théorique et pratique de l'art de bâtir.* Paris, 1802–1817 1. Band.

[70] »In allen Ländern beschränkte man sich auf Eisenproben der besten Sorten und wählte hernach die mittlere der gefundenen Ergebnisse: diese Ergebnisse sind recht unterschiedlich. Wir schlagen hier Tabelle (A) der Sorten vor, wie sie durch Beobachtungen erhalten wurden, und verwenden zum Vergleich die Maße in Kilogramm für Millimeter und Tonnen für Zoll. Dazu geben wir auch die Dehnung, mit der das Eisen in der Länge nachgibt und dabei Elastizität verliert oder behält« ([Henry]. *Ob upotreblenii železa pri sooruženii visjačih mostov ...* , S. 34).

[71] Eine detaillierte Beschreibung der Prüfungen mit Angabe der aufgebrachten Lasten und der Dehnungen der Probekörper findet sich in RGIA, 206-1-554, Bl. 39–41.

[72] »Les plus mauvais fers essayés se sont brisés à une traction de 14 tonneaux au pouce carré anglais; ils ne s'allongeaient pas d'une manière sensible avant leur rupture. On obtint directement un fer qui se brisait qu'à 24 tonneaux, et ne commencait à s'allonger qu'à 16 tonnneux au pouce carré anglais, en forgeant ensemble 4 barres d'un fer de qualité moyenne« ([Lamé]. *Sur les ponts de chaînes (de Russie) et sur les résistances des fers employés dans leur contruction.* Annales des mines, Bd. 10, Paris, 1825, S. 329).

[73] RGIA, 206-1-228 ›Sitzungsjournale des Rats der Generalverwaltung der Verkehrswege. 12. April 1823: Über die Beendigung der Angelegenheit bezüglich des Aufbaus von Kettenbrücken ...‹, Bl. 66–68.

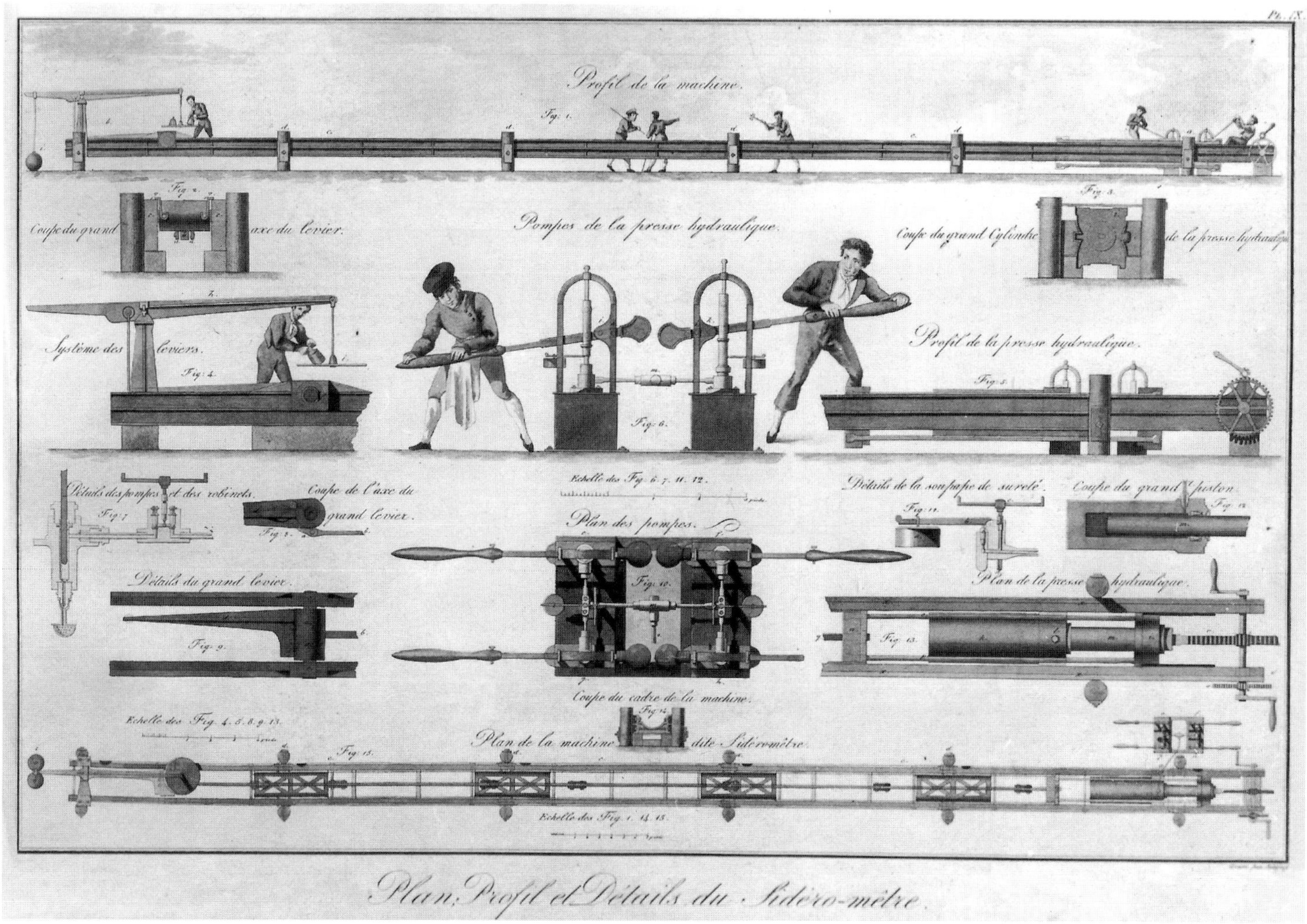

96 Der ›Sidéro-mêtre‹ als Prüfeinrichtung für die Ketten der Petersburger Hängebrücken. Charles Baird, 1823–1824 (Traitteur. *Plans ... des ponts en chaînes*, Taf. 9, Lithographie nach eigener Vorlage)

- für die Ketten ist Eisen der besten Qualität mit größtem Formänderungsvermögen zu verwenden;
- die Kettenglieder sind aus mindestens vier dünnen, über die Länge voll verschweißten Stäben zusammenzusetzen;
- sämtliche Stäbe sind zu prüfen: treten bei einer Belastung von 1008 Pud/Quadratzoll (16 Tonnen/Quadratzoll) plastische Verformungen auf, wird der Stab zum Bruch gebracht und ausgetauscht;
- die größten Auslegungskräfte in den Baugliedern dürfen 750 Pud/Quadratzoll (12 Tonnen/Quadratzoll) nicht überschreiten.

Nach Durchsicht der Sitzungsprotokolle des Rats verfaßte der Herzog von Württemberg ein ähnliches Gutachten, das sein praktisches Interesse an ingenieurtechnischen Problemstellungen unter Beweis stellt. Im Mai 1824 befand er die Prüfergebnisse insgesamt für zufriedenstellend und bestimmte den Durchmesser der Tragkettenglieder für die große Kettenbrücke auf 1 7/8 Zoll, die Zugbeanspruchung bei den Prüfungen auf 16 Tonnen/Quadratzoll (bis zum Auftreten plastischer Verformungen) und eine temporäre Belastung der Brückenfahrbahn von bis zu 25 Menschen pro Quadrat-Sažen'[74]. Zur gleichen Zeit beauftragte der Rat für Verkehrswege Traitteur mit der Korrektur von Plänen und Berechnungen sowie des Kostenvoranschlags für die Brücke unter Berücksichtigung der Empfehlungen Clapeyrons.

[74] RGIA, 199-1-230 ›Sitzungsjournale des Rats der Generalverwaltung der Verkehrswege. 3. Juni 1824: Über den Abschluß der Verdingung für die Anfertigung diverser eiserner und gußeiserner Ketten für die Fußgänger-Kettenbrücke über die Mojka mit Herrn Baird‹, Bl. 11v–12.

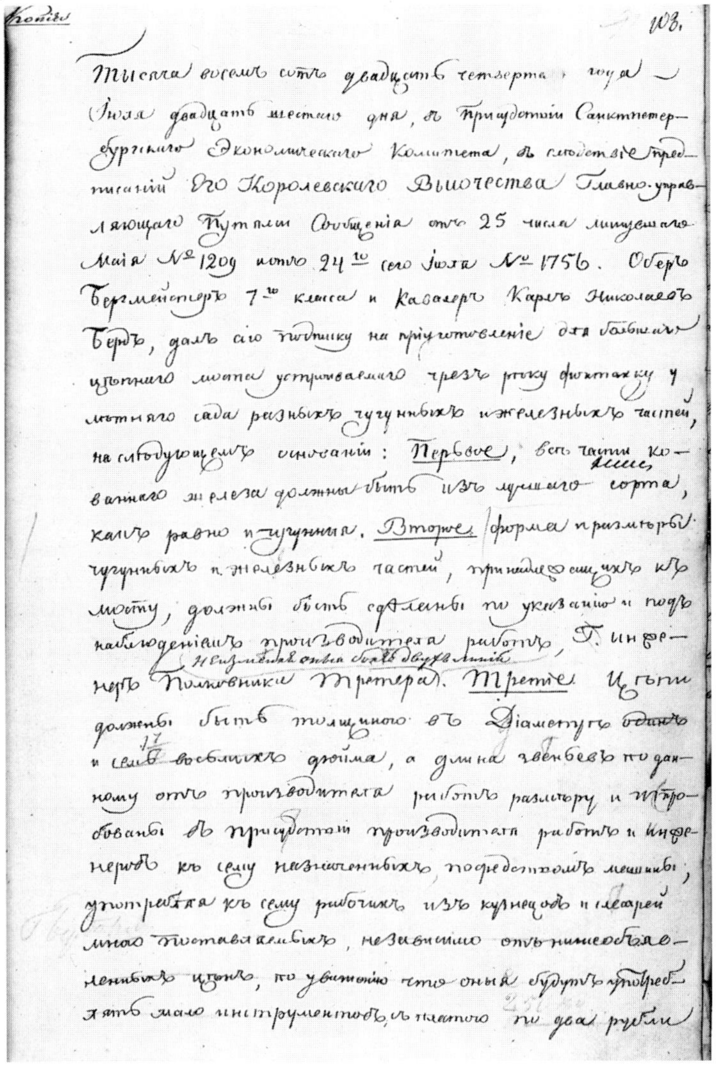

a

97 a–c Vertrag mit der Eisengießerei von Charles Baird über die Herstellung der Eisenbauteile für die ›große Kettenbrücke‹, Juli 1824 (RGIA, 206-1-554, Bl. 108, 109)

Hierbei ist zu bemerken, daß ungeachtet der protokollarisch festgehaltenen Resolution des Herzogs von Württemberg die Quellen unterschiedliche Werte für die Prüflasten der Kettenglieder zu den ersten Kettenbrücken angeben, nämlich zwischen 12 und 18 Tonnen/Quadratzoll[75]. Die tatsächliche Belastung bei der Prüfung betrug 14 Tonnen/Quadratzoll, wie Traitteur in seinem Buch bemerkt: »*La supposition de la force du fer par pouce quarré, ne doit pas être portée, dans les calculs, au-delà de 10 tonneaux, et dans les essais, au-delà de 14, lorsqu'il s'agit de chaînes dont le diamètre surpasse un pouce quarré; au-dessus de cette mesure, le fer, dit fer de zoble, supporte dans les essais jusqu'à 16 tonneaux, avant de s'allonger. Lorsque dans les essais on soumet les chaînons au poids de 14 tonneaux par pouce quarré, il ne suffit pas de leur faire subir cette épreuve, chaînon par chaînon; on doit encore, après cette première opération, assembler autant de chaînons que la machine à éprouver peut en contenir, et les soummetre ainsi à un second essai …*«[76]. In Vorbereitung auf die folgenden Prüfungen der Konstruktionsteile fertigte und erprobte Baird zwei Ketten aus Stäben mit quadratischem Querschnitt (2 × 2 und 2,5 × 2,5 Zoll), einer Länge von 19,6 m und einem Gesamtgewicht von je 2162 kg. Danach wurde ein originalgroßes Modell der insgesamt 22,4 m langen Kette für die große Brücke aus 2 Zoll breitem Bandeisen erprobt. Die Kette riß bei einer Belastung von ca. 15 Tonnen/Quadratzoll (2325 kg/cm^2). Die Kommissionsmitglieder stellten fest, daß auch diese Festigkeitswerte unter denen des

[75] RGIA, 199-1-231 ›Sitzungsjournale des Rats der Generalverwaltung der Verkehrswege. 19. Juni 1824. Über die Zusatzartikel zu den Verdingungen, die mit Herrn Baird zum Bau des Zubehörs zur Kleinen Kettenbrücke geschlossen wurden‹, Bl. 217, 271–272.

[76] Traitteur, G. de. *Description du pont en chaînes exécuté à St. Pétersbourg …*, S. 64.

[77] RGIA, 206-1-554, Bl. 41 v.

[78] Traitteur, G. de. *Description des ponts en chaînes exécutés à Saint-Pétersbourg …*, S. 5–33 (Calcul). Über die Beanspruchung der einzelnen Konstruktionsglieder der Panteleimon-Brücke informiert am vollständigsten: Wiebeking, Carl Friedrich von. *Architecture civile …*, Bd. 7, 1831, S. 166; ders. *Mémoire sur les ponts suspendus …*, 1832, S. 34–37.

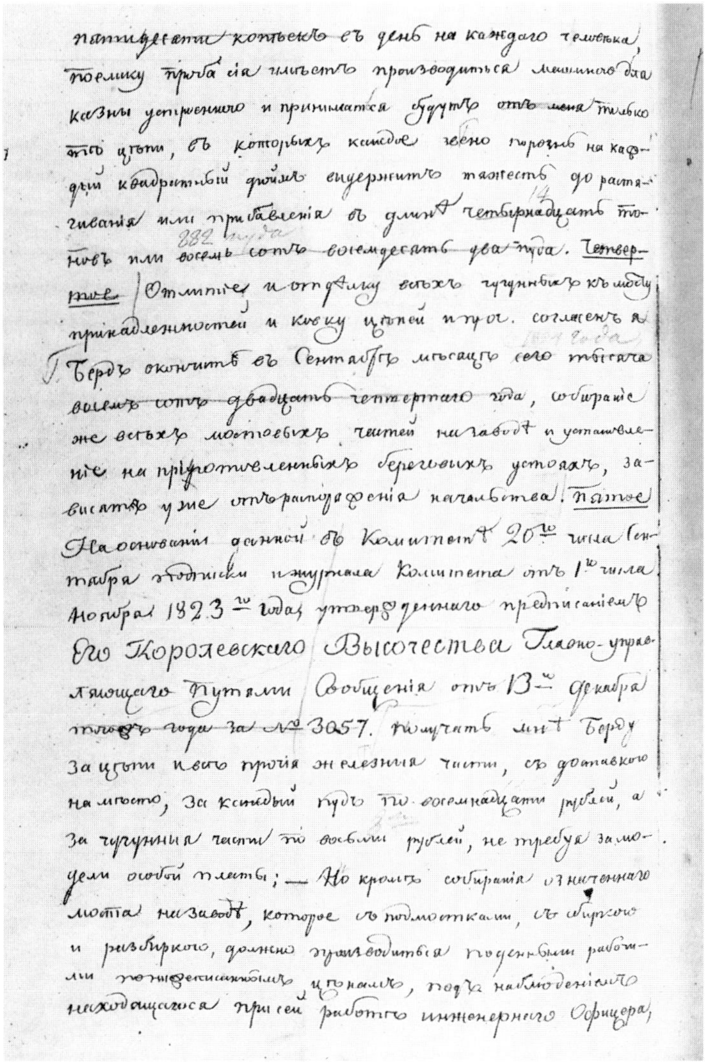

b

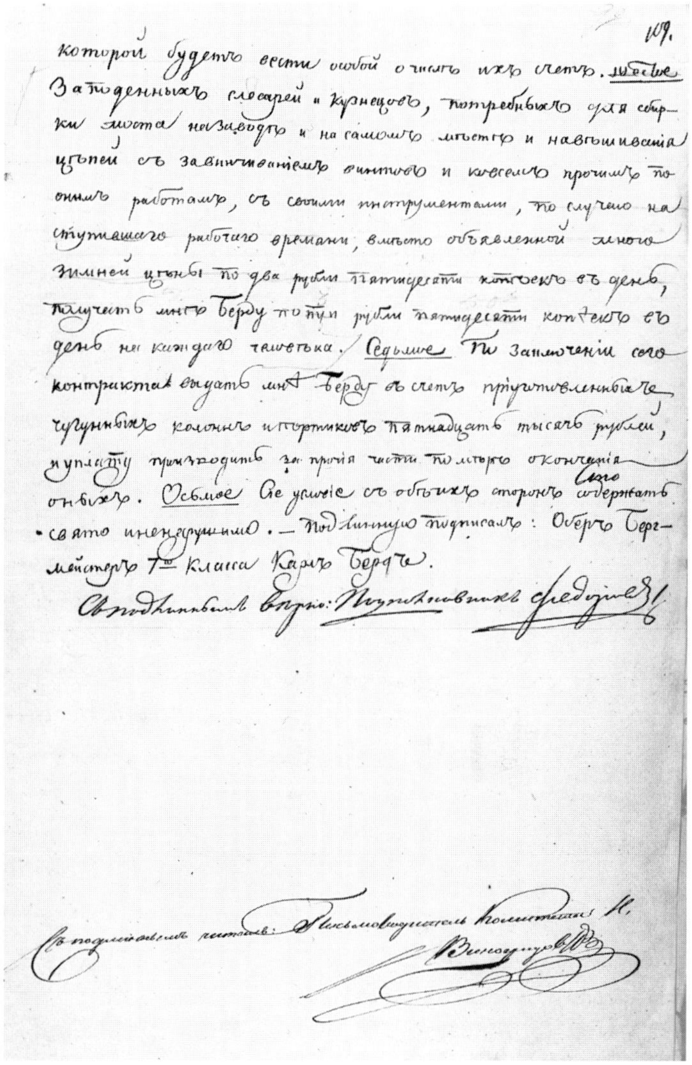

c

englischen Eisens lagen. Im übrigen fand die Konstruktion der Maschine, deren hydraulische Pumpen von zwei Arbeitskräften bedient wurden, lobende Anerkennung[77].

Traitteur nahm später die Berechnungen für die Kettenbrücken in ein eigenes Kapitel seines Buchs auf[78]. In diesen Kapiteln werden hauptsächlich Querschnitte angeführt, ohne Angabe von Prüfmethoden, Annahmen und der den Berechnungen zugrundeliegenden Prinzipien angeführt. Die Tatsache, daß Lamé und Clapeyron, die führenden Spezialisten für Baumechanik am Institut des Corps der Verkehrswegeingenieure, der Kommission zur Durchführung der Erprobungen angehörten, läßt vermuten, daß sie an der Berechnung dieser Konstruktionsteile unmittelbar beteiligt waren[79]. Auf der Grundlage dieser Erprobungen veröffentlichten sie in den Jahren 1825–1826 zwei Artikel, in denen sie die mechanisch-mathematischen Prinzipien des *sidéro-mêtre* und, erstmalig in der russischen Praxis, die ingenieurtechnischen Grundlagen für die Berechnung von Kettenbrücken nach dem ›Seilpolygonverfahren‹ ausführten[80]. Weiterhin geben diese Artikel Aufschluß über die Berechnungsmethoden der damaligen Zeit. In ihren theoretischen Prämissen stützten sich Lamé und Clapeyron auf *»un excellent mémoire de M. Navier, Ingénieur français que l'on aura souvent l'occasion de citer dans ce recueil, contient une théorie complète des ponts suspendus«*[81]. Dabei schlugen sie ein eigenes vereinfachtes Rechenverfahren

[79] Aller Wahrscheinlichkeit nach legte jedoch eben diese Arbeit von Lamé und Clapeyron den Grundstein für ihre theoretischen Untersuchungen zur Anwendung der Gleichgewichtsbedingungen für elastische Körper auf konkrete ingenieurtechnische Fragestellungen, die in der zweiten Hälfte der 1820er Jahre erfolgten und mit der Herausgabe des ›Memuar o vnutrennem ravnovesii odnorodnyh tel‹ (Abhandlung zum inneren Gleichgewicht gleichartiger Körper) abgeschlossen wurden (Mihajlov, G. K. *Mehanika splošnoj sredy (XIX v.) (Festkörpermechanik. 19. Jh.)*. In: *Istorija mehaniki s konca XVIII do serediny XX veka (Geschichte der Mechanik vom Ende des 18. bis Mitte des 20. Jahrhunderts)*. Moskau. 1972, S. 46–66).

[80] [Lamé]. *Sur les ponts de chaînes (de Russie) et sur les résistances des fers employés dans leur construction…*, Bd. 10, S. 311–330.

vor, das eine hinreichende Genauigkeit sicherstellen sollte. Berechnungsgrundlage nach diesem Verfahren sind geometrische Konstruktionen, mit Hilfe derer an jedem Knoten ein ›Kräfteplan‹ gebildet und bei bekannter äußerer Belastung die Kräfte in den zum Knoten führenden Stäben berechnet werden können. Später wurde dieses Verfahren zur Bestimmung der Kräfte in einem statisch bestimmten ebenen Stabsystem als ›Theorie des Seilpolygons‹ oder als ›graphische Statik‹ bezeichnet[82].

Nach Traitteurs Berechnungen betrug die ständige Last des Tragwerks der Panteleimon-Brücke 83.013 kg, die Verkehrslast ausgehend von 25 Menschen pro Quadrat-Sažen' oder einem Menschen (4 Pud) pro drei Quadrat-Fuß insgesamt 94.676 kg. Die Berechnungen zeigten, daß der Gesamtquerschnitt der 135 (5 × 27) Hänger bei zulässigen Spannungen in den Elementen von bis zu 12 Tonnen/Quadratzoll lediglich 13,12 Quadratzoll beträgt. Zur Berücksichtigung der dynamischen Einwirkung aus der Überfahrt von Kutschen und eines möglichen Bruchs mehrerer Hänger führte Traitteur einen ›Dynamik-Faktor‹ $k = 8$ ein und nahm den Gesamtquerschnitt der Hänger zu 106,65 Quadratzoll an. Der rechnerisch erforderliche Gesamtquerschnitt der Tragketten von 20,55 Quadratzoll wurde bei den ausgeführten Ketten selbst auf 27,58 Quadratzoll erhöht. Die Abspannketten mit einem rechnerisch erforderlichen Querschnitt von 27,3 Quadratzoll wurden auf ein Entwurfsmaß von 40 Quadratzoll ausgeführt. Die zehn gußeisernen Stützen der beiden Portale nahmen die vertikalen Auflasten aus den Ketten, die für jedes Portal 18.449 Pud (302,2 Tonnen) betrugen, mit großen Sicherheiten auf. Die Wärmedehnungen der Eisenkonstruktion untersuchte Traitteur ebenfalls. Dabei ergab sich bei einer angenommenen Temperaturänderung um ±30,5 °C eine Änderung der Kettenlänge um bis zu 0,72 Zoll.

Nach Abschluß der Erprobungen und Berechnungen unterzeichnete Baird am 26. Juni 1824 den endgültigen Vertrag für die Herstellung der Eisenkonstruktionsteile der ›Großen Kettenbrücke über die Fontanka beim Sommergarten‹ (Abb. 97). Dieser sah folgendes vor[83]:

- sämtliche Konstruktionselemente aus Schmiede- und Gußeisen sind aus den besten Sorten zu fertigen;
- Form und Abmessungen der Konstruktionsteile sind nach Anweisung und unter Aufsicht des Bauleiters Traitteur mit einer größten zulässigen Abweichung von den Entwurfsmaßen um 2 Linien (4,2 mm) anzufertigen;
- als Dicke (Durchmesser) der Kettenglieder werden 1 7/8 Zoll (4,8 cm) angesetzt, ihre Länge ist nach den Angaben des Bauleiters zu fertigen;
- sämtliche Glieder sind in Anwesenheit des Bauleiters und von Ingenieuren auf der ›Spezialmaschine‹ zu prüfen;
- die Anfertigung der gußeisernen und eisernen Teile der Brücke ist bis September 1824 abzuschließen, die Montage der Konstruktion vor Ort hat gemäß weiteren Anweisungen zu erfolgen;
- für die Anfertigung der gußeisernen Teile und ihre Lieferung auf die Baustelle erhält die Bairdsche Fabrik 8 Rubel, bei Eisenteilen 18 Rubel pro Pud;
- für die Bereitstellung von Schlossern und Schmieden zur Probemontage der Brückenkonstruktion in der Fabrik und der folgenden Montage vor Ort erhält die Fabrik 3 Rubel 50 Kopeken pro Tag und Mann.

[81] [Lamé, Clapeyron]. *Mémoire sur les ponts suspendus …*, S. 51. Offensichtlich hier ist das Standardwerk Naviers zu Hängebrücken gemeint: Navier, Claude-Louis-Marie-Henri. *Rapport à Monsieur Becquey, Conseiller d'Etat … et mémoire sur les ponts suspendus*. Paris, 1823.

[82] Straub, Hans. *Die Geschichte der Bauingenieurkunst*. Basel und Stuttgart, 1992⁴, S. 257–267 (Die Entstehung der graphischen Statik und ihre Anwendung auf eiserne Fachwerkbrükken).

[83] RGIA, 206-1-554, Bl. 108–109.

Konstruktive und architektonische Gestalt

Wie Traitteur in seinem Buch bemerkt, lag der Panteleimon-Brücke das in der englischen Baupraxis erprobte Konstruktionssystem einer einfeldrigen Brücke mit Abspannungen über vertikale Portalrahmen zugrunde[84]. Die Zugkräfte wurden über die Abspannungen in den Boden abgeleitet, wo sie von Gegengewichten aufgenommen wurden. Diese Bauweise machte die Ketten des Haupttragwerks und der Abspannungen zu den wichtigsten konstruktiven Elementen der Brücke. Im realisierten Entwurf zur Panteleimon-Brücke waren sie in Form von fünf Reihen Doppelketten mit einem Durchhang von 4,2 m bei einer Spannweite von 40,1 m (Verhältnis 1:9,5) konstruiert, an denen über Hänger die Brückenfahrbahn befestigt war (Abb. 98).

Jede der 10 Tragketten bestand aus 28 Einzelgliedern, die aus jeweils gleichlangen Rundstäben mit 5 Fuß (1,52 m) Länge und 1 7/8 Zoll (4,76 cm) Durchmesser und Ösen an den Enden angefertigt waren. Die Kettenglieder waren über 860 ovale Ringelemente mit 1 × 1 Zoll Querschnitt verbunden, in die zwei Bolzen mit zwei Zoll Durchmesser gesteckt waren (Abb. 99). An den Verbindungen zwischen benachbarten Kettengliedern war eine Befestigungsmöglichkeit für die vertikalen Hänger vorgesehen, die in gußeiserne Laschen mit halbrunden Aussparungen eingesetzt wurden. Durch diese Aussparungen waren Änderungen der geometrischen Konstruktionsparameter bei Lastwechsel und eine Kompensation der größeren Verformbarkeit von Kettenbrücken möglich. Dank der positiven Erfahrungen mit dieser technischen Lösung in den ersten Jahren der Bauwerksnutzung konnte Traitteur seine neue Bauweise für die breite Anwendung empfehlen: »... *Cet arrangement a si complètement réussi, et a reçu des connaisseurs une approbation si générale, que j'ose le recommmander à tous les constructeurs comme un des meilleurs moyens de fixer les tiges de suspension*«[85]. Die Konstruktion dieser ›Gelenkverbindungen‹ zwischen Hänger und Tragketten wurde gemeinsam mit einer Stellungnahme ihres Konstrukteurs in die von Carl von Wiebeking herausgegebene Übersicht über die zeitgenössischen Architekturleistungen aufgenommen[86].

Die insgesamt 135 (5 × 27) Hänger der Panteleimon-Brücke waren bei veränderlicher Länge aus Eisenstäben mit 1 Zoll (2,5 cm) Durchmesser gefertigt. An den Hängerenden wurden fünf Reihen hochkant verlegter Flacheisenleisten mit 1 × 3 Zoll (2,5 × 7,6 cm) Querschnitt befestigt. Auf diesen Leisten lagen als tragender Unterbau der Fahrbahn 27 parallele Kieferbalken mit 30,5 × 22,9 cm Querschnitt (Abb. 99). Durch den im letzten Arbeitsstadium gefaßten Beschluß, alle Kettenglieder in gleicher Länge zu fertigen, variierte der Abstand der Hänger und damit der Holzbalkenachsen zwischen 1,52 und 1,83 m.

Die hölzerne Fahrbahn war 36,6 m lang, insgesamt 12,8 m breit und hatte ein flaches Bogenprofil mit einer Stichhöhe von 0,91 m in der Mitte (Abb. 98). Zur Reduzierung der Fahrbahnschwingungen und zur gleichmäßigeren Lastverteilung fügte Traitteur in die Konstruktion vier Längsverbände in Form von Holzbalken mit 33 × 22,9 cm Querschnitt ein. Diese Balken waren an den Rändern der Fahrspuren angeordnet und schützten zugleich die Hänger vor Beschädigungen durch den vorbeifahrenden Verkehr. Zwischen den Hängern und dem seitlichen Abschlußgesims der Fahrbahn war ein aus einzelnen, 1,83 m langen Abschnitten zusammengesetztes gußeisernes Geländer angebracht. Die Geländerabschnitte waren so befestigt, daß eine gegenseitige Verschieblichkeit im Falle einer merklichen Verformung der Brücke gewährleistet war.

Die Abspannungen der Panteleimon-Brücke, die ebenfalls aus fünf Doppelketten bestanden, unterschieden sich konstruktiv von den Tragketten. Jede Abspannung bestand aus fünf langgezogenen ringförmigen Kettengliedern

[84] »Ce pont a été projeté et exécuté, dans toutes ses parties, d'après les ponts en chaînes construits alors en Angleterre ...« (Traitteur. *Pont de Pantéléimon, exécuté à St.-Pétersbourg ...*, Annuaire du Corps des ingénieurs des voies de communication, S. 158).

[85] Traitteur, G. de. *Description des ponts en chaînes exécutés à Saint-Pétersbourg ...*, S. 20.

[86] Wiebeking, Carl Friedrich von. *Architecture civile ...*, Bd. 7, § 60 (S. 169).

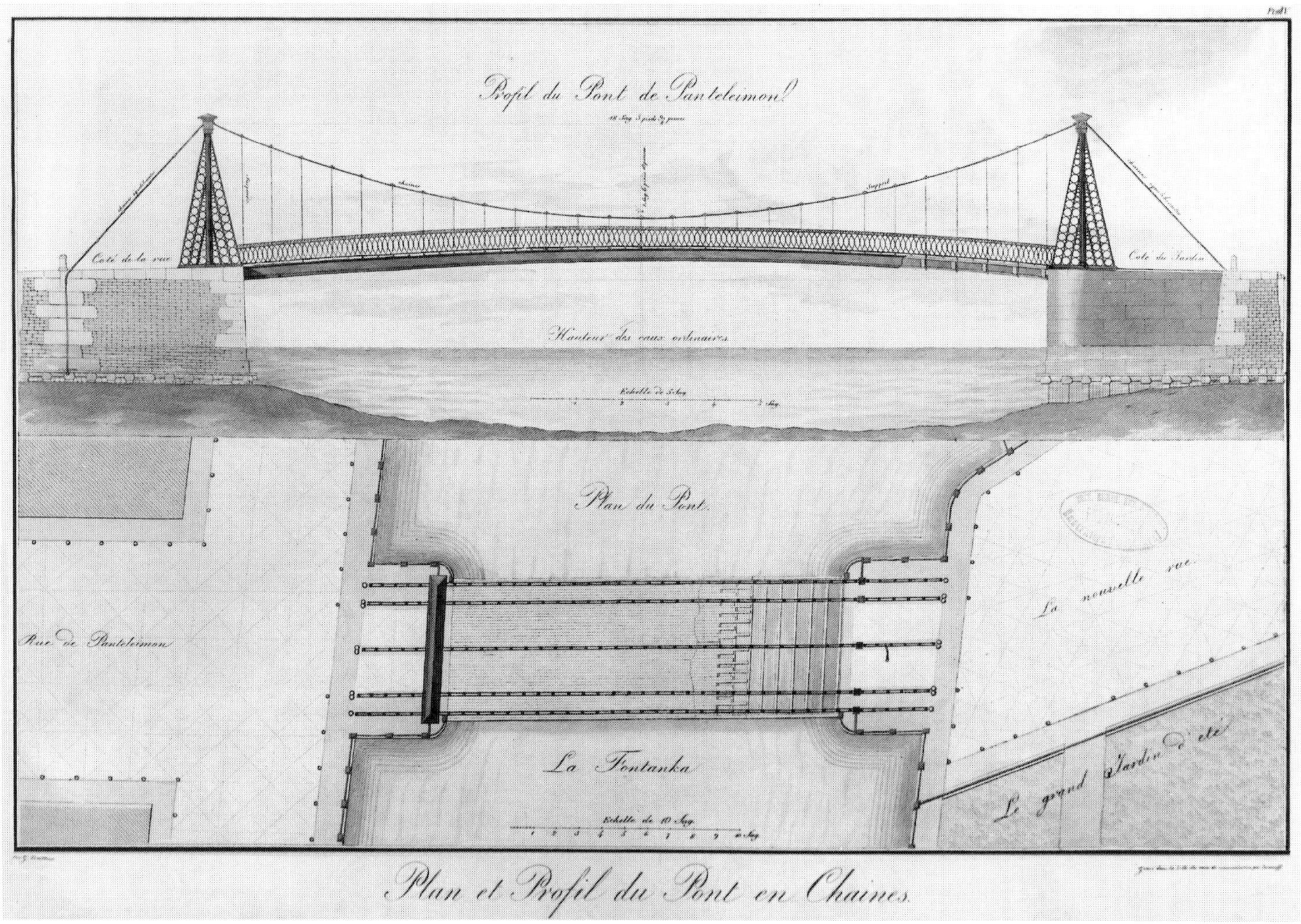

98 Aufriß und Grundplan der Panteleimon-Brücke (Traitteur. *Plans ... des ponts en chaînes*, Taf. 4, Lithographie nach eigener Vorlage)

mit 6 Fuß (1,83 m) Länge. Die unterschiedliche Länge der Abspannungen[87] wurde durch die Konstruktion der Verbindungen zwischen den Kettengliedern kompensiert: die die einzelnen ringförmigen Elemente umschließenden Ösen waren bei einer Länge von ca. fünf Zoll (12,7 cm) zwei Zoll breit und ein Zoll stark. In die Ösen wurden spezielle in zwei Hälften auseinandergesägte Bolzen eingesetzt (Abb. 99). Durch Einbringen von gußeisernen Keilen zwischen die Bolzenhälften konnte bei der Montage die Länge der Abspannungen variiert werden.

Bei der Konstruktion der Abspannverankerungen änderte Traitteur, wie er sagte, die aus dem englischen Brückenbau bekannten Lösungen ab, bei denen die Abspannungen ohne Richtungsänderung in das Fundament geführt wurden. Da er eine vertikale Ableitung der Kräfte von den Abspannungen in den Boden für sinnvoller erachtete, sah er in der Konstruktion der Panteleimon-Brücke 10 zusätzliche gekrümmte Stäbe mit quadratischem Querschnitt vor, die die schräg einwirkenden Kräfte der Abspannungen in eine Vertikalkraft ›umwandeln‹ sollten. Diese Stäbe steckten in speziell an den Stirnseiten der Granitplatten ausgehauenen und mit einer Bleischicht versehenen Öffnungen und waren in einer Tiefe von 2 Fuß (0,61 m) über Ösen mit geraden Stäben verbunden. Zur Verankerung der letzteren wurden zehn gußeiserne Platten (Grundrißabmessungen 3,05 × 0,76 m, Dicke 6,4 cm) eingesetzt, die auf der Ebene der Oberseite der hölzernen Pfahlrostgründung lagen und mit sieben

[87] Die Brückenköpfe schlossen wegen der schräg über den Fluß geführten Brückentrasse nicht im rechten Winkel an die Kais an.

[88] Interessantestes Beispiel für diese frühen Skelettkonstruktionen in der Petersburger Architektur ist der dreistöckige Saal des Generalstabsarchivs auf dem Schloßplatz (Architekt Carlo Rossi, Ingenieur Matthew Clark, 1819–1823) (Fedorov, Sergej. *Matthew Clark and the origins of Russian structural engineering, 1810–40s: an introductory biography*. In: Studies in the History of Civil Engineering, Bd. 9: Structural Iron, 1750–1850, Aldershot–Brookfield–Singapore–Sydney, 1997, S. 103–122).

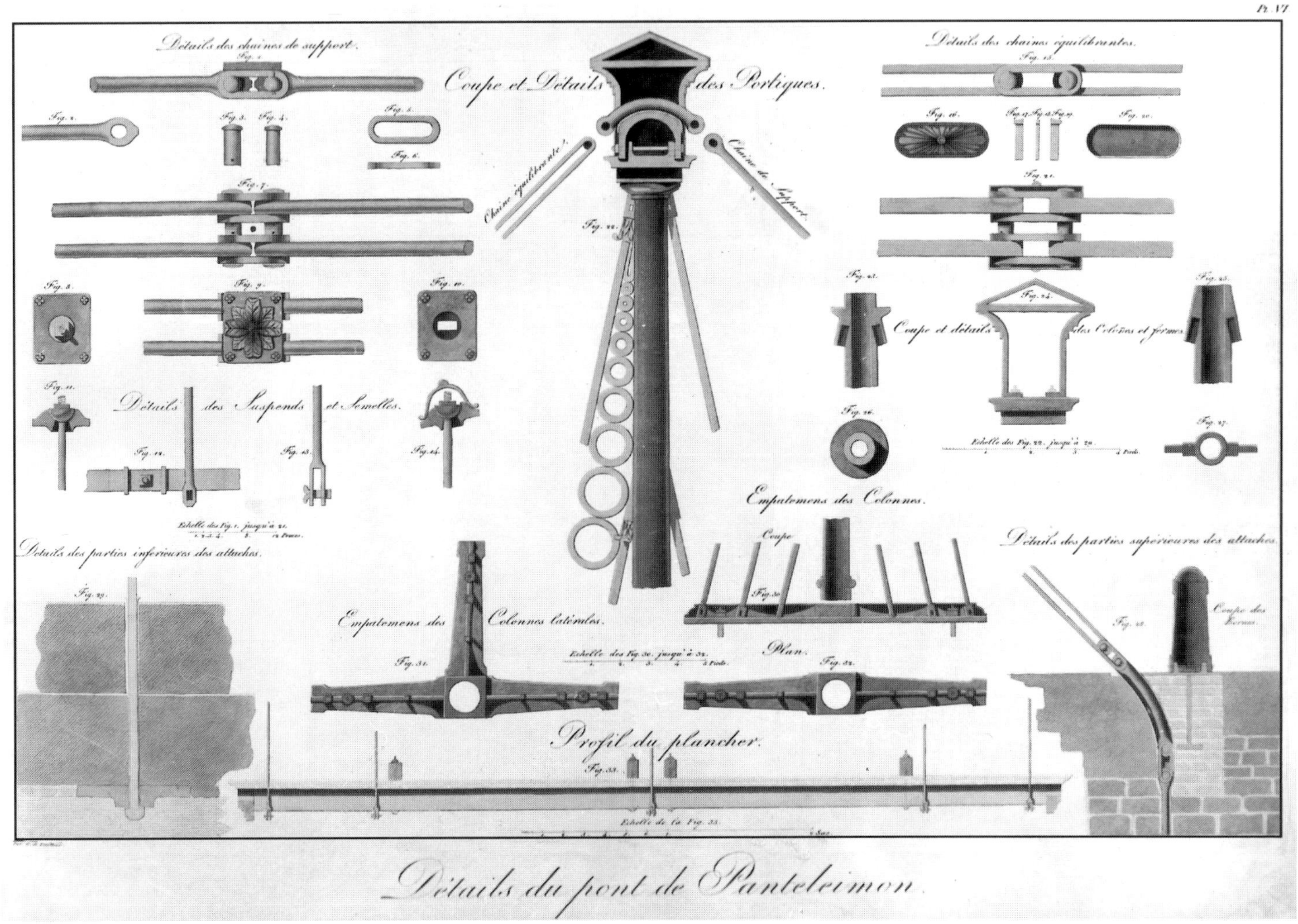

99 Panteleimon-Brücke, vorgefertigte eiserne Bauteile für Portale, Ketten und Brückendeck (Traitteur. *Plans ... des ponts en chaînes*, Taf. 6, Lithographie nach eigener Vorlage)

Lagen Granitplatten (Länge bis 6 Fuß, 1,83 m, Breite 4 Fuß, 1,22 m und Höhe 2 Fuß, 0,61 m) beschwert waren. In die von der Ableitung der Kräfte aus den Abspannungen und Portale nicht betroffenen Mauerwerksbereiche waren Hohlräume mit Gewolbequerschnitt eingebracht, wodurch die Belastung der Pfahlgründung reduziert und eine zügige Trocknung des Mauerwerks gefördert wurde.

Die Tragketten der Panteleimon-Brücke waren an den beiden 7,0 m hohen und 11,8 m breiten Portalen (Unterbaubreite 15,5 m) aufgehängt, die vollständig aus gußeisernen Fertigteilen hergestellt waren. Diese Portale können als Musterbeispiel früher gußeisener Skelettkonstruktionen betrachtet werden, die in den 1810er bis 1820er Jahren allmählich in die Petersburger Architektur Eingang fanden[88]. Diese Besonderheit hielt auch Traitteur selbst fest, als er die Portale der Brücke in seinem Buch als *»cette espèce de squelette«* bezeichnete. Die Portale waren so dimensioniert, daß sie dem für ideal gehaltenen Verhältnis von Kettendurchhang zu Spannweite (ca. 1:10) sowie dem Wunsch des Entwurfsautors, *»donner aux portiques mêmes des proportions agréables qui en fissent un ornement«*, entsprechen konnten[89]. Die tragende Basis jedes Portals bestand aus fünf runden gußeisernen Stützen mit ca. 20 Fuß (6,12 m) Höhe und 12 Zoll (30,5 cm) Durchmesser unten und 8 Zoll (20,3 cm) oben, die in unterschiedlichen Abständen aufgestellt waren[90]. Zwischen den weiter auseinanderstehenden mittleren Stützen konnten auf zwei Fahrspuren Kutschen hindurch-

[89] Traitteur, G. de. *Description des ponts en chaînes exécutés à Saint-Pétersbourg ...*, S. 14, 5.

[90] RGIA, 206-1-591, Bl. 3–4 (Übergabeprotokoll der Großen Kettenbrücke vom 20. Februar 1825). In Traitteurs Buch werden andere Durchmesser genannt, nämlich 11 und 7 Fuß (Traitteur, G. de. *Description des ponts en chaînes exécutés à Saint-Pétersbourg ...*, S. 14). Die Abmessungen der in den Zeichnungen des Albums *Plans, profils, vues perspectives et détails des ponts en chaînes exécutés à Saint-Pétersbourg ...*, Taf. 6 Abb. 22, 23, 30–32 abgebildeten Stützen entsprechen denen des Protokolls.

fahren (als erforderliche Fahrbahnbreite für ein Vierergespann wurden 3,56 m zu grundegelegt). Die äußeren, schmaleren Portale waren für die Fußgänger bestimmt (Durchgangsbreite 1,52 m).

Jede Portalstütze stand auf einem separaten gußeisernen Fundament: die drei mittleren auf einem langgezogenen rechteckigen (Länge 3,66 m, Breite 0,46 m) und die äußeren auf einem Fundament mit T-förmigem Grundriß derselben Länge (Abb. 99). Die gußeiserne Fundamentkonstruktion sah sowohl die Verdübelung der Stützen selbst in Schächten als auch der geneigten Streben zur Aussteifung der Stützen vor. Die Standsicherheit der Portale in der eigenen Vertikalebene besorgten Stützenvorlagen an den Außenseiten, die nicht für größere Beanspruchungen ausgelegt waren. Diese Stützen bestanden aus drei parallel angeordneten Zugstäben mit 2 × 2 Zoll Querschnitt, wobei die beiden äußeren aus Schmiede-, die inneren aus Gußeisen gefertigt waren. Die Stabzwischenfelder wurden jeweils mit einer Reihe vorgefertigter kreisförmiger Reifen aus Gußeisen (insgesamt 423), die an den Zugstangen verschraubt waren, mit diesen zu einem dreieckigen ›Binder‹ zusammengefügt[91]. Die Steifigkeit der Streben insgesamt wurde durch ihre dreieckige Form sichergestellt, in der die ringförmigen Verbindungen die Funktion eines leichten Fachwerks hatten und geringe Schub- und Querkräfte ableiten konnten.

Die mittleren Portalpfeiler waren über Halbkreisbögen, die kleinen seitlichen Stützen über Spitzbögen verbunden. Die auf den Stützenköpfen liegende Simsplatte bestand aus zwei gleichen Teilen mit 21 Fuß (6,4 m) Länge, 16,5 Zoll (0,46 m) Breite und 3 Zoll (7,6 cm) Stärke. Auf der Platte war die 3 Fuß (0,91 m) hohe Hohlkastenkonstruktion des Gebälks mit Bolzen befestigt, in der über den Stützen die gußeisernen Kettenauflager mit sattelförmigem Querschnitt angeordnet waren. Die aufliegenden 10 (5 × 2) gekrümmten Stäbe mit quadratischem Querschnitt waren über Bolzen mit den Tragketten und den Abspannungen verbunden (Abb. 99). Um die Kräfte zwischen Tragketten und Abspannungen leichter regeln und die Standsicherheit der Portale in ihrer Ebene verbessern zu können, legte Traitteur auf die Lagerkörper 1 Zoll starke, mit einer Talgschmierung versehene Bleischeiben. Traitteurs Beobachtungen am ersten Öffnungstag der Brücke zeigten, daß sich diese konstruktiven Maßnahmen voll und ganz bewährten: »*... le jour de son ouverture, on voyait que ces plaques prêtaient et glissaient autant qu'il était nécessaire pour affecter les chaînes équilibrantes, qui naturellement devaient s'étendre alors plus qu'à l'ordinaire. Ce glissement s'opère si légèrement dans ces plaques, que pendant le passage des charges, on sent toutes les chaînes affectées, tandis qu'on n'apperoit aucun mouvement dans les portiques*«[92].

Die konstruktive Gestalt der Panteleimon-Brücke (Abb. 93, 100) liefert insgesamt einige interessante Beispiele für eine rein intuitive, empirische Herangehensweise an die Lösung ingenieurtechnischer Problemstellungen, die erst die Baumechanik Mitte des vorigen Jahrhunderts vollständig erfassen konnte. Bei Betrachtung dieser Lösungsansätze ist stets zu bedenken, daß mit den Berechnungsverfahren der 1820er Jahre lediglich die Kräfte in den einzelnen Elementen eines elastischen, statisch bestimmten Stabsystems ermittelt werden konnten. Durch Aufhängung der Tragketten in fünf die Fahrbahn gliedernden Aufrißebenen schloß Traitteur praktisch das Auftreten einer Exzentrizität der Brückenfahrbahn bei temporärer einseitiger Belastung aus. Die Konstruktion der Brückenportale zeigt, wie Traitteur für ihre Standsicherheit zu sorgen versuchte. Die einzige damals technisch mögliche ›gelenkige Verbindung‹ zwischen gußeisernen Stützen und Simsplatte allein konnte eine Stabilität der Kettenauflager bei Querbelastungen (Wind) nicht gewährleisten. Auch die dekorativ durchbrochenen gußeisernen Füllplatten der Bogenfelder hatten keinerlei konstruktive Funktion[93]. Die Standfestigkeit des Portals hing in diesem Fall sehr von der Steifigkeit der Verbindung zwischen gußeisernen Bögen und

[91] Dabei griff Traitteur in seinem Entwurf zur Panteleimon-Brücke auf reifenförmige Gefachfüllungen zurück, wie sie für die frühen gußeisernen Bogenbrücken typisch waren (z. B. Coalbrookdale Bridge in England, 1779; Brücke zur Bairdschen Fabrik auf der Insel Sal'nyj Bujan in St. Petersburg, 1806 u. a.).

[92] Traitteur, G. de. *Description des ponts en chaînes exécutés à Saint-Pétersbourg* ..., S. 17.

[93] Vermutlich aus diesem Grund sind die Bogenfelder auf den Tafeln in Traitteurs Album nicht abgebildet.

[94] Das Werk enthält die folgenden Tafeln (als Verfasser der gezeichneten Vorlagen ist jeweils Traitteur genannt): 1. Vue perspective du Pont en Chaînes de Panteleimon. Dessiné sur la pierre par Knorre. 2. Plan général des Canaux de la ville de St. Pétersbourg. Gravé dans la lithographie de voix des communications par Ivanoff. 3. Plan de Situation du Pont en Chaînes. Gravé ... par Astafieff. 4. Plan et Profil du Pont en Chaînes. Gravé ... par Ivanoff. 5. Vue perspective du pont en chaînes de Panteleimon. Dessiné sur la pierre par Beggrow (in einigen Exemplaren des Albums wird dieses Blatt mit der zweifellos bekanntesten Darstellung der Panteleimon-Brücke als Taf. 3 bezeichnet). 6. Détails du pont de Panteleimon. Gravé par Paumaux. 7. Vue perspective du Pont en Chaînes pour les Piétons. Dessiné ... par Knorre. 8. Plan, Profil et Details du Pont en Chaînes pour Piétons. Gravé ... par Ivanoff. 9. Plan, Profil et Details du Sidéro-mêtre. Gravé par Astafieff.

100 Panteleimon-Brücke, Blick vom Sommergarten zum gegenüberliegenden Fontanka-Kai (Traitteur. *Plans … des ponts en chaînes*, Taf. 5, Lithographie von Karl Beggrov nach Vorlage Traitteurs. Ex. NTB PGUPS)

Stützen ab. Zur Aussteifung der Portale in ihrer Ebene waren daher seitliche, als Fachwerkgitter mit Reifenfüllung ausgeführte Streben vorgesehen (Abb. 85).

Die Panteleimon-Brücke hat indes einige Unvollkommenheiten, die Traitteur in seinen späteren Arbeiten vermied. So ließ er zwischen Ketten und Brükkendeck in der Mitte der Spannweite einen lichten Abstand von 1,6 m und reduzierte damit eine mögliche Verbundwirkung von Fahrbahnplatte und Tragketten insbesondere bei der Aufnahme von Horizontalkräften (Bremskräften). Außerdem fehlten hier noch die bei späteren Hängebrücken eingebauten kreuzförmigen Aussteifungen in der Fahrbahnebene.

Die in dem Album *Description des ponts en chaînes exécutés à Saint-Pétersbourg*[94] zusammengestellten Materialien über die ersten Kettenbrücken vermitteln ein recht umfassendes Bild von den ursprünglichen Entwurfsabsichten Traitteurs. Vor allem die Tafeln, auf denen die Panteleimon-Brücke in ihrer städtischen Umgebung zu sehen ist (Abb. 90), zeigen deutlich die organische Einbindung in das Gefüge des neuen Quartiers im Stadtzentrum zwischen dem zur Ingenieurschule umgenutzten Michaelsschloß (›Ingenieurschloß‹) und dem im Bau befindlichen Michael-Palais. Die abknickende Fahrbahntrasse der ›Großen Kettenbrücke‹ geht auf die bestehende städtische Situation zurück wie auch auf den Wunsch, den Eichenbestand des Sommergartens (Abb. 91) möglichst zu erhalten. In der anfänglichen Version war die Brücke noch die geradlinige Verlängerung der Panteleimon-Straße von der Litejnaja čast' her. Im genehmigten und alsbald realisierten Entwurf ist die Brücke dann hier um 4 Fuß (1,22 m), auf der Seite des Sommergartens um 7 Fuß verschoben[95].

Die abknickende Brückentrasse, die schließlich vom Herzog von Württemberg genehmigt wurde, gab Traitteur Anlaß zu Befürchtungen um die gestalterische Vollendung seines Bauwerks. Er erreichte eine ›optische Korrektur‹ des asymmetrischen Bauwerks durch eine sorgfältig aufeinander abgestimmte Anordnung von Widerlagern, tragenden Portalen und Abspannungen. Die Portale mit ihren monumentalen Simsabschlüssen standen an den Stirnseiten der jeweils unterschiedlich tiefen Widerlager parallel zueinander, und nicht zu den Uferlinien (Abb. 98). Die Fußpunkte der Abspannungen waren dagegen mit dem Rand des Kais abgestimmt, so daß die Abspannungen eine unterschiedliche Länge erhielten (*»les moyens de masquer, autant possible, cette irrégularité«*)[96].

Die Abmessungen der damaligen für den ›Gütertransport‹ in St. Petersburg eingesetzten Vierergespanne zwangen Traitteur zu einem Fahrbahnprofil, das seiner Ansicht nach neu war, auch im Vergleich mit westeuropäischen Brükken. Um den Verkehr der Gespanne auf der Uferstraße nicht durch die Abspannungen der Tragketten behindern, wurden die ca. 7,3 Sažen' (15,6 m) breiten Granitwiderlager jeweils fast 4 Sažen' (8,0 m) weit in das Flußbett der Fontanka hineingebaut (Abb. 95). Die vorkragenden Ecken der Widerlager wurden leicht abgerundet, *»... pour faciliter la navigation à l'approche de ces culées, leurs angles saillants sont arrondis, ce qui donne, en même temps, plus d'élégance à ces masses de granit«*[97].

Architektonische Hauptakzente der Brücke waren die gußeisernen Pylone, die als üppig verzierte Prunkportale nach Art von Triumphbögen eine neue städtische Achse am Sommergarten entlang markierten (Abb. 100, 101 a). *»Ces portiques, d'un style gotique«*, wie sie Traitteur später bezeichnete, können als gestaltgewordener Ausdruck seiner Architekturauffassung verstanden werden. In seinem Buch über Hängebrücken stellte er seine Petersburger Kettenbrücken als neuen Typus von Architekturbauwerken vor allem den existierenden englischen Beispielen gegenüber, bei denen der leichte Brückenkörper traditionell mit archaisierten massiven Steinwiderlagern kombiniert wurde: *»... J'ai déjà dit que les ponts en chaînes sont d'une légèreté et d'une élégance qu'on ne saurait obtenir des autres systèmes en usage. Il serait à désirer que ce caractère fût conservé dans leurs portiques, qui présentent quelquefois des masses peu analogues au style élancé de jetée aussi hardies. Des portiques en maçonnerie solide, ne peuvent produire sur les passants qu'une impression défavorable. Ces grandes masses, mises ainsi en présence de cette jetée en fer si mince et d'une apparence si frêle, font avec elle un tel contraste, qu'elles semblent plus propres à faire naître l'inquiétude qu'à donner de l'assurance. Il paraîtrait donc que des portiques en maonnerie ne devraient être appliqués qu'à de très-grandes ouvertures qui exigeraient que la jetée elle-même fut renforcée dans toutes ses parties, ou lorsque la plus stricte économie et une prompte construction les feraient préférer aux portiques en fonte«*[98].

Die Auseinandersetzung mit den theoretischen Grundlagen des Traitteurschen Entwurfsverfahrens ist außerordentlich interessant und erweitert unsere Kenntnisse über die sich wandelnden Planungsprinzipen der frühen Eisenbauten. Nach der Darlegung und kritischen Diskussion der konstruktiven Prinzipien von Kettenbrücken formuliert Traitteur sein Entwurfsparadigma für die Panteleimon-Brücke: *»J'ai été déterminé par ce motif à donner aux portiques de notre pont un caractère qui les mit, autant que possible, en harmonie avec le style de la jetée même. Des pièces ajour devaient communiquer aux masses plus d'élégance et de légèreté; on les a donc multipliées dans la composition des portiques, autant qu'il se pouvait sans rien ôter à ces derniers de toute la solidité qu'il fallait leur conserver ...«*[99]. Als Verwirklichung seiner Architektur-Paradigmen ist die

101 a Modell der Panteleimon-Brücke im Maßstab 1:28, 1831. Blick auf die Portale (Photographie 1993, CMŽT, Nr. KP 189)

[95] »Un premier projet le plaçait dans l'axe de la rue de Panteleimon; mais comme cette disposition aurait coûté la perte d'un grand nombre des plus beaux chênes du jardin d'été, il fut ordonné d'incliner l'axe du pont ...« (Traitteur, G. de. *Description des ponts en chaînes exécutés à Saint-Pétersbourg ...*, S. 3).

[96] Traitteur, G. de. *Description des ponts en chaînes exécutés à Saint-Pétersbourg ...*, S. 7.

[97] Ibid., S. 9.

[98] Ibid., S. 12–13.

[99] Ibid., S. 13.

[100] Stiglat, Klaus. *Brücken am Weg. Frühe Brükken aus Eisen und Beton in Deutschland und Frankreich.* Berlin, 1997; S. 29–39.

[101] RGIA, 206-1-554, Bl. 18.

[102] RGIA, 206-1-591, Bl. 88; 199-1-233 ›Sitzungsjournal des Rats der Generalverwaltung der Verkehrswege. September 1824: Über die Verzierung der großen Friese der Portiken der Kettenbrücke über die Fontanka mit vergoldeten Blättern und über die Vergabe ihrer Ausführung an den Fabrikbesitzer Baird‹, Bl. 188.

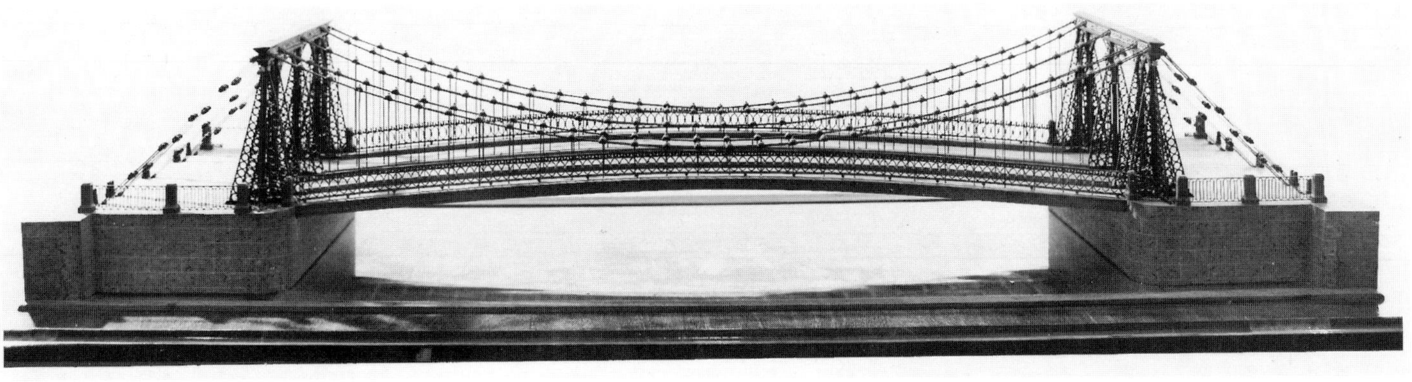

101 b Modell der Panteleimon-Brücke, 1831. Seitenansicht (Photographie 1993, CMŽT, Nr. KP 189)

Panteleimon-Brücke eines der ersten europäischen Beispiele für die bewußte Abkehr vom Einsatz gemauerter Pfeiler hin zu eisernen Fachwerk-Pfeilern (Abb. 87, 101), eine Entwicklung, die nicht nur die Kettenbrükken[100], sondern die Eisenarchitektur des 19. Jahrhunderts insgesamt prägen sollte.

Nach den am 6. September 1824 erteilten Anweisungen des Herzogs von Württemberg wurde die Portalverzierung der beinahe fertiggestellten Brücke wesentlich geändert[101]. Die Gesimse über den Stützen und die *plates-bandes* sollten mit vergoldetem Blattdekor überzogen werden, *»die einem derart wichtigen und einzigen Bauwerk in Rußland gebührten«*[102]. Der entsprechende Zusatzauftrag zur Anfertigung der Zierelemente nach Zeichnungen Traitteurs erging an die Bairdsche Fabrik. Für 26 laufende Sažen' (55,4 m) Metalldekor aus starkem Eisenblech erhielt die Fabrik 4680 Rubel. Am 15. Oktober bestellte Traitteur neben dem bereits vergoldeten Fries 200 vergoldete Rosetten zur Abdekkung der oberen Hängerenden[103].

Den Sims der gußeisernen Portale der neuen Brücke schmückte ein üppig dekorierter Fries mit vergoldeten Rankenornamenten (Abb. 100). Die acht Bögen der Tragportale waren mit ähnlichen Ornamenten verziert, die aus 368 vergoldeten gußeisernen Teilen bestanden. An den vier Stirnflächen der Portalfriese ordnete Traitteur kleine Löwenköpfe an, die sich von dem Rankenfries effektvoll abhoben[104]. Der Brückendekor wurde vervollständigt durch die Anbringung von *»Warschauer Laternen wie am Nevskij-Prospekt«* und von Drehkreuzen bei den Fußgängerdurchgängen[105]. Am 4. November 1824 waren die Geländer und Portale gestrichen und vergoldet sowie sämtliche gußeisernen und schmiedeeisernen Brückenteile von den Meistern Wolf und Jahn lackiert (veranschlagte Kosten 2572 Rubel)[106]. Alle gußeisernen und eisernen Brückenteile wurden schwarz gestrichen und lackiert. Drehkreuze, Sims und Fahrbahnleisten wurden grau gestrichen.

Die fertiggestellte Panteleimon-Brücke war nicht nur ein innovativer Ingenieurbau, sondern auch eines der interessantesten Architekturobjekte Mitte der 1820er Jahre in St. Petersburg. Von der örtlichen Forschung bislang wenig beachtet, kann die Errichtung dieses Bauwerks als Wegmarke in der Entwicklung der Petersburger bzw. der russischen Architektur gelten. In der vom Klassizismus geprägten Stadtentstand so erstmals ein Bauwerk, bei dem die traditionell klassizistische Komposition mit neuen, für die Anwohner wie für die Baumeister ungewohnten Formen der ›Eisenarchitektur‹ erweitert wurde (Abb. 3, 85, 100). Diese direkt mit der beginnenden industriellen Revolution zusammenhängende Architektur vereint in sich unterschiedliche Strömungen, die auf der Ästhetik des im Zuge des Spätklassizismus entstehenden Zweckrationalismus und auf den neuen Prinzipien der Romantik beruhen. Der Bau

[103] In den Sitzungsprotokollen des Rats der Generalverwaltung der Verkehrswege ist folgende Notiz zu finden: »... die Friese und die Verzierungen jener [Brücke] stellen zwei vollkommen getrennte Gewerke dar, deren erste 4680 und die zweite 3120 Rubel kostete« (RGIA, 199-1-234, Bl. 518v).

[104] Zu den Löwenköpfen an den Friesen bemerkt Traitteur: »Les plattebandes portent une riche frise, toute à jour, qu'on a terminée aux deux extrémités, par des têtes de lion ...« (Traitteur, G. de. *Description des ponts en chaînes exécutés à Saint-Pétersbourg ...*, S. 14).

[105] RGIA, 199-1-232 ›Sitzungsjournale des Rats der Generalverwaltung der Verkehrswege. 28. August 1824: Über die Anfertigung von ... Warschauer Laternen für die Große Kettenbrücke über die Fontanka‹, Bl. 485.

[106] RGIA, 206-1-554, Bl. 234; RGIA, 199-1-236 ›Sitzungsjournal des Rats der Generalverwaltung der Verkehrswege. 5. Dezember 1824: Über die Anweisung von 2572 Rubel an das Wirtschaftskomitee für die Vergoldung von Geländern, Portiken und übrigen Verzierungen bei der Großen Kettenbrücke ...‹, Bl. 111–112.

der Panteleimon-Brücke sowie der folgenden Petersburger Kettenbrücken hat zweifellos den Wandel der in der damaligen russischen Baukunst bestehenden klassizistischen ›Entwurfsparadigmen‹ und Wertmaßstäbe beeinflußt und eine breite Hinwendung zu neuen Entwurfsmethoden in der Architektur angeregt, mit deren Hilfe neue Bautypen und weiterentwickelte technische Verfahren zusammengebracht wurden. Auf eben diese Zeit Mitte der 1820er Jahre kann wohl die Entstehung der russischen ›Eisenarchitektur‹ als Phänomen zurückgeführt werden, die dann in der ersten Hälfte des vergangenen Jahrhunderts eine durchaus eigenständige Entwicklung genommen hat.

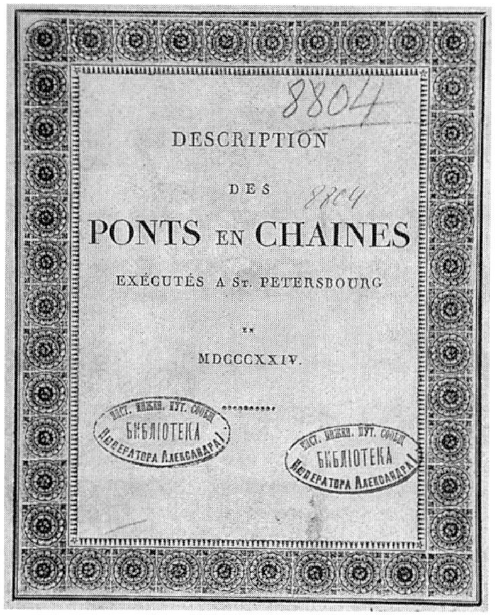
DESCRIPTION
DES
PONTS EN CHAINES
EXÉCUTÉS A ST. PETERSBOURG
EN
MDCCCXXIV.

102 a Außentitel der ›Description des ponts en chaines Exécutés à St. Pétersbourg … en 1824; par G. de Traitteur … ‹, St. Petersburg 1825 (Ex. NTB PGUPS)

Vom Verkehrsbauwerk zum Symbol des ›Alten St. Petersburg‹

Bereits kurz nach Abschluß der Bauarbeiten avancierte die Panteleimon-Brücke in den 1820er und 1830er Jahren zu einem der bekanntesten Bauten der Stadt und zu einem architektonischen Werk, dem die beständige Aufmerksamkeit der Fachkreise und breiter Bevölkerungsschichten beschieden war. Vor allem auf Initiative des Herzogs von Württemberg herausgegebene Album und Traitteurs Buch über die Erfahrungen beim Bau der ersten beiden Kettenbrücken haben diese Bauten weit über Rußland hinaus bekannt gemacht und ihnen einen Platz in der nachfolgenden westeuropäischen und russischen Fachliteratur über die ersten Hängebrücken gesichert (Abb. 102). Im März 1824, noch vor dem Erscheinen der beiden Publikationen, wurde auf einer Sitzung der Londoner Institution of Civil Engineers (gegründet 1818) über die neue Petersburger Kettenbrücke berichtet. Der vom Chefingenieur der Bairdschen Fabrik und Neffen ihres Besitzers William Handyside verfaßte Bericht wurde vom Institutsmitglied Field verlesen[107]. Im Archiv der Institution wird eine Tuschezeichnung verwahrt, die offensichtlich sehr früh als Kopie eines Albumblattes von Traitteur oder, noch wahrscheinlicher, von einer dafür gefertigten Vorlage (Abb. 92) entstanden war[108].

Im September 1831 beschloß der Rat für Verkehrswege, für die Lehrsammlung des Instituts des Corps der Verkehrswegeingenieure, in dem Muster der besten Ingenieur- und Architekturwerke der damaligen Zeit zusammengestellt waren, ein Modell der Panteleimon-Brücke anfertigen zu lassen. Das Modell im Maßstab 1:28 der Originalgröße war 7 Fuß lang, 3 Fuß breit und 1 1/2 Fuß hoch (2,1 × 0,9 × 0,46 m). Dabei wurde es für notwendig erachtet, sämtliche Einzelheiten der Architektur des Originals einschließlich des Gußdekors der Bogenöffnungen, des Simsfrieses und der Verstrebungen beizubehalten (Abb. 100, 101 a)[109].

Bereits in den ersten Nutzungsjahren der Panteleimon-Brücke erwies sich die erhebliche Verformbarkeit des Brückenfelds als Hauptmangel. Obgleich Traitteur anfangs zuversichtlich war, daß sich das Petersburger Publikum schnell an die Schwingungen des Brückenkörpers gewöhnen würde[110], schlug er im Juni 1828 einige konstruktive Änderungen seiner ersten Verkehrsbrücke vor. Diese Vorschläge basierten auf den günstigeren Nutzungserfahrungen mit der Ägyptischen Brücke und sahen folgende Maßnahmen vor[111]:

- Ersatz der Tragketten und Abspannungen durch solche wie an der Ägyptischen Brücke;
- Absenkung der Tragketten bis auf einen maximalen Abstand von 6 Zoll zwischen Kette und Brückenfahrbahn;
- Anbringung von Rollenlagern über den Portalen.

Derartige Konstruktionsänderungen, die praktisch eine vollständige Überarbeitung bedeutet hätten, wurden jedoch nicht ausgeführt. Im Frühjahr 1839

[107] Watson, G. *The Civils. The Story of the Institution of Civil Engineers.* London, 1988, S. 133–135.

[108] Handyside, William. Tracing Drawing of a suspension bridge, 1825 (Archive of the Institution of Civil Engineers, London. Collection of original manuscripts and drawings, Nr. 12).

[109] RGIA, 206-1-1161 ›Über die Arbeiten in den Modellwerkstätten des Instituts. Dezember 1830 – Oktober 1831‹, Bl. 186, 186v, 189–192, 206. Alle Schriftstücke zur Fertigung dieses Modells der Panteleimon-Brücke wurden vom Leiter der Modellwerkstatt Major Brun zusammengestellt. Angaben über den Autor des Modells sind dort nicht zu finden. Das Brückenmodell wird in der Abteilung Brückengeschichte des Russischen Museums für Eisenbahnverkehr (RMZT, Filiale Krasnoe Selo, Inv. Nr. KP 189) verwahrt und heute in der ständigen Ausstellung gezeigt.

[110] »Ces légères vibrations cessent même, si le pas du passant est modéré, ou si les passants se croisent. Au reste, ces vibrations ne sont jamais telles qu'elles puissent alarmer, et le public s'y déjà parfaitement accoutumé« (Traitteur, G. de. *Description des ponts en chaînes exécutés à Saint-Pétersbourg …*, S. 62).

[111] RGIA, 206-1-843 ›Allgemeiner Schriftwechsel zur Kettenbrücke über die Mojka. 1828‹, Bl. 60. Die Planungsgeschichte der Ägyptischen Brücke wird unten S. 152 ff. diskutiert.

[112] RGIA, 206-2-1271 ›Über den Reparaturbetrieb der fünf Kettenbrücken in St. Petersburg 1839. November 1839 – Mai 1840‹, Bl. 37–39, 137, 166, 168–170, 209, 212, 216.

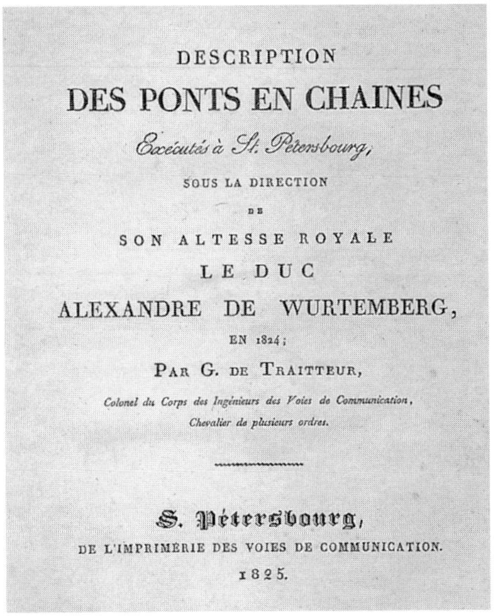
DESCRIPTION
DES PONTS EN CHAINES
Exécutés à St. Pétersbourg,
SOUS LA DIRECTION
DE
SON ALTESSE ROYALE
LE DUC
ALEXANDRE DE WURTEMBERG,
EN 1824;
PAR G. DE TRAITTEUR,
Colonel du Corps des Ingénieurs des Voies de Communication,
Chevalier de plusieurs ordres.

S. Pétersbourg,
DE L'IMPRIMERIE DES VOIES DE COMMUNICATION.
1825.

102 b Innentitel der ›Description des ponts en chaines Exécutés à St. Pétersbourg …‹, St. Petersburg 1825 (Ex. NTB PGUPS)

erfolgte auf Anweisung des Generalverwalters der Verkehrswege die erste ernsthafte technische Untersuchung der Panteleimon-Brücke. Offizieller Grund dafür waren Schwingungen der Tragketten. Außerdem wurden an der Konstruktion einige Mängel festgestellt, insbesondere die ungleichmäßige Spannung und Durchbiegung der Hänger. Bis zur Fertigstellung der Reparaturarbeiten war die Brücke für schwere Fuhrwerke und Artillerie nur einspurig befahrbar, die Infanterie durfte die Brücke nicht im Gleichschritt passieren. Die Untersuchung der Konstruktion erfolgte durch die Ingenieure Trofimovič und Bogdanovič. Ihre Arbeiten wurden durch die von Traitteur vorgesehene ›Modulbauweise‹ der Pylone wesentlich erleichtert, dank derer die Simsoberteile demontiert und der Kettenbefestigung im Bereich der Lagerkörper überprüft werden konnten. Bei der Revision konnten an den Konstruktionsteilen der Portale keinerlei Veränderungen oder Verformungen festgestellt werden. Im Zuge der Reparaturarbeiten wurden sämtliche Tragketten neu gespannt und die Hänger ihrer Länge nach abgestimmt. Ende Juni 1839 wurde die Panteleimon-Brücke erneut für den Verkehr geöffnet (Abb. 103)[112].

In den 1860er Jahren wandelte sich die Einschätzung der Panteleimon-Brücke hin zu der eines ›technischen Wunders‹ ihrer Zeit. Grund dafür waren die konstruktiven Mängel dieses zu seiner Entstehungszeit innovativen Bauwerks, die zu den bereits erwähnten Fahrbahnschwingungen führten. Um die erhöhte Verformbarkeit teilweise zu kompensieren, erfolgten in der zweiten Hälfte des 19. Jahrhunderts zahlreiche Reparaturen[113]. So wurden bei einer Instandsetzung 1862 sämtliche Hänger durch stärkere (früher 2,5 cm, neu 3 cm) sowie das alte gußeiserne Geländer durch ein leichteres, unauffälligeres Gitter ersetzt (Abb. 105). Wie aus den Periodika hervorgeht, wurden in den Jahren 1866–1870 an der Kettenbrücke am Sommergarten laufend Instandhaltungsmaßnahmen durchgeführt. 1881 wurde der Entwurf zu einer grundlegenden Überholung der Brücke mit einer Abänderung des statischen Systems erarbeitet. Bei Untersuchungen 1886 wurde festgestellt, daß die Granitwiderlager des Bauwerks reparaturbedürftig waren. In der zweiten Hälfte des 19. Jahrhunderts wurde die Panteleimon-Brücke von ihren Zeitgenossen nicht mehr in erster Linie als innovatives Ingenieurwerk, sondern bereits eine Art bautechnisches Denkmal betrachtet, das eher historisch als technisch bemerkenswert sei: *»… denn die Panteleimon-Brücke wurde zu einer Zeit erbaut, da in Europa selbst die Baukunst derartiger Brücken längst noch nicht die Vollendung erreicht hatte, die sie in der Folgezeit erzielte; in Rußland jedoch war diese Brücke die erste Hängebrücke mit beträchtlicher Spannweite«*[114].

In der zweiten Hälfte des vergangenen Jahrhunderts begann man aber auch, die großen architektonischen Vorzüge der Panteleimon-Brücke zu bemerken und hervorzuheben. Die Tendenz einer ›Ästhetisierung‹ dieses Bauwerks erreichte Anfang des 20. Jahrhunderts ihren Höhepunkt. Zu dieser Zeit tritt ein für die Petersburger Baugeschichte noch recht ungewöhnliches kulturgeschichtliches Phänomen erstmals auf: ein Verkehrsbauwerk wird zum nostalgischen Symbol der alten, unter der Einwirkung ›kapitalistischer‹ Umgestaltungen verschwindenden Stadt. Dieses Phänomen stand in vielerlei Hinsicht in Zusammenhang mit den neuen Auffassungen vom architektonischen Wert und Schicksal St. Petersburgs, die in der Anhängerschaft der Vereinigung ›Mir iskusstva‹[115] entstanden. Die Apologetik der Panteleimonbrücke erreichte ihr höchstes Pathos in der literarischen und künstlerischen Rezeption der Künstlerin A. P. Ostroumova-Lebedeva. Alles an diesem Bauwerk, die Fahrbahnschwingungen nicht ausgenommen, verklärte sich in ihrer Feder zu unwiederbringlichen Zeugnissen einer zunehmend entrückten Vergangenheit: *»… In den Sommergarten ging man über die Kettenbrücke. Ich liebte es sehr, über die Kettenbrücke zu gehen. Sie schwang angenehm und rhythmisch. Der Rhythmus änderte sich. Gingen Menschen oder fuhren Kutschen, tanzte sie leicht unter den*

[113] *Über den baufälligen Zustand der Panteleimon-Brücke.* Nedelja stroitelja, 1882, Nr. 1–2, S. 9; Neljubov, N. S. *Obzor stroitel'noj dejatel'nosti S. Peterburgskogo obšžestvennogo upravlenija za 1905 i 1906 gg. (Überblick über die Bautätigkeit der St. Petersburger öffentlichen Verwaltung in den Jahren 1905 und 1906).* St. Petersburg, 1908, S. 127–129. Vgl. auch die Zeitungsartikel: Birževye vedomosti, 1862, Nr. 220, Sp. 956; Severnaja pčela, 1863, 18. März Nr. 74, S. 294; Golos, 1865, 5. Mai Nr. 123, S. 3; Russkij invalid, 1868, 17. Juli Nr. 193, S. 4; Novoe vremja, 1870, 9. November Nr. 39, S. 2; Peterburgskij listok, 1881, 31. Dezember Nr. 254, S. 3; Novoe vremja, 1893, 4. Juli Nr. 6230, S. 4; 16. Juli Nr. 6242, S. 2; Birževye vedomosti, 1900, 27. August Nr. 233, S. 2; 30. September Nr. 266, S. 2; Sankt Peterburgskie Vedomosti, 1902, 12. Mai, Nr. 127, S. 5.

[114] Sokolov, N. *Opisanie modelej muzeuma instituta korpusa inženerov putej soobščenija. (Beschreibung der Modelle des Museums des Instituts des Corps der Verkehrswegeingenieure).* St. Petersburg, 1862, S. 76–78 (Nr. 77).

[115] Die geistige Künstlervereinigung ›Mir iskusstva‹ (Welt der Kunst) entstand Ende der 1890er Jahre unter der Leitung des Künstlers Aleksandr Nikolaevič Benua (Benois) (St. Petersburg, 1870 – Paris, 1960) und des Kulturschaffenden und Balettimpresarios Sergej Pavlovič Djagilev (Grusino, Gouv. Novgorod, 1872 – Venedig 1929). Das Programm der ›Mir iskusstva‹, das auf einer scharfen Kritik des ›Akademismus‹ in der Kunst des ausgehenden 19. Jh. basierte, stand im Kern den Ideen des französischen Symbolismus und den neoromantischen Tendenzen der westeuropäischen

103 Die Panteleimon-Brücke im Winter 1853 (Photoarchiv des IIMK RAN)

Füßen, änderte dabei den Takt und stockte bisweilen. Kam ein Lastentroß, wurde ihr Rhythmus härter, sowohl heftiger als auch intensiver. Am meisten liebte ich es, wenn über sie ein Militärtrupp marschierte. Das Stampfen der vielen Füße verlieh der Brücke ein besonderes Leben. Ihr Rhythmus wurde munter, bestimmt und fröhlich. Manchmal ging man über die Brücke und erriet schon, ohne sich umzudrehen, daß ein Lastenfuhrwerk oder ein Trupp kam ...«[116].

Die Panteleimon-Brücke ist Thema zweier 1901 und 1903 entstandener Stiche von Ostroumova-Lebedeva. Eine Reproduktion des heute weniger bekannten Stiches wurde in die Zeitschrift ›Mir iskusstva‹ aufgenommen, die einen programmatischen Artikel von A. N. Benois über die rasch schwindende Schönheit und Einzigartigkeit der Altstadt unter dem Ansturm des Neubaubooms enthielt[117]. Diesem Artikel, der für die Mitglieder der Vereinigung ›Mir iskusstva‹ zu einer Art Manifest wurde, ging eine Auswahl von 50 Schaubildern der malerischsten Ecken des alten Petersburg voraus, unter denen sich auch der Stich Ostroumovas befand, auf dem die Perspektive der Fontanka mit der charakteristischen Silhouette von Kettenbrücke und Michaelsschloß festgehalten war. Die andere Arbeit der Künstlerin, der kolorierte Holzschnitt (Xylographie) ›Kettenbrücke‹, auf dem das gußeiserne Portal sowie das Gitterwerk der Schrägstützen der Brücke vor dem Hintergrund des Michaelsschlosses dargestellt sind, wurde als Ansichtskarte herausgegeben und auch später in sowjetischer Zeit mehrfach reproduziert (Abb. 104). Beide Werke können als ›graphisches Pendant‹ zu der in den Memoiren der Künstlerin ausgeführten Wahrnehmung der Brücke gewertet werden: »... *Wenn wir von der Litejnaja-Straße in die Panteleimon-Straße einbogen, konnten wir die Kettenbrücke bereits von weitem sehen. Sie schien ganz aus Spitze zu sein. Durch ihre gitterartigen*

Kunst um die Jahrhundertwende nahe. Die Vereinigung ›Mir iskusstva‹ schrieb Kunstwerken die Mission einer geistigen Umgestaltung der Gesellschaft zu; ihr gehörten führende Künstler, Graphiker und Kunsthistoriker an. Sie spielte eine außerordentlich wichtige Rolle in der künstlerischen Atmosphäre Rußlands in den beiden ersten Jahrzehnten des 20. Jh. Das Werk einiger Vertreter der ›Mir iskusstva‹ war geprägt durch neoklassizistische Tendenzen und der Faszination für die altrussischen Kultur. Eine der wichtigsten Tätigkeitsfelder dieser Vereinigung waren Publikationen zur Schönheit und Einzigartigkeit des Alten St. Petersburg, die praktisch den Grundstein für die russische Denkmalschutzbewegung legten.

[116] Ostroumova-Lebedeva, A. P. *Avtobiografičeskie zapiski. (Autobiographische Aufzeichnungen)* Moskau, 1974, Bd. 1, S. 32–33. Auszüge aus den Memoiren der Ostroumova-Lebedeva gingen als Illustration zur Geschichte der Panteleimon-Brücke erstmals ein in: Bunin, M. S. *Mosty Leningrada (Leningrader Brücken)*. Leningrad, 1986, S. 79–81.

[117] Benua, A. N. *Živopisnyj Peterburg (Malerisches Petersburg)*. Mir iskusstva, 1902, Nr. 1, S. 1–5, 16.

104 ›Kettenbrücke‹ (Panteleimon-Brücke), Holzschnitt aus dem Graphik-Zyklus ›St. Petersburg‹ von A. P. Ostroumova-Lebedeva, um 1903 (Ansichtskarte vom Anfang des 20. Jahrhunderts)

Pfeiler schimmerten der Himmel und die Bäume des Sommergartens. Wenn es regnete, verdüsterte sie sich und sah höher und schlanker aus. Bisweilen bedeckte sie sich mit Rauhreif und stand da wie eine verzauberte Märchenerscheinung. Hoch über den Querbalken glänzten zart die Mäuler der Löwen. Und immer kreisten über ihnen Vögel«[118].

Das tatsächliche Schicksal der Großen Kettenbrücke Traitteurs nahm Anfang des 20. Jahrhunderts bereits seine letzte Wendung. 1902 beschloß die Stadtverwaltung in Abstimmung mit der Stadtduma zum ersten Mal, die alte Panteleimon-Brücke durch eine neue zu ersetzen[119]. Mit der Erstellung eines Entwurfs wurde die technische Kommission zum Bau der Dreifaltigkeits-Brücke (Troikkij most) über die Neva mit der Bedingung beauftragt, der Brücke eine Spannweite von 18 Sažen' zu geben und sie erneut schräg über die Fontanka zu führen[120]. Im Jahre 1904 entschied die Stadtduma im Zuge der Umstellung der städtischen Bahnen auf Elektroantrieb, eine Reihe alter Brücken, die in das im Plan befindliche künftige Straßenbahnnetz fielen, darunter auch die Panteleimon-Brücke, umzubauen[121]. Kurz darauf erstellte der Bauingenieur A. P. Pšenickij unter Mitwirkung der Bauingenieure A. I. Zazerskij und A. P. Strahov den ersten Detailentwurf.

Nach dem Einsturz der Ägyptischen Brücke 1905[122] wurde die Panteleimon-Brücke sorgfältig untersucht (Abb. 106). Ein Grund für die Untersuchungen war die recht pessimistische Einschätzung der Konstruktionslösung dieses Bauwerks durch einen der damals führenden Petersburger Brückenbauer, Professor G. G. Krivošein: »... *Noch mehr Zweifel flößt die bestehende Panteleimon-Brücke ein, die 1824 von dem Militäringenieur Oberst Traitteur erbaut wurde. Diese ebenfalls nachgiebige Brücke kann beim Durchmarsch der Infanterie im Gleichschritt oder der Kavallerie einstürzen. Man sollte auch auf diese Brücke ein Augenmerk richten und sie durch eine neue, feste, starre und vor allem zuverlässige ersetzen; insbesondere ist letzteres vonnöten, da nach Untersuchungen desselben Traitteurs der Boden unter dieser Brücke schlammig-sumpfig ist«*[123]. Die Untersuchungen ergaben ein nur geringes Tragvermögen des Brückenfelds. Im gleichen Jahr 1905 legte Krivošein seinen Alternativentwurf zu einer Metallträgerbrücke anstelle der alten Kettenbrücke vor.

Im September 1905 billigte die Stadtduma den entgültigen Entwurf zur neuen Panteleimon-Brücke des Ingenieurs Pšenickij, der kurz darauf vom Bau-

[118] Ostroumova-Lebedeva, A. P. *Avtobiografičeskie zapiski ...*, S. 34.

[119] Unterlagen zu Reparaturen und Untersuchungen der Brücke Ende des 19. bis Anfang des 20. Jh. befinden sich im Archiv CGIA SPb: 513-132-118 (1877–1879), 513-214-118 (1870–1880), 513-470-118 (1887), 513-226-118 (1880–1881), 513-249-148 (1903–1904), 513-299-146, 921-146-299, 792-148-3069.

[120] CGIA SPb, 513-249-148.

[121] *Nachrichten der St. Petersburger Stadtduma*, 1904. Nr. 28, S. 1141.

[122] Vgl. S. 178 ff.

[123] Krivošein, G. *K obrušeniju E. M. (Zum Einsturz der Ägyptischen Brücke)*. Novoe Vremja, 24. Januar / 6. Februar 1905, Nr. 10376. Es ist darauf hinzuweisen, daß die unbestreitbare Autorität G. G. Krivošeins in diesem Fall bei der Beschlußfassung über die Demontage der Panteleimon-Brücke eine große, wenn nicht sogar entscheidende Rolle spielte.

105 Die Panteleimon-Brücke mit dem Gebäude der Manufakturausstellung und der Kuppel des Stieglitz-Museums, Photographie nach 1870 (CGA KFFD)

technischen Komitee des Innenministeriums genehmigt wurde. Die Bauarbeiten wurden am 1. Januar 1907 aufgenommen und 1908 abgeschlossen. Die konstruktive Basis des 43 m langen und 23,7 m breiten Bauwerks bildeten 12 flache Zweigelenkbögen »mit oben aufliegender Fahrbahn«, die über Querstreben verbunden waren. In der Architektur der neuen Panteleimon-Brücke wurden die städtebaulichen und stilistischen Bemühungen des Petersburger Neoklassizismus konsequent umgesetzt. Der in den Traditionen des Petersburger Klassizismus gehaltene Dekor wie die Straßenlaternen, die Geländer und die vergoldeten Auflagen der Bogenkonstruktion, wurde 1910 von dem Zivilingenieur L. A. Il'in entworfen, der mit der Künstlervereinigung ›Mir iskusstva‹ eng verbunden war. Die Verzierung der Brücke erfolgte in den Jahren 1912–1914 (Abb. 107, vgl. Abb. 85)[124].

Vor dem Baubeginn der neuen Panteleimon-Brücke wurde die alte Kettenbrücke Traitteurs im Laufe des Jahres 1906 vollständig demontiert. Diese Maßnahme rief eine breite Protestwelle bei der Petersburger Intelligenz um die ›Mir iskusstva‹ auf den Plan, die der Stadtverwaltung vorwarf, sie sei unfähig, die historischen Denkmäler zu erhalten, und künstlerisch offensichtlich nicht genügend vorbereitet, die elementaren Prinzipien einer kulturgemäßen Einstellung zu den Kunstdenkmälern ihrer Heimatstadt zu achten[125]. Die Demontage der Panteleimon-Kettenbrücke und die darauffolgende Reaktion der Öffentlichkeit gaben praktisch den Anstoß für die Entstehung einer sich in St. Petersburg und Rußland formenden neuen Bewegung, aus der bereits einige Jahre später die Grundlagen für die Entstehung eines russischen Denkmalbewußtseins hervorgingen. So standen Anfang 1907 auf einer Sitzung der Kommission zur Untersuchung und Beschreibung des Alten St. Petersburg bei der Architekten- und Künstlergesellschaft einige Vorträge über die Tätig-

[124] Staatliches Museum der Geschichte St. Petersburgs, Inv. Nr. 6693, 7307: ›Fassade und Gitter der Brücke, Entwurf von L. A. Il'in, 1908‹; Archiv des Leningrader Brückenbautrusts, Mappe 4, Bl. 2, 3: ›Aufriß und Details der Panteleimon-Brücke, L. A. Il'in, März 1910‹.

[125] *Starye gody (Alte Zeiten)*. 1907, Nr. 7–9, Juli–September, S. 462.

106 Die Panteleimon-Brücke vor ihrer Demontage, um 1905 (Photoarchiv des IIMK RAN)

keit der Stadtverwaltung bei der Zerstörung und dem Umbau einiger alter Petersburger Brücken, so auch der Panteleimon-Brücke, auf der Tagesordnung. Nach ausführlicher Diskussion verabschiedete die Kommission eine Entschließung, in der festgestellt wurde, daß die Petersburger Brücken nicht nur als Ingenieurbauten anzusehen seien, sondern als wichtige Denkmäler, die der Stadt ihren einzigartigen architektonischen Reiz verliehen. Die Entschließung unterzeichneten führende Mitglieder der ›Mir iskusstva‹ und Architekten, die die neoklassizistische Richtung in der Petersburger Architektur des ausgehenden ersten Jahrzehnts des 20. Jahrhunderts vertraten.

Bemerkenswert ist, daß einige führende Persönlichkeiten der ›Mir iskusstva‹ noch vor der Demontage der Brücke einen durchaus realistischen Alternativvorschlag zur Erhaltung der alten Kettenbrücke vorlegten, denenzufolge diese in Richtung Sommergarten versetzt und als Fußgängerbrücke genutzt werden sollte. Diese Episode findet in den Memoiren von A. P. Ostroumova-Lebedeva ebenfalls Erwähnung: »... *Benois schlug folgendes Projekt vor: wenn die Kettenbrücke den Verkehrsbedingungen der Stadt schon nicht Genüge leiste, solle man sie auf der Fontanka näher zur Neva hin, etwa bis zum Rechtswissenschaftsgebäude, verlegen. Sie könne dann als Fußgängerbrücke in den Sommergarten dienen. Aber, wie ich mich entsinne, gingen die ›Stadtväter‹, d. h. die Mitglieder der Stadtduma, nicht darauf ein, und die Brücke wurde demontiert*«[126]. Kurz nach Abriß der

[126] Ostroumova-Lebedeva, A. P. *Avtobiografičeskie zapiski* ..., S. 227–228.

107 Die neue Panteleimon-Brücke am Ort der Kettenbrücke Traitteurs. Ingenieur Pšenickij, Architekt Il'in, 1907–1908, Baudekor 1912–1914 (Photographie 1993)

Brücke versuchte der Architekt I. A. Fomin in der Zeitschrift ›Starye gody‹, allerdings ohne wirklich überzeugende technische Argumente, zu zeigen, daß die Demontage der veralteten Kettenbrücken unbegründet gewesen sei: *»... Die Petersburger Brücken hätte man jedoch fast ausnahmslos erhalten können. Nehmen wir zum Beispiel die Panteleimon-Brücke, eine Kettenbrücke. In Amerika werden in der letzten Zeit häufig Kettenbrücken gebaut und dieses System gilt als eines der besten – ich hoffe, auch die russischen Techniker stellen dies nicht in Abrede. Wenn man die frühere Brücke etwas verbreitert und die schadhaften Teile durch neue ersetzt hätte, hätte man diese zauberhafte Brücke erhalten können, die so zum Sommergarten führte und sich hier mit so schöner Silhouette abzeichnete, aber ... dieser Brückenumbau wäre zu teuer gewesen. Aus demselben Grund wird auch die treffliche Ägyptische Brücke nicht wiederhergestellt, sondern durch eine neue ersetzt«*[127].

Die Zerstörung von Panteleimon-Brücke und Ägyptischer Brücke wurde von den Petersburger Künstlerkreisen der Jahre 1905–1910 nicht nur als unwiederbringlicher Verlust, sondern auch als Bestätigung tiefergreifender, irreversibler Prozesse im Zusammenhang mit der offensichtlichen Kluft zwischen Machthabern und Gesellschaft gewertet. Dieses Gefühl der sozialen Beunruhigung kommt in einem Artikel des Kritikers S. Makovskij klar zum Ausdruck: *»... Hören Sie das? Hinter den Holzzäunen, an den Straßenkreuzungen hämmern die Arbeiter. Da geht eine Hinrichtung vor sich. Die alten Brücken sterben. Die einen sind bereits bis auf die Grundmauern zerstört. Auf die anderen wartet das Verderben durch ›Verschönerungen‹ in ›angemessenerem‹ Stil. – Man muß sich beeilen, solange es noch nicht zu spät ist: um wenigstens einige von den noch nicht Hingerichteten zu zeichnen, um noch andere, so malerische und charakteristische Details zu photographieren«*[128].

Am umfassendsten verlieh S. Trojnickij in der Zeitschrift ›Starye gody‹ seiner Verbitterung Ausdruck. In seinen Worten ist die für die Anhänger der ›Mir iskusstva‹ typische Einstellung zu ihrer Stadt als einem Schauplatz der Kollision zwischen dem geliebten Alten und dem häßlichen Neuen, ihr scharfer Protest gegen die geistige Verrohung, die sie in einer weiteren ›kapitalistischen‹ Entwicklung Rußlands ausmachten, zu spüren: *»Es gibt Zeiten, in denen die Denkmäler der Vergangenheit mit besonderem Eifer, ja mit Wollust zerstört werden. Petersburg erlebt gerade eine derartige Zeit des Vandalismus. ... Es gibt Städte, in denen ungeachtet ihres schnellen Wachstums, der großen Anzahl von Neubauten, der Zerstörung alter Bauten, wie eine Wandmalerei unter einer Schimmel- und Putzschicht, ein ganz bestimmter Stil durchschimmert. In Petersburg ist das Empire als ein solcher Stil anzusehen. ... Die Panteleimon-Brücke war die in künstlerischer Hinsicht*

[127] Fomin, Ivan. *Hronika. Ešče po povodu mostov (Chronik. Nochmals zu den Brücken).* Starye gody, 1907, Nr. 7–9, Juli–September, S. 459.

[128] *O staryh rešetkah i novyh vandalah (Von alten Gittern und neuen Vandalen).* Starye gody, 1907, Januar, S. 20.

wertvollste Brücke. Sie bildete gleichsam den Eingang in das große Gebiet des ›Alten‹ St. Petersburg, das seit den Tagen Alexanders I. fast unangetastet blieb ...«[129]. Auf Initiative der Gesellschaft zur Erforschung des Alten St. Petersburg wurden einige Stücke der eisernen Konstruktion in das Alt-Petersburger Museum verbracht, das 1907 von der Architekten- und Künstlergesellschaft ins Leben gerufen worden war[130].

Die aus dem Petersburger Panorama entschwundene Kettenbrücke (Abb. 106) blieb ihren Zeitgenossen noch lange in Erinnerung und führte quasi die ›Liste‹ der im ersten Jahrzehnt des 20. Jahrhunderts zerstörten Denkmäler an. Zwei Jahre nach der Brückendemontage schrieb der Landeskundler und Historiker der Petersburger Architektur V. Ja. Kurbatov in der Zeitschrift ›Zodčij‹: *»In Petersburg gab es die in höchstem Maße reizvolle Panteleimon-Brücke und die schwerfälligere Ägyptische Brücke. Leider haben Kettenbrücken zwei organische Mängel: erstens seitliche Bewegungen bei Einwirkung von Wind und zweitens Fahrbahnschwingungen beim Passieren der Brücke. Jedermann erinnert sich, daß letzterer Umstand zum Einsturz der Ägyptischen Brücke führte und daß daraufhin beschlossen wurde, die Panteleimon-Brücke zu zerstören. Es ist wieder typisch, daß die Petersburger die Schönheit dieses leichten Bauwerks überhaupt nicht bemerkten und diese Brücke vollkommen unbesehen in einen Haufen Schrott verwandelten. Sie vergaßen und haben wohl niemals daran gedacht, daß dies eine der schönsten, wenn nicht die schönste Brücke der Welt war. Was wäre einfacher gewesen – eine Kopie von ihr von der Sergievskaja-Straße in den Sommergarten zu schlagen oder in einen der Stadtparks zu verlegen ...«*[131].

Kurbatov nahm diese Bauwerke später in seinen Reiseführer St. Petersburg auf. Interessant ist dabei, daß eben Kurbatov als erster und einziger russischer Bauhistoriker die Petersburger Kettenbrücken bereits 1913 als Denkmäler der ›Eisenarchitektur‹ behandelt hatte[132]. Der Kritiker G. K. Lukomskij rechnete die Hängebrücken Traitteurs zu den »herausragenden Denkmälern der Brükkenbaukultur des ersten Teils des 19. Jahrhunderts«. Die Zerstörung der Kettenbrücken hielt er für das traurigste Kapitel in der »Geschichte des Vandalismus« im alten Petersburg: »... *Das Verschwinden der Kettenbrücke beim Sommergarten ist ein durch nichts wiedergutzumachender Verlust. Ein zweites derartiges Bauwerk wird es in Petrograd nie mehr geben. Jetzt ersteht sie in der Erinnerung voll phantastischer Pracht. Die die Ketten tragenden Saiten, die Goldverzierungen an den Pylonen, ihre gesamte altertümliche Silhouette war an genau dieser Ecke des alten Petersburg so nötig ...«*[133].

[129] Trojnickij, S. *O cepnyh mostah Peterburga (Über die Petersburger Kettenbrücken).* Starye gody, 1907, März, S. 96–99.

[130] Vor den 1930er Jahren wurden diese Stücke in den Beständen der Sammelstelle des Alt-Petersburger Museums in der Nachfolgeeinrichtung, dem Museum für die Geschichte St. Petersburgs–Leningrads, verwahrt. In den 1930er Jahren wurden alle Metallfragmente verschrottet.

[131] Kurbatov, Vladimir. *O krasote peterburgskih mostov (Von der Schönheit der Petersburger Brükken).* Zodčij, 1909, Nr. 35, S. 349–354.

[132] Kurbatov, Vladimir. *Hudožestvenno-istoričeskij očerk i obzor hudožestvennyh bogatstv stolicy. Razdel: metalličeskie ukrašenija (St. Petersburg. Kunsthistorischer Abriß und Überblick über die Kunstschätze der Hauptstadt. Abschnitt: Metallverzierungen).* St. Petersburg 1913, S. 489

[133] Lukomskij, G. K. *Staryj Peterburg (Altes Petersburg).* Petrograd, 1917, S. 45–46.

Die Ägyptische Brücke, 1825–1826

108 Die Ägyptische Brücke über die Fontanka in St. Petersburg, Traitteur, 1825–1826. Lithographie A. Pluchart (GMIL, I-A-2021-L)

Der gelungene Bau der Panteleimon-Brücke, der sofort als großer technischer und künstlerischer Erfolg anerkannt wurde, eröffnete Traitteur weitreichende Möglichkeiten für neue Experimente bei ähnlichen Bauvorhaben in St. Petersburg. Die bei der Errichtung der Panteleimon-Brücke gewonnenen Erfahrungen wurden beim Bau der zweiten für den Straßenverkehr bestimmten Kettenbrücke über die Fontanka, die alsbald Ägyptische Brücke genannt wurde, in vielen Aspekten weiterentwickelt (Abb. 1, 108).

Die ›zweite Baureihe‹ der Petersburger Kettenbrücken (1825–1826) ist bedauerlicherweise nicht in einer vergleichbaren Publikation vorgestellt wie die ›erste Baureihe‹ in dem Album *Plans, profils, vues perspectives et détails des ponts en chaînes exécutés à Saint-Pétersbourg en 1824*.... Die Archivalien legen jedoch nahe, daß Traitteur offensichtlich zunächst an eine ähnliche Veröffentlichung dachte, da er sämtliche Entwurfszeichnungen zur Ägyptischen Brücke noch einige Zeit nach Beendigung der Bauarbeiten bei sich behielt. Im September 1827 kam er schließlich der Aufforderung der Kommission für Entwürfe und Kostenvoranschläge nach und übergab alle Entwurfszeichnungen sowie auch die Zeichnungen zu den Vergoldungen an das Amt für Verkehrswege[134]. Der heute in den Archivbeständen verwahrte Schriftwechsel sowie die zahlreichen Zeichnungen zur Ägyptischen Brücke sind im Vergleich zu den anderen

[134] RGIA, 206-1-704 ›Akte über Reparatur und Unterhaltung der drei Kettenbrücken über Fontanka und Katharinen-Kanal. Januar–Dezember 1827‹, Bl. 75, 78, 83.

Petersburger Hängebrücken zwar umfangreich, jedoch leider bei weitem nicht vollständig. Gleichwohl ermöglicht dieser Umstand eine Analyse der architektonischen und konstruktiven Besonderheiten der Ägyptischen Brücke.

Die Zeichnungen[135] geben Auskunft über den Stand der russischen technischen Bauzeichnungen der 1820er Jahre sowie über die Geschichte der Bautechnik und der Entwurfsmethoden im damaligen Rußland. Außerdem vermitteln sie eine Vorstellung von den nicht erhalten gebliebenen Werkplänen, die unter Traitteurs Leitung in den Jahren 1823–1826 für die anderen Petersburger Kettenbrücken (Panteleimon-Brücke, Postbrücke sowie zwei weitere Fußgängerbrücken über den Katharinen-Kanal) erstellt worden waren. Interessant ist dabei, daß sich ein Großteil der im Archiv befindlichen Werkzeichnungen zur Ägyptischen Brücke auf den Bau der in den ersten Varianten nicht vorgesehenden Granitwiderlager bezieht[136]. In dem pylonartigen Rahmen tritt die ›ägyptische‹ Gesamterscheinung der Brücke besonders stark hervor.

Im Unterschied zu den von Traitteur allein unterzeichneten Aufrissen und Lageplänen tragen sämtliche Baupläne zur Ägyptischen Brücke die Unterschriften ›Oberst Traitteur‹ und ›Ingenieur-Hauptmann Hristianovič‹. In einigen Publikationen zur Geschichte des Brückenbaus wird die Ägyptische Brücke irrtümlicherweise als Bau von Traitteurs ständigem Assistenten bei den Arbeiten zu den Kettenbrücken, V. A. Hristianovič, zugeschrieben. Dieser Irrtum ist wahrscheinlich auf eine ungenaue Autorenangabe dieses Bauwerks in den ersten Publikationen zu russischen Brücken zurückzuführen[137]. Für eine Autorenschaft Traitteurs sprechen nicht nur zahlreiche Archivunterlagen und die von ihm unterzeichneten Entwurfsblätter, sondern indirekt auch Angaben über Hristianovičs schlechten Gesundheitszustand, insbesondere seine verminderte Sehkraft, die ihm das Zeichnen nicht erlaubte[138].

Traitteur verstand, welche Bedeutung die erzielten Ergebnisse für die Weiterentwicklung des russischen Kettenbaus hatten, so daß er sie 1830 in seinem Artikel über die Ägyptische Brücke in Form von thesenartigen Empfehlungen zusammenfaßte[139]. Die meisten von ihnen wurden kurz darauf in die beiden Buchausgaben über zeitgenössische Hängebrücken aufgenommen, die von dem bayerischen Oberingenieur Carl Friedrich von Wiebeking, dem ersten ›Rezensenten‹ des Traitteurschen Werks, herausgegeben wurden[140].

Planungs- und Bauphasen

Die Planungen zur zweiten ›Großen Kettenbrücke‹ über die Fontanka begannen Ende 1824 praktisch unmittelbar nach Fertigstellung der Panteleimon-Brücke. Anfang Februar 1825 äußerte sich der Herzog von Württemberg in einem Schreiben an Traitteur überaus unzufrieden mit dem schleppenden Fortgang der Planungsarbeiten: »... *Ungeachtet der zahlreichen Anweisungen meinerseits habe ich bis jetzt weder Plan noch Zeichnungen zur Großen Kettenbrücke erhalten, weshalb ich anordne, für die baldigste Erstellung derselben Sorge zu tragen und mir dieselben soweit möglich in kürzester Zeit zu überstellen, deren Ausführung Ihrer strengsten Verantwortung anheim gestellt bleibt*«[141]. Wie aus dem anschließenden Schriftwechsel hervorgeht, ersuchte der Herzog von Württemberg Traitteur, die neue Brücke im Gegensatz zur Panteleimon-Brücke ohne vorspringende Widerlager zu entwerfen. Diese Anweisung erwies sich schließlich als nicht realisierbar, führte jedoch zur Entstehung einiger technisch bemerkenswerter früher Entwurfslösungen für Kettenbrücken, die in den Archiven teilweise erhalten geblieben sind.

Mitte Mai 1825 lagen die ersten Entwurfsvorschläge vor, und Anfang Juni prüfte die Kommission für Entwürfe und Kostenvoranschläge die von Trait-

[135] Die Werkzeichnungen der Ägyptischen Brücke (ca. 50 Blätter) werden verwahrt in: RGIA, 1487-4-206 bis 223, 225 etc.

[136] So nehmen die Pläne zu den Granitwiderlagern und die zusammengestellten Zeichnungen zu den ›Seiten- und Vorderfassaden der Widerlager‹ der Ägyptischen Brücke siebzehn der erhaltenen Einzelblätter ein: RGIA, 1487-4-212, 213–215, 219–220.

[137] Sokolov, N. *Opisanie Modelej ... (Beschreibung der Modelle des Museums des Instituts des Corps der Verkehrswegeingenieure)*, S. 78–79: »Obwohl diese Brücke kurz nach der Panteleimon-Kettenbrücke errichtet wurde, führte ihr Erbauer, Ingenieur-Hauptmann Hristianovič, in ihr System viele Verbesserungen ein ...«. Diese Fehlinformation Sokolovs wurde offenbar im ersten Buch über russische Brücke übernommen: Nikolai, L. *Kratkie istoričeskie dannye ... (Kurze historische Angaben...)*, S. 56.

[138] So berichtete Traitteur im Januar 1827 an seine Vorgesetzten: »... da die außerordentliche Augenschwäche Hauptmann Hristianovič völlig der Möglichkeit lediglich des Planzeichnens beraubt, ist Oberleutnant Schildknecht alleine mit dem Zeichnen einer großen Menge von Berichtsplänen zum Bau der 3 Hängebrücken beschäftigt« (RGIA, 206-1-704, Bl. 3, 87).

[139] Traitteur. *Pont Egyptien établi sur la Fontanka, à St. Pétersbourg*. Annuaire du corps des ingénieurs des voies de communication. Jg. 1, 1830. St. Petersburg, S. 186–196.

[140] Wiebeking, Carl Friedrich von. *Mémoire sur des ponts suspendus construits dans le dernier temps en Angleterre et en Russie*. München, 1832, S. 28–30 (§ 34 Le Pont Egyptien), S. 34, 37–40.

[141] RGIA, 206-1-587 ›Über den Bau einer Fahrbrücke an der Fontanka zwischen Izmajlovskij- und Kalinkin-Brücke nach einem Entwurf von Oberst Traitteur. 6. Februar 1825 – 6. September 1826‹, Bl. 1. Diese Akte stellt die Hauptarchivquelle dar, die über sämtliche Planungs- und Bauphasen der Ägyptischen Brücke Aufschluß gibt. Die Autorenschaft Traitteurs wird insbesondere durch den Titel der Akte bestätigt.

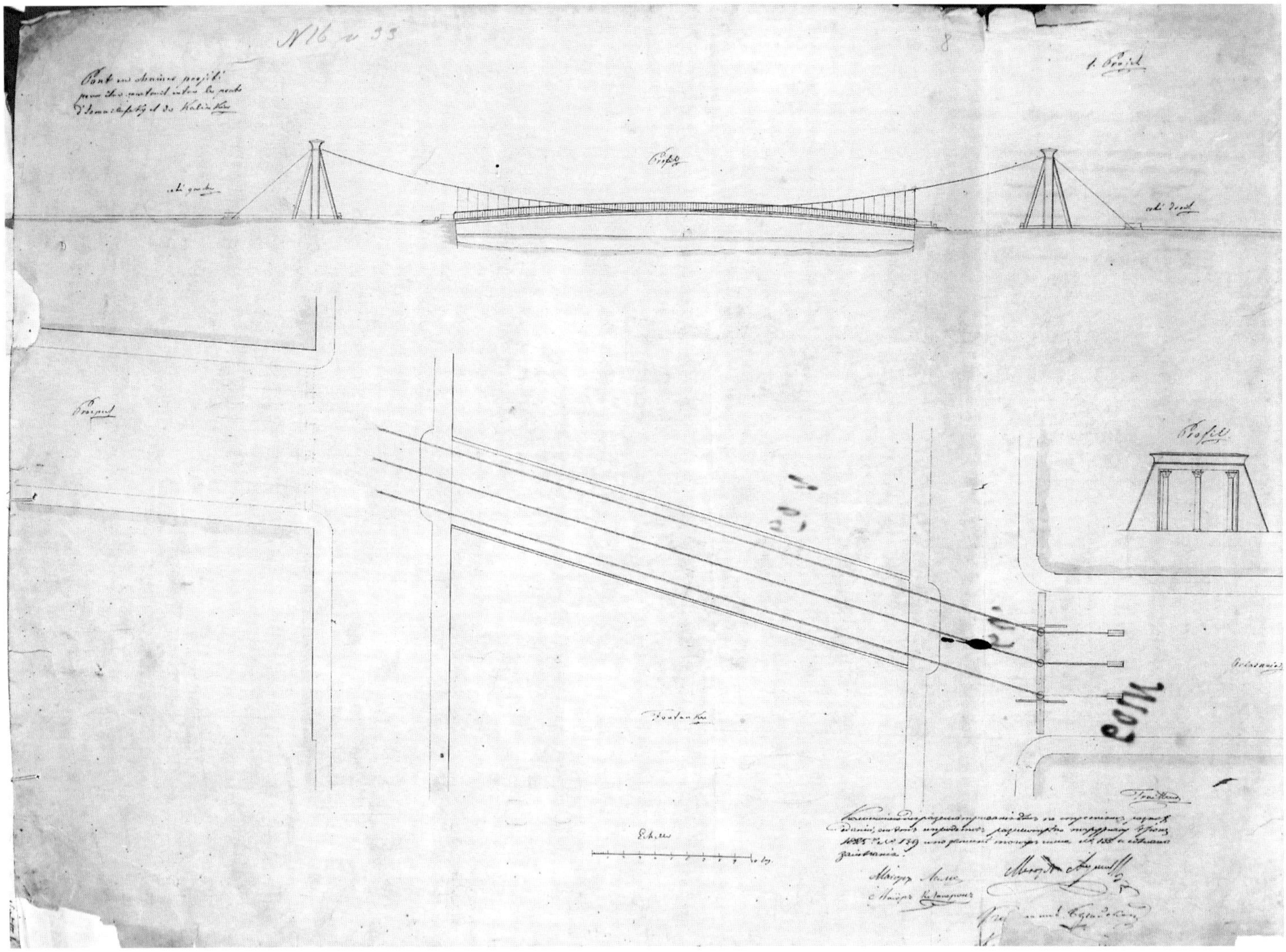

teur vorgelegten Varianten. Der neue *»Pont projeté«* sollte die beiden Hauptverkehrswege dieses Stadtteils, die Grjaznaja-Straße (später Mogilevskaja-Straße, seit 1914 Lermontov-Prospekt) und den Neuen Peterhof-Prospekt (seit 1914 neuer südlicher Teil des Lermontov-Prospekts) miteinander verbinden, die ihrerseits die Kais von Fontanka und Obvodnyj-Kanal verbanden (Abb. 109, 110). Da die Achsen der zur Fontanka führenden Straßen gegeneinander versetzt waren, war die Brücke wie schon die alten ›verwinkelten‹ Steinbrücken schräg zu den Kais über die Fontanka geplant. Der geforderte Verzicht auf Widerlager führte zu einer funktionell inakzeptablen Lösung: die die Brückenketten tragenden Pylone sollten an den Stirnseiten der Straßen entlang der Baulinie angeordnet werden[142]. Die Abspannungen sollten jeweils in der Tiefe der auf die Brücke führenden Straßen verankert werden, wodurch sie zweifelsohne den Verkehr behindert hätten. Nach den erhalten gebliebenen ausführlichen Kommentaren[143] sah Traitteur für die Abspannungen zwei Anordnungsmöglichkeiten vor: parallel zur Brücke (schräg zur Straße) oder parallel zur Straße (Abb. 109). Für den ersten Fall schlug er viersäulige Portale vor, bei dem jeweils eine Stütze keine Abspannung hatte, für den zweiten Fall ein dreisäuliges Portal. Das dabei auftretende Problem der Aufnahme seitlicher Belastungen wurde dadurch gelöst, daß auf der einen Seite nach demselben Verfahren wie beim Entwurf zur Panteleimon-Brücke gußeiserne Schrägstüt-

109 Ursprünglicher Entwurf zur Ägyptischen Brücke (Variante 1), Traitteur, Juni 1825. Seitenansicht und Grundriß (RGIA, 1487-4-207, Bl. 8)

[142] RGIA, 1487-4-202, Bl. 2 ›Plan de Situation du pont projeté entre le pont d'Ismailovsky et celui du Kalinkin‹ (geprüft am 21. Juni 1825); RGIA, 1487-4-207, Bl. 8 ›1. Projekt‹ (Seitenansicht der Brücke; geprüft am 4. Juni 1825); Bl. 5 ›Details des 2. Projekts‹ (Grundriß des Portals und der Abspannungen, geprüft am 4. Juni 1825). Die drei Pläne sind von Traitteur als Verfasser unterzeichnet.

[143] RGIA, 206-1-587, Bl. 2–5 (Bericht Traitteurs vom 15. Mai 1825).

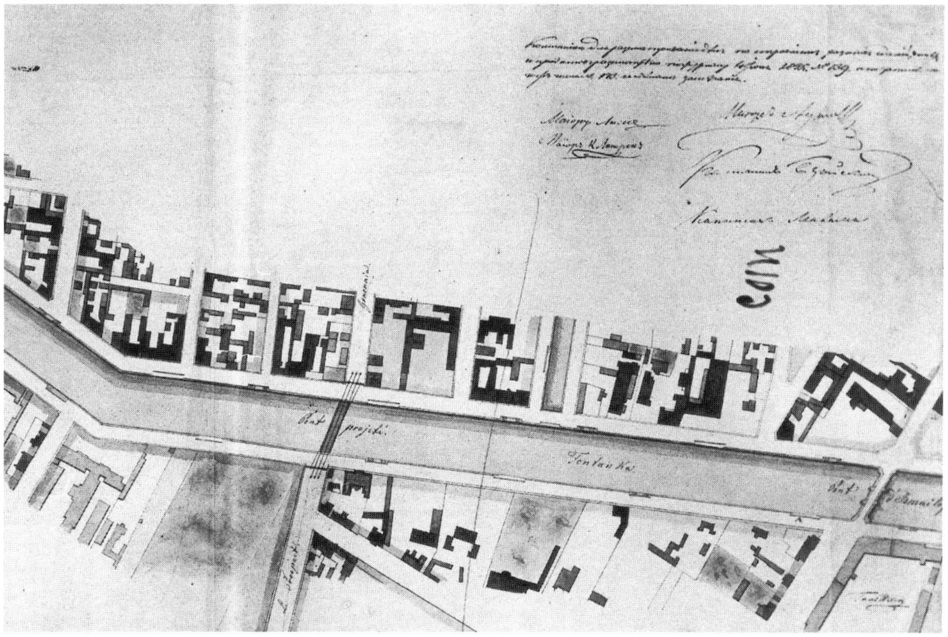

110 Ursprünglicher Entwurf zur Ägyptischen Brücke (Variante 2), Traitteur, Juni 1825. Ausschnitt des Lageplans (RGIA, 1487-4-202, Bl. 2)

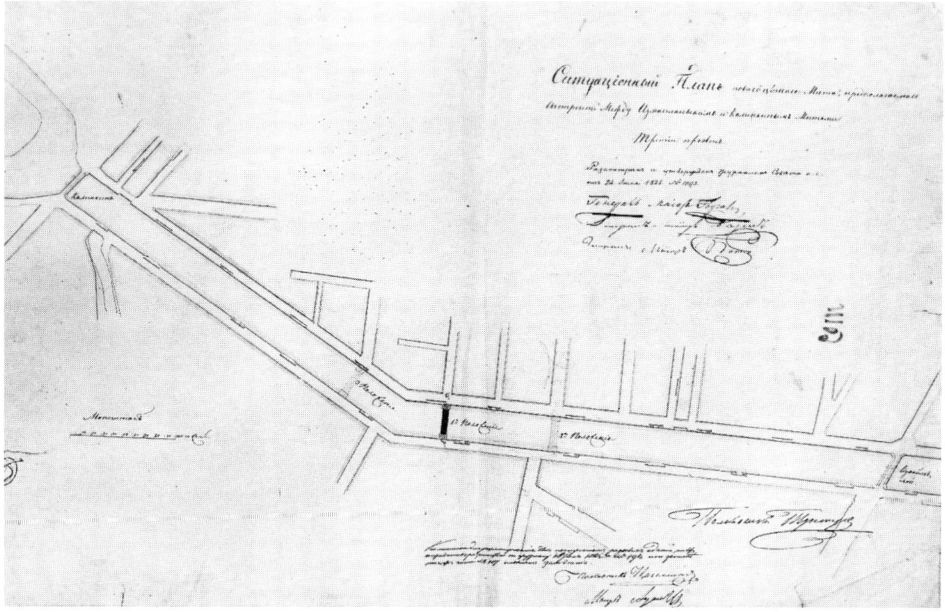

111 Vorschläge zur Lage der Ägyptischen Brücke (Variante 3). Traitteur, Juli 1825 (RGIA, 1487-4-202, Bl. 1)

zen und auf der anderen die Abspannungen aus geschmiedetem Bandeisen vorgesehen waren. Besonders schwierig war die konstruktive Sicherung der Rollenlager der Ketten auf den Portalen für den Fall seitlich einwirkender Kräfte (vgl. Abb. 119, 120)[144].

Nach ausführlicher Erörterung aller Varianten der Brücke ohne Widerlager in der Kommission für Entwürfe und Kostenvoranschläge erhielt Traitteur im Juli 1825 die Anweisung, einen neuen Entwurf zur Kettenbrücke mit zwei Widerlagern zu erstellen, wobei die veranschlagten Kosten die der ›Brücke am Sommergarten‹ (Panteleimon-Brücke) nicht übersteigen sollten. Drei Brückenstandorte wurden in Erwägung gezogen, als wichtigster von ihnen der an der Einmündung der verkehrsmäßig wenig bedeutsamen Spinnerei-Gasse (Prjadil'nyj pereulok) (Abb. 111)[145]. Als endgültigen Standort des neuen Bauwerks bestimmte die Kommission für Entwürfe und Kostenvoranschläge die Achse

[144] Diesen Details dürfte ein Blatt der Akte entsprechen: RGIA, 1487-4-274, Bl. 10 (Bewegliche Auflager; unterzeichnet von Lamé und Clapeyron, geprüft am 4. Juni 1825).

[145] RGIA, 1487-4-202, Bl. 1 ›Situationsplan der neuen Kettenbrücke, die zwischen Izmajlovskij- und Kalinkin-Brücke gebaut werden soll. Dritter Entwurf‹ (unterzeichnet von Oberst Traitteur, geprüft am 24. Juli 1825).

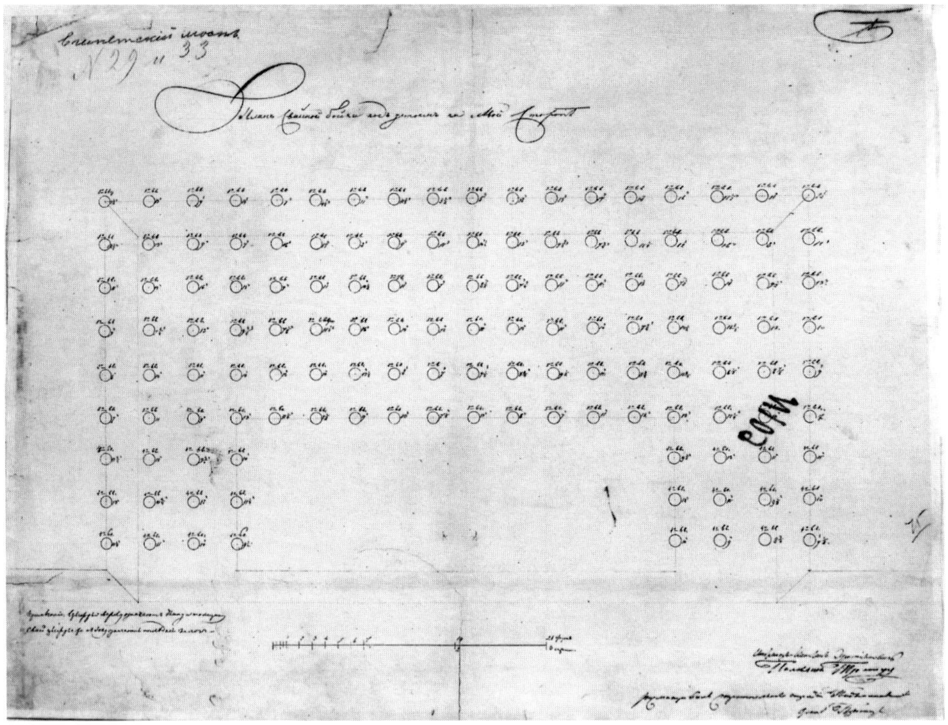

112–122, 124 Werkpläne zur Ägyptischen Brücke. Hristianovič und Traitteur, um 1825

112 Einrammplan für die Pfahlgründung des ›linken‹, südlichen Widerlagers. Hristianovič und Traitteur, um 1825 (RGIA, 1487-4-224)

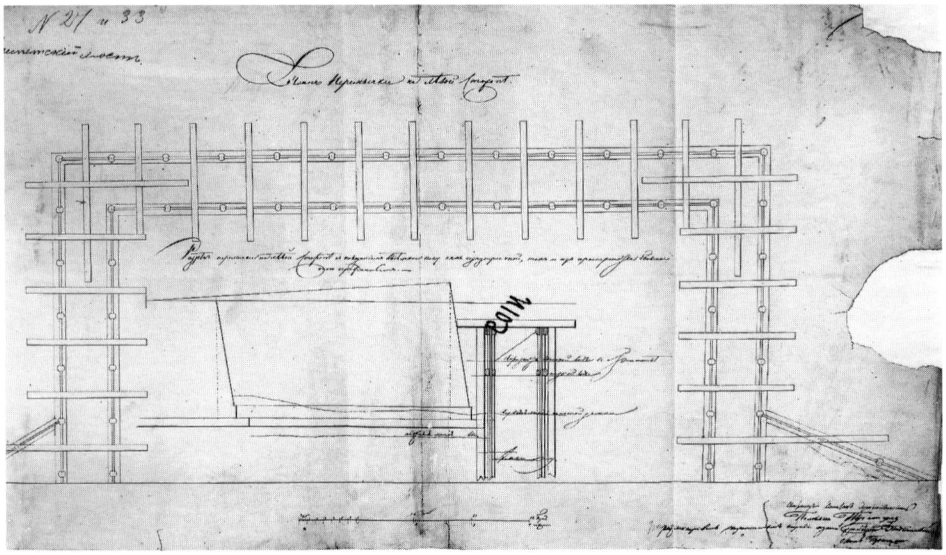

113 Plan der Spundwände des linken Widerlagers. Hristianovič und Traitteur, um 1825 (RGIA, 1487-4-222)

der Grjaznaja-Straße. Aus dem diesem Entwurf beigelegten Lageplan geht hervor, daß die Brücke rechtwinklig zu den Fontanka-Kais ohne Rücksicht auf das gewachsene Straßennetz errichtet werden sollte. Noch im selben Monat legte Traitteur einen Rapport über die Fertigstellung des Entwurfs für die ›Verkehrskettenbrücke‹ mit veranschlagten Kosten von 174.182 Rubel vor[146].

Die Bauarbeiten der Ägyptischen Brücke begannen im Sommer 1825 mit der Errichtung der Pfahlgründung für das Fundament der Widerlager und des angrenzenden Kaiabschnitts. Das Gründungsfeld an der Baustelle bestand aus 650 Pfählen[147]. Die Pfähle unter den Widerlagern wurden als quadratisches Raster aus 18 × 9 Reihen mit einem Achsabstand von 3 × 3 Fuß eingebracht (Abb. 112)[148]. Aufgrund des morastigen Bodens und unter Berücksichtigung

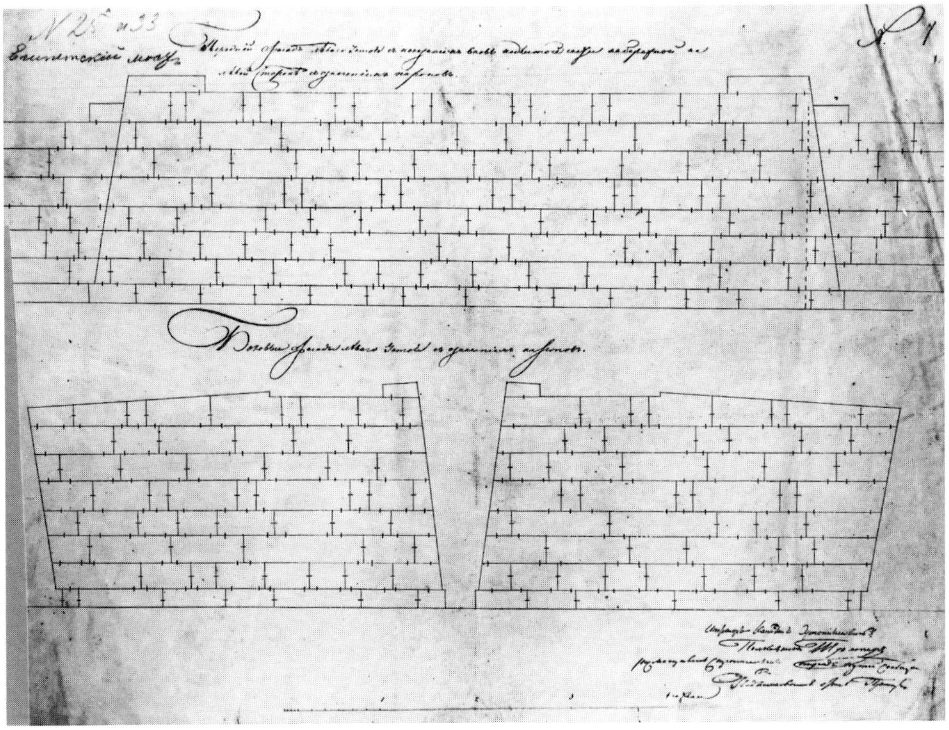

114 Fugenplan der Granitverkleidung des linken Widerlagers mit Angabe der Verklammerungen. Hristianovič und Traitteur, um 1825 (RGIA, 1487-4-220, Bl. 1)

der Bauerfahrungen mit der Panteleimon-Brücke setzte Traitteur von Beginn an Pfähle mit einer Länge von bis zu 5 Sažen' (10,65 m) und einem Durchmesser von 6 Veršok (26,7 cm) ein. Wie aus den erhaltenen Werkzeichnungen hervorgeht, diente die Abspundung um die Gründungen der künftigen Widerlager gleichzeitig als Gerüst, von dem aus das Steinmauerwerk hochgeführt wurde (Abb. 113, 114). Die Arbeiten an der Pfahlgründung erfolgten unter Leitung der Ingenieure Lamé und Clapeyron[149]. Der Grundriß der Widerlager (Breite 14,9 m, Tiefe 4,4 m) wurde, wie auch im Fall der Panteleimon-Brücke, so gewählt, daß die Verankerungen der Abspannungen die Fußgängerpassage auf dem Kai nicht behinderten. Mitte Oktober berichtete Traitteur in einem Rapport, das Granitmauerwerk der Widerlager könne durch Verschulden des mit den Steinarbeiten beauftragten Unternehmers G. Vasil'ev nicht fristgerecht fertiggestellt werden. Dieser Umstand führte zu einer wesentlichen Verlängerung der Trocknungszeit für das massive Mauerwerk der Widerlager und dazu, daß die Arbeiten zum Einhängen der Ketten bzw. zur Belastung der Widerlager auf Mai des folgenden Jahres 1826 verschoben werden mußten[150].

Die Anfertigung der Metallteile für die zweite Kettenbrücke über die Fontanka wurde ursprünglich den staatlichen Eisengießereien angetragen. Ihr Direktor A. A. Fullon erklärte sich einverstanden, alle Arbeiten binnen zweieinhalb Monaten nach Eingang der Baupläne im Aleksandrovskij-Werk in Petrozavodsk auszuführen. Da jedoch die Fertigteile anschließend auf dem Wasserwege nach St. Petersburg geliefert werden konnten, hätte der Montagebeginn auf das Frühjahr 1826 verschoben werden müssen. Nach Erörterung alternativer Lösungen zur Vertragsvergabe im Rat für Verkehrswege bekam die Fabrik von Charles Baird den Zuschlag für die Anfertigung der Eisenkonstruktionsteile. Dieser versprach, die Arbeit binnen drei Monaten abzuschließen. Der Text des mit Baird geschlossenen Vertrags war praktisch vollkommen identisch mit dem zur Fertigung der Teile für die Panteleimon-Brücke (1824) und sah insbesondere folgendes vor: »... *Form und Abmessungen der gußeisernen und schmiedeeisernen zur Brücke gehörigen Teile sind unter Aufsicht des Bauleiters Inge-*

[146] RGIA, 206-1-587, Bl. 68, 72–74. Die in der o. g. Akte erwähnten Entwurfszeichnungen sind zum Teil erhalten in: RGIA, 1487-4-208 ›Ägyptische Kettenbrücke über die Fontanka. Portikusentwurf. Dritte Variante. Aufrisse‹ (7 Blätter); RGIA, 1487-4-207 ›Graphische Materialien zur Panteleimon-Brücke‹, Bl. 7.

[147] RGIA, 206-1-587, Bl. 9–50 (Vorläufiger Kostenvoranschlag für die Pokrovskij-Brücke). In einigen frühen Archivunterlagen wird die spätere Ägyptische Brücke als ›Pokrovskij-Brücke‹ bezeichnet.

[148] RGIA, 1487-4-224 ›Ägyptische Brücke. Einrammplan der Pfähle unter den Widerlagern auf der linken Seite‹ (1826?).

[149] RGIA, 206-1-587, Bl. 134–136.

[150] Ibid., Bl. 159.

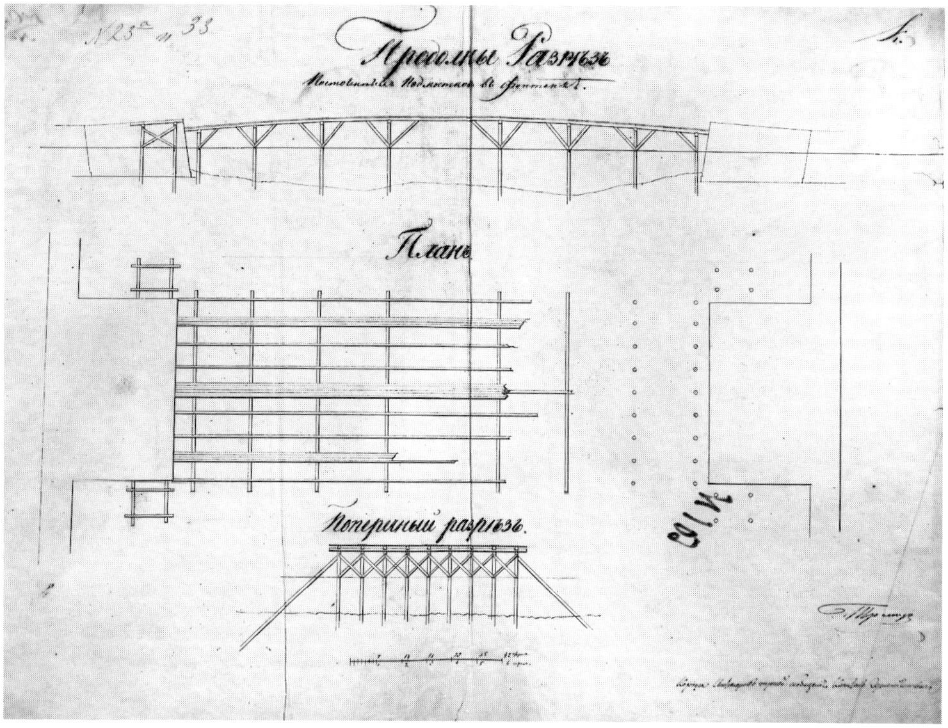

115 Konstruktion der Arbeitsbühne für die Montage der Ketten. Traitteur und Hristianovič, um 1825 (RGIA, 1487-4-218)

nieur-Oberst Traitteur zu machen, wobei dieselben um nicht mehr als zwei Linien [4,2 mm] *geändert werden dürfen. Die Ketten müssen einen Durchmesser von 1 7/8 Zoll* [4,8 cm] *haben und auf der Spezialmaschine erprobt werden …«*[151].

Für die Ketten der Ägyptischen Brücke kam als Baustoff ebenfalls ›Ural-eisen‹ zum Einsatz. Trotz der umfangreichen Erfahrungen durch die Errichtung der ersten Petersburger Kettenbrückenserie waren die Prüfbedingungen für die Ketten der neuen Brücken auf dem *sidéro-mètre* Gegenstand einer gesonderten Diskussion mit Baird[152]. Aus dem in den Archiven erhaltenen Schriftwechsel geht hervor, daß den Zugprüfungen zunächst die aus dem englischen Brückenbau bekannte Prüfbelastung von bis zu 14 Tonnen/Quadratzoll zugrunde gelegt werden sollte. Unter Berücksichtigung der Versuche mit russischen Eisenproben, die eine etwas geringere Festigkeit aufwiesen und bei denen bei Belastungen von 11 bis 12 Tonnen/Quadratzoll Dehnungen auftraten (jenseits der Streckgrenze), legte man schließlich wiederum 12 Tonnen/Quadratzoll als Prüflast fest.

Im Schriftwechsel, der den Kettenprüfungen für die Ägyptische Brücke vorausging, findet sich eine Information über die Versuchsergebnisse des französischen Ingenieurs A.-J.-C. Duleau, daß Eisenstabproben sich bereits bei 1/3 der Bruchlast elastisch zu verformen beginnen. Traitteur beschloß bei der endgültigen Auslegung der Ketten für die Ägyptische Brücke möglicherweise im Hinblick auf diese Untersuchungen: »*… La force du fer doit être évaluée dans les calculs, à 8 tonnes par pouce carré, en coupe transversale; mais pour ne pas arriver à des résultats trop faibles en pratique, il faut éprouver chaque pièce au Sidéromètre par une traction de 10 tonnes. Cette charge a été fixée par des expériences réitérées faites sur des fers de différente nature; ceux d'une contexture grenue, de nature aigre et cassante, résistent sans s'allonger à une charge de 14 tonnes; tandis que les meilleurs fers tendres, dont l'emploi présente le plus de sûreté et d'avantages, dans ce genre de constructions, s'allongent déja sous une charge de 10 à 11 tonnes, par pouce carré en section*«[153]. Bei der Berechnung der Ketten zur ›zweiten Brückenbaureihe‹ wurden schließlich um 1/3 niedrigere Auslegungswerte für das Eisen im Vergleich zu den

[151] Ibid., Bl. 106.

[152] Ibid., Bl. 140–150. Die Funktionsweisen des *sidéro-mètre* sowie die Organisation der Prüfungen der Kettenelemente zur Panteleimon-Brücke sind oben S. 131 ff. beschrieben.

[153] Traitteur. *Pont Egyptien établi sur la Fontanka …* , S. 186–187.

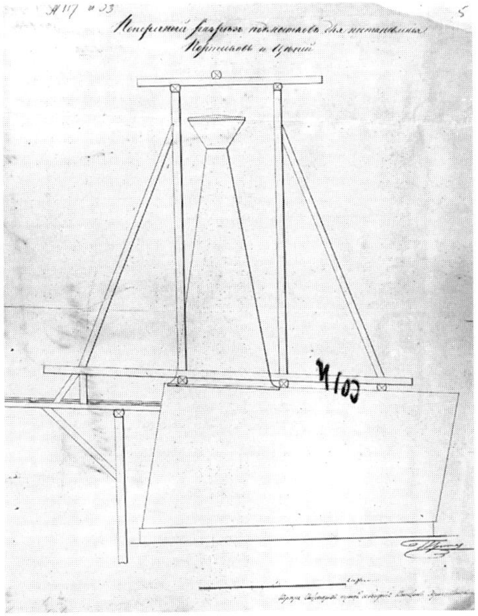

a

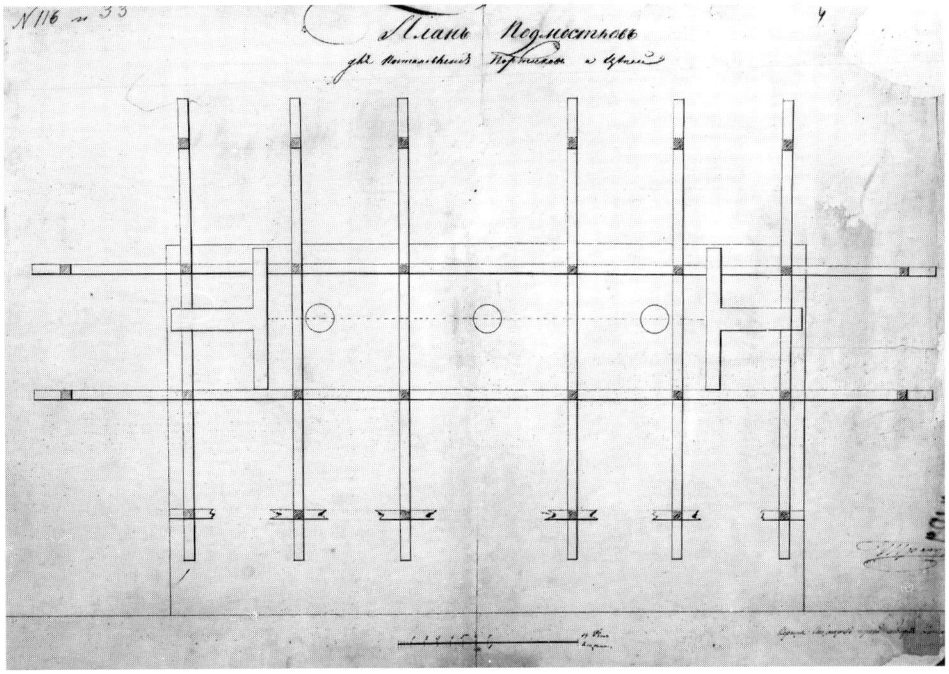

b

116 a, b Holzgerüste für die Montage der Pylone, Traitteur und Hristianovič, um 1825. Aufriß und Grundplan (RGIA, 1487-4-225, Bl. 4, 5)

jüngsten Bauerfahrungen mit der Panteleimon-Brücke (8 Tonnen/Quadratzoll bzw. 1260 kg/cm^2) angesetzt. Die Verringerung der Auslegungsspannungen auf 8 Tonnen wertete Wiebeking bald darauf nicht nur als zulässige, sondern auch positive Neuerung bei der Berechnung von Hängekonstruktionen[154].

Der Guß der Pylone erwies sich als aufwendigster Teil der Arbeiten an der Eisenkonstruktion der Ägyptischen Brücke. Um den Bau 1825 abschließen zu können, sollten die Pylone noch vor Beendigung der Schmiedearbeiten für die Tragketten gegossen werden. Durch eine neuerliche Verzögerung, diesmal infolge der erst im ausgehenden Sommer 1825 aufgenommenen Vorbereitung und Erprobung der Metallteile der Brücke, mußten die Abschlußarbeiten der neuen Brücke an der Fontanka auf den Beginn der folgenden Bausaison verschoben werden. Im März bis Juni 1826 wurden mit Hilfe spezieller über der Fontanka aufgestellter Gerüste die Ketten eingehängt und die Brücke endgültig montiert (Abb. 115, 116). Die Ketten wurden auf Arbeitsbühnen zusammengebaut und über Blöcke gespannt, so daß alle Kettenteile ineinandergriffen und, nachdem sie ihre endgültige Lage eingenommen hatten, sich nach Aufhängung der Böden nicht setzten[155].

Die Ägyptische Brücke wurde am 22. August 1826 fertiggestellt und am 25. August, am Tag der Krönung Nikolaus' I., für das Publikum eröffnet (Abb. 1, 108). Auf Anordnung des Herzogs von Württemberg wohnten der feierlichen Eröffnungszeremonie die Zöglinge, Lehroffiziere und Professoren des Instituts des Corps der Verkehrswegeingenieure und der Militärbauschule sowie die in St. Petersburg stationierten Offiziere des Corps der Verkehrsingenieure bei[156]. Die endgültigen Kosten der Brücke beliefen sich auf ca. 180.000 Rubel. Im Oktober 1826 wurde dem ›bauleitenden‹ Oberst Traitteur in den Befehlen an das Corps der Verkehrswegeingenieure im Namen des Amtsleiters, des Herzogs von Württemberg, Dank ausgesprochen *»...für seine unermüdliche Tätigkeit beim Bau einer großen Kettenbrücke über die Fontanka und zweier kleiner für Fußgänger über den Katharinen-Kanal in diesem Jahr«*[157]. ›Besonderer Dank‹ für seine Teilnahme an den Arbeiten galt auch dem Hauptmann des Corps der Verkehrswegeingenieure, Hristianovič.

[154] Wiebeking, Carl Friedrich von. *Mémoire sur des ponts suspendus ...* , S. 34–35.

[155] RGIA, 206-1-587, Bl. 40–50 (Kostenvoranschlag, Abschnitt 7).

[156] Ibid., Bl. 317, 320.

[157] *An das Corps der Verkehrswegeingenieure 1824–1827 ergangene Befehle.* St. Petersburg, 1828, S. 189–190 (Befehl Nr. 99 vom 11. Oktober 1826).

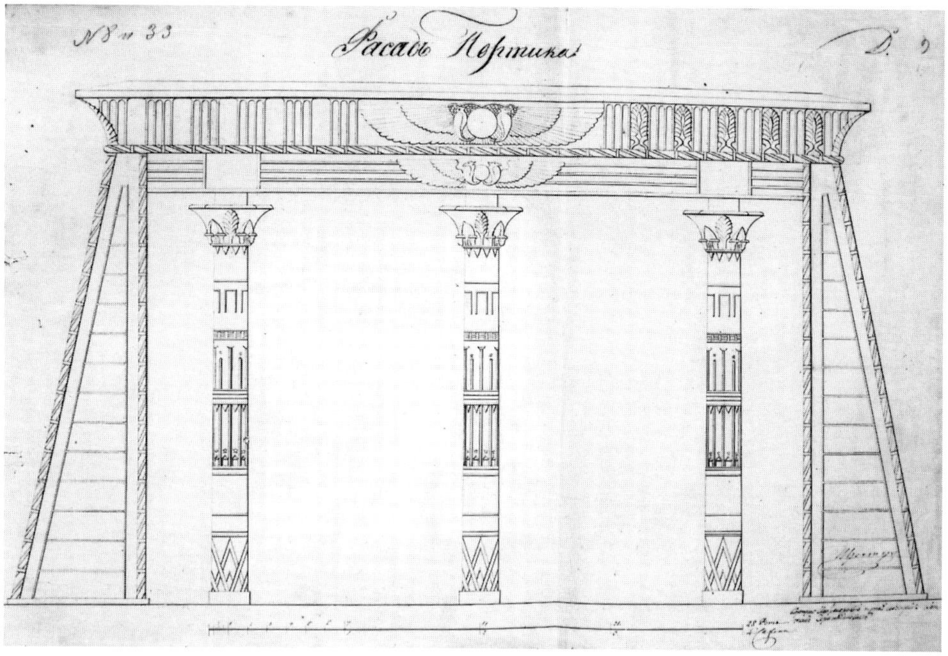

117 Ausgeführte Variante der Ägyptischen Brücke, mit dreisäuligem Pylon. Traitteur und Hristianovič, Juni 1825 (RGIA, 1487-4-208, Bl. 3)

Weiterentwicklung der Konstruktionsprinzipien

Ein Vergleich der technischen Daten von Panteleimon- und Ägyptischer Brücke ergibt, daß Traitteur in den zwei Jahren die Entwürfe seiner für den Straßenverkehr bestimmten Brücken mit großer Spannweite unter Beibehaltung des Tragwerktyps in wesentlichen Zügen geändert hat[158]. So hat die Ägyptische Brücke lediglich drei Reihen tragender Ketten mit einer Spannweite von 54,9 m sowie den üblichen Durchhang von 1/10 der Spannweite (Abb. 117, vgl. Abb. 100), eine beachtliche Reduzierung im Vergleich zum Entwurf der Panteleimon-Brücke mit ihren fünf tragenden Ketten. Das Tragwerk der Ägyptischen Brücke kann aber auch als Versuch gewertet werden, die konstruktiven Verhältnisse der meisten vergleichbaren zeitgenössischen englischen Brücken zu verbessern, bei denen üblicherweise zwei Kettenreihen eingesetzt wurden. Durch die von Traitteur verwendete dritte, mittlere Kette konnten einseitige Fahrbahnbelastungen günstiger abgetragen sowie Schrägstellungen und Torsionsschwingungen der Fahrbahn durch seitliche Einwirkungen (Wind) vermindert werden. Die Tragketten wurden bei der Ägyptischen Brücke bis auf die Höhe der Fahrbahn abgesenkt, um die Fahrbahnschwingungen zu verringern: »*... Pour diminuer les oscillations dans le corps de la charpente, il faut disposer les polygones caténaires de manière, qu'en leur milieu, ils se rapprochent le plus près possible de la courbe du plancher*«[159].

Die interessanteste Neuerung an der Kettenkonstruktion der Ägyptischen Brücke waren nach Wiebeking die Verbindungen der Kettenglieder ohne die damals üblichen Schlaufen[160]. Das Fehlen der Schlaufen, die eine doppelte Anzahl an Bolzen erforderten, wurde durch die abwechselnde Folge zweier Arten von Kettengliedern (Ringen) kompensiert. Diese waren aus gewöhnlichen flachseitig ›liegenden‹ und beidseitig dagegengesetzten Eisenbändern mit quadratischem Querschnitt gefertigt, die ineinander griffen und durch einen gemeinsamen Bolzen zusammengehalten wurden (Abb. 118). Jede Tragkette bestand aus zwei nebeneinanderliegenden Bändern, die wiederum aus 96 gewöhnlichen, 6 Fuß 3 Zoll (1,9 m) langen Gliedern und 192 (2 × 96) Doppelelementen derselben Länge zusammengesetzt waren. Die Länge des jeweils

[158] Die in diesem Kapitel aufgeführten Konstruktionsabmessungen sind dem 1831 verfaßten Übergabeprotokoll für die Ägyptische Brücke entnommen: RGIA, 206-1-1173 ›Akte zur Übergabe der Kettenbrücken und der Akten durch Generalmajor Traitteur an Major Mihailov und durch Major Mihailov an Oberst Adam. März 1831, August 1831‹, S. 7–16.

[159] Traitteur. *Pont Egyptien établi sur la Fontanka* ..., S. 187.

[160] »Ce qui est d'une grande valeur dans la construction du pont égyptien ..., se présente surtout dans la jonction des chaînes ... . Les membres des chaînes sont composés d'anneaux, et les boucles, appliquées ordinairement, y sont évitées« (Wiebeking, Carl Friedrich von. *Mémoire sur des ponts suspendus* ..., S. 29; Taf. 268 Abb. 3, 4).

[161] »Nous voyons que la grosseur de la section de toutes les six chaînes d'attache est de 42 pouces carrés, ainsi de 18 pcs plus grande que celle des chaînes de suspension; et cet arrangement mérite d'être imité, pour augmenter la résistance des premières. Il fut aussi appliqué par Mr. Telford aux ponts de Menai et de Conway« (Wiebeking, Carl Friedrich von. *Mémoire sur des ponts suspendus* ..., S. 29).

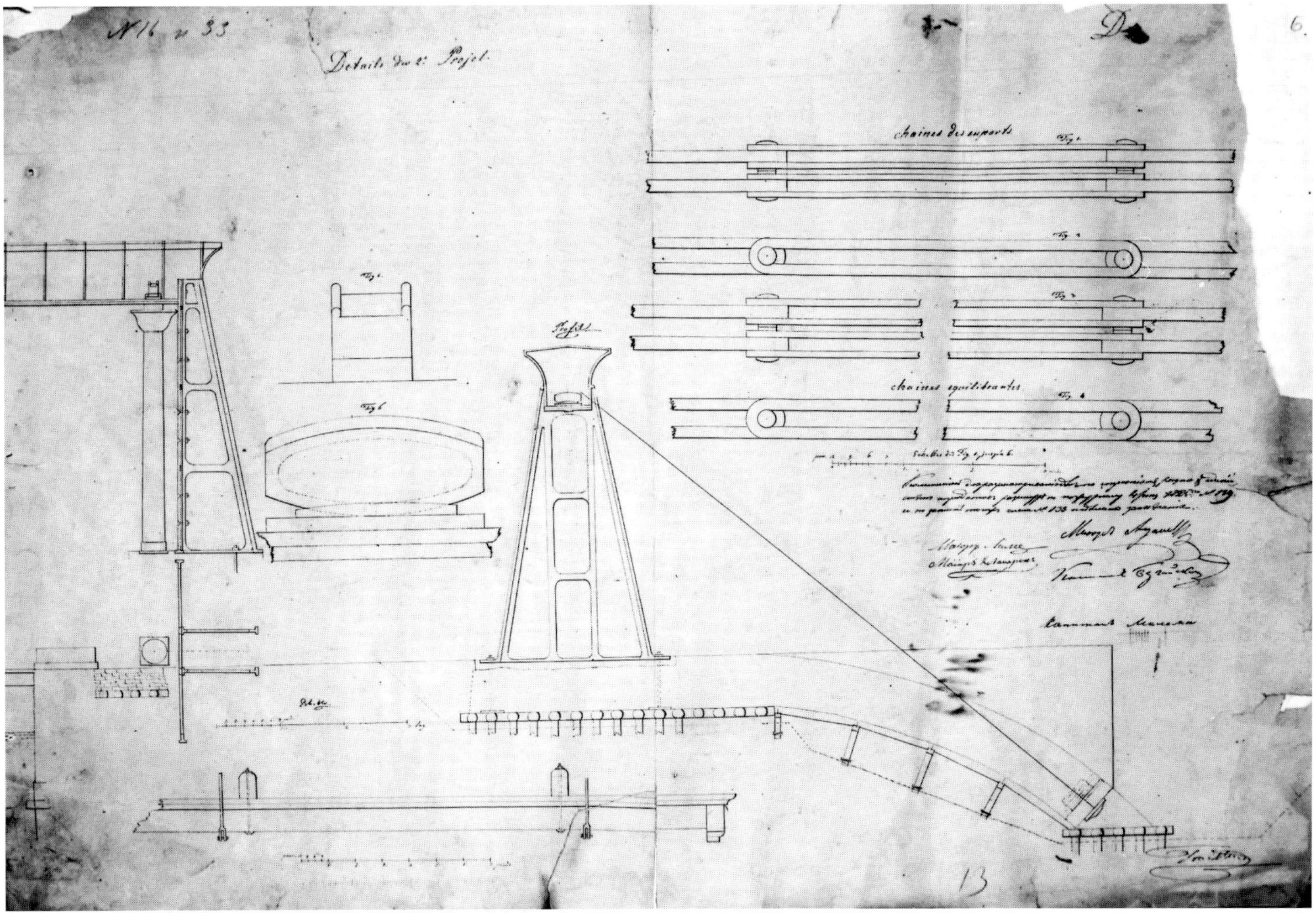

118 Konstruktiondetails der Pylone, der Ketten und der Abspannungen (Variante 2). Traitteur, Juni 1825 (RGIA, 1487-4-207, Bl. 6)

obersten Kettengliedes bei den Pylonen betrug 9 Fuß 4 Zoll (2,82 m). Die Breite der für die Kettenringe verwendeten Eisenbänder erreichte 2 Zoll bei einer Stärke von 1 Zoll; für die Doppelprofile wurden entsprechend 1 1/8 × 1 1/8 Zoll-Bänder eingesetzt. Die kleinste Gesamtquerschnittsfläche der Tragketten betrug 4 × 2 × 3 = 24 Quadratzoll. Die einzelnen Glieder wurden mit 186 Bolzen mit 2 3/8 Zoll Durchmesser und 6 1/2 Zoll Länge verbunden. Um die Längstoleranzen bei der Kettenmontage aufzufangen, wurden dreißig Bolzen der Länge nach halbiert und schließlich 14 von ihnen in der Mitte verkeilt, mit eisernen Hakenkeilen von je 6 1/2 Zoll Länge, 2 1/2 Zoll Breite und 1/4 bis 1/2 Zoll Stärke.

Die Abspannungen der Ägyptischen Brücke waren wie die Tragketten konstruiert, hatten jedoch einen etwas größeren Querschnitt (175 % des Tragkettenquerschnitts)[161]. Sie bestanden aus 24 gewöhnlichen (›breiten‹) Gliedern mit einer Länge von 6 Fuß 7 1/2 Zoll (2,02 m), einer Breite von 2 1/2 Zoll und einer Stärke von 1 1/4 Zoll sowie aus 48 (2 × 24) Doppelprofilen derselben Länge und 1 3/8 × 1 3/8 Zoll Querschnitt. Die Glieder der Abspannungen wurden über 48 Bolzen mit 7 1/2 Zoll Länge und 2 7/8 Zoll Durchmesser verbunden. Die Hälfte der Bolzen war jeweils der Länge nach halbiert zur Aufnahme von 7 1/2 Zoll langen, 2 3/4 Zoll breiten und 1 bis 2 1/2 Zoll starken Keilen. Der kleinste Profilquerschnitt eines jeden Bandes betrug 6,25 Quadratzoll (40,32 cm²), die Gesamtquerschnittsfläche der Abspannungen 6,25 × 2 × 3 = 37,5 Quadratzoll (241,9 cm²).

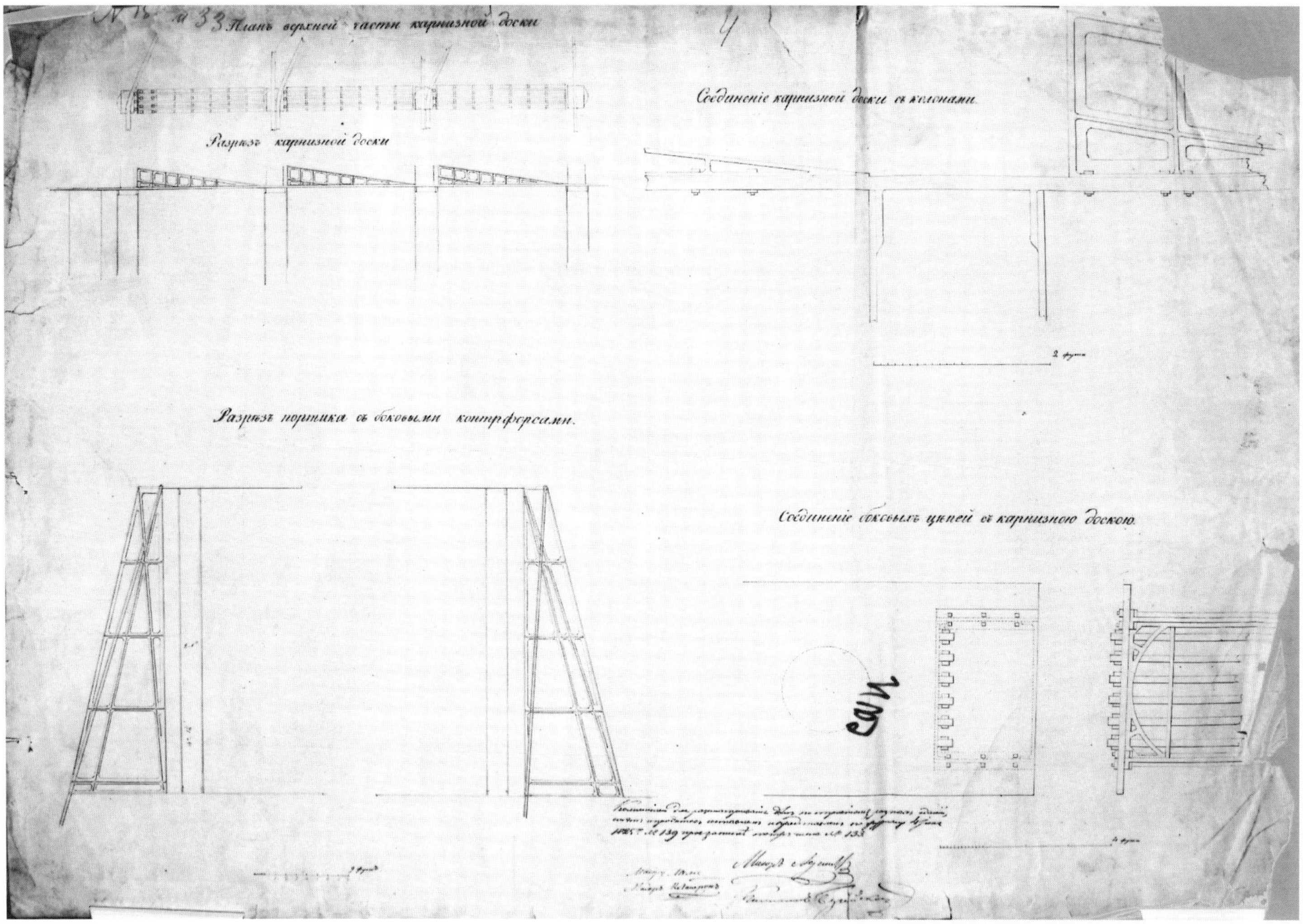

119 Ursprünglicher Entwurf zur Ägyptischen Brücke. Rahmenskelett der Pylone, konstruktive Details. Ohne Verfasserangabe, Juni 1825 (RGIA, 1487-4-207, Bl. 4)

Konstruktiv besonders anspruchsvoll bei der Ägyptischen Brücke waren die tragenden gußeisernen Portale, die wie bereits im Entwurf zur Panteleimon-Brücke als wichtigste Akzente des Bauwerks dessen Architektur bestimmten. Traitteur nahm jedoch wesentliche konstruktive Veränderungen vor, indem der auf die statisch einfachere Stütze-Träger-Lösung verzichtete und sich für ein räumliches Rahmenskelett mit eingestellten Druckstützen entschied (Abb. 117, 118). Die Portale der Ägyptischen Brücke bestanden aus pylonförmigen massiven Seitenpfeilern, die zugleich der Aussteifung der Rahmen dienten, und drei Rundsäulen, die durch einen Architrav verbunden waren[162]. Die 6,54 m langen und 66 cm starken ›ägyptischen‹ Säulen (oben: 50 cm) waren vollständig mit stilisierten Ornamenten überzogen und hatten reich gegliederte Kompositkapitelle (Höhe 65 cm).

Die Seitenpfeiler bestanden jeweils aus einem Dreieckrahmen mit zwei Querriegeln, die durch Bolzen verbunden und in Aussparungen in den Trottoirs eingelassen waren. Eine Vorstellung von der konstruktiven Entwicklung dieser Rahmen vermitteln zwei Zeichnungen der vorausgegangenen Entwurfsvarianten (Abb. 118, 119)[163]. Die schließlich ausgeführten Dreieckrahmen sind an der Basis jeweils 2,03 m lang, 7,18 m hoch und insgesamt 55 cm stark. Der Längsrahmen bzw. die zwischen den Querrahmen befestigte flache Vertikalstütze mit zwei Abspannungen hatte eine Länge von 3,22 m, eine Höhe von 7,18 m und eine Breite von 24 cm. Die ›Gefache‹ in den Dreieckrahmen wurden

[162] Die in dieser Arbeit dazu angeführten Konstruktionsbeschreibungen und Maße sind dem Übergabeprotokoll der Brücke von 1831 entnommen: RGIA, 206-1-1173, Bl. 8–15.

[163] RGIA, 1487-4-207, Bl. 4 ›Konstruktive Details des Portikus‹ (ohne Unterschrift; geprüft am 4. Juni 1825), Bl. 6 ›Details des 2. Projekts‹ (unterschrieben Oberst Traitteur; geprüft am 4. Juni 1825); RGIA, 1487-4-208, Bl. 3 ›Fassade des Portikus‹ (unterschrieben Traitteur, Hristianovič, ohne Datumsangabe).

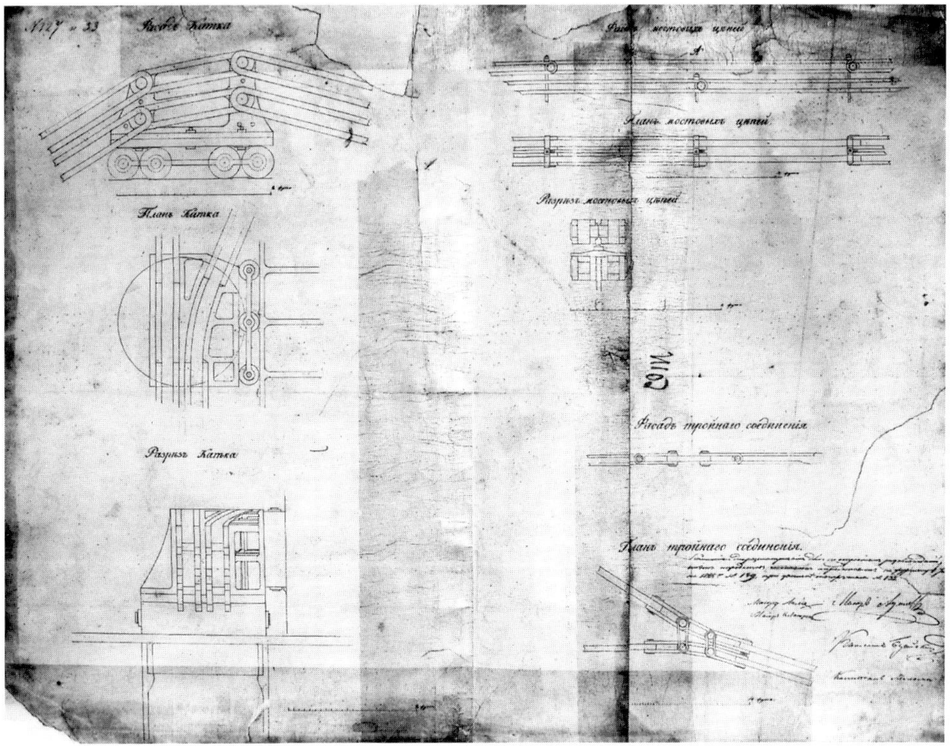

120 Ursprünglicher Entwurf zur Ägyptischen Brücke. Rollenlager für die Tragketten auf den Pylonen. Ohne Verfasserangabe, Juni 1825 (RGIA, 1487-4-274, Bl. 10)

danach mit Ziegeln ausgemauert und durch Gußeisenplatten mit Basreliefs in ›ägyptische‹ Pylone verwandelt: »*... on a pris soin de placer dans l'intérieur un massif de maçonnerie, pour donner plus de force à tout l'ensemble des supports et n'en former qu'une seule masse*«[164].

Im einzelnen wurden auf der Rahmenkonstruktion der Verstärkungspfeiler 112 mit Ornamenten versehene Eisenplatten und 60 Eisenbleche angebracht. Aufgrund der dreieckigen Form der Pfeiler hatten die gußeisernen Reliefplatten unterschiedliche Abmessungen: ihre Länge schwankte zwischen 1 1/3 und 6 3/4 Fuß (0,41 bis 2,05 m), ihre Höhe zwischen 1 Fuß 6 1/2 Zoll und 3 1/4 Fuß (0,47 bis 1,00 m). Die Reliefs waren feuervergoldet, die plastischen Gußeisenteile mit Bronzelack überzogen. Für das zweiseitige, stirnseitig verzierte »*Gesims und die plates-bandes mit vergoldetem Fries nach einer Zeichnung von Herrn Ingenieur-Oberst Traitteur*« bekam Baird 750 Rubel pro laufenden Sažen'. Die Anfertigung der Friesplatten für die Pylone der Ägyptischen Brücke war offensichtlich eine wesentlich aufwendigere Gußarbeit als der Portaldekor der Panteleimon-Brücke, bei der Baird 300 Rubel pro laufenden Sažen' verlangte[165].

Zur Verbesserung der allgemeinen Stabilität der gußeisernen Portale setzte Traitteur eine ›Gebälkbodenplatte‹ ein, die doppelt so stark war wie bei der Panteleimon-Brücke. Diese Platte gehörte zu den wichtigsten tragenden Teilen der Portalrahmenkonstruktion und verband die Säule mit den beiden Seitenpfeilern. Die über den Säulen liegende und als Architravboden in die Verstärkungspfosten eingesetzte Platte bestand aus zwei gleichen Hälften, die je 4 Sažen' 6 Fuß 8 Zoll (10,55 m) lang und 1 Fuß 8 1/2 Zoll (52 cm) breit waren. Diese Architravplatten und die quadratischen Kästen zur Aufnahme der Säulenköpfe waren in einem Guß gefertigt.

Im Entwurf zur Ägyptischen Brücke sah Traitteur, anders als bei der Panteleimon-Brücke, je drei Rollen unter den Kettenauflagern auf den Portalen vor. Traitteur war zurecht der Ansicht, daß dadurch unabhängig von der Elastizität

[164] Traitteur. *Pont Egyptien établi sur la Fontanka...*, S. 190. Eine vergleichbare konstruktive Lösung wurde kurz darauf bei der Errichtung eines weiteren berühmten St. Petersburger Bauwerks ›im ägyptischen Stil‹, dem Ägyptischen Tor in Carskoe Selo, gewählt (1827–1830, Architekt A. A. Menelas).

[165] RGIA, 206-1-587, Bl. 224v.

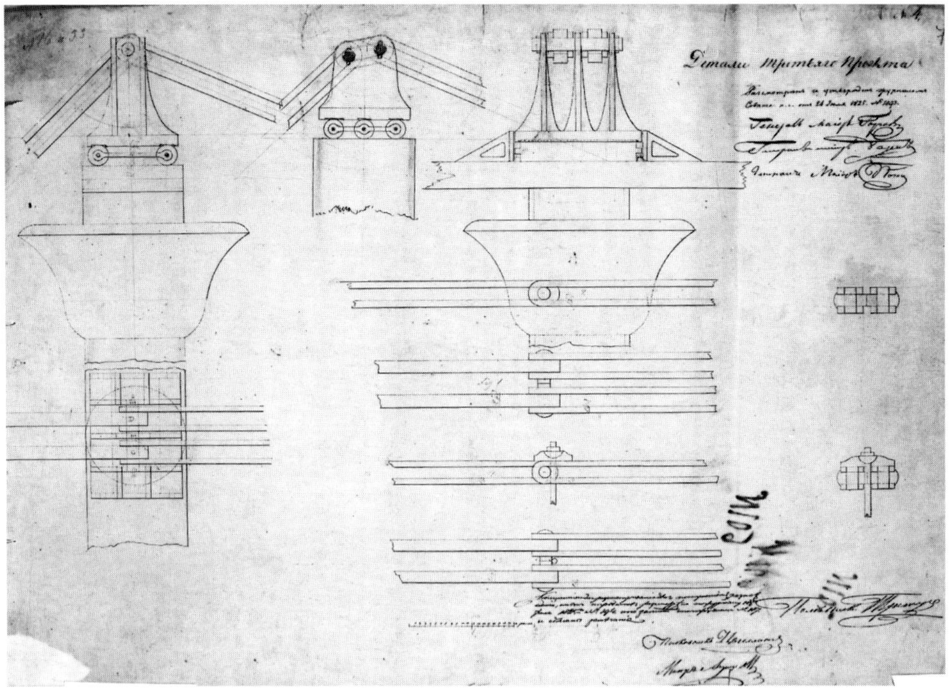

121 Konstruktiondetails der Rollenlager für die Tragketten (Variante 3). Traitteur, Juli 1825 (RGIA, 1487-4-207, Bl. 7)

der Abspannungen und der Nachgiebigkeit ihrer Verankerung eine ausschließlich vertikale Belastung der Pylone gewährleistet sei und der Einfluß von Wärmedehnungen in den Ketten auf die tragenden Portale reduziert werden könne: *»... Il est indispensable de placer sous les chaînes, aux points d'appui, des chariots mobiles qui, favorisant d'une part l'action de la température sur le fer, garantissent les chaînes des effets désastreux que cette action pourrait exercer sur elles, et qui, d'une autre part, tendent à retenir constamment les deux forces appliquées au pont d'appui dans une direction verticale commune. On sent combien cette disposition doit ajouter à la stabilité des supports«*[166]. Die Archivpläne zeigen drei Konstruktionsvarianten für die beweglichen Auflager (Abb. 120–122). Zur schließlich verwirklichten Version gehört eine Zeichnung mit einer leicht montierbaren Konstruktion aus drei gußeisernen Kästen, die auf die fixierende Längsrippe der Simsplatte ›aufgesetzt‹ wurden. Auf dem Deckel jedes Kastens befand sich je ein auf drei zylindrischen Rollen mit 6 Zoll (15,24 cm) horizontaler Bewegungsfreiheit gelagerter Stützenfuß[167]. An den beweglichen Elementen waren in unterschiedlichen Anspannwinkeln die Glieder der Tragketten scharnierartig befestigt. Die drei Rollenlager waren auf der Gebälkplatte zentrisch über den Säulenachsen angeordnet und durch das hohle gußeiserne Portalgebälk abgedeckt. Die Portale wurden in der Tiefe lediglich von vier bei den seitlichen Verstärkungspfeilern angeordneten Zugstangen mit rundem Querschnitt ausgesteift (Abb. 122, 123).

Im Gegensatz zum Fundamentaufbau der Panteleimon-Brücke konnten bei der Ägyptischen Brücke aufgrund der örtlichen Bodenverhältnisse die Abspannungen nicht in tiefen Schächten verankert und vertikal ausgerichtet werden. Deshalb wurde für die Fundamente der Ägyptischen Brücke eine *»für vergleichbare Brücken in England verwendete«* Lösung gewählt: Abspannungen und Ankerplatten wurden in Ziegelgewölben sorgfältigst eingemauert (Abb. 118)[168]. Zum Schutz vor Korrosion lagen die entsprechenden Abschnitte der Abspannketten in gußeisernen Rohren, die mit einem Gemisch aus Wachs und Pech gefüllt waren.

Jeweils zwischen den beiden Zügen einer Doppelkette waren an den Scharnieren der benachbarten Kettenglieder 93 Hänger angeordnet, die aus 3 Fuß

[166] Traitteur. *Pont Egyptien établi sur la Fontanka ...*, S. 187–188.

[167] RGIA; 1487-1-207, Bl. 7 ›Details des 3. Projekts: Auflager, Kasten, Kapitäle, Ketten‹ (unterzeichnet Oberst Traitteur, geprüft am 24. Juli 1825); RGIA, 1487-1-225, Bl. 10 ›Details von Auflager, Kasten und Simsplatte‹ (ohne Datumsangabe. Unterschriften: Traitteur, Hristianovič). Die Auflagerkonstruktion der Ägyptischen Brücke wurde später schematisch dargestellt in: Wiebeking, Carl Friedrich von. *Mémoire sur des ponts suspendus ...*, Taf. 268 Abb. 5.

[168] RGIA, 206-1-587, Bl. 3v; s. auch RGIA, 1487-4-210 ›Rostwerk für die Uferwiderlager, Gerüste zum Einrammen der Pfähle, Gewölbe der Kettenbrücke. Pläne. 1826‹.

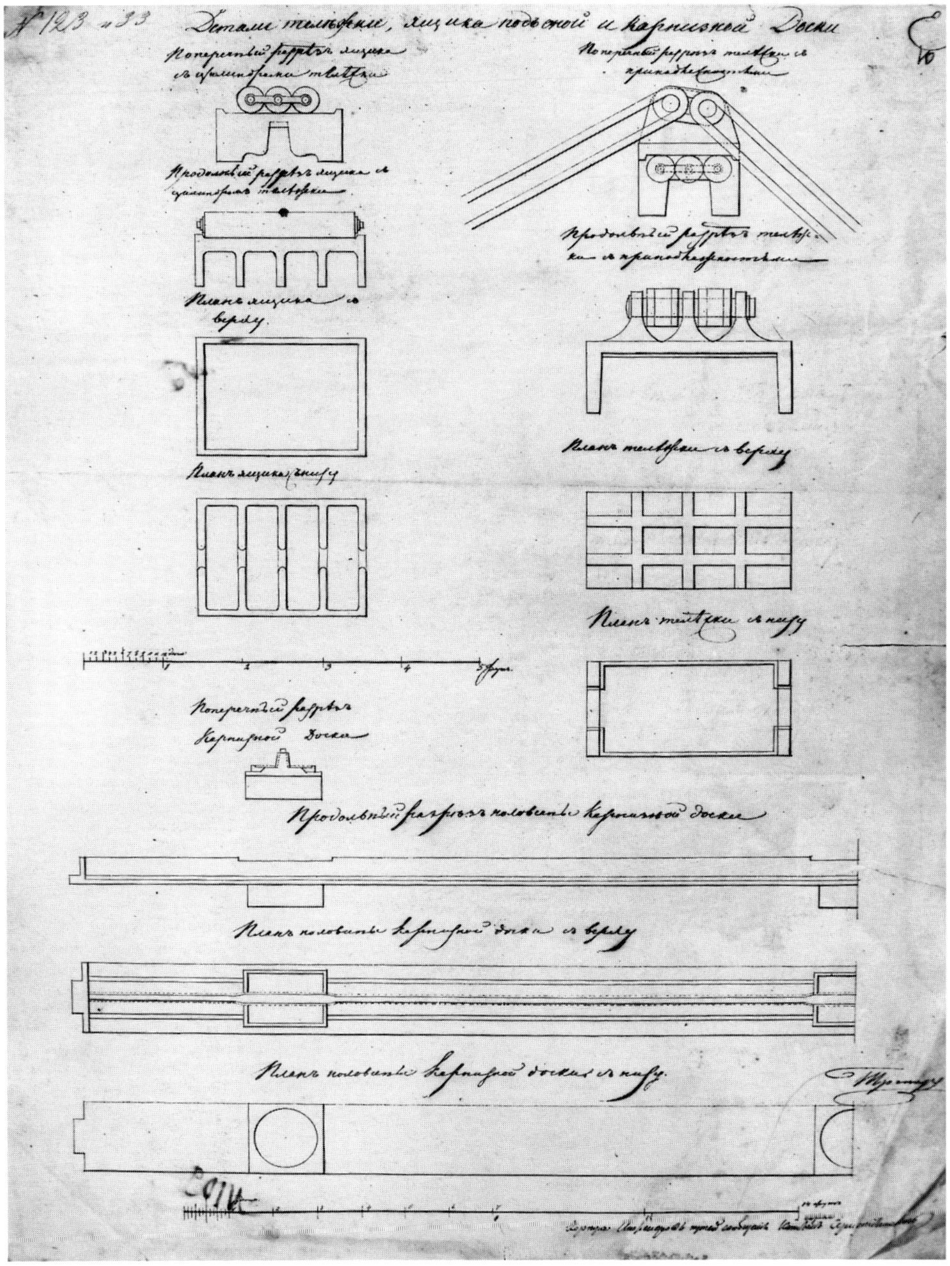

122 Rollenlager für die Tragketten, ausgeführte Variante. Traitteur und Hristianovič, undatiert (RGIA, 1487-4-225, Bl. 10)

4 1/2 Zoll bis 3 Sažen' 1 Fuß 3 Zoll (1,03 bis 6,77 m) langen Eisenstäben mit 1 Zoll Durchmesser gefertigt waren. Ihre Befestigungen waren mit denen der Panteleimon-Brücke vergleichbar: die Stangen wurden an kleinen gußeisernen Platten mit halbkugelförmigen, pfannenartigen Gelenklagern befestigt, in denen leichte Drehbewegungen der Hänger bei Verformungen der Brücke möglich waren. Die unteren Enden der Hänger umschlossen zangenartig drei parallele Reihen längslaufender ›Eisensohlen‹, die wesentlichen tragenden Elemente der Brückenfahrbahn[169]. Jeder Längsträger bestand aus acht aufeinanderfolgenden, 3 Zoll hohen und 3/4 Zoll starken Eisenbändern, die an den Stößen mit Bolzen verbunden waren. Auf die Längsträger wurden jeweils in einem Abstand von 5 Fuß (1,52 m) Querbalken aus Kiefernholz mit einer Länge von 5 Sažen' 10 Zoll und einem Querschnitt von 10 1/2 × 7 1/2 Zoll (31 Stück) aufgebracht. Auf die Balken wurden in zwei Schichten Bohlen ver-

[169] RGIA, 1487-4-225, Bl. 6 ›Querschnitt des Brückenbodens‹ (unterschrieben Traitteur, Hristianovič, ohne Datumsangabe).

123 Das ›Pylongebälk‹ der Ägyptischen Brücke mit den verdeckten Rollenlagern der Tragketten (CGA KFFD, E 5895)

legt; zum Schutz der tragenden Holzkonstruktion gegen Nässe war die oberste Schicht teergetränkt und abgedichtet.

Die Fahrbahn der Ägyptischen Brücke war 11,8 m breit und im Längsprofil zur Brückenmitte hin um etwa 1/30 der Spannweite aufgewölbt. Die Holzbohlen der Fahrbahn waren an den Ketten so befestigt, daß ihr statisches Verhalten in Querrichtung dem eines Zweifeldbalkens mit Entlastungsauskragungen (Abmessungen 1,9 + 3,9 + 3,9 + 1,9 m) entsprach (Abb. 124). Diese konstruktive Besonderheit wurde später von Wiebeking als technische Neuerung des Traitteurschen Entwurfs hervorgehoben[170]. Wie auch im Entwurf zur Panteleimon-Brücke war die Fahrbahn durch vier Abweiser aus Eichenbalken, die konstruktionsverstärkend wirkten und die Ketten vor Stoßeinwirkung schützten, in ›Fahrspuren‹ getrennt. Der hölzerne Unterbau der Fahrbahn wurde auf speziellen Gerüsten mit Hilfe von Eisenheftbolzen montiert: »*... Il faut assembler les différentes parties de la charpente par des poutrelles et des boulons en fer, le plus solidement possible, de manière à n'en former qu'une seule masse*«[171].

Die gußeisernen Geländer der Ägyptischen Brücke waren nicht mit den Tragketten verbunden und an separaten Auskragungen, jeweils durch konstruktive Fugen getrennt, befestigt. Für den Gitterdekor seiner neuen Verkehrsbrücke nahm Traitteur praktisch das Gestaltungsmuster seiner ersten Kettenbrücken der Jahre 1823–1824 sowie die für den Empire typischen Motive ineinandergreifender Ovale auf (vgl. S. 197)[172].

In einem Rapport vom Juni 1828 resümierte Traitteur die ersten Nutzungsjahre seiner Brücken und formulierte Empfehlungen für den Entwurf derartiger Bauwerke. Diese Empfehlungen geben Aufschluß über die konstruktiven Unterschiede zwischen Panteleimon- und Ägyptischer Brücke sowie über die technischen Schwerpunkte der Entwürfe zu den ersten Petersburger Kettenbrücken für den Fahrverkehr[173]:

[170] »... les trottoirs sont placés devant les deux lignes extérieures des suspensoirs: distribution qui mérite toute approbation. Les charges qui passent le pont sont, de cette manière, très convenablement distribuées (Wiebeking, Carl Friedrich von. *Mémoire sur des ponts suspendus* ..., S. 29–30).

[171] Traitteur. *Pont Egyptien établi sur la Fontanka* ..., S. 188; RGIA, 1487-4-218 ›Auf- und Grundriß der ständigen Gerüste in der Fontanka‹ (unterschrieben Traitteur, Hristianovič, ohne Datumsangabe).

[172] Eine Vorstellung des Gittermusters vermitteln eine Photographie von Fragmenten der Ägyptischen Brücke nach ihrem Einsturz 1905: Petersburger Zentrales Staatliches Archiv für Film-, Photo-, und Audiodokumente (CGA KFFD, E 5896/5897) sowie eine erhaltene Zeichnung des gleichgestalteten Gitters für die Postbrücke (RGIA, 1487-4-225, Bl. 2 ›Profil des Gitters auf dem Brückendeck. Dezember 1825‹ (Unterschriften: Traitteur, Hristianovič).

[173] RGIA, 206-1-843 ›Correspondance de 3 ponts en chaînes. 1828‹, Bl. 46–49.

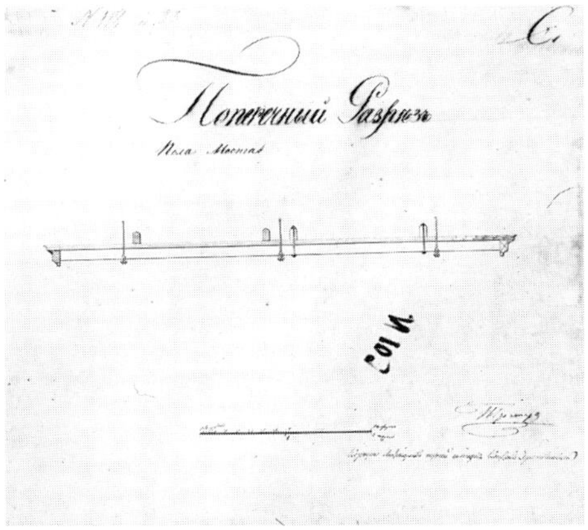

124 Fahrbahnprofil der Ägyptischen Brücke (RGIA, 1487-4-225, Bl. 6)

1. Es sind vornehmlich Fundamente mit gemauerten Gewölben einzusetzen. Bei sparsamem Umgang mit dem Material geben derartige Fundamente die Möglichkeit, die Richtung der Abspannungen von den Portiken bis zu den Ankerplatten beizubehalten.
2. Im Fundament liegende Abspannglieder sind austauschbar anzubringen. Damit diese Teile besser erhalten bleiben, sind sie in talggefüllten Gußrohren unterzubringen.
3. Als Tragstützen sind vorteilhafterweise gußeiserne Portiken einzusetzen, auf denen an den Stellen, an denen die Ketten eingehängt werden, Rollenlager einzubauen sind.
4. Zur Erhöhung der Zuverlässigkeit sind die Tragketten aus ringförmigen Längsgliedern mit rechteckigem Querschnitt zu entwerfen. Der Einsatz kurzer Ringe als Gliederverbindungen ist zu vermeiden. Anstatt der Ringe ist die Verwendung einzelner Querbolzen zweckmäßig.
5. Als Auslegungsspannung ist der Wert 8 Tonnen pro Quadratzoll zu verwenden. Bei den Kettenzugprüfungen ist von einer Kraft von 12 Tonnen pro Quadratzoll auszugehen.
6. Die Brückenketten sind so anzuordnen, daß der Abstand zwischen ihnen und der Fahrbahn in der Mitte der Spannweite 6 Zoll nicht überschreitet.
7. Es ist ein Geländer zu verwenden, das aus einzelnen Abschnitten besteht, damit sich jeder Abschnitt bei Schwingungen der Brücke unabhängig bewegen kann.
8. Um das Eindringen von Feuchtigkeit in das Fundament zu vermeiden, sind sämtliche Mauerfugen mit Gußeisenmastix abzudichten. Die Ketten sind jährlich, die Gußteile der Brücke alle zwei Jahre mit Ölfarbe zu streichen.
9. Die an den Abspannungsfundamenten aufgestellten gußeisernen Poller sollen mindestens 1/2 Zoll Wandstärke haben und sind möglichst fest an den Fundamenten zu befestigen, um Stöße der Kutschen gegen die Abspannungen zu vermeiden.
10. Der untere Teil der Brückenfahrbahn ist bei jeder Neuverlegung des Holzbelags zu teeren und zu kalfatern.

Die Ägyptische Brücke als Denkmal frühromantischer ›Eisenarchitektur‹

Auch in ihrer Architektur unterschied sich die Ägyptische Brücke wesentlich von der Panteleimon-Brücke. In der Tat illustrieren beide Bauwerke das sich abzeichnende Ende der ›Alleinherrschaft‹ des Klassizismus und die Umorientierung der Petersburger Architektur hin zu einem neuen Entwurfsverständnis und damit auch zu einem neuen Stil, der in der Folgezeit als historistisch bzw. romantisch bezeichnet wurde[174]. Der für den frühen Historismus typische Rückgriff auf die unterschiedlichsten stilistischen Vorbilder, die in eine recht freie und funktionell sinnvolle Komposition einflossen, führte in die Petersburger Architektur Motive des europäischen Mittelalters (›gotischer‹ Stil der Panteleimon-Brücke u. a.), nationaler historischer Anregungen (›russischer‹ Stil) sowie vielfältiger exotischer ›orientalischer‹ Quellen ein. In der letztgenannten Architekturrichtung der europäischen und russischen Frühromantik spielte der ›ägyptische‹ Stil eine bemerkenswerte Rolle[175]. Eines der ersten und herausragenden russischen Beispiele dieses ›Architekturstils‹ ist wohl die Ägyptische Brücke Traitteurs, die zu Recht als eines der wichtigsten Werke in der russischen Eisenarchitektur des frühen Historismus gilt (Abb. 1, 125)[176].

Traitteurs Hinwendung zum ›ägyptischen Stil‹, einer für die traditionelle russische Architektur und das klassizistische Petersburger Stadtbild unge-

[174] Nerdinger, Winfried (Hrsg). *Romantik und Restauration. Architektur in Bayern zur Zeit Ludwigs I. 1825–1848. Katalog zur Ausstellung.* München, 1987.

[175] Vogel, Hans. *Ägyptisierende Baukunst des Klassizismus.* Zeitschrift für Bildende Kunst, 62 (1928/1929), S. 160-165; Carrot, Richard G. *The Egyptian Revival. Its Sources, Monuments and Meaning. 1808–1858.* Berkeley, Los Angeles, London, 1978.

[176] In der modernen russischsprachigen Literatur wird bei der Behandlung der Baukunst des Historismus bzw. Eklektizismus (1830 bis 1850er Jahre) dessen erste Phase gewöhnlich als ›romantisch‹ oder ›früheklektizistisch‹ bezeichnet.

125 a Modell der Ägyptischen Brücke im Maßstab 1:56, Anfang 1830er Jahre. Blick auf die Portale (CMŽT, Nr. KP 166)

125 b Modell der Ägyptischen Brücke, Anfang 1830er Jahre. Gesamtansicht (CMŽT, Nr. KP 166)

126 Pont des Invalides über die Seine in Paris. Navier, 1822–1823. ›Ägyptische‹ Säule und Abspannung (Navier. *Rapport … et mémoire sur les pont suspendus*, Taf. 12, Ausschnitt)

wöhnlichen Stilrichtung, kann auf zweierlei Gründe zurückgeführt werden. Sie hing zum einen sicherlich damit zusammen, daß die altägyptische Kunst nach Erscheinen der monumentalen Description de l'Egypte in ganz Europa ›in Mode‹ war[177]. Die Abbildungen dieser Veröffentlichungen fanden prompt ihren Niederschlag in Entwürfen und Bauwerken vieler großer europäischer, etwas später auch nordamerikanischer Städte[178]. Bemerkenswert ist dabei, daß die Vorbilder dieses Stils die mit klassizistischen Formen vertrauten Menschen der damaligen Zeit nicht so sehr durch ihr exotisches Äußeres als vielmehr durch ihre erhabene Monumentalität faszinierten, die sowohl den spätklassizistischen Idealen als auch denen der ›Revolutionsarchitektur‹ entsprach. Bereits zu Beginn des 19. Jahrhunderts wurden ägyptische Bauformen von führenden Petersburger Architekten aufgegriffen[179]. Noch früher konnte Traitteur Gestaltungsbeispiele derselben Stilvorlagen in der badischen Residenzstadt Karlsruhe sehen[180].

Ein anderer Grund scheint jedoch von größerer Bedeutung zu sein. In den 1820er und 1830er Jahren avancierte der ›ägyptische Stil‹ praktisch zur inoffiziellen Stilnorm der größten europäischen Kettenbrückenprojekte. Das bedeutendste Beispiel dieser Architekturauffassung kam aus Frankreich. 1824, ein Jahr vor Errichtung der Petersburger Ägyptischen Brücke, begann man in Paris gegenüber dem *Dôme des Invalides* mit dem Bau einer neuen Kettenbrücke über die Seine nach einem im Juli 1823 genehmigten Entwurf des französischen Ingenieurs und Wissenschaftlers C.-L.-M.-H. Navier (Abb. 87, 126). Die tragenden Pylone der einfeldrigen *Pont des Invalides* mit einer Spannweite von 170 Metern hatten die Gestalt eines massiven, an den Tempel von Luxor erinnernden Säulenpaares von je 15 m Höhe und 3,3 m Durchmesser an der Basis. Die Bodenverankerungen der Abspannungen waren mit aufgesockelten liegenden Löwen verziert. Im September 1826, kurz nach Aufhängung der Ketten, kam es wegen eines zufälligen Rohrbruchs mit anschließender Fundamentunterspülung am Seineufer zu einem bedrohlichen Absacken der Stützen. Obwohl der Entwurf technisch einwandfrei war und die Setzungen behoben werden konnten, beschloß der Pariser Stadtrat, die Brücke wieder zu demontieren. Als Grund dafür wurde auch genannt, daß die mit ägyptischen Motiven gestaltete Brücke nicht zu den Gebäudeensembles der Umgebung passe, allen voran dem *Dôme des Invalides*[181].

Der in erster Linie durch seine fundierte wissenschaftlich-theoretische Bearbeitung bemerkenswerte Entwurf Naviers wurde noch im Jahr des Entwurfs, 1823, mit detaillierten Berechnungen in einem Werk veröffentlicht, das praktisch als erstes Lehrbuch zur Konstruktion von Hängebrücken gelten kann[182]. Von der Bekanntheit dieses Werk zeugt die häufige Verwendung des von Navier eingeführten Titels ›Mémoire sur les ponts suspendus‹ bei späteren

177 Nach der Niederlage der französischen Truppen und dem Rückzug Napoleons aus Ägypten 1801 begann die französische Regierung, die während des Ägypten-Feldzugs 1798–1801 gesammelten und im Eigentum der Autoren verbliebenen Materialien zu veröffentlichen. Die Publikation wurde erst 20 Jahre später, nach Napoleons Verbannung, unter Ludwig XVIII. abgeschlossen: [Commission des monuments d'Egypte, Hrsg.] *Description de l'Egypte, ou, Recueil des observations et de recherches qui ont été faites en Egypte pendant l'expédition de l'armée française, publié par les ordres de Sa Majesté l'Empereur Napoleon le Grand.* 20 Bde. Paris, 1809–1828 (Text 9 Bde., Tafeln 11 Bde). Dem Hauptwerk ging eine dreibändige Veröffentlichung voraus, die den aufkommenden ›ägyptischen Stil‹ in Europa zu Beginn des 19. Jahrhunderts wesentlich beeinflußt hat: Denon, Dominique Vivant. *Voyage dans la Basse et la Haute Egypte pendant les campagnes du général Bonaparte.* 3 volumes. Paris, 1802.

178 Carrot, Richard G. *The Egyptian Revival … .*

179 Ausgeführte Beispiele: Ägyptisches Vestibül des Palast von Pavlovsk (Architekt A. N. Voronihin, 1805–1807), Brunnen mit Sphingen am Pulkovskaja-Berg (Architekt Thomas de Thomon, 1809), diverse Dekorationsmotive in Gitterformen und Innengestaltungen.

180 Zu den wenigen ägyptischen Architekturen in der badischen Residenzstadt des beginnenden 19. Jahrhunderts gehören die ›Pylonfassade‹ der Synagoge Kronenstraße/Ecke Lange (Kaiser-) Straße (1798–1800); die Sphingen beim Gartenhaus des Markgräflichen Palais (1801–1803); die Pyramide am Marktplatz (hölzerne Version 1807; Steinbau 1823–1825, Architekt jeweils Friedrich Weinbrenner). Verzierungen im Ägyptischen Stil finden sich in F. Weinbrenners Manuskript für sein *Architektonisches Lehrbuch (Heft über Dekoration)*, entstanden 1810–1826 (Südwestdeutsches Archiv für Architektur und Ingenieurbau).

181 Picon, Antoine. *Navier and the Introduction of Suspension Bridges in France … ,* S. 27–29.

182 Navier, Claude-Louis-Marie-Henri. *Rapport à Monsieur Becquey, Conseiller D'Etat, Directeur Général des Ponts et Chaussées et des Mines; et mémoire sur les ponts suspendus.* Paris, 1823. 1830 erschien das Buch in zweiter überarbeiteter Auflage mit einer detaillierteren Beschreibung der Brücke und 1827 verfaßten Artikeln zur Verteidigung der gewählten konstruktiven Lösung.

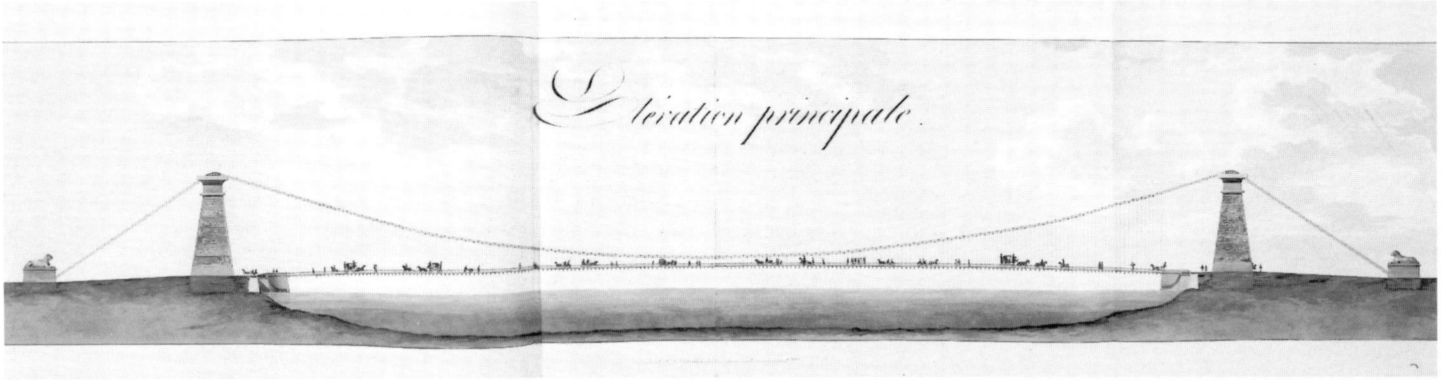

127 Entwurf zu einer Hängebrücke über die Neva in St. Petersburg am Ort der Isaaks-Brücke (Pontonbrücke), Bazaine, 1825. Aufriß, Spannweite 311,5 m (RGIA, 1399-1-684, Bl. 1)

Publikationen über Hängebrücken[183]. Die französischsprachige Mehrheit des russischen Corps der Verkehrswegeingenieure bedachte Naviers Entwurf mit großer Aufmerksamkeit. So geht aus dem in den Archiven erhaltenen Schriftwechsel hervor, daß Traitteur bereits in seiner ersten Entwurfsversion für die Panteleimon-Brücke liegende Sphingen vorgeschlagen hatte[184]. Tatsächlich ausgeführte vollplastische Tierfiguren (Greifen, Löwen) als Kettenhalter sind in den Entwürfen der ›zweiten Baureihe‹ von Traitteurs Petersburger Kettenbrücken zu finden, die zwei Jahre nach dem Erscheinen von Naviers Buch entstanden.

1825 wurde Naviers Lösung in zahlreichen Aspekten bei einem von Bazaine unter Mitwirkung von Lamé und Clapeyron entworfenen Hängebrückenprojekt über die Neva aufgenommen (Abb. 127, 128)[185]. Die Brücke war an Stelle der Isaaks-Schwimmbrücke geplant, die von Bétancourt entworfen und von Traitteur erbaut worden war (1819–1821). Im August desselben Jahres stellten die Autoren ihre Arbeit in einem Artikel vor und verwiesen dabei ohne Verweis auf die bereits existierenden Petersburger Erfahrungen mit vergleichbaren Bauwerken unmittelbar auf die Veröffentlichungen und Erfahrungen Naviers: *»… Nous avons pour nous guider des antécédents favorables: la théorie des ponts suspendus, si complètement développée dans l'ouvrage de M. Navier, ne laisse plus rien à désirer; l'expérience a également appris sur eux à-peu-près tout ce qu'on avait à lui demander, et les ingénieurs civils peuvent maintenant entreprendre la construction d'un pont en chaînes avec autant d'assurance que celle d'un pont en pierre ou en bois«*[186]. Die konstruktive Lösung der Bazaineschen Brücke war ein Versuch, die von Navier vorgelegten Bauteile und Details für eine wesentlich größere Spannweite (311,5 m) und schwierigere Bodenverhältnisse weiterzuentwickeln. Die Architektur des Petersburger Entwurfs wiederholte im großen und ganzen die der Seinebrücke. Die Bazainesche Komposition der Pylone an sich kann dabei durchaus als Weiterentwicklung des ›ägyptischen Stils‹ bezeichnet werden. Die aus Granitblöcken bestehenden Pylone zeigten in ihrer Seitenansicht eine betont pyramidale und in der Vorderansicht eine stereometrisch klare, rechteckige Form (Höhe 34 m; Sohlbreite 12,8 m; Breite am oberen Abschluß 4,3 m). Ihre Verhältnisse und Komposition seien *»… en tout semblables à la porte d'Athènes, représentée dans l'ouvrage de l'Institut d'Egypte«* (die Autoren beziehen sich hier auf das Große Tor Ptolemaios' III. Euergetes vor dem Chons-Tempel von Karnak). Die Monumentalität der Pylone wurde durch Löwenfiguren unterstrichen[187]. Sie unterschieden sich von ihrem ägyptischen Vorbild durch ein siebenreihiges gußeisernes Basrelief mit Szenen aus den Kavallerieschlachten des napoleonischen Kriegs von 1812 (Abb. 128). Trotz dieses Versuchs, mit der Architektur des neuen Bauwerks an die Bildprogramme der plastischen Werke (vor allem militärische Motive aus Eisenkunstguß) an den unweit gelegenen öffentlichen Gebäuden des neuen klassizistischen

[183] z. B.: [Lamé, Clapeyron] *Mémoire sur les ponts suspendus …* . 1826; Wiebeking, Carl Friedrich von. *Mémoire sur des ponts suspendus construits dans le dernier temps en Angleterre et en Russie …* . 1832, etc.

[184] RGIA, 206-1-587, Bl. 231–233.

[185] Zwei gleichartige Alben mit Projektzeichnungen dieser Neva-Brücke befinden sich in: RGIA, 1399-1-684 ›Projet d'un Pont en chaînes à construire sur la Grande Neva vis-à-vis l'Eglise de St. Isaac. Par le Général Major Bazaine assisté de Majors Lamé et Clapeyron‹ (11 Blätter, alle unterschrieben: projeté par le Général Major Bazaine; dessiné par la Major Adam), und im Centre Canadien d'Architecture (CCA, Montreal, DR 1980:019:2-8). Ein Blatt des Entwurfs befindet sich in der Sammlung von Zeichnungen Bazaines der Wissenschaftlich-technischen Bibliothek der Staatlichen Petersburger Universität für Verkehrswege Nr. 18560, I-11.

[186] *Description d'un pont suspendu de 1022 pieds d'ouverture, projeté par M. Bazaine, ingénieur au Corps royale des ponts et chaussées de France, général-major du génie au service de Russie, et par MM. Lamé et Clapeyron, ingénieurs au Corps royal des mines, majors du génie au service de Russie.* Annales des Mines, Paris, 1825, S. 269.

[187] ›Le point où chaque rang de chaîne de retenue pénètre dans le sol, est recouvert par un piédestal surmonté d'un sphynx, dont les proportions et les formes sont pris dans l'ouvrage publié par l'Institut d'Egypte‹ *(Description d'un pont suspendu de 1022 pieds d'overture, projeté par M. Bazaine …*, S. 275).

128 Entwurf zu einer Hängebrücke über die Neva, Bazaine, 1825. Aufrisse des Pylons. Höhe 34 m (RGIA, 1399-1-684, Bl. X)

Petersburger Zentrums anzuknüpfen, fielen Proportionen und Stil der Bazaineschen Brücke, wie auch der Navierschen in Paris, nur allzu deutlich aus dem gegebenen architektonischen Kontext heraus[188].

Bazaines Entwurf nahm einen würdigen Platz in der Vielzahl der nicht verwirklichten Entwürfe zu ortsfesten Neva-Brücken ein[189] und beeinflußte zwangsläufig den zur gleichen Zeit im Corps der Verkehrswegeingenieure entstehenden Entwurf zur Ägyptischen Brücke über die Fontanka. Berücksichtigt man die ablehnende Haltung Traitteurs zu übermäßiger Monumentalität in der Architektur damaliger Kettenbrücken[190], liegt die Vermutung nahe, er habe beschlossen, einen Wettbewerb mit seinem namhaften französischen Kollegen Navier ›in Abwesenheit‹ und mit dem Leiter des Instituts des Corps der Verkehrswegeingenieure Bazaine ›in Anwesenheit‹ auszufechten und für die zweite Verkehrsbrücke in St. Petersburg seine eigene gestalterische Lösung zum Thema ›Ägyptische Hängebrücke‹ vorzulegen.

An die Stelle der hochaufragenden, monumentalen Säulenportale der Navierschen Brücke in Paris traten bei der Petersburger Brücke niedrige Eisenportale mit betonten Horizontalen, die sich recht harmonisch in die Perspektive der Fontanka-Kais einfügten (Abb. 117, vgl. Abb. 133). Die von Traitteur entworfenen Portale[191] erinnerte an die Fassaden des Tempels von Kalabscha und des Hathor-Tempels in Dendera bzw. an deren Darstellungen in der *Description de l'Egypte*, ein Motiv, das in der westeuropäischen Architektur des beginnenden 19. Jahrhunderts häufig zu finden ist (Abb. 129–131). Die Archivmaterialien belegen, daß Traitteur sich mit der Formensprache der historischen Vorlagen für seine Bauwerke bis ins Detail auseinandergesetzt hat (Abb. 132). So verfaßte er als Antwort auf den Vorschlag des Rats für Verkehrswege, den mittleren Teil der Portalschauseite zu ändern und die übereinanderliegenden gleichartigen ägyptischen Motive durch unterschiedliche zu ersetzen, einen umfassenden Bericht, in dem er seine Lösung verteidigt und dabei sein Verständnis der Eigentümlichkeiten des ›ägyptischen Stils‹ darlegt[192]:

[188] So sollten die Pylone in Bazaines Brückenprojekt mehr als doppelt so hoch werden wie die Hauptbauten des 1823 vollendeten Gebäudekomplexes der Admiralität.

[189] Kočedamov, V. *Projekty postojannogo mosta na Neve (Entwürfe zu einer ortsfesten Brücke an der Neva)* ..., S. 189–220.

[190] Vgl. sein Anfang 1825 erschienenes Buch: Traitteur, G. de. *Description des ponts en chaînes exécutés à St. Pétersbourg* ... , St. Petersburg, 1825, S. 12–13.

[191] Eine Vorstellung von den Entwurfsvarianten und Details der ›Portiken‹ vermitteln die von Traitteur unterschriebenen Zeichnungen in RGIA, 1487-4-208, Bl. 1–7.

[192] RGIA, 206-1-587, Bl. 303–305.

129–134 Materialien der Ägypten-Expedition Napoleons als Vorlagen für den ›ägyptischen Stil‹ in der Petersburger Baupraxis:

129 Tempel in Qau el-Kebir/Antaioupolis (*Description de l'Egypte ...* , A, Bd. 4, Taf. 42)

»1. In allen klassischen Werken, welche Darstellungen ägyptischer Baudenkmäler enthalten, besteht das Emblem, das sich in der Simsmitte der Brückenportiken zu befinden hat, immer aus zwei gleichartigen Figuren, die übereinander liegen ebenso wie die auf dem Entwurfsplan dargestellten, der durch den Rat für Verkehrswege am 24. August 1825 genehmigt worden war.... Folglich, wenn es beliebt, den unteren Teil dieses bereits vollendeten und am Gesims der Portiken angebrachten Emblems durch eine andere Verzierung zu ersetzen, muß kraft der Wichtigkeit dieses Gegenstands, der ein neues recht teueres Modell erforderlich macht, außerdem eine neue Ausgabe getätigt werden, und diese Verzierung wird nicht richtig sein.

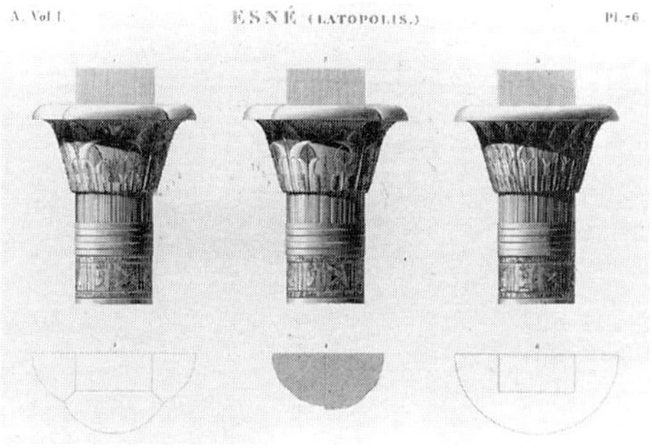

130 Tempel in Esna/Latopolis, drei Kapitelle der Vorhalle (*Description de l'Egypte ...* , A, Bd. 1, Taf. 76)

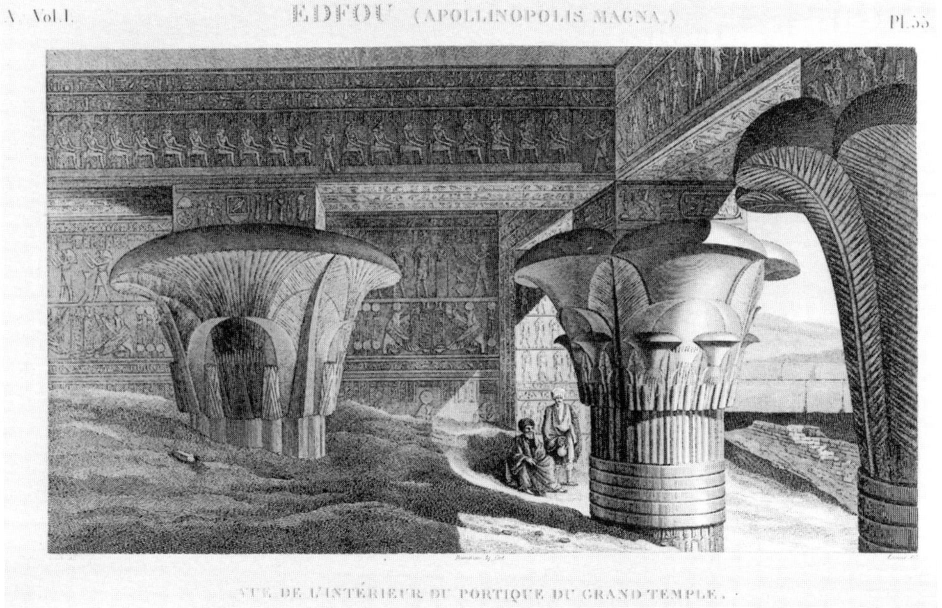

131 Tempel in Edfu/Apollinopolis, Innenansicht der Vorhalle (*Description de l'Egypte ...* , A, Bd. 1, Taf. 55)

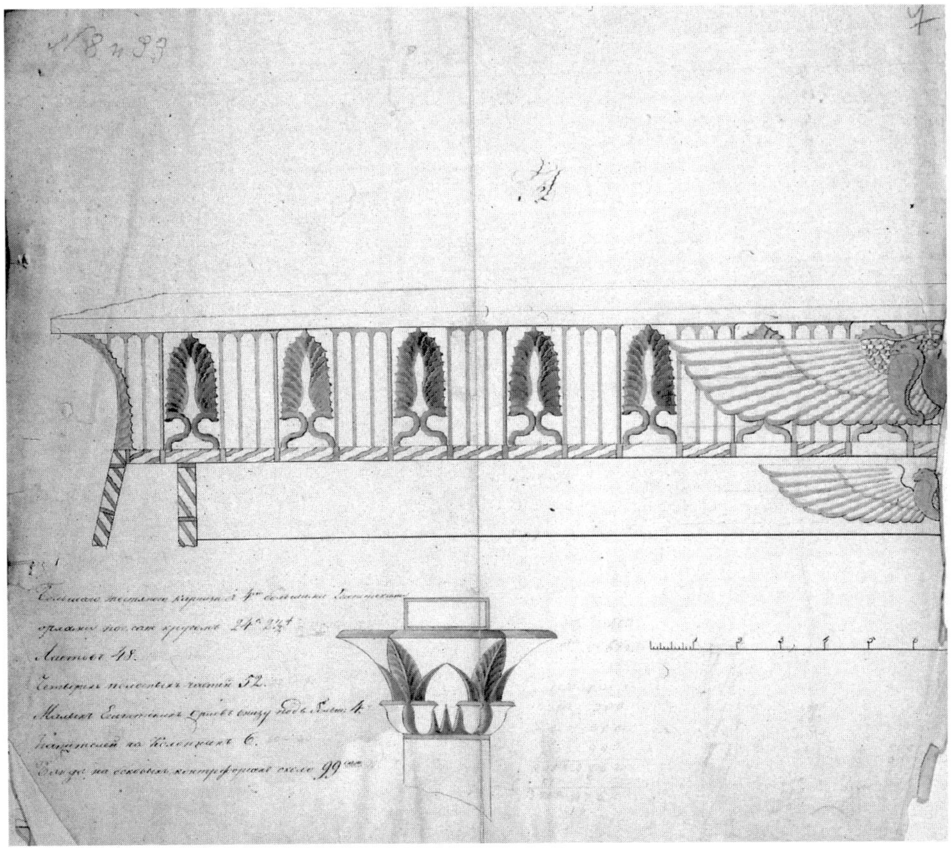

132 Ägyptische Brücke, Gebälk und Kapitelle der Pylone. Genehmigter Entwurf, Traitteur, wohl 1825 (RGIA, 1487-4-208, Bl. 8, teilweise erhaltenes Blatt)

2. *Da der ägyptischen Architektur Einheitlichkeit eigen ist und da eine solche Einheitlichkeit die mit Hieroglyphen verzierten Gebäude charakterisiert, muß man umso mehr als alles andere bestrebt sein, diese nicht zu zerstören und nur wenige Teile der Verzierung mit Vergoldung zu überziehen. Aus diesen Gründen müßte man meiner Ansicht nach einen der folgenden Vorschläge bezüglich der Vergoldung wählen:*
   a) Vergoldung des Simses, der Kapitäle und der ägyptischen Bänder oder
   b) lediglich der Bänder und des Simses oder
   c) nur der Bänder, als der Verzierung, die sich am häufigsten wiederholt und die sozusagen das sichtbare Antlitz der Portiken darstellt, oder schließlich
   d) die Verzierungen der Portiken überhaupt nicht vergolden zur Vermeidung von Ausgaben, was übrigens einer derartigen Architektur recht gebührlich ist«.

An den Brückenauffahrten seitlich der Portale plazierte Traitteur gußeiserne liegende Sphingen (vgl. Abb. 140, 141). Mit ihrer Anfertigung wurde der Bildhauer P. P. Sokolov beauftragt[193], der kurz zuvor seine Arbeit an den Löwen- und Greifen für die Fußgängerbrücken über den Katharinen-Kanal beendet hatte. Die alabasternen Modelle der Figuren waren am 19. März 1826 fertig. Der Guß der Sphingen erfolgte in der Bairdschen Fabrik, wofür 1100 Rubel pro Stück in Rechnung gestellt wurden[194]. Die betont statische Erscheinung der auf quaderförmigen Sockeln liegenden Sphingen wurde durch die freie Linienführung des auf den Rücken geworfenen Schwanzes und durch die bogenförmigen Halterungen der sechsflächigen Laternen etwas gemildert. Als Traitteur kurz darauf sein neues Bauwerk in einem kurzen Artikel vorstellte, betonte er, wie wichtig es ihm war, die architektonische Gestalt der Brücke durch vollplastischen Figurenschmuck zu vervollkommnen: »... *Nous*

[193] Sokolov, Pavel Petrovič (1764–1835). Bildhauer, Vertreter des russischen (Petersburger) Klassizismus. Zögling der Kaiserlichen Kunstakademie in St. Petersburg (1770–1785). Ausländischer Pensionär der Akademie in Paris (1786–1789). Diente sodann als ›Meister der Graveurkunst‹ bei der Admiralität. 1813 wurde ihm für seine Arbeit, eine Büste des Schauspielers I. A. Dmitrievskij, der Titel eines Akademiemitglieds verliehen. Bekannteste Werke: Das Mädchen mit zerbrochenem Krug im Katharinen-Park in Carskoe Selo (1810), Skulpturen der Ägyptischen, Löwen- und Bankbrücke in St. Petersburg (1825–1826).

[194] RGIA, 206-1-587, Bl. 236–237, 256. Die Figuren sind 2,35 m lang und 1,68 m hoch, die gußeisernen Sockel 0,97 bis 1,1 m hoch bei einer Grundfläche von 2,56 × 1,02 m.

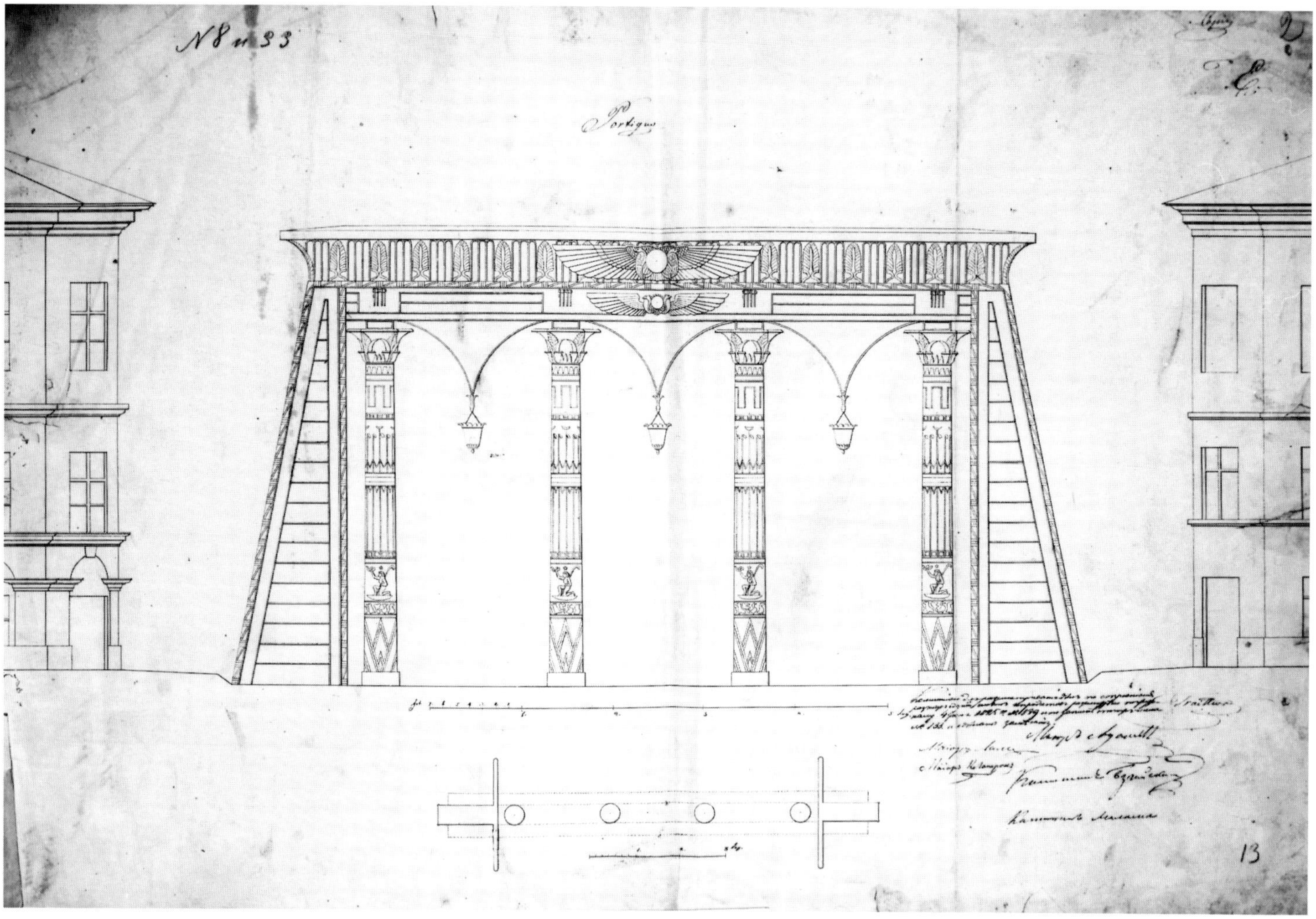

133 Entwurfsvariante zur Ägyptischen Brücke mit viersäuligem Pylon. Traitteur, Juni 1825 (RGIA, 1487-4-208, Bl. 2)

ajouterons encore quelques mots sur quatre sphinx en fonte, qui donnent à ce pont un ensemble si gracieux. Ces belles pièces de fonte ne se font pas moins remarquer par l'élégance du moule que par le fini de l'exécution; elles reposent sur quatre piédestaux du même métal et fondus d'un seul jet. Tous les objets tant en fer de fonte qu'en fer de forge sont sortis des ateliers de M. Baird; la modicité du prix auquel il les a fournis ne fait pas moins d'honneur à cet habile artiste, que la perfection du travail qui atteste ses talents comme fondeur«[195].

Die Gesamterscheinung des Bauwerks wurde auch durch den Schutzanstrich hervorgehoben: beide Portale mit sämtlichen Verzierungen, die Ketten, die Sockel unter den Sphinxfiguren und die Geländer wurden braun vorgestrichen und ›auf alt‹ bronziert. Die Figuren selbst erhielten einen gelben Voranstrich und wurden ebenfalls mit Bronzelack überzogen. Sämtliche gestrichenen Eisenteile der Brücke wurden in der Folgezeit immer wieder nachlackiert[196].

Die Komposition der neuen Ägyptischen Brücke über die Fontanka besaß sicherlich nicht die Leichtigkeit und die Attraktivität der architektonisch innovativen Panteleimon-Brücke. Dennoch kann in erster Linie die Architektur der Portale der Ägyptischen Brücke als geglückt und als Erweiterung von Traitteurs Auffassung der tektonischen Möglichkeiten neuer Eisenbauten gelten. Sie gehören ebenso wie die Portale der Panteleimon-Brücke zu den eigenständigen Werken der frühen Eisenarchitektur, in denen die ›Montagebauweise‹ industriell vorgefertigter Teile zur Realisierung einer neuen architektonischen

[195] Traitteur. *Pont Egyptien établi sur la Fontanka …*, S. 194.

[196] RGIA, 206-1-1173, Bl. 16 (Übergabeprotokoll 1831). Materialien zu Urheberschaft und Herstellungsverfahren der Basreliefs der Ägyptischen Brücke konnten in den Archiven nicht gefunden werden.

134 Ägyptisches Tor in Carskoe Selo, mit Gußeisenplatten verkleidetes Mauerwerk. Architekt Menelas, Bildhauer Demut-Malinovskij, 1826–1830 (*Pamjatniki arhitektury prigorodov Leningrada*, S. 152–153)

Komposition in Entwicklung der etablierten klassizistischen Traditionen eingesetzt wurde (Abb. 100, 133).

Bei der Petersburger Ägyptischen Brücke wurden die in der europäischen Baupraxis der damaligen Zeit recht verbreiteten ägyptischen Motive mit den konstruktiven Eigenschaften des neuen Bautypus Hängebrücke meisterhaft verbunden. Dabei gelang Traitteur etwas, was anderen Petersburger Ingenieuren des Corps der Verkehrswegeingenieure beim Umgang mit Architekturvorbildern versagt blieb: ein harmonisches Zusammenwirken einer weitgespannten modernen Brückenkonstruktion und traditionellen symbolhaften Dekorformen. Traitteur löste sich in der symmetrischen Gesamtkomposition von den hochklassizistischen Entwurfsverfahren und wandte sich einer stilisierenden Auffassung des Dekors zu. Dabei nahm er Prinzipien und Methoden des entwickelten Historismus vorweg, der in der ›Eisenarchitektur‹ immer wieder die Erscheinung der Konstruktion mit gußplastischen Elementen zu steigern versucht hat. Der früh erkannte Vorbildcharakter dieser Brücke dürfte Anfang der 1830er Jahre auch den Anstoß zur Anfertigung eines maßstäblichen Modells gegeben haben, das in der Lehrsammlung des Instituts des Corps der Verkehrswegeingenieure aufbewahrt wird (Abb. 125)[197].

Traitteurs Ägyptische Brücke ist zweifelsohne ein herausragendes Beispiel für ein ›Gesamtkunstwerk‹ der Eisenarchitektur. Der gestalterische Aspekt der Ägyptischen Brücke dürfte auch Architektur und Konstruktion des zweiten bedeutenden Bauwerks derselben Stilrichtung, des Ägyptischen Tores an der Einfahrt nach Carskoe Selo (Abb. 134) beeinflußt haben, das 1827–1830 nach einem Entwurf des Architekten A. A. Menelas und des Bildhauers V. I. Demut-Malinovskij errichtet wurde. Die Kartons für die Basreliefs des Ägyptischen Tores wurden von dem Künstler V. Donov in Originalgröße angefertigt. Dabei stützte er sich auf dasselbe Quellenmaterial, die ›Description de l'Egypte‹. Die offensichtlichen stilistischen Gemeinsamkeiten der Sims- bzw. Basreliefdarstellungen des Ägyptischen Tors und der Ägyptischen Brücke lassen vermuten, daß bei der Anfertigung des Brückenbasreliefs dieselbe Gruppe Bildhauer und Eisengießer mitwirkte[198].

[197] Sokolov, N. *Opisanie Modelej … (Beschreibung der Modelle im Museum des Instituts des Corps der Verkehrswegeingenieure*, 1862, S. 78–79. Im Modell, das wie auch weitere Modelle von Traitteurs Hängebrücken in der Brückenabteilung des Museums für Eisenbahnverkehr, Filiale Krasnoe Selo, ausgestellt ist und unter Inv. Nr. 37 geführt wird, ist folgende Aufschrift eingraviert: ›Model du pont en chaînes exécuté et présenté à son Altesse Royale le Duc Alexandre de Wurtemberg par le Capitaine Brun‹.

[198] Petrov, A. N. u. a. *Pamjatniki arhitektury prigorodov Leningrada (Architekturdenkmäler der Vororte Leningrads)*. Leningrad, 1983, S. 152–153.

135 Die Ägyptische Brücke um 1900 (zeitgenössische Ansichtskarte)

Nutzungsgeschichte bis zum Einsturz im Jahre 1905

Bereits in den ersten Nutzungsjahren der neuen Petersburger Straßenbrücke, die seit 1827 als Ägyptische Brücke[199] bezeichnet wurde, zeigte sich, daß der Standort des Bauwerks von den Mitgliedern des Komitees für Entwürfe und Kostenvoranschläge und seinem Erbauer trefflich gewählt worden war. Die mit dem Bau der Ägyptischen Brücke entstandene neue Verkehrsachse (seit 1914: Lermontov-Prospekt) ist bis zum heutigen Tag eine der wichtigsten im städtischen Verkehrsnetz St. Petersburgs (Abb. 135). Der Bau einer Brücke an diesem Fontanka-Abschnitt verbesserte die Anbindung zahlreicher neuer Betriebe und Einrichtungen an das Stadtzentrum wesentlich und stieß eine intensive Erschließung des großen Areals jenseits der Fontanka als neues Wohngebiet der Stadt an. Dabei ist interessant festzustellen, daß Traitteur unter den Bauwerken, die dank des neuen Brückenbaus leichter erreichbar waren, nicht zuletzt den von ihm selbst erbauten Fabrikkomplex der Expedition zur Herstellung von Staatspapieren am Fontanka-Kai (1815–1818) sowie die Gebäude der Kondukteurschule am Neuen Peterhof-Prospekt (1820–1826) nannte: »*On ne saurait trop apprécier combien l'établissement de ce pont a facilité les communications; le choix de l'emplacement est parfaitement approprié aux besoins locaux … D'ailleurs la proximité de la fabrique des papier d'état, de l'hôtel de police du quartier de Narva, l'école des Conducteurs du corps des Voies de communication, la population toujours croissante de cette partie de la ville, attirent en cet endroit non seulement une très grande quantité de piétons, mais encore un nombre considérable d'équipages; et ce qui prouve à l'évidence combien les circonstances exigeaient l'établissement d'un pont en cet endroit, c'est que 20 maisons en pierre se sont élevées comme par magie dans son voisinage, pendant la courte durée des travaux; et depuis, le nombre en augmente tous les jours*«[200].

In der ersten Zeit nach ihrer Eröffnung im August 1826 blieb die Ägyptische Brücke der ständigen Überwachung durch ihren Erbauer unterstellt. Im März 1827 mußte Traitteur Schäden an einer Portalsäule ausbessern: eine vorbeifahrende Kutsche hatte die gußeiserne Verkleidung teilweise abgeschlagen[201]. Nach einem Bericht Traitteurs vom Oktober 1830 mußte der Holzbelag der Brückenfahrbahn erstmals erneuert werden[202]. Später wurde die Brücke der Aufsicht des Corps der Verkehrswegeingenieure, zunächst Hauptmann Mihajlov und ab Juni 1831 Oberst Adam, der über eine Gruppe aus einem Unteroffizier und elf Soldaten verfügte, unterstellt. Nach der 1832 erfolgten endgültigen Übergabe sämtlicher Kettenbrücken in die Bauaufsicht der Stadt wurden zu

[199] RGIA, 206-1-591 ›Über den Bau von Kettenbrücken an Fontanka und Mojka‹, Bl. 271–272 (Rapport Traitteurs an den Herzog von Württemberg über die Wahl des Namens der neuen Brücke. Januar 1827).

[200] Traitteur. *Pont Egytien établi sur la Fontanka …*, S. 195–196.

[201] RGIA, 206-1-704, Bl. 30.

[202] RGIA, 206-1-1081 ›Technisches Verzeichnis zur Reparatur der Kettenbrücke mit 4 Sphingen 1830‹.

ihrer Bewachung für die Straßenbrücken je zwei und für die Fußgängerbrücken je ein Wächter eingestellt[203].

In der zweiten Hälfte des vergangenen Jahrhunderts wurde die Ägyptische Brücke mehrfach instandgesetzt. Zwischen 1866 und 1904 erfolgten jährlich kleinere Reparaturen, bei denen der obere hölzerne Fahrbahnbelag, Bolzen, Auskreuzungen und die Tragketten ersetzt wurden[204]. Die Kosten für diese Arbeiten stiegen ständig und erreichten 1486 Rubel im Jahr 1903, im darauffolgenden Jahr 1094 Rubel. Generalüberholungen mit einem teilweisen Austausch der Eisen- bzw. Holzkonstruktion erfolgten 1876 (4458 Rubel), 1887 (3218 Rubel), 1894 (4275 Rubel) und 1900 (4525 Rubel). Bei einer der letzteren verlor die Brücke ihren Originalanstrich und wurde mit rotem Ocker versehen.

Wie aus den Schriftstücken der Petersburger Stadtduma hervorgeht[205], gab der Zustand der Eisenkonstruktion der Brücke in der zweiten Hälfte des 19. Jahrhunderts beständig Anlaß zur Besorgnis. 1867 öffnete C. A. Kavos, Architekt und Mitglied des städtischen Wirtschaftsausschusses, die Kettenschächte der Abspannungen und stellte fest, daß zwei Kettenglieder gebrochen waren und sämtliche Eisenteile der Ägyptischen Brücke aus grobkörnigem, sprödem Eisen schlechter Qualität bestanden, das bei Schlägen wie Roheisen brechen würde. 1868 bemerkte auch Ingenieur-Hauptmann Karlovič die Minderwertigkeit des Eisen. Auf seine Anregung hin wurden einige Bolzen und Kettenglieder demontiert und 1872 zu Prüfungen in das Institut des Corps der Verkehrswegeingenieure geschickt. Hinweise auf die Prüfungsergebnisse von 1905 konnten in den Schriftstücken der Stadtduma jedoch nicht gefunden werden. Bereits 1871 räumte der Bauwirtschaftsausschuß ein, die Brücke sei zur Verhütung von Unfällen durch unerwartete Schäden an der Ägyptischen Brücke von Gespannen nur im Schritt zu passieren. 1887 berichtete der Petersburger Stadtgouverneur, die Ägyptische Brücke habe sich auf einer Seite gesetzt und gerate beim Passieren von Kutschen in starke Bewegungen. Trotz aller offiziellen Warnungen fuhren Gespanne »*... weiterhin im Trab über die Brücke, worunter sie infolge der Schwingungen Schaden nimmt (die Eisenteile brechen bzw. werden durchgescheuert), sowie auch die Fußgänger, insbesondere alte Menschen, leiden*«. 1896 beschloß die Stadtverwaltung, auf beiden Zufahrten zur Brücke Schilder ›Im Schritt passieren‹ anzubringen, wie dies bereits an der Kettenbrücke beim Sommergarten geschehen war. Die entsprechenden Schilder wurden zwar aufgestellt, verschwanden jedoch bald wieder. Ein erneuter Beschluß der Stadtverwaltung vom März 1900 sah die Anbringung zusätzlicher Aussteifungen zur Verminderung der Schwingungen der Kettenkonstruktion vor.

All diese Maßnahmen vermochten jedoch den Unglücksfall nicht zu verhindern: am 20. Januar 1905, einem frostigen Tag, stürzte die Brücke beim Passieren der 3. Schwadron des Kavalleriegranadierregiments (56 berittene Soldaten) nach dem Bruch einer Tragkette ein (Abb. 136–138)[206]. Unter den ca. 60 auf das Eis gestürzten Personen gab es keine Opfer, jedoch kamen einige Pferde um. Am folgenden Tag schrieb die Zeitung ›Novoe Vremja‹: »*... Die nun ehemalige Ägyptische Brücke bietet ein jämmerliches Bild. Aus ihren roten, von der Zeit gebleckten Bögen mit ägyptischen Hieroglyphen ragen abgerissene Ketten, Eisenträger, und unten aus dem Eis, kaum zu sehen und mit einer dünnen Eisschicht überzogen, das geborstene Eisengeländer, Bretter, Balken, Befestigungen, die aussehen, wie phantastische Blumen ... . Nur die gußeisernen, rot gestrichenen Sphingen blicken schweigend, geheimnisvoll auf die aufgeregte Menge, für die Menge ist es jedoch kein Geheimnis, wer die Schuld dafür trägt, daß innerhalb kurzer Zeit bereits die zweite Brücke in St. Petersburg einstürzt ... . Die Menge jedoch ist nicht zuversichtlich, daß sich diese Katastrophe nicht auch über der Černyšov-, Panteleimon- oder anderen Brücken entladen wird*«[207].

[203] RGIA, 206-1-1087 ›Bezüglich der Unterhaltung der Kettenbrücken in St. Petersburg. Januar 1830 – November 1833‹, Bl. 240, 305, 331, 342.

[204] Zu den Reparaturarbeiten siehe u. a.: Zentrales staatliches historisches Archiv St. Petersburgs, CGIA SPb, 513-100-85, Bl. 1–10; 513-119-215.

[205] *Über die Gründe des Einsturzes des Ägyptischen Brücke.* Mitteilung der St. Petersburger Stadtduma. 1906, Nr. 3, Februar, S. 451–481. Diese ausführlichen Berichte der Kommission können als wichtigste Informationsquelle über Geschichte und Zustand der Brücke des ausgehenden 19. und beginnenden 20. Jahrhunderts gelten.

[206] RGIA, 1407-107-2358 ›Über den Einsturz der Ägyptischen Brücke in St. Petersburg. 1905‹; RGIA, 547-3-(1905)-3498 ›Rapport des Kommandeurs der Leibgarde des Kavalleriegrenadierregiments über die Zerstörung der Ägyptischen Brücke über die Fontanka beim Passieren einer Regimentsschwadron. 20. Januar 1905‹.

[207] [Vl. S.] *Proval Egipetskogo mosta (Der Einsturz der Ägyptischen Brücke).* Novoe Vremja, 21. Januar 1905, Nr. 10373.

136 Die Ägyptische Brücke nach dem Einsturz am 20. Januar 1905. Gesamtsituation (Photographie CGA KFFD, E 5894)

Der Einsturz der Ägyptischen Brücke kam unerwartet nicht nur für die Bürger, sondern auch für die Fachleute, in deren Verantwortung der Betrieb der städtischen Bauwerke in diesem Stadtteil St. Petersburg lag (Abb. 136). Unmittelbar nach dem Unfall berichtete der Architekt und Techniker des IV. Stadtbaubezirks P. S. Samsonov, es habe keinerlei äußeren Anzeichen dafür gegeben, die auf eine Gefährdung der Ägyptischen Brücke hingewiesen hätten, ihre Einsturzgefahr sei durch keine Revision oder Beobachtung voherzusehen gewesen. Dies sei auch durch die Revision der Panteleimon-Brücke durch eine hochkarätige Sonderkommission bewiesen, die dieselbe Konstruktion wie die eingestürzte Ägyptische Brücke aufweise und die lediglich aufgrund der Unsicherheit ihrer Konstruktion für den Verkehr gesperrt worden sei[208].

Drei Tage später veröffentlichte dieselbe Zeitung die Stellungnahme von G. G. Krivošein, der als Ursache der Ereignisse ebenfalls konstruktive Mängel des Bauwerks, nämlich die mangelnde Steifigkeit der Konstruktion anführte. Krivošeins Artikel ist zu entnehmen, daß beim Durchritt der Kavallerie oder Passieren von Soldaten im Gleichschritt bei einem derart elastischen Bauwerk Schwingungen mit wachsender Amplitude hervorgerufen werden. Bei rhythmischer Lasteinwirkung können diese zum Einsturz der Brücke führen, wie fest sie auch sein mag. In Frankreich sei es beim Durchmarsch von Truppen zum Einsturz einer Drahtkabel-Hängebrücke gekommen, der zahlreiche

137 Die Ägyptische Brücke nach dem Einsturz am 20. Januar 1905. Gerissene Tragketten (Photographie CGA KFFD, E 5893)

Opfer gefordert hätte, wonach »... *man überall im Ausland von derartigen Systemen Abstand genommen habe, so daß es auch bei uns an der Zeit ist, diese Systeme entweder zu verstärken oder sie durch neue zu ersetzen. Noch mehr Mißtrauen ruft die existierende Panteleimon-Brücke hervor*«[209]. In einem im November 1905 verfaßten Gutachten bestätigte Krivošein, daß trotz des mangelhaften Konstruktionssystems der Ägyptischen Brücke nichts Anlaß zur Vermutung gegeben habe, diese Brücke befände sich in einem gefährdeten Zustand[210].

Zur Untersuchung der Einsturzursachen der Ägyptischen Brücke wurde in der Stadtduma ein Sonderausschuß bestehend aus neun Abgeordneten eingerichtet. Die vom Ausschuß vorgelegten Unterlagen enthalten detaillierte Beschreibungen der ursprünglichen Konstruktion und des Zustands der Brücke vor dem Einsturz. So wird festgestellt, »... *daß die Ägyptische Brücke für gewöhnliches Befahren richtig berechnet und konstruiert war, was ihre über 75jährige Existenz ohne jeglichen Bruch belegt*«[211]. Ihr statisches System sei bei Windeinwirkungen in der horizontalen Ebene und bei temporären bzw. einseitigen Belastungen in vertikaler Ebene starken Schwingungen unterworfen. Letztere führen zu klassischen Verformungsfällen der Fahrbahn, die sich im Absenken der belasteten und Anheben der unbelasteten Seite äußerten. Eine negative Rolle spiele ganz offensichtlich auch die von Traitteur gewählte Konstruktion mit drei Tragketten, die im Versagensfall weniger sicher sei als das der Panteleimon-Brücke zugrundeliegende System mit fünf Ketten.

Die Glieder der bei dem Unglücksfall geborstenen Ketten (Abb. 138) wurden zur Prüfung in das Mechanik-Labor des Instituts des Corps der Verkehrswegeingenieure übersandt. Festigkeitsüberprüfungen ergaben, daß die kleinste statische Festigkeit der Elemente der unteren Kette 10 % und 50 % der damals für Schmiedeeisen gültigen Normen von 3200 bis 3400 kg/cm^2 betrug. Auch die relative Dehnung des Kettenmaterials unterschritt mit Werten von 2,6 bis 7,8 % erheblich die vorgesehenen 12 %. Einige Prüfkörper versagten ohne jegliche Dehnung. Die beschädigten Kettenglieder wiesen eine stark ausgeprägte innere Korrosion älteren Ursprungs auf; auf den Bruchflächen der Probekörper wurden Materialfehler festgestellt. Der Ausschuß schloß daraus, daß der Einsturz der Ägyptischen Brücke von einem Bruch der Glieder der rechten oberen Tragkette eingeleitet wurde, der wiederum auf innenliegende Materialfehler (Lunker) der eisernen Kettenglieder sowie auf erhöhte Sprödigkeit und niedrige Festigkeitseigenschaften des Konstruktionswerkstoffs zurückzuführen sei[212].

[208] *Über die Gründe des Einsturzes des Ägyptischen Brücke ...*, S. 457.

[209] Krivošein, G. *K obrušeniju E. M. (Zum Einsturz der Ägyptischen Brücke)*. Novoe Vremja, 24. Januar / 6. Februar 1905, Nr. 10376. In seinem Artikel bezieht sich Krivošein offenbar auf den Einsturz der Kettenbrücke (Basse-Chaîne) in Angers (Dpt. Maine-et-Loire) im Mai 1850, als bei starkem Sturm Truppen über die Brücke marschierten.

[210] *Über die Gründe des Einsturzes des Ägyptischen Brücke ...*, S. 465.

[211] Ibid., S. 451–460.

[212] Ibid., S. 468–470.

138 Die Ägyptische Brücke nach dem Einsturz am 20. Januar 1905. Kettenfragmente mit abgerissenem Rollenlager vom Pylongebälk und einem Teil des Brückengeländers (Photographie CGA KFFD, E 5897)

Der Einsturz der Ägyptischen Brücke war ein viel beachtetes Ereignis im politischen Leben der russischen Hauptstadt und gab Anlaß zu schärfster Kritik an der Stadtverwaltung. Im Gefolge der Geschehnisse trat P. I. Leljanov als Stadtgouverneur zurück. Außerdem wurden alle von Traitteur erbauten Kettenbrücken auf ihren technischen Zustand hin überprüft und konstruktiv stark verändert bzw. im Fall der Panteleimon-Brücke vollständig demontiert. Die Beachtung, die die breite Öffentlichkeit dem Einsturz der Ägyptischen Brücke schenkte, führte dazu, daß diese auch von den führenden russischen Photoreportern des beginnenden 20. Jahrhunderts ausführlich festgehalten wurde[213].

Ungeachtet aller Proteste der Altertümerkommission und der Kunstakademie wurden die Überreste der Ägyptischen Brücke 1908 auf Verfügung des Stadtamts demontiert und auf den Schrottplatz des Geländes Gagarinskij bujan gebracht[214]. In den Jahren 1908–1909 führte das Stadtamt gemeinsam mit der Kunstakademie einen Wettbewerb für den Entwurf zu einer neuen

[213] Für die Analyse der Schadensursachen maßgeblich sind die Aufnahmen aus der Sammlung des führenden Petersburger Photographen Karl Bulla aus dem Zentralen Staatlichen Archiv für Film-, Photo-, und Audiodokumente (CGA KFFD), vor allem: Gesamtansicht der Brücke nach dem Einsturz (E 5894); Ansicht des nördlichen und südlichen Pylons mit abgerissenen Ketten (E 5893, E 5897); Ansicht der herausgerissenen Rollenauflager und des Brückengitters (E 5896, E 5897). Schadensaufnahmen unbekannter Photographen sind im Archiv des Russischen Museums für Eisenbahnverkehr (PF 1646 – Schrank 1, Mappe 4, 5; PF 1155 – Schrank 1, Mappe 4) und im Staatlichen Museum der Geschichte St. Petersburg (Photothek, Nr. 16 407, 16 409, 18 654, 44 706) zu finden. Ein Teil dieser Photographien wurde in der Zeitung ›Novoe Vremja‹ vom 26. Januar 1905 (Nr. 10378) veröffentlicht.

[214] Černo, A. I. *Skul'pturnoe oformlenie cepnyh mostov v Leningrade. Skul'ptor P. P. Sokolov (Bildhauerische Gestaltung der Kettenbrücken in Leningrad. Der Bildhauer P. P. Sokolov)*. Petersburger Städtisches Skulpturenmuseum. Historische Informationen. Manuskript, 1954, S. 29.

[215] RGIA, 789-13-83 ›Über den Neubau der Ägyptischen Brücke über die Fontanka. Mai 1908 – Juli 1913‹. CGIA SPb, 921-95-1410 ›Über den Bau der neuen Ägyptischen Brücke. 1908–1913‹.

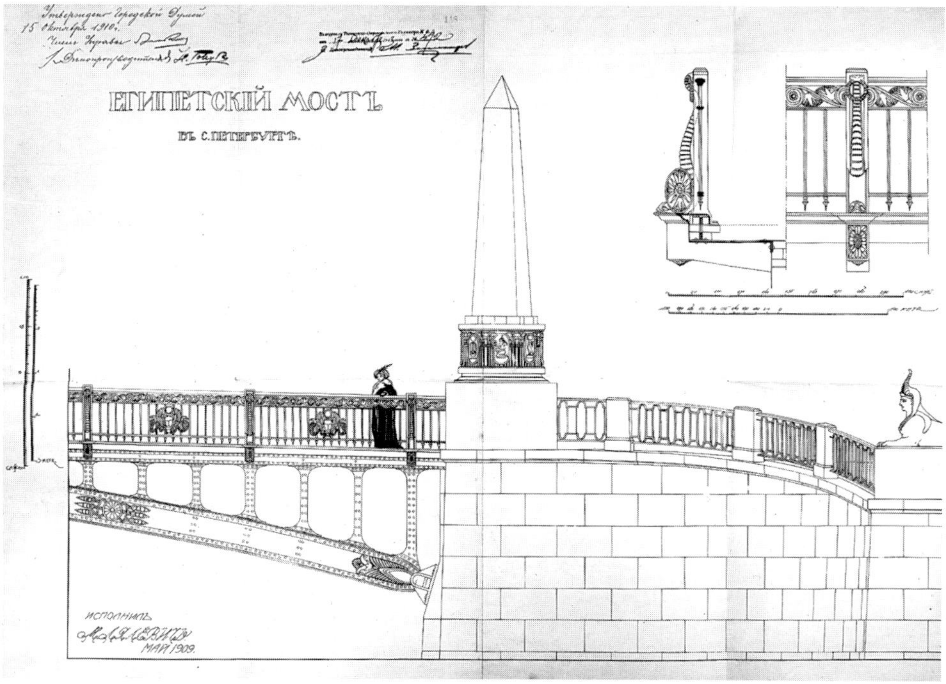

139 Nicht ausgeführter Entwurf einer neuen Ägyptischen Brücke über die Fontanka. Pšenickij, Ljalevič, 1908–1909. Lageplan und Aufriß des Widerlagers (RGIA, 1293-167-331, Heft 14, Bl. 2, 4)

Ägyptischen Brücke durch[215]. Als Sieger ging der Vorschlag des Ingenieurs A. P. Pšenickij und des Architekten M. S. Ljalevič hervor (Abb. 139). Im Unterschied zum Traitteurschen Entwurf war die neue Stahlbogenbrücke schräg angelegt (Abdrehung um etwa 17°) und hatte eine Spannweite von 37,3 m, wodurch die beiden Teile der neuen Verkehrachse über die Fontanka (seit 1914 Lermontov-Prospekt) direkt miteinander verbunden werden konn-

140 Der Nachfolgebau der Ägyptischen Brücke über die Fontanka. Demčenko, Vasil'kovskij und Arešev, 1954–1955. Sphingen von P. P. Sokolov 1825–1826 (Photographie 1993)

141 Sphinx von P. P. Sokolov, 1825–1826, am Widerlager des Nachfolgebaus der Ägyptischen Brücke über die Fontanka (Photographie 1993)

ten. Beim Bau sollten alle alten Steinbauten und teilweise auch die Fundamente ersetzt werden. So wurde der Pfahlrost unter den Widerlagern demontiert, die alten Pfähle in einer Tiefe von 1,05 Sažen' (2,24 m) unter dem Normalniveau des Wassers gekappt sowie die Granitgehwege, das Bruchsteinmauerwerk und die Verkleidung auf Abstiegen und Widerlagern entfernt. Architektonisch sollten bei der neuen Brücke wieder Verzierungen mit ›ägyptischen‹ Motiven eingesetzt und die originalen Sphingen praktisch am ursprünglichen Ort wieder aufgestellt werden[216]. Der Entwurf, für den 1910 die Baugenehmigung erteilt wurde, wurde aufgrund finanzieller Schwierigkeiten und des folgenden Ausbruchs des Ersten Weltkriegs nicht realisiert.

In den 1920er Jahren entstand in der Nähe des Standorts der ehemaligen Ägyptischen Brücke (Einmündung Usačev-Gasse) eine Behelfsbrücke aus Holz, die ca. 30 Jahre lang benutzt wurde. 1954–1955 wurde nach einem Entwurf des Ingenieurs V. V. Demčenko und der Architekten P. A. Arešev und V. S. Vasil'kovskij am ursprünglichen Ort entlang der Achse des Lermontov-Prospekts die neue Ägyptische Brücke errichtet (Spannweite 44,0 m, Breite 27 m). Sie ist als sprengwerkartiger Zweigelenkrahmen mit geschweißtem Bogenrahmenriegel und Stahlbetonstützen konstruiert. Die Brückenfahrbahn besteht aus monolithischen Stahlbetonfertigteilplatten. Die Brückenauffahrten zieren wie im ursprünglichen Traitteurschen Entwurf Sphinxfiguren. Bei der Gestaltung der neuen Obelisken und gußeisernen Geländer wurden ebenfalls ›ägyptische‹ Motive verwendet, die in den durch den sozialistischen Realismus geprägten 1950er Jahren zurückhaltender und strenger formuliert wurden als im ›romantischen‹ Vorgängerentwurf Traitteurs (Abb. 140, 141).

[216] RGIA, 1293-167 (Gouvernement St. Petersburg) -331 ›Entwurf zum Bau der Ägyptischen Brücke über die Fontanka in St. Petersburg. Zeichnungen, Kostenvoranschlag, Berechnungen. 1913, 18 Hefte‹; RGIA, 1293-109-73 ›Über den Bau der Ägyptischen Brücke über den Fluß Fontanka in St. Petersburg. 1913‹.

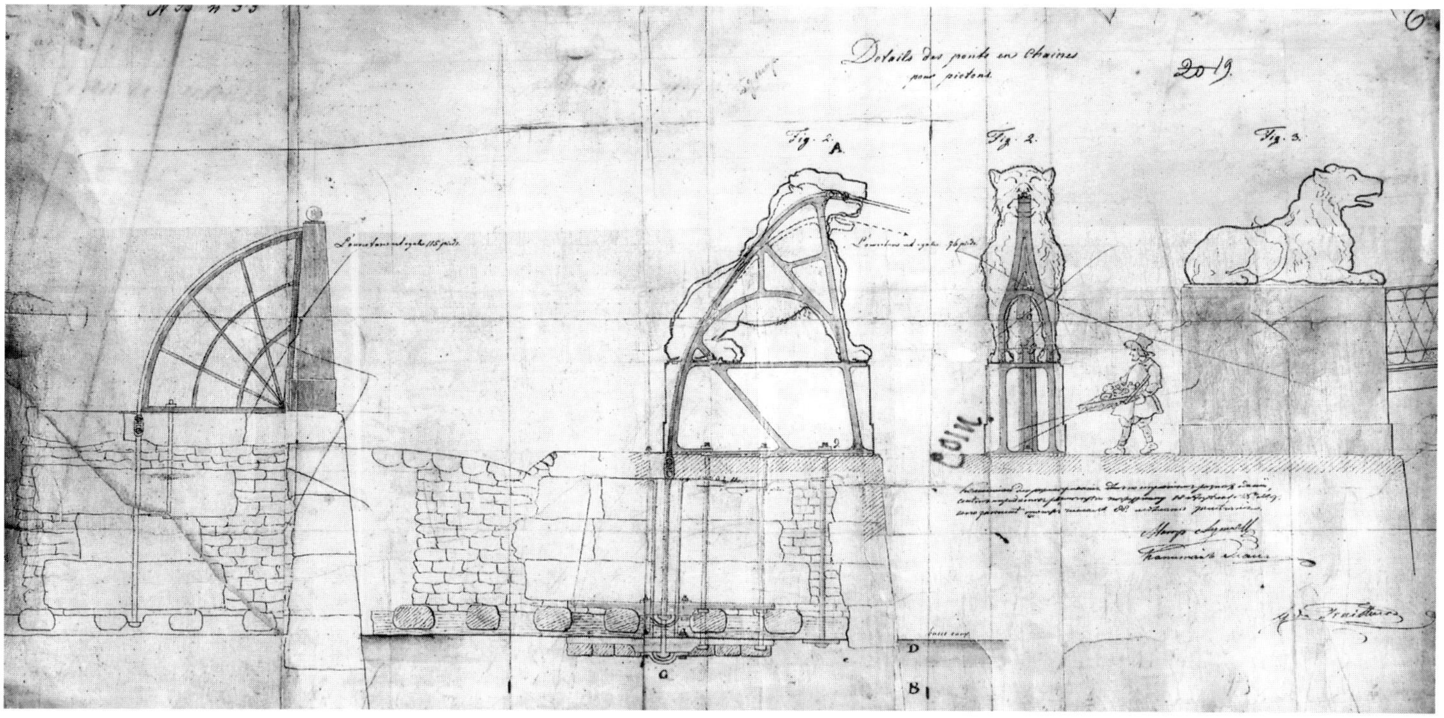

142 Konstruktionsvorschläge für die Auflager der Fußgängerbrücken in St. Petersburg. Arbeitsvarianten, links Postbrücke, rechts Löwenbrücke. Traitteur, 1825 (RGIA, 1487-4-273, Bl. 6)

Die Petersburger Fußgängerkettenbrücken

Zeitgleich zur Errichtung der ›Großen befahrbaren‹ Brücke (Panteleimon-Brücke) über die Fontanka arbeitete Traitteur in den Jahren 1823 und 1824 an Planung und Bau einer ›Kleinen Kettenbrücke‹ für Fußgänger über den Fluß Mojka. Im Rahmen der konstruktiven Experimente zur Errichtung russischer Kettenbrücken legte der Entwurf dieses Bauwerks den Grundstein für die Arbeit an weiteren Fußgängerbrücken. Sie können als selbständiger Zweig im konstruktiven und architektonischen Schaffen Traitteurs betrachtet werden. Die Verfahrensweise beim Bau der ersten Fußgängerbrücke über die Mojka, die später ›Pračešnyj‹, ›Počtovyj‹ bzw. ›Počtamtskij most‹ genannt wurde (im folgenden ›Postbrücke‹), wurden schon bald beim Bau der beiden Fußgängerbrücken über den Katharinen-Kanal weiterentwickelt, bei denen bereits völlig andere konstruktive und architektonische Lösungen zum Einsatz kamen (Abb. 142, vgl. Abb. 172,174).

Die Postbrücke über die Mojka, 1823–1824

Die im August 1824 fertiggestellte Postbrücke war chronologisch gesehen Traitteurs erste Hängebrücke und seiner Aussage nach das erste derartige Bauwerk in Rußland. Die Erkenntnis, daß es sich um ein experimentelles Bauwerk handele, und der Wunsch, die unterschiedlichen Konstruktionsprinzipien von Straßen- und Fußgängerkettenbrücken der Stadt (der Panteleimon- und der Postbrücke) aufzuzeigen, dürften Traitteur veranlaßt haben, die ›Kleine Kettenbrücke‹ in seinem Buch[217] und dem zugehörigen Begleitalbum[218] sowie später im neuen *Annuaire* des Corps der Verkehrswegeingenieure[219] in einem

[217] Traitteur. *Description du pont en chaînes exécuté à St. Pétersbourg, sous la direction de son altesse royale le duc Alexandre de Wurtemberg, en 1824.* St. Petersburg, 1825, S. 44–66 (Traitteur. Description du pont en chaînes pour piétons exécuté sur la Moika entre le pont bleu et celui de Potzelueff).

[218] Traitteur. *Plans, profils, vues perspectives et détails des ponts en chaînes exécutés à Saint-Pétersbourg.* St. Petersburg, 1824, Taf. 7, 8.

[219] Traitteur. *Pont en chaînes pour les piétons, exécutés à St.-Pétersbourg. Pont de la Poste.* In: Annuaire du corps des ingenieurs des voies de communication. Jg. 1, 1830, St. Petersburg, S. 151–155: »Ce pont en chaînes, le premier qui ait été construit en Russie ...«.

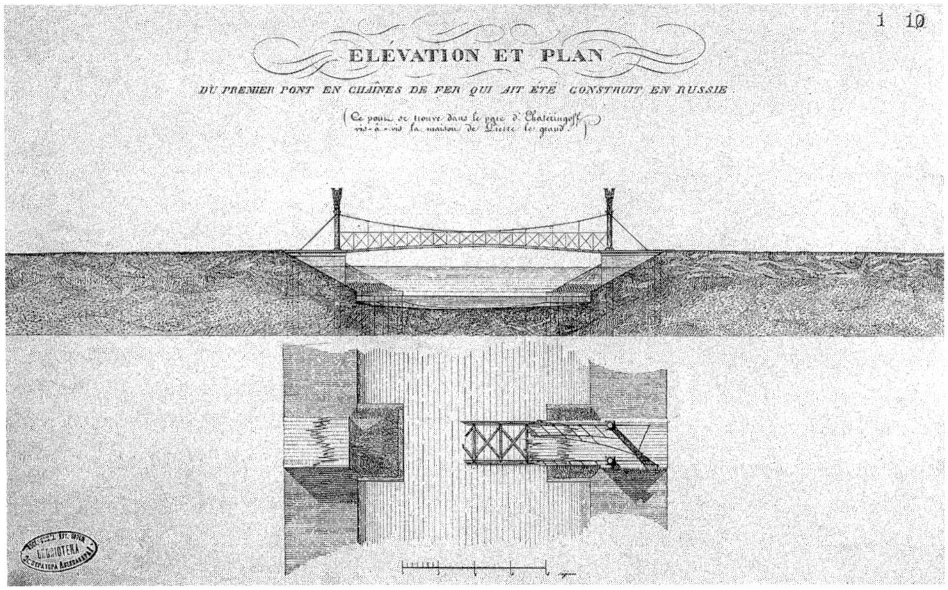

143 Fußgängerbrücke im Park von Katharinenhof. Undatierter Entwurf, Bazaine (NTB PGUPS, Nr. 18560-1/10)

separaten Artikel detailliert zu beschreiben. Entwurfsunterlagen und Baupläne zur Postbrücke liegen in den Archiven leider nicht vor.

Vor einer eingehenderen Betrachtung der Fußgängerbrücken Traitteurs liegt es nahe, auf die bis heute unklare ›Prioritätenfrage‹ in der Baupraxis derartiger Brücken in Rußland einzugehen. In einigen Veröffentlichungen wird die Brücke im Park von Katharinenhof als erste Fußgängerkettenbrücke bezeichnet. Sie wurde nach einem auf 1823 datierten Entwurf von Generalleutnant Bazaine errichtet (Abb. 143, 144), der zu dieser Zeit einer der Vorgesetzten Traitteurs im Corps der Verkehrswegeingenieure war. Der Schriftwechsel zu diesem Bauwerk liegt in den Archiven nicht vor; einige Zeichnungen vermitteln jedoch eine Vorstellung von ihm. Das Holzdeck der Brücke von Katharinenhof wurde im ursprünglichen Entwurf durch zwei Reihen Doppelketten (Spannweite 15,25 m) getragen, die in einer Höhe von 2,1 m an massiven gußeisernen Portalen befestigt waren. Diese waren als viersäulige Portiken mit je drei ›gotischen‹ Bögen und einem gestelzten Sims als oberem Abschluß gestaltet (Abb. 144)[220]. Der auffällige Rückgriff auf Formen des Flamboyant läßt vermuten, an ihrer Planung sei auch Auguste-Ricard de Montferrand, der maßgebliche Architekt beim Umbau der ehemaligen Zarenresidenz Katharinenhof in einen Vergnügungspark im Jahre 1823, beteiligt gewesen. Praktisch alle von ihm in diesem Park errichteten Pavillons, Bahnhof, Bauernhof und Löwenpavillon, wurden ebenfalls im ›neugotischen‹ Stil gestaltet und in den Jahren 1823–1824 fertiggestellt[221]. Wahrscheinlich erfolgte zur gleichen Zeit auch die Errichtung der Bazaineschen Brücke, ohne daß die Fachwelt Notiz davon nahm[222]. In den Protokollen und Archivakten zu den Traitteurschen Brücken wird sie nicht erwähnt.

Die englische Zeitschrift *Philosophical Magazine* schreibt 1825, der Schweizer Ingenieur Guillaume-Henri Dufour, einer der Pioniere beim Bau von Drahtkabelbrücken, habe einen Entwurf zu einer ›Hängebrücke über die Mojka‹ nach St. Petersburg gesandt: »*... A chain-bridge, the first of its kind in Russia, is to be constructed over the canal of Mojka. It will be executed after the design of Colonel Dufour, of Geneva, who has sent to St. Petersburg a correct model of one which he erected in his own country last year*«[223]. Diese Angaben lassen sich zwar nicht durch örtliche Archivalien belegen, doch befindet sich in der Lehrsammlung des Instituts des Corps der Verkehrswegeingenieure tatsächlich ein Modell der

[220] Die einzige bekannte Kopie des Entwurfs von Bazaine ›Elévation et plan du premier pont en chaînes de fer qui ait été construit en Russie (ce pont se trouve dans le parc d'Ekateringoff vis-à-vis la maison de Pierre le Grand)‹ befindet sich in der Wissenschaftlich-technischen Bibliothek der Staatlichen Petersburger Universität für Verkehrswege (Nr. 18560/1, Bl. 10, ohne Datum und Unterschrift). Im Jahre 1826 erschien eine perspektivische Ansicht der Kettenbrücke in Katharinenhof (Pont de chaînes, vis-à-vis le Château impérial) in der Lithographie-Serie: A. Pluchart, ›Nouvelle collection de quarante-six vues de St. Pétersbourg‹ (u. a. Staatliches Museum der Geschichte St. Petersburgs, I-A-1559-l). In der Lithographie aus diesem Album und den Aufnahmeblättern von 1840 (RGIA, 1487-4-324, Bl. 3, 5) ist die Brücke mit vier Reihen Tragketten und breiterem Deck dargestellt.

[221] Čekanova, O. A.; Rotač, A. L. *Ogjust Monferran (Auguste Montferrand)*. Leningrad, 1990, S. 140–147.

[222] In einer separaten Veröffentlichung über neue Bauwerke im Park von Katharinenhof (Clapeyron. *Izvestija o rabotah sooružennyh v Ekateringofe (Mitteilungen über die in Katharinenhof ausgeführten Arbeiten.)* Žurnal Putej Soobščenija (Journal für Verkehrswege), Bd. 4, Oktober 1826, St. Petersburg 1827, S. 59–65, Tabellen) geht es in der Hauptsache um die neuen Holzstrebenbrücken, nach deren detaillierter Beschreibung eine Kurzinformation über den Bau der Kettenbrücke folgt: »Schließlich ist die Hängebrücke mit Eisenketten in Abbildung 27 [ibid.] dargestellt, sie ist die erste ihrer Art in St. Petersburg«.

[223] *Philosophical Magazine*, Bd. 65, Januar 1825, S. 73.

[224] »... Modell einer Hängebrücke mit Drahtseilen, errichtet in Genf. Maßstab 1:36, Länge des Modells 8 Fuß, Breite 1 Fuß, Höhe 1 1/2 Fuß. Das Modell wurde in Genf durch Meister Taržė [Target?] unter Aufsicht und nach Zeich-

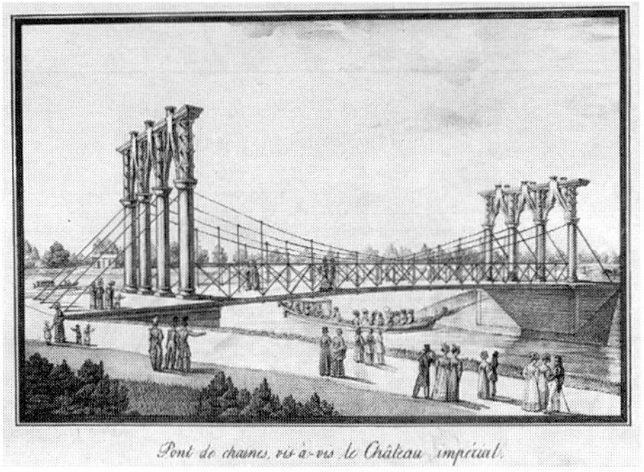

144 Fußgängerbrücke im Park von Katharinenhof. Bazaine, nicht vor 1823. Ausgeführte Brücke, Lithographie um 1826 (Pluchart. Nouvelle collection de quatre-six vues de St.-Pétersbourg. Ex. GMIL, I-A-1559-L)

ersten, 1823–1824 in Genf erbauten Drahtkabelbrücke Europas, der Pont Saint-Antoine[224]. Das von Dufour übersandte Modell bleibt ein zusätzliches Indiz dafür, daß das Petersburger Brückenbauprogramm auch der westeuropäischen Ingenieurwelt bekannt war.

Planungs- und Bauphasen

Als Standort für die erste Fußgängerkettenbrücke im Stadtzentrum von St. Petersburg wurde eine recht belebte Stelle unweit des Bol'šoj-Theaters an der Einmündung der Pračešnyj-Gasse in den Mojka-Kai gewählt (Abb. 145). Schon aufgrund ihrer innerstädtischen Lage verlangte die Gasse nach einer Fortsetzung in das gegenüberliegende dichtbesiedelte Gebiet um die Admiralität. Die neue Brücke ersetzte eine Ende des 18. Jahrhunderts errichtete Holzpfahlbrücke und hatte nach Traitteurs Absicht eine Art ›Vorbildfunktion‹ für den geplanten Austausch zahlreicher weiterer Pontonbrücken in St. Petersburg gegen ortsfeste Brücken[225]. Hängesysteme seien den traditionellen Steinbogenbrücken für Fußgänger deshalb vorzuziehen, da bei ihnen auf kostspielige Granitwiderlager mit komplizierten Pfahlgründungen verzichtet werden könne: »*... Les ponts en chaînes pour piétons n'ont besoin, en effet, ni de culée, ni de pile; ils n'ont qu'une seule jetée qui s'appuie, d'une rive à l'autre, sur les deux murs de quai déjà existants, après que les contrepoids ont été assis sur un radier simple derrière ces murs de granit*«[226].

Der von Traitteur erstellte ursprüngliche Entwurf zur ›Kleinen Kettenbrücke‹ wurde im Januar 1823 vorgelegt, die Baugenehmigung erfolgte nach zahlreichen Begutachtungen jedoch erst im September (Abb. 146)[227]. Die Planungen wurden durch die geringe Breite des linken Mojka-Kais erschwert, die mit Gehwegen lediglich 7 + 21 + 7 Fuß (2,1 + 6,4 + 2,1 m) betrug. Da die Abspannungen nicht auf der Fahrbahn befestigt werden konnten und Traitteur nach Möglichkeit ohne Widerlager auskommen wollte, entwickelte er für die ›Kleine Kettenbrücke‹ eine konstruktive Lösung, die sich in vielerlei Hinsicht von der der ›Großen Brücke‹ (Panteleimon-Brücke) unterschied[228]. Dem statischen Grundprinzip der bestehenden Kettenbrücken, das nach Ansicht Traitteurs darin bestand, hinreichende freie Schwingungen der tragenden Teile zu ermöglichen, setzte er ein System entgegen, bei dem sämtliche Schwingungen minimiert werden sollten: »*... Le principe généralement adopté dans les différents systèmes des ponts en chaîne, a été jusqu'ici de disposer la construction de ces ponts de telle manière, que chacune de leurs parties puisse se prêter à un mouvement libre et flexible dans tous les sens .... Voulant essayer d'opposer à ces vibrations qui, loin de les favoriser, tendît à les prévenir, ou du moins à diminuer de beaucoup, j'ai disposé les chaînes de support de manière qu'elles touchent directement le plancher du pont au milieu de leur ensemble*«[229]. Hierfür wurden auf halber Länge die Tragketten am Brückendeck befestigt, um mit dessen liegendem Holzfachwerk die Hängekonstruktion insgesamt zu stabilisieren[230]. Nach Aussage Traitteurs konnten durch *cette nouvelle disposition* nicht nur die Vibrationen der Tragketten beträchtlich reduziert, sondern auch die Befestigungspunkte der Ketten um 3 bis 4 Fuß tiefer gelegt werden, ohne dabei die Zugbeanspruchung zu erhöhen[231].

Die Metallteile der ›Kleinen Kettenbrücke‹ wurden in der Fabrik von Charles Baird parallel zu den Arbeiten an der ›Großen Kettenbrücke‹ gefertigt. Ende April 1823 unterzeichnete dieser den entsprechenden Vertrag, in dem die Fertigstellung der Arbeiten bis Ende Juni 1824 festgeschrieben war. Wie auch im Falle der Panteleimon-Brücke wartete man mit der Serienfertigung der Konstruktionsteile solange ab, bis die Ergebnisse der Kettenprüfungen vorlagen.

nungen von Oberst Dufour, des Erbauers dieser Brücke, angefertigt. Das Modell macht durch seine klaren Formen auf sich aufmerksam und ist in technischer Hinsicht dadurch bemerkenswert, daß es eine der ersten derartigen Brücken darstellt. Der Bau der Brücke ist auf das Jahr 1824 zu datieren« (Sokolov, N. *Opisanie modelej Muzeuma Instituta korpusa inženerov putej soobščenija (Beschreibung der Modelle des Museums des Instituts des Corps der Verkehrswegeingenieure)*. St. Petersburg, 1862, S. 80). Das Modell der Genfer Brücke befindet sich heute in der ständigen Ausstellung des Russischen Museums für Eisenbahnverkehr in der Abteilung Brückenbau (Krasnosel'skij-Bezirk, St. Petersburg).

225 RGIA, 1487-4-233 ›Die kleine Kettenbrücke über die Mojka. Holzbrücke. Aufriß, Grundriß, Schnitt. 1795‹, ohne Unterschrift; RGIA, 1487-4-234 ›Plan de situation du pont en chaînes pour pietons. August 1823‹, Unterschrift Traitteur.

226 Traitteur. *Description du pont en chaînes exécuté à St. Pétersbourg ...*, S. 46.

227 RGIA, 206-1-591 ›Über den Bau der Kettenbrücken an Fontanka und Mojka. Februar 1825 – Januar 1828‹, Bl. 189.

228 »Ne pouvant donc empiéter sur la largeur de la rue par les chaînes de retenue, il fallait chercher de nouvelles combinaisons qui pussent convenir, à la fois, aux localités et au système dont on voulait faire l'application« (*Traitteur. Description du pont en chaînes exécuté à St. Pétersbourg ...*, S. 47).

229 Traitteur. *Description du pont en chaînes exécuté à St. Pétersbourg ...*, S. 48–50.

230 *Plan, profils, vues perspectives et détails des ponts en chaînes ...*, Taf. 8 (Détail de l'assemblage des Corniches); RGIA 1487-4-235 ›Kleine Kettenbrücke über die Mojka. Schnitt, Details. Ohne Datumsangabe. Unterschrift Traitteur, Hristianovič‹.

231 Traitteur. *Description du pont en chaînes exécuté a St. Pétersbourg ...*, S. 62.

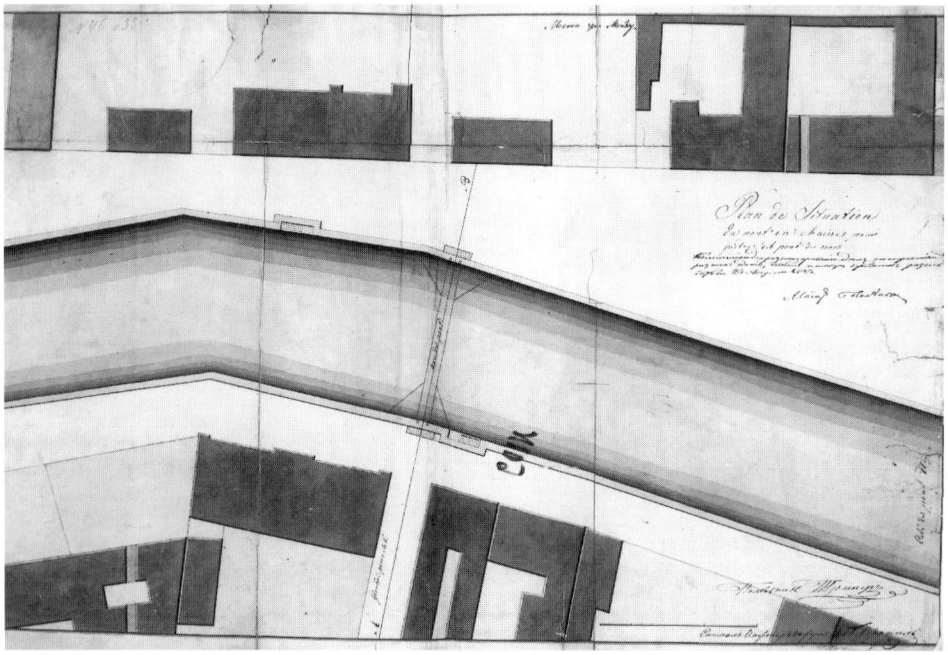

145 Die Postbrücke über die Mojka in St. Petersburg, Traitteur. Lageplan, August 1823 (RGIA, 1487-4-234)

Während dieser Zeit wurden die Vertragskonditionen mit Baird sorgfältig überprüft und mehrmals revidiert[232]. Bei der Diskussion der Konstruktion für die ›Kleine Kettenbrücke‹ verwies der Rat für Verkehrswege mehrfach auf englische Erfahrungen. Für die erste Petersburger Fußgängerbrücke wurde in den Sitzungen des Rats des öfteren die Galashiels Bridge in England mit zwei Doppeltragketten mit einem Durchmesser von 1/2 Zoll als Vergleich erwähnt (Spannweite 33,8 m; Durchhang 1,83 m; Breite 0,91 m, vgl. Abb. 150)[233].

Die endgültige Fassung des Vertrags wurde im Mai 1824 verabschiedet und sah, ähnlich wie die Vereinbarungen zur ›Großen Verkehrsbrücke‹ folgendes vor[234]: Alle Teile aus geschmiedetem Eisen sowie die Gußteile sollten von bester Qualität sein, Form und Größe der zur Brücke gehörenden Guß- und Eisenteile seien nach Anweisung und unter Überwachung des Bauleiters, Oberst Traitteur, anzufertigen und dürfen um nicht mehr als zwei Linien (4,2 mm) von den vorgegebenen Maßen verändert werden. Die Ketten hätten im Durchmesser eine Dicke von 1 3/8 Zoll (3,5 cm) aufzuweisen und im Beisein des Ingenieurs geprüft zu werden, wobei hierfür auf Staatskosten Tagelöhner auf der Spezialmaschine eingesetzt werden sollten. Abgenommen würden nur jene Ketten, die je Quadratzoll einer Last von 1008 Pud oder 16 Tonnen standhielten. Das Gießen und Fertigbearbeiten aller Eisenteile zur Brücke sowie das Schmieden der Ketten sei in der Bairdschen Fabrik bis Anfang Juni 1824 vollständig abzuschließen, die Montage im Werk und die Befestigung an den vorbereiteten Uferpfeilern hinge dann jedoch von den Verfügungen der Obrigkeit ab. Baird erhalte für alle Eisenteile einschließlich Lieferung auf die Baustelle je Pud 18 Rubel, für die Gußteile je 8 Rubel, wobei für das Modell keine gesonderte Bezahlung erfolge. Für die als Schlosser und Schmiede beschäftigten Tagelöhner, die zur Montage der Brücke in der Fabrik und vor Ort, für das Aufhängen der Ketten einschließlich Verschraubung der Hänger sowie für alle sonstigen Arbeiten erforderlich seien, erhalte Baird statt des von ihm geforderten Winterpreises von 2 Rubel 50 Kopeken pro Tag nunmehr 3 Rubel 50 Kopeken pro Tag und Mann inclusive Werkzeug.

Bei der Diskussion des zweiten Vertragspunktes verwarf die Kommission für Entwürfe und Kostenvoranschläge die ursprüngliche Fassung, die es dem Hersteller der Konstruktionsteile gestattet hatte, die Dicke der Teile zu verän-

[232] RGIA, 199-1-230 ›Sitzungsjournal des Rats der Generalverwaltung der Verkehrswege vom 3. Juni 1824. Notiz des Departements vom 2. Juni über die Vereinbarung der Konditionen mit Herrn Baird über die Fertigung verschiedener Eisen- und Gußketten für die Fußgängerbrücke über die Mojka‹, Bl. 7–12.

[233] Die Galashiels Bridge wurde im November 1816 nach einem Entwurf Richard Lees', eines Webereibesitzers, erbaut. Informationen zu diesem Bauwerk wurden bereits in einigen zeitgenössischen Publikationen veröffentlicht, z. B.: *A Wire Bridge … at Galashiels*, New Monthly Magazine. Bd. 6, 1817, S. 559; Stevenson, Robert. *Description of Bridges of Suspension*, Edinburgh Philosophical Magazine, Bd. 5, Nr. 10, Oktober 1821, S. 241; Drewry, C. S., *A Memoir on Suspension Bridges*. 1832, S. 24.

[234] RGIA, 199-1-230, Bl. 7–10.

146 Postbrücke über die Mojka. Traitteur, 1823–1824. Gesamtansicht mit den Mojka-Kais (Traitteur. *Plans ... des ponts en chaînes*, Taf. 7, Lithographie nach eigener Vorlage)

dern. Um eine zufällige Einflußnahme auf die Brückenarchitektur zu verhindern, ging die Kommission hierbei offensichtlich davon aus, daß Form und Proportionen des genehmigten Entwurfs unverändert bleiben sollten und allenfalls nach Rücksprache die Materialstärken innerhalb bestimmter Grenzen verändert werden durften.

Ende März 1824 erörterte der Rat für Verkehrswege im Beisein Traitteurs und Clapeyrons die allgemeinen Entwurfsprinzipien der ›ausschließlich für Fußgänger‹ bestimmten Kettenbrücke. Für die Brückenkonstruktion wurde empfohlen, Eisenstäbe mit einem quadratischen Querschnitt von 1 × 1 Zoll zu verwenden, die wiederum aus vier einzelnen Stangen zusammengeschmiedet waren. Die ursprünglichen Prüfbedingungen für die Kettenelemente, wie sie im November 1823 aufgestellt worden waren, orientierten sich an den besten englischen Eisenproben und schrieben die Erprobung der Teile auf dem *sidéro-mêtre* bis zum Auftreten plastischer Verformungen bei einer Kraft von 26 Tonnen vor[235]. In den vom Herzog von Württemberg im April 1824 verabschiedeten ›Konditionen‹ wurde der Durchmesser der Kettenglieder auf 1 3/8 Zoll festgesetzt, die Prüflast bis zum Auftreten plastischer Verformungen auf 16 Tonnen oder 1008 Pud pro Quadratzoll (2559 kg/cm^2) sowie die Bruchlast auf 24 Tonnen (1500 Pud) pro Quadratzoll herabgesetzt. Ungeachtet dieser Vertragsbedingungen wurden bei der Durchführung der Prüfungen die Kräfte von 16 auf 14 Tonnen reduziert[236].

[235] Zur detaillierten Beschreibung des Geräts und der Prüfungen siehe oben S. 130 ff., Abb. 96.

[236] Diesen Wert erwähnt Traitteur auch in seinem Buch (*Description du pont en chaînes exécuté à St. Pétersbourg...*, S. 64). Details siehe oben S. 134 ff.

In den Sitzungsprotokollen des Rats für Verkehrswege zum Entwurf der ersten Fußgängerbrücke finden sich schriftliche Entschließungen des Herzogs von Württemberg, die von seiner technischen Bildung und einer direkten Beteiligung an der Diskussion bautechnischer Probleme zeugen. Nach Durchsicht der Sitzungsunterlagen des Rats vom 12. April 1824 bemerkte er beispielsweise: *»... Ich billige die Meinung der Ratsmitglieder als Grundlage für die Theorie des Baus der Kettenbrücke für Fußgänger und der Fertigung der Ketten selbst. Ich schließe allerdings die Bedingung aus, nach der der Rat vorschlägt, die Kettenglieder aus 4 Einzelstangen, die der Länge nach verschweißt sind, zu fertigen, und zwar aus dem Grund, da die Prüfung jener Glieder mit einer Kraft von 1000 Pud pro Quadratzoll, der jedes von ihnen unterzogen werden soll, ausreichend ist, um in dieser Hinsicht Sicherheit zu gewährleisten und weil das Schweißen von vier Stangen ein überaus schwieriger Arbeitsgang ist, der recht häufig fehlschlagen kann .... Was die Vorschläge des Rates betrifft, den Oberst Traitteur zu beauftragen, einen neuen Entwurf, Kostenvoranschlag und Berechnungen vorzulegen, die auf den neuen Ausgangsdaten beruhen, und diese in der Kommission im Beisein des Herrn Traitteur zu prüfen, so bin ich der Meinung, daß bei einem solchen Unterfangen wie dem diesen man sich nicht ausschließlich auf die in Rußland gemachten Erfahrungen stützen darf und auch Ingenieure hinzugezogen werden müssen, die durch ihre Kenntnisse und praktischen Erfahrungen bekannt sind, um mit ihnen hierüber zu beratschlagen«*[237].

Unter Berücksichtigung der neuen Vorgaben wurde Traitteur im Mai 1824 beauftragt, eine letzte Korrektur des Entwurfs und die endgültige Berechnung der kleinen Fußgängerbrücke vorzunehmen. Die Querschnitte für die Eisenteile der Postbrücke wurden wie bei der Panteleimon-Brücke ermittelt, d. h. bei gleichmäßiger statischer Belastung unter Berücksichtigung der temperaturbedingten Dehnung der Tragketten (±30 °C)[238]. Der Auslegungswiderstand für das Eisen wurde mit 12 Tonnen (750 Pud) pro Quadratzoll (1904 kg/cm²) und die temporäre Belastung ausgehend von 15 Personen pro Quadratsažen' angesetzt. Hierbei wurden die Querschnitte der Hänger, für die je 2,6 Quadratzoll ermittelt wurden, mit fünffacher Sicherheit auf 11,088 Quadratzoll festgelegt. Für die Querschnitte der Tragketten ergab die Rechnung insgesamt 4,98 Quadratzoll, als tatsächlicher Querschnitt wurden 5,92 Qua-

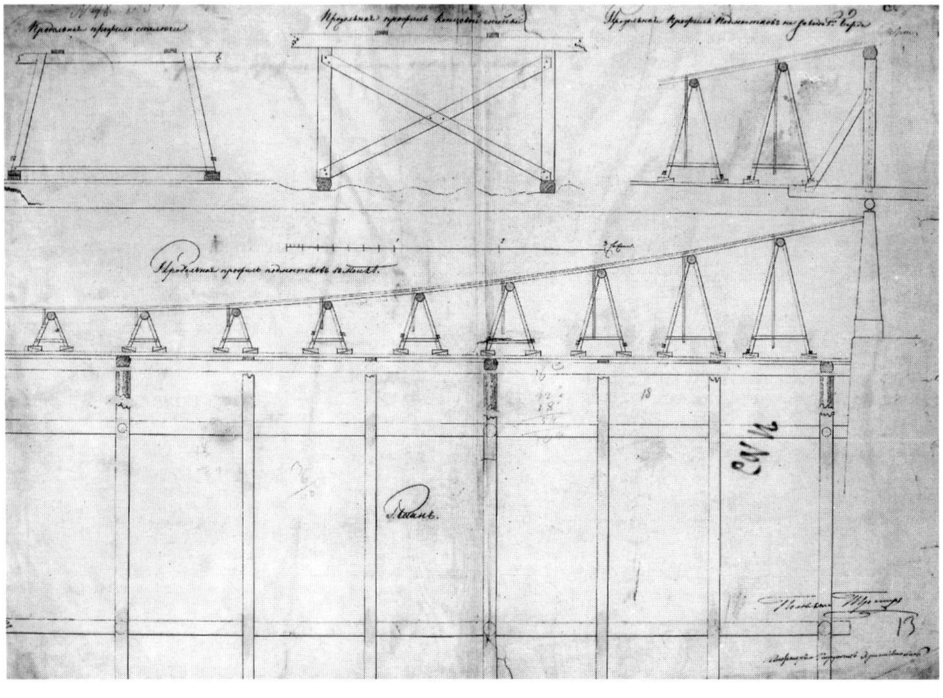

147 Werkzeichnungen für die Postbrücke, Holzgerüst zur Kettenmontage. Traitteur, Hristianovič, um 1824 (RGIA, 1487-4-236)

dratzoll angesetzt. Analog dazu erfolgte die Festlegung der berechneten und der am Bau verwendeten Querschnitte der Abspannungen auf 7,03 bzw. 7,89 Quadratzoll und der vertikalen Befestigungsstäbe auf 16 Quadratzoll. Für die Gegengewichte an den Abspannungen wurden am Bau 11.550 Pud (189,2 t) angesetzt, doppelt so viel wie nach der Rechnung.

Ende Januar 1824 wurde Traitteur vom Herzog von Württemberg angewiesen, die ›Kleine Kettenbrücke‹ in der Bairdschen Fabrik vollständig zu montieren und zur Durchführung von Versuchen auf ein Gerüst aufstellen zu lassen. Auf diese Experimente, die offensichtlich von den Materialprüferfahrungen der führenden englischen Ingenieure angeregt waren, dürfte sich eine erhalten gebliebene Zeichnung eines Holzgerüsts beziehen (Abb. 147)[239]. Die Fußgängerkettenbrücke über die Mojka wurde am 4. August 1824 eröffnet. Die Bauarbeiten leitete Traitteurs ständiger Assistent bei der Errichtung aller Hängebrücken, Ingenieur-Oberleutnant V. A. Hristianovič. Der Kostenvoranschlag für die erste Fußgängerbrücke belief sich auf 13.493 Rubel. Die günstige Wahl ihres Standorts konnte durch Beobachtungen über vier Monate hinweg bestätigt werden, nach denen ab 6 Uhr morgens täglich etwa 4.500 Personen die Brücke passierten[240].

Konstruktion und Architektur

Das Deck der neuen Kettenbrücke für Fußgänger trugen zwei Ketten mit einer Spannweite von 35 m, die wie auch beim Entwurf zur Panteleimon-Brücke jeweils doppelt ausgeführt waren (Abb. 149, fig. 4–8). Dabei erreichte das Verhältnis von Durchhang zu Spannweite den für derartige Systeme kritischen Wert von 1:16[241]. Jede Kette bestand aus 19 einzelnen stabartigen Eisengliedern mit 6 Fuß (1,83 m) Länge und 1 3/8 Zoll (3,5 cm) Durchmesser. Die Kettenstäbe wurden über Bolzen mit einem Durchmesser von 1 1/2 Zoll mit 40 doppelten Ringösen von je 7 3/4 Zoll (20 cm) Länge und 1 Quadratzoll Querschnitt verbunden. Die Möglichkeit, in den Ösen zusätzliche Dübel anzubringen, erleichterte die endgültige Anpassung der Kettenlänge bei der Montage.

In den scharnierartigen Kettenteilen konnten 36 vertikale Hänger, die in Form von Stäben mit einer Länge von 1 Fuß 2 1/5 Zoll bis zu 7 Fuß 11 Zoll (0,37 bis 2,41 m) und einem Durchmesser von 5/8 Zoll (1,6 cm) ausgeführt waren, befestigt werden[242]. Durch Gewinde an den gegenüberliegenden Stabenden konnten die Hänger um bis zu 3 Zoll in ihrer Länge justiert werden. Im Unterschied zur ›befahrbaren‹ Panteleimon-Brücke, bei der an den Hängern Zwischenlängsträger aus Eisen befestigt waren, wurden bei der ›kleinen Fußgängerbrücke‹ die Hänger unmittelbar mit den hölzernen Querbalken des Brückendecks verbunden. Zur Aussteifung des Decks wurden an beiden Seiten Längssimse aus Holzbalken mit quadratischem Querschnitt und zwischen allen Querbalken hölzerne Kreuzverbände angebracht, die in den russischen Schriftstücken jener Zeit als ›Andreaskreuze‹ bezeichnet werden. Aus dem Schriftwechsel geht allerdings hervor, daß diese erst nach Eröffnung der Brücke eingebaut wurden: »... *Als die Fußgängerbrücke über die Mojka nach dem genehmigten Entwurf fertiggestellt war, gab es dort überhaupt keine Kreuze; daher waren die Schwingungen so stark, daß sie die Passanten erschreckten. Jene Brücke wies seinerzeit nicht nur Bewegungen in der Vertikalen, sondern auch in der Horizontalen auf. Als aber nachträglich Kreuze angebracht wurden, verschwanden beide Bewegungen völlig, so daß die Brücke nur noch ein leichtes Beben aufweiset, das in keiner Weise für die Passanten gefährlich ist, weswegen sie sich später auch vollständig daran gewöhnten*«[243]. Nach Ansicht Traitteurs wurden die Schwingungen der Konstruktion auch durch die wesentliche Gewichtszunahme des Brückendecks vermindert. Die

237 RGIA, 199-1-230, Bl. 11v.

238 Die Berechnungen sind zusammengefaßt in: Traitteur. *Description du pont en chaînes exécuté à St. Pétersbourg ...*, S. 54–58 (Calcul).

239 RGIA, 199-1-228 ›Sitzungsjournal des Rats der Generalverwaltung der Verkehrswege. Notiz des Departements vom 29. März 1824 über die Bereitstellung von 10 Tausend Rubel zum Aufbau der Gerüste‹, Bl. 15v; RGIA, 1487-4-236 ›Die Gerüste am Fluß Mojka. Grundriß, Profil, Schnitt. Unterschrift Traitteur, Hristianovič‹, ohne Datumsangabe.

240 Traitteur. *Description du pont en chaînes exécuté à St. Pétersbourg ...*, S. 47.

241 Die in verschiedenen Schriftstücken zu findenden Angaben für das Verhältnis Durchhang : Spannweite schwanken zwischen 1:16 (Zeichnung im Album Traitteurs) und 1:19 (Archiv des LenMostoTrest).

242 Die umfassendste Vorstellung von den Bauteilen und -maßen der Brücke vermittelt das Übergabeprotokoll vom Februar 1825, das von Hristianovič und Traitteur unterzeichnet ist (RGIA, 206-1-591, Bl. 5–8). Die in diesem Protokoll genannten Abmessungen weichen in einigen Fällen von denen anderer Archivakten ab. Im Falle von Abweichungen werden in dieser Arbeit die Maße des Übergabeprotokolls angeführt.

243 RGIA 206-1-578 ›Zum Bau der Kettenbrükken in St. Petersburg am Katharinen-Kanal. Dezember 1824 – Juli 1825‹, Bl. 98v–100.

148 Entwurf für die Menai Bridge. Telford, 1811 (Wiebeking, *Architecture civile ...*, Taf. 247)

gußeisernen Brückengeländer waren nicht mit den Tragketten verbunden und lediglich über auskragende Halterungen an den Querbalken des Decks befestigt.

Die Tragketten der Postbrücke wurden von vier 2,5 m hohen gußeisernen Obelisken und anliegenden gußeisernen Segmentträgern mit radial-ringförmigem Gitter zur Umlenkung der Abspannungen getragen (Abb. 149, fig. 1–3, 6). Der äußere radiale Trägergurt mit einer Breite von 6 1/4 Zoll (15,9 cm) und einer Stärke von 1 Zoll diente als ›Führung‹ für die Abspannketten, die jeweils aus zwei gebogenen Gliedern bestanden und senkrecht in den Boden liefen[244]. Durch diese technische Lösung wurden die Ketten in Form einer geschwungenen Linie von einer unterirdischen Lagerplatte zur anderen geführt. Traitteur führt in seiner Werkbeschreibung aus, »*... ces courbes qui portent aussi les chaînes de retenue, ont, de plus, l'avantage d'établir dans tout le système du pont, d'une plaque d'arrêt à l'autre, une courbe continue d'un très-grand diamètre. ... Elles sont formées d'une seule barre depuis les chaînes de support jusqu'aux barres d'attache, suivant les courbes en fer de fonte, et posant sur de petites selles disposées pour les y tenir*«[245]. Die Befestigung dieser Abspannungen in den gußeisernen Fundamentplatten erfolgte ähnlich wie im Entwurf zur Panteleimon-Brücke: die Abspannungsenden wurden jeweils in einer gußeisernen Platte verankert, die am Ufer von fünf Lagen großer Granitquader an Ort und Stelle gehalten wurde (Abb. 149, fig. 2)[246].

In seinem Buch über zeitgenössische Architektur stellte Carl Friedrich von Wiebeking auch die Postbrücke vor und hob dabei die gelungene Lösung ihrer Pylone hervor: »*Les quatre supports du pont sur la Moika à St. Pétersbourg, destiné pour des piétons ... consistent en quatre obélisques ... en fonte, lesquels sont renforcés par des courbes à claire-voie en fonte qui portent aussi les chaînes de retenue. Cette construction mérite toute attention de l'ingénieur, et nous voyons ... que M. Telford a proposé une pareille pour le lévage des cintres en fer d'un pont sur le détroit de Menai*«[247]. Die Ähnlichkeit mit dem englischen Vorbild bezieht sich auf die erste Fassung der Menai Bridge (1811, Spannweite ca. 150 m, Abb. 148), bei der, allerdings in anderer konstruktiver Funktion, ebenfalls Segmentr›äger mit radial-ringförmigem Gitter zum Einsatz kamen[248]. Die Konstruktion der Segmentträger der Postbrücke läßt sich zweifellos aus dem britischen Brückenbau ableiten, während die Obelisken mit aufgesetzten Kugeln dem hergebrachten Formenrepertoire der europäischen Architektur entstammten. Ähnlich gedrungene Obelisken mit Kugeln finden sich etwa bei der von Traitteur aufgenommenen Sternwarte zu Mannheim (fertiggestellt 1811)[249].

Als Geländer der Postbrücke kam wie auch bei der Panteleimon- und der Ägyptischen Brücke ein ›Standardgitter‹ zum Einsatz, bei dem die für den Eisenkunstguß des Klassizismus typischen Motive sich überschneidender Ovale aufgegriffen wurden, die über horizontale Ziergurte verbunden waren (vgl. Abb. 156)[250]. Die Geländerabschnitte waren an eisernen Auskragungen, die an den Querbalken angebracht waren, befestigt. Eine derartige Befestigung erhöhte die Steifigkeit der Brücke nur geringfügig[251], und eine konstruktive Verbindung zwischen Tragketten und Gittern bestand nicht.

[244] *Plan, profils, vues perspectives et détails des ponts en chaînes ...*, Taf. 8 Abb. 1–3. Eine detaillierte Zusammenstellung zur kleinen Kettenbrücke mit vollständiger Bauteilliste einschließlich Abmessungen befindet sich in: RGIA, 206-1-591, Bl. 6–8 (Übergabeprotokoll vom 6. Februar 1825).

[245] Traitteur. *Description du pont en chaînes exécuté à St. Pétersbourg ...*, S. 52.

[246] »Les moyens employés pour fixer les attaches par des plaques d'arrêt chargées de block de granit, ont parfaitement réussi dans les deux ponts; le moindre mouvement, et maintenant que la maçonnerie a pris corps, cette solidité ne peut qu'être augmentée« (Traitteur. *Description du pont en chaînes exécuté à St. Pétersbourg ...*, S. 62–63).

[247] Wiebeking, Carl Friedrich von. *Architecture civile ...*, S. 158; Taf. 247 Abb. 26, Taf. 253 Abb. 12, 48.

[248] Paxton, R. A., Mun M. I. *Menai Bridge (1818–1826) and its influence on the Suspension Bridge Development.* In: Transactions of the Newcomen Society, Bd. 49, 1977–1978, London, 1979, S. 87–97.

[249] Budde, Kai. *Wirtschaft, Wissenschaft und Technik im Zeitalter der Aufklärung. Mannheim und die Kurpfalz unter Carl Theodor 1743–1799.* Katalog. Landesmuseum für Technik und Arbeit, Mannheim, 1993, S. 70.

[250] RGIA, 1487-4-225, Bl. 2. ›Gitter der Postbrücke. Dezember 1825‹. Unterschriften: Traitteur, Hristianovič. Ähnliche Ornamente waren damals in der Bebauung der badischen Residenzstadt Karlsruhe weit verbreitet (z. B.: Fenstergeländer des Wohnhauses Zähringerstraße 90, 1812, nach einer Mustervorlage Weinbrenners).

[251] »Des contreforts en fer de fonte, fortement fixés aux poutres du plancher, forment une partie de la balustrade et lui assurent une grande solidité. Divisée en parties égales par les contreforts et percée de trous oblongs à toutes ses liasons, elle peut aisément se prêter à tous les mouvemens du plancher« (Traitteur. *Description du pont en chaînes exécuté à St. Pétersbourg ...*, S. 54).

[252] *Plans, profils, vues perspectives et détails des ponts en chaînes ...*, Taf. 7 (Vue perspective du Pont en chaînes pour les piétons).

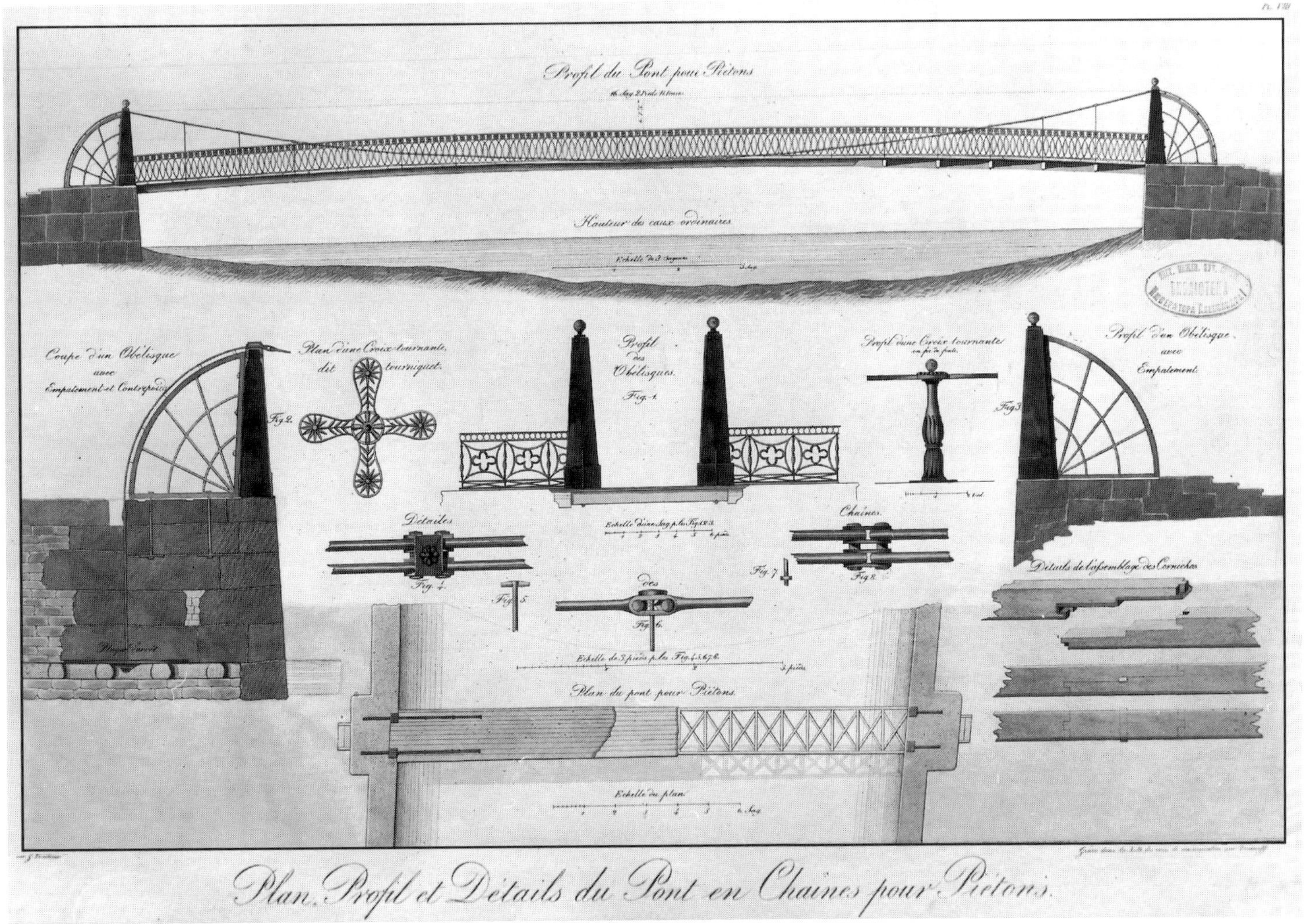

149 Postbrücke über die Mojka. Traitteur, 1823–1824. Seitenansicht, Grundriß und konstruktive Details (Traitteur. *Plans ... des ponts en chaînes*, Taf. 8, Lithographie nach eigener Vorlage)

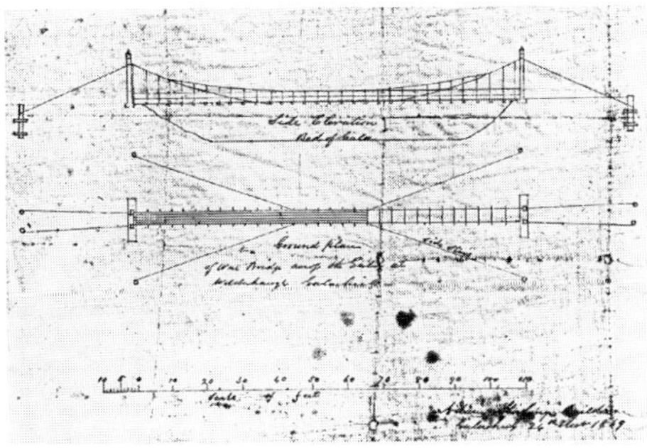

150 Galashiels Bridge. R. Lees, 1816. Skizze zu einer späteren Instandsetzung (Archive of the Institution of Civil Engineers, London)

Die Architektur der ›Kleinen Kettenbrücke‹ über die Mojka ist zweifelsohne als eigenständig zu bezeichnen; sie illustriert auf hervorragende Weise die von Traitteur in seinem Buch für die neuen Eisenbauwerke postulierte ›Theorie‹ der Stil- und Formgebung. Im Gegensatz zu der romantisch aufgefaßten filigranen ›Gotik‹ der Panteleimon-Brücke entspricht die Postbrücke voll und ganz den klassizistischen Gestaltungsprinzipien (Abb. 146, 149). Hierbei spielen die traditionellen Formen des Petersburger Empire, so die von Kugeln gekrönten Uferobelisken, die aufgesetzten Bronzerosetten und die Geländergestaltung, offensichtlich eine untergeordnete Rolle. Im Grunde wurde die Postbrücke zu einem Exempel für die Eisenarchitektur ›in Reinform‹, die in das an der Schwelle vom 18. zum 19. Jahrhundert entstandene Stadtbild geschickt integriert wurde (Abb. 151).

Der Gestalt der Postbrücke kam die Innovationsfreude der Petersburger Baumeister zugute, die traditionellen künstlerischen Normen des Klassizismus auch an neuen Bauaufgaben zu erproben, zu denen Industrie- und auch Ingenieurbauten gehörten, wie z. B. Brücken. Diese typologische Ausweitung des Spektrums der Baukunst entsprach offensichtlich der Idee eines ästhetisch einheitlichen urbanen Raums, die in der Architekturtheorie des Klassizismus gefordert wurde. Die einzige Darstellung der Postbrücke durch Traitteur[252], die sich wesentlich von den im selben Album vorgelegten Frontalansichten der Panteleimon-Brücke unterscheidet, kann in diesem Sinne verstanden werden. Die Postbrücke wird dem Betrachter in einer etwas verzerrten Raumperspektive der Mojka-Kais vorgestellt, die mit freistehenden Villen und Kasernen mit zeitgemäßen symmetrischen Fassaden ohne Säulen bebaut sind. Eine unerwartete Ergänzung dieses für St. Petersburg typischen Stadtbilds ist die leichte Metallkonstruktion der Fußgängerbrücke, deren offensichtlich neuartige technische Konstruktion mit äußerst sparsamen Zierformen gestaltet ist, die der Architektur dieses Stadtviertels möglichst nahe zu kommen sucht.

Die Architektur der Postbrücke stellt in mancherlei Hinsicht eine Weiterentwicklung der den Programmen und Prinzipien des Klassizismus zugrundeliegenden ›rationalistischen‹ Elemente dar. Hierbei ist zu unterstreichen, daß der in den Bauwerken Traitteurs (und einigen typologisch verwandten Arbeiten damals führender Petersburger Baumeister) offensichtliche architektonische Rationalismus niemals auf eine jeglicher ästhetischer Kriterien beraubte bloße Zweckhaftigkeit reduziert wurde[253]. Die Postbrücke zeigt durchaus überzeugend, daß die in den Anfängen der russischen industriellen Revolution entstandenen rationalistischen Tendenzen in der Architektur keinen Widerspruch, keine Antithese zum Klassizismus bildeten, sondern zur breiteren Anwendung seiner Organisationsprinzipien beitrugen[254].

Als Bestätigung für diese These kann auch angeführt werden, daß die architektonische Lösung der ›Kleinen Kettenbrücke‹ Traitteurs umgehend die Aufmerksamkeit eines der führenden Baumeister des Moskauer Klassizismus, Domenico Gilardi, weckte. Im Jahre 1826 wandte dieser eine ähnliche architektonische Lösung beim Bau einer Fußgängerbrücke im Park eines Landguts bei Moskau an[255]. Die Tragseile der Drahtkabelbrücke in Kus'minki lagen auf Pylonen in Form toskanischer Säulen, die durch Verstärkungen, gußeiserne Segmentträger mit Radialgitter, stabilisiert wurden (Abb. 152). Dabei finden sich in Kus'minki die technischen Innovationen der Postbrücke nur in Teilen wieder, die Traitteur in seinem Buch doch ausführlich beschrieben hatte. Die tragenden Drahtseile waren nicht bis auf die Höhe des Brückendecks herabgezogen. Die Abspannungen waren am Obergurt der Umlenkbögen befestigt und liefen schräg in den Boden. Trotzdem faszinierte auch diese Brücke ihre Zeitgenossen selbst in ihrer ›reduzierten‹ Version vor allem wegen der gleichfalls neuartigen Gestalt[256].

151 Die gußeisernen ›Obelisken‹ der Postbrücke nach der Rekonstruktion von 1981–1983 (Photographie 1993)

152 Drahtkabelbrücke im Kus'minki-Park bei Moskau. Domenico Gilardi, 1826 (Beleckaja/Pokrovskaja, *D. I. Gilardi ...* , S. 93)

Ebenfalls im Jahre 1826 wurde die Konstruktion der Stützen der ›Kleinen Kettenbrücke‹ Traitteurs von dem Ingenieur P. Ja. de Witte in dessen Entwurfsversion zu einer dreifeldrigen Kettenbrücke (25 + 42 + 25 m) über die Moskva aufgegriffen. Im Gegensatz zur Drahtkabelbrücke in Kus'minki wiederholte der Entwurf de Wittes nicht nur die Konstruktion, sondern auch die Architektur der Widerlager des Petersburger Originals. Allerdings führte die maßstäbliche Vergrößerung der für eine kleine Fußgängerbrücke entworfenen niedrigen Stützen bei einer mehrfeldrigen Straßenbrücke zu einer unbefriedigenden Wirkung der Pylone innerhalb der Gesamtkomposition.

Die Postbrücke im städtischen Leben

Die ersten Nutzungsjahre zeigten, daß die ›Kleine Kettenbrücke‹ über die Mojka (Abb. 149) trotz des unzweifelhaften Erfolgs dieses Bauwerks einige technische Unzulänglichkeiten aufwies, die sowohl auf die fehlende Planungserfahrung als auch auf die Besonderheiten des wenig tragfähigen Baugrunds im Neva-Delta zurückzuführen waren. Schon bald nach der Eröffnung wurden an den Obelisken Verformungen festgestellt, die sich allmählich aus der Vertikalen in Richtung Fluß neigten. In einem Bericht vom Mai 1826 beurteilte Traitteur die entstandene Situation optimistisch und bemerkte, die Bewegung der Stützen sei auf den Frost zurückzuführen, der vor der Trocknung des Mauerwerks eingesetzt habe. Dieses Phänomen sei in den ersten beiden Jahren aufgetreten, im dritten sei es fast unmerklich gewesen und werde völlig enden, wenn das Mauerwerk aushärte. Als Beleg für die ausreichende Festigkeit der Brücke berichtete Traitteur, auf ihr seien bereits zweimal jeweils 600 bis 700 Personen ohne Schaden für die Konstruktion versammelt gewesen. Allerdings wiesen nach Messungen von 1825 die Pylone auf der rechten Flußseite eine Lotabweichung bis zu 8 Linien (1,7 cm), auf dem linken Ufer von 1 Zoll 8 Linien (4,2 cm) bzw. 1 Zoll 7 Linien auf[257].

Lamé und Clapeyron, Lehrkräfte am Institut des Corps der Verkehrswegeingenieure, führten im Juni 1826 eine Untersuchung der kleinen Fußgängerbrücke über die Mojka durch. Die von ihnen kurz danach vorgelegte ›Opinion relative au petit pont de chaînes de la Moika‹ enthielt Angaben über den Zustand der Brückenkonstruktion, von dem die vermeintlichen Ursachen für die Verformungen abgeleitet wurden[258]. Die Überprüfung zeigte, daß drei der vier Obelisken sich um maximal 1,5 Zoll in Richtung Kanal geneigt hatten. Das niedrigere Längsprofil des Brückendecks wies darauf hin, daß diese Verformungen nach Abschluß der Bauarbeiten aufgetreten waren. Nach Ansicht Lamés und Clapeyrons waren bei der Errichtung der Brücke zwei Fehler unterlaufen. Der erste bestand darin, daß die an den künftigen Verankerungsstellen der Abspannungen demontierten granitenen Kaiabschnitte auf den alten Holzpfählen belassen wurden[259]. Bei einer die zulässigen Kennwerte überschreitenden Last konnten diese Pfähle in den sumpfigen Boden einsinken. Der zweite Fehler hing mit dem Einsatz radialförmiger Segmentträger für die Abspannungen zusammen. Sie glichen die horizontale Komponente der Zugkräfte nicht aus und sorgten somit für ein Abdrehen der Obelisken zum Fluß hin. Eben dieser zweite Umstand bewirkte nach dem Dafürhalten der Gutachter die entstandenen Verformungen der Obelisken.

Um herauszufinden, wie schnell und in welcher Richtung sich die Abweichungen weiterentwickeln würden, planten Lamé und Clapeyron für das folgende Frühjahr erneut Messungen. Um den Einfluß der Verformungen auf die Tragfähigkeit der Brücke zu überprüfen, schlugen sie Versuche am Objekt mit der größten Nutzlast vor, sofern darunter eine provisorische Ponton-

[253] Ein derartiges Zweckdenken war bei der Entwicklung von Eisenbauten Mitte des 19. Jahrhunderts und bei vielen Brückenkonstruktionen des folgenden ›Ingenieurzeitalters‹ kennzeichnend.

[254] Ivan Svijazev, ein bekannter Theoretiker und Praktiker der russischen Architektur des späten Klassizismus, schreibt dazu: »... für uns, die Zöglinge der Akademie der 20er Jahre, gab es keinen anderen Stil als den klassischen, der noch durch gemeinsame Anstrengungen der ehemaligen Professoren der Akademie, der Gebrüder Mihajlov, gereinigt war« (Terehin, A. S. *Leben und Werk des Architekten I. I. Svijazev*. Perm', 1970, S. 74).

[255] Domenico Gilardi (geb. 1785, Montagnola/Schweiz, gest. 1845, Mailand). Geboren im Tessin, lebte er ab 1796 mit seinen Eltern in Rußland. Studierte Malerei an der Petersburger Kaiserlichen Akademie der Künste und an der Mailänder Kunstakademie (1803–1806). Kehrte 1810 nach Rußland zurück, wo er sich bald aktiv am Wiederaufbau Moskaus nach dem Brand von 1812 beteiligte. Arbeitete in der Hauptsache in Moskau. In den Jahren 1832–1833 kehrte er ›wegen seines Gesundheitszustands‹ in die Schweiz zurück, zur gleichen Zeit und aus dem gleichen Anlaß wie Traitteur nach Baden.

[256] Beleckaja, E. A.; Pokrovskaja, Z. K. *D. I. Žilardi (D. Gilardi)*. Moskau, 1980, S. 91–93.

[257] RGIA, 206-1-591, Bl. 190, 279.

[258] Ibid., Bl. 229–230v (Bericht in frz. Sprache).

[259] In den Jahren 1798–1810 wurde an beiden Ufern der Mojka von der Mündung bei der Fontanka bis zum Krjukov-Kanal eine Kaiwand aus Granit auf Pfahlgründungen mit Treppenabgängen, Granitabsätzen und gußeisernen Gittern angelegt (Stepnov, P. I. (Hrsg.), Novikov, Ju. V. *Mosty i naberežnye Leningrada. (Leningrads Brücken und Kais)* Leningrad, 1991, S. 294).

brücke eingerichtet würde: »... *D'après toutes ces considérations, la Commission pense que le seul moyen de détruire les inquiétudes que les déformations survenues au petit pont de chaînes de la Moika ont dû faire naître, est de soumettre ce pont à une nouvelle épreuve, en plaçant dessous, et sur des barques, un pont de précaution, et dessus un poids équivalent à sa charge maximum probable*«[260]. Die geplante Probebelastung an der Postbrücke wurde jedoch nicht durchgeführt.

In ihren Schlußfolgerungen zogen Lamé und Clapeyron einige der Konstruktionsprinzipien in Zweifel, die Traitteur für besonders innovativ gehalten hatte, so die Möglichkeit einer vertikalen Verankerung der Abspannungen und die Planung von Brücken ohne Granitwiderlager. Wie die weitere Entwurfstätigkeit Traitteurs im Bereich der Fußgängerbrücken zeigte, halfen ihm die in der Anfangszeit der Postbrücke festgestellten Mängel, die Konstruktion der späteren ›abspannungslosen‹ Kettenbrücken für Fußgänger am Katharinen-Kanal noch während der Planung zu korrigieren. Diese Korrekturen betrafen vor allem die Vergrößerung des Verhältnisses zwischen Durchhang und Spannweite, wodurch die Seilkräfte und damit deren Horizontalkomponente entsprechend reduziert werden konnte.

Im Jahre 1827 wiesen die Obelisken der Postbrücke folgende Abweichungen auf: rechts 3/4 Zoll (1,9 cm) und 8 Linien (1,7 cm), links 2 1/8 (5,4 cm) und 2 1/4 Zoll (5,7 cm). Im Januar des Folgejahres wurde erneut eine Verschiebung festgestellt. Auch zu dieser Zeit verteidigte Traitteur in seinen Berichten an den Herzog von Württemberg weiterhin die Richtigkeit der von ihm gewählten konstruktive Lösung und äußerte die Ansicht, daß die infolge der Verhältnisse bei der Montage und durch die geologische Situation hervorgerufenen Setzungen aufhören würden[261]. Seine Zuversicht stützte sich wahrscheinlich bereits auf die besseren Erfahrungen mit den beiden neuen Fußgängerbrücken über den Katharinen-Kanal, die im Jahre 1826 fertiggestellt worden waren.

Aufgrund der Schwierigkeiten in den ersten Nutzungsjahren der ›Kleinen Kettenbrücke‹ wurde beschlossen, in Rußland erste Versuche zum Vergleich der Tragfähigkeit und der Kosten zwischen Kettenbrücken und Drahtkabelbrükken als den beiden Hauptvarianten von Hängekonstruktionen durchzuführen. Eine derartige vergleichende Analyse für die kleinen Hängebrücken schlug Carbonière Ende 1825 vor[262]. Lamé und Clapeyron erhielten Anfang 1826 die Mittel für die Prüfungen[263]. Die Versuche erfolgten in einem Schuppen der beinahe fertiggestellten Kondukteurschule auf einem speziellen von Lamé entwikkelten Gerät. Geprüft wurden Abschnitte verschiedener in Rußland hergestellter Drahttypen. Aufgrund einer Lieferverzögerung des *sidéro-mêtre* von der Bairdschen Fabrik zur Kondukteurschule wurde der zweite Teil der Prüfungen, Erprobungen von Drahtseilketten, nicht durchgeführt. Die Ergebnisse der Prüfungen erwiesen sich als theoretisch überaus nützlich und zeigten, »... *daß russischer Draht fester ist als englischer und überhaupt ausländischer und daß diese Differenz recht bedeutend ist. Aus diesem wichtigen Ergebnis kann auf einen wirklichen Vorzug russischen Eisens gegenüber dem übrigen europäischen Eisen geschlossen werden*«[264]. Insgesamt führten die Versuche zu dem Schluß, daß bei den russischen Preisen für Flacheisen und Eisendraht der Bau von Kettenbrücken aus Flacheisen bedeutend kostengünstiger sei.

Aus den wenigen Zeugnissen zeitgenössischer Periodika über das weitere Schicksal der Postbrücke geht hervor, daß Mitte des 19. Jahrhunderts weiterhin häufig vorsorgliche Reparaturarbeiten erfolgten[265]. Im Jahre 1900 wurden die Holzteile des Brückenkörpers gegen neue ausgetauscht. Zwei Jahre später wurden die gegossenen ›klassizistischen‹ Originalgitter gegen leichtere ausgewechselt. Die auf Initiative des Stadtamts im Januar 1905 (nach dem Einsturz der Ägyptischen Brücke) durchgeführte Inspektion war die erste gründliche Untersuchung der Brücke seit ihrem Bau. Dabei wurden ernsthafte Mängel

260 RGIA, 206-1-591, Bl. 230v.

261 RGIA, 206-1-843, Bl. 1.

262 »... Herr Ingenieur-Generalmajor Carbonière schlug nach Übersendung zweier Hefte der Zeitschrift *Bibliotheque Universelle* vom August und Dezember 1823 vor, eine detailliertere Prüfung sowohl des Aufbaus der Hängebrücke in Genf als auch von Vorversuchen durchzuführen, ob es nicht sinnvoll sei, hier zumindest für die kleinen Brücken Drahtseile statt Kettenglieder zu verwenden« (RGIA, 206-1-630 ›Über die Durchführung von Versuchen zum Einsatz von Drahtseilen für Kettenbrücken statt Kettengliedern nach dem Entwurf der Oberstleutnante Lamé und Clapeyron. 1825–1827‹, Bl. 1, Bericht von Generalmajor Potier vom 30. Dezember 1825).

263 RGIA, 206-1-591, Bl. 210.

264 RGIA, 206-1-630, Bl. 8–9.

265 *Vedomosti St. Peterburgskoj gorodskoj policii (Mitteilungen der Petersburger Stadtpolizei)*, 1854, 20. August (Nr. 185), S. 2; 21. August (Nr. 186), S. 2; 23. August (Nr. 187), S. 2; *Golos (Die Stimme)*, 1864, 8. April (Nr. 187), S. 3; *Birževye Novosti (Börsennachrichten)*, 1900, 23. September (Nr. 252), S. 2.

153 Die Postbrücke über die Mojka nach dem rekonstruktierenden Neubau von 1905 (zeitgenössische Ansichtskarte)

des Tragwerks festgestellt[266]: Beide Obelisken am linken Ufer hätten sich erneut in Richtung Fluß geneigt, und beim Passieren schwanke die Brücke heftig. Die Schächte zur Aufnahme der Kettenenden seien mit vereistem Schmutz verstopft. An einigen Kettengliedern seien Spuren festgestellt worden, die möglicherweise auf Schweißreparaturen schließen lassen, sowie stellenweise verringerte Querschnitte.

Im Rahmen der Maßnahmen zur Verhütung neuer Unfälle mit Hängebrükken entschied die Stadtverwaltung, die Postbrücke bis zum endgültigen Bau einer neuen Brücke abzustützen. Die Arbeiten mit veranschlagten Kosten von 347 Rubel führte der städtische Architekt K. V. Bal'di im Sommer 1905 durch. Nach Anbringung zusätzlicher, hölzerner Notstützen im Fluß verlor die Postbrücke ihre ursprüngliche konstruktive Struktur als einfeldrige Kettenbrücke völlig, Eisenketten und Gußpylone waren nun keine tragenden Teile mehr, sondern nurmehr Dekoration (Abb. 153).

Baudenkmal und Sanierungsobjekt, 1930–1980

Zum Schicksal der Postbrücke in der Sowjetzeit gibt es umfangreiches Material, das die in jener Zeit üblichen und in vielerlei Hinsicht bis heute in Rußland verbreiteten Verfahren und Grundsätze bei der Restaurierung von Denkmälern der Architektur und der Bautechnik illustriert. Im März 1935 verabschiedete das Präsidium des Allrussischen Zentralen Exekutivkomitees des Obersten Sowjet der UdSSR eine zweite Liste mit Baudenkmälern, »die von großer kunsthistorischer Bedeutung sind«. In diese Liste hatte das Komitee für Denkmalschutz beim Präsidium des Allrussischen Zentralen Exekutivkomitees der Räte der Arbeiter- und Bauerndeputierten auch die Postbrücke, die Bankbrücke (Bankovskij most) und die Löwen-Brücke (L'vinyj most) aufgenommen. Nachdem die Brücken unter staatlichen Schutz gestellt worden waren, nahm das Brückenbüro des Leningrader Instituts der Eisenbahningenieure als direkte Nachfolgeorganisation des Instituts des Corps für Verkehrswegeingenieure im Beisein von Vertretern des Bautrusts DorVodMost in den Jahren 1936–1937 eine technische Begutachtung der Brücken vor. Da der Zustand

[266] Neljubov, N. S. *Obzor stroitel'noj dejatel'nosti St. Peterburgskogo obžestvennogo upravlenija za 1905 i 1906 gody (Überblick über die Bautätigkeit der Staatlichen St. Petersburger Verwaltung 1905 und 1906).* St. Petersburg, 1908, S. 151–152.

des Decktragwerks der Postbrücke für unbefriedigend befunden wurde, wurden die hölzernen Längsbalken gegen Doppel-T-Träger aus Walzstahl ausgetauscht (Nr. 45).

Eine nach dem Zweiten Weltkrieg 1946 durchgeführte technische Bestandsaufnahme zeigte, daß der Brückenkörper der Postbrücke zu 60 % schadhaft sei (die Handläufe der Geländer waren gebrochen, die Farbe an den Obelisken und anderen Teilen der Verzierung stark beschädigt, Kugeln fehlten usw.) und die Stützen zu 30 % beschädigt seien[267]. Im Jahre 1954 wurde »zur Wiederherstellung des ursprünglichen historischen Antlitzes« ein Entwurf zur Rekonstruktion der Postbrücke erarbeitet, der die Verwendung der alten Obelisken und Gitter der Brückengeländer sowie den Austausch der ›radialen‹ gußeisernen Verstärkungen und Ketten gegen stählerne unter Beibehaltung von Muster und Formen der Bauteile vorsah[268]. Die 1905 angebrachten provisorischen hölzernen Stützpfähle sollten entfernt werden, um die Brücke als Hängesystem wiederherzustellen. Dieser Entwurf, der anstelle der vorhandenen Kettenstäbe von 35 mm (1 3/8 Zoll) Stärke solche zu 50 mm vorsah, wurde jedoch nicht realisiert. Im Jahre 1956 wurden an der Brücke gußeiserne Gitter angebracht, die nach Zeichnungen aus der Bauzeit in den Speziellen Wissenschaftlichen Restaurierungs- und Produktionswerkstätten nachgebaut worden waren. Im Jahre 1968 wurden die Zierkugeln auf den Obelisken der Brücke, die nach wie vor auf den Holzstützen der Notsicherung von 1905 lagerten, erneut vergoldet.

Der nächste Entwurf zu einer ›Generalsanierung‹ der Postbrücke, der 1978 vom Institut LenGiproInžProekt (Ingenieure B. E. Dvorkin und R. R. Sipov) erstellt wurde, griff praktisch das Vorgängerkonzept von 1954 wieder auf (Abb. 154, 155). Der Planungsauftrag schrieb vor, »*... das historische Aussehen der Brücke zu erhalten und ihre Betriebsdaten auf ein Niveau zu bringen, das den modernen Anforderungen entspricht*«[269]. Zur Umsetzung dieser Forderungen war vorgesehen, die Holzpfeiler zu entfernen und die ursprüngliche Eisenkonstruktion so gut wie vollständig zu ersetzen. Hierbei sollte das neue Tragwerk aus einem mehrteiligen stählernen Aussteifungsträger, der von zwei Kettenpaaren aus hochfestem Stahl (Streckgrenze 12.000 kg/cm^2) getragen wurde, bestehen. Der 300 mm hohe Aussteifungsträger bestand aus vier Doppel-T-Längsträgern, die in einem Abstand von 700 mm angeordnet und oben

154 Die Postbrücke nach der Instandsetzung von 1981–1983 (Photographie 1993)

155 Die Postbrücke nach der Instandsetzung von 1981–1983. Gesamtansicht im Panorama der Kais (Photographie 1993)

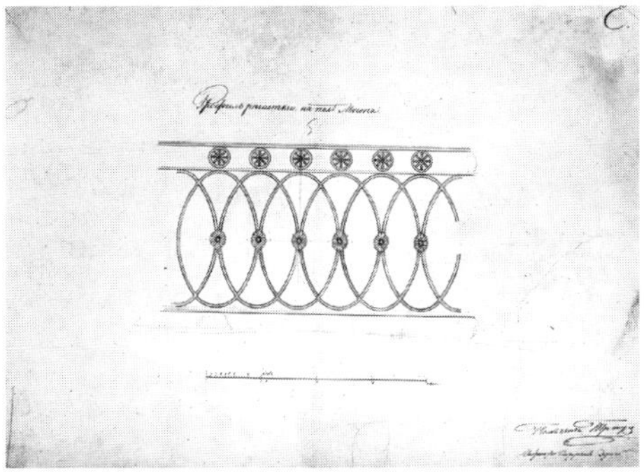

156 Geländergitter der ›kleinen Kettenbrücke‹. Traitteur, Hristianovič, um 1825 (RGIA, 1487-4-225, Bl. 2)

mit 20 mm starken und 2.400 mm breiten Stahlblechen verbunden waren (Abb. 155). Die Obelisken und die Segmentträger der Brücke wurden als Repliken der Originale aus Stahl gegossen (Abb. 151). Die Wiederherstellung anderer wichtiger Elemente des Baudenkmals, etwa des Brückendecks, der Befestigungsschrauben usw., fand jedoch nicht die Aufmerksamkeit der Restauratoren. Die durch die Erhöhung der Nutzlasten gestiegenen Seilkräfte machten eine Änderung der Pfeilerkonstruktion erforderlich. Wie bereits im Vorzustand fällt deren vordere Flucht mit der Kaimauer zusammen, unter Wasser ab einer Tiefe von 1 m jedoch springen die Pfeiler mit einer Neigung von 1:2,5 in das Flußbett vor. Die Breite des linken Uferpfeilers beträgt 8,94 m, die des rechten 11,04 m.

Der Entwurf wurde in den Jahren 1981–1983 realisiert. Unmittelbar nach Abschluß der Bauarbeiten wurden die Tragketten der Brücke einer statischen Zugfestigkeitsprüfung sowie dynamischen Prüfungen unterzogen, die den gewählten rechnerischen Ansatz im Verhalten der Konstruktion während der Prüfungen bestätigt fanden. Die nach Abschluß der Bauarbeiten durchgeführte Begutachtung »stellte einige Abweichungen vom Entwurf fest«, so eine Erhöhung des Durchhangs gegenüber dem Entwurfswert um 20 cm und eine um 60 kg/lfdm geringere Eigenlast[270]. Vor der Verwirklichung einer der möglichen Varianten zur Verstärkung der Konstruktion, deren einfachste die Verkeilung der Ketten in der Mitte der Hauptöffnung vorsah, ordnete das Brückenprüflabor von LenMostoTrest eine ständige Beobachtung der Konstruktion an. Die weitere Verstärkung der Brückenkonstruktion entfiel bald darauf aufgrund einer Änderung der Staatlichen Normen (GOST).

Im Januar 1983 wurde für die Postbrücke das erste offizielle Schutzdokument ihrer Geschichte, die Standardschutzverpflichtung Nr. 1404, ausgestellt. Trotzdem ist mit Bedauern festzustellen, daß am heutigen ›Baudenkmal‹ Postbrücke praktisch kein einziges Element des ursprünglichen Bauwerks aus den Jahren 1823–1824 erhalten geblieben ist und es sich praktisch um eine stählerne Replik der Traitteurschen Brücke handelt.

[267] Technische Bestandsaufnahme der Postbrücke. 1946. Paß. Archiv von LenMostoTrest (LMT).

[268] Entwurf zur Rekonstruktion der Postbrücke. 1954. LMT-Archiv.

[269] Erläuterungsnotiz zum technischen Arbeitsprojekt. 1978, S. 4, LMT-Archiv.

[270] Die Sanierung der Postbrücke über die Mojka. 1983. Schriftwechsel (4 Ordner). LMT-Archiv.

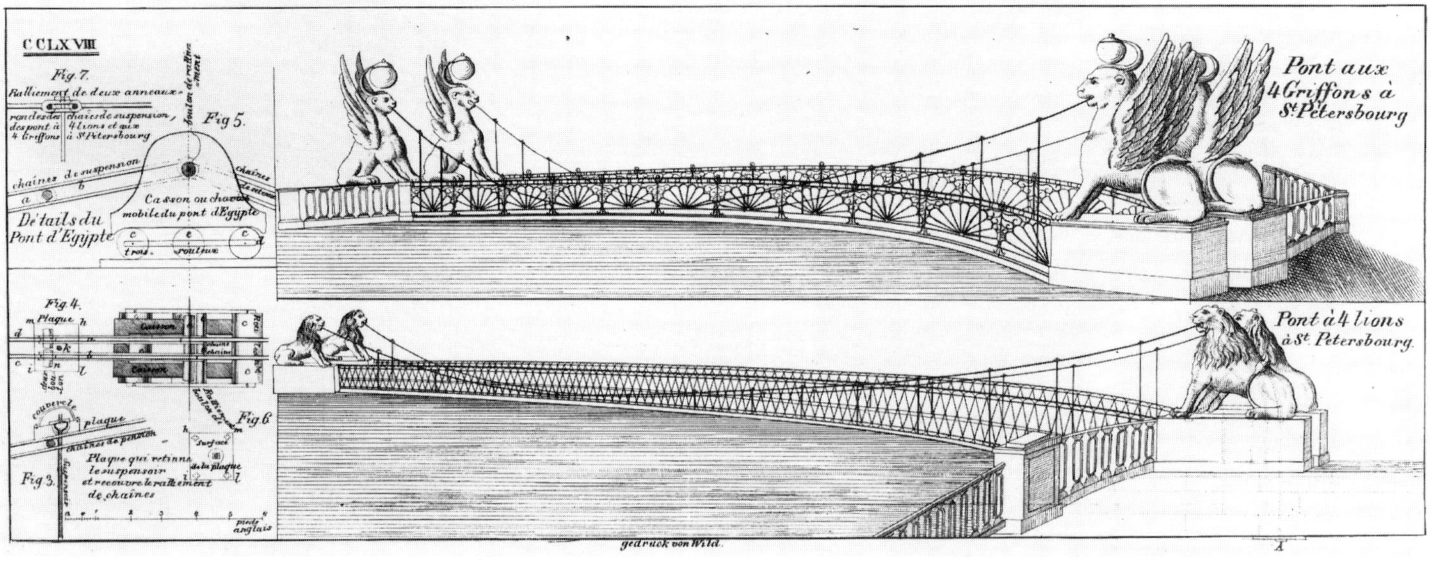

157 Fußgängerbrücken (Löwen- und Greifenbrücke) über den Katharinenkanal in St. Petersburg (links: Auflagerdetails der Ägyptischen Brücke). Traitteur, 1825–1826 (Wiebeking. *Mémoire sur des ponts suspendus en chaînes* ..., Taf. 268)

Löwen- und Greifenbrücke über den Katharinen-Kanal, 1825–1826

Die Erfahrungen mit dem Bau der Postbrücke wurden bei der Errichtung zweier neuer Fußgängerkettenbrücken über den Katharinenkanal 1825–1826 weiterentwickelt. In den zeitgenössischen Schriftstücken wurden diese als ›Brücke an vier Löwen‹ (most o četyreh l'vah, später ›Löwenbrücke‹, L'vinyj most) und ›Brücke an vier Greifen‹ (most o četyreh grifah, später ›Bankbrücke‹, Bankovskij most) bezeichnet[271]. Während der Brückenkörper der neuen Hängesysteme Traitteurs konventionell aus einem leichten Holzdeck an zwei Ketten bestand, wurden die Kettenhalterungen in Form gußeiserner Tierfiguren (Löwen und Greifen) ausgeführt (Abb. 157). Den Entwürfen zu den Brücken über den Katharinen-Kanal lagen nach den Worten ihres Erbauers gleichartige konstruktive und architektonische Auffassungen zugrunde: »*Ce pont en chaîne ... ne diffère du pont aux quatre lions que par la nature des ornemens qui recouvrent les chaînes équilibrantes ...*«[272]. Sie unterschieden sich dabei lediglich in der Gestalt der Tierfiguren und in ihrer Spannweite (Löwenbrücke: 23,5 m, Bankbrücke: 21,5 m). Dieser Umstand erlaubt es, ihre Planungs- und Baugeschichte in diesem Kapitel gemeinsam zu betrachten.

Für die Löwenbrücke über den Katharinen-Kanal wurde ein Standort zwischen Voznesenskij- und Katharinenhof-Prospekt in Richtung der Verbindungsgasse von Oficerskaja- und Malaja Pod'jačeskaja-Straße gewählt (Abb. 158). Die Nähe zum Theaterplatz mit dem Bol'šoj-Theater und zu einigen Lehreinrichtungen sorgte für eine rege Nutzung der neuen Brücke. Die ›Brücke an vier Greifen‹ sollte unweit des Nevskij-Prospekts auf den Eingang in den Gebäudekomplex der Assignationsbank von der Seite des Katharinen-Kanals aus zulaufen (Abb. 159)[273]. Dank ihrer Nähe zum Kaufhaus (Gostinnyj dvor) und zur Kathedrale der Gottesmutter von Kazan' (Kazanskij sobor) wurde sie bald schon zur meistbenutzten Fußgängerbrücke der Stadt.

Es ist darauf hinzuweisen, daß die Löwenbrücke, die eine etwas größere Spannweite und entsprechend größere Kräfte in den Ketten aufwies als die Bankbrücke, im Laufe der Planung und Entwurfsgenehmigung die ständige Aufmerksamkeit ihres Erbauers sowie der Ausschüsse des Rats für Verkehrs-

[271] Erste Beschreibungen der Brücken finden sich bei: Traitteur. *Pont aux quatre lions, construit à St.-Pétersbourg*. In: Annuaire du corps des ingénieurs des voies de communication. Jg. 1, 1830, St. Petersburg, S. 175–180; ders. *Pont aux quatre griffons, construit à St.-Pétersbourg*. Ibid., S. 181–185. Der volle Wortlaut beider Artikel bei: Wiebeking, Carl Friedrich von. *Mémoire sur des ponts suspendus en chaînes de fer, relatif aux ponts construits dans le dernier temps en Angleterre et en Russie* ... . München, 1832, § 35 ›Notices sur le pont suspendu, jeté sur le canal de Cathérine, nommé celui aux quatre lions‹ (S. 30–32, 37); § 36 ›Notice sur le pont aux quatre griffons, jeté sur le canal de Cathérine‹ (S. 32, 37).

[272] Traitteur. *Pont aux quatre griffons* ..., S. 181.

[273] Das Gebäude der Assignationsbank (Hauptfassade: Sadovaja-Straße 21) wurde 1783–1790 nach einem Entwurf des Architekten Giacomo Quarenghi errichtet. Dem Kai des Katharinen-Kanals (heute: Griboedov-Kanal, 30–32) sind die zweigeschossigen Lagergebäude der Bank mit hufeisenförmigem Grundriß zugewandt. 1817 wurden diese Gebäude durch eine monumentale Einfriedung in Ziegelmauerwerk mit halbkreisförmigen Öffnungen (Architekt Luigi Rusca) vom Kai getrennt, die als wichtigster Anhaltspunkt für die Größenverhältnisse der künftigen ›Brücke an vier Greifen‹ (Bankbrücke) diente. 1903 wurde das Lagergebäude auf drei Geschosse aufgestockt (Ingenieur A. A. Bertel's), was die Erscheinung der Bankbrücke erheblich beeinträchtigt hat.

wege erforderte[274]. In den in den Archiven erhalten gebliebenen Schriftstücke werden hauptsächlich die technischen Details der Löwenbrücke ausführlich diskutiert, meist mit einem kurzen Hinweis wie z. B. *»die für die Brücke an vier Löwen gegebenen Erläuterungen beziehen sich gleichermaßen auf die Brücke an vier Greifen«*[275]. Kurz nach ihrer Fertigstellung bezeichnete Traitteur den Bau der Löwenbrücke als sein trefflichstes Werk im Bereich der Hängebrücken, da hier die Vorzüge von Kettentragwerken besonders klar zum Ausdruck kämen: *»... En résumant tous les détails que nous venons de donner sur ce petit pont, remarquable par son mérite technique, on trouvera qu'il jouit des avantages d'un système caténaire beaucoup plus parfait que celui des deux ponts construits antécédemment, et qu'en général, on y a fait une fréquente application des principes déduits immédiatement d'un grand nombre d'observations, qu'on a été à même de faire sur ces deux ponts, c. à d. ceux de la poste et de Pantéléimon«*[276].

Offensichtlich wurde diese Einschätzung Traitteurs allgemein geteilt, denn zu Beginn der 1830er Jahre wurde eben die Löwenbrücke zur Herstellung eines weiteren maßstabsgetreuen Modells für die Lehrsammlung des Instituts des Corps der Verkehrswegeingenieure ausgewählt (vgl. Abb. 179)[277].

Entwurfsvarianten und Projektdiskussion

Als Beginn der Entwurfsarbeiten zu den neuen Kettenbrücken über den Katharinen-Kanal kann den Schriftstücken zufolge das ausgehende Jahre 1824 gelten. Am 20. Dezember 1824 schrieb Alexander von Württemberg an Traitteur: *»Ich betraue Euer Hochwohlgeboren mit der Erstellung der Entwürfe zum Bau der restlichen drei Kettenbrücken hier in St. Petersburg an Orten, über die Sie bereits in Kenntnis gesetzt wurden, und mir dieselben nach Fertigstellung zur Verfügung zu stellen ...«*[278]. Einen Monat später berichtete Traitteur an den Herzog von Württemberg, er arbeite »völlig alleine« an den Entwürfen, und bat, ihm einen Zeichner zur Seite zu stellen. Die im Januar 1825 fertiggestellten ersten Entwürfe zu den Brücken wurden auf der Sitzung der Kommission für Entwürfe und Kostenvoranschläge am 18. Februar in Anwesenheit von Oberst Zwilling sowie der Majore Adam und Polenov geprüft und nach Analyse der festgestellten technischen Mängel zur Überarbeitung zurückgegeben[279].

Grund für die Rückgabe des ursprünglichen Vorschlags zur Löwenbrücke war unter anderem die beträchtliche Höhe des Bauwerks über dem Kanalniveau. In seinem Rapport vom Januar 1825 teilte Traitteur dem Herzog von Württemberg mit, eine Anhebung des Brückenbodens sei notwendig, um Lastkähnen eine Durchfahrt mit derselben Ladung zu ermöglichen. Da die örtliche Lage für den Brückenaufgang bereits sieben Stufen erforderlich mache, sei es schwierig, den Boden der neuen Brücke über die Überschwemmungsmarke anzuheben. Wenn man dies wolle, müsse man die Anzahl der Stufen zu jeder Seite auf 14 erhöhen, was *»der Brücke eine üble Form verleihen würde«*[280]. Der nach der katastrophalen Überschwemmung vom November 1824 verständliche Wunsch Traitteurs, die lichte Durchfahrtshöhe unter der neuen Brücke zu vergrößern, führte zu offensichtlichen funktionellen Mängeln des Entwurfs, vor allem wegen des unvorteilhaften Brückenzugangs über Treppen. Neben diesen objektiven planerischen Zwängen zogen die Kommissionsmitglieder praktisch sämtliche technische und gestalterische Lösungen in Zweifel.

Bereits im März 1825 legte Traitteur neue, abgeänderte Entwürfe vor. Die vorgenommenen Korrekturen werden aus dem erhalten gebliebenen Entwurf zur Löwenbrücke ersichtlich, in dem für Brückendeck, Kettenverlauf und Profile der Löwenfiguren je zwei Positionen eingezeichnet sind (Abb. 161)[281]. Aus der Zeichnung geht hervor, daß die Durchfahrtshöhe der Brücke im Vergleich

[274] In der modernen Architektur Leningrads bzw. St. Petersburgs haben die beiden Brücken ihre Rollen getauscht: die ›Brücke an vier Greifen‹, die heutige Bankbrücke, ist zweifelsohne eines der populärsten architektonischen Wahrzeichen der Stadt. Die inzwischen abseits der belebten Verkehrswege liegende Löwenbrücke ist hingegen wesentlich weniger bekannt.

[275] RGIA, 206-1-578, Bl. 112.

[276] Traitteur. *Pont aux quatre lions ...*, S. 180.

[277] Sokolov, N. *Opisanie modelej ... (Beschreibung der Modelle ...)*, S. 79–80.

[278] RGIA, 206-1-578, Bl. 1. Diese Anordnung zur Aufnahme der Planungen betraf die Ägyptische Brücke über die Fontanka sowie die beiden Fußgängerbrücken über den Katharinen-Kanal.

[279] RGIA, 206-1-618 ›Über den Bau der Fußgängerkettenbrücken am Katharinen-Kanal‹, Bl. 115v.

[280] RGIA, 206-1-578, Bl. 10v.

[281] RGIA, 1487-4-273, Bl. 1 ›Pont pour Piétons projeté pour être construit entre les ponts de Harlamof et celui de Wosnesensky la distance étant de 350 Sagènes‹. Unterschrift: Oberst Traitteur. Der Entwurf wurde von der Kommission am 18. Februar und ein zweites Mal am 18. April 1825 geprüft.

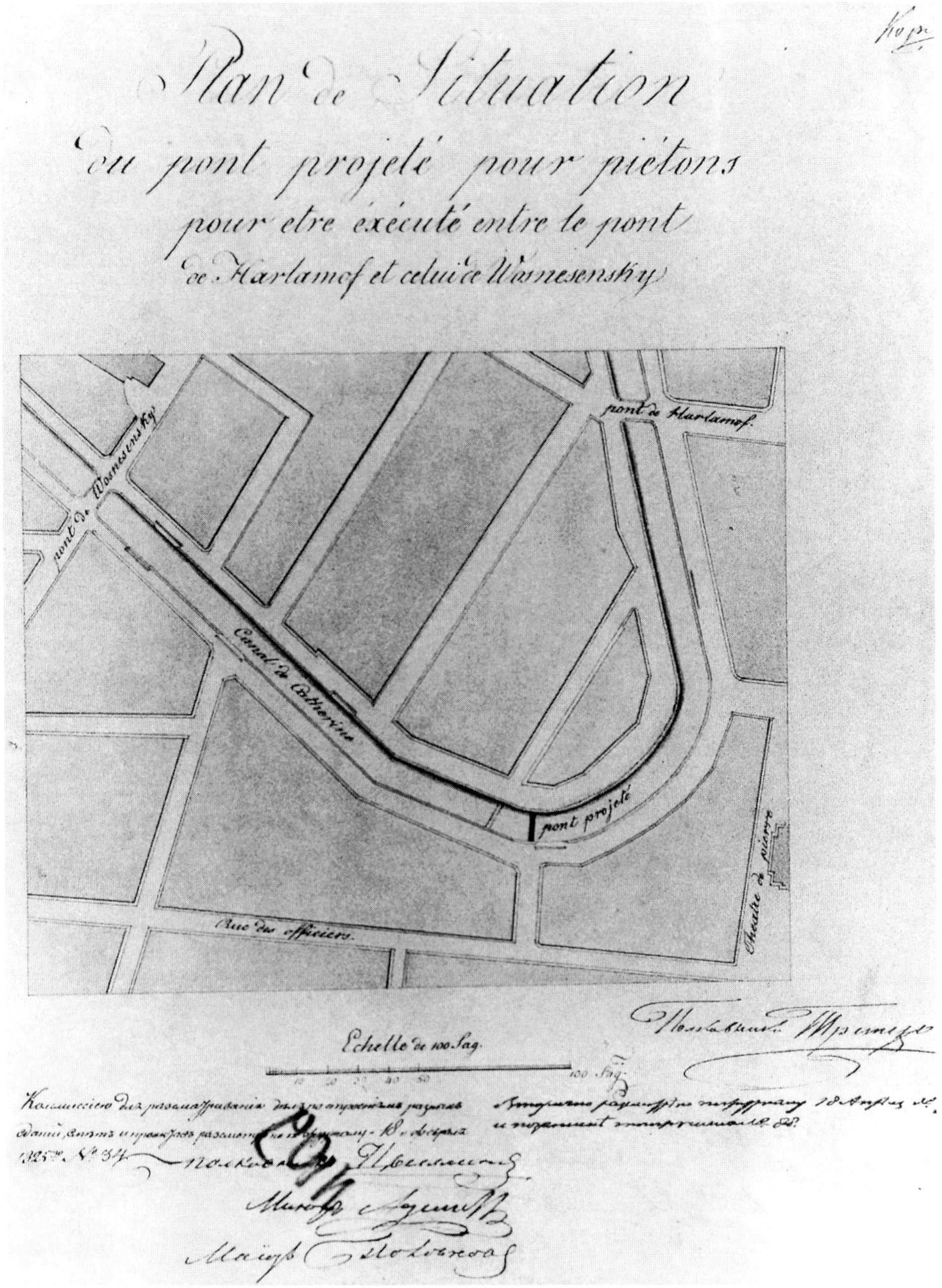

158 Lageplan der Löwenbrücke über den Katharinenkanal. Traitteur, Februar 1825 (RGIA, 1487-4-273, Bl. 5)

zum ursprünglichen Entwurf um 0,95 m verringert wurde. Dank dieser Änderung konnte das Brückendeck auf die Ebene des Sockelfundaments herabgezogen, die Stufen weggelassen und das Passieren der Brücke wesentlich bequemer eingerichtet werden. Die neue Durchfahrtshöhe orientierte sich an der nahegelegenen Nikol'skij-Brücke und blieb damit höher als die lichte Durchfahrtshöhe der beiden anderen benachbarten Holzbrücken, der Harlamov- und der Kazanskij-Brücke, deren Spannweite freilich nur halb so groß war wie die der Löwenbrücke. Der Durchhang der Tragketten wurde gleichzeitig von 1,52 m um 2 Fuß auf 2,06 m erhöht, wodurch die Seilkräfte von 2774 auf 2053 Pud (33.628 kg) reduziert werden konnten. Um die Stabilität und die Kippsicherheit der Fundamentmasse zu erhöhen, legte Traitteur die Abspannungsverankerungen (›plaques d'arrêt‹) unter das Niveau des Rostwerks (Abb. 142, fig. 2)[282].

[282] RGIA, 1487-4-273, Bl. 6 ›Details des ponts en Chaîne pour piétons‹. Unterschrift: Traitteur. Der Entwurf wurde von der Kommission am 18. April 1825 abgenommen.

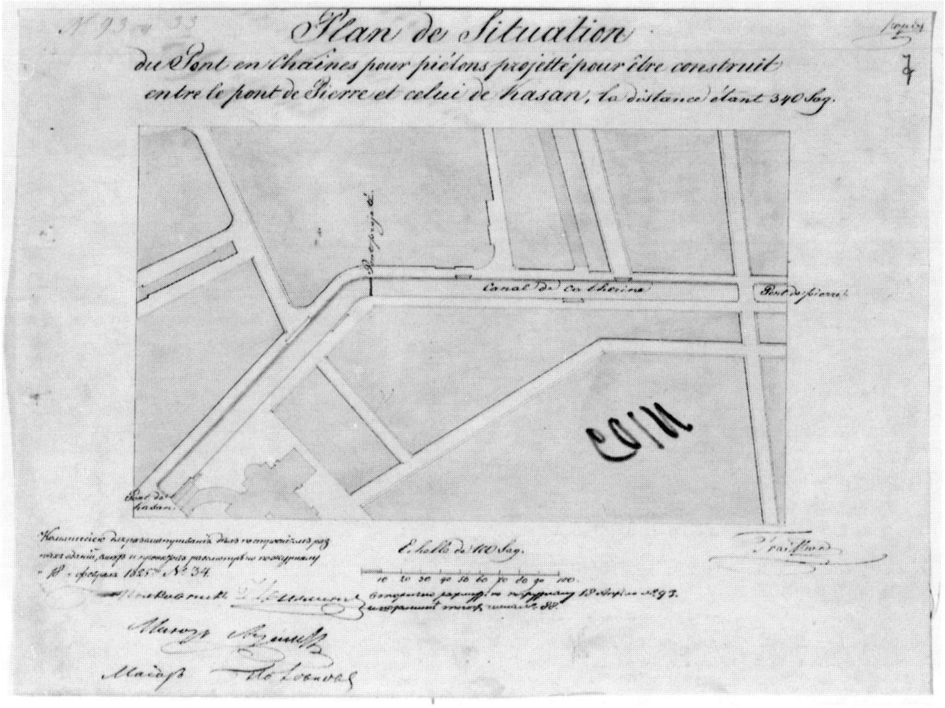

159 Lageplan der Greifenbrücke über den Katharinenkanal. Traitteur, Februar 1825 (RGIA, 1487-4-274, Bl. 7)

Am 18. April 1825 wurden die geänderten Entwürfe Traitteurs auf einer Sitzung der Kommission für Entwürfe und Kostenvoranschläge in Anwesenheit der Majore Adam, Lamé, Clapeyron sowie des Hauptmanns Malama behandelt (Abb. 160–162. Die in einigen Archivakten erhalten gebliebenen detaillierten Protokolle der Sitzungen, die sich über zwei Monate erstreckten, bieten die seltene Möglichkeit, die technische Argumentationsweise der führenden Spezialisten des russischen Corps der Verkehrswegeingenieure zu den Kettenbrükkenbauten, die Antworten Traitteurs und die Prüfpraxis in den höchsten staatlichen Baubehörden des damaligen Rußland kennenzulernen. So führte der Entwurf zur ›Brücke an vier Löwen‹ zu folgender Auseinandersetzung[283]:

1. Zur Konstruktion des Brückendecks

Anmerkung der Kommission: Das Deck ist im Entwurf zu schwer: die Stärke der Längsbalken nimmt der Brücke die derartigen Brücken innewohnende Leichtigkeit. Man kann, ohne die Festigkeit des Decks zu vermindern, die Kreuzverstrebungen weglassen, die bei Brücken mit Holzbelag keinen Nutzen bringen, und gleichzeitig die Stärke der Längs- und Querbalken vermindern.

Antwort Traitteurs: Es wurde die allen Bauleuten bekannte Regel zugrundegelegt, *»je größer die Masse eines Körpers, desto geringer sind Schlageinwirkungen auf denselben«*, und so wurde dem Deck in den vorgelegten Entwürfen das größtmögliche Gewicht verliehen sowie durch Kreuze, Simse und Bohlen eine zuverlässige Verbindung zwischen den Traggliedern sichergestellt. Dadurch werden mögliche Schwingungen der Brücke als Hauptursache ihrer Zerstörung verhindert.
Die Erfahrungen mit dem Bau der Postbrücke, bei der zunächst keine Kreuzstreben vorhanden waren, haben gezeigt, daß die Schwingungen von Fußgängerhängebrücken ein solches Ausmaß erreichten, daß die Passanten erschraken. Nach dem Einbau von Kreuzstreben sind die vertikalen und horizontalen Bewegungen vollkommen verschwunden.

[283] Sitzungsprotokolle der Kommission der Generalverwaltung der Verkehrswege vom 18. Februar und 18. April ›Über die von Oberst Traitteur vorgelegten Entwürfe mit Kostenvoranschlägen‹ befinden sich in: RGIA, 206-1-578, Bl. 52–56, 68–81, 98–113; RGIA 208-1-46, Bl. 323–332, 743–772v. Der hier angeführte Text ist eine von Verfasser erstellte Inhaltsangabe der Kommissionsprotokolle. Diese Protokolle wurden erstmals von A. L. Punin der Wissenschaft vorgestellt in: *Arhitektura mostov …* . Dissertation (Manuskript), Leningrad 1984. Anlage Nr. 16 *Istorija proektirovanija L'vinogo i Bankovskogo cepnyh mostov Peterburga (Entwurfsgeschichte der Löwen- und Bank-Kettenbrücke in St. Petersburg)*.

Im Falle einer Entfernung der Kreuzstreben bei den neuen Fußgängerbrücken sind seitliche Ketten (frz. ›brides‹) einzubauen, die jedoch die Schwingungen nicht vollständig zu dämpfen vermögen. Die Kreuze selbst, die im Körper der Deckkonstruktion verborgen liegen, führen zu keiner optischen Beeinträchtigung, sondern erhöhen lediglich das Gewicht.

Entschließung der Kommission: Beim Entwurf des Brückendecks mit maximaler Masse leitet Traitteur aus der bekannten ›physikalischen Regel‹, je größer die Masse einer Hängebrücke, desto weniger sei sie Schwingungen ausgesetzt, eine erstaunliche Schlußfolgerung ab. Diese Regel bedeutet nicht, daß gerade das Brückendeck die größte Masse haben solle, denn in diesem Falle büßen die Hängebrücken ihren wichtigsten Vorzug, ihre Wirtschaftlichkeit und Leichtigkeit, ein. Spinnt man diese Schlußfolgerung weiter, so ist es bei geringen Spannweiten angenehmer, Holz-, Guß- bzw. Steinbrücken zu bauen. Im Falle der Postbrücke traten die Schwingungen nicht so sehr vor dem Einbau der Kreuze, als vielmehr vor Verlegung des Bodens auf. Es ist bekannt, daß die Schwingungen bei Holzbrücken ohne Kreuze nach Verlegung des Bodens unmerklich werden.

Auch ist es falsch anzunehmen, daß Kettenaussteifungen (›brides‹) horizontale Schwingungen nicht vermeiden können. Ingenieur Brunel zeigte bei den auf der Bourbonen-Insel (Réunion) erbauten Brücken[284], daß derartige Verstrebungen das Brückendeck vor horizontalen und vertikalen Einwirkungen orkanartiger Stürme von der Seite des Ozeans her schützen.

Da bei den Petersburger Brücken horizontale Schwingungen lediglich durch passierende Fußgänger entstehen, sind im Falle der Nutzung von Kreuzstreben diese zweckmäßig aus Eisen zu fertigen – je eine Kreuzstrebe pro halber Länge der Brücke mit Befestigung an allen Balken. Sollten zur Erhöhung der Masse hölzerne Kreuzstreben zwischen allen Querbalken belassen werden, so ist es zweckmäßig, diese Streben mit geringerer Abmessung in der Vertikalen anzubringen.

2. Zur Konstruktion der Traggerüste und ihrer Fundamente

Anmerkung der Kommission: *»Die Vorderpfoten der Löwen«* (hier dürfte die vertikale Stütze des Traggerüsts der Figuren gemeint sein) erzeugen einen

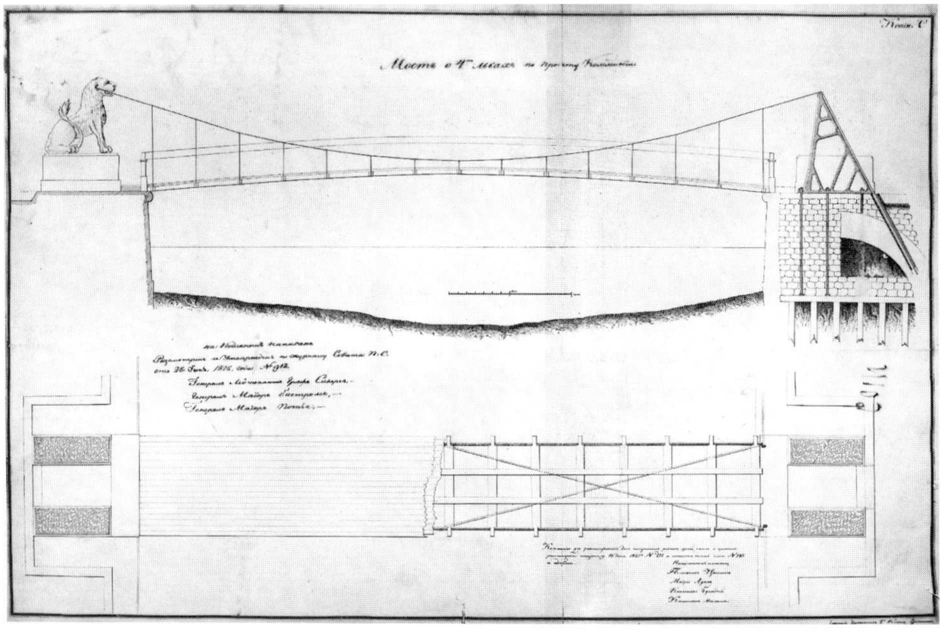

160 Löwenbrücke, Alternativentwurf der Kommission für Entwürfe und Kostenvoranschläge des Amts für Verkehrswege, Juni 1825 (RGIA, 1487-4-273, Bl. 2)

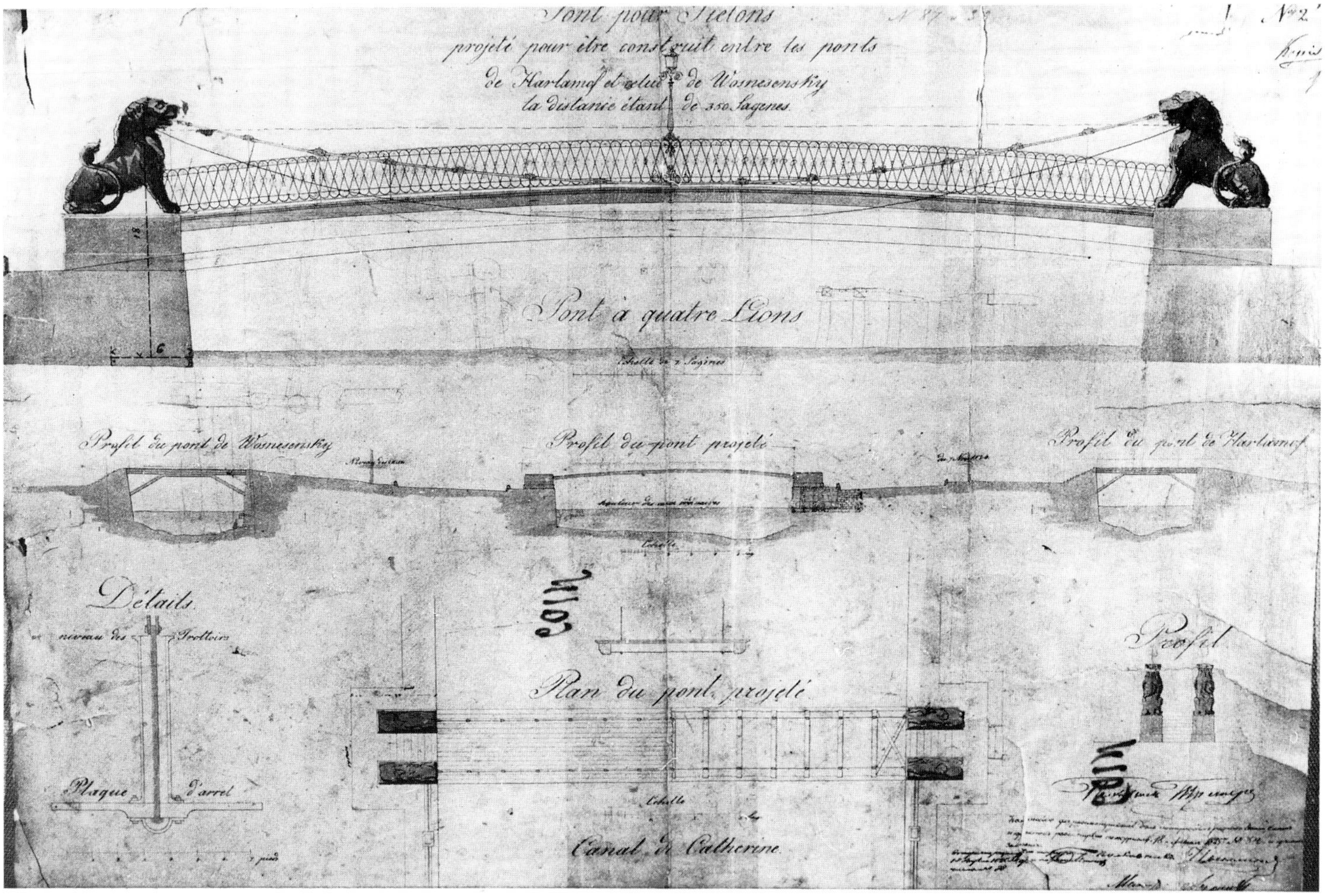

161 Löwenbrücke über den Katharinenkanal, genehmigte Entwurfsversion mit nachträglichen Änderungen. Traitteur, Februar bis April 1825 (RGIA, 1487-4-273, Bl. 1)

Druck, der den Spannungen in den Abspannungen beinahe gleichkommt. Die im Entwurf vorgeschlagene Stärke des Bruchsteinmauerwerks unter den Sockeln kann eine derartige Belastung nicht aufnehmen. Da die Einwirkungslinie dieser Kraft über die Fläche der granitenen Kaistützmauer hinausreicht, schlägt die Kommission vor, die Höhe des Sockels bis zum Oberteil des Gerüsts aufzustocken und die Löwenfiguren liegend zu gestalten, wobei jedoch der Kettendurchhang nicht geändert werden soll[285]. Die oberen Punkte der Traggerüste sind der Einwirkung horizontaler Belastungen ausgesetzt, die gleich der horizontalen Kraftkomponente in den Ketten sind und ein Kippmoment bilden, das den Sockel in den Fluß stürzen kann. Die von der Kommission vorgeschlagene Aufstockung der Sockel beseitigt diese Gefahr.

Antwort Traitteurs: Als Stärke des Bruchsteinmauerwerks des Kais unter den Sockeln wurde zwei Mal die Sockelhöhe angesetzt. Die Masse des Mauerwerks hält dem Druck der Vorderpfoten der Löwen durchaus stand. Dabei ist der Druck der Vorderpfoten geringer als die Kräfte in den Abspannungen. Allein schon der Querschnitt der Elemente des Traggerüsts (4 Quadratzoll) ist, ohne das Materialvolumen der Löwenpfoten zu berücksichtigen, 35 Mal größer als nötig, da nach Versuchen Rennies ein Kubikzoll Gußeisen einem Druck von 675.904 Pfund standhalten kann.

Tauschte man die vorgeschlagenen Löwen durch liegende aus, entstünden einige ernstzunehmende Unannehmlichkeiten. Aus den Sockeln würden riesige Massen, was folglich der leichten Erscheinung von Kettenbrücken nicht mehr entspräche. Wenn die Kommission einerseits vorschlägt, die Stärke des Brük-

[284] Bereits 1823 wurden von Marc Isambard Brunel (1769–1849) zwei Hängebrücken gebaut, bei denen die Aussteifung gegen Wind durch sogenannte Gegenketten bewirkt wurde. Die größte dieser beiden Brücken besaß eine Spannweite von etwa 40 Metern. Beide Brükken wurden auf der Insel Réunion im Indischen Ozean errichtet (vor der französischen Revolution, 1814–1848, Île de Bourbon, danach, 1809–1814, Île Bonaparte). (Navier, C.-L.-M.-N. *Rapport à Monsieur Becquey, Conseiller d'Etat, Directeur des Ponts et Chaussées et des Mines; et mémoire sur les ponts suspendus.* Paris, 1823, Taf. 7).

[285] Die einzige erhalten gebliebene Darstellung dieser Variante ist der rechte Teil der Zeichnung: RGIA, 1487-4-273, Bl. 6 ›Détails des ponts en Chaîne pour piétons‹ (vgl. Abb. 142).

kendecks, die lediglich 14 Zoll (35,6 cm) beträgt, zu verringern, warum regt sie dann andererseits eine Aufstockung der Sockel von 4 auf 8 Fuß (1,44 m) an?
Es ist allgemein anerkannt, daß es viel vorteilhafter ist, die Abspannungen in eine vertikale Richtung zu überführen. Da eine derartige Anordnung beim Bau der kleinen Brücke über die Mojka gut gelungen ist, beschloß ich, diese zu wiederholen. Vergleicht man das im Inneren der Löwen angebrachte Gußskelett mit den Segmentbögen der Fußgängerbrücke über die Mojka, sieht man, daß dies nichts anderes als die Wiederholung dieser in vieler Hinsicht nützlichen konstruktiven Lösung darstellt.
Ein Kippen des Mauerkörpers unter den Postamenten bei Einwirkung von Horizontalkräften ist möglich, wenn das Mauerwerk zu rutschen beginnt oder sich vom Gesamtmassiv der auf den gußeisernen Verankerungsplatten der Abspannung liegenden Granitblöcke löst (Abb. 142, fig. 2). Das Gewicht des Gesamtmassivs beträgt dabei 5.585 Pud (91.482 kg)[286] und die horizontale Kippkraft 2.774 Pud (45.438 kg) ohne Berücksichtigung der Kräfte zur Überwindung der Flächenreibung und des Abbruchs.

Entschließung der Kommission: Das System des von Traitteur vorgeschlagenen Tragskeletts besitzt eine gefährliche Eigenschaft, nämlich eine Drehtendenz relativ zum Auflagerpunkt der äußeren Gerüstrippe. Daher muß die Vertikalrippe nicht nur die Resultierende der Druckkräfte (›composantes des tensions‹) aushalten, sondern auch die Zusatzlast des Mauerwerks aufnehmen können.
Der Verweis auf die Versuche Rennies bezüglich des Widerstands von Gußeisen ist ungenau, da Traitteur die Balkenlänge verschweigt. Nach Versuchen der französischen Ingenieure Duleau und Girard ist das Tragvermögen eines Gußbalkens bei Druck umgekehrt proportional zum Quadrat seiner Länge, was z. B. beim Übergang von einem 2 Zoll-Balken auf einen 1 Fuß-Balken eine Erhöhung des Tragvermögens um das 36fache bedeutet.
Bei keinem Bauwerk sind im Hinblick auf ihre Schönheit sitzende Löwen bekannt, üblicherweise werden sie stehend oder liegend dargestellt. Davon ausgehend schlägt die Kommission vor, die Löwen im Entwurf durch liegende zu ersetzen. Eine derartige Position erleichtert außerdem das Entwerfen des Innengerüsts, bei dem man nicht dafür sorgen muß, daß die Gerüststütze mit den Pfoten zusammenfällt.
Das in den jüngsten Plänen Traitteurs vorgelegte System zur Befestigung der Abspannungen schließt einen Abbruch des Mauerwerks bei Einwirkung vertikaler Kraftkomponenten aus. Jedoch kann nicht gesagt werden, daß es vorteilhafter sei, die schräge Kettenrichtung in eine vertikale zu ändern. Anstatt einer in diesen Fällen notwendigen zusätzlichen Beschwerung kann ein spezielles Mauerwerkssystem verwandt werden, z. B. die Anlage eines ›Gewölbes auf geneigten Pfählen‹, wie es Navier in seinem Entwurf zu einer Kettenbrücke über die Seine vorgeschlagen hat.

3. Zur Befestigung der Abspannungen im Boden

Anmerkung der Kommission: Die Art der Verankerung der Abspannungen unter einem Bruchsteinmauerwerk wird für falsch befunden sowie das Gewichts des Massivs für unzureichend, um dem Kippmoment relativ zum Niveau der gußeisernen Ankerplatte zu widerstehen. Nach Ansicht der Kommission muß folgende Gleichung beachtet werden: Horizontalkraft in der Kette (2.774 Pud) × Hebelarm (18 Fuß) = Gewicht der Ausmauerung (4.166 Pud) × Hebelarm (6 Fuß), was im gegebenen Falle nicht erfüllt ist[287]. Die schwache Verankerung der Abspannungen entspricht nicht der Reserve, die bei der Berechnung der Tragkettenquerschnitte angenommen wurde, weshalb der Entwurf nicht gebilligt werden kann.

[286] Gewicht des Mauerwerks: 3.888 Pud (63.685 kg), Gewicht der Gerüste, Figuren und Sockel mit Füllsteinen: 1.697 Pud (27.796 kg) (RGIA, 206-1-578, Bl. 105–106).

[287] Die entsprechenden Maße sind dem Brükkenentwurf entnommen (RGIA, 1487-4-273, Bl. 1).

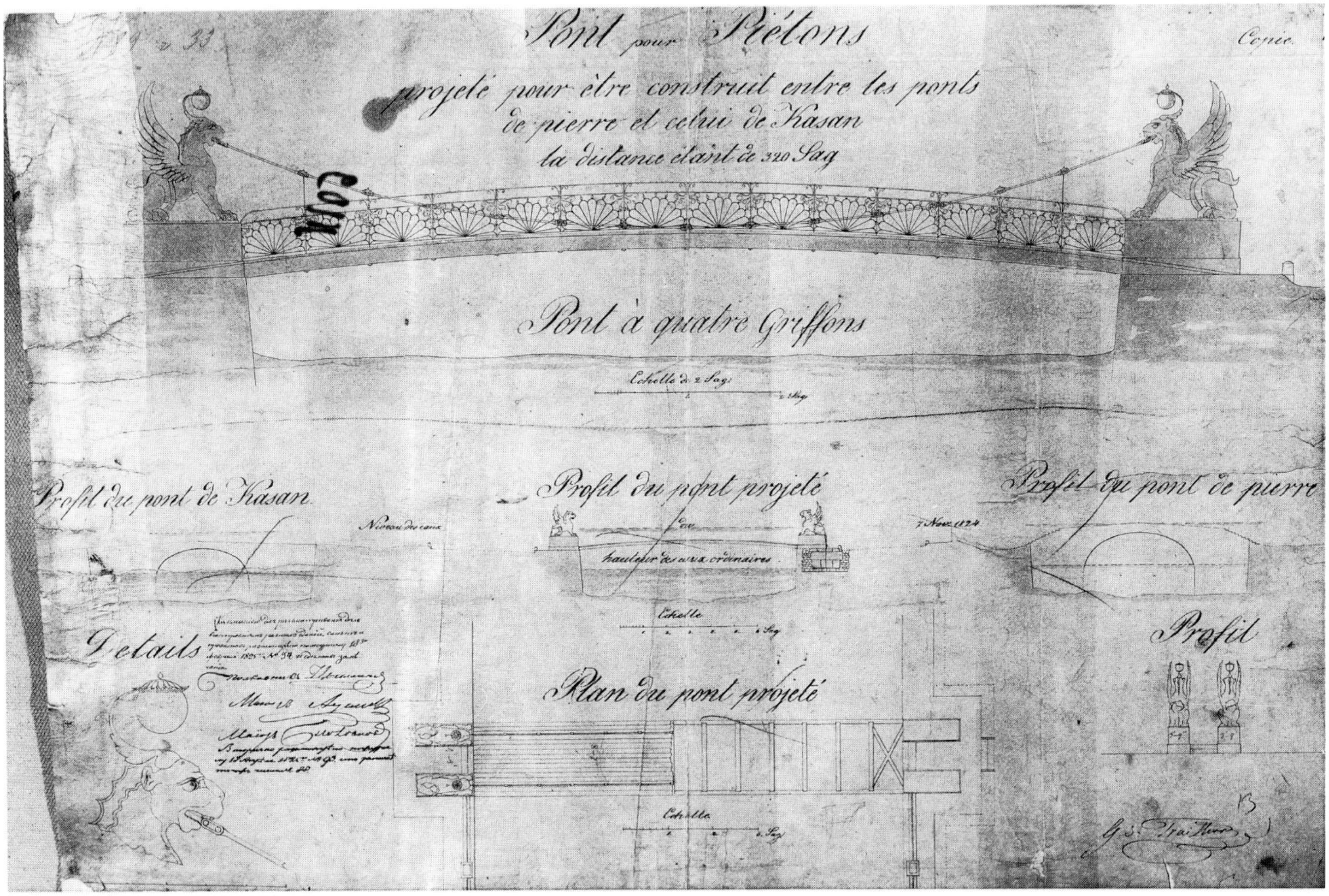

162 Greifenbrücke über den Katharinenkanal, genehmigter Entwurf. Traitteur, Februar bis April 1825 (RGIA, 1487-4-274, Bl. 2)

Antwort Traitteurs: Im vorhergehenden Punkt wies ich bereits nach, daß die Horizontalkraft nicht in der Lage ist, die Stütze zu kippen. Es verbleibt mir zu zeigen, daß die Vertikalkraft in der Abspannung nicht ausreicht, um das Bruchsteinmassiv herauszureißen. Die die gußeisernen Ankerplatten anhebende Kraft beträgt 3.108 und das Gewicht des Mauerwerks auf den Platten 4.166 Pud, was ausreicht, um die Abspannungen sogar ohne Berücksichtigung der Haftung des Bruchsteinmauerwerks am Granitmassiv des Kais mit Wassermörtel zu halten. In der Tat hat jede Stütze 9.234 Pud Zulast, das Eigengewicht der Sockel mit Löwen beträgt 1.697 Pud und der Ankerplatten 173 Pud. So ist das Gesamtgewicht (11.104 Pud) ausreichend, um einer Kraft von 4.166 Pud, welche die Bruchsteinmasse zu kippen versucht, entgegenzuwirken.
Die von der Kommission zum Nachweis der ungenügenden Schwere der Stützen angeführte Gleichung halte ich für falsch, da die Spannungen in den Ketten und Abspannungen vom Neigungswinkel und nicht von der Befestigungshöhe der Ketten abhängen.

Entschließung der Kommission: Die aufgetretenen Absackungen des Kanalkais zeigen, daß eine zusätzliche Belastung durch die Brückenpfeiler zu weiteren Setzungen führen kann. Die Kommission schlägt vor, das Rostwerk und den Kai an den Aufstellungsorten der Stützen umzubauen.
Die Berechnungen, die von Traitteur zur Ermittlung des Gewichts des Steinmauerwerks (Beschwerung), das ein Kippen der Fundamentmasse relativ zum Stützpunkt der äußeren Gerüstrippe verhindern soll, vorgelegt wurden, sind vollkommen richtig, jedoch nur für den Fall, daß das Mauerwerk so gelegt

und verbunden wird, daß es sich als Ganzes verschiebt. Auf den im ursprünglichen Entwurf vorgelegten Zeichnungen war eine derartige Mauerverbindung nicht zu erkennen.
Die Kommission ist der Ansicht, daß die für das Mauerwerk ermittelte Reserve von 1/3 nicht der für die Tragketten angenommenen Reserve entspricht. Im Falle von Überschwemmungen verringert sich das Gewicht der Beschwerung um das dem gestiegenen Wasserspiegel entsprechende Wasservolumen. Deshalb wird vorgeschlagen, das Gewicht des Mauerwerks bezüglich dem rechnerisch ermittelten zu verdoppeln.

Bei der Prüfung des Entwurfs zur zweiten Fußgängerbrücke ›an vier Greifen‹ über den Katharinen-Kanal im Februar und April 1825 stellten die Mitglieder der Kommission für Entwürfe und Kostenvoranschläge dieselben Mängel fest (Abb. 162)[288]. Als ›falsch‹ monierte sie die Verankerungsart der Ketten unter dem Bruchsteinmauerwerk. Das Gewicht des Bruchsteins auf den gußeisernen Ankerplatten betrug im zweiten Entwurf 2.530 Pud (im Entwurf zur Löwenbrücke 4.166 Pud), was trotz der geringeren Kräfte für nicht ausreichend befunden wurde. Als ›ungebührlich‹ stufte sie die Aufstellung der Laternen auf den Greifenköpfen ein. So wurde auch der Entwurf zur ›Brücke an vier Greifen‹ in erster Prüfung nicht gebilligt.

Sicherlich waren viele der technischen Anmerkungen der Kommission durchaus begründet, doch so gut wie alle Änderungsvorschläge zur Brückenarchitektur haben sich zum Nachteil ihrer innovativen Gesamterscheinung ausgewirkt. Traitteur verstand dies und verteidigte seine Auffassung von der Architektur der neuen Fußgängerbrücken mit besonderem Nachdruck. Zur Aufstellung der Laternen auf den Köpfen der Greifen versicherte er, eine derartige Plazierung sei *»... überaus nützlich; sie stellen auf diese Weise ein Ganzes dar, und der Geschmack erfordert es, sie an jenem Platze aufzustellen«*. Die Kommission für Entwürfe und Kostenvoranschläge stimmt allen seinen Erläuterungen zu, blieb jedoch bei ihrer Ansicht zur Architektur der Brücke und schrieb ins Protokoll, daß sich *»... die Verzierung der recht großen eisernen Greifen mit kugelförmigen Laternen aus Glas und Eisen auf den Köpfen keineswegs mit einem gebildeten Geschmack verträgt«*[289].

Die häufig harsch formulierten und kategorischen Entschließungen der Kommissionsmitglieder provozierten den badischen Ingenieur offensichtlich zu nicht weniger schroffen Antworten. Der Tonfall einiger seiner Äußerungen erregte bei seinen Opponenten offenes Mißfallen, die im Namen der Kommission bemerkten, Oberst Traitteur gebrauche in seinen Rapports *»völlig befremdliche«* Ausdrücke, die sich keinesfalls auf den Gegenstand der Beurteilung des Entwurfs beziehen und die ihrer Ansicht nach ungebührlich seien, und hielten es für ihre Pflicht, jene der geneigten Ansicht der Obrigkeit anheim zu stellen. In Beantwortung dieser Beschwerde verfügte der Rat für Verkehrswege, Traitteur eine Rüge zu erteilen und ihn darauf hinzuweisen, er habe künftig in seinen Beziehungen allen diesem Ort gebührenden Respekt zu beachten und von derartigen Ausdrücken Abstand zu nehmen. Andernfalls müsse er sich der entsprechenden Verantwortung unterziehen[290].

Die Entwürfe und Darlegungen des badischen Ingenieurs wurden gemeinsam mit den Anmerkungen der Gutachter am 22. April 1825 vom Rat für Verkehrswege geprüft, der der Kommission für Entwürfe und Kostenvoranschläge vorschlug, die vorhandenen Entwurfsversionen zu den Fußgängerkettenbrücken gemeinsam mit dem Autor zu überarbeiten und dabei die vertikale Position der Figuren sowie die Form der Gitter beizubehalten. Zur entsprechenden Sitzung der Kommission erschien Traitteur jedoch nicht unter Hinweis auf Zeitmangel und eine Erkrankung. Er beauftragte Oberleutnant Hristianovič, sich

[288] RGIA, 1487-4-174, Bl. 2 ›Pont pour Piétons projeté pour être construit entre les ponts de pierre et celui de Kasan la distance étant de 320 Sagènes‹. Der Entwurf wurde von der Kommission ebenfalls am 18. Februar und erneut am 18. April 1825 geprüft.

[289] RGIA, 206-1-578, Bl. 111v, 112.

[290] Ibid., Bl. 97, 115.

[291] Ibid., Bl. 116 (Sitzungsprotokoll der Kommission für Entwürfe und Kostenvoranschläge vom 11. Mai 1825 ›Über die Umarbeitungen der Entwürfe zu den beiden Fußgängerkettenbrücken über den Katharinen-Kanal durch Oberst Traitteur mit einer besonderen Zeichnung zu diesem Gegenstand‹).

an seiner Stelle mit dieser Angelegenheit zu befassen[291]. Die Kommission nutzte sein Fernbleiben und beschloß am 11. Mai, für die Fußgängerbrücken einen Alternativentwurf zu erstellen. Als Hauptargument wurden die fortdauernden Setzungen der Postbrücke ins Feld geführt: *»... Bei der Prüfung eines bestimmten Entwurfs zu einem beliebigen Bauwerk widmet man seiner Festigkeit das Hauptaugenmerk, denn es wäre nicht rechtens, einen Entwurf zu billigen mit der Begründung, der Bau erfordere geringe Ausgaben ...* [was] *die Festigkeit der von Oberst Traitteur als Beispiel angeführten Fußgängerbrücke an der Mojka* [betrifft], *(geben) ihre Verformungen Anlaß zu Zweifeln«*[292].

Der im Archiv erhalten gebliebene ›Gegenentwurf‹ zur Löwenbrücke belegt die harte interne Rivalität innerhalb des Corps der Verkehrswegeingenieure[293]. In diesem Entwurf, der die Architektur Traitteurs praktisch unverändert übernahm, wurden die wichtigsten technischen Anmerkungen der Kommission konsequent realisiert (Abb. 160). So war als Auflagerfundament ein mit den neuen Kaiabschnitten verbundenes massives Bruchsteinmauerwerk mit Ziegelhalbgewölben vorgesehen, deren Anordnung im Unterschied zu Naviers Entwurf für eine Kettenbrücke über die Seine die Kräfte in den Abspannungen wohl kaum hätte aufnehmen können. Auch das Gitterwerk der Gerüste änderte sich völlig: die Abspannungen wurden nicht senkrecht, sondern in einem Winkel von 60° in den Boden geführt. Die Figuren selbst und die äußeren senkrechten Gerüststützen waren von der Granitkaimauer zurückversetzt, wodurch die Linie der Krafteinwirkung innerhalb der Grenzen der Fundamentfläche gehalten werden konnte. Zur horizontalen Verbindung des Brückendecks kamen zwei Kreuzstrebenpaare aus Eisen zum Einsatz. Der Kostenvoranschlag für diesen Entwurf belief sich auf 27.773 Rubel, also wesentlich mehr als für den ursprünglichen Traitteurschen Entwurf (14.287 Rubel), was schon bald zu weiteren Diskussionen Anlaß gab.

Die Erstellung dieses Alternativentwurfs kam für Traitteur vollkommen unerwartet. Nach dessen Erscheinen verfaßte er einige Dienstmeldungen an den Herzog von Württemberg mit einer ausführlichen Kritik des Kommissionsentwurfs. Trotz dieses Alternativentwurfs wurden die überarbeiteten Entwürfe Traitteurs im Mai 1825 endgültig genehmigt[294]. So gelang es ihm nach zweimonatiger Diskussion, die Mehrzahl seiner Vorschläge durchzusetzen, die alsbald auch realisiert wurden. Die davon ausgehend veranschlagten Kosten betrugen für den Bau der Löwenbrücke 19.767 Rubel, für die Greifenbrücke ca. 17.000 Rubel.

Die genehmigten Entwürfe Traitteurs wurden erst nach Aufnahme der Bauarbeiten im September 1825 den Majoren Lamé und Clapeyron zur Begutachtung vorgelegt (Abb. 163). Sie befanden sämtliche Änderungen des Autors für gelungen und bestätigten das ausreichende Gewicht des Bruchsteinmauerwerks als Gegengewicht zu den Kräften in den Abspannungen. Des weiteren schlugen Lamé und Clapeyron einige konstruktive Verbesserungen für die Befestigungen der Figurengerüste und der Abspannungen vor. Die von ihnen zur Prüfung des Entwurfs vorgelegten Berechnungen belegen ein weiteres Mal die Bedeutung der graphischen Statik als wichtigste Bemessungsmethode der damaligen Zeit. *»1. De joindre à la tige verticale AB deux autres tiges inclinées AC et AD terminées par des plaques perpendiculaires à leur direction. 2. De placer ces plaques au dessus du radier. 3. De disposer des blocs de granit de manière quáucune portion de la culée ne puisse se mouvoir indépendamment du reste. 4. Enfin dans le cas on lón ne pourrait pas donner une direction rectiligne à la chaîne AEF, faire en sorte que le dernier côté du polygone en A fasse avec la verticale le plus grand angle possible«*[295].

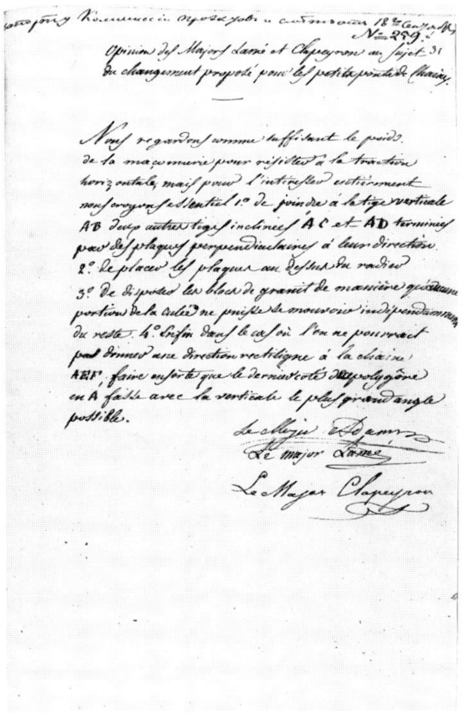

№ 259.

Opinion des Majors Lamé et Clapeyron au sujet 31 du changement proposé pour les petits ponts de Chaînes.

Nous regardons comme suffisant le poids de la maçonnerie pour résister à la traction horizontale, mais pour l'intéresser entièrement nous croyons essentiel 1° de joindre à la tige verticale AB deux autres tiges inclinées AC et AD terminées par des plaques perpendiculaires à leur direction. 2° de placer les plaques au dessus du radier 3° De disposer les blocs de granit de manière qu'aucune portion de la culée ne puisse se mouvoir indépendamment du reste. 4° Enfin dans le cas où l'on ne pourrait pas donner une direction rectiligne à la chaîne AEF, faire en sorte que le dernier côté du polygone en A fasse avec la verticale le plus grand angle possible.

Le Major Adam
Le major Lamé
Le Major Clapeyron

163 ›Opinion au sujet du changement proposé pour les petits ponts de Moika‹. Dienstnotiz von Lamé und Clapeyron, September 1825 (RGIA, 206-1-618, Bl. 31)

[292] Ibid., Bl. 174.

[293] RGIA, 1487-4-273, Bl. 2 ›Brücke an 4 Löwen nach dem Entwurf der Kommission‹ (Kopie, ohne Unterschriften). Nach den Vermerken auf der Zeichnung zu urteilen wurde der Entwurf am 18. Juni durch die Kommissionsmitglieder Zwilling, Adam, Bugajskij und Malama geprüft und vom Rat für Verkehrswege am 25. Juni 1825 genehmigt.

[294] Die Gründe für die Entscheidung zugunsten des Traitteurschen Entwurfs gehen aus dem erhaltenen Schriftwechsel nicht hervor. Entwurfszeichnungen wurden in den Archiven nicht gefunden.

[295] RGIA, 206-1-618, Bl. 31 (›Opinion des Majors Lamé et Clayperon au sujet du changement proposé pour les petits ponts de Chaînes. Nous regardons comme suffisant le poids de la maçonnerie pour resister à la traction horizontale, mais pour l'intéresser entièrement nous croyons essentiel‹). Die zugehörige Zeichnung konnte leider im Archiv nicht nachgewiesen werden.

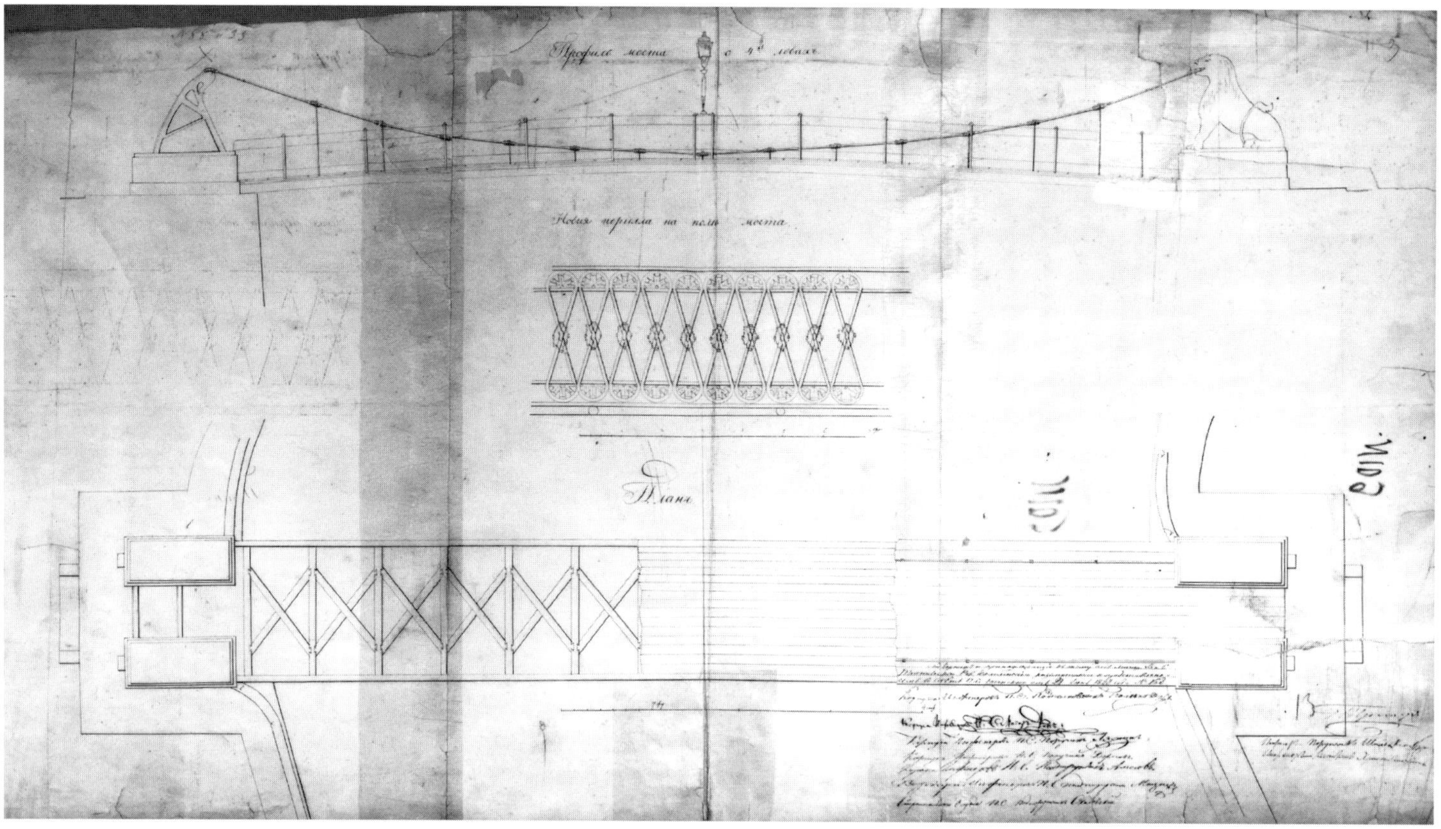

164 Löwenbrücke, Grundplan und Aufriß. Ausführungszeichnung von Traitteur, Schildknecht und Hristianovič, um 1826 (RGIA, 1487-4-273, Bl. 3)

Bauphasen und konstruktiver Aufbau

Der Bau der Brücke ›an vier Löwen‹ begann am 13. Juli 1825 (Abb. 164)[296]. Traitteur wurde dabei hauptsächlich unterstützt von Ingenieur-Hauptmann V. A. Hristianovič und Ingenieur-Oberleutnant N. I. Schildknecht. Für die Steinarbeiten gewann Traitteur den Steinmetzen und Unternehmer I. Kostin, der durch seine mehr als zehnjährigen Erfahrungen mit vergleichbaren Arbeiten bekannt war[297]. Im September 1825, kurz nach Baubeginn, bestand der badische Ingenieur auf der Beibehaltung der meisten von ihm ursprünglich vorgeschlagenen Arbeitsverfahren und erhielt die endgültige Erlaubnis des Rats für Verkehrswege: *»... den Bau jener Brücken mit seinen Änderungen auszuführen, wobei die Festigkeit jener Bauwerke in der Eigenverantwortung des Obersten Traitteur als Person, der jene Entwürfe erstellt und die Arbeit nach ihnen ausführt, verbleibt«*[298]. So wurden beim Anlegen der Fundamente unter den Sockeln und Gerüsten die bestehende Pfahlgründung und die alte Kaimauer als Auflager für die äußeren Gerüststützen verwendet. Die Schachtgruben für die Verankerungen der Abspannungsbefestigungen wurden dagegen vollständig im rückwärtig anschließenden Boden ausgehoben, ohne jeden Eingriff in die bestehende Uferbefestigung. In Fortführung der nun schriftlichen Diskussion zu den Anmerkungen der Kommission schrieb Traitteur in einem Bericht vom September 1825, das vorhandene, gut verbundene Granitmauerwerk des Kais ermögliche eine Verteilung der neu aufzubringenden vertikalen Last über eine beträchtliche Fläche, so daß im Spannungs- und Verformungszustand der Ufermauer und ihrer Gründung nur minimale Veränderungen zu erwarten seien[299]. Nach Aufnahme der Arbeiten drang jedoch durch die bestehende Pfahlgründung Wasser in die Gruben ein. Aus diesem Grund verlegte Traitteur

[296] Ibid., Bl. 3, 83.

[297] RGIA, 206-1-578, Bl. 250.

[298] RGIA, 206-1-618, Bl. 32.

[299] »a) Der Druck jener Brücken, deren Breite lediglich 10 Fuß beträgt, wirkt über die Länge der Kaimauern auf das Rostwerk derselben auf einem viel größeren Raume als die Brückenbreite und zumindest auf 3 Sažen' Raum, da die Granitsteine der Kais vom Trottoir bis zum Rostwerk in Stufen verlaufen; b) Die zusätzliche Schwere des alten Bruchsteins von dem vertikalen Druck jener kleinen Brücken auf die Rostwerke der Kais ist von so geringer Bedeutung, daß ein 2 Pud-Rammbär, der aus einer Höhe von 3 1/2 Fuß herunterfällt, eine doppelt so große Wirkung hat, als dieser Druck ... (es ist) wahrscheinlich, daß die Pfähle des alten Rostwerks, die mit einem 20 Pud-Rammbär bis zum Anschlag eingeschlagen wurden, 10 mal mehr Festigkeit als nötig bieten« (RGIA, 206-1-618, Bl. 27v).

mit Hilfe speziell entworfener Schwimmkästen das neue Rostwerk für die Fundamente der Abspannungen[300].

Dabei schenkte Traitteur, offensichtlich in Erinnerung an die Setzungen des Kaimauerwerks unter den Auflagern der Postbrücke (Abb. 142), der Befestigung der Fundamente der neuen Fußgängerbrücken besondere Aufmerksamkeit. Ihm war klar, daß die alte Granitverkleidung des Kais alleine für die Aufbringung der neuen Gußstützen und Sockel nicht ausreichte, weshalb er in den Boden hinter der Verkleidung ein ›zweites Massiv‹ Granitmauerwerk einbrachte, über einem Gitterrost, der wiederum die Auflagerplatte der Abspannungen fixieren sollte. Die Anlage dieser Konstruktion erfolgte praktisch ohne Zusatzkosten, wie sie eine separate Pfahlgründung oder provisorische Schottwände verursacht hätten. Das Gesamtgewicht der Fundamenthinterfüllung der Löwenbrücke war dabei doppelt so groß wie das der Bruchsteinfundamente der Postbrücke. Da sich Traitteur offenbar von vornherein der Verantwortung für mögliche Mauersetzungen in den Fundamenten entledigen wollte, teilte er dem Rat für Verkehrswege im Oktober 1825 mit, die neuen Fundamente der beiden Brücken würden sich im Laufe des kommenden Frühjahrs auf natürliche Weise ein wenig setzen. Die dadurch entstehende Bewegung im Feld der Brücken könne zwar Anlaß zu Zweifeln an der Festigkeit geben, eine derartige Bewegung werde jedoch keinesfalls Schäden verursachen[301].

Aufgrund technischer Schwierigkeiten beim Anlegen der Fundamente für die Löwenbrücke mußte der Baubeginn der Greifenbrücke auf den 30. September 1825 verschoben werden. Die Fundamente zu beiden Fußgängerbrücken waren am 17. Oktober fertiggestellt, einige Tage später wurden an den Brükkenzugängen die Granitplatten der Trottoirs verlegt[302].

Die Herstellung der Metallteile zu den neuen Fußgängerbrücken wurde zunächst den staatlichen Eisengießereien angetragen. Ende Juli erklärte sich A. A. Fullon, ›Bergmeister der staatlichen Fabriken in Olonec, St. Petersburg und Kronstadt‹, einverstanden, in der St. Petersburger Fabrik alle gußeisernen Konstruktionsteile herzustellen, nahm jedoch in Ermangelung entsprechender Maschinen von der Fertigung der Ketten und anderer schmiedeeiserner Teile Abstand. Die Eisengießerei von Charles Baird weigerte sich ihrerseits, lediglich die schmiedeeisernen Teile herzustellen, und schlug zurecht vor, sämtliche Konstruktionsteile am gleichen Ort zu fertigen. Schließlich bekam Baird den Zuschlag für die Anfertigung auch der Gußeisenteile zu den Fußgängerbrücken; er gedachte die Arbeiten bis September 1825 abzuschließen. Zur Beschleunigung der Auftragserfüllung bat er darum, aus Staatsvermögen Eisen, das zur Verwendung in den Rüstungsbetrieben für ungeeignet befunden worden war, an ihn zu liefern. Die Genehmigungserteilung für die Überführung der Materialien aus einem Ressort in ein anderes erwies sich jedoch als langwieriger und schwieriger Prozeß. Ende Oktober bekam Baird auf Anweisung des Kriegsministers Tatiščev Eisen für 4,1 Rubel pro Pud aus dem Artillerie-Departement[303].

Die Erprobung der Ketten für die Fußgängerbrücken erfolgte gemeinsam mit den Kettenprüfungen zur Ägyptischen Brücke auf dem *sidéro-mêtre* (Abb. 96). Als maximale Zugspannung für die Prüfungen wurden zunächst 12 Tonnen (756 Pud) pro Quadratzoll angesetzt. Bei den endgültigen Prüfungen und Berechnungen wurde dieser Wert jedoch auf 8 Tonnen/Quadratzoll reduziert. Fertigung und Prüfung der Ketten begannen im Dezember 1825 und endeten im März 1826.

Das beim Bau der Postbrücke verwendete äußerst einfache einfeldrige System wurde in den Entwürfen Traitteurs zu den neuen Fußgängerbrücken noch weiter reduziert[304]: die vier Tragketten (zwei doppelte Kettenzüge) wurden durch

[300] RGIA, 206-1-618, Bl. 27v, 115v, 69–70. Eine Vorstellung von der Konstruktion dieser ›Schwimmkästen‹ vermittelt eine im Archiv erhalten gebliebene Zeichnung (RGIA, 1487-4-225, Bl. 3 ›Querschnitt, Aufriß und Grundriß des Schwimmkastens‹. Unterschrieben von Hristianovič und Traitteur).

[301] RGIA, 206-1-618, Bl. 116.

[302] Ibid., Bl. 83.

[303] Ibid., Bl. 3–13, 103.

[304] Die Abmessungen der Kettenglieder zu den Brücken sind den Übergabeprotokollen entnommen: RGIA, 206-1-1341 ›Über die Übergabe der Kettenbrücke und der Akten durch Generalmajor Traitteur an Major Mihajlov und von Major Mihajlov an Oberst Adam. 1831‹, Bl. 17–24.

zwei einfache Ketten mit 1 1/2 Zoll (3,8 cm) Durchmesser ersetzt. Im Falle der Löwenbrücke (Abb. 164) bestanden sie aus 14 Gliedern mit 4 Fuß 8 Zoll bis zu 8 Fuß 11 Zoll (1,42 bis 2,71 m) Länge bei den Anschlüssen an die Gerüste. Die Kettenglieder waren untereinander über 30 je 10 Zoll (25,4 cm) lange und 1 Zoll starke Ringe verbunden. Das Brückendeck trugen 26 Hänger der Abspannungen mit 1 Fuß 8 Zoll bis 6 Fuß 10 Zoll (0,66 bis 2,08 m) Länge und 5/8 Zoll (1,6 cm) Durchmesser. Bei der ›Brücke mit Greifen‹ bestanden die Ketten aus 14 Gliedern mit 4 Fuß 5 Zoll bis 8 Fuß 2 Zoll (1,35 bis 2,49 m) Länge, die wiederum über 30 je 10 Zoll lange Ringe verbunden waren. Das Verhältnis von Durchhang zu Spannweite betrug bei der Löwenbrücke 1:15,4, bei der Greifenbrücke 1:10,7.

Aufgrund der beim Bau der Postbrücke aufgetretenen Schwierigkeiten mit Brückendeckschwingungen verwendete Traitteur bei den neuen Fußgängerbrücken auf die Konstruktion des Brückenkörpers besondere Sorgfalt (Abb. 165, 166). Zur Reduzierung derartiger Schwingungen verstärkte er das Deck mit hölzernen Kreuzverbänden, die auch gleichzeitig das Gewicht des Tragwerks erhöhten, und baute die Konstruktion zusätzlich im Mauerwerk des Granitkais ein. »*Le pont en question* [Brücke an vier Greifen] *n'est pas moins remarquable par la solidité de sa charpente, que celui aux 4 lions. Pour éviter les oscillations latérales, qui pourraient provenir du choc des barques ... on a renforcé le plancher par des croix de St. André, qui lient admirablement le système et augmentent le poids permanent, ce qui est d'un très grand avantage pour la stabilité des ponts en chaînes à petite ouverture, où la charge passagère est toujours beaucoup plus considérable que la charge permanente. De plus, les extrémités de cette masse se trouvent fortement encastrées dans les mur de granit dont les berges du canal sont revêtues ...*«, schrieb Traitteur später[305].

Das Brückendeck der Löwenbrücke war der Form nach ein Flachbogen über einer lichten Weite von 22,4 m, einer Breite von 3,35 m und der beträchtlichen Stichhöhe von 1,1 m, um die Durchfahrt von Lastkähnen sicherzustellen[306]. Aufgrund der örtlichen Verhältnisse konnte das Deck dieser Brücke nicht über die Hochwassermarke vom 7. November 1824 angehoben werden, weshalb das Gewicht des Tragwerks durch eine konstruktive Zulast von 650 kg zusätzlich erhöht wurde. Die Greifenbrücke hatte folgende Abmessungen: Spannweite 20,1 m, Breite 3,19 m und Stichhöhe 0,7 m.

Die gußeisernen Geländer der Löwenbrücke waren aus 24 (12 × 2) einzelnen Abschnitte mit 3 1/2 Fuß (1,07 m) Höhe, einer Länge von 20 Sažen' 5 1/3 Fuß (44,23 m) und einem Gesamtgewicht von 155 Pud (2.538,9 kg) gefertigt. Sie waren über gußeiserne Auskragungen am Brückendeck befestigt. Die Brüstung der Greifenbrücke bildeten 28 gleich hohe Abschnitte mit einer Länge von 19 laufenden Sažen' (40,47 m). Die scharnierartige Befestigung der flachen Geländerabschnitte zeigt jedoch deutlich, daß ein statisches Zusammenwirken mit dem Tragwerk des Brückendecks nicht beabsichtigt war.

In den Archivschriftstücken zur Planung der neuen Fußgängerkettenbrücken über den Katharinen-Kanal finden sich durchweg genaue Informationen über die geometrischen und statischen Verhältnisse der Brücken. Im Unterschied zu den Entwürfen der ersten Kettenbrücken Traitteurs (Panteleimon- und Postbrücke) waren diese Parameter bereits Bestandteile der technischen Dokumentation und Gegenstand zahlreicher Diskussionen. Heute geben sie bei der Untersuchung der verschiedenen Entwurfsversionen Aufschluß über Abmessungen und Art der in ihnen zur Anwendung kommenden Konstruktionsteile (s. Tabelle S. 322)[307].

Die Löwenbrücke über den Katharinen-Kanal wurde am 1. Juli, dem Geburtstag der Zarin Aleksandra Fedorovna, eröffnet. Am folgenden Tag teilte Traitteur in einem Rapport mit, nach seinen Beobachtungen habe die Anzahl der Passanten von 8 Uhr morgens bis 10 Uhr abends 2.700 Personen betragen.

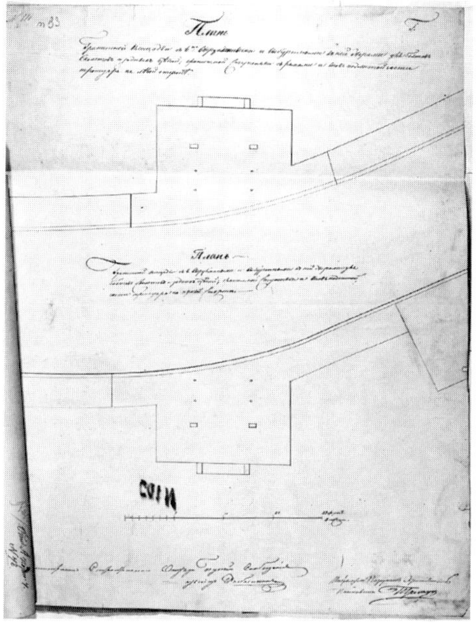

165 Löwenbrücke, Werkpläne, um 1826. Grundriß des Granitkais. Hristianovič und Traitteur (RGIA, 1487-4-223, Bl. 3)

[305] Traitteur. *Pont aux quatre griffons ...*, S. 182.

[306] Wiebeking, Carl Friedrich von. *Mémoire sur des ponts suspendus ...*. § 35, S. 31. Als das Tragwerk Ende des 19. bis Anfang des 20. Jh. ersetzt wurde, ging die ursprüngliche Stichhöhe des Brückendecks verloren. Dies belegen Bauaufnahmen der Löwen-Brücken, die von Staatlicher Denkmalpflegeinspektion (GIOP) 1946 erstellt wurden (Kočedamov, V. I. *Cepnye mosty v Peterburge pervoj poloviny XIX veka ... (Kettenbrücken in St. Petersburg in der ersten Hälfte des 19. Jahrhunderts)*, Architekturnoje nasledstvo, S. 214–215, Abb. 10, 11).

[307] RGIA, 206-1-578, Bl. 11v–12; 32v–33.

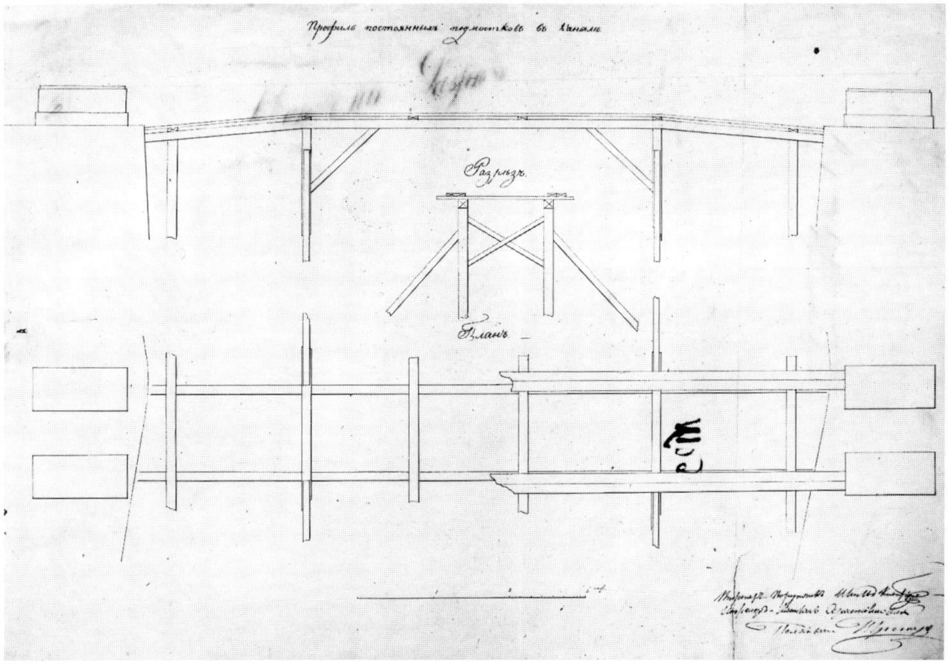

166 Löwenbrücke, Werkpläne, um 1826. Grund- und Aufriß der hölzernen Arbeitsbühne. Traitteur, Schildknecht, Hristianovič (RGIA, 1487-4-225, Bl. 4)

Diese Zahl würde noch wachsen, wenn erst alle Bewohner der Hauptstadt von dem Bestehen jener Wegeverbindung erführen. In einer späteren Publikation über die Löwenbrücke nennt Traitteur für die Zeit kurz nach ihrer Eröffnung die Zahl von ca. 4.000 Benutzern pro Tag[308]. Die zweite Fußgängerbrücke ›mit Greifen‹ wurde etwas später, am 25. Juli 1826, eröffnet. Wie Traitteur später berichtete, gingen am Eröffnungstag von 6 Uhr morgens bis 10 Uhr abends 9.080 Personen über die Brücke[309]. In der Folgezeit reduzierte sich diese Zahl auf 5.000 Personen pro Tag.

Mitte Oktober 1826 hieß es in einem an das Corps der Verkehrswegeingenieure ergangenen Befehl des Amtsleiters der Verkehrswege: *»Der die Arbeiten zum Bau der Kettenbrücken in St. Petersburg leitende Oberst Traitteur erwarb sich mit vollem Recht meine vollkommene Dankbarkeit für seinen eifrigen Fleiß und unermüdliche Tätigkeit, die er in diesem Jahr beim Bau einer großen Kettenbrücke über die Fontanka und zweier kleiner für Fußgänger über den Katharinen-Kanal erbrachte, die besondere Aufmerksamkeit ob ihrer beispielhaft vorzüglichen Gestaltung aller Teile verdienen. – So gebe ich mir die äußerst angenehme Pflicht, das Corps davon wissen zu lassen und meine besondere Dankbarkeit Hauptmann Hristianovič auszusprechen …«*[310].

Tierfiguren als Kettenhalter

In einer späteren Publikation bemerkte Traitteur, *»… la structure intérieure des lions mérite une attention particulière; ils sont traversés d'outre en outre, ainsi que les piédestaux, par des squelettes en fonte, qui portent les chaînes équilibrantes, et forment une courbe continue depuis le point de support jusqu'aux fondations. La pose de ces squelettes a exigé que les figures de lions, qui les recouvrent, fussent fondues en deux moitiés; opération difficile en elle-même, mais d'autant plus compliquée dans le cas présent«*[311]. Tatsächlich ist die Verwendung gußeiserner Tierfiguren als Dekoration als Verkleidung für die gußeisernen Gerüste, die eigentlich tragenden Druckstützen der Brücke, die wesentliche gestalterische und konstruktive Besonderheit der Entwürfe zu den Petersburger Fußgängerbrücken (Abb. 167–

[308] Traitteur. *Pont aux quatre lions …*, S. 175.

[309] RGIA, 206-1-618, Bl. 155, 156. Es ist zu bemerken, daß in der damaligen Presse, auch in der Regierungszeitung ›Severnaja pčela‹, keine Meldungen über die Eröffnung der beiden Kettenbrücken zu finden sind. Dies ist am ehesten dadurch zu erklären, daß der Oberste Gerichtshof am 12. Juli 1826 das Urteil zum Dekabristen-Fall verkündete und die ›Severnaja pčela‹ ausschließlich über den Fortgang der gerichtlichen Untersuchung berichtete.

[310] *Prikazy, otdannye po KIPS v 1824–1827 gg. (An das Corps der Verkehrswegeingenieure 1824–1827 ergangene Befehle).* St. Petersburg, 1828, S. 189–190 (Nr. 99 vom 11. Oktober 1826).

[311] Traitteur. *Pont aux quatre lions …*, S. 176.

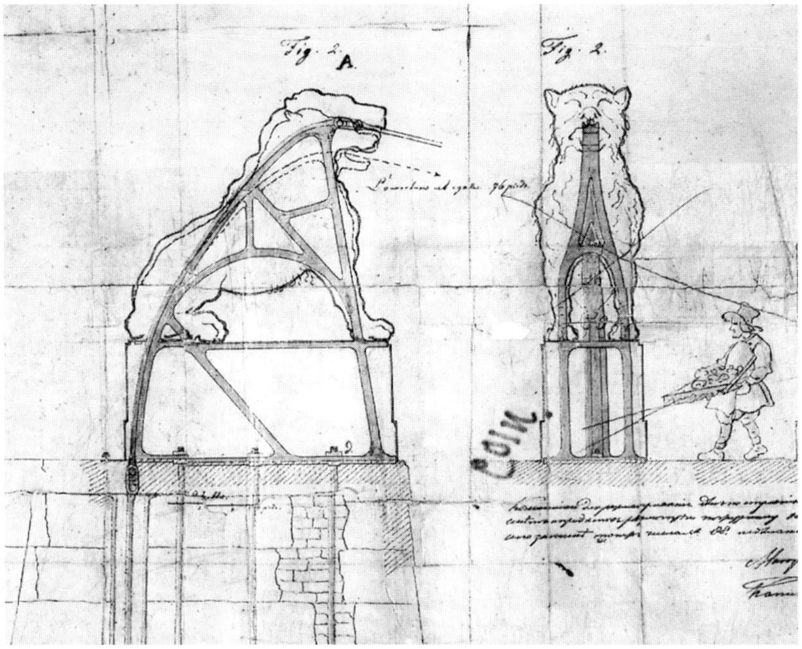

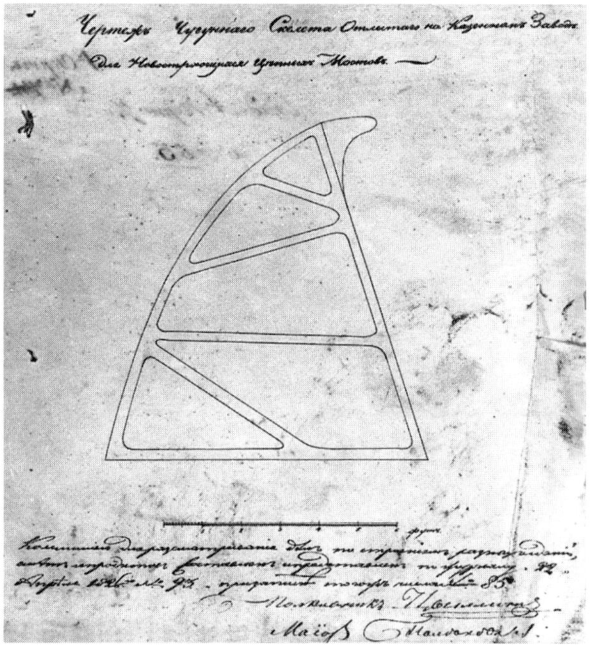

167, 168 Gußeisernes Innengerüst für die Tierfiguren der Fußgängerbrücken über den Katharinen-Kanal

167 Vorschlag von Traitteur, 1825 (RGIA, 1487-4-273, Bl. 6, Ausschnitt)

168 Ausgeführter Werkplan, vermutlich Traitteur und Clark, 1826 (RGIA, 1487-4-225, Bl. 11)

169)·. Entwurf und Herstellung dieser ungewöhnlichen Architekturplastik waren der schwierigste und langwierigste Teil der Arbeiten zur Errichtung der Fußgängerbrücken über den Katharinen-Kanal. Dabei ist die tektonische Lösung der Gußgerüste eine originelle Weiterentwicklung einiger ähnlicher Vorschläge von Kettenbrückenwiderlagern, wie sie in der westeuropäischen Entwurfspraxis der beginnenden 1820er Jahre entstanden waren[312].

Wie aus den ersten Berichten Traitteurs vom Januar 1825 hervorgeht, beabsichtigte er ursprünglich, die Figuren über den Stützen der neuen Brücken aus getriebenem Kupferblech anzufertigen: *»... Die 4 Sockel werden aus Gußeisen gefertigt, die 4 Löwen aus Kupferblech und die Stufen aus Granit. Das Innere jener Sockel wird mit einem Steinmauerwerk gefüllt, um die Schwere zu erhöhen«*[313]. Mit der Anfertigung dieser Figuren wie auch der übrigen Metallteile wurde im Mai 1825 die Fabrik von Baird beauftragt, der Anfang September dem Wirtschaftskomitee des Rats für Verkehrswege mitteilte, er hielte es bezüglich der Herstellung der 4 Löwen und 4 Greifen für die beiden Fußgängerhängebrücken für besser, sie aus Kupferblech zu fertigen, denn sie aus Eisen zu gießen, sei wegen ihrer Größe und ihres Gewichts überaus beschwerlich, teuer und weniger schön. Für die Anfertigung der vier Greifen erbat sich Baird vier Monate Zeit. Einschließlich ihrer Aufstellung vor Ort und der Mastixfüllung verlangte er für die Figuren je 10.000 Rubel[314].

Die Verwendung vollplastischer Teile aus getriebenem Kupferblech als Baudekor an öffentlichen Gebäuden kann als eine Besonderheit der Repräsentationsarchitektur des späten Petersburger Klassizismus angesehen werden. Bairds Vorschlag, die Figuren zu den neuen Fußgängerbrücken aus Kupferblech herzustellen (1825), war ein erster Versuch, die Mitte der 1820er Jahre üblichen Gußplastik aus Bronze oder Eisen durch getriebene Formbleche auf Innengerüst zu ersetzen. In der zweiten Hälfte der 1820er Jahre fand diese Lösung eine recht weite Verbreitung hauptsächlich in den Arbeiten von Matthew Clark[315], einem wichtigen Beteiligten an den Vorgesprächen und Arbeiten zum Entwurf der Löwen- und Greifenfiguren für die neuen Brücken Traitteurs. Im September 1825 änderte Traitteur unerwartet (wahrscheinlich nach Konsultationen mit dem Bildhauer P. P. Sokolov) seine Absicht bezüg-

[312] So werden die Tragseile in einem der Entwürfe Marc Seguins zur ›Fußgängerbrücke im Park‹ (Anfang 1820er Jahre) von männlichen Figuren gehalten, deren Bewegungszustand an antike Athletenstatuen erinnert. Bei einer Reihe weiterer Entwürfe, so auch bei dem bereits erwähnten Entwurf Naviers zur Pont des Invalides über die Seine (1823–1826), sind auf den Widerlagern liegende Löwenfiguren angeordnet.

[313] RGIA, 206-1-578, Bl. 12, Bericht Traitteurs vom Januar 1825.

[314] RGIA, 206-1-618, Bl. 34–35.

[315] Fedorov, Sergej. *Matthew Clark and the Origins of Russian Structural Engineerings 1810–40s: an introductory biography*. Construction History. Journal of the Construction History Society, Bd. 8, 1992, S. 69–88.

lich des Materials und der Herstellung der Figuren und beschloß, seine Brükken mit gußeisernen Plastiken statt mit Figuren aus Kupferblech auszustatten. Auf der Suche nach einem Hersteller wandte sich Traitteur erneut an Fullon, der sich einverstanden erklärte, die Figuren für insgesamt 40.000 Rubel zu gießen und mit der Ausführung Matthew Clark, den damaligen Direktor der Petersburger Staatsfabrik, zu betrauen. Hingegen bot der Gießereiinhaber Evdokimov an, die Figuren für 56.000 Rubel aus Bronze, einem wesentlich teureren Material als Gußeisen, zu gießen. Die gravierenden Preisunterschiede zwischen den Fabrikangeboten und dem ursprünglichen Kostenvoranschlag Traitteurs (500 Rubel pro Figur) wurden Gegenstand einer Sondersitzung des Rats für Verkehrswege. Im September 1825 erklärten Clark und Fullon, nachdem sie die Alabastermodelle gesehen hatten und von den Mitgliedern des Rats für Verkehrswege um eine Preissenkung gebeten worden waren, daß die Anfertigung der ca. 200 Pud schweren Skulpturen aus zwei symmetrischen Hälften die Arbeit wesentlich verkompliziere und pro Figur einschließlich Aufstellung vor Ort 2.500 Rubel anzusetzen seien. Nach Clarks Dafürhalten war dies ein durchaus maßvoller Preis, der den Kostenvoranschlag nur geringfügig übersteige: *»... denn die Greifen und Löwen in der im Voranschlag vorgesehenen Stärke, nämlich 1/2 Zoll, zu gießen, ist heikel, und jede Figur wird nicht je 50 Pud, wie dies im Voranschlag errechnet war, sondern je 200 Pud wiegen – folglich wird jedes Pud nicht mehr als 12 Rubel 50 Kopeken kosten«*[316].

Nach Prüfung aller Angebote vergab der Rat für Verkehrswege die Anfertigung der Löwen- und Greifenfiguren an die Petersburger Staatsfabrik und stellte fest, es sei nicht zu erkennen, daß noch irgendjemand außer den Herren Fullon und Clark in der Lage sei, den Guß dieser Teile zu übernehmen. In Anlage zu dem von Traitteur verfaßten Vertrag wurden Fullon ›Konditionen‹ zur Herstellung der Figuren übergeben. Einige der darin enthaltenen Auflagen waren so schwer zu erfüllen, daß der Auftragnehmer dagegen ernsthaften Widerspruch einlegte. Der in den Archiven erhaltene Schriftwechsel zwischen Traitteur und Fullon zeugt von den hohen technologischen Maßstäben, die die Architekten und Ingenieure des Petersburger Spätklassizismus an die Aus-

[316] RGIA, 206-1-618, Bl. 38–41. Dabei bemerken Fullon und Clark, sie hätten diverse Figuren geringerer Größe und Schwere (gemeint ist wahrscheinlich u. a. das gußeiserne Portal mit der Inschrift ›A mes chers compagnons d'armes‹ im Katharinenpark von Carskoe Selo, 1817, Architekt V. Stasov, Ingenieur M. Clark) sowohl für Carskoe Selo als für die Kettenbrükken gegossen und für jede aus der Staatskasse dreitausend Rubel erhalten.

169 Tierfiguren der Greifenbrücke über den Katharinen-Kanal von P. P. Sokolov, 1825–1826. Photographie um 1900 (Photoarchiv des IIMK RAN)

führung ihrer Entwürfe anlegten. In den von Traitteur am 16. September 1825 verfaßten Vertragsbedingungen war folgendes vorgesehen[317]:

1. Guß von vier Löwen- und vier Greifenfiguren durch den Lieferanten *»aus dem besten weichen Gußeisen vollkommen nach den Modellen aus Alabaster, die ihm ausgegeben werden«*.
2. Herstellung jeder Figur aus zwei Hälften, die mit den Vorderpfoten auf das tragende ›Skelett‹ gesetzt werden.
3. Verwendung von Gußeisen mit einer Dicke von mindestens 1/2 Zoll *»an den schwächsten Stellen«*; unter der Bedingung, *»den Figuren aus Gußeisen ein ebenso reines Äußeres zu verleihen, wie es die alabasternen Modelle, die ihm ausgegeben werden, haben«*.
4. Der Lieferant ist verpflichtet, die gegossenen Figuren in bester Weise zu gießen und ihre Oberfläche zu säubern, damit keine Unebenheiten, Ton oder Sand der Form das Aufbringen von Lack stören.
5. Die Dicke der Verbindungsfuge zwischen den Hälften der Figuren beträgt höchstens 1/8 Zoll. Die Fugen, mit denen die Figurteile verbunden werden, haben parallel, gut gefeilt, angepaßt und vom Lieferanten mit Blei ausgefüllt zu sein, damit sie überhaupt nicht zu sehen sind.
6. Entlang jeder Fuge seien von innen flachseitig Eisenbänder anzuordnen, an denen beide Figurhälften mit Bolzen (Nietköpfen) zu befestigen sind.
7. Jede Figur ist mit vier horizontalen Bolzen an dem Gerüst zu befestigen; die Vorderbeine der Figuren werden über zwei Längsbolzen mit Schrauben auf dem Sockel befestigt.
8. Die die Laternen auf den Köpfen haltenden Gußbögen werden separat gegossen und hernach laut beiliegender Zeichnung befestigt.
9. Der Hersteller erhält vom Staat die alabasternen Modelle und alabasternen Formen, die ihm auf immer übereignet werden.
10. Nach dem Guß der Figuren hat der Lieferant sie auf eigene Kosten zu überführen, anzuliefern und vor Ort zu befestigen.

Zwei Tage später legte Fullon seine Version der Konditionen vor, bei denen einige Bestimmungen Traitteurs zurückhaltender formuliert waren. Zu Punkt 1 verpflichtete sich der Hersteller, *»... die Figuren zu gießen und endzubearbeiten ..., in möglichst bester Weise und natürlich nicht mit weniger Kunstfertigkeit, wie sie derartigen Arbeiten, die für unterschiedliche Kaiserliche Paläste andernorts erbracht wurden, zueigen sind«*[318]. Nach Punkt 3 sollte die Dicke des Gußeisens, aus dem die Figuren gegossen wurden, die nötige Festigkeit gewährleisten. Dabei versuchte Fullon, einen gewissen Spielraum für den Ausführenden auszuhandeln, als er vorschlug, der dafür verantwortliche Gießereimeister dürfe bei einer so schwierigen und subtilen Arbeit durch keinerlei Konditionen gebunden sein. Zu den Punkten 5 und 6 der Traitteurschen Konditionen bemerkte Fullon, sie seien derart schwer zu erfüllen, daß es einfacher sei, von der Arbeit Abstand zu nehmen. Er hielt es seinerseits für ausreichend zu sagen, die Bearbeitung und Maskierung der Fugen werde mit größten Anstrengungen erfolgen. Die Flügel der Greifen und die Gußbögen für die Laternen sollten separat von den Figuren gegossen werden.

Traitteurs und Fullons Vertragsbedingungen wurden kurz darauf von der Kommission für Entwürfe und Kostenvoranschläge geprüft, wonach ein Teil der Änderungen Fullons korrigiert und eine vorläufige Vertragsvariante erstellt wurde. Diese wurde jedoch vom Leiter der Staatlichen Fabriken abgelehnt, der wiederum seine eigene, ebenfalls zehn Punkte umfassende Variante der Vertragsbedingungen vorlegte. Am 30. September 1825 wurden diese vom Rat für Verkehrswege gebilligt, der beschloß, mit Fullon und Clark zum Gießen jener Figuren einen Vertrag zu schließen und dabei den Konditionen der Hersteller zu folgen. Clark verpflichtete sich, die Figuren bis März 1826 fertigzu-

[317] RGIA, 206-1-618, Bl. 54.

[318] Ibid., Bl. 64–66.

stellen. Die Fertigung der Figuren und die Herstellung der in ihnen verborgenen Traggerüste wurde somit ausnahmsweise an zwei verschiedene Fabriken vergeben.

Die ersten acht Traggerüste wurden in der Bairdschen Fabrik nach Zeichnungen und einem Holzmodell Traitteurs angefertigt[319]. Diese Gerüste stellten ein komplexes Stabsystem dar, dessen Struktur dadurch bestimmt war, daß die Konstruktion in einer hohlen Gußplastik untergebracht werden mußte (Abb. 167, 168). Jedes Gerüst wog 53 Pud (868 kg) und nicht, wie ursprünglich veranschlagt, 40 Pud. Die Auflagerkonstruktion der neuen Fußgängerbrücken ermöglichte einen stetigen Übergang von den Tragketten zu den Abspannungen. Traitteur hatte dieses statische Prinzip einer ›kontinuierlichen Tragkette‹ erstmals im Entwurf zur Postbrücke vorgelegt. Der tragende quadrantenförmige Träger der letzteren wurde in den Entwürfen zu den Brücken über den Katharinen-Kanal durch ein unregelmäßiges Stabsystem ersetzt. Traitteur selbst sprach bei der Entwurfsgenehmigung von einer Kontinuität bei der Planung der Auflager zu seinen Fußgängerbrücken. Diese Besonderheit hob später auch Wiebeking hervor: *»... L'intérieur du corps d'un tel lion est en partie composé d'un quadrant en fonte, ressemblant à celui du pont de la Poste sur la Moika, décrit et représenté dans le VIIème volume de mon ouvrage sur l'Architecture Civile. Ce quadrant constitue le support de la caténaire«*[320].

Die Herstellung der Metallteile der Brücke in unterschiedlichen Fabriken, eine Situation, die es in der ersten Phase des Baus der Petersburger Kettenbrükken nicht gegeben hatte, führte zu Herstellungsproblemen bei der paßgenauen Fertigung von Gerüsten und Figuren. Zu ihrer Lösung überstellte Traitteur an die Staatliche Fabrik Clarks ergänzend zu den im Oktober übergebenen Zeichnungen ein in der Bairdschen Fabrik angefertigtes Gerüstmuster in Originalgröße. Aber auch diese Maßnahme brachte keinen Erfolg. Im März 1826 stellte eine Kommission zur Überprüfung des in die Staatliche Gießerei gelieferten ›Musterskeletts‹ fest, es passe nicht in die Figuren teils aus dem Grund, daß das Holzmodell zu einem Zeitpunkt angefertigt wurde, als die inneren Unebenheiten der Figuren noch nicht bekannt waren, aber auch deshalb, weil der Standwinkel der Vorderläufe der Löwen auf der Oberfläche des Sockels bei der Herstellung des erwähnten Modells wesentlich steiler angenommen wurde, als es die Form erforderte. Des weiteren bemerkte die Kommission einen Unterschied zwischen den in den Bairdschen Fabriken gegossenen Musterskeletten und dem in der Staatsfabrik nach der ursprünglichen Zeichnung neu erstellten Modell, weshalb die Kommission für dieses Modell erneut eine Zeichnung anfertigen ließ. Schließlich sah sich Traitteur gezwungen, im Einverständnis mit Baird die Herstellung aller acht Gerüste an Clark zu vergeben, der diese auch bald abschloß (Abb. 168)[321].

Ebenfalls als *»... des pièces d'un très grand mérite«* bezeichnete Traitteur die gußeisernen Sockel, auf denen die Greifen- und Löwenfiguren angebracht wurden[322]. Die im Stück gegossenen Hohlquader mit einem Volumen von 104 Kubikfuß dienten als Verkleidung für das Gegengewicht aus Stein und waren damit Bestandteil der Brückenarchitektur, *»auxquels ils donnent une forme élégante et agréable à l'œil«*[323].

Die Konstruktionsteile der Brücken wurden im März bis Mai 1826 endgültig gefertigt und montiert. Die Anfang Sommer 1826 aufgestellten Löwenfiguren wurden matt-weiß gestrichen, die Sockel mit Bleifarbe überzogen und lackiert. Die Figuren waren maximal 7 Fuß 4 1/2 Zoll (2,25 m) hoch und an der Basis 2,26 m lang. Die Greifen mit ihren kupfernen Flügeln und vergoldeten Kämmen waren an der Basis ebenso lang und mit 2,31 m etwas höher (Abb. 169).

[319] »... infolgedessen auf meine Anweisung hin, so gut wie möglich den Innenraum der gußeisernen Greifenfigur erfassend, ein Holzmodell für das Skelett gemacht wurde, nach dem das gegossene Skelett 53 Pud wog« (RGIA, 206-1-618, Bl. 148v. Bericht Traitteurs vom 9. März 1826).

[320] Wiebeking, Carl Friedrich von. *Mémoire sur des ponts suspendus ...*, S. 30.

[321] RGIA, 206-1-618, Bl. 115v–116, 148v–149, 151–152.

[322] Die Abmessungen der Sockel sind bei der Löwen- und Greifenbrücke identisch: 1 Sažen' 1 Fuß 7 1/2 Zoll × 4 Fuß (2,62 m × 1,22 m), Höhe 3 Fuß 5 Zoll (1,04 m). RGIA, 206-1-1341, Bl. 21–24; RGIA, 206-1-618, Bl. 31.

[323] Traitteur. *Pont aux quatre griffons ...*, S. 182–183.

Architektonische und gestalterische Besonderheiten

Bei der Wahl der Standorte und der Erstellung der Entwürfe zu den Fußgängerbrücken der ›zweiten Baureihe‹ schenkte Traitteur ihrer Einbindung in die vorhandene städtebauliche Situation besondere Aufmerksamkeit. Bei aller Einzigartigkeit ihrer Konstruktion sind diese beiden Bauwerke auch vor allem als Beispiele einer feinfühligen Weitergestaltung des historisch gewachsenen Gefüges der umliegenden Stadtbereiche zu betrachten.

So interpretierte Traitteur seinen Entwurf zur ›Brücke an vier Greifen‹ zweifelsohne als Fortführung des Ensembles der Assignationsbank (Abb. 170). Anfang Februar 1825 bemerkte er in einem Rapport, der günstigste Ort für jene Brücke sei gegenüber der Darlehensbank, wobei die Hauptachse der Brücke auf die Mitte des großen Adlers zulaufen solle, der sich auf der Portikus des inneren Gitters der Bank befinde. An diesem Ort werde eine Fährstelle und insbesondere diese Brücke die Anbindung an den belebtesten Teil der Stadt, d. h. zu Darlehensbank und Kaufhalle (Gostinnyj dvor), gewährleisten[324]. Ende September 1825, nach Eröffnung eines neuen Eingangs in das Bankgebäude, bestand Traitteur auf einer Lageänderung der Brückenachse: »... *Als ich im Entwurf die Richtung dieser Brücke mit Buchstabe A bezeichnete, meinte ich lediglich den Staatsadler, der sich am Tor des Gitters der Leihbank befindet; da aber nun die Türen dieser Bank für die Besucher geöffnet sind, finde ich, daß es viel gebührlicher und vorteilhafter sei, daß die Hauptlinie dieser Brücke nicht nur auf die Mitte des Tors und des Adlers zulaufe, sondern sogar auf die Mitte der Eingangstüren der Bank selbst ... (ich) halte es für meine Pflicht mitzuteilen, daß ich meinerseits zur Erfüllung dieser Änderung die entsprechenden Anweisungen verfügt habe*«[325]. Die Varianten der Standortwahl für die Brücke unter Berücksichtigung der genannten Anlaufpunkte der Bank sind auf zwei Zeichnungen erhalten geblieben (Abb. 171)[326].

Der Standort der ›Brücke an vier Löwen‹ wurde im Hinblick auf die nach dem Bau der Postbrücke entstandene Fußgängerachse über die Kanäle der Stadt im Bereich des Bol'šoj-Theaters gewählt. Auf diese Funktion des neuen Übergangs wies Traitteur in einem Rapport Ende Januars 1825 hin: »... *Die Brücke auf dieser Seite wird für das Publikum durchaus nützlich sein, da die Entfer-*

170 Gebäudekomplex der Assignationsbank (Giacomo Quarenghi, 1783–1790, Umbau 1903–04) und Greifenbrücke, 1825–1826 (Ansichtskarte nach 1904)

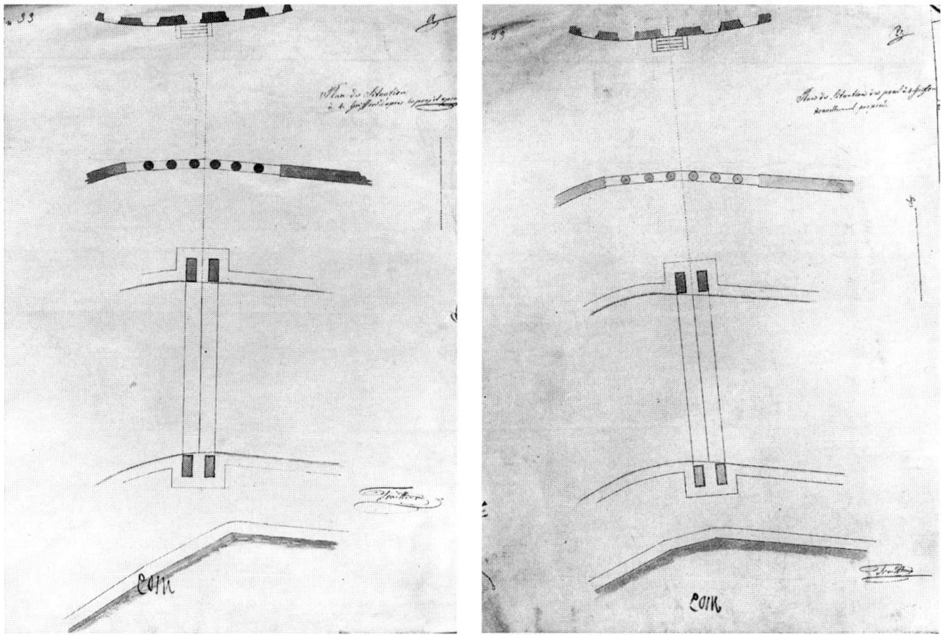

a b

171 a, b Greifenbrücke, Vorschläge zur Ausrichtung der Brücke auf die Assignationsbank. Traitteur, um 1825 (RGIA, 1487-4-204)

nung zwischen der Harlamov- und der Voznesenskij-Brücke 350 Sažen' beträgt, und wenn man ihre Lage hinsichtlich der kleinen, bereits über die Mojka gebauten Brücke betrachtet [gemeint ist die Postbrücke], *so eröffnet sich eine neue Verbindung für diese Teile, die umso günstiger sein wird, je näher sie sich beim Kamennyj-Theater befindet«*[327]. Dabei wurde die Brücke hervorragend in die scharfe Biegung des Katharinen-Kanals ›integriert‹ und diente so dem Stadtgefüge in dieser Gegend als Wegmarke und architektonischer Akzent (Abb. 172–174).

Die Fußgängerkettenbrücken der ›zweiten Baureihe‹ gehören bis heute zu den besten Beispielen für eine Synthese aus Architektur und plastischem Dekor in der Bebauung des neuen St. Petersburg der 1820er Jahre. Die Eigentümlichkeit dieser Bauwerke besteht darin, daß in ihre Komposition vollplastische Tierdarstellungen aufgenommen wurden, die nicht nur in dekorativer, sondern in tektonischer Absicht verwendet sind. Im Dienstbericht Traitteurs mit der ersten Entwurfsbeschreibung zur Löwenbrücke heißt es, der Gedanke, Tierfiguren in die Bauwerksgestalt aufzunehmen, sei vom Herzog von Württemberg ausgegangen. Als Traitteur seine neue Fußgängerbrücke vorstellte, wies er nochmals darauf hin, sie werde »auf Anweisung Ihrer Hoheit« von vier Greifen getragen, die ebenso gebaut würden, wie auch die vier Löwen im ersten Entwurf[328]. Inwieweit diese Bemerkungen der Wahrheit entsprechen, läßt sich heute nur schwerlich feststellen: aus den genehmigten Zeichnungen geht hervor, daß die Realisierung dieser für die Entwurfspraxis der frühen europäischen Kettenbrücken innovativen Idee die Sache Traitteurs war. Die Mitwirkung eines Bildhauers der Akademie am Bau der Kettenbrücken lag zweifelsohne im ursprünglichen Entwurfskonzept Traitteurs. Bereits als er seine Entwürfe auf einer Kommissionssitzung vorstellte, bemerkte er: *»... Bezüglich der Löwen und Greifen gebe ich ihr äußeres Erscheinungsbild keinesfalls als genau aus: denn es ist Sache des Bildhauers, ihren Modellen alle Schönheit, die sie nur anzunehmen vermögen, zu verleihen. Ich behalte mir lediglich als Bauleiter und Verantwortlicher für die Festigkeit die Möglichkeit vor, nötigenfalls bei Ausführung des Entwurfs Änderungen an Details anzubringen«*[329].

Künstlerisch umgesetzt wurde dieses Vorhaben durch den mit Traitteur bei der Errichtung aller Brücken der ›zweiten Baureihe‹ zusammenarbeitenden Bild-

[324] RGIA, 206-1-578, Bl. 32.

[325] RGIA, 206-1-618, B. 50, Rapport von Ingenieur-Oberst Traitteur an den Rat für Verkehrswege vom 28. September 1825.

[326] RGIA, 1487-4-204. Blatt a ›Plan de Situation à 4 Griffons d'après le projet approuvé‹. Blatt b ›Plan de Situation du pont à 4 Griffons nouvellement proposé‹. Beide Blätter tragen eine einzige Unterschrift, die Traitteurs. Ohne Datumsangabe.

[327] RGIA, 206-1-578, Bl. 10v.

[328] Ibid., Bl. 11, 32v.

[329] Ibid., Bl. 67.

172 Greifenbrücke über den Katharinen-Kanal, 1825–1826 (Photographie 1993)

hauer P. P. Sokolov[330]. Traitteur schreibt dem Herzog von Württemberg über die bevorstehenden Arbeiten an den Sockelfiguren: »*... dazu sind Modelle für die Löwen und Greifen anzufertigen. Da diese Arbeit einen Künstler mit Talent und der nötigen Zeit erforderlich macht, wandte ich mich in dieser Sache an das Akademiemitglied Sokolov, der mir ob seiner Begabung bekannt ist*«. Im Mai 1825 erklärte sich dieser bereit, für die Löwen- und Greifenfiguren ein Tonmodell und ein Exemplar aus Alabaster für 1000 Rubel pro Stück anzufertigen[331]. Da in der Kunstakademie keine Räumlichkeiten frei waren, wurden die Modelle in dem kleinen Atelier des Bildhauers hergestellt. Die Greifenmodelle waren im September, die Löwenmodelle im Oktober 1825 fertig. Sokolov übergab die Modelle und Formen aus Alabaster der Petersburger Staatlichen Gießerei zur Herstellung der Figuren aus Gußeisen[332].

Die gegossenen und auf Sockeln angeordneten Greifen- bzw. Löwenfiguren sind weniger eine Ergänzung zur neuen Konstruktion der Hängebrücken als vielmehr ihr gestaltprägender Hauptakzent (Abb. 172, 173). Beim Bau der Greifenbrücke ersetzten Traitteur und Sokolov erstmals in der Petersburger Praxis die traditionell klassizistische monumentale Formensprache durch ›realistische‹ Darstellungen frühromantischer Prägung. Bei der Ausführung der Figuren kamen offenbar die jahrelangen Erfahrungen Sokolovs als Bildhauer bei der Admiralität zum Tragen, wo er den Schiffsdekor ausgeführt hatte. Die Figuren für die Kettenbrücken sind meisterlich modelliert: die geschmeidige Muskulatur und die wallende, gelockte Mähne der Tiere wird fabelhaftgrotesk wiedergegeben. Überaus ausdrucksstark sind die kettentragenden Mäuler der Löwen und Greifen. Die Figuren vermitteln mit ihren gestreckten Vorderläufen den Eindruck physischer Anspannung, der dem Kräfteverlauf der in ihnen verborgenen Stützkonstruktion entspricht. Dabei ist festzustellen, daß die Löwen und Greifen trotz ihrer scheinbaren Unterschiede ausgehend von ein und demselben Figurentypus, einem sitzenden ›löwenartigen Tier‹, angefertigt wurden. Im Falle der Löwenbrücke wurden ihm die Attribute eines Löwen, etwa die üppige Mähne, im Falle der Greifenbrücke die eines

[330] Zu P. P. Sokolov vgl. oben S. 173 ff., Abb. 140, 141.

[331] RGIA, 206-1-578, Bl. 134–135.

[332] RGIA, 206-1-618, Bl. 44, 95.

173 Löwenbrücke über den Katharinen-Kanal, 1825–1826 (Photographie 1993)

Fabelwesens mit Löwenmaul und vergoldeten Flügeln verliehen (Abb. 172, 173).

Sokolovs in ihrer Interpretation vollkommen unterschiedliche Varianten zum plastischen Baudekor der drei Petersburger Hängebrücken von 1825–1826 (Sphingen, Löwen, Greifen) entsprechen im wesentlichen den ästhetischen Tendenzen in der angewandten Kunst und im Kunsthandwerk des späten Klassizismus sowie der frühen Romantik. Die Sphingen der Ägyptischen Brücke sind ein Beispiel für die strenge, statische und etwas kühle Schönheit des der Antike nachempfundenen Empire. Die Löwen bringen auf ihre Art realistische Tendenzen zum Ausdruck, wie sie in Kunst und Bewußtsein damals entstanden waren. Die Greifen mit ihren vergoldeten angehobenen Flügeln sind ein interessantes frühes Beispiel für die Ablösung der klassizistischen durch romantische Prinzipien mit einer für die Romantik typischen stilisierten Verallgemeinerung bei der Interpretation eines bildhaften Prototyps, mit erhöhter Kompositionsdynamik und Orientierung an exotischen Motiven.

174 Löwen als Kettenhalter am Herrenhaus Kušelev-Besborodko in St. Petersburg. 1770–1780er Jahre (Photographie CGA KFFD, D 18950)

Die bei den Brücken verwendeten Löwenfiguren gehen nicht auf vorhandene russische Vorbilder zurück und sind somit künstlerische Originale, die die zahlreichen ›Löwen-Darstellungen‹ im Stadtbild des klassizistischen St. Petersburg ergänzen (Abb. 174). Dagegen waren und sind die Greifendarstellungen einzigartig in der Petersburger Praxis. Die Wahl der Greifen als Sockelfiguren hat möglicherweise tieferliegende Gründe als nur den für die frühe Romantik typischen Wunsch nach einem neuen Motiv. Seit 1806 sind Greifen das Wappentier des Großherzogtums Baden, eines der wichtigsten dynastischen Partner des alexandrinischen Rußland (Abb. 175, 176). Daß Traitteur als Badener mehrmals die Aufmerksamkeit und Patronage des Zaren und seiner Gattin Elizaveta Alekseevna, der vormaligen badischen Prinzessin Luise Maria Auguste, zuteil wurde und er sich zu recht als ein führender Vertreter der badischen Diaspora im damaligen St. Petersburg fühlte, könnte ihn bewogen haben, Reminiszenzen an die gemeinsame Herkunft in das Petersburger Stadtbild aufzuneh-

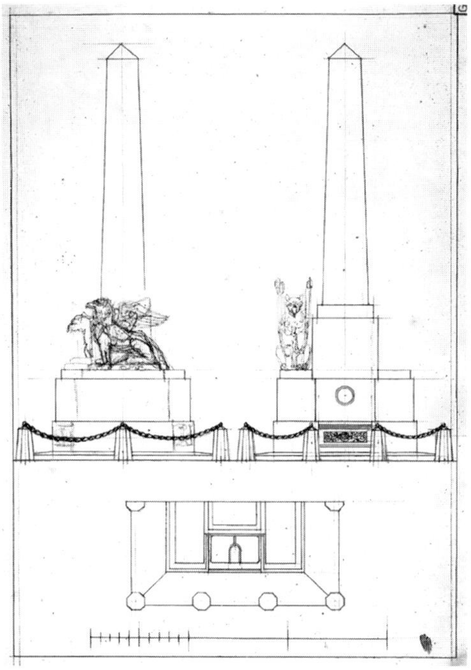

175, 176 Greifen als heraldisches Element in der badischen Residenzstadt Karlsruhe. Entwürfe von Friedrich Weinbrenner (Photographie 1996)

175 Obelisk auf dem Rondellplatz in Karlsruhe (Baden)
Links: Photographie 1996
Rechts: Entwurf 1823–1824, ausgeführt 1827 (GLA, G Karlsruhe/116)

176 Großherzog-Ludwig-Denkmal (Beckenumfassung mit Greifen) auf dem Marktplatz. Entwurf 1822, ausgeführt um 1824 (Photographie 1996)

men[333]. Dies könnte die Verwendung von Greifen an der Brücke beim Nevskij-Prospekt, der wichtigsten ›Regierungsstraße‹ der damaligen Zeit, erklären, von der aus die vergoldeten Silhouetten der heraldischen Tiere gut zu sehen waren. Geht man von dieser, durch den Schriftwechsel allerdings nicht zu belegenden Hypothese aus, könnte man die Greifen der Fußgängerbrücke als wichtigstes Monument der ›badisch-russischen Verbundenheit‹ zur Zeit Alexanders I. im Zentrum der russischen Hauptstadt betrachten (Abb. 177).

Traitteur verwendete bei den beiden typengleichen Fußgängerbrücken völlig unterschiedliche Gitter. Die Löwenbrücke erhielt ein zurückhaltenderes, recht konventionelles Gitter in Form von Andreaskreuzen, die über halbkreisförmige Bögen verbunden sind (Abb. 161). Die Geländer der freier und malerischer gestalteten Greifenbrücke sind dementsprechend – bezogen auf den Petersburger Brückenbau – nach neuer Mustervorlage entworfen: querrechteckige Abschnitte mit Palmetten und fächerartigen Halbrosetten, passend nicht nur zu den halbkreisförmigen Öffnungen im Gitter vor der Assignationsbank, sondern auch zum parabelartigen Verlauf der Tragketten (Abb. 162, 177). Diese offensichtliche Abkehr von der im Kreise des Corps der Verkehrswegeingenieure üblichen streng geometrischen klassizistischen Formensprache hin zu freieren Bildungen des Gitterdekors bezeichnet die Entstehung romantischer Tendenzen wie auch den Wunsch Traitteurs, seine neue Kettenbrücke als eine Art ›Gesamtkunstwerk‹ im Sinne der damaligen Auffassungen zur Baukunst zu errichten. Bei der Diskussion des Entwurfs stieß das neuartige Gitter bei den Mitgliedern des Rats für Verkehrswege auf Unverständnis: »... *Angesichts der Tatsache, daß Leichtigkeit in den Formen die wichtigste Eigenschaft von Hängebrücken ist, schlägt der Rat vor, das Gitter der Brücke mit Greifen umzuarbei-*

[333] Mit Beginn des 19. Jahrhunderts gewannen Greifendarstellungen als Motiv der Bauornamentik in Karlsruhe, der Residenzstadt des Großherzogtums Baden zunehmend an Beliebtheit, vor allem an Bauwerken des Leiters der badischen Bauverwaltung, Friedrich Weinbrenner, z. B.: Ettlinger Tor (Giebelrelief mit Greif auf der Stadtseite). Stukkateur Günther, 1803–1805 (Tor abgebrochen 1872); Ausstattung (Fries) des Treppenhauses im markgräflichen Palais am Rondellplatz, Stukkateur Günther, um 1810 (zerstört im Zweiten Weltkrieg. Friesfragmente im Südwestdeutschen Archiv für Architektur und Ingenieurbau, Universität Karlsruhe); Großherzog-Ludwig-Denkmal (Beckenumfassung mit Greifen) auf dem Marktplatz in Karlsruhe, Entwurf 1822, Beckenumfassung ausgeführt um 1824; Großherzog-Karl-Denkmal (Obelisk mit Greifen) auf dem Rondellplatz in Karlsruhe, Entwurf 1823–1824, Ausführung 1827 (*Denkmäler, Brunnen und Freiplastiken in Karlsruhe 1715–1945*, Karlsruhe, 1987, S. 146–151, 188–198). Spätere Beispiele der Hinwendung zu derartigen Motiven sind die gußeisernen Greifenfiguren (1837–1843) auf den Pfeilern des Mühlburger Tors von Architekt F. Th. Fischer. Seit 1967 stehen diese Greifen auf dem Tor der Orangerie des Botanischen Gartens und sind heute die auffälligsten Motive der badischen Heraldik in der Architektur Karlsruhes (Lehmann, F. *Friedrich Theodor Fischer 1803–1867. Architekt im Großherzogtum Baden*. Kunstgeschichtliche Dissertation, Heidelberg 1984, S. 82–83).

[334] RGIA, 206-1-578, Bl. 114.

[335] Ibid., Bl. 99v–102.

ten, damit es ebenfalls der vorgelegten Regel entspreche«[334]. Einer der Verfasser dieser Entschließung und Mitglied der Kommission für Entwürfe und Kostenvoranschläge, der Ingenieur Adam, hat später den Geländerentwurf Traitteurs wieder aufgegriffen, freilich erst 13 Jahre danach, in seinem Entwurf zur Sängerbrücke (Pevčeskij most) über die Mojka (Ausführung 1839–1849), als die Hinwendung zu ›romantischen‹ Formen bereits weit verbreitet war.

Beide Fußgängerbrücken wurden mit der im ursprünglichen Vorschlag Traitteurs vorgesehenen Beleuchtung ausgestattet. Eine Aufstellung der Laternen auf halber Spannweite stieß zunächst auf völliges Unverständnis seitens der Kommission für Entwürfe und Kostenvoranschläge, die der Ansicht war, eine derartige Anordnung ließe die Stufen des Brückenaufstiegs im Dunkeln, erschwere von der Konstruktion her die Anbringung und erhöhe das Gewicht des Brückendecks[335]. Traitteur wiederum argumentierte, auf den Kais gäbe es genügend Laternen zur Beleuchtung der Stufen. So seien für die Brücke selbst zwei Laternen in der Mitte ausreichend (Abb. 161, 164). Der Gedanke, die Beleuchtung in der Brückenmitte aufzustellen, sei zunächst vom Herzog von Württemberg für den Entwurf zur Postbrücke, jedoch erst nach dem Guß und der Befestigung der Laternen über den Auflagern, geäußert worden. Die gußeisernen Laternen erhöhten zwar das Gewicht des Brückendecks, vermin-

177 Die Greifenbrücke über den Katharinen-Kanal in ihrer städtischen Umgebung. Lithographie von Karl Beggrov, um 1828 (GMIL, I-A-2113-1)

178 Löwenbrücke im Berliner Tiergarten. Brückenentwurf L. F. Hesse, Löwenfiguren Ch. F. Tieck, 1836–1837 (Photographie K. Deutscher)

derten andererseits aber die Zulast, die im Überschwemmungsfall auf die Brücke aufzubringen sei. Die Laternenpfähle der beiden Fußgängerbrücken über den Katharinen-Kanal wurden schließlich zusammen mit einem Teil des Geländers gegossen und mit Eisenbügeln an den Querbalken des Decks befestigt. Letztendlich wurde die Löwenbrücke von zwei Laternen in Form von 8 Fuß 1 Zoll (2,46 m) hohen Gußstützen mit Glaslaternen in Form eines umgekehrten achtseitigen Pyramidenstumpfs, die auf halber Länge des Brückendecks aufgestellt waren, beleuchtet. Die Bankbrücke erhielt große Kugelleuchten über den Greifenköpfen (Abb. 169, 172).

Die architektonischen Motive der Petersburger Fußgängerbrücken, allen voran der Löwenbrücke, fanden im preußischen Brückenbau einen unerwarteten Widerhall[336]. Ende der 1830er Jahre entstand im südwestlichen Teil des Berliner Tiergartens eine kleine Hängebrücke für Fußgänger, die ebenfalls Löwenbrücke genannt wurde (Abb. 178). Die Doppelketten des einfeldrigen Übergangs mit einer Spannweite von 17,3 m waren im Schlund von vier gußeisernen Löwen befestigt, die auf niedrigen Granitsockeln saßen. Im Unterschied zu den Petersburger Brücken hatten diese Figuren wesentlich kleinere Abmessungen (Höhe 1,3 m, Länge an der Basis 1,7 m) und kein inneres Gerüst. Die Brücke wurde 1836 von dem Architekten Ludwig Ferdinand Hesse entworfen, die Löwen 1837 nach Modellen des Bildhauers Christian Friedrich Tieck gegossen[337]. Innerhalb eines Jahres war der Brückenbau abgeschlossen. Ungeachtet der Tatsache, daß Traitteur 1833 nach Deutschland zurückkehrte und zum Zeitpunkt der Planung der Berliner Tiergarten-Brücke bereits in Mannheim lebte, darf eine direkte Beteiligung an der Planung wohl kaum vermutet werden. Viel wahrscheinlicher ist die große Ähnlichkeit der Entwurfsidee der Berliner mit der Petersburger Brücke durch die 1831 erschienene Publikation Wiebekings vermittelt, die u. a. einen Schnitt durch die Figuren der Petersburger Löwenbrücke abbildet[338].

[336] Lorenz, Werner. *Konstruktion als Kunstwerk. Bauen mit Eisen in Berlin und Potsdam 1797–1850.* Berlin, 1995, S. 263, 137–138 (Taf. 20, 21).

[337] Maaz, Bernhard. *Tiergarten. Die Löwenbrücke.* In: Museums-Journal, Nr. 6, Oktober 1992, S. 40–41.

[338] Wiebeking, Carl Friedrich von. *Mémoire sur des ponts suspendus …*, Taf. 268.

Löwen- und Greifenbrücke als Baudenkmäler und Restaurierungsobjekte, 1930–1950

Im Laufe des 19. Jahrhunderts behielten die Brücken über den Katharinen-Kanal im wesentlichen ihre ursprüngliche Tragkonstruktion (Abb. 179), wohingegen ihr Holzbelag laufend repariert bzw. ersetzt wurde. Bei vorsorglichen Instandhaltungsmaßnahmen in der zweiten Hälfte des letzen Jahrhunderts büßten diese Bauwerke allerdings Schritt für Schritt ihren ursprünglichen Dekor ein. 1880 wurden die gußeisernen Originalgitter der Löwen- und Greifenbrücke (später Bankbrücke) gegen einfache Geländer ausgetauscht, letztere verlor dazu noch ihre Laternenpfähle (Abb. 169).

Die Brücken über den Katharinen-Kanal gehörten neben der Postbrücke zu den ersten Denkmälern Leningrads, die bereits 1935 unter staatlichen Schutz gestellt wurden. Dabei gingen sie in die Verwaltung ihres unmittelbaren Betreibers, der Straßen- und Brückenverwaltung (später LenMostTrest) der Leningrader Stadtverwaltung über. In den Jahren 1936–1937 wurden die Brükken erstmals nach ihrer Errichtung untersucht. Der Zustand der äußeren Teile der Bankbrücke, wie Ketten, Hänger, Belag und Pfeiler, wurde für befriedigend befunden. Die Greifen und die Ankerschächte wurden jedoch nicht durchgängig geöffnet. Bei den Hängern begann sich an den Befestigungsstellen der Träger Rost zu entwickeln, der zu einer Verringerung des tragenden Querschnitts führte. Bei einer Öffnung der Ankerschächte stellte man in einer Tiefe von 0,7 m auf der Ebene des Gehwegs eine starke Rostentwicklung fest.

Bei vergleichbaren Untersuchungen der Löwenbrücke trat ebenfalls eine starke Korrosion der Verankerungsketten in den Schächten zutage. Außerdem faulte der hölzerne Brückenbelag an den Kontaktstellen mit den Geländerabschnitte, wodurch das Geländer an Stabilität verlor und bei jeglicher Berührung zu schwanken begann. Äußere Schäden an Ketten- und Pylonkonstruktion wurden dabei jedoch nicht festgestellt.

Ende 1936 erfolgten an den Fußgängerbrücken statische Prüfungen durch Belastung mit Gußplatten. Dabei erreichten die Prüflasten maximal folgende Werte: über die gesamte Spannweite 125 kg/m^2, über die halbe Spannweite 250 kg/m^2 und über ein Viertel der Spannweite 400 kg/m^2. Ein Aufbringen größerer Lasten erschien aufgrund des unklaren Zustands der Tragkettenverankerungen als zu gefährlich. Im Ergebnis der Prüfungen und der Kontrollrechnungen für die Brücken befand das Brückenbüro des Leningrader Instituts für Eisenbahnverkehr (LIIŽT), daß eine Weiternutzung der Bank- und Löwenbrücke bei einer Belastung von höchstens 200 kg/m^2 und nach einer Reparatur

179 Modell der Löwenbrücke im Maßstab 1:56, Anfang 1830er Jahre. Photographie um 1900 (CMŽT)

der Geländer möglich sei. An Tagen mit größerem Andrang sollten die Brükken geschlossen werden, um eine unzulässige Belastung des Decks über die ganze Spannweite durch die Menge zu vermeiden.

Eine erneute technische Bestandsaufnahme der Bank- und Löwenbrücke erfolgte nach dem Zweiten Weltkrieg im Jahre 1946. Dabei stellte sich heraus, daß die Bankbrücke in einem zufriedenstellenden Zustand war und lediglich der üblichen Instandhaltung bzw. einer Erneuerung des Anstrichs bedurfte[339]. 1949 wurde im Rahmen des Plans zur Nachkriegssanierung in Leningrad beschlossen, die Bankbrücke zu restaurieren. Ein Jahr später erarbeiteten der Architekt A. L. Rotač und der Ingenieur P. P. Stepnov einen Entwurf zur Wiederherstellung der Brückenarchitektur und Instandsetzung der Greifenfiguren. Im Zuge der Restaurierung in den Jahren 1951–1952 wurden die schmiedeeisernen Geländer und Laternen in ihrer ursprünglichen Gestalt erneuert sowie die Greifen restauriert, d. h. fehlende Teile an Schwanz und Pfoten ersetzt, auf den Sockeln unter den Figuren Einlegeplatten angebracht, die Vergoldung und der Anstrich erneuert. Leider wurde dabei die ursprüngliche Stichhöhe der Fahrbahn, die ähnlich wie bei einem gespannten Bogen die Erscheinung der Brücke wesentlich geprägt hatte, nicht wiederhergestellt (Abb. 162, 181)[340].

Entsprechend den Anforderungen des Auftraggebers, des Leningrader Brückenbautrusts, sollte vor Aufnahme der Restaurierungsarbeiten das Tragwerk der Bankbrücke auf ihren Zustand hin überprüft werden. Eine derartige Untersuchung erfolgte jedoch erst 1954, nach Abschluß der Restaurierung. Zur Überprüfung der verdeckten Kettenabschnitte wurde der obere Teil des Gußsockels eines Greifen demontiert. Nach Entfernung der Schotterfüllung des Sockels konnte der 80 cm lange Kettenabschnitt oberhalb des Brückenbelags sowie der untere Teil des gußeisernen Gerüsts begutachtet weden. Die sichtbaren Abschnitte dieser Konstruktionselemente waren mit einer dicken Rostschicht belegt, jedoch wurden keine Anzeichen einer Verformung von Ketten und Pylonen festgestellt. Bei der Inspektion des Tragwerks zeigte sich, daß eine der beiden Tragketten stark durchhing, wobei die Differenz der Kettenmarken in der Brückenmitte 11 cm betrug.

1967 restaurierte die wissenschaftliche Werkstatt ›Restavrator‹ die gläsernen Kugelleuchten auf den Köpfen der Greifen, die umstrittensten Zutaten des ursprünglichen Traitteurschen Entwurfs (Abb. 180). Zuletzt wurden die Grei-

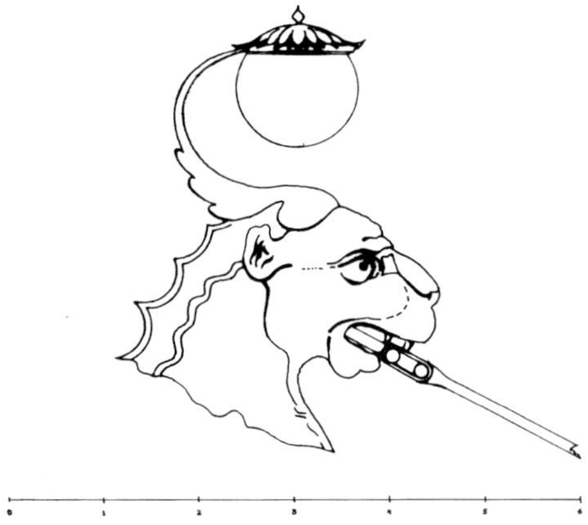

180 Greifenkopf und Laterne. 1825 (Umzeichnung nach RGIA, 1487-4-273, Bl. 1, Fragment, Maßstab in engl. Fuß)

181 Greifenbrücke (Bankbrücke) über den Katharinen-Kanal, 1825–1826 (Photographie 1993)

182 Löwenbrücke über den Katharinen-Kanal 1825–1826 (Photographie 1993)

fen und Gitter der Brücke 1976–1978 im Rahmen einer Generalüberholung restauriert. Die Figuren hatten inzwischen sichtbar gelitten: die Gußteile klafften stellenweise an ihren Fugen auseinander, die Flügel wiesen an ihren Befestigungen starke Rißbildungen auf, ein Teil eines Flügels war auf einer Fläche von 0,26 × 0,4 m abgeschlagen und die Vergoldung stellenweise beschädigt. Nach einer technischen Begutachtung der Befestigungskonstruktion der Figuren wurden Restaurierungsarbeiten aufgenommen, im Zuge derer die Nähte verlötet, die zu vergoldenden Partien ausgespachtelt und der Anstrich erneuert wurde (Abb. 181, 182).

Bei einer 1946 erfolgten Bestandsaufnahme der Löwenbrücke zeigte sich, daß die Konstruktionsteile, d. h. Auflager, Tragwerk, Trottoirs und Geländer, in einem befriedigenden Zustand waren[341]. Für eine Prüfung der Kettenverankerungen wäre ein Öffnen der Sockel erforderlich gewesen, von dem man aber Abstand nahm. Der Verschleiß der Fahrbahn wurde mit 70 % angegeben. 1948/1949 wurden die Holzbalkens des Decks durch 36 cm hohe Doppel-T-Träger ersetzt (Entwurf von Ing. A. M. Janovskij). Um den Trägern eine bogenartige Überhöhung zu geben, wurden sie aus je fünf auf Stoß verschweißten Segmenten zusammengesetzt. Die von den Autoren des Entwurfs dieser Rekonstruktion vorgegebene Stichhöhe des Brückendecks von nur 36 cm verfälschte denn aber doch wesentlich das ursprüngliche ›elastische‹ Längsprofil des Bauwerks (Abb. 179, 182).

Im Zusammenhang mit der Stadtsanierung nach dem Krieg wurde 1951 beschlossen, die architektonische Gestalt der Löwenbrücke wiederherzustellen. Der zur selben Zeit erstellte Restaurierungsplan wurde 1954 umgesetzt (Architekt A. L. Rotač). Dabei erhielt die Löwenbrücke Repliken der ursprünglichen Laternenpfähle und des Gitters, die Gußfiguren einen weißen Anstrich, der dem Originalanstrich entsprechen sollte. Die Tragkonstruktion des Decks wurde in der veränderten Form der vorangegangenen Instandsetzung belassen.

[339] Die in diesem Abschnitt der Arbeit verwendeten Schriftstücke zur Bankbrücke werden teilweise im Archiv des Leningrader Brückenbautrusts (LMT) verwahrt (Mappe 31, Schriftstücke von 1880–1908, 1935, 1937, 1946, 1950, 1954, 1976).

[340] Diese grazile Wirkung, die der Erscheinung der Brücke auf einer originalen Entwurfsskizze (RGIA, 1487-4-274, Bl. 2) entspricht, war wohl schon bei einer der vorangegangenen Reparaturen des Tragwerks verlorengegangen.

[341] Die hier herangezogenen Schriftstücke zur Löwenbrücke befinden sich z. T. im Archiv des Leningrader Brückenbautrusts (LMT, Mappe 46, Schriftstücke von 1880, 1935, 1937, 1946, 1948–1950, 1953–1954).

Nicht realisierte Entwürfe Traitteurs

Ohne die Betrachtung einiger unverwirklichter Entwürfe bliebe die Vorstellung der Arbeiten Traitteurs im Bereich der Kettenbrücken unvollständig. Derzeit sind uns zwei solcher Arbeiten bekannt, die für Brücken mit großer Spannweite gedacht waren und zur gleichen Zeit entworfen wurden wie die Petersburger Brücken. Diese Entwürfe erweitern unsere Kenntnisse über das Spektrum der Tätigkeit des badischen Ingenieurs wesentlich und belegen ein weiteres Mal den Austausch neuer technischer Ideen zwischen Westeuropa und Rußland. Insbesondere zeigen sie als eine Richtung dieses wechselseitigen Prozesses in den 1820er Jahren den Transfer neuer technischer Erfahrungen aus dem Kreis des Petersburger Corps der Verkehrswegeingenieure nach Südwestdeutschland.

Entwurf einer Kettenbrücke über den Neckar bei Mannheim, 1823–1824

Zeitgleich zum Bau der Panteleimon-Brücke in den Jahren 1823–1824 erstellte Traitteur im Auftrag seiner Heimatstadt Mannheim den Entwurf zu einer Kettenbrücke über den Neckar. Dieser Entwurf, der unverwirklicht blieb und heute lediglich über indirekte Beschreibungen bekannt ist, ist ein eindrücklicher Beleg der engen Kontakte, die der badische Baumeister zu seiner Heimat pflegte[342]. Die wahrscheinlich im Stadtarchiv Mannheim verwahrten Schriftstücke und Entwurfszeichnungen dürften mit allen anderen Beständen Ende des Zweiten Weltkriegs verbrannt sein[343].

Die behelfsmäßige Pontonbrücke, die die Breite Straße als Hauptachse der ›idealen‹ Planung Mannheims mit der Umgebung verband, wurde bereits lange zuvor für dringend erneuerungsbedürftig gehalten und hatte schon zu zahlreichen Vorschlägen zur Errichtung einer dauerhaften Brücke geführt. Der erste Entwurf einer ortsfesten Brücke auf Steinpfeilern stammte von dem Ingenieur Jevigny aus dem Jahre 1756 und ging auf eine Anweisung des Kurfürsten Carl Theodor zurück. Dem militärischen Denken der napoleonischen Zeit entsprangen weitere neue Vorschläge. So wurde 1809 im Auftrag des Stadtamts der Entwurf zu einer neuen Steinbrücke auf der Achse des Neckartors erstellt, den möglicherweise der französische Ingenieur und Architekt J.-F. Eustache verfaßt hat. In den Jahren 1811 und 1812 legte der bayerische Generaldirektor des Brücken- und Straßenbaus, Carl Friedrich von Wiebeking, seine Variante zu einer Holzbrücke (Modell und Entwurf) über den Neckar zu ca. 45.000 Florin Kosten vor, *»welche jetzt unter allen von demselben ausgeführten Brücken in Rücksicht der Weite und ganzen Konstruktion eines seiner größten Werke würde geworden sein«*[344].

1823 ersuchte das Stadtamt den »in russischen Diensten tätigen ältesten Sohn des Hofbibliothekars Carl Theodor von Traitteur«, der in seiner Heimat bereits als »hervorragender Ingenieur« bekannt war, seine Ansicht darüber zu äußern, ob in Mannheim der Bau einer Kettenbrücke sinnvoll sei, und einen entsprechenden Entwurf zu erstellen. In seiner Antwort aus St. Petersburg unterstützte Traitteur eine derartige technische Lösung und wies auf die elegante und grazile Erscheinung der Hängebrücken hin, ihre einfache Montage und ihren günstigeren Preis im Vergleich zu Bogenbrücken aus Stein (1:4) und aus Gußeisen (1:3). Im September 1824 sandte er aus St. Petersburg Werkpläne zu einer Kettenbrücke über den Neckar nach Mannheim. Das insgesamt 900 Fuß (283 m) lange Bauwerk sollte aus drei Teilen bestehen: aus der eigentlichen, ca. 500 Fuß (157 m) langen Brücke und zwei darauf zulaufenden gemau-

[342] Die derzeit wichtigste Informationsquelle über diesen Entwurf sind die Arbeiten des Mannheimer Historikers Friedrich Walter: *Geschichte Mannheims vom Übergang an Baden (1802) bis zur Gründung des Reiches*. Mannheim. Verlag der Stadtgemeinde. 1907. S. 299–231 (4. Die Kettenbrücke), und *Brückenbau in zwei Jahrhunderten*. In: Städtisches Tiefbauamt Mannheim (Hrsg.). Kurpfalzbrücke Mannheim 1948–1950. Mannheim, 1950, S. 13–38. Vgl. auch: Huth, Hans (Hrsg.). *Die Kunstdenkmäler des Stadtkreises Mannheim*. Bd. 1. 1982, S. 833.

[343] In den Anmerkungen zu seiner Monographie schreibt Walter (S. 672): »W. v. Traitteurs Schreiben und Gutachten von 1823/1824 besitzt Frau Anna v. Traitteur in München ...«. Der im Rahmen dieser Arbeit unternommene Versuch, das Archiv Anna von Traitteurs bzw. ihrer Nachkommen in München ausfindig zu machen, ergab, daß ihr Haus und das darin befindliche Archiv im Zweiten Weltkrieg zerstört wurden.

[344] Walter, Friedrich. *Geschichte Mannheims ...*, S. 229.

erten Viadukten mit je 200 Fuß Länge. Der mittlere Brückenkörper sollte von zwei Ketten mit je 32 einzelnen Gliedern getragen werden. Der Brückenkörper sollte aus 270 Gußträgern bestehen, die in einem Abstand von 5 Fuß 6 Zoll (1,73 m) angeordnet waren. Die Fahrbahn sei mit zwei Schichten Dielen jeweils längs zu belegen. In den Erläuterungen zu seinem Entwurf bemerkt Traitteur: *»... Eine Erfahrung von zehn Jahren hat mir bewiesen, daß diese Maßregel die ökonomischste ist, indem dabei nur diejenigen Dielen zu erneuern sind, welche von den Rädern berührt werden, wenn sie nämlich abgenützt sind, während dies nicht der Fall ist, wenn dieselben in der Quere gelegt sind, in welchem Fall alsdann das Brett auf beiden Enden noch unversehrt bleibt, während seine Mitte von dem Fahren gänzlich abgenützt ist«*[345]. Die Breite des Bauwerks, d. h. der Abstand zwischen den Kettenachsen, sollte 26 Fuß (8,2 m) betragen, wovon 18 Fuß für die Fahrbahn und je 4 Fuß für die Gehwege vorgesehen waren.

Über die Architektur des Bauwerks gibt eine Beschreibung des Autors Auskunft, die jedoch ebenfalls nicht erhalten blieb und leider nur in Auszügen in einer späteren Publikation zitiert wird: *»Die beiden Hauptketten werden durch zwei Portiques im indischen Stile getragen, welcher für diese Art von Bauten der passendste ist. Das System der Brücke erheischet, daß die Trottoirs in der Nähe der Portiques von außen herum geführet werden, damit der Fahrweg am wenigsten eingeengt werde ...«*[346]. Diese Ausführungen zeigen, daß Traitteur in seinem Entwurf für Mannheim die jungen Traditionen der europäischen Eisenarchitektur aufnehmen und weiterentwickeln wollte: die gesamte Bauplastik der Brücke sowie die an den Brückenauffahrten aufzustellenden vier »kolossalen Sphinxe« sollten aus Gußeisen gefertigt werden. In den Sphinxfiguren erkannte der einzige Erforscher dieses Entwurfs, Friedrich Walter, die für die Architektur der badischen Residenz Karlsruhe in den 1820er Jahren typischen ›Weinbrennermotive‹[347].

Ein Vergleich der verfügbaren Informationen zum Entwurf der Mannheimer Kettenbrücke mit den Petersburger Arbeiten Traitteurs bestätigt seine umfassende Suche nach neuen tektonischen Lösungen bei Hängekonstruktionen. In den Jahren 1823–1826 entwarf der badische Ingenieur drei Varianten gußeiserner Kettenbrücken für den Straßenverkehr mit unterschiedlichen Konstruktionssystemen, die aus fünf (Panteleimon-Brücke), drei (Ägyptische Brücke) bzw. zwei (Mannheimer Brücke) Tragketten bestanden. Jeder dieser Entwürfe erhielt eine unverwechselbare Architektur, der Traitteur die noch ungewohnte Formensprache der Frühromantik zugrundelegte und deren Adaptation unterschiedlicher ›Neostile‹, des ›gotischen‹, ›ägyptischen‹ und ›indischen‹ auf die Tektonik der Brückenpylone anwandte.

Eine Umsetzung des Traitteurschen Brückenentwurfs für Mannheim, der sich auf 450.000 fl. belaufen hätte (nach Aussage späterer Publikationen wurde dieser Betrag fälschlicherweise zu hoch angesetzt), war für die Stadt aus finanziellen wie technischen Erwägungen unrealistisch, so daß das Stadtamt bereits 1825 die Suche nach einer einfacheren Lösung wiederaufnahm. Als Traitteur 1835 kurz nach seiner Rückkehr nach Baden an den Diskussionen über die Entwürfe für neue Docks und den Mannheimer Hafen teilnahm, versuchte er erneut, die Vorzüge seines früheren Kettenbrückenentwurfs ins Feld zu führen. Die städtischen Behörden entschieden sich diesmal jedoch zugunsten eines Vorschlags aus der Wasser- und Straßenbauverwaltung in Karlsruhe[348]. Unter den unterschiedlichen Konstruktionsvarianten zum Bau einer ortsfesten Neckar-Brücke in Mannheim bleibt der Traitteursche Vorschlag der erste Entwurf einer Kettenbrücke, was auch insgesamt für den Südwesten Deutschlands gilt. Bemerkenswert ist außerdem, daß der 1824 verfaßte Entwurf Traitteurs in vielerlei Hinsicht die Konstruktion der 1840–1845 in Mannheim schließlich realisierten ortsfesten Kettenbrücke (Ingenieure G. D. Wendelstadt, G. Lüttich)[349] vorwegnahm.

[345] Ibid., S. 230.

[346] Ibid., S. 230.

[347] »Als Weinbrennermotive des fremdartig orientalische Wirkung anstrebenden Oberbaus waren an den Eingängen vier kolossale klassizistische Gußeisen-Sphinxe angeordnet« (Walter, Friedrich. *Brückenbau in zwei Jahrhunderten ...*, S. 19). Der Verfasser bezieht sich wahrscheinlich auf die Granitfiguren der Sphingen beim Gartenhaus des Markgräflichen Palais in Karlsruhe (1801–1803, Friedrich Weinbrenner), die sich heute im Botanischen Garten ebendort befinden.

[348] Walter, Friedrich. *Geschichte Mannheims ...*, S. 231.

[349] Walter, Friedrich. *Brückenbau in zwei Jahrhunderten ...*, S. 20–37.

183 Entwurf Traitteurs für eine unterspannte Brücke über die Luga bei Jamburg, wahrscheinlich um 1825 (*Annuaire du corps des ingenieurs des voies de communication*, 1830, S. 208–209)

Entwurf einer unterspannten Brücke über die Luga bei Jamburg, 1825

Der einzige Entwurf, bei dem Traitteur bewußt von dem für die frühen Hängebrücken üblichen Konstruktion mit an Pylonen aufgehängten Ketten als Fahrbahntragwerk abrückte und sich einem für die russische Praxis neuen Zweigurtsystem mit ›linsenförmigen Trägern‹ zuwandte, ist der Entwurf zu einer Brücke über die Luga bei Jamburg (Abb. 183)[350]. An der Erstellung von Entwürfen für diese im mittleren Abschnitt der Straße zwischen St. Petersburg und Riga gelegene Brücke wirkten einige führende Ingenieure des Petersburger Corps der Verkehrswegeingenieure mit. Die Entwurfsgeschichte dieses Bauwerks kann als Beispiel eines ersten inoffiziellen Wettbewerbs für die Errichtung einer weitgespannten Kettenbrücke in Rußland angesehen werden.

Aus den Protokollen der unter Traitteurs Vorsitz abgehaltenen Sitzungen der Kommission für Entwürfe und Kostenvoranschläge geht hervor, daß dort bereits im Sommer 1823 der Bau von Kettenbrücken in Narva und Jamburg auf der Tagesordnung stand[351]. Entwurfsgrundlage waren die von Ingenieur-Major K. A. Bul'merink (Bulmerincq) zusammengestellten Materialien einer geodätischen Aufnahme der Uferprofile an den Brückenstandorten über die Flüsse Luga und Narva. Nach Ansicht eines Sitzungsteilnehmers, Oberst Janiš, bot die topographische Situation an der Luga, die durch Steilufer, einen Hochwasserstand von 20 Fuß (6,1 m) und einen starken Eisgang im Frühjahr geprägt war, ideale Voraussetzungen für die Errichtung einer Kettenbrücke. Den Sitzungsakten zufolge wurde Oberst Janiš im Sommer 1823 mit der Erstellung einer ersten Entwurfsskizze zu einer Kettenbrücke in Jamburg beauftragt. Den anderen Entwurf zu einer Brücke mit gußeisernen Pylonen über den Fluß Narva (Spannweite ca. 450 Fuß, 138 m) erstellte Bul'merink selbst. Die Projekte zur *»... Einrichtung einer Brücke an Ketten an der Narva in Anlehnung an die in England am Flusse Tweed errichtete«* wurden jedoch durch

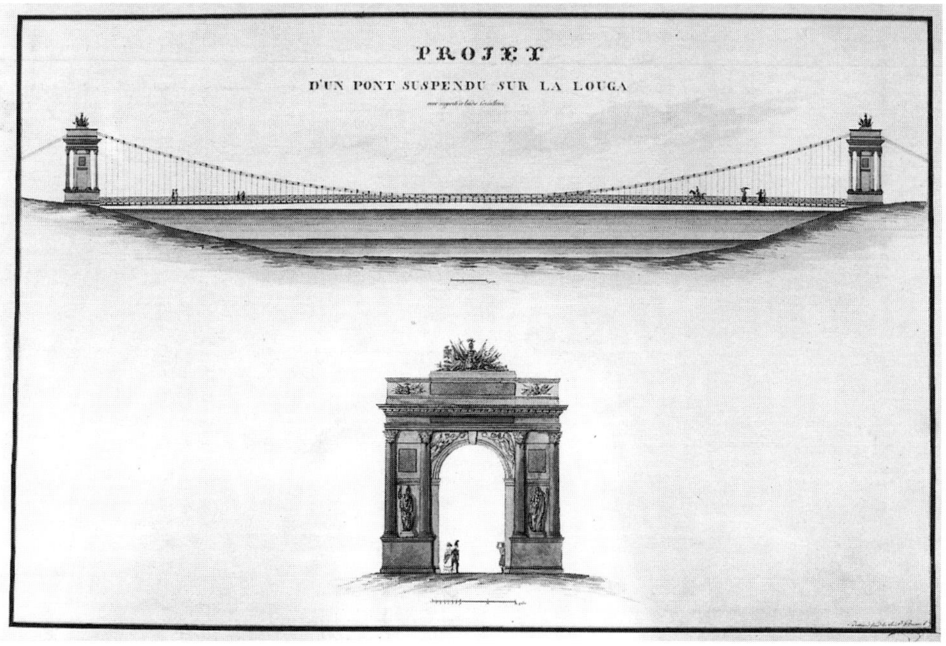

184 Entwurf von G. Lamé für eine Kettenbrücke über die Luga bei Jamburg, um 1825 (NTB PGUPS, Nr. 165724)

einen Beschluß zugunsten einer fünffeldrigen Holzbrücke (1823–1829) eingestellt, die in konstruktiver Hinsicht den Holzbogenbrücken Traitteurs an der Moskauer Chaussée gleichkam.

Ende August 1824 betraute die Kommission für Entwürfe und Kostenvoranschläge den Ingenieur Gabriel Lamé mit der Erstellung desEntwurfs für Jamburg. Dieser von ihm unter Mitwirkung von Leutnant Brun verfaßte ›Projet d'un pont suspendu à construire sur la Louga à Jambourg‹ wurde im März 1825 fertiggestellt[352]. Die vorgeschlagene Konstruktion der Brücke entsprach der des Entwurfs zur ›ägyptischen‹ Kettenbrücke über die Neva von Bazaine (Mitarbeit von Lamé und Clapeyron, 1825). Der einfeldrige Bau mit ca. 150 m Spannweite wurde von zwei Kettenreihen getragen, die durch Rollenauflager beweglich über torartige Portale geführt wurden, deren Architekturgliederung dem Narva-Triumphbogen in St. Petersburg an der Stadteinfahrt der Straße von Riga entspricht (Abb. 184). Im Frühjahr 1826 wurde der Entwurf Lamés vom Rat für Verkehrswege geprüft und vom Herzog von Württemberg zum Bau empfohlen. Diese Empfehlung blieb jedoch unbefolgt[353].

Im Dezember 1824 wurde Traitteur mit der Erstellung eines Alternativentwurfs zu einer Brücke über die Luga in Jamburg beauftragt, der höchstwahrscheinlich bereits Anfang 1825 abgeschlossen wurde[354]. Aufgrund des Steilufers am Ort des Brückenübergangs (24,4 m) und des beträchtlichen Hochwasserspiegels hielt er am gegebenen Standort die Suche *»d'un système beaucoup plus perfectionné que celui généralement en usage«* für erforderlich. Der von Traitteur vorgelegte Entwurf[355] unterschied sich grundlegend von den Entwürfen seiner Petersburger Kettenbrücken und war als Weiterentwicklung des aus westeuropäischen Erfahrungen bekannten schubfreien Zweigurtsystems (›fischbauchartige‹ oder ›linsenförmige‹ Träger) gedacht[356]. Die Fahrbahn sollte am Obergurt entlanggeführt werden, der in Form eines flachen Bogens mit 450 Fuß (137 m) Spannweite geplant war (Abb. 183). Verkehrs- und Dauerlasten wurden über Längsstützen an die Untergurte, Tragketten mit größerer Gegenkrümmung, abgeleitet. Brückenfahrbahn und Tragkette liefen an den Widerlagern zusammen, wodurch bei der Konstruktion auf die üblichen Portale verzichtet werden konnte. Durch eine Anordnung im Inneren der Auflager konnten die Verbin-

[350] Seit 1922: Kingisepp (Gebiet Leningrad)

[351] RGIA, 208-1-42 ›Journale der Kommission für Projekte und Kostenvoranschläge des Amts für Verkehrswege, 1823‹, Bl. 1–5v, 496.

[352] Der Entwurf, bestehend aus einem Album mit sieben Blatt Zeichnungen, wird in der Wissenschaftlich-technischen Bibliothek der Staatlichen Petersburger Universität für Verkehrswege verwahrt (Nr. 165724 ›Projet d'un pont suspendu à construire sur la Louga à Jambourg‹).

[353] RGIA, 206-2-96 ›Über den Bau einer Kettenbrücke in der Stadt Jamburg. Dezember 1824 – Juni 1826‹, Bl. 8, 31, 33, 44.

[354] Zum letzten Mal erwähnt wird der Entwurf am 17. März 1825: »... was die Pläne zu einer Brücke an Ketten in Jamburg über die Luga betrifft, so ist Oberst Traitteur vorzuschreiben, sich mit der Erstellung des Entwurfs zu diesem Bauwerk zu beeilen« (RGIA, 206-2-96, Bl. 1, 33).

[355] Eine genaue Datierung des Traitteurschen Entwurfs geht aus den Archivquellen nicht hervor, Entwurfszeichnungen sind nicht erhalten. Wesentliche Informationsquelle über diese Arbeit ist daher der Artikel: Traitteur. *Pont en chaînes projeté sur la Louga à Jambourg*. Annuaire du corps des ingenieurs des voies de communication. Jg. 1, 1830, St. Petersburg, S. 209–214 (mit Abb.).

[356] James, John G. *The Evolution of Iron Bridge Trusses to 1850*. In: Transactions of the Newcomen Society, Bd. 52, London, 1980–1981, S. 67–101; ders. *The evolution of iron bridge trusses to 1850*. In: Sutherland, R. J. M. (Hrsg.) *Structural Iron, 1750–1850* (*Studies in the History of Civil Engineering*, Bd. 9), Aldershot–Brookfield–Singapore–Sydney, 1997, S. 91–101.

185 Unterspannte Brücke bei Fribourg/Schweiz, G.-H. Dufour, 1826. Ursprüngliche Spannweiten je 121 m (Elton. *Suspension Bridges* …, S. 10, Abb. 16)

dungsteile zwischen (unterer) ›Tragkette‹ und (oberer) ›Stabilisierungskette‹ vor Korrosion geschützt werden. Eine derartige Lage der Tragkette unterhalb der Fahrbahn sollte den Betrieb und Reparaturen des Längsstützensystems erleichtern. Um eine räumlichen Aussteifung der Fahrbahnkonstruktion zu erzielen, waren auf den Ketten des Obergurts in Querrichtung gußeiserne Profile angebracht, an denen die Dielen der Fahrbahn befestigt waren. Die recht ausführliche Beschreibung der Konstruktion durch den Autor gibt Aufschluß über alle technischen Besonderheiten des Vorhabens[357]: »… *Ce système présente sur les ponts ordinaires de nombreux avantages que nous allons détailler ci-après.*

1. *Les chaînes étant placées à côté les unes des autres et à de petites distances, la charge totale se trouve repartie avec une égalité, qu'on n'obtient jamais dans le système ordinaire, où les chaînes doivent être placées les unes au-dessus des autres, pour ne pas embarrasser le passage des voitures.*
2. *Les secousses, avant d'arriver aux polygones caténaires, se communiquent d'abord à tout le corps de la charpente, et la violence du choc se trouve amortie par la force des assemblages; cette disposition ajoute prodigieusement à la stabilité de l'ouvrage, parce qu'elle tend à prévenir les oscillations accidentielles, qui se manifestent quelquefois dans les jetées ordinaires.*
3. *Ce systême n'a pas besoin de portiques; ce qui diminue non seulement considérablement les frais de construction, mais encore ceux de son entretien.*
4. *Si les chaînes étaient disposées de la manière ordinaire, c'est-à-dire appuyées sur des supports et retenues par des chaînes équilibrantes fixées en terre, la grandeur de l'ouverture, qui est de 450 pieds, exigerait de donner à ces supports une hauteur proportionnée, très considérable. Il serait difficile alors d'examiner les chaînes avec autant d'exactitude que l'exige ce genre de construction; tandis que la disposition adoptée pour le pont en question rend cet examen très facile en tout temps, parce que les chaînes étant placées à côté les unes des autres et à de petites distances, l'ensemble du système caténaire forme une espèce de galerie suspendue, où les ouvriers peuvent marcher avec assurance et examiner le systême avec facilité dans tous ses détails.*
5. *Les chariots, qui servent à lier les chaînes de support avec les chaînes équilibrantes, seront placés dans l'intérieur des culées en granit. Or le massif de ces ouvrages est incontestablement plus solide que celui des supports ordinaires, de sorte que le point d'appui se trouvera établi d'une manière beaucoup plus stable que les ponts en chaînes ordinaires.*

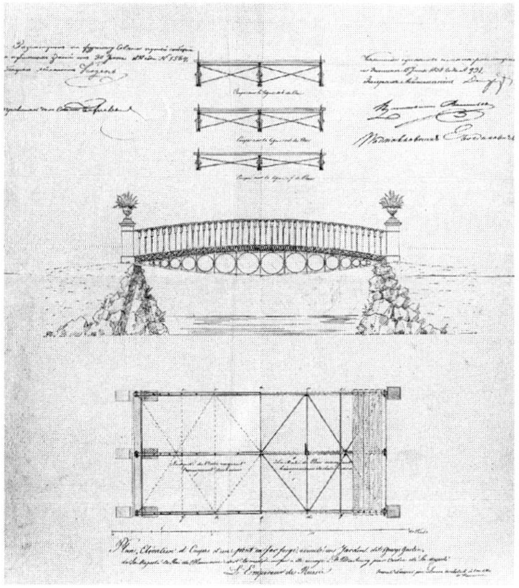

186 Entwurf einer eisenen Brücke für den Georgengarten in Hannover. Spannweite 7,3 m. G. L. F. Laves, vor 1837 (NTB PGUPS, Nr. 11146)

6. *Pour ajouter à la solidité de l'ouvrage, les petites travées, qui portent le corps du plancher, se trouvent encastrées dans des boites en fer de fonte, qui posent immédiatement sur les chaînes, disposition qui lie non seulement admirablement la charpente au système caténaire, mais encore ellles représentent la différence du poids des différentes travées en charpente qui diminuent vers les extrémités des chaînes. Cette petite augmentation de charge, loin d'être nuisible, ajoute à sa solidité, car il est de fait que la stabilité d'un pont en chaînes augmente en raison directe du poids permanent qu'il supporte«.*

Nach Aussage Traitteurs wurde der Entwurf vom Generalverwalter des Amts für Verkehrswege vorab gebilligt[358]. Das Projekt stieß jedoch auch auf eine Reihe von Bedenken, die vermutlich zu dessen Scheitern beigetragen haben. Die Druckstützen sollten auf halber Spannweite über 11 Meter hoch sein, was zu einer entsprechenden Vergrößerung ihres Durchmessers und Gewichts und somit zu einer beträchtlichen Zusatzbelastung der Tragkette führte. Außerdem behinderte der Durchhang dieser Kette die Schiffahrt, insbesondere bei höherem Wasserstand. Die Verbindung von oberer und unterer Kette des Zweigurtsystems im Auflagerbereich bei einer Spannweite von über 100 Metern war in der Baupraxis noch ohne Beispiel. Eine Einschätzung aus neuerer Zeit weist auf den mehr theoretischen Charakter der Konstruktionsidee des ›Fischbauchträgers‹ und dessen unbefriedigende Erscheinung hin: *»... For static structures such as bridges the advantages of the double curve are debatable and the lenticular bridge truss appeal more to continental theorists by its intellectually-satisfying balance of forces than to the practical British who, after some early trials, tended to dismiss it as unnecessarily complicated and visually awful«*[359]. All diese Umstände ordnen auch den Traitteurschen Entwurf offensichtlich in die Reihe der nicht realisierbaren technischen Projekte seiner Zeit ein.

Der Entwurf für Jamburg kann gleichwohl als bemerkenswertes Beispiel der frühen ›Eisenbrückenarchitektur‹ gelten, auch wenn die traditionell gestaltprägenden, oft auch umstrittenen Portale fehlen. In dieser Arbeit entwickelte Traitteur den sparsamen Formenkanon seiner ›klassizistischen‹ Kettenbrücken, allen voran der Postbrücke, weiter. Die geböschten Granitpfeiler als Bestandteil der meisten Ingenieur- und Wasserbauwerke des beginnenden 19. Jahrhunderts werden hier mit der noch ungewohnten Bauform einer gigantischen ›fischbauchartigen‹ Hängekonstruktion kombiniert, die in der Gesamterscheinung eine dominierende Rolle spielt. Die einzige Schmuckform, die den Entwurf in den zeitlichen Kontext der frühen Romantik einordnet, ist die kontinuierliche Abfolge von Spitzbögen zwischen den Druckstützen der Konstruktion. Diese ›gotische‹ Arkade erfüllt in diesem Entwurf nicht nur ornamentale, sondern auch statische Funktionen: sie halbiert die freie Länge der Druckstützen und stützt die Fahrbahn zwischen ihnen.

Der Entwurf zu einer Brücke über die Luga kann ebenfalls als weiterer Schritt des von Traitteur 1823 begonnenen Programms einer Adaptation der westeuropäischen Brückenbauerfahrungen an die russischen Bedingungen betrachtet werden (Abb. 185, 186). In dieser Arbeit griff er ganz offensichtlich auf die Brückenentwürfe mit Tragseilverstärkung zurück, die der Feder der in England tätigen Ingenieure Marc Isambard Brunel (Entwurf zu einer ortsfesten Brücke über die Neva in St. Petersburg, 1819/1820, Brücken auf Réunion, 1822/1823), Robert Stevenson (Entwurf zu einer Brücke in Cramond bei Edinburgh, 1821) und George Stephenson (dreifeldrige Eisenbahnbrücke in West Auckland bei Darlington/Durham, 1822/1823) entstammten[360]. Daß diese Bauwerke den Mitgliedern des Corps der Verkehrswegeingenieure bekannt waren, belegen u. a. Schriftstücke zu Diskussionen im Zusammenhang mit dem Entwurf der Fußgängerbrücken über den Katharinen-Kanal[361].

[357] Traitteur. *Pont en chaînes projeté sur la Louga à Jambourg ...*, S. 213–214.

[358] »Monseigneur le Dirigeant en Chef, après avoir mûrement pesé toutes ces considerations, a approuvé préalablement le projet, dont on a joint ici une vue perspective« (Traitteur. *Pont en chaînes projeté sur la Louga à Jambourg ...*, S. 212).

[359] James, John G. *The Evolution of Iron Bridge Trusses ...*, S. 11.

[360] Die Entwürfe zu den Brücken mit Tragseilverstärkung von R. Stevenson (1821) sowie den Brücken von Brunel auf Réunion wurden veröffentlicht in: C.-L.-M.-H. Navier. *Rapport à Monsieur Becquey ... et mémoire sur les pont suspedus*, 1823, Taf. 1 Abb. 9; Taf. 7 Abb. 4.

[361] RGIA, 206-1-578, Bl. 52–56, 68–81, 98–113; RGIA, 208-1-46, Bl. 323–332, 743–772v (ausführlicher oben S. 199 ff.).

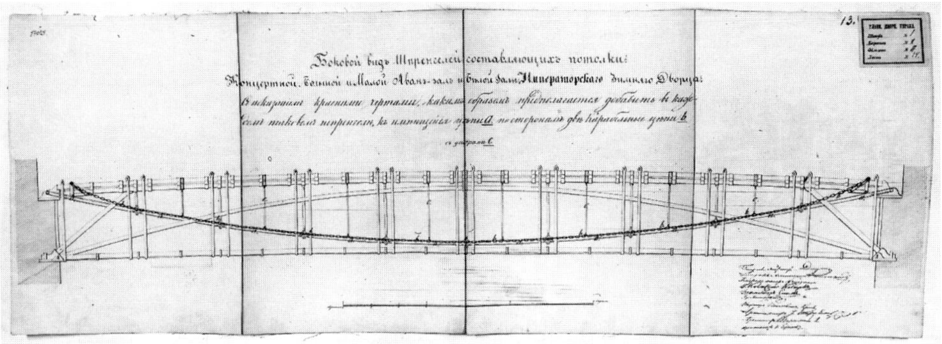

187 ›Musterentwurf‹ eines schubfreien Deckenbinders für die großen Säle des Winterpalais in St. Petersburg. Spannweite 20,5 m, auf der Grundlage eines Entwurfs von Matthew Clark, 1838 (Archiv der Staatlichen Eremitage)

188 Modell des unterspannten Deckentragwerks (›Sprengwerk‹) für den Georgssaal des Winterpalais in St. Petersburg. Spannweite 21,3 m, Matthew Clark, 1841 (CMŽT, Photographie 1986)

Das von Traitteur im Entwurf zur Brücke in Jamburg vorgelegte Zweigurtsystem gehört zu den ersten Projekten für ›Fischbauchträger‹ in Europa. Unter den vergleichbaren zeitgenössischen Projekten ist vor allem Dufours Brückenentwurf für Fribourg hervorzuheben. Im Rahmen eines Wettbewerbes hatte dieser um 1826 ein zweifeldriges unterspanntes System mit einem Mittelpfeiler vorgeschlagen. Nach einer Begutachtung durch Navier wurde der Entwurf verändert und nahm nun die Gestalt einer ›mehrbogigen‹ unterspannten Eisenkonstruktion an (2 × 121 m, Abb. 185)[362].

In den späten 1820er und vor allem in den 1830er Jahren wurden diese neuartigen ›schubfreien‹ Tragwerke in zahlreichen Experimenten und Erfindungen hölzerner wie auch eiserner Tragsysteme von Prosper Debia (1829), Ludwig Friedrich Wolfram (1832) und dem Hannoveraner Baumeister Georg Ludwig Friedrich Laves (1835–1845) weiterentwickelt[363]. Die Verbreitung derartiger Systeme in Rußland förderten außer den Arbeiten Traitteurs zwei von Hannover nach St. Petersburg 1838 übersandte Hängebrückenentwürfe von Laves (Abb. 186)[364]. In den Jahren 1838–1842 kamen schubfreie Deckenträger aus Eisen mit zwei Gurten und Spannweiten von bis zu 22 Metern als bevorzugte Konstruktionsvariante für nicht brennbare Zwischendecken in den nach dem Brand von 1837 wiederaufgebauten Räumen des Kaiserlichen Winterpalasts zum Einsatz (Matthew Clark, 1837–1842; Abb. 187, 188)[365].

[362] Elton, Julia (Hrsg.) *Suspension Bridges, their history and development with some related works.* Catalogue Number 4. London, 1989, S. 10, Abb. 16.

[363] Hammer-Schenk, Harold; Kokkelink, Günther (Hrsg.). *Laves und Hannover. Niedersächsische Architektur im neunzehnten Jahrhundert.* Hannover, 1986, S. 523–547.

[364] Die Originale der Zeichnungen befinden sich in der Sammlung der Wissenschaftlich-technischen Bibliothek der Staatlichen Petersburger Universität für Verkehrswege (Nr. 11146).

[365] Fedorov, Sergej. *Sprengwerkdächer des Winterpalasts in St. Petersburg: 1838–1842 (Zugbeanspruchte Metalllkonstruktionen in der europäischen ingenieurtechnischen Praxis des 19. Jahrhunderts).* In: Vom Holz zum Eisen. Mitteilungen SFB 230, Bd. 5. Stuttgart, 1991, S. 57–96.

Architektur- und Ingenieurarbeiten: von Einzelbauwerken zu städtischen Ensembles, 1825–1832

Entwürfe zum Hochwasserschutz

Wie breit das Spektrum der technischen Aufgabenstellungen war, mit denen Traitteur und die anderen Mitglieder des Corps der Verkehrswegeingenieure konfrontiert waren, zeigen einige Entwürfe zur Entwicklung von Hochwasserschutzmaßnahmen. Das offenkundige Interesse des badischen Ingenieurs an Problemen des Wasserbaus ging unmittelbar auf seine bereits in der Heimat gesammelten beruflichen Erfahrungen zurück, in erster Linie auf Kenntnisse über Planungen zur Rheinkorrektion (Abb. 189). Dies zeigen insbesondere die Kommentare zu seiner ersten Arbeit auf diesem Gebiet, als er die Ursachen für die Überschwemmung der Festung Dünaburg (Dinaburg) an der Westlichen Düna (Zapadnaja Dvina) zu untersuchen hatte: »*Dans la même année je fus chargé de la commission honorable de faire des recherches sur les inondations à Dunabourg. Né et élevé dans un pays, où on doit être continuellement en garde contre les inondations et connoissant parfaitement les moyens propres à les arrêter, j'an[n]onçais alors à ce sujet mon opinion*«[1].

Der Bau der Festung von Dünaburg wurde 1810 nach einem Entwurf des Ingenieurs Heckel begonnen, nach Ausbruch des Kriegs gegen Napoleon (1812) jedoch eingestellt; im März 1816 zerstörte eine starke Überschwemmung die bereits fertiggestellten Teilabschnitte[2]. Der Bau wurde 1821 wieder aufgenommen und 1832 zu Ende geführt. Nach einer Untersuchung der örtlichen Verhältnisse um die Festung Dünaburg kam Traitteur zu der Überzeugung, der Anstieg des Wasserspiegels sei dort auf die zahlreichen Biegungen des Flußbetts der Westlichen Düna zurückzuführen, das unterhalb der Festung zwischen hohen und steil abfallenden Ufern verlaufe. Nach dem Aufbrechen der Eisdecke im Frühjahr sammle sich in diesen Biegungen das Eis und behindere damit den freien Abfluß des Wassers. Als erste Möglichkeit zur Vermeidung des Frühjahrshochwassers schlug Traitteur eine teilweise Begradigung des Flußbetts oberhalb der Festung vor. Insgesamt jedoch äußerte er mit Hinweis auf die damit verbundenen hohen Kosten Zweifel an der Zweckmäßigkeit derartiger Arbeiten, da das Bett der Westlichen Düna flußabwärts der Festung ebenfalls stark mäandrierte. Eine andere Möglichkeit zur Schadensbegrenzung bei Hochwasser sah der badische Ingenieur in der Anlage eines Kanals zur Ableitung des Hochwassers um die Festung herum in die nahegelegenen Seen und weiter zurück in den Fluß. Er schlug vor, die angrenzenden Flußabschnitte bzw. das Relief vor der Erstellung endgültiger Entwürfe geodätisch und hydrologisch genau zu vermessen[3]. In den Archiven sind keine Hinweise darauf zu finden, daß diese Vorschläge in die Tat umgesetzt wurden, jedoch nutzte Traitteur seine an der Westlichen Düna gesammelten Erfahrungen ganz offensichtlich zwei Jahre danach bei seinem großen Wasserbauprojekt zum Schutz der russischen Hauptstadt vor dem Hochwasser der Neva.

[1] RGIA, 200-1-1780, Bl. 65–66, 74–77, 129.

[2] Dünaburg (ab 1893 Dvinsk). *Voennaja ėnciklopedija (Militärenzyklopädie)*. St. Petersburg, 1912, Bd. 9, S. 2–3.

[3] RGIA, 206-1-422 ›Akte über die Abkommandierung des Ingenieur-Hauptmanns Devjatnin an die Festung Dünaburg zur Untersuchung der Ausmaße der Überschwemmungen durch Heraustreten des Flusses Westl. Düna aus seinen Ufern zur Zeit des Frühlings- und Herbsthochwassers. Januar–Juni 1822‹, S. 18–22 (Rapport Traitteurs vom 28. Februar 1822).

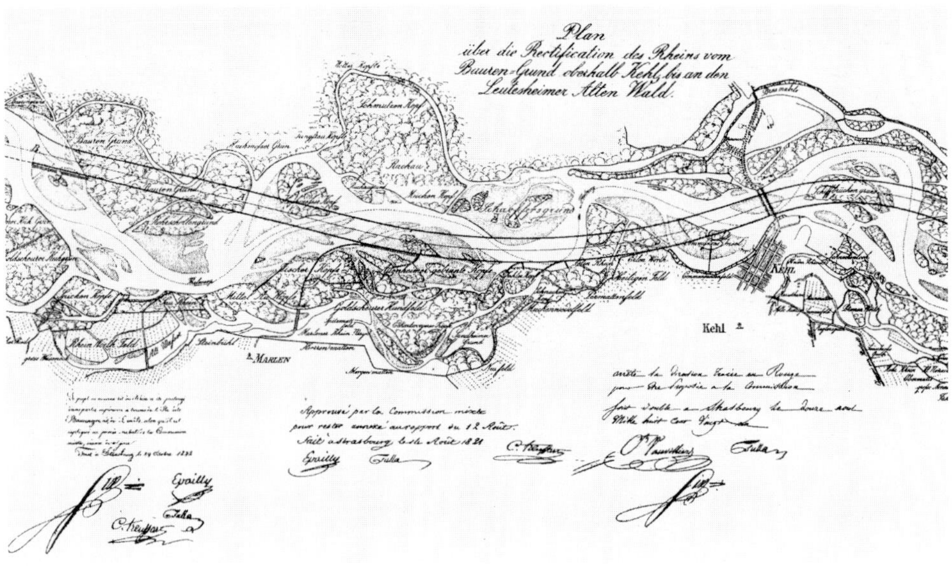

189 Entwurf zur Rheinkorrektion im Abschnitt Kehl–Leutesheimer Wald. Johann Gottfried Tulla, 1821 (Henze. *Technik und Humanität. Johann Gottfried Tulla*, Mannheim, 1989)

Unmittelbar nach der verhängnisvollen Überschwemmung in St. Petersburg am 7. November 1824 beauftragte der Herzog von Württemberg einige führende Fachkräfte des Corps der Verkehrswegeingenieure, u. a. Bazaine, Destrem, Clapeyron, Raucourt und Traitteur, Vorschläge zum Schutz der Hauptstadt vor derartigen Naturkatastrophen zu erarbeiten[4]. Aufgrund der großen Bedeutung, die eine befriedigende Lösung des Überschwemmungsproblems für die künftige Entwicklung der Stadt haben sollte, wurde der Teilnehmerkreis an diesem ›internen Wettbewerb‹ des Corps wesentlich erweitert. Schon bald reichten der Architekt Mauduit (1825), Akademiemitglied Petrov und Professor Parrot ihre Entwürfe ein; unter den ausländischen Mitbewerbern finden wir den Engländer John Gullet, den Kommissar der Königlich Preußischen Waffenfabrik Thiel, den Potsdamer Ökonomen Wurm und den bayerischen Ingenieur Carl von Wiebeking (1833)[5]. Die Entwürfe zum Hochwasserschutz der Stadt in den Jahren 1825–1830 können neben den Entwürfen zu einer ortsfesten Brücke über die Neva von den 1770er bis zu den 1840er Jahren als Beiträge zu den wichtigsten (inoffiziellen) Ingenieurswettbewerben in der Petersburger Praxis gelten, aus dem eine Reihe herausragender technischer Vorschläge hervorging.

Der von Traitteur im Dezember 1824 bis Januar 1825 erstellte Entwurf (Abb. 190) ist einer großen Gruppe von Vorschlägen zu wasserbaulichen und ingenieurtechnischen Maßnahmen an der Grenze des Stadtgebiets zuzurechnen. Sämtliche Entwürfe dieser Gruppe (Destrem, Raucourt, Traitteur, Parrot) sahen eine ringförmige Eindeichung der Stadt durch Anlage eines Systems von Dämmen, Schleusen und Stauwerken an der Neva bzw. deren Flußarmen vor. Traitteurs Vorschlag wurde in einem ausführlichen Vermerk über Ursachen, Folgen und Möglichkeiten des Schutzes St. Petersburgs vor derartigen Naturkatastrophen erläutert, die in der üblichen Form eines Rapports an den Generalverwalter der Verkehrswege vorgelegt wurde (Abb. 191)[6]. Als Ursachen der Überschwemmungen in St. Petersburg nannte der badische Ingenieur die Auswirkungen der Flut auf die Neva-Mündung bei Westwinden sowie, anders als die übrigen Gutachter, Eisversetzungen während des Niedrigwassers im Frühjahr. Nach Traitteurs Überzeugung waren ähnliche Eisstauungen auch der Grund für die Überschwemmungen an der Westlichen Düna und der Volga. Er verwies dabei auf westeuropäische Erfahrungen (*»... les opérations que nous avons vu exécuter en pareil cas en Hollande et principalement dans le Palati-*

[4] Guzevič, D. Ju.; Guzevič, I. D. *Petr Petrovič Bazen (Pierre Dominique Bazaine) 1789–1838.* St. Petersburg, 1995, S. 121–124. Der interessanteste Vorschlag zum Hochwasserschutz der Stadt ist wohl der Bazainesche Entwurf zum Bau eines Damms im Finnischen Meerbusen über die Insel Kronstadt. Dieser Entwurf, der damals als schwierig in der Umsetzung befunden wurde (Dammbau aus Treibsand, meerseitige Schleuseneinfahrt), ist praktisch ein Vorläufer zu dem in den 1980er Jahren realisierten, recht strittigen Vorhaben zum Hochwasserschutz Leningrads.

[5] Wiebeking [Carl Friedrich von]. *Mémoire sur les moyens de mettre St. Pétersbourg à l'abri des inondations, et sur l'établissement de deux ports sûrs et commodes devant cette capital le l'empire de Russie; accompagné d'un plan exact de cette cité et de ses environs.* München 1833.

[6] Traitteur. *Rapport en dirigent en chef des voies de communication contenant le résumé d'un projet pour garantir la ville de St. Pétersbourg des inondations ...* (Wissenschaftlich-technische Bibliothek der Staatlichen Petersburger Universität für Verkehrswege: NTB PGUPS, Nr. 5311, Manuskript vom Januar 1825 in französischer Sprache).

190 Entwurf für den Hochwasserschutz St. Petersburgs. Traitteur, 1824–25 (NTB PGUPS, Nr. 19431, Bl. 1)

nat«) und warnte eindringlich vor unvollständigen Baumaßnahmen bei der Bekämpfung der Naturgewalten. Angesichts der Größe der russischen Hauptstadt mit damals mehr als 300.000 Einwohnern sei nach seinem Dafürhalten der Hochwasserschutz ein wichtiges wissenschaftliches und wirtschaftliches Problem für das gesamte Reich: *»De pareilles considérations étaient alors moins urgentes, mais aujourd'hui que St. Pétersbourg s'est tellement agrandi, c'est un objet qui doit fixer l'attention du Gouvernement et les recherches des hydrauliciens, pour indiquer les moyens qui puissent préserver la ville en cas d'inondation«*[7].

Traitteur gliederte seine Vorschläge in zwei Teile. Der erste bestand aus organisatorischen Maßnahmen zur Schadensbegrenzung bei künftigen Überschwemmungen in St. Petersburg. Dazu gehörten eine rechtzeitige Warnung der Einwohner vor dem Anstieg des Wasserstands durch die Polizei, die Vorbereitung von Maßnahmen zur Befestigung schwimmender und ortsfester Brükken, ein Wohnverbot in überschwemmungsgefährdeten Kellern, ein Bauverbot für eingeschossige Häuser in überschwemmungsgefährdeten Gebieten sowie die künftige Ausweisung eines Teils dieser Gebiete für die ›niederen Klassen‹ und die Planung neuer Gebäude, in denen bei steigenden Fluten sämtliche Öffnungen und Türen druckwasserdicht abgeriegelt werden konnten: *»... Dans les basses parties de la ville, la construction de maisons d'un étage ne peut être permise et les parties inhabitées du coté du champ de Volkof doivent être destinées pour la classe inférieure de la population de St. Pétersbourg«*[8].

Im zweiten Teil seines Rapports behandelte Traitteur allgemeine wasserbauliche Maßnahmen zum Hochwasserschutz in St. Petersburg. Dafür sollte die Stadt mit einem geschlossenen Ring von Dämmen umgeben werden[9]. Beim Übergang über die Neva am Smol'nyj-Kloster sollte der Damm für die Durchfahrt von Schiffen von drei Schleusenöffnungen und für die Erneuerung des Wassers von vier Röhren durchbrochen werden. Für das Sperrwerk quer durch den Finnischen Meerbusen waren entsprechend 8 Schleusen und 20 Wasserdurchlässe vorgesehen. Im Entwurf wurden drei Varianten zur Anlage des Schüttdamms vorgelegt (Abb. 190). Bei der ersten umfaßte der 26 Verst (28 km) lange Damm das am dichtesten besiedelte städtische Zentrum zwischen Obvodnyj-Kanal im Süden und der Grenze der Petrovskij-Insel im Norden. Die zweite Variante sah einen 32 Verst (34 km) langen Damm vor, der südlich des Obvodnyj-Kanals über den nördlichen, auf dem Festland gelegenen Teil der Stadt von den Grenzen des neuen Kanals bis zum Westrand der Vasil'evskij-Insel verlief. Der dritten, von Traitteur bevorzugten Variante zufolge sollte ein 37 Verst (39 km) langer Damm dem neuen Kanal entlang quer über die Kronstädter Bucht und durch die südlichen Vororte verlaufen. In diesem Fall hätten die Wasserbauwerke (Dämme, Schleusen und Brücken) ohne Eingriffe in die bereits gewachsene Bebauung und ohne Beeinträchtigung des städtischen Lebens angelegt werden können. Als ungefähre Kosten veranschlagte er 19,544 Mio. (Variante I), 20,808 Mio. (Variante II) bzw. 31,570 Mio. Rubel (Variante III), was seiner Ansicht nach dem zu erwartenden Nutzen im Falle einer Realisierung durchaus entsprach: *»On voit donc par cet exposé que cette entreprise qui produirait des avantages immenses et incalculables pour la plus belle capitale de l'Europe, n'a rien d'extraordinaire en fait de dépenses pour garantir la sécurité d'une population de 300.000 âmes ...«*[10]. Für die Umsetzung des Entwurfs wurden vier Jahre angenommen.

Traitteur hielt die Errichtung des Damms nur dann für sinnvoll, wenn das Hauptflußbett der Neva gleichzeitig durch die Anlage eines 220 Sažen' (469 m) breiten und im Mittel 2 Sažen' (4,26 m) tiefen neuen Kanals umgeleitet würde. Dieser Kanal sollte entlang dem nördlichen, auf dem Festland gelegenen Teil der Stadt von der natürlichen Biegung der Neva beim Smol'nyj-Kloster aus bis zum Lahta-Haff jenseits des ›Alten Dorfs‹ (Staraja Derevnja) verlaufen und damit die Stadt samt ihrer neuen Dammwerke vollständig umgehen, was vor allem den Eistransport aus der Großen Neva und dem Ladoga-See in den Finnischen Meerbusen erheblich vereinfacht hätte.

Die Pläne zur Korrektion oder, genauer, zur Anlage eines neuen Flußbetts der Neva sind das eigentlich Bemerkenswerte am Traitteurschen Entwurfs. Bei dem in dieser Größenordnung selbst für russische Verhältnisse ungewöhnlichen Vorschlag konnte der badische Ingenieur auf Erfahrungen aus seiner Heimat zurückgreifen, wo Melioration und Hochwasserschutz in entscheidendem Maße von Wasserbaumaßnahmen abhingen. Seit 1817 wurden in Baden

[7] Ibid., S. 6.

[8] Ibid., S. 4.

[9] NTB PGUPS, Nr. 19431 ›Pläne und Zeichnungen zu den Entwürfen des Hochwasserschutzes von St. Petersburg. 1824–1825‹ (20 Zeichnungen und Pläne), Bl. 1 ›Entwurf zum Hochwasserschutz der Hauptstadt des Ingenieurs Oberst Traitteur‹.

[10] Traitteur. *Rapport ... pour garantir la ville de St. Pétersbourg des inondations ...*, S. 12.

[11] Die Arbeiten zur Flußbettbegradigung des Rheins gehörten später, nach seiner Rückkehr nach Baden 1832 zu den ersten technischen Vorhaben, über die Traitteur das russische Amt für Verkehrswege bereits in seiner neuen Funktion als ›Korrespondent des Amts für Verkehrswege in fremden Landen‹ mehrfach informierte (unten S. 275 ff.).

[12] Wittmann, Heinrich. *Tulla, Honsell, Rehbock. Lebensbilder dreier Wasserbauingenieure am Oberrhein.* Bautechnik-Archiv. Heft 4, Berlin, 1949, S. 11–14. Knäble, K. *Tätigkeit und Werk Tullas.* In: Johann Gottfried Tulla. 20. 3. 1770 – 27. 3. 1828. Ansprachen und Vorträge zur Gedenkfeier und Internationalen Fachtagung über Flußregulierung aus Anlaß des 200. Geburtstages. Universität Karlsruhe, 1970, S. 31–52.

[13] Henze, Eberhardt (Hsg.). *Technik und Humanität. Johann Gottfried Tulla.* Mannheim, 1989, S. 13, 17.

[14] Traitteur kannte möglicherweise bereits auch die wichtigsten wasserbautechnischen Veröffentlichungen Tullas: *Über die Geschwindigkeit des fließenden Wassers in regelmäßigen Kanälen und Flüssen.* Karlsruhe, 1821, und: *Über die Rektifikation des Rheins von seinem Austritt aus der Schweiz bis zu seinem Eintritt in das Großherzogtum Hessen. Karlsruhe*, 1825.

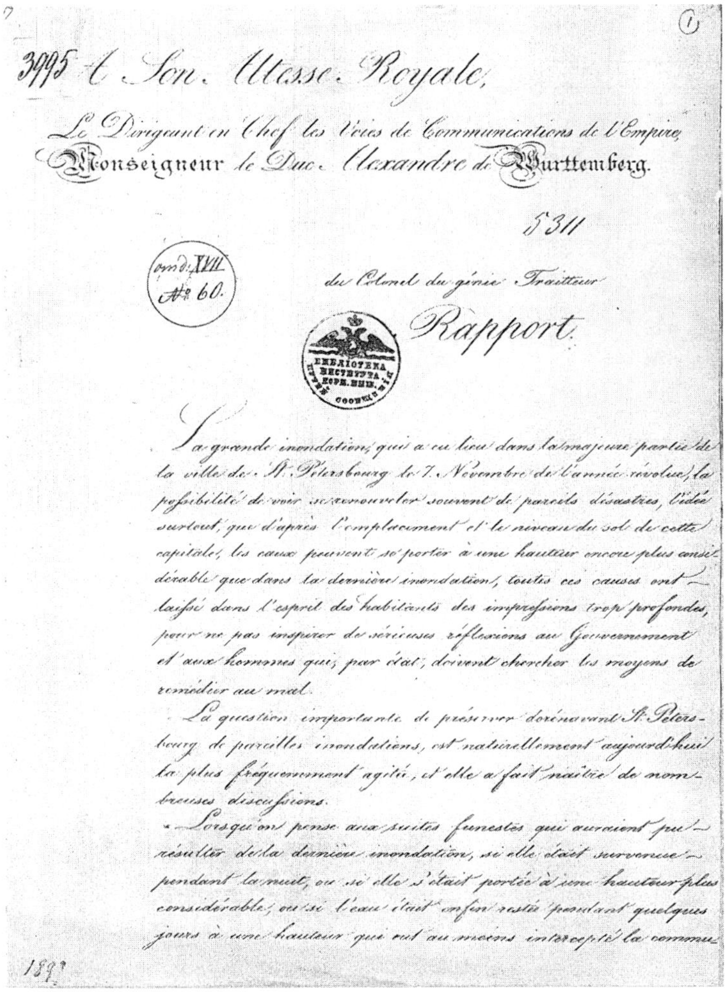

3995 A Son Altesse Royale,

Le Dirigeant en Chef les Voies de Communications de l'Empire,
Monseigneur le Duc Alexandre de Wurttemberg.

5311

omd. XVII № 60.

du Colonel du génie Traitteur

Rapport.

La grande inondation, qui a eu lieu dans la majeure partie de la ville de St. Petersbourg le 7. Novembre de l'année révolue, la possibilité de voir se renouveler souvent de pareils désastres, l'idée surtout, que d'après l'emplacement et le niveau du sol de cette capitale, les eaux peuvent se porter à une hauteur encore plus considérable que dans la dernière inondation, toutes ces causes ont laissé dans l'esprit des habitants des impressions trop profondes, pour ne pas inspirer de sérieuses réflexions au Gouvernement et aux hommes qui, par état, doivent chercher les moyens de remédier au mal.

La question importante de préserver dorénavant St. Petersbourg de pareilles inondations, est naturellement aujourd'hui la plus fréquemment agitée, et elle a fait naître de nombreuses discussions.

Lorsqu'on pense aux suites funestes qui auraient pu résulter de la dernière inondation, si elle était survenue pendant la nuit, ou si elle s'était portée à une hauteur plus considérable, ou si l'eau était enfin restée pendant quelques jours à une hauteur qui eut au moins intercepté la commu-

189

a

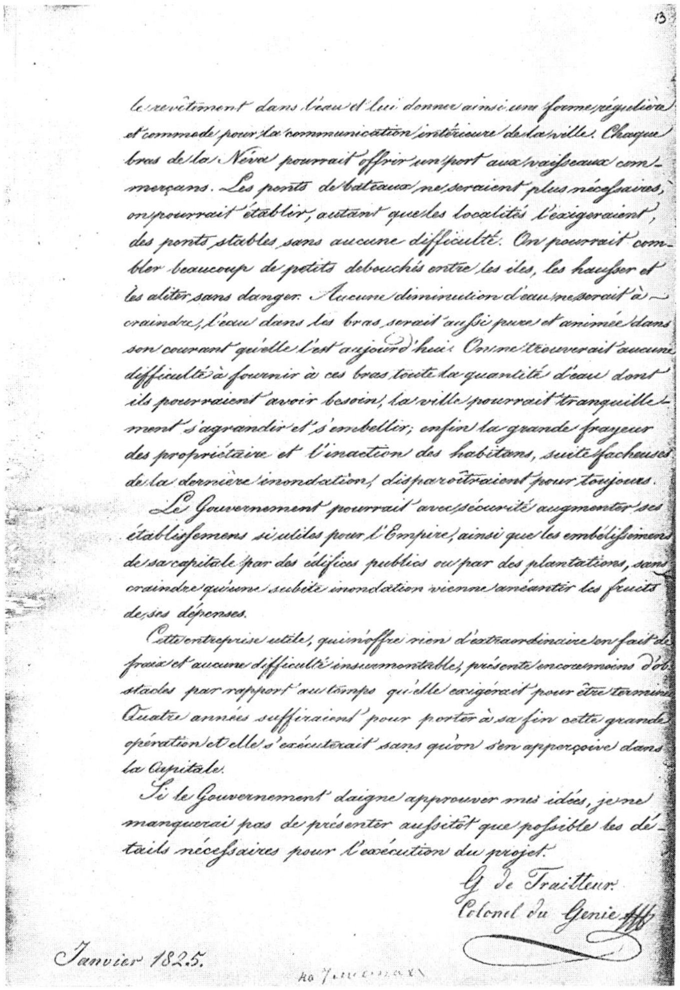

13

le revêtement dans l'eau et lui donner ainsi une forme régulière et commode pour la communication intérieure de la ville. Chaque bras de la Neva pourrait offrir un port aux vaisseaux commerçans. Les ponts de bateaux ne seraient plus nécessaires, on pourrait établir, autant que les localités l'exigeraient, des ponts stables sans aucune difficulté. On pourrait combler beaucoup de petits debouchés entre les iles, les haußer et les aliter sans danger. Aucune diminution d'eau ne serait à craindre, l'eau dans les bras serait aussi pure et animée dans son courant qu'elle l'est aujourd'hui. On ne trouverait aucune difficulté à fournir à ces bras toute la quantité d'eau dont ils pourraient avoir besoin, la ville pourrait tranquillement s'agrandir et s'embellir; enfin la grande frayeur des propriétaire et l'inaction des habitans, suite fâcheuses de la dernière inondation, disparoîtraient pour toujours.

Le Gouvernement pourrait avec sécurité augmenter ses établissemens si utiles pour l'Empire, ainsi que les embélissemens de sa capitale par des édifices publics ou par des plantations, sans craindre qu'une subite inondation vienne anéantir les fruits de ses dépenses.

Cette entreprise utile, qui n'offre rien d'extraordinaire en fait de frais et aucune difficulté insurmontable, présente encore moins d'obstacles par rapport au temps qu'elle exigerait pour être terminé. Quatre années suffiraient pour porter à sa fin cette grande opération et elle s'exécuterait sans qu'on s'en apperçoive dans la Capitale.

Si le Gouvernement daigne approuver mes idées, je ne manquerai pas de présenter aussitôt que possible les détails nécessaires pour l'exécution du projet.

G. de Traitteur.
Colonel du Genie

Janvier 1825.

b

191 a, b Erläuterung zum Entwurf für den Hochwasserschutz St. Petersburgs. Traitteur, Januar 1825 (NTB PGUPS, Nr. 5311, Bl. 1, 13, erste und letzte Seite)

am Altrhein zwischen der Schweizer Grenze bei Basel und der Grenze zum Großherzogtum Hessen Begradigungsmaßnahmen in beispiellosem Umfang durchgeführt, die insgesamt etwa 50 Jahre in Anspruch nahmen[11]. Die Rheinkorrektion war das Hauptwerk des badischen Oberwasser- und Straßenbaudirektors Johann Gottfried Tulla, dessen Bauvorhaben Traitteur offensichtlich aufs Aufmerksamste verfolgte. Die ersten Vorschläge Tullas von 1812 zur Begradigung des Rheins in der Nähe der badischen Residenz Karlsruhe zwischen Knielingen und Leopoldshafen blieben aufgrund des heraufziehenden Krieges unverwirklicht. Zwischen 1817 und 1825 wurde nach Verhandlungen mit Bayern, zu dem damals die linksrheinische Pfalz gehörte, die Realisierung des ersten Teils der Arbeiten zur Begradigung von 16 Altrheinarmen in Angriff genommen[12]. Im Rahmen dieser Maßnahmen erstellte Tulla 1821 und 1822 einige Entwürfe zur Änderung der Rheinverlaufs im Gebiet oberhalb Kehl bis an den Leutesheimer Alten Wald (Abb. 189). Trotz bereits teilweise errichteter Schutzbauwerke wurden bei einem der folgenden Hochwasser in Baden im Oktober und November 1824 zwischen Hochstetten und Mannheim 37 rechtsrheinische und 21 linksrheinische Erddämme zerstört[13]. Diese in St. Petersburg vermutlich bekannten Vorgänge beeinflußten höchstwahrscheinlich die technischen Details des Entwurfs zur Umleitung der Neva, mit dem Traitteur nolens volens mit Tulla in Konkurrenz treten konnte[14].

Es ist darauf hinzuweisen, daß der an sich rein wasserbautechnische Entwurf von Traitteurs Wissen um die städtebaulichen Auswirkungen der geplanten

Eingriffe geprägt war. Dies belegen einige Sätze in seiner Erläuterung: »*... Je dois dire aussi, que dans cette opération, il ne faut regarder les bras de la Néva qui traversent la ville que comme des canaux artificiels, susceptible de la plus grande beauté. La, où il n'y a pas encore de quai, on peut avancer le revêment dans l'eau et lui donner ainsi une forme régulière et commode pour la communication intérieure de la ville. Chaque bras de la Néva pourrait offrir un port aux vaisseux commerçants. Les ponts de bateaux ne seraient plus nécessaires, on pourrait établir, autant que les localités l'exigeraient, des ponts stables sans aucune difficulté. On pourrait combler beaucoup de petits debouchés entre les îles, les hausser et les aliter sans danger*«[15]. Traitteurs Entwurf fügt sich damit ein in die dezidiert städtebaulich ausgerichteten Projekte des Petersburger Komitees für Bauwerke und Wasserbau. In allen Projektvarianten sollten die Dämme später als Promenaden genutzt werden, von denen sich neue Ausblicke auf Stadt und Wasserflächen eröffnen würden. Die Dammübergänge über die Neva-Arme sollten durch ortsfeste Brücken ersetzt und Pontonbrücken nach Möglichkeit abgeschafft werden. Offensichtlich dachte Traitteur auch daran, im Rahmen der Maßnahmen zum Hochwasserschutz für St. Petersburg das Ensemble der Granitkais an den meisten Armen des Neva-Deltas zu vollenden und geeignete Häfen anzulegen.

Die Vorschläge zum Hochwasserschutz für St. Petersburg waren in ihrem grandiosen Anspruch und den nur bedingt durchgearbeiteten Details wohl kaum für eine baldige technische Realisierung konzipiert. Einzige praktische Folge der Teilnahme des badischen Ingenieurs an diesem Vorhaben blieb wohl, daß ihn das Komitee für Bauwerke und Wasserbau im Februar 1825 zur Inspektion der Überschwemmungsschäden vom 7. November 1824 im Stadtteil Narva und zur Überwachung der Hilfszuweisungen an die Opfer abkommandierte. Nach Traitteurs Einschätzung beliefen sich die Hochwasserschäden in der Stadt auf drei Millionen Rubel[16].

1838 wurden sämtliche nach der Überschwemmung von 1824 verfaßten Hochwasserschutzentwürfe auf Anweisung des neuen Generalverwalters der Verkehrswege, Graf K. F. von Toll, einer sorgfältigen technischen Analyse unterzogen[17]. Der die Begutachtung durchführende Oberst Kraft bezeichnete sie »lediglich als Gedanken oder in allgemeinster Form entworfene Vorschläge« und befand den Entwurf Destrems als den gelungensten. Traitteurs Entwurf war nach seinem Dafürhalten mit einigen technischen Mängeln behaftet. So verursache die Errichtung der großen Anzahl von Wasserbauwerken und die Anlage eines neuen Flußarms für die Neva beträchtliche Projektkosten. Die Errichtung eines Sperrwerks beim Smol'nyj-Kloster sei zudem außerordentlich schwierig, da die Neva an dieser (ihrer tiefsten) Stelle wesentlich tiefer sei als der Finnische Meerbusen an der neva-Mündung. Die Anlage eines neuen Flußbetts für die Neva mit 220 Sažen' (469 m) Breite und 2 Sažen' mittlerer Tiefe anstatt der tatsächlich notwendigen 4 Sažen' (8,52 m) sei ein außerordentlich schwieriges technisches Unterfangen. Des weiteren seien alle Vorschläge Traitteurs rein deskriptiv dargelegt und durch keinerlei verbindlich berechnete Gegenüberstellung des gegenwärtigen mit dem künftigen Zustand der Gewässer untermauert.

Zwanzig Jahre später lag der Bericht Krafts einer erneuten Begutachtung der Entwürfe zum Hochwasserschutz für St. Petersburg zugrunde, die durch Oberstleutnant Kiprijanov im ›Journal der Hauptverwaltung der Verkehrswege und öffentlichen Gebäude‹ erfolgte. In dieser 1858, ein Jahr vor Traitteurs Tod in Mannheim, erschienenen Publikation wurde der Entwurf »des Obersten (heute Generalmajors a. D.) Traitteur« zum Hochwasserschutz der Hauptstadt erstmals veröffentlicht und erneut ausführlich diskutiert[18].

[15] Traitteur. *Rapport ... pour garantir la ville de St. Pétersbourg des inondations ...*, S. 12–13.

[16] RGIA, 200-1-1780, Bl. 68, 129v.

[17] NTB PGUPS, Nr. 18512 ›Akte mit Entwürfen und Plänen zum Hochwasserschutz St. Petersburgs. 1837‹, Bl. 112–160.

[18] Kiprijanov. *Kritičeskij obzor proektov dlja predohranenija St. Peterburga ot navodnenij (Kritische Rundschau der Entwürfe zum Hochwasserschutz St. Petersburgs).* Žurnal Glavnogo upravlenija putej soobščenija i publičnyh zdanij (Journal der Generalverwaltung der Verkehrswege und öffentlichen Gebäude), Bd. 28, 1858. St. Petersburg 1859, S. 1–104 (Zeichnungen: Bl. 2–4).

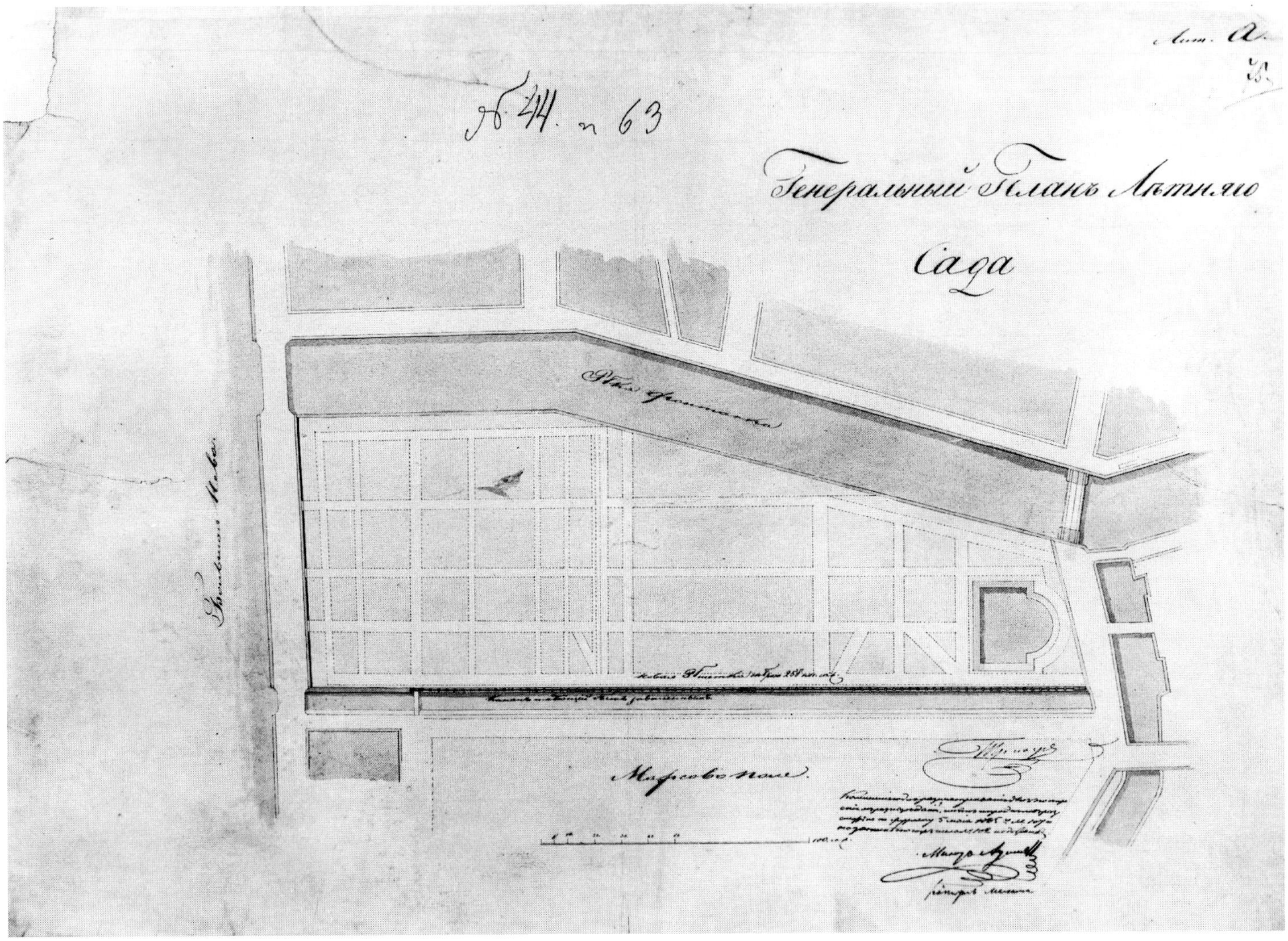

192 Entwurf zu einem neuen Gitter für den Sommergarten in St. Petersburg, Lageplan mit Marsfeld und Panteleimon-Brücke. Traitteur, 1825 (RGIA, 1487-4-44, Bl. 1)

Entwurf eines neuen Gitters für den Sommergarten in St. Petersburg, 1825

Eine der Eigenarten des Petersburger Empire ist die großzügige Verwendung von Metallarbeiten in der Architektur, meist aus Gußeisen und getriebenem Kupferblech, u. a. an Toren, Gittern und anderen Kleinarchitekturen[19]. Diesen auch im übrigen Europa recht verbreiteten ›Metallarchitekturen‹ sind einige Entwürfe zu gußeisernen Gittern zuzuordnen, die Traitteur praktisch zeitgleich zur Errichtung seiner zweiten Kettenbrücken-Serie (1825–1826) erstellt hat. Diese Entwürfe bieten einen erweiterten Einblick in die Arbeitsfelder des badischen Ingenieurs und bekräftigen erneut seine Rolle als einem der führenden ›Eisen-Architekten‹ im damaligen St. Petersburg.

Das erste Werk Traitteurs im Bereich des Eisenkunstgusses war das Gitter vor der Konduktenrschule, für das er in den Jahren 1823–1826 mehrere Pläne erstellte[20]. Wichtiger jedoch ist der bis heute völlig unbekannte Entwurf zu einem neuen gußeisernen Zaun für den Sommergarten (1825), der allerdings nicht realisiert wurde (Abb. 192, 193). Dieses Projekt läßt sich den Maßnahmen zur städtebaulichen Umgestaltung des Gebiets um Ingenieurschloß

[19] Anders als in St. Petersburg, wo Eisengußwerke hauptsächlich als Baudekor zu finden waren, kam in Deutschland, insbesondere im Preußen des beginnenden 19. Jahrhunderts, Metall bzw. in erster Linie Gußeisen in großem Stil im Kunsthandwerk zum Einsatz (Schmidt, Eva. *Der preußische Eisenkunstguß. Technik–Geschichte–Werke–Künstler*. Berlin, 1981).

[20] Näheres oben S. 65 f.

a b c

193 a–e Entwurf zu einem neuen Gitter für den Sommergarten in St. Petersburg. Traitteur, 1825 (NIMAH, Nr. A 14692)

(Michaelsschloß) und Marsfeld zuordnen, die in den 1820er Jahren durch den Architekten Carlo Rossi eingeleitet wurde. Dazu gehörte auch der Bau der Panteleimon-Brücke (1823–1824) durch Traitteur und die damit verbundene Neuanlage des nördlichen Teils des Sommergartens. Zur selben Zeit änderte auch das Marsfeld (zuvor: Caricyn lug, Zarinnenwiese), einer der wichtigsten städtischen Außenräume in der Folge zentraler Plätze im Bereich des Neva-Ufers, seine Gestalt. 1819 wurde auf der Seite des Marsfelds gegenüber dem Sommergarten der Bau der Kasernen des Pavlovschen Garderegiments durch den Architekten V. P. Stasov fertiggestellt. Dieses monumentale, langgezogene Gebäude, welches das Marsfeld vollständig dominieren sollte, sowie die beginnende Umgestaltung des nördlichen Teils des Sommergartens forderten offensichtlich die Erstellung eines neuen Gitterentwurfs durch Traitteur heraus, den dieser im Jahre 1825 als Album unter dem Titel *Monument militaire des faits d'armes de l'armée russe depuis Pierre Premier jusqu'à l'empereur Aléxandre Premier projeté d'après les idées de Son Altesse Royale le Duc Aléxandre de Würtemberg pour etre exécuté devant le Champs-de-Mars* herausbrachte (Abb. 194)[21].

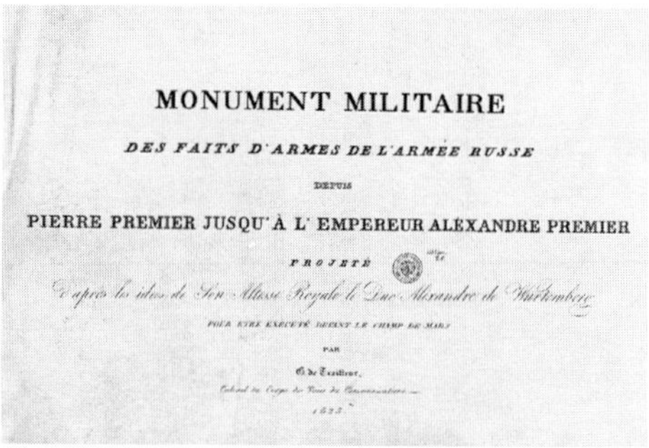
MONUMENT MILITAIRE
DES FAITS D'ARMES DE L'ARMÉE RUSSE
DEPUIS
PIERRE PREMIER JUSQU'À L' EMPEREUR ALÉXANDRE PREMIER
PROJETÉ
POUR ÊTRE EXÉCUTÉ DEVANT LE CHAMP DE MARS
PAR

194 Titelblatt des Albums ›Monument militaire des faites d'armée russe …‹. Traitteur 1825 (NIMAH, Nr. A-14692)

Das gußeiserne Gitter war als architektonisches Denkmal für die Leistungen der russischen Armee von Peter dem Großen bis Alexander I. konzipiert. Dieses entlang der unbebauten Westseite des Sommergartens aufzustellende ›Monument‹ war von Traitteur offensichtlich als wichtiges städtebauliches Element gedacht, das die Gesamtgestalt des Marsfeldes abrunden und mit seinem heroischen Memorialcharakter den mächtigen Kasernenfassaden entsprechen sollte (Abb. 193 a–e). Der Gitterentwurf orientierte sich in seinen Abmessungen und in seiner Gestalt an dem bestehenden, entlang dem Neva-Kai verlaufenden Gitter des Sommergartens[22]. Dies geht u. a. aus den von Traitteur am 23. April 1825 verfaßten Ausführungsvorschriften zur Errichtung des Gitters hervor: »*… All diese Arbeit kann nach denselben Abmessungen ausgeführt werden, wie auch das alte Gitter beim Sommergarten. … Das Behauen und das Ausgießen soll ebenso sein, wie beim alten Gitter. … Da dieses Gitter als Monument dienen soll, ist es wünschenswert, daß der Sockel desselben ebenso, wie auch der Sockel des alten Gitters gemacht wird, d. h. aus ganzen Stücken, damit dieses Gitter bezüglich seiner Festigkeit auch für die nachfolgenden Generationen bestehe …*«[23]. Mit diesem Entwurf, der eine Weiterentwicklung des in Petersburg wohlbekannten Gitters am Sommergarten darstellen sollte, konnte Traitteur sein hohes berufliches Ansehen als Architekt, das ihm vor allem durch die erfolgreiche Errichtung der Panteleimon-Brücke zugewachsen war, erneut unter Beweis stellen.

Anfang April 1825 übergab Traitteur dem Herzog von Württemberg die zweite Ausfertigung des vom Zaren genehmigten Entwurfs zum Monumentalgitter mit der Bitte, unverzüglich bei den Ingenieuren Baird oder Clark oder bei beiden gemeinsam den Guß dieses Gitters zunächst ohne Verzierungen einzuleiten, damit es noch vor Winterbeginn errichtet werden könne. Zur Beschleunigung der Arbeiten legte Traitteur noch im selben Monat einen Lage-

[21] Das einzige bekannte Exemplar dieses Albums, das Aquarellzeichnungen mit 58 cm Höhe und bis zu 17,855 m Länge (ausklappbare Vorderansicht des Gitters) enthält, befindet sich im Wissenschaftlichen Forschungsmuseum der Kunstakademie St. Petersburg, Abteilung Architektur (NIMAH, Inv. Nr. A-14692). Sämtliche Blätter tragen die Unterschrift des Autors.

[22] Das in den Jahren 1771–1784 errichtete schmiedeeiserne Gitter auf Granitsäulen galt zu recht als Meisterwerk des russischen Klassizismus des ausgehenden 18. Jahrhundert (Architekt Ju. M. Velten und P. E. Egorov).

[23] RGIA, 206-1-599 ›Über den Entwurf eines beim Sommergarten zum Marsfeld hin zu bauenden Gitters. April 1825 – März 1827‹, Bl. 34.

d

e

plan des Sommergartens (Abb. 192) sowie detaillierte Baupläne zum Gitter und zu den Fundamenten vor[24]. Wie aus dem Lageplan hervorgeht, nahm das 258 Sažen' (ca. 550 m) lange Gitter einen großen Teil der westlichen Längsseite des Gartens von der neuen Straße zur Kettenbrücke bis zur Bauflucht am Neva-Kai ein und bildete praktisch die dem Marsfeld und den Kasernengebäuden zugewandte ›Fassade‹ des Gartens. Nur der kleine zum Neva-Kai hin gelegene Abschnitt blieb offen.

Wichtigstes Gestaltungsmotiv des Gitters waren gußeiserne Stützen in Form von Liktorenbündeln anstelle der Granitsäulen des Vorbilds entlang der Neva (Abb. 193 b, d). Die Gußstützen waren üppig verziert mit den in der Architektur des Petersburger Empire häufig verwendeten Militärattributen sowie einem Bildprogramm, das den Memorialcharakter des Gitters unterstützte. Darauf weist der Herzog von Württemberg den Zaren in einem seiner Rapporte hin: »... *Bei einem Blick auf diesen Entwurf möge Ihre Kaiserliche Majestät zu bemerken geruhen, daß auf den Gitterschildern in chronologischer Reihenfolge die denkwürdigsten Taten, die der russischen Armee seit Peters Zeiten zur Ehre gereichten, dargestellt sind, und daß an beiden Endigungen desselben zwei Portiken, in der Mitte aber ein Pavillon vorgesehen sind, um das Monument seiner Bestimmung entsprechend zu gestalten*«[25]. An beiden Enden des Gitters waren im Entwurf zwei gleichartige Tore in Form viersäuliger Portiken in ionischem Stil angeordnet. Diese vollständig aus Gußeisen geplanten Torbauten erinnern in mancher Hinsicht an ein anderes Militärdenkmal des Petersburger Empire, das in ›dorischen‹ Formen gehaltene viersäulige Tor ›A mes chers compagnons d'armes‹ im Katharinen-Park von Carskoe Selo (Architekt V. P. Stasov, 1817). In der Mitte des neuen Gitters am Sommergarten sah Traitteur einen eingeschossigen Pavillon für den Aufenthalt der Zarenfamilie bei Paraden auf dem Marsfeld vor. Die Aufschrift ›A mes chers compagnons d'armes‹ auf dem Frontgiebel unterstreicht ebenfalls die typologische Verwandschaft des Traitteurschen Entwurfs mit dem gußeisernen Tor Stasovs in Carskoe Selo, das eine fast gleichlautende Widmung trug (Abb. 195). Der ›Zarenpavillon‹ mit einer prunkvollen Loggia mit Karyatiden entsprach den Petersburger Gartenarchitekturen des Spätklassizismus[26].

Der Entwurf für das Gitter am Sommergarten sah auch einschneidende Veränderungen der gewachsenen städtischen Situation vor, so u. a. eine Verfüllung des Schwanen-Kanals (Lebjažij kanal), an dessen ehemaligem Ufer die Gründung des Monuments angelegt werden sollte: »... *Laut dem genehmigten Vorhaben soll der Kanal, der heute die Zarinnenwiese vom Sommergarten trennt, zugeschüttet werden, und statt dessen wird es nur ein Holzrohr geben, um das Regenwasser von dem Straßenpflaster abzuleiten, wozu ich zu gegebener Zeit einen separaten Entwurf vorlegen werde*«[27]. Da das Gitter auf der neuen Aufschüttung zu stehen kommen sollte, mußte unter den gußeisernen Säulen ein spezieller Fundamentaufbau in Form von Steinpfeilern geplant werden, die über Bogen-

[24] RGIA, 1487-4-41 ›Gitter beim Sommergarten. Fundamentplan. 2 Blätter, 1825‹; 1487-4-42 ›Entwurf zum Granitsockel des Gitters beim Sommergarten. 1 Blatt, 1825‹; 1487-4-44 ›Sommergarten. Lageplan und Zeichnungen vor Vertiefung des Schwanen-Kanals‹, Bl. 1. Sämtliche genannten Pläne tragen die Unterschrift Traitteurs.

[25] RGIA, 206 1 599, Bl. 39v (Rapport des Herzogs von Württemberg vom 21. Juli 1825).

[26] Praktisch zeitgleich mit der Erarbeitung des Traitteurschen Entwurfs wurden neben dem vorgesehenen Gitterstandort Parkpavillons mit ähnlicher Zweckbestimmung und vergleichbaren Ausmaßen durch Carlo Rossi (Pavillon am Anleger im Michaelsgarten, 1825; Kaffeehäuschen im Sommergarten, 1826) sowie durch Louis Charlemagne (Teehäuschen im Sommergarten, 1827) errichtet.

[27] RGIA, 206-1-599, Bl. 8. In diesem Rapport bezieht sich Traitteur auf den 618 m langen Schwanen-Graben (Lebjaž'ja kanavka), der in den Jahren 1711 bis 1719 zwischen Neva und Mojka als Grenze zwischen Sommergarten und Zarinnenwiese angelegt worden war. Die Ufer des Grabens wurden regelmäßig mit Rasen befestigt. 1799 hat man nach einem Entwurf des Architekten G. P. Pil'njakov auf der Seite des Sommergartens eine kalksteinverkleidete Terrasse mit einem Geländer aus Eisenkunstguß angelegt (Stepnov, P. I. (Hrsg.), Novikov, Ju. V. *Mosty i naberežnye Leningrada. (Leningrads Brücken und Kais)* Leningrad, 1991, S. 194).

gewölbe verbunden waren (Abb. 196). Anfang Mai 1825 bemerkte der Rat für Verkehrswege bei der Prüfung dieses Entwurfs, daß der Verbindungsabschnitt zwischen dem alten und dem neuen Gitter des Sommergartens nicht genügend durchdacht sei. Aus diesem Grund wurde beschlossen, die Errichtung von Fundament und Gitter aufzuschieben[28].

Ende Mai wurde der Traitteursche Entwurf gemeinsam mit den Entwurfsvarianten zu einem Gitter beim Sommergarten auf der Seite des Ingenieurschlosses von Rossi, Charlemagne, Visconti und Piscov dem Architekten der Ingenieurabteilung A. E. Staubert zur Beurteilung vorgelegt mit dem Auftrag, einen neuen Entwurf im Einklang mit den bereits angefertigten Gittern beim Ingenieurschloß zu erstellen[29]. Gleichzeitig übermittelte man Staubert die Ansicht Alexanders I., das von Traitteur vorgelegte Gitter sei »zu prunkvoll« und entspreche nicht der Gestaltung der bereits bestehenden Zäune am Sommergarten. Nach gemeinsamer Begutachtung des Traitteurschen Entwurfs und der Gittervorschläge auf der Seite des Ingenieurschlosses wurde endgültig beschlossen, den Garten lediglich mit einem niedrigen gußeisernen Zaun auf der Seite der neuen Straße zur Panteleimon-Brücke zu umgeben[30]. Ende Juli 1825 legte der Herzog von Württemberg den Traitteurschen Monumentalentwurf nochmals zur »Allerhöchsten Prüfung« vor, ohne daß jedoch eine Genehmigung erfolgte. Die Realisierung des Entwurfs war somit gescheitert. Der niedrige gußeiserne Zaun (Architekt Louis Charlemagne, 1826) sollte der einzige Mitte der 1820er Jahre realisierte Eisengitterentwurf für den Sommergarten bleiben.

In städtebaulicher sowie architektonisch-künstlerischer Hinsicht ist der Entwurf Traitteurs zu einem Monumentalgitter am Sommergarten kaum den herausragenden Werken des Petersburger Klassizismus zuzuordnen. Ganz offensichtlich war eine derartige Bewertung auch der Grund dafür, weshalb er nicht realisiert wurde. Dadurch konnte der wichtigste Teil der regelmäßigen, historisch gewachsenen Struktur des Sommergartens, der Schwanen-Kanal, sowie der direkte Anschluß der Parkanlage an die Flächen des Marsfelds erhalten werden. Gleichwohl bleibt der unverwirklichte Traitteursche Gitterentwurf für den Sommergarten nicht nur der größte Entwurf zu einem gußeisernen Gitter im klassizistischen St. Petersburg, sondern auch eines der bemerkenswertesten Werkbeispiele des russischen Corps der Verkehrswegeingenieure im Bereich der Architekturgraphik und des Eisenkunstgusses.

195 Gußeiserner Pavillon ›À mes chères compagnons d'armes‹ im Katharinen-Park von Carskoe Selo. Stasov, 1817 (Photographie 1992)

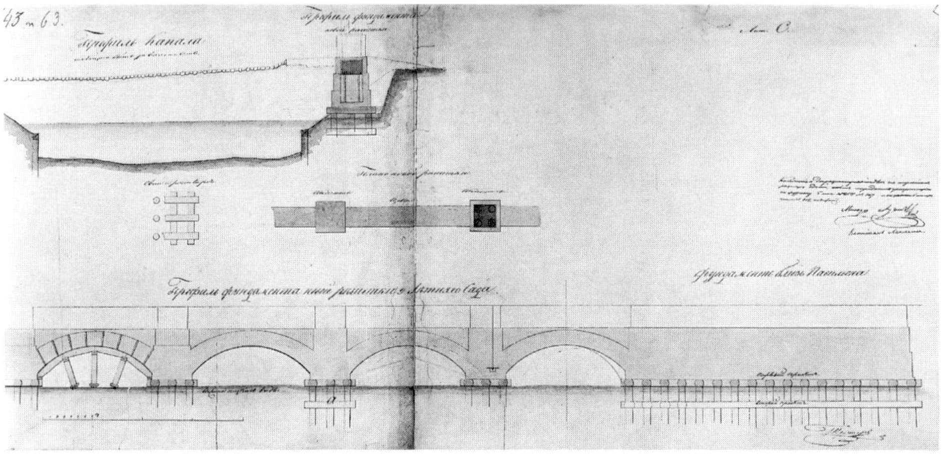

196 Entwurf zu einem neuen Gitter des Sommergartens in St. Petersburg, Fundamentkonstruktion, Traitteur, 1825 (RGIA, 1487-4-42)

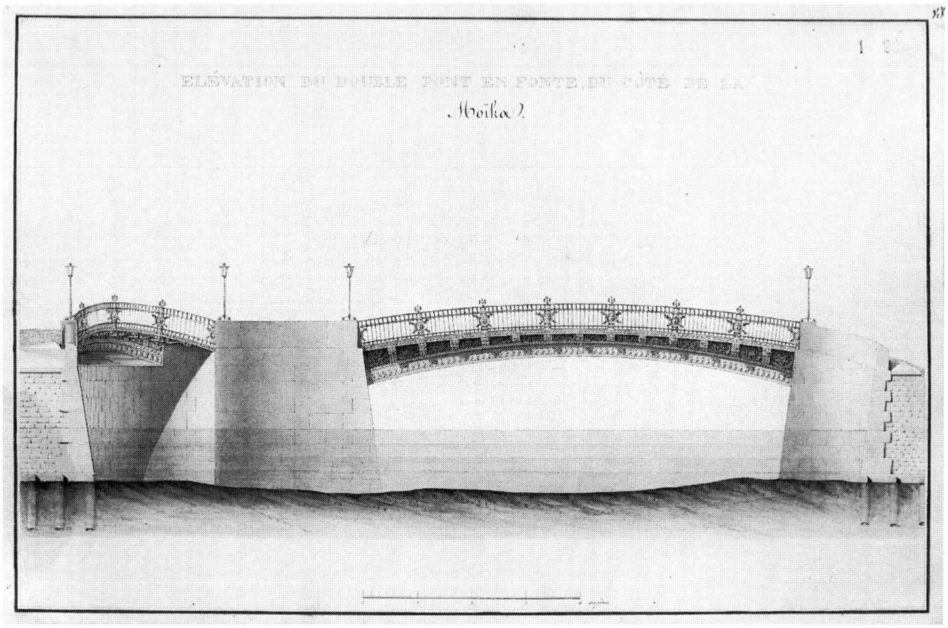

197 Kleine Marstall-Brücke und Theater-Brücke an der Mündung des Katharinen-Kanals, Ansicht, Entwurfsvariante der gußeisernem Dekor, ohne Autor und Datum (NTB PGUPS, Nr. 18560, 1-22)

Gußeiserne Bogenbrücken an Mojka und Katharinen-Kanal, 1828–1832

Kurz nach Fertigstellung seiner zweiten Kettenbrückenserie erhielt Traitteur abermals die Möglichkeit, die Petersburger Brückenlandschaft mitzugestalten. Dabei verzichtete er beim Entwurf zu den neuen Brücken an der Mojka in der Nähe des Winterpalastes gegenüber dem kaiserlichen Marstall auf innovative Hängekonstruktionen zugunsten von Tragwerken aus montierbaren gußeisernen Kassetten. Eine derartige Bauweise war in der Petersburger Praxis seit 1806 bekannt. Durch sie konnte ein für die damalige Zeit modernes Eisenbauwerk geschaffen werden, das sich mit seinen traditionellen Bogenformen harmonisch in die gewachsene klassizistische Struktur des Stadtkerns einfügte (Abb. 197, 198).

Im März 1827 wurde der badische Ingenieur von Alexander von Württemberg angewiesen, den Entwurf zu einer neuen Mojka-Brucke an der Einmundung der Moškov-Gasse, wo sich zu jener Zeit die hölzerne Große Marstall-Brücke (Bol'šoj konjušennyj most) befand, zu erstellen. Den aus einem Kostenvoranschlag und vier Plänen bestehenden Entwurf zur neuen gleichnamigen Brücke legte Traitteur am 5. April desselben Jahres vor. Zur besseren Anbindung der benachbarten Straßen war ein Übergang schräg über den Fluß vorgesehen, eine Lösung, die Traitteur bereits beim Bau der Panteleimon-Brücke angewendet hatte. Die Überbrückung war in Form eines leicht gewölbten Bogens gedacht, der auf Stützen ruhte und aus 42 einzelnen, mit gußeisernen Bolzen und Muttern zusammengefügten Hohlprofilen bestand, die in den Archivalien als ›Kästen‹ bezeichnet werden. Auf dem Bogen befand sich eine Ziegelaufmauerung, auf der die Fahrbahn und die um 8 Zoll (20,3 cm) höher liegenden gußeisernen Trottoirs lagerten. Die sichtbaren Gewölbeseiten sollten mit gußeisernen Gesimsen und Platten verkleidet werden. Als Verzierung waren 30 Löwenköpfe vorgesehen. Für den Bau wurden 119.000 Rubel und mindestens acht Monate Bauzeit veranschlagt. Dabei sollten Baustoffe zum Einsatz kommen, die beim Bau der zweiten Kettenbrückenserie übriggeblieben waren[31].

[28] RGIA, 206-1-599, Bl. 8v, 33v.

[29] Russisches Staatliches Militärhistorisches Archiv (Rossijskij Gosudarstvennyj Voenno-Istoričeskij Archiv), RGVIA, 312-1-285 ›Akte zu dem beim Sommergarten zu bauenden Gitter. Mai–Juni 1825‹, Bl. 3.

[30] Ibid., Bl. 4v.

[31] RGIA, 206-1-739 ›Akte zum Bau der gußeisernen Brücken an der Mojka, der Marstall- und der Theater-Brücke. April–Juli 1827‹, Bl. 1–2, 4–5, 8v. Zeichnungen zu Traitteurs Entwurf der Großen Marstall-Brücke konnten in den Archiven nicht aufgefunden werden.

Aus unbekannten Gründen wurde Traitteurs Entwurf für »überflüssig« befunden, da anstelle dieses Entwurfs im April 1827 ein anderer von Ingenieur-Oberstleutnant E. A. Adam vorgelegt wurde[32]. Die Kommission für Entwürfe und Kostenvoranschläge widmete Traitteurs Vorschlag keine weitere Aufmerksamkeit, sondern leitete ihn ungeprüft an die Verkehrswegeabteilung weiter. Der Rat für Verkehrswege empfahl, für den Bau der neuen Brücke die 1820 von den staatlichen Eisengießereien in Olonec für die Brücken an der Mündung des Katharinen-Kanals gefertigten gußeisernen Hohlprofile zu verwenden[33]. Aufgrund der unterschiedlichen Spannweiten waren diese Segmente jedoch kaum brauchbar, weshalb die Entwurfsausführung eingestellt wurde[34]. Im Dezember 1827 bis Januar 1828 trug Charles Baird Adam seine Unterstützung bei der Erstellung eines Alternativentwurfs für eine Brücke aus gußeisernen Bögen an. Ende Januar wurde dem Herzog von Württemberg die Entwurfsvariante zu einer »Bogenbrücke auf Gewölben« vorgelegt. Da die Bairdsche Fabrik für das laufende Jahr bereits ausgelastet war, kam der Rat für Verkehrswege auf den Brückenentwurf mit Kassetten zurück. Die zugehörigen Gußteile wurden von den staatlichen Aleksandrovskij-Eisengießereien gefertigt und montiert; dabei wurden beim Bau 30 Hohlprofile verwendet, die früher in der Fabrik von Olonec für die Brücken an der Mündung des Katharinen-Kanals gegossen worden waren. Die Bauarbeiten der Brücke begannen im April 1828 unter Adams Leitung. Ende desselben Jahres wurde sie für den Verkehr geöffnet. Als Adam im Februar 1829 zur Beaufsichtigung und Überwachung der Anlage von Brücken an der Donau im Zuge des Russisch-Türkischen Krieges in die kämpfende Armee einberufen wurde, übernahm Traitteur Anfang 1829 die Fertigstellung der Trottoirs und die Ausführung der Stützen der Großen Marstall-Brücke[35].

Mit der weiteren Planung des Marsfeld-Ensembles stand auch Traitteurs letzte bedeutende Arbeit in St. Petersburg in Zusammenhang, die abschließende Planung und der Bau gußeiserner Bogenbrücken am Fluß Mojka an der Mündung des Katharinen-Kanals (1829–1830) sowie die nachfolgende Anlage des angrenzenden Kaiabschnitts (1830–1832) in Zusammenhang. Bereits im ersten Jahrzehnt des 19. Jahrhunderts war daran gedacht worden, die dort befindlichen Holzbauten zu ersetzen. Nach dem ursprünglichen, 1807 erstellten und 1819 genehmigten Entwurf des Architekten William Hastie (russ. V. I. Geste) sollten zwei rechtwinklig zueinander stehende Bogenbrücken mit Tragwerken aus montierbaren gußeisernen Kassetten (vgl. Abb. 198) errichtet werden[36]. Obwohl in den Jahren 1819–1820 in den staatlichen Eisengießereien von Olonec die Kastensegmente für die Brücken bereits angefertigt worden waren, blieb dieser Entwurf unverwirklicht.

Grund dafür dürfte eine Intervention des Komitees für Bauwerke und Wasserbau St. Petersburg gewesen sein. In einem entsprechenden Bericht an den Innenminister bat der Komiteevorsitzende Augustin de Bétancourt um eine Änderung der asymmetrischen Grundrißlösung des bereits genehmigten Entwurfs Hasties im Sinne des in den Vorschlägen des Komitees (Architekt Mauduit) vorgelegten Entwicklungsplans für diesen Teil der Stadt. Einer gemeinsamen Arbeit Bétancourts, Hasties und Mauduits entstammen sodann einige neue Entwurfsvarianten, unter anderem auch eine symmetrisch zum Katharinenkanal angeordnete Fahrbahn. 1824 wurde dieser Entwurf an den Architekten Beretti zur Nacharbeit weitergeleitet, der dem Komitee im Oktober 1827 zwei Vorschläge für die Brücken und die Umgestaltung des Kais vorlegte, die allerdings nicht umgesetzt wurden[37].

Im Dezember 1827 legte Adam der Kommission für Entwürfe und Kostenvoranschläge neue Entwurfsvarianten zu den beiden gußeisernen Brücken an der Mojka vor, die bald Kleine Marstall-Brücke (Malyj konjušennyj most) und Theater-Brücke (Teatral'nyj most) genannt wurden[38]. Dabei orientierte

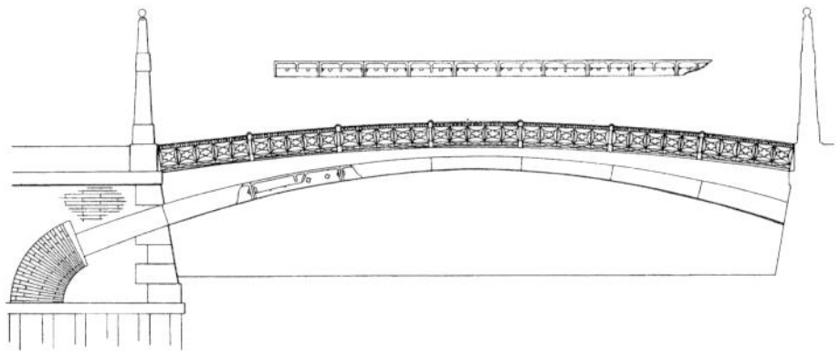

198 Entwurf von W. Hastie für die Rote Brücke über die Mojka, 1808–1814 (James. *Russian Iron Bridges* ..., S. 87)

[32] RGIA, 1487-4-239 ›Entwurf zur neuen gußeisernen Marstall-Brücke bei der Moškov-Gasse. April 1827. Unterzeichnet Oberstleutnant Adam‹.

[33] Näheres zur Entwurfsgeschichte dieser Brükken (Kleine Marstall-Brücke und Theater-Brücke) s. unten.

[34] RGIA, 206-1-739, Bl. 112v. Wie sich später herausstellte, ging der Versuch, beim Bau der Großen Marstall-Brücke für die Kleine Marstall-Brücke gefertigte Konstruktionsteile einzusetzen, auf einen Irrtum der Bauverwaltung aufgrund der praktisch gleichlautenden Namen beider Bauwerke zurück.

[35] RGIA, 206-1-738 ›Über den Bau der gußeisernen Brücken an der Mojka. 1828‹, Bl. 194–195, 201–202; RGIA, 206-1-735 ›Akte zur Marstall-Brücke über die Mojka. März 1827 – Oktober 1831‹, Bl. 329, 332–333, 400, 473–512, 532.

[36] Eine Vorstellung von Hasties Brückenentwurf von 1819 vermitteln folgende Zeichnungen: RGIA, 1487-4-246, Bl. 6 ›Grundriß und Profil eines gußeisernen Bogens. Zur Theater-Brücke an der Mojka. April 1828‹ (ohne Unterschrift); Bl. 7 ›Grundriß und Profil eines gußeisernen Bogens. Zur Marstall-Brücke an der Mündung des Katharinen-Kanals. April 1828‹ (ohne Unterschrift).

[37] Lohanov, G. I. *Predystorija stroitel'stva Malokonjušennogo i Teatral'nogo mostov v Leningrade (Vorgeschichte des Baus der Kleinen Marstall- und der Theater-Brücke in Leningrad)*. Im Sammelband: Voprosy istorii i teorii architektury (Fragen der Architekturgeschichte und -theorie), Leningrad, 1985, S. 59–65. Zeichnungen zu dem im Schriftwechsel erwähnten ›Komitee-Entwurf‹ konnten in den Archiven nicht aufgefunden werden.

[38] RGIA, 206-1-738, Bl. 29–31. Es ist darauf hinzuweisen, daß die Benennung der Brücken, Malyj Konjušennyj most und Teatral'nyj most, auf den Zeichnungen und Schriftstücken des 19. bis beginnenden 20. Jh. gerade entgegengesetzt zu der heute üblichen gehandhabt wurde. Seit 1916 wird als Kleine Marstall-Brücke (Malyj Konjušennyj most) die Brücke mit der größeren Spannweite über die Mojka bezeichnet, als Theater-Brücke (Teatral'nyj most) die kleinere über den Katharinen-Kanal (später: Griboedov-Kanal).

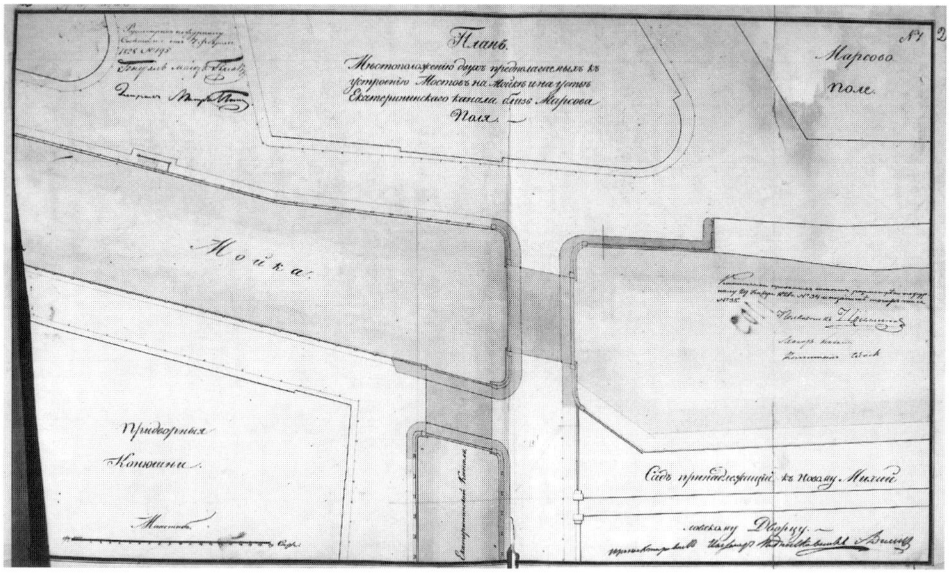

199 Brücken an der Mündung des Katharinen-Kanals in die Mojka in St. Petersburg, 1828–1832. Lageplan, 1. Variante. Adam, Januar 1828 (RGIA, 1487-4-247, Bl. 2)

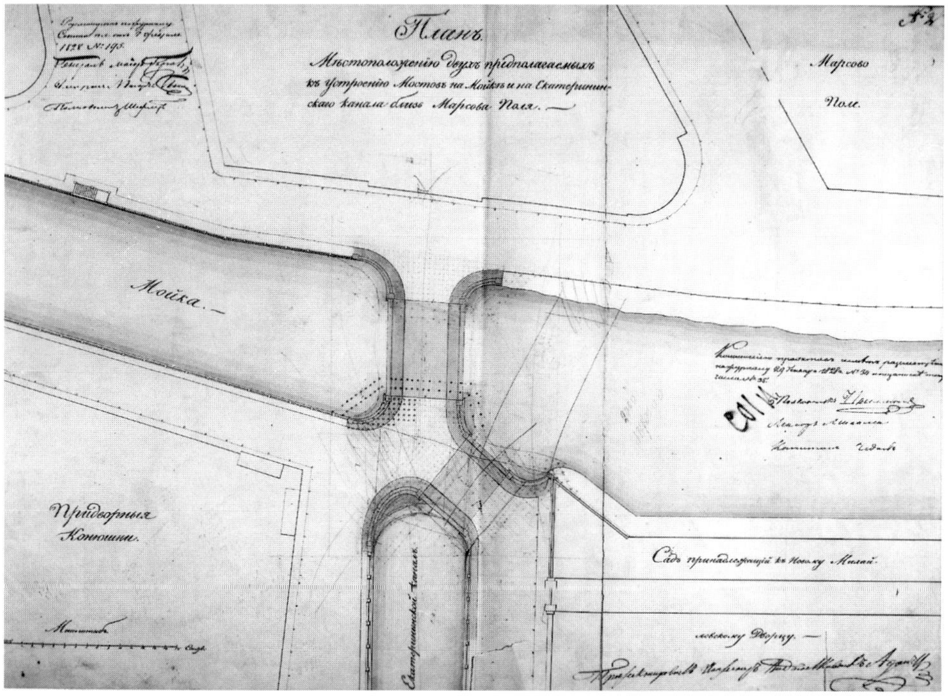

200 Brücken an der Mündung des Katharinen-Kanals in die Mojka in St. Petersburg, 1828–1832. Lageplan, 2. Variante. Adam, Januar 1828 (RGIA, 1487-4-247, Bl. 3)

er sich an der Verwendung der bereits gefertigten montierbaren gußeisernen Kassetten[39]. Nach der ersten Variante sollten die beiden Übergänge rechtwinklig über die Mündung des Katharinen-Kanals geführt werden, über die Mojka hingegen in Fortführung des Kais am rechten Kanalufer (Abb. 199)[40]. Bei der zweiten Variante wurde die gewachsene städtebauliche Situation des Abschnitts feinfühlig berücksichtigt und geschickt weiterentwickelt, indem die Brücke über die Mojka in die Achse des Katharinen-Kanals gerückt wurde und damit auf den Hauptrisaliten eines kurz zuvor gegenüber der Kanalmündung erbauten klassizistischen Mietshauses (1823–1827, Architekt Adamini) zulief. An der Mündung des Kanals, wo sich dessen Verlauf geringfügig in Richtung der Fontanka änderte, sollte die zweite Bogenbrücke errichtet werden (Abb. 200)[41]. Die dabei entstehenden Behinderungen beim Passieren der Brücken und für die Schiffahrt riefen bei der Kommission für Entwürfe

[39] RGIA, 206-1-978 ›Über den Bau der gußeisernen Brücken über die Mojka und die Mündung des Katharinen-Kanals. Januar 1829 – Oktober 1833‹, Bl. 3.

[40] RGIA, 1487-4-247, Bl. 1 ›Lageplan der beiden für den Bau geplanten Brücken an der Mojka und der Mündung des Katharinen-Kanals in der Nähe des Marsfelds. Nr. 1, 29. Januar 1829‹ (Unterschrift: Oberstleutnant Adam).

[41] RGIA, 1487-4-247, Bl. 2, 3 ›Lageplan der beiden für den Bau geplanten Brücken an der Mojka und der Mündung des Katharinen-Kanals in der Nähe des Marsfeldes. Nr. 2. Geprüft von der Kommission für Entwürfe und Kostenvoranschläge am 29. Januar 1829‹ (Unterschrift: Oberstleutnant Adam).

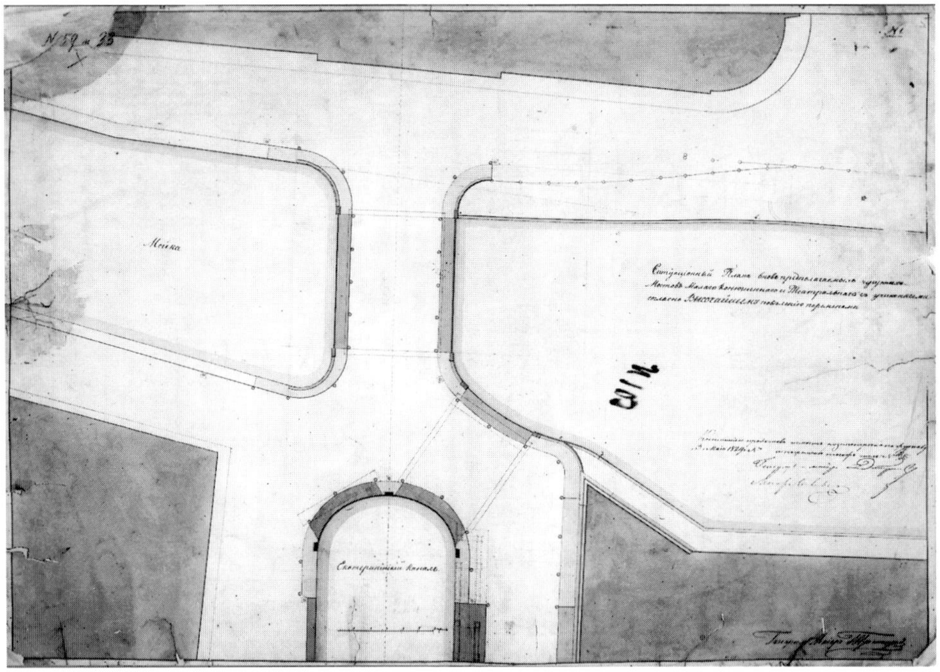

201 Brücken an der Mündung des Katharinen-Kanals in die Mojka in St. Petersburg, 1828–1832. Lageplan, endgültige Version. Traitteur, Mai 1829 (RGIA, 1487-4-242, Bl. 5)

und Kostenvoranschläge Widerspruch hervor, weshalb sie der ersten, konventionelleren Lageplanvariante den Vorzug einräumte. Im Rat für Verkehrswege wurde jedoch die zweite, städtebaulich wesentlich gelungenere Version genehmigt, die Grundlage für den alsbald realisierten Entwurf einer ›dreiteiligen‹, als Platz gestalteten Brücke: »*... so wird sich die Mündung des Katharinen-Kanals in die Mojka verlagern und läßt den Schiffen freie Ein- und Ausfahrt in und aus dem Kanal, und die Achse der Brücke über die Mojka, die auf der Achse des Katharinen-Kanals liegt, bereitet gleichfalls der Anordnung dieser Bauwerke die gebührende Ebenmäßigkeit und Schönheit*«[42].

Anfang Februar 1829 wurde Adam in die kämpfende Armee zur Beaufsichtigung und Überwachung der Anlage von Brücken an der Donau und anderen Flüssen am aktuellen Kriegsschauplatz abkommandiert, weshalb alle weiteren Arbeiten zum Bau der Brücken an Traitteur vergeben wurden[43]. Dabei wurden ihm der genehmigte Entwurf Adams, der vom Komitee für Bauwerke und Wasserbau in St. Petersburg erstellte Alternativvorschlag sowie Detailpläne zum Sichtflächendekor der Brücken, die zuvor an die Aleksandrovskij-Eisengießerei übergeben worden waren, zur Verfügung gestellt. Nach einer Auseinandersetzung mit der Adamschen Lösung befand Traitteur diese aus folgenden Gründen für ungeeignet. Die Fahrbahn der Brücke sei außerordentlich eng und habe nur 4 Sažen', während sie im Entwurf des Komitees 6 Sažen' habe; die Anordnung der Brücke über den Katharinen-Kanal sei »nicht ebenmäßig‹«, wodurch auch ihre Erscheinung in diesem Quartier »völlig ungestalt« gerate[44].

Zur Realisierung legte der badische Ingenieur zunächst eine korrigierte Fassung des Komitee-Entwurfs vor, die seiner Ansicht nach »*... viel angenehmer für den Verkehr sein und darüber hinaus eine Zierde für dieses Viertel darstellen wird*«. Aus dem Adamschen Entwurf übernahm er dabei zunächst die architektonische Gestalt der Brücke (Abb. 201). Mitte März 1829 billigte die Kommission für Entwürfe und Kostenvoranschläge die in Traitteurs Entwurf enthaltenen Änderungen, so die Verbreiterung der Brücke von 4 auf 5 Sažen' 2 Aršin (12,07 m) und die Verwendung von gleichartigen Laternenpfählen und Verzierungen auf allen Bögen. Letzterer Vorschlag wurde für besonders wichtig

[42] RGIA, 206-1-738 ›Über den Bau der gußeisernen Brücken an der Mojka. 1828‹, Bl. 29–31.

[43] RGIA, 206-1-986 ›Allgemeiner Schriftwechsel zum Bau der 2 gußeisernen Brücken, der Marstall-Brücke und der Theater-Brücke. 1829‹, Bl. 1 (Verfügung des Herzogs von Württemberg vom 2. Februar 1829).

[44] RGIA, 206-1-986, Bl. 4–5.

[45] Ibid., Bl. 31v; RGIA, 206-1-978, Bl. 27–28.

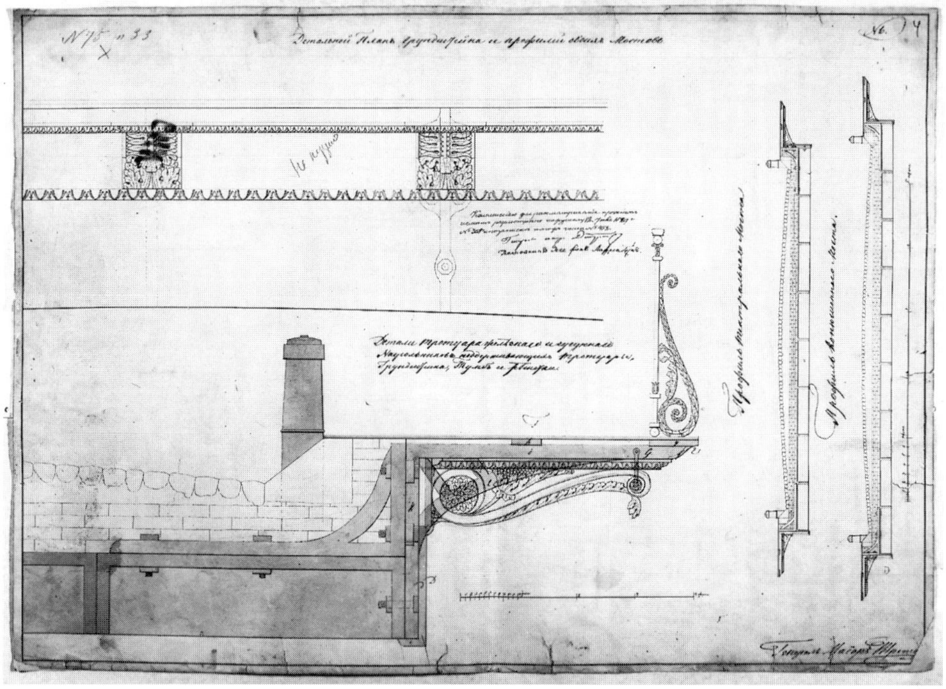

202 Konsolen für die auskragenden Trottoirs der Bogenbrücken an der Mündung des Katharinen-Kanals, genehmigter Entwurf. Traitteur, Juli 1829 (RGIA, 1487-4-246, Bl. 4)

befunden, da er nach Ansicht der Kommission *»... das Aussehen dieser beiden Brücken, die derart nahe beieinander stehen, ...«* so gestalte, *»... daß das System jener sozusagen nur eine Brücke darstellt«*. Gleichzeitig wurde festgestellt, daß, obwohl die kleine Bogenbrücke über den Katharinen-Kanal »regelmäßiger« als im ursprünglichen Entwurf aussehe und ihr Grundriß sich der Form annähere, wie sie auf den vom Herzog von Württemberg genehmigten Zeichnungen dargestellt sei, *»die Form der Brücke noch angenehmer würde«*, wenn die Stirnseite des Kanals im Grundriß die Form einer *»welligen Krummlinie«* aus drei Bögen zu je 60° annähme, entlang derer die Gehwege verliefen[45]. Ausgehend von diesen Empfehlungen wurde Traitteur angetragen, den endgültigen Detailentwurf zu erstellen.

Wie aus den erhalten gebliebenen Schriftstücken hervorgeht, griff Traitteur in diesem alsbald realisierten Entwurf auch auf die zweite Entwurfsvariante Adams und den Komitee-Entwurf zurück, verbreiterte die Brücke dabei jedoch und legte eine im Grundriß symmetrische Anordnung der beiden

203 Unterseite der auskragenden Trottoirs mit Konsolkonstruktion im demontierten Zustand (Photographie 1993)

204 Tonne aus gußeisernen Kassetten der Kleinen Marstall-Brücke (Photographie 1993)

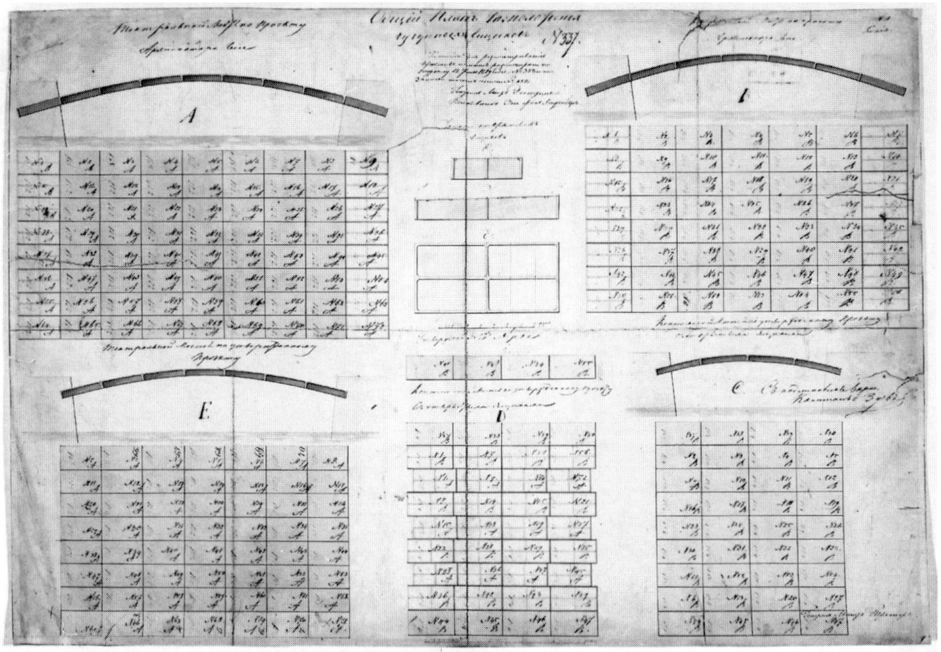

205 Planvarianten für die gußeisernen Kassetten der Brücken an der Mündung des Katharinen-Kanals in die Mojka. Zeichnung Traitteurs mit den ursprünglichen Vorschlägen von W. Hastie (A, B) und eigenen Varianten (C, D), Juli 1829 (RGIA, 1487-4-590, Bl. 11)

Bogenbrücken in der Kanalmündung endgültig fest[46]. Dabei entwickelte Traitteur den Gedanken, auf dem rechten Kanalufer einen dritten Bogen vorzublenden (Abb. 201). Dies belegen die Mitte März 1829 genehmigten Lagepläne[47] sowie der Wortlaut eines späteren Rapports: »... *Wie Eure Königliche Hoheit geruhten, wurde der von Oberstleutnant Adam gemachte Entwurf von mir abgeändert und, obgleich die Anzahl der Guß- und Eisenteile geflissentlich vermehrt wurde und sogar ein dritter Bogen hinzukam, fand ich doch bei alledem eine Möglichkeit, ... auf 36 Gußkästen zu verzichten, deren Guß meinerseits nicht zugelassen wurde*«[48].

Traitteur änderte die Konstruktion der Brückentragwerke, bei denen der Ingenieur Adam Auskragungen für die Gehwege geplant hatte. Aufgrund der beträchtlichen Vorkragung der gußeisernen L-förmigen Träger unter den Gehwegen mit einer Länge von bis zu 5,5 Fuß (1,68 m) mußte er diese mit Dreieckkonsolen abstützen, die mit gußeisernen Blattkonsolen verkleidet wurden (Abb. 202, 203)[49]. Bei der Kleinen Marstall-Brücke waren 22, bei der Theater-Brücke 12 Halterungen mit Eisenwinkelbändern vorgesehen. Der ›Blendbogen‹ wurde mit 6 Halterungen versehen. Für den Bogen der Kleinen Marstall-Brücke schlug Traitteur anstatt der im Entwurf Hasties von 1819 vorgesehenen 56 geschlossenen gußeisernen Hohlprofilen mit Deckeln und 16 offenen, im Mauerwerk der Widerlager verborgenen Kastensegmente (Abb. 204–207) eine Variante aus 56 Kästen mit 8.624 Pud (141,26 t) Gesamtgewicht und einem Gesamtpreis von 47.432 Rubel vor, für den Bogen der Theaterbrücke anstelle der 56 nur 36 Kästen mit 5.600 Pud (91,7 t) Gesamtgewicht zu 30.800 Rubel. Auf den erhalten gebliebenen Entwurfszeichnungen Traitteurs vom Mai 1829 besteht der Querschnitt des Tragwerks der ›großen‹ Brücke (der heutigen Kleinen Marstall-Brücke) aus acht Kassetten und ist 12,62 m breit; das der ›kleinen‹ Brücke (der heutigen Theater-Brücke) besteht aus neun Kassetten und ist mit 14,3 m etwas breiter (Abb. 207)[50]. Die in diesen Entwürfen vorgelegte Breite der Brücken wurde in der Folgezeit abgeändert. Sie entspricht weder der im Archivschriftwechsel erwähnten (5 Sažen' 2 Aršin) noch der heutigen Breite beider Brücken (15,6 m). Die Kosten für die »gußeisernen und [schmiede]eisernen Stücke« der neuen Brücke beliefen sich auf 137.370 Rubel.

[46] RGIA, 206-1-978, Bl. 300v–301.

[47] RGIA, 1487-4-242 ›Theater- und Kleine Marstall-Brücke mit Angabe der Granittrottoirs und Brüstung. Lageplan, Gesamt- und Spezialplan, Details. März–Mai 1831‹, Bl. 2, 4–6 (Unterschrift: Generalmajor Traitteur).

[48] RGIA, 206-1-1078 ›Über den Bau der gußeisernen Brücken, der Kleinen Marstall- und der Theaterbrücke. Dezember 1829 – Februar 1835‹, Bl. 107v.

[49] Traitteurs konstruktive Lösung geht aus folgenden Zeichnungen hervor: RGIA, 1487-4-246 ›Theater- und Kleine Marstallbrücke. Entwurf zu den gußeisernen Brücken nahe der Zarinnenwiese an der Mojka und dem Katharinen-Kanal. Profile, Granitwiderlager, Bögen‹, Bl. 4, 5 ›Detailplan von Grundstein und Profilen beider Brücken. Juli 1829‹ (Unterschrift: Generalmajor Traitteur).

[50] RGIA, 1487-4-246, Bl. 1, 2 ›Querprofile der neu zu erbauenden gußeisernen Brücke nahe der Zarinnenwiese an der Mojka und dem Katharinen-Kanal. Geprüft von der Kommission für Entwürfe und Kostenvoranschläge am 2. Mai 1829‹ (Unterschrift: Generalmajor Traitteur).

[51] Am 14. April 1829, während der Arbeiten zum Bau der Bogenbrücken an der Mojka, wurde Traitteur in den Rang eines Generalmajors befördert (RGIA, 200-1-1780, Bl. 75v.; Staatliches Historisches Archiv Estland, Tallinn, Abt., Nr. 181-1 ›Wilhelm Traitteur‹, Bl. 1, 26 u. a.).

[52] RGIA, 206-1-978, Bl. 256.

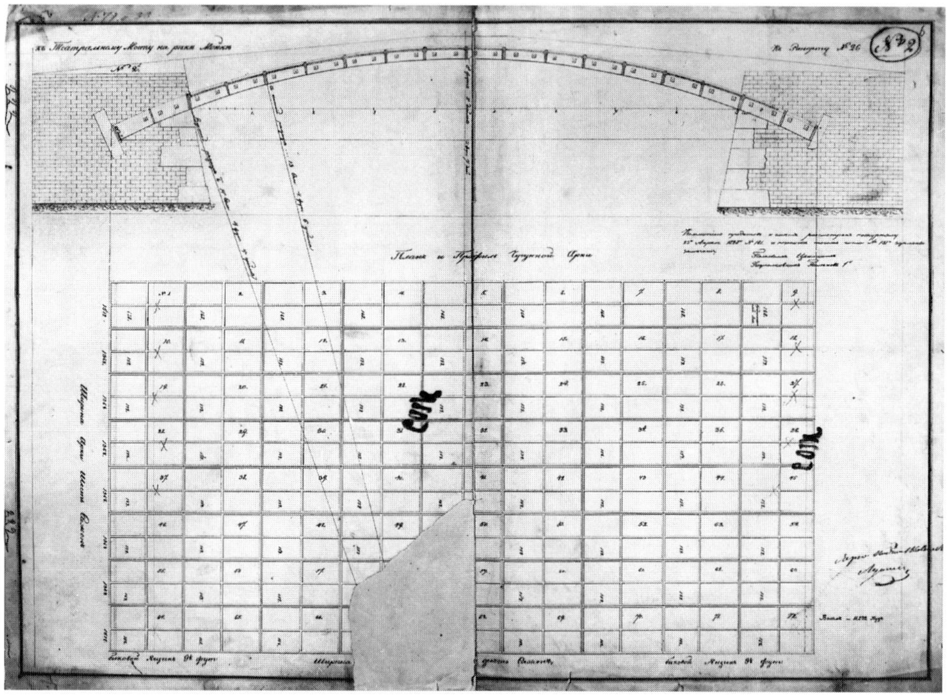

206 Bogenbrücken aus gußeisernen Kassetten, Theater-Brücke und Kleine Marstall-Brücke über die Mojka, Längsschnitt und Untersicht. Hastie, Adam und Traitteur, April 1828 (RGIA, 1487-4-246, Bl. 6, 7)

Bei der Fertigstellung der Entwürfe konzentrierte sich Generalmajor Traitteur[51] hauptsächlich auf die gußeisernen Verzierungen der Brücken, weshalb sie als eines der letzten und bedeutendsten Werke des badischen Ingenieurs im Bereich des Eisenkunstgusses betrachtet werden können. In einem Rapport vom 5. Juni 1829 teilte er dem Herzog von Württemberg mit, er halte es für nötig, einen detaillierten Entwurf zu sämtlichen gußeisernen und eisernen Teilen für den Bau der Theater- und der Marstallbrücke vorzulegen, umso mehr, als der genehmigte Plan starke Unterschiede gegenüber dem zuvor von Oberstleutnant Adam erstellten aufweise[52]. Bei der Anfertigung der Zeich-

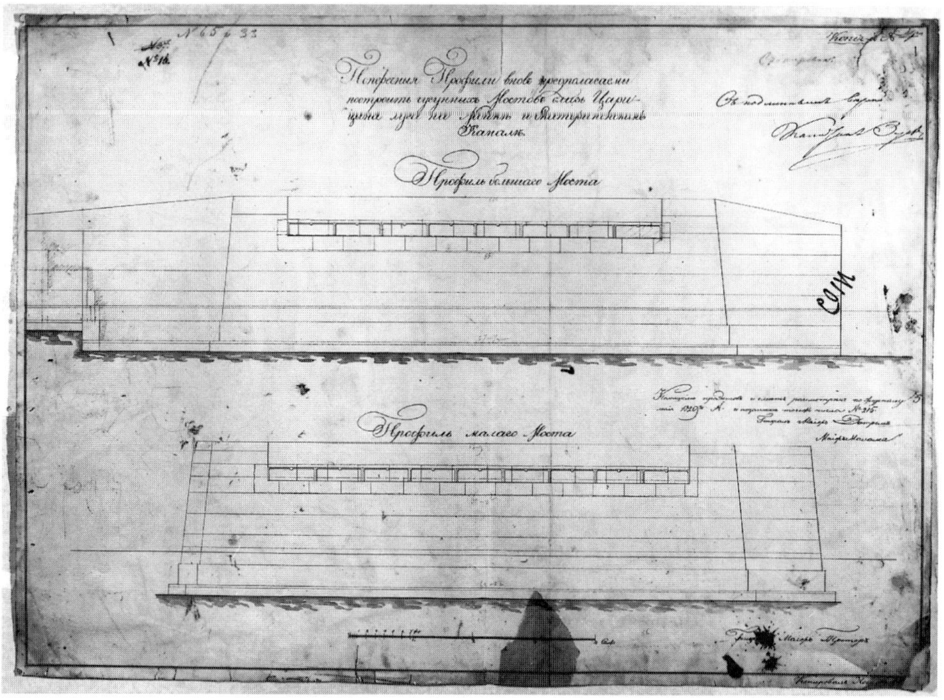

207 Auflager der gußeisernen Bogenkonstruktion der Theater-Brücke und Kleinen Marstall-Brücke, Querschnitte. Entwurf Traitteurs vom Mai 1829 (RGIA, 1487-4-246, Bl. 1)

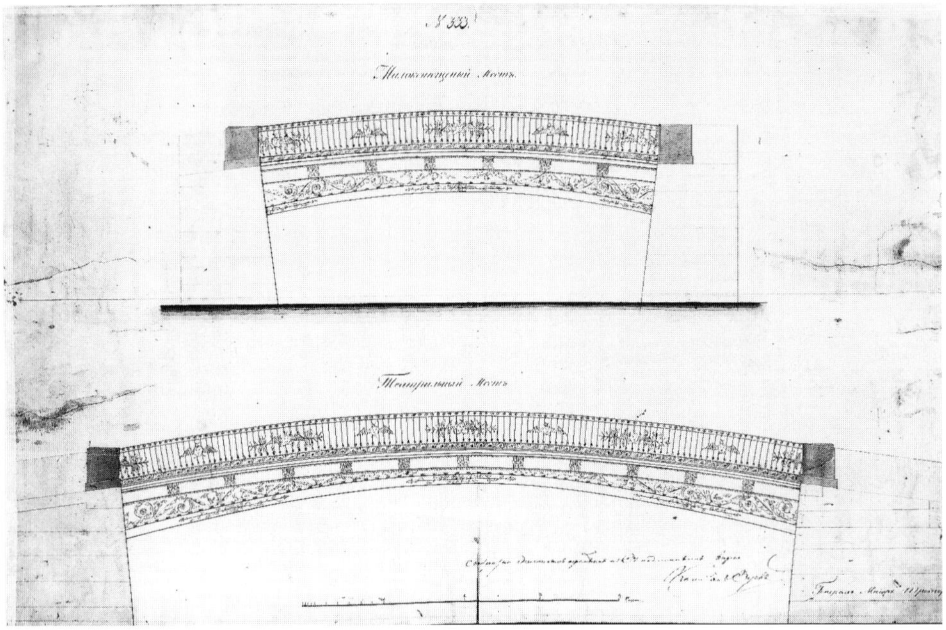

208 Entwurf Traitteurs für den Dekor der Theater-Brücke und Kleinen Marstall-Brücke, ohne Datum (RGIA, 1487-4-590, Bl. 9)

nungen für den gußeisernen Dekor stützte sich Traitteur auf die genehmigten Entwürfe und den Beschluß der Kommission für Entwürfe und Kostenvoranschläge, alle Gitter nach gleicher Vorlage zu gestalten. Seinen Vorschlägen legte er offensichtlich das ›Prinzip der Standardisierung‹ von Dekormotiven zugrunde (Abb. 197), die im Vergleich zu vorliegenden Entwürfen in ihren Details reduziert wurden. So schlug er für die ›Schauseiten‹ der größeren Brücke über die Mojka zwei neue Geländertypen vor, die sich gegenüber dem übermäßig prunkvollen Dekor der Tragbögen deutlich zurückhielten und den Abstand zwischen den Halterungen aufnahmen: »... *An der Fassade der Theater-Brücke* [der heutigen Kleinen Marstall-Brücke] *machte ich zwei unterschiedliche Gestaltungsmuster. Da die Verzierungen des Bogens übermäßig reich sind, machte ich im Teil der linken Gitterseite auch häufiger Verzierungen, so daß gegenüber jeder Halterung ein Medusenkopf liegt, was einander in Üppigkeit und Verzierung entspricht; in der anderen Gitterhälfte wurde die Verzierung etwas rarer gestaltet, und wenn jene nicht von solchem Reichtum sein wird, wie auf der linken Gitterseite gezeigt, so wird sie viel angenehmer aussehen*«[53]. Aus denselben Gründen sollte auch der im Adamschen Entwurf vorgesehene Dekor der gußeisernen Zylinder der Laternenpfähle weggelassen werden.

Bei einer erneuten Prüfung des Traitteurschen Entwurfs im Juni 1829 lehnte die Kommission für Entwürfe und Kostenvoranschläge, an deren Sitzung Generalmajor Destrem, Oberst Zoege von Laurenburg sowie die Oberstleutnante Lamé und Clapeyron teilnahmen, die meisten Änderungsvorschläge zum Brückendekor ab[54]. Sie war der Ansicht, die ursprüngliche Gestalt des Gitters und der Gußbogenverzierung (wahrscheinlich ist hier von dem Adamschen Entwurf die Rede) sei gefälliger als die ›reduzierten‹ Entwürfe Traitteurs. Die Entscheidung, die Bogenprofile über die gesamte Spannweite in einheitlicher Stärke auszuführen, wurde von den Gutachtern ebenfalls nicht gebilligt, die der Ansicht waren, die Brücke bekäme in diesem Fall ein »schweres und häßliches Aussehen«. Dagegen wurden sämliche Änderungsvorschläge zu den Konstruktionsdetails gebilligt. Ende Juni 1829 befand der Rat für Verkehrswege die Anmerkungen der Kommission für richtig und gab den Entwurf zur Nacharbeit zurück. Die endgültigen, alsbald realisierten Entwurfsvarianten für die Architektur der Brücke (Abb. 208, 209, vgl. Abb. 211, 212)

[53] RGIA, 206-1-978, Bl. 256v–257. Eine Variante des Dekors der Traitteurschen Bogenbrücken ist möglicherweise auf einer Zeichnung der Sammlung P.-D. Bazaine dargestellt (NTB PGUPS Nr. 18560, 1–22 ›Elévation du double pont en fonte, du côté de la Moika‹, ohne Datumsangabe und Unterschrift).

[54] RGIA, 206-1-978, Bl. 288–289v.

[55] RGIA, 1487-4-242, Bl. 10, 11 ›Details von Theater- und Kleiner Marstall-Brücke. 12. Juli 1829‹ (Unterschrift: Generalmajor Traitteur); RGIA, 1487-4-590, Bl. 7 ›Details von Theater- und Kleiner Marstall-Brücke. 12. Juli 1829‹, Bl. 9 ›Aufrisse von Theater- und Kleine Marstall-Brücke‹ (Kopie, ohne Datum. Unterschrift: Generalmajor Traitteur).

[56] RGIA, 206-1-978, Bl. 301.

[57] *Žurnal putej soobščenija (Journal für Verkehrswege)*, Bd. 12, 1828, St. Petersburg, S. 92.

[58] RGIA, 206-1-1078, Bl. 131–133.

[59] RGIA, 206-1-978, Bl. 443.

[60] Eine Vorstellung von den wichtigsten, zu jener Zeit eingesetzten Rammentypen vermitteln die Tabellen bei: Wiebeking, Carl von. *Architecture civile théorique et pratique ...*, München 1831, Bd. 7, Taf. 81, 82. Rammen mit Winden wurden zuvor in St. Petersburg in größerem Maßstab lediglich beim Bau der Isaaks-Kathedrale eingesetzt.

[61] RGIA, 206-1-978, Bl. 366; 386–388, 390–391.

[62] RGIA, 206-1-978, Bl. 217, 219.

209 Gußeiserner Blendbogen an der Mündung des Katharinen-Kanals. Zustand während der rekonstruierenden Erneuerung (Photographie 1993)

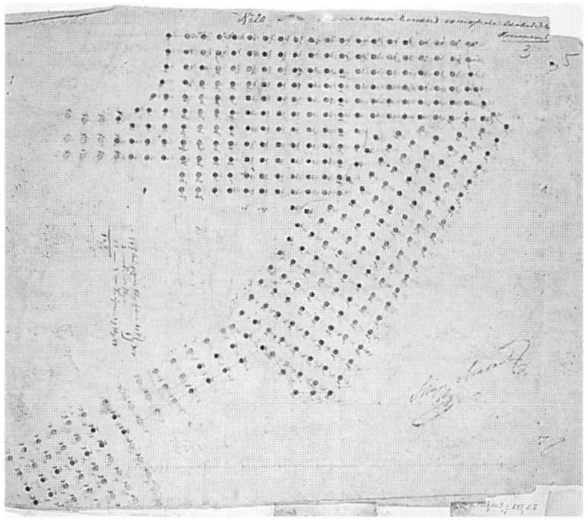

210 Pfahlplan für die Widerlager der Bogenbrücken an der Mündung des Katharinen-Kanals. Werkzeichnung von Mihajlov, ohne Datum (RGIA, 1487-4-253, Bl. 3)

legte Traitteur Mitte Juli vor[55]. In einem dem Rat für Verkehrswege gleichzeitig zugeleiteten Rapport bezweifelte er die Richtigkeit der Anmerkungen und bat, da die Gußeisenarbeiten so bald als möglich aufzunehmen seien, um baldigste Genehmigung all seiner früheren Entwurfsänderungen[56].

Die auf zwei Jahre veranschlagten Bauarbeiten zu den Bogenbrücken an der Mojka wurden am 27. Mai 1829 mit der Anlage der Pfahlgründung unter den Granitwiderlagern aufgenommen. Bei ihnen wurde Traitteur hauptsächlich vom Fähnrich des Bautrupps Henseling unterstützt[57]. Traitteur verfügte, zum Einrammen der im Entwurf vorgesehenen 835 Pfähle Handrammen einzusetzen[58]. Gegen diesen Entschluß legte die Kommission für Entwürfe und Kostenvoranschläge Widerspruch ein, da sie der Ansicht war, bei derartigen Arbeiten hätten sich Rammen mit Horizontalwinde am besten bewährt. Für Abschnitte mit hartem Baugrund empfahl die Kommission Rammaschinen. Ihrer Ansicht nach könnten mit derartigen Rammen alle 835 Pfähle in 41 Tagen eingebracht werden[59]. Unter Berücksichtigung der Äußerungen seiner Kollegen beschloß Traitteur, zwischen den möglichen Einrammverfahren für Pfähle Vergleiche anzustellen. Diese Versuche, bei denen die Baustelle als eine Art Versuchsfeld genutzt wurde, eine Praxis, die sich beim Bau der Kettenbrücken bereits herausgebildet hatte, wurden im Juli unter Leitung des Oberstleutnants Polenov vom Corps der Verkehrswegeingenieure aufgenommen. Dabei sollte das Einrammen der Pfähle mit einer einfachen Handramme, einer einfachen Ramme mit Winde und einer Maschine nach dem Verfahren des französischen Ingenieurs Lamandé getestet werden[60].

Traitteurs Versuchsergebnisse vermochten jedoch die Kommission nicht von den Vorzügen der Handrammen zu überzeugen, weshalb sie weiterhin auf dem Einsatz von verbesserten Rammen mit Winde bestand. Nach kurzzeitiger Nutzung dieser Geräte kam Traitteur jedoch wegen des zögerlichen Arbeitsfortschritts wieder auf sein ursprüngliches Verfahren mit Handrammen zurück. Dabei setzte er neun ›holländische Rammen‹ ein, die in der Bairdschen Fabrik »nach Lamandés Verfahren« modifiziert worden waren[61]. Zur Beschleunigung der Bautätigkeit wurde Tag und Nacht gearbeitet. Beim Einrammen der Pfähle für das Rostwerk der Widerlager (Abb. 210) wurden die im ursprünglichen Entwurf Adams vorgesehenen Spundpfähle durch kurze Spundbretter ersetzt, wodurch beträchtliche Mittel eingespart werden konnten. Anstatt der 4 Sažen' langen und 6 Veršok starken Gründungspfähle und -sohlbalken kamen Pfähle mit 7 Veršok (31,2 cm) Durchmesser zum Einsatz. Mit jeder einzelnen Ramme, deren Betrieb zwei Zimmerleute und 35 Hilfsarbeiter erforderte, wurden täglich 7 Pfähle eingeschlagen[62]. Im November 1829 waren die Granitwiderlager und die Bogengerüste zum Einsetzen der gußeisernen Kastensegmente fertiggestellt.

Am 23. April 1830, während der Errichtung der Brücken, ereignete sich auf der Baustelle ein Unglücksfall. Durch von den Gerüsten herabfallende Granitsteine kamen drei Arbeiter zu Tode. Am darauffolgenden Tag wurde Traitteur wegen Unterlassung seiner Aufsichtspflichten inhaftiert und blieb bis zu seiner »auf Allerhöchster Ebene verkündeten« Freilassung am 1. Mai unter Arrest. Die Verfügung über seine Inhaftierung und sein Vergehen wurde in die Dienstliste des badischen Ingenieurs aufgenommen. Später stritt Traitteur jegliches Eigenverschulden an diesem Vorfall ab und erklärte diesen mit der fehlenden Aufmerksamkeit der Arbeiter und den organisatorischen Mängeln bei der Bauausführung in Rußland: »*Que des echaffaudages, qui avaient déjà supporté plus de 800 blocs de granit, sont tombés sous le poids d'une pierre de moindre dimension, ne peut-être attribué qu'à la négligence des ouvriers, qui jusqu'à présent n'a pu être toujours prévue dans aucun pays du monde .... A combien de gens le Tunnel à Londres n'a-t-il pas couté la vie? L'année 1830 a offert plusieurs exemples d'accidens semblab-*

211 Theater-Brücke, Teil des gußeisernen Gitters. Photographie um 1900 (Photoarchiv des IIMK RAN)

les. Les feuilles publique[s] nous ont communiqué ceux arrivés à Berlin, Vienne, Paris, Munich, Koethen &c &c pays qui possédent tous l'avantage, dont nous sommes privés en Russie, de ne travailler qu'avec les ouvriers appartenant à des corps de métier. C'est à cette circonstance et à celle qu'à nos constructions nous devons d'abord former non seulement les officiers mais aussi les ouvriers, qui presque chaque jour se changent, qu'on doit attribuer les accidens, qui en général sont plus communs en Russie qu'en d'autres pays«[63].

Im September 1829 wurden die gußeisernen Hohlprofile, die für die Brücken nach dem Entwurf von Hastie (1819) angefertigt worden waren, aus den Eisengießereien in Olonec auf die Baustelle geliefert. Von den insgesamt 98 Stück mit einem Gesamtgewicht von 13.641 Pud waren für den kleineren Bogen, die spätere Theater-Brücke, 26, für den größeren (Kleine Marstallbrücke) und den Blendbogen 72 Kassetten mit einem Gesamtgewicht von 3.747 bzw. 9.894 Pud vorgesehen (Abb. 205, 206). Zusätzlich zu den fertigen Hohlprofilen wurden die Gießereien in Olonec mit der Anfertigung von 9 gußeisernen Laternenpfählen, 33 laufenden Sažen' (70,9 m) Geländer und 33 Pollern beauftragt. Die Montage der Kassetten auf den hölzernen Bogengerüsten und die »Vergoldung aller Teile nach dem Vorbilde der Marstall-Brücke« erfolgten unter Leitung von Clark und wurden im Spätsommer 1830 abgeschlossen[64]. Die Fahrbahn der entlang der Achse des Katharinen-Kanals gelegenen Kleinen Marstall-Brücke über die Mojka bekam eine Spannweite von 18,5 m und eine Breite von 15,6 m, die der Theater-Brücke eine Spannweite von 10,8 m und eine Breite von 15,6 m.

Da 30 Hohlprofile, die für die künftigen Brücken in der Mündung des Katharinen-Kanals angefertigt worden waren, von Adam 1828 beim Bau der benachbarten Großen Marstallbrücke eingesetzt wurden, verwandte Traitteur für die Tragwerke der neuen Brücken und den ›Blendbogen‹ (Abb. /15 a) die offenen Hohlprofile, die in den Entwürfen Hasties für die im Mauerwerk der Widerlager verborgenen Bogenauflager vorgesehen waren. Der obere Teil der Kassetten wurde dabei mit einer zusätzlichen Deckplatte versehen. Nach Anbringung und Endbearbeitung des Gußdekors wurden die Kleine Marstall-Brücke und die Theater-Brücke am 18. November 1830 für den Verkehr geöffnet.

[63] RGIA, 200-1-1780, Bl. 130v.

[64] RGIA, 206-1-978, Bl. 464; 206-1-988 ›Akte zu den eingehenden Papieren zum Bau der Marstallbrücken 1829‹, Bl. 48–51. Dies bezieht sich auf die kurz zuvor fertiggestellten Bauarbeiten an der benachbarten Großen Marstall-Brücke über die Mojka (1828, Ingenieur E. Adam).

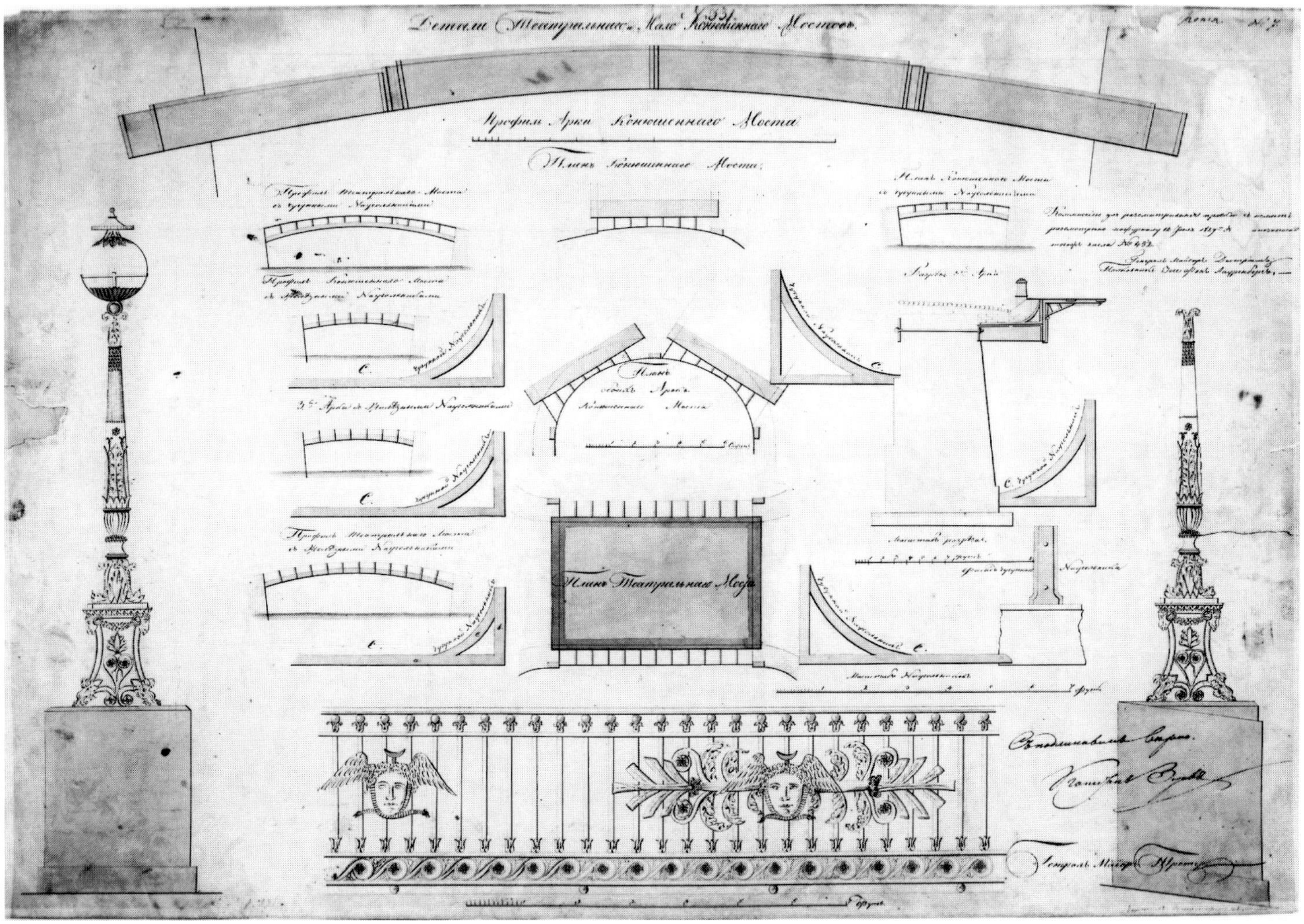

212 Gußeiserner Gitterdekor der Bogenbrücken an der Mündung des Katharinen-Kanals, genehmigter Entwurf. Traitteur, Juli 1829 (RGIA, 1487-4-590, Bl. 7)

Trotz der Kostenüberschreitung beim Einrammen der Pfähle wurden alles in allem 179.949 Rubel und damit 24.121 Rubel weniger als im genehmigten Voranschlag Traitteurs verausgabt[65].

Traitteur schlug vor, die beim Brückenbau eingesparten Mittel zur Fortführung des Granitkais entlang der Zarinnenwiese einzusetzen, *»was sehr wünschenswert für ein besseres Gehen, wie auch für das Auge wäre«*[66]. Die Belegung sämtlicher Böschungen bei den neuen Brücken mit Granitplatten anstelle der vorhandenen Pflastersteine war bereits in seinen ursprünglichen Entwurfsvarianten vorgesehen. Im April 1830 legte der badische Ingenieur eine separate Zeichnung zum Granitkai bei den neuen Brücken auf der Seite des Marsfelds vor[67]. Im Entwurf begann der 19 laufende Saženʼ 2 1/2 Fuß (41,2 m) lange Kai beim rechten Widerlager der Theaterbrücke und endete gegenüber dem Gartenabschnitt hinter dem Michael-Palais bzw. ging dort ohne Unterbrechung in eine Erdböschung über. Die Kosten dafür wurden auf 34.213 Rubel veranschlagt. Um einem möglichen Widerspruch bei der Diskussion um die Kosten vorzugreifen, betonte Traitteur die große Bedeutung dieses Kaiabschnitts für die Vollendung der angrenzenden Gebäudeensembles und bat um eine zusätzliche Mittelzuweisung der Stadt[68]. Im Mai 1830 wurde der Entwurf zur Kaianlage entlang der Zarinnenwiese genehmigt, wobei die Mittel für den Bau nach Ansicht des Rats für Verkehrswege nicht vom Amt für Verkehrswege, sondern von der Stadt bereitgestellt werden sollten. Der Finanzierungs-

[65] RGIA, 206-1-1078, Bl. 91, 114.

[66] RGIA, 206-1-978, Bl. 105v.

[67] RGIA, 206-1-1110 ›Über den Bau des Kais entlang der Zarinnenwiese. April 1830 – August 1832‹, Bl. 1; RGIA, 1487-4-249 ›Grundriß der Entwickelung des Theaterkais. April 1830‹ (Unterschrift: Generalmajor Traitteur).

[68] »Von dem oben Gesagten hängt ab, wieviel der 19 lauf. Saž. 2 1/2 Fuß Kai angelegt werden können. … Und es wäre doch äußerst wünschenswert, wenn der gesamte von mir geplante Kai zur vollendeten Verzierung an diesem Ort gebaut würde …« (RGIA, 206-1-1110, Bl. 2).

beschluß der Stadt erfolgte erst im August, weshalb der Beginn der Bauarbeiten um eine Saison verschoben werden mußte. Im Februar 1831 legte der badische Ingenieur einen geänderten Entwurf[69], in dem eine Verengung des Kaitrottoirs von 7 auf 6 Fuß (1,83 m) vorgesehen war, sowie einen entsprechend nach unten korrigierten Kostenvoranschlag in Höhe von 29.160 Rubel vor. Entgegen der Traitteurschen Meinung und den auf seine Initiative hin durchgeführten Analysen an unterschiedlichen Pfahltypen empfahl die Kommission für Entwürfe und Kostenvoranschläge, beim Einrammen der Pfahlgründung »Winden-Rammen« sowie das Rammverfahren des französischen Ingenieurs Lamandé einzusetzen. Die Anlage des von Traitteur entworfenen Kais wurde im Mai aufgenommen und im Juni 1831 durch den nach St. Petersburg zurückgekehrten Adam fertiggestellt. Im März 1832 wurden die gußeisernen Brücken sowie der Kai an der Zarinnenwiese ebenfalls durch Adam in die Bauaufsicht der Stadt übergeben[70].

Die neuen gußeisernen Brücken beim Marsfeld unterscheiden sich von ähnlichen Bauwerken in St. Petersburg durch ihre ungewöhnliche Grundrißlösung, die ihnen in der Folgezeit zu recht den Namen ›dreischenklige‹, ›dreibogige‹ bzw. ›dreifache‹ Brücke einbrachte (Abb. 201, 212). Da sich Traitteur bei dieser Arbeit in mehrfacher Hinsicht auf die Entwürfe seiner Vorgänger stützte, konnte er sich praktisch erstmals in seiner Petersburger Tätigkeit ausschließlich auf die städtebauliche und künstlerisch-gestalterische Seite des Entwurfs konzentrieren. Die Fahrbahn der entlang der Achse des Katharinen-Kanals gelegenen Kleinen Marstall-Brücke über die Mojka bei der Kanalmündung verzweigte sich harmonisch in zwei Richtungen, in die Fahrbahn der Theater-Brücke und die Spur über dem ›Blendbogen‹. Der ausgemauerte gußeiserne Blendbogen wiederholte vollständig die äußeren Formen der spiegelbildlich gegenüberliegenden Theater-Brücke. Durch die Aufwertung des ursprünglichen Entwurfs mit dieser ungewöhnlichen Architekturkulisse gelang Traitteur eine streng symmetrische Anordnung, die gemeinsam mit der Fassade des von dem Architekten Adamini erbauten Mietshauses die Perspektive des Katharinen-Kanals effektvoll abrundete und aus den beiden Ingenieurbauten, den Brücken, ein vollendetes städtebauliches Ensemble schuf.

Ihr Erbauer selbst wies auf die besondere Grundrißlösung dieser Bauten hin, die als ein über den Wassern schwebender Platz konzipiert waren: *»En 1829 on me confia la construction de pont en fer de fonte à St Petersbourg. Il s'agissait de renouveller la communication à travers deux canaux, au[x]quels brucs venaient aboutir. Un des plus beaux problèmes techniques fut résolu à la satisfaction générale, quoique nous ayons eu de grandes difficultés à vaincre. C'est tant à ce système nouvellement introduit, qui ne laisse rien à souhaiter pour la solidité et l'élégance, qu'aux dispositions faites pour la construction ...«*[71]. Die organische Einbindung des neuen Brückenensembles in den umliegenden städtebaulichen Kontext wurde durch eine feinfühlige Koordination der räumlichen Achsen sowie durch abgestimmte Brükkenproportionen unter Berücksichtigung der angrenzenden Gebäude, Straßen und Kais erreicht (vgl. Abb. 215). Das Aufgreifen von Gestaltelementen der benachbarten Gebäudefassaden bei dem vollständig im Geiste des Petersburger Empire gehaltenen Brückendekor gab dem Ensemble seine künstlerische Einheit. All diesen Umständen zu verdanken ist die Entstehung einer Architektur, die von den Bauhistorikern des Landes zurecht als *»eine der herausragenden Beispiele der Stadtbaukunst der russischen Brückenbauer zur Zeit des Klassizismus«*[72] bezeichnet wurde.

Die in den Entwürfen zu den Bogenbrücken an der Mündung des Katharinen-Kanals von Hastie, Adam und Traitteur eingesetzte vorgefertigte gußeiserne Rippenkonstruktion (Abb. 198, 206) ist eine interessante technische Neuerung aus der Zeit der industriellen Revolution in England. Darauf weisen

[69] Eine Vorstellung von diesem Entwurf vermittelt ein vom Major des Corps der Verkehrswegeingenieure Mihajlov unterschriebenes Blatt: RGIA, 1487-4-252 ›Entwurf zum Granitkai von der Theater-Brücke entlang der Mojka zur Zarinnenwiese. März 1831 (zum Rapport von Generalmajor Traitteur Nr. 62)‹.

[70] Wegen der unerwarteten Demission Traitteurs im Februar 1831 und seinen Abreiseplänen aus Rußland in seine Heimat (genauer unten S. 263 ff.) führte E. Adam die Kaianlagearbeiten zu Ende (RGIA, 200-1-1780, Bl. 91–94).

[71] RGIA, 200-1-1780, Bl. 130.

[72] Punin, A. L. *Arhitektura mostov ...* . Dissertation. Leningrad, 1983. Bd. 2, S. 252 (Anlage Nr. 15: *Brückenübergang über die Mojka und der Anfang des Griboedov-Kanals in Leningrad*).

[73] RGIA, 206-1-738, Bl. 6.; RGIA, 206-1-735, Bl. 126v.

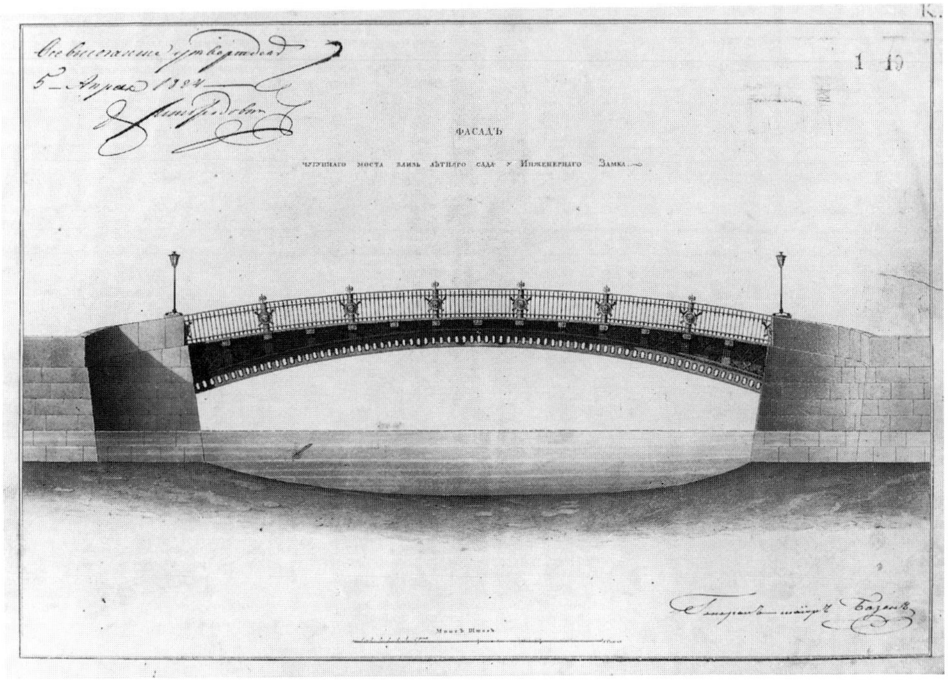

a

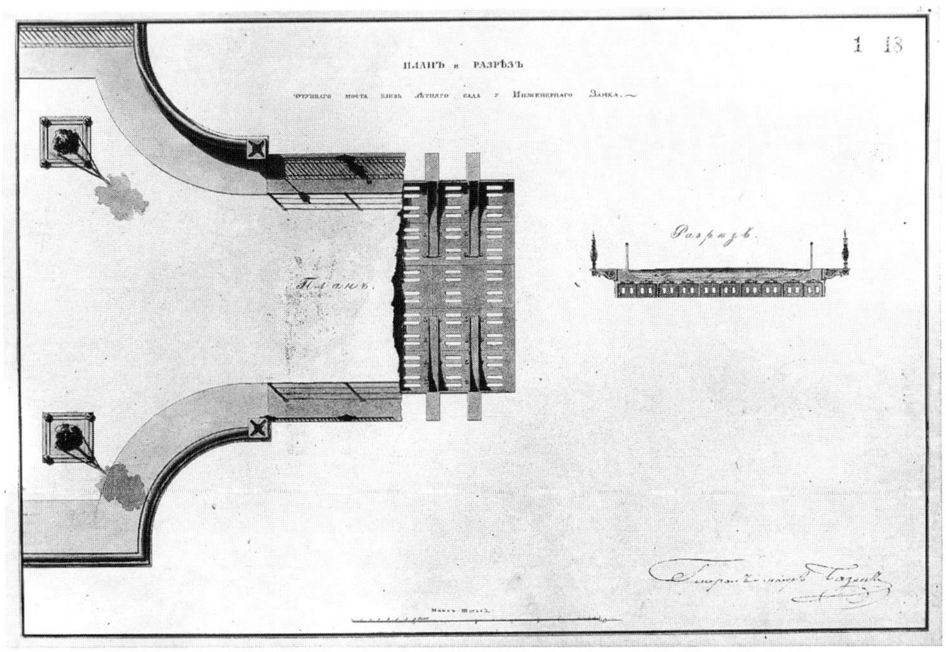

b

213 a, b Gußeiserne Bogenbrücke (Ingenieurbrücke über die Mojka beim Sommergarten) mit gelochten Kassetten, Bazaine, Mitarbeit Clapeyron, 1824–1825 (NTB PGUPS, Nr. 18560, 1-19, 1-18)

einige Aussagen des badischen Ingenieurs in seinem Schriftwechsel mit Baird hin: *»... zur Anlage der gußeisernen Brücke mit Bögen legte ich Ihnen keine eigene Erfindung vor, sondern das, was bei allen in England errichteten gußeisernen Brücken, von denen Ihnen ausführliche Pläne vorliegen, allgemeinen Gebrauch findet; folglich können Sie eine Brücke der Anlage auswählen, die Ihnen am besten gefällt, sie unterscheiden sich durchaus voneinander, stehen jedoch ohne Ausnahme auf Bögen«*[73]. Das System montierbarer gußeiserner Kassetten entstand zunächst im englischen Brückenbau, wurde von John Cash 1797 patentiert (›hollow cast-iron box-voussoirs‹) und ein Jahr später beim Bau einer Brücke über den Fluß Teme in Stanford angewandt. Um 1805 wurde dieser Gedanke in St. Petersburg in Brückenentwürfen des aus England stammenden William Hastie aufgegriffen, der 1784 nach Rußland kam und dort später unter dem Namen Vasilij Ivanovič Geste weithin bekannt wurde. Nach dessen Entwurf wurde 1806 das erste derartige Bauwerk über die Mojka am Nevskij-Prospekt errichtet. Ein Jahr später erstellte er einen Musterentwurf für Kassetten-Bogenbrücken, nach dem in St. Petersburg die Rote Brücke (Krasnyj most, 1808–1814, Abb. 198) die Blaue Brücke (Sinij most, 1818) und die Kuß-Brücke (Poceluev most, 1808–1816) über die Mojka errichtet wurden. Ihrer Konstruktion lag das für den englischen Ingenieurbau typische Prinzip der Standardisierung und Elementierung zugrunde, in diesem Fall bezüglich der Bögen, die sich aus mehreren rechteckigen gußeisernen kastenförmigen Gefachen zusammensetzten. Die über Bolzen aneinander befestigten Längswände dieses Rosts bildeten die tragende Bogenkonstruktion, die in Querrichtung durch parallel angeordnete Rippen ›unterstützt‹ wurde[74]. Insgesamt wurden in den Jahren 1806 bis 1840 in St. Petersburg nach Entwürfen von Hastie, Bazaine (Abb. 213 a, b) und Adam aus Kastensegmenten 11 einfeldrige Brücken errichtet (Adam, Traitteur), dazu die ›dreibogige‹ Brücke, die durch ihre Architektur herausragt[75].

Traitteurs Entwurfsarbeit zu den gußeisernen Bogenbrücken (1827–1832) ist ein bedeutendes Beispiel für die technische ›Substituierbarkeit‹ der Ingenieure des Corps für Verkehrswege und bestätigt das hohe baukünstlerische Niveau dieses Fachkreises. Im Falle der Großen Marstall-Brücke ersetzte Adam Traitteur in der Schlußphase der Entwurfs- und Bauarbeiten vollständig und trat schließlich bei Vorlage des fertigen Entwurfs des badischen Ingenieurs als rechtmäßiger Baumeister der Brücke in Erscheinung. Bei der Kleinen Marstall- und Theater-Brücke tauschten beide ihre Rollen. Auf der Grundlage des vorhandenen Adamschen Entwurfs gestaltete Traitteur Grundriß und Architektur der Brücken neu. Beide in unmittelbarer Nähe voneinander gelegenen Bauten harmonierten mit den nahegelegenen Brücken von Bazaine als einheitliches Gußbrückenensemble des klassizistischen St. Petersburg.

Bis zum beginnenden 20. Jahrhundert erfüllten die gußeisernen Brücken an der Mündung des Katharinen-Kanals voll und ganz ihre Funktion für den Verkehr und behielten zum Teil Elemente ihrer ursprünglichen Architektur (Abb. 211). Um 1915, als der Bau der zweiten Straßenbahnlinie der ›Petrograder städtischen elektrischen Bahnen‹ entlang des Marsfelds zum Marstall-Platz geplant wurde, rückten die gußeisernen Brücken jedoch unerwartet in den Mittelpunkt der Aufmerksamkeit der Petrograder Architekten und Ingenieure. Der Bau der modernen Straßenbahnlinie machte eine Verbreiterung und Tragwerksverstärkung der damals bereits 85 Jahre alten Brücken erforderlich. Die möglichen Varianten eines Umbaus wurden auf den Sitzungen der Kaiserlichen Altertümerkommission diskutiert, die zu diesem Thema zweimal, 1915 und 1916, tagte. Die dort geäußerten Standpunkte sind außerordentlich interessant, da sie den Bewußtseinsbildungsprozeß in der russischen Fachwelt zu den neuen Begriffen Bau- bzw. Technikdenkmal sowie zu deren Erhaltung widerspiegeln[76].

Im November 1915 wurde auf der Kommissionssitzung über die Untersuchungen der Kleinen Marstall-Brücke über die Mojka, die von einer speziell eingesetzten Fachgruppe vorgenommen worden waren, berichtet. Ein Teilnehmer der Untersuchungen, I. S. Kitner, ein führender Meister des Petersburger Späthistorismus und der Eisenarchitektur, war der Ansicht, eine Verbreiterung der Brücke in westlicher Richtung unter Beibehaltung des architektonischen Dekors sei möglich. Der Architekt und Künstler N. E. Lanceret räumte grundsätzlich ebenfalls die Erweiterungsmöglichkeit der Brücke ein, bestand jedoch auf der Erhaltung der Bogenstichhöhe, der Höhe von Gehweg und Geländer sowie der gesamten architektonischen Gestalt. E. A. Sabaneev

[74] James, John G. *The application of Iron to Bridges and other works in Russia to about 1850.* Paper of the Newcomen Society Lecture, 12 January 1983, S. 13).

[75] Lediglich John James ist der Ansicht: »The persistence with box-voussoirs for St. Petersburg's cast-iron bridges may be seen as a sign of engineering conservatism (encouraged by the presence of French engineers with an inbred fear of cast iron) but their longevity is a tribute to their basic strength and reliability« (ibid., S. 15).

[76] *Izvestija imperatorskoj arheologičeskoj komissii* (Nachrichten der kaiserlichen Altertümerkommission). Ausg. 61. Petrograd, 1916. S. 178, 189–190 (Sitzungsprotokolle Restaurierungen).

[77] Ibid., Ausg. 64. Petrograd, 1917. S. 97–99 (Sitzungsprotokolle Restaurierungen).

lenkte besondere Aufmerksamkeit auf die Symmetrie der Gesamtkomposition und auf die entlang dem Katharinen-Kanal verlaufende Mittelachse und meinte, der einzige Ausweg aus der Situation sei eine symmetrische, beidseitige Verbreiterung der Brücke, auch wenn in diesem Fall die Theater-Brücke verschoben werden müsse. Einige Referenten (A. S. Raevskij, Graf A. A. Bobrinskij) schlugen den Bau einer separaten modernen Straßenbahnbrücke entlang der Verkehrsachse in unmittelbarer Nähe der alten Brücken vor. Demungeachtet verabschiedete die Kaiserliche Altertümerkommission auf ihrer ersten Sitzung eine Resolution zur Zulässigkeit einer rechtsseitigen Verbreiterung der Brücke, was im Falle einer Verwirklichung die ursprüngliche ›symmetrische‹ Konzeption Adams und Traitteurs völlig zerstört hätte.

Auf ihrer Sitzung im März 1916 erörterte die Altertümerkommission den von der Petrograder Städtischen Eisenbahnverwaltung vorgelegten Entwurf zur neuen Kleinen Marstall-Brücke (Ingenieur A. P. Pšenickij)[77]. Dieser sah einen vollständigen Umbau der alten Brücke vor: die gußeisernen Bögen sollten durch flachere Stahlträger ersetzt, die Fahrbahn in westlicher Richtung erweitert, der Kai bei der Brückenauffahrt verbreitert und die Granitwiderlager unter Beibehaltung des ursprünglichen architektonischen Dekors teilweise umgestaltet werden. Der bei der Sitzung anwesende Pšenickij erläuterte ferner seine Lösung, das Brückentragwerk müsse aufgrund seines technischen Zustands ersetzt werden. So führte er aus, alle in die Widerlager eingearbeiteten gußeisernen Gefache des Bogens seien wie bei der Polizei-, der Poceluev- und anderen Brücken gebrochen und abgerissen; bei einer Belastung von 1.200 bis 1.300 Pud (wohl Verkehrslasten von 19,6 bis 21,3 Tonnen bezogen auf die gesamte Fahrbahn) werden sie nach Berechnungen unvermeidlich versagen. Den Vorschlag der Altertümerkommission (Architekt S. V. Beljaev), die Bogenbrücke an einen neuen Ort zu verlegen und sie nicht gerade, sondern schräg anzuordnen, lehnte Pšenickij aus funktionellen und wirtschaftlichen Erwägungen ab. Der bereits auf der ersten Kommissionssitzung geäußerte Gedanke, neben der alten eine neue Verkehrsbrücke zu errichten, fand auf der zweiten Sitzung breite Unterstützung. I. S. Kitner war der Ansicht, die Anlage

214 Kleine Marstall-Brücke und Theater-Brücke an der Mündung des Katharinen-Kanals und der Mojka, Zustand während der konstruktiven Erneuerung, um 1989–1996 (Photographie 1993)

215 Kleine Marstall-Brücke und Theater-Brücke an der Mündung des Katharinen-Kanals und der Mojka, Gesamtansicht nach Abschluß der Rekonstruktion (Photographie S. Schmidt, 1998)

einer neuen Brücke sei unvermeidlich angesichts der Tatsache, daß die Bögen der bestehenden Brücke ihre Aufgabe bereits erfüllt habe. Weiterhin verwies er auf die Erfahrungen mit dem Abriß der Traitteurschen Hängebrücken über die Fontanka: *»... Sogar die schöne Kettenbrücke mußte einer neuen weichen«*. K. K. Romanov bemerkte zurecht, der Standort der alten gußeisernen Brücke sei ungünstig für den Straßenbahnverkehr, für den eine eigene Brücke näher am Marsfeld vorzuziehen wäre. Daß die schönen alten Brücken erhalten werden müßten, betonte auch G. I. Kotov und wertete den Entwurf Pšenickijs als Versuch, *»... das Unvereinbare zu vereinen: eine neue, für den modernen Verkehr geeignete Brücke zu geben, indem die alte dafür angepaßt wird. Aus einer solchen Kombination kann weder eine alte noch eine neue Brücke hervorgehen. Für den neuen Verkehr muß eine völlig neue Brücke, eine provisorische oder ortsfeste, erstellt werden, zumal der Umbau der alten Brücke teurer kommen könnte«*. Ergebnis der Diskussion war ein an die Stadtverwaltung gerichteter Vorschlag der Altertümerkommission, für den Straßenbahnverkehr an der Ecke des Marsfelds eine neue Brücke zu errichten und die bestehende gußeiserne Brücke an ihrem ursprünglichen Ort zu belassen.

Der Erste Weltkrieg und die Revolutionsereignisse von 1917 durchkreuzten die Pläne zum Bau einer zweiten städtischen Straßenbahnlinie und neuer Brükken. Trotzdem wurde 1932 im Zuge des Ausbaus des Straßenbahnnetzes der Stadt der auf den letzten ›vorrevolutionären‹ Sitzungen der Altertümerkommission geäußerte Vorschlag realisiert. Neben den gußeisernen Bogenbrücken entstand eine Verkehrsbrücke auf Stahlträgern, die 1967 durch eine einfeldrige Stahlbetonbrücke ersetzt wurde. 1953 wurden auf der in ursprünglicher Gestalt und Konstruktion erhalten gebliebenen Kleinen Marstall- und Theater-Brücke die fehlenden Laternenpfähle samt Laternen und gußeisernen Gitterfragmente als ›originalgetreue‹ Repliken wiederhergestellt (Architekt A. L. Rotač). 1989 begann eine vollständige Rekonstruktion der Bogentragwerke der Brücken, die erst 1996 abgeschlossen wurde. Der Entwurf des Ingenieurs B. N. Brudno sah die Erhaltung der historischen gußeisernen Konstruktion und des Dekors an allen drei Teilen der Brücke vor. Die Konstruktion verlor dabei allerdings ihre tragende Funktion und dient nurmehr als Verkleidung der neuen Stahlbetonbögen (Abb. 214, 215).

Beratungs-, Verwaltungs- und Verlagstätigkeit

In der zweiten Hälfte der 1820er Jahre änderte sich der Charakter der Dienstaufträge, die Traitteur weiterhin von der Leitung des Amts für Verkehrswege erhielt, ganz erheblich. Nach erfolgreichem Abschluß seines Hauptwerks in St. Petersburg, der Errichtung der fünf Kettenbrücken (1823–1826), war der badische Ingenieur zu den unterschiedlichsten Fragestellungen des Ingenieur- und Wasserbaus immer häufiger als Experte und Gutachter gefragt. So wurde Traitteur im November 1826 in die Kommission zum Bau der Schlüsselburger Schleusen, der größten Wasserbauwerke Rußlands in den 1820er und 1830er Jahren, berufen[78]. Diese wurden am Neva-Ursprung in Schlüsselburg unter der Leitung von Bazaine ausgehend von seiner eigenen Schleusentheorie mit ›Sparbecken‹ gebaut. Die erste Schleusenbaureihe kam in den Jahren 1824–1826 zur Ausführung. Die 1826 aufgenommene, vier neue Schleusen umfassende zweite Baureihe wurde Anfang der 1830er Jahren fertiggestellt[79].

Im März des Folgejahres wurde der badische Ingenieur zu Strömungsuntersuchungen der Vodva und deren Zuflüsse in das Gouvernement Olonec abkommandiert. Zweck dieser Untersuchungen war es, zuverlässige Flößwege von Kolodozerskaja Dača jenseits des Onega-Sees ausfindig zu machen[80]. Wie Traitteur selbst über diesen Auftrag schrieb, sollte er einige Holzeinschlaggebiete besichtigen, um geeignetes Material für den Bau von Kriegsschiffen ausfindig zu machen. Gleichzeitig wurden unter seiner Leitung einige Flüsse in der Nähe des Onega-Sees auf einer Gesamtstrecke von ca. 200 Verst (213 km) für das Flößen von Holz gereinigt. Dabei baute Traitteur zwei Häfen und zwei Arbeiterkasernengebäude. Im darauffolgenden Jahr begutachtete Traitteur auf Ersuchen des Generalgouverneurs von Arhangel'sk und Olonec einige ingenieurtechnische Bauten, die in Arhangel'sk vom Major des Corps der Verkehrswegeingenieure, Baron Plottow, erstellt worden waren. Zu den von Traitteur geprüften Bauwerken gehörten die Uferbefestigung aus Stein gegenüber dem Lazarett (Länge 100 Sažen', 213 m), die Uferbefestigung der Moseev-Insel mit Feldstein (Länge 315 Sažen', 671 m) und die Flußbettvertiefung der Kur'ja auf einer Strecke von 478 Sažen' (1018 m)[81].

Als Folge seiner Kontakte zum Marineministerium zeigte Traitteur ein vor dem Hintergrund seiner vorherigen Tätigkeit als Brückenbauer unerwartetes Interesse an der Entwicklung sanitärtechnischer Maschinen für Kriegsschiffe. Wie aus den Schriftstücken der Archive hervorgeht, nahm das Wissenschaftli-

78 RGIA, 200-1-1780, Bl. 2v, 75; 446-5-19, Bl. 5. Staatliches Historisches Archiv Estland, Tallinn, Abt., Nr. 181-1 ›Wilhelm Traitteur‹, Bl. 1

79 Die tatsächliche Rolle Traitteurs bei der Tätigkeit dieses Ausschusses bleibt ungeklärt. In anderen Quellen sind keine Hinweise darauf zu finden, daß er an der Errichtung der zweiten Baureihe mitgewirkt hätte (s. z. B.: Guzevič, D. Ju. *Granitnye šljuzy Peterburga (Die Granitschleusen St. Petersburgs)*. In: Pamjatniki nauki i tehniki (Denkmäler von Wissenschaft und Technik) 1989. Moskau, 1990, S. 71–82).

80 RGIA, 200-1-1780, Bl. 2v, 17–18, 75v; *Prikazy, otdannye po KIPS v 1824–1827 gg. (An das Corps der Verkehrswegeingenieure 1824–1827 ergangene Befehle)*. St. Petersburg, 1828, S. 223 (Nr. 41).

81 RGIA, 200-1-1780, Bl. 70, 130.

che Marinekomitee Ende Dezember 1827 die Prüfung eines von Traitteur erstellten Entwurfs zu einer Reinigungsmaschine der Bilgenluft für Kriegsschiffe auf[82]. Zur Prüfung des neuen Geräts schlug Flügeladjutant M. P. Lazarev das 74 Kanonen-Schiff ›Großfürst Mihail‹ vor. Maschinenzeichnungen und -beschreibung wurden schon bald dem Leiter der Schiffswerft in Ižora, Alexander Wilson,[83] übergeben, der die Kosten für die Traitteursche Maschine anfänglich auf 4000 bis 4500 Rubel schätzte. Auf 80 Kanonen-Schiffen sollten entwurfsgemäß je zwei Maschinen mit einem jeweiligen Gewicht von bis zu 90 Pud aufgestellt werden. Die Grundrißabmessungen betrugen 14 × 3 1/4 Fuß (4,3 × 1,0 m). Bei 30 Umdrehungen stieß die Maschine maximal 337 Kubikfuß Luft pro Minute aus. Unter Berücksichtigung des geringen Gewichts des Grundrahmens aus Kiefernholz wog die Maschine maximal 160 Pud (2617 kg).

Bei der Übergabe der Dokumentation äußerte die Schiffsbauabteilung die Ansicht, die Einführung derart teurer Maschinen sei sinnlos, da bereits einfachere Luftreinigungsmittel, z. B. gewöhnliche englische Ventilatoren oder hängende Windsäcke, zur Verfügung stünden. Nach detaillierter Prüfung des Traitteurschen Entwurfs schloß sich auch Wilson dieser Meinung an und bemerkte in seinem Gutachten zur Maschine, obgleich diese alles, was Oberst Traitteur vorgesehen habe, erfüllen könne, seien für ihren Betrieb jedoch bei der von ihm beschriebenen Geschwindigkeit aufgrund des Kolbengewichts, dessen Reibung und des Luftwiderstands in den kleinen Rohren nicht vier, sondern mindestens 16 Arbeiter vonnöten. Darüberhinaus sei aufgrund ihres Umfangs, Gewichts und Preises die Einführung der Maschine für die Staatskasse unvorteilhaft, da es in der Flotte bereits Maschinen gebe, welche die durch den Entwurf Traitteurs vorgeschlagenen in geeigneter Weise ersetzen könnten[84]. Laut Wilsons Gutachten waren die damals auf Kriegsschiffen bereits eingesetzten vergleichbaren Maschinen bis zu 8 × 2 1/12 Fuß groß, 4 Pud schwer und kosteten bis zu 85 Rubel. Bei 40 Umdrehungen pro Minute beförderten sie maximal 200 Kubikfuß Luft.

Mit der Entwicklung von Reinigungsmaschinen für die Bilgenluft von Kriegsschiffen versuchte sich Traitteur bereits zum zweiten Mal als Maschinenbauer[85]. Allgemein zeichnete sich jedoch Ende der 1820er Jahre eine Abkehr vom Berufsbild des Universalingenieurs hin zu einer tiefergreifenden Spezialisierung auf die einzelnen technischen Disziplinen ab. Dies mag auch erklären, weshalb der von Traitteur vorgelegte Entwurf im Vergleich zu den im europäischen Schiffsbau bereits existierenden Lösungen offenbar nicht konkurrenzfähig war.

Wiederum im Auftrag des Herzogs von Württemberg unternahm Traitteur zur Inspektion der Abteilungen des Amts für Verkehrswege im August 1828 eine Reise in die Stadt Nikolaev. Dort begutachtete er auf Ersuchen des Leiters der Schwarzmeer-Abteilung, Admiral Bičevskij, vor Baubeginn die Entwürfe zu Kasernen für die Mannschaftsdienstgrade des Schwarzmeer-Amts. Er übernahm jedoch weiterhin nicht die Bauleitung, da er sich nach Odessa zu begeben hatte zu einer persönlichen Aussprache mit dem Leiter der Süd-Abteilung desselben Kreises, Generalmajor Kozen. Auf dem Rückweg nach St. Petersburg hatte Traitteur den Arbeitsfortschritt am Vindava-Kanal zu inspizieren[86]. Die Hauptstationen dieser Inspektionsreisen erinnern in vielen Aspekten an die ersten Berufserfahrungen des badischen Ingenieurs der Jahre 1807–1810 in einigen Hafenstädten und bei Kanalbauten in Frankreich.

Anfang Januar 1830 wurde Generalmajor Traitteur auf Bitte des Vizedirektors der Artillerieabteilung, Generalleutnant Schulmann, trotz seiner offensichtlichen Auslastung durch die Fertigstellung der gußeisernen Bogenbrücken mit der Überwachung der Verlegung einer Wasserleitung in der Waffenfabrik Sestroreck beauftragt. Der Entwurf zu dieser offenen Wasserleitung aus zylin-

[82] Russisches Staatliches Archiv der Kriegsmarine (RGAVMF), 158-1-36 ›Zur Eingabe des Vorsitzenden des Wissenschaftlichen Marinekomitees bezüglich der Prüfung des Entwurfs von Oberst Traitteur zur Auffrischung der Luft in der Bilge von Kriegsschiffen. Dezember 1827 – April 1828‹, Bl. 17, 21v.

[83] Ingenieur-General Alexander Wilson (1776–1866) war einer der führenden Vertreter der englischen Ingenieurschule in St. Petersburg; seit 1806 Direktor der Schiffswerft Ižora (*Obituary of Alexander Wilson.* Minutes of Proceedings of the Institution of Civil Engineers, 30 (1870), S. 461–465).

[84] RGAVMF, 158-1-36, Bl. 20–22.

[85] Traitteurs erster derartiger Entwurfsversuch auf dem Gebiet der Mechanik betraf Baumaschinen, die er im Rahmen der Anlage der Chaussée St. Petersburg–Moskau entwickelte (s. oben S. 107 f.).

[86] RGIA, 200-1-1780, Bl. 71.

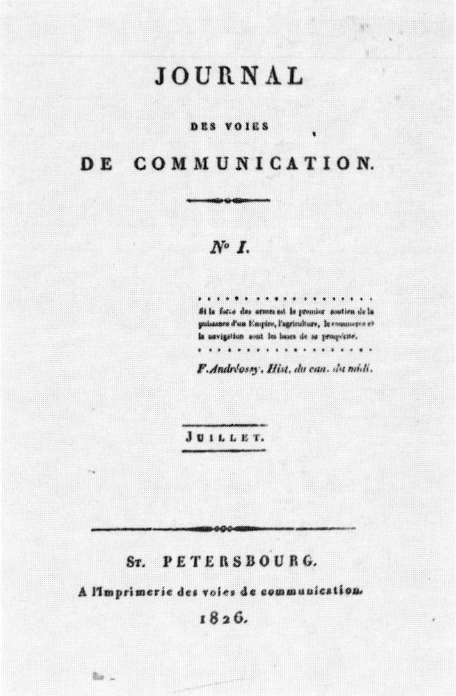

JOURNAL
DES VOIES
DE COMMUNICATION.

Nº I.

Si la force des armes est le premier soutien de la puissance d'un Empire, l'agriculture, le commerce et la navigation sont les bases de sa prospérité.

F. Andréossy. Hist. du can. du midi.

JUILLET.

St. PETERSBOURG.
A l'Imprimerie des voies de communication.
1826.

216 Titelblatt des ersten Bandes des *Journal des Voies de Communication* (*Žurnal putej soobščenija*) 1826

drischen, in Holzrinnen verlegten Gußrohren mit veranschlagten Kosten von 509.000 Rubel war von Baron Wrangell, Hauptmann des Corps der Verkehrswegeingenieure, erstellt worden. Traitteur wurde angewiesen, die Anlage der Wasserleitung als Teil der für den Umbau bestimmten Wasserbauwerke der Fabrik persönlich zu überwachen. Da der badische Ingenieur bei den Bauarbeiten zu den gußeisernen Brücken an der Mojka unabkömmlich war, konnte er die Fabrik von Sestroreck nur sporadisch besuchen. Trotzdem gelang es ihm nach eigenen Angaben in dieser kurzen Zeit, die Kosten für die dortigen Bauarbeiten um 150.000 Rubel zu reduzieren. Anfang April 1831 gab Traitteur wegen seiner Demission aus russischen Diensten die Arbeiten zum Bau der Wasserleitung an Generalmajor Lihardov weiter[87].

Neben technischen Entwürfen und Beratungen unterstützte Traitteur gelegentlich auch die aus den deutschen Ländern stammenden Kollegen, vor allem Landsleute aus Baden. Damit versuchte er offensichtlich, seine bis dahin eher spärlichen Kontakte zur Herscherfamilie zu vertiefen. Daß er dies alles erfolgreich durchsetzen konnte, zeigt der erhaltene Briefwechsel mit Großherzog Ludwig, der Traitteur im Februar 1824 nach St. Petersburg geantwortet hatte: »*... Es ist Mir um so angenehmer, Sie dessen zu versichern, als Mir die Aufmerksamkeit nicht unbekannt blieb, mit der Sie stehts der Angehörigen Ihres Vaterlandes sich gefällig erweißen*«. Zum Zeichen des Dankes verlieh der Großherzog Traitteur das Kommandeurkreuz des Zähringer Löwen-Ordens und erhielt von diesem zur Antwort: »*... Erlauben Eurer Königlichen Hoheit zu versichern, daß ich mir ein wohlthuendes Gefühl befriediget habe, wenn ich vielleicht einige kleinere Gefälligkeiten meinen guten Landsleuten in dem entfernten Norden zu Theil habe werden lassen*«[88]. Ferner begleitete Traitteur 1826 den kurhessischen Generalmajor und Inspekteur der Kurfürstlichen Infanterie von Haynau, der auf Einladung des Hofes zu einem offiziellen Besuch in die russische Hauptstadt gereist war. Bei gemeinsamen Spaziergängen zeigte ihm der badische Ingenieur die von den Offizieren des Corps der Verkehrswegeingenieure errichteten Bauten[89]. Im August 1827 wurde Traitteur für seine »bereitwilligen Gesinnungen« und die an den hessischen Kurfürsten als Geschenk übergebene ›Abbildung des Leichenzuges Seiner Majestät des Höchstseeligen Kaisers Alexander‹ das Kommandeurkreuz zweiter Klasse des Hausordens vom goldenen Löwen verliehen und direkt nach Rußland übersandt[90].

Im Rahmen derartiger Kontakte traf Traitteur auch mit Alexander Freiherr von Humboldt zusammen, der im Frühjahr 1829 während einer seiner Reisen nach St. Petersburg den Abschlußexamina des Instituts des Corps der Verkehrswegeingenieure beiwohnte. In seinem Grußwort an die Absolventen führte Institutsdirektor P.-D. Bazaine aus, sie »*... (würden) sich mit Begeisterung daran erinnern, daß ihnen an jenem feierlichen Tage die Aufmerksamkeit des berühmten Reisenden zuteil ward, der auf zwei Kontinenten die Natur mit solch tiefer Auffassungsgabe, mit solch reichhaltiger Gelehrtheit befragte, welche die Frucht eines Lebens sind, das sich der wissenschaftlichen Betätigung und der Übung der edelsten Fähigkeiten des Menschen verschreibt*«[91]. Jahre später, nach seiner Rückkehr nach Baden und nach Aufgabe seiner praktischen Ingenieurtätigkeit widmete Traitteur Humboldt im Andenken an diese Petersburger Begegnung sein Buch über die Entwicklung des Getreideanbaus und druckte auf dem Titelblatt den vollen Wortlaut seines Schreibens ab (vgl. Abb. 227)[92].

Als wichtiger Beleg für Traitteurs weitreichende Kontakte auf dem Gebiet des Bauwesens kann der Wahlvorschlag Wiebekings gelten, ihn wie auch seinen Kollegen Bazaine als auswärtiges Mitglied in die Bayerische Akademie der Wissenschaften aufzunehmen. Die Aufnahme Traitteurs wurde in der Sitzung vom 24. Juli 1830 jedoch knapp abgelehnt, mit 9 gegen 11 Stimmen.[93]

Neben seiner praktischen Bau- und Entwurfstätigkeit wirkte Traitteur in der zweiten Hälfte der 1820er Jahre an der Vorbereitung und Herausgabe der ersten

[87] RGIA, 200-1-1729 ›Über die Abkommandierung von Generalmajor Traitteur in die Waffenfabrik Sestroreck. Dezember 1829 – Mai 1831‹; RGIA, 200-1-1780, Bl. 72–73, 130.

[88] GLA Karlsruhe, Großherzogliches Familienarchiv, 9 [Ludwig, Correspondenz], Bd. 24/17. Traitteur, Bl. 2, 3. Schreiben vom 28. Februar und 12./24. Juni 1824. Vgl. oben S. 79 Anm. 174.

[89] RGIA, 200-1-1780, Bl. 5–7, 18.

[90] Hessisches Staatsarchiv Marburg, Bestand 300, A 53, Nr. 4; Staatliches Historisches Archiv Estland, Tallinn, Abt., Nr. 181-1 ›Wilhelm Traitteur‹, Bl. 20–22.

[91] *Žurnal putej soobščenija (Journal für Verkehrswege)*, Bd. 15, 1829, St. Petersburg, S. 16.

[92] Traitteur, Wilhelm von. *Die steigenden Ernten vermittelt durch die steigende Bevölkerung. Erster Band. Die Brodproduktion. Ein Handbuch für die intensive Landwirtschaft nach den neueren Erfahrungen und wissenschaftlichen Forschungen ...* . Mannheim, 1858.

[93] Archiv der Bayerischen Akdemie der Wissenschaften, IV 40 (Wahlakt) Bl. 3. Auf derselben Sitzung wurde Bazaine zum korrespondierenden Mitglied gewählt.

Fachzeitschriften des Amts für Verkehrswege mit. Dabei konnte er offensichtlich seine Erfahrungen bei der Herausgabe von lithographischen Alben mit Bauzeichnungen zu innovativen Großbauten nutzbar machen. Auf Anweisung des Herzogs von Württemberg wurde er in den Wissenschaftlichen Beirat zur Herausgabe des Journals für Verkehrswege (Žurnal putej soobščenija), des monatlich erscheinenden wichtigsten Presseorgans des Amts und des Corps der Verkehrswegeingenieure, aufgenommen (Abb. 216). Dieses Journal erschien ab Juli 1826 regelmäßig in französischer und russischer Sprache[94]. Wahrscheinlich als Alternative dazu begann Traitteur 1830 in eigener Redaktion mit der Veröffentlichung eines thematisch ähnlichen französischsprachigen Blatts, des auf jährliches Erscheinen angelegten *Annuaire du corps des ingénieurs des voies de communication* (Abb. 55). Aus den spärlichen Informationen zu dieser verlegerischen Initiative des badischen Ingenieurs geht hervor, daß er die neue Publikation sehr schätzte[95]. Sieben der elf Artikel der ersten und einzigen Ausgabe (Première année) dieser Zeitschrift behandeln die Bauten und Entwürfe Traitteurs und sind bis heute eine der wichtigsten Informationsquellen zu seinen Werken. Weitere Jahrgänge des *Annuaire* sind dann, nach Traitteurs Demissionsbeschluß und seiner Abreise aus Rußland 1832 nicht mehr erschienen.

[94] Guzevič D. Ju., Guzevič I. D. *Petr Petrovič Bazen* ..., S. 171–174.

[95] RGIA, 200-1-1780, Bl. 130v–131. Vgl. oben S. 77 ff.

›Kaiserlich russischer Ingenieur-General a. D.‹ in Baden: neue Projekte und Berufswechsel, 1832–1859

Demission und Abreise aus St. Petersburg, 1830–1832

Kurz nach Fertigstellung der gußeisernen Bogenbrücken über die Mojka ersuchte »*Generalmajor Vasilij Tretter*« am 27. Dezember 1830 völlig unerwartet um seine Demission aus russischen Diensten: »*... Da ich aus privaten Gründen den Dienst Ihrer Kaiserlichen Majestät nicht mehr fortsetzen kann, habe ich die Ehre, Ihrer Königlichen Hoheit anbei mein Demissionsgesuch aus dem Dienst an den Zaren vorzulegen und bitte Sie untertänigst, für meine Entlassung Allerhöchstes Wohlwollen zu erwirken*«. Gleichzeitig legte er einen Rapport vor, in dem er auf seine Regierungspension verzichtete. Im Februar 1831 unterzeichnete Nikolaus I. Traitteurs Entlassungsdekret (Abb. 217). Da dieser während seiner Dienstzeit in Rußland die russische Staatsangehörigkeit nicht angenommen hatte, war er nach Aushändigung seines Entlassungsdekrets berechtigt, »*... in das Land abzureisen, aus dem er geladen worden war*«[1].

Das etablierte bürokratische Verfahren zur Entlassung eines hochrangigen Beamten aus dem Dienst gestaltete sich in diesem Fall etwas ungewöhnlich. Der Inhalt des entsprechenden Befehls dürfte Traitteur nicht zufriedengestellt haben, weshalb er im Mai 1831 dem Herzog von Württemberg einen neuen Rapport vorlegte. Als Grund für seine Demission führte der badische Ingenieur hier das für ihn schädliche Petersburger Klima an. Dieses neue Gesuch bestand zu einem Gutteil aus der bereits mehrfach zitierten detaillierten Beschreibung seiner Arbeiten. Dieser ›Werkbericht‹ sollte dazu dienen, sich über die Leitung des Amts für Verkehrswege mit einigen Gesuchen an den Zaren zu wenden, allen voran mit dem Wunsch, die dienstlichen Kontakte zu Rußland aufrechtzuerhalten: »*... J'aurais désiré dans ce pays éloigné pouvoir être encore utile à Votre Majesté je connais en détail tout ce qui peut-être de quelque valeur pour la Russie dans la partie technique. Le Ministère des finances et celui de l'intérieur entretiennent aux pays étrangers plusieurs employés, qui le mettent au fait des projets de l'industrie. La Direction Générale des V. de Com. est privé[e] jusqu'aujourd'hui de cet avantage qu'elle ne peut compenser que par des essais fort coûteux. Vivant au Centre de l'Allemagne il me seroit facile d'être toujours au courant des progrès de l'étranger et de mettre la Russie en connoissance de tout ce qui lui seroit utile de savoir et si Votre Majesté degnoit me fixer une somme an[n]uelle pour des voyages et autres dépenses je pourrais de temps en temps visiter la France et l'Angleterre et je suis fermément persuadé que l'exécution de ce projet aurait des résultats fort utiles pour la Russie*«[2].

Nach Kenntnisnahme dieses Gesuchs richtete Nikolaus I. an die Leitung des Amts für Verkehrswege eine Anfrage, ob ein Verbleib des badischen Ingenieurs in russischen Diensten möglich sei. In einem ausführlichen Bericht antwortete Alexander von Württemberg, dies sei derzeit nicht der Fall, Traitteur leide an Gesundheitsstörungen und Schmerzanfällen, weshalb es bis zur vollständigen Heilung der Krankheit, die sich »*durch den Genuß ausländischer Mineralwässer*«

[1] RGIA, 200-1-1780 ›Über die Entlassung von Generalmajor Traitteur aus dem Dienst im Corps der Verkehrswegeingenieure ... . Dezember 1830 – März 1832‹, Bl. 1–3, 13–14, 17, 49, 74–77.

[2] Ibid., Bl. 131.

hoffentlich legen werde, nicht zweckmäßig sei, über seine Aufnahme in den Dienst zu sprechen[3]. Er unterstütze jedoch eine Erfüllung der im Rapport des badischen Ingenieurs dargelegten Bitten. Dazu gehörten die Streichung der beiden Inhaftierungen aus Traitteurs Dienstliste[4], das Recht, nach seiner Entlassung die Uniform des Corps der Verkehrswegeingenieure weiter tragen zu können, und die Übernahme von 300 Dukaten Rückreisekosten nach Deutschland *»... als einem Ausländer, der in sein Vaterland zurückzukehren wünscht, nachdem er die besten Jahre seines Lebens in russischen Diensten verbracht hat«*. Am bemerkenswertesten im Antwortrapport des Herzogs von Württemberg ist wohl der Umstand, daß dieser Traitteurs Bitte um Beibehaltung seiner Arbeitskontakte zu Rußland guthieß, weshalb er den Zaren ersuchte, den badischen Ingenieur zum *»Korrespondenten des Amts für Verkehrswege in fremden Landen«* mit Fortzahlung der Bezüge, die er im Dienst des Corps der Verkehrswegeingenieure erhielt (Gehalt nach Dienstrang in Höhe von 6.000 Rubel pro Jahr Sold und Tafelgeld) zu ernennen. Bedingung dafür war, daß die Soldzahlungen sofort eingestellt würden, sollten die von Traitteur gelieferten Informationen den Erwartungen der Leitung nicht mehr entsprechen.

Die von Traitteur in den Berichten genannten Motive für seine Abreise aus Rußland, so das rauhe Klima und familiäre Umstände, waren wohl kaum die ausschlaggebenden. Als der 42jährige Generalmajor in russischen Diensten sein Demissionsgesuch einreichte, befand er sich auf dem Gipfel seiner Karriere[5], war in der Fachwelt hinreichend bekannt und genoß die offensichtliche Unterstützung des Leiters des Amts für Verkehrswege, Alexander von Württemberg. Seine Demissionsentscheidung dürfte andere, tiefer liegende Gründe haben. Zunächst wäre das veränderte politische Klima in den höchsten russischen Behörden zu nennen. Die an Kontakten zum liberal gesinnten westeuropäischen Bürgertum und grundlegenden Verwaltungsreformen orientierte Epoche Alexanders I. war zu Ende gegangen. In der zweiten Hälfte der 1820er Jahre hatte sich auch am russischen Corps und am Institut für Verkehrswege einiges geändert: aus Institutionen mit einer großen Anzahl von Absolventen der französischen Ingenieurschulen als Fach- und Lehrkräfte wurden mehr und mehr russisch geprägte Ingenieurstätten. Durch das neue Arbeitsklima und die veränderten Beziehungen zu den vorgesetzten Behörden begannen zahlreiche ausländische Fachleute, die oft über unzureichende Russischkenntnisse verfügten und sich in ihren sozialpolitischen und philosophischen Ansichten an den damals modernen westeuropäischen Strömungen orientierten, sich in der russischen absolutistischen Monarchie unter Nikolaus I. eingeengt zu fühlen. Anfang der 1830er Jahre verließen die letzten führenden, aus den französischen Ingenieurschulen stammenden Persönlichkeiten das Corps bzw. das Institut, so 1831 Lamé und Clapeyron und 1834 Bazaine.

Gerade diese abzusehenden Änderungen können auch das Bestreben Traitteurs erklären, persönliche Kontakte zur Herrscherfamilie Badens aufzubauen. Bereits im Januar 1824 hatte er Großherzog Ludwig sein lithographisches Album über die Bauwerke an der Moskauer Chaussée übersandt und mit den folgenden Worten empfohlen: *»... Die ausgezeichnete Aufnahme derer dieses Werk von der kaiserlichen Familie vorzüglich von Seiner Majestädt des Kaisers sich zu erfreuen hat; läßt mich hoffen daß Euere Königliche Hoheit es mit Nachsicht bei sich aufnehmen wollen«*[6]. Die Grablegung Alexanders I. im März 1826 gab Traitteur dann die Möglichkeit, eine Reihe von diplomatischen Leistungen für den badischen Hof und dessen Gesandte (Lassolaye, Rottburg, Schilling) zu erbringen. Offenbar im Zusammenhang mit der Beisetzung steht die Bekanntschaft Traitteurs mit Markgraf Leopold (ab 1830 Großherzog von Baden). Die später an Leopold gerichteten Briefe Traitteurs[7], u. a. mit einer Vorstellung seiner Verlobten, einer Hofdame der Großfürstin Elena, zeigen den Wunsch nach einem guten persönlichen Verhältnis zu dem badischen Thronanwärter. In

[3] Ibid., Bl. 132–137.

[4] Nach dem Deckeneinsturz in den Kasernen von Pella (1822) und dem Unglücksfall beim Bau der gußeisernen Brücken an der Mojka (1830).

[5] In den für die damalige Ingenieurhierarchie durchaus hohen Rang eines Generalmajors wurde Traitteur im April 1829 befördert, knapp zwei Jahre vor seinem Demissionsgesuch.

[6] GLA Karlsruhe, Großherzogliches Familienarchiv, 9 [Ludwig, Correspondenz], Bd. 24/17. Traitteur, Bl. 1 (Brief vom 13. Januar 1824).

[7] GLA Karlsruhe, Großherzogliches Familienarchiv, 10 [Leopold, Correspondenz], Bd. 19/27. Traitteur (3 Briefe 1826–1828).

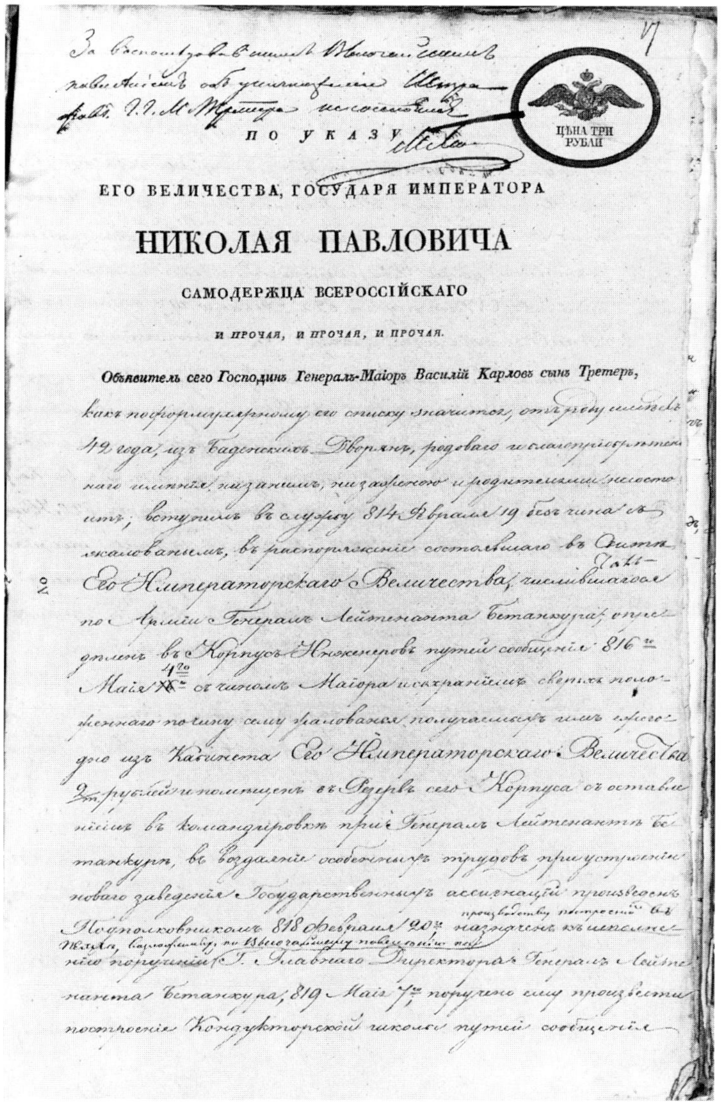

ЦѢНА ТРИ РУБЛИ

ПО УКАЗУ

ЕГО ВЕЛИЧЕСТВА, ГОСУДАРЯ ИМПЕРАТОРА

НИКОЛАЯ ПАВЛОВИЧА

САМОДЕРЖЦА ВСЕРОССІЙСКАГО

И ПРОЧАЯ, И ПРОЧАЯ, И ПРОЧАЯ.

Объявитель сего Господинъ Генералъ-Маіоръ Василій Карловъ сынъ Третеръ,

a

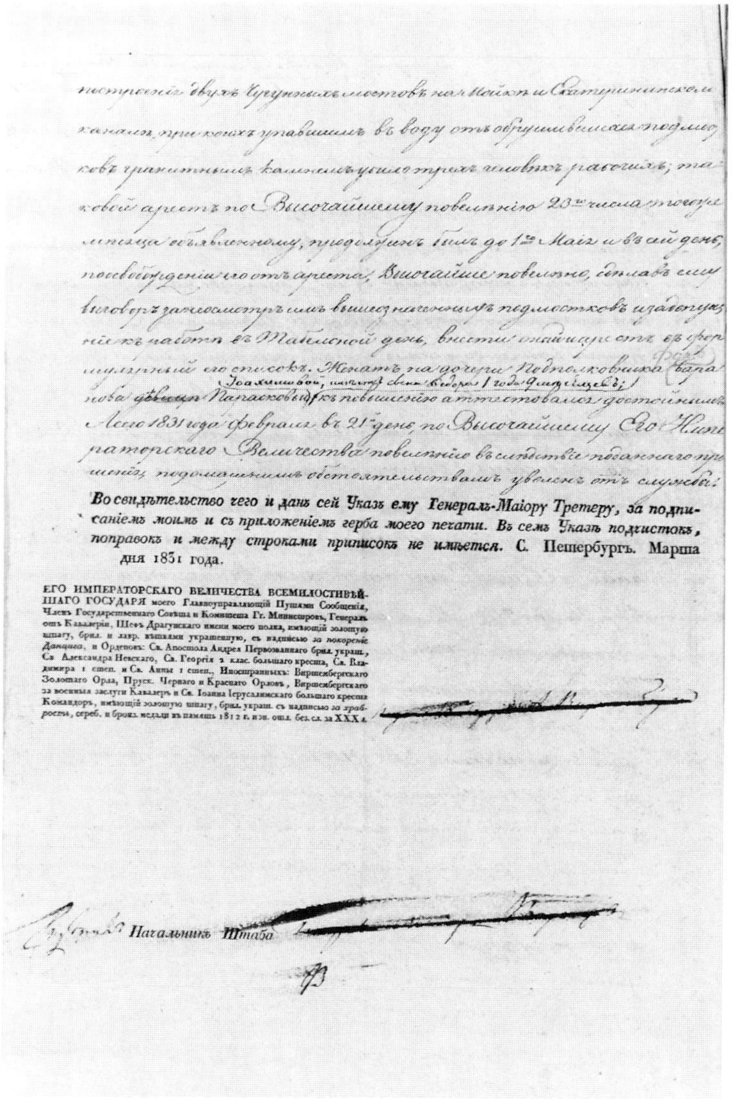

Во свидѣтельство чего и данъ сей Указъ ему Генералъ-Маіору Третеру, за подписаніемъ моимъ и съ приложеніемъ герба моего печати. Въ семъ Указѣ подчистокъ, поправокъ и между строками приписокъ не имѣется. С. Петербургъ. Марта дня 1831 года.

ЕГО ИМПЕРАТОРСКАГО ВЕЛИЧЕСТВА ВСЕМИЛОСТИВѢЙШАГО ГОСУДАРЯ моего Главноуправляющій Путями Сообщенія, Членъ Государственнаго Совѣта и Комитета Гг. Министровъ, Генералъ отъ Кавалеріи, Шефъ Драгунскаго имени моего полка, имѣющій золотую шпагу, брил. и лавр. вѣтвями украшенную, съ надписью *за покореніе Данцига*, и Орденовъ: Св. Апостола Андрея Первозваннаго брил. украш., Св. Александра Невскаго, Св. Георгія 2 клас. большаго креста, Св. Владиміра 1 степ. и Св. Анны 1 степ., Иностранныхъ: Виртембергскаго Золотаго Орла, Пруск. Чернаго и Краснаго Орловъ, Виртембергскаго за военныя заслуги Кавалеръ и Св. Іоанна Іерусалимскаго большаго креста Командоръ, имѣющій золотую шпагу, брил. украш. съ надписью *за храбрость*, сереб. и бронз. медали въ память 1812 г. и зн. отл. без. сл. за XXX л.

Начальникъ Штаба

b

217 a, b Kaiserlicher Erlaß über die Demission Traitteurs, 21. Februar 1831 (RGIA, 200-1-1780, Bl. 17, 18v: erste und letzte Seite)

dem letzten erhaltenen Brief vom Juni 1828 übersandte Traitteur für die markgräfliche Sammlung eine frisch geprägte Sondermünze aus Platin.

Des weiteren ist daran zu errineren, daß sich auch im badischen Bauwesen Ende der 1820er Jahre wesentliche Veränderungen vollzogen hatten: im März 1826 war der Architekt und Oberbaudirektor des Großherzogtums, Friedrich Weinbrenner, gestorben, im Jahre 1828 der Leiter des Wasser- und Straßenbauwesen, Johann Gottfried Tulla, Traitteurs Hauptrivale in Baden. Der Tod dieser beiden herausragenden Persönlichkeiten, deren über Jahre hinweg unangefochtene Stellung wohl auch einer der Gründe für den Weggang Traitteurs ins Ausland gewesen sein mag, sowie grundlegende Veränderungen im Bauwesen Badens unter dem Einfluß der beginnenden industriellen Revolution[8] in eine Richtung, in der sich Traitteur in seinen Petersburger Arbeiten bereits versucht hatte, ließen ihn auf gute berufliche Aussichten in seiner Heimat hoffen. Als indirekter Hinweis können die Briefe Traitteurs an den badischen Großherzog Ludwig und dessen Thronfolger Leopold gelten[9].

Die Demissionsentscheidung Traitteurs war jedoch hauptsächlich durch private Umstände veranlaßt: im Januar 1830 starb in Mannheim sein Vater, der Hofbibliothekar Carl Theodor von Traitteur[10]. Nach seinem Testament beka-

[8] Hippel, von Wolfgang. *Wirtschaftspolitik und Wirtschaftsförderung im Vormärz.* In: 1848/49. Revolution der deutschen Demokraten in Baden (Hrsg. Badisches Landesmusum Karlsruhe), Baden-Baden, 1998, S. 88–104.

[9] GLA, Großherzogliches Familienarchiv, 9 [Ludwig, Correspondenz], Bd. 24/17; 10 [Leopold, Correspondenz], Bd. 19/27.

[10] Stadtarchiv Mannheim, Polizeipräsidium, Zugang –/1962, Familienbogen ›Traitteur‹.

men seine Kinder aus erster Ehe, Magdalena Deurer und Generalmajor Wilhelm von Traitteur, das gesamte Erbe, 8.849 Florin und das auf 6.135 Florin geschätzte Obstgut Luzenberg auf dem Sand, Gemarkung Käfertal, zugesprochen. Der Antritt seines Erbteils ermöglichte es Traitteur somit, sich im Falle von Schwierigkeiten oder Mißerfolgen bei seiner neuen beruflichen Tätigkeit der Verwaltung des kleinen Landguts mit 15 Morgen 3 Viertel 6 Ruten (5,96 Hektar) Land und den damit verbundenen landwirtschaftlichen Fragestellungen zu widmen[11].

Im Juli 1831 kam Nikolaus I. sämtlichen Gesuchen des Herzogs von Württemberg nach, und noch im selben Monat wurde Generalmajor a. D. Traitteur offiziell zum ›Korrespondenten des Amts für Verkehrswege in fremden Landen‹ ernannt[12]. Seine Tätigkeit in diesem neuen und für einen Offizier des Corps der Verkehrsingenieure a. D. durchaus ehrenvollen Amt begann Traitteur damit, die Konditionen seiner Pflichten und Rechte im Ausland zu klären. Dazu gehörte auch das Privileg, den Schutz der russischen diplomatischen Missionen und deren Kurierdienste in Anspruch nehmen zu dürfen. Demselben Schriftstück zufolge plante Traitteur seine weitere Tätigkeit in einem breiten geographischen Raum: »*... Ayant en vue de parcourir quelquefois l'Allemagne, la France et l'Angleterre, pour pouvoir observer les progrès qui pourraient intéresser le Corps des Voies de Communication, j'aurais peut-être de temps à d'autres besoin de la protection des missions Russes aux pays étrangers, ainsi que de pouvoir profiter de leur courrière pour envoyer à Votre Altesse Royale des rapports et mémoirs, qui quelquefois il ne convient pas de confier à la poste. C'est pour cela que je prie ... qu'on me délivre une lettre circulaire avec laquelle je puisse me présenter aux différantes missions Russes*«[13]. Im Juli 1831 erörterte der Rat für Verkehrswege die Demission von Generalmajor Traitteur und bat darum, diesem baldigst alle für die Abreise nötigen offiziellen Papiere auszuhändigen. Außerdem schlug er vor, ihm künftig ein ständiges Aufenthaltsrecht in Rußland zu erteilen[14].

Durch Traitteurs zahlreiche Verpflichtungen bei verschiedenen Bauprojekten zog sich das Entlassungsverfahren ein knappes Jahr hin. Während dieser Zeit informierten sich Sonderkommissionen darüber, ob bezüglich einiger Bauleistungen alle Verbindlichkeiten des badischen Ingenieurs beglichen seien und an ihn keine juristischen, finanziellen o. ä. Forderungen seitens der zahlreichen Auftragnehmer und Privatpersonen offenstünden[15]. In Traitteurs Berichten dieser Monate ist ein gekränkter Ton zu verspüren, der wahrscheinlich die tatsächlichen Beziehungen zu seinen Kollegen und zum Teil die wahren Gründe seiner Demission beleuchtet: »*... aber wenn die Umstände es mir erlaubten, nützlicher als meine Kameraden zu sein, kann das etwa der Grund dafür sein, mit mir schlechter im Vergleich zu ihnen zu verfahren und anstatt Belohnungen mir beträchtliche Verluste zuzumuten ... einerseits erstattet mir die Generalverwaltung die bereits über ein Jahr fälligen 4.680 Rubel nicht; andererseits bürdet sie mir die Lasten eines teuren Aufenthalts auf, dessen Ende nicht abzusehen ist. Das Demissionsdekret ist bereits 9 Monate unvollzogen*«[16]. Ende März 1832 wurde Traitteur, nachdem bei der Kommission keinerlei Forderungen und Fragen mehr offen standen, das Demissionsdekret ausgehändigt, womit er seine Heimreise endgültig antreten konnte.

Einige Tage vor seiner Abreise aus St. Petersburg, am 20. April 1832, erhielt der badische Ingenieur von Alexander von Württemberg eine ›Vorschrift‹, d. h. einen programmatischen Auftrag zu seiner weiteren Tätigkeit für das russische Amt für Verkehrswege[17]. Der wichtigste und einzige Zweck seiner Tätigkeit bestand in der »*... Zuleitung von nützlichen Informationen zu neuen Entdeckungen und Vervollkommnungen in den Ingenieurswissenschaften und besonders zu wichtigen wasserbaulichen Arbeiten*«. Damit derartige Informationen jedoch in der Tat nutzbringend seien, hätten sie sich auf Entdeckungen und Erfindungen zu

[11] Waldeck, Florian. *Alte Mannheimer Familien. III. von Traitteur.* Mannheimer Geschichtsblätter, 22. Jg., 1921, Sp. 109–114, 129–136 (hier: S. 133–136); *Luzenberg und Waldhof.* Ibid., 6, 1905, Nr. 10, Sp. 242–243; *Der Luzenberg bei Waldhof.* Ibid., 7, 1906, Nr. 8/9, Sp. 180–181; GLA, Karlsruhe, Abt. 276, Nr. 4431 ›Inventarium des Hofgerichtsraths und Bibliothekars und Verlassenschaft des Carl Theodor von Traitteur 1830–1855‹.

[12] RGIA, 206-1-1193 ›Über die Ausstellung des Demissionsdekrets an Generalmajor Traitteur und über seine Ernennung zum Korrespondenten für Verkehrswege; sowie von ihm zu unterschiedlichen Gegenständen gelieferte Abfassungen. August 1931 – April 1834‹, Bl. 49; RGIA, 200-1-1780, Bl. 138–141.

[13] RGIA, 200-1-1780, Bl. 146.

[14] In den Archiven wurde der am 20. Juli 1831 verfaßte Textentwurf zu einem Paß gefunden, der dem badischen Ingenieur einen freien Aufenthalt in St. Petersburg und Reval (Tallinn), der Heimatstadt seiner Gemahlin, geb. Pauline von Baranoff, ermöglichen sollte (RGIA, 200-1-1780, Bl. 38–40). Die Vermählung mit der Tochter des Oberstleutnants Baranov, Paraskovija Ioakimovna, fand am 12. September 1827 in Wätz‹ (Väätsa)/Estland statt (RGIA, 200-1-1780, Bl. 5, 76v).

[15] Zu den ›Verbindlichkeiten‹ Traitteurs gehörten: die endgültige Übergabe der Gebäude der Kondukteurschule (Arbeit von 1820–1824); Bezahlung für eine Platte zum Bau der Brücke in Tosno an der Chaussée St. Petersburg–Moskau (1822); Bezahlung des Mehraufwands beim Einrammen der Pfähle für das Fundament der gußeisernen Bogenbrücken an der Mojka (1829–1830). RGIA, 200-1-1780, Bl. 54–57, 80–88, 100; RGIA; 206-1- 1193, Bl. 13–19.

[16] RGIA, 206-1-1193, Bl. 31–32.

[17] Ibid., Bl. 49–51 (›Liste vom 20. April 1932 mit Vorschrift Seiner Königlichen Hoheit ... an den aus dem Corps für Verkehrswege entlassenen Generalmajor Traitteur‹).

[18] Ibid., 206-1-1193, Bl. 51.

beziehen, deren Erfolg bereits durch Erfahrungen belegt und dabei von einer ausführlichen Untersuchung der örtlichen Umstände begleitet sei. Zu Erfindungen und Entdeckungen, welche lediglich als Vorschläge bestünden, sollten in die Denkschriften auch kleinere Notizen aufgenommen werden, wobei durch sorgfältige Untersuchung der Argumentation die Stichhaltigkeit jener Vorschläge zu prüfen sei.

Dabei strich der Herzog von Württemberg, offensichtlich geprägt durch die Ausrichtung der zuletzt ausgeführten Arbeiten sowie durch die Besonderheiten des Klimas und der natürlichen Ressourcen, als vorrangige technische Interessen des russischen Amts für Verkehrswege folgende Bereiche heraus:

- Verfahren zur Gewinnung, Bearbeitung und Lagerung von Holz als Baustoff;
- Methoden zur Stabilisierung und zur Minderung von Schwingungen an »aus vielen Bögen bestehenden Hängebrücken«;
- Anlageprinzipien für die Gründungen von Brückenwiderlagern bei einer Tiefe von 5 bis 7 Sažen' (10,6 bis 14,9 m) und bei Einwirkung von Eisschlägen;
- Verbesserung des Fahrwassers (schiffbarer) Flüsse und Entfernung von Sandbänken durch Anlage von »wassereinengenden« Wehren in schiffbaren Flüssen (den Informationen zu derartigen Arbeiten sollten Angaben zu Bodeneigenschaften und Fließgeschwindigkeiten des Gewässers beigefügt werden);
- Verfahren für den verbesserten Betrieb von Dampf- und anderen Schiffsmotoren bei Fahrt gegen den Strom unter den Bedingungen der langen russischen Flüsse und der kurzen Schiffssaison;
- weitere Vervollkommnung der Eisenbahnen, Verminderung der anfänglichen Aufwendungen für ihren Bau;
- neue Verfahren zu Bau und Reparatur von Pflaster- und Schotterstraßen.

Zum Abschluß seiner Einweisung räumte der Herzog von Württemberg dem neuen ›Korrespondenten in fremden Landen‹ beträchtliche Freiheiten bei der Wahl seines künftigen Tätigkeitsfelds ein: *»... Außer diesen Gegenständen werden sich viele andere finden, in deren Einzelheiten zu gehen überflüssig wäre, die jedoch trotzdem Ihre Aufmerksamkeit erregen werden, da Sie nach Ihrem langen Dienst im Corps der Verkehrswegeingenieure zweifelsohne die Erfindungen und Verbesserungen analysieren werden, deren Einführung für Rußland nutzbringend sein kann«*[18].

Traitteurs Aufgabenstellungen als Korrespondent entsprechen recht genau den Arbeitsschwerpunkten des russischen Amts für Verkehrswege an der Schwelle der 1820er bis 1830er Jahre sowie dessen offensichtlichem Bestreben, technische Erfahrungen aus Westeuropa weiterhin in Rußland anzuwenden. Da Alexander von Württemberg wahrscheinlich einsah, daß die Ära der dominierenden französischen Ingenieursschule auf dem europäischen Kontinent dem Ende entgegenging, begann er, die seit Gründung des russischen Corps der Verkehrswegeingenieure gewachsenen Verbindungen durch eine Schwerpunktverschiebung von Frankreich nach Deutschland zu verändern. Insgesamt zeigen die Schriftstücke der Archive indirekt, daß das Engagement des badischen Ingenieurs als ausländischer Korrespondent des Amts für Verkehrswege auf eine gemeinsame Idee Traitteurs und des württembergischen Herzogs zurückgehen dürfte. Traitteurs Ernennung könnte so als Folge seiner persönlichen Kontakte zur Leitung des Amts gewertet werden. Er war unter den ausländischen Ingenieuren, die Rußland in den 1830er Jahren verließen, praktisch der einzige, der zu St. Petersburg weiterhin engste dienstliche Beziehungen unterhielt. Dagegen heißt es etwa in einer vergleichbaren Anweisung Nikolaus' I. zur Entlassung von Generalleutnant Bazaine, des langjährigen Direktors des Instituts des Corps der Verkehrswegeingenieure und führenden Vertreters der französischen Ingenieurschule im damaligen St. Petersburg, aus dem Dienst im September 1834: »zum Korrespondenten ist er nicht zu ernennen«[19].

Entsprechend den damaligen Gepflogenheiten wurde Traitteurs Abreise im April 1832 in der Zeitung ›Sankt Peterburgskie Vedomosti‹, in diesem Fall sogar dreimal, vermerkt[20]. Der badische Ingenieur trat seine Heimreise aus der russischen Hauptstadt wahrscheinlich Ende April an. Zu seinem künftigen Wohnort in Deutschland gab er an, er gedenke in der badischen Residenzstadt Karlsruhe zu leben: »*Ich werde es nicht versäumen, zu gegebener Zeit meinen Aufenthaltsort im Auslande mitzuteilen, ... in der Zwischenzeit ersuche ich jenes Departement, seine Schriftstücke an mich an die Mission des Russischen Hofes in Karlsruhe oder direkt an mich in dieselbe Stadt zu richten*«[21].

Der ›Auslandskorrespondent‹ des russischen Amts für Verkehrswege in Karlsruhe, 1832–1835

Im Russischen Staatlichen Historischen Archiv St. Petersburg finden insgesamt 42 Schreiben Erwähnung, wovon 28 Texte erhalten sind, die Traitteur in den Jahren 1832–1835 aus unterschiedlichen deutschen Städten, hauptsächlich aus Karlsruhe (Abb. 218), nach Rußland schickte[22]. Des weiteren werden dort einige Einzelakten zum Schriftwechsel über technische Einzelfragen verwahrt. Dieses in französischer und deutscher Sprache verfaßte Material gibt Einblick in eine bisher kaum bekannte und bemrkenswerte Episode in der schöpferischen Biographie des badischen Ingenieurs und die Suche nach neuen wissenschaftlichen und technischen Kontaktformen zwischen Rußland und Deutschland in den 1830er Jahren.

Traitteur nutzte seine etwa fünf Monate dauernde Reise von St. Petersburg nach Karlsruhe, um sich bei den neuesten Entwicklungen im Bauwesen umzusehen. Bereits in Deutschland angekommen, schreibt er darüber: »... *In dem Wunsche, noch nützlicher zu sein, als jene von mir zu erwarten berechtigt sind, verwandte ich das mir auf Befehl Seiner Kaiserlichen Majestät für den Rückweg zur Verfügung gestellte Geld für eine Studienreise. Die Früchte einer derartigen Reise werden der Generalverwaltung der Verkehrswege zum Vorteil gereichen*«[23]. Schon im Juni 1832 sandte der badische Ingenieur seine erste Mitteilung zum Bau einer neuen Chaussée von Königsberg nach Tilsit und weiter bis zur russischen Grenze bei Tauroggen mit zwei Zeichnungen aus Berlin nach St. Petersburg[24]. Nach den vorhandenen Dienstmeldungen zu urteilen legte Traitteur seine Vollmachten und Rechte in den ersten Monaten nach seiner Abreise etwas weiter aus als vom Herzog von Württemberg vorgeschrieben worden war. So schlug er dem Amt für Verkehrswege vor, Modelle und Traktate zu erwerben sowie einige Künstler und Handwerker in russische Dienste zu nehmen. Nach diesen Versuchen erhielt er die Anweisung, vor jeglichen Erwerbungen erst eine Voranfrage nach St. Petersburg zu richten.

Als Traitteur später nach seinem ersten Jahr als ›Korrespondent‹ Bilanz zog, bemerkte er, er habe allein von Mai bis Dezember 1832 acht ›gelehrte Notizen‹ und zehn Zeichnungen nach Rußland gesandt[25]. Aus der preußischen Hauptstadt fuhr der badische Ingenieur nach Bayern[26], von wo aus er mehrere Meldungen nach St. Petersburg übermittelte. Traitteurs verhältnismäßig langer Aufenthalt in Bayern dürfte mit seiner langjährigen Bekanntschaft mit dem vormaligen Generaldirektor des bayerischen Straßen- und Wasserbauwesens, Carl von Wiebeking, in Zusammenhang stehen. Ende Juni 1832 informierte sich Traitteur in Augsburg über die von Ingenieur Reichenbach entwickelten Methoden zur Konservierung von Bauholz, das bei Maschinen, Brücken und

[19] Guzevič, D. Ju.; Guzevič, I. D. *Petr Petrovič Bazen (Pierre-Dominique Bazaine)*. St. Petersburg, 1995, S. 189.

[20] Rubrik ›In das Ausland abreisende Personen. ... Dienstentlassener Generalmajor Traitteur mit Diener Johann Lehmann, preußischer Untertan; Anfragen 1. Adm. Teil 4. Wohn. im Haus Nr. 191‹ (*Sankt Peterburgskie vedomosti*, 1832, Nr. 84, 8. April, S. 905; Nr. 86, 15. April, S. 928; Nr. 90, 19. April, S. 960). Letzte Anschrift Traitteurs in St. Petersburg war die Galernaja ulica 16.

[21] RGIA, 206-1-1193, Bl. 48.

[22] Die Archivakte RGIA, 206-1-1193, ist die wichtigste Informationsquelle über Traitteurs Tätigkeit als Korrespondent des Amts für Verkehrswege in Deutschland und umfaßt neben dem erschöpfenden Schriftwechsel zahlreiche Originalbriefe, die Traitteur aus Deutschland, hauptsächlich aus Karlsruhe, nach St. Petersburg sandte. Wie aus einer der Mappe beiliegenden Aktennotiz hervorgeht, bestand die Akte ursprünglich aus 292 Blättern, von denen heute noch 164 erhalten sind.

[23] Ibid., Bl. 154.

[24] Schreiben Traitteurs vom 1./13. Juni 1832 aus Berlin (Nr. 1), im Archiv nicht erhalten (RGIA, 206-1-1193, Bl. 133–134).

[25] RGIA, 206-1-1193, Bl. 113.

[26] Im Rahmen dieses Besuchs konnte Traitteur an Wiebeking letzte Informationen über seine Petersburger Hängebrücken weitergeben, die umgehend in dessen neues Buch aufgenommen wurden: »... Maintenant j'envisagerai trois autres ponts, en profitant des vues que S. A. R. le Duc de Wurtemberg avait l'extrême bienveillance de m'en faire présent, et de ces notions qui se trouvent dans l'annuaire du corps des ingénieurs des voies de communication de l'Empire de Russie, et enfin de renseignemens que Mr. de Traitteur a eu la bonté de me communiquer« (Wiebeking, Carl Friedrich von. *Mémoire sur des ponts suspendus en chaînes de fer, relatif aux ponts construits dans le dernier temps en Angleterre et en Russie ...* . München, 1832, S. 28).

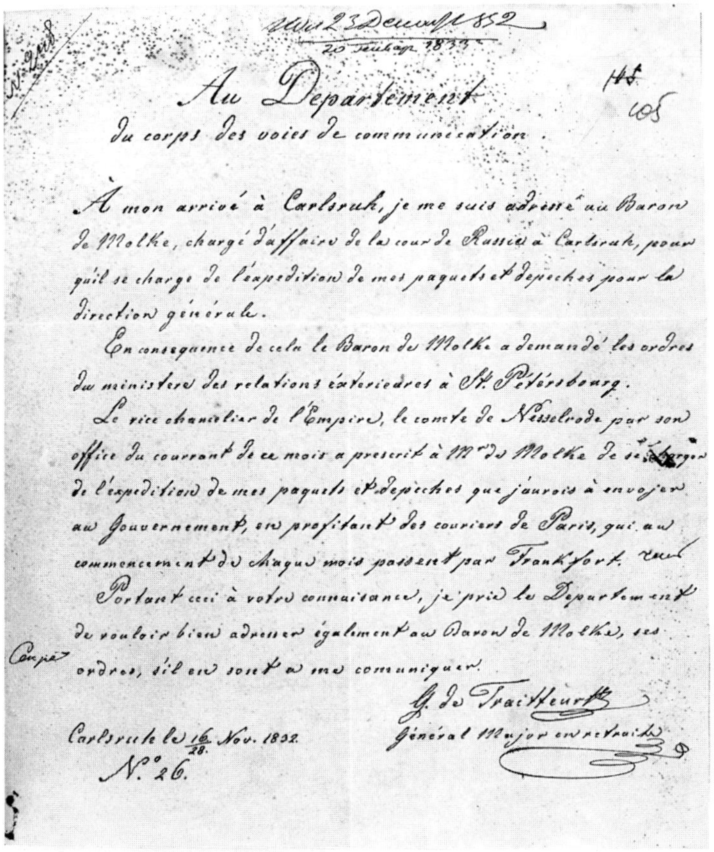

Au Departement
du corps des voies de communication.

À mon arrivé à Carlsruh, je me suis adressé au Baron de Molke, chargé d'affaire de la cour de Russie à Carlsruh, pour qu'il se charge de l'expedition de mes paquets et depeches pour la direction générale.

En consequence de cela le Baron de Molke a demandé les ordres du ministere des relations éxteriedres à St. Pétersbourg.

Le vice chancelier de l'Empire, le comte de Nesselrode par son office du courant de ce mois a prescrit à Mr de Molke de se charger de l'expedition de mes paquets et depeches que j'aurois à envoyer au Gouvernement, en profitant des couriers de Paris, qui au commencement de chaque mois passent par Frankfort.

Portant ceci à votre connaissance, je prie le Departement de vouloir bien adresser également au Baron de Molke, ses ordres, s'il en sont à me communiquer.

G. de Traitteurt
Général Major en retraite

Carlsruhe le 16/28 Nov. 1832.
N°. 26.

218 Bericht Traitteurs über sein Eintreffen in Karlsruhe vom 16./28. November 1832 (RGIA, 206-1-1193, Bl. 105)

Gebäudeteilen unter Wasser eingesetzt wurde[27]. Einen Monat später verfaßte er in München eine Reihe von Notizen zu ingenieurtechnischen, architektonischen und allgemeintechnischen Fragestellungen. Die erste, *Spring Wasser ohne Reservoire* (Abb. 219 a), betraf Berliner und Münchener Erfahrungen mit der Anlage von städtischen Springbrunnen ohne Wassersammelbecken; in der zweiten, *Neue Radir Methode*, befaßte er sich mit Kupferätzverfahren mittels eines scharfgeschliffenen Diamanten anstatt der in der Graveurkunst üblichen Nadel; in der dritten legte er die Vorzüge des hydraulischen ›Blasebalgs‹ von Ingenieur Reichenbach im Vergleich zu gewöhnlichen Schmiedebalgen dar. Seiner Bestimmung gemäß betrachtete Traitteur, der Rußland erst kurz zuvor verlassen hatte, alle technischen Neuerungen, die seine Aufmerksamkeit fanden, in Hinblick auf den praktischen Bedarf in St. Petersburg. So empfahl er den Einsatz der Springbrunnen ohne Reservoir für bestimmte Orte und Anwendungen: »*... Diese Methode könnte mit besonderem Vortheile auf Elagin auf Kamenoiostroff in Zarskozello, selbst in Petersburg auf dem öden Admiralitaets Platze; vor dem Palais des Grosfürsten Michael, nehmlich auf dem Platz; vor dem neuen Theater von Rossi; im Somergarten p.p. mit Nutzen angewendet werden. Denkt man sich nun noch die Nützlichkeit mitverbunden; zur Nachtzeit Wasser im Winter Palais, in privat Häuser für den täglichen Gebrauch haben zu können; denn daß bei Feuerschaden die Dampfmaschine von bedeutendem Nutzen sein kann, so erscheint ein solcher Vorschlag von großer Annehmbarkeit, der sich in Berlin und München als höchst nützlich erwiesen hat, und dessen Annehmlichkeit allgemein unerkant ist*«[28].

Vor allem Traitteurs langjähriges Mitwirken an der neuen architektonischen Gestalt des alexandrinischen St. Petersburg dürfte sein besondere Augenmerk auf die zeitgenössischen Tendenzen der Architektur in Westeuropa gelenkt

[27] Schreiben Traitteurs vom 23. Juni / 4. (d. i.: 5.) Juli 1832 aus Augsburg (Nr. 2), in französischer Sprache (RGIA, 206-1-1193, Bl. 53–56, 66).

[28] Schreiben Traitteurs ohne Datumsangabe vom Juli 1832 aus München (Nr. 3), in deutscher Sprache in 6 Abschnitten: ›1. Spring Wasser ohne Reservoire; 2. Neue Radir Methode; 4. Die Walhala; 5. Moderne Architecture; 6. Gesimse aus gebranden Ziegeln‹ (RGIA, 206-1-1193, Bl. 57–64v).

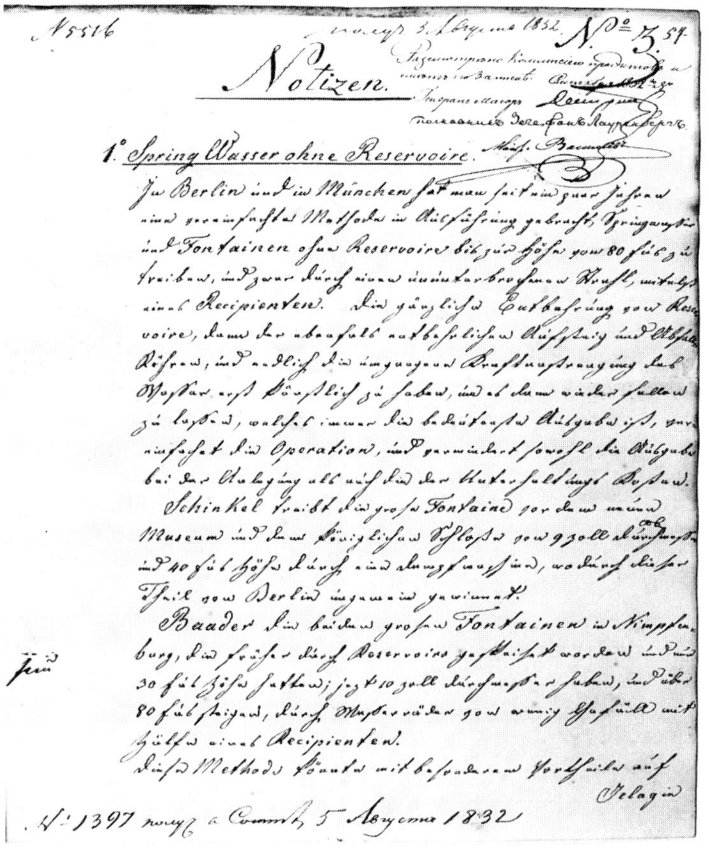
Notizen.

1° Spring Wasser ohne Reservoire.

a

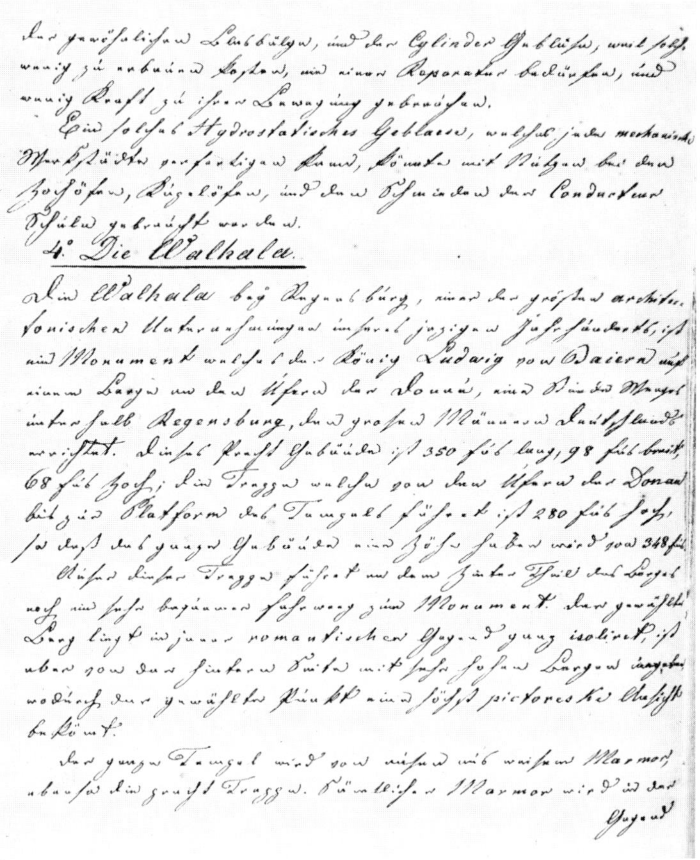
4° Die Walhala

b

haben. In seinen Dienstmeldungen berichtet Traitteur immer wieder über Eindrücke von seinen Kontakten zu den Architekturschulen in Deutschland, allen voran in Bayern. Die sich Anfang der 1830er Jahre auch in Bayern abzeichnende Suche nach einem neuen Stil in der Architektur war zweifelsohne vergleichbar mit der Situation in der Petersburger Baukunst. Dabei gab es in der frühen bayerischen Romantik, die sich an antiken, in erster Linie griechischen Vorbildern sowie dem Erbe der Renaissance orientierte, bemerkenswerte Beispiele für neue Stilrichtungen, die für das Petersburger Bauwesen in mancher Hinsicht von Interesse sein konnten. Die neuesten Strömungen in der bayerischen Architektur waren hauptsächlich durch das Werk Leo von Klenzes geprägt, der in den der Architektur gewidmeten Abschnitten der Traitteurschen Dienstmeldungen denselben Platz einnimmt wie Reichenbach[29] im Ingenieurwesen. So berichtete Traitteur in denselben Notizen aus München auch über den Bau der Gedenkstätte Walhalla (1830–1842), die an einem Steilufer der Donau unweit von Regensburg errichtet wurde und deren Äußeres als Kopie des Athener Parthenon angelegt war.

In den Notizen *Moderne Architectur* und *Gesimse aus gebranden* (Abb. 219 c, d) *Ziegeln* legte der badische Ingenieur gleichzeitig einen kurzen Überblick über die in jenen Jahren in Berlin und München neu entstehende ›Backsteinarchitektur‹ vor, die mit der Entstehung der ›Neurenaissance‹ in der Frühromantik zusammenfällt: »... *Sowohl in Berlin als auch in München werden die Gebäude von Backstein erbaut. Sowohl Schinkel als auch Fischer und Klenze haben durch ihre sehr geschmackvollen Facaden auf den Geschmack der übrigen Architekten mächtig gewürket, so daß man jezt in beiden Städten nur schöne und freundliche Facaden erblickt, und selbst die älteren Häuser wurden bei wenigem Aufwand modernisirt*«.

219 a–d Bericht über Berliner und Münchener Architektur. Traitteur, Juli 1831 (RGIA, 206-1-1193, Bl. 57, 58v, 59, 60v: erste, mittlere und letzte Seite)

[29] Georg von Reichenbach (1771–1826) geboren in Durlach (Baden), lebte in Mannheim und später in Bayern. Maschinenbauer und Ingenieur, Oberberg- und Salinenrat von Bayern, Ministerialdirektor. Erfinder einer einfach wirkenden Trockenlegungspumpe (1820). *Die berühmten Erfinder. Physiker und Ingenieure.* Köln, 1963, S. 424; *Georg von Reichenbach*, Archiv der Universität Karlsruhe.

[30] RGIA, 206-1-1193, Bl. 59–60v.

[31] Ibid., Bl. 61-68v, 73.

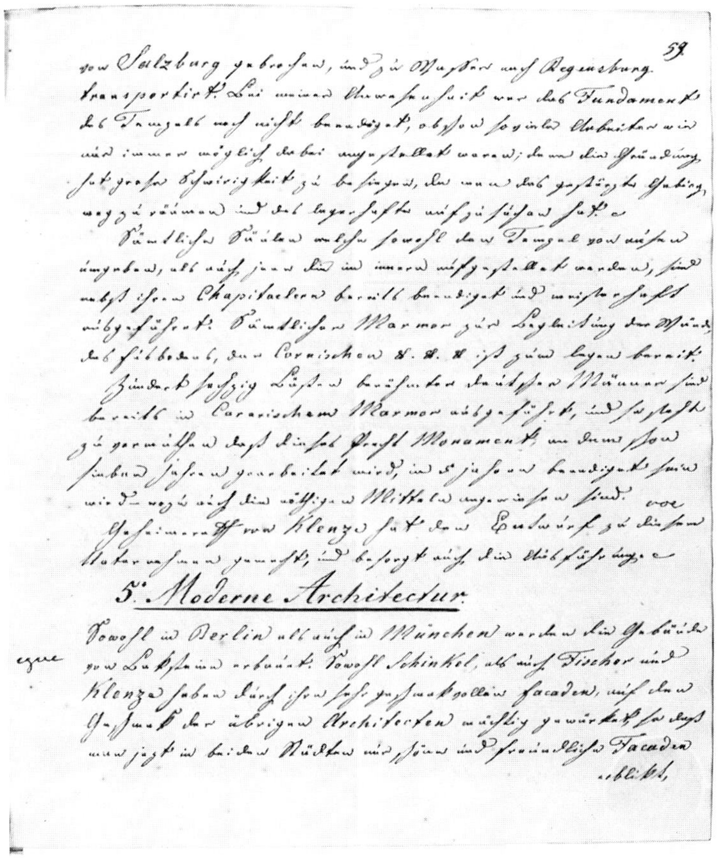
5. Moderne Architectur

c

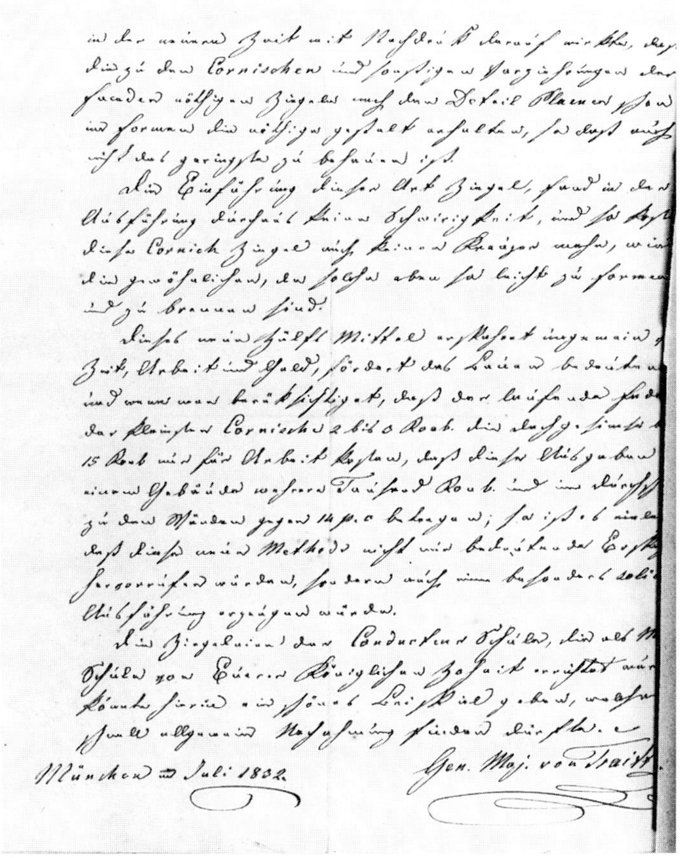
München im Juli 1832.

Gen. Maj. von Traitteur

d

Als Traitteur seine Petersburger Bauten der 1820er Jahre aus dem Blickwinkel der neuesten bayerischen Erfahrungen bewertet, findet er in den Fassaden der bayerischen Architektur seine eigenen früheren Auffassungen bestätigt: »... *Was den oben berührten Anstrich der Häuser anbelangt, so könnte ein Versuch an der Conducteur Schule gemacht werden, auch die Facade des Instituts eignete sich vorzüglich dazu; Ein Versuch, der bald die monotone Anstriche von Petersburg verdrängen würde. Was die verbesserte Ziegel Fabrikation anbelangt, so ist dies ein Gegenstand der jezt um so mehr in dem Willen Eurer Königl. Hoheit liegt, da auch die Ziegel Bauten von Russland sich dero höchsten Leitung zu erfreuen haben. ... Die Ziegeleien der Conducteur Schule, die als M[eister] Schule von Euerer Königlichen Hoheit errichtet wur[de,] könnte hierin ein schönes Beispiel geben, welche[s] schnell allgemeine Nachahmung finden dürfte*«[30].

Die von Traitteur aus Bayern geschickten Materialien wurden der Kommission für Entwürfe und Kostenvoranschläge im Verkehrswegeamt übergeben, wo Oberst Zoege von Laurenburg die deutschen Berichtstexte ins Russische übertrug. Die Kommission befand die Informationen aus Augsburg zur Konservierung von Bauholz und Holzkonstruktionen als die wertvollsten, da die Anwendung derartiger Methoden in Rußland eine Quelle beträchtlicher Kosteneinsparungen sein könne. Traitteur wurde gebeten, zu dieser Mitteilung zusätzliche Informationen über die in Bayern bestehenden Bauten zur Lagerung von Holz zu beschaffen. Die zugehörige Vorschrift sowie entsprechende Gelder für die Erfüllung des Auftrags wurden im November 1832 an Traitteurs Adresse in Karlsruhe gesandt. Von den restlichen Mitteilungen wurde hingegen, da »nichts Neues enthaltend« und von »keinerlei Bedeutsamkeit für die Generalverwaltung«, keine weitere Notiz genommen[31].

Im August 1832 schickte Traitteur aus dem bayerischen Wildbad Gastein bereits in Berlin zusammengestellte Zeichnungen und Informationen zu den Ressel- und Reichenbach-Systemen nach Rußland, durch die Achsreibungen von Maschinen und Mechanismen verringert werden konnten. In der ausführlichen Notiz »*Notices sur le Système de M. Ressel pour diminuer le frottement des axes aux machines en général, ainsi qu'aux essieux des voitures de charge, recuillies pendant mon séjour à Berlin*« wurden theoretische sowie praktische Aspekte der Konstruktion derartiger Vorrichtungen behandelt. Aber auch diese Informationen befand die Kommission für Entwürfe und Kostenvoranschläge für bereits bekannt[32]. Im September verfaßte Traitteur auf seiner Reise durch Württemberg nach Baden in Stuttgart eine weitere Mitteilung, in der er sich diesmal mit dem Einsatz von auf 350 °C erhitzter Luft zum Schmelzen von Metallen befaßte. In St. Petersburg war man der Ansicht, sie enthalte überaus unvollständige und unbefriedigende Informationen, die bereits aus unterschiedlichen Quellen, so z. B. aus dem englischen Mechanical Magazine (1830, November), bekannt seien[33].

Im November 1832 erreichte Traitteur mit der Residenzstadt des Großherzogtums Baden, Karlsruhe, das Ziel seiner Reise, von wo aus er seinen intensiven Briefwechsel mit St. Petersburg fortsetzte. Die gesamte Korrespondenz war an den Bevollmächtigten des russischen Hofs in Baden, Baron P. F. Moltke, adressiert und wurde durch russische diplomatische Kuriere, die am Anfang eines jeden Monats von Paris über Karlsruhe nach Frankfurt und weiter über Berlin in Richtung St. Petersburg fuhren, befördert (Abb. 218). So ersuchte Traitteur nach Ankunft aus Rußland die Leitung der Generalverwaltung der Verkehrswege, »*... all ihre Vorgaben an die Kaiserliche Russische Gesandtschaft in Karlsruhe zu schicken, oder wenn ihr es genehm ist, jene an meine eigene Adresse zu schicken, wobei direkt ohne Hinzufügung ›an den Korrespondenten der Generalverwaltung der Verkehrswege des Russischen Reiches‹ zu adressieren ist, obgleich der Titel selbst überaus ehrenhaft ist, mich jedoch der Möglichkeit beraubt, private Einrichtungen als interessierter Laie zu betrachten*«[34]. In seinem ersten Schreiben aus Baden berichtete Traitteur über neue Fertigungsverfahren für tönerne Gas- und Wasserleitungsrohre mit einer Hydraulikpresse, die er in Fabriken in München, Esslingen bei Stuttgart und Landau kennengelernt hatte[35]. Für viele Städte war damals der Ersatz der teuren Gußrohre durch preisgünstigere im Zuge der geplanten Einrichtung einer städtischen Gasbeleuchtung, für die ein eigenes Gasleitungsnetz verlegt werden mußte, ein aktuelles Problem. Die besten Ergebnisse erzielte man bei Formversuchen von Tonröhren in speziellen Walzwerken, die mit einer hydraulischen Kolbenpresse ausgerüstet waren. Traitteur führte in seiner Notiz zu den neuen Rohren auch Wirtschaftlichkeitsdaten an und berechnete näherungsweise die Kosten für deren Verlegung unter den Bedingungen des für ihn bereits fernen St. Petersburg. Diese mit Zeichnungen ergänzten Informationen stießen offensichtlich auf das Interesse des Rats für Verkehrswege, der Ende Dezember beschloß, die Mitteilung Traitteurs in der Zeitschrift des Rats als separaten Artikel zu veröffentlichen[36].

Ende November 1832 sandte Traitteur aus Karlsruhe eine Beschreibung der Münchener Glyptothek (1816–1831), die er als »*... un des monuments les plus remarquables de nos temps modernes ... qui est distingué par de belles proportions, par une solide construction, et en général par une exécution qui fait honneur à l'architecte M. Klenze*« vorstellte. Seinem Schreiben (Abb. 220) legte er zwei Exemplare des Albums über die ›Glyptothèque‹ bei. Ein Exemplar war für die Bibliothek des Instituts des Corps der Verkehrswegeingenieure, das andere für die Bibliothek des Kartendepots (später Bibliothek des Generalstabs) bestimmt. Dieser Erwerb war einer der wenigen, der von der Kommission für Entwürfe und Kostenvoranschläge »unter Berücksichtigung der europäischen Reputation des Herrn Klenze« gebilligt wurde[37]. Die von Traitteur in den Jahren 1832–

[32] Schreiben Traitteurs vom 10./22. August 1832 aus Wildbad Gastein (Nr. 4), in französischer Sprache (RGIA, 206-1-1193, Bl. 82–91).

[33] Schreiben vom 12. September 1832 aus Stuttgart (Nr. 5), in französischer Sprache (RGIA, 206-1-1193, Bl. 76–78).

[34] RGIA, 206-1-1193, Bl. 134.

[35] Schreiben vom 1./13. November aus Karlsruhe (Nr. 6), in französischer Sprache (RGIA, 206-1-1193, Bl. 98–99, 101–103).

[36] Traitteur. *O delanii glinjanyh trub dlja podzemnogo provoda gaza i fontannoj vody, posredstvom gidravličeskogo pressa (Über die Anfertigung von tönernen Rohren für die unterirdische Leitung von Gas und Springbrunnenwasser mit Hilfe einer Hydraulikpresse).* Žurnal Putej soobščenija (Journal für Verkehrswege), Bd. 27, St. Petersburg, 1833, S. 62–77, Taf. 7.

[37] Schreiben vom 14./26. November 1832 aus Karlsruhe (Nr. 7), in französischer Sprache (RGIA, 206-1-1193, Bl. 113–125).

[38] »Durch Kaiser Nikolaus I. erhielt Klenze einen der großartigsten Aufträge seiner Zeit, der er durch die Großzügigkeit des Bauherren in wahrhaft kaiserlichem Umfang und entsprechender Ausstattung ausführen konnte. Nicht allein der vorzügliche Bauplatz im Herzen St. Petersburgs, auch der Umfang des Komplexes, ein Rechteck von 515 mal 357 Fuß, mit drei Höfen, einer Ausstattung der kostbarsten Steine ... machten das Museum zu einem der prächtigsten Sammlungsgebäude Europas, den Kunstschätzen der Sammlung würdig« (Hederer, Oswald. *Leo von Klenze. Persönlichkeit und Werk.* München, 1964, S. 324–334).

[39] Schreiben vom 26. November / 8. Dezember 1832 aus Karlsruhe (Nr. 8[?]), Schriftstück im Archiv nicht erhalten (RGIA, 206-1-1193, Bl. 133v).

[40] Schreiben vom 12./26. Februar 1833 aus Karlsruhe (Nr. 10), in französischer Sprache (RGIA, 206-1-1193, Bl. 141–146, 158–159). Schepe, M. *Kettenbrücke in Bamberg. 1828–1829.* Im Katalog: Nerdinger, Winfried (Hrsg.), Romantik und Restauration. Architektur in Bayern zur Zeit Ludwigs I. 1825–1848. München, 1987, S. 163–164.

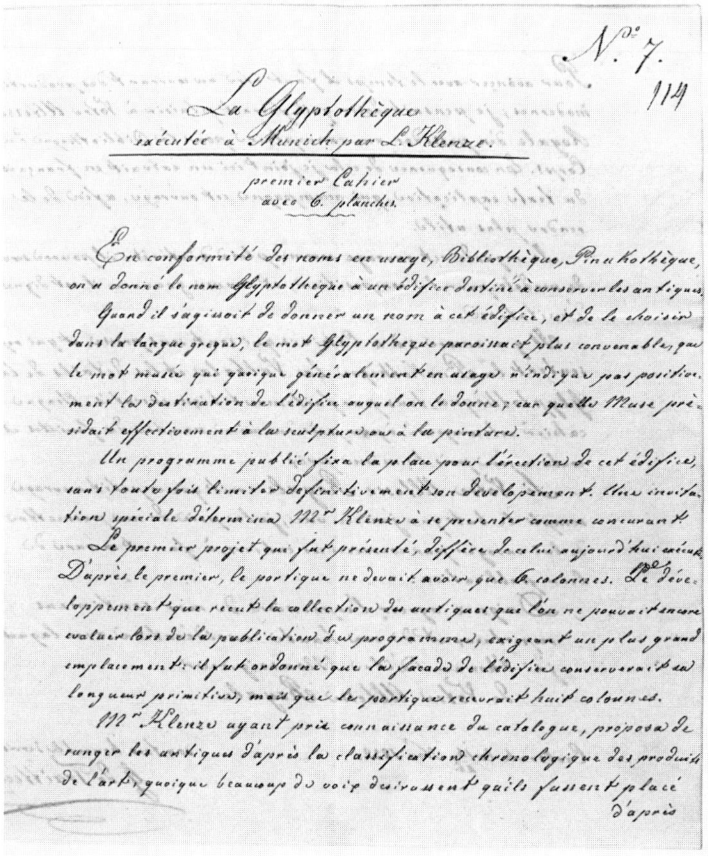

N.° 7. 114

La Glyptothèque
exécutée à Munich par L. Klenze.
premier Cahier
avec 6. planches.

En conformité des noms en usage, Bibliothèque, Pinakothèque, on a donné le nom Glyptothèque à un édifice destiné à conserver les antiques. Quand il s'agissait de donner un nom à cet édifice, et de le choisir dans la langue grecque, le mot Glyptothèque paraissait plus convenable, que le mot Musée qui quoique généralement en usage n'indique pas positivement la destination de l'édifice auquel on le donne; car quelle Muse présidait effectivement à la sculpture ou à la peinture.

Un programme publié fixa la place pour l'érection de cet édifice, sans toutefois limiter définitivement son développement. Une invitation spéciale détermina Mr Klenze à se présenter comme concurrent.

Le premier projet qui fut présenté, diffère de celui aujourd'hui exécuté. D'après le premier, le portique ne devait avoir que 6 colonnes. Le développement que reçut la collection des antiques que l'on ne pouvait encore évaluer lors de la publication du programme, exigeant un plus grand emplacement: il fut ordonné que la façade de l'édifice conserverait sa longueur primitive, mais que le portique recevrait huit colonnes.

Mr Klenze ayant pris connaissance du catalogue, proposa de ranger les antiques d'après la classification chronologique des produits de l'art, quoique beaucoup de voix désirassent qu'ils fussent placé d'après

a

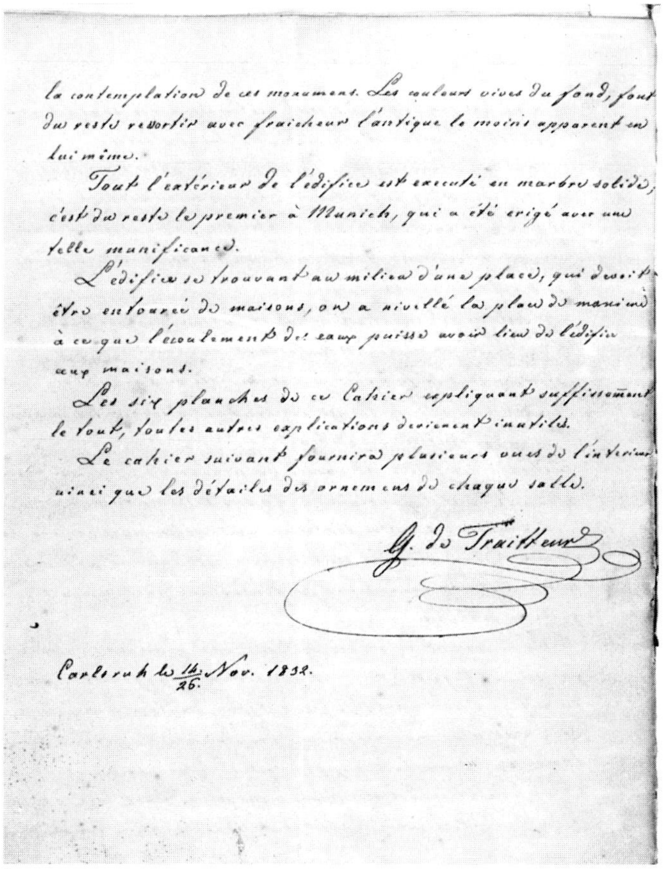

la contemplation de cet monument. Les couleurs vives du fond, font du reste ressortir avec fraicheur l'antique le moins apparent en lui même.

Tout l'extérieur de l'édifice est exécuté en marbre solide; c'est du reste le premier à Munich, qui a été érigé avec une telle magnificence.

L'édifice se trouvant au milieu d'une place, qui devait être entourée de maisons, on a nivellé la place de manière à ce que l'écoulement des eaux puisse avoir lieu de l'édifice aux maisons.

Les six planches de ce Cahier expliquant suffisamment le tout, toutes autres explications deviennent inutiles.

Le cahier suivant fournira plusieurs vues de l'intérieur ainsi que les détails des ornemens de chaque salle.

G. de Traitteur

Carlsruh le 14/26 Nov. 1832.

b

220 a, b Bericht über Bauwerke Leo von Klenzes. Traitteur, 14./26. November 1832 (RGIA, 206-1-1193, Bl. 114, 115v: erste und letzte Seite)

1833 initiierte Unterrichtung der Leitung der wichtigsten Baubehörden des Russischen Reichs über die Werke Leo von Klenzes in dem für die Architektur des 19. Jahrhunderts typologisch neuen Bereich öffentlicher Museumsgebäude könnte eines der zentralen Ereignisse in der Geschichte der deutsch-russischen Architekturbeziehungen Mitte des 19. Jahrhunderts eingeleitet haben. Während des Besuchs Nikolaus' I. 1838 in München, der ihn auch in die Glyptothek und die Pinakothek führte, wurde Leo von Klenze mit dem Bau der Neuen Eremitage in St. Petersburg beauftragt (1839–1852), die heute zu den besten Museumsbauten des bayerischen Architekten gezählt wird[38].

Ende 1832 wandte sich Traitteur den westeuropäischen Erfahrungen beim Kettenbrückenbau zu, dem ihm am nächsten stehenden ingenieurtechnischen Schaffensbereich. Als erstes sandte er eine Beschreibung und vier Zeichnungen der von dem bekannten österreichischen Kettenbrückenbauer Ignaz von Mitis erbauten Wiener Karlsbrücke, der ersten Kettenbrücke aus Stahl mit 303 Fuß (92,4 m) Spannweite, nach St. Petersburg[39]. Danach folgte Anfang 1833 die ›Description du pont en chaînes dit pont Louis executé à Bamberg accompagnée de 3 planches‹ zu einer der ersten Hängebrücken in Deutschland, die 1828–1829 über die Regnitz im bayerischen Bamberg errichtet wurde (Spannweite 64,2 m; Ingenieur Franz Schierlinger, Architekt Leo von Klenze)[40]. Die Kettenbrücke zu Bamberg ersetzte eine einfeldrige Holzbogenbrücke, die 1809 von Wiebeking errichtet und 1829 wegen Fäulniserscheinungen demontiert worden war. Die ausführliche Beschreibung dieses Bauwerks (Abb. 221) ist wohl die beste und vollständigste Mitteilung Traitteurs als ›Korrespondent des Amts für Verkehrswege in fremden Landen‹. In dieser Beschreibung, die ähnlich wie seine vorausgegangenen Artikel über die Petersburger Kettenbrük-

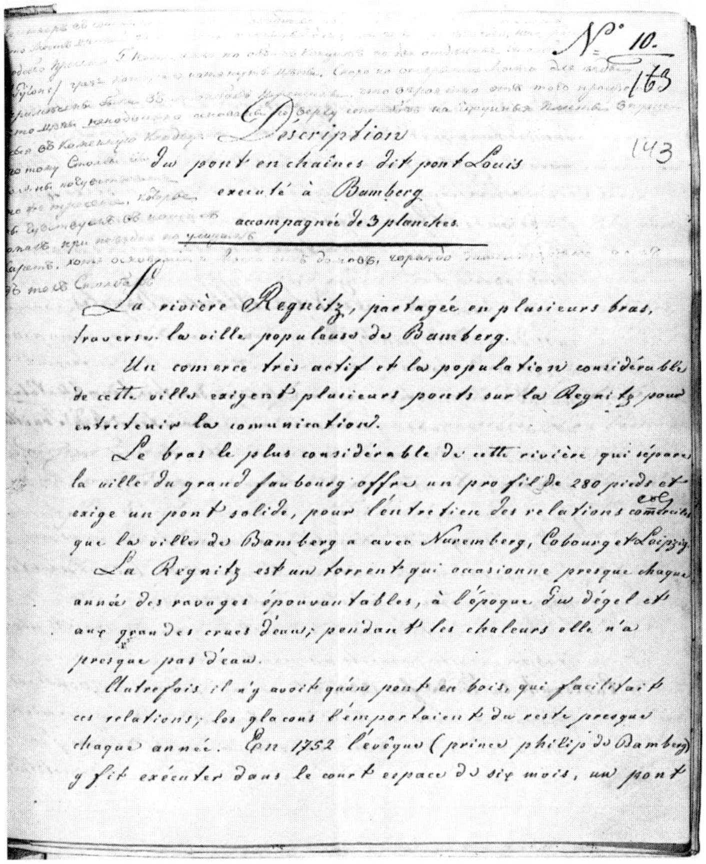

N° 10.

163

143

Description
du pont en chaînes dit pont Louis
exécuté à Bamberg
accompagnée de 3 planches.

La rivière Regnitz, partagée en plusieurs bras, traverse la ville populeuse de Bamberg.

Un commerce très actif et la population considérable de cette ville exigent plusieurs ponts sur la Regnitz pour entretenir la communication.

Le bras le plus considérable de cette rivière qui sépare la ville du grand faubourg offre un profil de 280 pieds et exige un pont solide, pour l'entretien des relations commerciales que la ville de Bamberg a avec Nuremberg, Cobourg et Leipzig.

La Regnitz est un torrent qui occasionne presque chaque année des ravages épouvantables, à l'époque du dégel et aux grandes crues d'eau; pendant les chaleurs elle n'a presque pas d'eau.

Autrefois il n'y avoit qu'un pont en bois, qui facilitait ces relations; les glaçons l'emportaient de reste presque chaque année. En 1752 l'évêque (prince philipe de Bamberg) y fit exécuter dans le court espace de six mois, un pont

a

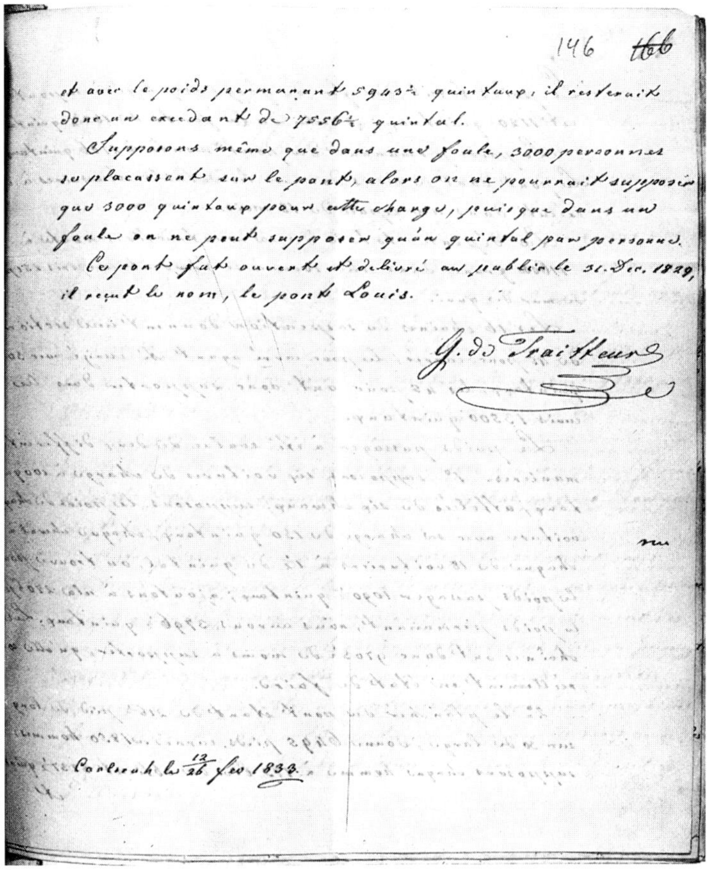

146 166

et avec le poids permanent 5943½ quintaux, il resterait donc un excédant de 7556¼ quintal.

Supposons même que dans une foule, 3000 personnes se placassent sur le pont, alors on ne pourrait supposer que 3000 quintaux pour cette charge, puisque dans une foule on ne peut supposer qu'un quintal par personne.

Ce pont fut ouvert et délivré au public le 31. Déc. 1829, il reçut le nom, le pont Louis.

G. de Traitteur

Carlsruhe le 12/26 fév 1832.

b

221 a, b Bericht über die Kettenbrücke in Bamberg. Traitteur, 12. (d. i.: 14.) / 26. Februar 1832 (RGIA, 206-1-1193, Bl. 114, 115v: erste und letzte Seite)

ken gegliedert ist, werden direkte Vergleiche mit seinen eigenen russischen Erfahrungen, etwa den Ergebnissen der Kettenversuche, angestellt[41].

Die Informationen zur Bamberger Kettenbrücke führten zu lebhaften Kommentaren bei den Kommissionsmitgliedern für Entwürfe und Kostenanschläge, die das fortbestehende Interesse der Petersburger Ingenieure an diesem Bauwerkstyp belegen. So bemerkten sie, die Brücke gliche in ihrer Statik Naviers Entwurf zur *Pont des Invalides* in Paris. Die im Mauerwerk der separat stehenden Pylonen entstandenen Risse führten sie auf die starre Befestigung der Tragketten auf den Pylonen zurück. Obwohl die Angaben zu dieser Kettenbrücke als bekannt eingestuft wurden (Veröffentlichung bei Gärtner, Handbuch zur Mechanik, § 421), empfahl das Wissenschaftskomitee des Journals für Verkehrswege, Traitteurs Mitteilung zu veröffentlichen[42].

Im März 1833 sandte Traitteur Informationen über die von Reichenbach gebaute hydraulische Maschine zur Trinkwasserversorgung der Stadt Augsburg nach St. Petersburg. Die Kommission für Entwürfe und Kostenvoranschläge befand diese für bemerkenswert und beschloß, im Journal für Verkehrswege Auszüge aus Traitteurs Schreiben zu veröffentlichen. Gleichzeitig ging in Karlsruhe aus St. Petersburg die Bitte ein, einige Reichenbachsche Pumpen zu kaufen[43]. Als Reaktion auf das Interesse des Amts für Verkehrswege an diesem Gerät beschrieb Traitteur in einem zusätzlichen Brief im Juli eine Weiterentwicklung der Pumpe durch Ertel unter Angabe von Formeln zu hydrostatischen Berechnungen der zu erreichenden Förderhöhe. Diese Erläuterungen wurden jedoch für bereits bekannt befunden: *»... die Theorie der von Reichenbach erfundenen einfach- und doppeltwirkenden Wassersäulen-Maschine ist den Ingenieuren und Mechanikern seit dem Bau der ersten von ihnen bekannt und*

[41] Traitteur. *Opisanie cepnogo mosta, nazyvaemogo Ljudovikovym v Bamberge (Beschreibung der Ludwigs-Brücke genannten Kettenbrücke in Bamberg).* Žurnal Putej soobščenija (Journal für Verkehrswege), Bd. 28, St. Petersburg, 1834, S. 51–59.

[42] RGIA, 206-1-1424, Bl. 1, 6.

[43] Schreiben vom 16./28. März 1833 aus Karlsruhe; Nr. 11, in französischer Sprache (RGIA, 206-1-1193, Bl. 147–156).

wird ... im Institut des Corps der Verkehrswegeingenieure gelehrt. Das Schreiben Traitteurs ist als nichts Neues enthaltend zur Kenntnis zu nehmen in Erwartung der von ihm versprochenen Zeichnung dieser Maschine mit den an ihr gemachten Vervollkommnungen«[44].

Im Juli desselben Jahres sandte Traitteur eine ›Déscription de la rectification du Rhin, depuis la frontière de Suisse jusqu'à celle du Grand-Duché de Hesse, sur une distance de 322 Werste, exécutée par les états riverains la France, la Bavière et la Grand-Duché de Bade‹ nach St. Petersburg (Abb. 222). Diese Beschreibung ist die wichtigste einer ganzen Reihe von Mitteilungen über die Maßnahmen zur Rheinkorrektion[45], die der badische Ingenieur bis August 1834 nach Rußland schickte. Die Kommission für Entwürfe und Kostenvoranschläge war der Ansicht, die in der ersten Notiz enthaltenen Aussagen seien in Bezug auf den Landraum, der für den Ackerbau zurückgewonnen werde, recht anregend für die Anrainerstaaten dieser Flüsse, könnten jedoch auf Rußland nicht angewandt werden, da die Mitteilung keine Angaben über die Verfahren zum Dammbau enthalte, der der Begradigung diene. Im August 1833 wurde Traitteur gebeten, genauere Informationen zur Rheinkorrektion zusammenzustellen. In seinem Antwortschreiben berichtete dieser über den Erwerb neuester Abhandlungen, die in bautechnischer Hinsicht für verschiedenartige im Ausland erstellte Bauwerke nutzbringend seien und unter denen sich auch ein Werk zur Rheinkorrektion befände. Im Oktober beschloß der Rat für Verkehrswege, eine Beschreibung dieser Bauvorhaben mit beiliegender Übersichtskarte in seiner Zeitschrift zu veröffentlichen. Dem stand jedoch das wissenschaftliche Niveau der Traitteurschen Notiz im Wege, das als unzureichend beurteilt wurde. Bei der Auswahl der Texte zur endgültigen Veröffentlichung entschied man sich schließlich für die »... *Mémoire des Ingenieurs Defontaine über die Begradigung des Rheins, die dank ihrer Detailfülle und bemerkenswerten Darlegung zu diesem Gegenstand nichts zu wünschen übrig läßt ... weshalb die Unterbringung der Notizen des H. Traitteurs, die der genannten Mémoire weit nachstehen und im übrigen wegen ihrer stilistischen Armut völlig umgearbeitet werden müssen, in dieser Zeitschrift bereits überflüssig wird*«[46]. Das aus der französischen Zeitschrift *Annales des ponts et chaussées* (Jg. 3, 1833) stammende Material zur Rheinkorrektion wurde in kurzer Zeit von Oberstleutnant M. S. Volkov, Professor am Institut des Corps der Verkehrswegeingenieure, für den Druck als eigenes Heft vorbereitet[47].

Im August 1833 sandte Traitteur einen Rapport über die Verbesserung der Eigenschaften von Eisen und Stahl durch künstlichen Rost nach St. Petersburg, der für »durchaus anregend« befunden wurde. Im Oktober wurde daraufhin ein Offizier des Corps der Verkehrswegeingenieure, der sich mit Versuchen zum Einsatz von Stahl anstelle von Eisen befaßte, zusätzlich mit Experimenten zu künstlichem Rost beauftragt[48]. Im September ergingen aus Karlsruhe nach Rußland Informationen zu den Arbeiten mit achromatischen Gläsern großen Durchmessers des Optikers Joseph von Fraunhofer[49], die Traitteur für gleichbedeutend mit den Leistungen Reichenbachs auf dem Gebiet der Mechanik hielt. Da der badische Ingenieur wußte, daß damals für die Kondukteurschule eine Instrumentensammlung aufgebaut wurde, schlug er die Anschaffung von optischen Geräten mit Fraunhoferschen Gläsern vor. Ähnliche Instrumente waren in Rußland bereits im Observatorium der Universität Dorpat sowie im Nikolaevskij-Laboratorium und dem Generalstab in St. Petersburg im Einsatz[50].

1833 kam es im russischen Amt für Verkehrswege zu wichtigen personellen Veränderungen, die das Schicksal Traitteurs und einiger anderer westeuropäischer Mitglieder des Corps der Verkehrswegeingenieure wesentlich beeinflußten. Traitteurs jahrelanger Vorgesetzter und Kollege, Alexander von Württem-

[44] Ibid., Bl. 211–217.

[45] Schreiben Traitteurs vom 16./28. April, 16. Mai, 31. Juli / 13. (d.i.: 12.) August, 4./16. September 1833 aus Karlsruhe (Nr. 12, 13[?], 17, 21), in französischer Sprache (RGIA, 206-1-1193, Bl. 162–174, 181, 198–199, 221–232). Obwohl diese Berichte Traitteurs ausschließlich das bereits 1812 konzipierte und 1817 begonnene Hauptwerk des badischen Oberingenieurs Johann Gottfried Tulla abhandeln, wird dessen Name nicht ein einziges Mal erwähnt.

[46] RGIA, 206-1-1537 ›Akte über technische Details zur Begradigung des Rheins. November 1834 – August 1835 (in französischer Sprache)‹, Bl. 2v.

[47] [Volkov, M.]. *Zapiska o rabotah, proisvedennyh francuzskim pravitel'stvom dlja ulučšenija reki Rejna (Notiz über die von der französischen Regierung geleisteten Arbeiten für die Verbesserung des Rheinflusses)*. St. Petersburg, 1835 (43 S.).

[48] Schreiben vom 6./18. August 1833 (Nr. 18), in französischer Sprache (RGIA, 206-1-1193, Bl. 168–173, 176–178).

[49] Joseph von Fraunhofer (1787–1826). Optiker am Mechanischen Institut in München. Erfinder der Beugungsgitter, welche mittels Interferenz eine sehr genaue Bestimmung der verschiedenen Strahlungen sowie die Beobachtung der feinsten Linien (Fraunhofersche Linien) erlaubt. Bestimmte die Brechungsindices verschiedener Gläser, um vollkommen achromatische Fernrohre herstellen zu können (1814–1823), worbei er die feinen Spektrallinien zur Messung der Lichtbrechung benutzte. Erdachte und konstruierte optische Apparate und die großen Refraktometer von Dorpat und Berlin (*Die berühmten Erfinder. Physiker und Ingenieure*. Köln, 1963, S. 402; Schmitz, E.-H. *Handbuch zur Geschichte der Optik. Band 2. Von Newton bis Fraunhofer*. Bonn, 1982, S. 156, 159, 160, 287, 382, 395–431).

[50] Schreiben Traitteurs vom 1./13. September 1833 (Nr. 20), in französischer Sprache (RGIA, 206-1-1193, Bl. 186–188, 191).

berg, legte im April aus gesundheitlichen Gründen sein Amt nieder, worauf Graf K. F. von Toll zum Generalverwalter ernannt wurde. Die Behörde selbst wurde bald in ›Generalverwaltung der Verkehrswege und öffentlichen Gebäude‹ umbenannt. Mit der Amtsübernahme des neuen Leiters beschleunigten sich die grundlegenden Veränderungen in Führungsstil und Zusammensetzung des Corps. Diese neue Situation wird in den Memoiren eines Zeitgenossen beschrieben: »*Auf diesen Posten* [Generalverwalter der Verkehrswege] *wurde Toll gewählt, da er als durchaus strenger und harter Mensch galt, als er Stabschef der 1. Armee war, der Kaiser jedoch liebte das Amt für Verkehrswege nicht, da er der – übrigens falschen – Ansicht war, daß in ihm liberale Ideen verbreitet seien, und berechtigter, daß die Unterschlagung von Staatsvermögen verbreitet sei, und hoffte, daß Toll in der Lage sein werde, das eine wie das andere auszumerzen*«[51].

Der neue Amtsleiter entwickelte offensichtlich auch eine andere Einstellung zu dem ›ausländischen Korrespondenten des Amts für Verkehrswege‹, Traitteur. Dafür spricht der veränderte, recht harsche Tonfall der Entschließungen, die nun aus St. Petersburg nach Baden kamen, insbesondere im Schreiben des neuen Generalverwalters der Verkehrswege Toll vom 24. November 1833: »*Zur Vermeidung von derartig überflüssiger Korrespondenz und nutzlosen Prüfungen unvollständiger neuer Entdeckungen ist H. Traitteur vorzuschreiben, wenn er künftig irgendwelche in Rußland unbekannte Entdeckungen die Baukunst des Corps der Verkehrswege betreffend übermittelt, möge er jene mit einer vollständigen Beschreibung, Zeichnungen mit beigelegten Plänen ... versehen*«. Kurz darauf wandte sich Toll in einem Schreiben an Traitteur, dieser möge den Erwerb von Büchern für die Generalverwaltung der Verkehrswege ohne explizite Anfrage aus St. Petersburg einstellen[52].

Die Kritik Tolls zeigte in der weiteren dienstlichen Korrespondenz Traitteurs ihre Wirkung. Alle folgenden Schreiben und Rapporte waren mit Zeichnungen und umfassenden mathematischen Berechnungen versehen. So sandte er im Oktober 1833 eine Beschreibung und Zeichnungen zu einer neuartigen Zapfenverbindung für Holzbrücken zur Befestigung des Geländers am Obergurt nach Rußland. Auf Beschluß der Kommission für Entwürfe und Kostenvoranschläge wurde diese Mitteilung zur Veröffentlichung im Journal für Verkehrswege empfohlen[53]. Noch im selben Monat übermittelte Traitteur Informationen »zu einer wichtigen Erfindung des Herrn Bartholet« bezüglich der Gewinnung von brennbarem Gas aus einfachem Wasser[54]. In St. Petersburg wurde die Beschreibung dieser Erfindung für zu oberflächlich befunden. In seinem letzten Brief im Jahre 1833 verfaßte der badische Ingenieur eine Mitteilung mit Zeichnungen zu den Einsatzmöglichkeiten gußeiserner Dachplatten anstelle von Dachblech, die von der Kommission für Entwürfe und Kostenvoranschläge Anfang des folgenden Jahres 1834 geprüft wurde[55].

Mitte Februar 1834 gingen in St. Petersburg Traitteurs Briefe zu Befestigungsverfahren für Schwimmbrücken an Flüssen und zur Verwendung von hydraulischem Kalk über Wasser ein. Erstere Mitteilung wurde für nicht neu befunden, die zweite stieß auf Interesse, da dieses Verfahren beim Bau von Gehwegen aus verschiedenartigem kleinteiligem Steinmaterial, das mit wassergesättigtem hydraulischen Kalk abgebunden werde, eingesetzt werden könne. Eine derartige Verwendung von hydraulischem Kalk sei seit jeher allen Ingenieuren bekannt, könne jedoch gleichwohl an Orten nutzbringend sein, wo es weder hochwertige Kalk- bzw. Sandsteinplatten noch ›Granittafeln‹ gebe[56]. Auf Beschluß des Rats für Verkehrswege wurde Traitteurs Schreiben alsbald in der Zeitschrift des Amtes veröffentlicht. In seiner Mitteilung verwies der badische Ingenieur erneut auf die Münchener Bauerfahrungen des »Architekten des Königs von Bayern« Klenze, diesmal im Zusammenhang mit der Verwendung von hydraulischem Kalk im grundwasserfreien Bereich zur Anlage von Gehwegen aus natürlichem Schotter und Kies. Die fünfjähri-

[51] Del'vig, A. I. *Polveka russkoj žizni (Ein halbes Jahrhundert russisches Leben)*. Moskau–Leningrad, 1930, Bd. 1, S. 232–233. Andrej Ivanovič Del'vig (Delwig, 1813–1887) war Absolvent des Instituts der Verkehrswegeingenieure (1832), später Ingenieur-General und Senator. Seine Memoiren entstanden in den 1870er Jahren.

[52] RGIA, 206-1-1193, Bl. 203.

[53] Schreiben Traitteurs vom 8./20. Oktober 1833 (Nr. 22), in französischer Sprache (RGIA, 206-1-1193, Bl. 208–209); 1487-44-801 (Originalschriftstück Brief und Zeichnung). Traitteurs Mitteilung wurde im Journal für Verkehrswege nicht veröffentlicht.

[54] Schreiben Traitteurs vom 15./27. Oktober 1833 (Nr. 23), in französischer Sprache (RGIA, 206-1-1193, Bl. 200–203, 206).

[55] RGIA, 206-1-1399 ›Akte zum Schreiben des Generalmajors Traitteur zum Einsatz von gußeisernen Dachziegeln anstelle von Blech auf Dächern. Januar–Juni 1834‹.

[56] Schreiben Traitteurs vom 10./23. (d. i.: 22.) Januar 1834 (Nr. 26, 27), in französischer Sprache (RGIA, 206-1-1193, Bl. 240–242).

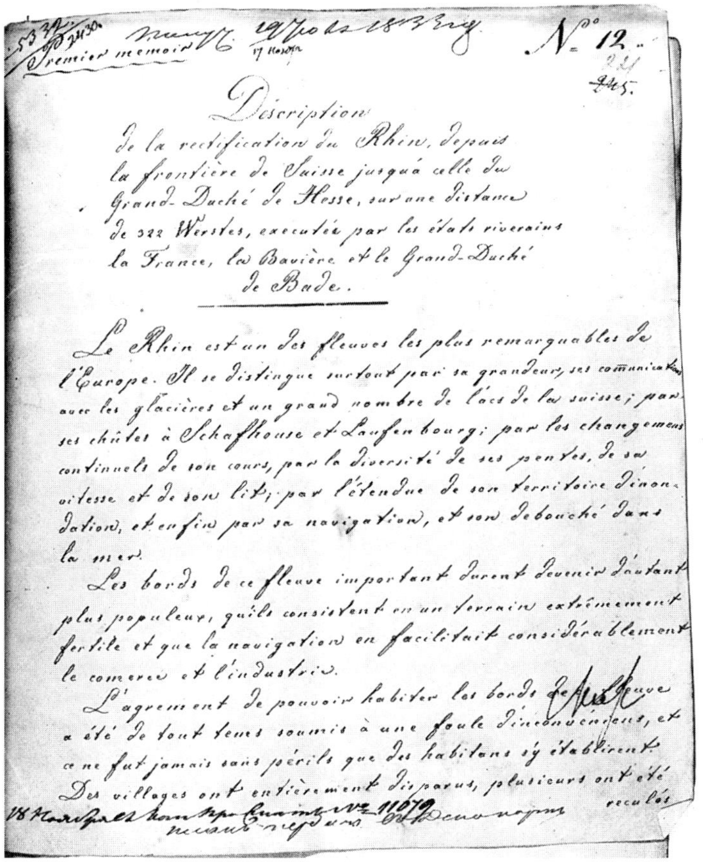

Premier memoire

N° 12.

Description de la rectification du Rhin, depuis la frontière de Suisse jusqu'à celle du Grand-Duché de Hesse, sur une distance de 322 Werstes, executée par les états riverains la France, la Bavière et le Grand-Duché de Bade.

Le Rhin est un des fleuves les plus remarquables de l'Europe. Il se distingue surtout par sa grandeur, ses communications avec les glacières et un grand nombre de lacs de la suisse; par ses chûtes à Schafhouse et Laufenbourg; par les changemens continuels de son cours, par la diversité de ses pentes, de sa vitesse et de son lit; par l'étendue de son territoire d'inondation, et enfin par sa navigation, et son debouché dans la mer.

Les bords de ce fleuve important durent devenir d'autant plus populeux, qu'ils consistent en un terrain extrêmement fertile et que la navigation en facilitait considérablement le commerce et l'industrie.

L'agrement de pouvoir habiter les bords de fleuve a été de tout tems soumis à une foule d'inconvéniens, et ce ne fut jamais sans périls que des habitans s'y établirent. Des villages ont entièrement disparus, plusieurs ont été reculés

a

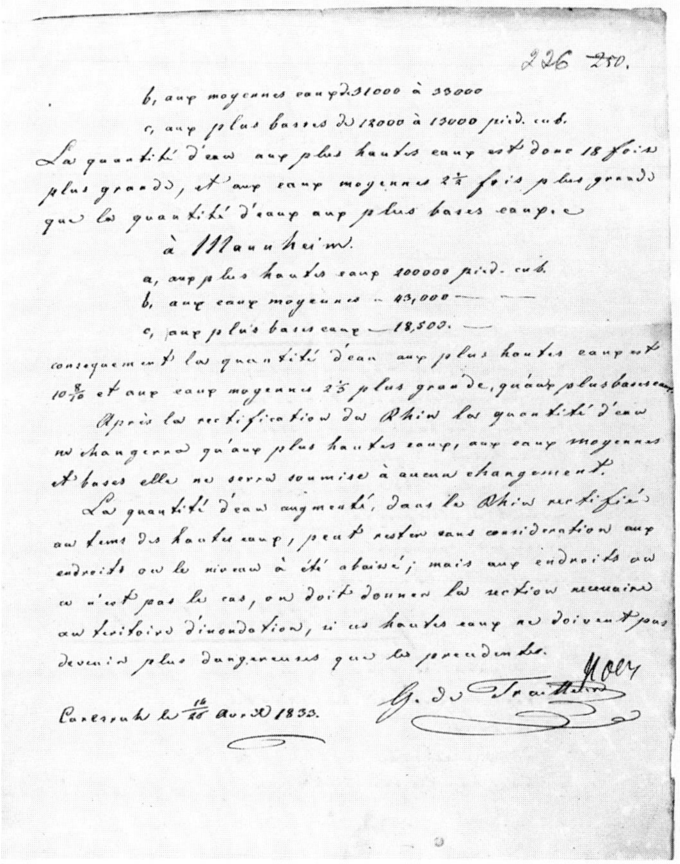

226

b, aux moyennes eaux de 31000 à 33000

c, aux plus basses de 12000 à 13000 pied. cub.

La quantité d'eau aux plus hautes eaux est donc 18 fois plus grande, et aux eaux moyennes 2½ fois plus grande que la quantité d'eaux aux plus basses eaux.

à Mannheim.

a, aux plus hautes eaux 200000 pied. cub.

b, aux eaux moyennes – 43,000 – –

c, aux plus basses eaux – 18,500. –

consequement la quantité d'eau aux plus hautes eaux est 10 8/10 et aux eaux moyennes 2 3/5 plus grande, qu'aux plus basses eaux.

Après la rectification du Rhin la quantité d'eau ne changera qu'aux plus hautes eaux, aux eaux moyennes et basses elle ne sera soumise à aucun changement.

La quantité d'eau augmenté, dans le Rhin rectifié, peut rester sans consideration aux au tems des hautes eaux, peut rester sans consideration aux endroits ou le niveau à été abaissé; mais aux endroits ou ce n'est pas le cas, on doit donner la section necessaire au teritoire d'inondation, si ces hautes eaux ne doivent pas devenir plus dangereuses que les precedentes.

Carlsruhe le 16/28 Avril 1833.

G. de Traitteur

b

222 a, b Bericht über die Rheinkorrektion. Traitteur, 16./28. April 1833 (RGIA, 206-1-1193, Bl. 221, 226: erste und letzte Seite)

gen Untersuchungen an einem Versuchsabschnitt mit einem derartigen Belag hätten im Vergleich zu gewöhnlichem Kalk eine bessere Frost- und Rißbeständigkeit ergeben.

Die Richtigkeit der Versuchsergebnisse Klenzes wurde nach Ansicht Traitteurs durch seine eigenen Petersburger Erfahrungen voll bestätigt. Anfang der 1820er Jahre hatte er ein vergleichbares Experiment an einem Trottoirabschnitt vor dem Gebäude des Instituts des Corps der Verkehrswegeingenieure mit Kalk aus Volhov durchgeführt, ferner beim Bau der Widerlager der Panteleimon-Brücke. Der unter dem Wasser liegende Teil der bei den Bauarbeiten aufgebrochenen Abschnitte des Fontanka-Kais bestand aus holländischem Traß (trachytischem Tuff) gemischt mit Kalk aus Tosno und Sand. Dieser ›hydraulische Mörtel‹ habe sich als ebenso fest wie das Steinwerk erwiesen. Das Bruchmaterial des Kais verblieb den ganzen Winter über im Freien, im Frühjahr konnten an ihm jedoch nicht einmal an scharfen Kanten Hinweise auf Schäden festgestellt werden. Die sechs Proben dieses Mauerwerks sowie drei Mauerproben aus Volhov-Kalk, die Traitteur nach eigenen Angaben am Fenster seiner Wohnung bis zu seiner Abreise aus St. Petersburg aufbewahrt hatte, blieben acht Jahre lang völlig schadensfrei, weshalb er abschließend bemerkte, all diese Erwägungen und Versuche könnten als neuer Beweis dafür dienen, daß hydraulischer Mörtel, der sich mit Wasser vollgesogen und seine endgültige Härte erhalten habe, allen Änderungen der Luft gänzlich standhalte und mit voller Zuversicht außerhalb von Wasser verwendet werden könne[57].

Im Februar 1834 berichtete Traitteur nach St. Petersburg über eine verbesserte Winde ›Cabestan perfectionné de M. Nicolson à Boston‹[58]. Nach einem

[57] Traitteur. *Ob upotreblenii gidravličeskoj izvesti vne vody (Über die Verwendung von hydraulischem Kalk außerhalb von Wasser).* Žurnal Putej soobščenija (Journal für Verkehrswege), Bd. 30, St. Petersburg, 1834, S. 59–65.

[58] Schreiben Traitteurs vom 20. Februar 1834 aus Karlsruhe (Nr. 28), in französischer Sprache (RGIA, 206-1-1193, Bl. 254–259).

Konstruktionsvergleich der ›Winde des verstorbenen Generals Bétancourt‹ mit der Nicolsonschen Winde befand die Kommission für Entwürfe und Kostenvoranschläge letztere beispielsweise zum Einsatz bei Schwimmbrücken für geeigneter. Einen Monat später empfahl der Rat für Verkehrswege, die jüngste Mitteilung des badischen Ingenieurs in der Zeitschrift des Amtes zu veröffentlichen, was jedoch nie geschah.

Ebenfalls im Februar begann Traitteur, Informationen zum Eisenbahnbau zu sammeln, einem damals erst wenige Jahre alten Zweig des Bauwesens. Als erstes übermittelte er nach Rußland seine ›Überlegung zu Eisenbahnen und Dampffahrzeugen‹, die für unvollständig und unbefriedigend befunden wurde im Vergleich zu den zum gleichen Thema vorliegenden hervorragenden Aufsätzen, vorzüglich den des Ingenieurs Wood[59]. Einen Monat später richtete er an Graf von Toll einen Rapport über den Bau der Eisenbahnstrecke Manchester–Liverpool sowie allgemeinere Überlegungen zu Eisenbahnen und Dampfmaschinen. Nach Prüfung dieser Rapporte durch die Kommission für Entwürfe und Kostenvoranschläge wurde Traitteur verwarnt, die von ihm über die Eisenbahnen gelieferten Informationen entsprächen den Erwartungen der Generalverwaltung der Verkehrswege in keiner Weise[60]. Das grundsätzliche Interesse der Generalverwaltung der Verkehrswege dürfte mit dem geplanten Bau der ersten russischen Eisenbahnstrecke in Zusammenhang gestanden haben. Dazu engagierte das Bergbauamt 1834 den österreichischen Ingenieur und Unternehmer Franz Anton Ritter von Gerstner[61], der bereits als Erbauer einer der ersten Eisenbahnstrecken auf dem europäischen Kontinent zwischen Linz und Budweis Bekanntheit erlangt hatte.

Im Oktober 1834 zog Traitteur von Karlsruhe nach Mannheim, von wo aus er seine Kontakte nach St. Petersburg zunächst weiterpflegte[62]. In seiner ersten Mitteilung aus Mannheim berichtete er über eine neue Methode zur Anlage von Kopfsteinplaster aus Granit, die als recht brauchbar bewertet wurde. Obwohl sie offensichtlich aufwendiger war als die schon bekannten Verfahren und eine beträchtliche Anzahl von Arbeitern erforderte, beschloß der Rat für Verkehrswege, versuchsweise einen Pflasterabschnitt anzulegen. Im März 1838 wurden diese Versuche eingestellt[63].

Im November 1834 verfaßte der Generalmajor in russischen Diensten a. D. Traitteur die mit Nr. 42 versehene Notiz zur Anbringung städtischer Laternen und zur Verbesserung der Straßenbeleuchtung[64]. Das von ihm vorgestellte neue Verfahren zur Aufhängung von Straßenlaternen bestand darin, an den Häuserwänden gußeiserne Halterungen mit Schwenkarm und Leuchtkörper anzubringen, und wurde in St. Petersburg für beachtenswert befunden. Es wurde beschlossen, die entsprechenden Zeichnungen und Beschreibungen nach einer »gebührlichen Umarbeitung des Stils« im Journal für Verkehrswege zu veröffentlichen. Der 1835 erschienene Artikel war die letzte Publikation des ›ausländischen Korrespondenten des Amts für Verkehrswege‹ in Rußland[65].

Die letzte bekannte Mitteilung Traitteurs aus Baden traf Anfang 1835 in St. Petersburg ein. Sie bestand aus drei Teilen: einem Vorschlag zum Erwerb optischer Instrumente für das Kartendepot der Generalverwaltung der Verkehrswege sowie zwei ausführlichen Beschreibungen samt Zeichnungen zu Baugeräten. Die eine ›Moyen simple pour assurer une longue durée aux principales parties des ponts en bois, dont les coulées sont en pierres‹ betraf mit den konstruktiven Maßnahmen zur Verringerung der Fäulnisbildung bei mehrschichtigen Holzbogenkonstruktionen ganz offensichtlich Probleme, die Traitteur von den Brückenbauten an der Chaussée St. Petersburg–Moskau aus eigener Praxis kannte. Die Informationen über die diesbezüglichen Vorschläge des französischen Ingenieurs Lamandé (Holzbrücken in Bezon) und des preußi-

[59] Schreiben Traitteurs vom 23. Februar 1834 aus Karlsruhe; Nr. 29, in französischer Sprache (RGIA, 206-1-1441, Bl. 1–8, 10).

[60] Schreiben Traitteurs vom 26 März 1834 aus Karlsruhe (Nr. 31, 32), in französischer Sprache (RGIA, 206-1-1441, Bl. 12–24v, 28v, 31v).

[61] Franz Anton Ritter von Gerstner (1783–1840) erstellte den Entwurf zum Bau eines russischen Eisenbahnnetzes und forderte von der Regierung dafür ein Betriebsmonopol. Schließlich wurde Gerstner lediglich der Bau einer Probestrecke zwischen St. Petersburg und Carskoe Selo genehmigt, die er bis Pavlovsk verlängerte (offizielle Eröffnung Oktober 1837). 1838 übersiedelte Gerstner in die USA, wo er ebenfalls Eisenbahnen baute.

[62] Stadtarchiv Mannheim, Polizeipräsidium, Zugang –/1962, Familienbogen ›Traitteur‹.

[63] Schreiben Traitteurs vom 21. Juli / 2. August 1834 aus Mannheim (Nr. 37, 38), in französischer Sprache (RGIA, 206-1-1494, Bl. 1–12, 15v, 26–30).

[64] Schreiben Traitteurs vom 14. November 1834 aus Mannheim (Nr. 42), in französischer Sprache (RGIA, 1487-44-801, Bl. 3–4); RGIA, 206-1-1559, Bl. 2–3.

[65] Traitteur. *O novom ustrojstve fonarej (Über die neue Anbringung von Laternen)*. Žurnal Putej soobščenija (Journal für Verkehrswege), Bd. 33, St. Petersburg, 1835, S. 94–97.

schen Ingenieurs Arendt (Brücken an der neuen Chaussée von Berlin nach Magdeburg) stießen in St. Petersburg auf großes Interesse und zogen eine ganze Serie von Versuchen an den im Bau befindlichen Brücken der Folgeabschnitte der Chaussée St. Petersburg–Moskau nach sich, die Ingenieur K. Ja. Rejhel' bis 1842 durchführte[66].

Die zweite Notiz ›Description d'un Treuil à double plateaux pour monter les matériaux à la construction des édifices‹ samt beiliegenden Zeichnungen beschrieb eine Hubvorrichtung für Baustoffe. Traitteur schickte seiner Mitteilung die Feststellung voraus, daß »*... à St. Petérsbourg et en Russie en générale il est encore d'usage de monter les matériaux à bras d'homme pour quel objet on etablit une ou plusieurs rampes ou plans inclinés, selon la grandeur de l'édifice*«, und führte weiter aus, es sei notwendig, die in der russischen Praxis noch übliche manuelle Beförderung von Ziegeln und Mörtel zu ›mechanisieren‹. Dafür schlug er den Einsatz eines Lastenaufzugs mit zwei Plattformen vor, die mit den Baustoffen beladen wurden. Diese einfach konstruierbare Vorrichtung wurde von 8 Personen bedient und versorgte 40 Maurer mit Material. Die Kommission für Entwürfe und Kostenvoranschläge zeigte sich an dieser Mitteilung zu den neuen Möglichkeiten einer Vereinfachung der Mauerwerksausführung interessiert. 1841 beauftragte sie Generalmajor Potier, beim Bau des Speisesaals im Gebäude des Instituts des Corps der Verkehrswegeingenieure den vorgeschlagenen Lastenaufzug auf entsprechende Weise zu prüfen. Im November des Folgejahres hielt die Generalverwaltung der Verkehrswege die Mechanisierung des Materialhubs bei der Errichtung aller staatlichen Gebäude für sinnvoll. Dabei sollte die von Traitteur vorgelegte Lösung mit ähnlichen Vorrichtungen verglichen werden[67].

1835 wurden sämtliche offiziellen Kontakte des in Mannheim lebenden Generalmajors in russischen Diensten a. D. Traitteur nach Rußland eingestellt. Seine dreijährige Tätigkeit als ausländischer Korrespondent des Amts für Verkehrswege ist insgesamt nur schwerlich als direkte Fortführung seines praktischen Wirkens als Ingenieur und Architekt in Rußland zu betrachten. Die von ihm als ›Korrespondent‹ behandelten Themen bezogen sich auf ein äußerst breites Spektrum nicht nur bautechnischer, sondern auch anderer wissenschaftlicher und technischer Fragen, von denen einige ganz offensichtlich außerhalb seines persönlichen Kompetenz- und Erfahrungsbereichs lagen. Daher rührt auch der vorwiegend deskriptive und oft oberflächliche Charakter der Mitteilungen, wie er in den Protokollen der Kommission für Entwürfe und Kostenvoranschläge häufig vermerkt wurde.

Die Ineffizienz Traitteurs in seiner Eigenschaft als ›ausländischer Korrespondent‹ ist in mancher Hinsicht auf neue Entwicklungen in Wissenschaft und Technik im Zuge der industriellen Revolution zurückzuführen. Die den 1820er Jahren vorausgegangene Entstehung des Ingenieurberufs mit ihrer von der späten Aufklärung angestrebten ›Universalität‹ des Berufsbildes, die in allen Bereichen von der Architektur bis zur Mechanik wirken sollte, hatte sich offenbar erschöpft und wurde durch eine Tendenz hin zu einer Spezialisierung der neuen Wissensgebiete und ihrer Selbstkonstituierung als neue eigenständige Disziplinen abgelöst. So entstand während Traitteurs Abwesenheit im deutschsprachigen Raum eine ganze Reihe neuer technischer Hochschulen (Karlsruhe 1825, Darmstadt 1826, München 1827, Dresden 1828, Stuttgart 1829, Hannover 1831, Zürich 1833), in denen bereits Ingenieure für bestimmte Fachgebiete ausgebildet wurden. Die Anhänger der früheren Auffassung gerieten so mit ihrer Orientierung an enzyklopädischem Wissen und positivistischen Erkenntnismethoden, denen auch die Verpflichtungen des ›ausländischen Korrespondenten des Amts für Verkehrswege‹ zuzuordnen sind, zunehmend ins historische Abseits.

[66] RGIA, 215-2-138 ›Über die von Generalmajor Traitteur erfundene neue Methode zur Anlage der oberen Teile bei Holzbrücken und den Transport von Material bei der Errichtung von Gebäuden. Februar 1835 – November 1842‹. Bl. 1–3, 8–11, 22–36. Vgl. auch oben S. 98 f., Abb. 72 a,b.

[67] Ibid., Bl. 4–6, 13, 37.

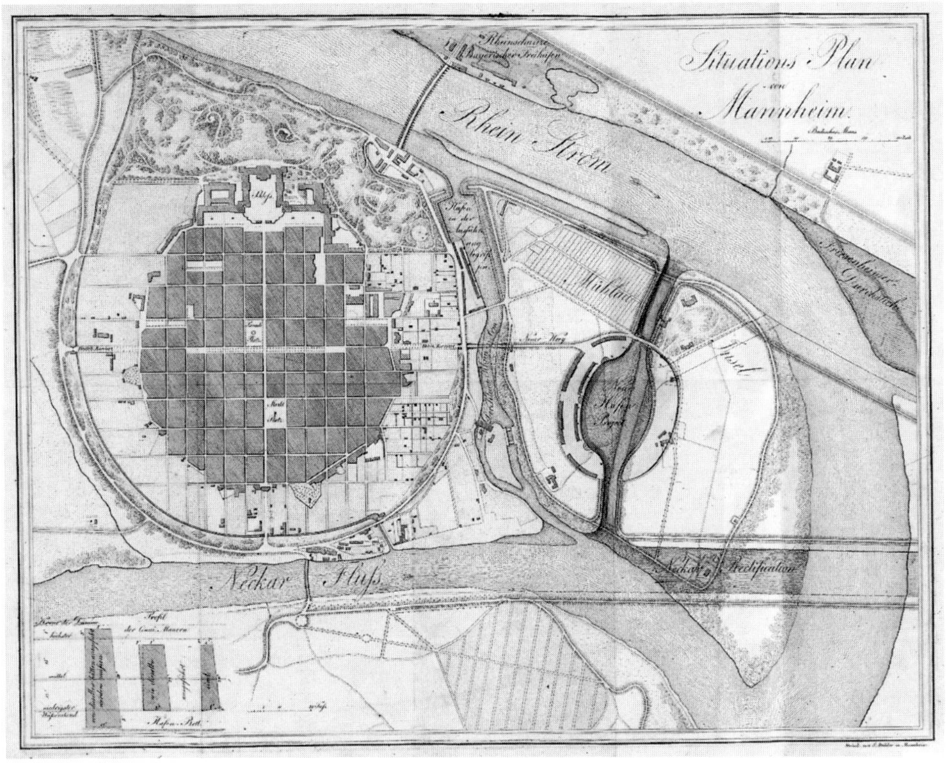

223 Entwurf Traitteurs für den neuen Neckarhafen in Mannheim (Traitteur. *Denkschrift über den Freihafen bei Mannheim* ..., Mannheim 1836. Ex. Reiß-Museum Mannheim)

Tätigkeit in Mannheim: Ingenieurprojekte und Schriften, 1835–1859

Wie aus den vorliegenden indirekten Quellen hervorgeht, bemühte sich Traitteur nach seinem Umzug nach Mannheim mehrmals aktiv um eine Teilnahme und Mitwirkung am Bauwesen seiner Heimatstadt[68]. So beteiligte er sich bereits im Mai 1836 an der Diskussion der neuen Entwürfe zu einer ortsfesten Neckar-Brücke. Die Fortführung der Planungsarbeiten zu dieser Brücke war 1835 vom Stadtrat beschlossen worden. Im Vorfeld des Eisenbahnbaus sollte nach einem im Mai 1836 fertiggestellten Entwurf ein sechsfeldriger Steinbau errichtet werden. Dagegen regte sich in der Presse lebhafte Kritik, die maßgeblich durch den vormaligen ausländischen Korrespondenten des russischen Amts für Verkehrswege initiiert worden sein dürfte. In der wichtigsten Quelle zur Geschichte Mannheims heißt es dazu: »... *Der Wortführer war der mittlerweile in seine Vaterstadt übergesiedelte Wilhelm v. Traitteur, der auch hier wie beim Hafenbau die Pläne anderer verwarf und für seine Kettenbrücke Freunde zu werben suchte. Unter Hinweis auf eine Reihe wohlgelungener Brücken dieses Systems ... hob er nachdrücklich die Vorteile der Hängebrücken hervor. Auch ihre Nachteile wurden eifrig besprochen: die schnelle Abnützung der hölzernen Fahrbahn, das starke Schwanken bei größerem Verkehr*«[69]. Indirekten Quellen zufolge schlug Traitteur mit Verweis auf die guten Erfahrungen der bei Freiburg/Schweiz erbauten Drahtbrücke (1834, Ingenieur Joseph Chaley, Spannweite 265 m[70]) vor, anstatt einer Steinbrücke eine Hängebrücke zu entwerfen: dieser nicht erhalten gebliebene Vorschlag war höchstwahrscheinlich eine geänderte Version des Entwurfs zu einer Kettenbrücke über den Neckar, den der badische Ingenieur in den Jahren 1823–1824 in St. Petersburg erstellt hatte.

[68] Bedingt durch den Verlust von Beständen des Stadtarchivs Mannheim während des Zweiten Weltkriegs ist die Hauptinformationsquelle über Traitteurs Tätigkeit nach seiner Rückkehr nach Mannheim das folgende auf diesen Quellen basierende Werk: Walter, Friedrich. *Geschichte Mannheims vom Übergang an Baden (1802) bis zur Gründung des Reiches*. Mannheim. 1907. S. 215–216, 229–231.

[69] Walter, Friedrich. *Geschichte Mannheims ...* , S. 231.

[70] Chaley, Joseph. *Pont suspendu de Fribourg (Suisse)*. Paris, 1835.

Ebenfalls 1836 taucht der Name Traitteur häufig in Schriftstücken zu einem weiteren technischen Großprojekt, dem Bau des Freihafens bei Mannheim, auf[71]. In der im Juni desselben Jahres verfaßten und veröffentlichten Denkschrift analysierte er die vier möglichen Entwurfsvarianten und kritisierte den genehmigten und bereits drei Jahre in der Umsetzung befindlichen Entwurf des Leiters der badischen Wasser- und Straßenbaudirektion Franz Joseph Rochlitz recht hart[72]. In seiner Broschüre (Abb. 223, 224) unterzog Traitteur die seiner Ansicht nach in diesem Entwurf enthaltenen Fehler einer ausführlichen technischen Analyse. So berge die Anlage des Hafens an einem Rheinarm am konvexen Stromufer die Gefahr von Sandanschwemmungen in sich. Die beträchtliche Uferlänge dieses Arms führe zu teuren Befestigungsarbeiten, weiterhin läge das Rostwerk der Hafenmauern nicht unterhalb der Grundwassermarke. Die für die Hafenlager ausgewiesenen Flächen seien unzureichend, und die Beseitigung der Hafenmühlen habe bereits hohe Kosten verursacht. Auch die Anordnung der Schleusen schien Traitteur ungünstig, die Verlagerung der Dampfschiffe im Hafen zu beschwerlich. Einige dieser Kritikpunkte basierten offenbar auf Traitteurs wasser- und städtebaulichen Erfahrungen in Rußland: *»... Eigenschaften, welche sich nur durch lange Uebung und vielseitige Erfahrung erwerben lassen, wozu in kleinern Staaten selten Gelegenheit ist«*[73].

Der zweite Teil der Traitteurschen Publikation enthält eine Beschreibung und einen ausführlichen Lageplan zu seinem eigenen Alternativentwurf für einen Hafenstandort auf der Mühlauinsel (Abb. 223). Durch eine derartige Lösung konnte seiner Ansicht nach die künftige Stadtentwicklung besser berücksichtigt, für die Lagerbauten mehr Fläche zur Verfügung gestellt und im Vergleich zu dem bereits vorliegenden Entwurf eine Ersparnis von 1/2 Million fl. erzielt werden. Im Begleitschreiben zu seinem Werk an den Bürgermeister erläutert Traitteur: *»... Diese Denkschrift über den Freihafen in Mannheim, welcher die Interessen der Stadt so nahe berührt, habe ich mit Zustimmung Seiner Königlichen Hoheit veröffentlicht, da es der Großh. Regierung überhaupt nur erwünscht sein kann, wenn solche Unternehmungen, die unter jedermanns Augen ausgeführt werden, einer vielseitigen und gründlichen Beleuchtung unterworfen werden, weil das Resultat nur darin bestehen kann, daß die Regierung auf begangene Fehler aufmerksam gemacht werde und einen bessern Weg betreten könne, oder darin bestärkt wird, daß sie sich auf dem rechten befinde. Sollte es mir gelingen, meiner Vaterstadt durch diese Erörterung nützlich zu werden, so wäre meine Absicht vollkommen erreicht«*[74].

Traitteurs Publikation zog die Aufmerksamkeit und Besorgnis breiter Kreise auf sich. Natürlich drängte sich die Frage auf, warum er drei Jahre nach Aufnahme der Arbeiten zu dem bereits 1831 als vereinigtem Rhein- und Neckarhafen in Stadtnähe konzipierten Bau derart harte Beschuldigungen vorbrachte. Als recht anmaßend mag auch der allgemeine Ton der Denkschrift aufgenommen worden sein, vor allem einige pauschale Vorwürfe in Richtung der badische Bauverwaltung: *»... In kleinen Staaten, wo die beschränkten Mittel die Bildung tüchtiger Ingenieure unmöglich machen, und wo man jede persönliche Rücksicht bei Seite setzend blos den Hauptzweck in's Auge faßt, wird in derartigen Fällen ein öffentlicher Concurs veranlasst... . Als nun aber das Publikum die Langsamkeit, die Unsicherheit und Planlosigkeit bei der Ausführung zu bemerken hatte... als es bekannt wurde, dass mehrere Techniker sich entschieden gegen den angenommenen Plan erklärten, da wurden viele Stimmen laut, und einer höhern Anregung Folge leistend sprach ich mich darüber aus und theile jetzt dem Publikum meiner Vaterstadt meine Ansicht und ihre Begründung mit. ... so lässt sich erwarten, dass diese Veröffentlichung meiner Ansicht vielleicht eine wohlthätige Rückwirkung auf die Ausführung des Unternehmens selbst haben werde«*[75].

Bereits Ende Juni 1836 erschienen in der lokalen Presse Entgegnungen der Bauverwaltung, nach denen sich Traitteur weder mit dem Regierungsentwurf

[71] GLA, 233/25763 ›Schiffahrt. Die Rheinhäfen von Mannheim. Jahr 1834 bis 1928‹. In dieser Archivakte befinden sich einige an die Oberdirektion für Wasser- und Straßenbau gerichtete Schreiben Traitteurs. Das erste von ihnen ist auf den 22. Februar 1836 datiert. Sämtliche Briefe wurden kurz darauf in einer Broschüre Traitteurs über den Mannheimer Hafen veröffentlicht.

[72] [Traitteur]. *Denkschrift über den Freihafen bei Mannheim.* Mannheim, 1836.

[73] Walter, Friedrich. *Geschichte Mannheims ...*, S. 215.

[74] Auszug aus dem Schreiben Traitteurs vom 18. Juni 1836 zitiert nach Walter, Friedrich. *Geschichte Mannheims ...*, S. 215.

[75] [Traitteur]. *Denkschrift über den Freihafen bei Mannheim ...*, S. III.

noch dessen Begründungen habe auseinandersetzen können und seine Schlußfolgerungen auf bruchstückhaften Informationen, die er während der landständischen Verhandlungen erhalten habe, aufbaue. Im August desselben Jahres veröffentlichte der Wasser- und Straßenbaudirektor Rochlitz eine umfangreiche Antwort auf sämtliche in der Traitteurschen Denkschrift vorgebrachten Kritikpunkte in Form einer Broschüre. Im Vorwort heißt es zu dieser Publikation, ihr Inhalt sei bereits in einem Artikel, der »aber dennoch, zufällig, und mit veränderter Unterschrift in ein öffentliches Blatt« gelangt sei, ausgeführt worden. Die in extrem knappem und trockenem Stil verfaßte Rochlitzsche Broschüre enthält eine technische Beschreibung des genehmigten Entwurfs sowie eine ausführliche Kritik des von Traitteur vorgelegten Alternativentwurfs zum Hafen auf der Mühlauinsel: *»... Nun ist wohl doch das Merkwürdigste bei diesem Project, dass sich der Verfasser weder um eine richtige Darstellung der Situation, noch um Nivellements und Profilirungen umgesehen, und wie es sicher anzunehmen ist, sich um hydraulische Messungen eben so wenig bekümmert hat, so dass man dieses Project als rein in die Luft gebaut ansehen muss. Wirklich eine Kühnheit, bei welcher den Verfasser nur* seine *Wissenschaft und langjährige Erfahrung unterstützen konnte«*[76].

Mannheimer Historikern zufolge unterband die staatliche Zensur im Juni 1836 jegliche weitere Veröffentlichung zum Hafenbau, insbesondere über die Verbesserung des Rheinbetts[77]. Trotz dieser Aussage hat Traitteur im Jahre 1837 eine weitere Broschüre zu diesem Thema vorgelegt (Abb. 225), deren gemeinnütziger Charakter ebenso hervorgehoben wird wie ihr wissenschaftlicher Anspruch *(»... (bin) ich bei diesem Unternehmen einer höchsten Anregung, den Rücksichten für die materiellen Interessen meiner Vaterstadt, und den Anforderungen der Wissenschaft gefolgt ...«)*[78]. Ebenfalls in der Einführung erlaubte sich Traitteur eine noch härtere Kritik an den Publikationen seines Opponenten Rochlitz: *»... Dieses Inserat, zu welchem Unterschriften missbraucht, Zufälle geschaffen und Censuren umgangen werden mussten, wurde mit Indignation im Publikum aufgenommen; mag der Verfasser, und jene die dergleichen unterstützen, darin ihren Lohn finden. ... denn die Brochure, abgesehen davon, dass sie nur das zu verdächtigen sucht, was sie nicht wiederlegen kann, aber auch nicht gut heissen will, ist ein Gemisch von unlogischer Zusammenstellung, die eine wissenschaftliche Abhandlung nicht genannt werden kann, weil ihr die zwei ersten Requisiten einer solchen, Wahrheit und Klarheit fehlen. ... was sich aber nicht erwarten liess, war die Art und Weise wie Herr Rochlitz den Hafenbau vertheidigte, und meine rein wissenschaftlichen Erörterungen zu behandeln sich erlaubte«*. Zum Abschluß der Einführung ließ Traitteur seine Leser wissen, er gedenke seinen Kampf gegen den genehmigten Freihafen-Entwurf nicht einzustellen und halte seine Position für staatsbürgerlich gerechtfertigt und wissenschaftlich tadellos: *»... nur die Sache allein ist Gegenstand meiner Betrachtung ... ich würde die weitere Begründung meiner Ansichten bis auf etwaigen Wiederspruch aussetzen, darum erscheint dieser Nachtrag«*[79].

Wie auch die erste Veröffentlichung zu diesem Thema war der Nachtrag zur Denkschrift ein detailliertes technisches Gutachten, das, wie der Verfasser selbst bemerkte, auf dessen mehrjährigen Erfahrungen *»... in einem grossen Reiche, das häufige Gelegenheit zu derartigen Unternehmungen darbietet«*, basierte[80]. Diese Kontinuität der Erfahrungen wird insbesondere durch den Vorschlag bekräftigt, zum Transport der Waren die ›Betancourtsche Haspel‹ einzusetzen, durch die man Kraft gewinne und die sich als äußerst nützlich erwiesen habe. Zur Fundierung seiner wissenschaftlichen und praktischen Argumentation führte Traitteur erstmals in seinen Arbeiten Direktzitate und Verweise auf technische Daten aus dem wissenschaftlichen Werk Tullas von 1825 an.

Allen Bemühungen Traitteurs zum Trotz gingen die Bauarbeiten am Freihafen nach dem Rochlitzschen Entwurf weiter. Im Juli 1837 wurde er eröffnet. Ein Jahr später wurde der Hafenbau erneut Zielscheibe eines Angriffs in der

224 Titelblatt der ersten Publikation Traitteurs über den Mannheimer Hafen, 1836 (Ex. Reiß-Museum, Mannheim)

[76] *Erwiederung der von dem Ingenieur-General von Traitteur herausgegebenen Denkschrift über den Freihafen bei Mannheim, vom Wasser- und Strassenbau-Director Rochlitz.* Karlsruhe, 1836, S. 52.

[77] Waldeck, Florian. *Alte Mannheimer Familien. III. von Traitteur ...*, Sp. 133 (ohne Quellenverweis); Walter, Friedrich. *Geschichte Mannheims ...*, S. 215.

[78] [Traitteur]. *Nachtrag zur Denkschrift über den Freihafen bei Mannheim.* Mannheim, 1837 (Einführung datiert auf Dezember 1836), S. III.

[79] Ibid., S. IV–VIII.

[80] Ibid., S. 13.

Nachtrag

zur

Denkschrift

über den

Freihafen bei Mannheim

vom

Ingenieur-General von Traitteur.

Mannheim.

Druck und Commission von Heinrich Hoff.

1837

225 Titelblatt der zweiten Publikation Traitteurs über den Mannheimer Hafen, 1837 (Ex. Reiß-Museum, Mannheim)

Zeitung ›Rheinischer Postillon‹. Einen vorläufigen Schlußstrich unter die zweijährige technische Debatte zog im Sommer 1838 die Zeitung ›Journal‹, die zu recht bemerkte *»... das Parallelwerk an der Mühlau habe sich bereits bewährt; die auf Traitteurs Karte (in der Denkschrift) eingezeichnete Sandbank auf dem rechten Ufer bestehe nur in des Verfassers Fantasie; das Fahrwasser an der Hafenmündung sei vollkommen gesichert; sobald die Schleuse vollendet und das Bassin auf die nötige Tiefe ausgehoben sei, könne der Damm durchschnitten und der Hafen eröffnet werden«*[81].

In der Schlußbemerkung seines ›Nachtrags zur Denkschrift‹ schrieb Traitteur selbst: *»Die Aufsuchung der Gründe, die die Regierung bestimmt haben, diesem meinem Vorschlage keine Folge zu geben, in so fern sie ausserhalb dem Felde der Wissenschaft liegen, gehöret nicht in meine Erörterung ...«*[82]. Daß die Ignorierung der technischen Vorschläge und polemischen Veröffentlichungen Traitteurs tiefer liegende Gründe haben könnte, bemerkte auch einer der Mannheimer Stadthistoriker, Florian Waldeck, ohne Verweis auf Archivquellen, wenn er schreibt, im Juni 1836 habe die staatliche Zensur eingegriffen, um Traitteur zum Schweigen zu bringen, was an den politischen Verhältnissen jener Zeit liege. Welche Gründe dies sein könnten, bleibt bis heute unklar. Jedenfalls konnte Traitteur sein hervorragendes Können auf dem Gebiet des Brückenbaus, das er in Rußland vielfach gezeigt hatte, für seine Heimat nicht nutzbar machen[83].

Traitteurs Versuch eines Mitwirkens beim Bau des Mannheimer Freihafens blieb seine erste und einzige bedeutende Arbeit in seiner Heimat nach der Rückkehr aus St. Petersburg. Die beiden im Laufe der diesbezüglichen Diskussion entstandenen Broschüren (1836, 1837) verraten zweifelsohne nicht nur den qualifizierten Ingenieur, sondern ganz allgemein einen hochgebildeten Autor. In ihrem wissenschaftlichen und literarischen Niveau haben diese Publikationen den Gegendarstellungen durch Vertreter der badischen Bauverwaltung offenbar einiges voraus[84]. Das Erscheinen der Broschüren und die damit verbundene breite gesellschaftliche Resonanz erwiesen Traitteur jedoch eher einen schlechten Dienst. Die harten Äußerungen über den damaligen Leiter der badischen Bauverwaltung, dessen Publikation laut Traitteur *»... eine Satyre auf eine collegialische Beratung war, und dessen Fassung die Spuren einer Hand trug, welche weder der gebildeten noch der wissenschaftlichen Welt angehörte«*[85], verbauten ihm praktisch jede künftige Zusammenarbeit bzw. eine Laufbahn im Staatsdienst. Die Konfrontation zwischen Traitteur und Rochlitz in den Jahren 1836/1837 schuf in vielerlei Hinsicht eine ähnliche Situation, wie sie nach den Ingenieursexamina 1810/1811 zwischen Traitteur und Tulla entstanden war: Traitteurs vollständige Ablehnung der vorgefundenen Strukturen im Staatsbauwesen, die praktisch in einer selbstgewählten Isolation in seiner Heimat endete.

Trotz dieser Erfahrungen versuchte Traitteur 1837 erneut, sich im Bereich des Ingenieurwesens in Nordbaden in Erinnerung zu bringen. Diesmal wurde sein Interesse von einem neuen staatlichen Großprojekt im Zusammenhang mit dem Eisenbahnbau geweckt[86] (*»den ausgedehntesten Unternehmen, welche bis jetzt in diesem Zweige in Europa zur Ausführung gebracht worden sind«*). Traitteur legte seine Ansicht zur Planung der Eisenbahnlinien in einem Gutachten dar (Abb. 226)[87]. So sollten nach Traitteur zur Entwurfsvorbereitung für die Verlegung der Eisenbahn durch das Gebiet des Großherzogtums die möglichen Varianten von einem erfahrenen Techniker auf das Sorgfältigste begutachtet werden, *»... da es sich hier von einem Unternehmen handelt, welches auf 17 1/2 Millionen* [Gulden] *veranschlagt ist, so erheischt dasselbe einen Techniker, der sich durch seine geleisteten Arbeiten auf eine hohe Stufe der Erfahrung gestellt hat«*[88]. Es ist offensichtlich, daß Traitteur hier eine Selbstempfehlung gibt. Wie auch im Fall des Freihafen-Entwurfs diskutierte er in seiner Schrift, diesmal in äußerst

[81] Walter, Friedrich. *Geschichte Mannheims* ..., S. 216. Walter vermutet, der Artikel im ›Rheinischen Postillon‹ stamme aus der Feder Traitteurs.

[82] [Traitteur]. *Nachtrag zur Denkschrift über den Freihafen bei Mannheim* ..., S. 69.

[83] Waldeck, Florian. *Alte Mannheimer Familien. III. von Traitteur* ..., Sp. 133.

[84] Ein Vergleich der technischen Besonderheiten der Entwürfe ist heute aufgrund des verschollenen Planmaterials zu den unterschiedlichen Varianten kaum möglich.

[85] [Traitteur]. *Nachtrag zur Denkschrift über den Freihafen bei Mannheim* ..., S. IV.

[86] Näheres zur Geschichte des Eisenbahnbaus in Baden, s: Förster, Wolfram. *Wirtschaft, Gesellschaft und Verkehr in Nordostbaden 1806–1914.* Mannheim, 1990, S. 99–113.

[87] [Traitteur]. *Gutachten über die Anlage einer Locomotiv-Eisenbahn zwischen Mannheim (resp. Frankfurt), Straßburg und Basel.* Mannheim, 1837.

[88] Ibid., S. 8.

korrektem Ton, den Inhalt des im März 1837 veröffentlichten Berichts von Staatsrat Karl Friedrich Nebenius, dem späteren badischen Innenminister.

Der Gesamteinschätzung seines Berichts schickte Traitteur voraus, er gehöre mehr der Wissenschaft als der Praxis an, und fährt fort, aufgrund der gleichmäßigen Besiedelung des Großherzogtums, in dem es weder Großstädte noch bedeutende Industriezentren oder Binnenhäfen gebe, sei es vorzuziehen, nicht direkte und kurze, sondern mehrere Orte umfassende, längere Eisenbahnstrekken zu bauen. Der im Bericht vorgeschlagene Grundbau der Eisenbahn als Trockenmauer, d. h. als Bruchsteinfundament ohne Mörtel, hielt Traitteur für völlig inakzeptabel, da er nicht nur bereits gesammelten Erfahrungen widerspreche, sondern sich seine Unzweckmäßigkeit auch aus allgemeinen Grundsätzen ableiten lasse[89]. Für die Brückenübergänge schlug er bei Spannweiten von bis zu 50 Fuß (15 m) Steinbogenkonstruktionen und anstatt mehrfeldriger Bogenbrücken mit Zwischenstützen Ketten- und Drahtbrücken vor: »*... hierdurch wird man viel Geld und viele Zeit gewinnen und dabei mit der größten Sicherheit verfahren können, da dem Baue einer Hängebrücke mehr Erfahrung zur Seite steht, als dem der Locomotiv-Eisenbahn selbst*«[90]. Besondere Aufmerksamkeit sei, so Traitteur, den Methoden der Bauausführung zu schenken, wodurch beträchtliche Mitteleinsparungen erzielt werden könnten. Die vom Bauausschuß veranschlagte Projektzeit von 10–12 Jahren könne auf 5–6 Jahre verkürzt werden, sofern alle Arbeiten nach Jahren aufgeschlüsselt würden. Als erste zu bauende Strecke schlug er die Verbindung Mannheim–Heidelberg–Schwetzingen vor. Die mit 82.000 Fahrgästen und 220.000 Zentnern Güter pro Jahr vorab bezifferte künftige Streckenauslastung hielt er für zu niedrig; nach seinen Schätzungen werde sie 145.000 Fahrgäste und 700.000 Zentner Güter betragen. Die endgültigen Baukosten sollten sich bei Berücksichtigung aller technischen Vorschläge Traitteurs von 17,0 auf 15,3 Mio. Gulden reduzieren.

Für eine Forcierung des Eisenbahnbaus in Baden spricht nach Traitteur der Abschluß der Begradigungsarbeiten des Rheinbetts flußabwärts von Kehl. Diese großangelegte wasserbauliche Maßnahme habe seiner Ansicht nach zur Versandung des Flusses, zur Behinderung der Schiffahrt und zur Entstehung beträchtlicher Sandbänke geführt, die für die weitere Entwicklung der Schiffahrt ernsthafte Hindernisse darstellten. In seiner Einleitung der Broschüre über die Zukunft der Eisenbahn in Baden kommt Traitteur auch noch einmal unvermittelt, mit einer eher kritischen Einschätzung auf das Hauptwerks Tullas, die Rheinkorrektion, zurück: »*... Alles, was gegen die gewählte Rhein-Rectification geschrieben ist, theile ich mehr oder weniger, aber dabei habe ich die begründetste Ueberzeugung, das von allen nahmhaft gemachten Nachtheilen für die Uferstaaten, der größte dem Großherzogthume selbst erwachsen wird. Es gibt keinen Ingenieur, der einen Strom wie den Rhein in einen regelmäßigen Kanal leiten wird, und geschähe es dennoch, so gibt es keine Regierung, welche die Mittel besäße, das wirklich auszuführen .... Der Rhein muß rectificirt werden aber nicht auf dem betretenen Wege, also nicht im Widerspruch mit den Naturgesetzen, eine Basis, die ein Techniker nie überschreiten darf; selbst Tulla, durch einige traurige Erfahrungen bereichert, sprach sich schon 1824 über eine motivirte* [modifizierte] *Rectification aus*«[91]. Traitteur betrachtete den Bau der künftigen Eisenbahnstrecke in dessen sozialem und technischem Zusammenhang. Des weiteren sprach er sich für die Entwicklung ›umweltverträglicher‹ Ingenieurvorhaben und Bauweisen aus, womit er der Ethik des Ingenieurberufs der ausklingenden 1830er Jahre weit voraus war. Einen Abschnitt seiner Arbeit widmete er insbesondere den politischen und wirtschaftlichen Verhältnissen des Großherzogtums, ein Thema, dem er auch seine folgenden Schriften und wissenschaftlichen Forschungen widmete.

Das ›Gutachten über die Anlage einer Locomotiv-Eisenbahn‹ ist Traitteurs letzte bekannte Arbeit im ingenieurtechnischen Bereich. In den 1840er Jahren

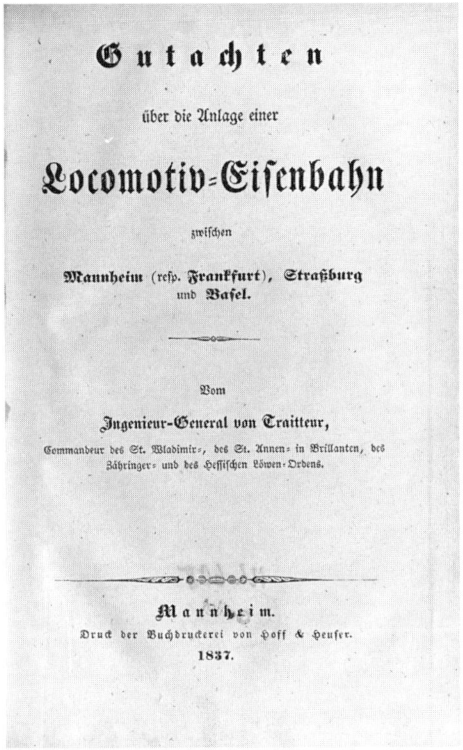
Gutachten
über die Anlage einer
Locomotiv-Eisenbahn
zwischen
Mannheim (resp. Frankfurt), Straßburg
und Basel.

Vom
Ingenieur-General von Traitteur,
Commandeur des St. Wladimir-, des St. Annen- in Brillanten, des
Zähringer- und des Hessischen Löwen-Ordens.

Mannheim.
Druck der Buchdruckerei von Hoff & Heuser.
1837.

226 Publikation Traitteurs zum Bau einer badischen Eisenbahnstrecke. Titelblatt, 1837 (Ex. Reiß-Museum, Mannheim)

[89] Ibid., S. VI. In einer Anmerkung verweist Traitteur auf einen nicht näher bezeichneten Bericht »des Herrn von Gerstner«.

[90] Ibid., S. 15.

[91] Ibid., S. XI–XII.

zog er sich von jeglicher Ingenieurtätigkeit zurück, lebte aber weiterhin in Mannheim. Erstaunlich ist allerdings, wie oft die Familie Traitteur während ihres 25jährigen Aufenthalts in ihrer Heimatstadt die Anschrift wechselte[92]. Bei ihrer Ankunft aus St. Petersburg bestand sie aus drei Personen: Traitteur, seiner Ehefrau Pauline, geb. von Baranoff, und dem im August 1829 in Wätz (Väätsa)/Estland geborenen Sohn Theodor[93]. Im Juni 1837 kam die Tochter Karoline Stephanie Alexandra zur Welt[94]. Die einzige bisher bekannte persönliche Charakteristik von Pauline von Baranoff findet sich in einem Brief Traitteurs an den badischen Thronanwärter Leopold aus dem Jahr 1826: »... *Die gütige und so überaus gnädige Theilnahme, welche mir Euere Königliche Hoheit stehts bezeigten, läßt mich hoffen Euere Königliche Hoheit wolle gnädigst die Nachricht bei sich aufnehmen daß ich mit Fräulein Baranoff verlobt bin – eine Nichte der Gräfin Elmt* [Elint?], *welche bei der Grosfürstin Helena ist und gleichfals eine Nichte der Frau von Baranoff, der Gros Gouvernante des Grosfürsten Thronerben, und der Grosfürstinnen und folglich an die Kaiserin Alexandra atachiret ist. Meine Braut ist eine schöne Liflaenderin, lutherischer Religion, 23 Jahr alt, sehr liebenswürdig, eine gute Klavierspielerin, und eine noch talentvollere Zeichnerin, so daß ich sie das grose Loos nenn*«[95].

Den vorliegenden Quellen zufolge unterhielten die Traitteurs engste Kontakte zur Familie von Traitteurs älterer Schwester Magdalena oder Leny (1786–1867), die 1814 mit Christian Friedrich Deurer, Stadtrat, Ökonom, Eigentümer einer Bleiche und späteren Paten von Traitteurs Tochter, vermählt worden war[96]. Im Besitz der Familie Gustav Deurer und deren Nachkommen verblieben Bilder, Briefe und andere Erinnerungsstücke der Traitteurs. Dieser Hinweis Waldecks wird insbesondere auch dadurch bestätigt, daß auf dem Keilrahmen des einzigen bekannten Porträts Traitteurs folgende Aufschrift zu finden ist: ›General von Traitteur, Bruder von Leny Deurer‹[97]. Die nach Johann Andreas benannte Traitteurstraße in der Schwetzingerstadt hält die Erinnerung an die Familie hier aufrecht.

Über das Schicksal des Traitteurschen Guts Luzenberg auf dem Sand, Gemarkung Käfertal, wo der Generalmajor in russischen Diensten a. D. einen beträchtlichen Teil seiner Zeit hätte verbringen können, ist wenig bekannt. Wie aus der Mannheimer Presse hervorgeht, schrieben Wilhelm Traitteur und seine Schwester Magdalena ihr Gut bereits im Juni 1833 zur Versteigerung aus. Derselben Zeitungsnotiz entstammt auch die vollständigste Beschreibung des Obstguts: es bestehe aus ca. 2600 Ruten Fläche an einem Stück (36,8 Hektar), die zu »Garten-Reben-Anlagen«, Baumstücken, worauf »400 bis 500 Bäume der edelsten Obstsorten stehen«, sowie zu Ackerland und Gehölz-Anlagen verwendet werden. Die Bauten seien im »englischen Stil geschmackvoll geordnet«, und die mit starkem Gehölz versehenen Anlagen würden zu den schattigsten und anmutigsten Spaziergängen einladen. An dem nach Sandhofen führenden Weg stehe das wohlerhaltene Wohnhaus, mit schön gewölbtem, stets wasserfreiem Keller, im unteren und oberen Stock befinde sich 1 Küche, 10 Zimmer, des weiteren ein großen Vorplatz und geräumiger Speicher, eine Stallung, nebst einer großen Remise, ein Heuboden u. a. Dieses Gut, obgleich vom Vorland des Rheins begrenzt, sei nie einer Überschwemmung ausgesetzt, da es sich auf einer etliche Fuß über dem Mittelwasser gelegenen Ebene befinde. Die Notiz schließt, zeittypisch, mit der Beschreibung des Aussichtspanoramas[98]. Die Ergebnisse der Versteigerung sind nicht bekannt. Florian Walter zufolge gehörte Traitteurs ehemaliges Obstgut Luzenberg zu Beginn der 1850er Jahre bereits zum Grundstück einer französischen Spiegelfabrik[99].

Das bereits in den ersten Kommentaren über den Hafenneubau und die Anlage neuer Eisenbahnstrecken nach seiner Rückkehr nach Mannheim zutage getre-

[92] Traitteur lebte in Mannheim von 1834 bis 1859 unter folgenden neun Anschriften: Q 1, Nr. 5; A 3, 7; C 1, 8; D 4, 1; O 3, 8; N 3, 1; O 4, 17; C 4, 10; H 1, Nr. 10. Bei der Familie wohnte ständig eine Dienerschaft, bestehend aus drei Personen (Stadtarchiv Mannheim, Polizeipräsidium, Zugang –/1962, Familienbogen ›Traitteur‹; Mannheimer Adress-Kalender, 1836–1857).

[93] RGIA, 1343-30-2619 ›Über Adelsstand und Baronat Traitteurs‹, Bl. 7v; 200-1-1780, Bl. 76v.

[94] GLA Karlsruhe, 390/2811 ›Mannheim. Geburts-, Ehe-, und Totenbuch. 1837–1839, evangelisch‹, Bl. 147 (Nr. 158).

[95] GLA Karlsruhe, Großherzogliches Familienarchiv, 10 [Leopold, Correspondenz], Bl. 2, Bd. 19/27, Bl. 2, Brief vom 15./27. Oktober 1828. In landeskundlichen deutschen Quellen findet Pauline von Baranoff als Hofdame der Zarin Elizaveta Alekseevna, gebürtige Prinzessin Luise Maria Auguste von Baden, Erwähnung (Waldeck, Florian. *Alte Mannheimer Familien. III. von Traitteur ...*, Sp. 133).

[96] Stadtarchiv Mannheim, Polizeipräsidium, Zugang –/1962, Familienbogen ›Traitteur‹.

[97] Waldeck, Florian. *von Traitteur*. In: (Florian Waldeck, Hrsg.) Alte Mannheimer Familien. Teil 2. Mannheim, 1922, S. 48–64 (Nachdruck Mannheim 1987); *Stephanie Napoleon. Großherzogin von Baden 1789–1860*. Ausstellungskatalog. Karlsruhe, 1989, Nr. 172.

[98] *Luzenberg und Waldhof*. Mannheimer Geschichtsblätter. 6. Jg., 1905, Nr. 10, Sp. 242–243. Eine an anderer Stelle genannte, sehr viel geringere Gesamtfläche des Gutes zu 15 Morgen 3 Viertel 6 Ruten (5,96 Hektar) dürfte wohl unzutreffend sein (*Der Luzenberg bei Waldhof*. Mannheimer Geschichtsblätter. Jg. 7, 1906, Nr. 8/9, Sp. 180–181).

[99] Walter, Florian. *Aufgabe und Vermächtnis einer Deutschen Stadt. Drei Jahrhunderte Alt-Mannheim*. Frankfurt am Main, 1948, S. 410.

tene Interesse Traitteurs am gesellschaftlichen Leben Badens kam nach der Einstellung seiner Tätigkeit als Ingenieur noch stärker zum Tragen. Die schwierige politische und wirtschaftliche Situation am Oberrhein, die schließlich zu den Ereignissen der Revolution 1848/49 führte, rückte nun in den Mittelpunkt der Aufmerksamkeit des ›Kaiserl. russischen Ingenieur-Generals a. D.‹ Wilhelm von Traitteur. Eine andere Erklärung wären auch die Familientraditionen, in erster Linie die rege publizistische Tätigkeit von Wilhelms Vater, Hofbibliothekar Carl Theodor von Traitteur. Aus seiner Feder stammten nicht nur Romane und Theaterstücke, sondern auch Arbeiten aus den Bereichen Staatsrecht und Geschichte sowie Geographie[100].

Die folgende Arbeit Wilhelm von Traitteurs stammt aus dem Jahr 1849 und betrifft mit den Ereignissen der badischen Revolution seit dem Frühjahr 1848 ein für das damalige Baden außerordentlich aktuelles Thema[101]. In seiner an den badischen Staatsminister Friedrich Adolf Klüber gerichteten, vertraulichen Mitteilung ›Die Badische Insurrection im Jahr 1849‹ legte Traitteur die Abfolge sowie seine Einschätzung der Ereignisse ausführlich dar[102]. Insgesamt ist die Abhandlung des bereits 62jährigen badischen Ingenieurs durchzogen von einem weitgehenden Unverständnis für die soziale Dimension der Geschehnisse, die er als historisches Drama auffaßt, sowie von einer skeptischen Grundhaltung gegenüber der erneuten Realisierbarkeit einer konstitutionellen Monarchie als bestmöglicher Staatsform zur damaligen Zeit: *»Die Bewegung der Umsturzpartei, die seit der März-Revolution 1848, einen Theil von Europa aufregt, und als ein Kampf der Besitzlosen gegen Besitzende bezeichnet wird, hat sich bis jetzt als sociale Bewegung nirgends bestätigt. ... So liegt der Grund dieses Kampfes in nichts anderem als weil die Völker die ihn kämpfen für eine konstitutionelle Monarchie, noch nicht reif sind, und einer Übergangsperiode bedürfen. ... Diese Revolution die unter den Augen der Aufsichtsbehörde herangebildet, und von einem ganzen Armeekorps vollbracht wurde ist nicht nur für die Beruhigung von Baden, sondern auch für die jetzige Zeitbewegung in Deutschland von besonderem Interesse, denn das Drama wurde hier durch alle Stationen* [Stadien] *durchgespielt«*[103].

Die in dieser Schrift chronologisch sorgfältig zusammengestellten ›Hauptmomente dieser verhängnisvollen Insurrection‹ betrachtete Traitteur als wichtige Basis für die Analyse der Geschehnisse, *»welche die Sicherheit der Zukunft unabweislich verlangt«*. Derselben Zielsetzung diente die Untersuchung der Mittel und Methoden, derer sich die Umsturzparteien zur Vorbereitung der Revolution bedienten, etwa: *»... ein vollständiges Netz von Klups* [Clubs] *wurde über ganz Baden gezogen, – und in jedem ein permanentes Saufgelage mit Geldmitteln unterstützt. War auf diese Weise eine gewiße Stimmung gegeben dann wurden die Rechte des Volks ins unendliche deviniert; von den Pflichten des Volks aber niemals die geringste Andeutung gemacht, und dennoch fand dieß wenig Anklang da das Materielle fehlte«*. Eine wesentliche Rolle bei der Verbreitung revolutionärer Ideen habe nach Traitteur die Position der badischen Bürokratie gespielt, die neuen, auch aus dem Ausland kommenden Kräften in den letzten Jahren den Zugang zu Führungspositionen verwehrt habe: *»... durch eine totale Mißkennung aller Zustände, aller Wahrscheinlichkeit und aller Voraussicht, und einem gänzlichen Mangel an Staatsweisheit eine Insurrection der Art platz greifen, und bis zu diesem Umfang sich ausdehnen konnte. Das Exclusivum, das durch die Karlsruher Bureaukraten mit einer eisernen Strenge gegen alle Kapazitäten gehandhabt wird, die nicht im Lande geboren und erzogen sind – hat sich eben bei diesem Ereigniß auf eine Weise gerächt, die einem mit Jammer erfüllt denn auch nicht eine* einzige Kapazität von Energie und Geistesgegenwarth, die selbsthandelnd eingegriffen hätte ist in dem Drama aufgetaucht [Hervorhebungen durch Traitteur], *wenn dieses nur der Fall in den höchsten Chargen war, welche Ansprüche kann man an die Untern machen? und wie sieht es überhaupt bei den jetzt gesteigerten Ansprüchen, mit den nöthigen Leitern aus? – denen die Zukunft anvertraut werden soll?«*[104].

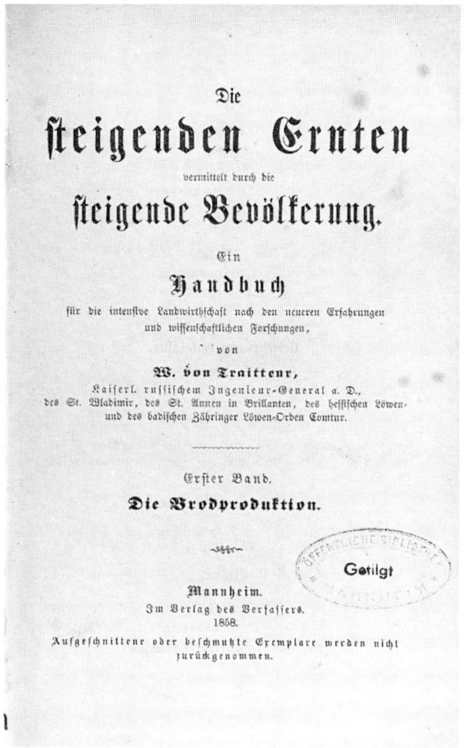
Die
steigenden Ernten
vermittelt durch die
steigende Bevölkerung.
Ein
Handbuch
für die intensive Landwirthschaft nach den neueren Erfahrungen
und wissenschaftlichen Forschungen,
von
W. von Traitteur,
Kaiserl. russischem Ingenieur-General a. D.,
des St. Wladimir, des St. Annen in Brillanten, des hessischen Löwen-
und des badischen Zähringer Löwen-Orden Comtur.

Erster Band.
Die Brodproduktion.

Getilgt

Mannheim.
Im Verlag des Verfassers.
1858.
Aufgeschnittene oder beschmutzte Exemplare werden nicht
zurückgenommen.

a

227 a, b Das Buch Traitteurs über die Brotproduktion. Titelblatt und Widmung an Alexander von Humboldt, 1858 (Ex. Reiß-Museum, Mannheim)

[100] Zu den Arbeiten Carl Theodor von Traitteurs vgl. auch S. 12f.

[101] 1848/49. Revolution der deutschen Demokraten in Baden (Hrsg. Badisches Landesmusum Karlsruhe), Baden-Baden, 1998.

[102] GLA Karlsruhe, 65/77, Manuskript einer ›Abschrift aus dem Klüber'schen Nachlaß‹, S. 53–77: ›Aufzeichnungen des Generalmajors von Traitteur, die Revolution in Baden vom Mai 1849 betr. (Beilage zu einem Schreiben des Generalmajors von Traitteur an den Staatsminister von Klüber vom 5. August 1849)‹.

[103] Ibid., S. 55–58.

[104] Ibid., S. 73–74.

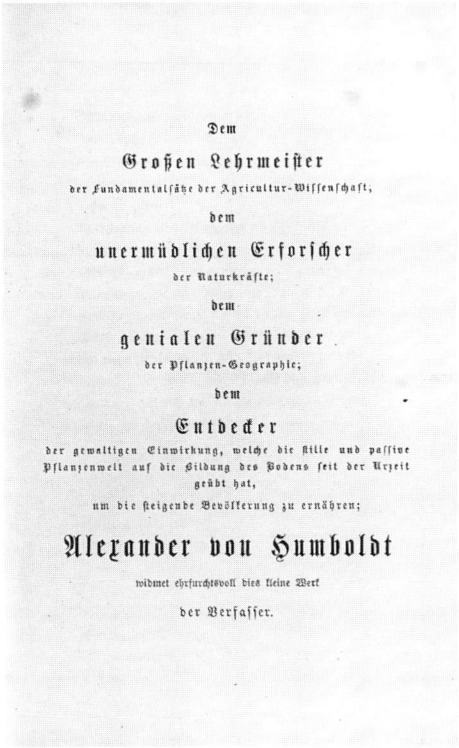
Dem

Großen Lehrmeister

der Fundamentalsätze der Agricultur-Wissenschaft;

dem

unermüdlichen Erforscher

der Naturkräfte;

dem

genialen Gründer

der Pflanzen-Geographie;

dem

Entdecker

der gewaltigen Einwirkung, welche die stille und passive Pflanzenwelt auf die Bildung des Bodens seit der Urzeit geübt hat,

um die steigende Bevölkerung zu ernähren;

Alexander von Humboldt

widmet ehrfurchtsvoll dies kleine Werk

der Verfasser.

b

Die in diesem Textabschnitt geäußerte Ansicht Traitteurs kann durchaus mit seinen eigenen erfolglosen Versuchen einer Kontaktaufnahme mit staatlichen Instanzen in den Jahren 1810–1813 bzw. 1832–1837 in Zusammenhang gebracht werden: *»Unter den drei Regierungen, der in Gott ruhenden Grosherzoge von Baden waren immer Kapazitäten nicht nur aus andern deutschen Stämmen, sondern auch aus anderen Nationen, für den Staatsdienst, sowohl für Militär als Zivil, gewonnen – und dadurch eine weise Rivalität und Selbständigkeit geschaffen worden. War diese weise Maasregel während eines ununterbrochenen Krieges und beschrenkten Mitteln, von den wohlthätigsten Folgen, so ist sie zur Zeit eines allgemeinen Friedens, wo jede Staatsmaschine in eine Letargie, oder in ein zu viel regieren leicht verfällt, eine unumgänglich nothwendige, denn unter solchen Zuständen, ist eine Mischung von Selbstständigkeiten, das alleinige Mittel den Übergriffen einer burokratischen Legion, die mit papierener Weisheit alle Energie entnerft oder zu entfernen sucht, zu wiederstehen«*[105]. Seine Übersicht schloß Traitteur mit einer thesenhaften Beschreibung der politischen Situation in Baden nach der Revolution sowie sechs Paragraphen mit Überlegungen zur Änderung von Regierungsstruktur und Verfassung des Großherzogtums.

Die schwierige Lage der Landwirtschaft nach den Ereignissen der Jahre 1848/49 sowie die drohende Hungerkatastrophe am Oberrhein dürften die Thematik des letzten bekannten Werks Traitteurs, eines Buchs zu Fragen des Getreide- und Ackerbaus, bestimmt haben (Abb. 227 a, b)[106]. In seinen Vorhaben im ingenieurtechnischen Bereich offensichtlich gescheitert, doch als Sohn der Aufklärung ständig auf der Suche nach aktiver Betätigung in neuen Arbeitsgebieten, wandte er sich nun als Autor der Landwirtschaft zu. Wie aus dem vollständigen Buchtitel hervorgeht, handelte es sich hierbei um den ersten Band einer Arbeit zu allgemeinen Fragestellungen der Bevölkerungsentwicklung im Zusammenhang mit der Nahrungsmittelproduktion. Seinem Buch schickte Traitteur folgende Widmung voraus: *»Dem Großen Lehrmeister der Fundamentalsätze der Agricultur-Wissenschaft; dem unermüdlichen Erforscher der Naturkräfte; dem genialen Gründer der Pflanzen-Geographie; dem Entdecker der gewaltigen Einwirkung, welche die stille und passive Pflanzwelt auf die Bildung des Bodens seit der Urzeit geübt hat, um die steigende Bevölkerung zu ernähren; Alexander von Humboldt widmet ehrfurchtsvoll dies kleine Werk der Verfasser«*. Das daneben abgedruckte Antwortschreiben Alexander von Humboldts begann mit der Erinnerung an gemeinsame Tage in St. Petersburg und schloß mit lobenden Worten für die Traitteursche Arbeit[107].

Traitteurs Buch bestand aus drei Abschnitten, die den drei nach Ansicht des Autors wesentlichen Einflußfaktoren auf die Ertragsfähigkeit von Getreidesaaten, der Erzeugung der Saat, der Erzeugung des Dungs und der Tiefkultur des Bodens, gewidmet waren. Geprägt von dem Glauben an die umgestaltende Kraft von Wissenschaft und technischem Fortschritt, beruhte diese Arbeit auf der Forderung, in der Landwirtschaft müsse es zu einer industriellen Revolution kommen: *»... Wenn nun der Landwirth, dessen Bedürfnisse immer mehr steigen, nicht nur genug, sondern auch möglichst billige Waare von der Industrie und dem Handel verlangt, warum sollte die Landwirthschaft nicht auch in vollem Maaß dasselbe wieder geben können, da sie sich auf derselben Grundlage bewegen kann, wie die heutige Industrie? ... Mit vollem Recht kann man hier die Frage aufwerfen, wie war es möglich, daß die Industrie, das Kind der Landwirthschaft, in so kurzer Zeit eine solche Vollkommenheit und Größe zu erreichen im Stande war, während die Landwirthschaft im Verhältniß zu der heutigen Industrie noch auf einer so niedern Stufe der Entwickelung steht? Die Ursache ... liegt einfach in dem Umstande, daß sich die Industrie an der Hand der Wissenschaft eine wissenschaftliche Grundlage erworben hat, vermöge welcher sie die Naturgesetze zu beherrschen und zu benützen versteht: – darin liegt die Größe, die Macht und die Sicherheit der Industrie – sie kennt die Naturkräfte und beherrscht damit die Naturkörper«*[108]. Als wissenschaftliches Fundament seiner

[105] Ibid., S. 74.

[106] Traitteur, W. von. *Die steigenden Ernten vermittelt durch die steigende Bevölkerung. Ein Handbuch für die intensive Landwirthschaft nach den neueren Erfahrungen und wissenschaftlichen Forschungen. Erster Band. Die Brodproduktion.* Mannheim, 1858.

[107] »Mit dankbarer Erinnerung an die Zeit, welche ich 1829 in St. Petersburg verlebte, eile ich an dem Tage selbst, an dem ich Ihr so überaus freundliches Schreiben empfangen, Ihnen die Gefühle auszudrücken, welche Sie auf eine so liebenswürdige Weise angeregt haben ... ich fühle mich tief geehrt durch die Zueignung ihres scharfsinnigen, auch politisch wichtigen Agrikultur-Werkes ... und wünsche im 90. Jahre, der Urälteste aller Landreisenden des tropischen Amerikas und des nördlichen Asiens, die Erscheinung ihres schönen Werkes zu erleben. Mit dankbarer Verehrung Ew. Excellenz gehorsamster Alexander von Humboldt. Berlin, 15. Okt. 1858« (ibid., S. 2).

[108] Ibid., S. XIII–XV, XXII.

Arbeit führt Traitteur die Grundsätze Alexander von Humboldts an, als ein Naturvorbild für die Existenz unerschöpflicher Naturkräfte, die von der Wissenschaft für den Menschen nutzbar gemacht werden könne und müsse, nennt er die »grasreichen Steppen des südlichen Rußlands«, in denen die Natur »ihre unberaubte Werkstätte seit Jahrtausenden aufgeschlagen (habe), um den Menschen zu lehren«.

Kurz nach Erscheinen des ersten Bands der Abhandlung für eine intensive Landwirtschaft starb der ›Kaiserl. russische Ingenieur-General a. D.‹ Traitteur, wie er sich bis ans Ende seiner Tage nannte, am 17. Juni 1859 in seiner Heimatstadt Mannheim[109]. Landeskundlichen Veröffentlichungen zufolge wurde er im Ehrengrab der Familie Traitteur–Deurer auf dem städtischen Friedhof Mannheim beigesetzt[110]. Heute ist jedoch in diesem Familiengrab kein Hinweis mehr auf einen Grabstein Wilhelm von Traitteurs zu finden.

Familie und Nachkommen Traitteurs: Rückkehr nach Rußland

Traitteurs Testament sowie zahlreiche weitere Archivquellen aus seinem schriftlichen und zeichnerischen Nachlaß überdauerten den Zweiten Weltkrieg leider nicht[111]. Aus den noch vorliegenden Schriftstücken geht hervor, daß Wilhelm von Traitteurs Witwe Pauline (1802–1870) kurz nach dem Tod ihres Mannes im April 1860 mit ihrer Tochter Karoline Stephanie Alexandra Mannheim verließ und sich auf dem Gut Weißenstein in ihrer Heimat Estland niederließ[112]. Der Umzug der Witwe Traitteur nach Estland ist auch der Grund dafür, weshalb im ehemaligen Historischen Museum der Akademie der Wissenschaften Estlands, dem heutigen Estnischen Historischen Museum, Privatbestände Traitteurs, so die Originale der meisten Zeugnisse und Urkunden zur Verleihung von Auszeichnungen, Orden und Titeln, verwahrt werden[113].

Wie aus den Schriftstücken hervorgeht, bezog Pauline von Traitteur nach dem Tode ihres Gatten weiterhin *»... la moitié de la pension, dont jouissait feu mon mari le général Traitteur«*. 1862 richtete sie ein Gesuch an Nikolaus I. um eine einmalige Zuwendung in Erinnerung an die Verdienste ihres Mannes, die ihr auch zugesprochen wurde[114]. Traitteurs Tochter heiratete später in Reval ihren Onkel Baranoff.

Bereits um 1854 hatte sich Wilhelm Traitteurs Sohn Theodor nach Rußland begeben, der sehr bald unter dem Namen Nikolaj Ioahim Fedor Tretter die russische Staatsbürgerschaft annahm und 1856 als Unteroffizier in das Sibirische Grenadierregiment aufgenommen wurde. Seine Grundausbildung hatte er an der Kadettenanstalt des Großherzogtums Baden genossen, im Anschluß daran, in den Jahren 1851–1853, an der Universität Heidelberg studiert[115]. Nikolaj von Traitteur diente in seiner weiteren russischen Laufbahn in verschiedenen Regimentern der russischen Armee, der Leibgarde von Gatčina, dem Moskauer Infanterieregiment und dem Friedrich-Wilhelm-Grenadierregiment. Im Dezember 1859 wurde ihm aufgrund des Todes seines Vaters ein Urlaub im Großherzogtum Baden bewilligt, wo er sich krankheitshalber bis September 1860 aufhielt[116]. Im Januar 1861 wurde Nikolaj von Traitteur »auf eigenes Gesuch aus familiären Gründen« aus dem Dienst entlassen. Nach aktivem Engagement und zahlreichen Schreiben seiner Mutter an höchste Stellen in St. Petersburg trat er im September desselben Jahres in den Dienst des Ladoga-Regiments[117]. Über das weitere, ebenfalls mit Rußland verbundene Schicksal der Nachkommen Wilhelm von Traitteurs liegen dem Verfasser dieser Arbeit keine Informationen vor.

[109] GLA 390/2856 ›Mannheimer Totenbuch. 1854–1870. Obere Katholische Pfarrei‹, Bl. 37 (Nr. 48).

[110] *Die Friedhöfe in Mannheim.* Mannheim, 1927, S. 67; Haas, Rudolf; Münkel, Wolfgang. *Wegweiser zu den Grabstätten bekannter Mannheimer Persönlichkeiten.* Mannheim, 1981, S. 50.

[111] ›Traitteur Wilhelm von. Kaiserlicher russisch. General a. D.‹ GLA Karlsruhe, Abt. 276, Mannheim IV, Nr. 4500 (Nachlaßakten). Während des Zweiten Weltkriegs verloren gegangen.

[112] Stadtarchiv Mannheim, Polizeipräsidium, Zugang –/1962, Familienbogen ›Traitteur‹.

[113] Eesti ajaloomuseum, Tallinn, 181-1-1 ›Papiers de Service du Général Traitteur. de 1816 jusqu'au 1829. de 1829 à 1832‹; ›Traitteur Wilhelm, Generalmajor. 1816–1830 (25 Blätter)‹; *Ličnye arhivnye fondy v Gosudarstvennyh hraniliščah SSSR (Private Archivbestände in den Staatlichen Verwahrungsstellen der UdSSR).* Band 2, Moskau, 1963, S. 232.

[114] RGIA, 472-32-1676 ›Gesuch der Gattin von Gen. Traitteur Pauline de Traitteur, gebürtige Baranov. 20. November 1862‹. Dieses Schriftstück gibt einen erstmaligen Hinweis darauf, daß Traitteur eine Pension der russischen Regierung bezog. Wann und unter welchen Umständen sie bewilligt wurde, bleibt unklar.

[115] Birkenmaier, Willy. *Biographisches Lexikon des russischen Heidelberg.* Russica Palatina 27, Heidelberg 1996, S. 135.

[116] RGIA, 1343-30-1619; RGVIA, 395-53-829 ›Zur Marschkanzlei s. K. M. über die Wiederaufnahme von Leutnant Traitteur aus der Beurlaubung in den Dienst. Mai 1861 – Januar 1862‹.

[117] RGVIA, 395-53-829, Bl. 2, 9, 12v.

Der badische Ingenieur Wilhelm von Traitteur im Kontext der zeitgenössischen Baukunst

Wilhelm von Traitteurs mehrjähriger Aufenthalt in St. Petersburg (1814–1832) fiel zeitlich mit der letzten Phase des russischen Klassizismus zusammen, die sich nach Beendigung des Kriegs gegen Napoleon bis in die beginnenden 1830er Jahre entfaltete. Das vielseitige Wirken Traitteurs als Ingenieur, Architekt und Künstler hat denn in der Tat das gesamte Spektrum der schöpferischen Bestrebungen des ausklingenden Klassizismus sowie die Vorboten der heraufziehenden Krise dieses Stils unter dem Einfluß romantischen Gedankenguts zum Hintergrund. Dabei gelang es dem badischen Ingenieur, nicht nur im Spannungsfeld unterschiedlich verlaufender Prozesse der Petersburger Baukunst zu wirken, sondern auch einige von ihnen wesentlich mitzugestalten. Wie die vorliegende Arbeit zeigt, stehen einige wichtige Aspekte der russischen Baukunst im ersten Drittel des 19. Jahrhunderts, die durch eine umfassende Auseinandersetzung in Theorie und Praxis mit dem zeitgenössischen europäischen Bauwesen entstand, in mehrfacher Hinsicht in engem Zusammenhang mit dem Werk Traitteurs. Dazu gehören u. a. die Mitwirkung an der spätklassizistischen Bebauung St. Petersburgs durch Baumeister des neuen Corps der Verkehrswegeingenieure, die Schaffung der Grundlagen der russischen Brükkenbauschule, die Erarbeitung der formalen Prinzipien der neuen ›Eisenarchitektur‹ sowie der Einsatz der Lithographietechnik bei der Verbreitung architektonischer Entwürfe.

Traitteurs bedeutendstes Werk, das ihn in die bautechnische Avantgarde Europas vorrücken ließ, ist zweifelsohne die Errichtung der ersten Petersburger Eisenkettenbrücken. Der neue Bauwerkstypus ›Kettenbrücke‹ war für den badischen Ingenieur eine Art ›Laboratorium der Moderne‹, in dem die meisten seiner ingenieurtechnischen und architektonischen Neuerungen entstanden und überprüft wurden. Ihre Besonderheiten, so die Entwicklung fortschrittlicher konstruktiver Lösungen und die gleichzeitige Ausbildung kompositorisch vollendeter Bauwerke, die den neuen stilistischen Kontext seiner Zeit prägten, sind wohl die wichtigsten Aspekte im Œuvre Traitteurs.

Die Kettenbrücken Traitteurs als Denkmäler der europäischen Brückenbaukunst und Bautechnik der 1820er Jahre

Dank der engen Kontakte des russischen Amts für Verkehrswege und Traitteurs selbst zu westeuropäischen Kollegen wurden die russischen Erfahrungen beim Kettenbrückenbau bereits in den 1830er Jahren auch außerhalb des Landes bekannt. So hielt vor allem Carl Friedrich von Wiebeking, ehemaliger Generaldirektor des bayerischen Straßen- und Brückenbauwesens, Rußland für ein

Zentrum der Entwicklung dieses neuen Bautypus. In einem eigens den Kettenbrücken gewidmeten Kapitel seines mehrbändigen Werks über die zeitgenössische Baukunst (1831) nannte er Rußland nach Frankreich als eines der ersten Länder, in denen die Erfahrungen der englischen Brückenbaupioniere übernommen worden seien: »*... L'Angleterre profita en premier lieu de cette construction, et l'anglomanie la répandit en France, en Russie, en Autriche, en Allemagne et en Bohême. On employa des chaînes ou des fils de fer pour les suspensions, et il paraît qu'on commença par l'application des dernieres aux ponts de Galashiel et de Kings Meadow sur le Tweed (1817), destiné pour les piètons ...*«[1]. In derselben Veröffentlichung nannte Wiebeking auch einige Ingenieure und Baumeister, die bei der Entstehung der Kettenbrücken seiner Ansicht nach eine besondere Rolle spielten, so auch Traitteur: »*... un développement grandiose de leur invention dans les ponts suspendus, exécutés par les nations civilisées, et surtout dans les ponts proposés et exécuté par M. M. Brown, Brunel, Brunton, Clark, Dufourt, Kudriafsky, Navier, Telford, Traitteur, de Vergès et Lossen*«[2]. Dieses Urteil des älteren Fachgenossen des badischen Ingenieurs kann nur bestätigt werden.

Vom heutigen Standpunkt aus scheint es sinnvoll zu sein, den Beitrag Traitteurs zur Entwicklung der frühen europäischen Kettenbrücken in seiner ›regionalen‹ und seiner ›überregionalen‹ Bedeutung zu würdigen. Ersterer ist zweifellos die führende Rolle Traitteurs bei der Weiterentwicklung des russischen Brückenbaus zuzuordnen. Sein Ansehen über Petersburg hinaus geht ganz wesentlich auf seine dezidiert baumeisterliche Auffassung der Kettenbrücken als neuartiger Architekturgegenstände in Zeiten der industriellen Revolution zurück. Gerade dieser Beitrag Traitteurs dürfte Wiebeking dazu bewogen haben, sich in seinem Folgewerk (1832), das Herzog Alexander von Württemberg gewidmet war, mit einer Gegenüberstellung der englischen und der russischen Entwurfsmethode für Kettenbauwerke zu befassen[3]. Die ›russischen Erfahrungen‹ setzte Wiebeking dabei ausschließlich den Brückenbauten Traitteurs gleich, der bereits in seine Heimat Baden zurückgekehrt war, als die Publikation erschien.

Dank seiner erfolgreichen Tätigkeit in St. Petersburg ist Traitteur als ein Begründer der russischen Brückenbauschule und unbestrittener Pionier des russischen Kettenbrückenbaus einzustufen. Seine Rolle kann mit der Naviers und anderer französischer Ingenieure verglichen werden, die diese bei der Adaptation des englischen Brückenbaus an die Erfordernisse der kontinentaleuropäischen Länder spielten. Das unter Leitung des badischen Ingenieurs realisierte Programm zur Errichtung der Petersburger Kettenbrücken (1823–1826) kann somit als einzigartiges Beispiel für den Transfer der englischen Erfahrungen im Hängebrückenbau als einer modernen ›Ingenieurtechnologie‹ der Zeit der industriellen Revolution auf russischen Boden betrachtet werden. Als Traitteur 1830 sein Werk zur Errichtung der Panteleimon-Brücke resümierte, verwies er selbst auf diesen Zusammenhang: »*... Ce pont a été projeté et exécuté, dans toutes ses parties, d'après les ponts en chaînes construits alors en Angleterre; ce qui permettait donc de comparer sous plusieurs rapports deux systèmes de ponts en chaînes tout différents l'un de l'autre, celui du pont de la poste et celui du pont de Pantéléimon*«[4].

Es ist darauf hinzuweisen, daß die Übertragung der englischen Brückenbauleistungen auf die Petersburger Verhältnisse jener Zeit durch die enge Zusammenarbeit der beiden führenden europäischen Ingenieurschulen, der ›experimentellen‹ in England und der ›analytischen‹ in Frankreich, die Traitteur faktisch vertrat, begünstigt wurde. Seit Mitte der 1780er Jahre waren einige namhafte britische Mechaniker und Metallurgen, wie z. B. Charles Baird, Matthew Clark, Charles Gascoigne, William Handyside und Alexander Wilson, in Rußland tätig und hatten in den großen Eisengießereien der Stadt und ihres Umlands führende Positionen inne. Die meisten von ihnen pflegten

[1] Wiebeking, Carl Friedrich von. *Architecture civile. Théorique et pratique, enrichie de l'histoire descriptive des édifices modernes les plus remarquables et de dessins exacts.* Bd. 7, München, 1831, S. 155. Bemerkenswert ist die Feststellung, die *pont de Galashiel* sei ein wichtiges Vorbild für die ersten Petersburger Fußgänger-Kettenbrücken gewesen (vgl. oben S. 186, Abb. 150).

[2] Wiebeking, Carl Friedrich von. *Architecture civile ...*, S. 155.

[3] Wiebeking, Carl Friedrich von. *Mémoire sur des ponts suspendus en chaînes de fer, relatif aux ponts construits dans le dernier temps en Angleterre et en Russie ...* . München, 1832 (40 S., 7 Abb.). Für das Interesse, das dem Thema der Wiebekingschen Monographie entgegengebracht wurde, spricht die Tatsache, daß sie zwei Jahre später ins Italienische übersetzt wurde: Wiebeking, Cavalliere di. *Memoria sui Ponti sospesi a catene di ferro construtti in questi ultimi tempi nell'Inghilterra e nella Russia ...* . Prima versione italiana di Basilio Soresina. Mantua, 1834 (34 S., 9 Abb.).

[4] Traitteur. *Pont de Pantéléimon, exécuté à St. Pétersbourg.* In: Annuaire du corps des ingénieurs des voies de communication. St. Petersburg, 1830, S. 158.

enge berufliche Beziehungen zu ihrer Heimat, so daß in St. Petersburg an der Schwelle zum 19. Jahrhundert britisches Ingenieurdenken Einzug hielt[5]. So konnte der badische Ingenieur seine Entwürfe dank eines entwickelten Hüttenwesens und der fruchtbaren Zusammenarbeit mit den britischen Unternehmern, die im Umgang mit dem neuen Baustoff Eisen wichtige Erfahrungen mitbrachten (vor allem Baird), mit Erfolg umsetzen.

Neben seiner praktischen Bautätigkeit bemühte sich Traitteur um eine umfassende Auswertung und Popularisierung der neugewonnenen bautechnischen Erkenntnisse auf dem Gebiet der Kettenbrücken. Die für die französische Ingenieurschule typische analytische Herangehensweise an die Entwicklung von Entwurfslösungen fand ihren Ausdruck in dem von Traitteur Anfang 1825 herausgegebenen Buch[6], das sofort einen würdigen Platz in der Reihe der zeitgenössischen europäischen ›Mémoires sur des ponts suspendus‹ einnahm. In ihm ergänzt er die umfangreiche systematische Analyse seiner Erfahrungen durch theoretische Überlegungen zu den neuen formbildenden Möglichkeiten der Kettenbrücken[7]. Dank seiner eigenen praktischen Arbeiten und der Auseinandersetzung mit der zeitgenössischen westeuropäischen Praxis konnte Traitteur Ende der 1820er Jahre Empfehlungen zur Errichtung derartiger Bauwerke formulieren[8]. Unter russischen Bedingungen waren diese ›Entwurfsvorgaben‹ sicherlich eine nützliche Zusammenfassung der vorliegenden Erfahrungen und förderten die Entstehung weiterer Entwürfe zu Kettenbrükken. Zu den nicht realisierten Vorschlägen für St. Petersburg, die offensichtlich vom Traitteurschen Œuvre geprägt sind, gehören vor allem die Entwürfe von E. A. Adam, einem Kollegen Traitteurs im Corps der Verkehrswegeingenieure: eine dreifeldrige Kettenbrücke über die Große Nevka bei der Steininsel[9] (1827), die Nikol'skij-Fußgängerbrücke über den Katharinen-Kanal (1832) und eine Fußgängerbrücke über die Fontanka beim Apraksin-Palais (1833). Zur selben Zeit wurden auch die ersten Kettenbrücken außerhalb der russischen Hauptstadt gebaut[10].

Den Versuch einer abschließenden Bewertung seines Werks im Bereich der Kettenbrücken unternimmt Traitteur in einigen Artikeln der von ihm selbst kurz vor seiner Abreise aus Rußland 1830 begründeten Publikation *Annuaire du corps des ingénieurs des voies de communication*. Ausgangspunkt war ebenfalls ein Vergleich zwischen den Petersburger und den englischen Bauwerken, wobei letztere im Bewußtsein der damaligen Zeit offensichtlich das Maß aller (technischen) Dinge blieben. Gleichwohl hob der badische Ingenieur fünf prinzipielle Neuerungen seiner Entwürfe gegenüber den englischen Vorbildern hervor. So wurden bei den Petersburger Brücken die Abspannketten ohne Richtungsänderung in die Fundamente geführt. Die Tragketten berührten das Brückendeck beinahe, wodurch Schwingungen reduziert werden konnten. Durch die Einführung von Rollenlagern über den Portalen konnten die Zugkräfte systemgerecht von den Tragketten auf die Abspannungen abgeleitet werden, wodurch Temperatureinflüsse aufgefangen und Schwingungen kompensiert werden konnten. Bei der Berechnung der Brücken ging Traitteur von niedrigeren zulässigen Spannungen und Auslegungslasten aus[11].

Die Arbeiten Traitteurs zur Errichtung der Kettenbrücken wurden in allen Phasen des Entwurfs und der Ausführung des Vorhabens als großangelegtes wissenschaftlich-technisches Experiment wahrgenommen. Dies bemerkt der badische Ingenieur selbst mehrmals in seinem Schriftwechsel. So schrieb er in einem Rapport vom Dezember 1824 zu einem Zeitpunkt, als er die Planungen zur ›zweiten Serie‹ der Petersburger Hängebrücken aufnahm: *»Von der Zeit an, da Seine Königliche Hoheit* [Herzog Alexander von Württemberg] *mir den Bau der Kettenbrücken zu übertragen geruhte, befaßte ich mich nicht nur mit der Ausführung dieses Auftrags, sondern zugleich auch mit der Erforschung und Vervollkommnung dieses neuen Systems, das aus zahlreichen Gründen so vorteilhaft ist«*[12]. Das

[5] Dieser Umstand führte zur Entstehung der ersten gußeisernen Bogenbrücken in den Parks von Carskoe Selo (Spannweite bis 8 m, 1780er Jahre), zwei Eisenbogenbrücken im Taurischen Garten (Spannweite bis 12,5 m, 1793/94), Brücke über den Sal'nyj Bujan (Spannweite 20,7 m, 1805/06, Ing. Charles Baird) sowie von gußeisernen Kassetten-Brücken (1806–1830), die Traitteur zweifelsohne bekannt waren.

[6] Traitteur, G. de, *Description des ponts en chaînes exécutés à Saint-Pétersbourg*. St. Petersburg, 1825.

[7] Siehe. oben S. 85 ff. und 183 ff.

[8] RGIA, 206-1-843 ›Correspondance de 3 ponts en chaînes. 1828‹, Bl. 46–49.

[9] Die Spannweiten betrugen 106,7 m im mittleren Feld und jeweils 53,3 m in den beiden äußeren Feldern.

[10] Zu den frühen Beispielen für russische Kettenbrücken gehören die in dieser Arbeit betrachtete Fußgängerbrücke in Kuz'minki (1825, Archit. D. I. Gilardi) sowie die Drahtkabel-Fußgängerbrücke über die Jauza (1825, Ing. P. Ja. de Witte), beide in Moskau. Die bedeutendsten russischen Drahtkabelbrücken entstanden in den 1840er Jahren, so die Brücke über den Westlichen Bug in Brest-Litovsk (1841–1842, Spannweite 85 m) und die Brücke über den Narev in Novogeorgievsk (1845–1846, Spannweiten 43,2 + 86,4 + 43,2 m). Als weitere Beispiele für russische Kettenbrücken Mitte des 19. Jahrhunderts sind die Brücken über den Fluß Velikaja in Ostrov (1851–1853, Ing. M. Krasnopol'skij, Spannweite 92 bzw. 29 m) sowie die sechsfeldrige Brücke über den Dnepr in Kiev (1848–1853, Ing. Ch. Viniol, Spannweiten 134 bzw. 68,5 m) hervorzuheben.

[11] *Annuaire du corps des ingénieurs des voies de communication*. St. Petersburg, 1830, S. 212–214.

[12] RGIA, 206-1-578 ›Über den Bau der Kettenbrücken am Katharinen-Kanal in St. Petersburg. 20. Dezember 1824 – 7. Juli 1825‹, Bl. 2.

von der Leitung des Amts für Verkehrswege aufgelegte Programm zur Prüfung von Material und Konstruktion von Kettenbrücken war dabei Bestandteil gesamteuropäischer Versuche mit neuen Hängekonstruktionstypen, die in den 1820er Jahren in einigen kontinentaleuropäischen Ländern aufgenommen worden waren[13]. Davon ausgehend kann die Errichtung der ersten Petersburger Kettenbrücken als eine Art ›Petersburger Experiment‹ in diesem Bereich betrachtet werden, dessen Ziel es war festzustellen, ob die bereits aus der englischen Praxis bekannten Bauwerke unter den klimatischen Bedingungen Rußlands einsetzbar waren.

Obwohl die Traitteurschen Brücken vor allem als Ingenieurbauten konzipiert waren, wirkten sie in ihrer Baugestalt länger nach als die den Entwürfen zugrundeliegenden technischen Neuerungen. Der Beitrag des badischen Ingenieurs zur Architektur von Kettenbrücken bzw. zum ›Gesamtkunstwerk der frühen Eisenarchitektur‹ weist zweifellos weit über St. Petersburg hinaus. Die von ihm entwickelte ›Entwurfsmethode‹ beruhte auf einem neuen Verständnis der Brückentektonik, einer programmatischen Abkehr von den in der Konstruktion und Gestaltung der damaligen englischen und französischen Brücken dominierenden monumental-klassizistischen Pylonen, die traditionell aus massivem Mauerwerk gefertigt waren. Bei den Brücken Traitteurs wurden sie durch leichte Eisenpfeiler und -fachwerke ersetzt und als vollendete Architektur aufgefaßt. Dieser Ansatz einer ästhetischen Interpretation der Baustruktur hatte bei seinen Bauwerken Priorität[14]. Als Besonderheit des Traitteurschen Werks wurde dies von seinen Zeitgenossen auch sogleich gewürdigt. Als Wiebeking 1832 seinen Lesern die Panteleimon-Brücke in St. Petersburg vorstellte, bewertete er die tektonische Lösung der gußeisernen Portale als allen zeitgenössischen Vergleichsbauten überlegen: *»... Pour des supports en fonte, aucun ingénieur n'a projeté et exécuté une meilleure construction que M. de Traitteur, appliquée au pont de Pantéléimon à Saint-Pétersbourg ... car le caractère de ces supports est analogue avec celui des lignes de chaînes«*[15].

Eine Auseinandersetzung mit den Brückenbauten Traitteurs zeigt, daß für ihn nicht nur Zweckmäßigkeit, Festigkeit und Wirtschaftlichkeit des Tragwerks, sondern auch die bildhafte Ausdruckskraft der künstlerischen Lösung, der symbolische Gehalt des Dekors, das Zusammenwirken von technischer Form und Architektur sowie ihre moderne Wirkung im traditionellen städtebaulichen Umfeld von Bedeutung waren. So formulierte der badische Ingenieur faktisch neue ästhetische Prinzipien einer ›Eisenarchitektur‹ in einer romantisch geprägten Grundstimmung, die er tatsächlich in den meisten seiner Arbeiten glänzend in die Baupraxis übertragen konnte.

Bei der Architektur dieser und weiterer Eisenkonstruktionen griff Traitteur als einer der ersten in St. Petersburg zur ›romantischen Stilisierung‹ architekturgeschichtlicher Vorbilder, einer Methode, die in der zeitgenössischen Baukunst bald breite Anwendung fand[16]. Damit beantwortete er die von seinem Landsmann, dem späteren großherzoglich-badischen Baudirektor Heinrich Hübsch, im Jahr 1828 in seiner gleichnamigen Abhandlung gestellte Frage *In welchem Style sollen wir bauen?* auf seine Weise. Das durch den badischen Ingenieur im fernen St. Petersburg geschaffene Werk konnte somit den in der deutschen bzw. europäischen Baukunst geführten mehrjährigen Diskurs zu den weiteren Entwicklungslinien der Architekturstile bereichern[17]. Die bei seinen Bauwerken realisierten ästhetischen Prinzipien nahmen in mehrfacher Hinsicht den weiteren Verlauf der Diskussionen vorweg, die in den 1840er Jahren mit dem inzwischen anerkannten Einzug der eigentlichen Eisenarchitektur in Deutschland zu Ende gingen[18].

[13] Vgl. S. 116–122.

[14] Frampton, Kenneth. *Grundlagen der Architektur. Studien zur Kultur des Tektonischen*, München–Stuttgart 1993, S. 76.

[15] Wiebeking, Carl Friedrich von. *Architecture civile ...* , S. 157–158; Taf. 253 Abb. 1–4, 10–12, 27–28, 48.

[16] Nerdinger, Winfried (Hrsg.). *Romantik und Restauration. Architektur in Bayern zur Zeit Ludwig I. 1825–1848.* Ausstellungskatalog. München, 1987.

[17] Hübsch, Heinrich. *In welchem Style sollen wir bauen?* Karlsruhe, 1828 (Nachdruck: Karlsruhe 1984); Herrmann, Wolfgang (Hrsg.) *In what Style should we build? The German Debate on Architectural Style.* Santa Monica, 1992.

[18] »Ist es nun wohl möglich daß außer jenen beiden Weisen der Tradizion noch eine andere neue, unserem Geschlechte ursprüngliche entwickelt werden könne in deren Deckensysteme eine andere statische Kraft als Princip wirkte denn bei jenen? ... Ein neues noch nicht dagewesenes Deckensystem, das natürlich auch sogleich ein neues Reich der Kunstformen nach sich ziehen würde, kann daher nur in die Erscheinung treten sobald ein bis dahin nicht sowohl unbekanntes als vielmehr nur für eine solche Anwendung noch nicht als leitendes Princip genutztes Material beginnt Aufnahme zu finden. ... Ein solches Material aber ist in der That das *Eisen* mit dessen Nutzung in diesem Sinne unser Jahrhundert bereits begonnen hat. Es ist das Eisen bestimmt mit der steigenden Prüfung und Erkenntniß seiner statischen Eigenschaften in der Bauweise der kommenden Zeit als Grundlage des Deckensystems zu dienen und dasselbe, statisch gefaßt, einmal so weit über das hellenische und mittelalterliche zu erheben als das Bogen-Deckensystem das Mittelalter über das monolithe Steinbalkensystem der alten Welt erhob« (Bötticher, Carl. *Das Prinzip der hellenischen und germanischen Bauweise hinsichtlich der Übertragung in der Bauweise unserer Tage.* Allgemeine Bauzeitung, 11, 1846, S. 118–119).

Die Bauten Traitteurs als Werke der Petersburger Architektur des Spätklassizismus und der Frühromantik

Vor dem Hindergrund der Entwicklung der Petersburger Baukunst im ersten Drittel des 19. Jahrhunderts zeigt sich eines der wichtigsten Phänomene im Œuvre des badischen Ingenieurs Traitteur: die untrennbare Verknüpfung seiner Werke mit dem Petersburger Architekturkontext. Grund dafür ist die Tatsache, daß Traitteur in seinen ersten Schaffensjahren in der russischen Hauptstadt grundlegende Erfahrungen sammeln konnte, die ihn als Ingenieur und Architekt prägten. Seine späteren Bauten und vor allen die Kettenbrücken bleiben somit auch stilgeschichtlich eine Art Spiegel des Übergangs vom Klassizismus zum entstehenden Historismus.

Der die Petersburger bzw. russische Architektur seit den 1760er Jahren prägende Klassizismus erreichte in den 1800–1820er Jahren seinen Höhepunkt. In den Werken der russischen Bauforscher wird dieses Entwicklungsstadium der nationalen Architektur üblicherweise als Hoch- oder Spätklassizismus bzw. als Empire bezeichnet[19]. Das Empire brachte auf umfassende Art die Verherrlichung der staatlichen Macht St. Petersburgs als östlichen Vorposten des aufgeklärten Absolutismus sowie die hehren Ideale des staatsbürgerlichen Bewußtseins und die heroisch-vaterländische Gesinnung zum Ausdruck, die in den Jahren der Konfrontation mit dem napoleonischen Frankreich alle Gesellschaftsschichten erfaßten. Die größten Leistungen der russischen Architektur jener Zeit wurden im Städtebau sowie in Bereichen der ›Synthese der Künste‹, der Skulptur und Plastik, der dekorativen und angewandten Kunst sowie im Kunstguß erreicht.

Zuständig für eine einheitliche städtebauliche Strategie zur Entwicklung der russischen Hauptstadt war das 1816 gegründete Komitee für Bauwerke und Wasserbau, an dem Traitteur als Ingenieur mitwirkte, und wo er durch seinen täglichen Umgang mit den führenden Architekten neue Erfahrungen in der architektonischen Baupraxis sammeln konnte[20]. Bereits aus der Bezeichnung dieser Institution geht eine programmatische Gleichbehandlung von Zivil-, Industrie- und Wasserbaukunst hervor. Jedes öffentliches Gebäude bzw. jeder größere Ingenieurbau, der in jenen Jahren entstand, wurde als Bestandteil eines umfassenden städtebaulichen Ensembles aufgefaßt. Mit einem Neubau ging in der Regel auch die Umgestaltung der angrenzenden Gebiete und des Stadtbilds einher. Der organisierte Raum war Ziel und konstituierender Bestandteil der Entwurfsmethode. So fand im damaligen St. Petersburg im Grunde das von der europäischen Aufklärung formulierte Prinzip des Strebens nach einer ›universellen Architektur‹, nach einem künstlich geschaffenen Raum, das die menschliche Umwelt vollständig gestaltet, ihren Ausdruck[21]. Diese Prinzipien sowie die Petersburger Architekturpanoramen konnten seine frühen, in der Kurpfalz, in Baden und in Frankreich erworbenen beruflichen Erfahrungen in fruchtbarer Weise ergänzen. Das Stadtbild des in den 1800–1820er Jahren entstandenen neuen Zentrums von St. Petersburg war geprägt durch dominierende Repräsentationsbauten, deren Ausstrahlung auf ein einheitliches städtisches Gesamtbild hinzielte. Es war mit den Traitteur wohlbekannten südwestdeutschen Planstädten Mannheim, Karlsruhe, Rastatt, Schwetzingen, Darmstadt und Ludwigsburg typologisch verwandt, jedoch weniger schematisch und mehr situationsbezogen und übertraf diese bei weitem in ihren Ausmaßen[22].

Traitteurs frühe russische Dienstjahre (1814–1820) fielen in eine Zeit, da der Petersburger Klassizismus in sein abschließendes Spätstadium trat und durch

[19] Die in der russischen Architekturforschung übliche Klassifikation der klassizistischen Architektur (1760–1830er Jahre) sieht eine Unterteilung in den Frühklassizismus (1760–1780), den reifen bzw. strengen Klassizismus (ca. 1780–1800) und den Hoch- bzw. Spätklassizismus (ca. 1800–1830er Jahre) vor.

[20] Genauer zu den Aufgaben des Komitees für Bauwerke und Wasserbau s. oben S. 30ff.

[21] Picon, Antoine. *French Architects and Engineers in the Age of Enlightenment*. Cambridge, 1992, S. 16–98. In der damaligen russischen Praxis wurde ein ähnliches Prinzip insbesondere durch den Architekten I. I. Svijazev formuliert: »... die Architektur umfaßt alle Arten von Bauten, von der Hütte bis zum Palast, von der Maschine bis zum Schiff« (Terehin, A. S. *Žizn' i tvorčestvo arhitektora I. I. Svijazeva (Leben und Werk des Architekten I. I. Svijazev)*. Perm', 1970, S. 75).

[22] Merten, Klaus. *Residenzstädte in Baden-Württemberg im 17. und 18. Jahrhundert.* In: ›Klar und lichtvoll wie eine Regel‹. Planstädte der Neuzeit vom 16. bis zum 18. Jahrhundert. Katalog der Ausstellung. Karlsruhe, 1990, S. 221–230; Krieß, Walter. *Urbanismus im Industriezeitalter. Von der klassizistischen Stadt zur Garden City*. Berlin, 1991, S. 87–102; Leiber, Gottfried. *Friedrich Weinbrenners städtebauliches Schaffen für Karlsruhe. Teil 1. Die barocke Stadtplanung und die ersten klassizistischen Entwürfe Weinbrenners.* Karlsruhe, 1996.

einen gewissen Umbruch in der Stilentwicklung in Rußland geprägt war. Zugleich wurde in jenen Jahren eine intensive, durch den napoleonischen, ›Vaterländischen‹ Krieg 1812 unterbrochene Bautätigkeit wiederaufgenommen[23], mit der auf der Architektenseite ein Generationswechsel einherging. Kurz nacheinander verstarben die großen Baumeister, die den Hochklassizismus in Rußland begründet hatten, wie A. N. Voronihin (1759–1814), A. D. Zaharov (1761–1811) und Thomas de Thomon (1760–1813), Giacomo Quarenghi (1744–1817) und Luigi Rusca (1758–1822). Eine neue Architektengeneration, angeführt von Carlo Rossi (1775–1849) und V. P. Stasov (1769–1848), betrat nun die Bühne der russischen Baukunst. Die städtebaulichen Aktivitäten in St. Petersburg und im gesamten Russischen Reich wurden von einem forcierten Planungsreglement begleitet. Zu diesem Zweck erstellte man verschiedene Serien von Musterentwürfen, die bei der Gestaltung einer regelmäßigen, stilistisch einheitlichen Bebauung zu berücksichtigen waren[24]. Diese umfassend angelegten Entwurfsvorgaben konnte Traitteur in mehrfacher Hinsicht mit der nach 1810 in Baden unter dem großherzoglich badischen Oberbaudirektor Friedrich Weinbrenner erfolgten Erstellung von Musterentwürfen für städtische Wohnhausfassaden, später auch für Straßenbrücken aus Stein, vergleichen.

Bei einer Auseinandersetzung mit der Petersburger Architektur auch nach 1815 fällt der Blick des Betrachters zwangsläufig auf die unverwechselbare, ortstypische Kombination der westeuropäischen Bauerfahrungen mit der Petersburger Architekturschule selbst. Bezeichnend dafür ist z. B. der Umbruch im Schaffen des italienischen Architekten Giacomo Quarenghi, der in seinem früheren Petersburger Werk palladianische Traditionen und neueste Leistungen des italienischen und französischen Neoklassizismus miteinander verband[25]. Anfang des 19. Jahrhunderts wandte sich Quarenghi griechischen Architekturvorbildern zu (Manege der Gardekavallerie, 1804–1807). In seinen letzten Werken verarbeitete der Baumeister römische Vorbilder, was ebenfalls den Auffassungen des Empirestils entsprach (Narva-Triumphbogen, 1814).

Als Traitteur in St. Petersburg eintraf, war das Ensemble auf der ›Strelka‹ (Landzunge) der Vasil'evskij-Insel mit dem Börsengebäude (1804–1810), das den Nevaprospekt des Stadtzentrums prägte, bereits vollendet. Hier, in seinem Hauptwerk, wie auch in seinen meisten weiteren Arbeiten, entfernte sich Thomas de Thomon von der Pariser Akademie und wandte sich dem Erbe der griechischen Antike zu. Er wurde damit praktisch zum Begründer der ›hellenischen‹ Strömung in St. Petersburg[26]. An der Wiege derselben Entwicklungslinie stand auch A. N. Voronihin mit seinem Bergbauinstitut (1806–1811).

Bereits bei den ersten Petersburger hochklassizistischen Werken im zweiten Jahrzehnt des 19. Jahrhunderts sind monumentale Größe und eine betont stereometrische Formensprache auszumachen, wie sie die französische Revolutionsarchitektur vor allem mit Jean-François-Thérèse Chalgrin, Claude-Nicolas Ledoux und Etienne-Louis Boullée hervorgebracht hatte[27]. Wichtigster Begründer dieser Stilmodifikation in St. Petersburg dürfte der Architekt Zaharov sein, der sich in seinem Werk sowohl auf die Erfahrungen der streng klassizistischen Petersburger Schule, insbesondere das Œuvre Starovs und Quarenghis, als auch auf die Neuerungen der französischen Schule stützte[28]. Das von Zaharov umgebaute Admiralitätsgebäude (1806–1823) wurde nicht nur Mittelpunkt des neuen Petersburger Stadtzentrums, sondern auch allgemein anerkannter Inbegriff des Petersburger Empire. Es prägte nachhaltig das abschließende Stadium des russischen Klassizismus der 1810er bis 1830er Jahre und wirkte als eine Art Appell zur Ausformung der schöpferischen Innovationen der *architecture parlante* in der Petersburger Baukunst jener Jahre.

Der russische Klassizismus jener Zeit zeichnete sich durch ein universelles künstlerisches System mit einem relativ konstanten und umfassenden Formen-

[23] Neben den grandiosen Planungsmaßnahmen in St. Petersburg und dem Wiederaufbau Moskaus nach dem Brand 1812 wurden im ersten Drittel des 19. Jahrhunderts die meisten altrussischen Städte in der Provinz umgestaltet (Guljanickij, N. F. *Peterburg i drugie novye goroda XVII-pervoj poloviny XIX veka (Petersburg und andere neue russische Städte vom 17. bis zur erste Hälfte des 19. Jh.)*. Moskau, 1995).

[24] Zur Reglementierung der privaten Bautätigkeit entwickelten Hastie, Rusca und Stasov in den Jahren 1809–1812 eine Serie von Musterfassaden für Häuser sowie für Tore und Zäune (288 Varianten). Diese Serie enthielt einen für alle Bevölkerungsschichten verbindlichen und auf Bauten unterschiedlicher Bestimmung anwendbaren Katalog: *Sobranie fasadov, E. I. V. vysočajše aprobirovannyh dlja častnyh stroenij v gorodah Rossijskoj imperii (Sammlung von Fassaden, von S. K. M. allerhöchst genehmigt für Privatbauten in den Städten des Russischen Reichs)*. Teil 1–4, St. Petersburg, 1809–1812; *Sobranie fasadov, E. I. V. vysočajše aprobirovannyh dlja zaborov, vorot k častnym stroenijam v gorodah Rossijskoj imperii (Sammlung von Fassaden, von S. K. M. allerhöchst genehmigt für Zäune und Tore zu Privatbauten in den Städten des Russischen Reichs)*. St. Petersburg, 1811.

[25] *L'opera del genio italiano all'estero. Gli artisti in Russia*. Bd. 3, 1943, S. 1–73; Graščenkov, V. N. *Džakomo Kvarengi i venecianskij neoklassicizm (Giacomo Quarenghi und der venezianische Neoklassizismus)*. Sovetskoe iskusstvoznanie (Sowjetische Kunstwissenschaft), Ausg. 20, Moskau, 1986, S. 301–366. Burini, Silvia (Hrsg.). *Giacomo Quarenghi e il suo tempo. Atti del Convegno*. Bergamo, 1995.

[26] Grabar', I. E. *Rannij aleksandrovskij klassicizm i ego francuzskie istočniki (Der frühe alexandrinische Klassizismus und seine französischen Quellen)*. Starye gody, 1912, Juli–September, S. 68–96; V. K. Šujskij. *Toma de Tomon (Thomas de Thomon)*. Leningrad, 1981, S. 126–148.

[27] Nerdinger, Winfried; Philipp, Klaus Jan; Schwarz, Hans-Peter. *Revolutionsarchitektur: ein Aspekt der europäischen Architektur um 1800*. Ausstellungskatalog. München, 1990.

[28] A. D. Zaharov studierte in den Jahren 1783–1786 bei J.-F.-Th. Chalgrin als *pensionnaire* der Kunstakademie in Paris.

apparat aus, der auf unterschiedliche Gebäudetypen anwendbar war. Die funktionellen Besonderheiten der Bauwerke manifestierten sich gewöhnlich nicht in Gestalt- oder Stilmerkmalen. In der für viele Werke der Petersburger Architektur des beginnenden 19. Jahrhunderts typischen Anwendung hoher Stilnormen bei Profanbauten zeigt sich wieder der in der Architekturtheorie der Aufklärung entwickelte Gedanke einer ästhetisch einheitlichen Wirkung der Stadtlandschaft. An sich prosaische Bautypen, etwa Lagerhallen, wurden von den Baumeistern des Empire als künstlerisch vollendete Ensembles geschaffen, die durch ihre machtvolle Strenge und ihre lakonischen Stilmittel faszinieren (Sal'nyj bujan von Thomas de Thomon, 1805–1808; Bebauung der Proviantinsel durch A. D. Zaharov, 1806–1811; Proviantmagazin des Izmajlovskij-Regiments von V. P. Stasov, 1819–1822). Das größte Denkmal der Industriearchitektur dürfte die Admiralität der Hauptstadt sein. Bei deren Umbau trennte Zaharov die prächtigen außenliegenden Trakte mit den Verwaltungs- und Lehreinrichtungen klar vom Innenbereich der Werft, deren Formen dem Zweckcharakter der Gebäude entsprechen.

Obwohl in den 20er und 30er Jahren des vorigen Jahrhunderts die größten Ensembles Carlo Rossis und die herausragenden Monumentalbauten V. P. Stasovs entstanden, war der Petersburger Klassizismus in seinen Entwicklungsmöglichkeiten erschöpft und degenerierte zum staatsverordneten, offiziösen Stil. Die Bebauung wurde immer monotoner und verlor ihre frühere Ausdruckskraft. Schließlich wurde die klassizistische Architektur mit ihrer bürokratisch-kasernenhaft wirkenden Ordnung mit der gewandelten russischen Realität und die totale Reglementierung der Bebauung in einem Einheitsstil mit dem autokratischen Regime Nikolaus' I. assoziiert.

Die sich in den 1830er Jahren vollziehende immer stärkere Hinwendung der Petersburger Architektur zur Romantik kam nicht unerwartet. In der Tat bereitete sie sich in den langen Jahren einer latenten Herausbildung vorromantischer Tendenzen vor, die sozusagen die zweite Ebene des künstlerischen Gesamtbilds der klassizistischen Epoche bildeten[29]. Im Gefolge derartiger Tendenzen entstanden vollkommen andere Prinzipien der Stil- und Formenbildung, die sich als freier Grundriß und malerisch-asymmetrische Komposition manifestierten[30]. Die vorromantische Strömung in der russischen Architektur der zweiten Hälfte des 18. und des beginnenden 19. Jahrhunderts war ein komplexer diskontinuierlicher Prozeß. Mit der Behauptung des strengen Klassizismus als zweitem klassizistischem Entwicklungsstadium ab ca. 1780 flaut sie ab und ersteht wieder in der Zeit des Empire, insbesondere nach Beendigung des Vaterländischen Kriegs 1812 und der ausländischen Feldzüge der russischen Armee. Seit diesem Zeitpunkt verknüpfte sich in Architektur und Monumentalkunst das Interesse an Vorbildern des westeuropäischen Mittelalters immer enger mit dem erwachenden Nationalgedanken[31]. So war die Neugotik die erste ernstzunehmende Alternative zum Klassizismus und Vorbote von Romantik und Historismus des 19. Jahrhunderts als Methode einer freien Wahl historischer Vorbilder. Gleichzeitig wurde Rußland von einer neuen ›orientalistischen‹ Welle erfaßt, die bereits altägyptische Motive mit sich führte, die nach dem Ägypten-Feldzug Napoleons in die gesamte europäische Kultur Eingang fanden.

Parallel zu der Suche nach einem neuen Stil vollzogen sich intensive Entwicklungsprozesse in funktionellen und konstruktiven Aspekten der Petersburger Architektur des ersten Drittels des 19. Jahrhunderts. Bereits zu Beginn des Jahrhunderts zeichneten sich in Rußland Autonomietendenzen bei neuen Gebäudetypen, allen voran von Industrie- und Ingenieurbauten, ab. In bezug auf den Industriebau ist eher von einer Schematisierung und Profanisierung als von einer grundlegenden Transformation der klassizistischen Normen zu

[29] Die Entwicklung der russischen Vorromantik im letzten Drittel des 18. Jh. steht in Zusammenhang mit den Namen K. Blank, V. I. Baženov und M. F. Kazakov in Moskau und dem Moskauer Umland (insbesondere das ›gotische‹ Ensemble in Caricyno bei Moskau, 1770er Jahre), Ju. Velten, A. Rinaldi, Vater und Söhne Neelov, Ch. Cameron, N. A. L'vov und V. Brenna in St. Petersburg und seinen vor der Stadt gelegenen Residenzen.

[30] Zu den Traitteur sicherlich bekannten Beispielen für derartige Werke gehörten der Babolovskij-Palast in Carskoe Selo (1783–1785, I. V. Neelov, 1824–1825 erweitert durch V. P. Stasov), der G. A. Potemkin-Palast in Ostrovki (1780er Jahre, I. E. Starov, nicht erhalten), die Festung Mariental (›Bip‹) in Pavlovsk (1795–1797, V. Brenna) und der Prioratspalast in Gatčina (1797–1799, N. A. L'vov).

[31] Kiritschenko, Jewgenia (Kiričenko, Evgenija). *Zwischen Byzanz und Moskau: der Nationalstil in der Russischen Kunst*. München, 1991.

sprechen. Durch die Priorität von Technologie, Funktion und Ökonomie entstand in diesem Bereich der Baukunst eine ganz überwiegend zweckrationale Entwurfsmethode, die mehr eine potentielle denn reale Alternative zum Klassizismus darstellte.

Seit der Stadtgründung St. Petersburgs, das auf hundert Inseln des Neva-Deltas lag, gehörten Brücken zu den wichtigsten Typen stadtbildprägender Bauwerke. Die Bedeutung von Brücken und Kais für das Gesamtbild wurde von der ›Architekturphilosophie‹ des Hochklassizismus in besonderer Weise hervorgehoben. Das Streben nach Schaffung eines einheitlichen, ästhetisch reflektierten städtischen Raums rückt diese eigentlichen Nutzbauten in den Mittelpunkt der Aufmerksamkeit der meisten in St. Petersburg tätigen Architekten und Ingenieure. Um 1820 wurden Brücken das wichtigste ›kreative Arbeitsgebiet‹ Traitteurs. Bereits in seinem ersten großen Werk, der Errichtung der Isaaks-Brücke (1819–1821), einer Pontonbrücke aus Holz, stellte er sich der für St. Petersburg charakteristischen Aufgabe, eine Brücke zu bauen, die in ein größeres städtebauliches Ensemble zur Neugestaltung des Senatsplatzes im Stadtkern einzubinden war. Die untrennbare Verknüpfung technischer und architektonisch-künstlerischer Entwurfsaspekte trat in seinem ersten eigenständigen Werk, dem Entwurf und der Errichtung von Brücken auf der Chaussée St. Petersburg–Moskau (1820–1822), zutage.

Die industrielle Revolution hinterließ in der sozialen, kulturellen und technischen Entwicklung Rußlands im ersten Drittel des 19. Jahrhunderts merkliche, bis heute nicht vollständig erforschte Spuren[32]. So entstanden in ihrem Gefolge neue Tätigkeitsbereiche und damit neue Formen der technischen Ausbildung, insbesondere der Beruf des *ingénieur*, die eine immer größere Rolle spielten. Für die Ausbildung geeigneter Fachkräfte auf dem Bausektor wurde in St. Petersburg im Jahre 1809 das Corps der Verkehrswegeingenieure mit einer gleichnamigen Lehranstalt (Institut) gegründet, das sich vollständig an den Erfahrungen der jungen französischen Ingenieurschule orientierte. In eben dieser Institution leistete der badische Ingenieur neben Absolventen der Pariser *Ecole des ponts et chaussées* und *Ecole polytechnique* seinen Dienst.

Die industrielle Revolution prägte die unterschiedlichsten künstlerischen Bereiche. So entstand die sogenannte Eisenarchitektur als eines der wichtigsten Phänomene der Architektur des 19. Jahrhunderts. Dabei erfaßte der Einsatz neuer Konstruktionsarten und Baustoffe, allen voran Schmiede- und Gußeisen, praktisch sämtliche Bereiche der Baukunst. In der Profan- (Wohnhäuser und öffentliche Gebäude) und Sakralarchitektur des russischen Spätklassizismus spielten Metallkonstruktionen eine untergeordnete Rolle[33]. Sie blieben sozusagen hinter den klassizistischen Kulissen der damaligen Architektur verborgen und hatten keinen entscheidenden Einfluß auf Formen- und Stilbildung. Dieses für die Baukunst des ersten Drittels des 19. Jahrhunderts typische ›Prinzip‹ zeigt sich u. a. im frühen Entwurfswerk von Heinrich Hübsch, des führenden ›romantischen‹ Architekten des Großherzogtums Baden. Für ein in konventioneller Gestalt und Disposition entworfenes Theater (1825) legte er eine komplexe zugbeanspruchte räumliche Dachkonstruktion aus Eisen vor[34]. Das Interesse Hübschs an zugbeanspruchten Konstruktionen, das mit Traitteurs Arbeiten im Bereich der Kettenbrücken vergleichbar ist, setzte sich in seinen Experimenten mit Hängemodellen aus Ketten als Grundlage der Gewölbekonstruktion der St. Cyriakus-Kirche in Bulach bei Karlsruhe (1834–1837) fort.

Im Unterschied zu den übrigen Profan- und Sakralbauten prägten die neuen Konstruktionsweisen bei der Errichtung von Ingenieurbauten, vor allem Eisenbrücken, die Architektur nachhaltig. Dies zeigt sich besonders eindrucksvoll bei der ersten und gelungensten Petersburger Hängebrücke Traitteurs, der

[32] Blackwell, William L. *The Beginning of Russian Industrialisation 1800–1860*. Princeton, New Jersey, 1968.

[33] S. z. B.: Fedorov, Sergej G. *Frühe Eisenkuppeln in der russischen Sakralarchitektur vor 1840. Zur Entwicklung der eisernen räumlichen Dachtragwerke in Europa*. In: Erhalten historisch bedeutsamer Bauwerke. Sonderforschungsbereich 315, Universität Karlsruhe, Jahrbuch 1993. Berlin, 1996, S. 163–193.

[34] Hübsch, Heinrich. *Entwurf zu einem Theater mit eiserner Dachrüstung*. Frankfurt am Main, 1825.

Panteleimon-Brücke über den Fluß Fontanka (1823–1824). Nach Ansicht ihres Erbauers war sie im ›style gothique‹ gehalten. In der Tat verbinden sich in der Brücke zerbrechlich schlank wirkende Bauglieder mit einem entsprechend filigranen Dekor, doch tritt hier eine Offenheit und Transparenz der Konstruktion hinzu, wie sie sich später auch im Werk Viollet-le-Ducs zeigen sollte. Durch diese eher assoziative Verbindung des Traitteurschen Bauwerks zur ›Gotik‹ kann die Panteleimon-Brücke, wie auch die zur gleichen Zeit entstandene Kettenbrücke Bazaines im Park von Katharinenhof, als Bindeglied zwischen der vorangegangenen neugotischen Phase des frühen Klassizismus und dem Wiederaufleben der Neugotik im frühen Historismus nach 1825 bezeichnet werden[35]. Die Panteleimon-Brücke Traitteurs artikulierte die stilistischen Bestrebungen des entstehenden Historismus jedoch nur beiläufig. Was dieses Bauwerk auszeichnet, sind nicht die bedingten Formen eines historischen Stils, sondern sein architektonischer Gesamtausdruck. Denn die Konstruktion ist hier bestimmend für die Architektur und gleichzeitig ihr stilbildendes Moment. Recht eigentlich könnte die Panteleimon-Brücke als geschickt in das Stadtbild St. Petersburgs eingefügter ›Gründungsbau‹ der neuen ›Eisenarchitektur‹ bezeichnet werden. Kurze Zeit nach ihrer Errichtung entstand an der Mojka und am Katharinen-Kanal ein ganzes Ensemble von Bogenbrücken aus Gußeisen und teilweise aus Stein im Stil des Empire[36]. Sie wurden von Kollegen Traitteurs im Corps der Verkehrswegeingenieure entworfen und betonten durch ihre konventionellen Formen die innovative Wirkung von Konstruktion und Gestalt der Panteleimon-Brücke. Dieses Ensemble wurde organisch vollendet durch das letzte Petersburger Werk Traitteurs, die dreigliedrige Bogenbrücke (Theater- und Kleine Marstall-Brücke) an der Mündung des Katharinen-Kanals, die ebenfalls in ›retrospektiven‹ klassizistischen Formen entworfen wurde (Ingenieure E. Adam, W. Traitteur, 1828–1830).

Die für den frühen Historismus typischen Tendenzen einer ›romantischen Stilisierung‹ treten eher bei Traitteurs zweiter Verkehrsbrücke, der Ägyptischen Brücke (1825–1826), zutage. ›Ägyptische‹ Architekturvorbilder faszinierten Traitteurs Zeitgenossen durch ihre Exotik sowie ihre Monumentalität und Erhabenheit, die den künstlerischen Idealen des Spätklassizismus entsprachen, im Falle Traitteurs freilich auch durch ihren üppigen Dekor, den die Vorbilder ihrer relativ späten Entstehung in der frühen römischen Kaiserzeit verdanken, die aber, unmittelbar vor der Entzifferung der Hieroglyphen, noch nicht bekannt war. Die Ägyptische Brücke über die Fontanka war das erste derartige Bauwerk im Petersburger Stadtbild. Bei diesem Bau kommt ein neues Prinzip zum Tragen, das in einer kontrastierenden Verbindung aus moderner technischer Konstruktion der Kettenbrücke und großplastisch aufgefaßten, ›stilreinen‹ Torbauten besteht, ein Verfahren, das die Kompositionsprinzipien des entwickelten Historismus an neuen Bautypen in gewisser Weise vorwegnahm[37]. Die Ägyptische Brücke Traitteurs begründete damit die ›ägyptisierende‹ Strömung des frühen russischen Historismus. Nach ihr wurde in Carskoe Selo das Ägyptische Tor (1827–1830, A. A. Menelas, I. A. Ivanov, Bildhauer V. I. Demut-Malinovskij) errichtet, dessen Stil und Gestalt durch die der Brücke beeinflußt worden sein dürfte. Der nächste Petersburger Monumentalbau im ›ägyptischen Stil‹ war die Schiffslände bei der Kunstakademie (1832–1834, Architekt K. A. Thon), bei dem originale, aus ›Theben‹ (›Thiv‹, Sockelinschrift) stammende Sphingen in den konventionell klassizistischen Kontext dieses Bauwerks integriert wurden.

Das breite Spektrum der stilistischen Bestrebungen Traitteurs, die dem ›Zeitgeist‹ der durchschnittlichen Petersburger Architektur in vieler Hinsicht voraus waren, kommt in seinen drei Hängebrücken für Fußgänger (1823–1826) zum Ausdruck. Nach der Errichtung der Postbrücke mit ihren betont klassizistischen, in Komposition und Verzierung dem Empire entsprechenden

[35] Diese erneute Hinwendung zu gotischen Motiven in der Petersburger Architektur begann mit der Errichtung von Parkbauten in den vor der Stadt gelegenen Residenzen nach Entwürfen des Architekten A. A. Menelas. Bei diesen Bauwerken kommt ein tieferes und konsequenteres Bemühen um Authentizität der wiederzuerschaffenden Vorbilder zum Ausdruck. Hierbei zeichneten sich insbesondere die Kapelle in Carskoe Selo (1825–1828) und der Cottage-Palast in Peterhof (1826–1829) durch ihre neue romantische Wirkung und ›historische Stilreinheit‹ aus. Diese Werke, mit denen die Epoche des Historismus in Rußland begann, eröffneten den Entwicklungszyklus der Petersburger, im eigentlichen Sinne romantischen Neugotik, die fast frei von altrussischen Beimischungen und klassizistischer Formensprache war.

[36] Erste Ingenieursbrücke über die Mojka (1824–1825), Untere Schwanenbrücke über den Schwanen-Kanal (1835–1837), Gartenbrücke über die Mojka (1835–1836), jeweils P.-D. Bazaine u. a., Große Marstall-Brücke über die Mojka gegenüber der Zaporožsk-Gasse (1828, E. Adam).

[37] In diesem Sinne können einige Petersburger bzw. europäische Bahnhöfe, Ausstellungs- und Markthallen sowie weitere spätere Bauwerke der ›Eisenarchitektur‹ der Mitte bzw. zweiten Hälfte des 19. Jahrhunderts als den frühen Kettenbrücken ›typologisch verwandte‹ Bauten bezeichnet werden.

Pylonen (1823–1824) ändert Traitteur seine Entwurfsstilistik grundlegend. Bei seinen beiden ›animalistischen‹ Brücken über den Katharinen-Kanal (1825–1826) übernehmen die von P. P. Sokolov geschaffenen Tierfiguren nicht nur dekorative Funktionen, sondern maskieren und verdeutlichen das Kräftespiel der Kettenhalterungen. Dabei bestimmt das neue statische System der zugbeanspruchten Konstruktion Anordnung und Sitzhaltung der Tierfiguren, die die Brücke als Wächter und Träger zugleich in ihren Mäulern halten. Eine derartige Verwendung der Löwen- bzw. Greifenplastiken als ›tektonische Schlüsselelemente‹ der Komposition, die in ihrer künstlerischen Funktion mit Atlanten und Karyatiden vergleichbar sind, kann als neue Architekturidee für Kettenbrücken gelten. In der Tat leistete der den klassizistischen Traditionen fest verbundene Traitteur bei diesen Werken der Demontage dieses Stils Vorschub und antizipierte damit die architektonischen Bestrebungen des folgenden ›romantischen‹ Jahrzehnts.

Die außerhalb jeglicher ›Stile‹ liegende Panteleimon-Brücke und Traitteurs weitere Hängebrücken spielen in der russischen Architekturgeschichte des 19. Jahrhunderts eine außerordentlich wichtige, praktisch jedoch kaum gewürdigte Rolle. Ihre Bedeutung ergibt sich nicht nur aus dem Einfluß, den sie auf die zeitgenössische Ingenieurkunst ausübten, sondern auch aus ihren indirekten Auswirkungen auf die Entwicklung der architektonischen Auffassungen. Traitteurs Kettenbrücken verkörperten ein prinzipiell neues Entwurfsparadigma in der Petersburger Architektur der 1820er Jahre und gerieten als solche in das Blickfeld führender russischer Schriftsteller, die auf die Veränderungen im klassizistischen Antlitz der Hauptstadt äußerst feinfühlig reagierten. Motive der *»über den Wassern hängenden Brücken«* im Neva-Delta sind in zahlreichen, Ende der 20er und Anfang der 30er Jahre des vorigen Jahrhunderts entstandenen ›Petersburger‹ Werken A. S. Puškins auszumachen. Diese Brücken dürften auch Prototypen für die durch den russischen Schriftsteller N. V. Gogol' prophezeite Schaffung einer *»... gänzlich besonderen und neuen Architektur, frei von den früheren Bedingungen«* gewesen sein, die seiner Ansicht nach aus den neuen Eisenkonstruktionen erwachsen sollte[38].

Der von Architekturhistorikern vielfach zitierte Artikel Gogol's ›Über die Architektur der heutigen Zeit‹ (1834) ist vom Pathos der erstarkenden Romantik und eklektischen Stilvielfalt, der Apologie von westeuropäischem Mittelalter und Altem Orient sowie einer vernichtenden Klassizismuskritik durchdrungen[39]. Gogol' prägte mit seiner Vision einer grundlegenden Erneuerung der Kunst die Entwicklung von Architekturtheorie und -praxis. So seien die *»bei Brücken und Balkonen«* entstandenen Eisenkonstruktionen der Ausgangspunkt für die künftige, außerhalb jeglicher Stile liegende Architektur und die Grundlage für eine neue Formensprache. Im Vorgriff auf den Einzug der Technik (der Eisenarchitektur) in das gewohnte, bereits in vieler Hinsicht monoton werdende klassizistische Stadtbild schrieb er: *»... In unserem Jahrhundert gibt es derartige Errungenschaften und solch neue, gänzlich zu ihm gehörende Kräfte, mit denen man eine Unzahl früher nicht baubarer Gebäude erschaffen kann. Nehmen wir zum Beispiel die hängenden Zierate, wie man sie seit kurzer Zeit sehen kann. Bis dato zeigt sich diese hängende Architektur lediglich bei Logen, Balkonen und kleinen Brücken. Aber wenn ganze Etagen hängen, wenn kühne Bögen gespannt werden, wenn sich ganze Massen statt auf schwerfälligen Säulen auf durchbrochenen gußeisernen Stützen wiederfinden, wenn ein Haus mit Balkonen von unten bis oben mit zierlichen Gußgeländern behängt wird, wenn davon sich eiserne Verzierungen in tausenderlei verschiedenen Formen herunterschwingen und das ganze Haus mit ihrem leichten Netz umhüllen, und es wird durch sie hindurchgesehen, wie durch einen transparenten Schleier, wenn diese gußeisernen durchscheinenden Verzierungen, um einen runden wunderbaren Turm gehüllt, mit ihm gen Himmel fliegen, – von welcher Leichtigkeit, von welcher ästhetischen Luftigkeit werden dann unsere Häuser sein! Aber welche*

[38] Mit diesen Gedanken nähert sich Gogol' den zeitgleich wirkenden russischen Philosophen A. Ja. Čaadaev und A. I. Galič, den Architekturtheoretikern M. D. Bykovskij, N. V. Dmitriev, K. A. Thon, I. I. Svijazev und A. P. Brüllow (Kiričenko, E. I. *Arhitekturnye teorii XIX veka v Rossii (Die Architekturtheorien des 19. Jahrhunderts in Rußland).* Moskau, 1986).

[39] Eine derartige Thematisierung in der russischen Diskussion um die Entwicklung der romantischen Architektur steht dem zur selben Zeit in Deutschland geführeten Diskurs (Herrmann, Wolfgang [Hrsg.]. *In what Style should we build? The German Debate on Architectural Style.* Santa Monica, 1992) außerordentlich nahe.

Vielzahl von verstreuten Andeutungen dafür gibt es, die eine völlig ungewöhnliche, lebendige Idee im Kopfe eines Architekten entstehen lassen können, wenn nur dieser Architekt ein Schöpfer und Poet ist«[40].

Die formbildende Rolle von Metallkonstruktionen wurde in der Folgezeit Dreh- und Angelpunkt des bewußt antiromantischen Architekturkonzepts, das Mitte des 19. Jahrhunderts durch den Petersburger Zivilingenieur A. K. Krasovskij entwickelt wurde. Dieser erklärt, indem er die romantischen Gedanken Gogol's in die Sprache seines Metiers übersetzt, daß *»die Technik oder Konstruktion die wichtigste Quelle architektonischer Formen«* sei. Obwohl Krasovskij einen Einfluß des Eisens auf die Bildung eines neuen Architekturstils 1851 noch nicht verspüren will, verkündet er: *»... Dem Eisen wird es beschieden sein, einen Umschwung in den Architekturformen und neue originelle, moderne Formen herbeizuführen, die dann auch einen neuen Stil begründen dürften. Um die Herausbildung des neuen Stils zu fördern, ist es nicht nötig, sich von der Wahrheit zu entfernen noch für jenen eigenständige Formen zu verfälschen noch diese zu verzieren ohne sie zu maskieren«*[41].

Der kühne Traum Gogol's und das programmatische Manifest Krasovskijs gingen über ›theoretische‹ Begründungen des frühen Historismus hinaus und prophezeiten die Architektur der Zukunft. Im Hinblick auf die schöpferischen Innovationen Traitteurs, vor allem seine Hängebrücken und theoretischen Ausführungen, klingen zahlreiche Aussagen Krasovskijs wie die Feststellung eines *fait accompli.* Aus der Tatsache, daß die Baukunst Traitteurs der Zivilarchitektur seiner Zeit voraus war, leitet sich seine wichtigste und besondere Bedeutung als Protagonist für die russische ›Eisenarchitektur‹ ab. So kann der Petersburger spätklassizistische Brückenbau insgesamt als einzigartiges Experiment angesehen werden, in dem neue, meist aus den westeuopäischen Erfahrungen übernommene technische Konstruktionen in künstlerisch ausdrucksstarke, ›zeitlose‹ Architekturformen verwandelt wurden. Dies zeigt sich auch in dem erstaunlichen kulturgeschichtlichen Phänomen des weiteren Schicksals der Traitteurschen Brücken in der Petersburger Stadtgeschichte. Bereits nach der Demontage des klassizistischen Kanons wuchsen diese Ingenieurbauten so organisch mit dem architektonischen Kontext der Stadt zusammen, daß sie den Zeitgenossen als *»der allgemeinen Schönheit der Stadt entsprechend«* erschien, mit *»originellem und zugleich hervorragendem Stil«*[42]. Die ›Apotheose‹ dieser Bauwerke fand im ersten Jahrzehnt des 20. Jahrhunderts ihren Höhepunkt[43]. Dank der zu jener Zeit entstehenden Bewegung zur Erhaltung des alten St. Petersburg wandte sich die Aufmerksamkeit der breiten Öffentlichkeit wieder den gußeisernen Kettenbrücken der Stadt zu. Die Anhänger der Gesellschaft ›Mir iskusstva‹ (Welt der Kunst) und Architekten der neoklassizistischen Strömung griffen den traditionellen bildlich-literarischen Blick auf die eigene Stadt auf und verwandelten ihn mit den Mitteln ihrer Kunst zu einer ›Nostalgie des Entschwindens‹ – nämlich der durch Abbruch gefährdeten Bauwerke als letzter Zeugen für den unwiederbringlich versinkenden *genius loci* der Zeit Alexanders I.

Eben dies dürfte das wohl erstaunlichste Phänomen des Traitteurschen Architekturschaffens und eines der Prinzipien sein, die der Bebauung der russischen Hauptstadt insgesamt zugrundeliegen. Das im ersten Drittel des 19. Jahrhunderts unter einem weltoffenen Zarenregiment gewachsene Substrat der Petersburger Baukunst ermöglichte es so auch einem Ingenieur aus Baden, der erst gegen Ende seiner russischen Dienstzeit die russische Sprache zu sprechen begonnen hatte, wie vielen seiner Kollegen aus anderen Ländern, Bauwerke zu schaffen, die wenige Generationen später zu den hervorragendsten Zeugnissen ihrer Zeit und bis zum heutigen Tag zu den eigentümlichsten Bauten der Petersburger Architekturgeschichte gezählt werden.

[40] Gogol', N. V. *Ob arhitekture nynešnego vremeni (Über die Architektur der heutigen Zeit).* Werkausgabe. Band 6, Moskau, 1978, S. 86–87, 500–501. Dem 1835 veröffentlichen Artikel Gogol's wird folgende Bemerkung des Autors vorausgeschickt: »Dieser Artikel wurde vor langer Zeit geschrieben. In der letzten Zeit hat sich der Geschmack in Europa gebessert, insbesondere in unserem lieben Rußland. Viele Architekten machen ihm bereits Ehre; unter ihnen muß Brüllow erwähnt werden [der Autor bezieht sich auf das neue Gebäude der lutherischen St. Petri-Kirche auf dem Nevskij Prospekt, 1833–1838], dessen Gebäude von wahrem Geschmack und Originalität erfüllt sind.«

[41] Krasovskij, A. K. *Graždanskaja arhitektura (Zivilarchitektur).* St. Petersburg, 1851, S. 5, 18, 22–23.

[42] *Hudožestvennaja gazeta (Kunstzeitung),* 1840, 1. September.

[43] Vgl. oben S. 144–151.

Anhang

228 Wilhelm von Traitteur, Porträt von unbekannter Hand.
Öl auf Leinwand, H. 54,7 cm, B. 44 cm, vermutlich um 1814–1816 in St. Petersburg.
Privatsammlung Gerhard Knoor (Baden-Baden)

Wilhelm von Traitteur: Lebensdaten, Bauten und Projekte

1788	Geboren am 1. Februar in Mannheim als Sohn des kurpfälzischen Hofgerichtsrats und Hofbibliothekars Carl Theodor von Traitteur und Maria Magdalena geb. Edle von Rogister
1806	Bauaufnahme der Sternwarte Mannheim. Der Verfasser nennt sich, wie später in Rußland, Guillaume de Traitteur
1807–1810	Ingenieur-Praktika in Frankreich (u. a. Dept. Mont-Tonnerre/Pfalz) und in der Schweiz. 18monatiger Aufenthalt in Paris. Mitarbeit im ›Bureau des Ponts et Chaussées‹
1810–1811	Dezember bis Mai. Nicht bestandene Prüfungen für eine Ingenieurstelle in der badischen Bauverwaltung in Karlsruhe
1811	Lehrer für Mathematik am Großherzoglichen Gymnasium in Mannheim Publikation der Bauaufnahme der Sternwarte Mannheim
1813	Aufnahme eines topographischen Planes der Stadt Mannheim, Herstellung des Albums mit Zeichnungen Badischer Armeeuniformen Begegnung mit Zar Alexander I. (vermutlich am 13. November) während des Aufenthaltes der antinapoleonischer Truppen in Baden. Angebot, in russische Dienste zu treten
1814	Ankunft in St. Petersburg und Eintritt (19. Februar/1. März) in den russischen Dienst als Architekt der Gruppe des Generalleutnants Bétancourt Bauleiter auf der Steininsel in St. Petersburg Bau einer hölzernen Trocknerei für die Fabrik des Barons Rall in Katharinenhof bei St. Petersburg
1815–1818	Bau der Expedition zur Herstellung von Staatspapieren in St. Petersburg
1816	Eintritt in das Corps der Verkehrswegeingenieure im Rang eines Majors (4. Mai) und Ernennung zum Mitglied des Komitees für Bauwerke und Wasserbau der Stadt St. Petersburg November. Herausgabe des ersten Lithographie-Albums in Rußland: *Premier essai de la gravure sur pierre fait à St. Petersbourg …*
1816–1817	Mitarbeiter Bétancourts beim Entwurf für die Manege (Exerzierhalle) in Moskau
1817	Bau einer hölzernen Brücke in Peterhof Entwurf für die Münze zu Warschau
1818	Oberstleutnant (20. Februar) Viermonatiger Aufenthalt in Deutschland
1819	Ausführung des Kasernenkomplexes in Pella bei St. Petersburg
1819–1821	Ausführung der Isaaks-Brücke auf Pontons über die Neva in St. Petersburg und deren Granitwiderlager (nach einem Entwurf Bétancourts, 1816). Herausgabe eines lithographischen Albums zu den Projektvorschlägen (1821)
1820	Umbau der Gebäude der Militärbauschule des Amts für Verkehrswege in St. Petersburg Ausführung der Schiffslände an der Neva zur Lagerung der Säulen für die Isaaks-Kathedrale

1820–1822	Planung und Ausführung des ersten Teilabschnitts der Chaussée von St. Petersburg nach Moskau (Holz- und Steinbrücken, Straßen und Kanäle). Herausgabe eines Albums mit Lithographien zum gesamten Bauvorhaben, vor allem zu den Brücken (1823)
1820–1826	Planung und Ausführung des Gebäudekomplexes der Konduktеurschule des Amts für Verkehrswege in St. Petersburg
1821	Oberst (20. Juni)
1822	Planungen zum Hochwassserschutz der Festung Dünaburg
1823–1824	Entwurf und Ausführung der ersten Kettenbrücken in St. Petersburg, der Panteleimon-Brücke über die Fontanka beim Sommergarten und der Post-Brücke für Fußgänger über die Mojka. Zu den beiden Brücken erscheint ein Album mit Lithographien und einem eigenen Textband (1825) Entwurf für eine Kettenbrücke über den Neckar bei Mannheim
1825	Planungen zum Hochwasserschutz für St. Petersburg Entwurf eines neuen Gitters für den Sommergarten in St. Petersburg
1825–1826	Bau weiterer Kettenbrücken in St. Petersburg, der Ägyptischen Brücke über die Fontanka und zweier Fußgängerbrücken über den Katharinenkanal (Greifen- und Löwenbrücke) Projekt einer unterspannten Brücke über die Luga bei Jamburg
1826	November. Mitglied der Kommission für den Bau einer Schleuse in Schlüsselburg
1827	Projekt einer Maschine zur Luftreinigung in Schiffsräumen für die russische Marine Entwurf einer gußeisernen Brücke (Große Marstall-Brücke) über die Mojka in St. Petersburg
1827	12. September: Vermählung mit Pauline von Baranoff, Tochter des Oberstleutnants Joachim von Baranoff, in Wätz (Väätsa), Estland. Zwei Kinder: Theodor (Nikolaj Ioahim Fedor, *1829, Wätz) und Karoline Stephanie Alexandra (*1837, Mannheim)
1827–1828	Begutachtungen neuer Entwürfe und Bauten des Amtes für Verkehrswege in Arhangel'sk, Oloneck und Nikolaev
1828-1830	Bau der Kleinen Marstall-Brücke und der Theaterbrücke an der Mündung des Katharinenkanals in St. Petersburg (nach einer Planung von Adam, 1828)
1829	Generalmajor (14. April) Ernennung zum Mitglied des Wissenschaftlichen Komitees des Amtes für Verkehrswege
1830	Juni. Wahlvorschlag zur Ernennung zum auswärtigen Mitglied der Bayerischen Akademie der Wissenschaften Dezember: Bitte um Entlassung von seinem Posten ›aus familiären Gründen‹
1830–1831	Bau der Wasserleitung für die Waffenwerke in Sestroreck bei St. Petersburg
1831	21. Februar. Allerhöchste Genehmigung Nikolaus' I. zur Entlassung aus russischen Diensten April–September. Entwurf der Mojka-Ufer an der Kleinen Marstall-Brücke
1832	31. März. Entlassung aus russischen Diensten mit Titel ›Auslands-Korrespondent des Amts für Verkehrswege‹ Ende April. Abreise aus St. Petersburg nach Berlin, später nach München November. Ankunft und Niederlassung in Karlsruhe

1832–1835	Tätigkeit als ›Auslandskorrespondent des Amts für Verkehrswege‹ in Deutschen Ländern
1834	Oktober. Umzug von Karlsruhe nach Mannheim, von da an ständiger Wohnsitz
1836-1837	Teilnahme an den Projektvorhaben für den Freihafen bei Mannheim
1837	Erstellung eines Gutachtens über Anlage einer Lokomotiv-Eisenbahn zwischen Mannheim und Basel
1849	Aufzeichnungen über die Revolution in Baden
1858	Veröffentlichung des ersten Bandes eines geplanten umfänglicheren Werks über intensive Landwirtschaft. Weitere Bände sind nicht erschienen.
1859	Gestorben am 17. Juni in Mannheim. Beigesetzt im Familiengrab auf dem Hauptfriedhof, Grabstein nicht erhalten

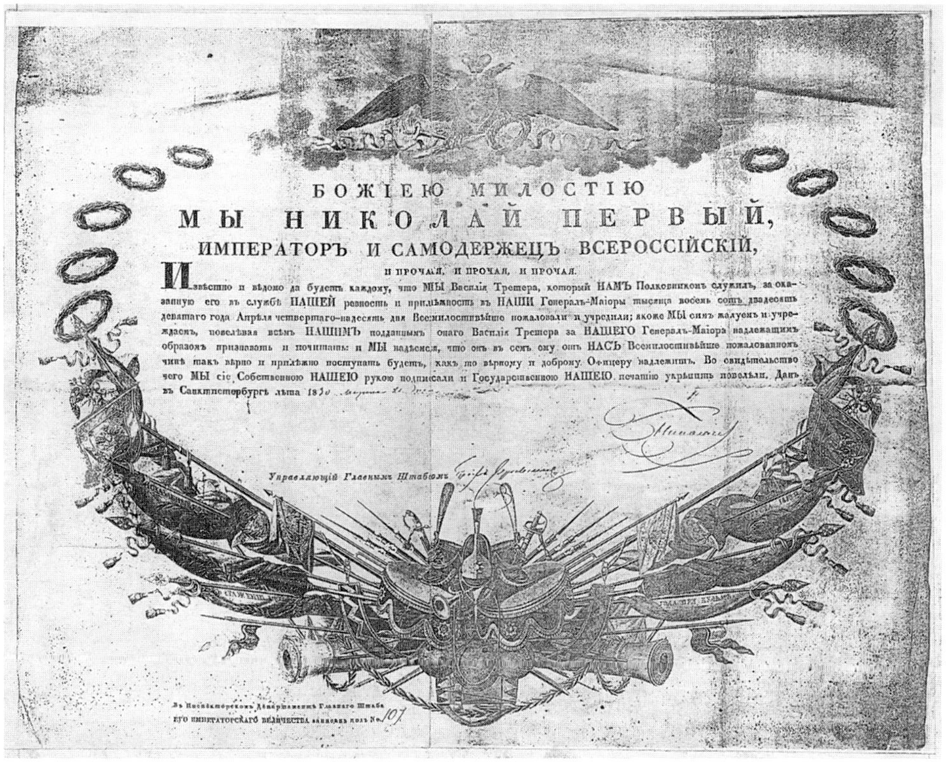

БОЖІЕЮ МИЛОСТІЮ
МЫ НИКОЛАЙ ПЕРВЫЙ,
ИМПЕРАТОРЪ И САМОДЕРЖЕЦЪ ВСЕРОССІЙСКІЙ,
и прочая, и прочая, и прочая.

Извѣстно и вѣдомо да будетъ каждому, что МЫ Василія Трешера, который НАМЪ Полковникомъ служилъ, за оказанную его въ службѣ НАШЕЙ ревность и прилѣжность въ НАШИ Генералъ-Маіоры тысяча восемь сотъ двадесять девятаго года Апрѣля четвертаго-надесять дня Всемилостивѣйше пожаловали и учредили; якоже МЫ симъ жалуемъ и учреждаемъ, повелѣвая всѣмъ НАШИМЪ подданнымъ онаго Василія Трешера за НАШЕГО Генералъ-Маіора надлежащимъ образомъ признавать и почитать; и МЫ надѣемся, что онъ въ семъ ему отъ НАСЪ Всемилостивѣйше пожалованномъ чинѣ такъ вѣрно и прилѣжно поступать будетъ, какъ то вѣрному и доброму Офицеру надлежитъ. Во свидѣтельство чего МЫ сіе Собственною НАШЕЮ рукою подписали и Государственною НАШЕЮ печатію укрѣпить повелѣли. Данъ въ Санктпетербургѣ лѣта 1830

Управляющій Главнымъ Штабомъ

Въ Инспекторскомъ Департаментѣ Главнаго Штаба ЕГО ИМПЕРАТОРСКАГО ВЕЛИЧЕСТВА записанъ подъ № 107

229 Urkunde zur Beförderung Traitteurs zum Generalmajor am 14. April 1829 (Eesti ajaloomuseum, Tallinn/Estland, Nr. 181-1 ›Papiers de Service du Général Traitteur 1816–1832‹, Bl. 26)

Auszeichnungen:

Zähringer Löwenorden (29. Dezember 1816),
St. Annen-Orden 2. Klasse (4. Dezember 1819), der gleiche in Brillanten (20. Juni 1821),
St. Vladimir-Orden 4. Klasse (20. Februar 1818),
Kommandeurkreuz des Zähringer Löwenordens (20. März 1824),
St. Vladimir-Orden 3. Klasse (5. Januar 1827),
Kommandeurkreuz 2. Klasse des hessischen goldenen Löwenordens (7. August 1827)

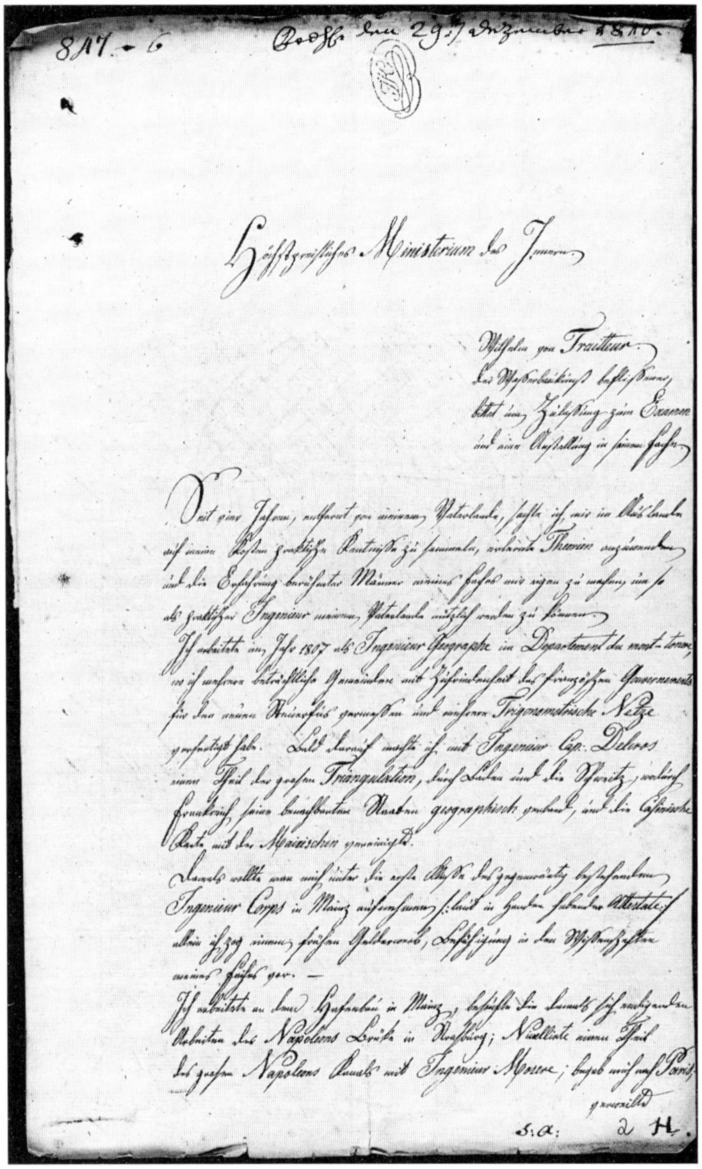

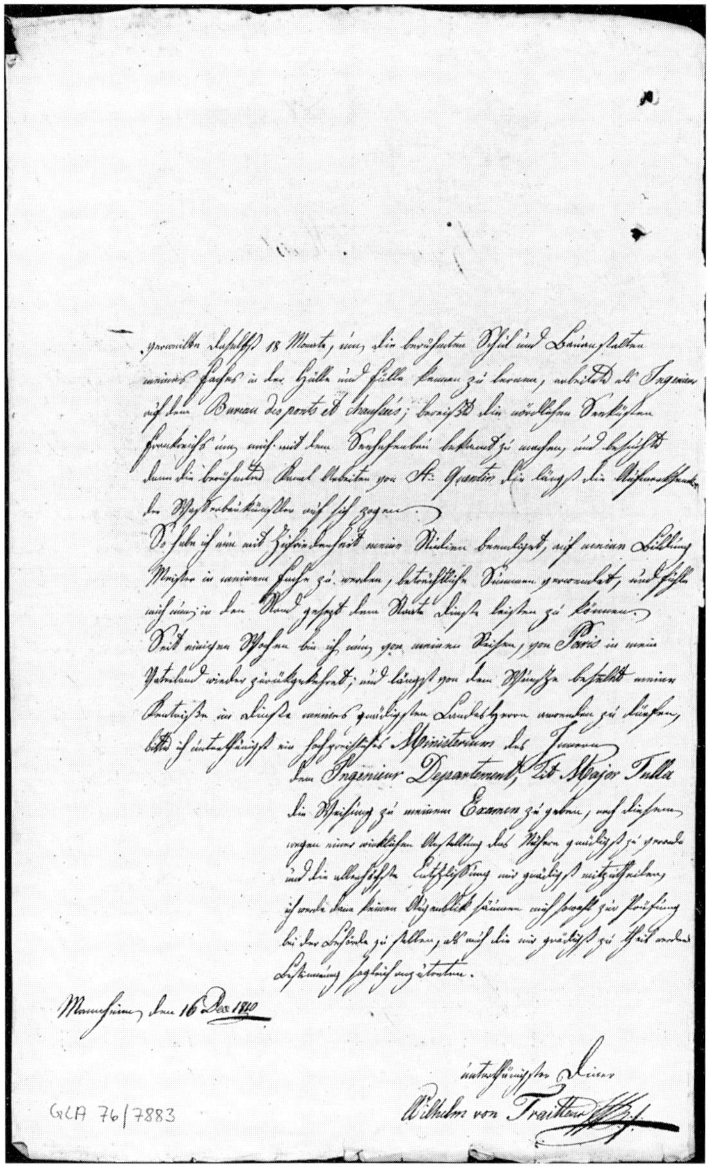

230 Bewerbungsschreiben Traitteurs an das Badische Ministerium des Innern auf Zulassung zum Ingenieurexamen vom 16. Dezember 1810 (GLA 76/7883, Bl. 1, 1v)

Bewerbungsschreiben Traitteurs an das Badische Ministerium des Innern vom 16. Dezember 1810

GLA Karlsruhe, 76/7883 ›Großherzogthum Baden. Ministerium des Innern. Dienste. Den Ingenieur Wilhelm von Traitteur von Mannheim betreffend. 1811/14‹

Höchstpreisliches Ministerium des Innern.

Wilhelm von Traitteur. der Wasserbaukunst beflissener, bittet um Zulassung zum Examen und eine Anstellung in seinem Fache.

Seit vier Jahren, entfernt von meinem Vaterlande, suchte ich mir im Auslande auf meine Kosten praktische Kentnisse zu sammeln, erlernte Theorien anzuwenden und die Erfahrung berühmter Männer meines Faches mir eigen zu machen, um so als praktischer Ingenieur meinem Vaterlande nützlich werden zu können.

Ich arbeitete im Jahr 1807 als Ingenieur Géographe im Departement du mont-tonere, wo ich mehrere beträchtliche Gemeinden mit Zufriedenheit des französchen Gouvernements für den neuen Steuerfus vermessen und mehrere Trigonometrische Netze verfertigt habe. Bald darauf machte ich mit Ingenieur Cap. Delcros einen Theil der grosen Triangulation, durch Baden und die Schweitz, wodurch Frankreich seine benachbarten Staaten geographisch verband, und die Casinische Karte mit der Mairischen vereinigte.

Damals wollte man mich unter die erste Klasse des gegenwärtig bestehenden Ingenieur Corps in Mainz aufnehmen /: laut in Handen habender Attestate :/ allein ich zog einem frühen Gelderwerb, Befähigung in den Wissenschaften meines Faches vor.

Ich arbeitete an dem Hafenbau in Mainz, besuchte die damals sich endigenden Arbeiten der Napoleons Brüke in Strasburg; Nivellirte einen Theil des grosen Napoleons Kanals mit Ingenieur Mosere; begab mich nach Paris; verweilte daselbst 18 Monate, um die berühmten Schul und Bauanstalten meines Faches in der Hülle und Fülle kennenzulernen, arbeitete als Ingenieur auf dem Bureau des ponts et chaussées; bereißte die nördlichen Seeküsten Frankreichs um mich mit dem Seehafenbau bekannt zu machen, und besuchte dann die berühmten Kanal Arbeiten von St. Quentin die längst die Aufmerksamkeit der Wasserbaukünstler auf sich zogen.

So habe ich nun mit Zufriedenheit meine Studien beendiget, auf meine Bildung Meister in meinem Fache zu werden, beträchtliche Summen verwendet, und fühle mich nun in den Stand gesezt dem Staate Dinste leisten zu können. Seit einigen Wochen bin ich nun von meinen Reisen, von Paris in mein Vaterland wieder zurükgekehret; und längst von dem Wunsche besēlet meine Kenntniße im Dinste meines gnädigsten Landesherrn anwenden zu dürfen, bitte ich unterthänigst ein hochpreisliches Ministerium des Innern dem Ingenieur Departement, Tit Major Tulla die Weisung zu meinem Examen zu geben, nach diesem wegen einer wirklichen Anstellung das Nähere gnädigst zu veranlassen und die allerhöchste Entschlißung mir gnädigst mitzutheilen, ich werde dann keinen Augenblik säumen mich sowohl zur Prüfung bei der Behörde zu stellen, als auch die mir gnädigst zu theil werdende Bestimmung sogleich anzutreten.

Mannheim, den 16 Dece[mber] 1810
unterthänigster Diner
Wilhelm von Traitteur

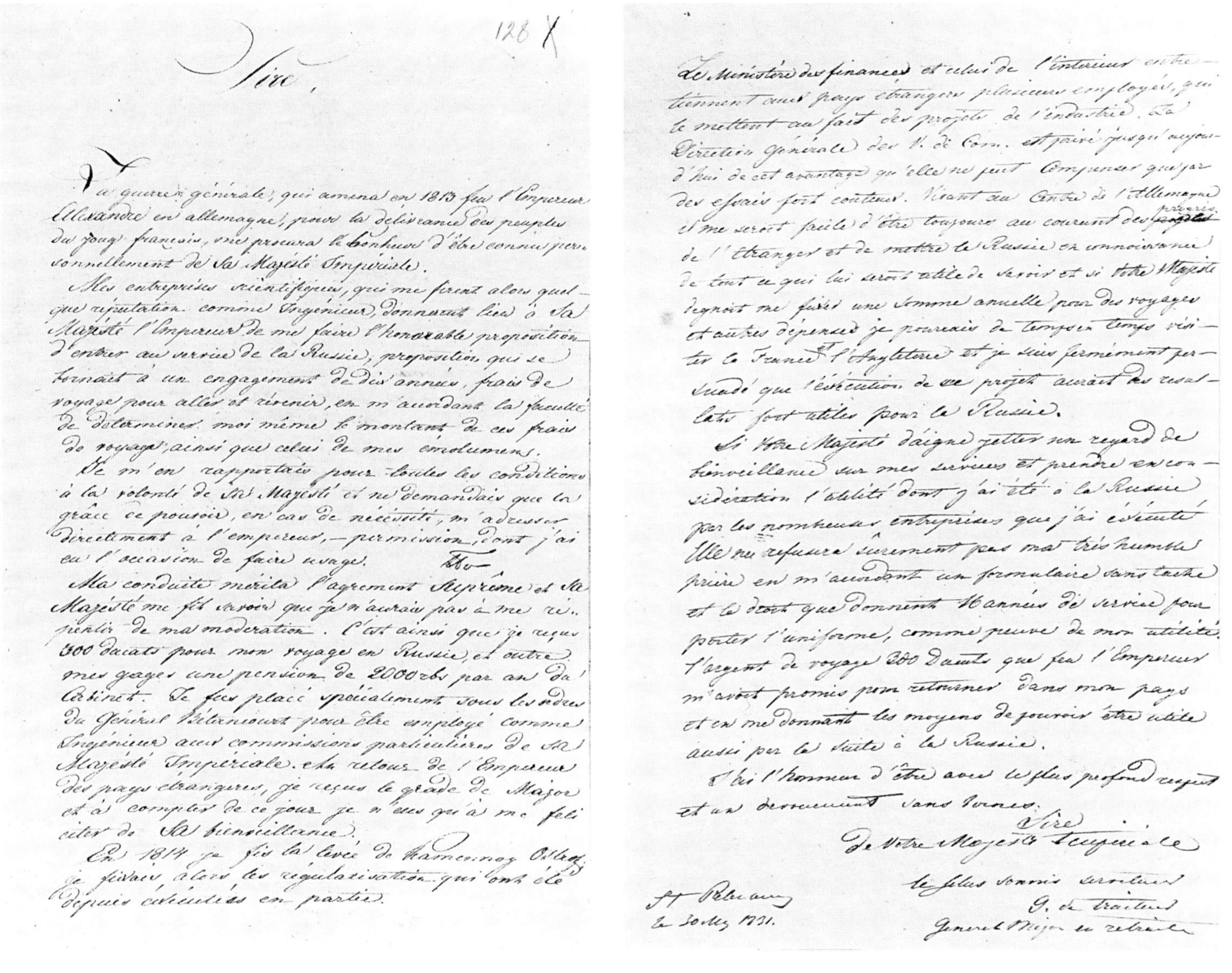

128

Sire,

La guerre générale, qui amena en 1813 feu l'Empereur Alexandre en Allemagne, pour la délivrance des peuples du joug français, me procura le bonheur d'être connu personnellement de Sa Majesté Impériale.

Mes entreprises scientifiques, qui me firent alors quelque réputation comme Ingénieur, donnèrent lieu à Sa Majesté l'Empereur de me faire l'honorable proposition d'entrer au service de la Russie, proposition qui se bornait à un engagement de dix années, frais de voyage pour aller et revenir, en m'accordant la faculté de déterminer moi même le montant de ces frais de voyage, ainsi que celui de mes émolumens.

Je m'en rapportais pour toutes les conditions à la volonté de Sa Majesté et ne demandais que la grâce de pouvoir, en cas de nécessité, m'adresser directement à l'Empereur, — permission dont j'ai eu l'occasion de faire usage.

Ma conduite mérita l'agrément Suprême et Sa Majesté me fit savoir que je n'aurais pas à me repentir de ma modération. C'est ainsi que je reçus 300 ducats pour mon voyage en Russie, et outre mes gages une pension de 2000 rbs par an du Cabinet. Je fus placé spécialement sous les ordres du Général Bétancourt pour être employé comme Ingénieur aux commissions particulières de Sa Majesté Impériale. Au retour de l'Empereur des pays étrangers, je reçus le grade de Major et à compter de ce jour je n'eus qu'à me féliciter de Sa bienveillance.

En 1814 je fis la levée de Kamennoy Ostrog, je fixais alors les régularisations qui ont été depuis exécutées en partie.

[…]

Le Ministère des finances et celui de l'intérieur entretiennent aux pays étrangers plusieurs employés, qui le mettent au fait des projets de l'industrie. La Direction Générale des V. de Com. est privé jusqu'aujourd'hui de cet avantage qu'elle ne peut compenser que par des efforts fort couteux. Vivant au Centre de l'Allemagne il me seroit facile d'être toujours au courant des ~~projets~~ progrès de l'étranger et de mettre la Russie en connoissance de tout ce qui lui seroit utile de savoir et si Votre Majesté daignoit me fixer une somme annuelle pour des voyages et autres dépenses je pourrais de temps en temps visiter la France et l'Angleterre et je suis fermément persuadé que l'exécution de ce projet auroit des resultats fort utiles pour la Russie.

Si Votre Majesté daigne jetter un regard de bienveillance sur mes services et prendre en considération l'utilité dont j'ai été à la Russie par les nombreuses entreprises que j'ai exécuté Elle ne refusera sûrement pas ma très humble prière en m'accordant un formulaire sans tache et le droit que donnent 11 années de service pour porter l'uniforme, comme preuve de mon utilité, l'argent de voyage 300 ducats que feu l'Empereur m'avoit promis pour retourner dans mon pays et en me donnant les moyens de pouvoir être utile aussi par la suite à la Russie.

J'ai l'honneur d'être avec le plus profond respect et un dévouement sans bornes.

Sire
De Votre Majesté Impériale
le plus soumis serviteur
G. de Traitteur
Général Major en retraite

St. Pétersbourg
le 30 Mars 1831.

231 Brief Traitteurs an Kaiser Nikolaus I. von Rußland vom 30. März 1831 (RGIA, 200-1-1780, Bl. 128–131v: erste und letzte Seite)

Brief Traitteurs an Kaiser Nikolaus I. von Rußland vom 30. März 1831 (Tätigkeitsbericht)[1]

RGIA St. Petersburg, 200-1-1780 ›Über die Entlassung von Generalmajor Traitteur aus dem Dienst im Corps der Verkehrswegeingenieure ... . Dezember 1830 – März 1832‹, Bl. 128–131v.

Sire,

La guerre générale, qui amena en 1813 feu l'Empereur Alexandre en Allemagne, pour la délivrance des peuples du joug français, me procura le bonheur d'être connu personnellement de Sa Majesté Impériale.

Mes entreprises scientifiques, qui me firent alors quelque réputation comme Ingénieur, donnèrent lieu à Sa Majesté l'Empereur de me faire l'honorable proposition d'entrer au service de la Russie, proposition, qui se bornait à un engagement de dix années, frais de voyage pour aller et revenir, en m'accordant la faculté de determiner moi même le montant de ces frais de voyage, ainsi que celui de mes émolumens.

Je m'en rapportais pour toutes les conditions à la volonté de Sa Majesté et ne demandais que la grâce de pouvoir, en cas de nécessité, m'adresser directement à l'empereur, – permission, dont j'ai eu l'occasion de faire usage.

Ma conduite mérita l'agrément Suprême et Sa Majesté me fit savoir que je n'aurais pas à me repentir de ma modération. C'est ainsi que je reçus 300 ducats pour mon voyage en Russie, et outre mes gages une pension de 2000 rbs par an du Cabinet. Je fus placé spécialement sous les ordres du Général Bétancourt pour être employé comme Ingénieur aux commissions particulières de Sa Majesté Impériale. Au retour de l'Empereur des pays étrangeres, je reçus le grade de Major et à compter de ce jour je n'eus qu'à me féliciter de Sa bienveillance.

En 1814 je fis la levée de Kamennoy Ostrof, je fixais alors les régularisation[s] qui ont été depuis éxécutées en partie.

En 1815 je fus chargé de la construction de la nouvelle fabrique pour les assignations d'après le projet que j'avais composé. Quoique cet établissement consistât en sept grands bâtiments en pierre, toutes les constructions furent achevées en 18 mois d'après la volonté et à la pleine satisfaction de sa Majesté Impériale.

En 1816 j'ai formé d'après les idées du Général Betancourt le projet de la grande Salle d'exercice à Moscou, édifice, qui n'a pas son pareil dans l'Europe.

En 1817 je projettais le nouvel établissement de la monnaie à Varsovie. Ce fut aussi alors que je donnais l'idée de quelle manière on pourrait retrouver après des siècles la mesure Polonaise par ses monnaies – monument historique. Dans la même année je projettais le pont de Petershoff, qui devait en même tems servir d'ornement au parc.

En 1818 je fus chargé par ord[r]e Suprême de construire le pont d'Isaacc avec ses culées en granit, entreprise fort difficile à cause de la grande profondeur de la Néwa.

Ce nouveau système, que la Russie seule possède jusqu'aujourd'hui, présente à la capitale des avantages dont elle était entièrement privée autrefois, et dont le principal consiste en ce que la communication avec Wasiliostroff n'est tout au plus inter[r]ompue que durant 2 ou 3 jours tandis qu'auparavant cette interruption durait même au delà de six semaines. C'est d'après ce même système, dont la perfection est généralement reconnue, qu'est maintenant construit un second pont à St. Peterbourg, celui de la place de Souvorof et un troisième à Nijnij-Nowgorod.

[1] Offensichtliche Schreibfehler sind verbessert, ebenso die im Original uneinheitlich gesetzten französischen Akzente.

En 1819 Sa Majesté Impériale me confia la construction des Casernes de l'artillerie, et j'eus à me réjouir d'une approbation générale. Un accident, arrivé à ces casernes quelques années plus tard, me donna l'occasion de m'adresser à Sa Majesté Impériale qui me fit savoir en réponse à ma lettre, que j'étais complètement | justifié à Ses yeux et qu'Elle me remerciait surtout de la manière, avec laquelle j'avais rédigé ma justification.

Ce fut pour moi une grande consolation, car elle venait de mon bienfaiteur, d'un Monarque magnanime, auquel j'étais entièrement dévoué.

En 1820 je fus chargé de la construction des ponts sur la chaussée de Moscou. Près de 30 ponts étaient sur le point d'écrouler lorsqu'ils me furent remis; le manque de matériaux, si grand, que mes prédécesseurs avaient proposé de faire venir ces matériaux de la Finlande et de St Peterbourg. Ces dépenses énormes auraient entièrement paralysé les progrès de cette route magnifique.

Des recherches scientifiques me prouvèrent que les lieux étaient bien plus riches que leurs aspect ne le promettait. En peu de mois les marais furent desséchés, on decouvrit le meilleur granit, des couches de cheaux et de plite, les rivières furent rendues propres au flottage du bois, nous devînmes riches en matériaux, et encore dans la même année 40 travaux techniques furent commencés. Quelles sommes énormes n'ont-elles pas été alors épargnées à la couronne.

Dans la même année je fus chargé de la commission honorable de faire des recherches sur les inondations à Dunabourg. Né et élevé dans un pays, où on doit être continuellement en garde contre les inondations et connoissant parfaitement les moyens propres à les arrêter, j'an[n]onçais alors à ce sujet mon opinion.

En 1821 j'étendis sur une distance plus considérable la construction des ponts sur la chaussée de Moscou. A la place des ponts pourris, on vit s'élever des constructions techniques qui sont maintenant l'ornement de cette route et qui dureront pendant des siècles[2].

En 1822 je fus chargé en outre de reconstruire la maison de l'école des constructeurs. Je construisis en même temps le pont qui est maintenant au déchargement des colonnes de l'Eglise d'Isaak.

En 1823 on me confia la construction de l'école des Conducteurs, consistant en trois grands bâtimens en pierre et une église. Dans la même année je projettais le sydéromètre pour mesurer la force des chaînes, la plus grande machine existante en Europe et qui a mérité l'approbation générale du monde savant.

En 1824 je construisis le premier pont en chaînes qui existât en Russie. Ce système qui présente des avantages incalculable[s] pour cet Empire, est redevable de son introduction à la sage sollicitude du digne chef du corps des Voies de Communication Son Altesse Royale le Duc de Wurtemberg.

Dans cette même année la capitale fut desolée par une innondation destructive. Je reçus l'honorable emploi de taxer la perte soufferte par les habitans, cette perte se montait jusqu'à 3 millions.

En 1825 Son Altesse Royale daigna me confier la construction de trois nouveaux ponts en chaînes, Sa Majesté l'Empereur s'étant assuré de leur utilité et ayant marqué le désir que leur nombre fut augmenté.

Ce fut dans cette année douloureuse que ce grand Souverain termina sa vie, j'eus à déplorer la perte non seulement de mon propre bienfaiteur, mais celle du bienfaiteur de ma patrie, le Grand Duchée de Bade, dont Il avait toujours été le plus puissant soutien.

L'héritier de ses hautes vertus monta sur le trône pour le bonheur de 30 millions de sujets. Je me suis empressé d'être un des premiers qui prêtèrent le serment de fidélité à Votre Majesté Impériale. Son Altesse Royale connait la part active que j'ai eu l'occasion de prendre aux événemens de cette journée.

[2] Die Worte »pendant des siècles« sind im Original von fremder Hand unterstrichen. Eine zugehörige Randnotiz vermerkt: Da, esli-by ne zemstva! (Ja, wenn nur nicht die Landstände!).

En 1826 j'achevais les trois ponts derniers en chaînes, qui sont maintenant l'ornement de St-Peterbourg. Ces constructions, outre leur grande utilité généralement reconnue, ont mérité en entier l'approbation du public.

En 1827 je reçus la commission honorable d'examiner les forêts de la Russie septentrionale pour aviser aux moyens de se procurer du bois pour la construction des navires. Avec une somme très peu considérable nous construisîmes sur le lac Onéga deux ports de sûreté et deux casernes et rendîmes des fleuves et rivières sur l'étendue de 200 Verstes propres au flottage. La découverte de cette nouvelle source assure à jamais sous une sage administration la fourniture du bois de construction nécessaire à la marine.

En 1828 je fus chargé de règler quelques différences techniques survenu[e]s à Archangelc et Nicolaief et je terminais cette commission à la satisfaction de toutes les autorités.

En 1829 on me confia la construction de pont en fer de fonte à St Petersbourg. Il s'agissait de renouveller la communication à travers deux canaux, au[x]quels brucs venaient aboutir. Un des plus beaux problèmes techniques fut résolu à la satisfaction générale, quoique nous ayons eu de grandes difficultés à vaincre. C'est tant à ce système nouvellement introduit, qui ne laisse rien à souhaiter pour la solidité et l'élégance, qu'aux dispositions faites pour la construction, qu'on doit attribuer une économie de 70.000 rbs sur la somme insignifiante de 220.000 rbs destinée au travail.

En 1830 je fus chargé de la surveillance principale des constructions hydrotechniques à Systerbek [Sestroreck], qui étaient évaluées à 600.000 rbs; j'en reduisis la dépense à 150.000 Rbs ce qui procura donc une économie considérable. Tandis que je m'occupais des projets pour cette entreprise importante, qui furent reçus avec grande approbation, arriva à la construction du pont en fonte, confiée à un des officiers qui se trouvaient sous mes ordres, pendant le transport du granit, l'accident connu de Votre Majesté Imperiale.

Pendant plusieurs années nous avons eu l'occasion de travailler sous les fenêtres et sous les yeux de feu l'Empereur, durant les Dimanches et les jours de fête, lors de la construction du pont d'Isaak et des boulevards de l'Amirauté. Une pareille mesure étant indispensable à des ouvrages de cette nature notre activité etait rega[r]dée d'un œil favorable et d'ailleurs | la dernière défense à ce sujet vient d'être levée par les travaux hydravliques.

Que des echaffaudages, qui avaient déjà supporté plus de 800 blocs de granit, sont tombés sous le poids d'une pierre de moindre dimension, ne peut-être attribué qu'à la négligence des ouvriers, qui jusqu'à présent n'a pu être toujours prévue dans aucun pays du monde, où on[t] eu lieu des constructions de conséquence au[x]quelles on n'aie pas eu à déplorer de pareils accidents? A combien de gens le Tunnel à Londres n'a-t-il pas couté la vie? L'année 1830 a offert plusieurs exemples d'accidens semblables. Les feuilles publique[s] nous ont communiqué ceux arrivés à Berlin, Vienne, Paris, Munich, Koethen &c &c pays qui possédent tous l'avantage, dont nous sommes privés en Russie, de ne travailler qu'avec les ouvriers appartenant à des corps de métier. C'est à cette circonstance et à celle qu'à nos constructions nous devons d'abord former non seulement les officiers mais aussi les ouvriers, qui presque chaque jour se changent, qu'on doit attribuer les accidens, qui en général sont plus communs en Russie qu'en d'autres pays. Mais même sans égard pour cette justification, l'accident susmentionné n'est il pas suffisament compensé par la circonstance, que pendant 16 ans aucun accident de cette sorte n'est arrivé aux nombreuses constructions qui m'étaient continuellement confiées.

Ce n'est pas par ces seules entreprises, Sire, que j'ai tâché de me rendre utile j'ai été en outre pendant 15 ans un membre actif du Comité chargé de l'embel[l]issement de St Petersbourg et combien de grandes choses n'ont-elles pas été éxécutées durant cet espace de tems.

J'ai aussi publié pour l'instruction de nos officiers et pour la connoissance du public quatre ouvrages, [à] savoir le premier sur le pont d'Isaac, le second sur la construction des ponts en chaines et enfin un annuaire du Corps des Voies de Communications I qui furent acueillis avec beaucoup d'approbation.

J'ai servi la Russie pendant 16 ans avec zèle et fidélité, je suis redevable aux sage[s] dispositions de notre Chef Monseigneur le Duc Alexandre de Wurtemberg d'avoir pu épargner à l'Empire des millions et si je repasse dans ma mémoire toutes les grandes et nombreuses entreprises que j'ai exécuté[es] durant ce court intervalle, que jettant un regard en arrière je compare ce que la Russie possède maintenant et ce qu'elle possédait il y a 16 ans dans la partie qui m'étoit confiée et que je prends en considération que la plupart de nos entreprises ont surpassé celles de l'étranger, je quitte la Russie avec la satisfaction de lui avoir été utile.

Après avoir rendu de tels services, je n'ai pas pu m'attendre à me trouver dans le cas de quitter sans récompense un pays auquel je suis attaché de toute mon âme. Congédié sans pension, sans l'argent qui m'avait été promis pour mon retour dans ma patrie même sans uniforme après 16 ans de service, quand il est d'usage de l'accorder pour dix ans, j'ai crû avoir tant envers moi-même, qu'envers ma famille l'obligation de présenter à votre Majesté un exposé de mes services pendant 16 ans, qui atteindra peut-être le but que je me suis proposé de ne pas être méconnu par Votre Majesté Impériale.

J'ai sacrifié volontiers au service de Votre Majesté non seulement ma santé entièrement délabrée dans les derniers tems, mais aussi mes petites épargnes que j'ai dépensé[es] à des voyage[s] coûteux pour le bien du service. Mon entretien et celui de ma famille me force déjà depuis plusieurs années de chercher à continuer mon existence dans un climat plus modéré, comme cela est connu à Son Altesse Royal, j'aurais désiré dans ce pays éloigné pouvoir être encore utile à Votre Majesté je connais en détail tout ce qui peut-être de quelque valeur pour la Russie dans la partie technique.

Le Ministère des finances et celui de l'intérieur entretiennent aux pays étrangers plusieurs employés, qui le mettent au fait des projets de l'industrie. La Direction Générale des V. de Com. est privé[e] jusqu'aujourd'hui de cet avantage qu'elle ne peut compenser que par des essais fort coûteux. Vivant au Centre de l'Allemagne il me seroit facile d'être toujours au courant des progrès de l'étranger et de mettre la Russie en connoissance de tout ce qui lui seroit utile de savoir et si Votre Majesté degnoit me fixer une somme an[n]uelle pour des voyages et autres dépenses je pourrais de temps en temps visiter la France et l'Angleterre et je suis fermément persuadé que l'exécution de ce projet aurait des résultats fort utiles pour la Russie.

Si Votre Majesté daigne jetter un regard de bienveillance sur mes services et prendre en considération l'utilité dont j'ai été à la Russie par les nombreuses entreprises que j'ai éxécuté[es] Elle ne refusera sûrement pas ma très humble prière en m'accordant un formulaire sans tache et le droit que donnent 16 années de service pour porter l'uniforme, comme p[r]euve de mon utilité l'argent de voyage 300 Ducats que feu l'Empereur m'avoit promis pour retourner dans mon pays et en me donnait les moyens de pouvoir être utile aussi par la suite à la Russie.

J'ai l'honneur d'être avec le plus profond respect et un dévouement sans bornes:

Sire

De Votre Majesté Impériale
le plus soumis serviteur
[gez.] G. de Traiteur
Général Major en retraite

St Peterbourg
le 30 Mrs 1831.

Schriften, Druckwerke und Zeichenmappen Traitteurs

Lithographische Alben und Zeichenmappen

Abbildung der Grossherzoglich Badischen Armee Uniformen / nach der Natur gezeichnet und Seiner Königlichen Hoheit dem Großherzog von Baden unterthänigst überreicht von Wilh. von Traitteur Ingenieur des Weg- und Brückenbaues 1813 (Wehrgeschichtliches Museum Rastatt, Inv. Nr. 014048. Das Album enthält 20 Zeichnungen)

[Hrsg. Traitteur?] *Gravures sur Pierre faites a St. Petersbourg 1816. Premier Essai de la gravure sur pierre faite à St Petersbourg au Mois de Novembre 1816* (Lenin-Bibliothek Moskau, Staatliche Eremitage St. Petersburg. Das vollständige Exemplar des Albums in Moskau enthält 23 Blätter)

Plans, profils, vues perspectives et détails du pont de bateaux de Saint-Isaac exécuté sur la grande Néva a Saint-Pétersbourg en 1820 / D'après les projets de Son Excellence Mr. le Lieutenant-Général Augustin de Bétancourt, Directeur-Général des Voies de Communications, publiés Par G. de Traitteur, Colonel du Corps des Ingénieurs des Voies de Communications, chevalier de plusieurs ordres. St. Pétersbourg, de l'Imprimerie d'Alexandre Pluchart, Grande Morskoy, Maison Kossikoffsky, No. 84. (1821. Das Album besteht aus acht Blättern. Ein Teil der Auflage enthält im Titel eine Widmung an Bétancourt: *Plans profils, vues perspectives et détails du pont de bateaux de Saint-Isaac executé sur la grande Néva a Saint-Pétersbourg en 1820 / Dédiés a son excellence Mr le Lieutenant-General Auguste de Bétancourt, Directeur-Général des Voies de Communications, et publiés Par G. de Traitteur, Colonel du Corps des Ingénieurs des Voies de Communications, chevalier de plusieurs ordres.* St. Pétersbourg, Imprimerie d'Alexandre Pluchart, Grande Morskoy, Maison Kossikoffsky, No. 84.)

Collection de plans et vues perspectives des nouveaux ponts projetés et construits sur la nouvelle chaussée de Moscou, pendant les années 1821 et 1822 / Par G. de Traitteur, Colonel du Corps des ingénieurs des Voies de Communications, chevalier de plusieurs ordres. St. Pétersbourg, de la typographie d'Alexandre Pluchart, imprimeur-libraire et lithographe, Grande Morskoi, Maison Kossikofsky, MDCCCXXIII (das Album besteht aus 12 Blättern. Ein Teil der Auflage mit aufgeleimtem Verlagszettel: Mannheim 1829, In Commission bei Schwan und Götz)

Plans, profils, vues perspectives et détails des ponts en chaines Exécutés à Saint-Pétersbourg, sous la direction de Son Altesse Royale le Duc Alexandre de Wurtemberg, en 1824, Par G. de Traitteur, Colonel du Corps des Ingénieurs des voies de Communications, chevalier de plusieurs ordres. St.-Pétersbourg, de l'Imprimerie des voies de communications. (1825, das Album besteht aus neun Blättern)

Monument militaire des faits d'armes de l'armée russe depuis Pierre Premier jusqu'à l'Empereur Aléxandre Premier / Projeté d'après les idées de Son Altesse Royale le Duc Aléxandre de Würtemberg, pour etre exécuté devant le Champ-de-Mars par G. de Traitteur, Colonel du Corps des Voies des Communications. 1825. (Forschungsmuseum der Akademie der Künste Rußlands, St. Petersburg, Inv. Nr. A-14692)

Monographien und Zeitschriftenartikel

Description des ponts en chaines exécutés à St. Pétersbourg, sous la direction de Son Altesse Royale le Duc Alexandre de Wurtemberg, en 1824; Par G. de Traitteur, Colonel du Corps des Ingénieurs des voies de Communication, Chevalier de plusieurs ordres. S. Pétersbourg, de l'Imprimerie des voies de communication. 1825 (74 S.)

[Hrsg.] *Annuaire du Corps des ingénieurs des voies de communication. Première année 1830.* A l'Imprimerie des voies de communication. (St. Petersburg. Weitere Jahrgänge nicht erschienen)
Darin als eigene Artikel:
Ponts en chaînes pour les piétons, exécutés à St.-Pétersbourg. Pont de la Poste (S. 151–155),
Pont de Pantéléimon, Éxécuté à St.-Pétersbourg (S. 156–159),
Ecole des conducteurs, établie à St. Pétersbourg dans le quartier de Narva (S. 164–170),
Ponts en chaînes pour les piétons, exécutés à St.-Pétersbourg. Pont aux quatre lions, construit à St.-Pétersbourg (S. 175–180),
Ponts en chaînes pour les piétons, exécutés à St.-Pétersbourg. Pont aux quatre griffons, construit à St.-Pétersbourg (S. 181–185),
Pont Egyptien établi sur la Fontanka, à St.-Pétersbourg (S. 186–196),
Pont en chaînes projeté sur la Louga à Jambourg (S. 209–214)

Aufsätze im *Žurnal Putej soobščenija (Journal für Verkehrswege)*, St. Petersburg (erschienen auch in der frz. Ausgabe *Journal des Voies de Communication*):
O delanii glinjanyh trub dlja podzemnogo provoda gaza i fontannoj vody, posredstvom gidravličeskogo pressa (Über die Anfertigung von tönernen Rohren für die unterirdische Leitung von Gas und Springbrunnenwasser mit Hilfe einer Hydraulikpresse). Bd. 27, 1833, S. 62–77, Taf. 7.
Opisanie cepnogo mosta, nazyvaemogo Ljudovikovym v Bamberge (Beschreibung der Ludwigs-Brücke genannten Kettenbrücke in Bamberg). Bd. 28, 1834, S. 51–59.
Ob upotreblenii gidravličeskoj izvesti vne vody (Über die Verwendung von hydraulischem Kalk außerhalb von Wasser). Bd. 30, 1834, S. 59–65.
O novom ustrojstve fonarej (Über die neue Anbringung von Laternen). Bd. 33, 1835, S. 94–97

Denkschrift über den Freihafen bei Mannheim / vom Ingenieur-General von Traitteur, Commandeur des St. Wladimir-, des St. Annen- in Brillanten, des Zähringer- und des Hessischen Löwen-Ordens. Mit einem Situations-Plane. Mannheim. Druck und Commission von Heinrich Hoff. 1836

Nachtrag zur Denkschrift über den Freihafen bei Mannheim / vom Ingenieur-General von Traitteur. Mannheim. Druck und Commission von Heinrich Hoff. 1837

Gutachten über die Anlage einer Locomotiv-Eisenbahn zwischen Mannheim (resp. Frankfurt), Straßburg und Basel. Vom Ingenieur-General von Traitteur, Commandeur des St. Wladimir-, des St. Annen- in Brillanten, des Zähringer- und des Hessischen Löwen-Ordens. Mannheim. Druck der Buchdruckerei von Hoff & Heuser. 1837

Die steigenden Ernten vermittelt durch die steigende Bevölkerung. Ein Handbuch für die intensive Landwirthschaft nach den neueren Erfahrungen und wissenschaftlichen Forschungen, von W. von Traitteur, Kaiserl. russischem Ingenieur-General a. D., des St. Wladimir, des St. Annen in Brillanten, des hessischen Löwen- und des badischen Zähringer Löwen-Orden Comtur. Erster Band. Die Brodproduktion. Mannheim. Im Verlag des Verfassers. 1858

Unveröffentlichte Manuskripte

Rapport en dirigent en chef des voies de communication contenant le résumé d'un projet pour garantir la ville de St. Pétersbourg des inondations. St. Petersbourg, Janvier 1825 (Wissenschaftlich-technische Bibliothek der Staatlichen Petersburger Universität für Verkehrswege: NTB PGUPS, Nr. 5311)

Aufzeichnungen des Generalmajors von Traitteur, die Revolution in Baden vom Mai 1849 betr. (Beilage zu einem Schreiben des Generalmajors von Traitteur an den Staatsminister von Klüber vom 5. August 1849). GLA Karlsruhe, 65/77 ›Abschrift aus dem Klüber'schen Nachlaß‹, S. 53–77

Zu den Korrespondentenberichten vgl. S. 98. ff., 268 ff.

Auswahlbibliographie

Baden und Württemberg im Zeitalter Napoleons. Band 2. Stuttgart, 1987

[Bazaine]. *Reč' proiznesennaja direktorom instituta putej soobščenija g. General-majorom Bazenom 2 maja sego 1829 goda ... (Die Rede des Direktors des Instituts für Verkehrswegeingenieure, gehalten am 2. Mai 1829 ...).* Žurnal putej soobščenija (Journal für Verkehrswege), Bd. 15, 1829, St. Petersburg, S. 1–16

[Bazaine]. *Zamečanija o nekotoryh mostah v Germanii i issledovanija iskusstvenno gnutogo dereva (Bemerkungen zu einigen Brückenarten in Deutschland und Erforschung künstlich gebogenes Holzes).* Žurnal putej soobščenija (Journal für Verkehrswege), Bd. 17, 1830, St. Petersburg, S. 21–32

Beleckaja, E. A.; Pokrovskaja, Z. K. *D. I. Žilardi (D. I. Gilardi).* Moskau, 1980

Benua (Benois), A. N. *Živopisnyj Peterburg (Malerisches Petersburg).* Mir iskusstva, Nr. 1, St. Petersburg, 1902, S. 1–5, 16

Bétancourt, Augustin de. *Description de la salle d'exercice de Moscou.* St. Petersburg. 1819

Betancourt. Los inicios de la ingenieria moderna en Europa. Ausstellungskatalog, Madrid, 1996

Bicentenary of Lithography / Dvě století litografie. Sborník Národního Technického Muzea, Bd. 30. Prag, 1997

Blackwell, William L. *The Beginning of Russian Industrialisation 1800–1860.* Princeton–New Jersey, 1968

Bogoljubov, A. N. *Avgustin Avgustinovič Betankur (Augustin de Bétancourt),* Moskau, 1969

Borisova, E. A. *Russkaja arhitekturnaja grafika XIX veka (Die russische Architekturgraphik des 19. Jahrhunderts).* Moskau, 1993

Božerjanov, I. N. *Velikaja knjaginja Ekaterina Pavlovna, čtvertaja doč' Imperatora Pavla I, gercoginja Ol'denburgskaja, koroleva Virtembergskaja. 1788–1818 (Die Großfürstin Ekaterina Pavlovna, vierte Tochter des Kaisers Paul I., Herzogin von Oldenburg, Königin von Württemberg. 1788–1818).* St. Petersburg, 1888

Budde, Kai. *Wirtschaft, Wissenschaft und Technik im Zeitalter der Aufklärung. Mannheim und die Kurpfalz unter Carl Theodor 1743–1799.* Ausstellungskatalog. Mannheim, 1993

Budylina, M. *Istorija postrojki Maneža v Moskve. (Geschichte des Baus der Manege in Moskau).* Im Sammelband: Architekturnoe nasledstvo (Architekturerbe), 1952, Ausg. 2, S. 236–249

Bunin, M. S. *Mosty Leningrada. Očerki istorii i arhitektury mostov Peterburga–Petrograda–Leningrada (Leningrader Brücken. Abriß der Geschichte und Architektur der Brücken St. Petersburgs/Petrograds/Leningrads).* Leningrad, 1986

Carrot, Richard G. *The Egyptian Revival. Its Sources, Monuments and Meaning. 1808–1858.* Berkeley–Los Angeles–London, 1978

Cassinone, Heinrich. *Die Geschichte und technische Entwicklung des Straßenwesens in Baden 1810–1920.* Karlsruhe, 1926

Cassinone, Heinrich; Spieß, Karl. *Johann Gottfried Tulla. Sein Leben und Wirken.* Karlsruhe, 1929

Čekanova, O. A.; Rotač, A. L. *Ogjust Monferran (Auguste Montferrand).* Leningrad, 1990

Clapeyron. *Izvestija o rabotah, sooružennyh v Ekateringofe (Mitteilungen über die in Katharinenhof unternommenen Arbeiten).* Žurnal Putej Soobščenija (Journal für Verkehrswege), Bd. 4, St. Petersburg, 1827, S. 59–65

[Commission des monuments d'Egypte, Hrsg.] *Description de l'Egypte, ou, Recueil des observations et de recherches qui ont été faites en Egypte pendant l'expédition de l'armée française, publié par les ordres de Sa Majesté l'Empereur Napoleon le Grand.* 20 Bde. Paris, 1809–1828 (Text 9 Bde., Tafeln 11 Bde.)

Del'vig, A. I. *Polveka russkoj žizni (Ein halbes Jahrhundert russisches Leben).* Bd. 1, Moskau–Leningrad, 1930

Description d'un pont suspendu de 1022 pieds d'ouverture, projeté par M. Bazaine, ingénieur au Corps royale des ponts et chaussées de France, général-major du génie au service de Russie, et par MM. Lamé et Clapeyron, ingénieurs au Corps royal des mines, majors du génie au service de Russie. Annales des Mines, Paris, 1825, S. 265–278

Dieterich, Susanne. *Württemberg und Rußland. Geschichte einer Beziehung.* Leinfelden-Echterdingen, 1994

Effern, Renate. *Der dreiköpfige Adler. Rußland zu Gast in Baden-Baden.* Baden-Baden, 1997

[Ekaterina Pavlovna] *Pis'ma Velikoj knjagini Ekateriny Pavlovny k inženeru-generalu F. P. Devolanu (Briefe der Großfürstin Ekaterina Pavlovna an Ingenieur-General F. P. de Vollant).* Russkij arhiv (Russisches Archiv), Jg. 8, Moskau, 1871, Sp. 1967–2014

Elton, Julia (Hrsg.) *Suspension Bridges, their history and development with some related works.* Catalogue Number 4. London, 1989

Fandrey, Carla; Merten, Klaus (Bearb.) *Rußland in Württemberg. Russisches Kirchengerät aus der Grabkapelle auf dem Rotenberg.* Stuttgart, 1991

Fedorov, Sergej G. *Der badische Ingenieur Wilhelm von Traitteur als Architekt russischer Eisenkonstruktionen. Eine Einführung in die Biographie.* Institut für Baugeschichte der Universität Karlsruhe. Materialien zu Bauforschung und Baugeschichte. Heft 4, 1992

Fedorov, Sergej G. *Sprengwerkdächer des Winterpalasts in St. Petersburg: 1838–1842 (Zugbeanspruchte Metalllkonstruktionen in der europäischen ingenieurtechnischen Praxis des 19. Jahrhunderts).* Vom Holz zum Eisen. Mitteilungen des SFB 230, Bd. 5. Stuttgart, 1991, S. 57–96

Fedorov, Sergej G. *Matthew Clark and the Origins of Russian Structural Engineerings 1810–40s: an introductory biography.* Construction History. Journal of the Construction History Society, Bd. 8, 1992, S. 69–88

Fedorov, Sergej G. *Early Iron Domed Roofs in Russian Church Architecture: 1800–1840.* Construction History. Journal of the Construction History Society, Bd. 12, 1996, S. 41–66

Fomin, Igor'. *Hronika. Ešče po povodu mostov (Chronik. Nochmals zu den Brücken).* Staryе gody, 1907, Nr. 7–9, Juli–September, S. 459

Förster, Wolfram. *Wirtschaft, Gesellschaft und Verkehr in Nordostbaden 1806–1914.* Mannheim, 1990

Frampton, Kenneth. *Grundlagen der Architektur. Studien zur Kultur des Tektonischen,* München–Stuttgart 1993 (engl.: *Studies in Tectonic Culture: The Poetics of Construction in Nineteenth and Twentieth Century Architecture.* Cambridge, Mass., 1995)

Gogol', N. V. *Ob arhitekture nynešnego vremeni (Über die Architektur der heutigen Zeit).* Werkausgabe. Bd. 6. Moskau, 1978

Gouzévitch, Irina; Gouzévitch, Dmitri. *Les contacts Franco-Russes dans le monde de l'enseignement supérieur technique et de l'art de l'ingénieur.* In: Cahiers du Monde russe et soviétique, 34, 1993, H. 3., S. 345–368

Guljanickij, N. F. (Hrsg.) *Peterburg i drugie novye goroda XVII-pervoj poloviny XIX veka (Petersburg und andere neue russische Städte vom 17. bis zur ersten Hälfte des 19. Jahrhunderts).* Moskau, 1995

Guzevič, D. Ju.; Guzevič, I. D. *Petr Petrovič Bazen 1786–1838 (Pierre-Dominique Bazaine 1786–1838)*. St. Petersburg, 1995

Haas, Rudolf; Münkel, Wolfgang. *Wegweiser zu den Grabstätten bekannter Mannheimer Persönlichkeiten*. Mannheim, 1981

Hammer-Schenk, Harold; Kokkelink, Günther (Hrsg.). *Laves und Hannover. Niedersächsische Architektur im neunzehnten Jahrhundert*. Hannover, 1988

[Henry, A. V.]. *Ob upotreblenii železa pri sooruženii visjačih mostov (Über die Verwendung von Eisen bei der Errichtung von Hängebrücken)*. Žurnal Putej Soobščenija (Journal für Verkehrswege), Bd. 5 (November 1826), St. Petersburg, 1827, S. 22–45

Henze, Eberhardt (Hrsg.). *Technik und Humanität. Johann Gottfried Tulla*. Mannheim, 1989

Herrmann, Wolfgang (Hrsg.) *In what Style should we build? The German Debate on Architectural Style*. Santa Monica, 1992

Hotz, Joachim. *Kleine Geschichte der Universität Fridericiana Karlsruhe (Technische Hochschule)*. Karlsruhe, 1975, S. 9–17

Hudožniki narodov SSSR. Bibliografičeskij slovar' v šesti tomah (Die Künstler der Völker der UdSSR. Bibliographisches Wörterbuch in sechs Bänden). Moskau, 1970ff.

Hübsch, Heinrich. *Entwurf zu einem Theater mit eiserner Dachrüstung*. Frankfurt am Main, 1825

Illjustrirovannyj katalog muzeja vedomstva putej soobščenija imeni Imperatora Nikolaja I. (Illustrierter Katalog des Kaiser-Nikolaus I.-Museums des Amts für Verkehrswege). St. Petersburg, 1902

James, John G. *The Evolution of Iron Bridge Trusses to 1850*. In: Transactions of the Newcomen Society, Bd. 52, London, 1980–1981, S. 67–101

James, John G. *Russian Iron Bridges to about 1850*. In: Transactions of the Newcomen Society, Bd. 54, London, 1982–1983 S. 79–104

Kiprijanov. *Kritičeskij obzor proektov dlja predohranenija St. Peterburga ot navodnenij (Kritische Rundschau der Entwürfe zum Hochwasserschutz St. Petersburgs)*. Žurnal Glavnogo upravlenija putej soobščenija i publičnyh zdanij (Journal der Generalverwaltung der Verkehrswege und öffentlichen Gebäude), Bd. 28, 1858. St. Petersburg 1859, S. 1–104

Kiričenko, E. I. *Arhitekturnye teorii XIX veka v Rossii (Die Architekturtheorien des 19. Jahrhunderts in Rußland)*. Moskau, 1986

Kistner, Adolf. *Die Pflege der Naturwissenschaft in Mannheim zur Zeit Carl Theodors*. Mannheim, 1930

Kluber [Johann Ludwig]. *Die Sternwarte zu Mannheim ... Mit einer Abbildung der Sternwarte in Steindruck*. Mannheim–Heidelberg, 1811

Kočedamov, V. I. *Proekty pervogo postojannogo mosta na Neve (Entwürfe zur ersten ortsfesten Brücke über die Neva)*. Arhitekturnoe nasledstvo (Architekturerbe), 1953, S. 194–195, 219

Kočedamov, V. I. *Cepnye mosty Peterburga pervoj četverti XIX veka (Die Petersburger Kettenbrücken im ersten Viertel des 19. Jahrhunderts)*. Arhitekturnoe nasledstvo (Architekturerbe). Bd. 9, Leningrad–Moskau, 1959, S. 209–220

Korostin, A. F. *Načalo litografii v Rossii 1816–1818. K 125-letiju russkoj litografii (Der Beginn der Lithographie in Rußland 1816–1818. 125 Jahre russische Lithographie)*. Moskau, 1943

Kratkij istoričeskij očerk razvitija i dejatel'nosti Vedomstva putej soobščenija za sto let ego suščestvovanija. 1798–1898 (Kurzer historischer Abriß der Entwicklung und Tätigkeit des Amts für Verkehrswege während seines hundertjährigen Bestehens. 1798–1898). St. Petersburg, 1898

Kratkij istoričeskij očerk učebnyh zavedenij Vedomstva putej soobščenija (Kurzer historischer Abriß der Lehreinrichtungen des Amts für Verkehrswege). St. Petersburg. 1900

Krivošein, G. *K obrušeniju E. M. (Zum Einsturz der Ägyptischen Brücke)*. Novoe Vremja, 24. Januar / 6. Februar 1905, Nr. 10376

Kurbatov, Vladimir. *O krasote peterburgskih mostov (Von der Schönheit der Petersburger Brücken)*. Zodčij, 1909, Nr. 35, S. 349–354

[Lamé, Gabriel]. *Sur les ponts de chaînes (de Russie) et sur les résistances des fers employés dans leur contruction*. Annales des mines, Bd. 10, Paris, 1825, S. 311-330

[Lamé, Gabriel; Clapeyron, Benoît-Paul-Emile]. *O visjačih mostah (Über die Hängebrükken)*. Žurnal Putej Soobščenija (Journal für Verkehrswege). Bd. 3, September. St. Petersburg, 1826, S. 55-81

Leiber, Gottfried. *Friedrich Weinbrenners städtebauliches Schaffen für Karlsruhe. Teil 1. Die barocke Stadtplanung und die ersten klassizistischen Entwürfe Weinbrenners*. Karlsruhe, 1996

Lorenz, Werner. *Konstruktion als Kunstwerk. Bauen mit Eisen in Berlin und Potsdam 1797–1850*. Berlin, 1995

Maaz, Bernhard. *Tiergarten. Die Löwenbrücke*. In: Museums-Journal, Berlin, Nr. 6, Oktober 1992, S. 40–41

Maurer, Hans-Martin. *Das Haus Württemberg und Rußland*. In: Zeitschrift für Württembergische Landesgeschichte. 48. Jg., Stuttgart, 1989, S. 201–221

[Müller, Max]. *Geschichte der Chr. Fr. Müller'schen Hofbuchhandlung in Karlsruhe. 1797–1897* [Karlsruhe, 1897]

Navier, Claude-Louis-Marie-Henri. *Rapport à Monsieur Becquey, Conseiller d'Etat, Directeur Général des Ponts et Chaussées et des Mines; et mémoire sur les ponts suspendus*. Paris, 1823

Neljubov, N. S. *Obzor stroitel'noj dejatel'nosti S. Peterburgskogo obščestvennogo upravlenija za 1905 i 1906 gg. (Überblick über die Bautätigkeit der St. Petersburger öffentlichen Verwaltung in den Jahren 1905 und 1906)*. St. Petersburg, 1908

Nerdinger, Winfried (Hrsg). *Romantik und Restauration. Architektur in Bayern zur Zeit Ludwigs I. 1825–1848*. Ausstellungskatalog. München, 1987

Nerdinger, Winfried; Philipp, Klaus Jan; Schwarz, Hans-Peter. *Revolutionsarchitektur: ein Aspekt der europäischen Architektur um 1800*. Ausstellungskatalog. München, 1990

Nikolai, L. F. *Kratkie istoričeskie dannye o razvitii mostovogo dela v Rossii (Kurze historische Angaben zur Entwicklung des Brückenbauwesens in Rußland)*. St. Petersburg, 1898

Großfürst Nikolaj Mihajlovič. *Imperatrica Elizaveta Alekseevna, supruga Imperatora Aleksandra I (Kaiserin Elizaveta Alekseevna, Gattin des Kaisers Alexander I.)*. Bd. 1, 2. St. Petersburg, 1908 (frz.: Grand-Duc Nicolas Mikhailowitch. *L'Impératrice Élisabeth, épouse d'Alexandre I er*. St. Petersburg, 1909)

Obrazcovye čerteži derevjannym mostam dlja bol'šíh dorog Rossii (Musterzeichnungen zu Holzbrücken für die großen Straßen Rußlands). [St. Petersburg], 1816

Očerki istorii stroitel'noj tehniki Rossii XIX – načala XX vekov. (Abriß der Geschichte der Bautechnik Rußlands vom 19. bis zu Beginn des 20. Jahrhunderts). Moskau, 1964

O pričinah obrušenija Egipetskogo mosta (Über die Gründe des Einsturzes des Ägyptischen Brücke). Izvestija St. Pb. gorodskoj dumy (Mitteilung der St. Petersburger Stadtduma). 1906, Nr. 3, Februar, S. 451–481

Ostroumova-Lebedeva, A. P. *Avtobiografičeskie zapiski (Autobiographische Aufzeichnungen)* Moskau, 1974, Bd. 1

Paxton, R. A., Mun. M. I. *Menai Bridge (1818–1826) and its influence on Suspension Bridge Development*. Transactions of the Newcomen Society, London, Bd. 49 (1977–1978), S. 87–110

Peters, Tom F. *Transition in Engineering. Guillaume Henri Dufour and the Early 19th Century Cable Suspension Bridges*. Basel–Boston, 1987

Petrov, A. N. u. a. *Pamjatniki arhitektury Leningrada (Leningrader Architekturdenkmäler)*. Leningrad, 1976

Petrov, A. N. u. a. *Pamjatniki arhitektury prigorodov Leningrada (Architekturdenkmäler der Vororte Leningrads)*. Leningrad, 1983

Picon, Antoine. *French Architects und Engineers in the Age of Enlightenment*. Cambridge, USA, 1992

Picon, Antoine. *L'invention de l'ingénieur moderne. L'Ecole des Ponts et Chaussées 1747–1851*. Paris, 1992

Picon, Antoine. *Navier and the Introduction of Suspension Bridges in France*. Construction History, Bd. 4, 1988, S. 21–34

Picon, Antoine; Yvon, Michel. *L'ingénieur artiste. Dessins anciens de l'Ecole des Ponts et des Chaussées*. Paris, 1989

Pipunyrov, V. N.; Raskin, N. M. *Ivan Petrovič Kulibin 1735–1818*. Leningrad, 1986

Planstädte der Neuzeit vom 16. bis zum 18. Jahrhundert. Ausstellungskatalog. Karlsruhe, 1990

Pohod Avgustejšego Imperatora Aleksandra I v Germaniju i Franciju i podvigi znamenityh sojuznikov ego, s opisaniem vceh važnejših proissěstvij i dostopamjatnejših peremen (Der Feldzug des Erhabensten Kaisers Alexander I. nach Deutschland und Frankreich und die Ruhmestaten seiner berühmten Verbündeten, mit Beschreibung aller wichtigsten Vorkommnisse und denkwürdigsten Veränderungen). Teil 3. Moskau, 1814

Prikazy, otdannye po KIPS v 1810–1823 gg. (An das Corps der Verkehrswegeingenieure 1810–1823 ergangene Befehle). St. Petersburg, 1825

Prikazy, otdannye po KIPS v 1824–1827 gg. (An das Corps der Verkehrswegeingenieure 1824–1827 ergangene Befehle). St. Petersburg, 1828

Punin, A. L. *Arhitektura otečestvennyh mostov (Heimische Brückenarchitektur)*. Leningrad, 1982

Punin, A. L. *Arhitektura mostov. Evolucija stilističeskih osobennostej ot antičnoj epohi do načala XX veka i arhitekturno-hudožestvennye problemy sovremennogo zarubeznogo mostostroenija (Brückenarchitektur. Entwicklung stilistischer Besonderheiten von der Antike bis Anfang des 20. Jahrhunderts und architektonisch-künstlerische Probleme des zeitgenössischen ausländischen Brückenbaus)*. Leningrad, 1984. Kunsthistorische Habilitationsschrift

Škljar, I. V. *Rukopisnyj fond biblioteki LIIŽT'a. Katalog (Der Handschriftenbestand der Bibliothek des LIIŽT. Katalog)*. Leningrad, 1969

Škott. *Istoričeskij očerk Nikolaevskogo kavalerijskogo učilišča, byvšej školy gvardejskih praporščikov i kavalerijskih junkerov*. 1823–1898 *(Historischer Abriß der Nikolaevskoe-Kavallerieschule, der ehemaligen Schule der Gardefähnriche und Kavalleriejunker 1823–1898)*. St. Petersburg, 1898

Sokolov, N. *Opisanie modelej muzeuma instituta Korpusa inženerov Putej soobščenija. (Beschreibung der Modelle des Museums des Instituts des Corps der Verkehrswegeingenieure)*. St. Petersburg, 1862

Sokolovskij, E. *Pjatidesjatiletie instituta i Korpusa inženerov putej soobščenij. Istoričeskij očerk. (Fünfzig Jahre Institut und Corps der Verkehrswegeingenieure. Historischer Abriß)*. St. Petersburg, 1859

Stepnov, P. I. (Hrsg.), Novikov, Ju. V. *Mosty i naberežnye Leningrada. (Leningrads Brükken und Kais)* Leningrad, 1991

St. Petersburg um 1800. Ein goldenes Zeitalter des russischen Zarenreiches. Ausstellungskatalog Essen. Recklinghausen, 1990

Straub, Hans. *Die Geschichte der Bauingenieurkunst*. Basel und Stuttgart, 1992[4]

Sutherland, R. J. M. (Hrsg.) *Studies in the History of Civil Engineering. Bd. 9. Structural Iron, 1750–1850*, Aldershot (U. K.) u. a., 1997

Taranovskaja, M. Z. *Karl Rossi. Arhitektor. Gradostroitel'. Hudožnik (Carlo Rossi. Architekt. Städtebauer. Künstler)*. Leningrad, 1980

Tevjašov, E. N. *Materialy dlja bibliografii russkih illjustrirovannyh izdanij (Materialien für eine Bibliographie russischer illustrierter Veröffentlichungen).* Ausg. 3, St. Petersburg, 1910

Timoshenko, Stephen P. *History of Strength of Materials.* New York–Toronto–London, 1953

[Tower, T.] *Memoir of the late Charles Baird, Esq., of St. Petersburg and his Son, the late Francis Baird ... .* London, 1867

Trepetina, N. *The Archives of St. Petersburg Institute of the Corps of Communications Engineers.* Construction History. Journal of the Construction History Society, Bd. 11, 1996, S. 73–80

Trojnickij, S. *O cepnyh mostah Peterburga (Über die Petersburger Kettenbrücken).* Starye gody, 1907, März, S. 96–99

[Vigel', F. F]. *Zapiski F. F. Vigel' (Aufzeichnungen F. F. Wiegels).* Russkij arhiv (Russisches Archiv), Moskau, 1892, Teil 5, Nr. 8–9

Vitberg, A. L. *O cepnyh mostah (Über die Kettenbrücken).* Russkaja starina (Russisches Altertum), 1872, Bd. 5, S. 573–576

Vogel, Hans. *Ägyptisierende Baukunst des Klassizismus.* Zeitschrift für Bildende Kunst, 62 (1928/1929), S. 160-165

[Volkov, M.]. *Zapiska o rabotah, proisvedennyh francuzskim pravitel'stvom dlja ulučšenija reki Rejna (Notiz über die von der französischen Regierung geleisteten Arbeiten für die Verbesserung des Rheinflusses).* St. Petersburg, 1835

Voronin, M. I., Voronina, M. M. *Stanislav Valerianovič Kerbedz 1810–1899.* Leningrad, 1982

Voznesenskij, S. V. *Tehnika bumagodelatel'nogo i tipografskogo proizvodstv v Ekspedicii zagotovlenija gosudarstvennyh bumag v pervoj polovine 19 veka. (Technik der Papier- und Druckereiproduktion in der Expedition zur Herstellung von Staatspapieren in der ersten Hälfte des 19. Jahrhunderts).* Im Sammelband: Trudy instituta istorii nauki i tehniki Akademii Nauk SSSR. (Arbeiten des Instituts für Wissenschafts- und Technikgeschichte der Akademie der Wissenschaften der UdSSR), Moskau–Leningrad, 1934, Serie 1. Ausg. 4, S. 237–268

Voznesenskij, S. V. *Sto let Ekspedicii zagotovlenija gosudarstvennych bumag 1818–1918. (Hundert Jahre Expedition zur Herstellung von Staatspapieren 1818–1918).* Petrograd, 1918

Wagner, Rosemarie; Egermann, Ralph. *Die ersten Drahtkabelbrücken.* Mitteilungen des SFB 64, Universität Stuttgart, Bd. 87 (1985)

Waldeck, Florian. *Alte Mannheimer Familien. III. von Traitteur.* Mannheimer Geschichtsblätter, 22. Jg., 1921, Sp. 109–114, 129–136

Waldeck, Florian. *von Traitteur.* In: (Florian Waldeck, Hrsg.) Alte Mannheimer Familien. Teil 2. Mannheim, 1922, S. 48–64 (Nachdruck Mannheim 1987)

Walter, Friedrich. *Geschichte Mannheims vom Übergang an Baden (1802) bis zur Gründung des Reiches.* Mannheim, 1907

Walter, Friedrich. *Brückenbau in zwei Jahrhunderten.* In: Städtisches Tiefbauamt Mannheim (Hrsg.). Kurpfalzbrücke Mannheim 1948–1950. Mannheim, 1950, S. 13–38

Watson, G. *The Civils. The Story of the Institution of Civil Engineers.* London, 1988, S. 133–135

Weber, Wilhelm. *Saxa loquuntur. Steine reden. Geschichte der Lithographie.* Bd. 1, Heidelberg–Berlin, 1961

Wiebeking, Carl Friedrich von. *Architecture civile accompagnée de l'histoire descriptive et analytique des édifices anciens et moderns les plus remarquables.* Bd. 7 (De la science de construire des ponts). München, 1831 (Tafelband Planches appartenant à L'Architecture ... im selben Jahr ebd. erschienen)

Wiebeking, Carl Friedrich von. *Mémoire sur des ponts suspendus en chaînes de fer, relatif aux ponts construits dans le dernier temps en Angleterre et en Russie ...* . München, 1832 (ital.: *Memoria sui Ponti sospesi a catene di ferro construtti in questi ultimi tempi nell'Inghilterra e nella Russia ...* Trans. Basilio Soresina. Mantua, 1834)

Wiebeking, Carl Friedrich von. *Mémoire sur les moyens de mettre St. Pétersbourg à l'abri des inondations, et sur l'établissement de deux ports sûrs et commodes devant cette capital le l'empire de Russie; accompagné d'un plan exact de cette cité et de ses environs.* München 1833

Wiebeking, Carl Friedrich von. *Biographie des Herzogs Alexander zu Würtemberg, Chef und Generaldirector der öffentlichen Bauwerke des Russischen Reiches und der innern Communicationen ...* , München, 1835

Žitkov, S. M. *Institut inženerov putej soobščenija Imperatora Aleksandra I. Istoričeskij očerk (Das Institut der Verkehrswegeingenieure des Kaisers Alexander I. Historischer Abriß).* St. Petersburg, 1899

Zollner, Hans Leopold. *Greif & Zarenadler. Aus zwei Jahrhunderten badisch-russischer Beziehungen.* Karlsruhe, 1981

Žurnal putej soobščenija (Journal für Verkehrswege), St. Petersburg, 1826 ff.

Maße und Gewichte

Zu Beginn des 19. Jahrhunderts waren in Rußland folgende Längen- und Gewichtseinheiten in Gebrauch: 1 Veršok = 4,45 cm, 16 Veršok = 1 Aršin = 71,12 cm, 3 Aršin = 1 Sažen' (frz. Sagène, dt. Sasche) = 2,13 m, 500 Sažen' = 1 Verst = 1066 m.
1 Pfund = 409,51 g, 40 Pfund = 1 Pud = 16,38 kg, ferner die metrischen Einheiten Kilogramm und Tonne.

In den wissenschaftlichen Schriften des Petersburger Corps der Verkehrswegeingenieure wurden bevorzugt die englischen Längenmaße verwendet: 1 Zoll = 2,54 cm, 12 Zoll = 1 Fuß = 30,48 cm (7 Fuß = 1 Sažen'). Eisenquerschnitte sind dementsprechend in Quadratzoll (6,45 cm^2) angegeben, Lichtraumprofile von Brücken in Quadratfuß (0,0929 m^2), Nutzflächen in Quadratsažen' (4,54 m^2).

Bei den abgeleiteten Größen gibt es Kombinationen französischer (metrischer), englischer und russischer Grundeinheiten: 1 Pud/Quadratzoll = 2,539 kg/cm^2 bzw. 1 Tonne/Quadratzoll = 155 kg/cm^2 bei Festigkeiten und Spannungen, 1 Pud/Quadratsažen' = 3,608 kg/m^2 bzw. 1 Pud/Quadratfuß = 176,3 kg/m^2 bei Verkehrslasten.

Regionale und örtliche Fußmaße sind nach der einschlägigen Literatur umgerechnet.

Technische Daten der Kettenbrücken Traitteurs in St. Petersburg

	Straßenbrücken		Fußgängerbrücken		
	Panteleimon-Brücke 1823/24	Ägyptische Brücke 1825/26	Post-Brücke 1823/24	Greifen-Brücke 1825/26	Löwen-Brücke 1825/26
Spannweite zwischen den Stützen	40,53	54,86	35,05	21,49	23,47 m
Spannweite zwischen den Widerlagern	36,30	51,85	34,16	19,22	21,35 m
Höhe des Durchhangs	4,26	5,49	2,01	2,01	1,52
Durchhang : Spannweite	1 : 9,5	1 : 10	1 : 17,5	1 : 10,7	1 : 15,4
Anzahl der Tragketten	10	6	4	2	2
Verdoppelung der Tragketten	+	+	+	–	–
Anzahl der Kettenelemente	28	28	19	14	14
Gesamtzahl der Hänger	135	84	36	26	26
Breite der Fahrbahn	12,81	10,68	3,5	2,14	2,14 m
Gesamtfläche der abgehängten Fahrbahn	429	566	111,3	39	43 m^2
Flächenanteil pro Hänger	3,17	6,74	3,09	1,50	1,65 m^2
Länge der Kettenelemente	1,40	1,83	1,75	1,83	1,83 m
Länge der Verbindungselemente	0,61	–	0,92	1,83	1,83 m
Quadratprofilstärke bzw. Querschnitt der Tragketten	4,76 cm	25,8 cm^2	3,49	3,96	4,82 cm
Quadratprofilstärke bzw. Querschnitt der Abspannketten	5,1 cm	45,2 cm^2	3,49	4,52	5,66 cm
Quadratprofilstärke der Hänger	2,54	2,54	1,59	1,59	1,59 cm
Eigengewicht	81398	105690	8780	8488	9496 kg
Verkehrslasten	93983	117072	18146	11242	12183 kg
Gesamtlast	175380	222762	26926	19730	21679 kg
Vertikallast auf das Portal	299982	–	–	38572	60416 kg
Gegengewicht für die Abspannketten	235817	–	86422	40490	66658 kg

Diese Tabelle folgt den von Traitteur zur Verfügung gestellten Angaben für die Publikation von C. F. v. Wiebeking, *Mémoire sur des ponts suspendus en chaînes de fer ...*, München 1832, S. 34, 37. Die hier aufgeführten Tabellenwerte sind metrische Wiedergaben der meist gerundeten englischen Fuß-, Zoll- bzw. Pfundmaße der Vorlage.

Abkürzungen

CGA KFFD	Zentrales Staatliches Archiv für Film-, Photo- und Audiodokumente, St. Petersburg (Central'nyj gosudarstvennyj arhiv kinofotofonodokumentov)
CGIA SPb	Zentrales staatliches historisches Archiv St. Petersburgs (Central'nyj gosudarstvennyj istoričeskij arhiv St. Peterburga, ehem. Leningradskij gosudarstvennyj istoričeskij arhiv, LGIA)
CMŽT	Zentrales Museum für Eisenbahnverkehr Rußlands, St. Petersburg (Central'nyj muzej železnodorožnogo transporta Rossii)
GLA	Generallandesarchiv, Karlsruhe
GMIL	Staatliches Museum der Geschichte St. Petersburgs/Leningrads (Gosudarstvennyj muzej istorii Peterburga–Leningrada)
IIMK RAN	Photoarchiv des Institutes für Geschichte der materiellen Kultur der Russischen Akademie der Wissenschaften (Institut istorii material'noj kultury, ehem. Arheologičeskij institut akademii nauk SSSR, Leningradskoje otdelenie)
NIMAH	Wissenschaftliches Forschungsmuseum der Akademie der Künste Rußlands, St. Petersburg (Naučno-issledovatel'skij muzej Akademii hudožestv Rossii)
NTB PGUPS	Wissenschaftlich-technische Bibliothek der Petersburger Universität für Verkehrswege (Naučno-tehničeskaja biblioteka peterburgskogo universiteta putej soobščenija, ehem. Leningradskij institut inženerov železnodorožnogo transporta, NTB LIIŽT)
RGA VMF	Russisches Staatliches Marinearchiv, St. Petersburg (Rossijskij gosudarstvennyj arhiv voenno-morskogo flota, ehem. Central'nyj gosudarstvennyj arhiv voenno-morskogo flota, CGA VMF)
RGIA	Russisches Staatliches Historisches Archiv, St. Petersburg (Rossijskij gosudarstvennyj istoričeskij arhiv, ehem. Central'nyj gosudarstvennyj Istoričeskij arhiv SSSR, CGIA)
RGVIA	Russisches Staatliches Militärhistorisches Archiv, Moskau (Rossijskij gosudarstvennyj voenno-istoričeskij arhiv, ehem. Central'nyj gosudarstvennyj voenno-istoričeskij arhiv SSSR, CGVIA)
RNB	Russische Nationalbibliothek, St. Petersburg (Rossijskaja nacional'naja biblioteka, ehem. Gosudarstvennaja Publičnaja Biblioteka imeni M. E. Saltykova-Ščedrina, GPB)

Abbildungsnachweis

Es wird jeweils auf die Abbildungsnummern verwiesen, die vollständigen Nachweise finden sich in den Bildlegenden. Verfasser und Verlag danken allen Personen und Institutionen für die freundliche Überlassung der Abbildungsvorlagen.

Archive

Karlsruhe
GLA 8, 9, 10, 14, 175b, 230
Stadtarchiv 83

London
Archive of the Institution of Civil Engineers 150

Mannheim
Reiß-Museum 4, 5, 7, 13, 47, 50, 51, 223–227

Moskau
RGVIA 38, 45

Rastatt
Wehrgeschichtliches Museum 11, 12

St. Petersburg
Archiv der Staatlichen Eremitage 187
CGA KFFD 89, 105, 123, 136–138, 174
CMŽT 17, 101, 125, 179, 188
GMIL 3, 33, 41, 108, 144, 177
IIMK RAN 103, 106, 169, 211
Museum der Staatlichen Notenanstalt 32, 36, 37
NIMAH 193, 194
NTB PGUPS 19, 22, 52, 55, 102, 143, 184, 186, 190, 191, 197, 213
RGA VMF 42
RGIA 16, 20, 43, 46, 57, 58, 60–62, 65, 68, 71–76, 80, 84, 90, 92–95, 97, 109–122, 124, 127, 128, 132, 133, 139, 142, 145, 147, 156, 158–168, 171, 180, 192, 196, 199–202, 205–208, 210, 212, 217–222, 231

Tallinn, Eesti ajaloomuseum 229

Publikationen

Beleckaja/Pokrovskaja. D. I. Gilardi 152

Bétancourt. Salle d'exercice de Moscou 21–24

Description de l'Egypte 129–131

Elton. Suspension Bridges 185

Henze. Technik und Humanität. Johann Gottfried Tulla 189

James. Russian Iron Bridges 198

Korostin. Načalo litografii v Rossii 48, 49

Maaz. Tiergarten. Die Löwenbrücke 178

Navier. Rapport ... et mémoire sur les ponts suspendus 86, 87, 126

Pamjatniki arhitektury Leningrada 15

Pamjatniki arhitektury prigorodov Leningrada 134

Perronet. Ponts de Neuilly, de Mantes, d'Orléans 77

Pluchart. Quatre-six vues de St.-Pétersbourg 143

Traitteur (Hrsg.). Annuaire du Corps des ingénieurs des voies de communication, 1830 40, 54, 55, 183

– Brodproduktion 227

– Denkschrift ... Freihafen bei Mannheim 223, 224

– Description ... des ponts en chaînes 102

– Locomotiv-Eisenbahn 226

– Nachtrag zur Denkschrift ... Freihafen bei Mannheim 225

– Nouveaux ponts ... sur la nouvelle chaussée de Moscou 51, 53, 56, 59, 63, 64, 66, 67, 69, 70, 78, 79

– Plans ... des ponts en chaînes 52, 85, 88, 91, 96, 98–100, 146, 149

– Pont de bateaux de Saint-Isaac 25–27, 29–31, 50

Wiebeking. Architecture civile 81, 82,

– Biographie ... Alexander zu Würtemberg 18

– Mémoire sur des ponts suspendus en chaînes 1, 157

Žurnal putej soobščenija, 1826 216

Photographen

K. Deutscher (Berlin) 178

K. Gordin (St. Petersburg) 28, 34, 35, 39, 44, 107, 140, 151, 155, 172, 181–182, 203–204, 209, 214

S. Schmidt (St. Petersburg) 215

Archiv und Photographien des Verfassers 2, 104, 141, 154, 170, 173, 175a, 176, 195

Personenregister

Auf Anmerkungen wird durch hochgestellte Zahlen verwiesen, und zwar nur, wenn Personen nicht im Haupttext erwähnt werden. Abbildungsnummern werden nur dann genannt, wenn sich auf der betreffenden Seite mehrere Abbildungen befinden.

Abramov, Andrej 51[52]
Adam, Egor Andreevič (Harald) 48[36], 92f., 109, 126, 160[158], 170[185], 176, 199, 201, 207[293], 221, 244–252, 254–257, 291, 297, 304
Adams, A. 70
Adamini, Domenico (Dementij/Dominik Fomič) 245, 254
Afanas'ev, Jakov I. 114
Aigner, Piotr (Ajgner, Petr) 54
Aleksandra Fedorovna (Alexandra Feodorowna), Kaiserin von Rußland, geb. Friederike Louise Charlotte Wilhelmine Prinzessin von Preußen 210, 285
Alexander I. (Aleksandr I, Pavlovič), Kaiser von Rußland 2, 7–10, 20[61], 24, 27–31, 35, 37, 39, 49 (Abb.), 50f., 53 (Abb. 36), 56, 70, 73[158], 76[169], 79[173], 79, 122, 129, 150, 220, 240–242, 299, 303, 309f.
Alexander von Württemberg s. Württemberg
Amalie, Prinzessin von Baden 10
Amalie Friederike, Markgräfin von Baden, geb. Prinzessin von Hessen-Darmstadt 8–10, 24, 27
Amburger, Erik 7[3], 34[116]
Apraksina (Apraxine), Gräfin 24
Arendt, Karl Christian 278
Astaf'ev (Astafieff) 76, 141[91]

Bach, Evgenij Romanovič (Robertovič) 53
Baird, Charles (Berd, Karl (Čarl'z) Nikolaevič) 50, 54, 61, 64, 107f., 117[8], 125, 128–132, 133[74] (Abb.), 134[75], 134–135 (Abb.), 136, 143, 157, 163, 174, 185f., 194, 209, 212, 214f., 244, 251, 254, 290–291
Bal'di, Karl Valerianovič 195
Baranoff (Baranov), von
– (Großgouvernante) 285
– (Onkel und Ehemann Karolines) 288
– Joachim (Ioakim) 266[14], 304
– Karoline Stephanie Alexandra, geb. von Traitteur 285, 288, 305
– Pauline s. Traitteur, Pauline
Barclay de Tolly (Barklaj de-Tolli), Mihail Bogdanovič (Michaël Andreas) Graf 10[21]
Barry, Roger 14
Bartholet 276
Bauzá, Rafal (Rafail Rafailovič) 54
Baženov, Vasilij Ivanovič 295[30]
Bazaine, Pierre-Dominique (Bazen, Petr Petrovič) 4[6], 6, 29, 30[101], 31f., 34, 35[120], 36 (Abb.), 47[35], 48, 86[21], 89f., 96–98 (Abb. 71), 101, 104[77], 109, 120, 122[23], 170f. (Abb.), 184 (Abb.), 229, 234, 250[53], 255 (Abb.), 256, 259, 261, 264, 267, 297[37]
Beggrov, Ivan Petrovič (Beggrow, Johann Friedrich) 73, 76[169]
Beggrov, Karl Petrovič (Beggrow, Karl Joachim) 44[31], 73f., 76, 113[108], 141[94], 141 (Abb.), 221 (Abb.)
Beljaev, Sergej Vasil'evič 257
Bella, Stefano della 69
Benois (Benua), Aleksandr Nikolaevič 145[115], 146, 149
Beretti, Vikentij Ivanovič 244
Bertel's, Andrej (Genrih) Andreevič (Bertels, Heinrich) 198[273]
Bétancourt et Molina, Augustin de (Betancourt y Molina, Agustín; Betankur, Avgustin Avgustinovič) 24, 29–42 (Abb. 17 [Portrait], Abb. 19, 21–27), 44f., 47[35] (Abb. 28–31), 48–51 (Abb. 32, 36), 52[54], 54, 56f., 58[81], 60, 69, 81–83, 88f., 103, 107–109, 121, 170, 244, 277, 282, 303, 309, 313
Bičevskij 249
Bistrom, A. A. 32[107], 98
Blank, Karl Ivanovič 295[30]
Bobrinskij (Bobrinskoj), Aleksej Alekseevič Graf 214
Börner 70
Bogdanov, Nikolai Ivanovič 104[77]
Bogdanovič 145
Bogoljubov, Aleksej Nikolaevič 5
Borejša, Petr Bonifat'evič 32[107]
Boullée, Etienne-Louis 294
Bove, Osip Ivanovič 42
Brandukov, (Fedor?) 62
Brenna, Vincenzo (Vikentij Francevič) 124[29], 295[30f.]
Brjullo(v) s. Brüllow
Brown, Samuel 117, 290
Brüllow (Brjullo[v]), Aleksandr Pavlovič 48[40], 298[39], 299[41]
Brüllow (Brjullo[v]), Karl Pavlovič 79
Brun 144[109], 175[197], 220
Brunel, Marc Isambard 118, 202, 231, 290
Brunton 290
Bugajskij 62, 106, 132, 206[293]
Bulla, Karl Karlovič 180[213]
Bul'merink (von Bulmerincq), Karl A. 228
Bunin, Mihail Samojlovič 6
Buttac, I. F. 31
Bykovskij, Mihail Dormidontovič (Dorimedontovič) 298[39]

Čaadaev, A. Ja. 298[39]
Cameron, Charles (Kameron, Čarl'z) 295[30]
Carbonière (Karbon'er [d-Arsit]), Lev L'vovič 32[107], 34, 41, 57, 59[87], 60[91], 120, 122, 125, 131, 194
Carl Friedrich II., Großherzog von Baden 8
Carl Theodor, Kurfürst von der Pfalz und Bayern 12, 226
Cash, John 255
Cassini, Jean-Dominique 307
Čeblokov(a) 33, 50[47], 52
Chaley, Joseph 280
Chalgrin, Jean-Franois-Thérèse 294
Charlemagne, Louis (Šarleman', Ljud[o]vik Ivanovič) 241[26], 242
Chifflard (Šifljar), Samojlo Petrovič (Samuil, Solomon) 70, 74, 113[108]
Christianovitch s. Hristianovič
Clapeyron, Benoît-Paul-Emile (Emilij Klavdievič) 6, 32, 33[114], 106, 120f., 132f., 135, 155[144], 157, 170, 187, 193f., 201, 207, 229, 234, 250, 264
Clark, Matthew (Klark, Matvej Egorovič) 138[88], 212f., 214f., 232 (Abb.), 240, 252, 290
Clark, Tierney William (Thierny Vilmós) 290
Clausewitz, Karl von 7[3]

Débia, B.-Prosper 232
Defontaine, Antoine-Joseph-Chrétien 275
Delacroix, Eugène 69[131]
Delcros 18, 307

Del'vig (von Delwig), Andrej Ivanovič Baron 276[51]
Demut-Malinovskij, Vasilij Ivanovič 175, 297
Destrem, Maurice (Moris Gugovič) 29, 32, 234, 238, 250
Deurer, Familie 79[172], 285f.
– Christian Friedrich 285
– Gustav 285
– Magdalene (Leny), geb. von Traitteur 13[37], 79[172], 265, 285
De-Vitt, de Witte s. Witte
Devjatnin, A. P. 90, 120, 233[3]
Devolan, Devolant s. Vollant
Djagilev, Sergej Pavlovič 145[115]
Dmitriev, N. V. 298[39]
Dobrovol'skij, I. 73
Donov, V. 175
Drais von Sauerbronn, Karl Friedrich Christian Ludwig Freiherr 24
Dranišnikov 88
Dufour, Guillaume Henri 117, 184, 185[224], 230 (Abb.), 232, 290
Duleau (eigtl.: Bourguignon), Alphonse-Jean-Claude 158, 204

Egorov, Petr Egorovič 240[22]
Ekaterina II, Kaiserin von Rußland, s. Katharina II.
Ekaterina Pavlovna, Großfürstin, s. Katharina, Königin von Württemberg
Elena Pavlovna (Friederike Charlotte Maria von Württemberg), Großfürstin von Rußland 264, 285
Elizaveta Aleksandrovna, Prinzessin von Rußland 9[12]
Elizaveta Alekseevna (Elisabeth Alexejewna), Kaiserin von Rußland, geb. Luise Maria Auguste, Prinzessin von Baden 8–10, 12, 79, 219
Elmt (Elint?), Gräfin 285
Emy, A.-R. 109
Ertel 274
Eugen Friedrich Heinrich von Württemberg 35[123]
Euler, Leonhard 116
Eustache, J.-F. 226
Evdokimov (Gießereibesitzer) 213

Fabre, Alexandre (Aleksandr Jakovlevič) 29, 32, 88 (Abb.), 92 (Abb. 65), 94
Fedorov (Ingenieurmajor) 60[91]
Felten s. Velten
Field 144
Finley, James 116
Fischer, Karl von 270
Fischer, Friedrich Theodor 220[333]
Fomin, Ivan Aleksandrovič 149
Fraunhofer, Joseph von 275
Freystedt, Karolina von 10[23]
Friederike Dorothea Wilhelmine, Königin von Schweden, geb. Prinzessin von Baden 8
Friederike Elisabeth Amalie, Prinzessin von Württemberg 29[92], 35
Friedrich Wilhelm Karl, König von Württemberg 35[123]
Friedrich Wilhelm III., König von Preußen 9
Fullon, Aleksandr Andreevič 130, 157, 209, 213f.
Fuss, Nikolaus (Nikolaj Ivanovič) 116, 118

Galič, A. I. 298[39]
Gambs, Heinrich 8
Gascoigne, Charles 290
Gauthey, Emiland-Marie 98
Gerard, Fedor Ivanovič (Ferdinand) 48[36]
Gerhardt, C. D. 15f.
Géricault, Théodore 69[131]
Gerstner, Franz Anton Ritter von 278, 284[89]
Geste, Gesti s. Hastie
Gibert (Žiber), Ern(e)st Ivanovič 53
Gilardi (Žilardi), Domenico (Dominik [Dementij] Ivanovič) 192, 291[10]
Girard, P.-S. 204
Gleissner, Franz 69
Gogol', Nikolaj Vasil'evič 298f.
Golicin, A. Fürst 125
Gorgoli, Aleksandr Savič 32[107]
Gotman, Andrej Danilovič 31, 39[9], 56, 120
Götz s. Schwan und Götz
Gouzevitch s. Guzevič
Goya y Lucientes, Francisco José de 69[131]
Grace 65
Gullet, John 234
Günther 220[333]
Gur'ev, Dmitrij Aleksandovič Graf 49
Gustav IV., König von Schweden 9[14]
Guttman, Piotr 54
Guzevič, Dmitrij Jur'evič 5

Handyside, William 144, 290
Haynau, Wilhelm Karl Freiherr von 79, 261
Hastie, William (Geste/Gesti, Vasilij Ivanovič) 244 (Abb.), 248, 249 (Abb. 206), 252, 254, 256, 294[25]
Hattenberger (Gattenberger), Franc Ivanovič (Jean-François-Xavier) 70
Heckel (Gekel'), Egor Fedorovič 233
Helmersen (Gel'mersen), P.-F. de (von) 70, 74, 113[108]
Henry, Andrej Vilgelmovič 132
Henseling (Genseling) 251
Hesse, Ludwig Ferdinand 222 (Abb.)
Hochberg, Wilhelm Markgraf 19[58]
Holstein-Oldenburg, Peter Friedrich Georg Prinz von (Golštejn-Ol'denburgskij, Georgij Petrovič Princ) 28, 29[92], 30, 32[107], 33
Holstein-Oldenburg, Peter Friedrich Ludwig Herzog von 29[92]
Horverth, Karl Christian 19[59]
Hristianovič, Vasilij Aleksandrovič 31, 130, 153, 156–160 (Abb.), 162[163], 164[167], 165[169] (Abb.), 166[171f.], 185[230], 189[239, 242], 190[250], 197 (Abb. 156), 206, 208, 209 (Abb.) 209[300], 211 (Abb.)
Hruščev, Aleksandr Pavlovič 32[107]
Hübsch, Heinrich 2, 292, 296
Humboldt, Alexander Freiherr von 261, 288

Il'in, Lev Aleksandrovič 148
Inger, C. 35 (Abb. 18)
Ivanov, I. A. 297
Ivanov (Iwanoff), (Mihail Andreevič?) 76, 141[94]

Jacquot, Paul (Žako, Pavel Petrovič) 29
Jahn 143
James, John G. 6, 256[75]
Januš (Janisch), (Karl Andreevič) 228
Jevigny 226

Karl (Ludwig Friedrich), Großherzog von Baden 10, 22
Karl, Herzog von Württemberg 35[123]
Karl Ludwig, Erbprinz von Baden 8f.
Karlovič, Vladislav Mihajlovič 177
Katharina II. (Ekaterina II), Kaiserin von Rußland, geb. Sophie Auguste Friederike, Prinzessin von Anhalt-Zerbst 7f., 8[7], 55, 109
Katharina, Königin von Württemberg, geb. Ekaterina Pavlovna, Großfürstin 10[20], 29[92], 30, 35
Kavos, Cezar' Al'bertovič (Cavos, César) 177
Kazakov, Matvej Fedorovič 295[30]
Kerbedz, Stanislav Valerianovič 31, 48[40]
Kiprenskij, Orest Adamovič 79
Kiprijanov, Valerian Aleksandrovič 238
Kitner (Küttner), Ieronim Sevastjanovič 257
Kleinmichel (Klejnmihel'), Petr Andreevič Graf 29[95], 99
Klenze, Leo von 270, 272f., 276f.
Klüber, Friedrich Adolf 286
Klüber, Johann Ludwig 19
Knorre 76f., 141[94]
Konstantin Pavlovič, Großfürst 70[142]
Korostin, Alexej Fedorovič 5, 68–72
Korsini, Ieronim Dominikovič 61[94] (Abb.)
Kostin, I. 208
Kotov, Grigorij Ivanovič 258
Kozen, Fedor Andreevič 260
Kraft, Nikolaj Osipovič 31, 238
Krasnopol'skij, M. 291[10]
Krasovskij, Apollinarij Kaetanovič 299

Kraus, G. 1 (Abb.)
Krivošein, Grigorij Grigor'evič 147, 178f.
Kudrjavskij (Kudriafsky) 290
Kulibin, Ivan Petrovič 46[32], 116, 118
Künner 51[52]
Kuppler, J. 118
Kurbatov, Vladimir Jakovlevič 150f.

Laharpe, Frédéric-César de 10[16]
Lamandé, Mandé-Corneille 98, 251, 254, 278
Lambert, Graf 33[115]
Lamé, Gabriel (Gavrilo Francevič) 6, 32, 33[114], 62, 106, 120f., 132, 135, 157, 170, 193f., 201, 207 (Abb.), 229 (Abb.), 250, 264
Lamey, Andreas 12
Lanceret (Lansere), Nikolaj Evgen'evič 256
Lanz, José María de 28[88]
Lassolaye 264
Laves, Georg Ludwig Friedrich 231 (Abb.), 232
Lavrov, Pavel Ivanovič 104[77]
Lazarev, Mihail Petrovič 260
Lebedev, Vasilij Petrovič 44f., 48, 51, 58, 59[82], 62, 64[106], 65–67 (Abb. 46), 82
Ledoux, Claude-Nicolas 294
Lees, Richard 186[233], 191 (Abb. 150)
Leljanov, P. I. 180
Leont'ev, Nikolaj Nikolaevi 32[107]
Leopold, Großherzog von Baden 79, 264f., 281, 285
Lihardov, Sergej Mihajlovič 90, 261
Ljalevič, Marian Stanislavoič 181 (Abb. 139)
Ljamin, F. 39[8]
Lossen 290
Ludwig, Großherzog von Baden 15, 261, 264f.
Ludwig (Eugen), Herzog von Württemberg 35[123]
Luise Maria Auguste, Prinzessin von Baden s. Elizaveta Alekseevna
Lukomskij, Georgij Konstantinovič 151
Lüttich, G. 227
L'vov 58, 82
L'vov, Nikolaj Aleksandrovič 295[30f.]

Maevskij, Karl Jakovlevič 53
Makovskij, Sergej 150
Malama 201, 207[293]
Mannlich, Johann Christian von 71, 73[156]
Marija Aleksandrovna, Prinzessin von Rußland 9[12]
Marija Fedorovna (Maria Feodorowna), Großfürstin, Kaiserin, geb. Sophie Dorothea Auguste von Württemberg 8[5,7], 29[92], 30[97], 35
Martinet, Aaron 18
Mauduit, Antoine-Franois (Modjui, Anton Antonovič) 31, 234, 244
Max IV. Joseph, König von Bayern 12
Mayer, (Tobias?) 14[39], 307
Mel'nikov, Pavel Petrovič 29[95], 31
Menelas, Adam Adamovič 67[125], 163[164], 175, 297
Menzel, Adolf Friedrich Erdmann (von) 69[131]
Metternich, Clemens Wenzeslaus Fürst von 8[5]
Mihail Pavlovič, Großfürst 10[21], 269
Mihajlov, (Gebrüder: Aleksandr und Andrej Alekseevič 192[254]
Mihajlov 160[158], 176, 209[304], 251 (Abb.), 253[69]
Miloradovič, Mihail Andreevič Graf 10[21], 122, 125
Mitis, Ferdinand von 118
Mitis, Ignaz von 118, 273
Moltke, P. F. Baron von 272
Monge, Gaspard Comte de Péluse 32
Montferrand, August Ricard de (Monferran, Avgust Avgustovič) 26[82], 45, 70, 73[158], 80, 184
Mosere 307
Müller, Christian Friedrich 70, 72

Napoleon Bonaparte 9, 24, 28-30, 36, 40, 168[177], 233, 295
Natalja Alekseevna, Großfürstin von Rußland, geb. Wilhelmine, Prinzessin von Hessen-Darmstadt 8[6f.]
Navier, Claude-Louis-Marie-Henri 26[82], 117–119 (Abb.), 135, 169–171 (Abb. 126), 204, 212[312], 290
Nebenius, Karl Friedrich 284
Neelov, Il'ja Vasil'evič 295[30f.]
Neelov, Vasilij Ivanovič 295[30]
Nicolson 277f.
Nikolai, L. F. 5
Nikolaus I. (Nikolaj I, Pavlovič), Kaiser von Rußland 10[21], 76[169], 79, 159, 263, 265 (Abb.), 266f., 273, 276, 288, 305 (Abb.), 309–312

Oldenburg, Ol'denburgskij s. Holstein-Oldenburg
Oppermann, Karl Ivanovič 76[168]
Orlovskij, Aleksandr Osipovič (Orżowski, Aleksander) 69–70
Ostroumova-Lebedeva, Anna Petrovna 145f., 147[116] (Abb.), 149

Panteleev, Semen Osipovič 39[9]
Parrot, Georg-Friedrich (Egor Ivanovič) 234
Paul I. (Pavel I, Petrovič), Kaiser von Rußland 8[5,7], 9, 30[97], 35, 124[29]
Paumaux 76, 141[94]
Pavel s. Paul I.
Perronet, Jean-Rodolphe 104 (Abb.), 111
Peter der Große (Petr), Kaiser von Rußland 240f.
Petrov (Aleksandr Ivanovič?) 234
Picon, Antoine 15[45]
Pil'njakov, G. P. 39[8], 242[27]
Piscov 242
Plottow, Baron (Vasilij Karlovič?) 259
Pluchart, Alexandre (Pljušar, Aleksandr Ivanovič) 5 (Abb.), 73, 153 (Abb.), 184 (Abb. 143)
Polenov 62, 105f., 126, 199, 251
Porto, Antonio 54[59]
Potemkin-Tavričeskij, Grigorij Aleksandrovič Fürst 35[123]
Potier, Charles (Karl Ivanovič) 29, 32, 90, 120, 194[262], 279
Prejs (Preuß), Ivan 62
Prony, Gaspard-Clair-François-Marie Riche Baron de 26[82]
Pšenickij, Andrej (Anžej) Petrovič 147, 181, 257
Punin, Andrej L'vovič 5, 6, 113
Puškin, Aleksandr Sergeevič 298

Quarenghi, Giacomo (Kvarengi, Džakomo) 25 (Abb.), 29[93], 62[99], 198[273], 216 (Abb.), 294

Raevskij, A. S 257
Rall (Ral'), Aleksandr Aleksandrovič Baron 39, 64
Ramm, A. L. 19[59]
Raucourt de Charleville, Antoine (Rokur de Šarlevil', Anton (Antuan) Filippovič) 32, 90, 234
Rean, K. 82
Rehmann 72
Rejhel' (Reichel), K. Ja. 56, 82, 84[18f.], 85, 89 (Abb.), 90, 94, 99, 102, 105f., 108f., 114, 279
Reichenbach, Georg von 268–270, 272, 274
Rennie 203f.
Ressel 272
Rinaldi, Antonio 295[30]
Rochlitz, Franz Joseph 281f.
Roeder, Hristofor Fedorovič (Jochem Christof) 70
Roentgen, David 8
Rokasovskij (Rokosovskij), Aleksej Ivanovič 50f.
Rolland, J. 86[24]
Romanov (Dynastie) 7
Romanov, K. K. 258
Romanzoff s. Rumjancev
Rossi, Carlo (Karl Ivanovič) 31, 53[56], 124f., 138[88], 239–242, 269, 294f.
Rotač, Aleksandr Lukič 224f., 259
Rottburg 264

Rumjancev, Nikolaj Petrovič 8, 27
Rusca, Luigi (Ruska, Aloizij Ivanovič) 39[8], 198[273], 294

Sabanaev, E. A. 257
Sablukov, Aleksandr Aleksandrovič 32[107]
Saint-Far, Eustache de 109
Samsonov, P. S. 178
Šašin (Schaschin) 74, 113[108]
Sauerweid (Zauervejd), Aleksandr Ivanovič 20
Schaeffer, von 25
Schaschin s. Šašin
Schierlinger, Franz 273
Schildknecht (Šil'dkneht), N. I. 153[138], 209 (Abb.), 211 (Abb.)
Schilling 264
Schilling von Cannstadt, Paul Freiherr (Šilling-fon-Kanštadt, Pavel L'vovič Baron) 73
Schinkel, Karl Friedrich 74, 270
Schneider, Therese 70[140]
Schnirch, Bedřich (Friedrich) 118
Schröder (Šreder), Konstantin Ivanovič 82
Schubert, Friedrich von (Šubert, Fedor Ivanovič) 50 (Abb.), 60 (Abb.)
Schuch (Šuh), August Friedrich 70, 72, 109[108]
Schuhknecht, Johann Martin 40[24]
Schulmann (Šul'man) 260
Schwan und Götz 21
Schwarzenberg, Fürst 9
Schwenk 17
Scotti, Domenico (Skotti, Dementij) 62
Seele, Johann Baptist 19
Seer 51[52]
Séguin, Marc 117f., 212[312]
Seifert, Johann Friedrich 19[59]
Senefelder, Alois 69, 71, 72[156]
Senovert (Senover), Stepan Ignat'evič 29, 32[107], 35[120], 51
Sevast'janov, Jakov Aleksandrovič 32[108]
Sievers, Joachim Georg Johann Graf von (Sivers, Egor Karlovič) 32[107]
Šifljar s. Chifflard
Sipjagin, Nikolaj Martemovič 73
Sobolevskij (Sobolewsky?), E. 54
Sojmonov, (Petr Ivanovič?) 82
Sokolov, N. 153[137]
Sokolov, Petr Fedorovič 70
Sokolov, Pavel Petrovič 173, 182 (Abb.), 213 (Abb.), 218, 298
Somov 120
Sophie Auguste Friederike, Prinzessin von Anhalt-Zerbst, s. Katharina II. von Rußland
Sophie Dorothea von Württemberg, s. Marija Fedorovna
Starov, Ivan Egorovič 55, 294, 295[31]
Stasov, Vasilij Petrovič 31, 53[56], 59[81], 66, 67[125], 240 ff., 242 (Abb.), 294f.
Staubert (Štaubert), Aleksandr Egorovič 58[80]
Stephenson, George 231
Stepnov, Petr Pavlovič 224
Stevenson, Robert 231
Stral'man (Strålman?), Petr Ivanovič 82, 80[18], 85, 102, 105f.
Strahov, A. P. 147
Šuh s. Schuch
Suhanov, Samson Ksenofont'evič (Ksenofontovič) 124
Suhr, Christoph 18
Suvorov, Aleksandr Vasil'jevič 35[121], 46, 125
Svijazev, Ivan Ivanovič 192[254], 293[22], 298[39]
Svin'in, Pavel Petrovič 70

Taranovskaja, Marianna Zenonovna 124
Tarže (Target) 185[224]
Tatiščev, Aleksandr Ivanovič 209
Telford, Thomas 117, 161[161], 190, 290
Tieck, Christian Friedrich 222 (Abb.)
Thiel 227
Thieme, J. G. 19[59]
Thomon, Thomas Jean Thomas de 29, 48[36], 104[78], 168[179], 294f.
Thon (Ton), Aleksandr Andreevič 74, 113[108]
Thon (Ton), Konstantin Andreevič 31, 297, 298[39]
Toll, Karl Wilhelm (Tol', Karl Fedorovič) Graf von 32[107], 238, 276, 278
Traitteur, von, Familie 11, 12[26f.], 288
– Anna 4[3], 226[343]
– Carl Ritter 12[27]
– Carl Theodor 11–13, 226, 265, 266[11], 286, 303
– Guillaume s. Wilhelm
– Jacob 12[30]
– Johann Andreas 11–13, 285
– Karoline Stephanie Alexandra s. Baranoff
– Konrad 12[30]
– Magdalene, geb. von Rogister 13[37], 303
– Magdalene s. Deurer
– Pauline, geb. von Baranoff (Baranov, Paraskovija Ioakimovna) 264, 266[14], 285, 288, 304
– Theodor (Tretter, Nikolaj Ioahim Fedor) 285, 288, 304
– Vasilij s. Wilhelm
– Volker 4, 12[27]
– Wilhelm (Guillaume de; Tret(t)er, Vasilij Karlovič, Vasilij Karlov syn) passim (Portrait 302; Lebenslauf 303–305)
Trésaguet, Pierre-Marie-Jérôme 109
Tret(t)er s. Traitteur, Wilhelm
Tretter s. Traitteur, Theodor
Trofimovič, Vasilij Romanovič 126–127 (Abb.), 145
Trojnicki, S. 150
Trombard (Charles-Jaques?) 29
Tulla, Johann Gottfried 2, 14–19, 22, 36, 38, 111f., 234 (Abb.), 236[12-14], 237, 265, 275[45], 283f., 307

Varencov, Petr Alekseevič 32[107]
Vasil'ev, G. 152
Vel'jašev, Aleksandr Petrovič 32[107], 34
Velten, Georg Friedrich (Fel'ten, Jurij Matveevič) 48[36], 240[22], 295[30]
Venecianov, Aleksej Gavrilovič 73[156], 79
Vergès, de 86[24], 290
Vierordt, Carl Christian 16–18
Vigel' s. Wiegel
Viniol, Ch. 291[10]
Viollet-le-Duc, Eugène-Emmanuel 297
Virtembergskij s. Württemberg
Vitruv 26
Visconti, David Ivanovič 242
Vitberg, Aleksandr Lavrent'evič 116, 118
Volkonskij, Petr Mihajlovič 58[81]
Volkov, Matvej Stepanovič 275
Vollant (Devolan, Devolant), Franc Pavlovič de 27, 29[93], 30f., 32[107]
Vorlop, W. 70
Vorob'ev, Maksim Nikiforovič 76[169]
Voronihin, Andrej Nikiforovič 168[179], 294
Voronin, Mihail Ivanovič 5
Voronina, Margarita Mihajlovna 5
Voronov, (Vasilij Ivanovič?) 100f.
Voznesenskij, S. V. 50[43]

Wagner, Karl 19, 71
Wagner, Peter 71
Waldeck, Florian 11f., 283, 285
Walter, Friedrich 226[342f.], 227, 285
Weinbrenner, (Johann Jakob) Friedrich 2, 10[21], 15, 24, 72[151], 111, 112 (Abb.), 168[180], 190[250], 220[333] (Abb. 175–176), 227, 265, 294
Wendelstadt, G. D. 227
Wiebeking, Carl Friedrich Ritter von 2, 27f., 32[110], 35, 109–110 (Abb. 82), 120, 137, 153, 159f., 166, 190, 215, 222, 226, 261, 268, 289f., 292
Wiebeking, Carl Gustav 110 (Abb. 81)
Wiegel, Philipp (Vigel', Filipp Filippovič) 24, 27[83], 31[103], 33f., 96[54]
Wieland, Carl Friedrich 19
Wilhelm I., König von Württemberg 10[20], 30[97]
Wilhelm II., Kurfürst von Hessen-Kassel 79, 261
Wilhelmine, Prinzessin von Hessen-Darmstadt s. Natalja Alekseevna
Wilson, Alexander 260, 290

Witte, de (Devitt), P. Ja. 88, 193, 291[10]
Wittgenstein, Petr Hristianovič Graf 10[21]
Wolf 143
Wolf, L. 19f.
Wolfram, Ludwig Friedrich 232
Wood 278
Wrangell (Vrangel'), Nikolaj Nikolaevič Baron 261
Wucherer 15
Wurm 234
Württemberg, Alexander (Friedrich Karl) Herzog von (Virtembergskij, Aleksandr -Fridrih gercog) 27[85], 32, 34–36 (Abb. 18 [Portrait]), 35[121], 62, 64f., 76, 90, 96, 98, 101f., 119–123, 125f., 128, 130f., 133f., 142f., 153, 159, 175[197], 176[199], 187-189, 194, 199, 217, 221, 229, 234, 240–244, 246[43], 247, 249, 260, 262, 263f., 266–268, 271, 275, 290-292, 310, 312
Zaharov, Andrejan Dmitrievič 43, 53[56], 104[78], 294
Zazerskij, Aleksej Ivanovič 147
Zinov'ev, S. 82
Zoege von Laurenburg (Zege fon-Laurenburg) 250, 271
Zuev 70, 113[108]
Zwilling, Ivan Ivanovič 106, 199, 207[293]